现代客厅

卫生间

阳光厨房

会议室

经理办公室

例 208
实例011
实例012
实例013
实例014
实例015
实例016
实例017
实例018
实例019
实例020
实例021
实例022
实例023
实例024
实例025
实例026
实例027
实例028
实例029
实例030
实例031
实例032
实例033
实例034
实例035
实例036
实例037
实例038
实例039
实例040
实例041
实例042

精彩范例欣赏

实例043
实例044
实例045
实例046
实例047
实例048
实例049
实例050
实例051
实例052
实例053
实例054
实例055
实例056
实例057
实例058
实例059
实例060
实例061
实例062
实例063
实例064
实例065
实例066
实例067
实例068
实例069
实例076
实例077
实例078
实例079
实例080

实例081

实例082

实例083

实例084

实例085

实例086

实例087

实例088

实例089

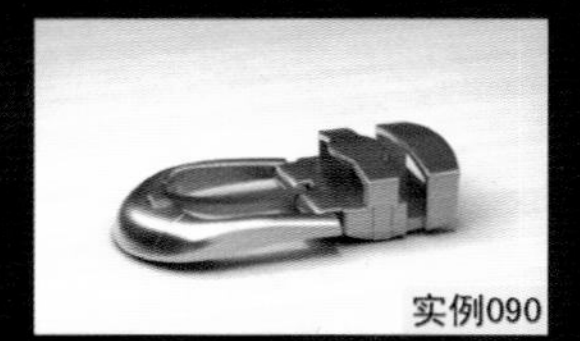
实例090

实例091

实例092

实例093

实例094

实例095

实例096

实例097

实例098

实例099

实例100

实例101

实例102

实例103

实例104

实例105

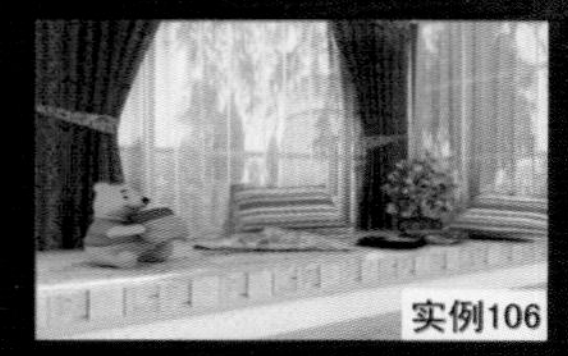
实例106

实例107

实例108

实例109

实例110

实例111

实例112

精彩范例欣赏

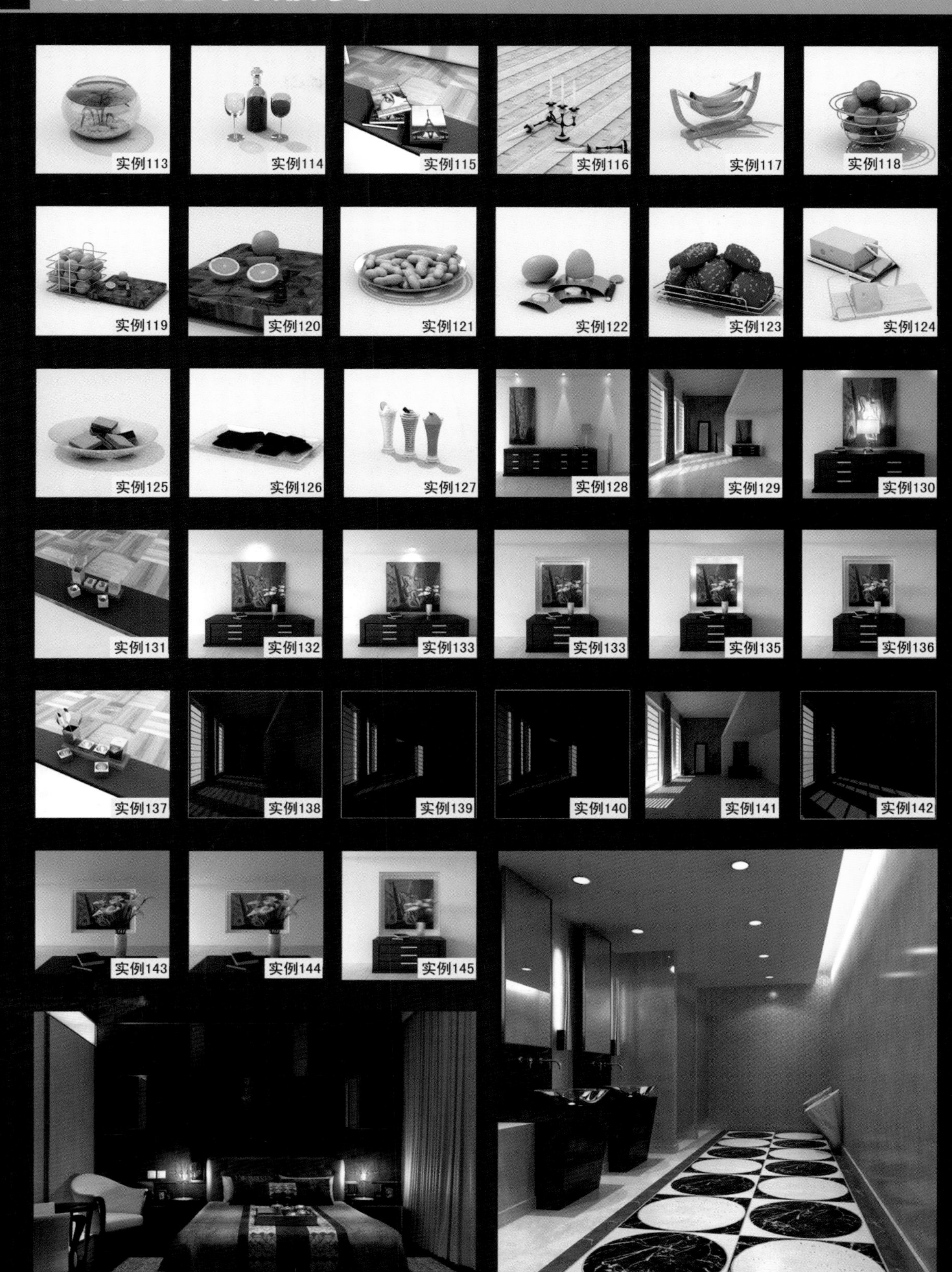

实例113
实例114
实例115
实例116
实例117
实例118
实例119
实例120
实例121
实例122
实例123
实例124
实例125
实例126
实例127
实例128
实例129
实例130
实例131
实例132
实例133
实例133
实例135
实例136
实例137
实例138
实例139
实例140
实例141
实例142
实例143
实例144
实例145
奢华卧室
卫生间

游泳馆

before

实例187

after

实例188

实例189

实例190

实例193

实例194

before

实例191

after

实例192

例 208

Before
实例195

After
实例195

Before
实例197

After
实例197

Before
实例196

After
实例196

Before
实例198

After
实例198

精彩范例欣赏

清晨书房

Before 实例199

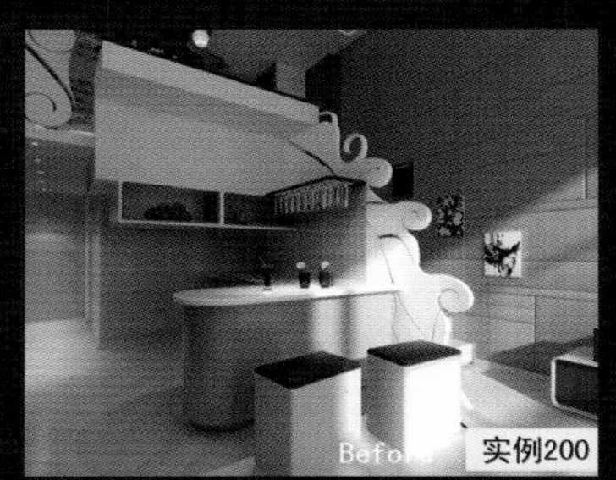

Before 实例200

After 实例200

After 实例199

Before 实例201

After 实例201

Before 实例202

After 实例202

中文版 3ds max + VRay

室内效果图制作经典208例

陈志民　刘有良　等编著

机械工业出版社

本书根据室内效果图制作流程和特点，用 208 个实例循序渐进地讲解了用 3ds max + VRay + Photoshop 进行室内效果图表现所需基础知识、制作方法和相关技巧。

全书分为 4 大篇。第 1 篇为室内模型篇，按照初学者的学习规律讲解了 3ds max 的基本操作、基本体建模、二维线形建模、二维线形转三维建模、三维修改器建模、动力学建模和家具高级建模方法；第 2 篇为室内材质篇，讲解了材质编辑器基本操作、木纹、石材、墙面、金属、陶瓷、玻璃、布纹、皮纹、食物等各种室内材质类型的特点、制作方法和表现技巧；第 3 篇为灯光和摄影机篇，介绍了 3ds max 灯光、摄影机和 VRay 灯光、摄影机的创建和应用方法；第 4 篇为综合案例篇，以完整的客厅、书房、厨房、卧室和卫生间家装效果图表现实例，以及办公室、会议室、公共卫生间、游泳馆公装效果图表现实例，系统地介绍了不同类型、不同时间、不同气氛的商业室内效果图的制作流程和表现方法，帮助读者综合演练前面所学知识，积累实战经验，迅速从新手成长为效果图表现高手。

本书附赠 3 张 DVD 光盘，总容量达 8G，除提供所有案例的效果文件和素材文件外，还提供了 13 个小时高清语音视频教学，详尽演示了 150 多个高难度案例的制作方法和过程，确保初学者能够看得懂、学得会、做得出。

本书可以作为室内效果图制作初、中级读者的学习用书，也可以作为相关专业以及效果图培训班的学习和上机实训教材。

图书在版编目(CIP)数据

中文版 3ds max + VRay 室内效果图制作经典 208 例/陈志民，刘有良等编著. —北京：机械工业出版社，2010.6
ISBN 978-7-111-30834-8

Ⅰ. ①中… Ⅱ. ①陈… ②刘… Ⅲ. ①室内设计：计算机辅助设计—图形软件，3DS Max、VRay Ⅳ. ①TU238-39

中国版本图书馆 CIP 数据核字（2010）第 115008 号

机械工业出版社（北京市百万庄大街 22 号 邮政编码 100037）
责任编辑：汤 攀　　责任印制：杨 曦
北京蓝海印刷有限公司印刷
2010 年 7 月第 1 版第 1 次印刷
184mm×260mm ·28.75 印张·4 插页·711 千字
0001—4000 册
标准书号：ISBN 978-7-111-30834-8
　　　　　ISBN 978-7-89451-556-8（光盘）
定价：59.00 元（含 3DVD）

凡购本书，如有缺页、倒页、脱页，由本社发行部调换
电话服务
社服务中心：(010)88361066
销 售 一 部：(010)68326294
销 售 二 部：(010)88379649
读者服务部：(010)68993821
网络服务
门户网：http://www.cmpbook.com
教材网：http://www.cmpedu.com
封面无防伪标均为盗版

前　言

好的室内设计离不开精美的效果图表现。室内装潢业的高速发展促使室内效果图制作成为一个不可或缺的行业。室内效果图表现的主要任务就是将抽象、晦涩的设计符号转化为形象、生动的"照片级"视觉形象。

室内效果图制作是一门综合的艺术，要求相关人员熟练掌握建模、渲染和后期等相关软件。本书根据使用 3ds max + VRay + Photoshop 进行室内效果图制作的流程和特点，精心设计了 208 个实例，循序渐进地讲解了使用 3ds max 9+VRay 1.5RC5 + Photoshop CS4 制作室内效果图所需要的基础知识、制作方法和相关技巧。

1. 本书内容

全书共分为室内模型、室内材质、灯光与摄影机、综合案例 4 大篇。

第 1 篇为室内模型篇，从 3ds max 软件界面出发，介绍了该软件的界面定制、复制、移动、捕捉、对齐等基本操作，使得初学者能熟悉软件、快速入门，然后由浅入深地介绍了基本体建模、二维线形建模、二维转三维建模以及三维修建模等常规建模方法。接下来讲述了使用动力学以及可编辑多边形完成诸如布料、浴巾、水龙头以及欧式椅子等比较复杂模型的方法，使读者的建模能力能得到更大的提升。

第 2 篇为室内材质篇，首先介绍了 3ds max 材质编辑器的使用方法，然后根据室内效果图各类材质的特点，分门别类地讲述了木纹、石材、金属、陶瓷、布纹以及食物等材质的制作方法，在实际的材质制作过程中总结各种材质特点与 3ds max 材质相关参数的联系，从而使读者掌握根据材质特点调整相关材质参数的方法，在以后的实际工作中能摆脱书本，举一反三地进行各类材质的调制。

第 3 篇为灯光和摄影机篇，分别介绍了 3ds max 灯光、摄影机和 VRay 灯光、摄影机的创建和应用方法

第 4 篇为综合案例篇，根据当前流行的各类装饰装修风格，全面介绍了室内家装中客厅、卧室、书房、厨房、卫生间空间以及公共装修中经理办公室、多功能会议室、游泳馆等空间的效果图制作方法，使读者能对以前学习的知识，从而完全掌握利用 3ds max 制作出精美室内效果图的方法，本篇最后一章简明扼要地介绍了使用 Photoshop 软件对渲染图像进行美化的方法。

2. 本书特点

本书专门为室内效果图初学者细心安排、精心打造，总的来说，具有如下特点：

■**循序渐进　通俗易懂**。全书完全按照初学者的学习规律，精心安排各章内容，由浅到深、由易到难，可以让初学者在实战中逐步学习到室内效果图制作的所有知识和操作技巧，掌握建模、材质、灯光、渲染和后期的全部内容，成长为一个效果图制作高手。

■**案例丰富　技术全面**。本书的每一章都是一个小专题，每一个案例都是一个知识点，涵盖了室内效果图制作的绝大部分技术。读者在掌握这些知识点和操作方法的同时，还可以举一反三，掌握实现同样效果的更多方法。

■**技巧提示　融会贯通**。本书在讲解基本知识和操作方法的同时，还穿插了很多的技巧提示，及时、准确地为您释疑解惑、点拨提高，使读者能够融会贯通，掌握室内效果图制作的精髓。

■**视频教学　学习轻松**。本书配备了高清语音视频教学，老师手把手地细心讲解，可使读者领悟到更多的方法和技巧，感受到学习效率的成倍提升。

3. 本书作者

参加本书编写的有：陈志民、刘有良、李红萍、李红艺、李红术、李红文、陈云香、林小群、陈军云、何俊、周国章、何晓瑜、廖博、陈运炳、申玉秀、刘争利、朱海涛、朱晓涛、彭志刚、李羡盛、陈志民、刘莉子、周鹏、刘佳东、肖伟、何亮、刘清平、陈文香、蔡智兰、陆迎锋、罗家良、罗迈江、马日秋、潘霏、曹建英、罗治东、廖志刚、姜必广、杨政峰、罗小飞、喻文明等。

由于作者水平有限，书中错误、疏漏之处在所难免。在感谢您选择本书的同时，也希望您能够把对本书的意见和建议告诉我们。

售后服务 E-mail:lushanbook@gmail.com

编　者

目 录

前 言

第 1 篇 室内模型篇

第 2 篇　室内材质篇

第 3 篇　灯光与摄影机篇

第 4 篇　综合案例篇

第1篇　室内模型篇

本篇按照初学者的学习规律，循序渐进讲解了3ds max的基本操作、基本体建模、二维线形建模、二维线形转三维建模、三维修改器建模、动力学建模和家具高级建模方法。

第1章 3ds max 9 基本操作

本章主要讲解中文版3ds max 9的界面及其基本操作，例如认识用户界面、设置个性化界面、自定义用户视图、菜单及工具栏等。只有掌握了这些基本的知识，才能熟练地运用该软件制作出室内效果图。

例001　认识用户界面

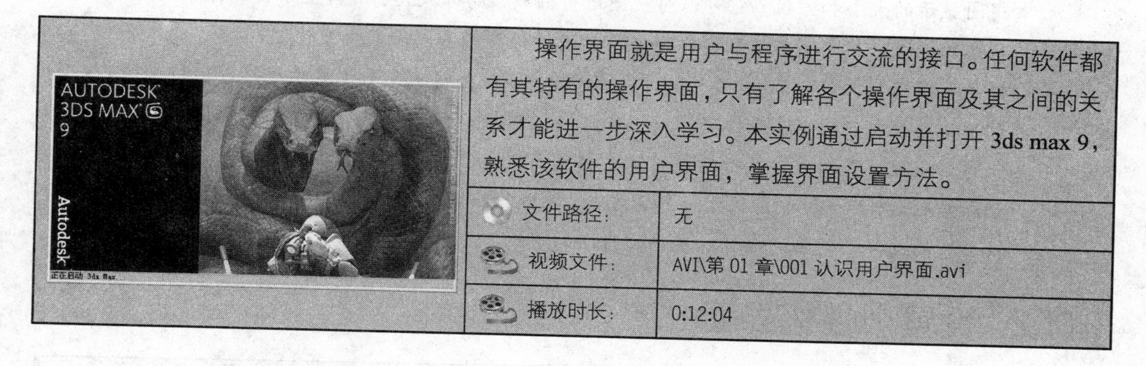

操作界面就是用户与程序进行交流的接口。任何软件都有其特有的操作界面，只有了解各个操作界面及其之间的关系才能进一步深入学习。本实例通过启动并打开3ds max 9，熟悉该软件的用户界面，掌握界面设置方法。

文件路径：	无
视频文件：	AVI\第01章\001 认识用户界面.avi
播放时长：	0:12:04

01 双击桌面上的图标，启动中文版3ds max 9。

02 等待5~10s，就可以看到如图1-1所示的中文版3ds max 9界面了。

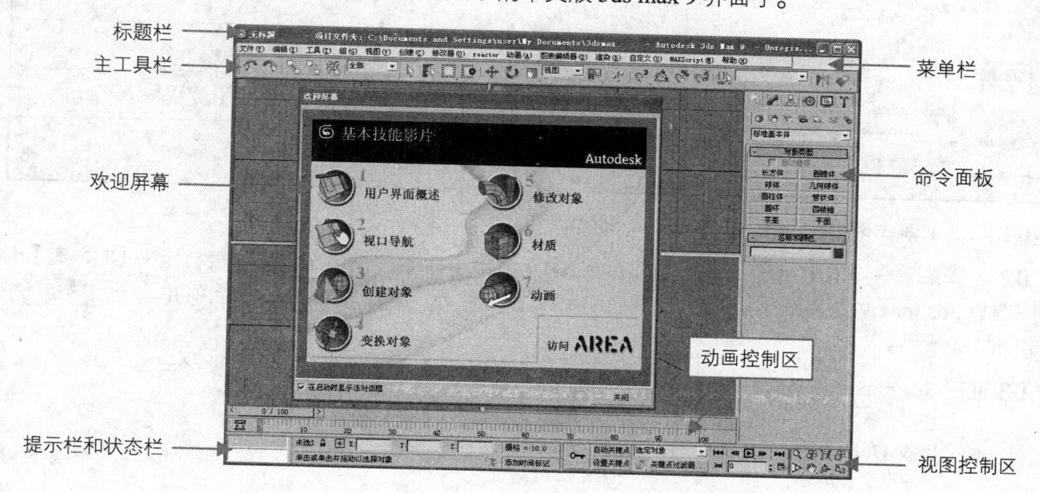

图1-1　3ds max 9中文版界面

03 从图 1-1 可以看到，3ds max 9 新增加了一个【欢迎屏幕】窗口，如果读者的电脑上安装了 Quick Time 播放器，就可以单击不同的按钮，来观看基本技能影片。单击 关闭 按钮，可以关闭该窗口。

04 3ds max 9 界面可以分为 8 个部分：标题栏、菜单栏、工具栏、视图区、命令面板、视图控制区、提示和状态栏，以及动画控制区。

05 下面对 3ds max 9 工作界面的每一个部分作简单的介绍。

- **菜单栏：** 标题栏下面的是一行菜单栏，它与标准的 Windows 文件菜单使用方法基本相同。菜单栏为用户提供了一个用于文件的管理、编辑、渲染及寻找帮助的接口。
- **工具栏：** 工具栏是把用户经常用到的命令以工具按钮的形式放在不同的位置。
- **视图区：** 系统默认的视图区分为 4 个视图：顶视图、前视图、左视图、透视图。这 4 个视图是用户进行操作的主要工作区域，当然它还可以通过设定转换成为其他的视图区，视图区的转换设置可以通过在视图区上部的名称上单击鼠标右键，在弹出的菜单中选择相应视图命令。
- **命令面板：** 命令面板包括 6 大部分，分别为（创建）命令面板、（修改）命令面板、（层级）命令面板、（运动）命令面板、（显示）命令面板以及（工具）命令面板。
- **视图控制区：** 在屏幕右下角有 8 个图标按钮，它们是当前激活视图的操纵工具，主要用于调整视图显示的大小和方位。它可以对视图进行缩放、局部放大、满屏显示、旋转以及平移等显示状态的调整。其中有些按钮会根据当前被激活视窗的不同而发生变化。
- **提示及状态栏：** 状态栏和提示行位于屏幕的底部。状态栏主要用于显示用户目前所选择的内容。利用状态栏左侧的“选择锁定切换”按钮，还可以锁定已选择的对象，以免误选其他对象。状态栏还随时提供用户鼠标指针的位置和当前所选对象的坐标信息。
- **动画控制区：** 动画控制区位于屏幕下方，此区域的按钮主要用于制作动画时，进行动画的记录、动画帧的选择、动画的播放以及动画时间的控制。

例002 设置个性化界面

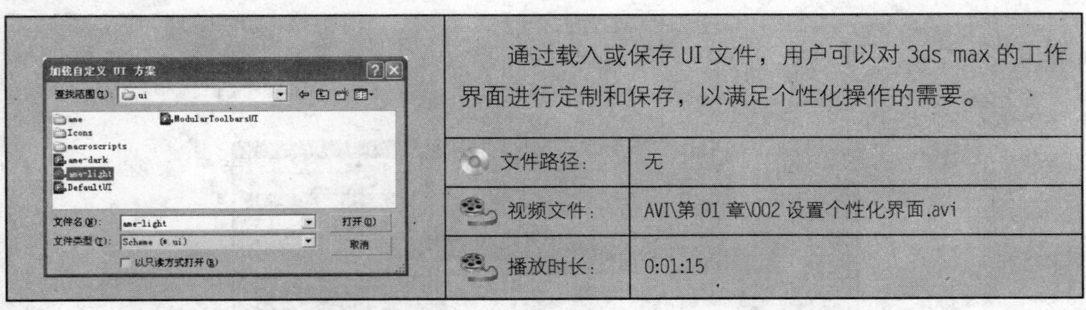
通过载入或保存 UI 文件，用户可以对 3ds max 的工作界面进行定制和保存，以满足个性化操作的需要。

文件路径：	无
视频文件：	AVI\第 01 章\002 设置个性化界面.avi
播放时长：	0:01:15

01 双击桌面上的按钮，启动中文版 3ds max 9。

02 选择菜单栏中的【自定义】|【加载自定义 UI 方案】命令，在弹出的【加载自定义 UI 方案】对话框中选择 3ds max 9 安装路径下的 UI 文件夹，然后在文件夹内选择 ame-dark.ui 选项并单击 打开(O) 按钮，如图 1-2 所示。

03 此时 3ds max 9 系统即以 ame-dark.ui 系统界面显示，整体界面效果如图 1-3 所示。

提 示：加载 DefaultUI.ui 文件，可以恢复 3ds max 至默认的用户界面。

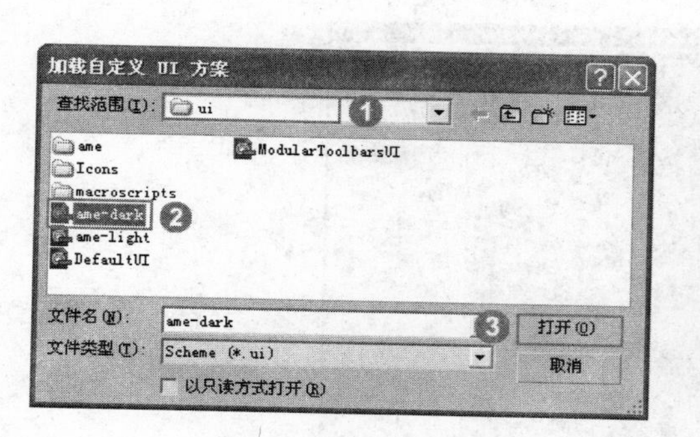

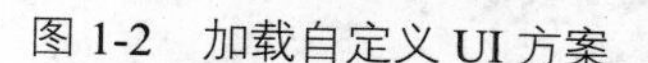

图 1-2　加载自定义 UI 方案

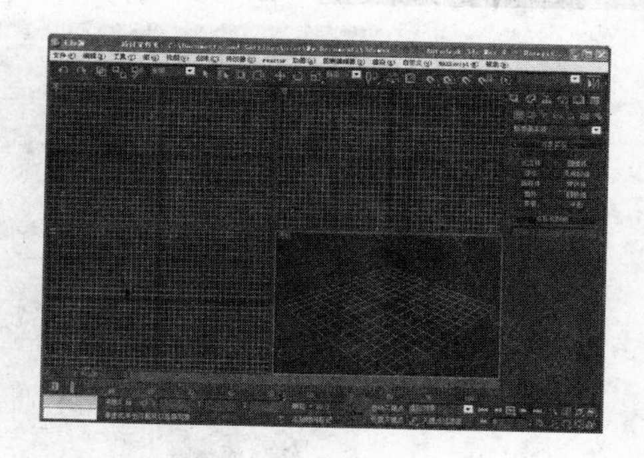

图 1-3　设置个性化界面后的效果

例003　自定义视图布局

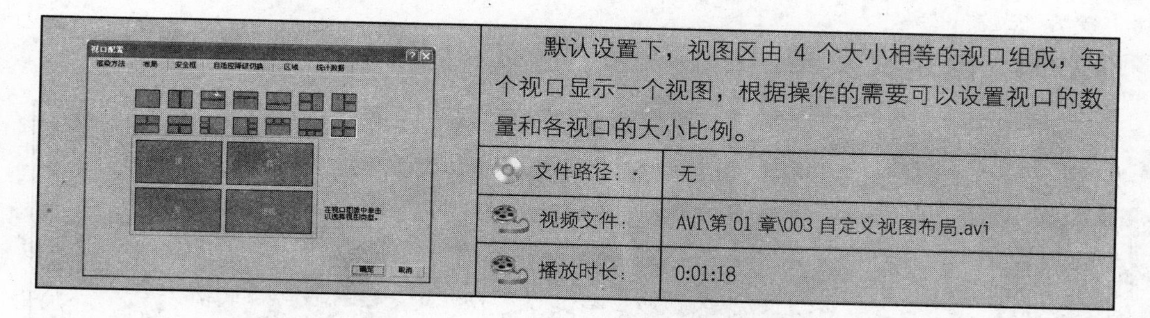

默认设置下，视图区由 4 个大小相等的视口组成，每个视口显示一个视图，根据操作的需要可以设置视口的数量和各视口的大小比例。

文件路径：	无
视频文件：	AVI\第 01 章\003 自定义视图布局.avi
播放时长：	0:01:18

01 双击桌面上的图标，启动中文版 3ds max 9。

02 在视图名称上单击鼠标右键，在弹出的右键菜单中选择【配置】命令，如图 1-4 所示。

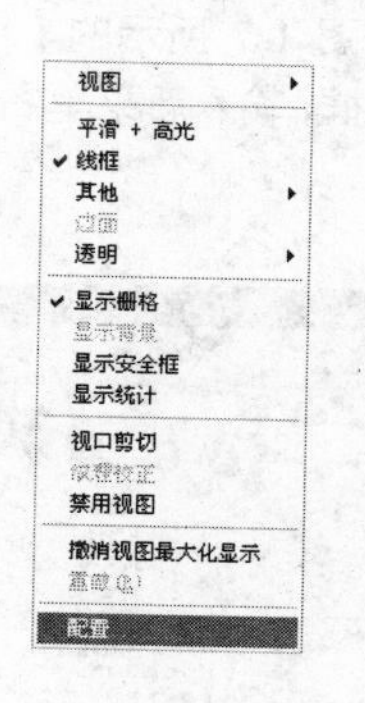

图 1-4　右键快捷菜单

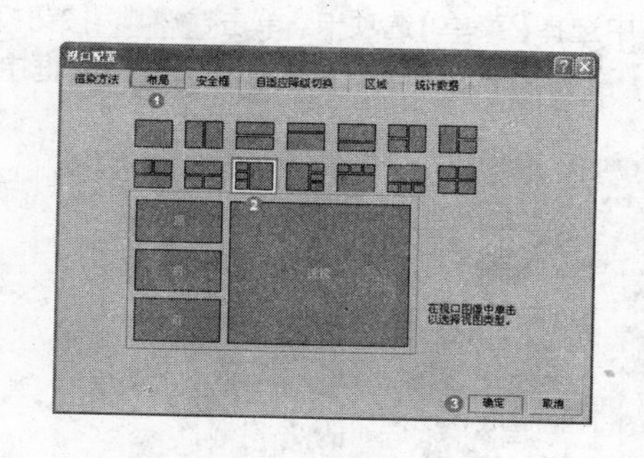

图 1-5　【视口配置】对话框

03 此时会弹出一个【视口配置】对话框，选择【布局】选项卡，在中间选择一个自己喜欢的视图布局，然后单击 确定 按钮，如图 1-5 所示，修改后的视图布局如图 1-6 所示。

提　示：3ds max 共提供了 14 种布局方式，右下角的四视口布局模式是系统默认的视口形式。此外，在视口交界位置拖动鼠标，可以自由调整各个视口的大小比例。

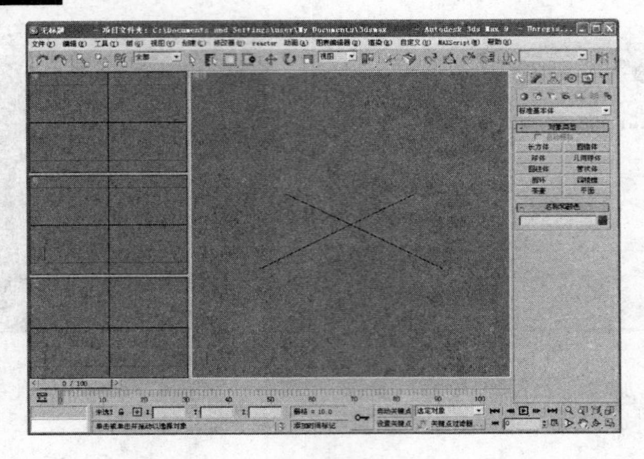

图 1-6　修改视图布局后的效果

例004　自定义菜单

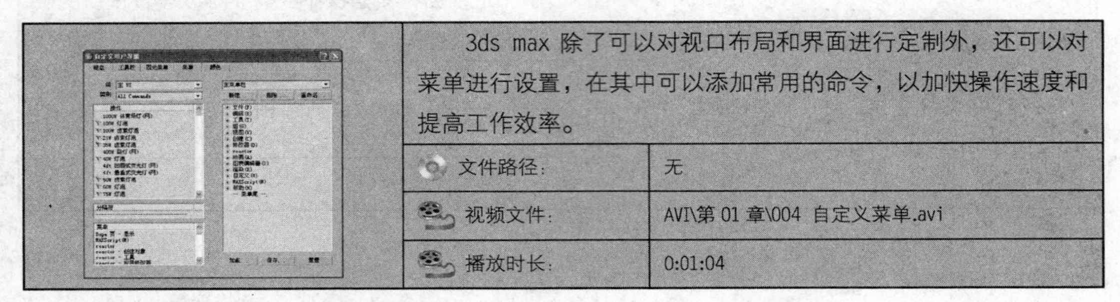

3ds max 除了可以对视口布局和界面进行定制外，还可以对菜单进行设置，在其中可以添加常用的命令，以加快操作速度和提高工作效率。

文件路径：	无
视频文件：	AVI\第 01 章\004 自定义菜单.avi
播放时长：	0:01:04

01 启动中文版 3ds max 9。

02 选择菜单栏中的【自定义】|【自定义用户界面】命令，在如图 1-7 所示的【自定义用户界面】对话框中选择【菜单】选项卡，单击 新建... 按钮打开【新建菜单】对话框，输入新菜单名称，单击 确定 按钮，【常用命令】菜单就会添加到菜单列表框中。

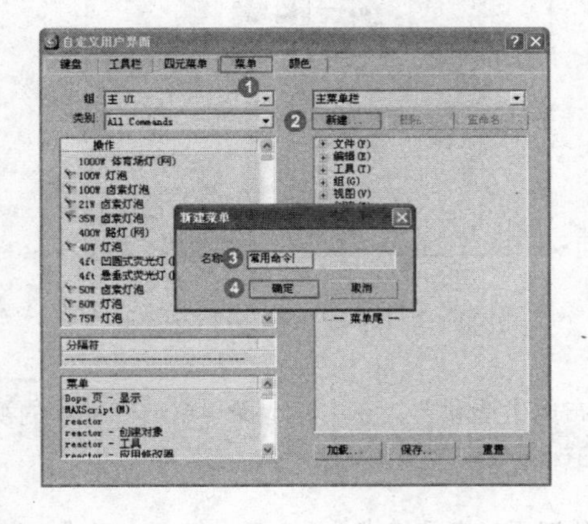

图 1-7　【自定义用户界面】对话框

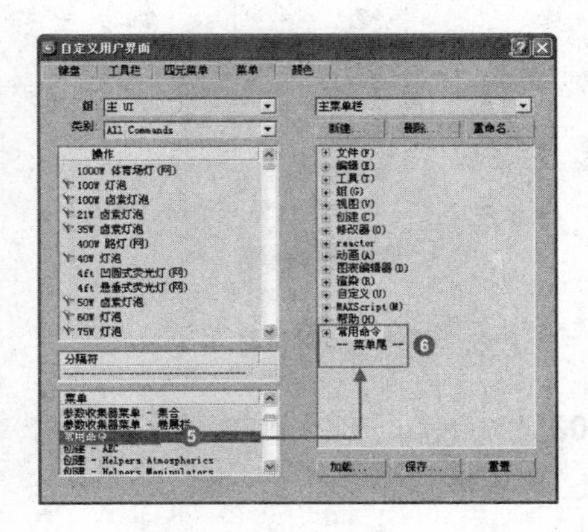

图 1-8　添加菜单

03 在菜单列表框中，拖动新建的【常用命令】菜单至右侧的主菜单栏列表中，如图 1-8 所示。

04 为【常用命令】菜单添加命令，首先打开 Modifiers（修改器）类别，选择其中的【FFD 长方体修改器】，将其拖动到已经展开的“常用命令”菜单栏的下方，如图 1-9 所示，这样就为新建的“常用命令”菜单添加了操作命令。

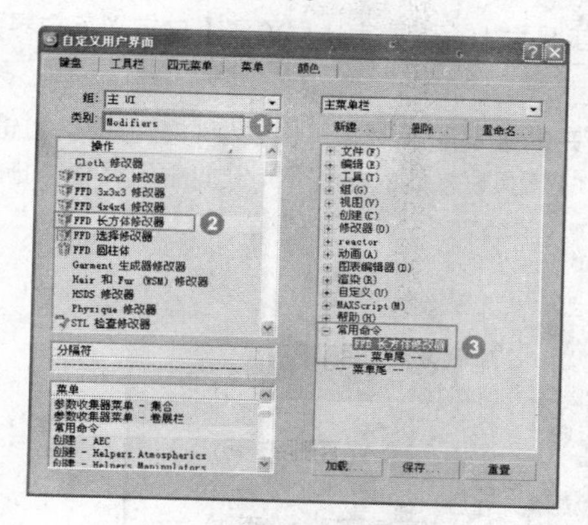

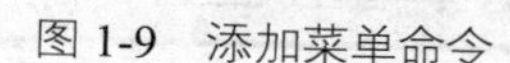

图 1-9　添加菜单命令

图 1-10　添加自定义菜单效果

05 完成以上的操作后，观察 3ds max 界面上方的菜单，可以发现【常用命令】菜单已经出现在如图 1-10 所示的菜单栏内。

例005　自定义工具栏

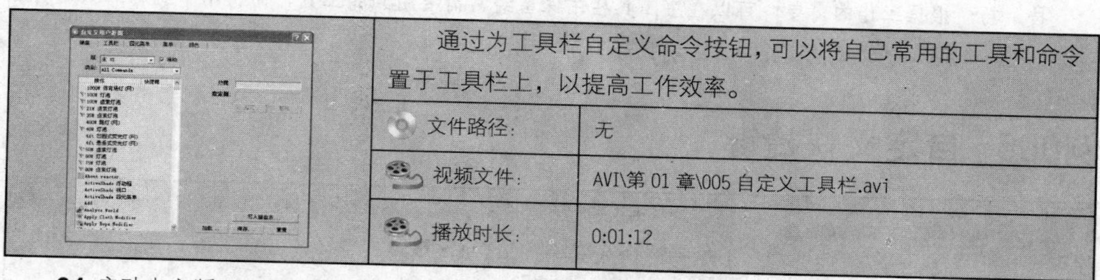

通过为工具栏自定义命令按钮，可以将自己常用的工具和命令置于工具栏上，以提高工作效率。

文件路径:	无
视频文件:	AVI\第 01 章\005 自定义工具栏.avi
播放时长:	0:01:12

01 启动中文版 3ds max 9。

02 选择菜单栏中的【自定义】|【自定义用户界面】命令，在弹出的【自定义用户界面】对话框中，选择【工具栏】选项卡，在下面的窗口中选择【层管理器】，然后拖动到主工具栏相应的位置，此时在工具栏上就有了（层管理器）按钮，如图 1-11 所示。

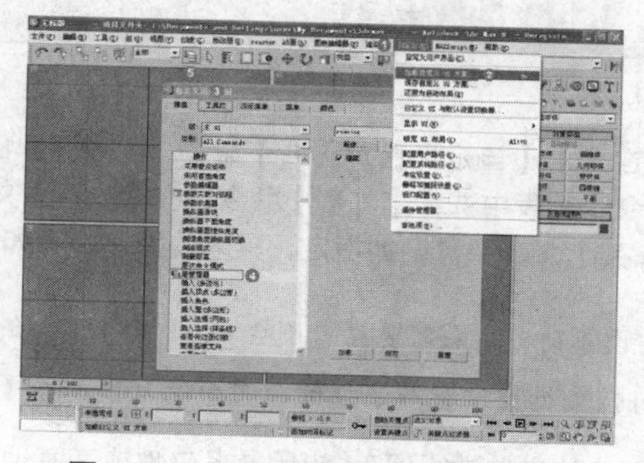

图 1-11　将层管理器添加到工具栏

提　示：凡是工具按钮下方带有小黑三角的，均表示其按钮下还隐藏了其他按钮，用鼠标左键按住此按钮不放即可显示出隐藏的其他按钮，从而从中进行选择。

03 用同样的方法，可以将其他需要的命令添加到主工具栏上，设置完毕后关闭【自定义用户界面】对话框。

04 将鼠标放在主工具栏的上方，当鼠标箭头变为张开的手掌形状时，单击鼠标右键会弹出右键菜单，选择其中的【附加】命令，此时在窗口中出现了【附加】工具栏。此时按住 Alt 键向主工具栏上拖动，可以快速添加工具按钮，如图 1-12 所示。

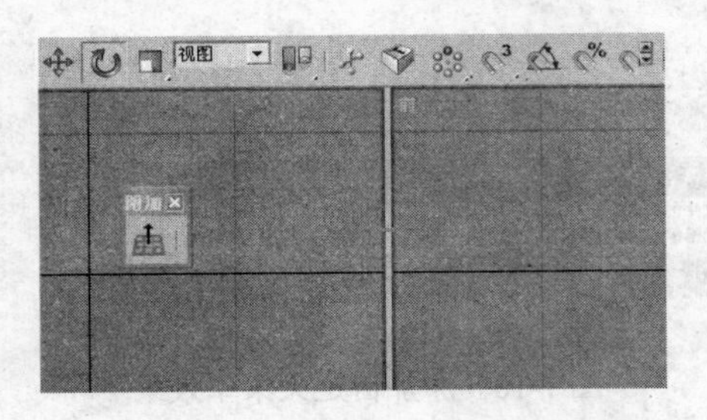

图 1-12　快速添加工具按钮

图 1-13　【确认】对话框

05 如果要删除工具栏中多余的按钮，可以按住 Alt 键，单击并向视口中拖动要删除的按钮，在弹出的如图 1-13 所示【确认】对话框中单击 是(Y) 按钮，就可以将工具栏上的按钮删除。

技　巧：根据工作的需要，可以在主工具栏中保留经常需要用到的工具，而将用不到的工具进行删除，从而精简工作界面，以提高工作准确度与效率。

例006　自定义快捷键

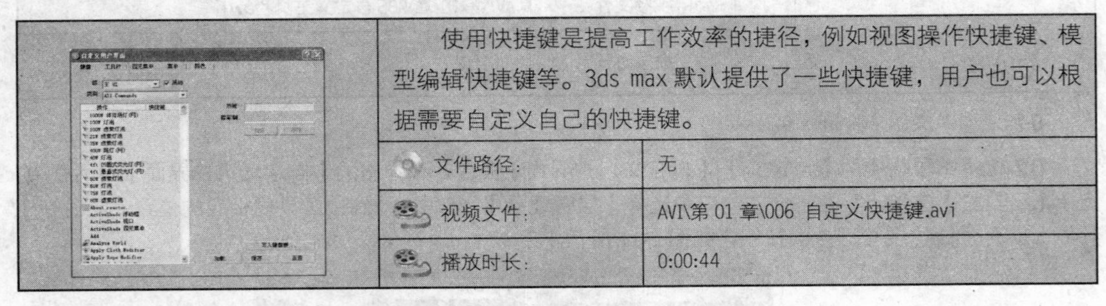

使用快捷键是提高工作效率的捷径，例如视图操作快捷键、模型编辑快捷键等。3ds max 默认提供了一些快捷键，用户也可以根据需要自定义自己的快捷键。

文件路径:	无
视频文件:	AVI\第 01 章\006 自定义快捷键.avi
播放时长:	0:00:44

01 启动中文版 3ds max 9。

02 执行菜单栏中的【自定义】|【自定义用户界面】命令，此时将弹出【自定义用户界面】对话框，在【自定义用户界面】对话框命令列表中选择【阵列】命令，在【热键】文本框中输入 Alt+Z，然后单击 指定 按钮，就完成了【阵列】命令快捷键的指定，具体的操作步骤如图 1-14 所示。

注　意：在进行快捷键的设置时，如果需要设置配合 Ctrl 或 Alt 键的快捷键，需要直接按住键盘上的相关键位，再按要进行设置的字母键，而不能直接输入字母 Ctrl 或 Alt。

03 3ds max 的快捷键以.kbd 的文件进行保存，当因重装软件或在其他计算机上使用时，可以选择【自定义】|【加载自定义 UI 方案】命令，载入自定义的快捷键文件。

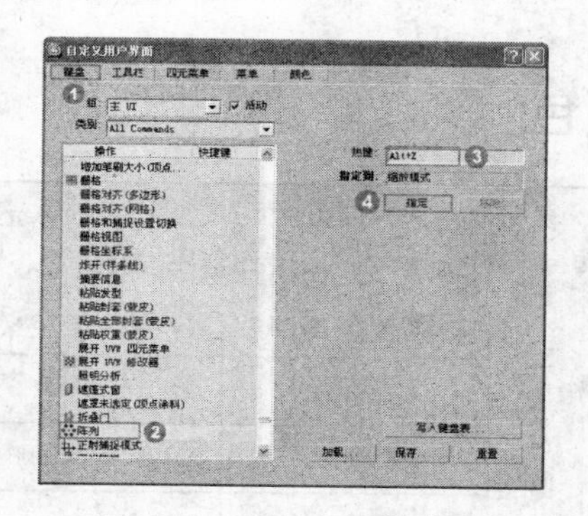

图 1-14　自定义用户界面对话框

例007　自定义右键菜单

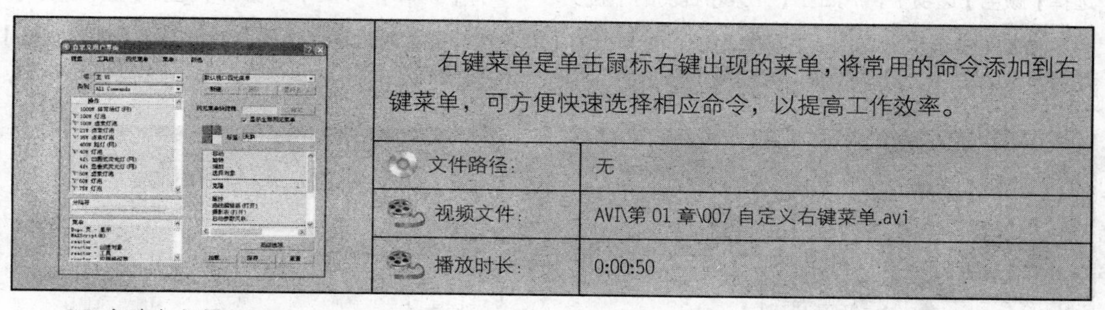

右键菜单是单击鼠标右键出现的菜单，将常用的命令添加到右键菜单，可方便快速选择相应命令，以提高工作效率。

文件路径：	无
视频文件：	AVI\第 01 章\007 自定义右键菜单.avi
播放时长：	0:00:50

01 启动中文版 3ds max 9。

02 选择菜单栏中的【自定义】|【自定义用户界面】命令，打开【自定义用户界面】对话框，选择【四元菜单】选项卡，在命令列表中选择【阵列】命令，并将其拖动到右侧窗口中的相应位置，如图 1-15 所示。

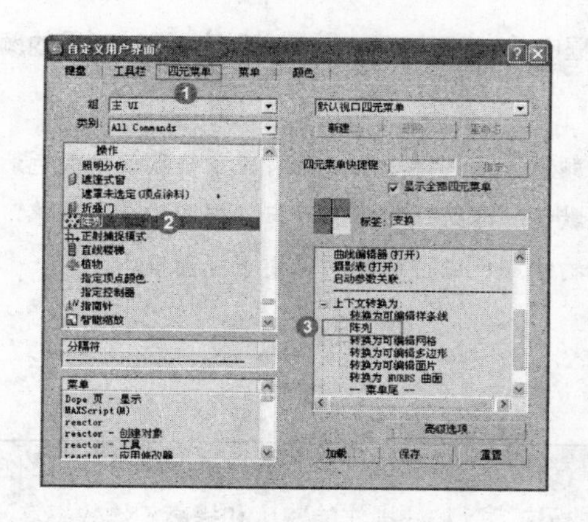

图 1-15　【自定义用户界面】对话框

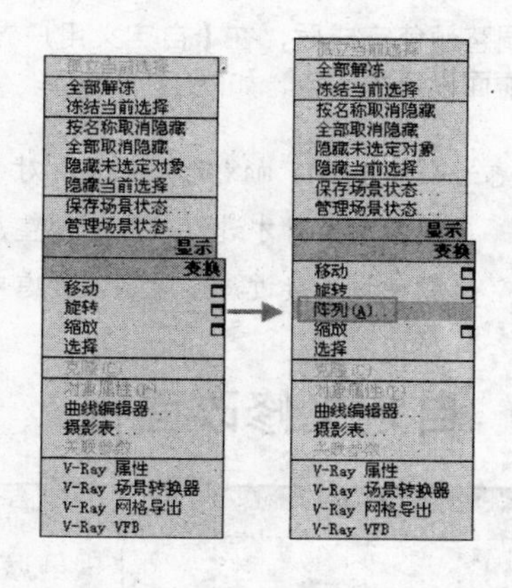

图 1-16　右键菜单设置前后效果对比

03 添加完成后，在视图中右击鼠标，就可以发现新添加的【阵列】命令，如图 1-16 所示。

例008 配置界面颜色

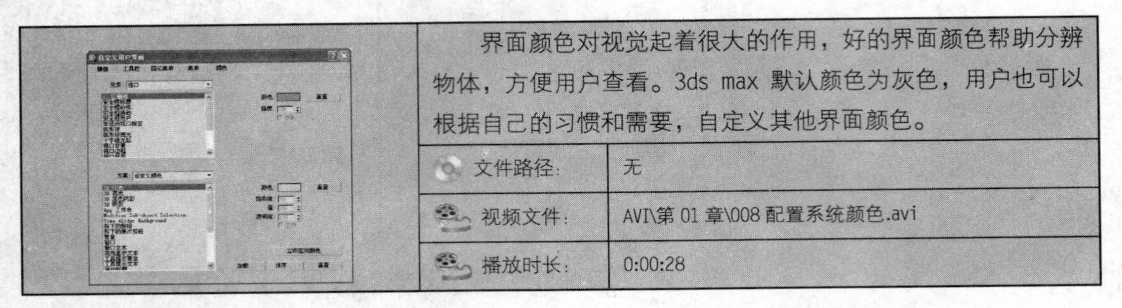

界面颜色对视觉起着很大的作用，好的界面颜色帮助分辨物体，方便用户查看。3ds max 默认颜色为灰色，用户也可以根据自己的习惯和需要，自定义其他界面颜色。

文件路径:	无
视频文件:	AVI\第 01 章\008 配置系统颜色.avi
播放时长:	0:00:28

01 启动中文版 3ds max 9。

02 选择菜单栏中的【自定义】|【自定义用户界面】命令，在弹出的【自定义用户界面】对话框中选择【颜色】选项卡，然后在【元素】右侧的下拉列表中选择【视口】，在其下的窗口中选择【视口背景】。

03 单击选项卡右侧上方颜色色块，在弹出的【颜色选择器】对话框中选择白色，即将【视口背景】颜色修改为白色，具体参数设置如图 1-17 所示。

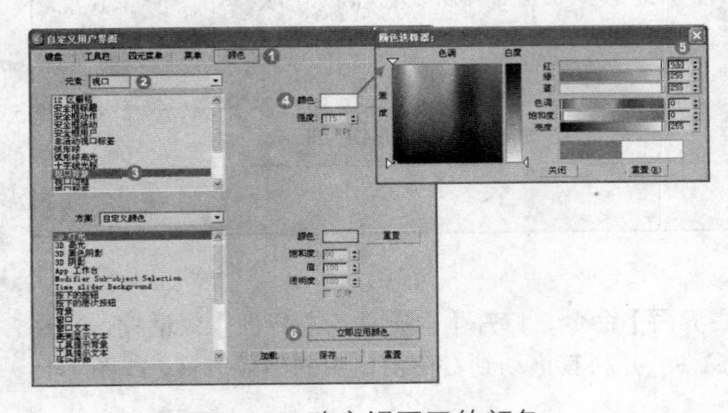

图 1-17 改变视图区的颜色

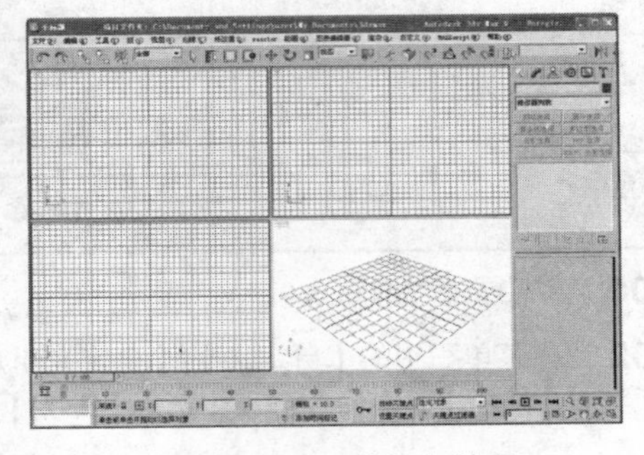

图 1-18 调整颜色效果

04 调整颜色完成后，在【自定义用户界面】对话框中单击 立即应用颜色 按钮，视口背景的颜色就变成了前面设置的颜色，如图 1-18 所示。

注 意：在使用 3ds max 时，一般不对系统默认的颜色方案进行修改，只有在系统默认的颜色影响视图观察时才进行对应的调整，例如系统默认“冻结”物体颜色与“视图”及“网格”的颜色过于接近，此时可以考虑对“冻结”物体颜色进行调整，以便于视图操作。

例009 自定义修改面板

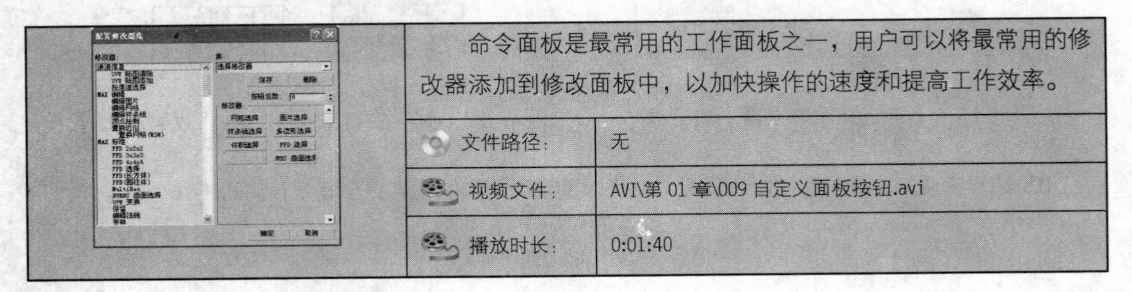

命令面板是最常用的工作面板之一，用户可以将最常用的修改器添加到修改面板中，以加快操作的速度和提高工作效率。

文件路径:	无
视频文件:	AVI\第 01 章\009 自定义面板按钮.avi
播放时长:	0:01:40

01 启动 3ds max 9 中文版。单击命令面板图标，进入修改命令面板，单击其中的（配置修改器集）按钮，在弹出的菜单中选择【显示按钮】命令，如图 1-19 所示。

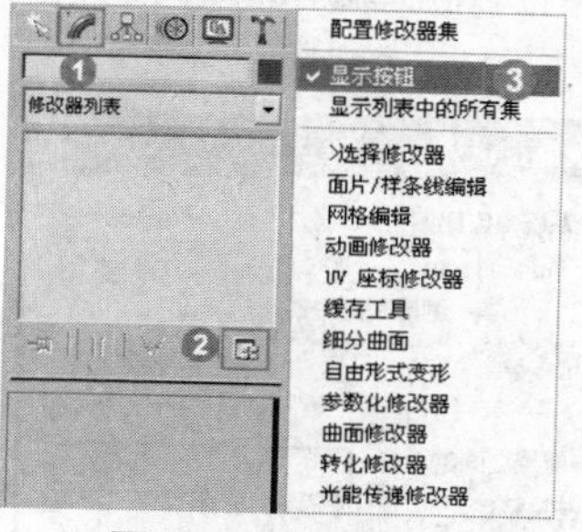

图 1-19　配置菜单

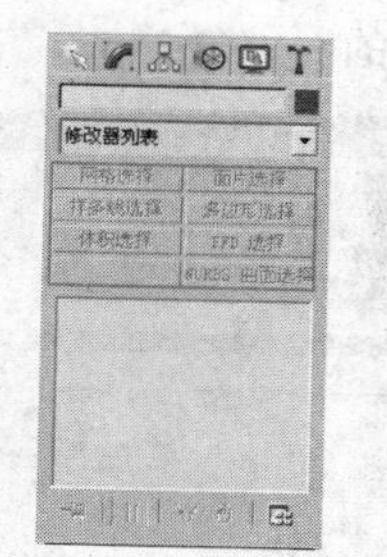

图 1-20　显示按钮组

02 完成以上操作后，在修改命令面板中便会出现一个默认的修改器集按钮组，如图 1-20 所示，这些修改器在室内效果图制作中很少用到，可以将其替换为【挤出】、【车削】、【倒角】、【弯曲】、【锥化】、【晶格】、【编辑网格】、【FFD 长方体】等常用修改器。

03 单击（配置修改器集）按钮，在弹出的菜单中选择【配置修改器】命令，打开【配置修改器集】对话框，在如图 1-21 所示【修改器】列表中选择需要的修改器，按住鼠标左键将其拖动到右侧的按钮上即可，从而取代原修改器。

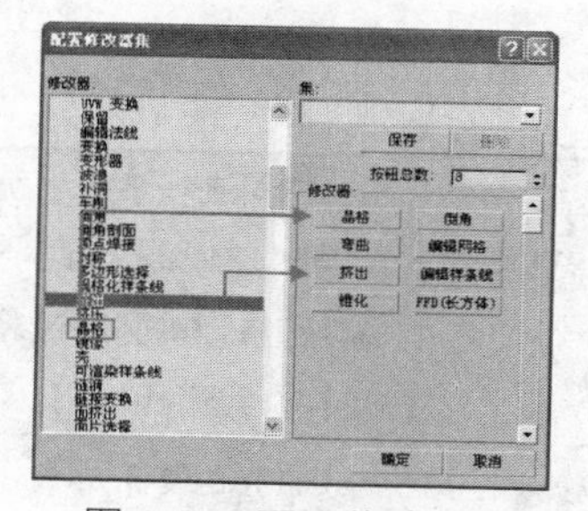

图 1-21　配置修改器集

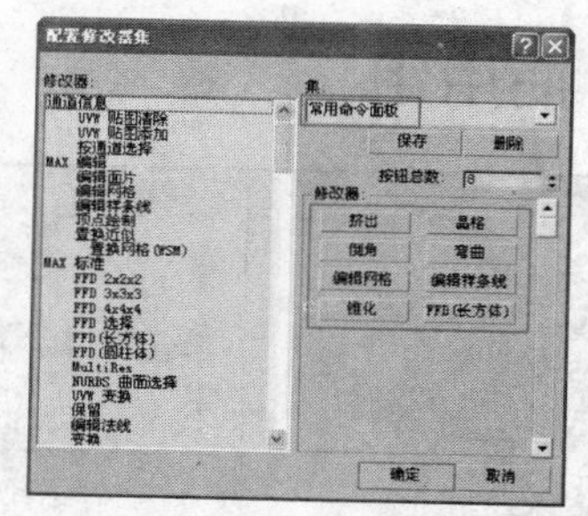

图 1-22　命名新修改器集

04 按钮的个数也可以通过其中【按钮总数】参数后的数值进行设置，设置完成后可以如图 1-22 所示将这个命令面板保存起来方便以后使用。

技　巧：一个专业的设计师或绘图员都会根据自己的操作习惯调整一个常用的命令面板，这样能很直观、方便地找到所需的修改命令，而不需要到命令众多的【修改器列表】中苦苦寻找了。

例010　设置单位

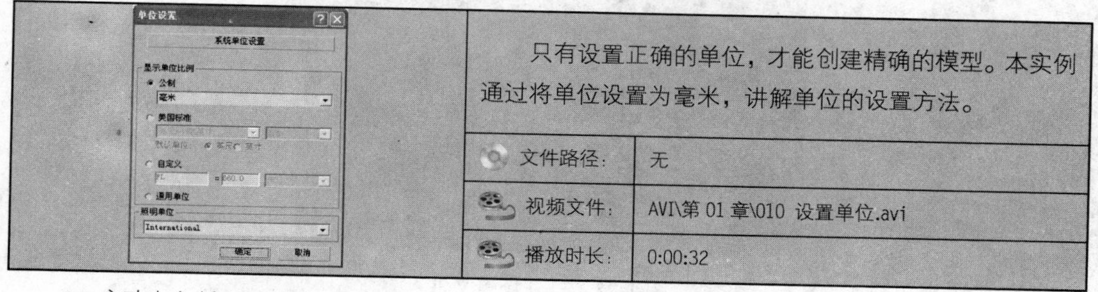

只有设置正确的单位，才能创建精确的模型。本实例通过将单位设置为毫米，讲解单位的设置方法。

文件路径：	无
视频文件：	AVI\第 01 章\010 设置单位.avi
播放时长：	0:00:32

01 启动中文版 3ds max 9。

02 执行菜单栏中的【自定义】|【单位设置】命令，此时将弹出【单位设置】对话框。

03 在【单位设置】对话框中选中【公制】选项，在下面的单位下拉列表中选择【毫米】，再单击【单位设置】对话框中的 系统单位设置 按钮，如图 1-23 所示。

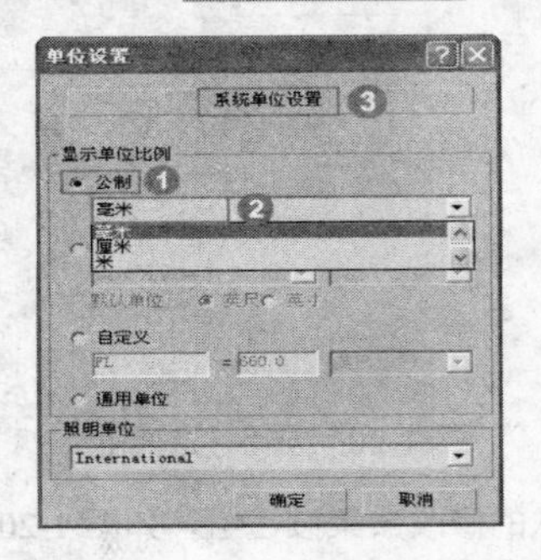

图 1-23　设置显示单位为毫米

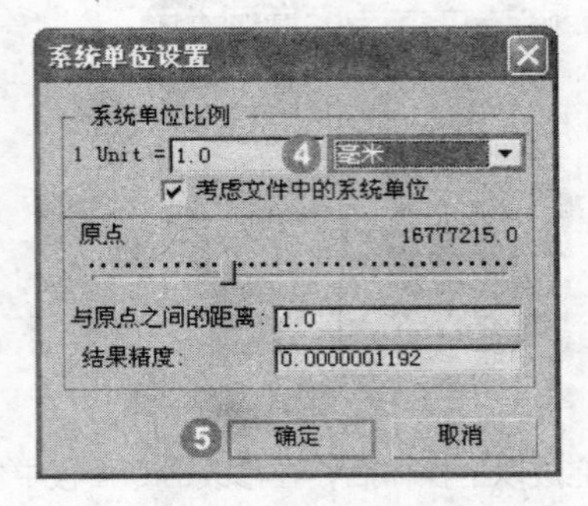

图 1-24　设置系统单位为毫米

04 此时将弹出【系统单位设置】对话框，在【系统单位比例】列表中选择【毫米】选项，单击 确定 按钮，如图 1-24 所示。

05 返回到【单位设置】对话框后，单击 确定 按钮完成单位设置。

例011　使用组

“组”是一种能使多个对象组合在一起，共同进行变换、编辑的方法。当几个对象组合为一个组后，该组中的所有对象便成为了一个整体，单击其中的任何一个对象，整个组便会被同时选择。本例通过将单人沙发及其上的抱枕组合为一个组，来学习【组】的创建和使用。

文件路径：	场景文件\第 01 章\011 组的使用
视频文件：	AVI\第 01 章\011 组的使用.avi
播放时长：	0:00:55

01 启动中文版 3ds max 9。

02 单击菜单【文件】|【打开】命令，或按下 Ctrl+O 快捷键，打开配套光盘“组的使用原始.max”文件，如图 1-25 所示，可以看到场景中有一个沙发及抱枕。

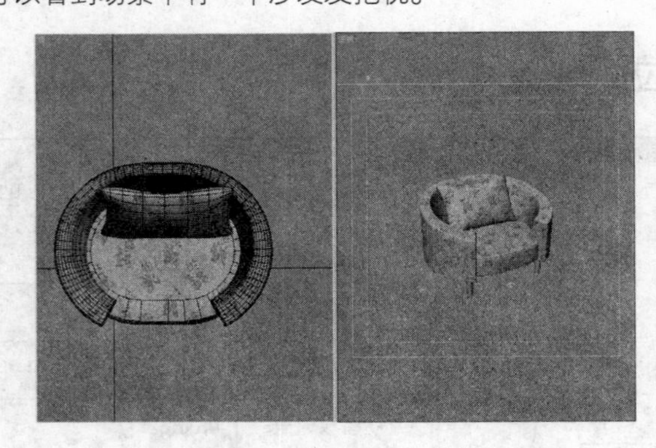
图 1-25　打开场景文件

03 在实际的工作常需要移动或缩放沙发，如果沙发没有【成组】，在移动或缩放时容易漏选某个部件，造成模型不完整或部件比例失调。

04 按 Ctrl+A 快捷键，选择场景中所有模型，执行【组】|【成组】命令，在弹出的【组】对话框中命名组为“沙发抱枕”，如图 1-26 所示。单击 确定 后，沙发与抱枕成为一体，这样在移动、缩放等操作时，两者就会保持同步状态。而物体在成组后，还可以在【组】菜单中选择相关命令进行解组、打开、炸开等操作，如图 1-27 所示。

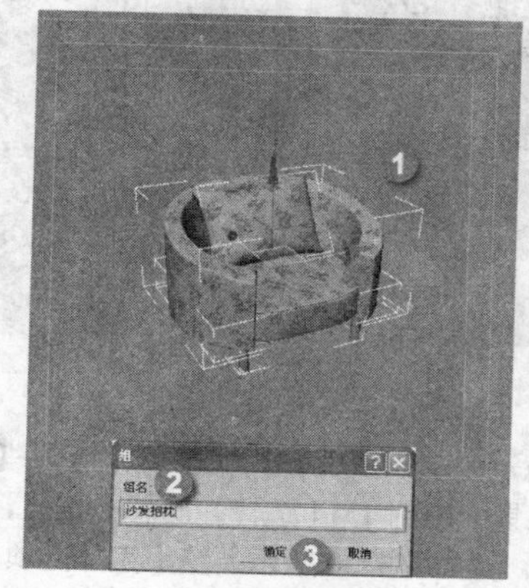

图 1-26　创建组

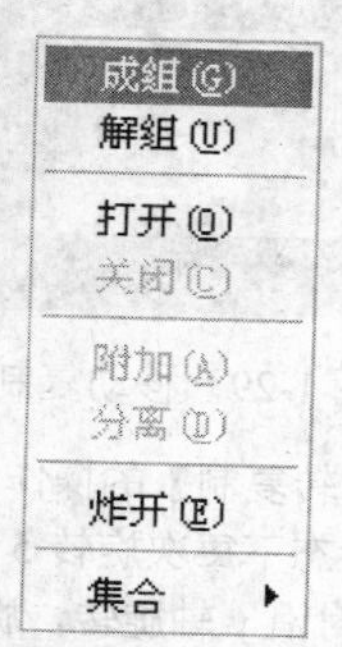

图 1-27　组的其他操作

例012　复制对象

外观、结构相同的模型可以通过复制的方法快速创建。本例通过复制单人沙发来学习【移动复制】、【旋转复制】及【镜像复制】的操作方法。

文件路径:	场景文件\第 01 章\012 复制对象
视频文件:	AVI\第 01 章\012 复制对象.avi
播放时长:	0:01:03

01 启动中文版 3ds max 9。

02 执行菜单【文件】|【打开】命令，打开配套光盘“复制原始.max”文件，如图 1-28 所示。可以看到场景中当前只有一个沙发模型，在进行复制之前，最好先利用上一实例所学知识将其成组。

图 1-28　打开场景文件

03 开始【移动复制】的操作，激活顶视图并按 Alt+W 键将其最大化显示。单击工具栏中的（选择并移动工具）按钮，选择需要复制的沙发，按住 Shift 键的同时在 x 轴方向往右拖动，移动至合适位置后松开鼠标，此时系统弹出一个【克隆选项】对话框，选中【实例】选项，单击 确定 按钮，即可完成移动复制的操作，具体操作如图 1-29 所示。

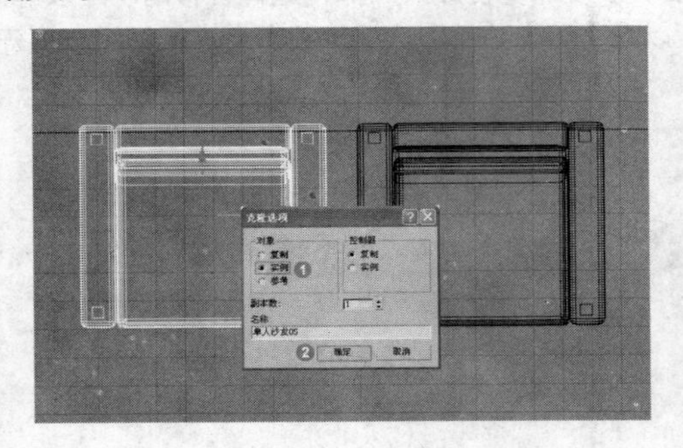

图 1-29　移动复制

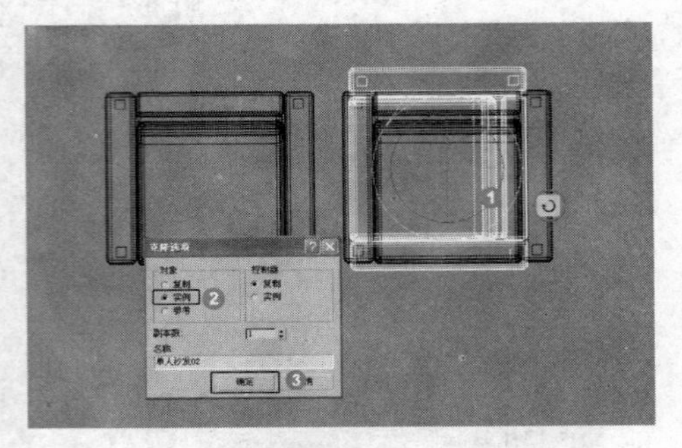

图 1-30　旋转复制沙发

04 进行【旋转复制】的操作，首先在顶视图中选择任意一个单人沙发，然后按 A 键启用【角度】捕捉，保持默认状态下每次旋转 5° 的角度捕捉设置。单击工具栏中的（选择并旋转）按钮，同样在按住 Shift 键的同时沿 y 轴旋转，旋转到合适位置后松开鼠标，并如图 1-30 所示调整【克隆选项】参数，完成旋转复制果，然后利用移动工具调整单人沙发的位置，如图 1-31 所示。

图 1-31　调整沙发的位置

05 进行【镜像复制】的相关操作，单击工具栏的（镜像）按钮，在弹出的【镜像】对话框中设置如图 1-32 所示的参数，单击【确定】完成镜像复制，最终效果如图 1-33 所示。

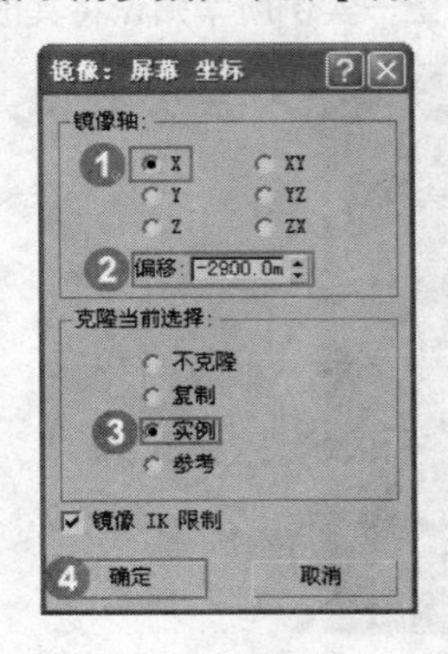

图 1-32　设置镜像参数

图 1-33　镜像复制

提　示：选择“实例”克隆选项，复制物体与源物体相互关联，当修改其中任何一个物体，其他物体也发生相同的改变；选择“复制”克隆选项，最简单的一种复制方式，复制物体与源物体之间不存在任何关联关系，当对源物体或复制物体进行修改时，其他物体不发生任何改变；选择“参考”克隆选项，当复制物体发生改变时，源物体并不随之发生改变。

例013　阵列对象

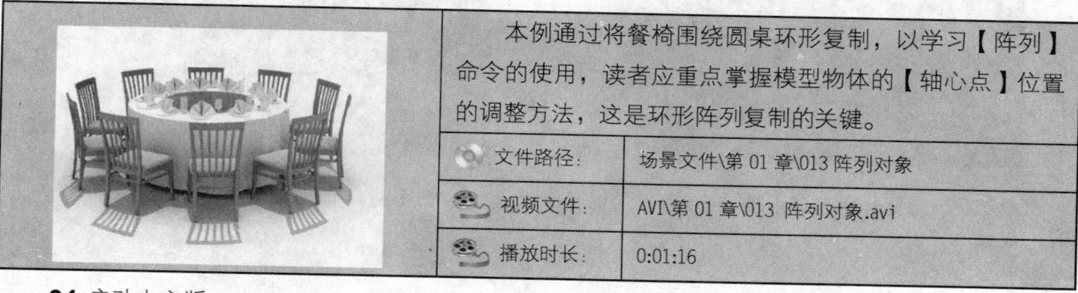

本例通过将餐椅围绕圆桌环形复制，以学习【阵列】命令的使用，读者应重点掌握模型物体的【轴心点】位置的调整方法，这是环形阵列复制的关键。

文件路径：	场景文件\第 01 章\013 阵列对象
视频文件：	AVI\第 01 章\013 阵列对象.avi
播放时长：	0:01:16

01 启动中文版 3ds max 9。

02 执行菜单【文件】|【打开】命令，打开配套光盘“阵列原始.max”文件，如图 1-34 所示。

03 激活顶视图，按 Alt+W 键将顶视图最大化显示，以便于操作观察。选择餐椅模型，首先进行【轴心点】的调整。如图 1-35 所示，单击命令面板中的 （层级面板）按钮，进入层次面板，单击 仅影响轴 按钮，此时可以发现【轴心点】控制器已经出现在椅子中心位置，如图 1-36 所示。选择轴心点，使用移动工具将其移动至餐桌的中心位置，如图 1-37 所示。

图 1-34　打开场景原始文件

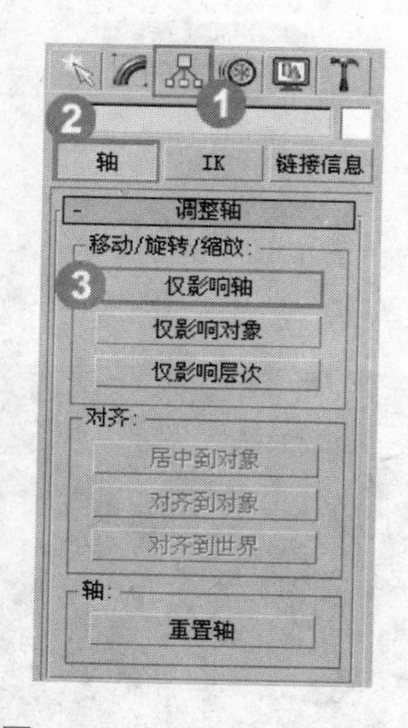

图 1-35　调整层次面板参数

04 单击 仅影响轴 按钮，结束轴心调整。在 3ds max 主工具栏空白处单击鼠标右键，在弹出的右键菜单中选择【附加】命令，如图 1-38 所示，显示出“附加”工具栏。

05 确认餐椅处于选择状态，单击“附加”工具栏 （阵列）按钮，在弹出的【阵列】对话框中设置参数如图 1-39 所示，【阵列】完成的效果如图 1-40 与图 1-41 所示。

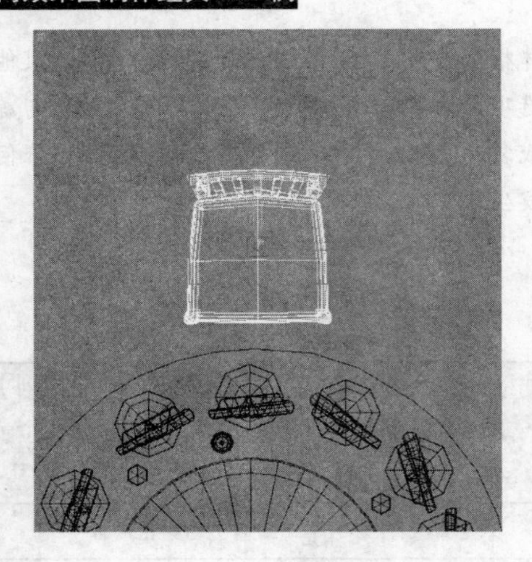

图 1-36　显示轴心

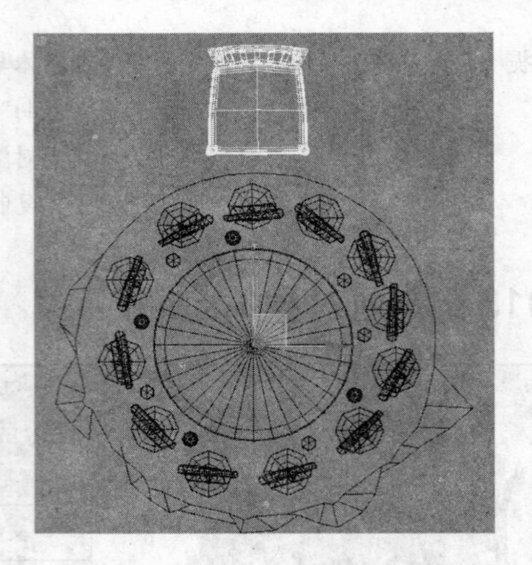

图 1-37　移动轴心至餐桌中心处

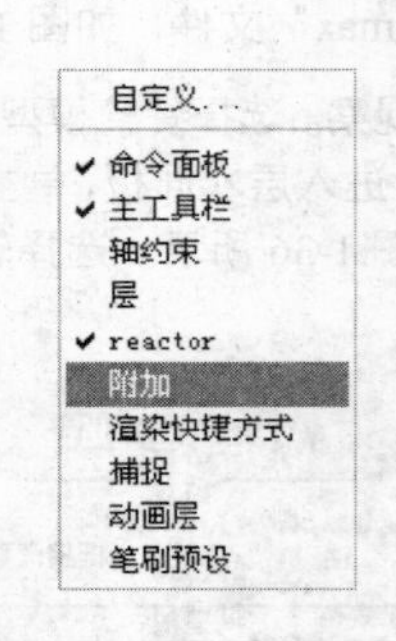

图 1-38　快捷菜单

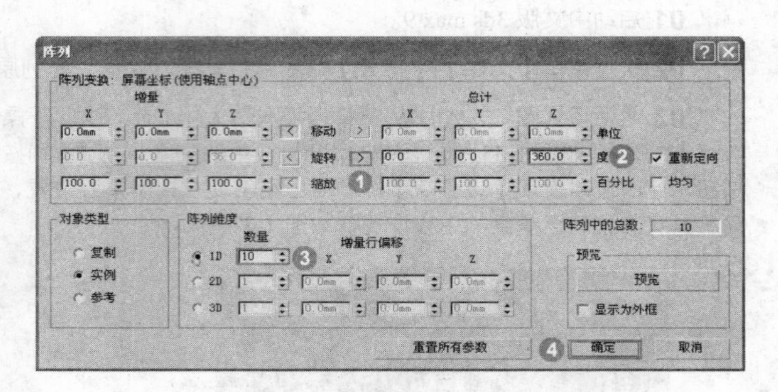

图 1-39　设置阵列参数

图 1-40　阵列完成顶视图效果

图 1-41　阵列完成透视图效果

例014　对齐对象

在精确建模过程中，对齐功能的使用频率是非常高的。在某种程度上，它可以代替移动功能，以精确调整对象的位置和方向。本例通过两个沙发的位置调整来学习【对齐】命令的使用。

文件路径：	场景文件\第 01 章\014 对齐操作
视频文件：	AVI\第 01 章\014 对齐操作.avi
播放时长：	0:0:59

01 启动中文版 3ds max 9。

02 执行菜单【文件】|【打开】命令，打开配套光盘“对齐操作.max”文件，打开场景如图 1-42 所示，可以看到当前视图内的两个沙发并没有放置在一条水平线上，从对齐的角度上而言，即在顶视图 Y 轴方向没有对齐，接下来利用【对齐】命令完成其位置的正确摆放，并使两个沙发能紧挨对齐。

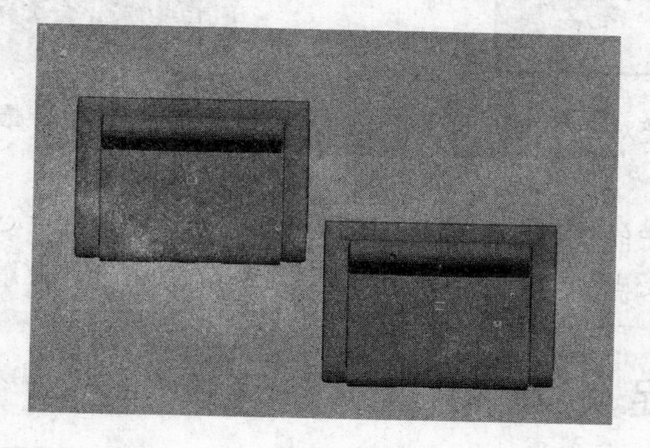

图 1-42　打开场景文件

03 激活顶视图，并按 Alt+W 键将顶视图最大化显示，以便观察模型是否对齐，选择处于下方的沙发模型，单击工具栏中的（对齐）按钮，当鼠标变成对齐光标的时候，单击上方沙发的沙发模型，在弹出的【对齐】对话框中设置其具体参数如图 1-43 所示，然后单击【应用】按钮，即可发现两个沙发已经并排排列，如图 1-44 所示。

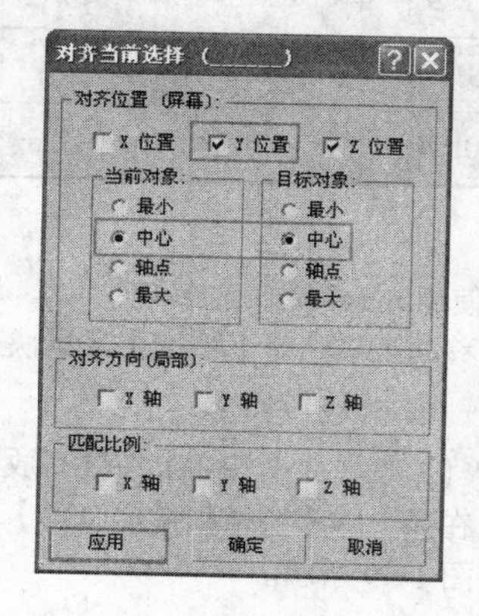

图 1-43　设置对齐参数

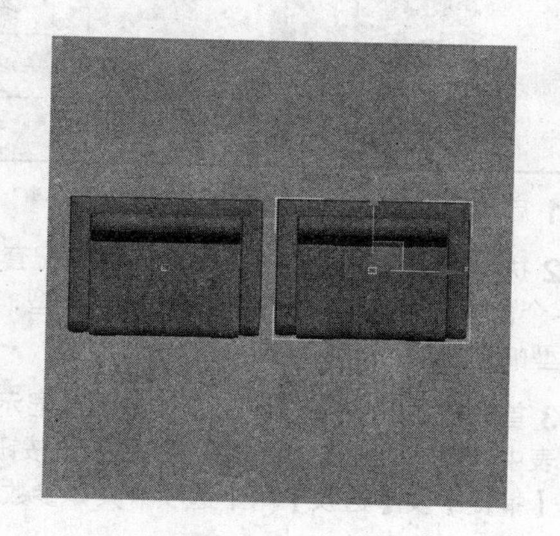

图 1-44　Y 轴对齐效果

技 巧：在进行对齐操作时一般不能同时完成两个或多个方向的对齐，可以在调整完一个方向的对齐参数后单击【应用】按钮，然后继续进行另一个方向对齐的操作。

04 调整 X 轴方向对齐参数如图 1-45 所示，单击【确定】按钮完成对齐操作，此时的两个沙发已经紧挨放置，效果如图 1-46 所示。

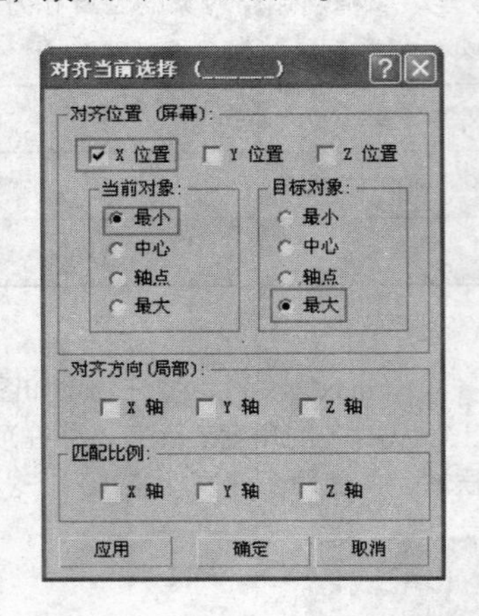

图 1-45 调整对齐参数

图 1-46 最终对齐效果

提 示：对齐对话框中的"最小"是指对象上最靠近负方向的边；"中心"指对象的重心；"轴点"指对象的轴心点；"最大"与最小相对，在 X、Y、Z 轴上，最靠近正方向的边为最大。

例015 使用捕捉

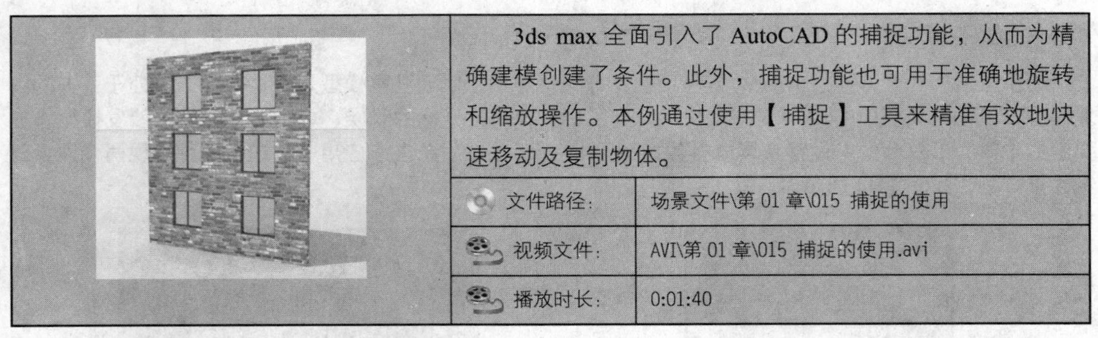

3ds max 全面引入了 AutoCAD 的捕捉功能，从而为精确建模创建了条件。此外，捕捉功能也可用于准确地旋转和缩放操作。本例通过使用【捕捉】工具来精准有效地快速移动及复制物体。

文件路径：	场景文件\第 01 章\015 捕捉的使用
视频文件：	AVI\第 01 章\015 捕捉的使用.avi
播放时长：	0:01:40

01 启动中文版 3ds max 9。

02 执行【文件】|【打开】命令，打开配套光盘"捕捉的使用.max"，如图 1-47 所示，场景中的墙体有 6 个窗洞，但当前只制作了一个窗户模型，接下来就利用移动工具结合【捕捉】工具快速完成其他窗户模型的创建。

03 首先按 Alt+W 键，将前视图最大化显示，在工具栏（3 维捕捉）按钮上按住不放，在弹出的按钮列表中选择（2.5 维捕捉），然后在该按钮上单击右键，在弹出的【栅格和捕捉设置】对话框中分别设置【捕捉】及【选项】两个选项卡具体参数，如图 1-48 与图 1-49 所示。

提 示：二维捕捉只能捕捉当前活动栅格及栅格平面上的几何体，将忽略 Z 轴或垂直尺寸，因而只适用于捕捉当前栅格平面上的对象；2.5 维捕捉（）不但可以捕捉到当前活动栅格及栅格平面上的几何体，也可以捕捉到三维空间对象在当前栅格平面上的投影点或边缘，常用于绘制从 AutoCAD 中导入的墙体轮廓；3 维捕捉（）直接捕捉空间中的点、线等，可用于三维空间中移动对象和绘制曲线。

图 1-47　打开场景文件

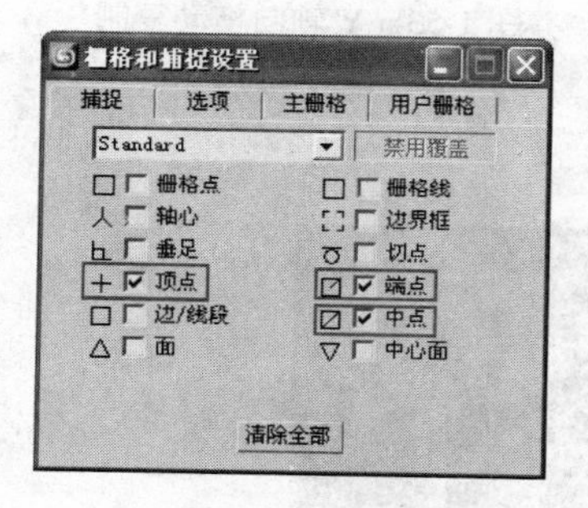

图 1-48　【捕捉】选项卡

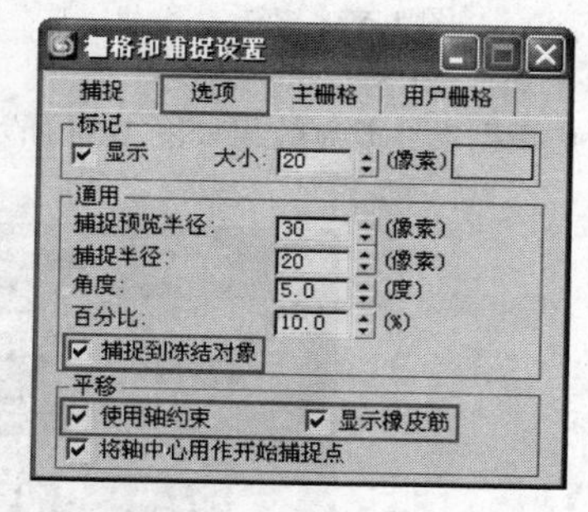

图 1-49　【选项】选项卡

04 设置好捕捉参数后，选择窗户模型，单击主工具栏（选择并移动）按钮，捕捉当前窗框模型的左上角顶点，如图 1-50 所示，按下“F5”键将移动锁定至 X 轴，然后按住 Shift 键向右侧窗洞拖动复制，当捕捉到右侧窗洞左上角顶点时松开鼠标，如图 1-51 所示，在弹出的【克隆选项】对话框中设置相应的参数，即可完成复制操作。

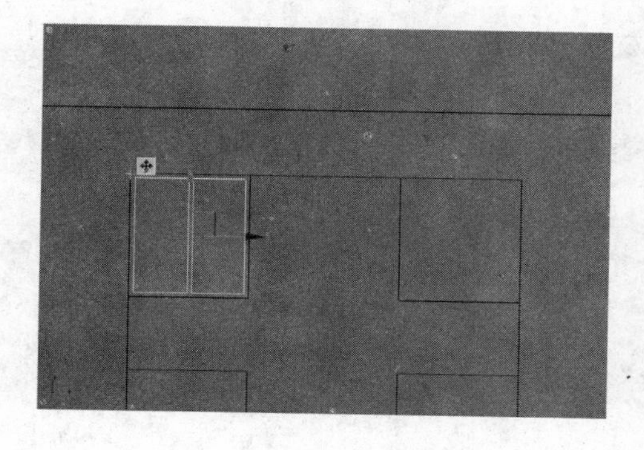

图 1-50　捕捉顶点

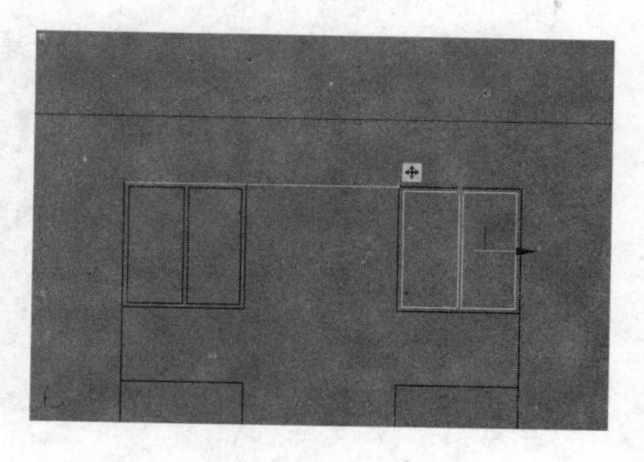

图 1-51　拖动复制

技　巧：X 轴、Y 轴和 Z 轴轴向约束对应快捷键分别为 F5、F6 和 F7，按 F8 键可以切换 XY 轴、YZ 轴和 ZX 轴平面约束。

05 选择当前的两个窗户模型，按下 F6 键将移动锁定至 Y 轴，使用同样的方法进行捕捉复制，捕捉位置如图 1-52、图 1-53 所示，在弹出的【克隆选项】对话框中将【副本】数量设置为 2，单击【确定】按钮，即可完成复制。

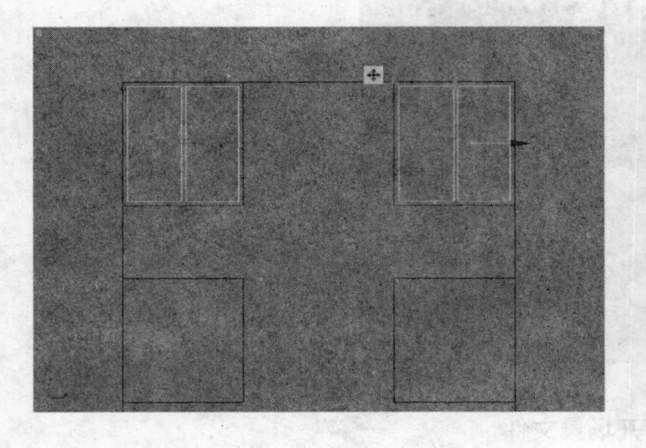

图 1-52　捕捉

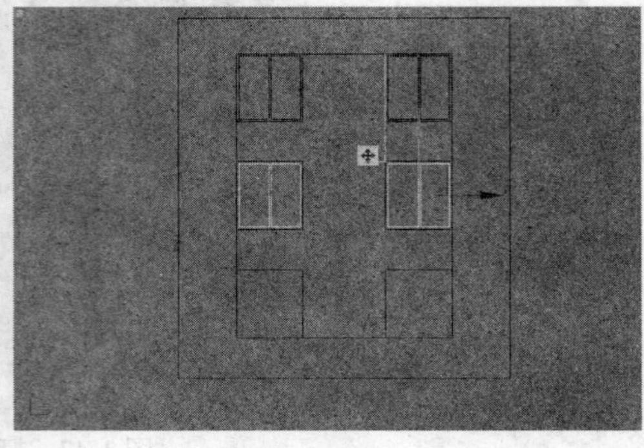

图 1-53　Y 轴向拖动复制

06 窗户模型最终复制效果如图 1-54 所示。

图 1-54　复制窗户效果

第2章 基本几何体建模

3ds max 内建了几十种基本的几何体，包括标准基本体和扩展基本体。许多室内模型正是由这些简单的标准基本体和扩展基本体组合而成的，如阶梯、墙体等，可以使用这些基本几何体，像搭积木一样迅速搭建起建筑造型。除此之外，许多的建模方法都是从创建这些简单的几何体开始，然后通过添加修改器以编辑得到所需的造型。因此，基本几何体建模是 3ds max 建模的基础。

例016 简约茶几

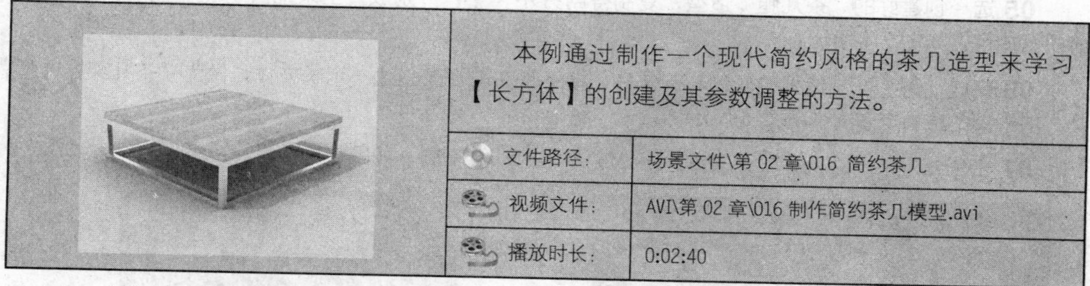

本例通过制作一个现代简约风格的茶几造型来学习【长方体】的创建及其参数调整的方法。

文件路径：	场景文件\第 02 章\016 简约茶几
视频文件：	AVI\第 02 章\016 制作简约茶几模型.avi
播放时长：	0:02:40

01 启动 3ds Max 9 中文版，设置单位为【毫米】。

02 单击（创建）|（几何体）| 长方体 按钮，在顶视图中单击并拖动鼠标创建一个任意大小的长方体作为“茶几面”造型，如图 2-1 所示。

图 2-1 创建长方体

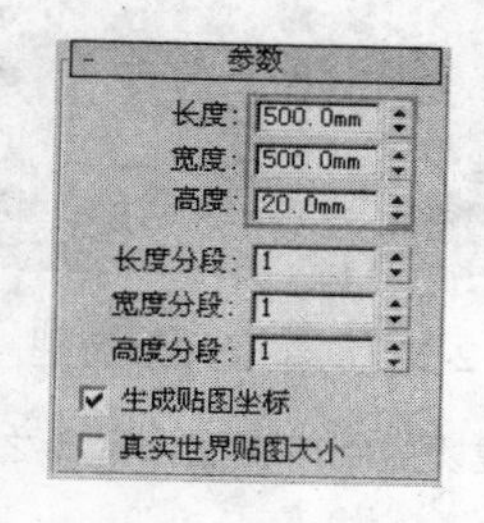

图 2-2 修改长方体参数

03 选择创建好的长方体模型，单击（修改）图标进入修改面板，设置参数如图 2-2 所示，完成茶几面造型的精确制作。

技 巧：在输入尺寸数值时，3ds max 可以进行分数计算和单位转换，例如输入 5m 和 5000mm，效果是完全一样的。输入 3/4，系统会根据精度设置转换为相应的小数。

04 单击（创建）|（几何体）| 长方体 按钮，在顶视图拖动鼠标创建一个长方体，然后进入修改面板，修改参数如图 2-3 所示，制作出“茶几腿”造型。

技 巧：当创建完物体之后，可以按 F3 键切换至线框显示模式，以清楚地观看物体的结构形态；按下 F4 键可切换至“边面”显示模式；按下 G 键可以隐藏栅格。

图 2-3　创建茶几腿造型

图 2-4　复制并调整茶几腿位置

05 选择创建好的“茶几腿”造型，复制得到另外 3 个，分别放置至茶几面的 4 个角端，茶几腿在前视图的位置如图 2-4 所示。

06 完成“茶几腿”造型的复制与制作后，接下来在前视图创建一个长方体，做为“茶几架”造型，其在前视图的位置与参数如图 2-5 所示。

07 将创建好的“茶几架”造型在同一 XY 平面内进行复制，如图 2-6 所示。

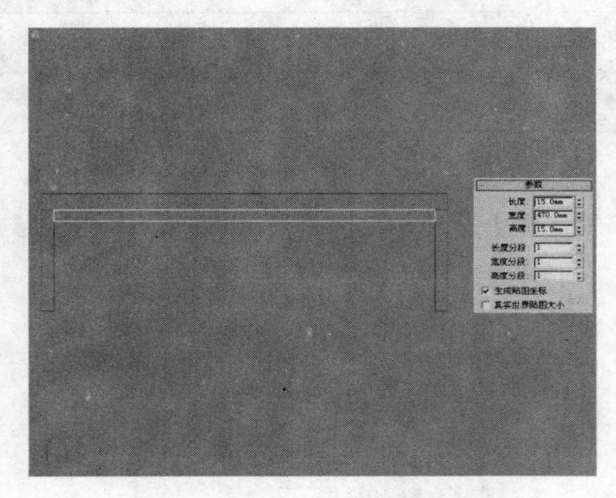

图 2-5　创建茶几架造型

图 2-6　复制茶几架

08 按 F 键切换到前视图，选择之前创建好的上层“茶几架”模型，通过移动复制得到如图 2-7 所示下层茶几架。

09 制作完成的茶几模型效果如图 2-8 所示。

图 2-7　复制出下层茶几架

图 2-8　茶几整体造型

技　巧：在进行物体的选择时，按住 Ctrl 可以加选物体，按 Alt 可以减选物体。

例017　简约落地灯

本例通过制作一个简约时尚的落地灯，综合学习【圆锥体】、【球体】、【圆柱体】的创建方法和参数的修改。	
文件路径：	场景文件\第 02 章\017 简约落地灯
视频文件：	AVI\第 02 章\017 创建简约落地灯模型.avi
播放时长：	0:03:03

01 启动中文版 3ds Max 9，设置单位为【毫米】。

02 单击（创建）|（几何体）| 球体 按钮，在顶视图单击并拖动鼠标创建一个球体，设置参数如图 2-9 所示，做为灯具的“球形灯罩”的造型。

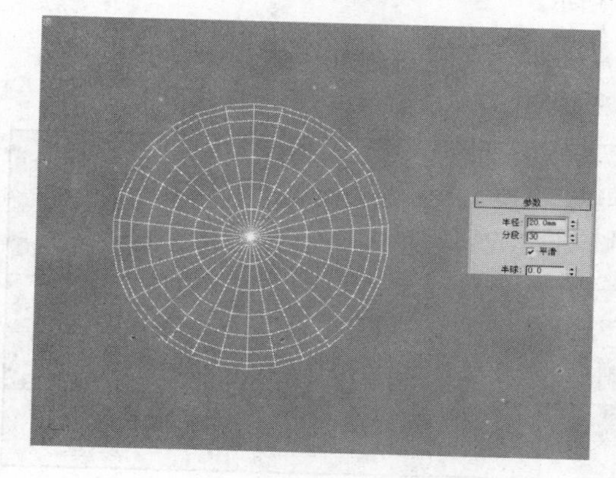

图 2-9　创建球体

图 2-10　Y 轴缩放

03 选择创建好的“球形灯罩”造型，按 F 键切换为前视图，单击主工具栏（选择并均匀缩放）按钮，在 Y 轴方向进行压缩调整，如图 2-10 所示。

04 单击（创建）|（几何体）| 圆柱体 按钮，创建“灯罩”与“灯杆”的连接物，如图 2-11 所示，并将其与“灯罩”模型中心对齐。

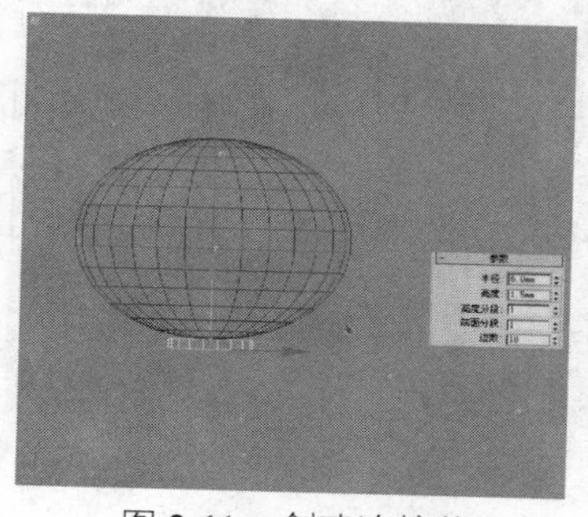

图 2-11　创建连接物

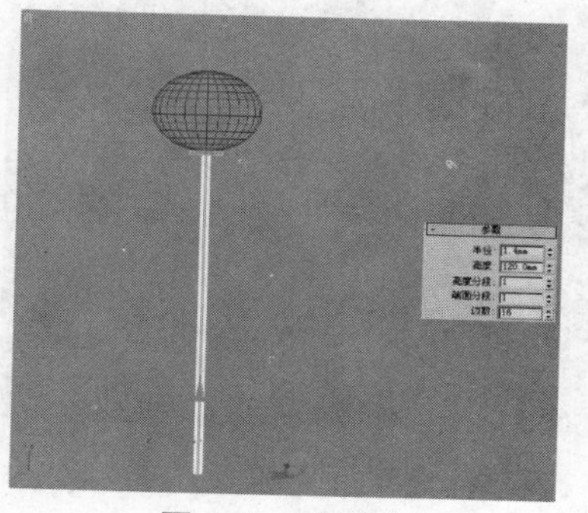

图 2-12　制作灯杆

05 复制创建好的连接物，并调整其参数与位置，作为“灯杆”模型，如图 2-12 所示。

06 单击 (创建)| (几何体)| 圆锥体 按钮，在顶视图创建一个圆锥体作为“灯座”模型，并调整具体参数与位置，如图 2-13 所示。

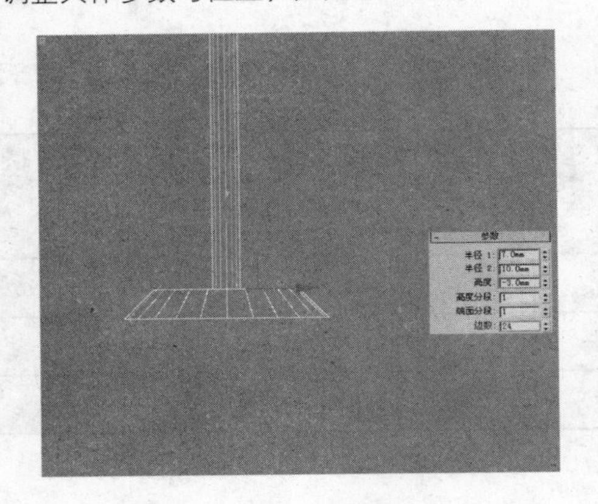
图 2-13　创建灯具底座

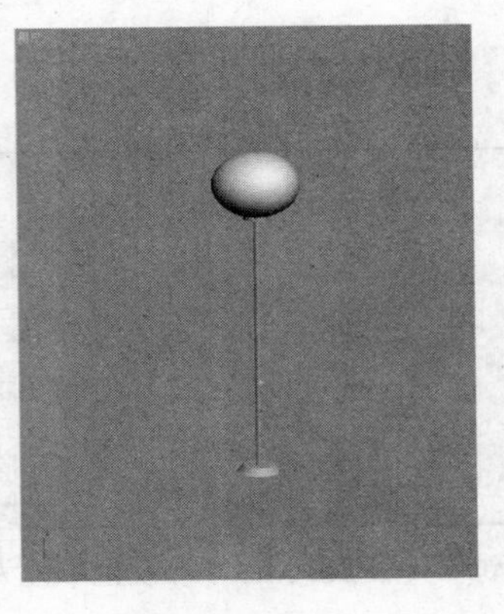
图 2-14　时尚落地灯最终造型

07 简约落地灯造型创建完成，最终效果如图 2-14 所示。

例018　简约台灯

	本例通过制作一个简约台灯模型来学习【管状体】、【圆锥体】、【圆柱体】的创建方法。
文件路径:	场景文件\第 02 章\018 简约台灯
视频文件:	AVI\第 02 章\018 创建简约台灯模型.avi
播放时长:	0:03:05

01 启动中文版 3ds Max 9，设置单位为【毫米】。

02 单击 (创建)| (几何体)| 管状体 按钮，在顶视图创建一个管状体作为“灯边”模型，如图 2-15 所示。

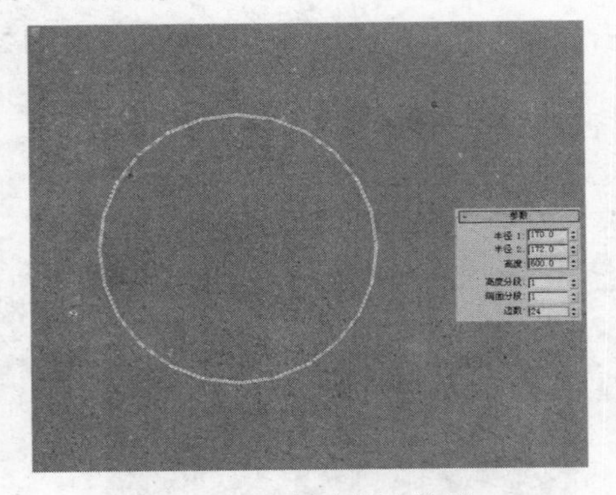
图 2-15　创建灯边造型

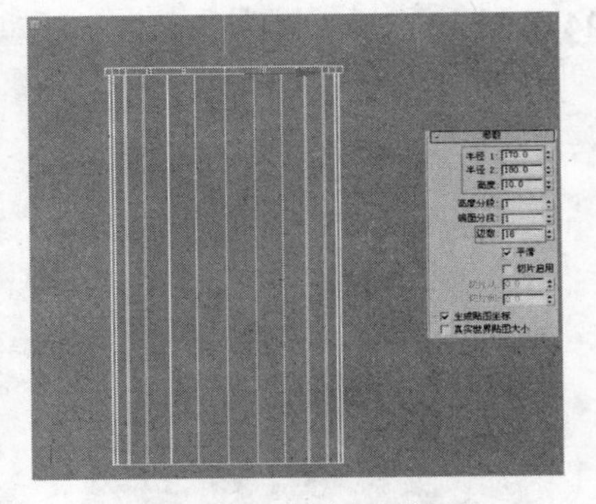
图 2-16　创建灯罩造型

03 复制创建好的“灯边”模型，调整参数如图 2-16 所示，制作出“柱形灯罩”造型。然后在前视图中复制“灯边”模型至“灯罩”底端，在弹出的【克隆选项】对话框中选中【实例】选项，制作出底部“灯边”造型，如图 2-17 所示。

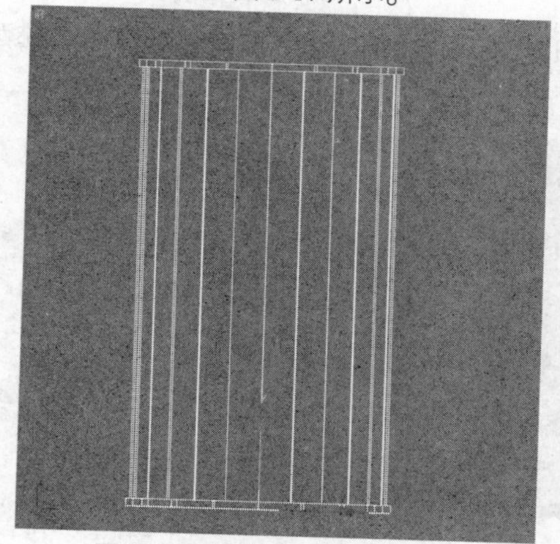

图 2-17　复制出底端灯边造型

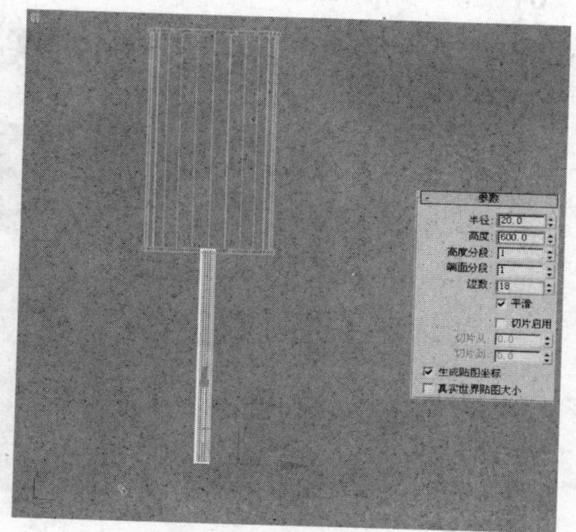

图 2-18　创建灯杆造型

04 单击（创建）|（几何体）| 圆柱体 按钮，继续创建图 2-18 所示“灯杆”造型，将其与“灯罩”在顶视图中心对齐。

05 单击（创建）|（几何体）| 圆锥体 按钮，在顶视图创建一个圆锥体作为“灯座”，如图 2-19 所示。

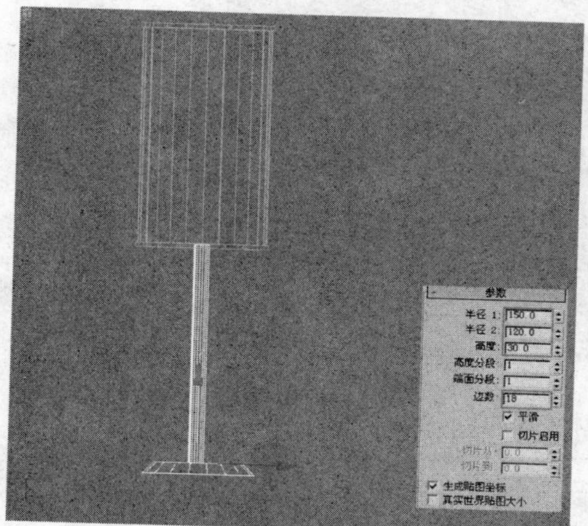

图 2-19　创建底座模型

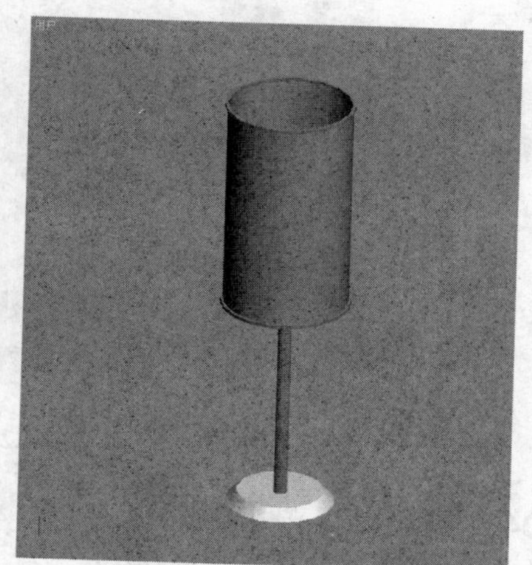

图 2-20　简约台灯整体造型

06 创建完成的台灯造型效果如图 2-20 所示。

例019　电视柜

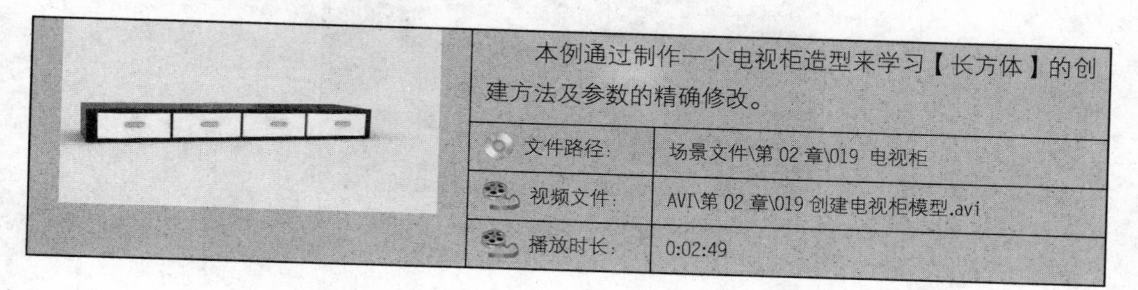

本例通过制作一个电视柜造型来学习【长方体】的创建方法及参数的精确修改。

文件路径:	场景文件\第 02 章\019 电视柜
视频文件:	AVI\第 02 章\019 创建电视柜模型.avi
播放时长:	0:02:49

01 启动中文版 3ds Max 9，设置单位为【毫米】。

02 单击（创建）|（几何体）| 长方体 按钮，在顶视图创建一个长方体作为“柜体”造型，调整参数及位置如图 2-21 所示。

图 2-21　创建柜体造型

03 参考创建好的“柜体”造型大小，在前视图再次利用“长方体”创建“柜门”造型，其具体参数及位置如图 2-22 所示。

图 2-22　创建柜门造型

04 在前视图选择“柜门”造型，将其沿 X 轴进行移动复制，在弹出的【克隆选项】对话框“副本数”文本框输入数值 3，如图 2-23 所示，得到共 4 个“柜门”。

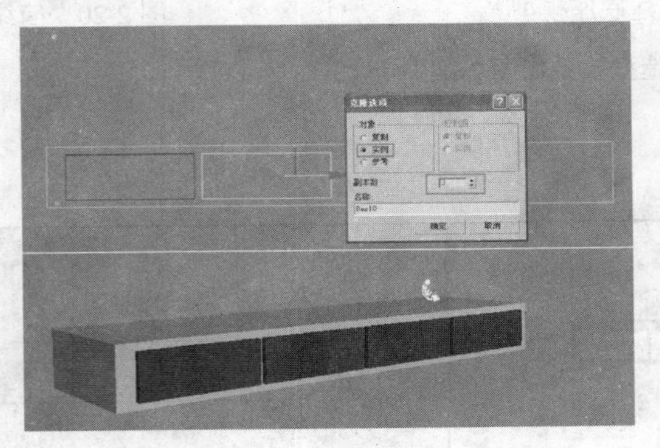

图 2-23　复制柜门

05 使用类似的方法制作电视柜“拉手”造型，如图 2-24 所示。

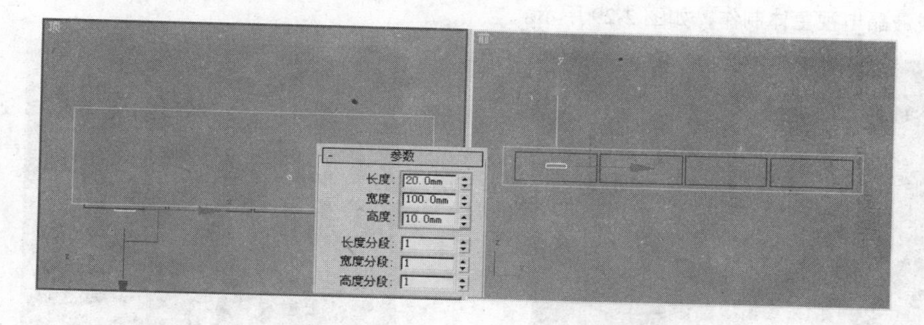

图 2-24　创建拉手造型

06 运用移动复制的方法，复制另外 3 个“拉手”造型，完成电视柜造型的制作，最终效果如图 2-25 所示。

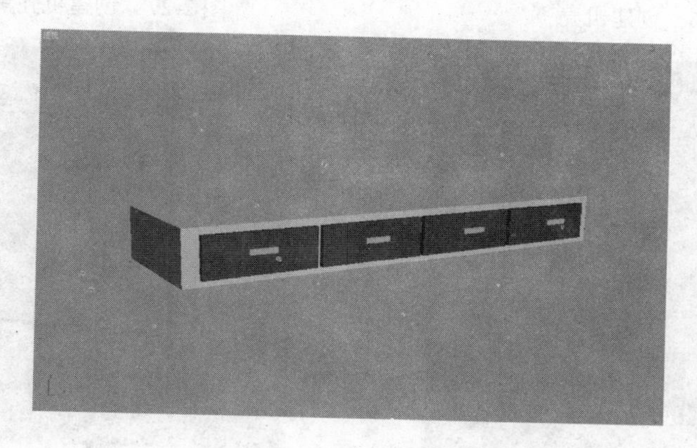

图 2-25　电视柜完成效果

例020　液晶电视

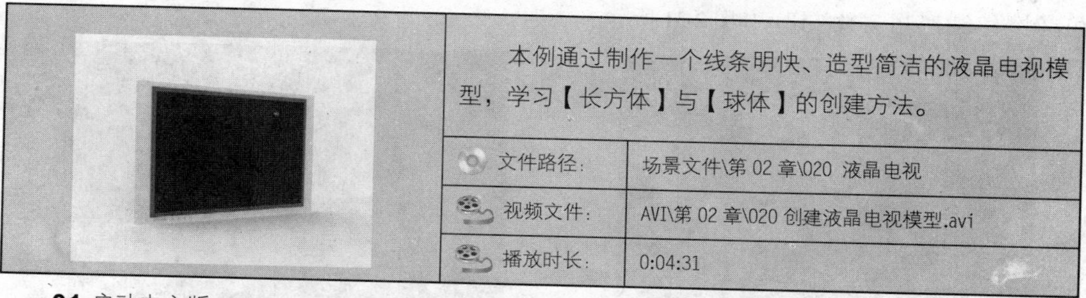

本例通过制作一个线条明快、造型简洁的液晶电视模型，学习【长方体】与【球体】的创建方法。

文件路径:	场景文件\第 02 章\020 液晶电视
视频文件:	AVI\第 02 章\020 创建液晶电视模型.avi
播放时长:	0:04:31

01 启动中文版 3ds Max 9，设置单位为【毫米】。

02 单击（创建）|（几何体）| 长方体 按钮，在前视图创建一个长方体，然后调整其具体参数与形态如图 2-26 所示，作为“电视壳”主体模型。

03 选择创建好的“机壳”造型，按 L 键进入左视图，用移动复制的方式复制一个，修改其参数与位置如图 2-27 所示，做为紧贴机壳前沿“黑边”造型。

04 选择“黑边”造型，在左视图再复制一个，修改其参数与位置如图 2-28 所示，作为“电视屏幕”造型，完成液晶电视主体制作，如图 2-29 所示。

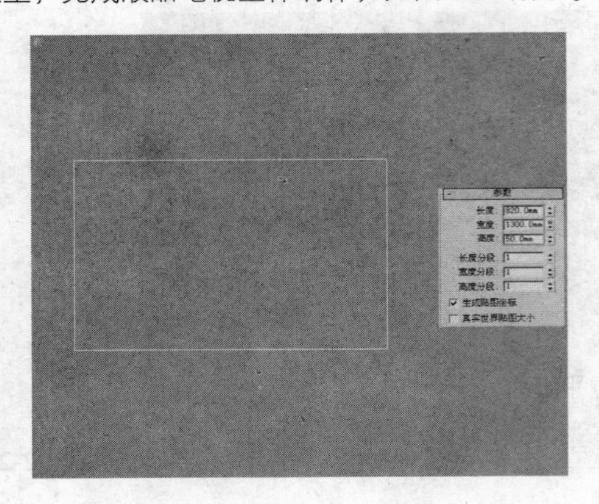

图 2-26　创建机壳

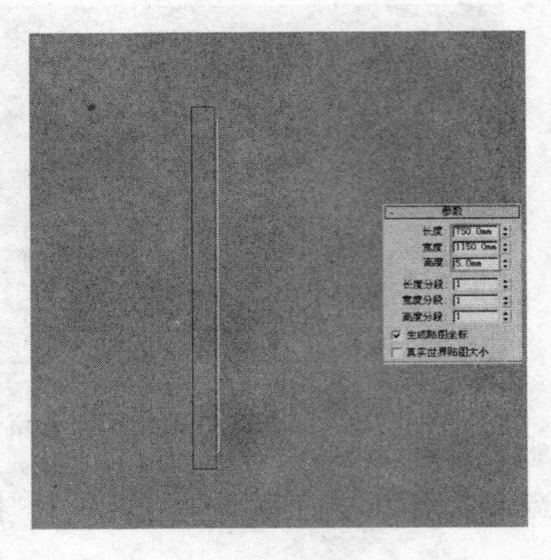

图 2-27　创建机壳黑边造型

图 2-28　创建电视屏幕造型

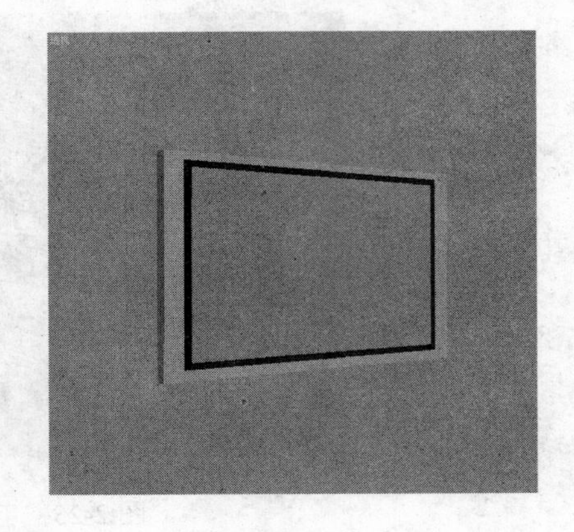

图 2-29　当前液晶电视造型

05 制作液晶电视上紧贴机壳的按钮造型。在前视图创建一个长方体如图 2-30 所示，参照此长方体的比例继续创建一个球体按钮，如图 2-31 所示。

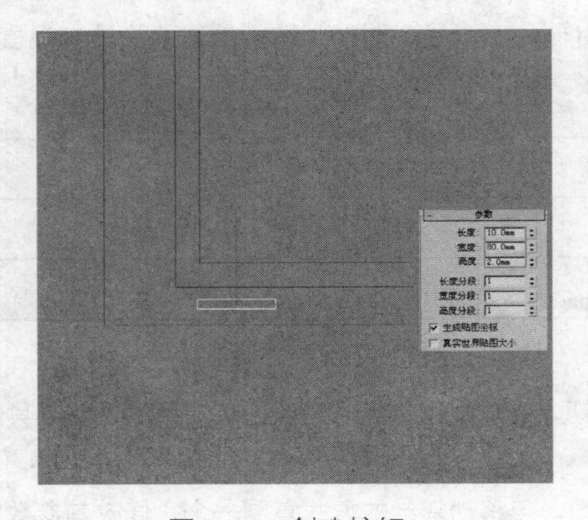

图 2-30　创建按钮一

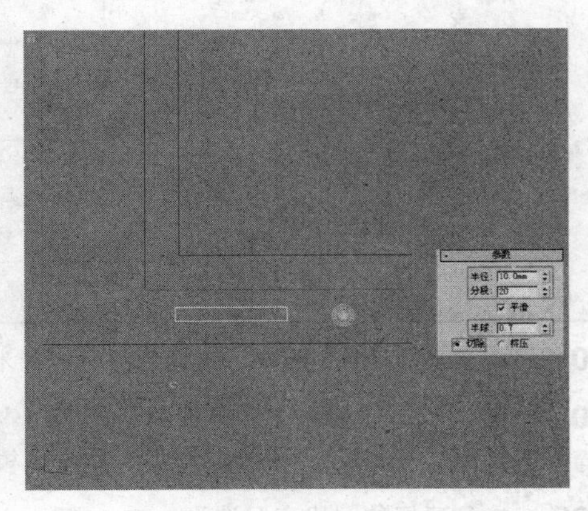

图 2-31　创建按钮二

技　巧：如果不需要完整的球形，可以调整【半球】参数值，然后选择其下的【切除】按钮，将多余的球体模型切除以节省出模型的面数。

06 参考前两个按钮的大小比例，继续创建如图 2-32 所示几个较小的半球按钮，从而完成液晶电视按钮的的制作，液晶电视整体造型效果如图 2-33 所示。

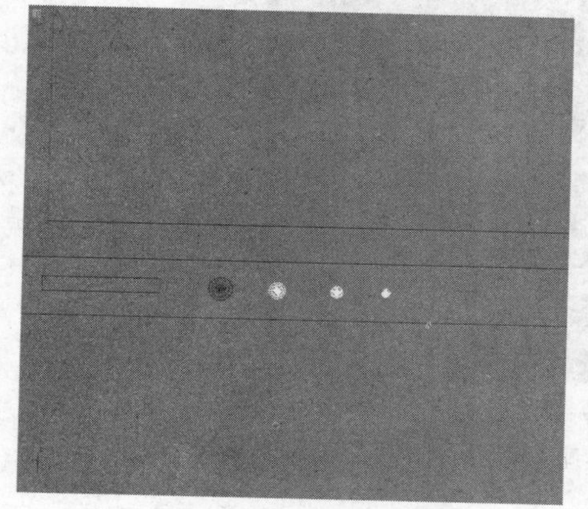

图 2-32　创建其他电视按钮

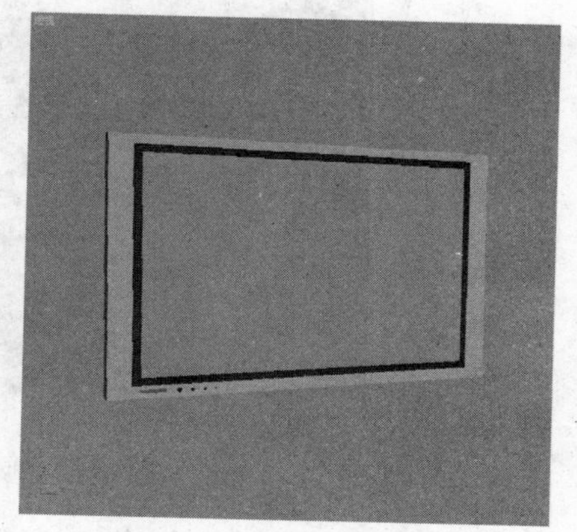

图 2-33　液晶电视最终造型

例021　组合沙发

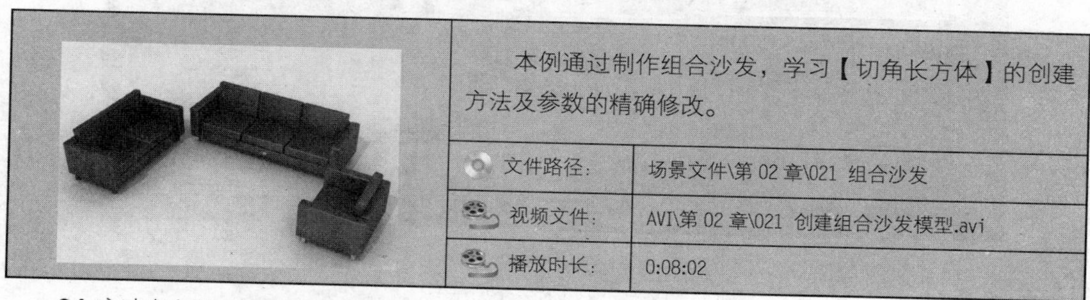

本例通过制作组合沙发，学习【切角长方体】的创建方法及参数的精确修改。

文件路径：	场景文件\第 02 章\021 组合沙发
视频文件：	AVI\第 02 章\021 创建组合沙发模型.avi
播放时长：	0:08:02

01 启动中文版 3ds Max 9，置单位为【毫米】。

02 单击（创建）|（几何体）| 切角长方体 按钮，在顶视图单击并拖动鼠标创建一个切角长方体，调整其参数如图 2-34 所示，作为“沙发底座”造型。

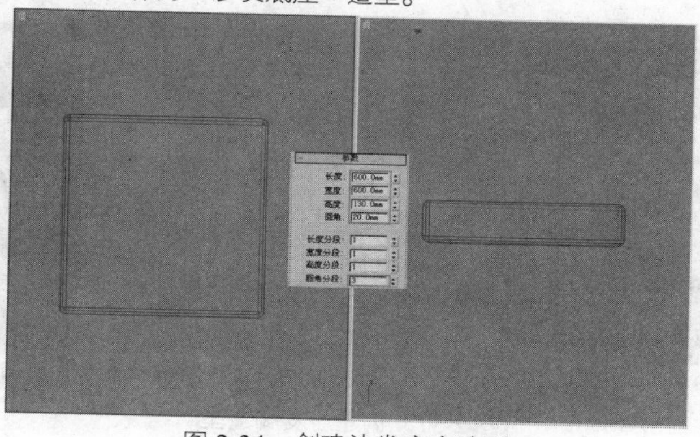

图 2-34　创建沙发底座造型

03 在前视图选择创建好的“沙发底座造型”，利用移动复制的方式复制出一个切角长方体，调整其参数与位置如图 2-35 所示，作为“沙发座垫”造型，在弹出的【克隆选项】对话框中应该选择【复制】类型。

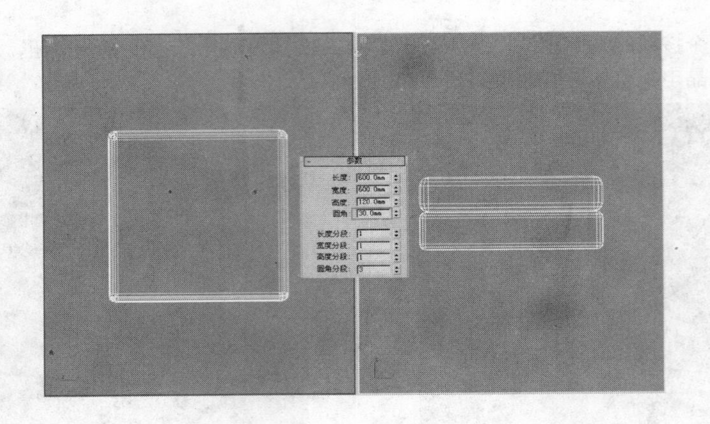

图 2-35　制作沙发座垫造型

04 在前视图中创建一个切角长方体，作为沙发的“扶手”造型，调整其参数及位置如图 2-36 所示。

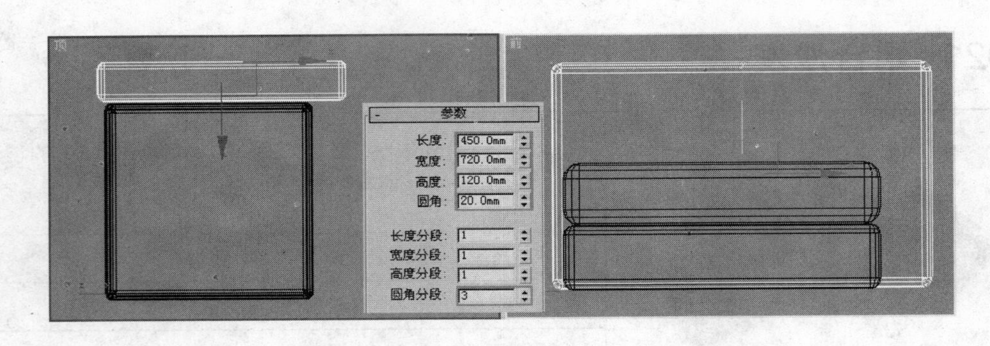

图 2-36　创建扶手造型

05 在“扶手”造型的下方创建一个长方体如图 2-37 所示，作为“沙发腿”造型，并复制出另一条“沙发脚”。

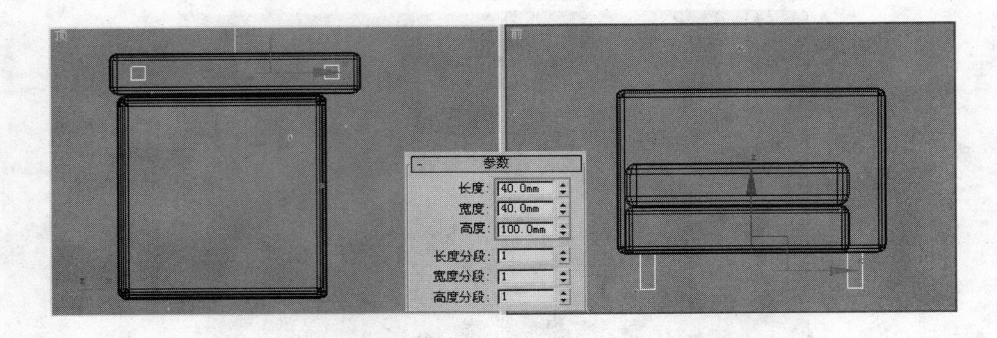

图 2-37　创建沙发脚造型

技　巧：使用【长方体】来制作沙发腿造型，要比使用【切角长方体】的面片少些，所以在不影响

造型的情况下一定要合理的选择创建对象，以控制好物体的面片数量。

06 在顶视图框选“扶手”与“沙发腿”造型，以实例复制的方式，沿 y 轴将其复制一组以制作出另一侧的造型，如图 2-38 所示。

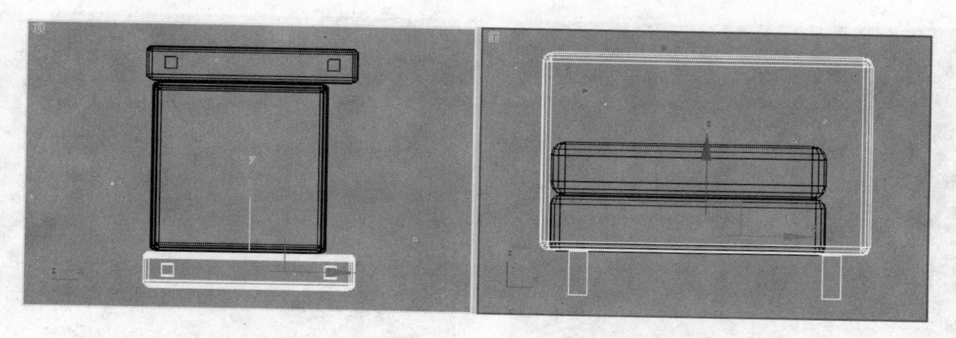

图 2-38　复制沙发扶手与沙发脚造型

07 在左视图中创建一个切角长方体作为“沙发靠背”造型，如图 2-39 所示。然后再复制一份作为“沙发靠垫”造型，调整其参数与位置如图 2-40 所示。“单体沙发”造型创建完成。

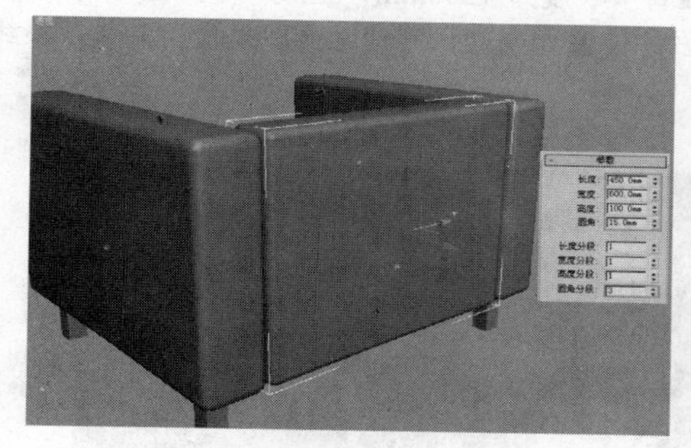

图 2-39　“沙发靠背”位置及参数

图 2-40　“沙发靠垫”参数及位置

08 利用创建好的单体沙发造型，复制修改得到“三人沙发”造型。首先选择“单体沙发”造型，在顶视图中如图 2-41 中所示沿 y 轴移动复制一份，复制方式选择【复制】类型。然后选择“沙发底座”与“沙发靠背”模型，长度均修改为 1800mm，效果如图 2-42 所示。

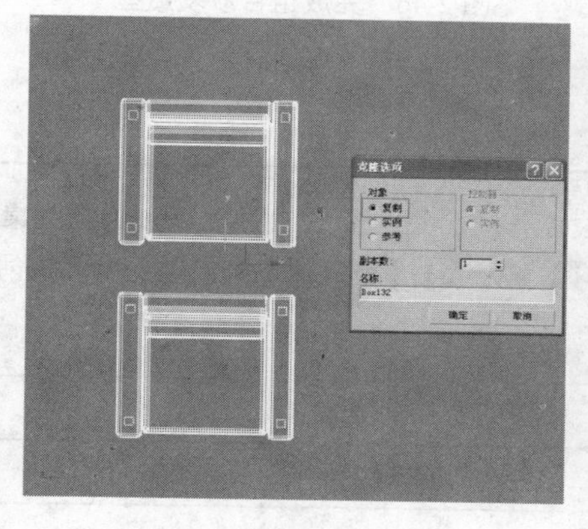

图 2-41　复制单体沙发

图 2-42　调整底座与靠背参数

09 在顶视图中整体选择“扶手”、“沙发座垫”、“沙发靠垫”以及“沙发腿”模型，将其移动至如图 2-43 所示的位置，最后在顶视图中选择“沙发座”与“沙发靠垫”，用实例复制的方式复制 2 组，完成三人沙发整体造型如图 2-44 所示。

图 2-43　调整沙发形态

图 2-44　三人沙发造型

10 利用类似的方法，修改“沙发底座”与“沙发靠背”长度为 1200mm，生成一个如图 2-45 所示的双人沙发造型，利用旋转工具调整单人沙发和双人沙发的位置和方向，完成组合沙发造型制作，最终效果如图 2-46 所示。

图 2-45　制作双人沙发

图 2-46　完成组合沙发造型

例022　电脑桌

本例通过制作一个造型简约且设计精致的电脑桌造型，综合学习【长方体】、【圆柱体】等简单几何体的创建及修改方法。

文件路径：	场景文件\第 02 章\ 022 电脑桌
视频文件：	AVI\第 02 章\022 创建电脑桌模型.avi
播放时长：	0:11:31

01 启动中文版 3ds Max 9，设置单位为【毫米】。

02 在制作较为复杂的模型时，常先制作整体框架，再参考整体框架比例创建细节部分。因此本例先制作电脑桌的桌面与各个侧板造型。单击（创建）|（几何体）|长方体按钮，在顶视图单击并拖动鼠标创建一个长方体，调整其参数与位置如图 2-47 所示，做为电脑桌“桌面”造型。

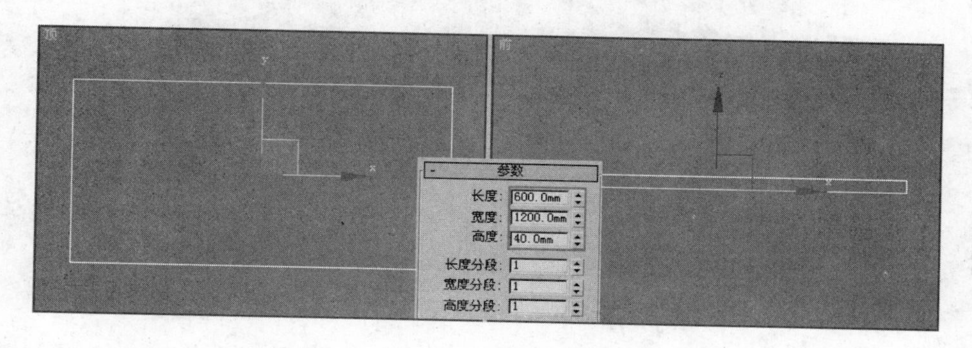

图 2-47　创建桌面造型

03 在左视图中创建另一个长方体，并调整其参数与具体位置如图 2-48 所示，作为电脑桌的“侧板”造型。

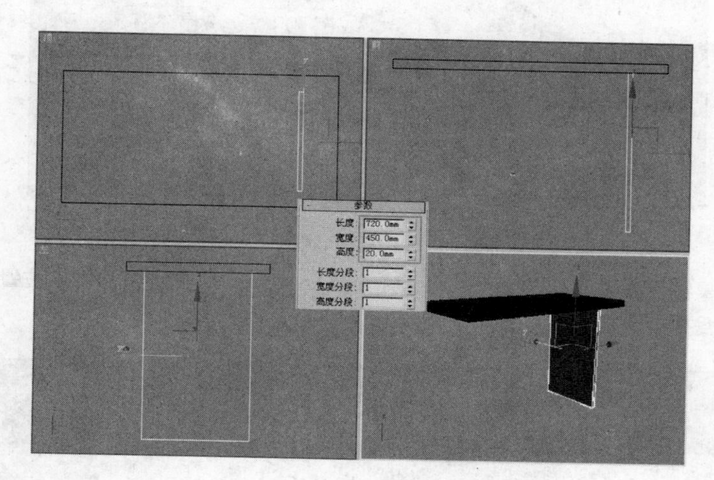

图 2-48　创建侧板造型

04 在前视图创建一个长方体作为电视桌的“隔板”造型，如图 2-49 所示。

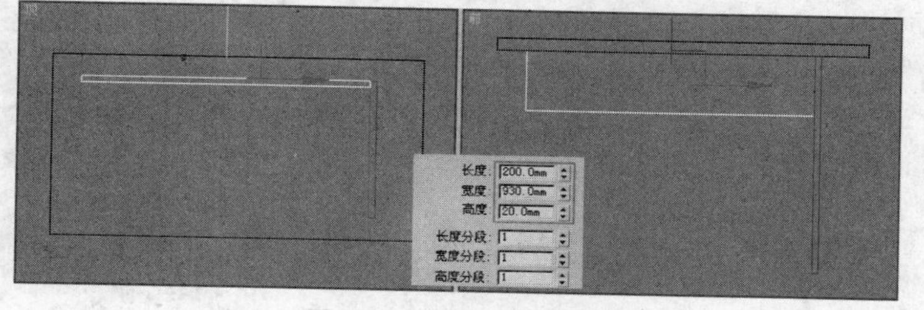

图 2-49　创建隔板造型

05 在左视图创建一个长方体做为电脑桌的另一侧板造型，如图 2-50 所示。

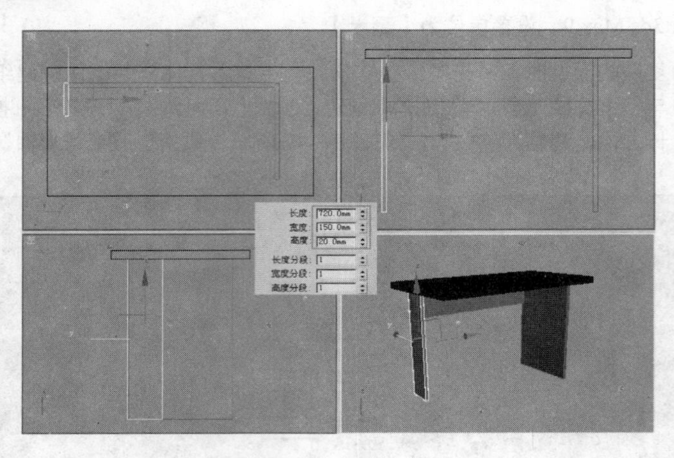

图 2-50　创建侧板造型二

06 完成电脑桌大的面板模型制作后，接下来制作电脑桌的桌腿造型，首先单击 (创建)| (几何体)| 圆柱体 按钮，在顶视图单击并拖动鼠标创建一个圆柱体，调整其参数与位置如图 2-51 所示，作为电脑桌“桌腿”造型。

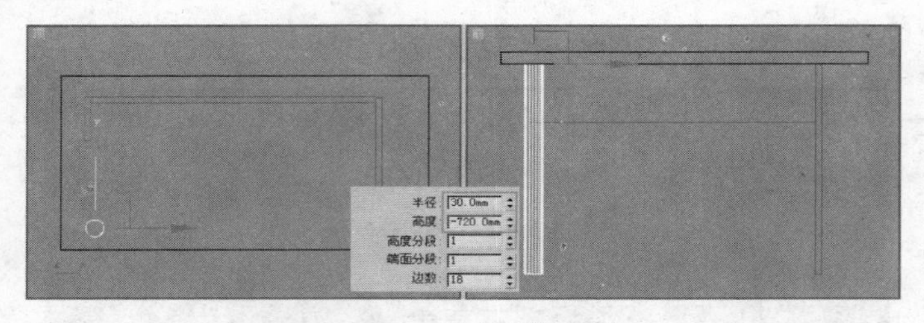

图 2-51　创建桌腿造型

07 制作电脑桌键盘板等细节模型。在顶视图创建一个长方体，调整其参数与位置如图 2-52 所示，作为电脑桌的“键盘板”造型。

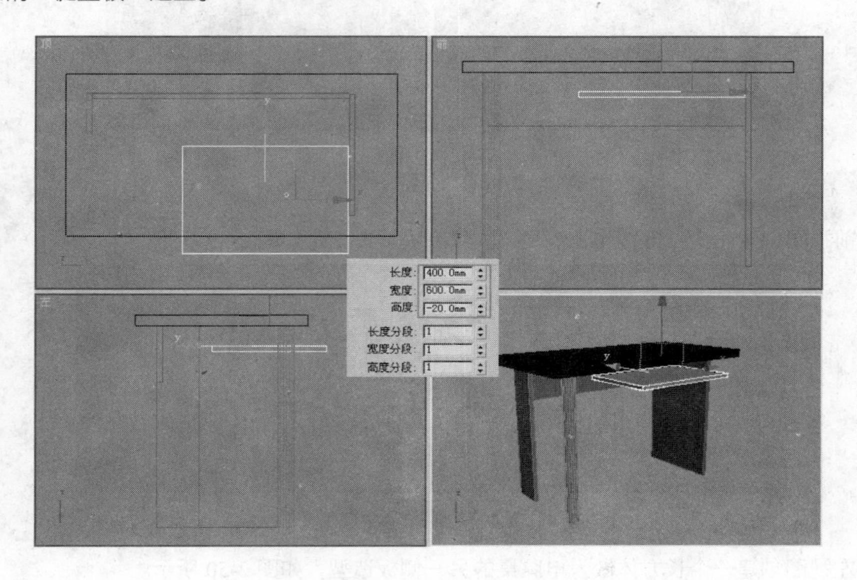

图 2-52　创建键盘托造型

08 在前视图选择“键盘板”，按住 Shift 键沿 y 轴进行移动复制，然后调整其参数与位置如图 2-53 所示，作为电脑桌的“主机板”造型，注意在弹出的【克隆选项】对话框选中【复制】类型，这样才方便对“主机板”参数进行修改。

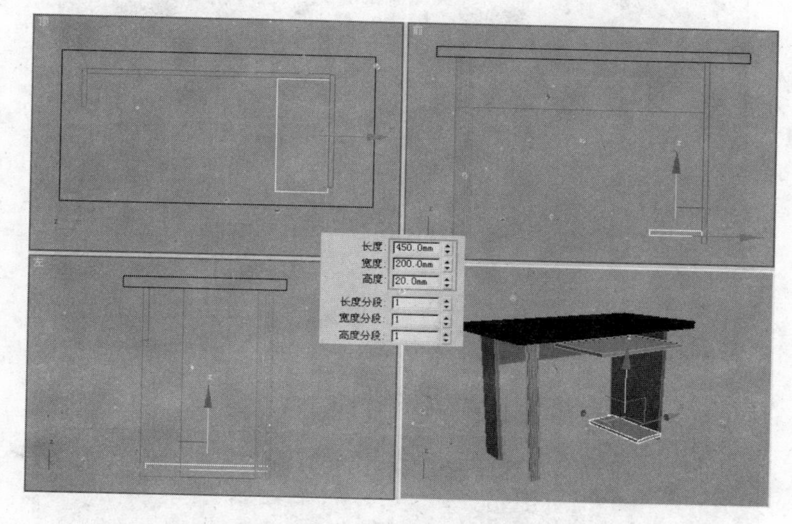

图 2-53　创建主机板造型

09 电脑桌的主要部件均已经创建完成。接下来制作“键盘板”与“桌面”连接的“滑轨”，首先在前视图内创建一个长方体，调整其参数与位置如图 2-54 所示，做为“滑轨”模型的一部分。

图 2-54　创建长方体

10 选择创建好的长方体，通过旋转复制及移动等操作完成滑轨部分造型制作，如图 2-55 所示，在操作的过程中要注意捕捉工具的使用。

11 将当前创建好的部分滑轨模型复制一份，通过调整得到如图 2-56 所示的完整滑轨造型，注意前后两部分滑轨的相对位置的调整。

12 选择创建好的“滑轨”整体模型，单击主工具栏上的【镜像】工具按钮，复制出“键盘板”右侧对称的“滑轨”造型，参数设置如图 2-57 所示。

13 制作电脑桌“主机板”下的“支撑腿”造型，在前视图利用【圆柱体】创建“支撑腿”造型的的一部分，其具体参数与位置如图 2-58 所示。

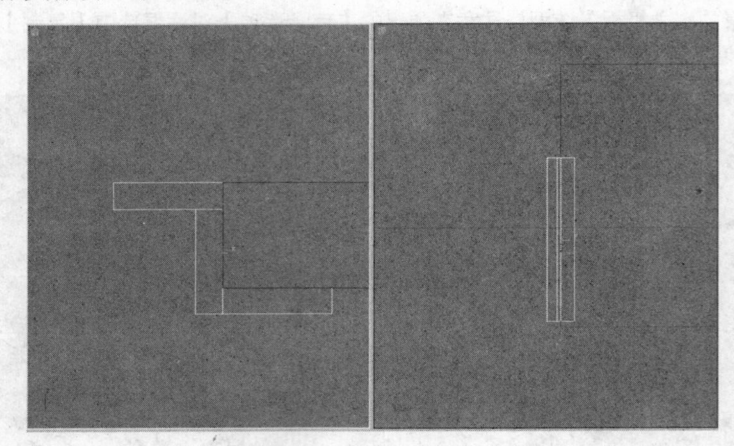

图 2-55　完成滑轨部分造型

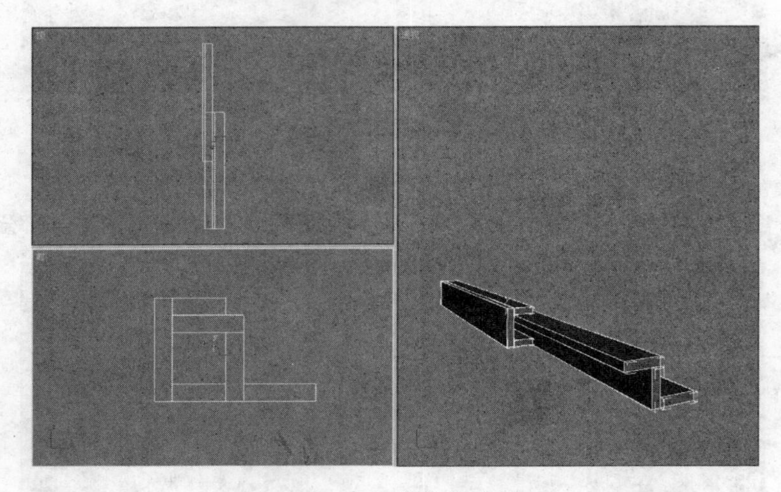

图 2-56　滑轨整体造型

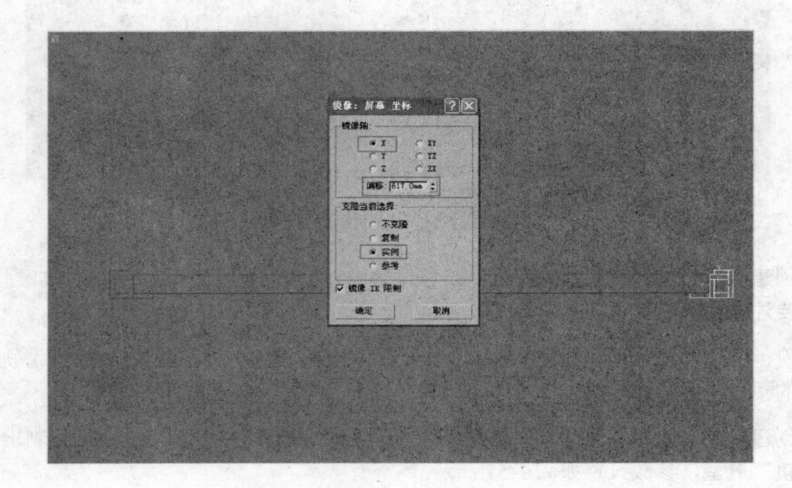

图 2-57　镜像复制出另一侧滑轨

图 2-58　创建一部分支撑腿

14 在前视图内使用移动复制的方法，将其沿 Y 轴复制一份，如图 2-59 所示调整其参数制作出“支撑腿”的下半部分，再在顶视图内沿 Y 轴整体复制出另一支“支撑腿”造型。

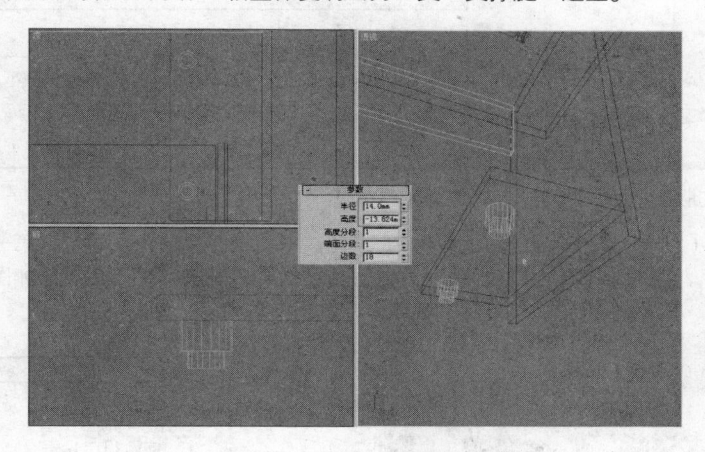

图 2-59　完成支撑腿的创建

15 制作完成的电脑桌模型效果如图 2-60 所示。

图 2-60　最终效果

第3章 二维线形建模

二维线形在效果图建模中起着非常重要的作用，通常三维模型大都是先创建二维平面线形，然后添加相应的修改命令完成的，同时二维线形也可以通过产生自身厚度直接在建模中使用。此外由于二维线形提供了【顶点】、【线段】、【样条线】等修改级别，因此对制作出的模型进行造型的调整也十分灵活。

因此可以说，在效果图制作过程中，二维线形是使用频率最高的建模方式，本章通过一些常用模型的创建，着重讲述二维线形的创建以及修改的方法。

例023 烛台

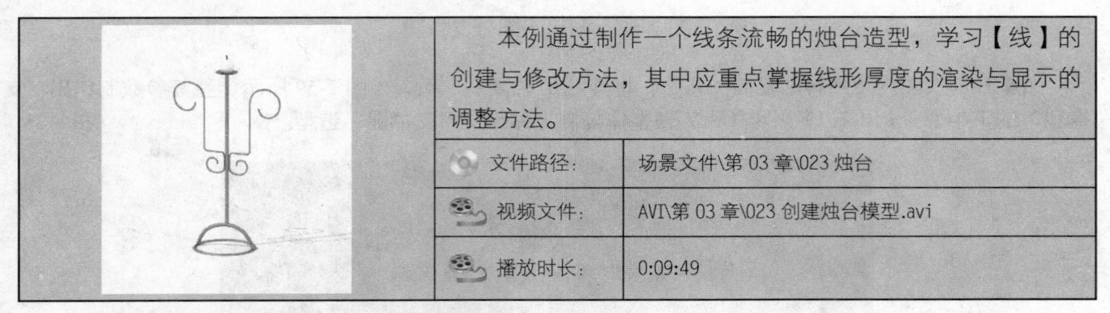

本例通过制作一个线条流畅的烛台造型，学习【线】的创建与修改方法，其中应重点掌握线形厚度的渲染与显示的调整方法。

文件路径:	场景文件\第 03 章\023 烛台
视频文件:	AVI\第 03 章\023 创建烛台模型.avi
播放时长:	0:09:49

01 启动中文版 3ds Max 9，设置单位为【毫米】。

02 单击（创建）|（图形）| 线 按钮，在前视图中单击鼠标创建第一点，按住 Shift 键在上方单击另一点，绘制一条长度约为 150mm 的直线作为烛台“支撑杆”造型，如图 3-1 所示。

图 3-1 绘制支撑杆线形

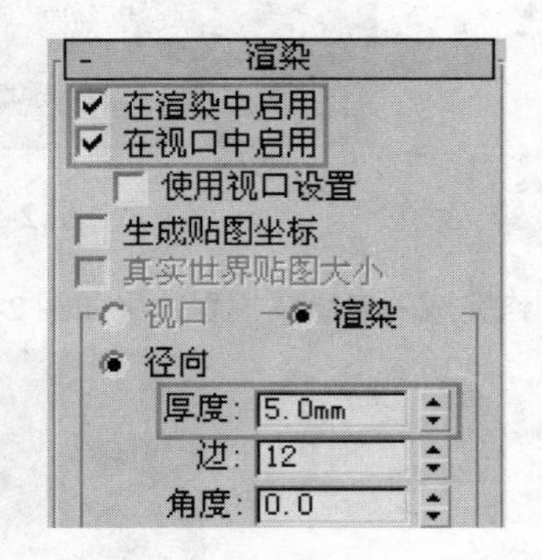

图 3-2 调整渲染参数

技　巧：在绘制完线形第一点后，按 Shift 键进行其它点的创建，可以绘制水平或垂直的直线。

03 默认参数下绘制的线条没有厚度且不会渲染，因此在绘制好“支撑杆”线形后，需要单击图标进入修改面板，打开其【渲染】卷展栏，修改参数如图 3-2 所示。

提　示：在默认状态下，二维线形在渲染时是看不见的，要在渲染图像中显示必须勾选【渲染】卷展栏下的【在渲染中启用】选项，通过调整【厚度】的数值大小可改变线形的粗细，而勾选【在视口中启用】选项，可以在视图中直接观察到由【厚度】参数设置的线条粗细程度。

04 单击 线 按钮，在前视图继续绘制左侧铁艺花饰的粗略造型，如图3-3所示。

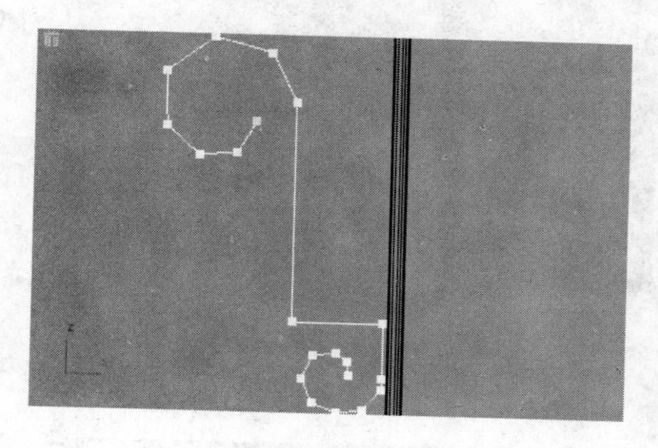

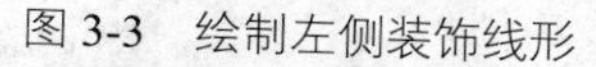

图3-3　绘制左侧装饰线形

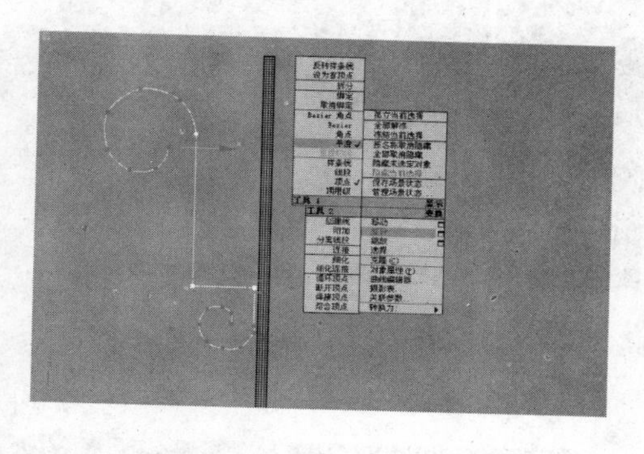

图3-4　修改顶点类型

技　巧：对于利用线形制作的各种曲线状的花饰效果，可以先绘制大致走向与形态，然后再利用【圆角】命令以及【贝塞尔曲线】进行弧度的调整。

提　示：绘制"线"图形创建顶点时，单击并拖动可得到Bezier顶点，如果仅仅是单击鼠标，则得到的是角点。在创建完成后，还可以通过编辑样条线来转换顶点的类型。

05 完成线形的大致绘制后，按1键进入 （顶点）层级，在前视图中选中除3个转折点外的所有顶点，并单击鼠标右键，在弹出的右键菜单栏中选择【平滑】命令，将顶点的类型由【顶点】修改为【平滑】，从而得到如图3-4所示过渡圆滑的线形。

06 选中3个转折点，对它们执行【圆角】命令，得到如图3-5所示的圆角效果。

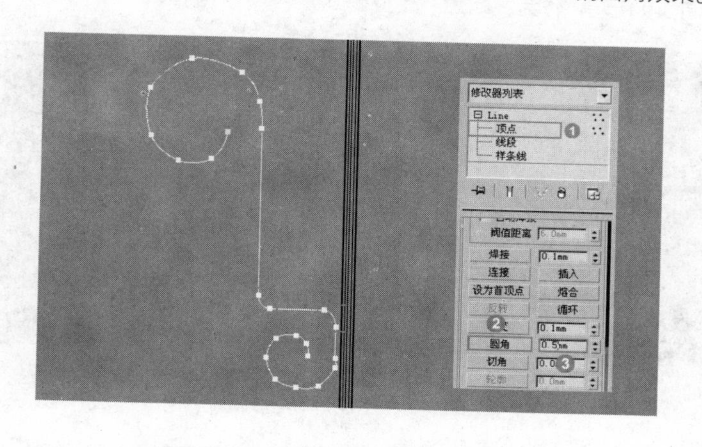

图3-5　圆角

07 选择编辑后的"铁艺花饰"，设置其【渲染】参数，如图3-6所示，得到有厚度的铁艺花饰造型。然后将其镜像复制，得到另一侧的花饰造型，如图3-7所示。

08 制作灯头造型。单击 （创建）| （几何体）| 圆锥体 按钮，在顶视图单击并拖动鼠标创

建一个圆锥体，如图 3-8 所示。

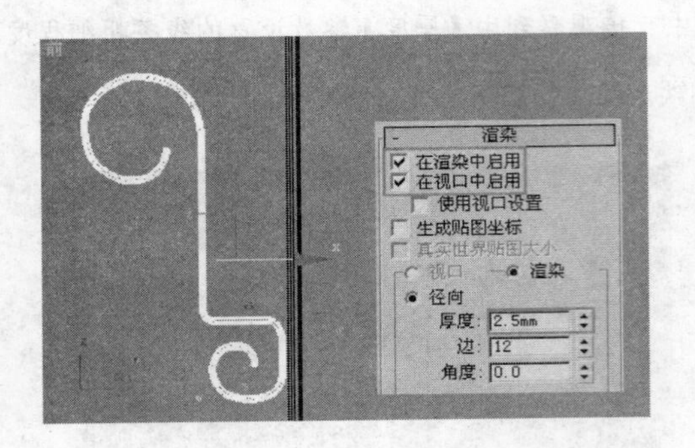

图 3-6 修改渲染参数得到厚度

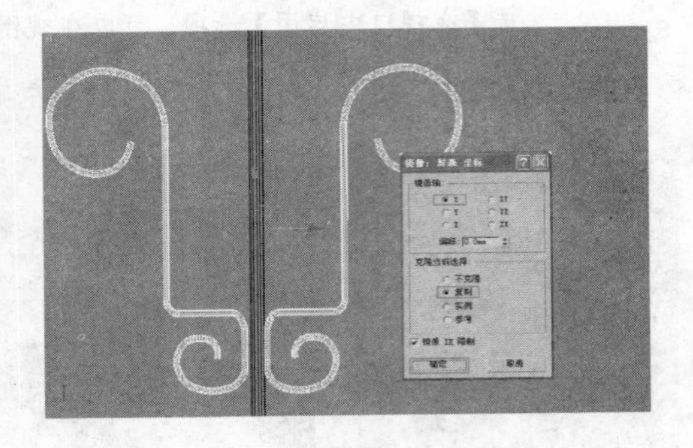

图 3-7 镜像复制

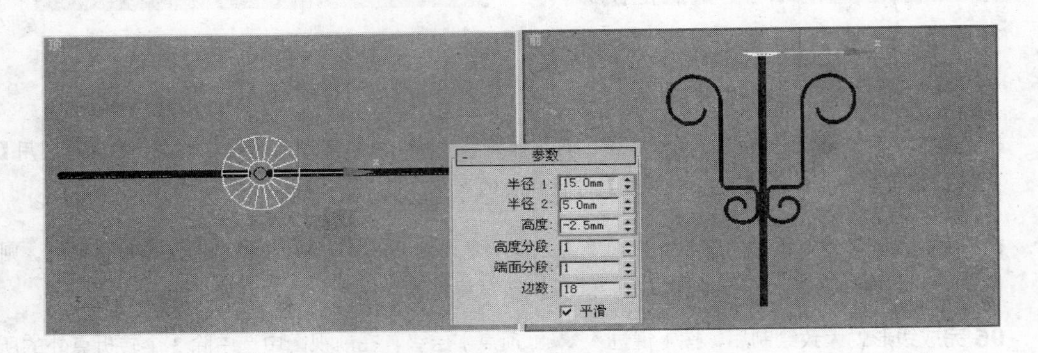

图 3-8 圆锥体参数与位置

09 单击 （创建）| （几何体）| 球体 按钮，在顶视图单击并拖动鼠标创建一个球体，调整其参数与位置如图 3-9 所示，作为“蜡烛”模型。

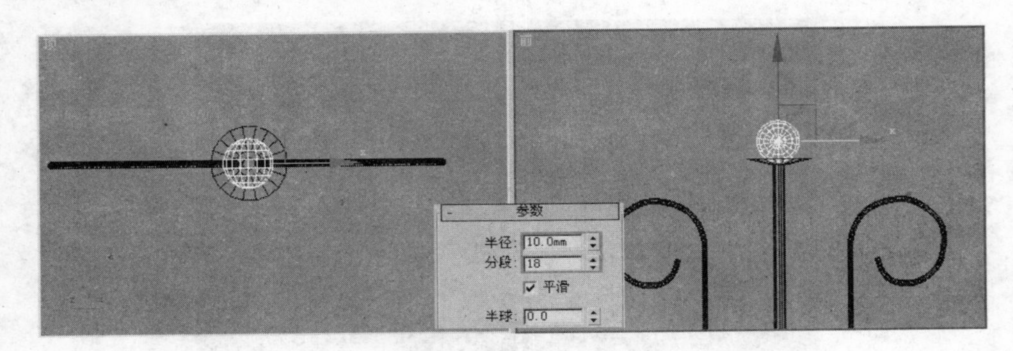

图 3-9 球体位置与参数

10 在前视图绘制一条稍微弯曲的线条作为“烛芯”模型，如图 3-10 所示。

11 制作烛台底座支撑模型。在前视图中绘制一条半圆状的线形，做为“烛台架子”模型，其位置与创建参数如图 3-11 所示。

12 单击 （创建）| （图形）| 圆 按钮，在顶视图中绘制一个圆形作为烛台的“底座”造型，如图 3-12 所示。

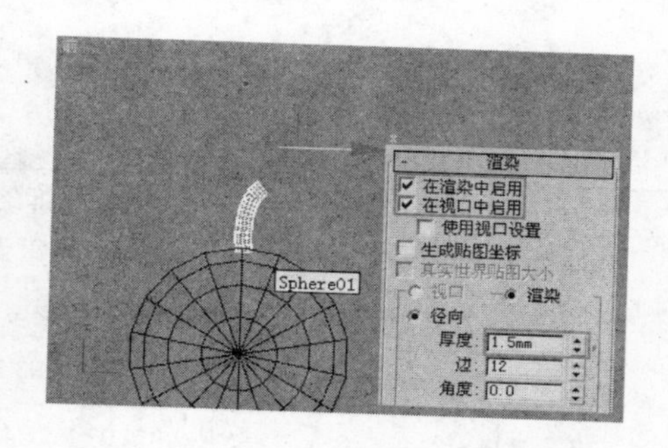

图 3-10　“烛芯”的参数与位置

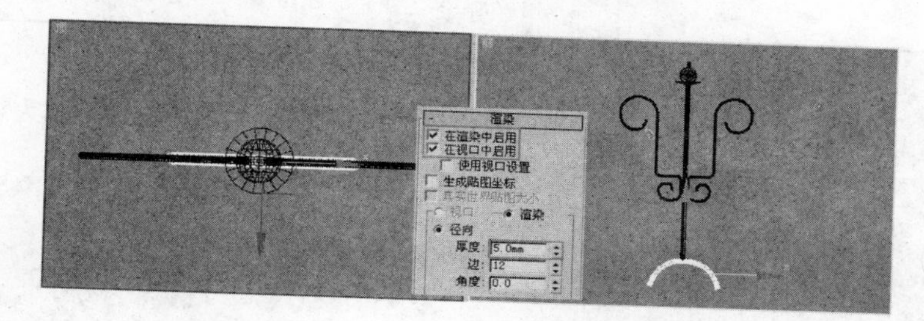

图 3-11　创建烛台架子

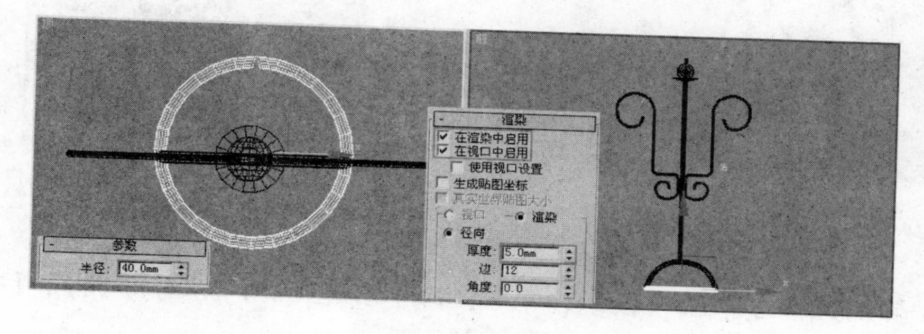

图 3-12　创建底座

13 烛台的各部分模型均已创建完成，如果对各部分模型的比例不满意，可以通过缩放工具进行调整，最终完成的烛台造型如图 3-13 所示。

图 3-13　烛台整体造型

例024 楼梯扶手

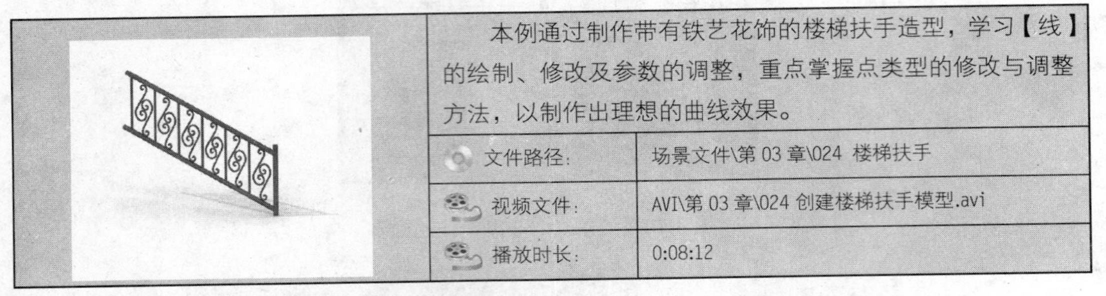

本例通过制作带有铁艺花饰的楼梯扶手造型，学习【线】的绘制、修改及参数的调整，重点掌握点类型的修改与调整方法，以制作出理想的曲线效果。

文件路径:	场景文件\第 03 章\024 楼梯扶手
视频文件:	AVI\第 03 章\024 创建楼梯扶手模型.avi
播放时长:	0:08:12

01 启动中文版 3ds Max 9，设置单位为【毫米】。

02 单击（创建）|（图形）|线按钮，在前视图中绘制一条斜线作为“楼梯扶手”造型，如图 3-14 所示。

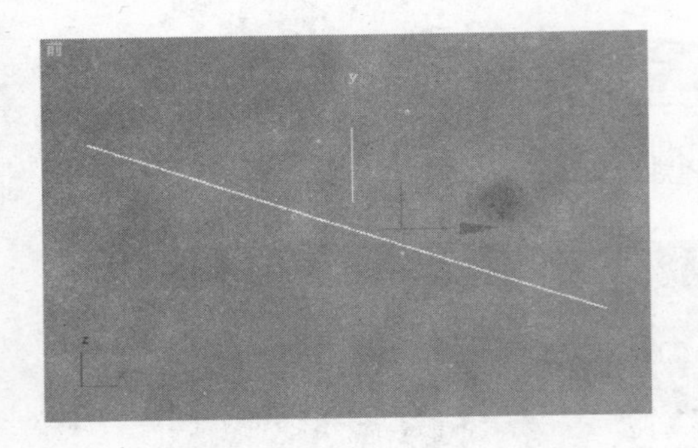

图 3-14　绘制楼梯扶手

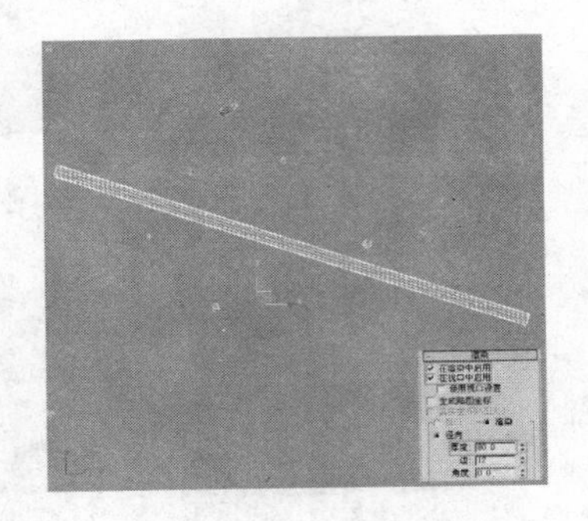

图 3-15　调整渲染参数

03 选择线形并单击进入修改面板，勾选【渲染】卷展栏下的【在渲染中启用】和【在视口中启用】选项，并设置【厚度】数值为 80mm，如图 3-15 所示。

04 在前视图中按住 Shift 键向下拖动，复制出下方的的扶手线形，如图 3-16 所示。再在前视图中绘制一条垂直线形作为“栏杆”造型，设置【厚度】为 40，如图 3-17 所示。

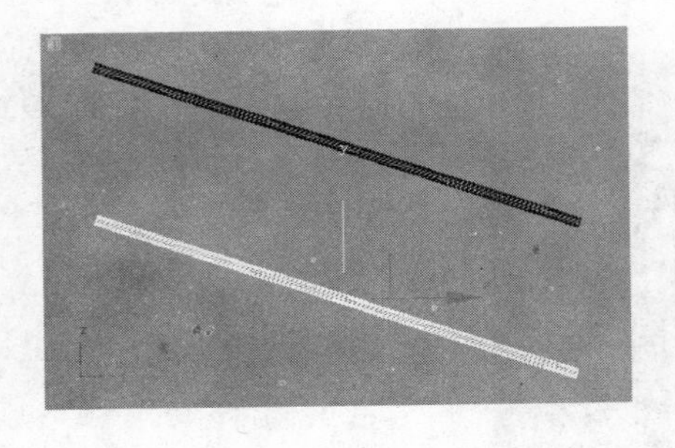

图 3-16　复制下侧扶手

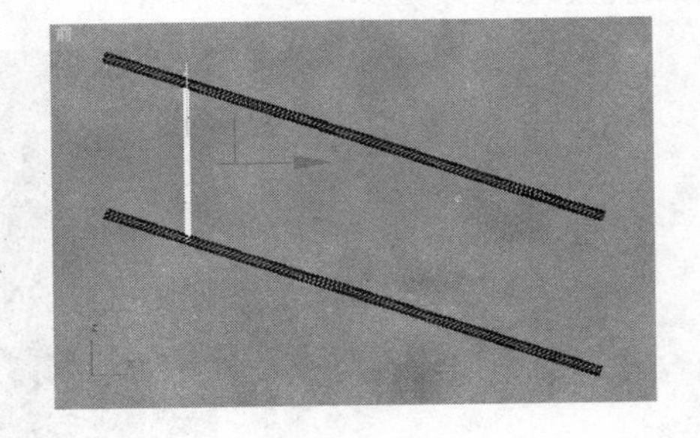

图 3-17　绘制栏杆

05 复制若干个栏杆造型，将最右端的线条渲染【厚度】修改为 80，并调整其长度，如图 3-18 所示。

06 绘制扶手的铁艺花饰。单击（创建）|（图形）|线按钮，以直线的形式绘制铁艺

花饰的大致形状，如图 3-19 所示。

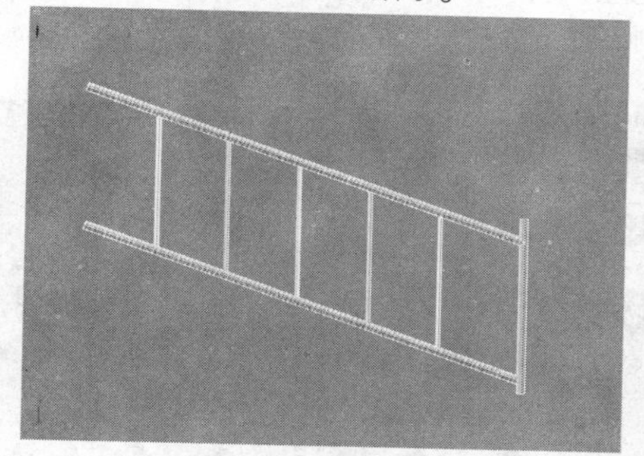

图 3-18　复制栏杆

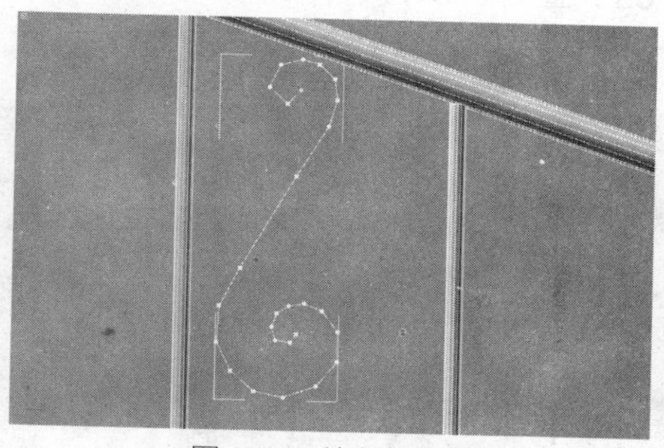

图 3-19　绘制铁艺花饰

07 绘制完成后，按 1 键进入（顶点）子物体层级，在前视图选中所有的顶点并单击鼠标右键，在弹出的右键菜单栏中选择【平滑】命令，得到如图 3-20 所示过渡圆滑的线形。如果有个别的顶点没有修改到位，可以单独选中该顶点，将其转换为“Bezier”或者“Bezier 角点”类型，如图 3-21 所示通过调整贝塞尔点的控制杆来修改曲线的造型。

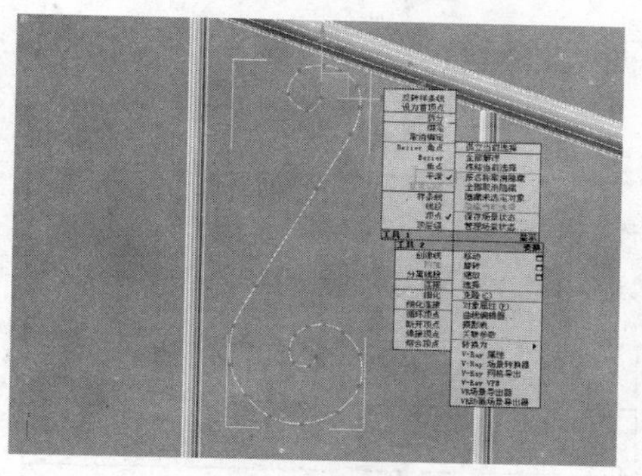

图 3-20　调整铁艺花饰顶点类型

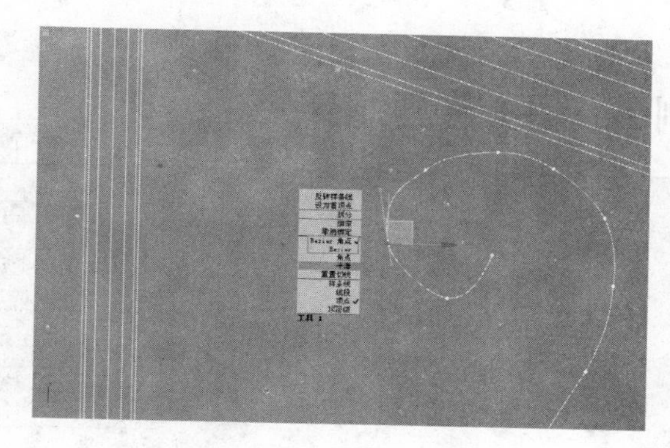

图 3-21　细调弧度

技　巧:【Bezier】和【Bezier 角点】的区别在于:【Bezier 角点】可以分别调节顶点两侧的控制杆而互不影响，而【Bezier】只要调节一侧的控制杆，另一侧也跟着变化。

08 选择绘制好的铁艺花饰，单击进入修改面板，设置【厚度】值为 30mm，如图 3-22 所示。

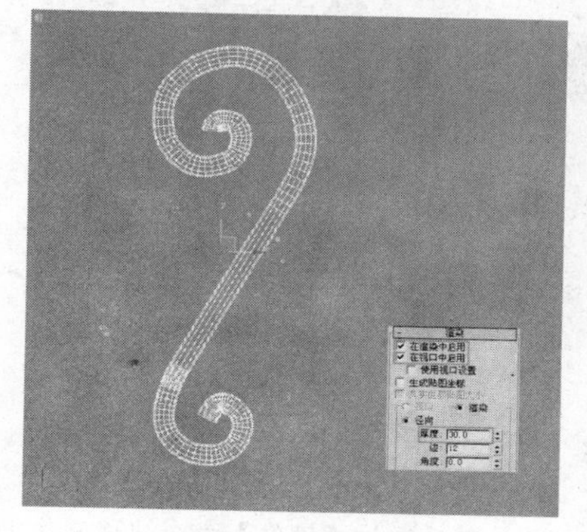

图 3-22　设置渲染参数

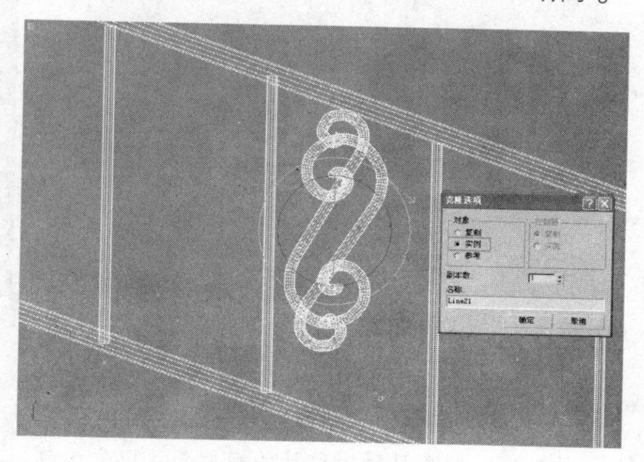

图 3-23　旋转复制花饰

09 调整完成后关闭 （顶点）子物体层级，按住 Shift 键使用旋转工具将其复制一份，如图 3-23 所示，调整其位置如图 3-24 所示，最后将它们成组，复制出若干个并调整其最终形态如图 3-25 所示。

图 3-24　调整铁艺花饰造型

图 3-25　楼梯扶手最终造型

例025　铁艺酒瓶架

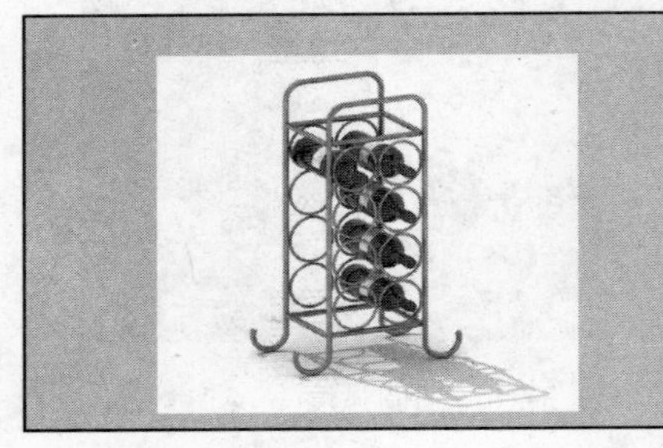

本例通过制作一个酒架模型，综合学习【线】与【圆】的绘制与修改，以及【合并】命令的使用。

文件路径：	场景文件\第 03 章\025 铁艺酒瓶架
视频文件：	AVI\第 03 章\025 铁艺酒瓶架模型.avi
播放时长：	0:06:53

01 启动中文版 3ds Max 9，设置单位为【毫米】。

02 单击 （创建）| （图形）| 线 按钮，绘制如图 3-26 所示酒架外框大致造型。

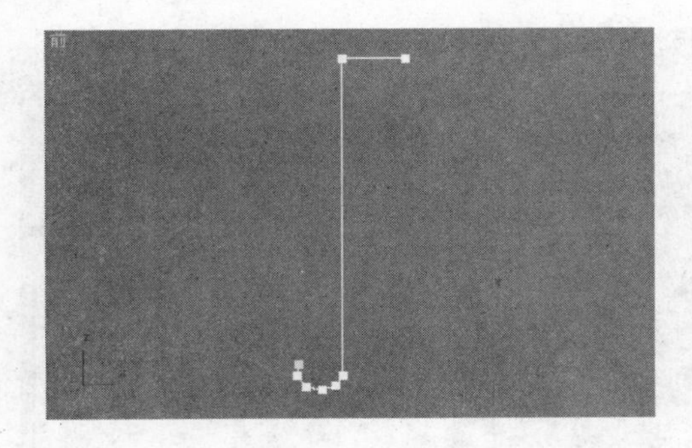
图 3-26　绘制酒架外框

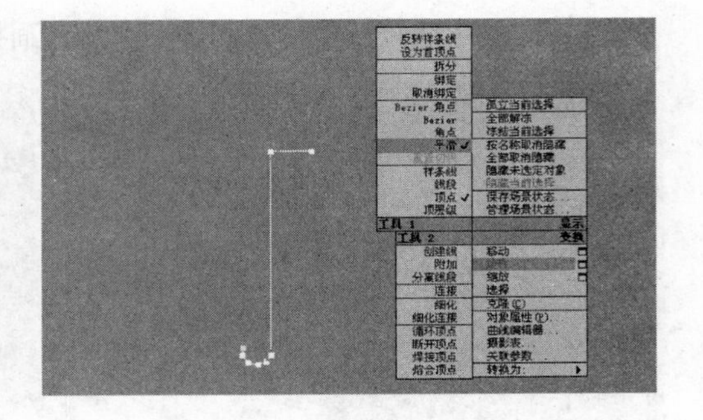
图 3-27　转换顶点为平滑模式

技　巧：对于呈轴对称状的模型，可以先绘制出其中的一侧，然后通过【镜像】命令快速制作出对称的另一半，这样可以提高建模效率。

03 选择创建好的线形，按 1 键进入 ∴（顶点）子物体层级，将转折点外的所有顶点转换为平滑类型，从而得到如图 3-27 所示过渡圆滑的线形。

04 选择转折点，进行数值为 30 的圆角，得到如图 3-28 所示圆滑造型。

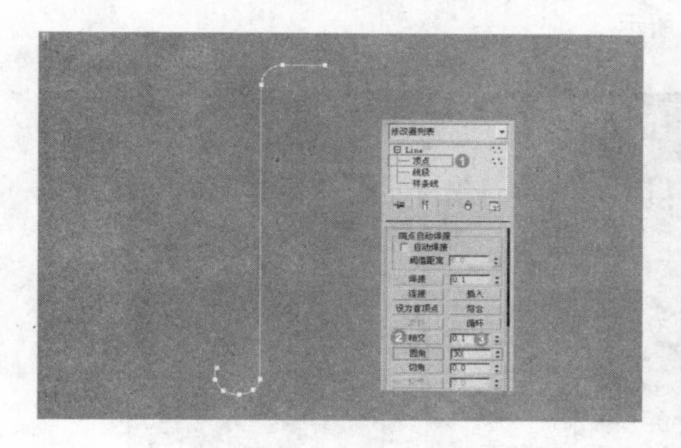

图 3-28　圆角

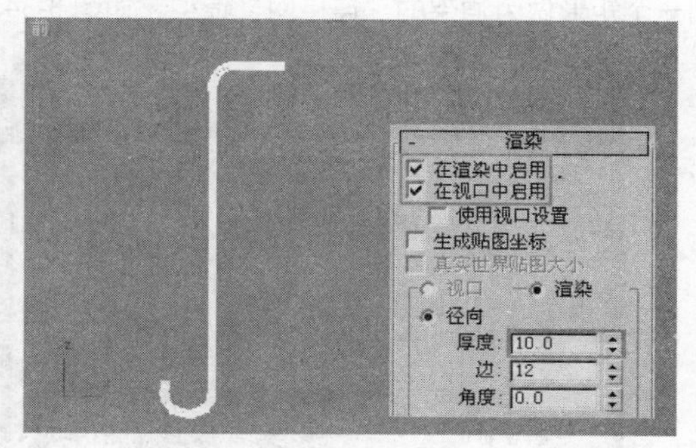

图 3-29　调整渲染参数

05 设置酒架外框渲染参数如图 3-29 所示，然后镜像复制，得到另一侧外部轮廓，如图 3-30 所示。

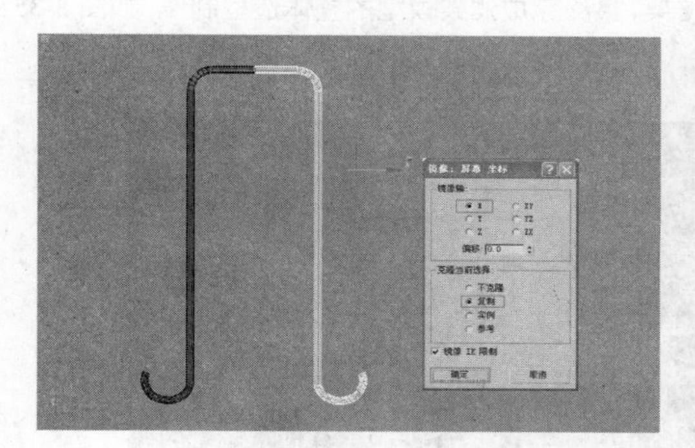

图 3-30　镜像复制

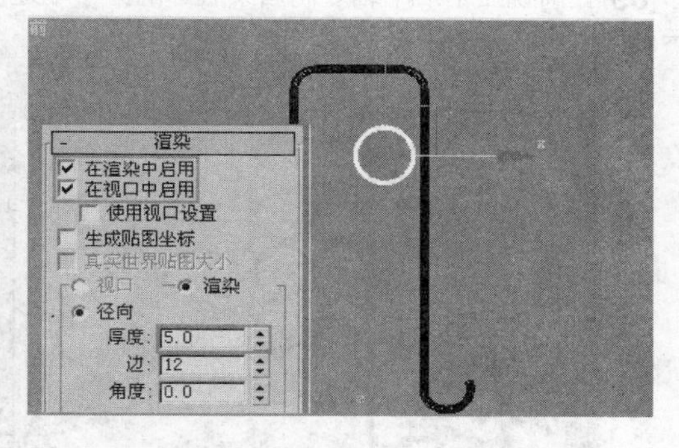

图 3-31　创建酒架圈

06 单击（创建）|（图形）| 圆 按钮，绘制一个【半径】为 40mm 的圆作为“酒架圈”造型，如图 3-31 所示，然后连续进行复制，如图 3-32 所示。

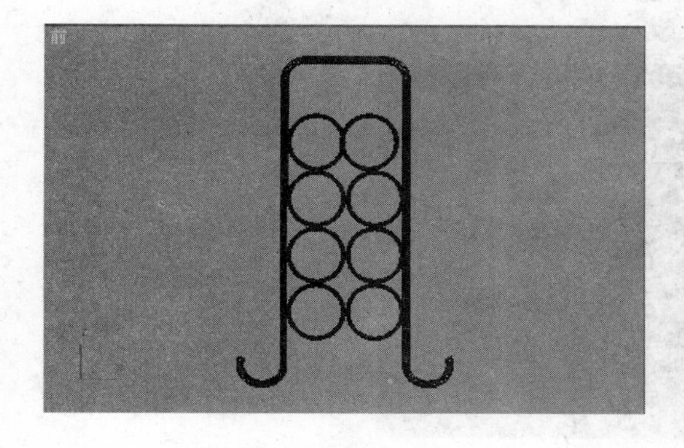

图 3-32　复制酒架圈

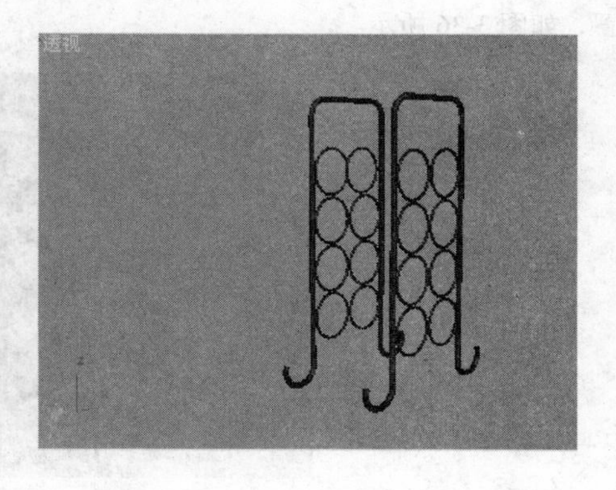

图 3-33　复制整体造型

07 完成一侧的整体造型后，按 T 键切换至顶视图，选择绘制好的“酒架外框”和“酒架圈”模型沿 y 轴进行复制，如图 3-33 所示。

08 制作酒架中部的“连接网”造型。单击（创建）|（图形）|矩形按钮，在顶视图中绘制一个矩形做为酒架的“连接网”造型，如图 3-34 所示。

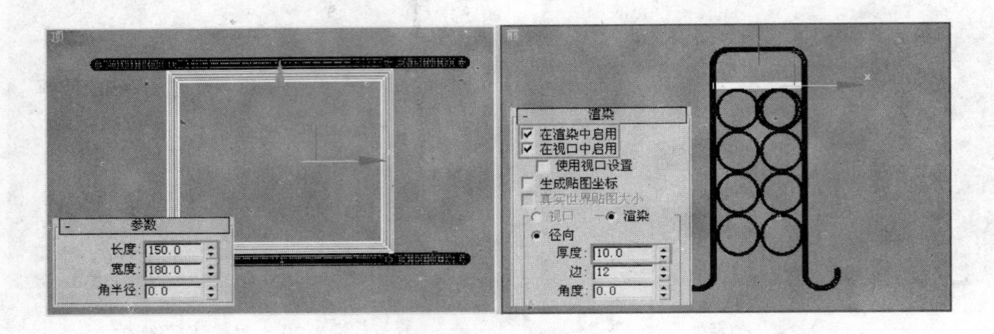

图 3-34　绘制酒架连接网

09 在前视图中沿 y 轴复制酒架底部的另一个连接架，最终完成酒架模型的整体造型制作，如图 3-35 所示。

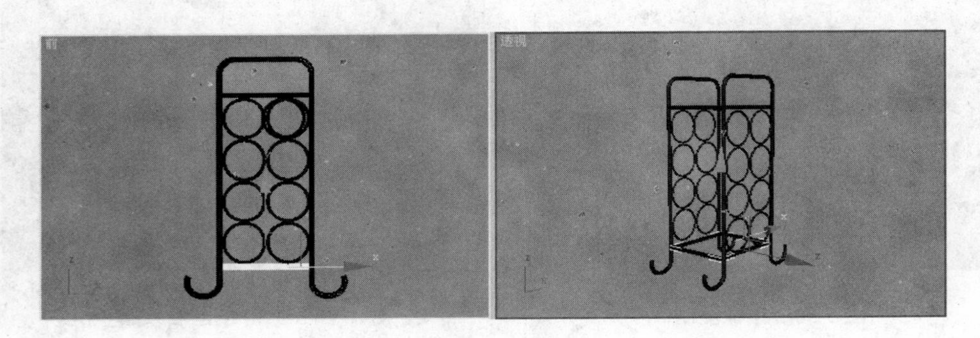

图 3-35　复制连接物

10 执行菜单栏中【文件】|【合并】命令，将配套光盘中“酒瓶”模型合并到场景中，并移动到合适位置，如图 3-36 所示。

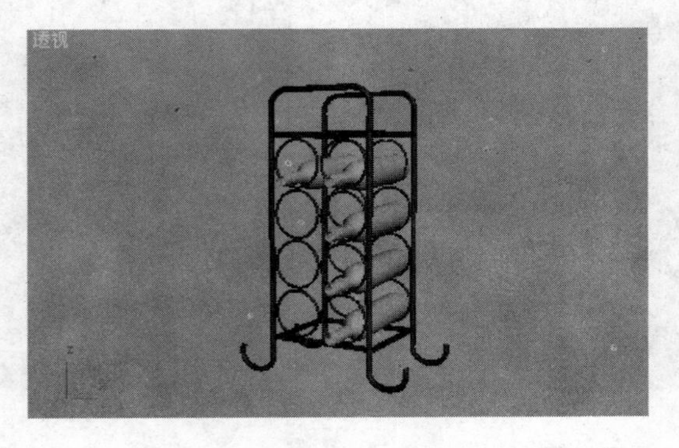

图 3-36　酒架整体造型

例026　线状吊灯

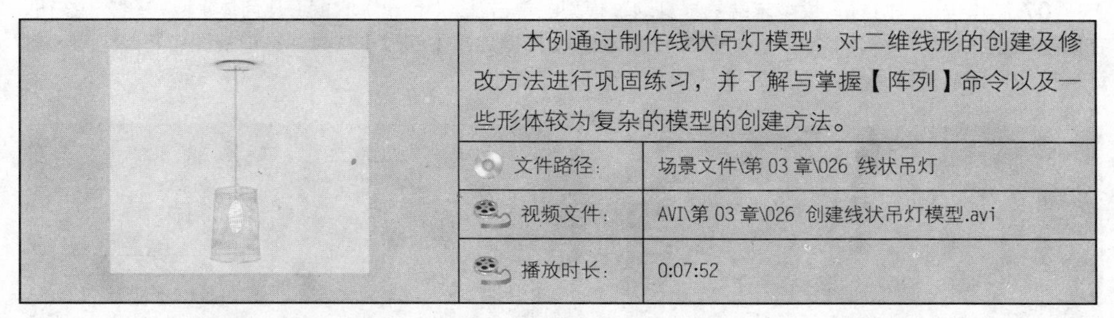

本例通过制作线状吊灯模型，对二维线形的创建及修改方法进行巩固练习，并了解与掌握【阵列】命令以及一些形体较为复杂的模型的创建方法。

文件路径：	场景文件\第 03 章\026 线状吊灯
视频文件：	AVI\第 03 章\026 创建线状吊灯模型.avi
播放时长：	0:07:52

01 启动中文版 3ds Max 9，设置单位为【毫米】。

02 单击几何体创建面板 切角圆柱体 按钮，如图 3-37 所示。

03 在顶视图单击并拖动鼠标创建一个【切角圆柱体】作为灯座模型，具体参数设置如图 3-38 所示。

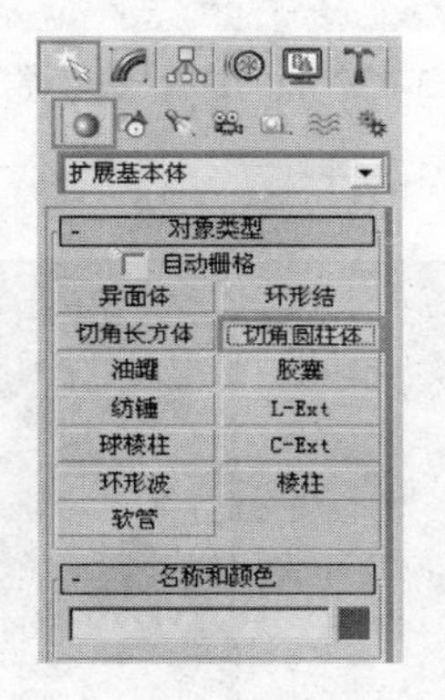

图 3-37　几何体创建面板

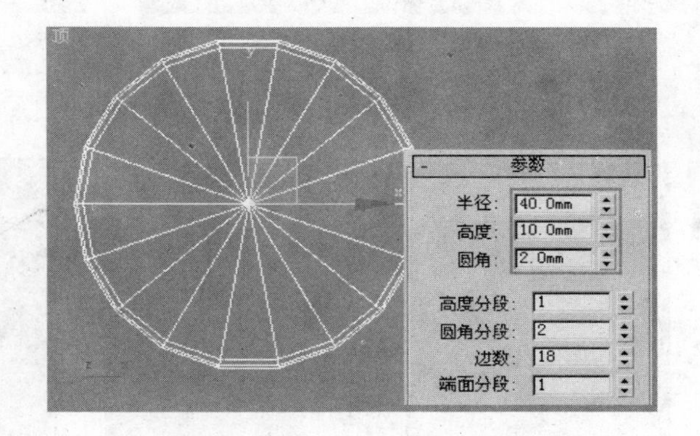

图 3-38　切角圆柱体参数设置

04 制作灯杆模型。单击 (创建)| (图形)| 线 按钮，在前视图中按 Shift 键绘制一条直线作为“灯杆”模型，如图 3-39 所示。

05 单击 进入修改面板，设置【渲染】参数如图 3-40 所示，使其获得 5mm 的渲染与显示厚度。

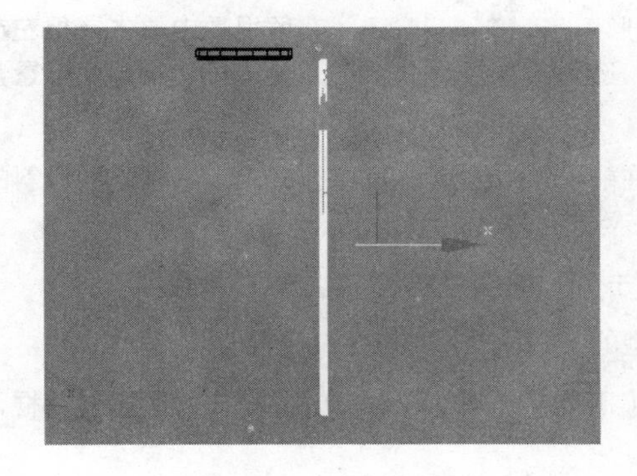

图 3-39　绘制直线

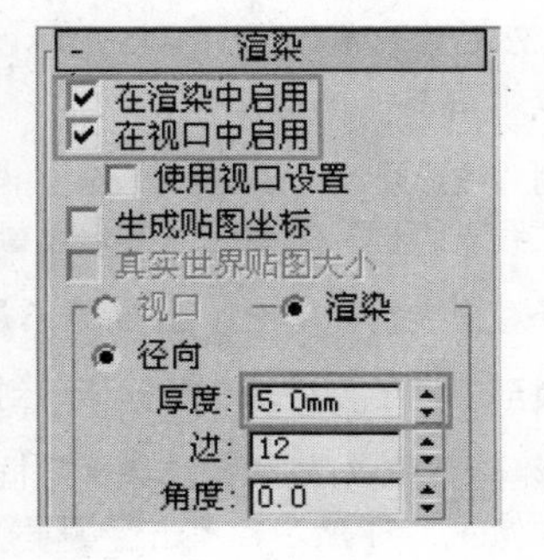

图 3-40　设置渲染参数

06 选择“灯杆”模型，按 Alt+A 组合键启用【对齐】工具，选择“灯座”模型为目标对象，将“灯杆”模型与“灯座”模型进行中心对齐，如图 3-41 所示。

07 制作位于“灯杆”模型末端的“灯泡”模型。单击（创建）|（几何体）| 球体 按钮，在前视图创建一个球体，参数设置如图 3-42 所示。按 R 键启用【缩放】工具，在前视图中将灯泡沿 y 轴进行拉伸，使其呈椭圆状，如图 3-43 所示。

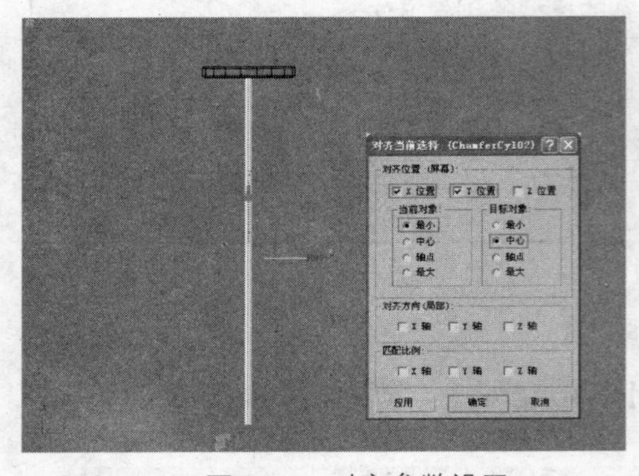

图 3-41　对齐参数设置

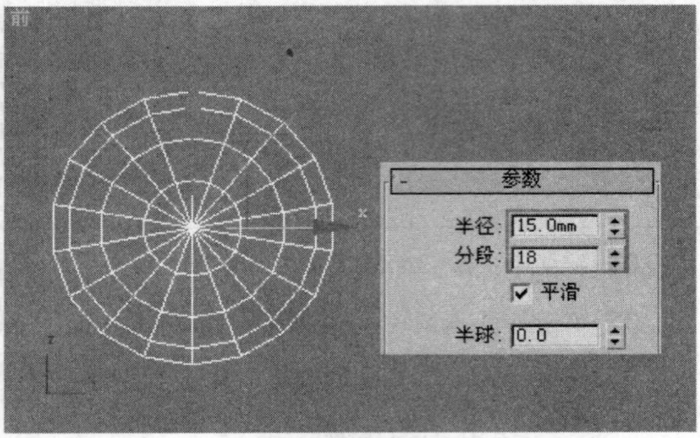

图 3-42　球体的设置参数

08 按 Alt+A 键，将其与“灯杆”模型对齐，对齐后的效果如图 3-44 所示。

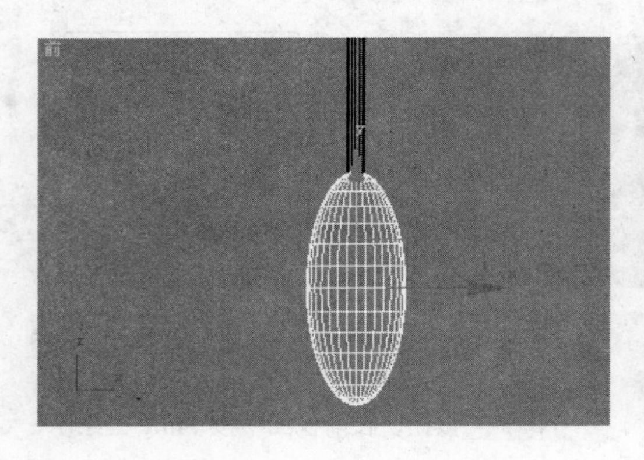

图 3-43　调整灯泡造型

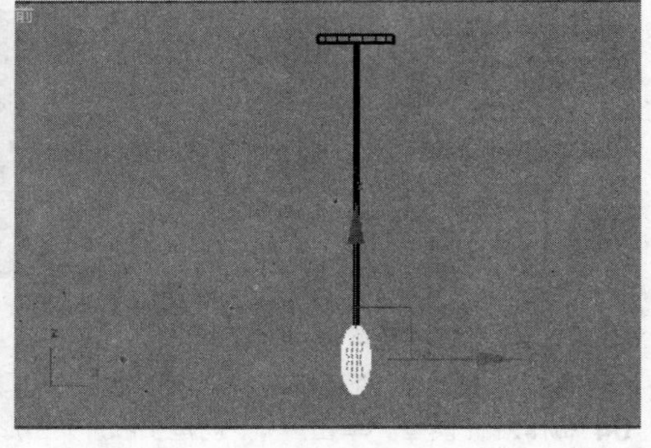

图 3-44　对齐灯泡与灯杆

09 绘制“灯边”造型。单击（创建）|（图形）| 圆 按钮，在顶视图中单击鼠标左键绘制一个圆，然后修改参数如图 3-45 所示，作为“灯边”造型，单击图标进入修改命令面板，设置其【渲染】参数如图 3-46 所示。

10 绘制“线形灯框”模型。单击 线 按钮，在前视图中绘制一条如图 3-47 所示的略微倾斜的线形，作为“线表灯框”的单元线条，设置其【渲染】参数如图 3-48 所示。

11 选择灯框线条，单击图标进入层次面板，单击 仅影响轴 按钮，如图 3-49 所示。

12 切换至顶视图，将轴心图标移动到“灯座”模型的中心位置，如图 3-50 所示。

13 环形阵列复制灯框线条。选择灯框线条，执行【工具】|【阵列】命令，打开【阵列】对话框，设置阵列参数如图 3-51 所示，单击 确定 按钮确认。

技　巧：如果笔者对阵列参数设置的效果并不是太有把握，可以在设置完相关参数后，单击阵列面板中的【预览】按钮，预览当前参数阵列效果，如果得到了预想中的效果，再单击【确定】按钮进行确认，如果不满意则返回对话框对参数进行修改。

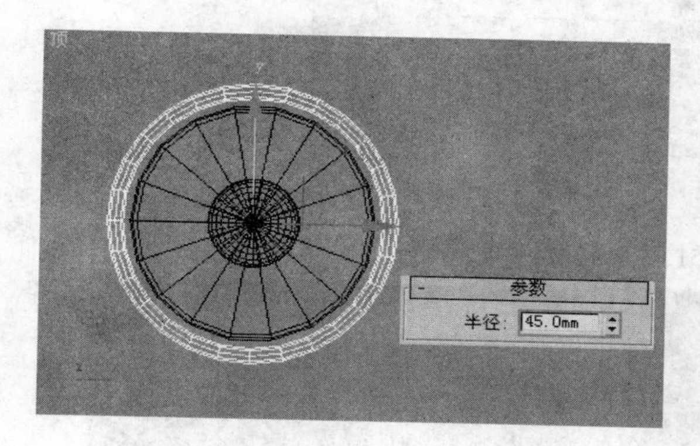

图 3-45　灯边造型位置与参数

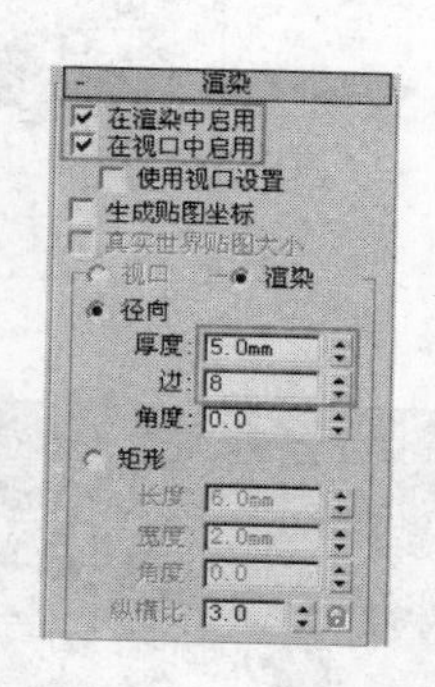

图 3-46　线形渲染参数设置

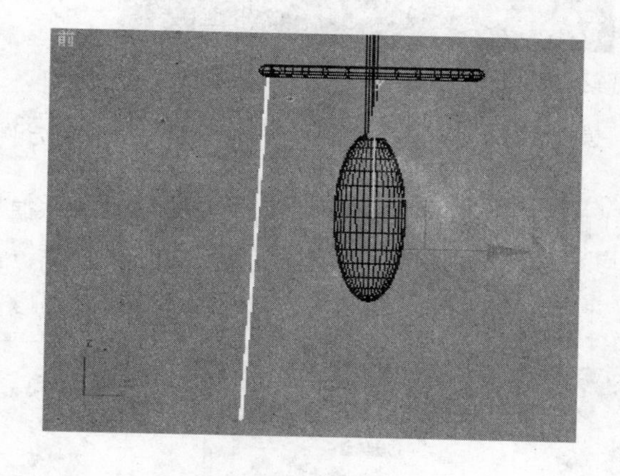

图 3-47　绘制灯框线条

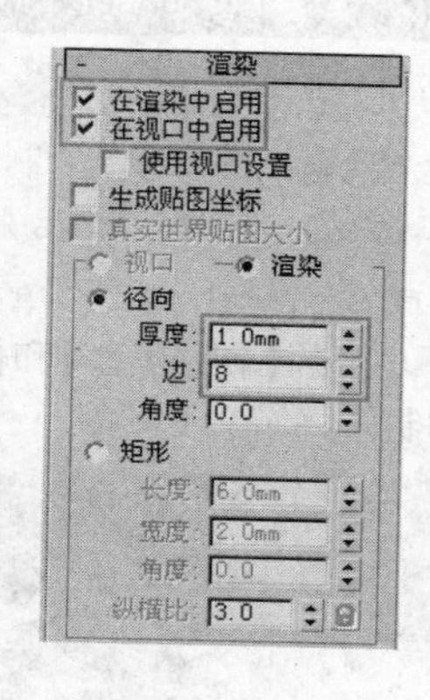

图 3-48　渲染设置参数

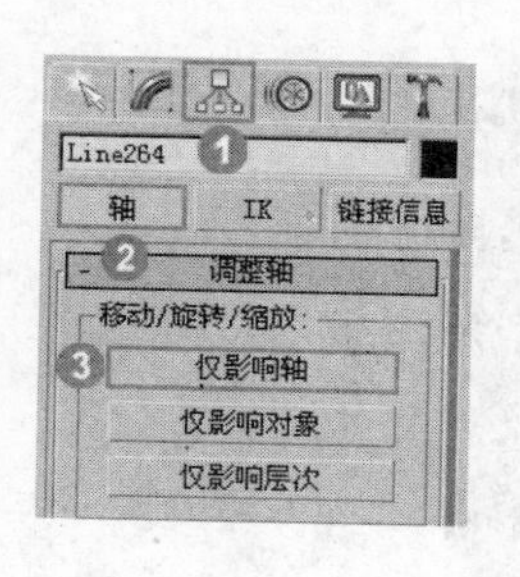

图 3-49　进入轴心调整

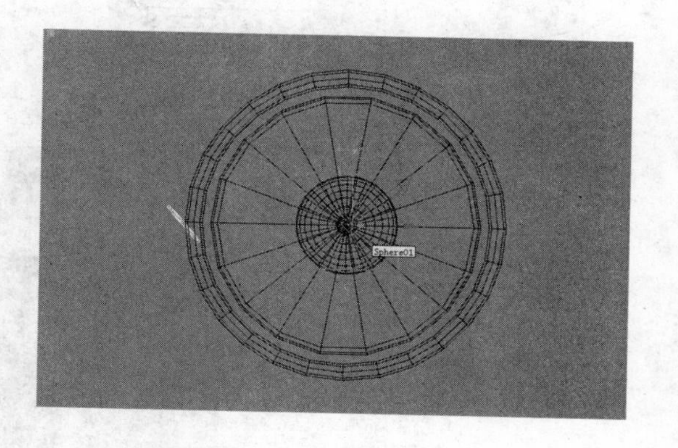

图 3-50　调整轴心位置

14　“线表灯框”阵列效果如图 3-52 所示，接下来制作灯底部“灯边”模型。

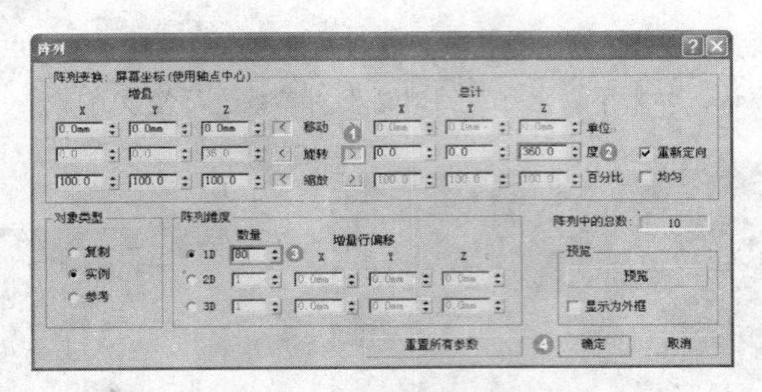

图 3-51　阵列参数设置

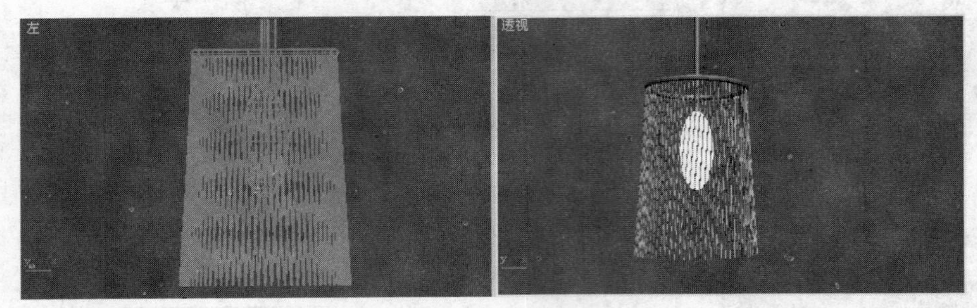

图 3-52　阵列效果

15 按 F 键激活前视图，移动复制上部“灯边”模型至“线形灯框”底部，然后修改参数如图 3-53 所示，得到底部较大的“灯边”模型。

16 创建灯具的“电线”模型。单击 （创建）| （图形）| 线 按钮，如图 3-54 所示调整 创建方法 中的的【初始类型】和【拖动类型】均为平滑。在前视图中绘制出如图 3-55 所示“电线”，完成整体造型的制作。

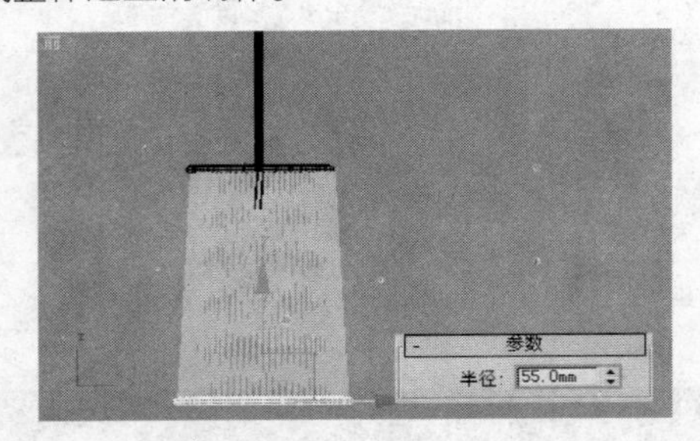

图 3-53　复制底部灯框

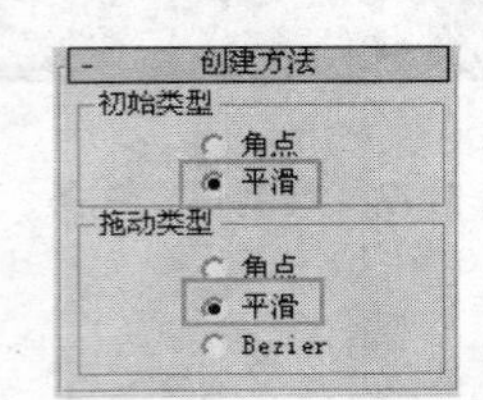

图 3-54　调整线形的创建方法

图 3-55　线形灯具完成造型

例027　线形台灯

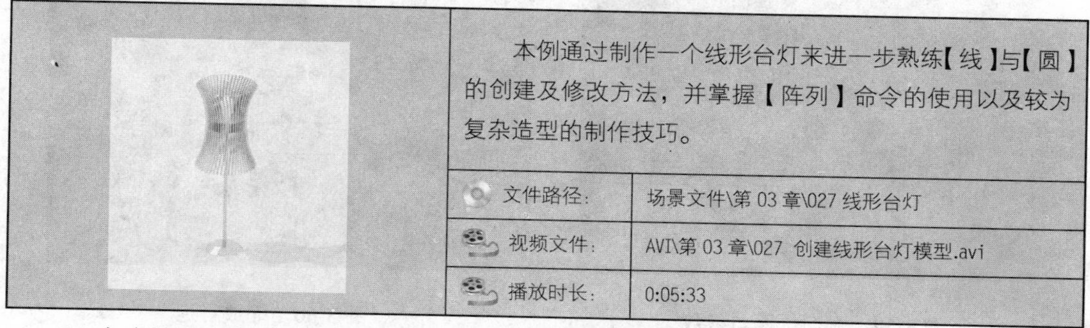

本例通过制作一个线形台灯来进一步熟练【线】与【圆】的创建及修改方法，并掌握【阵列】命令的使用以及较为复杂造型的制作技巧。

文件路径：	场景文件\第 03 章\027 线形台灯
视频文件：	AVI\第 03 章\027 创建线形台灯模型.avi
播放时长：	0:05:33

01 启动中文版 3ds Max 9，设置单位为【毫米】。

02 单击（创建）|（几何体）| 圆锥体 按钮，在顶视图单击并拖动鼠标创建一个圆锥体，作为台灯的“灯座”造型，如图 3-56 所示。

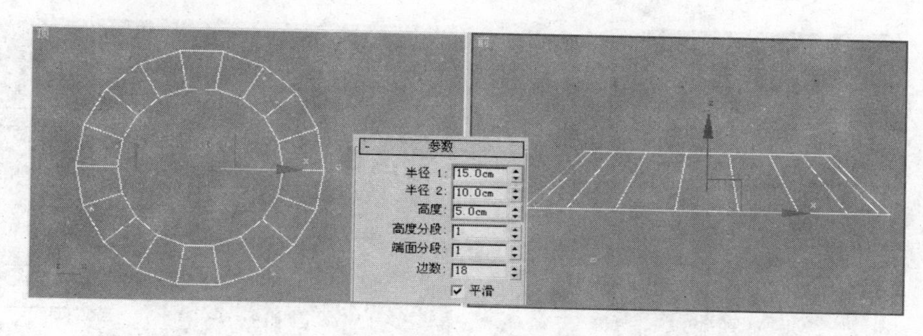

图 3-56　创建圆锥体

03 单击（创建）|（图形）| 线 按钮，在前视图中绘制一条直线作为“灯杆”造型，修改其【渲染】参数如图 3-57 所示。

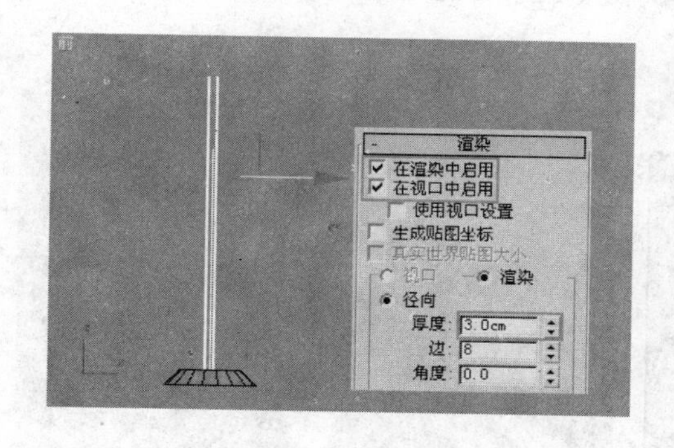

图 3-57　创建灯杆

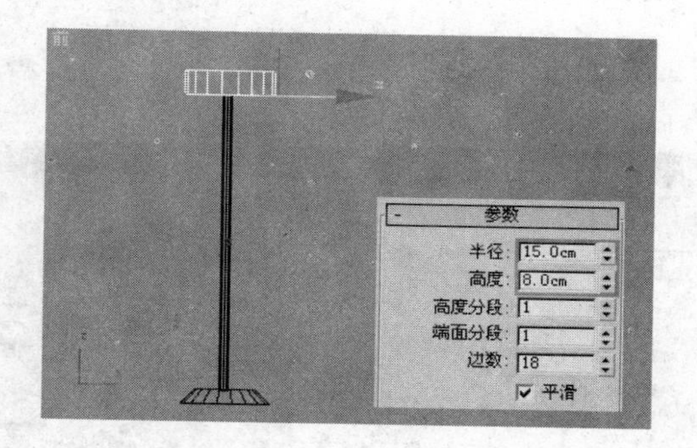

图 3-58　创建圆柱体

04 单击（创建）|（几何体）| 圆柱体 按钮，创建一个圆柱体做为“灯座”模型，如图 3-58 所示。单击（创建）|（几何体）| 球体 按钮，在前视图创建一个球体作为灯泡，如图 3-59 所示。

05 按 R 键启用缩放工具，将灯泡沿 y 轴进行缩放，得到如图 3-60 所示椭圆状造型。

图 3-59　灯泡位置与参数

图 3-60　缩放灯泡

06 绘制“线形灯框”造型。单击（创建）|（图形）| 线 按钮，在前视图中绘制如图 3-61 所示的外框线形，设置其【渲染】参数如图 3-62 所示。

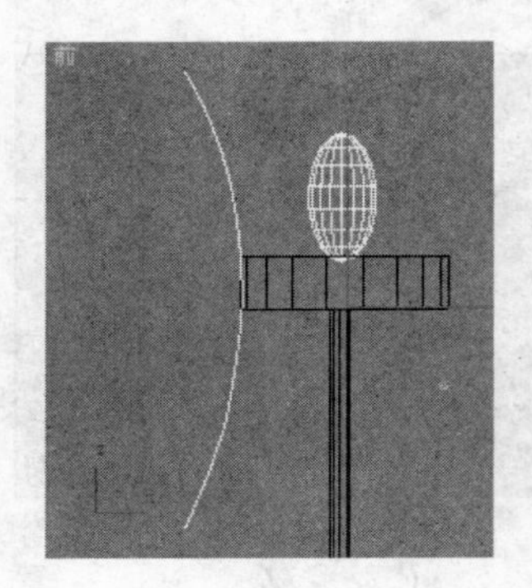

图 3-61　绘制外框线形

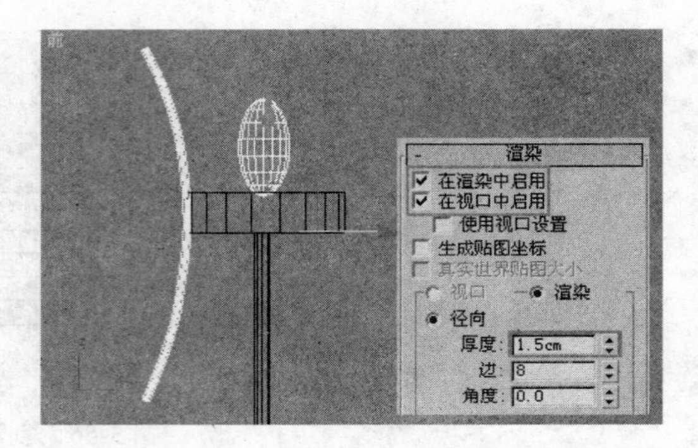

图 3-62　修改厚度参数

07 使用前面介绍的方法将外框线形进行阵列，阵列参数设置如图 3-63 所示。

08 完成的线形台灯整体造型如图 3-64 所示。

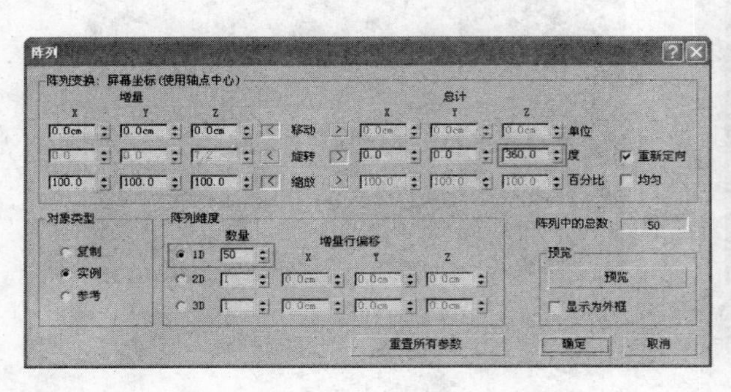

图 3-63　阵列参数

图 3-64　线形台灯整体造型

第4章 二维线形转三维建模

在前一章中学习了二维线形的绘制和修改，利用二维线型也能制作出一些常用的模型，但如果要想利用二维线形进行复杂的三维造型的制作，就必须添加适当的编辑修改命令，本章将学习【挤出】、【车削】、【倒角】、【倒角轮廓】、【放样】等修改命令将二维图形转换为三维物体的操作方法。

例028 挤出——墙体

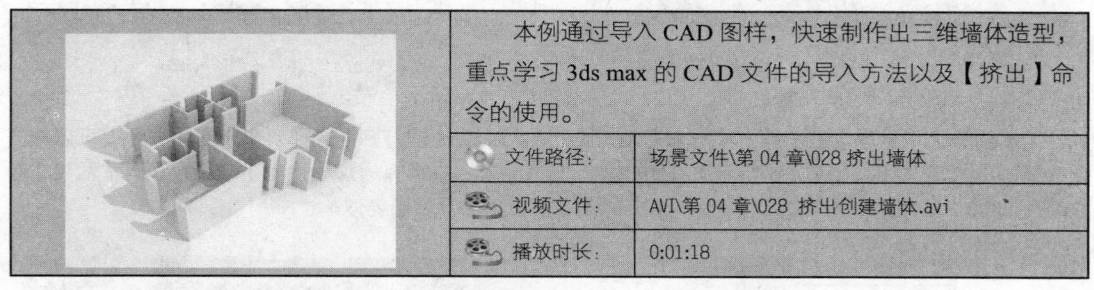

本例通过导入 CAD 图样，快速制作出三维墙体造型，重点学习 3ds max 的 CAD 文件的导入方法以及【挤出】命令的使用。

文件路径:	场景文件\第 04 章\028 挤出墙体
视频文件:	AVI\第 04 章\028 挤出创建墙体.avi
播放时长:	0:01:18

01 启动中文版 3ds max 9，设置单位为【毫米】。

02 单击菜单栏【文件】|【导入】命令，打开【选择要导入的文件】对话框，选择文件类型为 AutoCAD(*DWG，*DXF)，选择配套光盘提供的“房屋框架 cad”文件，如图 4-1 所示，单击 打开(O) 按钮开始导入。

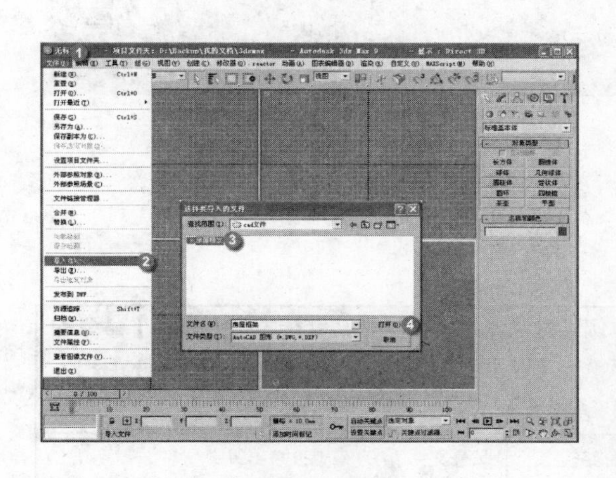

图 4-1 导入复式楼的 CAD 图纸

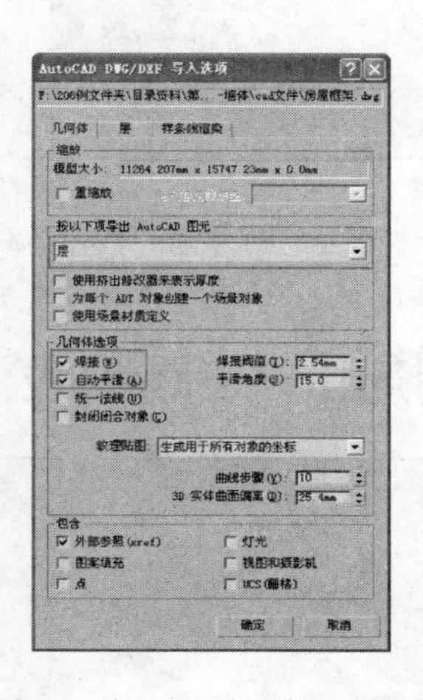

图 4-2 【AutoCAD DWG/DXF】对话框

03 系统弹出【AutoCAD DWG/DXF 导入选项】对话框，设置参数如图 4-2 所示，调整完成后单击 确定 按钮。将 CAD 图样导入至 3ds max 中，导入完成的效果如图 4-3 所示，为了观察方便，按 Ctrl+A 键全选图形，设置图形颜色如图 4-4 所示。

提 示：导入平面图的目的主要是起到一个参照作用，以提高模型建立时的准确性，同时更能清楚的理解这个户型整体的设计，对整体室内效果图的创作思路起到指引的作用。

图 4-3　导入 CAD 图纸

图 4-4　统一线形颜色

04 由于之前是以【层】的方式导入 CAD 图元，此时按 H 键打开【选择对象】对话框，就可以很方便选择其中的墙体线，如图 4-5 所示。在 修改器列表 中选择添加【挤出】命令，设置【数量】参数值为 2800（即房间的层高为 2.8 米），生成如图 4-6 所示的三维墙体效果。

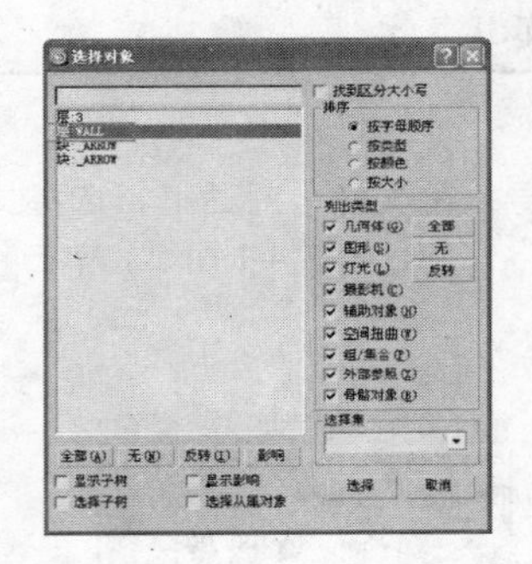

图 4-5　按名称选择场景中的墙体线型

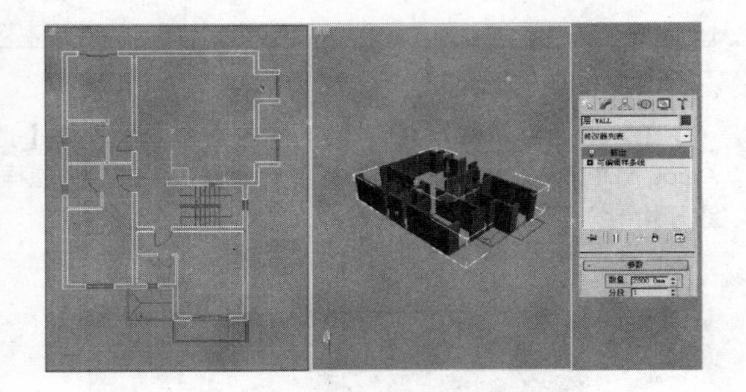

图 4-6　添加挤出命令

例029　挤出——踢脚线

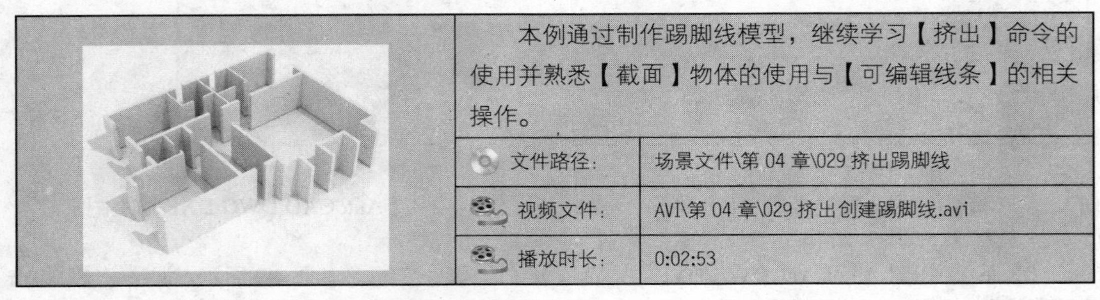

本例通过制作踢脚线模型，继续学习【挤出】命令的使用并熟悉【截面】物体的使用与【可编辑线条】的相关操作。

文件路径：	场景文件\第 04 章\029 挤出踢脚线
视频文件：	AVI\第 04 章\029 挤出创建踢脚线.avi
播放时长：	0:02:53

01 启动中文版 3ds max 9，设置单位为【毫米】。

02 执行菜单栏【文件】|【打开】命令，打开上一实例制作的墙体模型，如图 4-7 所示。

03 按 T 键进入顶视图，单击 进入二维图形创建面板，单击 截面 按钮，在顶视图中拖动鼠标左键创建一个【截面】物体，如图 4-8 所示。

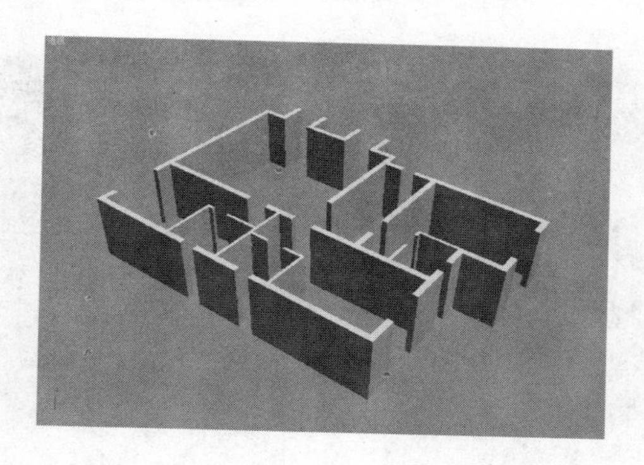

图 4-7　打开场景

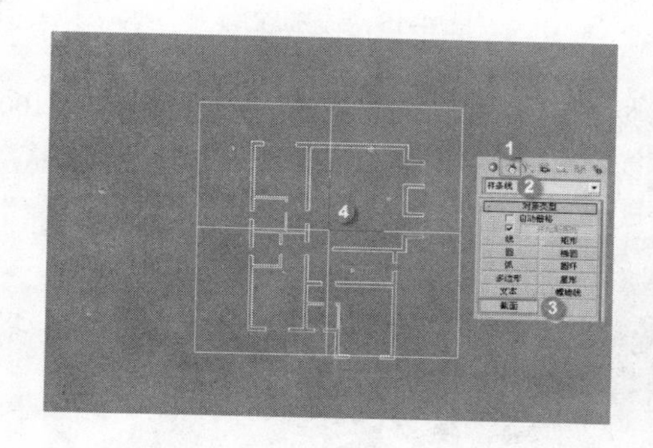

图 4-8　创建截面物体

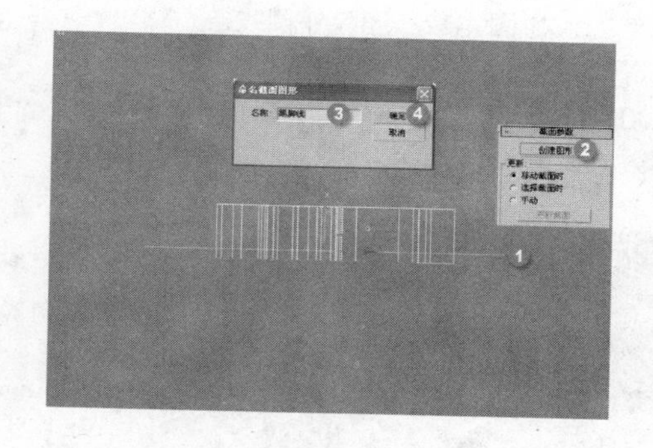

图 4-9　创建踢脚线形

04 按 F 键进入顶视图，调整【截面】物体至合适高度，单击【创建图形】按钮创建截面，在弹出的对话框中将创建好的截面命名为“踢脚线”，如图 4-9 所示。

05 创建出截面后，删除【截面】物体，便可以看见如图 4-10 中所示创建好的“踢脚线”线形。按 T 键进入顶视图，选择踢脚线并将按 Alt+Q 组合键将其独立显示，按 2 键进入其【线段】层级对线形的分段进行观察，如图 4-11 所示。

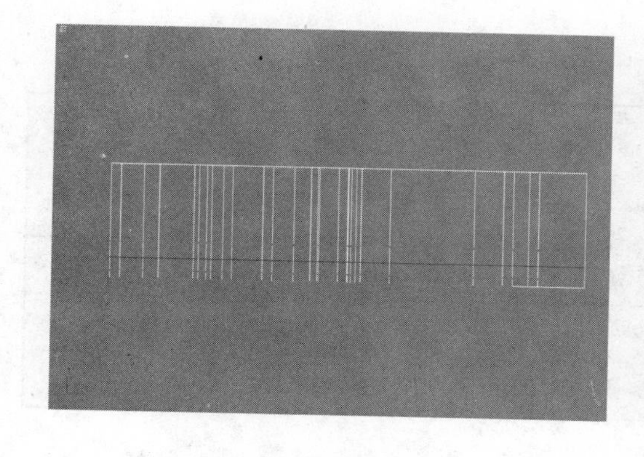

图 4-10　得到踢脚线

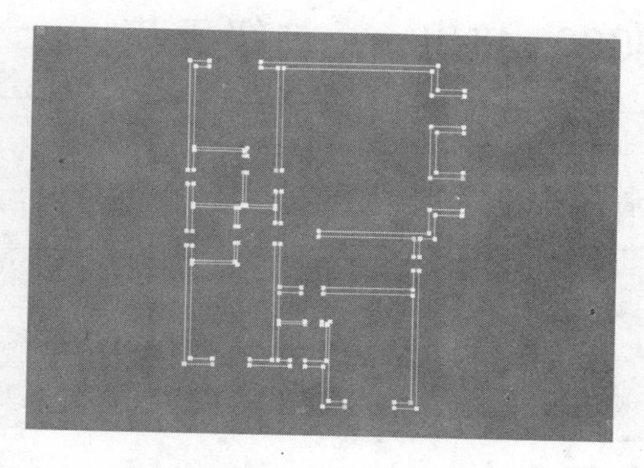

图 4-11　观察踢脚线形

06 选择“踢脚线”线形外侧所有线段，按 Delete 键将其删除，如图 4-12 所示。按 3 键进入【样条线】层级，按 Ctrl+A 键全选所有样条线，为其添加-15mm 的轮廓线，如图 4-13 所示。

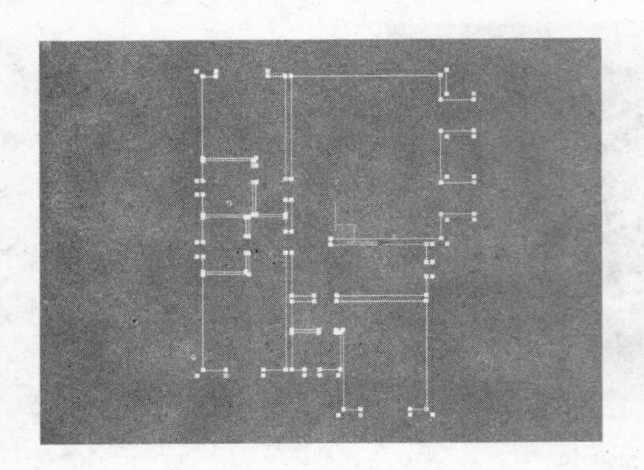

图 4-12　删除外侧线条

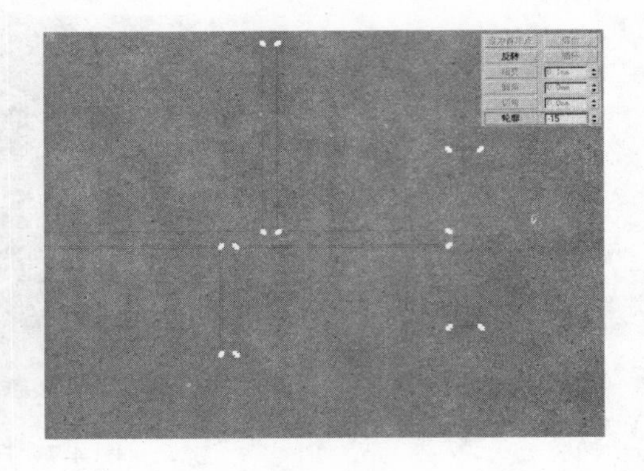

图 4-13　添加轮廓

07 完成轮廓线的制作后，在修改器列表中选择添加【挤出】命令，设置【数量】参数值为 100，得到效果如图 4-14 所示，调整其位置至墙体底部，踢脚线创建完成，最终效果如图 4-15 所示。

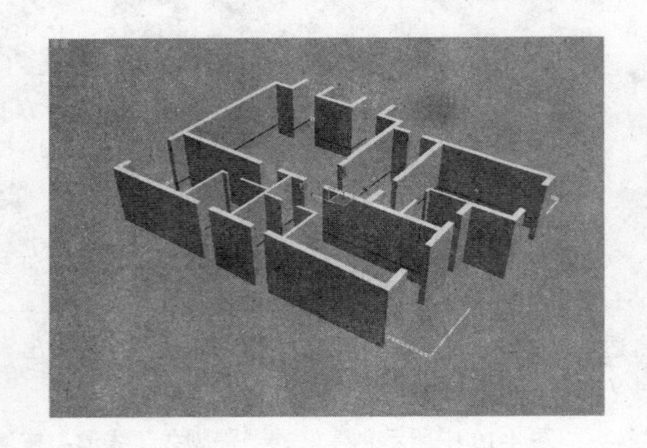

图 4-14　挤出踢脚线高度

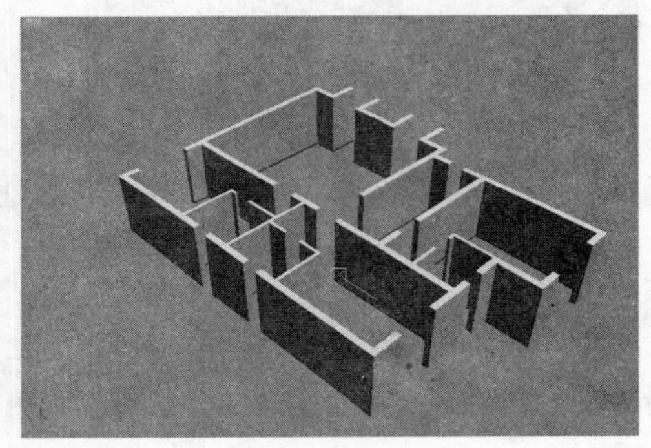

图 4-15　完成踢脚线制作

例030　挤出——二级天花

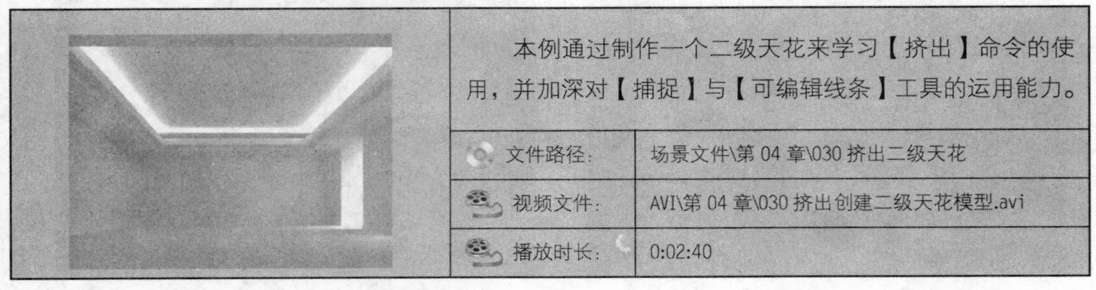

本例通过制作一个二级天花来学习【挤出】命令的使用，并加深对【捕捉】与【可编辑线条】工具的运用能力。

文件路径：	场景文件\第 04 章\030 挤出二级天花
视频文件：	AVI\第 04 章\030 挤出创建二级天花模型.avi
播放时长：	0:02:40

01 启动中文版 3ds max 9，设置单位为【毫米】。

02 执行菜单栏【文件】|【打开】命令，打开配套光盘提供的“墙体 2.max”场景文件，如图 4-16 所示，接下来为其创建右上角空间的二级天花。

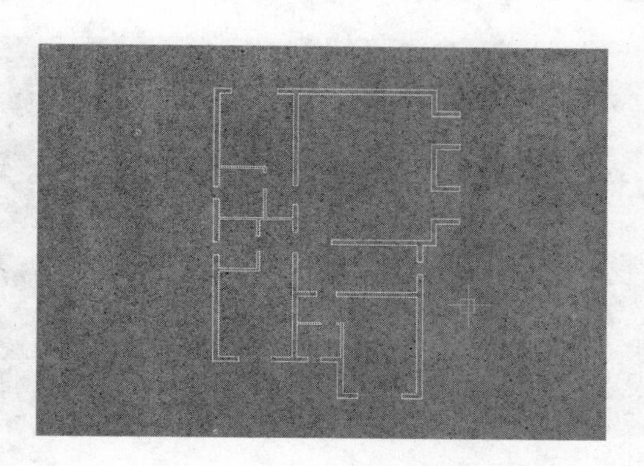

图 4-16　打开场景

03 开启 2.5 维捕捉，设置【捕捉】参数如图 4-17 所示，按 T 键切换至顶视图，单击 面板 矩形 按钮，在顶视图通过捕捉房间内侧交界点创建一个矩形，如图 4-18 所示。

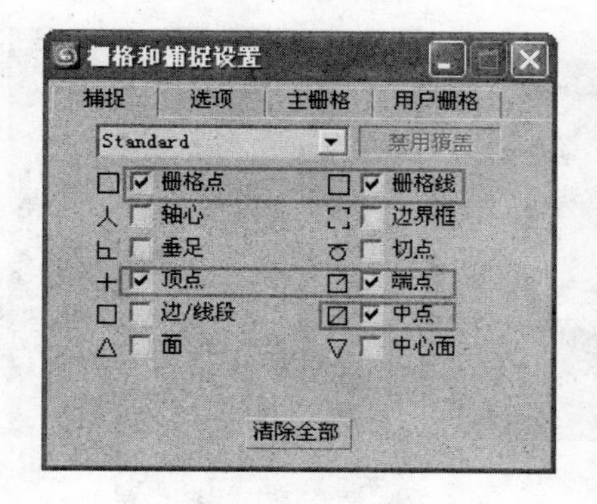

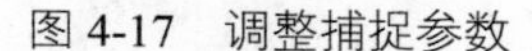

图 4-17　调整捕捉参数

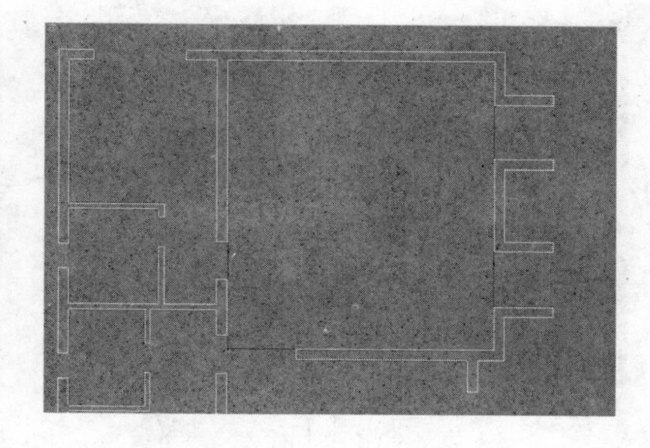

图 4-18　创建矩形

04 在创建的矩形上单击鼠标右键，在弹出的快捷菜单选择【转换为】|【可编辑样条线】命令，如图 4-19 所示。按 3 键进入【样条线】层级，按 Ctrl+A 组合键全选所有样条线，为其添加 800 的轮廓线，制作出一级天花的宽度，如图 4-20 所示。

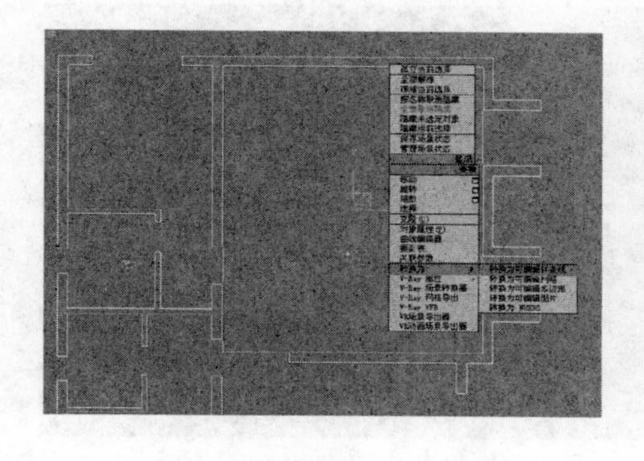

图 4-19　转换为可编辑样条线

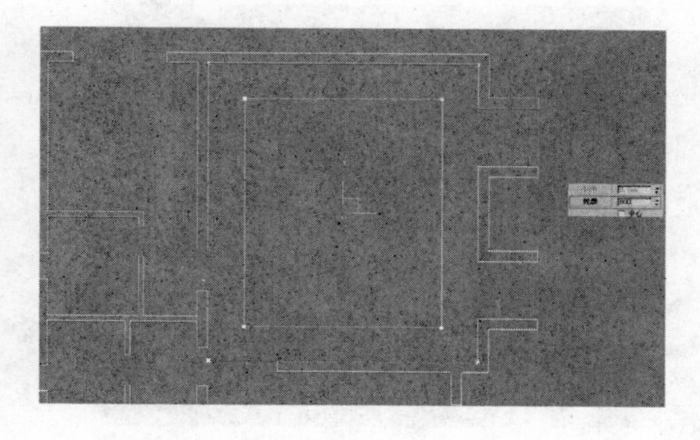

图 4-20　制作轮廓线

05 制作二级天花平面。保持【样条线】修改层级，选择一级天花平面内侧线条，如图 4-21 所示。

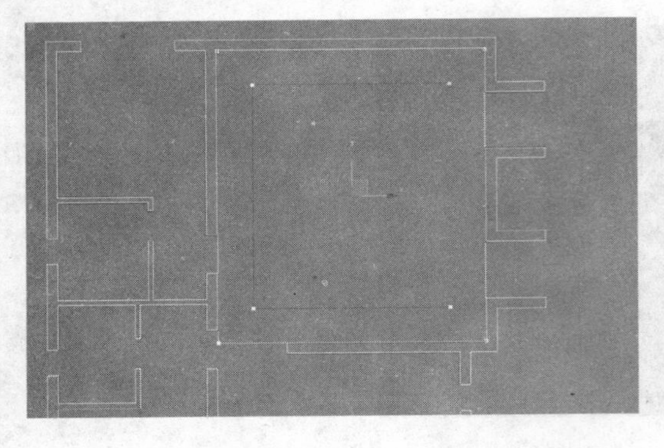

图 4-21　选择一级天花平面内侧线条

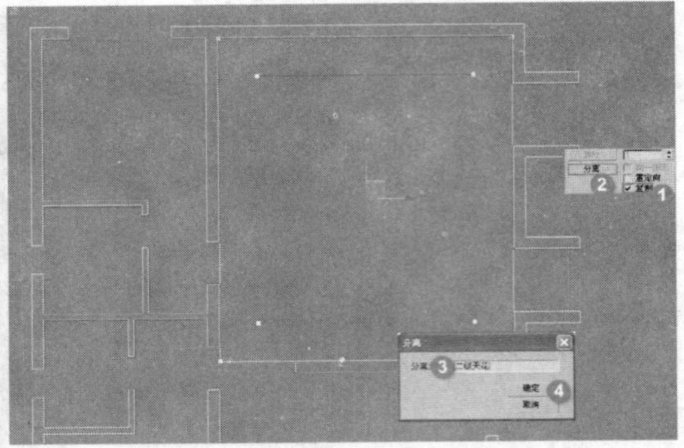

图 4-22　分离复制出二级天花线

06 勾选“复制”复选框，再单击 分离 按钮，将分离的对象命名为“二级天花”，如图 4-22 所示。使用同样的方法，为分离的“二级天花”添加 200mm 轮廓线，如图 4-23 所示。

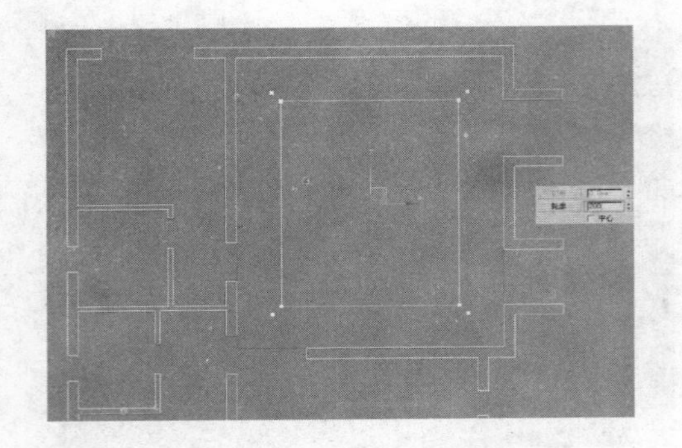

图 4-23　添加轮廓

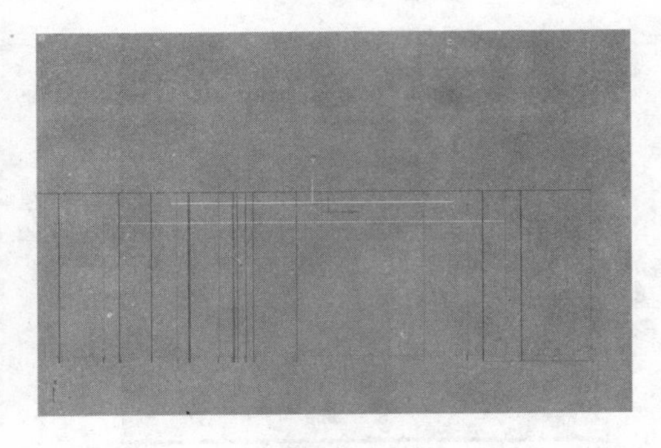

图 4-24　调整天花线条位置

07 完成“二级天花”的制作后，按 F 键进入前视图，调整两条线条的高度如图 4-24 所示。

08 分别为一、二级天花添加【挤出】命令，一级天花的挤出数量为 120mm，二级天花的挤出数量为 180mm，然后调整其最终位置如图 4-25 所示。

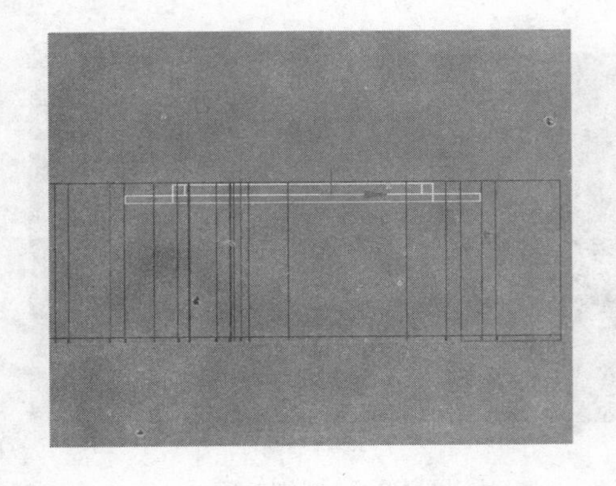

图 4-25　挤出天花厚度

图 4-26　二级天花线架渲染效果

09 在制作好天花板与地板后，添加简单的灯光与材质进行渲染，可以得到如图 4-26 所示二级天花线架渲染效果。

例031　挤出——楼梯

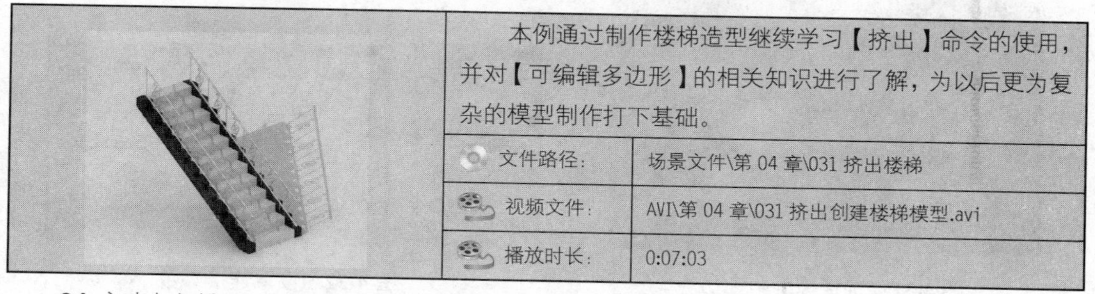

本例通过制作楼梯造型继续学习【挤出】命令的使用，并对【可编辑多边形】的相关知识进行了解，为以后更为复杂的模型制作打下基础。

文件路径：	场景文件\第 04 章\031 挤出楼梯
视频文件：	AVI\第 04 章\031 挤出创建楼梯模型.avi
播放时长：	0:07:03

01 启动中文版 3ds max 9，设置单位为【毫米】。

02 开启 2.5 维捕捉，调整【捕捉】参数如图 4-27 所示，单击 线 按钮，在前视图通过捕捉绘制如图 4-28 所示的楼梯侧面图形，其中每个踏步高约 165mm，踏步宽约为 250mm。

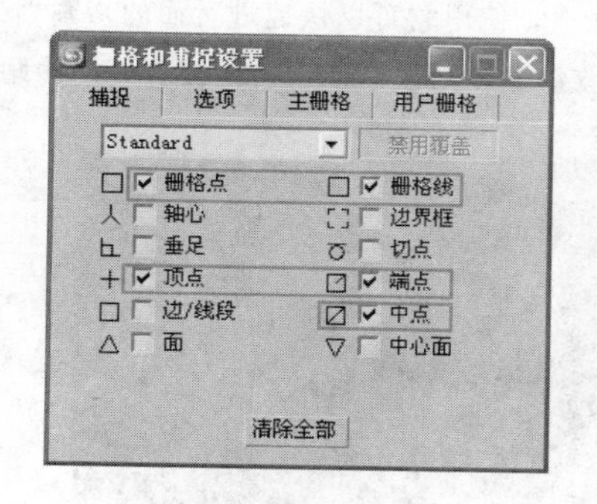

图 4-27　调整捕捉参数

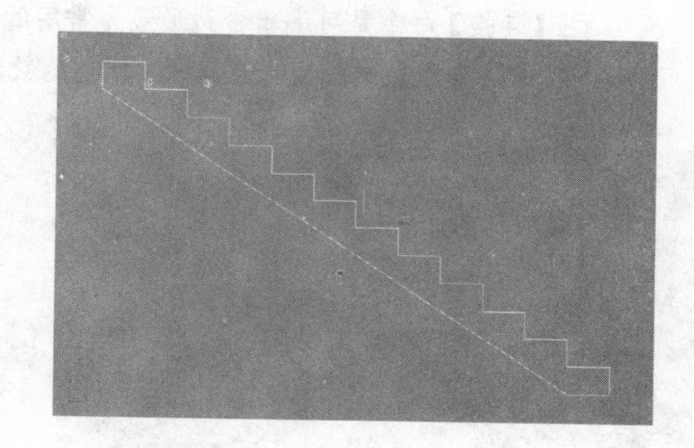

图 4-28　绘制楼梯截面

03 选择创建好的楼梯侧面图形，为其选择添加【挤出】命令，设置【数量】为 1200，完成如图 4-29 所示楼梯平台创建，然后单击鼠标右键，选择【转换为】|【转换为可编辑多边形】命令，将其转换为【可编辑多边形】，如图 4-30 所示。

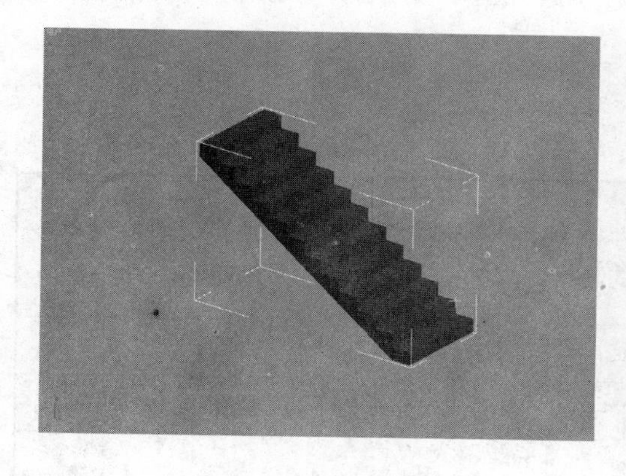

图 4-29　挤出踏步

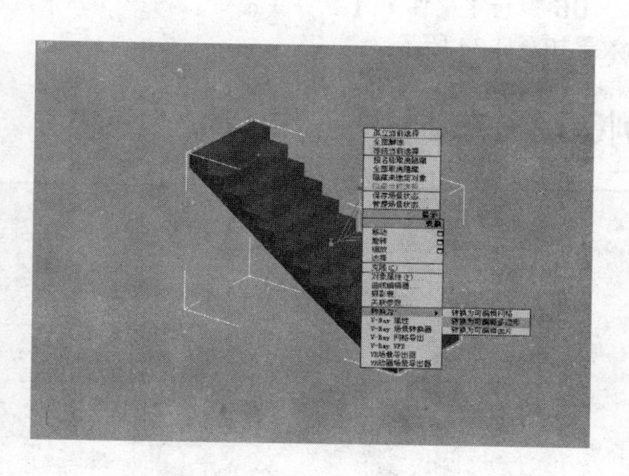

图 4-30　转换为可编辑多边形

04 利用【可编辑多边形】的【连接】命令细分楼梯模型，使其能赋予【多维材质】。按 2 键进入【边】层级，选择模型中部所有边线，如图 4-31 所示。

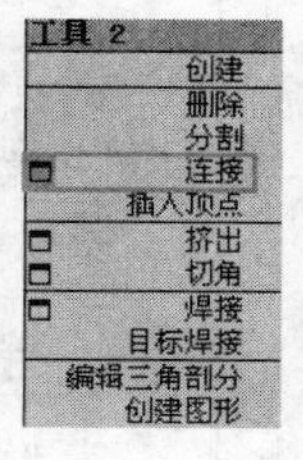

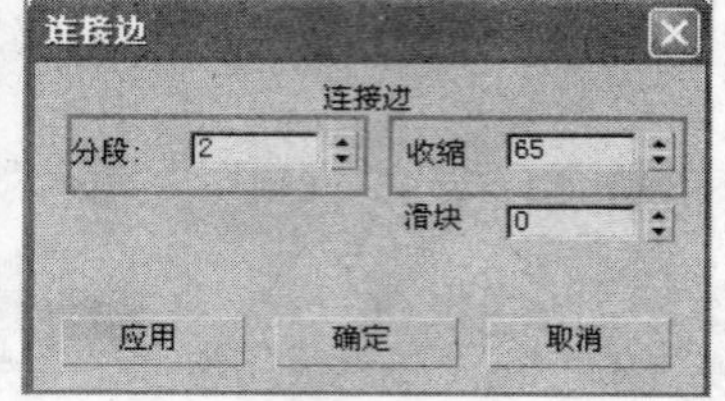

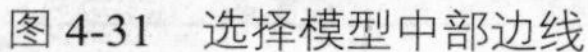

图 4-31　选择模型中部边线　　　图 4-32　设置连接参数

05 单击鼠标右键，在弹出的快捷菜单中单击【连接】命令，在弹出的对话框调整参数如图 4-32 所示，这样就将整个楼梯模型切分成了如图 4-33 所示的 3 个部分。

提　示:【连接】命令是可编辑多边形最为常用的编辑命令，使用它可以快速进行面的切割划分，其中【分段】参数控制产生的连接边的数量，【收缩】参数控制产生的连接边之间的距离。

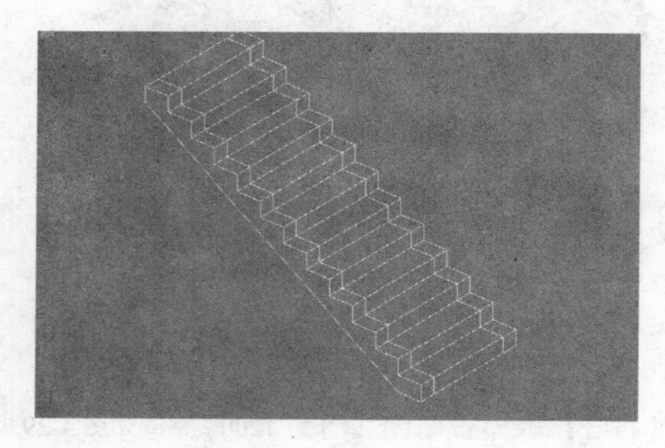

图 4-33　切割模型

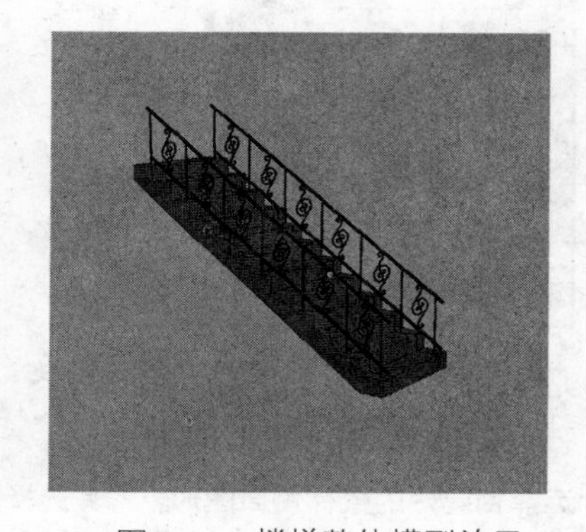

图 4-34　楼梯整体模型效果

06 执行【文件】|【合并】命令，将第 3 章制作的“楼梯扶手”模型合并到场景中，最终完成的楼梯效果如图 4-34 所示。

例032　车削——果盘

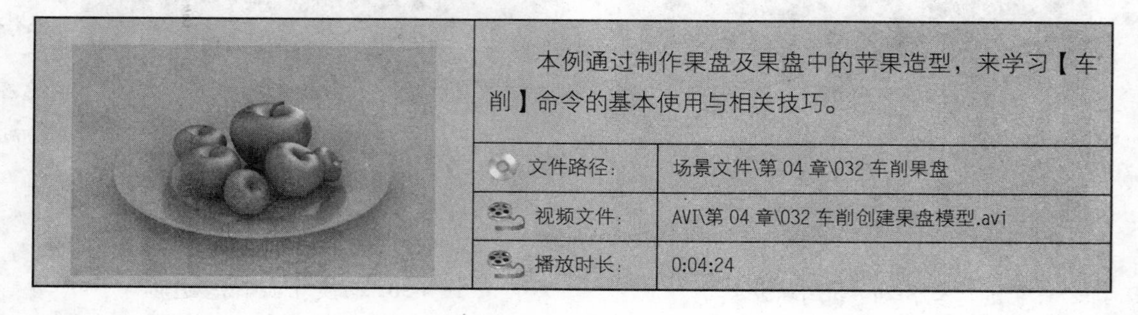

本例通过制作果盘及果盘中的苹果造型，来学习【车削】命令的基本使用与相关技巧。

文件路径:	场景文件\第 04 章\032 车削果盘
视频文件:	AVI\第 04 章\032 车削创建果盘模型.avi
播放时长:	0:04:24

01 启动中文版 3ds max 9，设置单位为【毫米】。

02 开启 2.5 维捕捉，设置捕捉参数如图 4-35 所示。单击 面板 线 按钮，在前视图通过捕捉绘制如图 4-36 所示果盘截面。

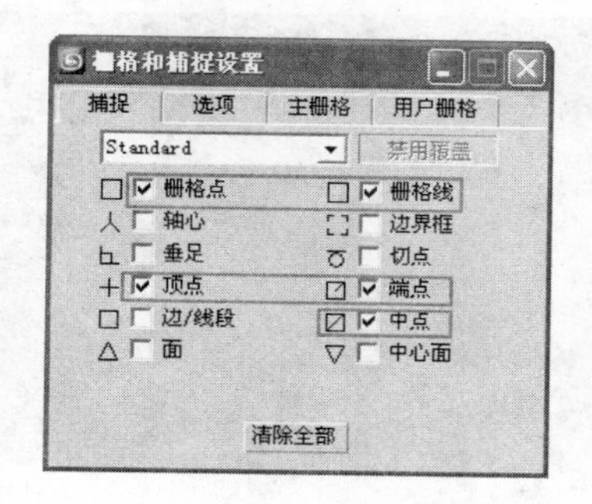

图 4-35　设置捕捉参数

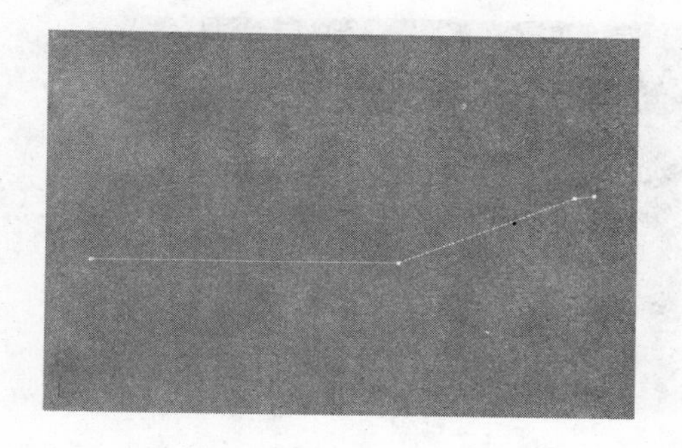

图 4-36　绘制果盘截面

03 单线条的截面如果直接添加【车削】命令，容易得到面法线不统一的错误结果，因此需要先对其进行轮廓线处理。按 3 键进入【样条线】层级，按 Ctrl+A 组合键全选所有样条线，单击【轮廓】按钮添加轮廓，设置轮廓数值为 4mm，如图 4-37 所示。按 1 键进入点层级，选择最右侧的点，进行如图 4-38 所示圆角。

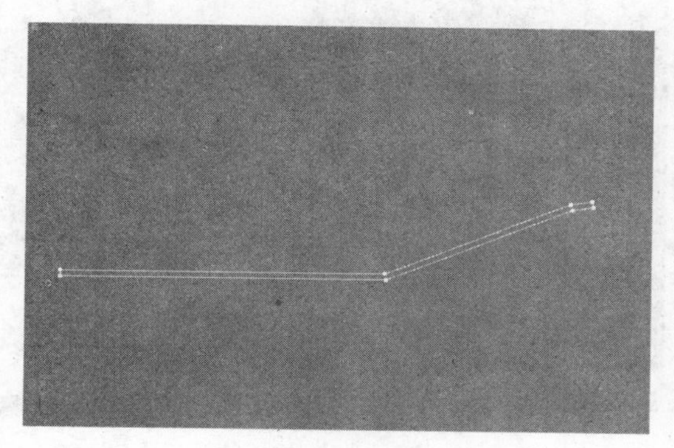

图 4-37　添加轮廓

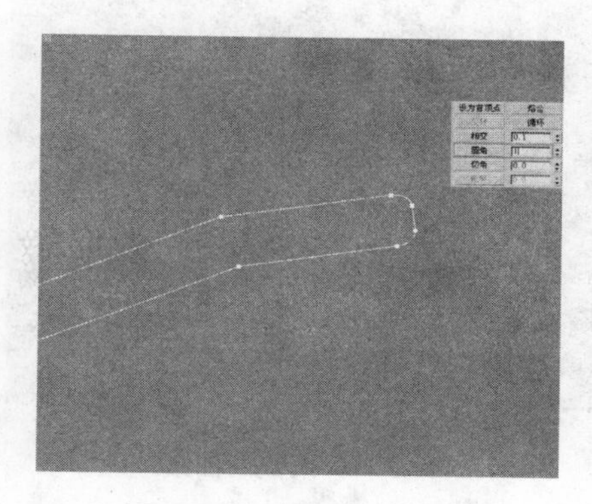

图 4-38　利用圆角制作细节

04 添加【车削】修改器，默认车削效果如图 4-39 所示，调整其【对齐】参数为最小，得到如图 4-40 所示的模型效果。

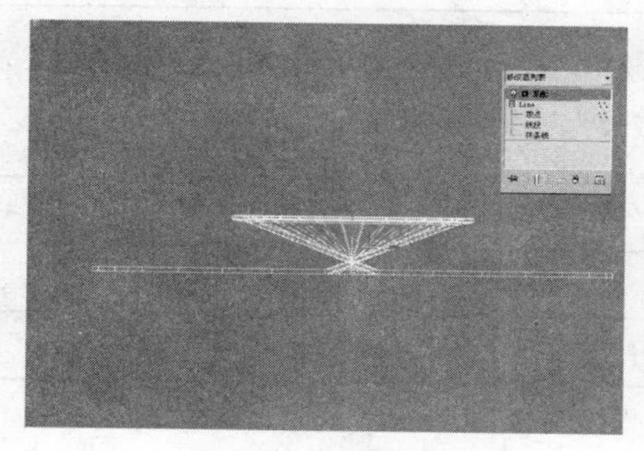

图 4-39　车削默认效果

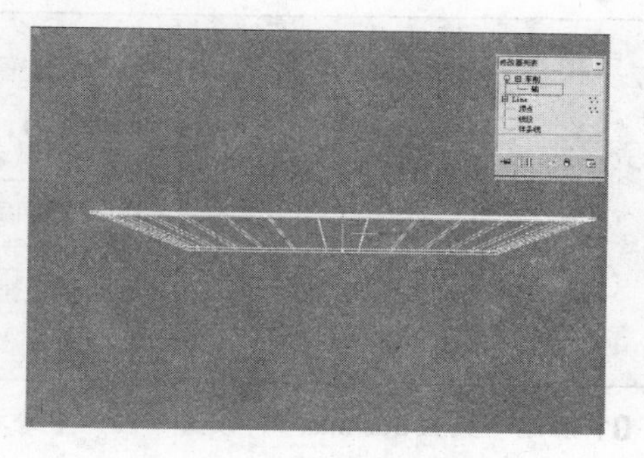

图 4-40　调整轴心位置

05 经过以上调整后的果盘三维透视效果如图 4-41 所示，可以看到果盘中心有破面的现象，而且其整体造型也并不圆滑，首先勾选【焊接内核】复选框，解决破面的现象，然后如图 4-42 所示适当增大其【分段】参数值，使果盘变得圆滑。

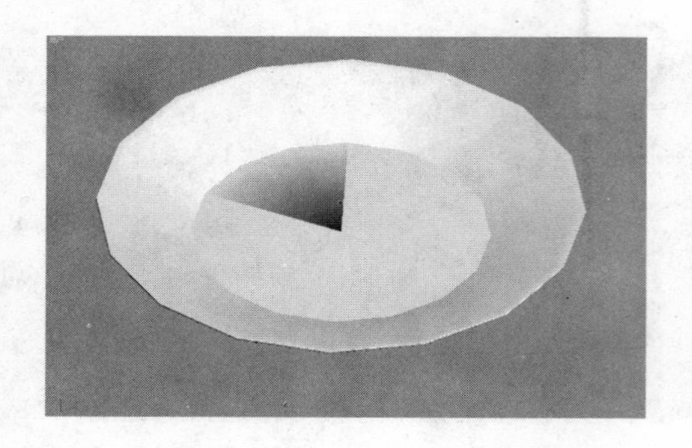

图 4-41　默认参数果盘效果

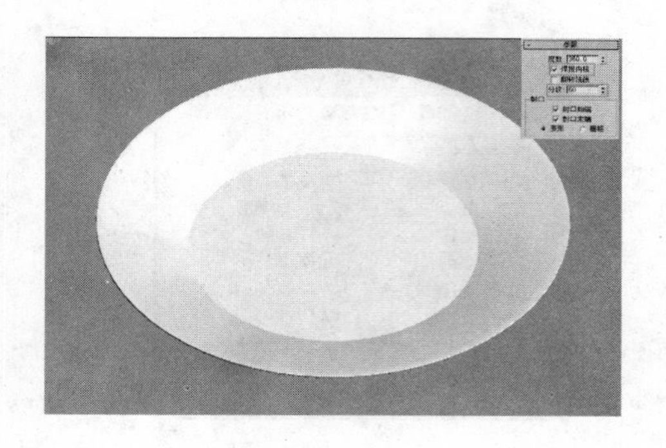

图 4-42　调整后效果

06 利用相同的方法完成果盘内苹果造型的制作，首先创建如图 4-43 所示的苹果截面，然后添加【车削】修改器，调整【对齐】选项并勾选【焊接内核】复选框，复制若干个并随机缩放其大小，最终完成果盘造型的制作，如图 4-44 所示。

图 4-43　苹果截面曲线

图 4-44　最终效果

例033　车削——现代落地灯

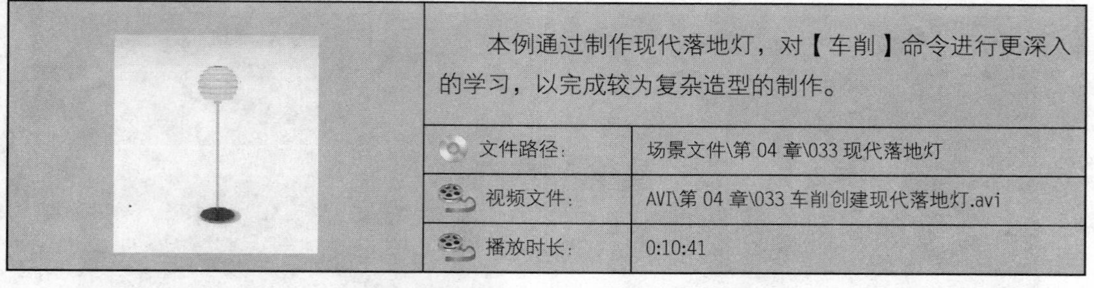

本例通过制作现代落地灯，对【车削】命令进行更深入的学习，以完成较为复杂造型的制作。

文件路径：	场景文件\第 04 章\033 现代落地灯
视频文件：	AVI\第 04 章\033 车削创建现代落地灯.avi
播放时长：	0:10:41

01 启动中文版 3ds max 9，设置单位为【毫米】。

02 开启 2.5 维捕捉，设置【捕捉】参数如图 4-45 所示，单击面板【线】按钮，在前视图绘制如图 4-46 所示灯具截面，然后对其进行 4mm 的轮廓处理。

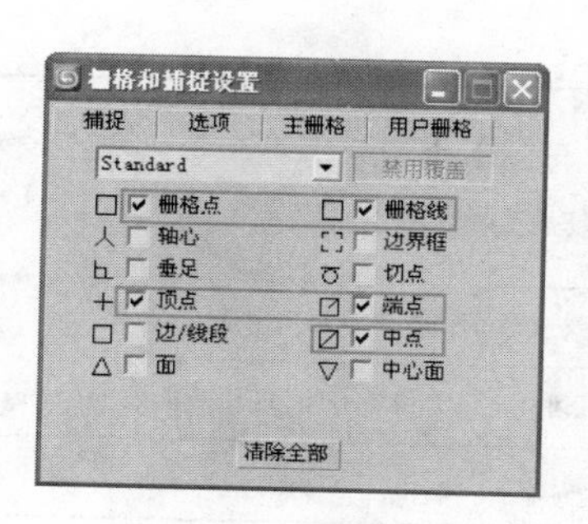

图 4-45　开启并调整捕捉参数

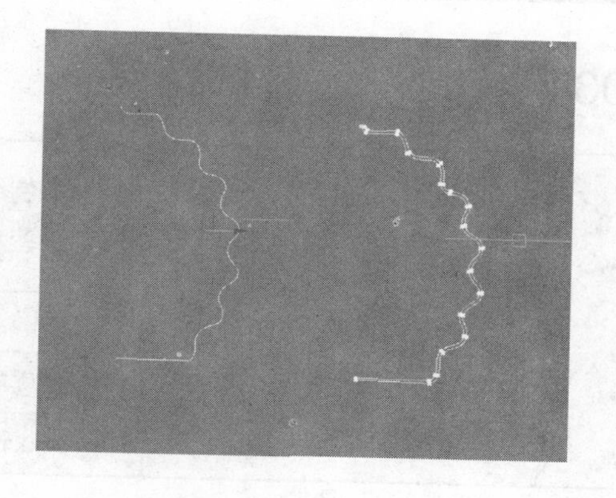

图 4-46　绘制灯罩截面并添加轮廓

03 选择添加轮廓的灯罩侧面进入修改面板，添加【车削】修改器，默认参数下模型效果如图 4-47 所示。按 1 键进入【车削】的【轴】层级，按 W 键启用移动工具，往左移动轴心，直至效果如图 4-48 所示，然后勾选【翻转法线】复选框。

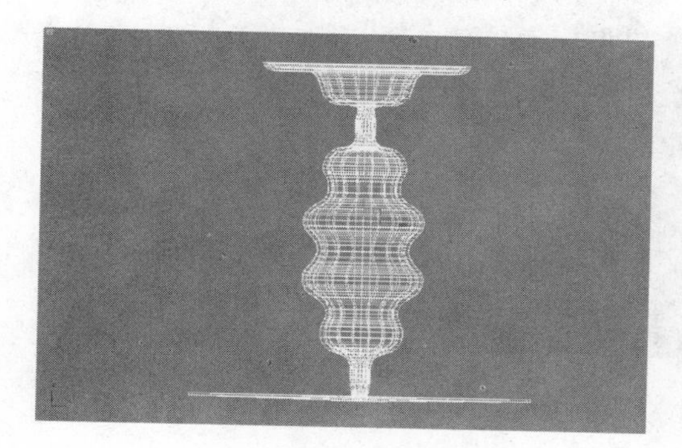

图 4-47　默认参数车削效果

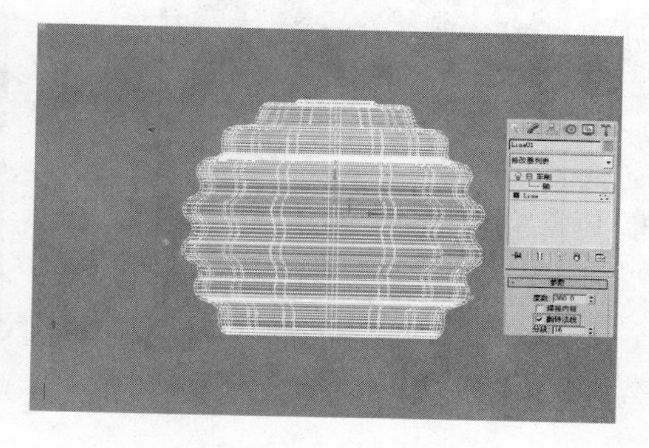

图 4-48　调整轴心位置

04 灯罩创建好后，参考其大小与比例，继续绘制如图 4-49 所示的线条制作灯座与灯杆造型，在制作过程注意【车削】轴心位置以及法线的方法，最后调整两者的相对位置，完成落地灯整体造型的制作，如图 4-50 所示。

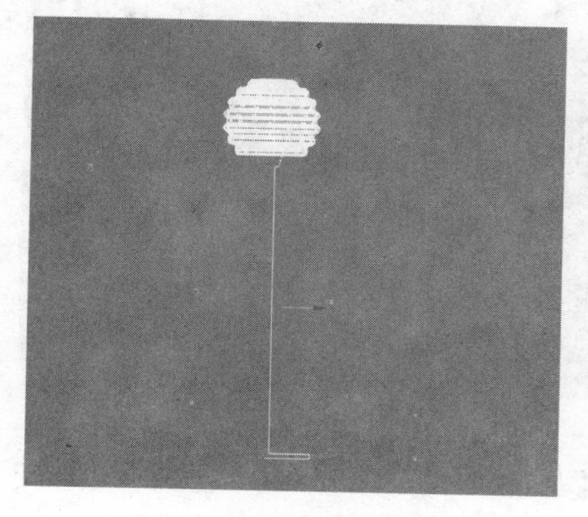

图 4-49　绘制灯座与灯杆线形

图 4-50　整体造型

例034　车削——装饰花束

本例综合运用【车削】、【弯曲】等命令，制作装饰花束模型。读者应重点掌握线条长度的精确绘制技巧。

文件路径：	场景文件\第 04 章\034 车削装饰花束
视频文件：	AVI\第 04 章\034 车削创建装饰花束模型.avi
播放时长：	0:04:52

01 启动 3ds max 9 中文版，设置单位为【毫米】。

02 开启 2.5 维捕捉，设置【捕捉】参数如图 4-51 所示，单击 面板 矩形 按钮，在前视图绘制一个长为 350mm，宽为 50mm 的矩形，作为花筒轮廓线，如图 4-52 所示。

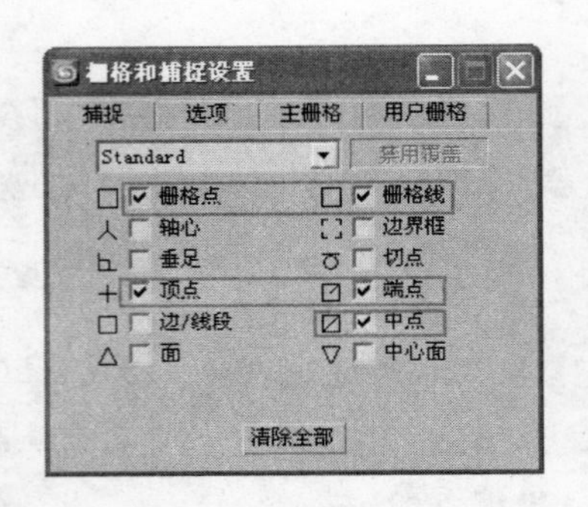

图 4-51　开启并调整捕捉参数

图 4-52　绘制矩形

技　巧：在绘制二维【线】时，可以利用【键盘输入】的方法控制线条的长度，但该方法操作起来比较繁琐，而如果转换思路，首先绘制【矩形】确定长度与宽度，然后将其转换为【可编辑样条线】，这样就可以得到精准长度的线段。

图 4-53　删除多余线段

图 4-54　车削

03 在创建的矩形上单击鼠标右键，在弹出的快捷菜单中选择【转换为】|【转换为可编辑样条线】命令，将其转换为【可编辑样条线】。按 2 键进入【线段】层级，删除其顶部与左侧的线段，只留下如图

4-53 所示的线段。按 3 键进入【样条线】层级，为其添加 5mm 的轮廓线，再添加【车削】修改器，调整对齐至最小，得到如图 4-54 所示的花筒效果。

04 参考花筒的大小比例，绘制如图 4-55 所示花头与花茎造型曲线，继续添加【车削】修改器，得到如图 4-56 所示造型。

05 将花头与花茎造型调整至如图 4-57 所示位置，添加【弯曲】修改器，将其复制一根，调整其【弯曲】参数如图 4-58 所示，得到不同形态的造型。

06 按 W 键启用【旋转】工具，调整复制的花头与花茎造型方向，按 R 键启用【缩放】工具，调整其大小比例如图 4-59 所示，然后重复上面的操作，完成整个装饰花束制作，如图 4-60 所示。

图 4-55　花头与花茎曲线

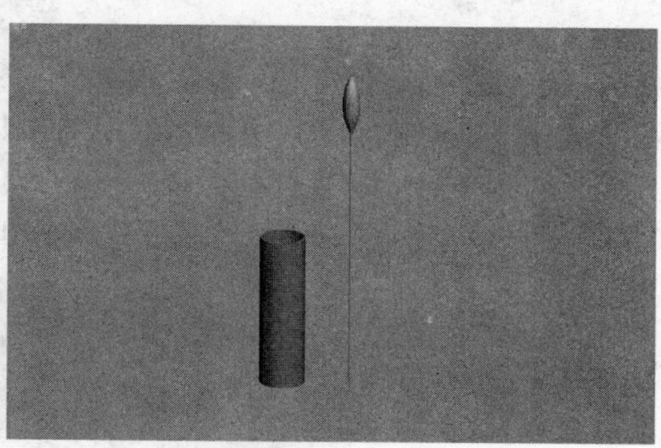

图 4-56　花头与花茎造型

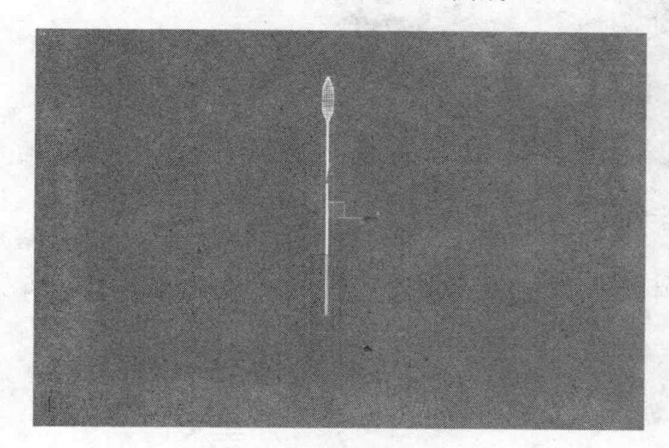

图 4-57　添加弯曲命令

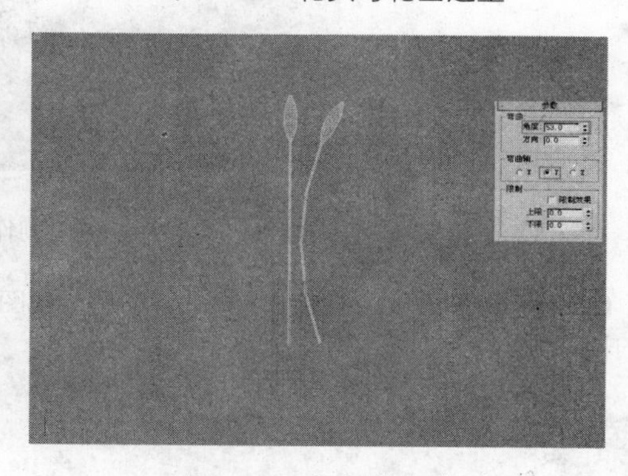

图 4-58　复制花束造型

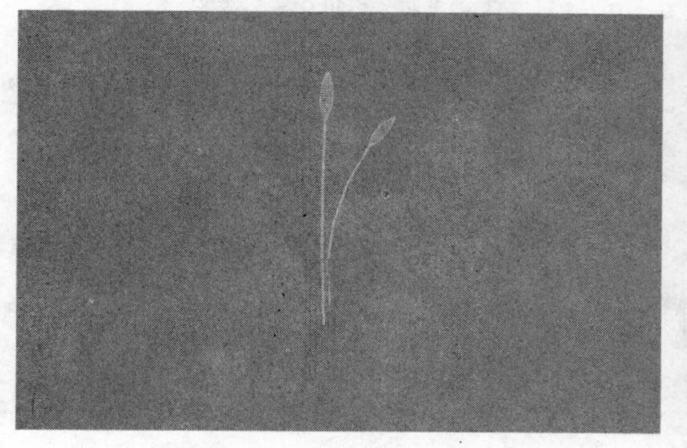

图 4-59　调整花头与花茎形态

图 4-60　完成造型

例035　倒角——儿童床

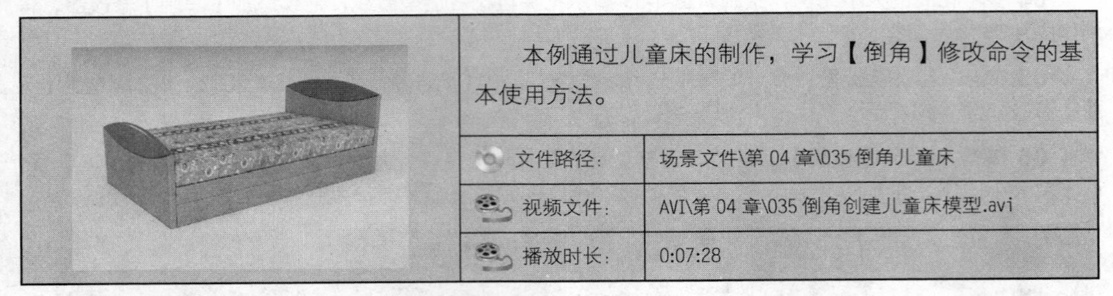

本例通过儿童床的制作，学习【倒角】修改命令的基本使用方法。

文件路径：	场景文件\第 04 章\035 倒角儿童床
视频文件：	AVI\第 04 章\035 倒角创建儿童床模型.avi
播放时长：	0:07:28

01 启动中文版 3ds max 9，设置单位为【毫米】。

02 在顶视图创建一个【切角长方体】作为“床垫”模型，在前视图沿 y 轴复制 2 个，然后修改相应的参数，得到儿童床的床体与床垫模型，如图 4-61 所示。

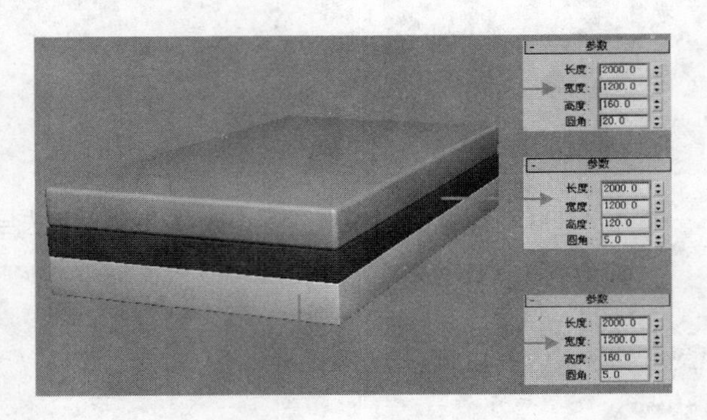

图 4-61　制作床垫与床体

03 参考床体大小，开启 2.5 维捕捉，在前视图中利用【线】与【弧】工具，绘制如图 4-62 所示的两个床头平面线形。

图 4-62　绘制线形

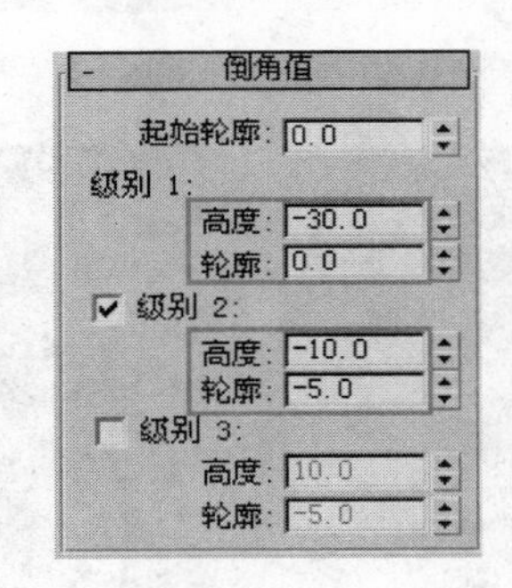

图 4-63　倒角参数

04 选择绘制好的平面线形进入修改面板，添加【倒角】修改器，设置参数图 4-63 所示。调整两者的位置，如图 4-64 所示。将床头造型整体复制一份，并移动至床尾，然后调整其底部模型高度，完成如图 4-65 所的儿童床造型的制作。

图 4-64　部分模型造型

图 4-65　儿童床模型完成效果

例036　倒角——筒式壁灯

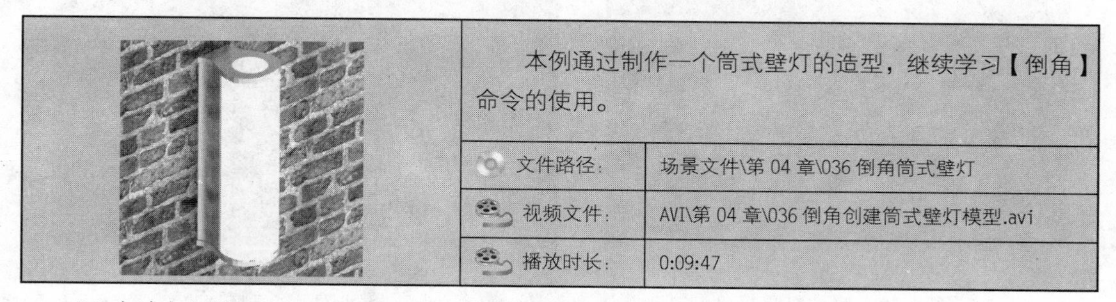

本例通过制作一个筒式壁灯的造型，继续学习【倒角】命令的使用。

文件路径：	场景文件\第 04 章\036 倒角筒式壁灯
视频文件：	AVI\第 04 章\036 倒角创建筒式壁灯模型.avi
播放时长：	0:09:47

01 启动中文版 3ds max 9，设置单位为【毫米】。

02 开启 2.5 维捕捉，设置【捕捉】参数如图 4-66 所示，单击 面板 线 与 圆 按钮，在顶视图通过捕捉，绘制如图 4-67 所示截面。

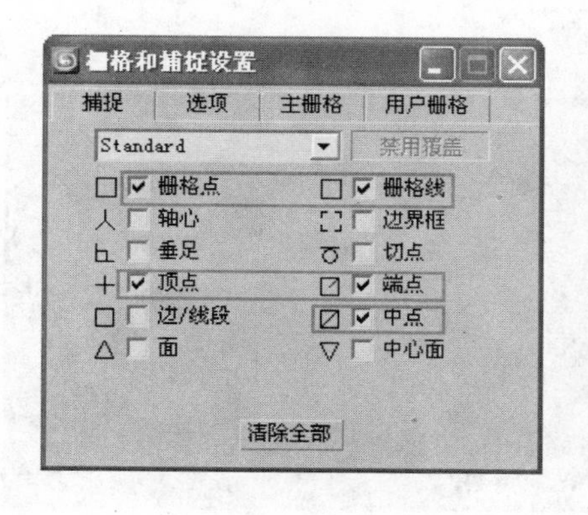

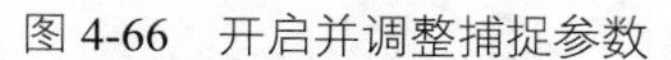

图 4-66　开启并调整捕捉参数

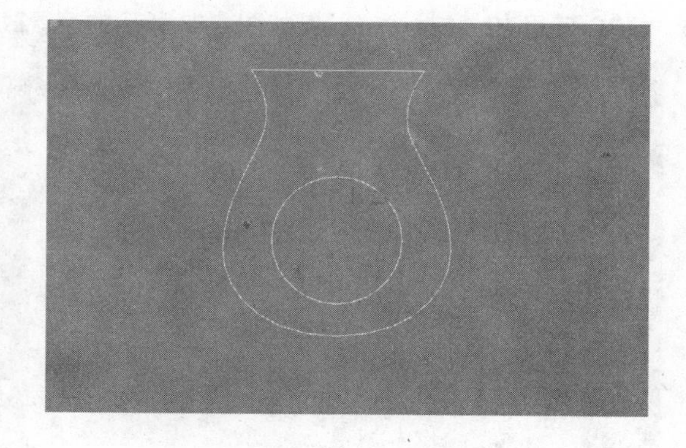

图 4-67　绘制截面

03 选择绘制的截面，按 F 键切换至前视图，添加【倒角】修改器，调整其参数如图 4-68 所示，倒角侧面效果如图 4-69 所示。

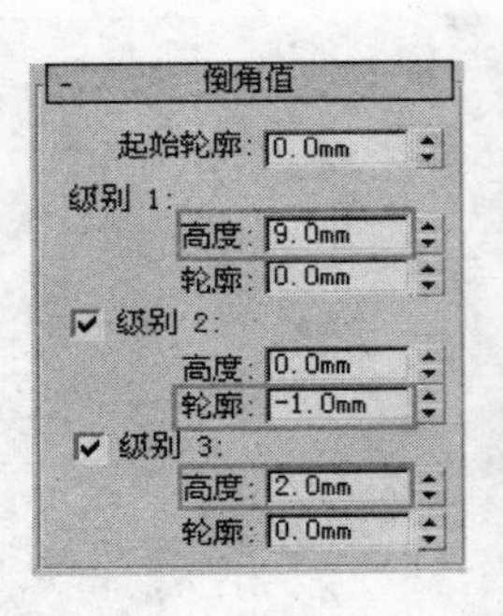

图 4-68 倒角参数

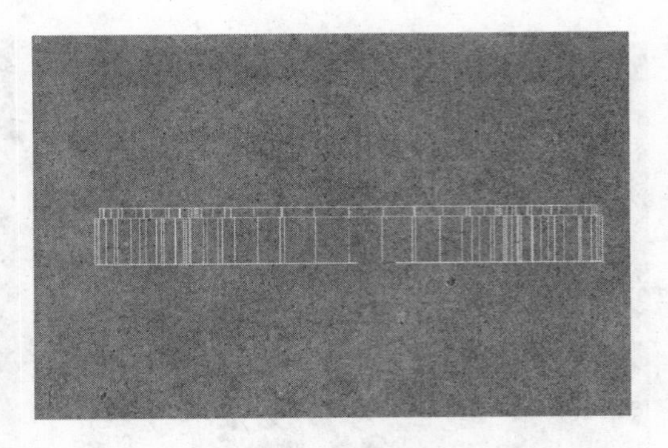

图 4-69 倒角效果

04 利用【镜像】工具，制作出对称的另一个灯具模件，如图 4-70 所示。

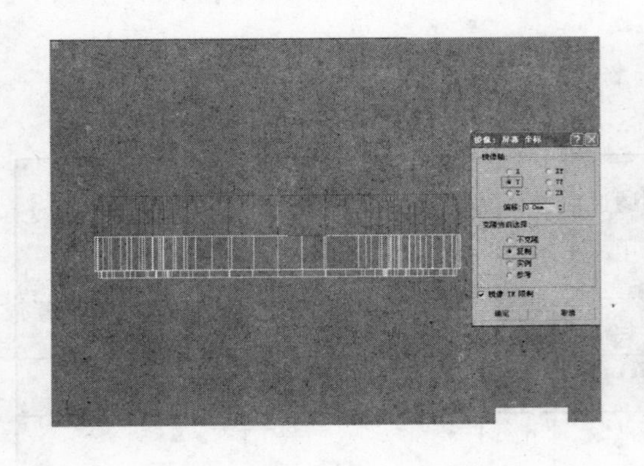

图 4-70 镜像灯具模件

图 4-71 绘制截面

05 在顶视图绘制如图 4-71 所示的截面，用于制作另一个灯具模件，添加【挤出】修改器，设置【数量】为 300mm，完成该部件的制作，调整各模件的位置如图 4-72 所示。

06 使用【线】命令，绘制如图 4-73 所示的灯管截面。

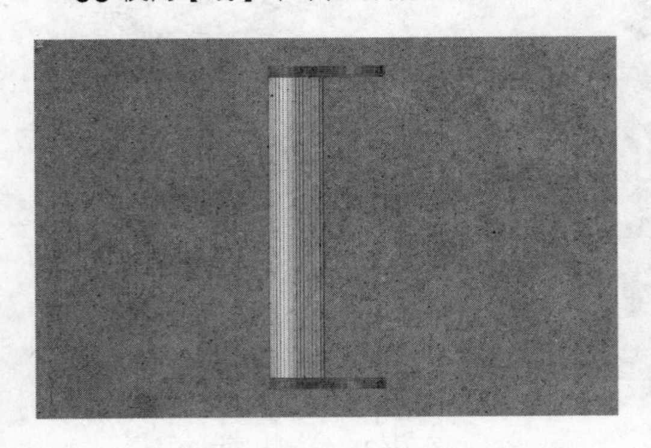

图 4-72 调整部件位置

图 4-73 绘制截面

07 同样将灯管截面【挤出】300mm，然后调整好各模件的位置，完成筒式壁灯制作，最终效果如图 4-74 所示。

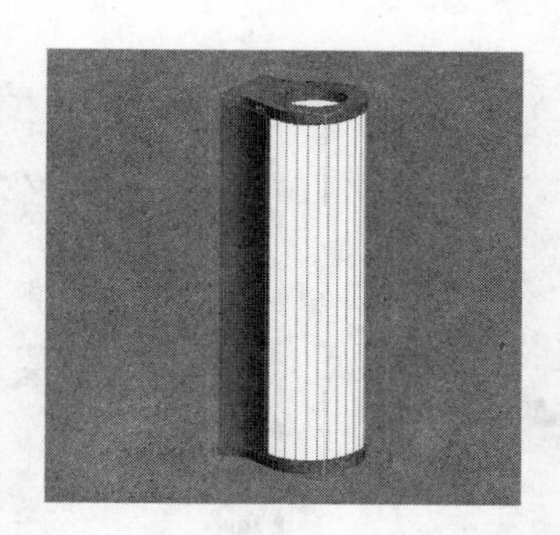

图 4-74　筒式壁灯模型完成效果

例037　倒角——办公桌

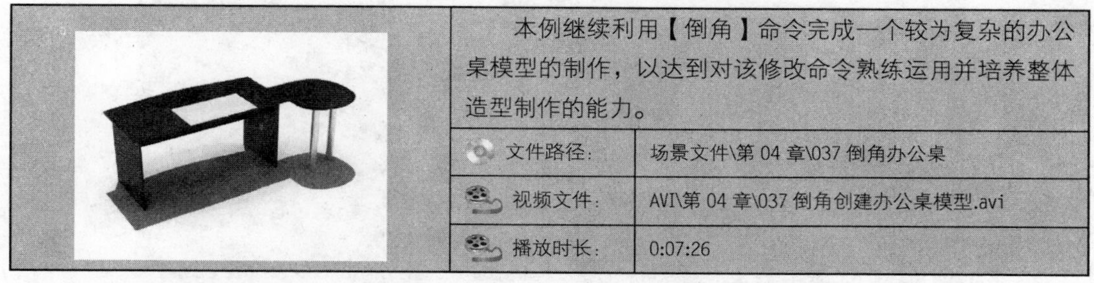

本例继续利用【倒角】命令完成一个较为复杂的办公桌模型的制作，以达到对该修改命令熟练运用并培养整体造型制作的能力。

文件路径:	场景文件\第 04 章\037 倒角办公桌
视频文件:	AVI\第 04 章\037 倒角创建办公桌模型.avi
播放时长:	0:07:26

01 启动中文版 3ds max 9，设置单位为【毫米】。

02 开启 2.5 维捕捉，设置【捕捉】参数如图 4-75 所示，使用 面板 线 与 圆 创建工具，在顶视图通过捕捉绘制如图 4-76 的所示办公桌桌面截面。

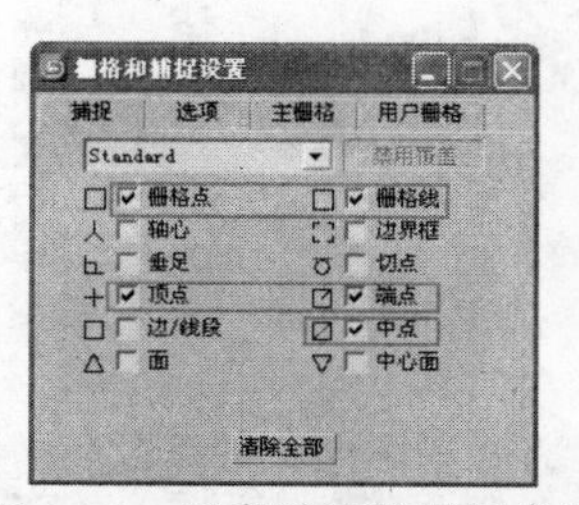

图 4-75　开启并调整捕捉参数

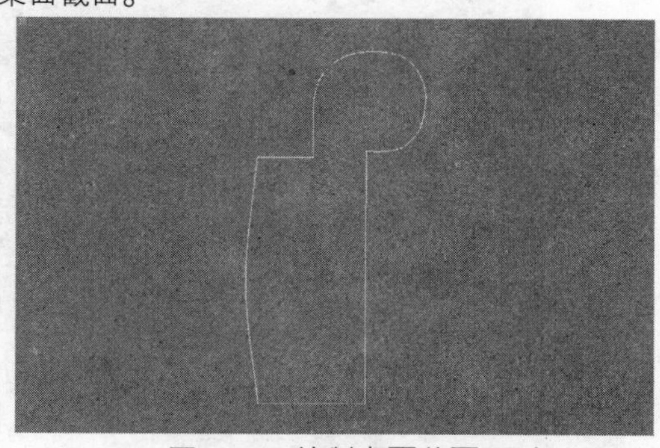

图 4-76　绘制桌面截面图形

03 为绘制的截面添加【倒角】修改器，参数与完成效果如图 4-77 所示。在顶视图再绘制一个 640×350 的矩形，为其添加【挤出】修改器，设置挤出数量为 2，作为办公桌桌面的台案部分，调整其位置如图 4-78 所示。

04 在前视图绘制一个 700×550 的矩形，添加【挤出】命令，设置数量为 15，作为办公桌的“桌腿”模型，将其复制一份，移动到桌面另一侧位置，如图 4-79 所示。

05 制作办公桌前面的挡板。在左视图用矩形工具绘制一个 300×1300 的矩形，执行【挤出】命令，设置挤出数量为 15，如图 4-80 所示。

06 在顶视图创建一个圆柱体，作为侧面桌腿，如图 4-81 所示。复制一个圆柱体，移动到如图 4-82

所示位置，完成书桌整体模型制作。

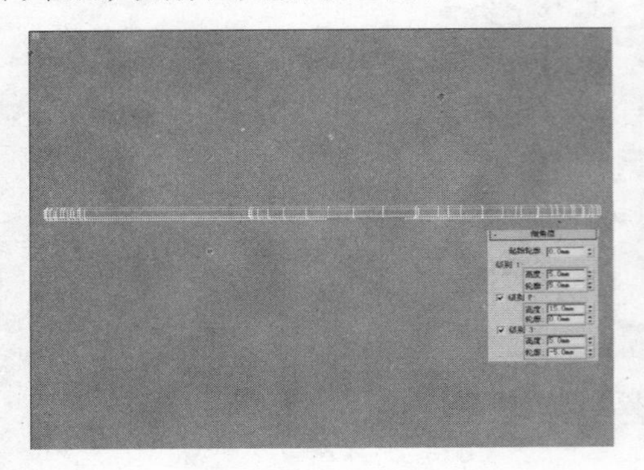

图 4-77　倒角

图 4-78　制作台案

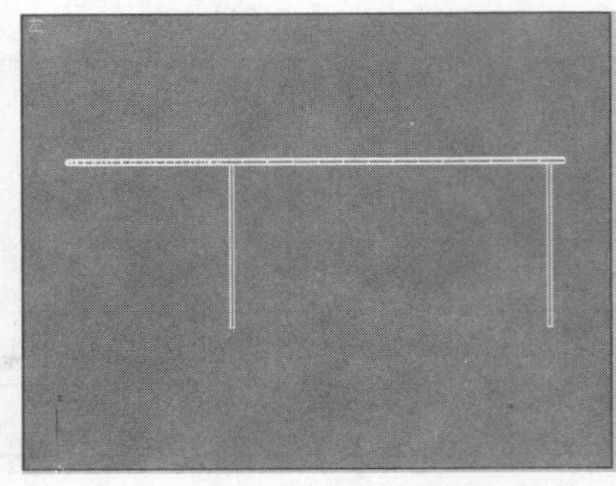

图 4-79　制作桌腿造型

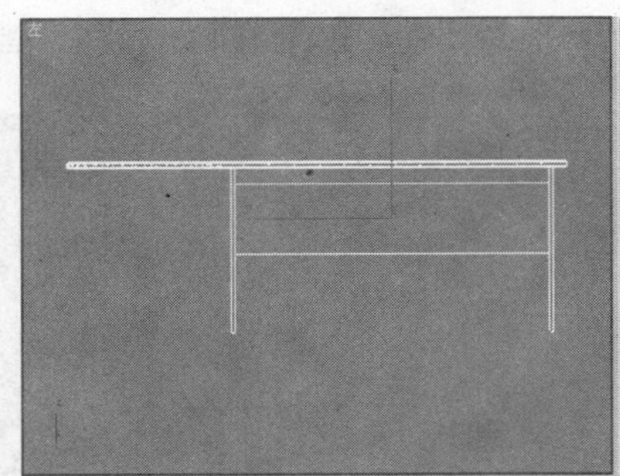

图 4-80　制作挡板造型

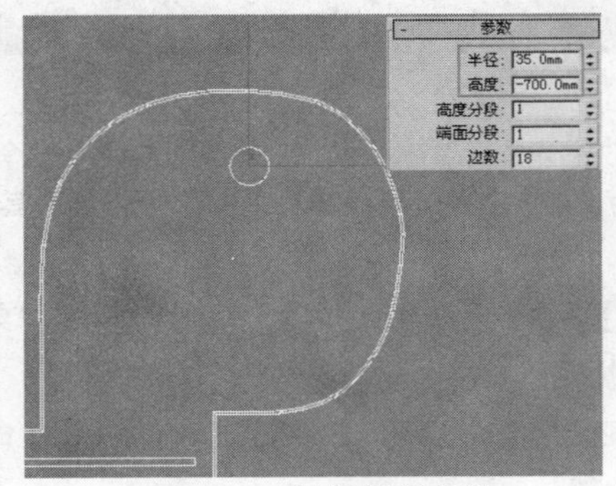

图 4-81　制作侧面桌腿

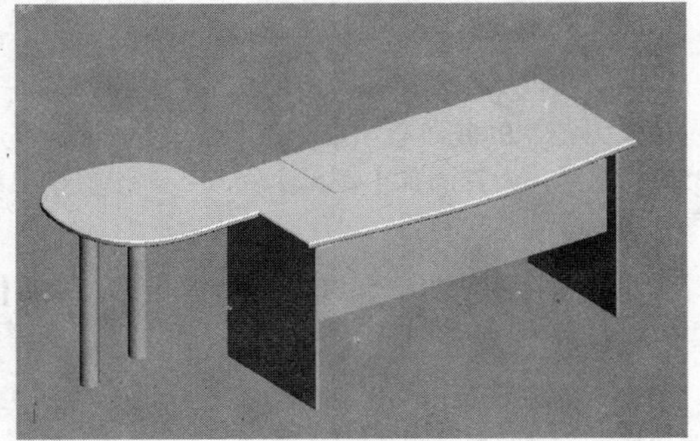

图 4-82　书桌完成效果

例038　放样——窗帘

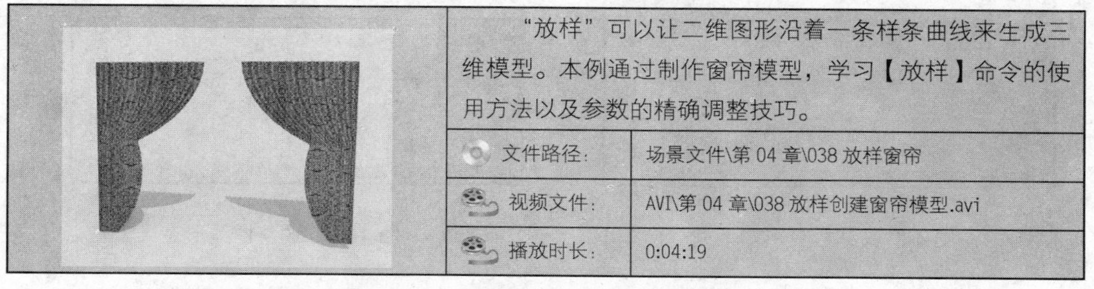

“放样”可以让二维图形沿着一条样条曲线来生成三维模型。本例通过制作窗帘模型，学习【放样】命令的使用方法以及参数的精确调整技巧。

文件路径：	场景文件\第 04 章\038 放样窗帘
视频文件：	AVI\第 04 章\038 放样创建窗帘模型.avi
播放时长：	0:04:19

01 启动中文版 3ds max 9，设置单位为【毫米】。

02 在顶视图绘制如图 4-83 所示曲线作为窗帘的放样截面线，在绘制前，可以先将【线】的创建方法参数修改如图 4-84 所示，这样创建出来的线条转角就会比较平滑。

图 4-83　创建窗帘截面

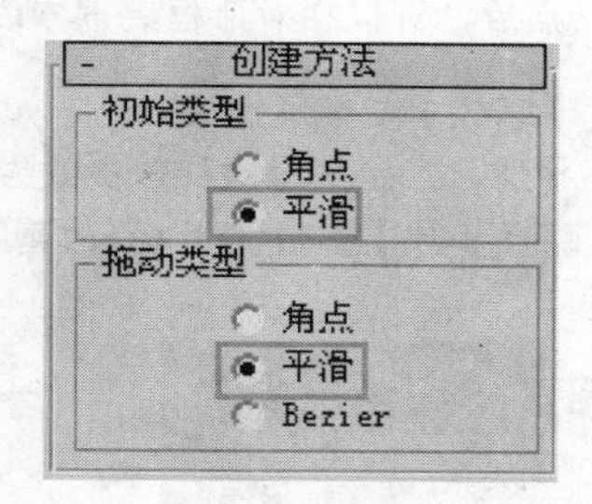

图 4-84　修改线的创建方法

03 参考窗帘截面的大小，在前视图绘制一条如图 4-85 所示的直线，作为窗帘放样的路径。

图 4-85　创建窗帘放样路径

图 4-86　放样生成窗帘对象

04 切换至前视图，选择绘制好的直线路径，单击（创建）|（几何体）|按钮，进入几何体创建面板，在 标准基本体 下拉列表中选择 复合对象 选项，然后单击 放样 创建按钮，进入其参数面板，单击 获取图形 按钮，拾取绘制好的窗帘截面图形，生成如图 4-86 所示窗帘模型。

05 制作窗帘收拢效果。选择窗帘放样对象，单击进入修改面板，单击展开 变形卷展栏，单击其中的 缩放 按钮，弹出如图 4-87 所示【缩放变形】对话框。

图 4-87 缩放变形对话框

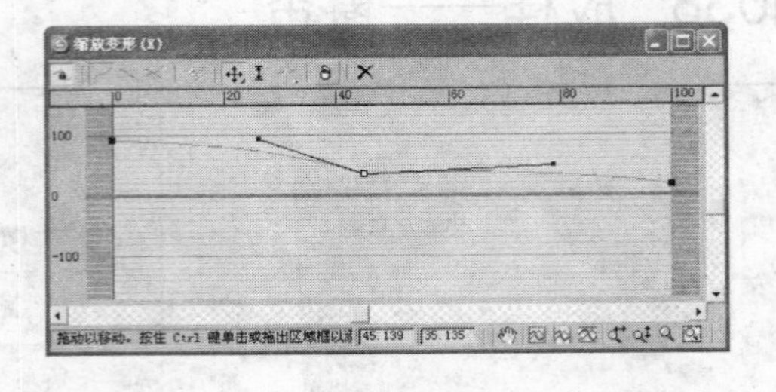

图 4-88 调整曲线形态

06 单击对话框中的 ，在曲线上添中一个控制点，在控制点上单击鼠标右键，将点的类型修改为【Berzier-角点】，调整曲线形态如图 4-88 所示。

技 巧：在控制点上方单击鼠标右键，在弹出菜单中可以选择控制点的三种类型：角点、Bezier-平滑和 Bezier-角点。可以通过选择不同的点类型，控制曲线的形状。此外，在选择调整点后，可以在对话框最下方的空白框内输入数值，对其位置进行精确控制。

07 经过【缩放】变形后的窗帘形态如图 4-89 所示，可以发现此时模型存在两个明显缺点：一弯曲过渡效果并不平滑，二是其呈对称收拢效果。首先改善其弯曲平滑度，打开 - 蒙皮参数 卷展栏，修改其【路径步数】参数值为 6，改善平滑效果，如图 4-90 所示。

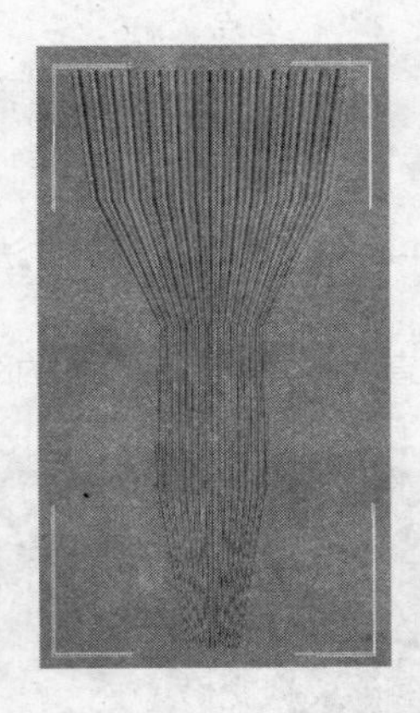

图 4-89 当前窗帘形态

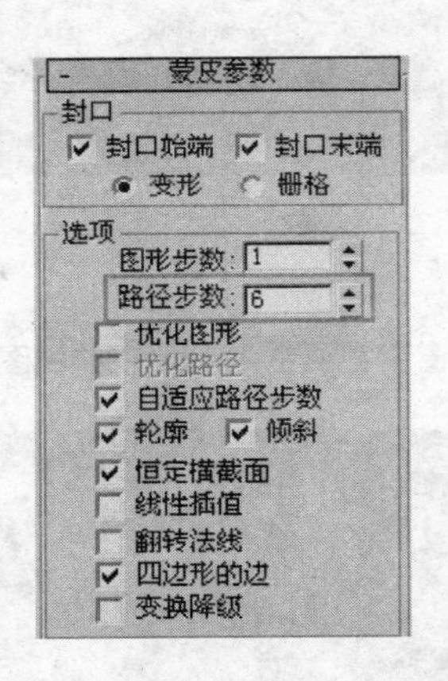

图 4-90 调整路径步数

08 调整窗帘收拢效果。选择窗帘模型，按 1 键进入【放样】的【图形】层级，然后在视图中框选位于窗帘顶部的窗帘截面曲线，单击【对齐】参数组内 左 或 右 按钮，让路径偏离形体一端，得到完全不对称的收拢效果，如图 4-91 所示。

09 调整完成后，关闭【图形】子物体层级，单击主工具栏上的的 （镜像工具）按钮，如图 4-92 所示调整镜像参数，完成窗帘模型效果的制作。

技 巧：如果感觉窗帘的高度不够，可以选择路径，进入 （顶点）层级，选择顶点进行调整；若对褶皱不满意，可在顶视图选择放样截面，进入 （顶点）层级进行微调。

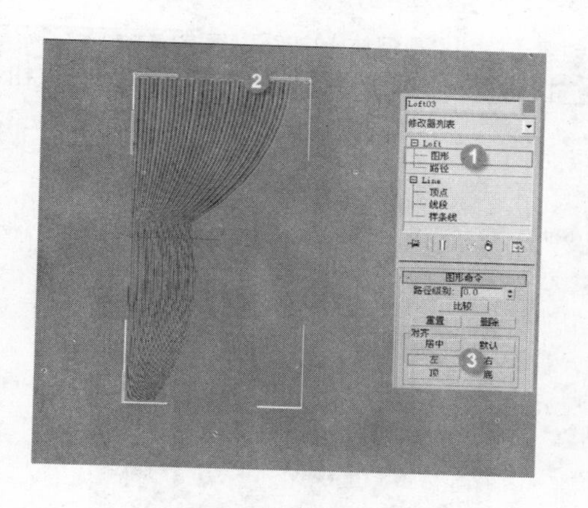

图 4-91　调整窗帘形态

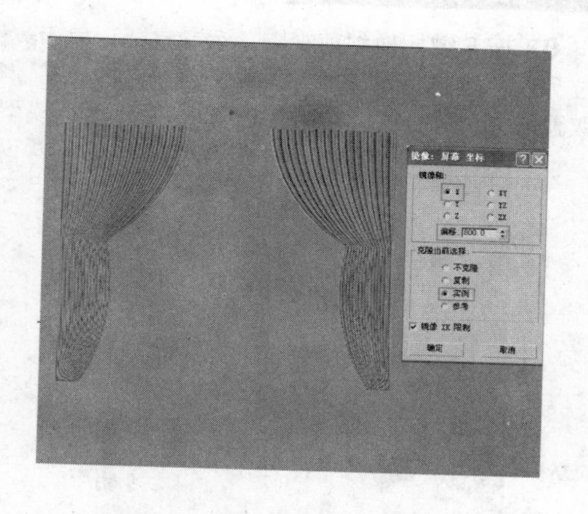

图 4-92　镜像复制窗帘

例039　多截面放样——圆桌布

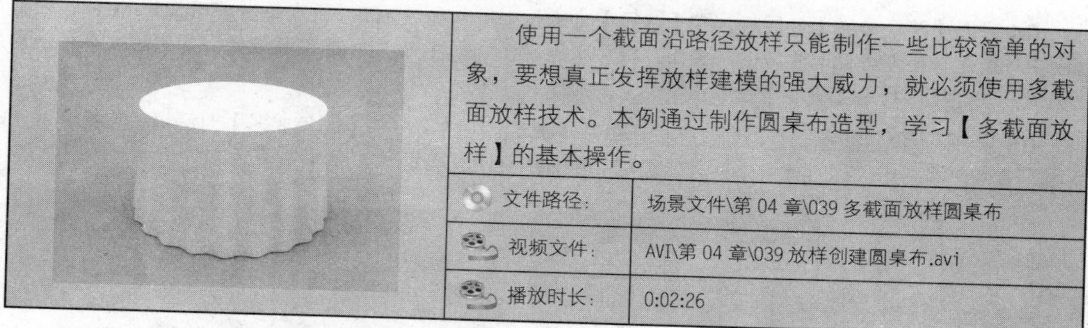

使用一个截面沿路径放样只能制作一些比较简单的对象，要想真正发挥放样建模的强大威力，就必须使用多截面放样技术。本例通过制作圆桌布造型，学习【多截面放样】的基本操作。

文件路径：	场景文件\第 04 章\039 多截面放样圆桌布
视频文件：	AVI\第 04 章\039 放样创建圆桌布.avi
播放时长：	0:02:26

01 启动中文版 3ds max 9，设置单位为【毫米】。

02 在顶视图绘制一个【半径】为 100 的圆形和一个如图 4-93 所示的星形，再在前视图绘制一条长约 80 的直线做为放样路径，如图 4-94 所示。

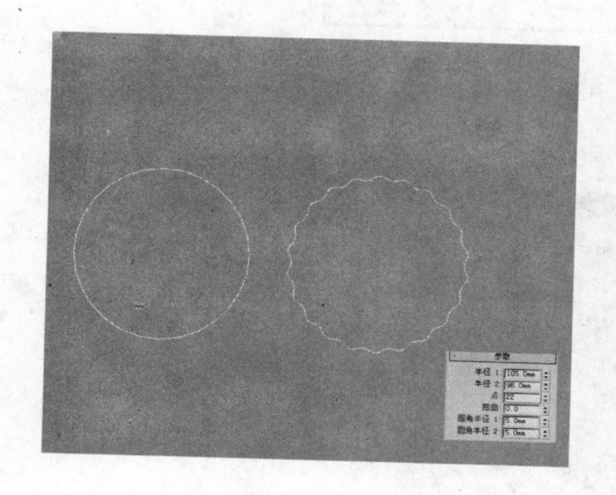

图 4-93　绘制圆形与星形截面

图 4-94　绘制放样路径

03 按 F 键切换到前视图，选择直线，单击 (创建) | (几何体) |按钮，在 标准基本体 下拉列表中选择 复合对象 选项，单击 放样 按钮进入放样参数面板，单击 获取图形 按钮，拾取圆作为放样截面，生成如图 4-95 所示桌布模型。

图 4-95　拾取圆形放样结果

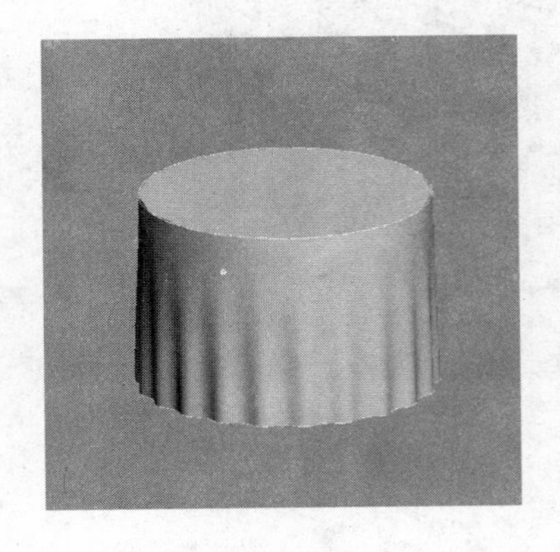

图 4-96　再次拾取星形多截面

04 进入【路径参数】卷展栏，在【路径】文本框中输入参数 100。再次单击 获取图形 按钮，在顶视图中单击选择星形，此时生成的"桌布"模型则出现了如图 4-96 所示的褶皱效果。如果想要桌布拐角更圆滑一些，可以利用【变形】卷展栏下的【倒角】命令来完成。

05 展开 变形 卷展栏，单击 倒角 按钮，打开【倒角变形】对话框，在控制线上添加一个点，并利用鼠标右键菜单将其转换成"Bezier-平滑"类型，如图 4-97 所示。

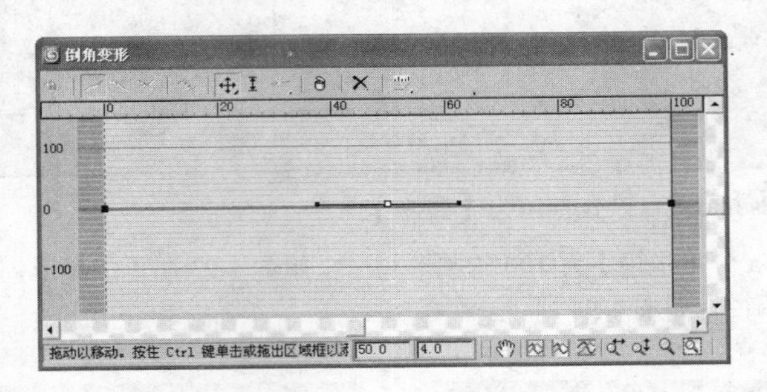

图 4-97　调整倒角变形曲线

06 经过【倒角】变形后的桌面形态如图 4-98 所示。

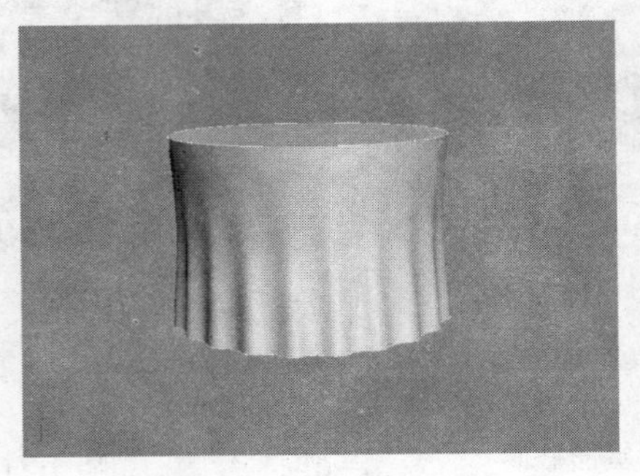

图 4-98　调整后桌面效果

例040　多截面放样——欧式柱

本例通过制作欧式柱造型，来深入学习【多截面放样】的操作方法。

文件路径：	场景文件\第 04 章\040 多截面放样欧式柱
视频文件：	AVI\第 04 章\040 多截面放样制作欧式柱模型.avi
播放时长：	0:01:12

01 启动中文版 3ds max 9，设置单位为【毫米】。

02 在顶视图绘制一个【半径】为 100 的圆形和一个如图 4-99 所示的星形，再在前视图绘制一条直线做为石柱放样路径，如图 4-100 所示。

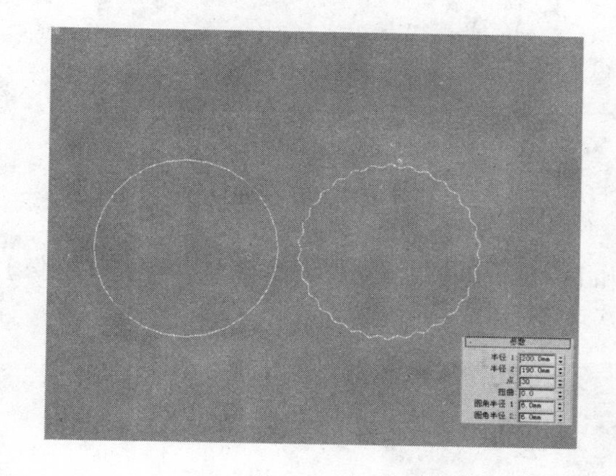

图 4-99　绘制圆形与星形截面

图 4-100　绘制放样路径

03 选择直线进入 复合对象 创建面板，单击 放样 按钮，单击 获取图形 按钮，在顶视图中拾取圆作为放样截面，生成如图 4-101 所示放样物体。

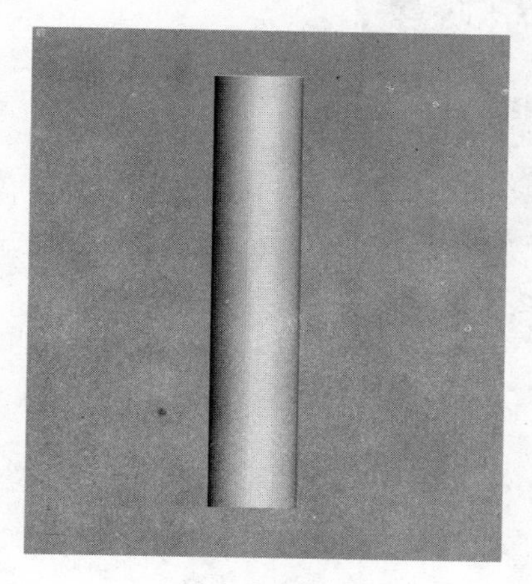

图 4-101　拾取圆形放样

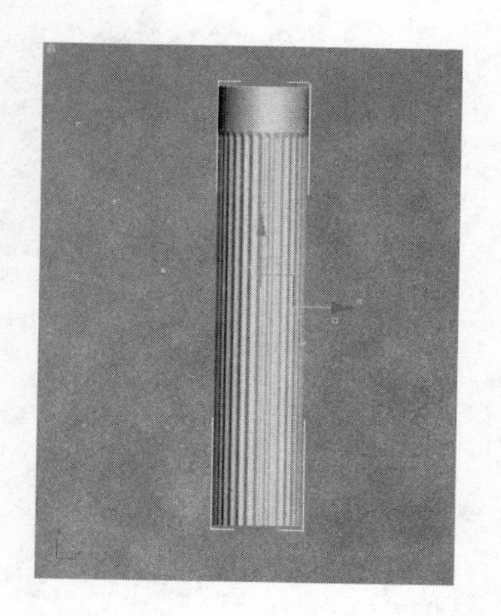

图 4-102　多截面放样

04 在【路径参数】卷展栏【路径】文本框输入参数 10，再次单击 获取图形 按钮，在顶视图中再单击圆形，确保石柱从 1%-10%的位置是圆形。然后在【路径】文本框输入 12，单击拾取星形作为放样截面，得到如图 4-102 所示放样效果。

05 在【路径】文本框中输入 88，并拾取取星形，最后在【路径】文本框输入 90，并再次拾取圆形，最终获得如图 4-103 所示的石柱放样造型。

图 4-103　最终放样造型

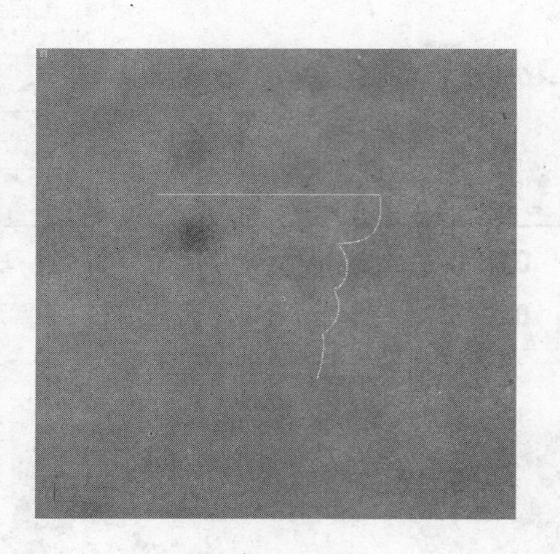

图 4-104　柱头曲线

06 在左视图绘制如图 4-104 所示柱头曲线，添加【车削】命令制作出柱头效果，然后通过【镜像】工具，复制出底部底座效果，完成如图 4-105 所示的欧式柱整体造型制作。

图 4-105　欧式柱最终造型

第5章　三维修改器建模

3ds max 9 模型的编辑修改功能十分强大，其内建的数十个修改器大部分都用于模型的创建，可对所有创建的对象和子对象进行精细加工处理，从而得到所需的模型。修改建模是 3ds max 9 建模方法的重要组成部分，需要重点掌握修改面板及各类型修改器的使用方法。

本章着重介绍【弯曲】、【晶格】、【噪波】、【编辑多边形】、【FFD3×3×3】、【网格平滑】、【布尔】以及【超级布尔】这些常用的三维修改命令使用方法。

例041　晶格——水晶吊灯

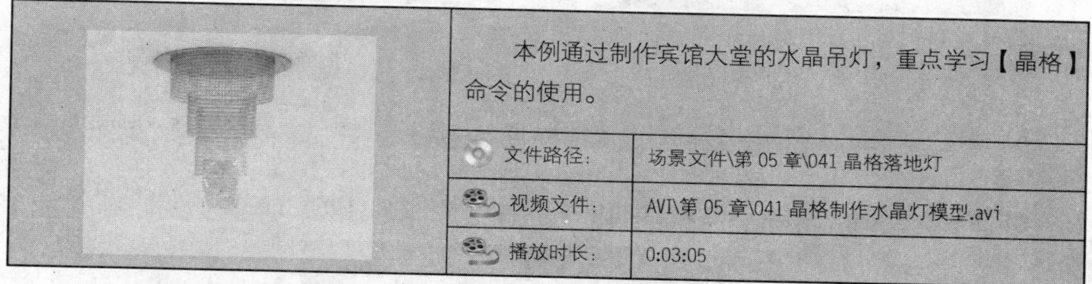

本例通过制作宾馆大堂的水晶吊灯，重点学习【晶格】命令的使用。

文件路径：	场景文件\第 05 章\041 晶格落地灯
视频文件：	AVI\第 05 章\041 晶格制作水晶灯模型.avi
播放时长：	0:03:05

01 启动中文版 3ds max 9，设置单位为【毫米】。

02 在顶视图创建一个圆柱体，做为水晶灯的底座造型，具体参数设置如图 5-1 所示。将该圆柱体在前视图中复制一份，调整其参数和位置如图 5-2 所示，做为第一层水晶灯饰的基础模型。

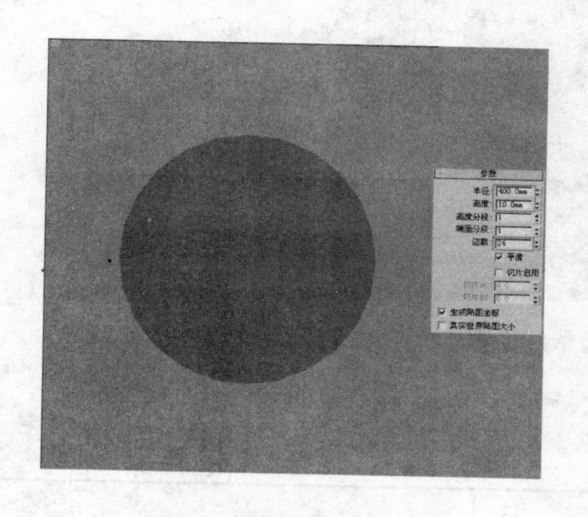

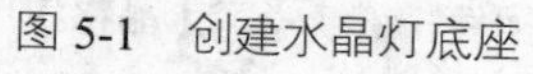

图 5-1　创建水晶灯底座

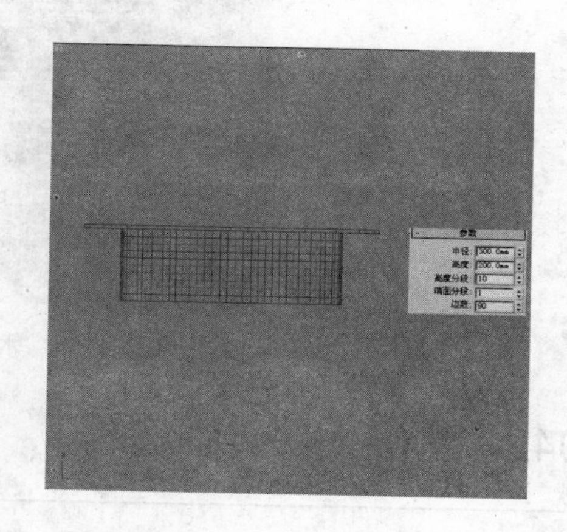

图 5-2　复制圆柱体

03 选择复制的圆柱体模型进入修改命令面板，添加【晶格】修改命令，调整参数如图 5-3 所示，得到第一层水晶装饰效果。

提　示：【晶格】修改命令共提供了 3 种几何体变形效果，第一种为【仅来自于顶点的节点】，选择该选项时产生只有颗粒效果的晶格效果；第二种为【仅来自边的支柱】，选择该选项只产生骨架效果；第三种为【二者】，选择该选项同时产生颗粒与骨架效果。通过其下的【节点】与【支柱】参数组，可以对颗粒与骨架效果进行诸如边数、大小等相关调整。

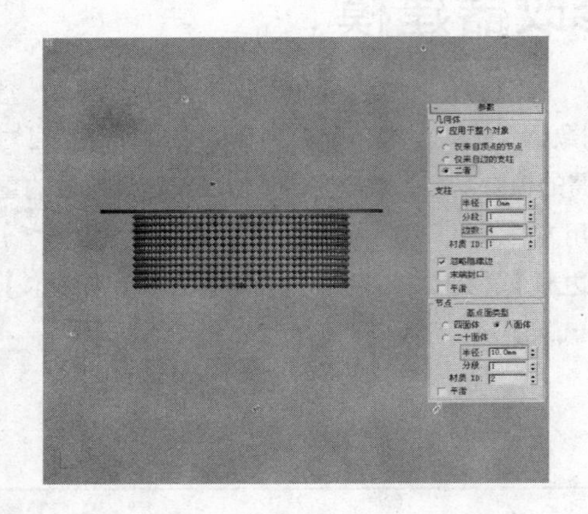

图 5-3　添加晶格修改

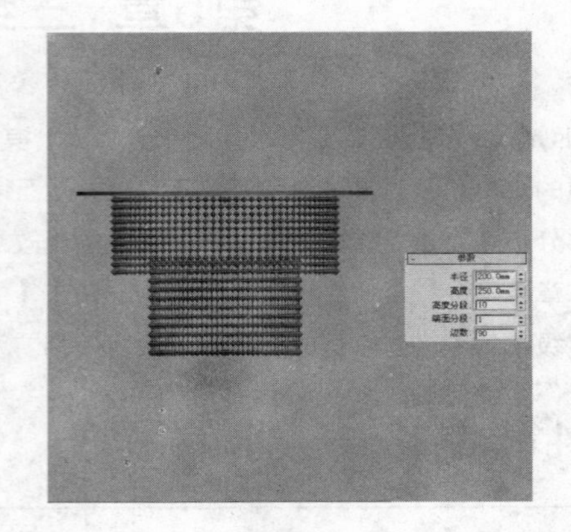

图 5-4　制作第二层吊饰效果

04 切换至前视图，将添加了【晶格】修改命令的圆柱体往下再复制一个，并如图 5-4 所示对其参数和位置进行调整，制作出第二层水晶装饰效果。

05 重复上述步骤，完成水晶灯第三层与第四层的装饰制作，最终效果如图 5-5 所示。

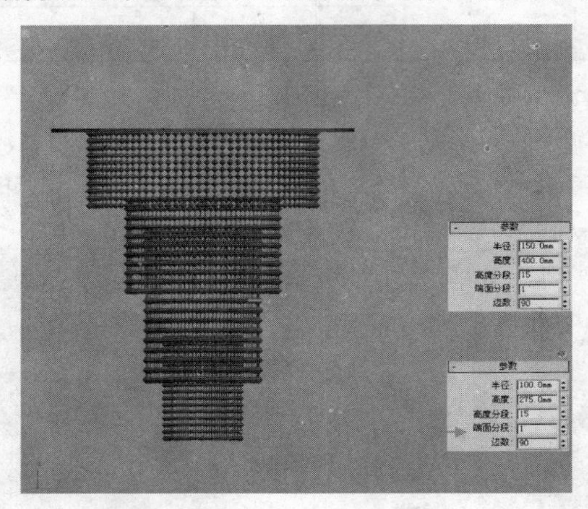

图 5-5　水晶灯最终造型

例042　晶格——装饰摆件

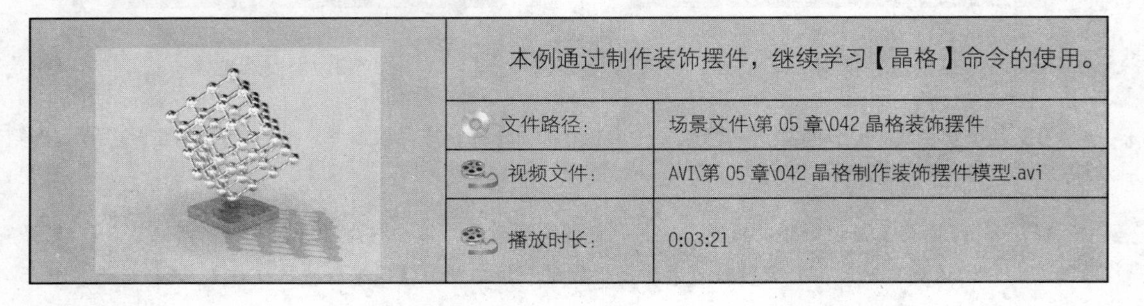

本例通过制作装饰摆件，继续学习【晶格】命令的使用。

文件路径：	场景文件\第 05 章\042 晶格装饰摆件
视频文件：	AVI\第 05 章\042 晶格制作装饰摆件模型.avi
播放时长：	0:03:21

01 启动中文版 3ds max 9，设置单位为【毫米】。

02 在前视图创建一个立方体，作为装饰摆件的主体，如图 5-6 所示。

03 按 E 键启用旋转变换工具，按 F12 键打开“旋转变换”输入对话框，输入参数如图 5-7 所示。

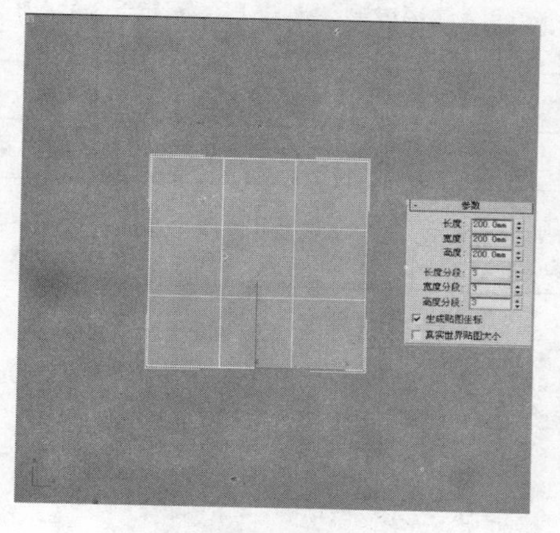

图 5-6　创建立方体

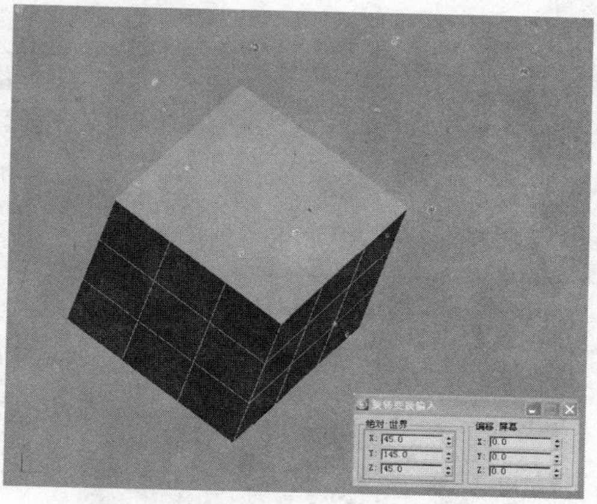

图 5-7　通过旋转调整形态

04 选择立方体为其添加【晶格】修改命令，修改参数如图 5-8 所示，得到节点与骨架支柱效果。

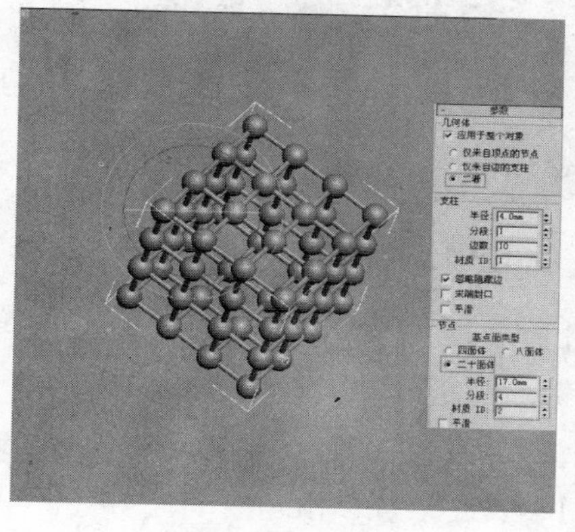

图 5-8　晶格参数设置与效果

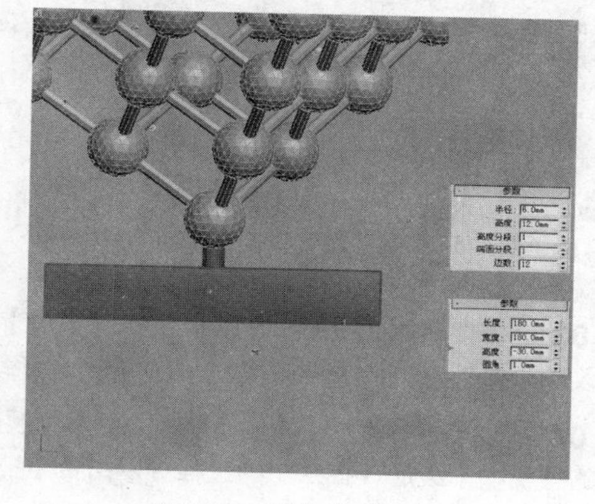

图 5-9　制作支架与底座

05 在顶视图创建一个圆柱体，作为装饰摆件的支架，创建一个切角长方体作为其底座，两个模型的具体的参数如图 5-9 所示，装饰摆件最终效果如图 5-10 所示。

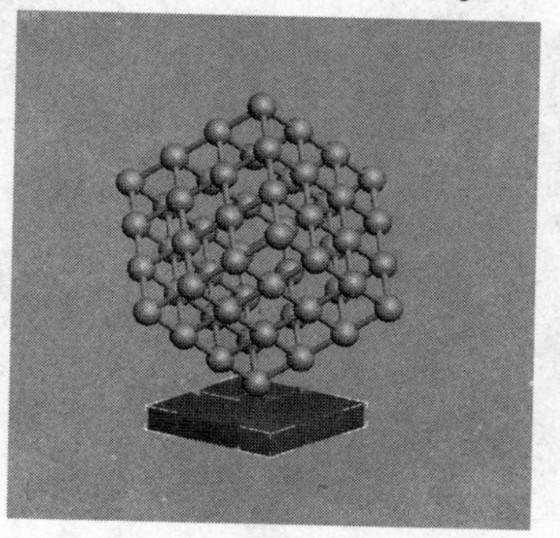

图 5-10　装饰摆件整体造型

例043　弯曲—旋转楼梯

	本例通过制作旋转楼梯模型，学习【弯曲】命令的使用。
文件路径：	场景文件\第 05 章\室 043 弯曲旋转楼梯
视频文件：	AVI\第 05 章\043 弯曲创建旋转楼梯模型.avi
播放时长：	0:05:07

01 启动中文版 3ds max 9，设置单位为【毫米】。

02 在左视图中绘制如图 5-11 所示的楼梯截面线形，控制每个踏步高为 200mm，踏步宽为 250mm。

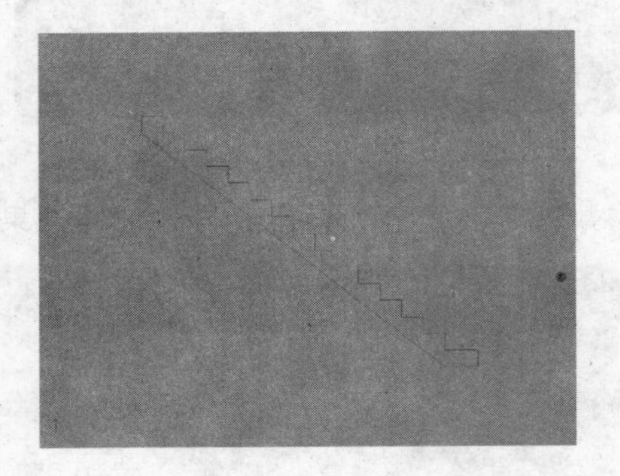

图 5-11　创建楼梯截面线形

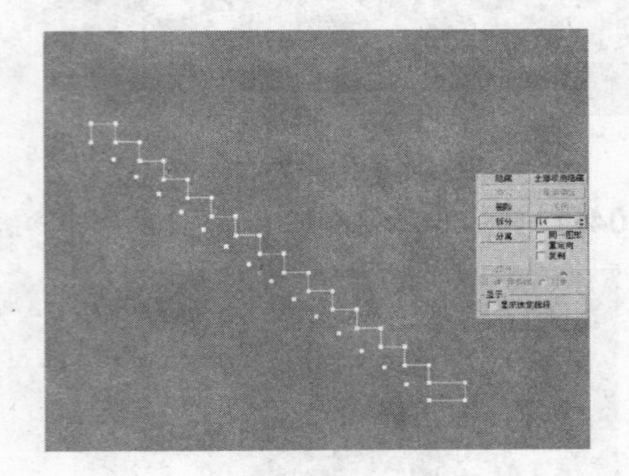

图 5-12　使用拆分命令进行分段

03 选择楼梯截面图形，按 2 键进入其【边】层级，选择下方未进行细化的斜线，如图 5-12 所示，在修改命令面板【拆分】框中输入“14”，拆分该线段。

04 为楼梯截面添加【挤出】修改命令，如图 5-13 所示。参考当前楼梯截面形状，绘制出如图 5-14 所示的楼梯扶手线形，在绘制的过程可以结合【捕捉工具】对其进行线段细化。

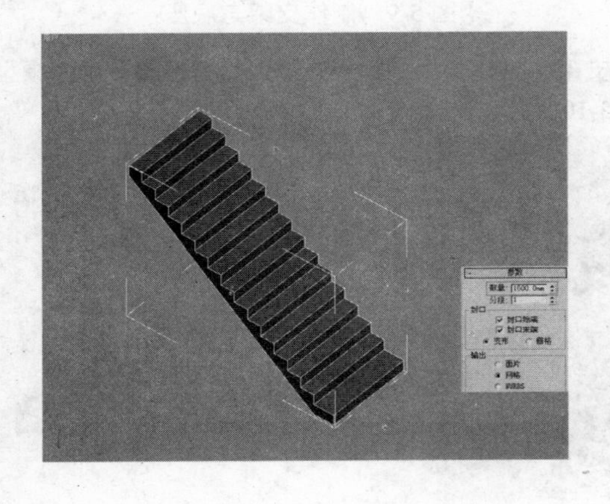

图 5-13　挤出楼梯厚度

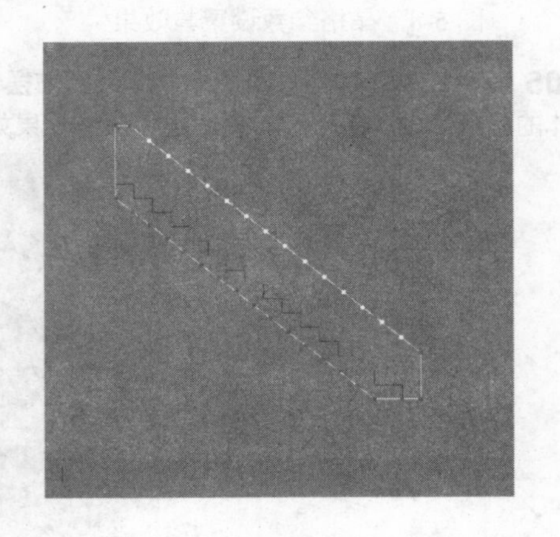

图 5-14　绘制楼梯扶手线形

05 为楼梯扶手线形添加【挤出】修改命令，设置厚度为 50mm，然后移动复制，制作出另一侧的楼梯扶手，如图 5-15 所示。

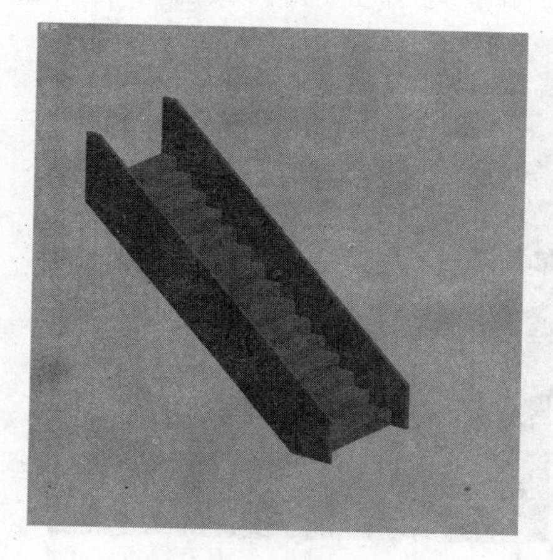

图 5-15　制作完成楼梯扶手

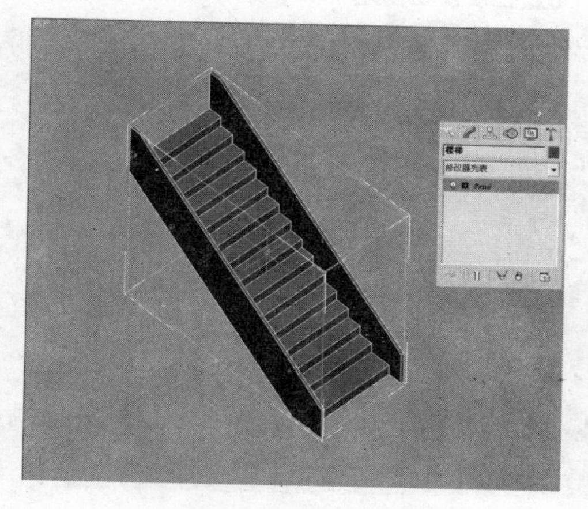

图 5-16　添加弯曲修改命令

06 为其添加【弯曲】修改命令，进行楼梯弯曲效果的制作。选择楼梯整体模型，为其添加【弯曲】修改命令，如图 5-16 所示。调整【弯曲】参数如图 5-17 所示，得到旋转楼梯效果。

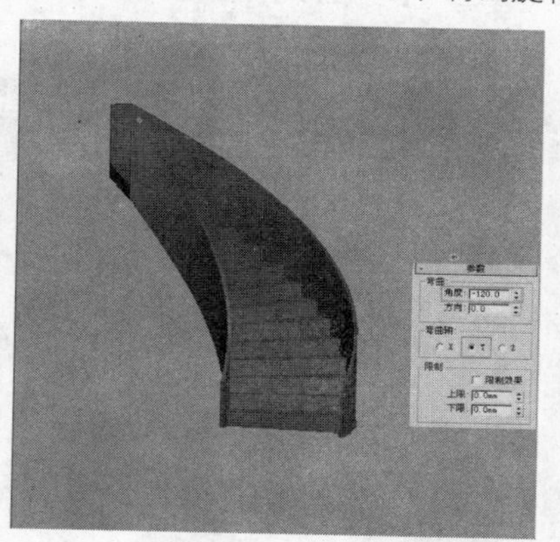

图 5-17　调整参数完成旋转效果的制作

提　示：【弯曲】参数面板的【弯曲轴】参数组控制弯曲的切向，如果选择 Y 轴，弯曲效果将与 Y 轴成相切效果。而【弯曲】参数组则主要通过【角度】控制弯曲的幅度。此外按 1 键进入【弯曲】修改命令的 Gizmo 层级，通过旋转 Gizmo，也可以对弯曲效果进行灵活调整。

例044　噪波——床垫

	本例通过制作床垫的凹凸效果，学习【噪波】修改命令的使用方法和技巧。	
	文件路径：	场景文件\第 05 章\044 噪波床垫
	视频文件：	AVI\第 05 章\044 噪波创建床垫模型.avi
	播放时长：	0:01:59

01 启动中文版 3ds max 9，设置单位为【毫米】。

02 在顶视图创建一个【切角长方体】作为床垫造型，调整参数如图 5-18 所示。为了取得较精细的凹凸效果，这里设置了较密集的细分。

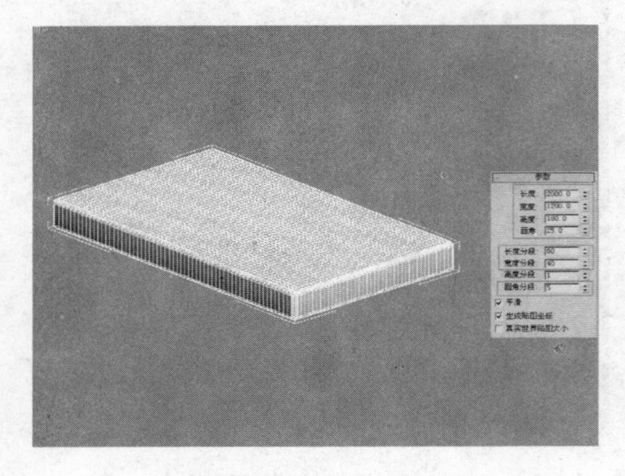

图 5-18　创建切角长方体

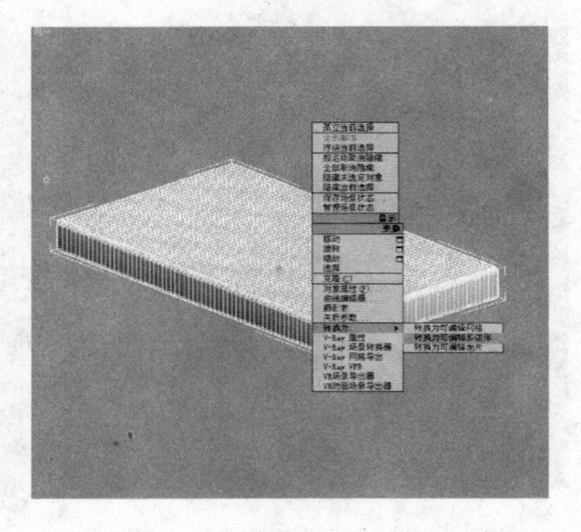

图 5-19　转换为可编辑多边形

03 在切角长方体上单击鼠标右键，选择【转换为】|【转换为可编辑多边形】命令，将其转换为可编辑多边形，如图 5-19 所示。按 4 键进入【多边形】层级，勾选【忽略背面】复选框，选择如图 5-20 所示的顶部多边形。

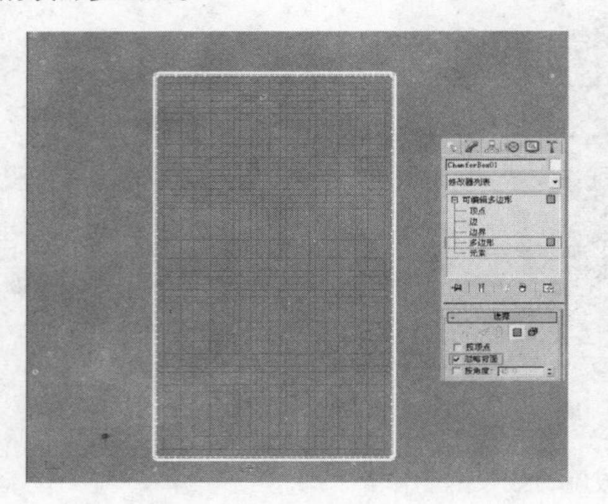

图 5-20　选择多边形面

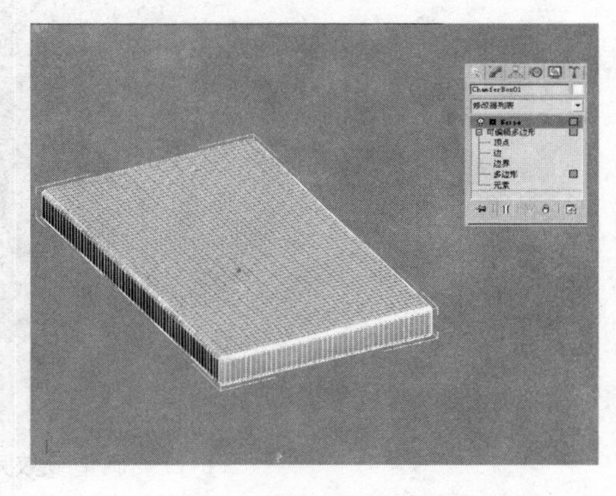

图 5-21　添加噪波修改命令

04 为选择的多边形面添加【噪波】修改命令，如图 5-21 所示。调整参数如图 5-22 所示，完成床面凹凸效果的制作。

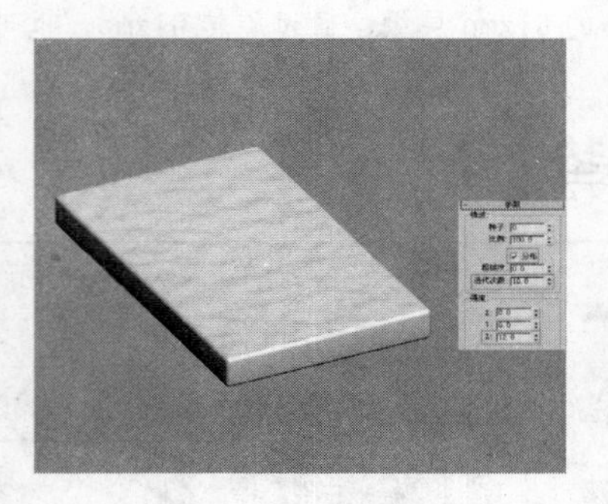

图 5-22　调整噪波参数制作凹凸效果

例045　编辑网格——显示器

本例通过制作电脑显示器，学习【编辑网格】修改命令的使用方法与技巧。	
文件路径：	场景文件\第 05 章\045 编辑网格显示器
视频文件：	AVI\第 05 章\045 编辑网格创建显示器模型.avi
播放时长：	0:03:35

01 启动中文版 3ds max 9，设置单位为【毫米】。

02 在顶视图创建一个【切角长方体】，调整参数如图 5-23 所示。

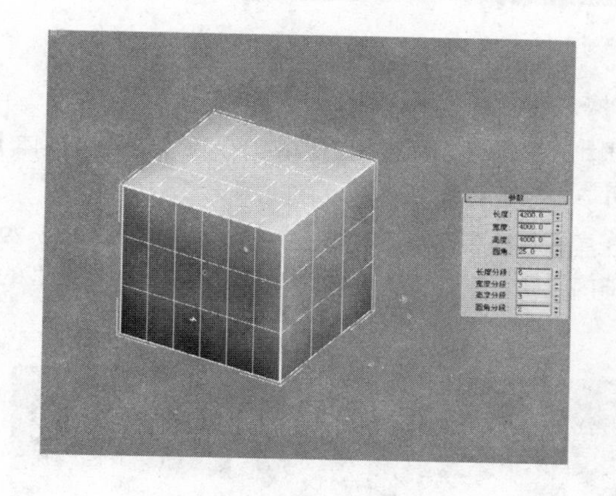

图 5-23　创建切角长方体

图 5-24　添加可编辑网格命令

03 选择【切角长方体】进入修改面板，为其添加【可编辑网格】修改命令，如图 5-24 所示。按 1 键进入其【顶点】层级，在前视图中移动前面的两排顶点，制作出显示屏的外框造型，如图 5-25 所示。

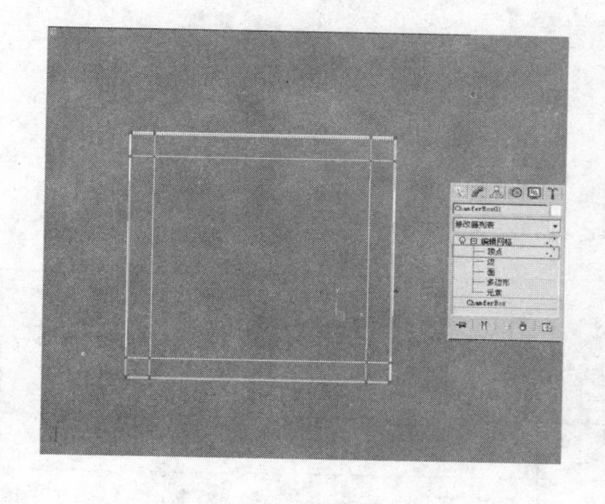

图 5-25　调整显示屏外框平面造型

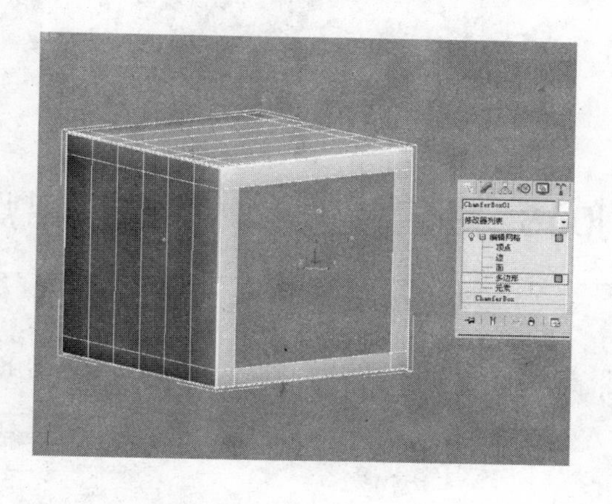

图 5-26　选择前方多边形

04 按 4 键进入【多边形】层级，在前视图中选择如图 5-26 所示的面，单击【编辑几何体】卷展栏【挤出】按钮，将其向内挤入 50mm，制作出显示屏边框厚度，如图 5-27 所示。

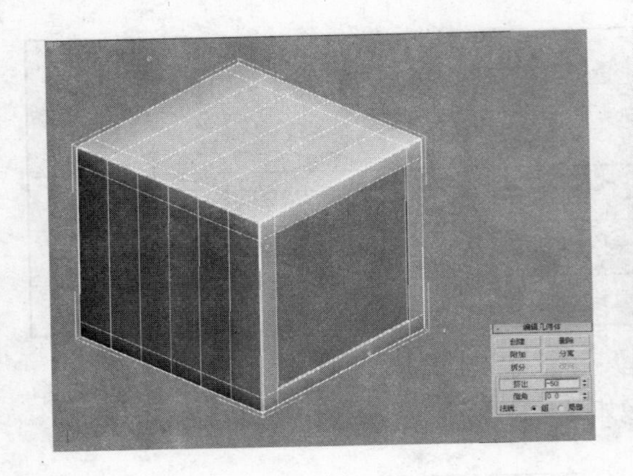

图 5-27 向内挤出边框厚度

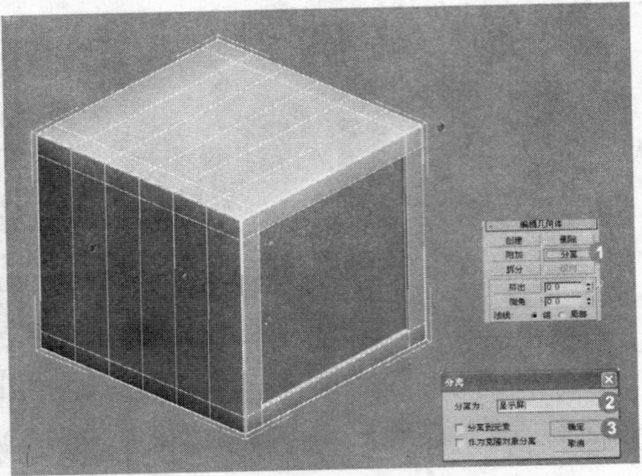

图 5-28 分离出显示屏

05 由于显示屏与显示器机身将会分配不同的材质，因此选择显示屏多边形面，单击【编辑几何体】卷展栏下的【分离】按钮，将其分离，命名为"显示屏"，如图 5-28 所示。

06 细化显示器机身造型。通过移动工具与缩放工具，在顶视图将其顶点往后进行压缩，如图 5-29 所示，然后进入前视图，利用缩放工具将选择的顶点往内收缩，如图 5-30 所示，从而完成显示器造型的制作。

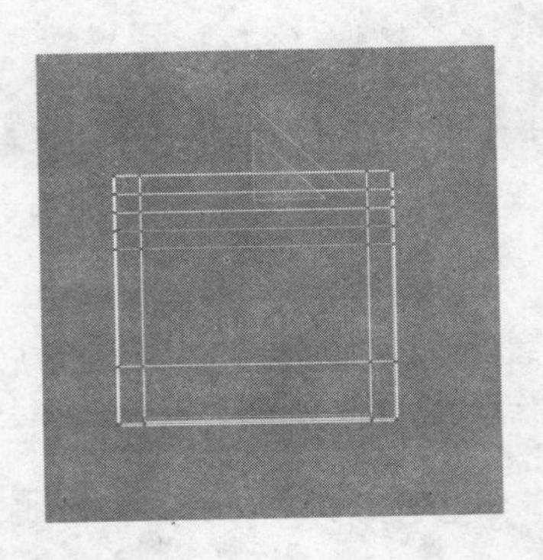

图 5-29 在顶视图调整顶点形态

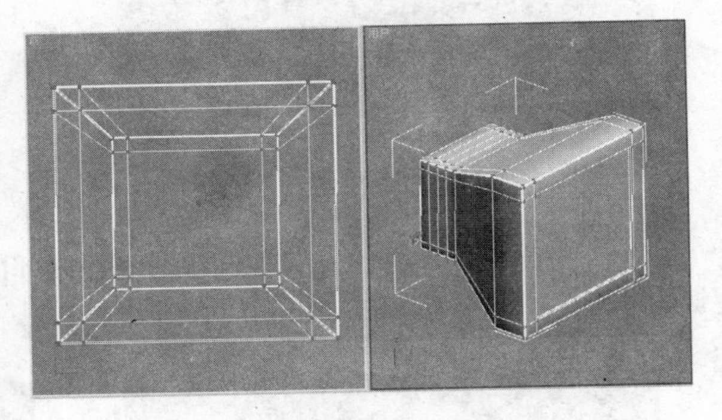

图 5-30 完成显示器造型

例046 编辑多边形——玻璃吊灯

本例通过制作玻璃吊灯造型，学习【编辑多边形】命令的使用方法与技巧。

文件路径:	场景文件\第 05 章\046 编辑多边形玻璃吊灯
视频文件:	AVI\第 05 章\046 编辑多边形创建玻璃吊灯模型.avi
播放时长:	0:03:35

01 启动中文版 3ds max 9，设置单位为【毫米】。

02 在顶视图创建一个长方体，作为吊灯“灯座”造型，如图 5-31 所示。

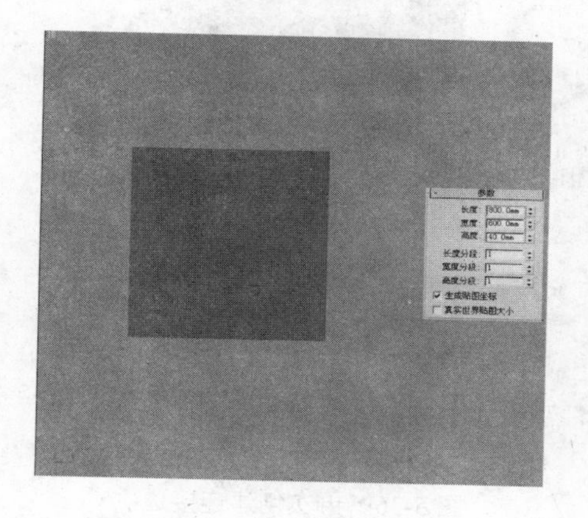

图 5-31　创建灯座造型

图 5-32　添加编辑多边形修改命令

03 选择长方体进入修改面板，添加【编辑多边形】修改命令，如图 5-32 所示。按 4 键进入【多边形】层级，在透视图中选择其下方的多边形面，单击【编辑多边形】卷展栏中的 倒角 设置按钮，创建倒角如图 5-33 所示。

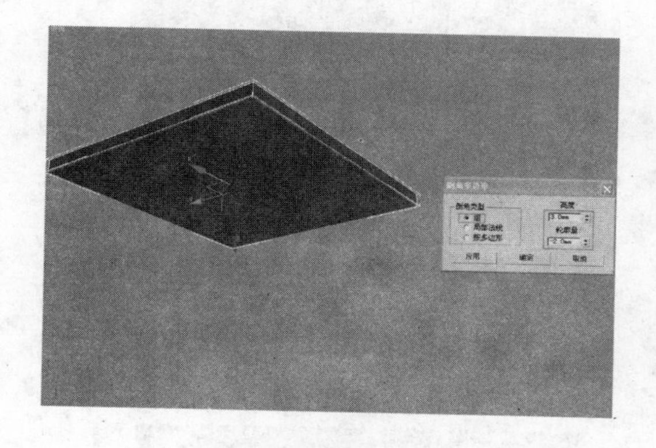

图 5-33　倒角

图 5-34　连续倒角

04 选择倒角形成的面，为其连续执行两次【倒角】，第一次将轮廓线数量设置为-100，单击 应用 按钮后再次输入倒角高度为 40，再单击 确定 按钮，得到如图 5-34 所示的效果。

05 制作灯罩。按 B 键进入底视图，按 2 键进入【边】层级，选择底部多边形的两条边，如图 5-35 所示。执行【连接】命令，得到图 5-36 上图所示的的多边形面切割效果，继续执行【连接】命令，得到如图 5-36 下图所示的多边形效果。

06 按 4 键进入【多边形】层级，选择底部分割好的所有面，如图 5-37 所示。单击修改面板中的【插入】按钮，得到如图 5-38 所示的多边形效果。

07 选择图 5-38 所示的多边形，将其【挤出】灯罩的长度，如图 5-39 所示。保持当前选择不变，再次执行一次【插入】，得到如图 5-40 所示的多边形效果。

08 进行如图 5-41 所示的【挤出】，得到灯罩的玻璃面厚度，吊灯最终效果如图 5-42 所示。

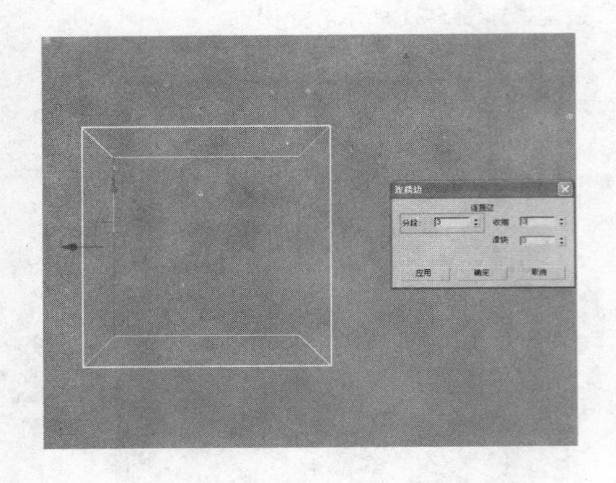

图 5-35　创建连接边

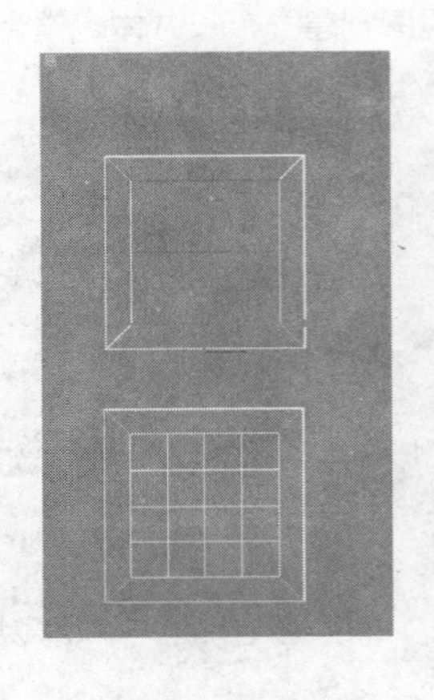

图 5-36　再次创建连接边

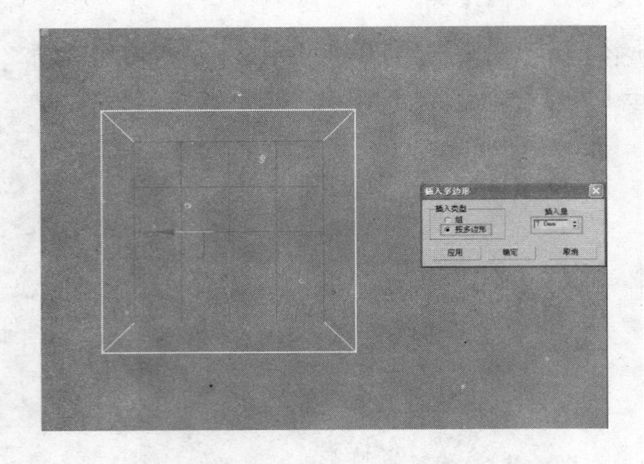

图 5-37　选择多边形面

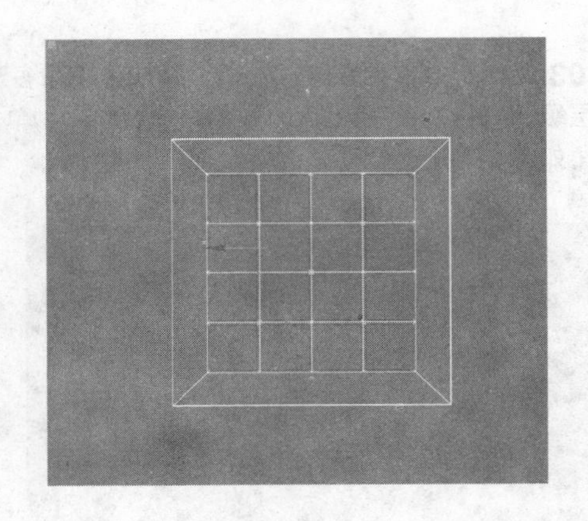

图 5-38　插入面效果

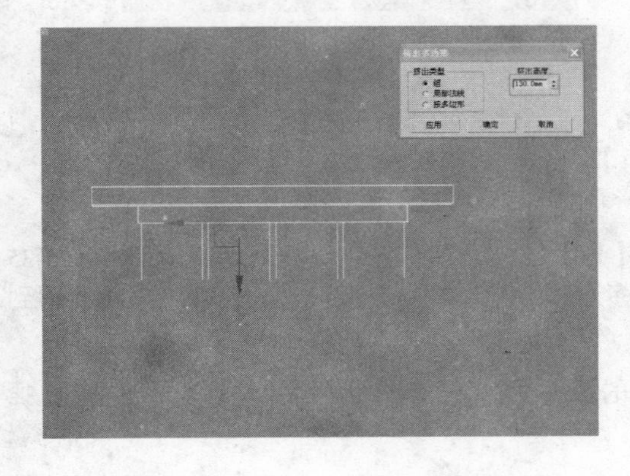

图 5-39　挤出

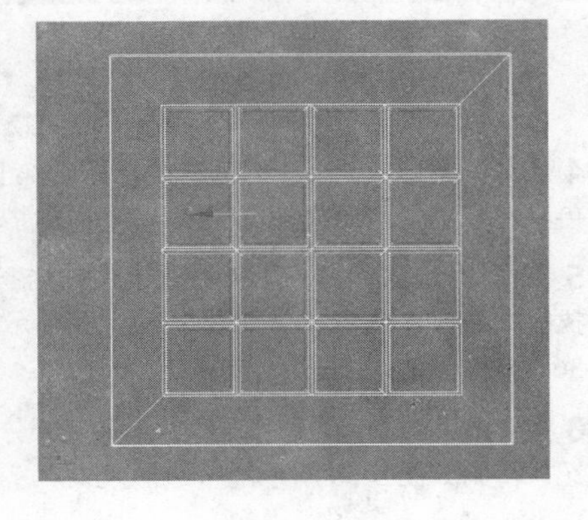

图 5-40　再次插入

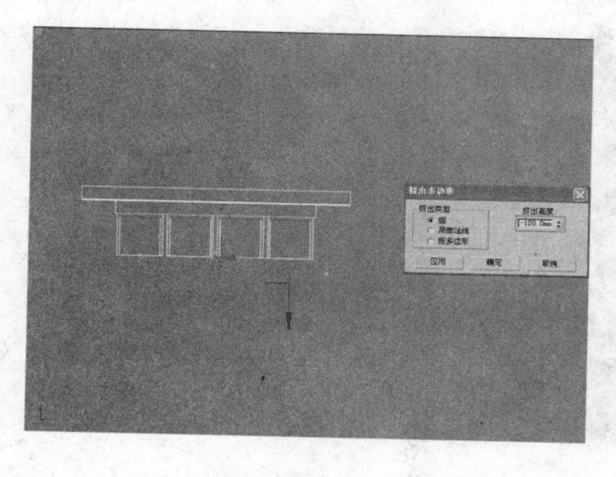

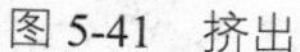

图 5-41　挤出

图 5-42　吊灯整体造型效果

例047　FFD 3×3×3——沙发座

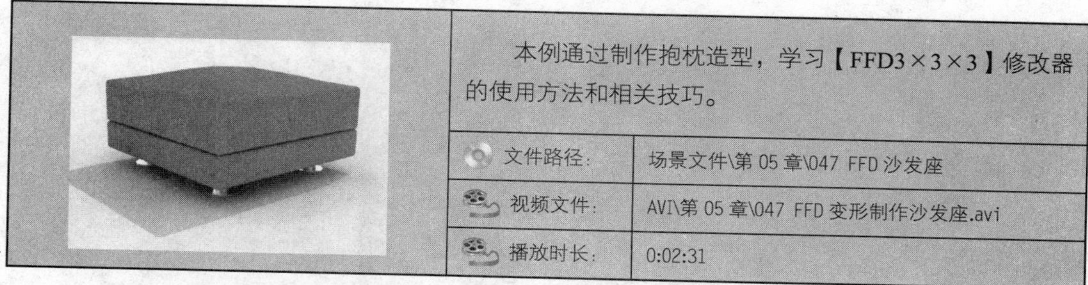

本例通过制作抱枕造型，学习【FFD3×3×3】修改器的使用方法和相关技巧。

文件路径：	场景文件\第 05 章\047 FFD 沙发座
视频文件：	AVI\第 05 章\047 FFD 变形制作沙发座.avi
播放时长：	0:02:31

01 启动中文版 3ds max 9，设置单位为【毫米】。

02 单击（创建）|（几何体）|扩展基本体 切角长方体按钮，在顶视图创建一个【切角长方体】，如图 5-43 所示。

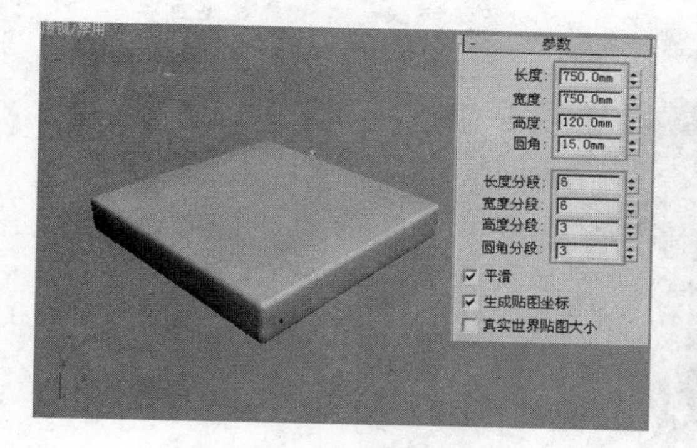

图 5-43　创建切角长方体

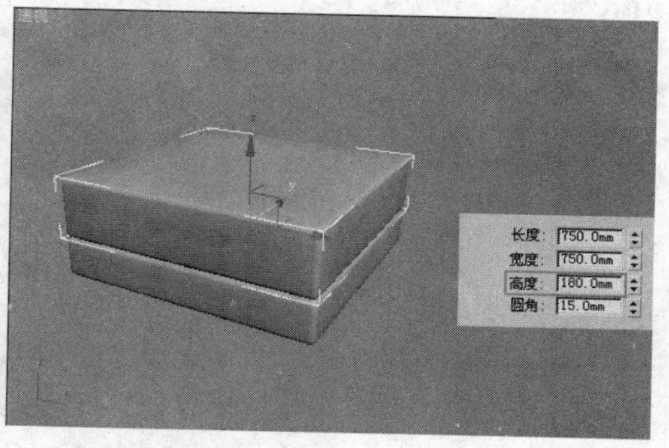

图 5-44　复制切角长方体

03 在前视图将切角长方体沿 y 轴复制一份，并修改其高度为 180mm，调整两者的位置如图 5-44 所示。

04 选中复制的【切角长方体】，为其添加【FFD3×3×3】修改器，按 1 键进入控制点层级，在顶视图框选中心的控制点，在前视图中将中间的控制点沿 y 轴向上移动到合适位置，制作出沙发座垫的效果，如图 5-45 所示，接下来制作沙发脚效果。

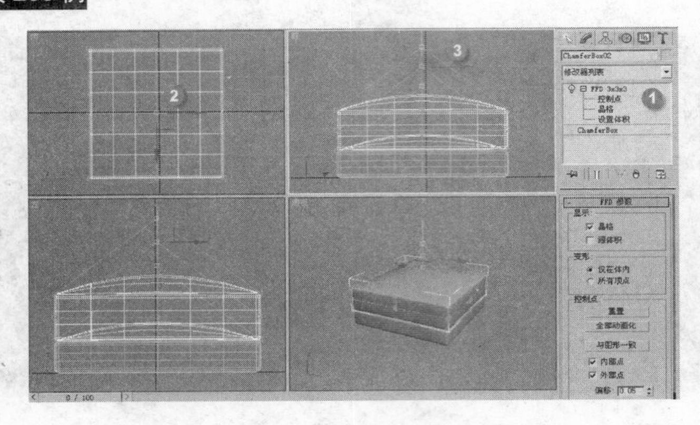

图 5-45　调整控制点

05 单击 标准基本体 圆柱体 按钮，在顶视图创建一个圆柱体作为“椅腿垫”造型，如图 5-46 所示。在前视图将其沿 y 轴进行复制，修改其参数如图 5-47 所示，制作出“椅腿”造型。

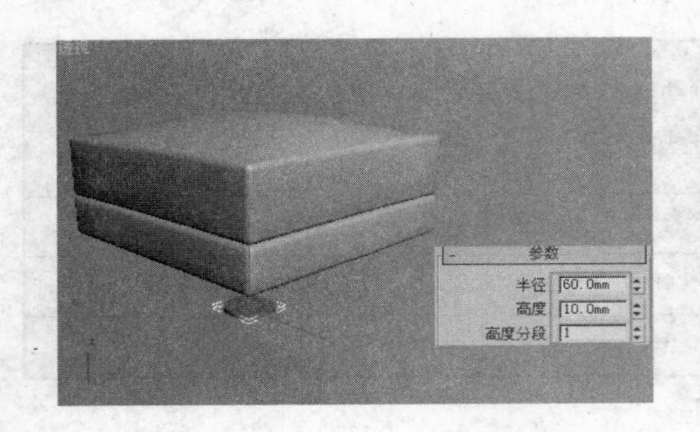

图 5-46　创建圆柱体

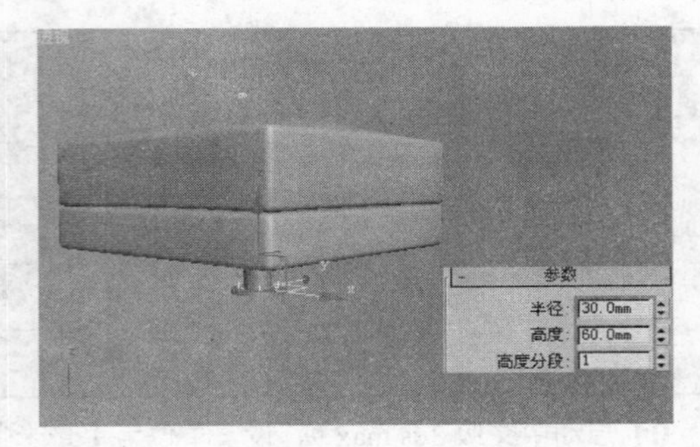

图 5-47　制作椅腿

06 将椅腿造型复制 3 份，并移动至合适位置，制作完成的沙发座最终效果如图 5-48 所示。

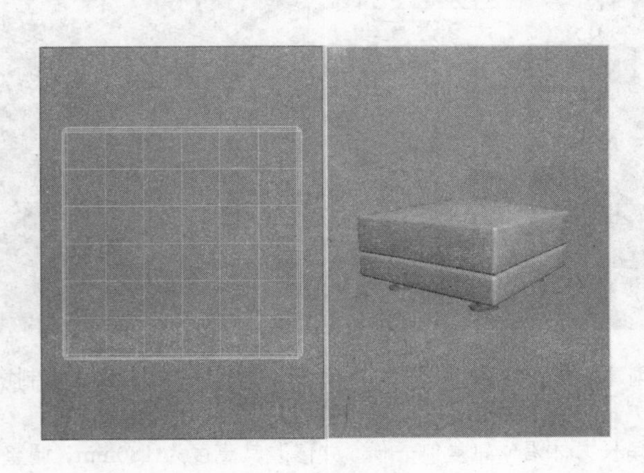

图 5-48　沙发座的最终效果

注　意:【FFD3 × 3 × 3】以及【FFD 长方体】等对象空间修改器是功能强大的三维修改工具，但修改物体必须有足够段数，否则在调整控制点时，将看不到物体形态的改变。

例048　网格平滑——抱枕

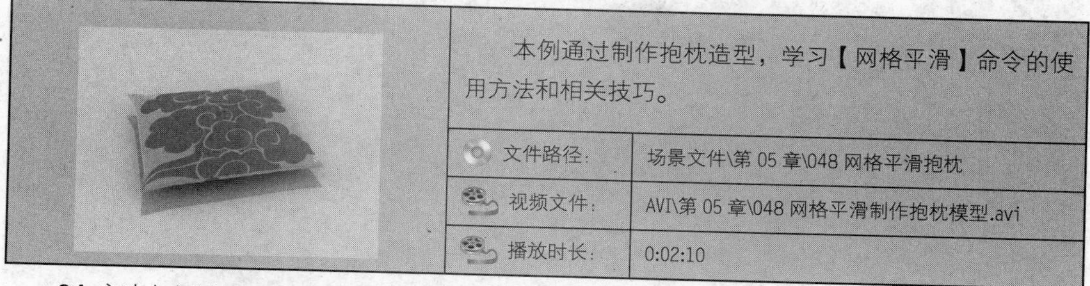

本例通过制作抱枕造型，学习【网格平滑】命令的使用方法和相关技巧。

文件路径：	场景文件\第 05 章\048 网格平滑抱枕
视频文件：	AVI\第 05 章\048 网格平滑制作抱枕模型.avi
播放时长：	0:02:10

01 启动中文版 3ds max 9，设置单位为【毫米】。

02 在前视图创建一个长方体，作为抱枕模型的初始模型，如图 5-49 所示。

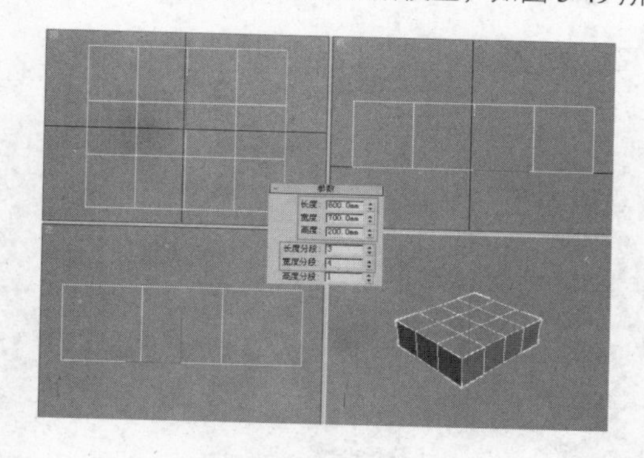

图 5-49　创建长方体

03 选择创建的长方体，在修改命令面板中添加【网格平滑】修改器，首先如图 5-50 所示将【迭代次数】设置为 2，然后勾选【显示框架】复选框，显示出【网格平滑】的控制框架。

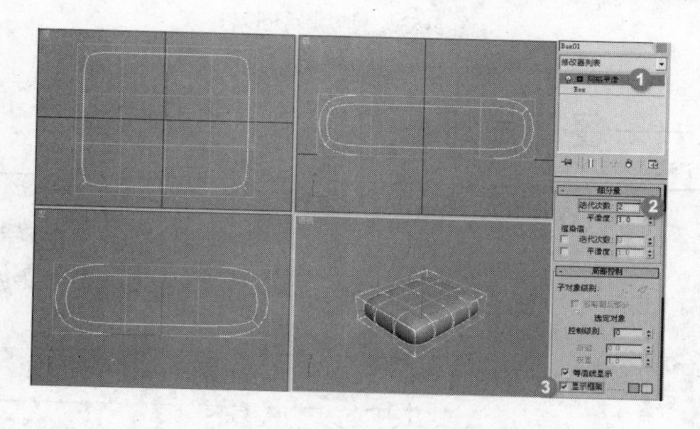

图 5-50　网格平滑

04 设置【控制级别】为 0，按 1 键进入网格的【顶点】层级，选择长方体四侧的顶点，在顶视图中按 R 键启用【缩放】工具，如图 5-51 所示将其沿 y 轴进行压缩，使靠垫的边缘变薄。

05 进行更为精细的调控。设置【控制级别】为 1，仔细调整各个控制点，制作出抱枕边角等细节，如图 5-52 所示。

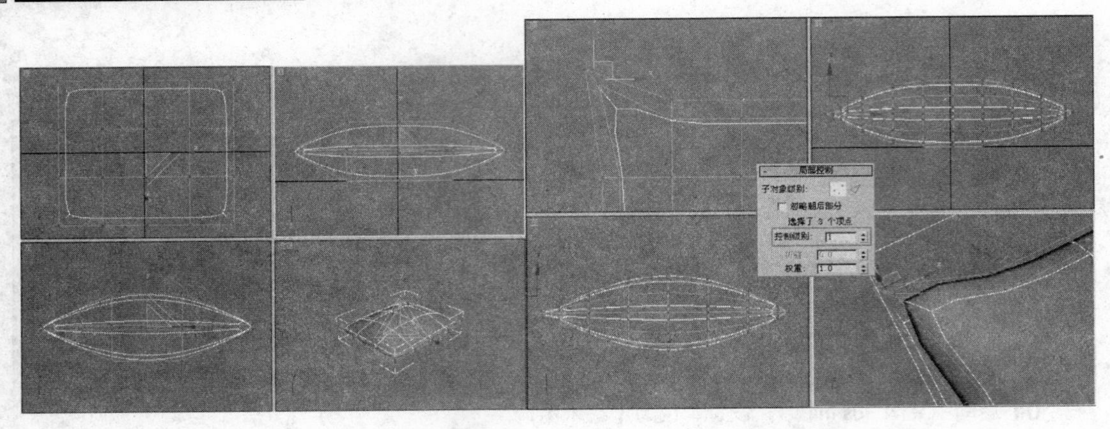

图 5-51　将周围的顶点沿 y 轴缩放　　　　图 5-52　精细调整抱枕形态

06 经过细致的细节调整，抱枕模型最终模型形态如图 5-53 所示。

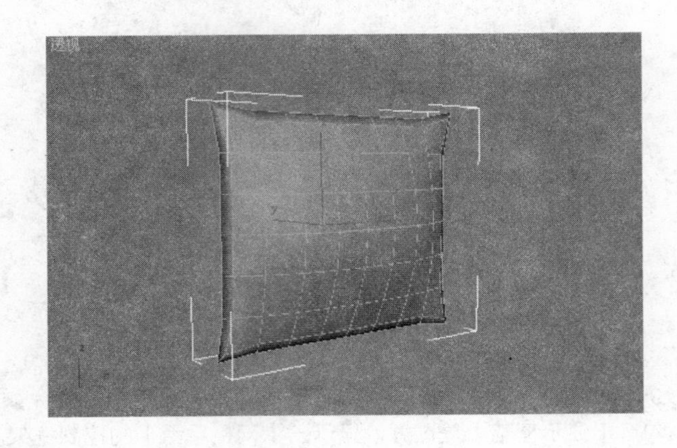

图 5-53　抱枕最终形态

例049　布尔——餐厅吊灯

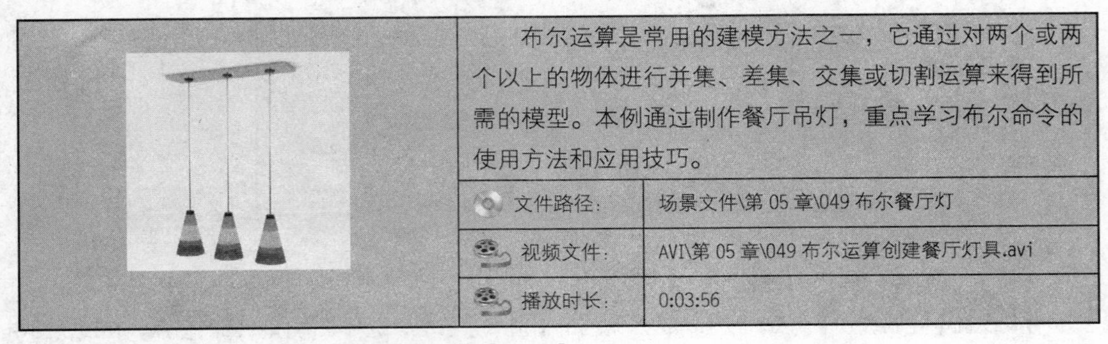

布尔运算是常用的建模方法之一，它通过对两个或两个以上的物体进行并集、差集、交集或切割运算来得到所需的模型。本例通过制作餐厅吊灯，重点学习布尔命令的使用方法和应用技巧。

文件路径：	场景文件\第 05 章\049 布尔餐厅灯
视频文件：	AVI\第 05 章\049 布尔运算创建餐厅灯具.avi
播放时长：	0:03:56

01 启动中文版 3ds max 9，设置单位为【毫米】。

02 单击（创建）|（几何体）|标准基本体，进入标准基本体创建面板，单击【圆锥体】按钮，在顶视图创建一个圆锥体作为“灯头”模型，如图 5-54 所示。

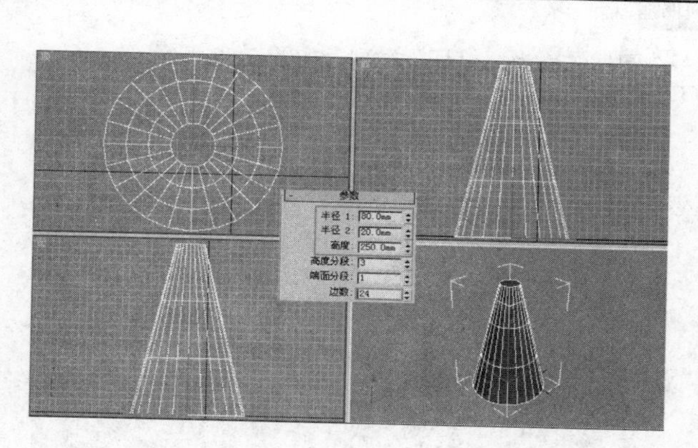

图 5-54　创建圆锥体

03 制作灯罩的挖空效果。选择圆锥体，按住 Shift 键在前视图将其沿 y 轴往下拖动，复制一个圆锥体，如图 5-55 所示。

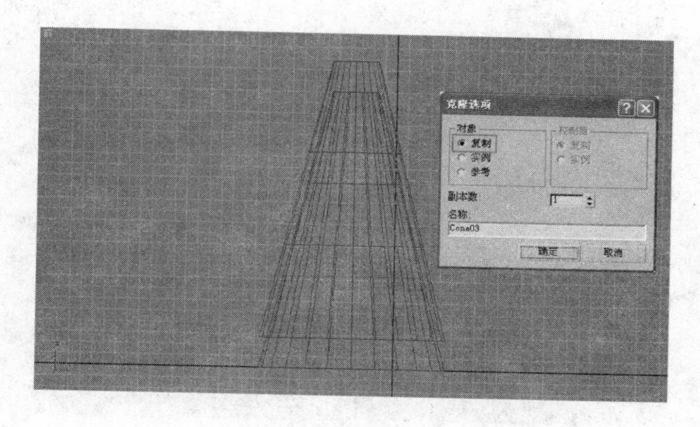

图 5-55　复制圆锥体

04 确认圆锥体 1 处于选择状态，单击（创建）|（几何体），在 标准基本体 下选择 复合对象 选项，单击 布尔 按钮进入布尔运算方式，选择“差集（A-B）”操作，如图 5-56 所示。单击【拾取布尔】卷展栏下的 拾取操作对象 B 按钮，当鼠标变为十字状时，在前视图拾取圆锥体 2，执行布尔差集运算，得到如图 5-57 所示的内部挖空效果。

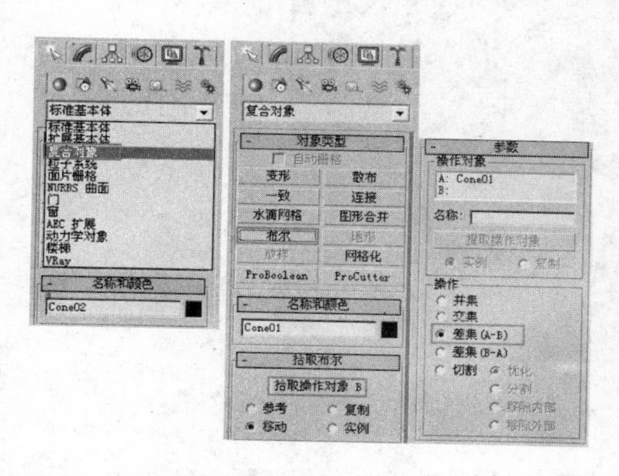

图 5-56　选择布尔运算命令

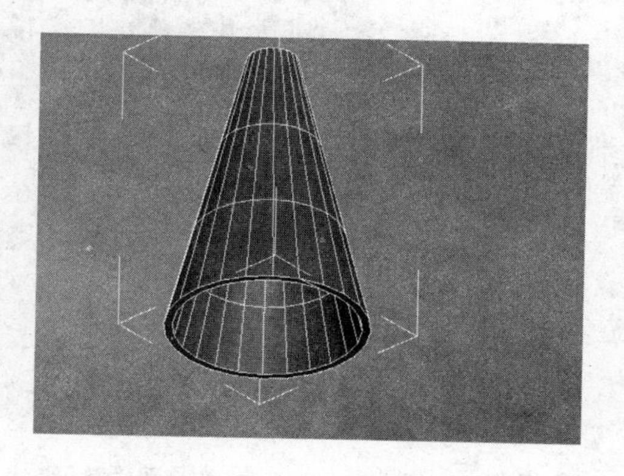

图 5-57　布尔差集运算结果

05 在顶视图创建一个圆柱体作为“灯杆”模型，如图 5-58 所示。

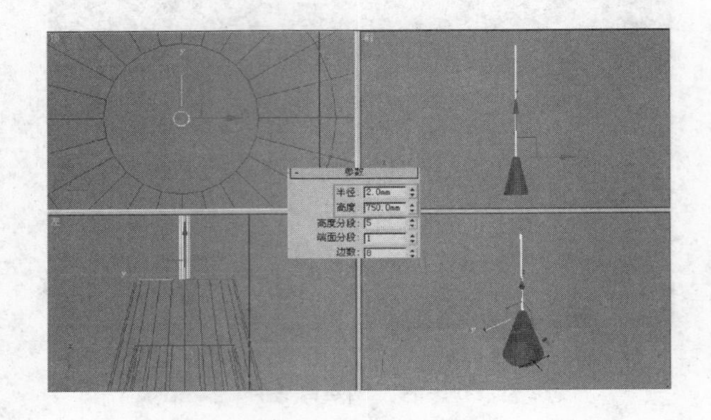

图 5-58　创建灯杆

06 激活前视图，在圆柱体上部复制一个圆柱体，做为灯杆与灯座的连接物，如图 5-59 所示。

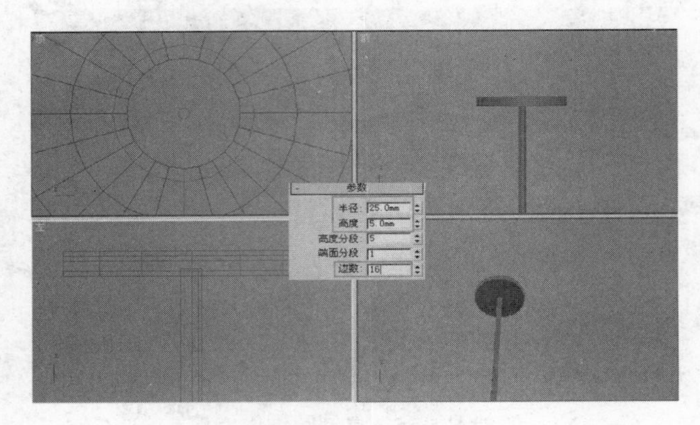

图 5-59　制作连接物

07 在顶视图吊灯的上方创建一个长方体，作为“灯座”模型，修改其参数及位置如图 5-60 所示。

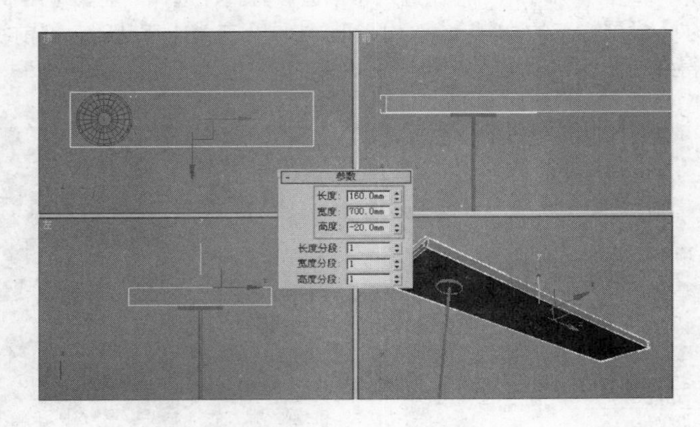

图 5-60　创建长方体灯座

08 将前面制作的灯头、灯杆以及连接物成组，再实例复制 2 组，调整位置如图 5-61 所示，完成吊灯整体模型效果制作。

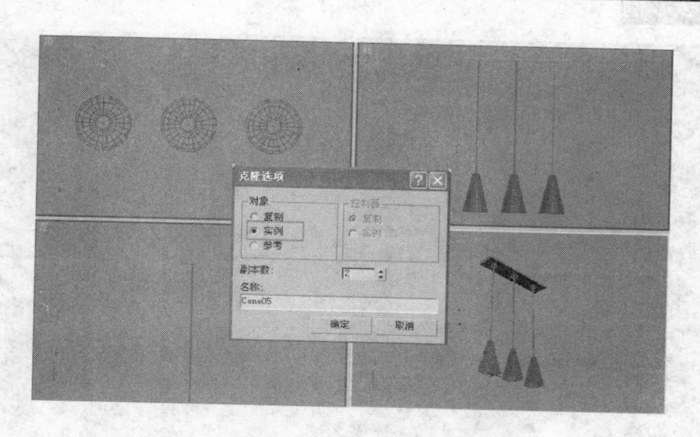

图 5-61　餐厅吊灯最终效果

例050　超级布尔——垃圾桶

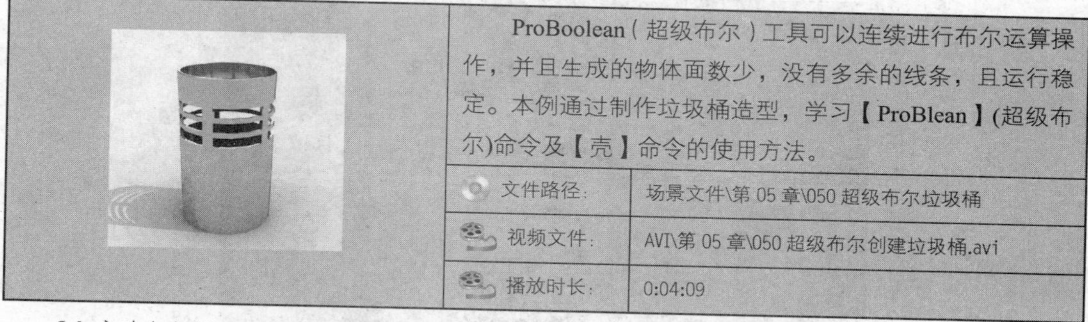

ProBoolean（超级布尔）工具可以连续进行布尔运算操作，并且生成的物体面数少，没有多余的线条，且运行稳定。本例通过制作垃圾桶造型，学习【ProBlean】(超级布尔)命令及【壳】命令的使用方法。

文件路径:	场景文件\第 05 章\050 超级布尔垃圾桶
视频文件:	AVI\第 05 章\050 超级布尔创建垃圾桶.avi
播放时长:	0:04:09

01 启动中文版 3ds max 9，设置单位为【毫米】。

02 在顶视图创建一个圆柱体，作为垃圾桶的主体部分，如图 5-62 所示。

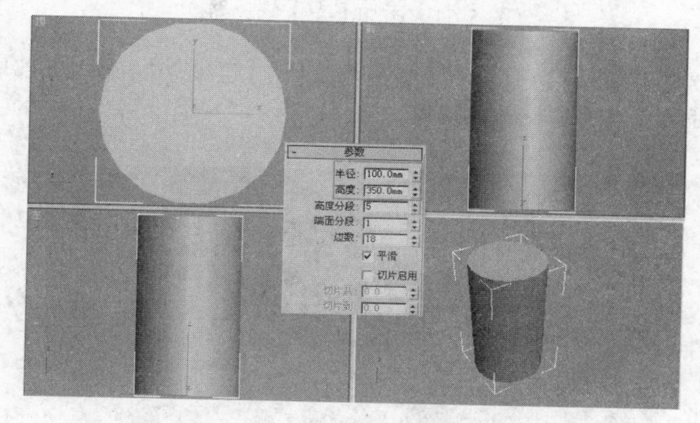

图 5-62　创建圆柱体

03 将圆柱体转化为可编辑多边形，按 4 键进入 （多边形）子物体层级，选择圆柱体最上层的面，按 Deletel 键将其删除，如图 5-63 所示。

04 进入修改面板，为其添加【壳】修改器，如图 5-64 所示，修改其“内部量”数值为 4mm，使其产生厚度。

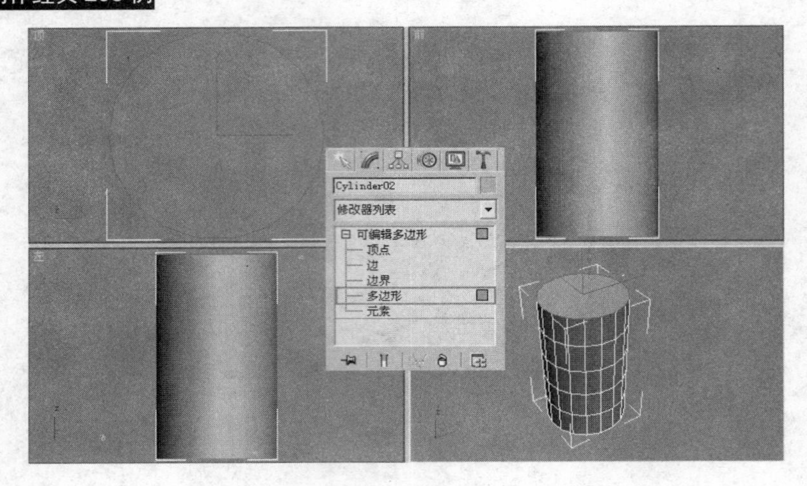

图 5-63　删除圆柱体顶面

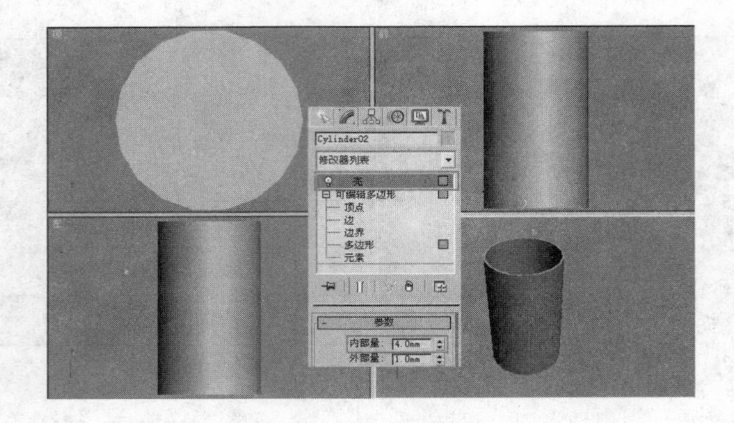

图 5-64　添加【壳】修改器

05 将模型转换为【可编辑多边形】，按 2 键进入其【边】层级，选择模型上部与下部边线如图 5-65 所示，使用【切角】命令为其制作 1mm 的切角效果。

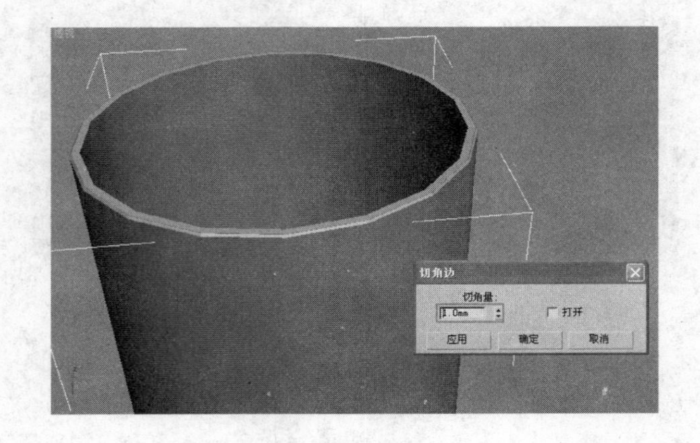

图 5-65　选择上下两侧边线进行切角

06 制作垃圾桶桶身镂空。在顶视图中创建一个长方体，调整其位置如图 5-66 所示。

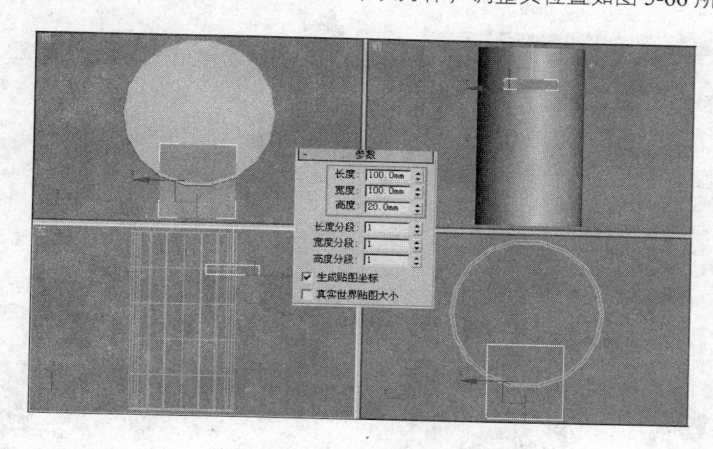

图 5-66　创建长方体

07 选择创建的长方体模型，单击 进入【层级】面板，按下【仅影响轴】按钮，使用移动工具将长方体的轴心移动到垃圾桶的中心，如图 5-67 所示。调整完成后，再次单击【仅影响轴】按钮，使其呈弹起状态，退出轴心调整。

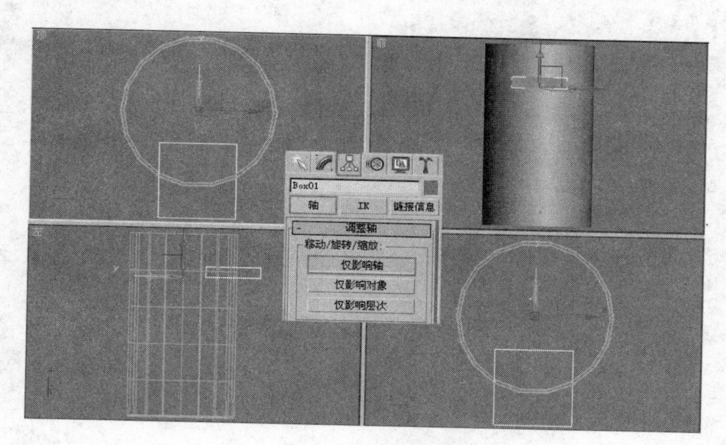

图 5-67　移动长方体的轴心至桶心位置

08 选择【工具】|【阵列】命令，对长方体进行旋转复制，阵列参数如图 5-68 所示，阵列效果如图 5-69 所示。

09 单击 （创建）| （几何体），在 标准基本体 中选择 复合对象 选项，如图 5-70 所示。单击 ProBoolean （超级布尔）按钮进入超级布尔面板，单击 开始拾取 按钮，当鼠标变为十字状时，在前视图和左视图依次单击阵列后的长方体，最终得到如图 5-71 所示垃圾桶模型效果。

技　巧：可以看到【超级布尔】与【布尔运算】最大的区别在于【超级布尔】能直接连续地拾取对象进行布尔运算，事实上在没有【超级布尔】前，如果要利用【布尔运算】完成本例同样的挖空效果，则首先需要将其中的一个长方体转换成【可编辑多边形】，然后将其它的长方体附加为一个物体，再利用【布尔运算】进行【差集】运算。

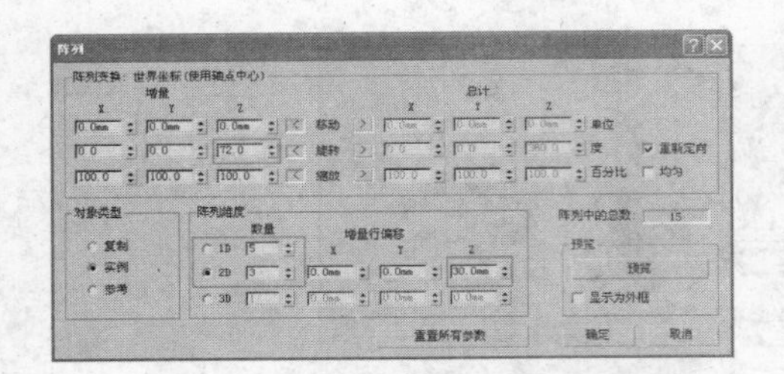

图 5-68　阵列参数设置

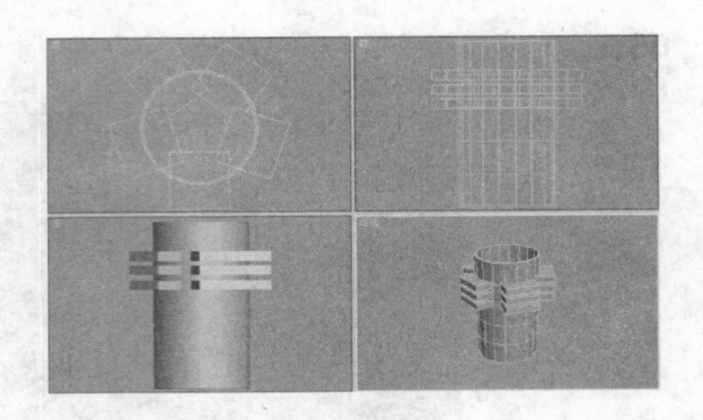

图 5-69　完成阵列并调整高度

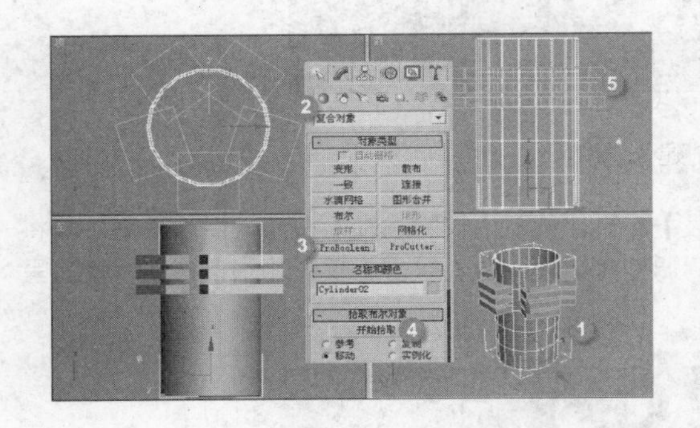

图 5-70　超级布尔运算

图 5-71　超级布尔运算后的结果

第6章 动力学建模

在室内效果图模型创建中，常常需要制作浴巾、桌布等褶皱细节逼真的布料效果，而通过【可编辑多边形】建模的方法，很难得到理想的效果，本章介绍利用动力学计算的方法，制作得到相关的模型。

3ds max 中的 reactor（动力学）实际上与物理学类似，可以模拟出物体与物体之间真实的物理作用效果。在室内效果图制作中，使用 3ds max 动力学功能能够模拟现实的碰撞效果，从而制作出十分真实的物体随机散布效果，和逼真自然的各种布料形态。

例051 动力学随机散布效果

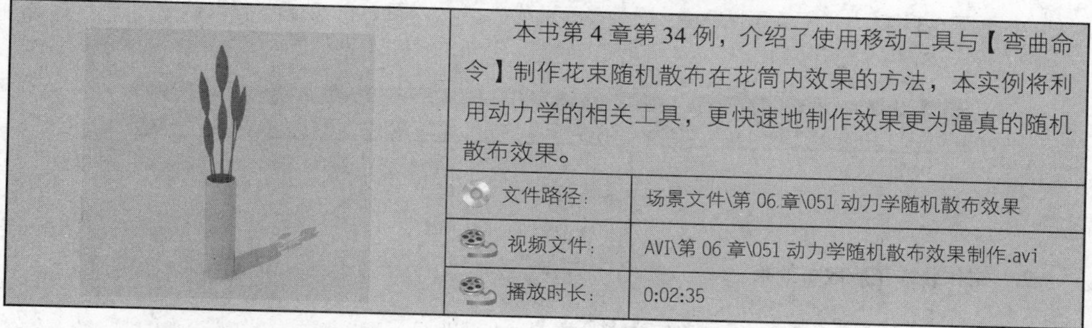

本书第 4 章第 34 例，介绍了使用移动工具与【弯曲命令】制作花束随机散布在花筒内效果的方法，本实例将利用动力学的相关工具，更快速地制作效果更为逼真的随机散布效果。

文件路径：	场景文件\第 06 章\051 动力学随机散布效果
视频文件：	AVI\第 06 章\051 动力学随机散布效果制作.avi
播放时长：	0:02:35

1. 熟悉动力学相关工具

01 启动中文版 3ds max 9，单击图标进入创建命令面板，单击图标进入辅助对象创建子面板，在辅助对象类型列表中选择 reactor，即进入动力学创建面板，如图 6-1 所示。而单击图标，进入空间扭曲创建子面板，则可以看到如图 6-2 所示的动力学相关空间扭曲工具。

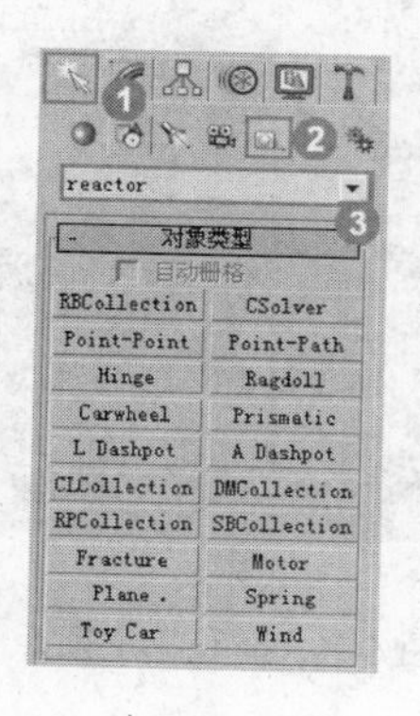

图 6-1 动力学创建面板

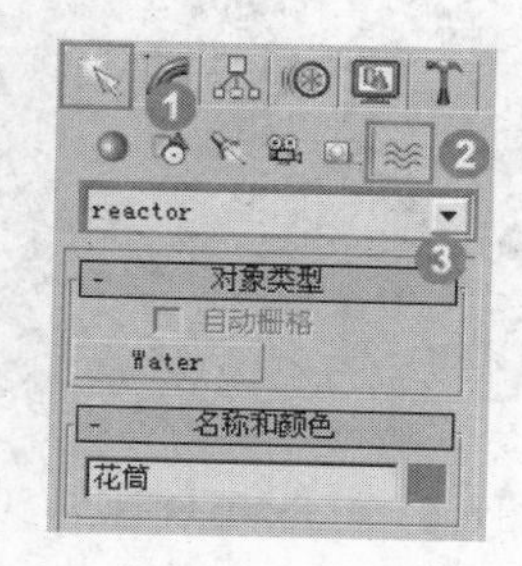

图 6-2 空间扭曲动力学面板

02 若单击图标，进入工具面板，按下其中的 reactor 按钮，则会弹出如图 6-3 所示参数卷展栏。而如果选择场景中某一物体，进入修改命令面板，可以找到如图 6-4 所示的动力学相关修改命令。

03 从上述操作可以看出，3ds max 中与动力学相关的命令与属性面板比较多，且分布较广。但在室内效果图制作中，并不需要使用到这些复杂的命令与面板。事实上，使用 3ds max 的 reactor 工具栏，即可满足大部分需要，默认状态下该工具栏为隐藏，在 3ds max 主工具栏上单击鼠标右键，在弹出的快捷菜单中选择 reactor 命令，即可显示如图 6-5 所示的动力学工具栏。

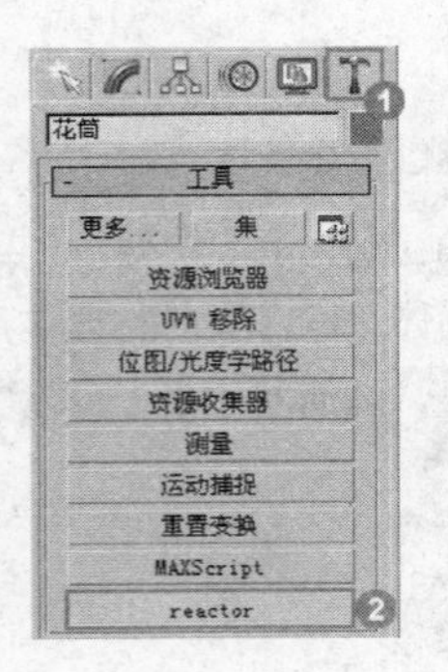

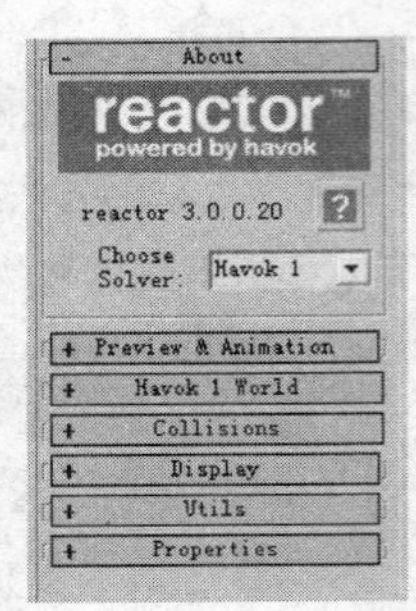

图 6-3 动力学相关属性命令

花筒
FFD(圆柱体)
HSDS
MultiRes
Physique
reactor Cloth
reactor SoftBody
STL 检查
UVW 变换
UVW 贴图
UVW 贴图清除
UVW 贴图添加

图 6-4 动力学修改命令

图 6-5 动力学工具栏

2. **制作装饰花瓶散布效果**

01 启动中文版 3ds max 9，设置单位为【毫米】。

02 按 Ctrl+O 快捷键，打开本书配套光盘"源文件素材"|"第 06 章"|"动力学随机散布原始模型.max"文件，如图 6-6 所示，可以看到模型内有一个花筒与一些花束模型。

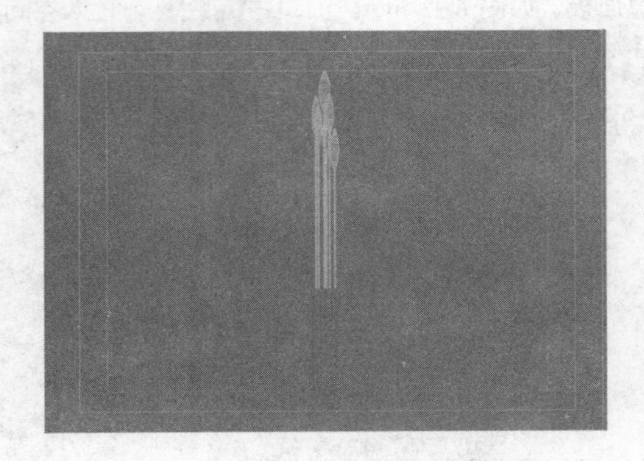

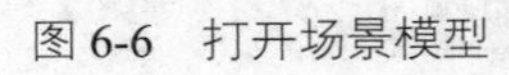

图 6-6 打开场景模型

图 6-7 查看花束顶点

03 场景模型似乎没有什么特别，但选择其中任意一个花束，按 1 键进入其【顶点】层级，可以发现其顶点的分布如图 6-7 所示比较密集。在动力学效果的制作中，如果模型要进行形态上的碰撞变化，那么顶点的密集程度将在很大程度上决定最终运算变形效果的细致度，因此可以将其设置相对紧密些，能得到比较好的运算变形效果。

04 将场景中所有模型加入到动力学的计算系统内，首先全选场景中所有模型，然后如图 6-8 所示单击动力学工具栏中的【刚体集合】按钮，这样就将选择的模型加入至动力学的刚体集合内。

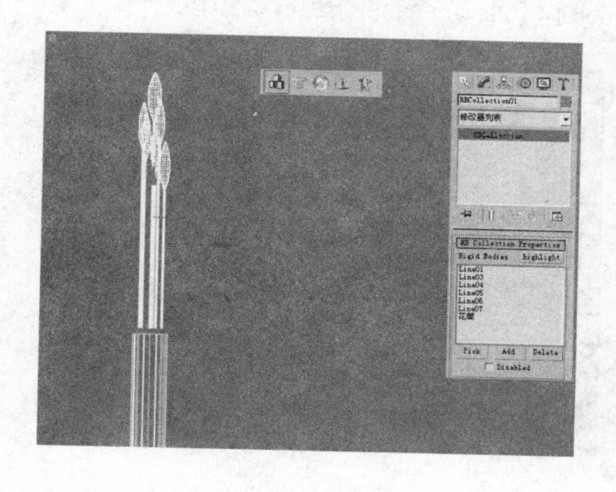

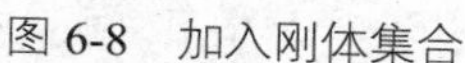
图 6-8　加入刚体集合

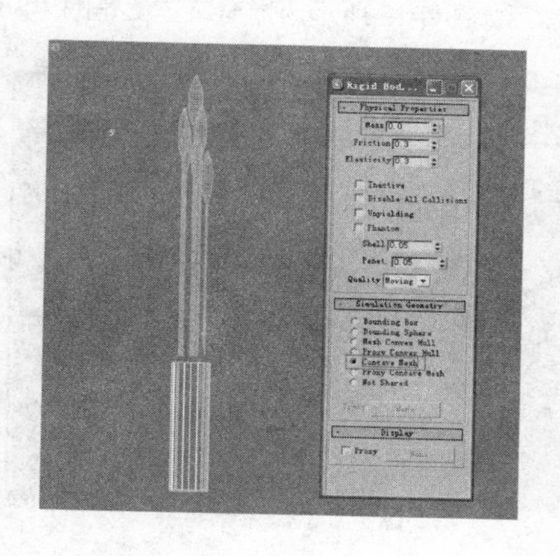
图 6-9　调整花筒动力学刚体属性

技　巧：在动力学范围内，模型可粗略地划分为【刚体集合】与【柔体集合】，在室内效果图的制作中我们并不需要对这一概念进行深入了解，只要记住如果模型对象不是用于制作布料效果，就可以将其归纳至【刚体集合】。

05 调整加入【刚体集合】内各模型的碰撞属性，首先选择笔筒模型，并单击动力学工具栏上的【打开属性编辑】按钮，在弹出的面板中调整其属性如图 6-9 所示，首先需要注意的是【Mass(质量)】参数的调整，如果在接下来的动力学碰撞中模型将不产生任何形态上的改变，那么该模型的【Mass(质量)】参数值设置为 0 即可，对于将要产生形态变化，该参数值则视具体情况调整不同的数值。此外还调整了【Concave Mesh(凹面体)】参数，该参数的作用将在本例动力学碰撞的相关实际操作环节进行对比性讲解，接下来调整花束的【刚体属性】参数。

06 选择所有花束模型，单击【打开属性编辑】按钮，对其进行如图 6-10 所示参数调整，设置 Mass(质量)数量为 10。

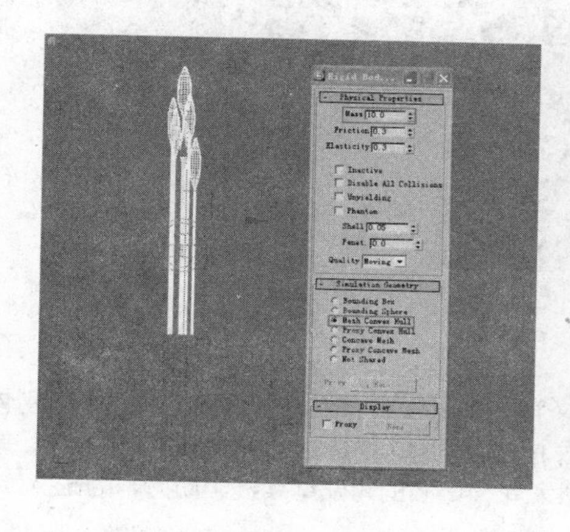
图 6-10　编辑花束刚体属性

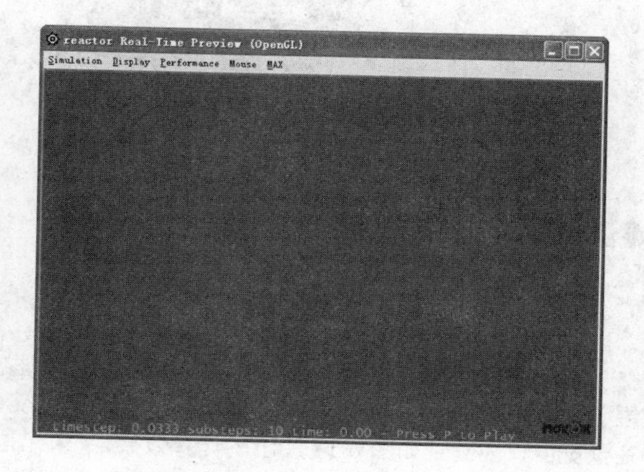

图 6-11　动力学实时预览窗口

07 调整好花束的【刚体属性】参数后，接下来就可以进行动力学的计算了。单击动力学工具栏上的【动力学预演】按钮，在弹出的如图 6-11 所示动力学实时预览窗口中，对将要计算的动力学效果进

行观察，以便进行适时调整。为了便于观察，可在窗口中按住鼠标滚轮，将场景中的模型显示至窗口中心处，然后如图 6-12 所示选择窗口左上角的【Simulation】|【Play】命令开始进行动力学的计算。

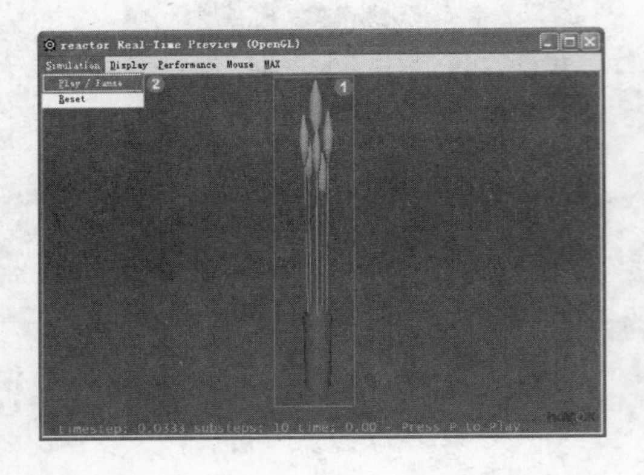

图 6-12　调整窗口显示并开始计算

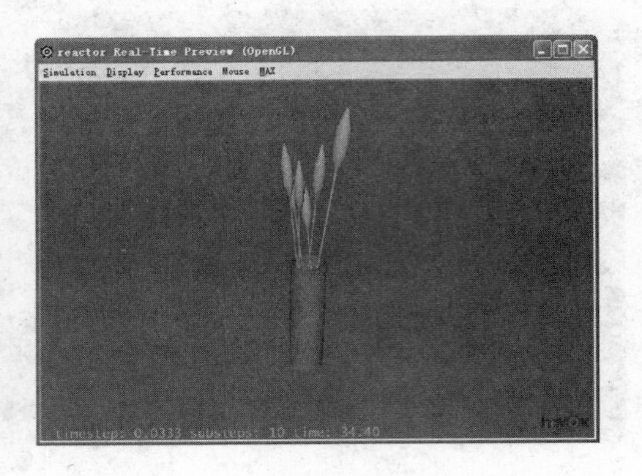

图 6-13　完成动力学碰撞计算

技　巧：在【动力学实时预览窗口】内，如果将要进行运算的模型观察不到或者观察位置并不理想，可以按住鼠标滚轮进行位置的调整，或是按住鼠标左键进行角度的变换，鼠标右键则用于对碰撞效果进行适时调整。

08 在计算的过程中，可以按住鼠标右键对花束进行碰撞效果的适时调整，当得到如图 6-13 所示满意的效果时，按 P 键即可停止计算。

09 计算结束后，场景中的模型此时并没有产生窗口内显示的变化，还需要如图 6-14 所示单击窗口右上角 MAX 菜单中的 Update Max（更新至 MAX）命令，然后关闭窗口，方能在场景中得到如图 6-15 所示的模型效果。

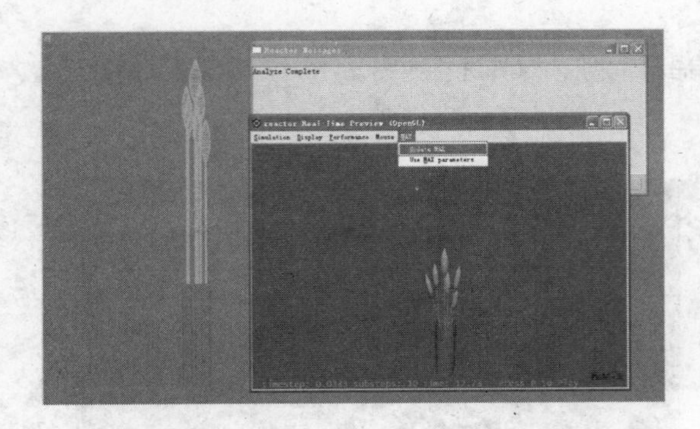

图 6-14　更新效果至 MAX 窗口

图 6-15　最终模型效果

10 整个动力学计算与最终得到的效果都比较理想，接下来返回所有效果，设置笔筒模型【刚体属性】参数如图 6-16 所示，即保持其默认的【Mesh Convex Hull(凸面体)】设置，再执行同样的操作，就会在预览窗口内看到如图 6-17 所示的计算效果，花束无法进入花筒凹陷的内部继续进学动力学的碰撞效果。

11 这是什么原因呢？首先选择窗口上方的 Display 菜单中的 Sim Edges（显示碰撞边线）命令，再观察可以发现，在花筒看似凹陷的最上方有交叉的碰撞线显示，如图 6-18 所示，而正是这些碰撞线阻止了花束的进入，而如果将花筒的【刚体属性】调整为 Concave Mesh（凹面体）后再显示相关的碰撞线，就会得到如图 6-19 所示效果，花筒中存在交叉碰撞线消失了，于是花束可以顺利进入花筒内部完成动力学的计算。

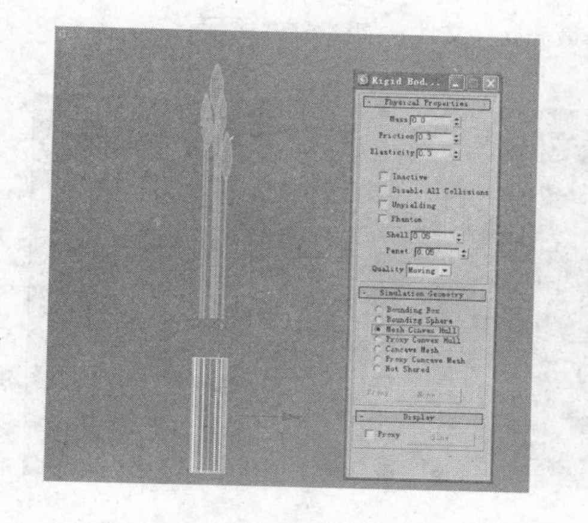

图 6-16　保持花筒默认刚体参数

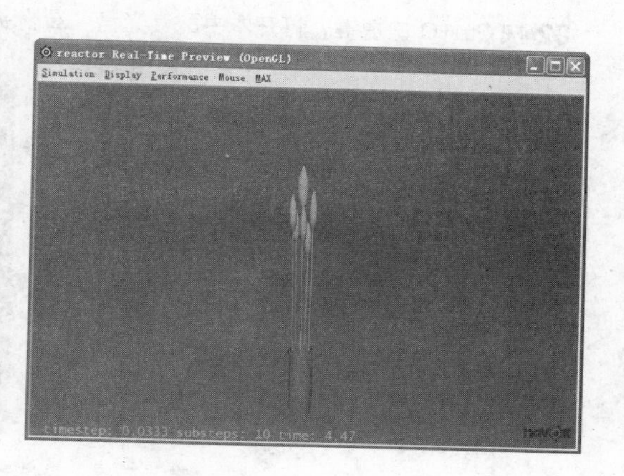

图 6-17　计算效果

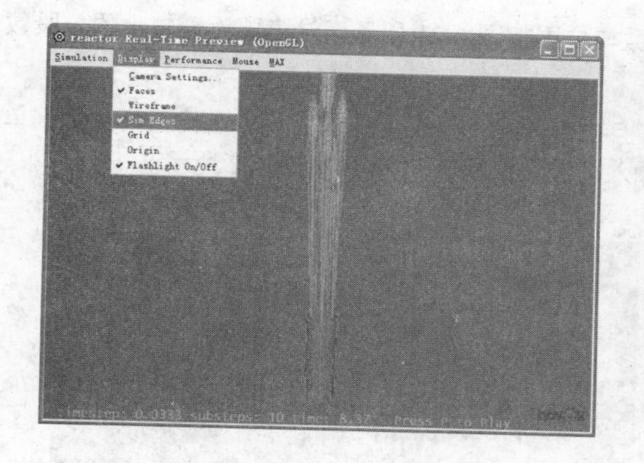

图 6-18　显示碰撞线一

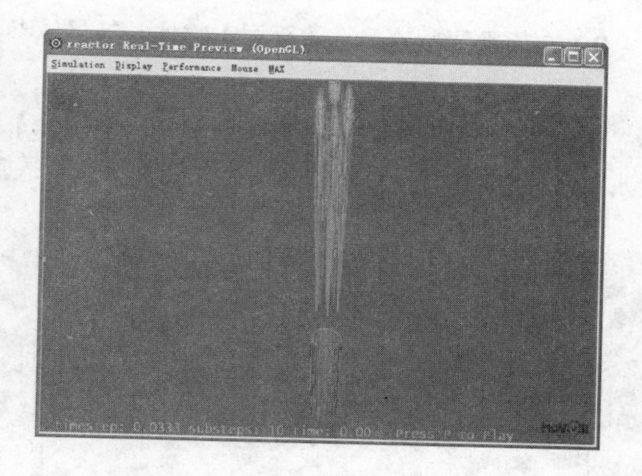

图 6-19　显示碰撞线二

注　意：对比图 6-18 与图 6-19 中显示的碰撞线分布后，可以明白两点：一是动力学的计算并不是按照模型效果进行碰撞计算，而是按照其碰撞线的分布进行碰撞计算；二是如果要正确进入刚体模型的凹陷面，必须调整为 Concave Mesh（凹面体），才能完成理想的碰撞计算效果。

例052　动力学布料效果一

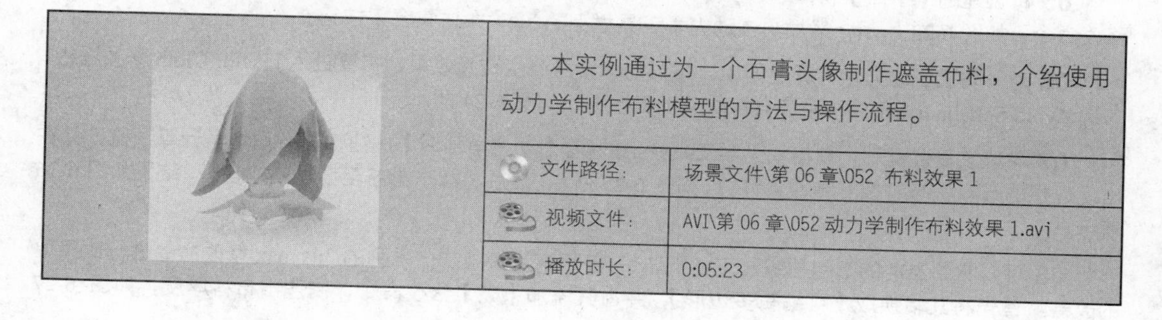

本实例通过为一个石膏头像制作遮盖布料，介绍使用动力学制作布料模型的方法与操作流程。

文件路径：	场景文件\第 06 章\052 布料效果 1
视频文件：	AVI\第 06 章\052 动力学制作布料效果 1.avi
播放时长：	0:05:23

01 启动中文版 3ds max 9，设置单位为【毫米】。

02 按 Ctrl+O 快捷键，打开本书配套光盘“石膏头像.max”文件，如图 6-20 所示。

图 6-20　打开场景模型

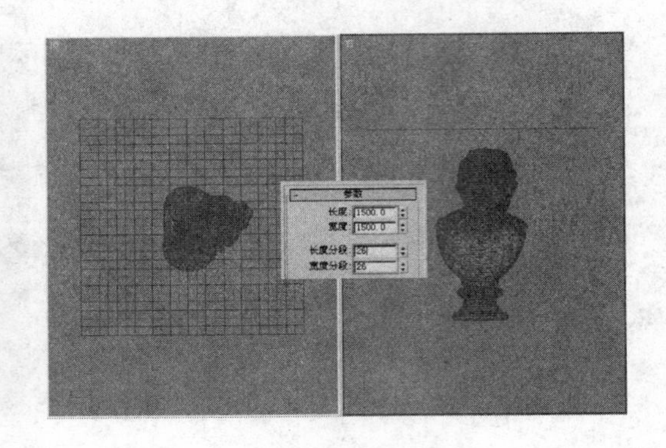

图 6-21　创建平面

03 在顶视图创建一个【平面】物体，其具体参数与位置如图 6-21 所示，注意要设置较大的分段数值。

04 在动力学计算中，石膏头像将充当【刚体】，且自身形态不会发生任何变化，选择石膏头像，单击动力学工具栏上的【刚体集合】按钮，将其添加入内并保持默认参数，如图 6-22 所示。

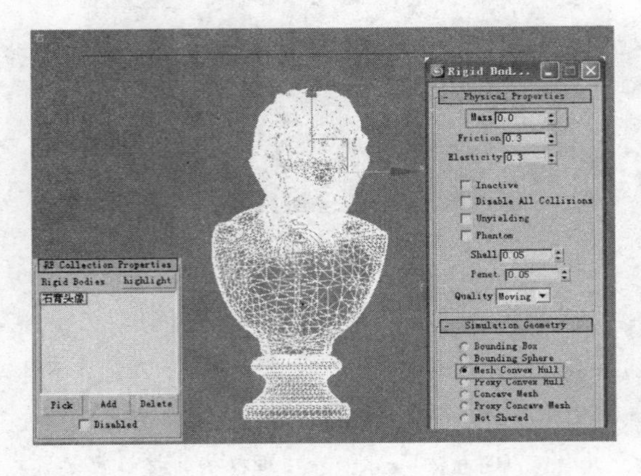

图 6-22　添加石膏头像至刚体集合

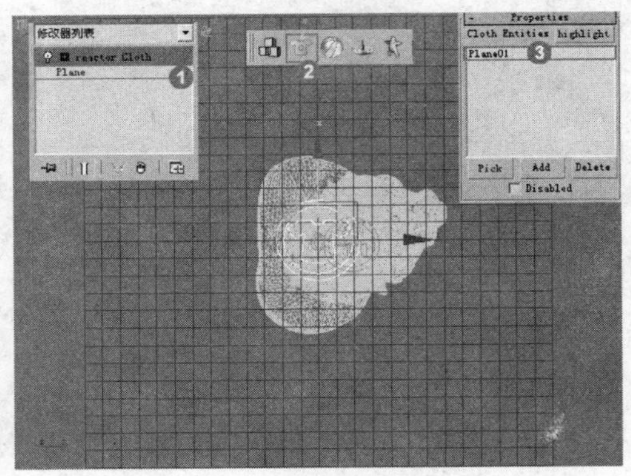

图 6-23　添加平面至柔体集合

05 将创建的【平面】物体添加至【柔体集合】。首先选择【平面】物体，为其添加【reactor Cloth】修改命令，如图 6-23 所示，然后单击动力学工具栏上的【柔体集合】按钮。

06 为了防止在动力学计算过程中，布料物体自身产生交叉效果，需要进入 reactor Cloth 修改面板，勾选 Avoid Self-Intersection（避免自身交叉）复选框，如图 6-24 所示。

07 勾选该复选框后，单击动力学工具栏上的【动力学预演】按钮，进行动力学计算预览，并在出现理想的布料状态时按 P 键暂停计算，如图 6-25 所示。然后将状态更新至场景中的模型，结果如图 6-26 所示。

08 可以看到当前的布料褶皱过渡并不理想，接下来为其添加一系列的 3ds max 修改命令进行效果上的改善。首先将其转换成【可编辑多边形】，并为其添加【壳】修改命令，制作出布料厚度，如图 6-27

所示。

图 6-24　勾选避免自身交叉复选框

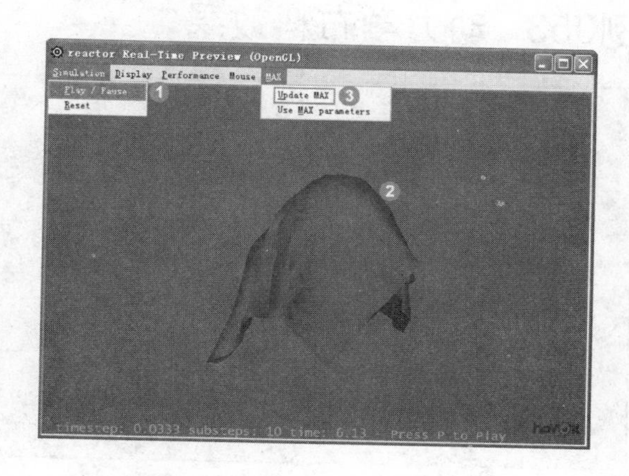

图 6-25　进行动力学计算预览

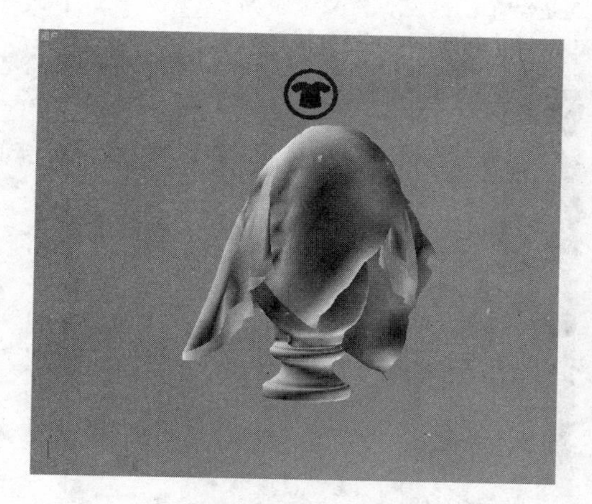

图 6-26　动力学计算布料效果

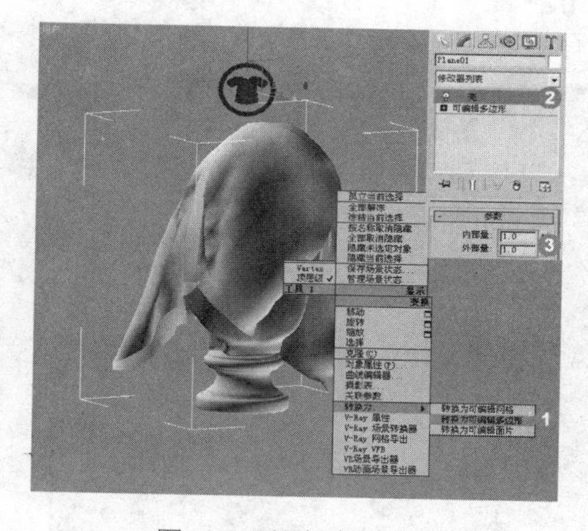

图 6-27　添加壳修改命令

09 为其添加【涡轮平滑】修改命令，具体参数设置与得到的效果如图 6-28 所示，这里要注意两点：一是【涡轮平滑】修改命令的【迭代次数】控制在 2~3 间，另外一点则是【壳】与【涡轮平滑】这两个修改命令的添加顺序不同，所得到的布料边缘效果是有区别的，两者对比效果如图 6-29 所示。可以看到，如果按照笔者所讲述的顺序将产生圆滑的边角，如果顺序相反则产生生硬的边角。

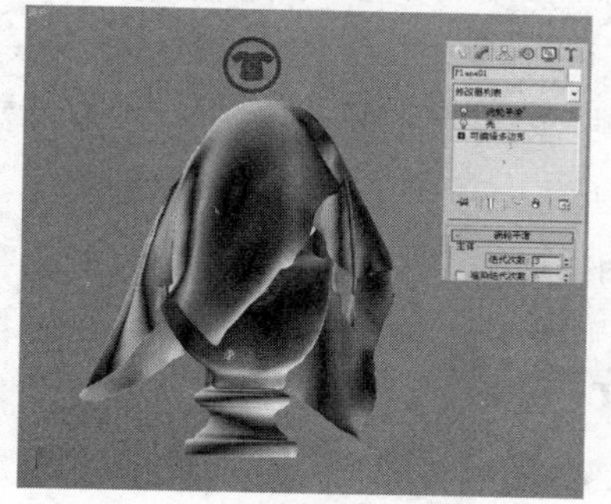

图 6-28　添加涡轮平滑修改命令

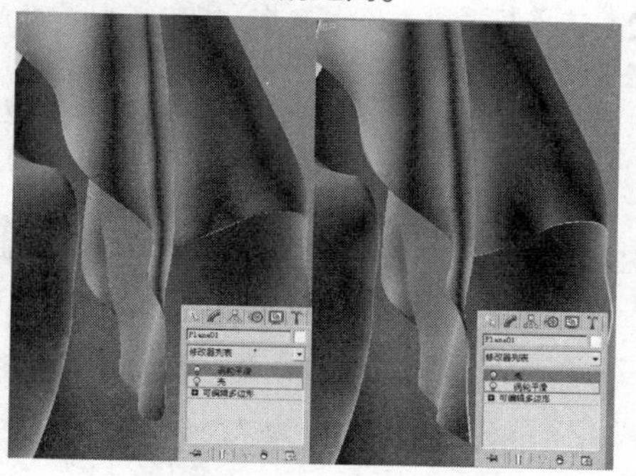

图 6-29　边角效果对比

例053 动力学布料效果二

前一实例制作的布料，遮盖的石膏头像头顶的凹凸效果并没有得到体现，布料给人的感觉比较厚重没有轻盈感，接下来我们就来介绍动力学布料效果二的制作方法，两者产生不同的效果原因在于模拟布料的模型表面细分面发生了改变，接下来就进行详细了解。

文件路径：	场景文件\第 06 章\053 布料效果 2
视频文件：	AVI\第 06 章\053 动力学制作布料效果 2.avi
播放时长：	0:04:47

01 启动中文版 3ds max 9，设置单位为【毫米】。

02 打开本书配套光盘“石膏头像 1.max”文件，这是一个已经为石膏头像添加了【刚体集合】的场景，在顶视图中创建一个矩形，如图 6-30 所示，将其转换为【可编辑样条线】。

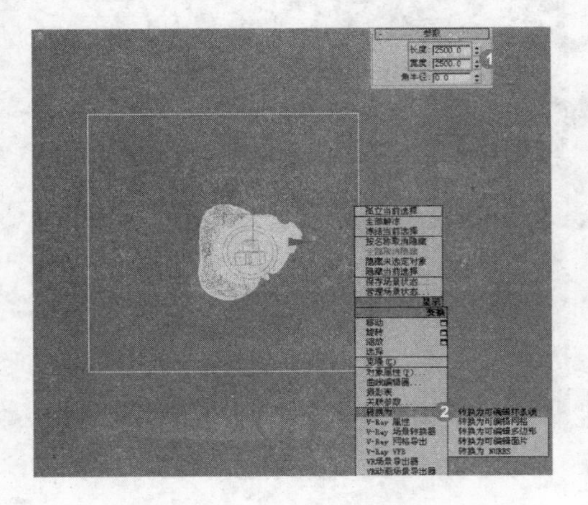

图 6-30　创建矩形

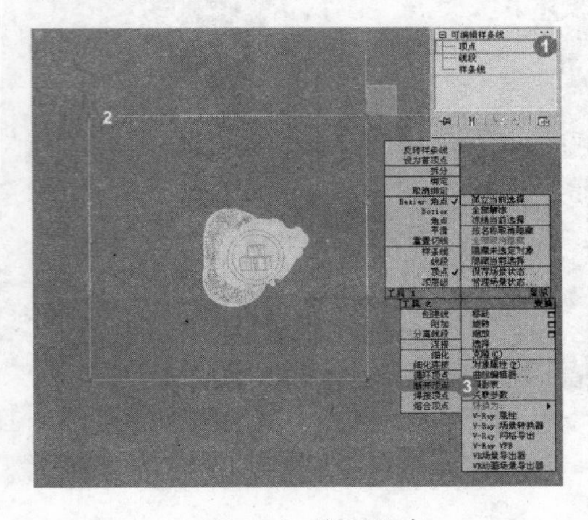

图 6-31　断开顶点

03 按 1 键进入其【顶点】层级，按 Ctrl+A 快捷键，全选所有顶点，利用鼠标右键快捷菜单中的【断开顶点】命令，断开顶点，如图 6-31 所示，再次按 1 键退出顶点修改。

04 选择矩形进入修改面板，添加 Garment Maker（衣装制作器）修改命令，参数设置与完成效果如图 6-32 所示，【密度】参数用于控制模型表面细分三角面的数量，如图 6-33 所示是将其参数值增大至 0.02 后的效果，这里需要注意的是，细分面并不是越多，制作出的布料效果就越细致逼真，这里保持参数为默认的 0.01 即可。

注　意：添加 Garment Maker 后，矩形被细分为大量的三角面，比多边形面相对更为细致，效果对比如图 6-34 所示，从而可以得到更为逼真的布料效果。此外，在添加 Garment Maker（衣装制作器）修改命令前，必须将矩形转换为【可编辑样条线】，否则会产生如图 6-35 所示的边角被切角的效果。

05 添加 Garment Maker（衣装制作器）修改，完成布料模型表面细分后，将其转换为【可编辑多边形】，然后添加 reactor Cloth 命令，并勾选 Avoid Self-intersection（避免自身交叉）复选框，如图 6-36 所示。

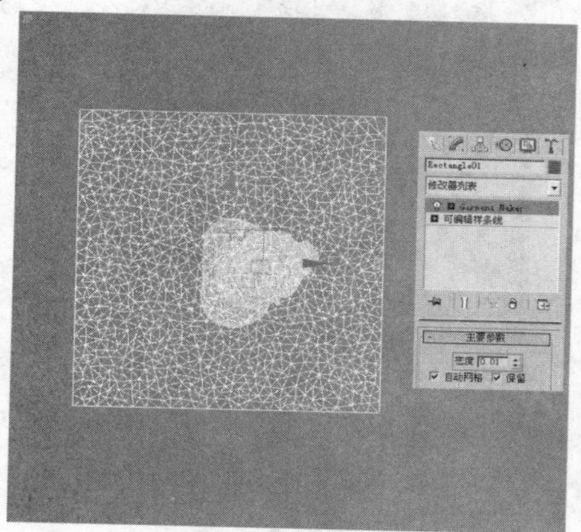

图 6-32　添加 Garment Maker 修改命令

图 6-33　增大密度参数效果

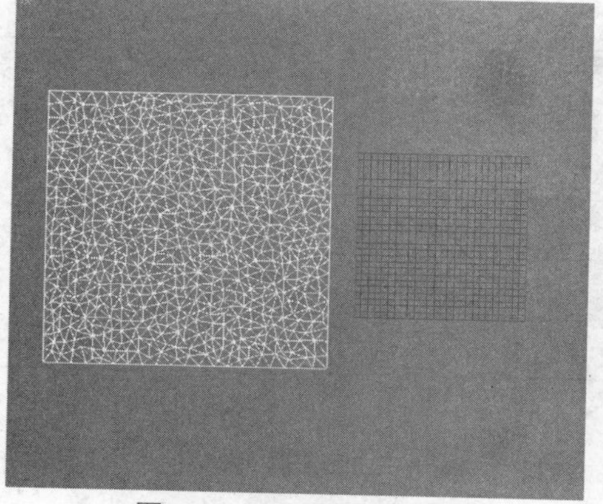

图 6-34　细分面效果对比

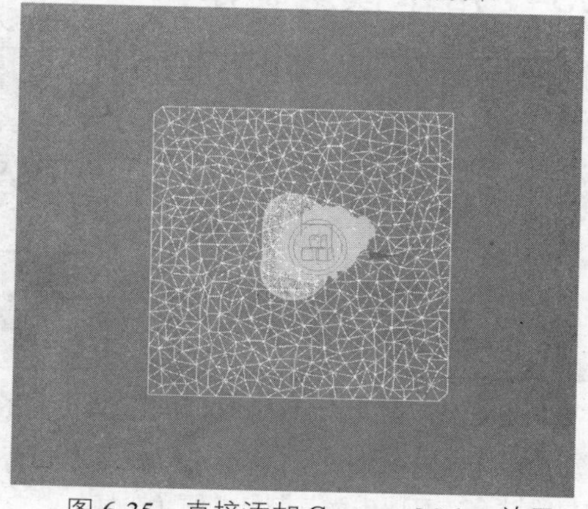

图 6-35　直接添加 Garment Maker 效果

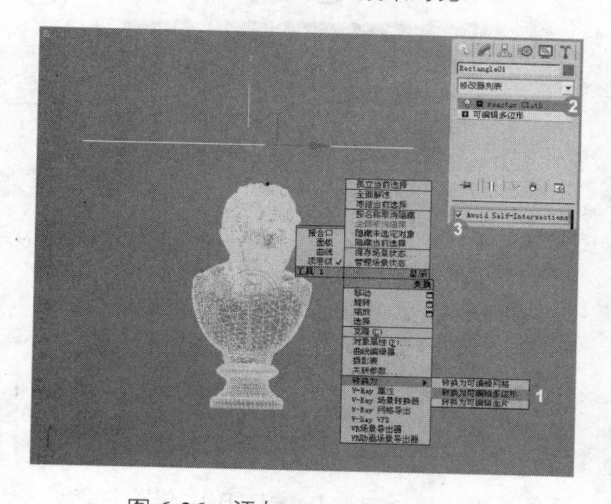

图 6-36　添加 reactor Cloth 修改

图 6-37　添加柔性集合

06 将布料模型加入动力学工具栏中的【柔性集合】，如图 6-37 所示。然后如图 6-38 所示进行动力学的计算，并将计算结果更新至场景模型，最后为其添加【壳】与【涡轮平滑】修改，最终得到如图 6-39 所示的布料模型效果。

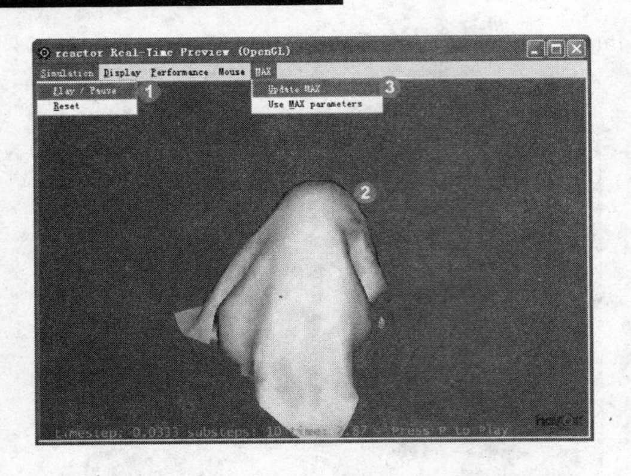

图 6-38　进行动力学计算并更新模型效果

图 6-39　布料效果二

例054　浴巾模型制作

在掌握了利用动力学制作布料效果的方法后，本例将制作一块呈悬挂状态的浴巾模型，在制作的过程中重点学习 Fix Vertex（固定顶点）命令的使用。

文件路径：	场景文件\第 06 章\054 浴巾
视频文件：	AVI\第 06 章\054 动力学制作浴巾模型.avi
播放时长：	0:04:52

01 启动中文版 3ds max 9，设置单位为【毫米】。

02 在顶视图创建一个【平面】，具体参数设置与形态如图 6-40 所示，为了使最终的纹理效果与布料模型更为贴合，可以先为其制作并赋予材质。

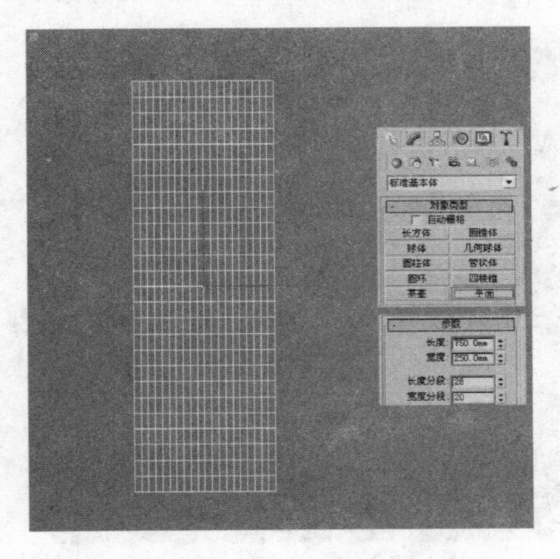

图 6-40　创建平面

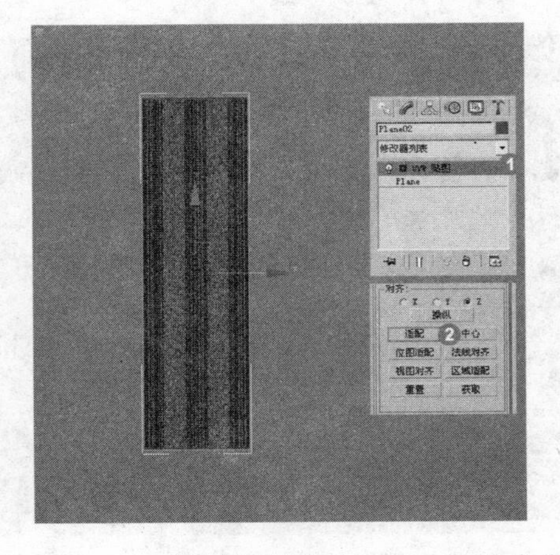

图 6-41　赋予材质并添加 UVW 修改命令

03 进入修改面板，为其添加【UVW 贴图】修改，单击【适配】按钮，使贴图尺寸与模型大小相吻合，如图 6-41 所示。

04 选择【平面】，将其转换为【可编辑多边形】，如图 6-42 所示为其添加 reactor Cloth 修改，注意需要勾选 Avoid Self-intersections 复选框。

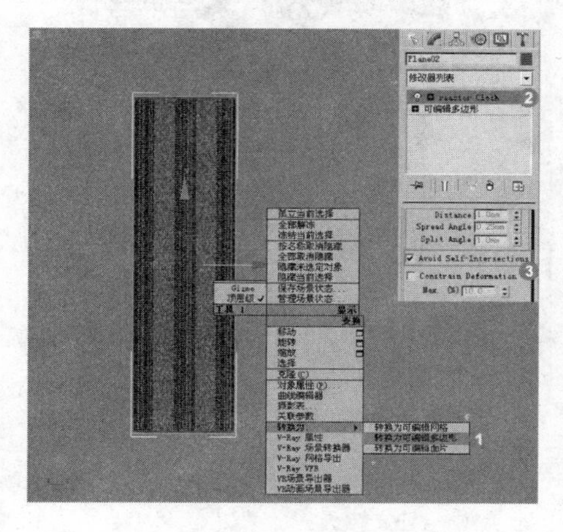

图 6-42　添加 reactor Cloth 修改

图 6-43　进入顶点层级

05 本例的动力学计算由【平面】模型单独完成，按 1 键进入 reactor Cloth 修改的 Vertex（顶点）层级，如图 6-43 所示。

06 选择模型中心处的两个顶点，单击 reactor Cloth 修改中的 Fix vertex（固定顶点）按钮，将这两个顶点固定，如图 6-44 所示，再如图 6-45 所示为其添加【柔体集合】。

图 6-44　固定中心顶点

图 6-45　添加柔体集合

07 添加【柔体集合】后，便可如图 6-46 所示进行动力学计算，可以看到整个【平面】模型以固定顶为中心，往下收缩最终形成了悬挂的效果，计算完成后再如图 6-47 所示添加【壳】修改，为浴巾制作厚度。

08 将其转换为【可编辑多边形】，以制作浴巾的细节，如图 6-48 所示。按 2 键进入其【边】层级，选择侧面的一条连接边，单击【环形】按钮选择侧面所有的连接边，如图 6-49 所示。

09 选择侧面所有连接边后，按住 Ctrl 键单击【选择】卷展栏■（多边形层级）按钮，以选择侧面所有多边形，如图 6-50 所示。然后单击【扩大】按钮，进一步选择两侧的一层多边形面，如图 6-51 所示。

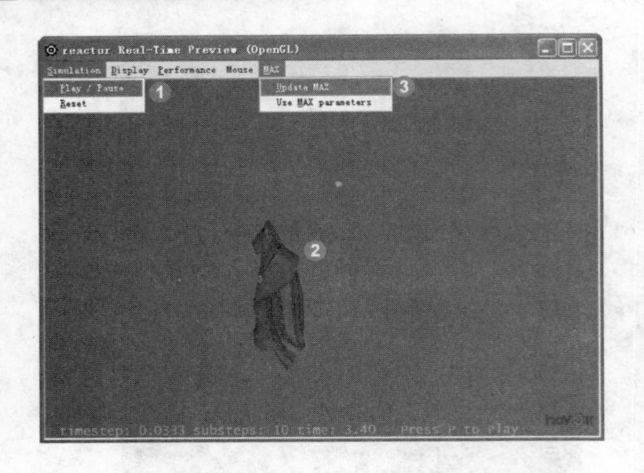

图 6-46　进行动力学计算

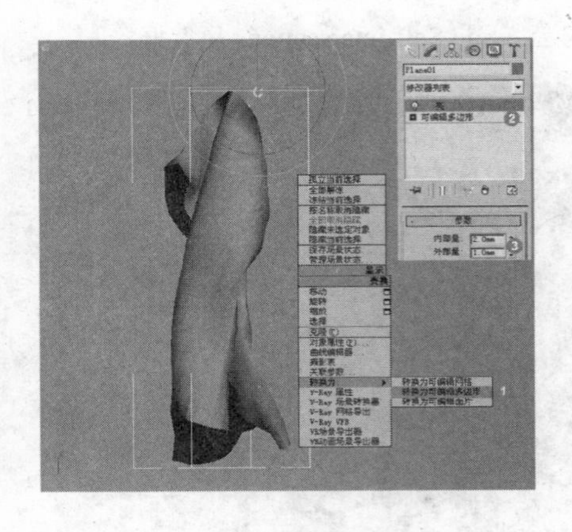

图 6-47　添加壳修改制作厚度

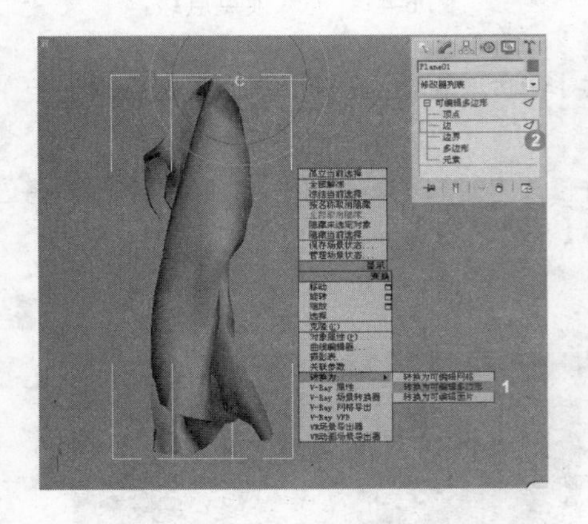

图 6-48　转换至可编辑多边形

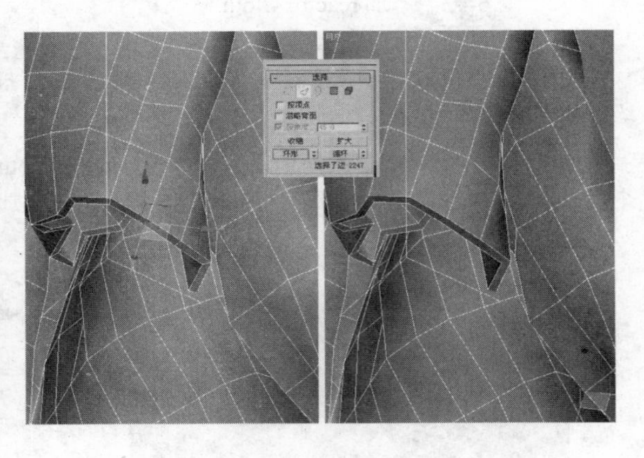

图 6-49　选择侧面连接边

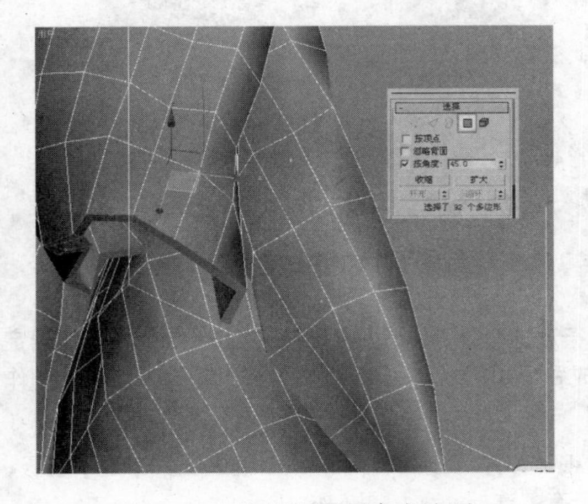

图 6-50　选择侧面所有多边形

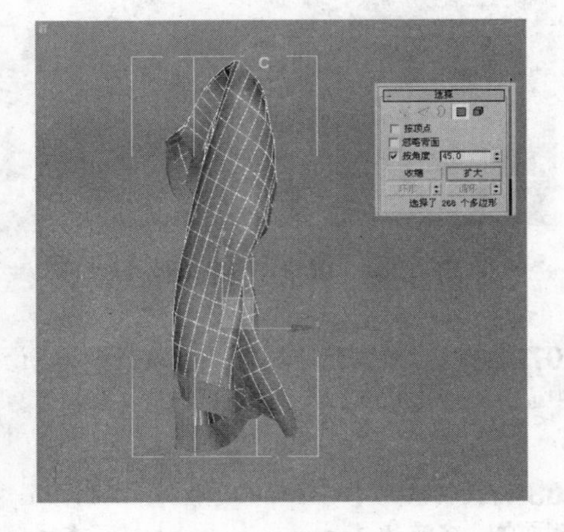

图 6-51　继续加选多边形

10 为所选择的多边形添加【挤出】修改，参数设置如图 6-52 所示，制作浴巾周侧的厚度效果，然后利用【倒角】命令，制作厚度细节如图 6-53 所示。

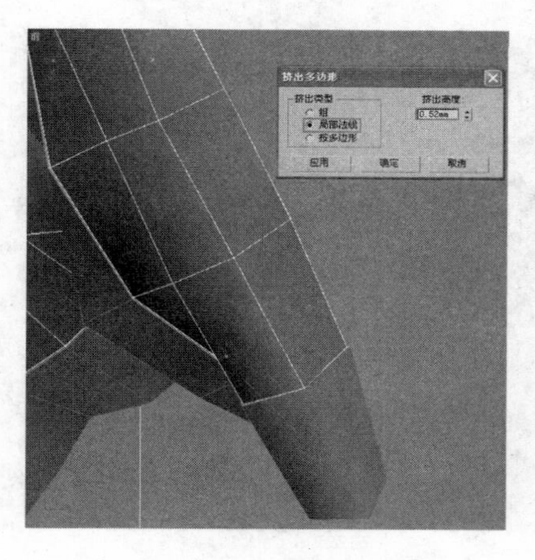

图 6-52　添加挤出命令

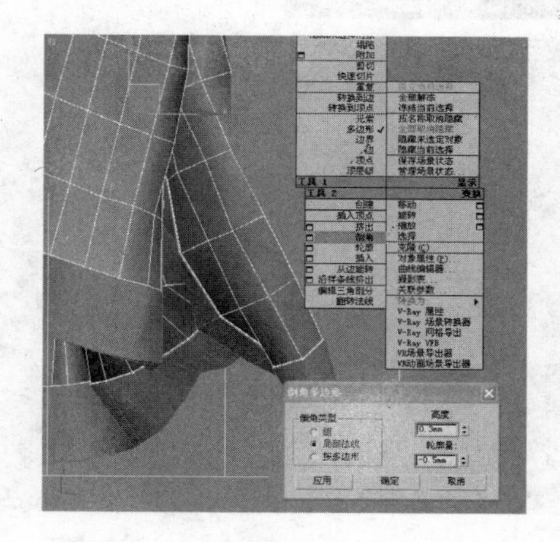

图 6-53　添加倒角命令

11 经过以上细节调整，浴巾模型效果如图 6-54 所示，最后添加【涡轮平滑】修改，得到如图 6-55 所示浴巾模型效果。

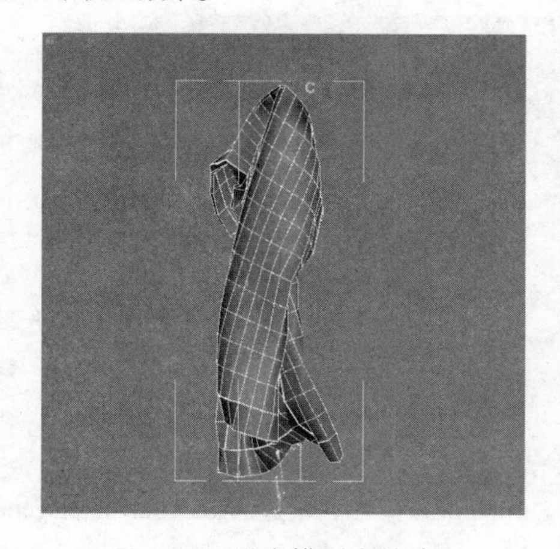

图 6-54　浴巾模型当前效果

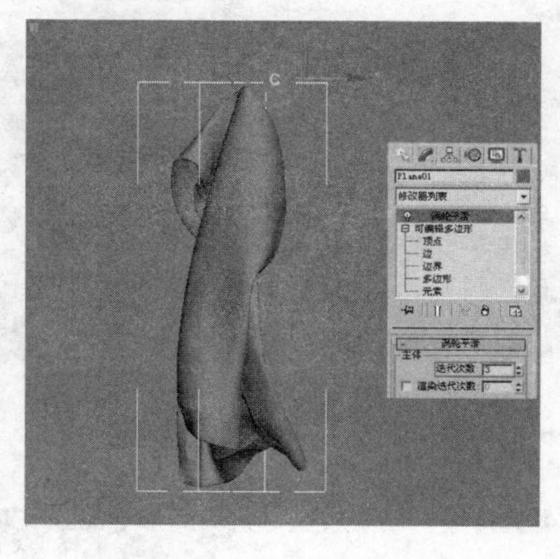

图 6-55　浴巾模型完成效果

例055　桌布模型制作

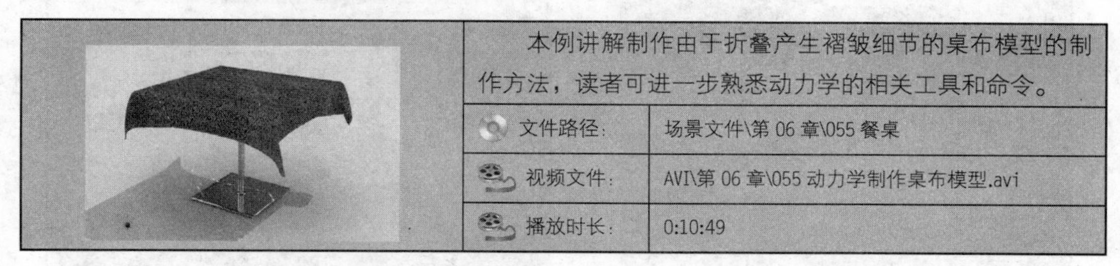

	本例讲解制作由于折叠产生褶皱细节的桌布模型的制作方法，读者可进一步熟悉动力学的相关工具和命令。
文件路径：	场景文件\第 06 章\055 餐桌
视频文件：	AVI\第 06 章\055 动力学制作桌布模型.avi
播放时长：	0:10:49

01 启动中文版 3ds max 9，设置单位为【毫米】。

02 按 Ctrl + O 快捷键，打开本书配套光盘“餐桌.max”文件，如图 6-56 所示，选择其中的玻璃桌面模型，按 Alt+Q 快捷键，或选择鼠标右键快捷菜单中的命令，将其独立显示，如图 6-57 所示，以方便后面的操作。

图 6-56　打开餐桌模型

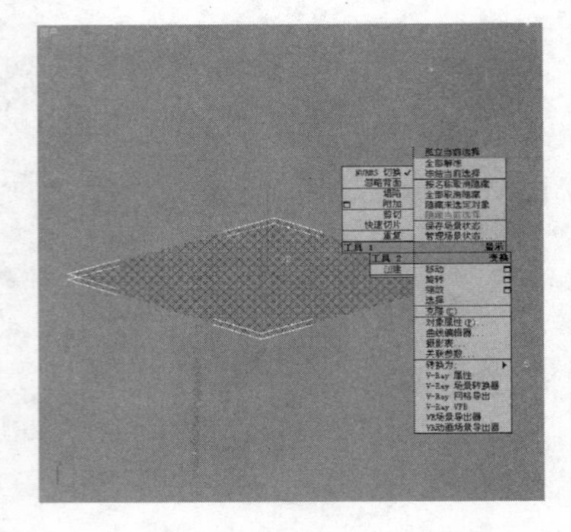

图 6-57　独立显示玻璃桌面

03 将玻璃桌面独立显示后，进入顶视图，创建参数如图 6-58 所示的【平面】模型。

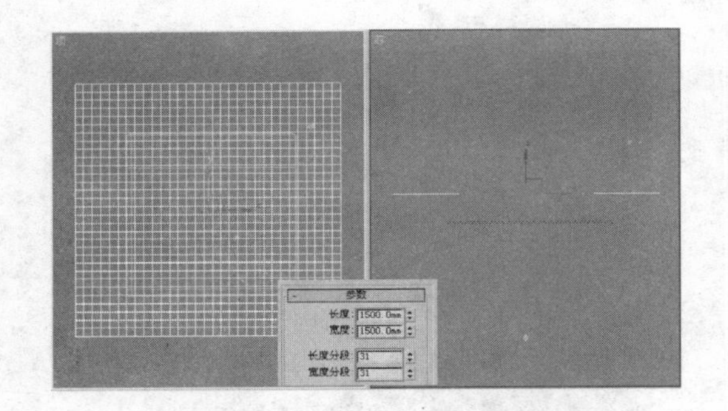

图 6-58　创建平面模型

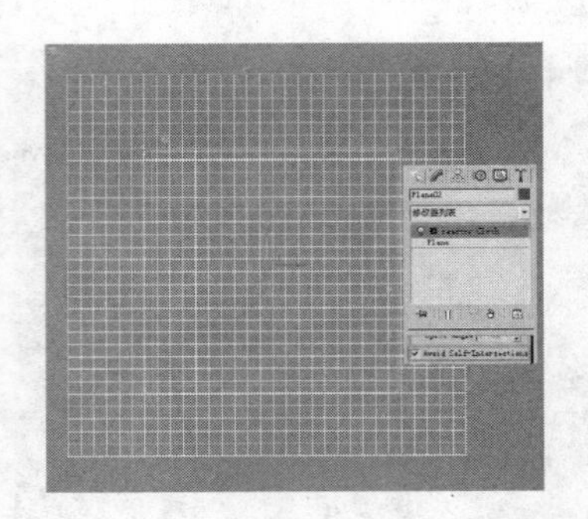

图 6-59　添加 reactor Cloth 修改

04 选择【平面】模型，为其添加 reactor Cloth 修改，如图 6-59 所示，勾选 Avoid Self-intersections 复选框。

05 分别将【平面】模型与【玻璃桌面】归纳进【柔体集合】与【刚体集合】，如图 6-60 所示，如图 6-61 所示进行动力学的相关计算。

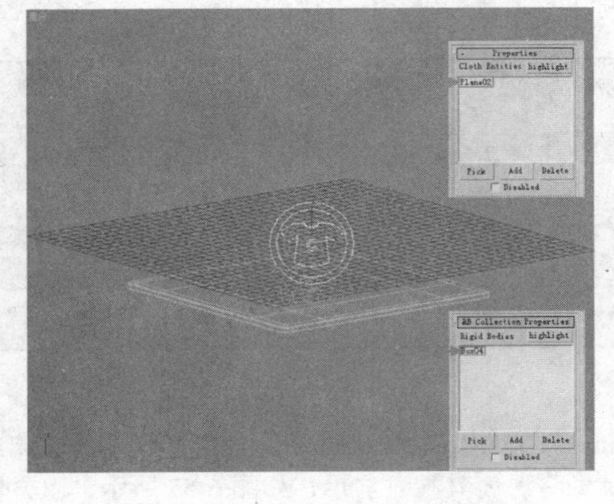

图 6-60　添加柔体集合与刚体集合

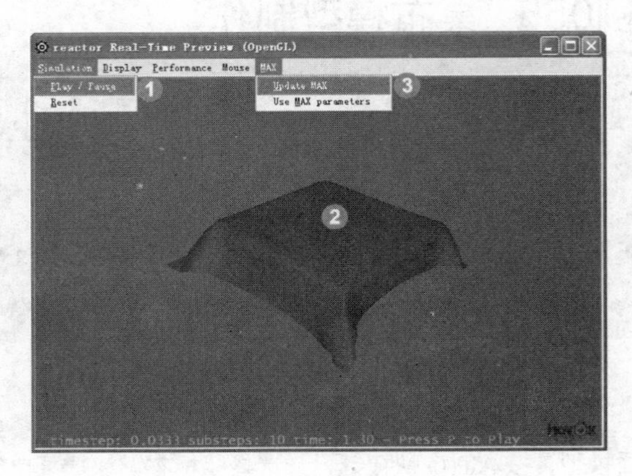

图 6-61　进行动力学运算

06 经过动力学计算后，桌布模型效果如图 6-62 所示，可以看到其缺少由于折叠产生的褶皱细节，接下来就完成这个细节的制作。将桌布模型转换为【可编辑多边形】，为其添加【壳】修改，制作桌面厚度，如图 6-63 所示。

图 6-62　动力学计算完成的桌面

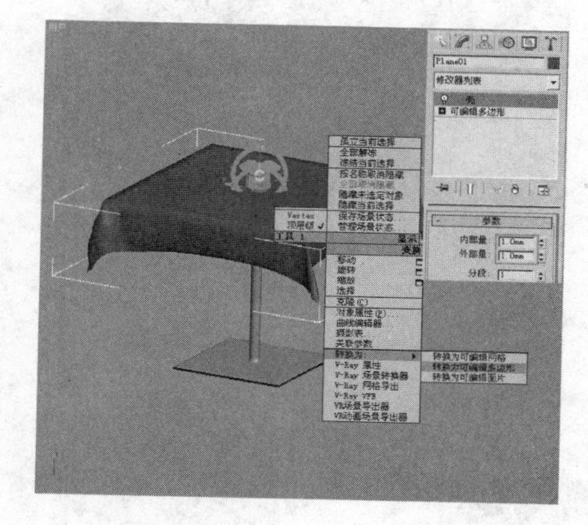
图 6-63　添加壳修改制作厚度

07 将其转换为【可编辑多边形】，按 2 键进入其【边】层级，选择其中的侧边，如图 6-64 所示。

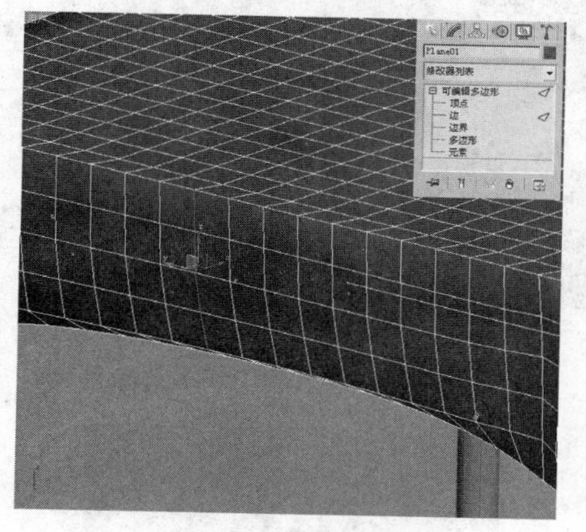
图 6-64　选择侧边

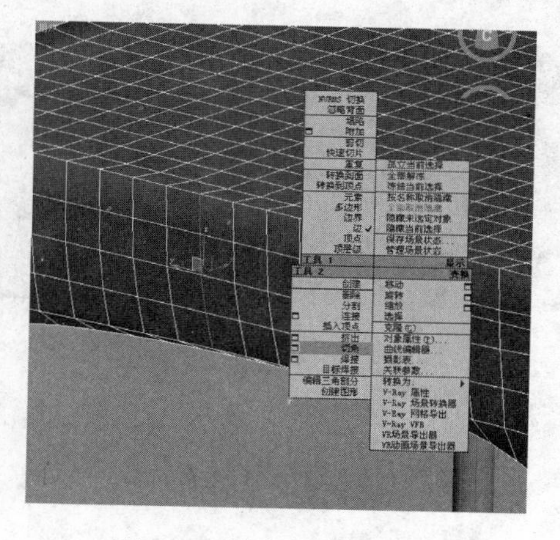
图 6-65　添加切角命令

08 为选择的侧边添加【切角】修改，如图 6-65 所示。设置切角参数如图 6-66 所示，完成面的细分。

09 按 4 键进入【多边形】层级，选择切角形成的 4 个小多边形面，如图 6-67 所示。为其添加鼠标右键菜单中的【倒角】命令，制作出凹陷的折叠褶皱效果。如图 6-68 所示

10 完成倒角后，按 1 键进入【顶点】层级，选择由于挤出形成的顶点，使用鼠标右键菜单中的【焊接】命令，将其焊接成一个顶点，如图 6-69 所示。

11 顶点焊接完成后，为桌布添加【涡轮平滑】修改，可以得到如图 6-70 所示的折叠褶皱效果，利用同样的方法可以制作其他三面的折叠效果。在制作的过程中应该把握一个细节，对面的褶皱【倒角】参数应该设定如图 6-71 所示，从获得向上凸起的效果。

12 在制作桌面顶部的褶皱效果时，首先应当如图 6-72 所示选择其中的 L 形边线，进行如图 6-73 所示的切角效果的制作。

图 6-66　切角参数与完成效果

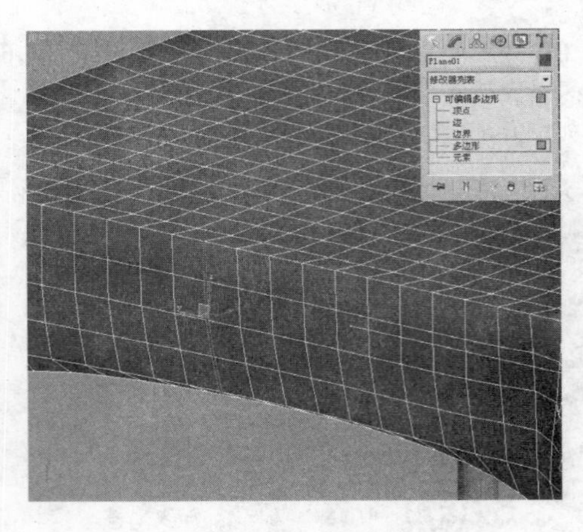

图 6-67　选择多边形

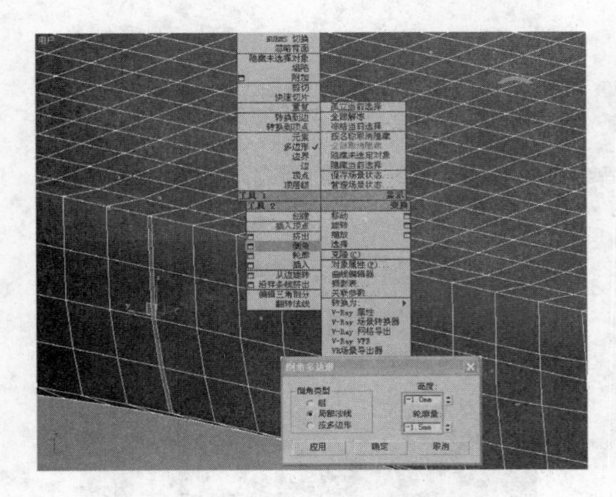

图 6-68　倒角参数与完成效果

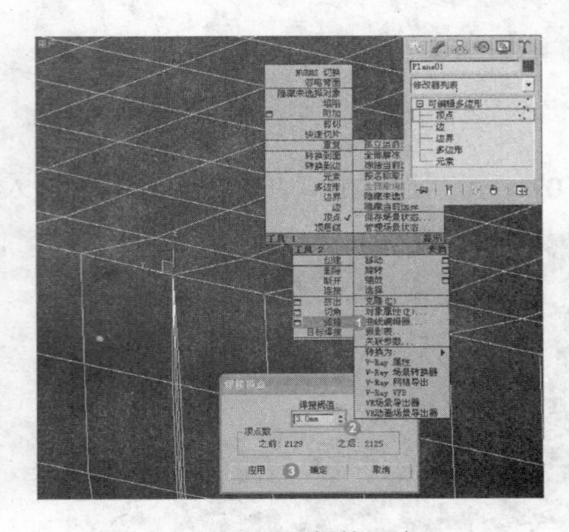

图 6-69　焊接顶点

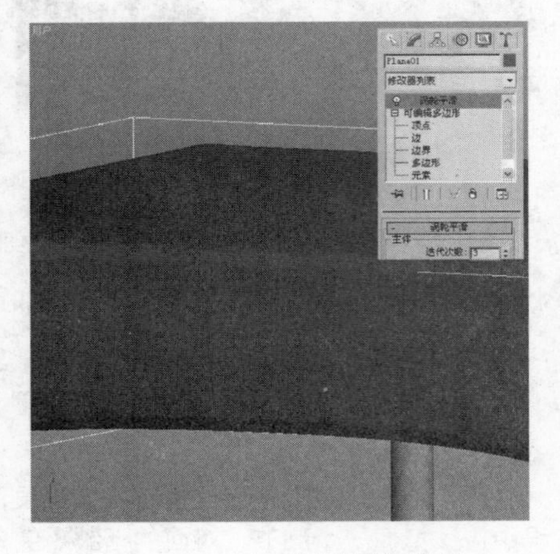

图 6-70　添加涡轮平滑效果

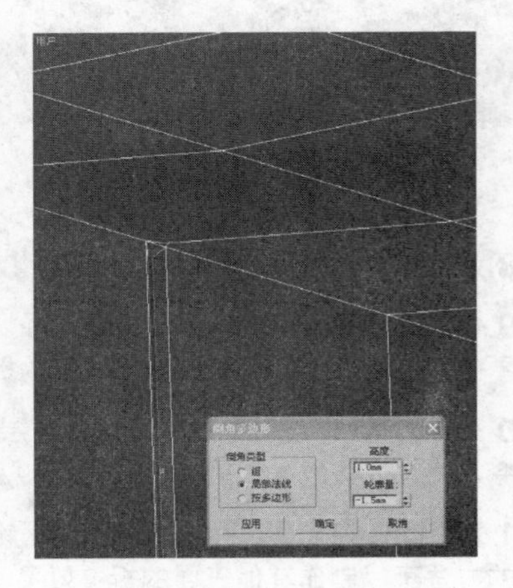

图 6-71　倒角参数

13 挤出参数设置如图 6-74 所示，另一侧 L 形的边线进行相同的切角操作后，再进行如图 6-75 所示挤出操作，以制作一凹一凸的折叠褶皱效果。

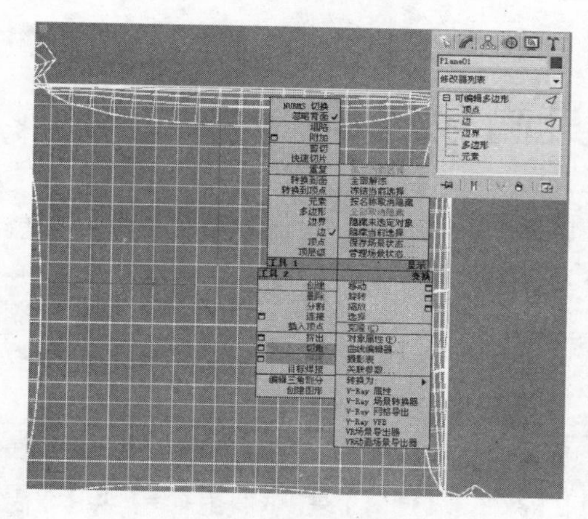

图 6-72　选择顶部边线

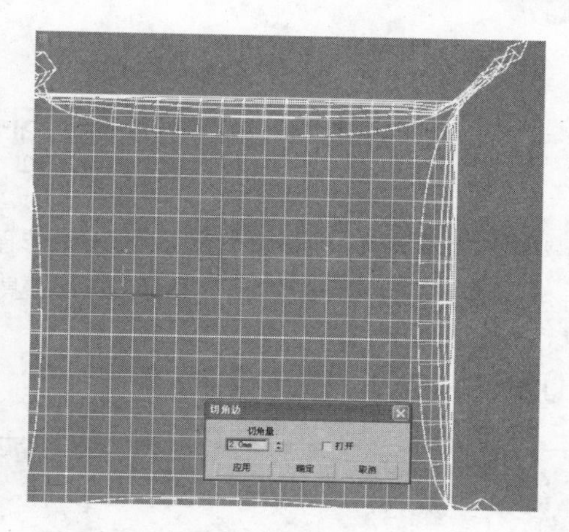

图 6-73　切角参数

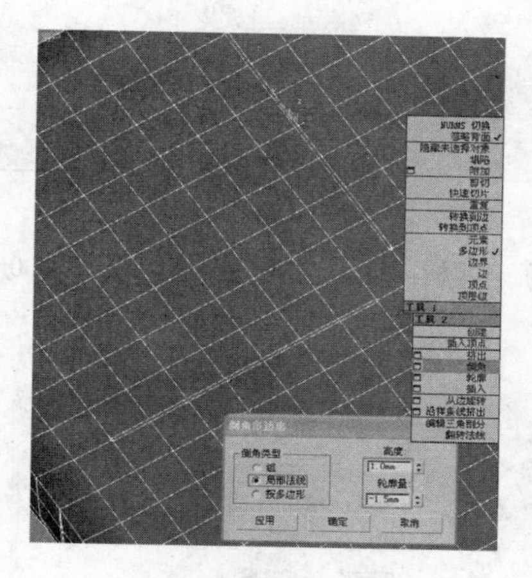

图 6-74　挤出参数一

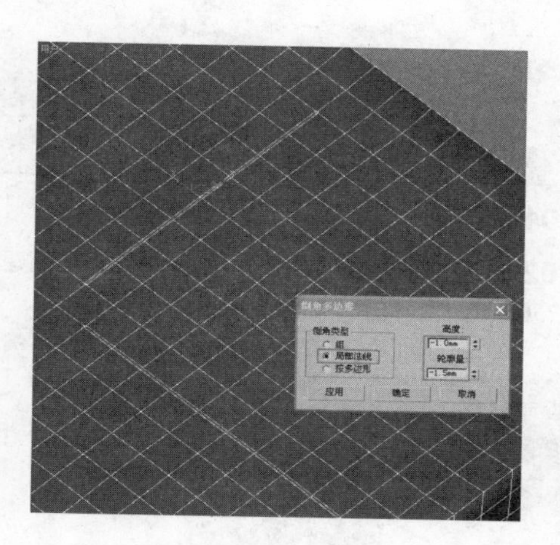

图 6-75　挤出参数二

14 所有的折叠褶皱制作完成后，为其添加【涡轮平滑】修改，参数设置如图 6-76 所示。

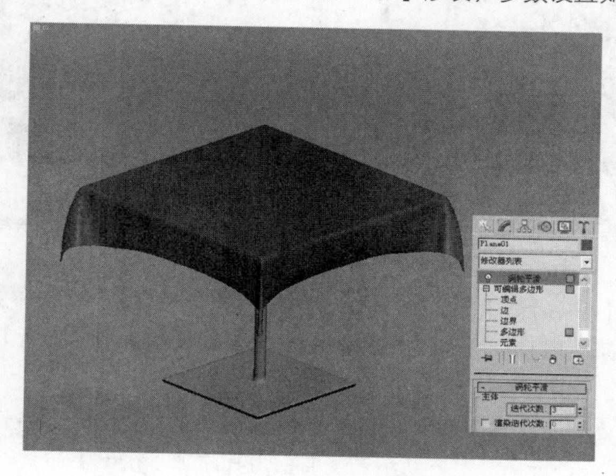

图 6-76　完成效果

第7章 室内家具高级建模

为了加强读者的综合建模能力，本章精心选择了一些复杂的室内模型，详细讲解了它们的建模思路和方法，以综合练习前面章节介绍的各类建模工具和命令。

例056 大型双跑楼梯

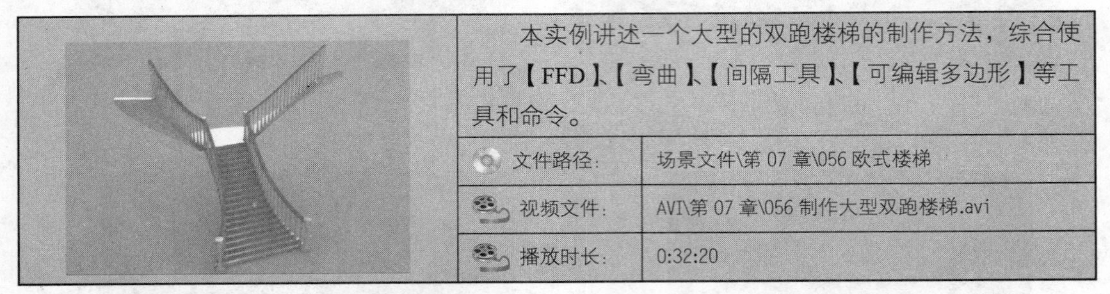

本实例讲述一个大型的双跑楼梯的制作方法，综合使用了【FFD】、【弯曲】、【间隔工具】、【可编辑多边形】等工具和命令。

文件路径:	场景文件\第 07 章\056 欧式楼梯
视频文件:	AVI\第 07 章\056 制作大型双跑楼梯.avi
播放时长:	0:32:20

01 启动中文版 3ds max 9，设置单位为【毫米】。

02 按 L 键切换至左视图，利用【线】工具创建如图 7-1 所示的楼梯截面，控制每个踏步高为 200mm，宽为 250mm，楼梯的阶楼为 20 级。

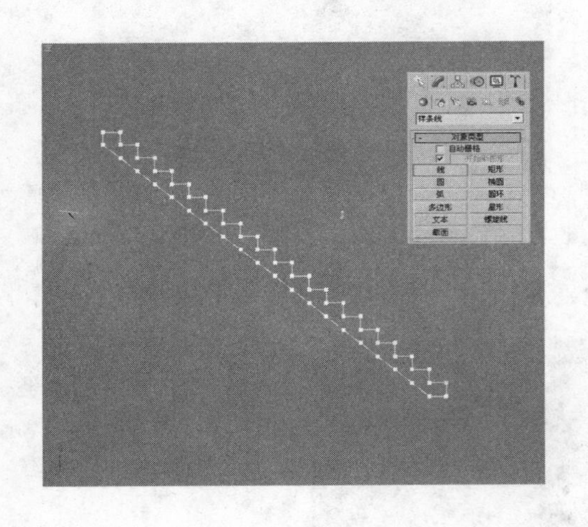

图 7-1 绘制楼梯截面

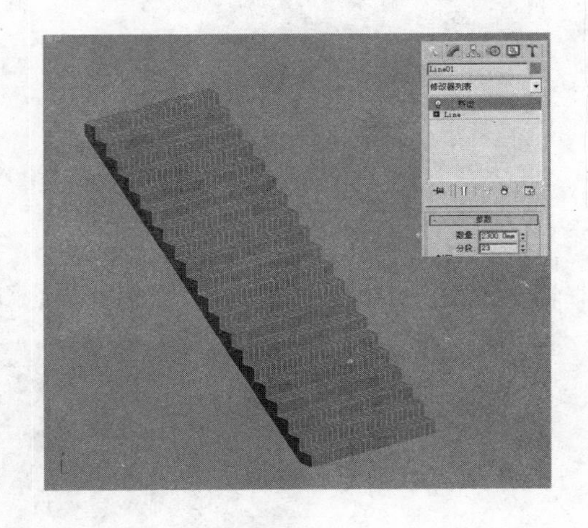

图 7-2 挤出楼梯厚度

03 为楼梯截面添加【挤出】修改，参数设置与完成效果如图 7-2 所示。接下来制作楼梯的弯曲效果，首先在修改面板中为其添加【FFD4×4×4】修改命令，按 1 键进入其【控制点】层级，如图 7-3 所示调整楼梯的形态。

04 调整好楼梯的形态后，利用鼠标右键快捷菜单命令，将其转换为可编辑多边形，如图 7-4 所示。按 4 键进入【多边形】层级，选择最上方踏步的侧面，为其添加【挤出】命令，制作楼梯休息平台，如图 7-5 所示。

05 按 1 键进入【顶点】层级，利用移动工具调整出如图 7-6 所示扇形楼梯休息平台效果。

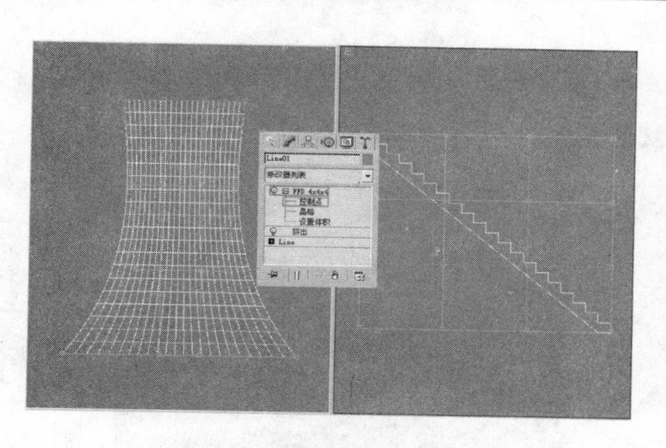

图 7-3　添加 FFD 调整楼梯形态

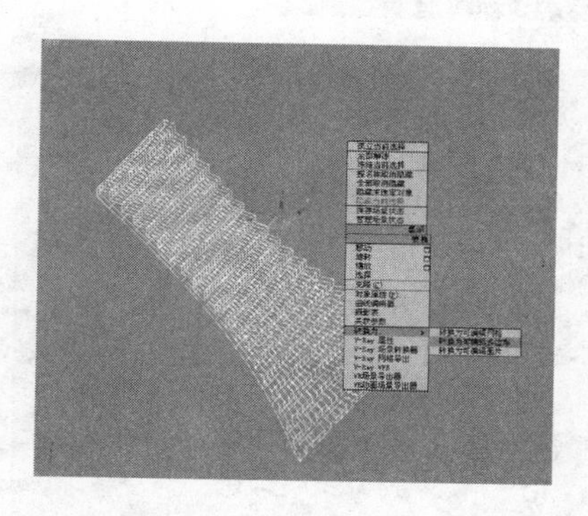

图 7-4　转换至可编辑多边形

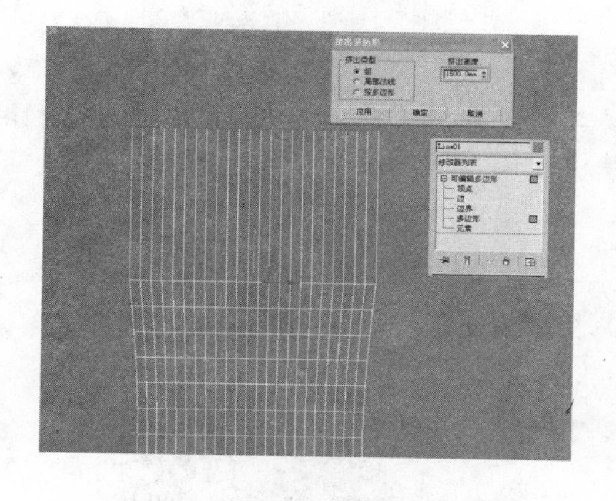

图 7-5　挤出楼梯休息平台

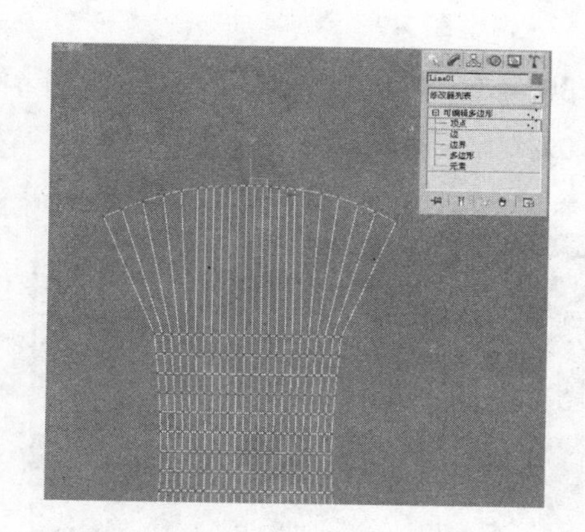

图 7-6　调整楼梯平台造型

06 制作第二层楼梯。切换至左视图，参考第一层楼梯的长与宽，绘制第二层楼梯的截面，如图 7-7 所示，同样为其添加【挤出】命令，制作出第二层楼梯，如图 7-8 所示。

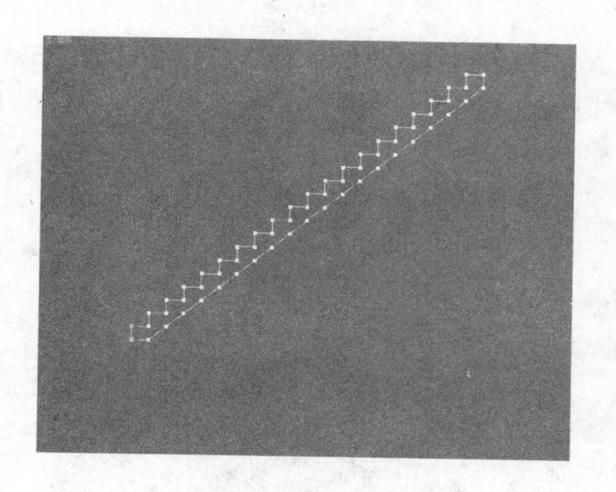

图 7-7　绘制二层楼梯截面

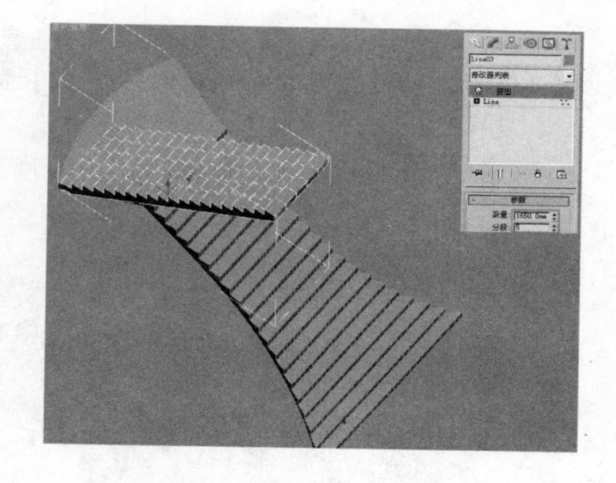

图 7-8　挤出楼梯踏步

07 为其添加【弯曲】修改命令，制作出楼梯的弯曲效果，如图 7-9 所示，弯曲后楼梯整体造型如图 7-10 所示。

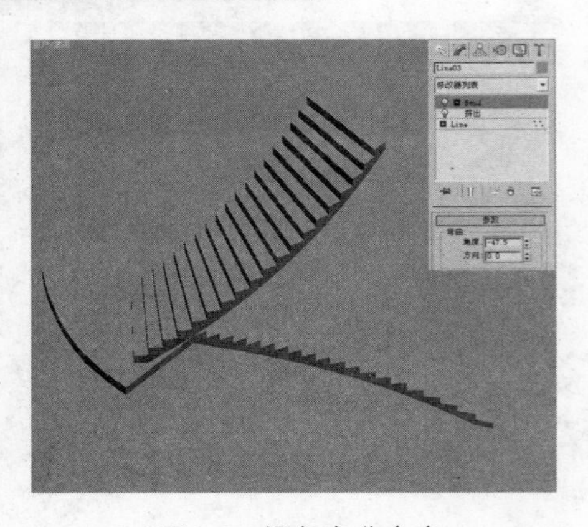

图 7-9　添加弯曲命令

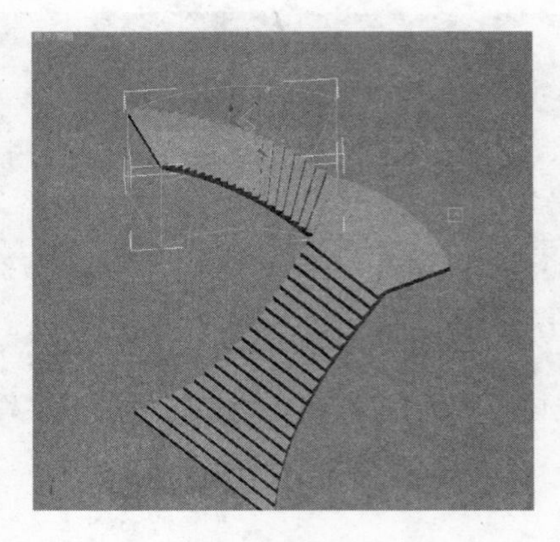

图 7-10　当前楼梯整体效果

08 将二层楼梯镜像复制一份，移动至另一侧，如图 7-11 所示。

09 制作楼梯的扶手，扶手造型将通过【放样】命令制作。在前视图中，参考楼梯造型大小，利用【线】工具绘制如图 7-12 所示的扶手截面。

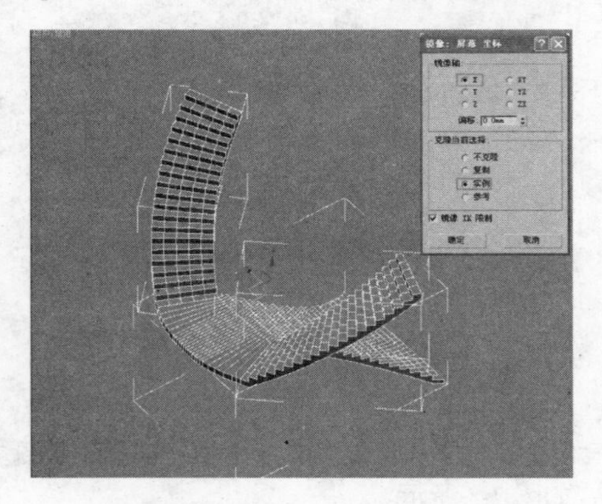

图 7-11　镜像复制二层楼梯

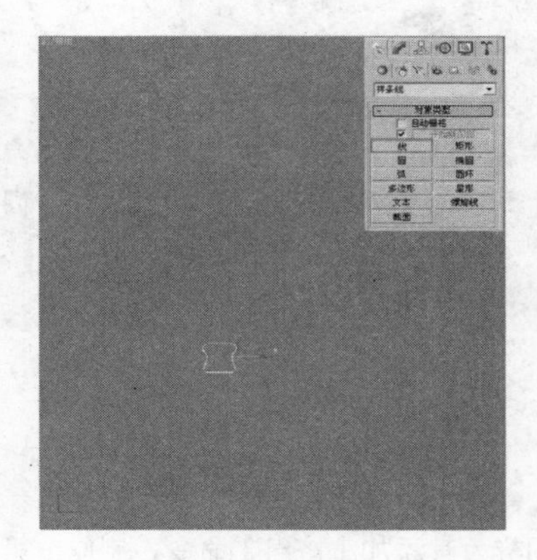

图 7-12　创建楼梯扶手截面

10 创建放样路径。在顶视图中利用【弧】工具通过捕捉创建如图 7-13 所示的一条曲线，选择右键快捷菜单中的【转换为】|【转换为可编辑样条线】命令，将其转换为可编辑样条线，按 1 键进入【顶点】层级，在左视图中进行如图 7-14 所示的调整。

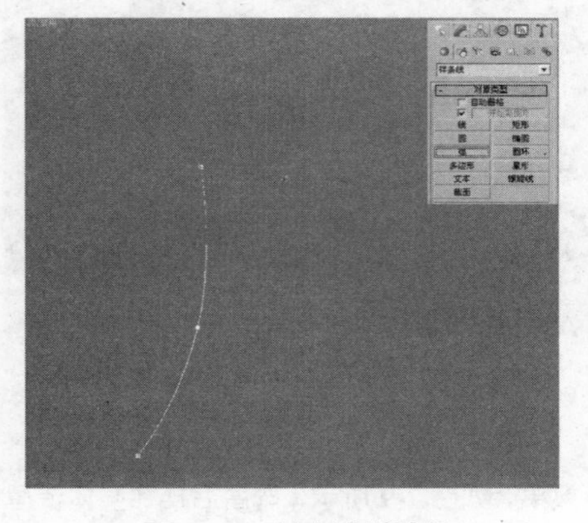

图 7-13　创建放样路径

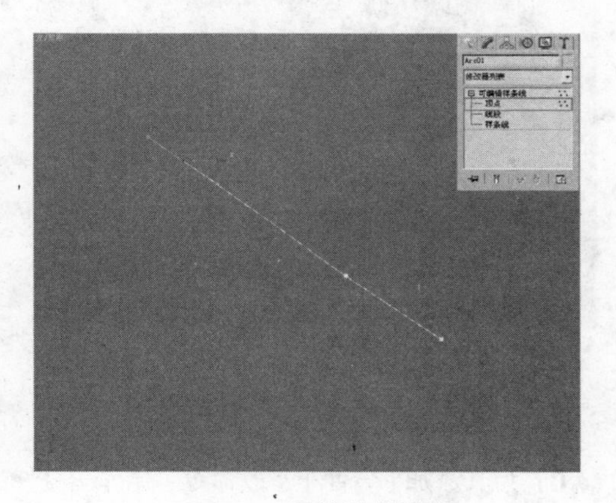

图 7-14　调整放样路径

11 路径创建完成后，单击【复合对象】创建面板中的【放样】按钮，拾取放样截面，创建出第一段楼梯扶手如图 7-15 所示。利用同样的方法，制作出第二段楼梯扶手，然后通过【镜像】命令及移动工具，完成扶手造型的制作，如图 7-16 所示。

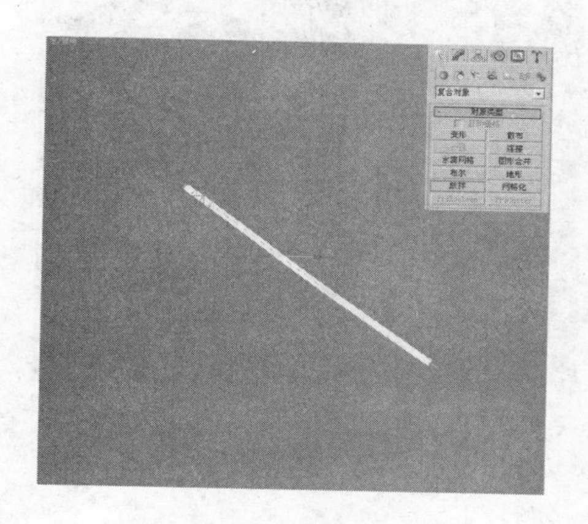

图 7-15　使用放样

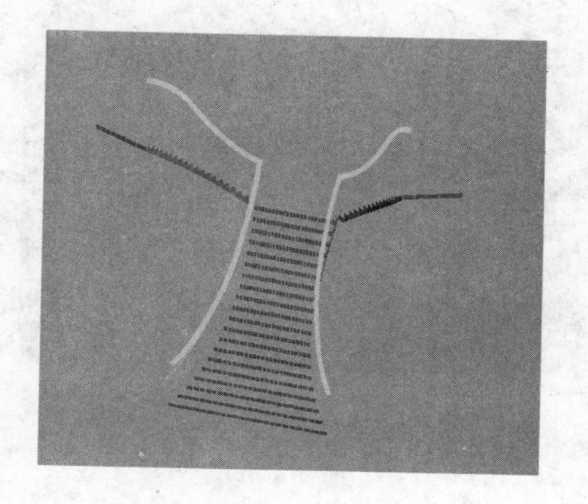

图 7-16　创建楼梯扶手

12 制作楼梯栏杆造型。切换至前视图，利用【线】工具创建如图 7-17 所示的栏杆截面线形，添加【车削】修改器，得到如图 7-18 所示的栏杆实体造型。

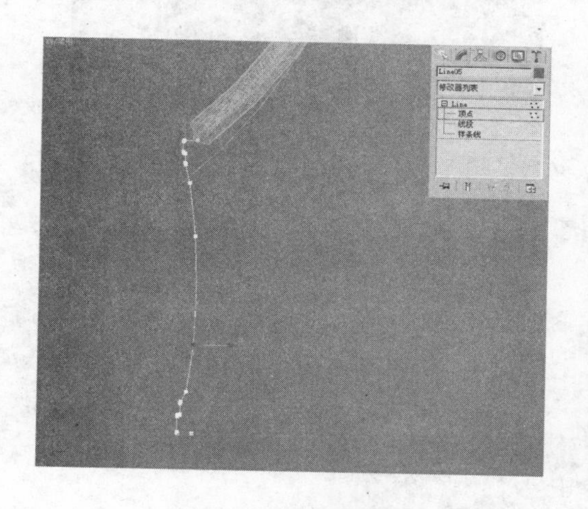

图 7-17　绘制楼梯栏杆线形

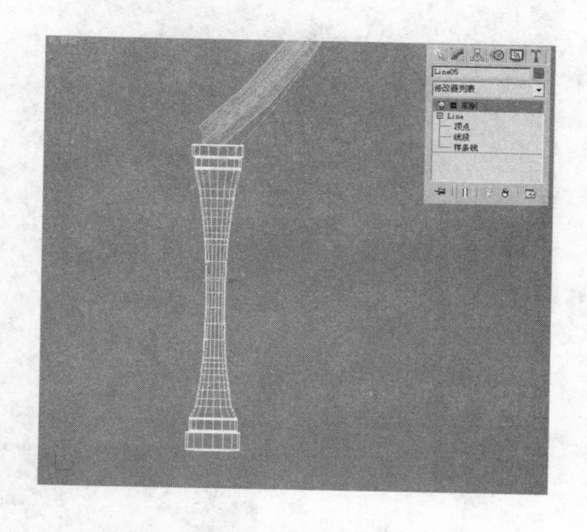

图 7-18　添加车削命令

13 利用【间隔工具】快速复制得到其他栏杆。选择创建好的栏杆造型，按 Shift+I 快捷键，调出【间接工具】对话框，单击【拾取路径】按钮，拾取扶手放样的线条，设置其他参数如图 7-19 所示，单击【应用】按钮确认，得到沿扶手排列的栏杆模型。通过移动及缩放工具，对栏杆进行细微调整，利用同样的方法制作二层楼梯栏杆造型，最后利用【镜像】工具复制，如图 7-20 所示。

14 选择最下层的一个楼梯栏杆造型，复制后利用【缩放】工具放大，如图 7-21 所示，然后将其复制至上层扶手连接处，如图 7-22 所示。

15 将连接柱造型复制到另一侧，完成整个楼梯造型的制作，如图 7-23 所示。

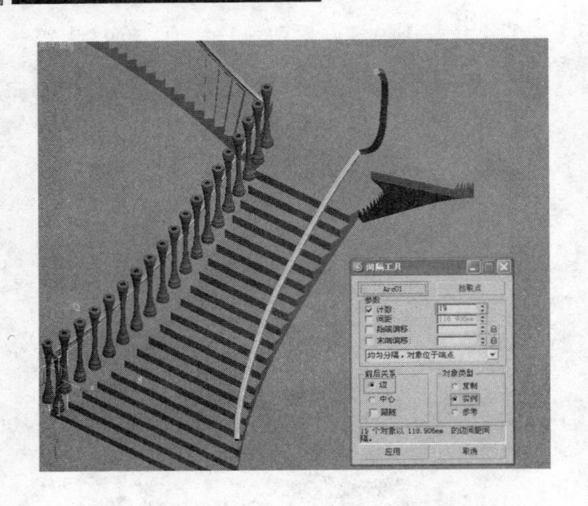

图 7-19　使用间隔工具复制栏杆

图 7-20　制作其他栏杆

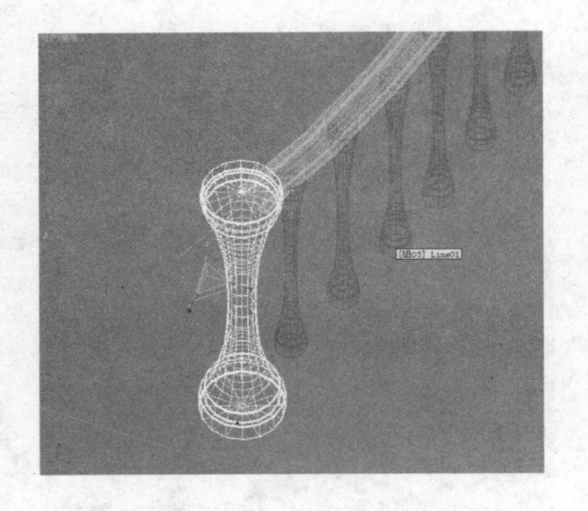

图 7-21　制作扶手连接柱造型

图 7-22　复制连接柱

图 7-23　楼梯最终造型

例057　简欧台灯

本例制作一个较为精致的台灯模型，在复习【车削】修改器使用方法的同时，进一步学习【可编辑多边形】的应用技巧。

文件路径：	场景文件\第 07 章\057 简欧台灯
视频文件：	AVI\第 07 章\057 创建简欧台灯模型.avi
播放时长：	0:11:43

01 启动中文版 3ds max 9，设置单位为【毫米】。

02 在顶视图创建一个【圆环】图形，如图 7-24 所示。

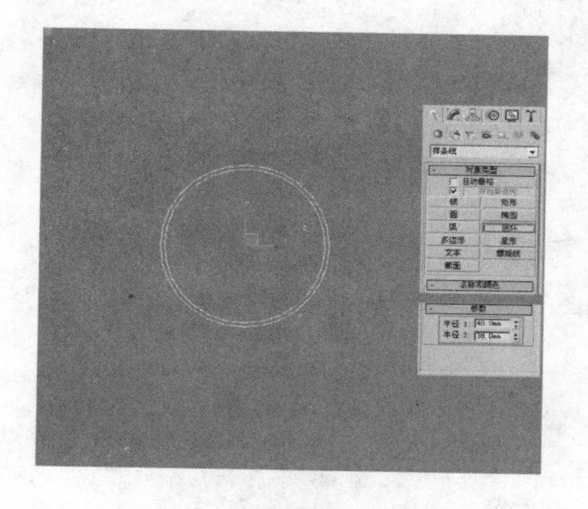

图 7-24　创建圆环

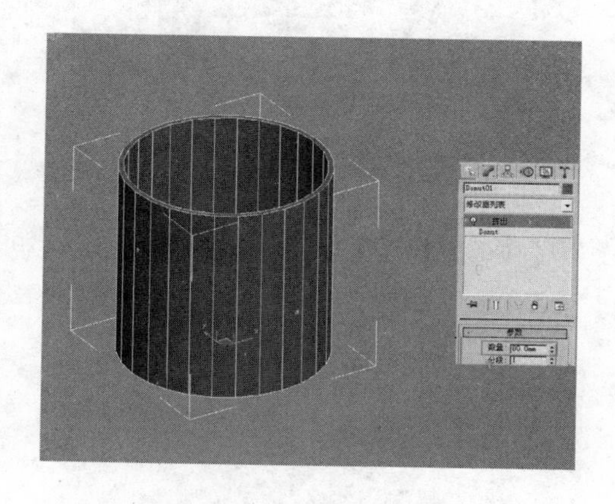

图 7-25　添加【挤出】

03 选择【圆环】进入修改命令面板，为其添加【挤出】修改，制作出灯罩造型，如图 7-25 所示。

04 选择灯罩造型，将其转换为【可编辑多边形】，如图 7-26 所示。

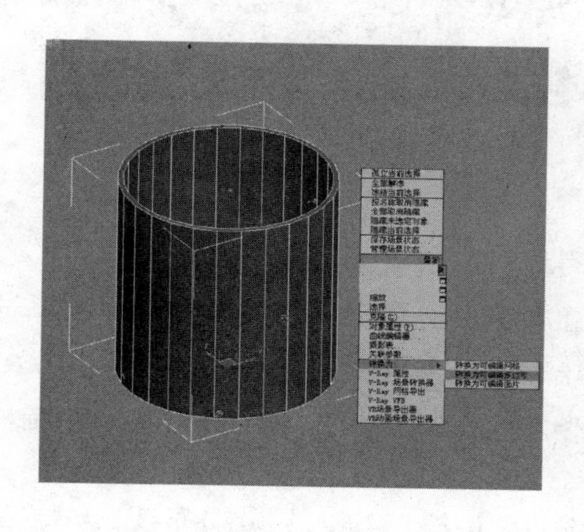

图 7-26　转换至可编辑多边形

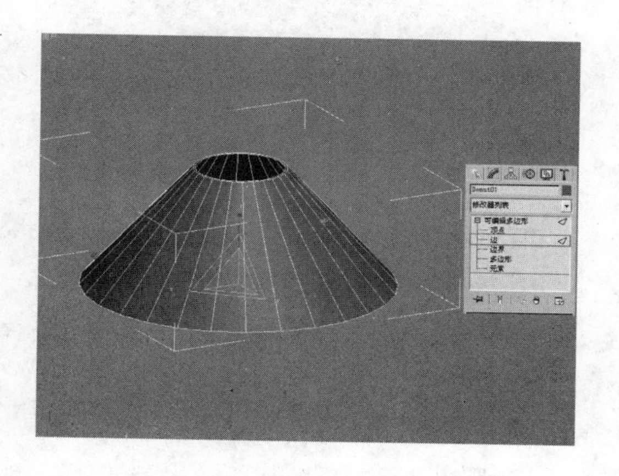

图 7-27　调整灯罩造型

05 按 2 键进入其【边】层级，先后选择其上端的边与下端的边进行缩放，完成灯罩造型的制作，如图 7-27 所示。

06 制作灯罩下沿的边线细节。保持【边】修改层级不变，选择其下端的边，展开【编辑边】卷展栏，单击【利用所选内容创建图形】按钮，如图 7-28 所示创建一条新的边。

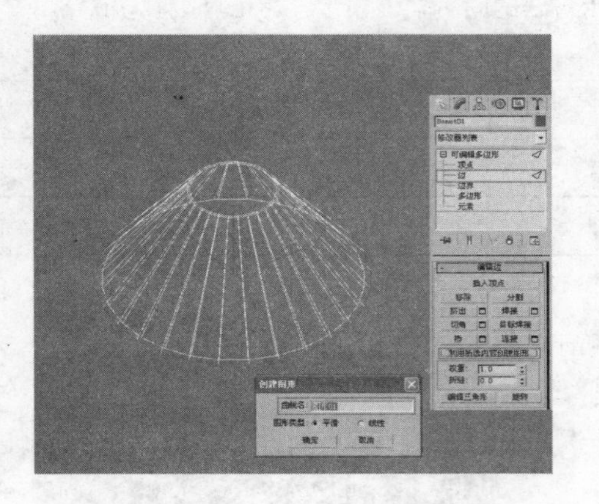

图 7-28　创建新的边线图形

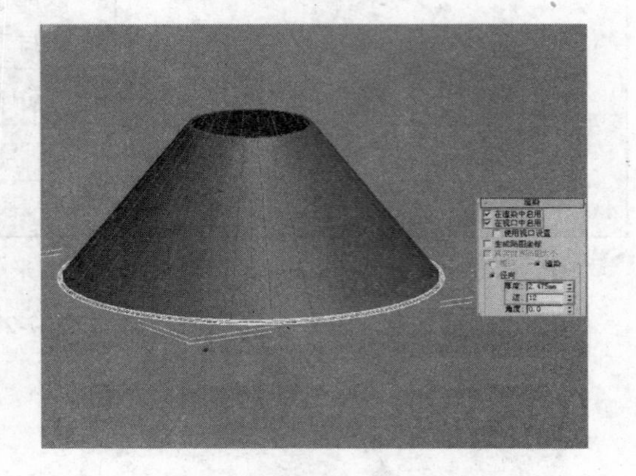

图 7-29　制作边线厚度

07 选择新的边线进入修改命令面板，通过调整【渲染】参数使其产生厚度，如图 7-29 所示。

08 制作其他配件。参考灯罩造型的大小，在前视图中创建如图 7-30 所示的线形。

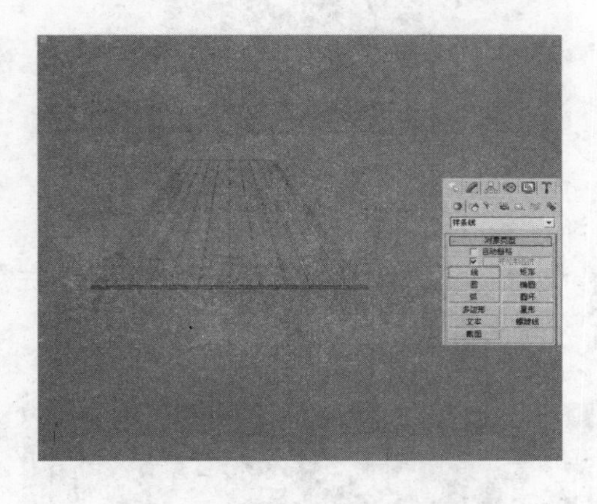

图 7-30　创建配件线形

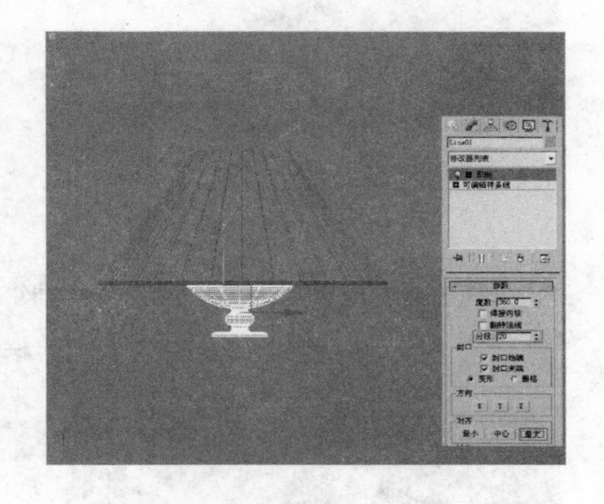

图 7-31　添加车削命令

09 选择线形进入修改面板，添加【车削】命令，得到灯泡底座造型，如图 7-31 所示。

10 制作台灯螺旋线支柱造型。在顶视图创建一条螺旋线，进入前视图调整其参数如图 7-32 所示。

11 设置角度捕捉如图 7-33 所示，在顶视图旋转复制螺旋线，得到螺旋线支柱造型。

12 制作灯座造型。参考螺旋线支架造型大小，绘制灯座截面线形如图 7-34 所示，进入修改面板添加【车削】命令，调整参数如图 7-35 所示。

13 细化灯座的灯脚造型。将底座转换为【可编辑多边形】，按 1 键进入【顶点】层级，选择底面中心点，如图 7-36 所示。在中心点上单击鼠标右键，选择右键快捷菜单中的【切角】命令，为其添加一个较大的环形面，如图 7-37 所示。

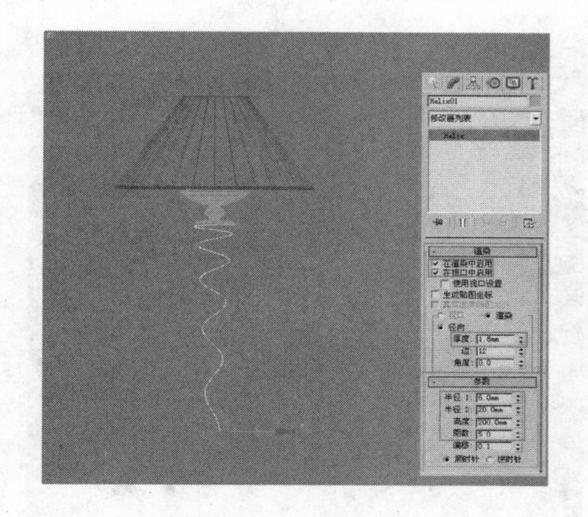

图 7-32　创建螺旋线造型

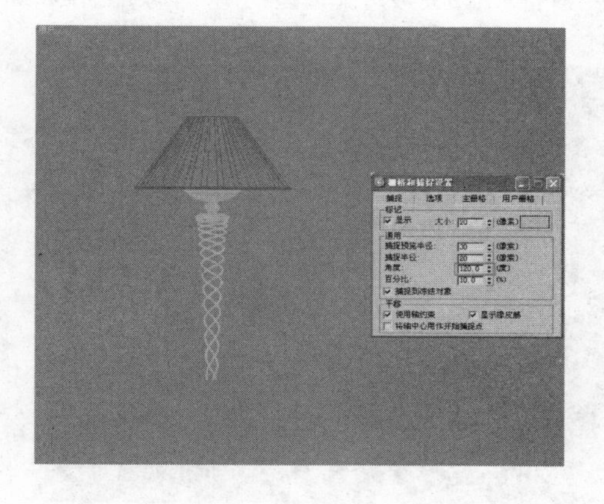

图 7-33　螺旋支架整体造型

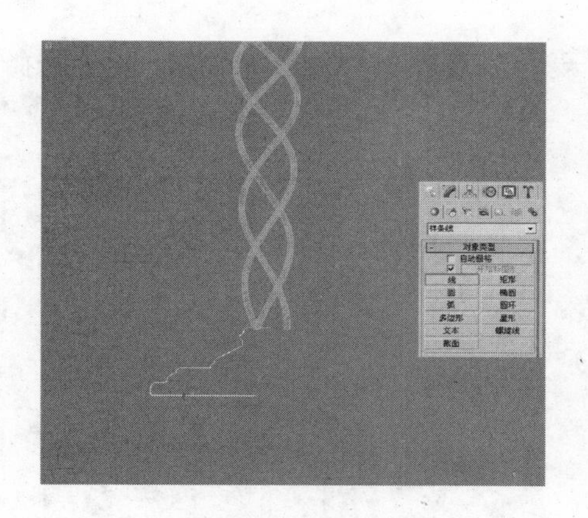

图 7-34　绘制灯座截面线形

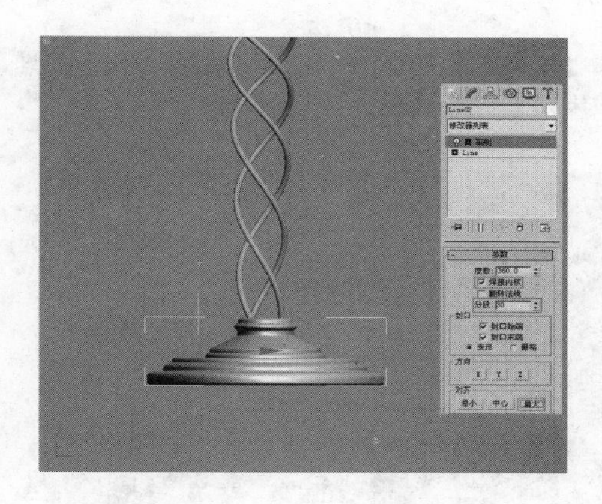

图 7-35　添加车削命令

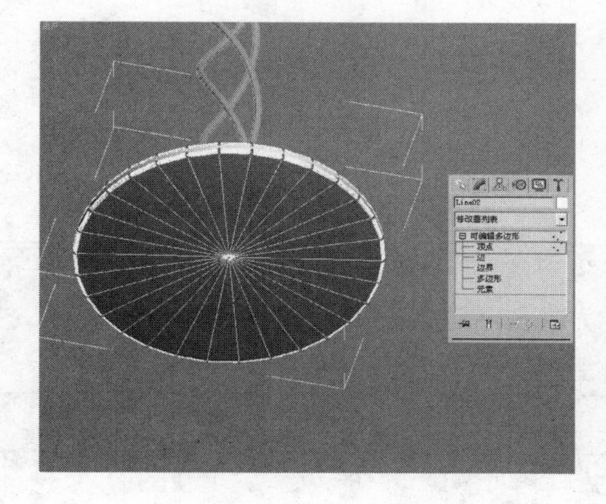

图 7-36　转换到可编辑多边形并选择点

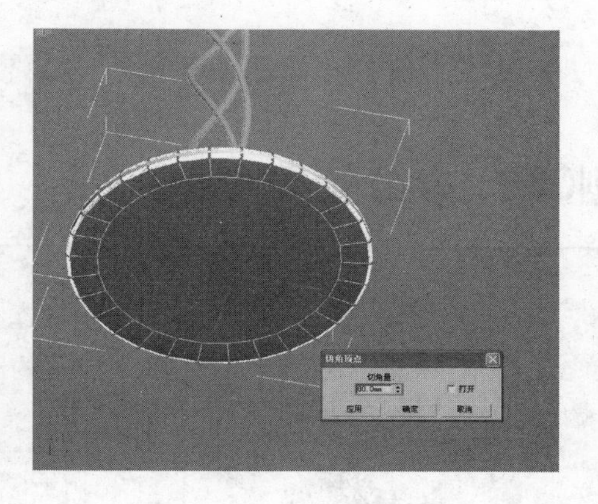

图 7-37　添加切角命令

14 按 4 键进入【多边形】层级，选择如图 7-38 中所示的多边形，使用右键快捷菜单中的【挤出】命令进行挤出，完成灯脚造型的制作，如图 7-39 所示。

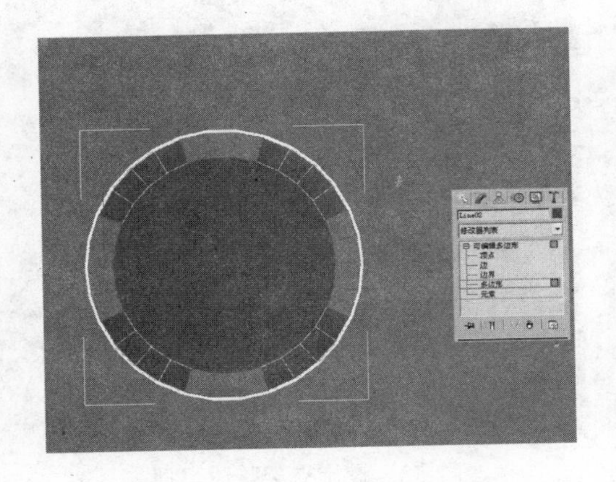

图 7-38　选择多边形

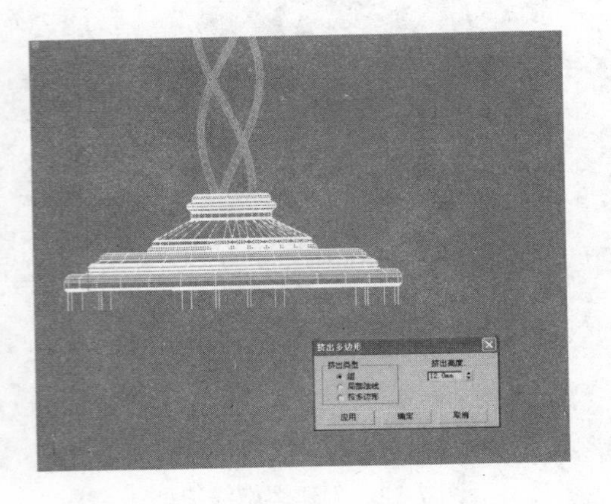

图 7-39　挤出灯脚厚度

15 添加【倒角】命令，完成灯脚的细节处理，具体参数设置与效果如图 7-40 所示。欧式台灯的最终效果如图 7-41 所示。

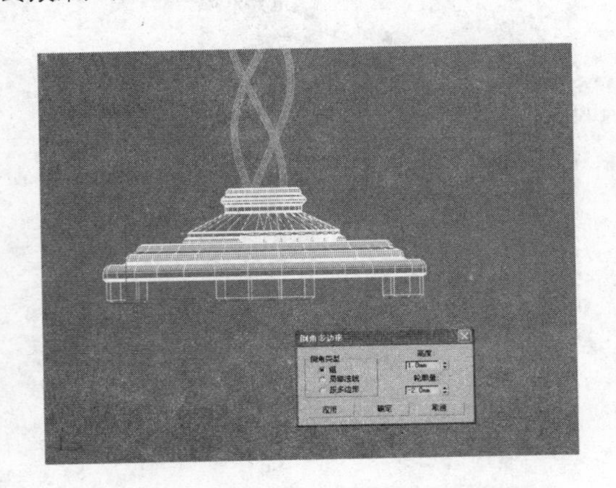

图 7-40　倒角处理

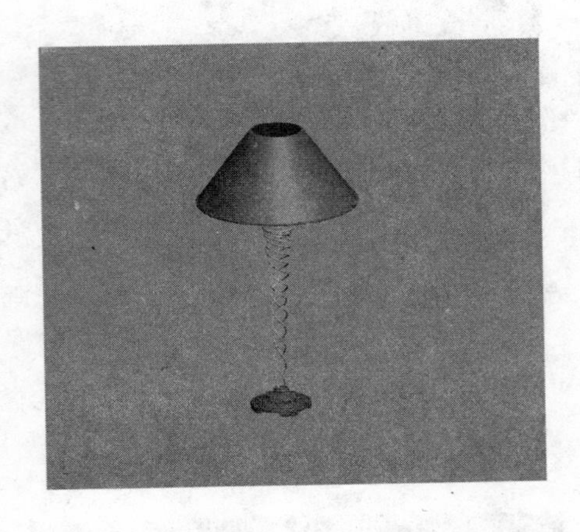

图 7-41　欧式台灯最终效果

例058　办公转椅

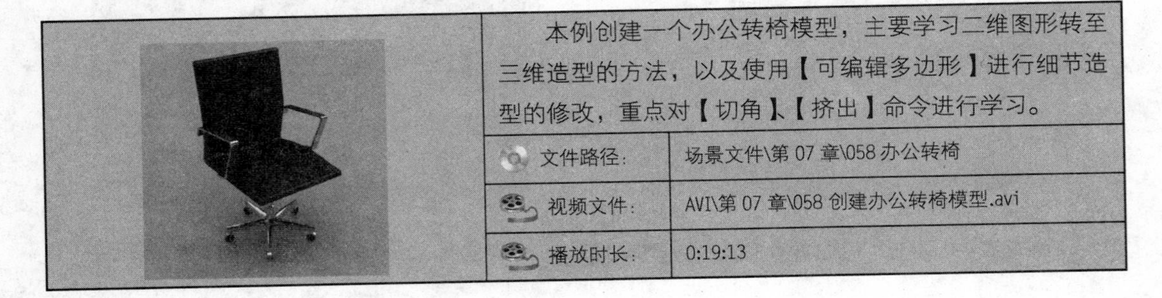

本例创建一个办公转椅模型，主要学习二维图形转至三维造型的方法，以及使用【可编辑多边形】进行细节造型的修改，重点对【切角】、【挤出】命令进行学习。

文件路径：	场景文件\第 07 章\058 办公转椅
视频文件：	AVI\第 07 章\058 创建办公转椅模型.avi
播放时长：	0:19:13

01 启动中文版 3ds max 9，设置单位为【毫米】。

02 切换至前视图，利用【线】创建办公转椅椅背与椅座整体线形，如图 7-42 所示。按 1 键进入【顶点】层级，将点转换为【Bezier 角点】，并通过【圆角】命令调整线形的整体形态，如图 7-43 所示。

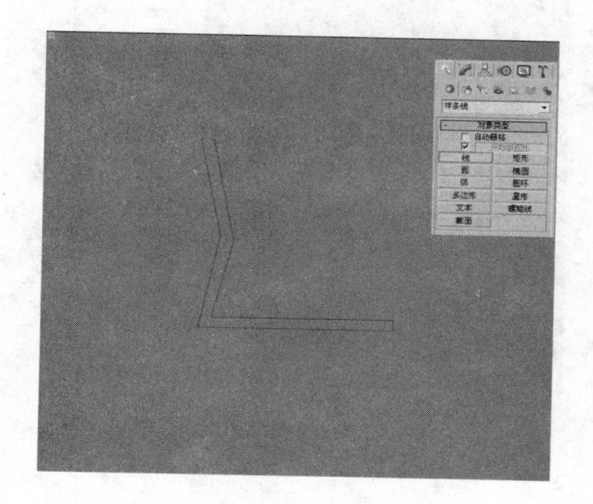

图 7-42　创建线形

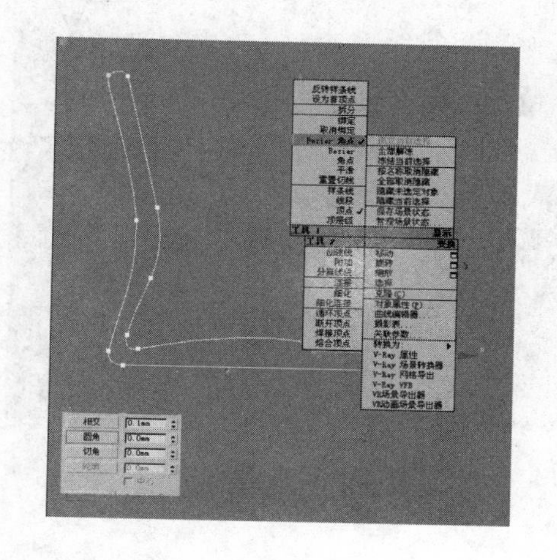

图 7-43　调整线形

03 选择线形进入修改面板，为其添加【挤出】命令，如图 7-44 所示。

图 7-44　添加挤出命令

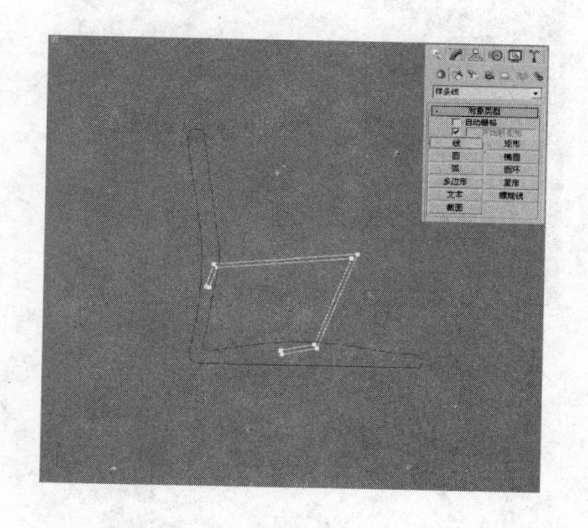

图 7-45　添加可编辑网格命令

04 利用【线】工具绘制如图 7-45 所示的办公椅扶手线型，通过【圆角】修改命令调整扶手线形的整体效果，如图 7-46 所示。

05 添加【挤出】修改，如图 7-47 所示。

06 将创建的两个几何体转换为【可编辑多边形】，以便进一步精细加工，如图 7-48 所示。

07 圆滑边角效果一般要经过多次【切角】才能得到。按 2 键进入【边】修改层级，选择椅座造型两侧的边线，执行鼠标右键快捷菜单中的【切角】命令，调整第一次切角参数如图 7-49 所示，单击【应用】按钮，以继续进行下一次切角。

08 设置第二次切角参数如图 7-50 所示。

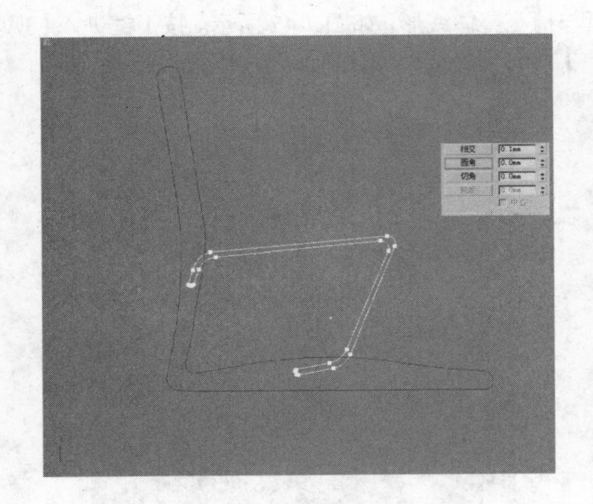

图 7-46　圆角

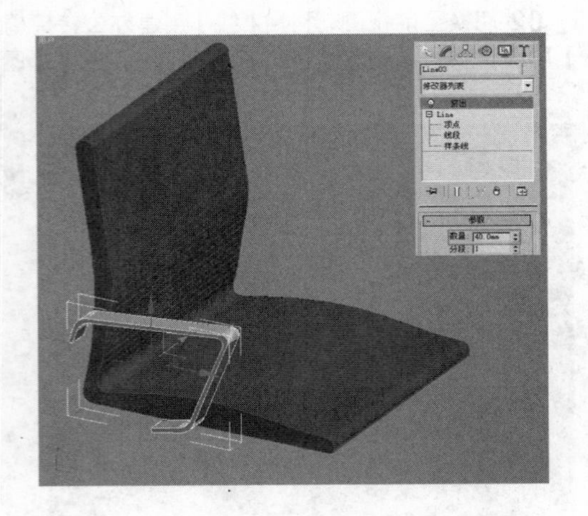

图 7-47　添加挤出命令

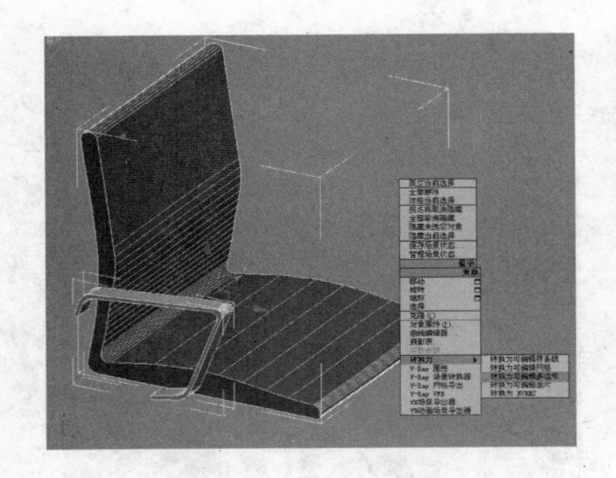

图 7-48　转换至可编辑多边形

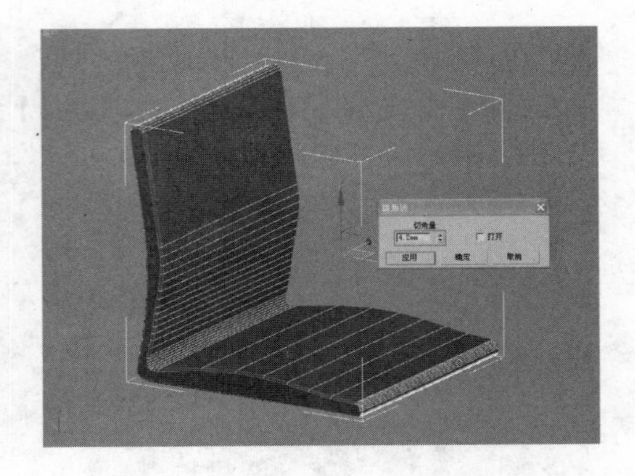

图 7-49　添加切角命令

09 使用同样的方法完成扶手边线的切角处理，然后将其关联复制到另一侧，如图 7-51 所示。

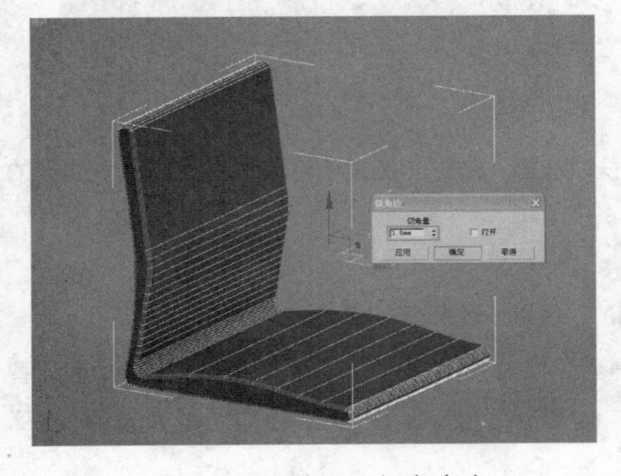

图 7-50　再次运用切角命令

图 7-51　复制扶手

10 制作办公转椅的底座支撑造型。在顶视图利用【星形】创建命令绘制一个五角星，如图 7-52 所示，利用鼠标右键快捷菜单，将其转换为【可编辑样条线】，如图 7-53 所示。

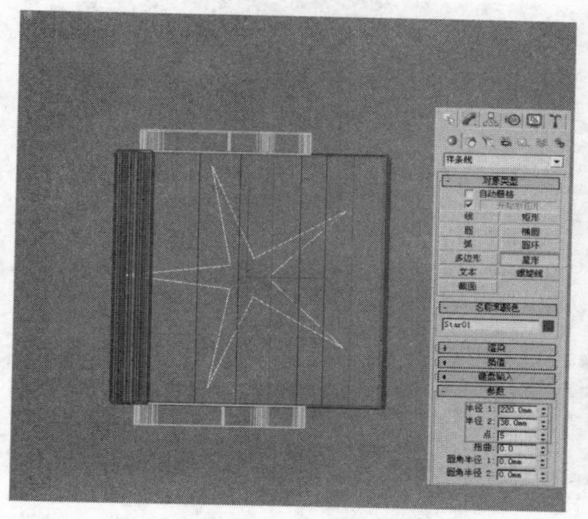

图 7-52　创建切角长方体

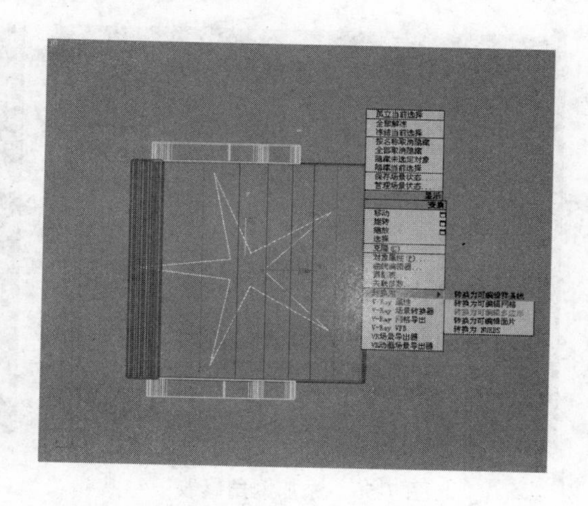

图 7-53　转换为可编辑样条线

11 按 1 键进入【顶点】层级，选择五角星外侧的五个顶点，利用【圆角】命令对其进行圆滑处理，如图 7-54 所示。

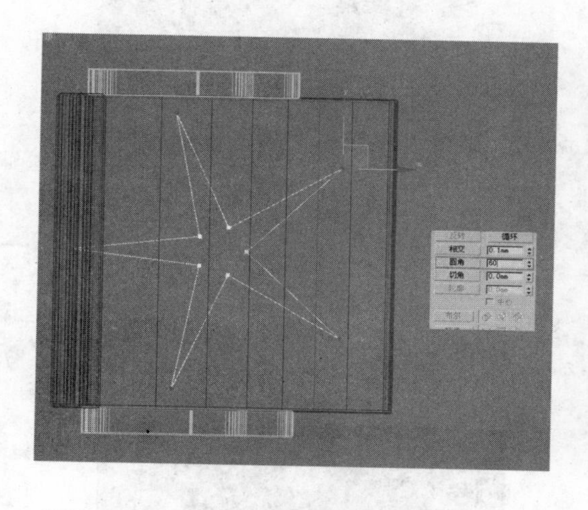

图 7-54　选择外侧顶点进行圆角

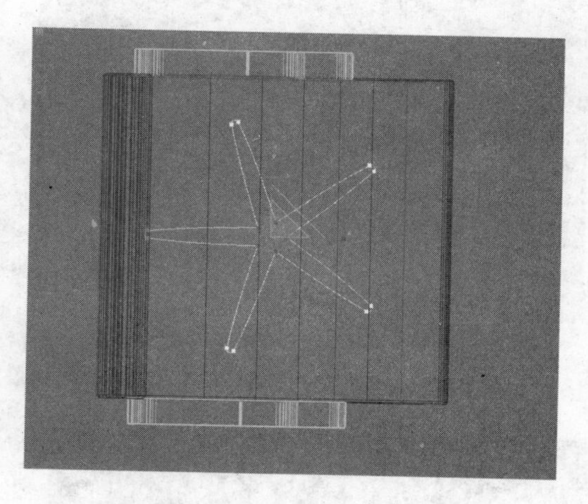

图 7-55　收缩内侧顶点

12 选择五角星内侧顶点，利用缩放工具将其往内收缩，如图 7-55 所示，完成顶座的平面效果。

13 为星形添加【倒角】修改，制作出三维效果，如图 7-56 所示。

14 将转椅底座转换为【可编辑多边形】，如图 7-57 所示。

15 按 1 键进入【顶点】层级，执行鼠标右键快捷菜单中的【剪切】命令，创建五条线形，如图 7-58 所示。

16 选择五条剪切线的交叉点，单击修改面板中的【焊接】按钮，将其焊接为一个顶点，然后进行如图 7-59 所示的切角，制作出圆形面效果。

17 按 4 键进入其【多边形】层级，选择圆形面，通过鼠标右键快捷菜单中的【挤出】命令，制作出支撑杆造型，如图 7-60 所示。

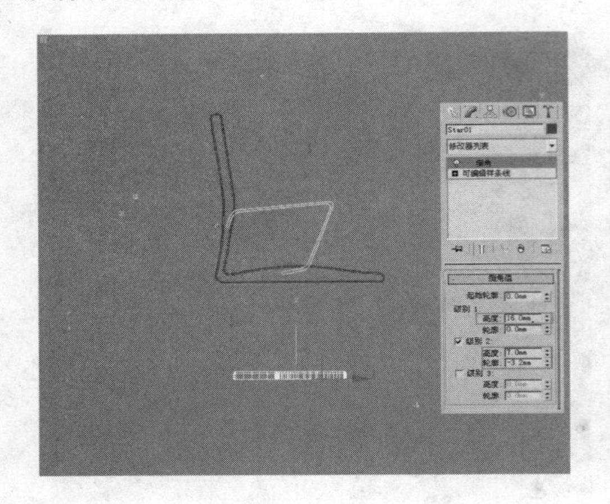

图 7-56　添加倒角修改

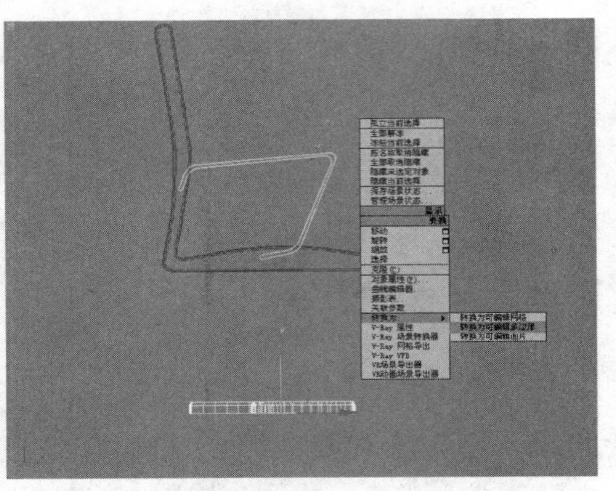

图 7-57　转换为可编辑多边形

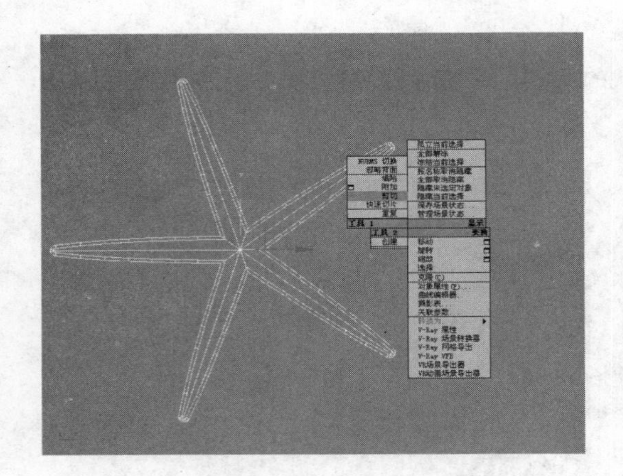

图 7-58　剪切线形

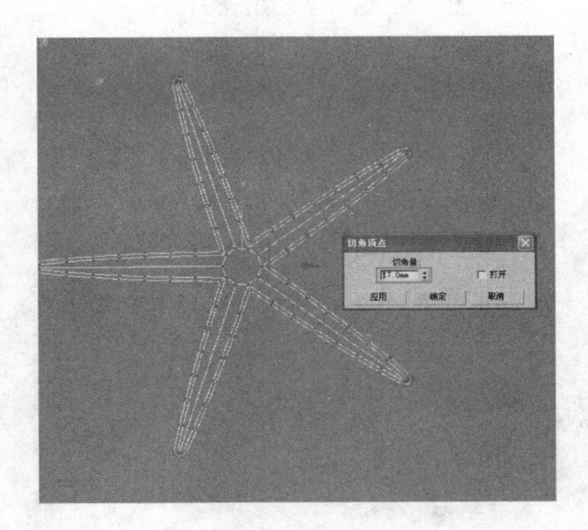

图 7-59　使用切角命令

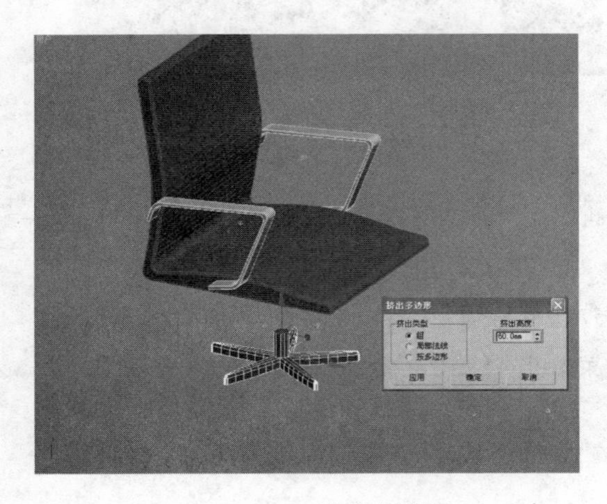

图 7-60　挤出支撑杆

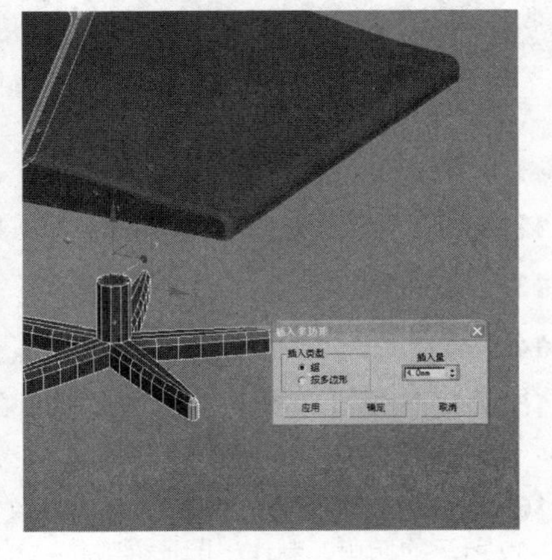

图 7-61　使用插入命令

18 执行快捷菜单中的【插入】命令，在当前选择的面上插入一个较小的面，如图 7-61 所示。然后选择插入的面，再次【挤出】，制作出支撑杆的二级造型，如图 7-62 所示。

图 7-62　制作支撑杆二级造型

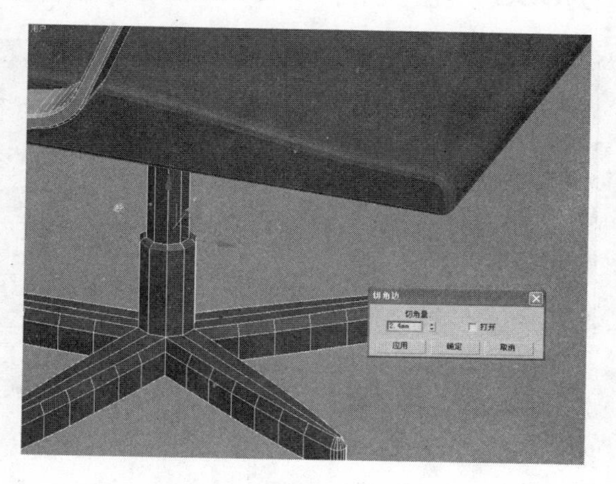

图 7-63　进行切角效果制作

19 为了使一、二级支撑杆过渡更为自然，选择如图 7-63 所示一圈边线进行切角。选择星形底座与支撑杆连接处的一圈边线，使用移动工具向上轻微移动，如图 7-64 所示。

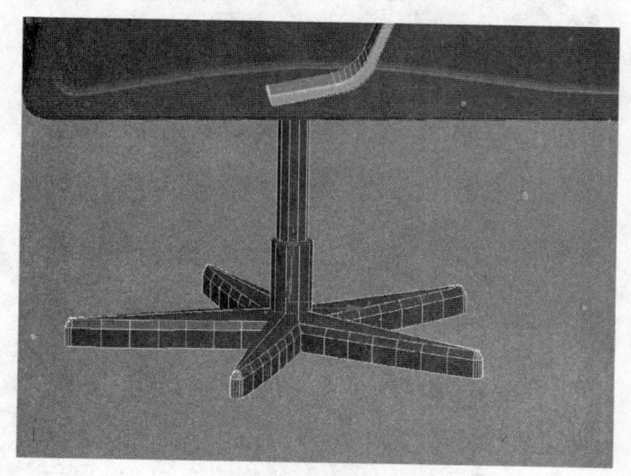

图 7-64　制作底座细节效果

图 7-65　制作滚轮造型

20 利用【线】、【圆】创建工具，以及【可编辑多边形】中的【插入】【挤出】命令完成滚轮造型制作，如图 7-65 所示，最后将滚轮造型复制，完成如图 7-66 所示办公转椅的整体造型的制作。

图 7-66　办公转椅最终效果

例059　坐便器

本例创建一个水箱与底座分离的坐便器，主要学习在创建一个模型的轮廓后。如何利用【可编辑多边形】的相关命令深入地制作其细节。	
文件路径：	场景文件\第 07 章\059 坐便器
视频文件：	AVI\第 07 章 059 制作马桶模型 avi
播放时长：	0:08:25

01 启动中文版 3ds max 9，设置单位为【毫米】。

02 在前视图创建一个【长方体】，如图 7-67 所示，以制作坐便器的水箱造型。然后将其转换为【可编辑多边形】，如图 7-68 所示。

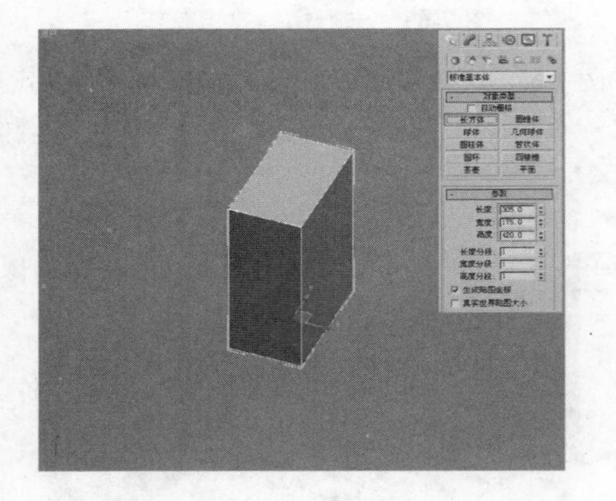

图 7-67　创建长方体

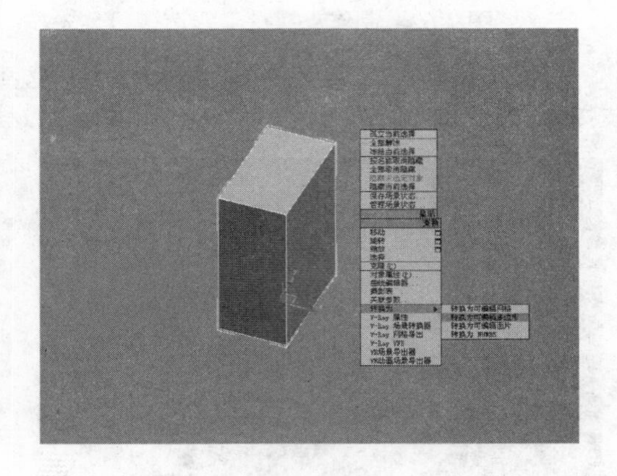

图 7-68　转换为可编辑多边形

03 按 2 键进入【边】层级，选择长方体所有竖向侧边，为其添加【切角】命令，如图 7-69 所示，以制作侧面的细节，设置切角参数如图 7-70 所示。

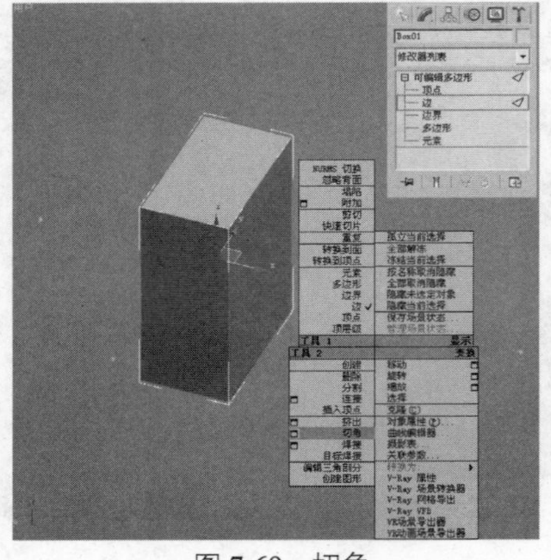

图 7-69　切角

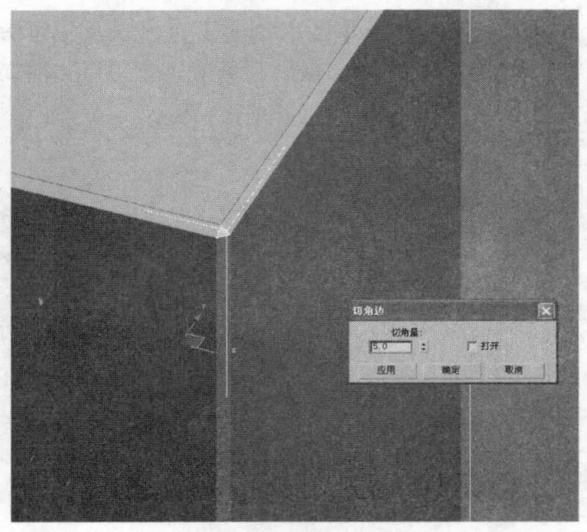

图 7-70　切角参数及效果

04 选择水箱两侧的竖向边，执行快捷菜单中的【连接】命令，对面进行分割，如图 7-71 所示。

05 分割完成后，按 1 键进入【顶点】层级，按 F 键进入前视图，移动顶点位置，调整水箱形态如图 7-72 所示。

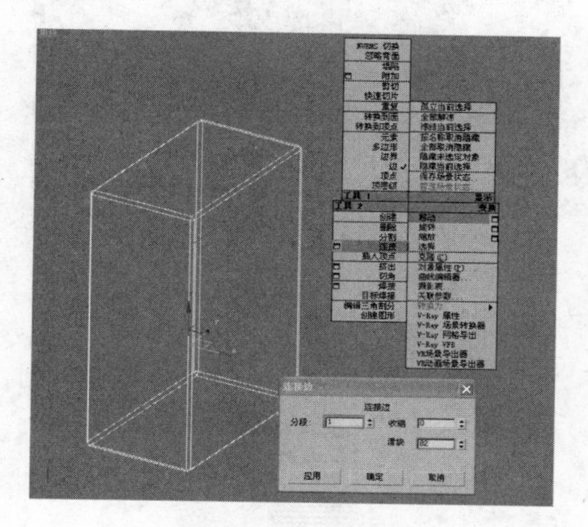

图 7-71　创建连接边

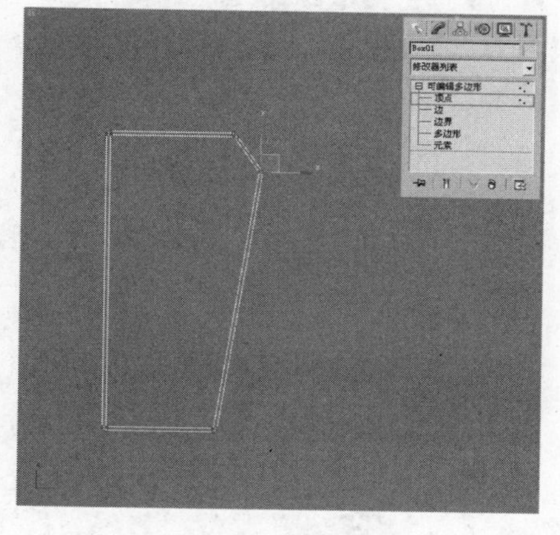

图 7-72　调整顶点

06 选择长方体底部所有的顶点，如图 7-73 所示，在顶视图中进行收缩，调整出上宽下窄的水箱整体造型效果。

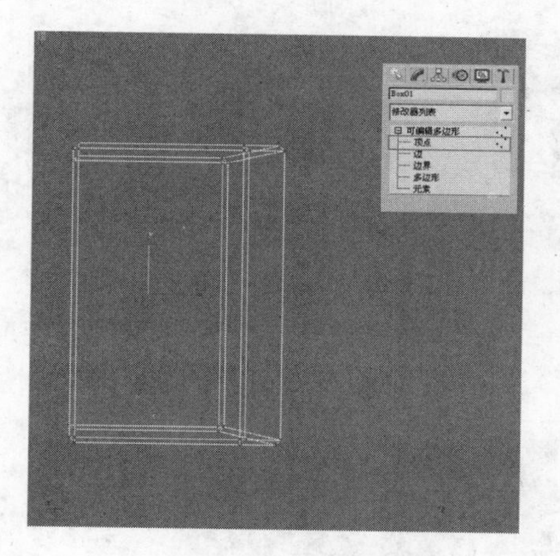

图 7-73　缩放底部顶点

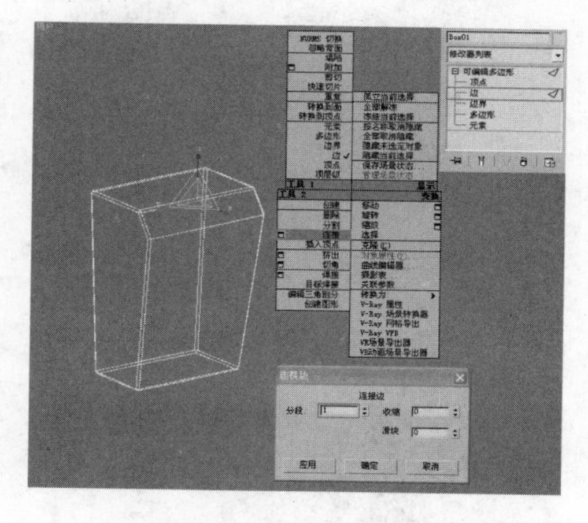

图 7-74　添加连接命令

07 制作水箱按钮。使用【连接】命令，对上端多边形进行切割，如图 7-74 所示。按 4 键进入【多边形】层级，选择切割出的两个面积较小的多边形，如图 7-75 所示，执行【插入】命令，以制作按钮的平面造型。

08 选择插入形成的面积较小的多边形，如图 7-76 所示，执行【倒角】命令，制作按钮的立体造型，水箱整体效果如图 7-77 所示。

09 制作坐便器造型。参考水箱造型大小，在顶视图利用【线】以及【弧】工具创建如图 7-78 所示平面线形。

10 为创建好的线形添加如图 7-79 所示【挤出】修改命令，然后将其转换为【可编辑多边形】，按 1 键进入顶点层级，选择其下部弧形所有顶点，如图 7-80 所示。

11 在前视图中将所选择的顶点往 X 轴负方向进行移动，如图 7-81 所示。按 2 键进入【边】层级，选择所有侧边，为其添加【连接】命令，如图 7-82 所示。

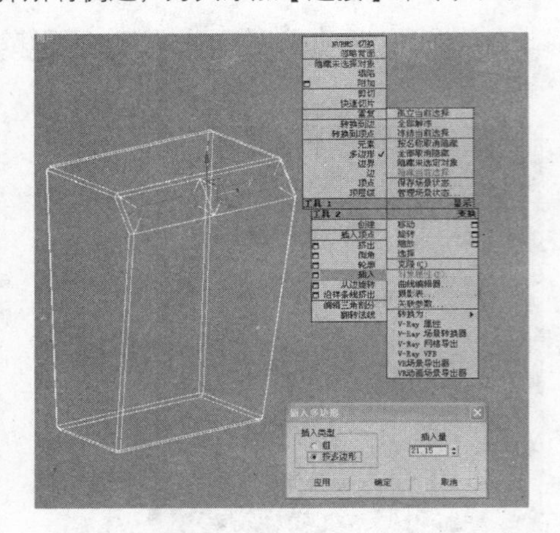

图 7-75　插入具体参数及完成效果

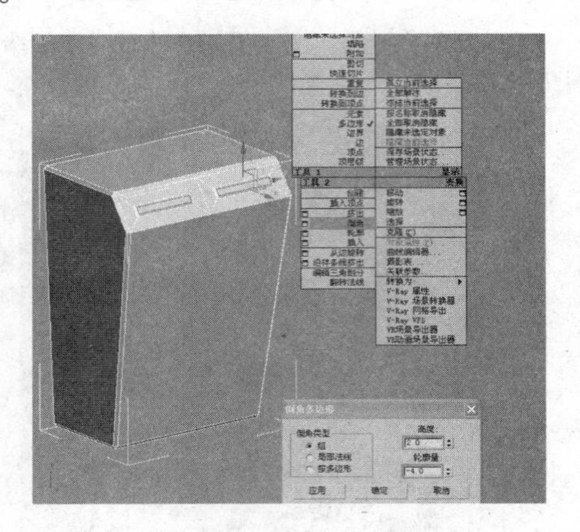

图 7-76　添加倒角命令

图 7-77　水箱完成效果

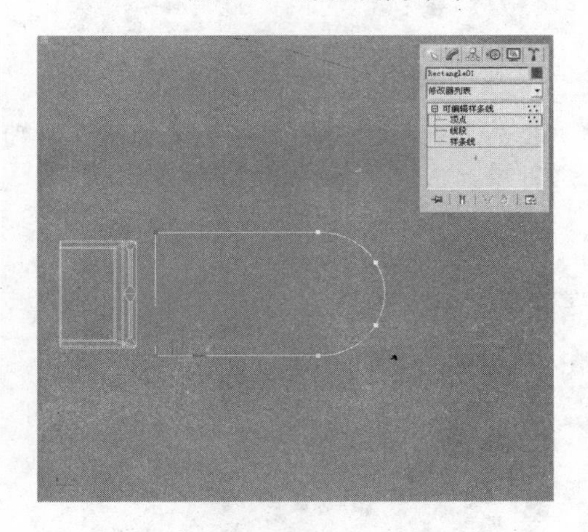

图 7-78　创建坐便器线形

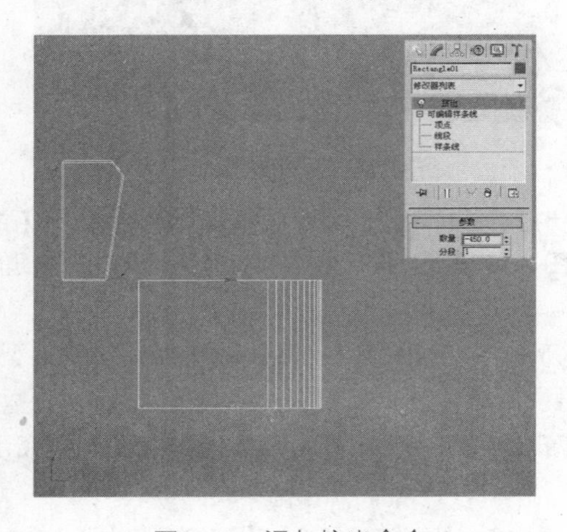

图 7-79　添加挤出命令

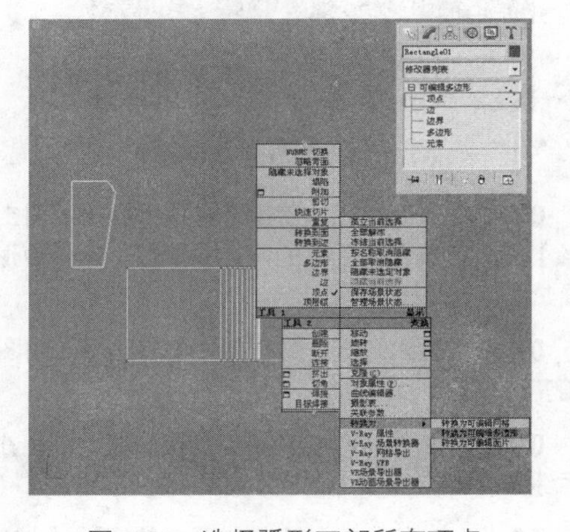

图 7-80　选择弧形下部所有顶点

12 设置【连接】参数如图 7-83 所示，切割出坐便器桶盖的轮廓。按 4 键进入【多边形】层级，选择两条连接边之间的所有多边形，执行【倒角】命令，完成桶盖与桶身造型的分割，如图 7-84 所示。

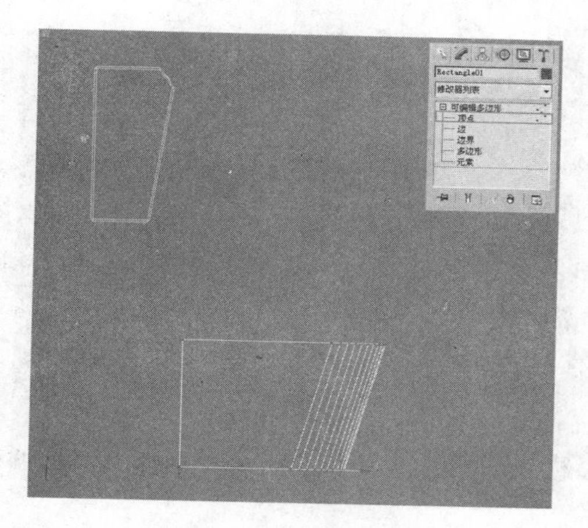

图 7-81　移动顶点

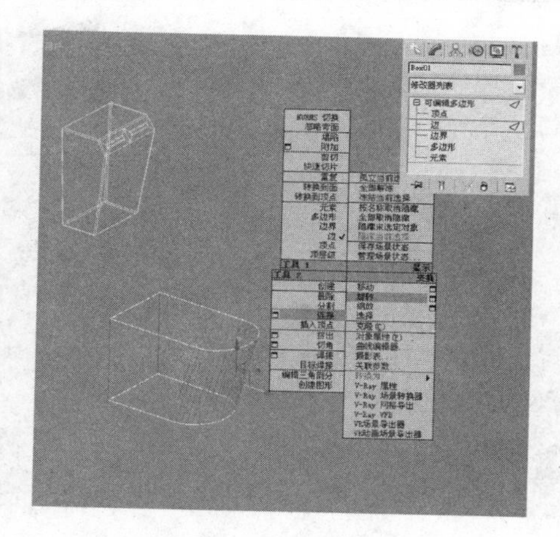

图 7-82　选择所有侧边

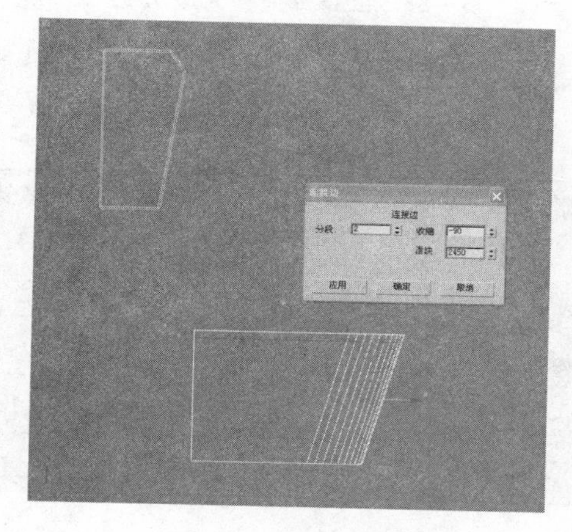

图 7-83　连接参数与完成效果

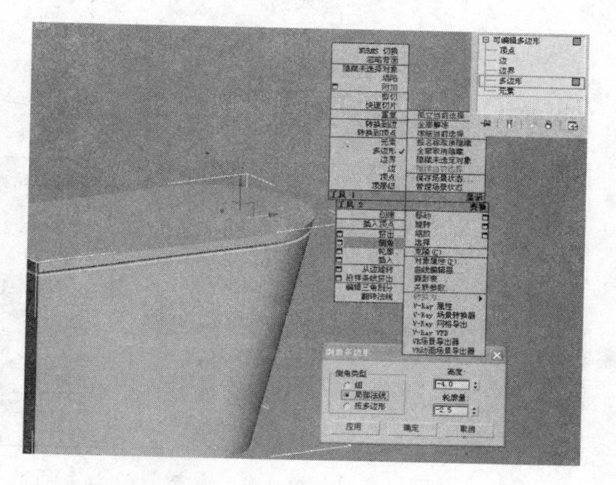

图 7-84　添加倒角命令

13 细化坐便器造型。使用【剪切】命令，配合捕捉工具，在桶盖面上划分出一条边线，如图 7-85 所示。

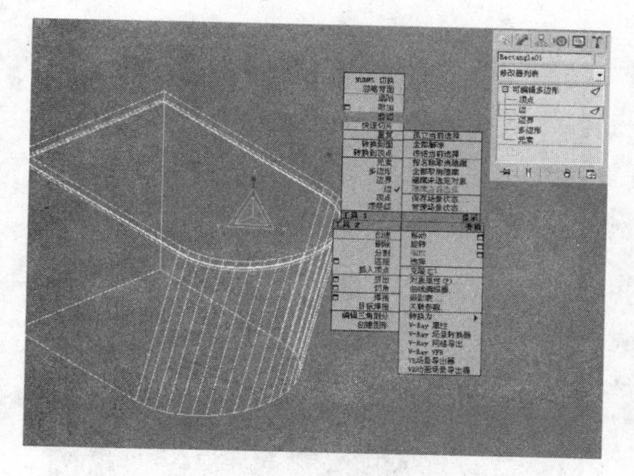

图 7-85　使用剪切工具划分多边形

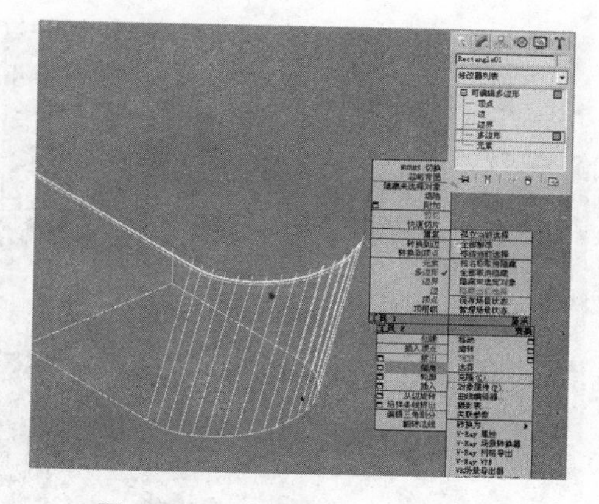

图 7-86　添加可编辑网格命令

14 按 4 键进入【多边形】层级，选择顶面的两个多边形，添加快捷菜单中的【倒角】命令，如图 7-86 所示，设置参数如图 7-87 所示，最终得到如图 7-88 所示坐便器模型。

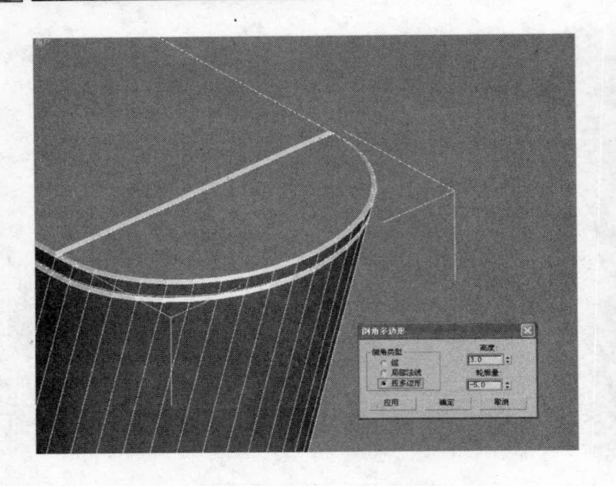

图 7-87　倒角参数与完成效果

图 7-88　坐便器整体完成造型

例060　厨房刀具

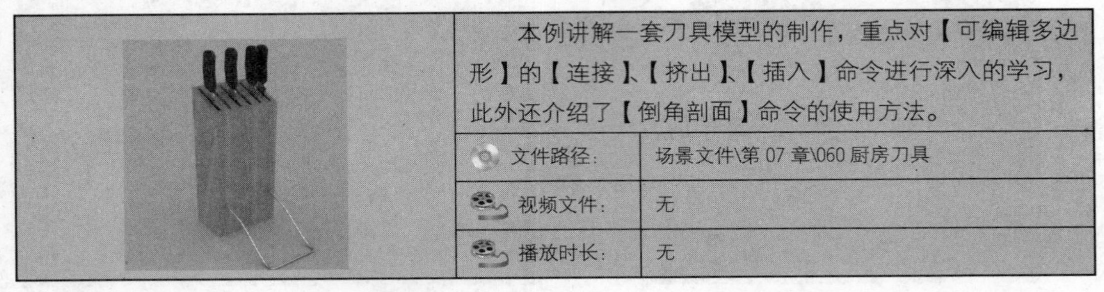

本例讲解一套刀具模型的制作，重点对【可编辑多边形】的【连接】、【挤出】、【插入】命令进行深入的学习，此外还介绍了【倒角剖面】命令的使用方法。

文件路径：	场景文件\第 07 章\060 厨房刀具
视频文件：	无
播放时长：	无

01 启动中文版 3ds max 9，设置单位为【毫米】。

02 在前视图创建一个【长方体】，如图 7-89 所示。利用鼠标右键快捷菜单，将其转换为【可编辑多边形】，按 1 键进入【顶点】层级，选择最上侧的两个顶点，如图 7-90 所示。

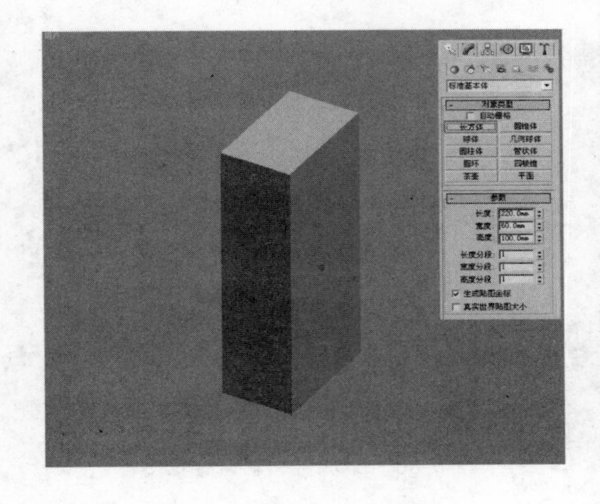

图 7-89　创建长方体

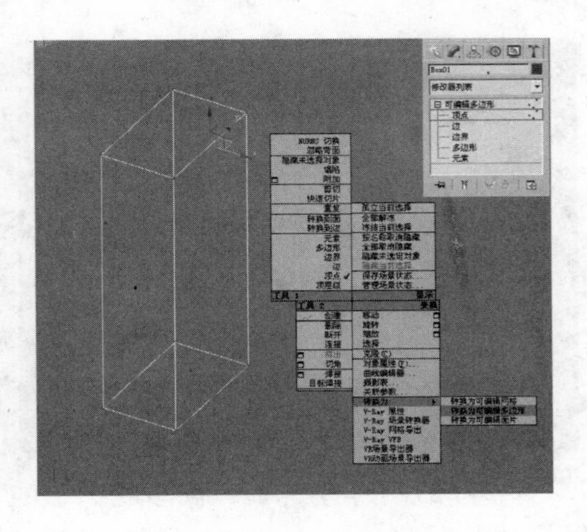

图 7-90　选择上侧顶点

03 切入左视图，使用鼠标右键单击移动工具图标 ，在弹出的【移动变换输入】对话框中调整参数如图 7-91 所示，将其往下移动 25mm，制作出一定的斜度，完成刀盒整体外形的调整，接下来进行细节制作。

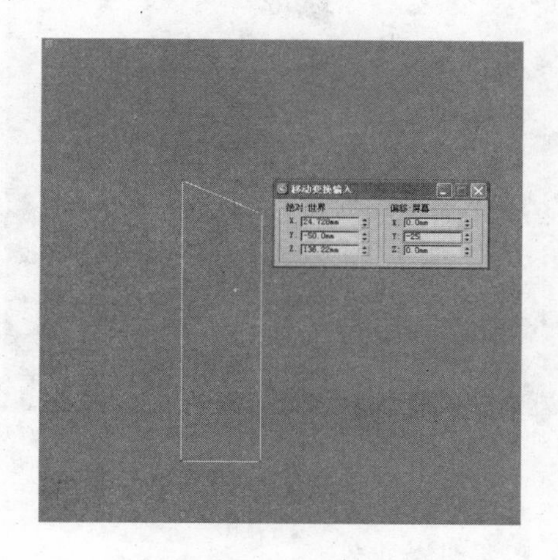

图 7-91　精确移动顶点

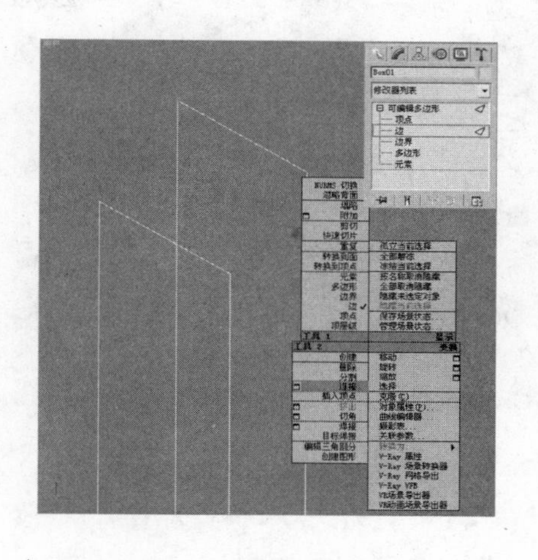

图 7-92　选择侧边进行连接

04 按 2 键进入【边】层级，选择顶面的两条横向边，如图 7-92 所示。为其添加【连接】命令，进行面的分割，如图 7-93 所示。

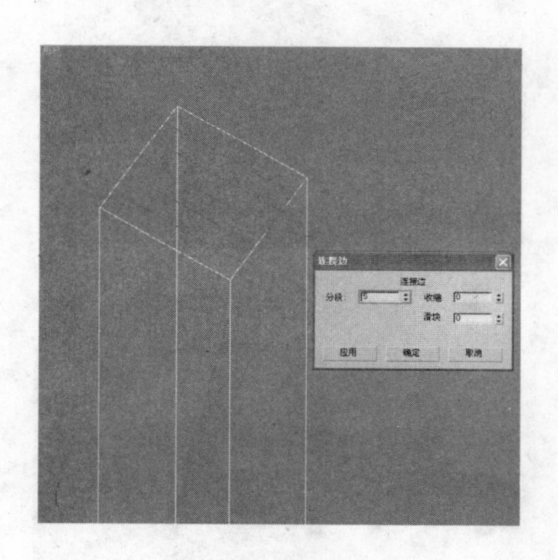

图 7-93　连接边

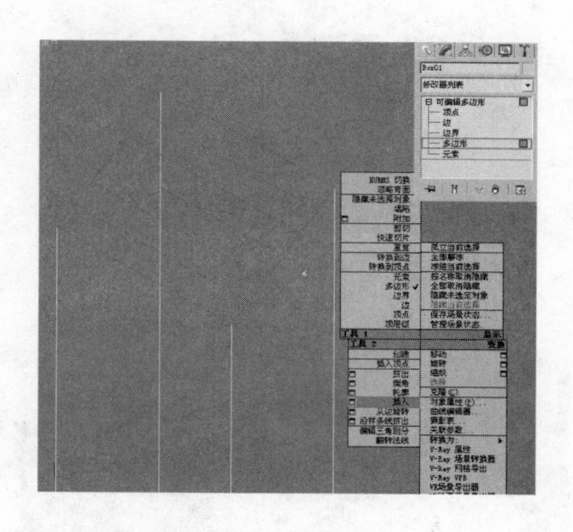

图 7-94　选择面添加插入命令

05 按 4 键进入【多边形】层次，选择所有分割的多边形，如图 7-94 所示。添加【插入】命令，具体的参数设置与完成效果如图 7-95 所示，形成 6 个较小的多边形。

06 选择这 6 个多边形，添加【挤出】命令制作放置刀具的凹槽，如图 7-96 所示。挤出参数设置与效果如图 7-97 所示。

07 制作刀盒的支撑杆。参考刀盒的形态大小，在顶视图利用【线】工具创建一条线段，如图 7-98 所示，注意该条线段点的分布。

08 按 L 键切入前视图，按 1 键切入【顶点】层级，调整线段的具体形态如图 7-99 所示，进入修改面板调整其【渲染】参数如图 7-100 所示，使支撑杆线形获得一定的厚度。

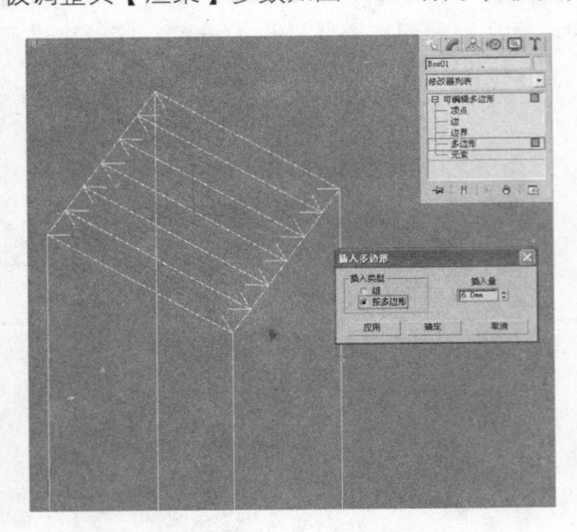

图 7-95　插入参数与效果

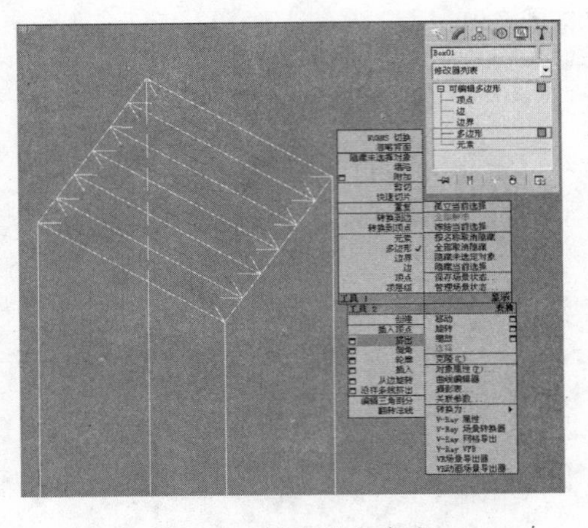

图 7-96　添加插入命令

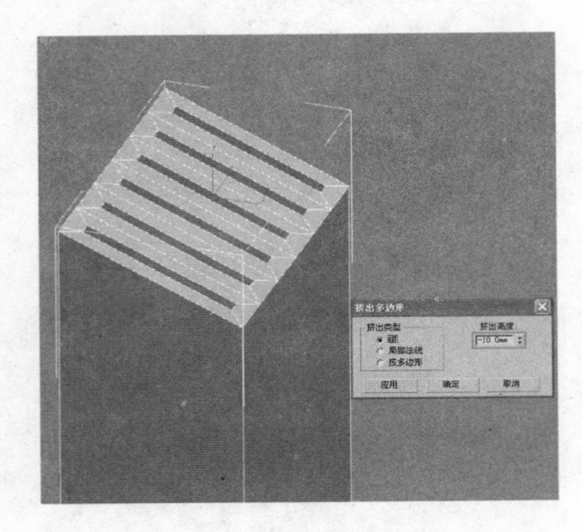

图 7-97　挤出参数与效果

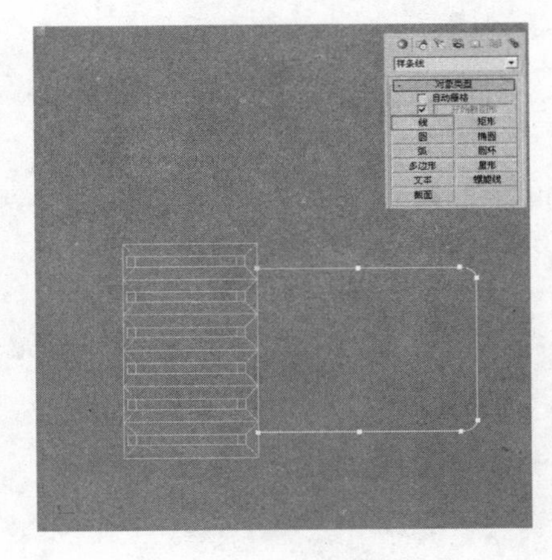

图 7-98　创建支撑杆线型

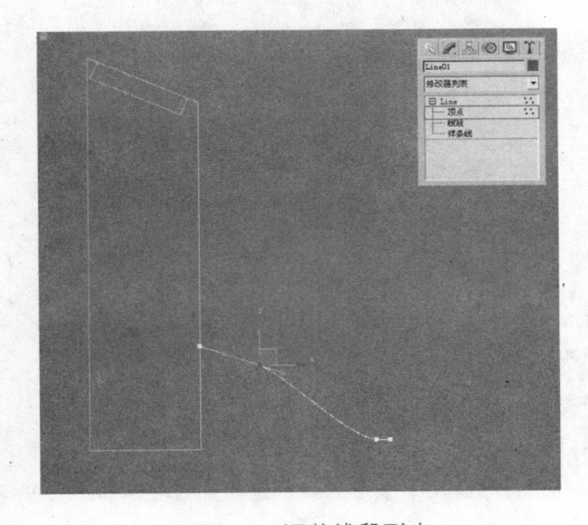

图 7-99　调整线段形态

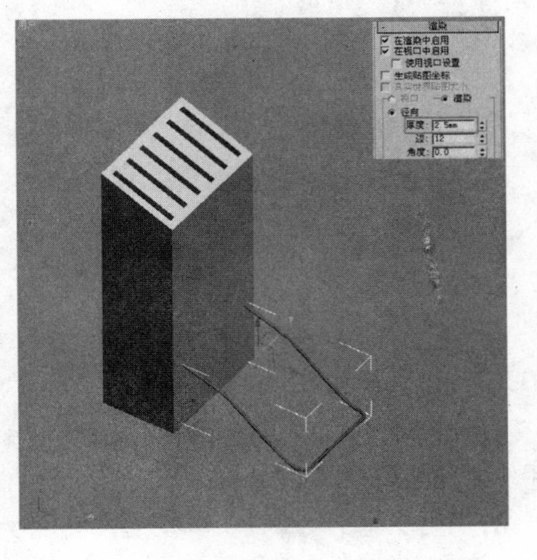

图 7-100　调整渲染参数

09 制作刀具。参考刀盒的大小，在前视图绘制一个如图 7-101 所示的矩形。将矩形转换为【可编辑样条线】，按 1 键将进入其【顶点】层级，选择所有顶点，将其转换为【Bezier 角点】，如图 7-102 所示。

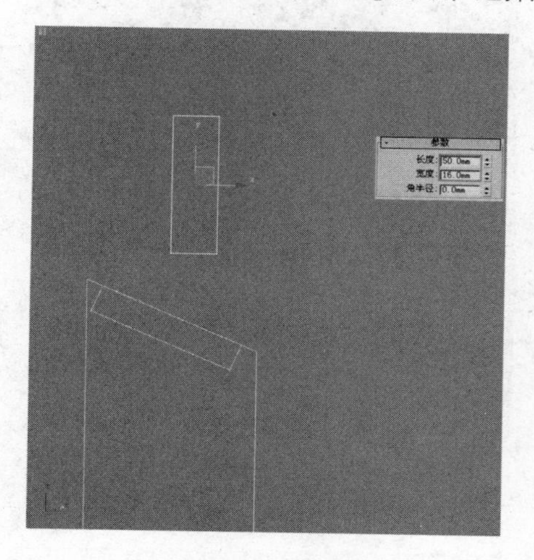

图 7-101 绘制矩形

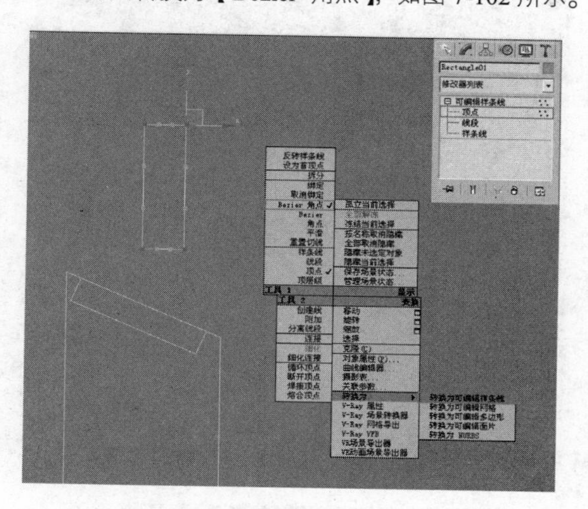

图 7-102 转换顶点

10 利用【圆角】命令对矩形顶点进行圆角，再利用鼠标右键快捷菜单中的【细化】命令，在矩形中部添加一些【顶点】，如图 7-103 所示调整其最终形态。

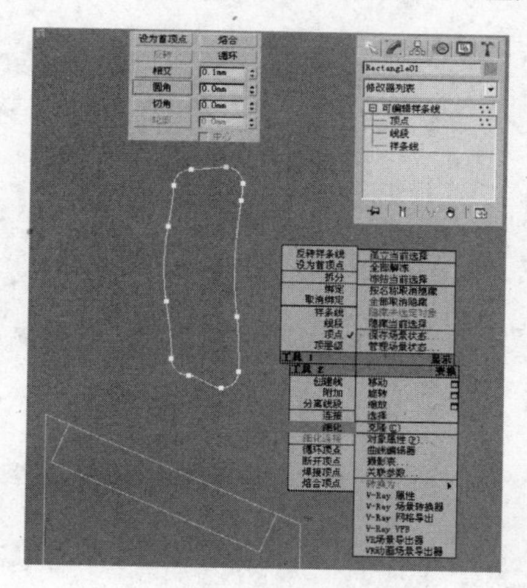

图 7-103 细化矩形

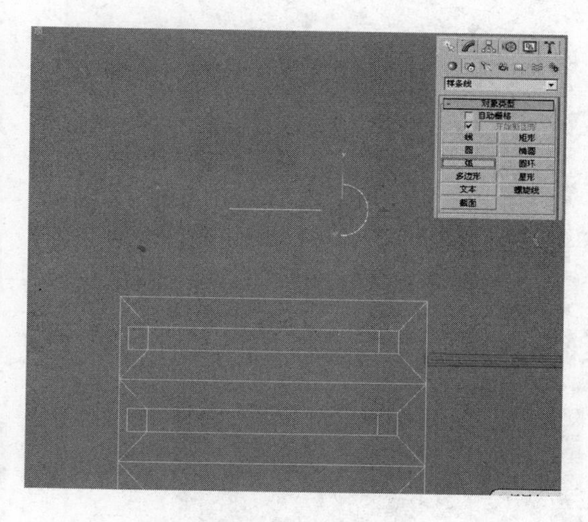

图 7-104 绘制弧线

11 按 T 键切入顶视图，参考创建的刀把平面大小，利用【弧】工具创建一段弧线，如图 7-104。

12 选择创建的刀把平面线形，在修改面板中添加【倒角剖面】修改命令，单击【拾取剖面】按钮，拾取上一步创建好的弧线，如图 7-105 所示。创建完成的刀把造型如图 7-106 所示。

13 制作刀刃造型。参考刀把造型大小，在前视图中利用【线】工具，绘制如图 7-107 所示的刀刃平面线形，选择该线形右侧突出的顶点，利用【圆角】命令对其进行圆角，如图 7-108 所示。

14 为刀刃截面添加【挤出】修改，制作出刀刃造型，如图 7-109 所示，最后调整刀具位置并复制，完成厨房刀具的制作，最终效果如图 7-110 所示。

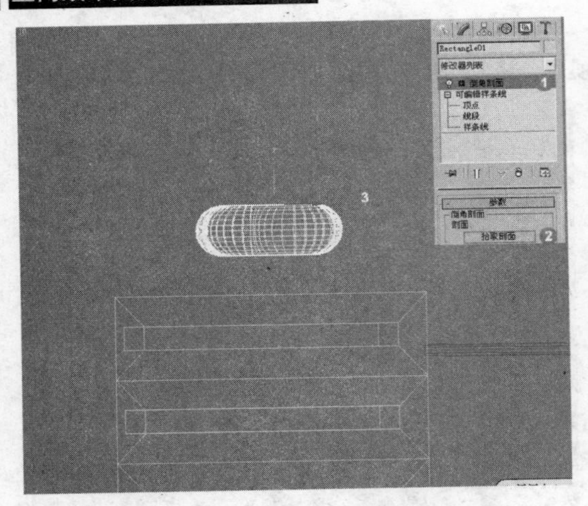

图 7-105　添加【倒角剖面】

图 7-106　刀把造型

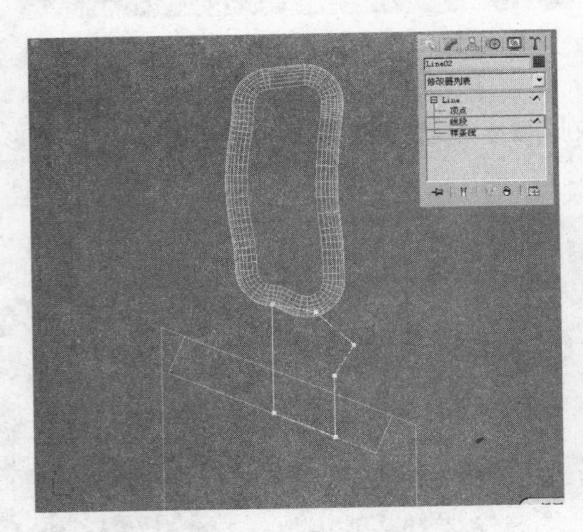

图 7-107　绘制刀刃线形

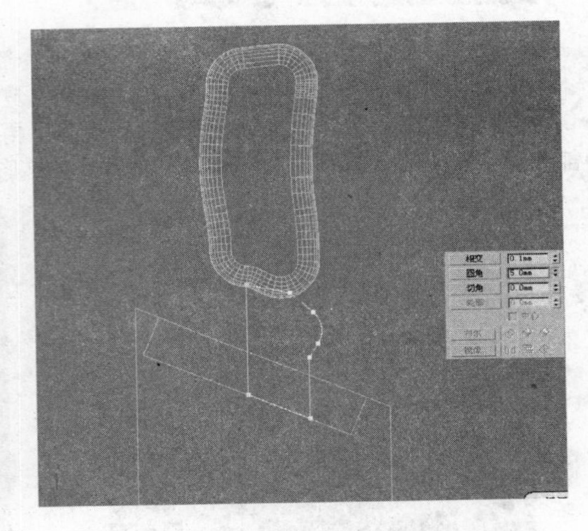

图 7-108　制作圆角

图 7-109　挤出刀刃厚度

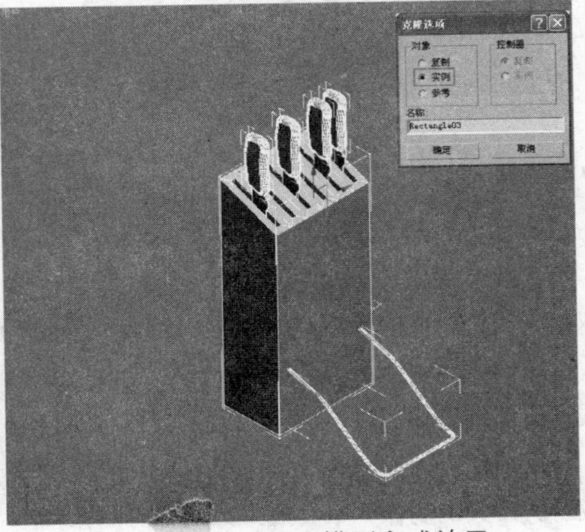

图 7-110　刀具模型完成效果

例061　水龙头

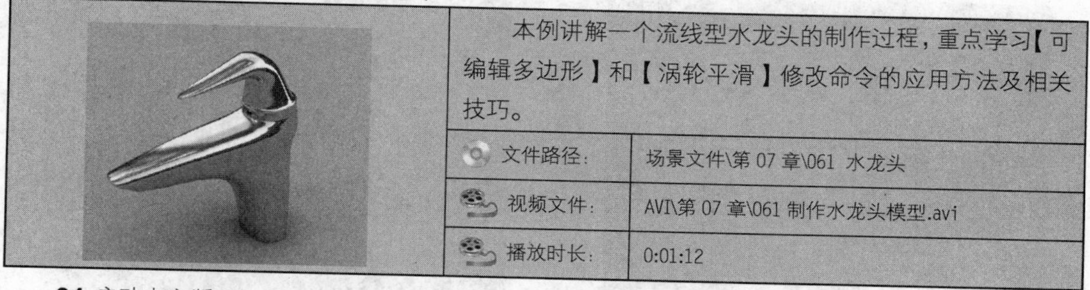

本例讲解一个流线型水龙头的制作过程，重点学习【可编辑多边形】和【涡轮平滑】修改命令的应用方法及相关技巧。

文件路径：	场景文件\第 07 章\061 水龙头
视频文件：	AVI\第 07 章\061 制作水龙头模型.avi
播放时长：	0:01:12

01 启动中文版 3ds max 9，设置单位为【毫米】。

02 在前视图创建一个【长方体】，如图 7-111 所示。接下来通过编辑该长方体，制作出流线型水龙头造型效果，首先将其转换为可编辑多边形，如图 7-112 所示。

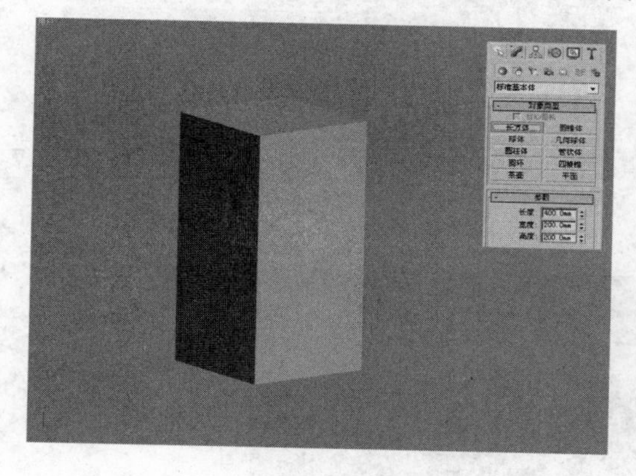

图 7-111　创建长方体

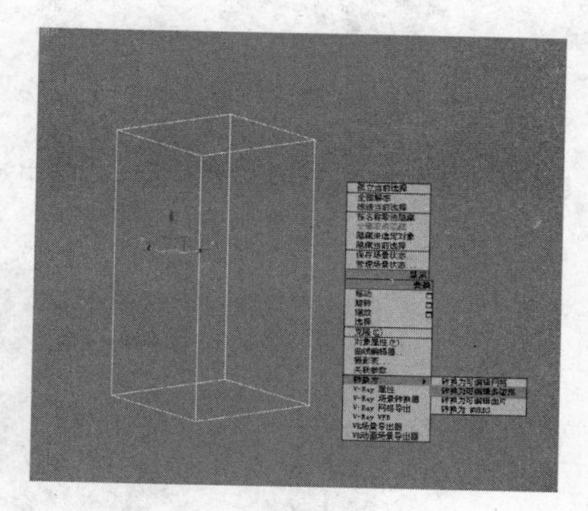

图 7-112　转换为可编辑多边形

03 按 2 键进入【边】层级，选择长方体所有侧边，添加【连接】命令以分割长方体，如图 7-113 所示。按 1 键进入【顶点】层级，按 F 键进入前视图，通过移动顶点位置，调整长方体造型的形态如图 7-114 所示。

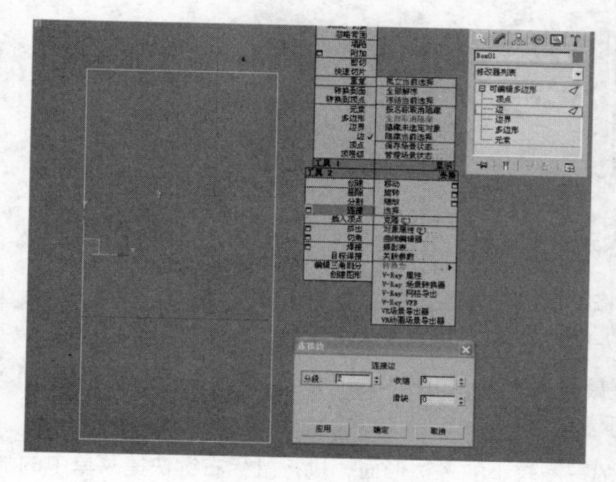

图 7-113　创建连接边

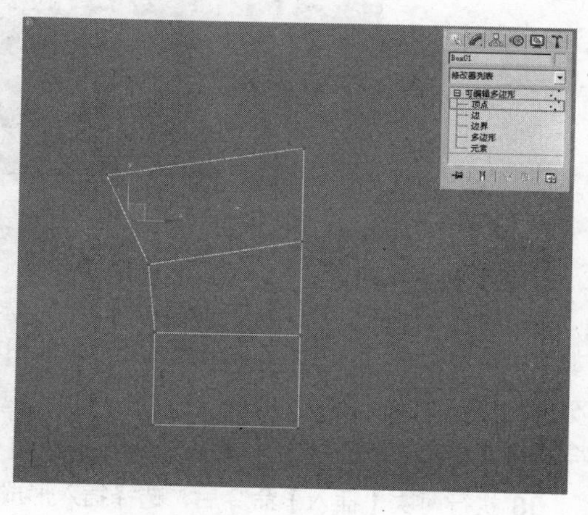

图 7-114　调整长方体造型

04 按 4 键进入【多边形】层级，选择如图 7-115 所示的面，添加【倒角】命令，挤出水龙头前嘴造型，具体参数设置与完成效果如图 7-116 所示。

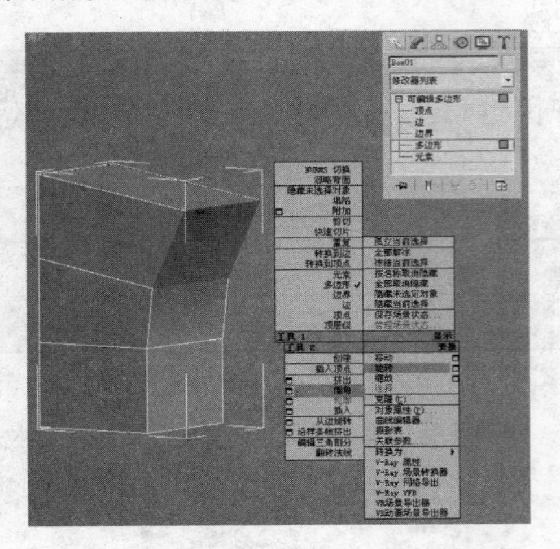

图 7-115　添加倒角命令

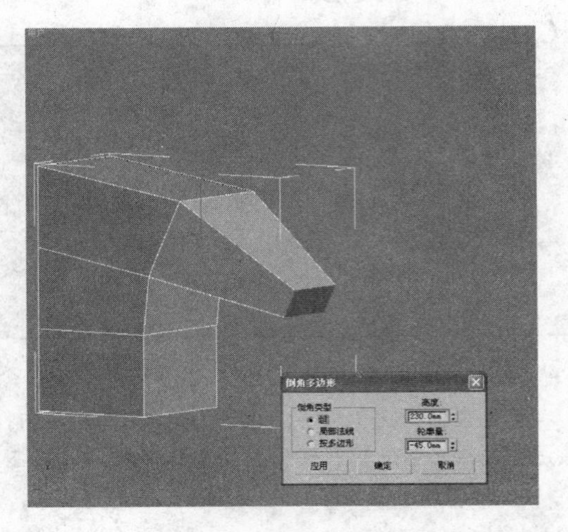

图 7-116　倒角参数与完成效果

05 按 1 键进入【顶点】层级，在各视图中对顶点位置进行调整，制作水龙头大致形状，如图 7-117 所示。

图 7-117　大致轮廓造型

06 细化部件造型。按 2 键进入【边】层级，选择前嘴造型外圈边线以及底部边线，如图 7-118 所示。添加【切角】命令，向内倒角出一圈多边形，如图 7-119 所示。

07 按 4 键进入【多边形】层级，选择前嘴造型最内侧的面，如图 7-120 所示。连续进行两次【插入】命令，细化水龙头出水口平面造型，如图 7-121 所示。

08 执行两次【插入】命令后，选择插入形成的一圈较小的多边形面，执行鼠标右键快捷菜单中的【插入】命令，制作出水口造型，如图 7-122 所示。

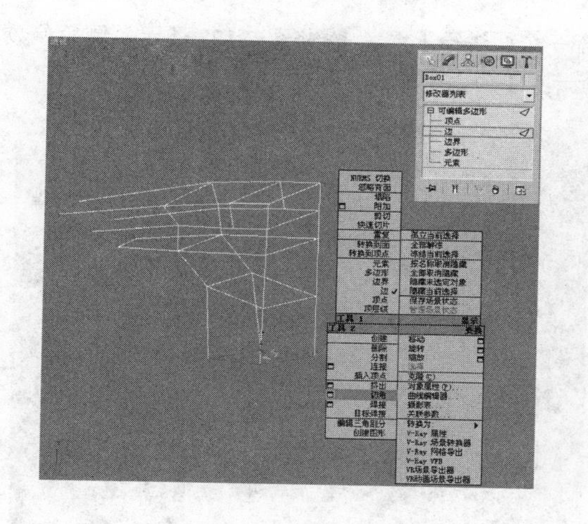

图 7-118　添加切角命令

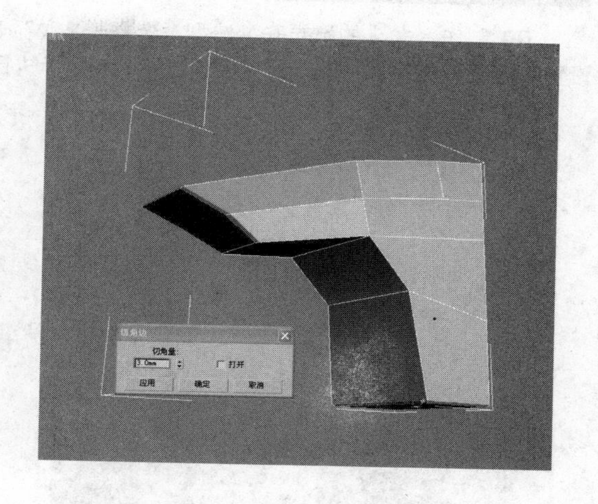

图 7-119　切角参数与完成效果

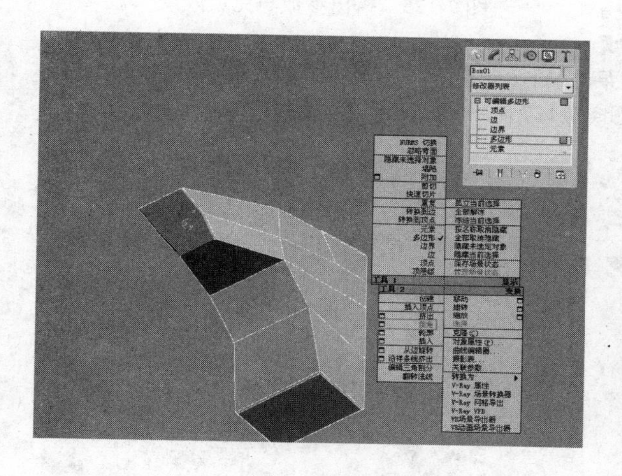

图 7-120　添加倒角命令

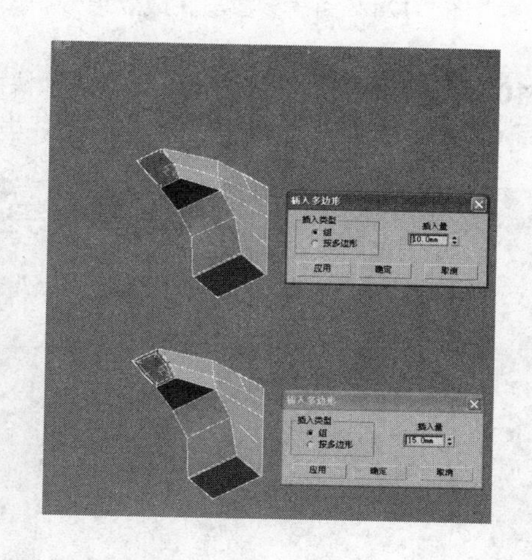

图 7-121　切角参数与完成效果

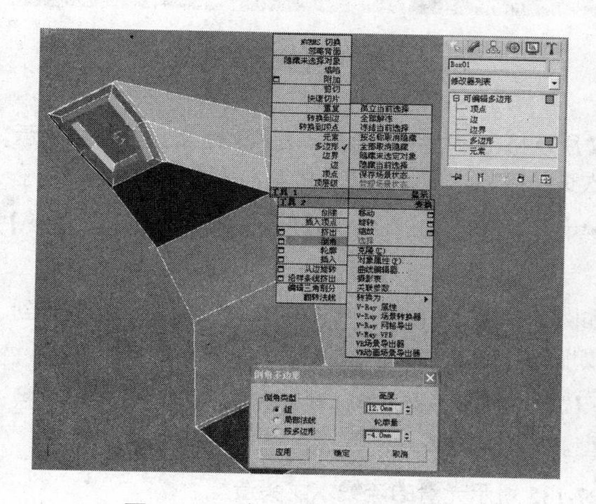

图 7-122　倒角参数与完成效果

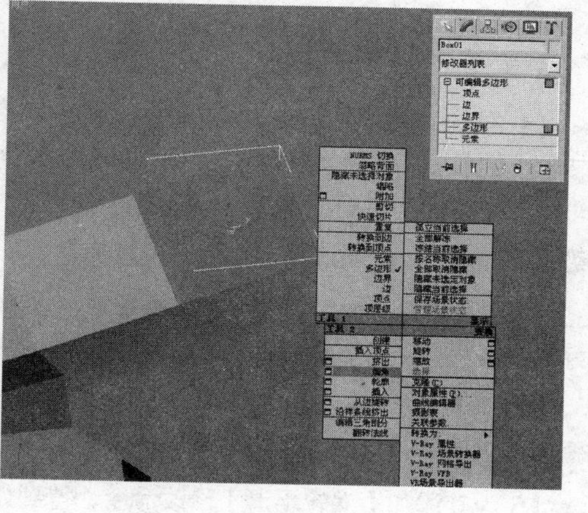

图 7-123　添加倒角命令

09 制作水龙头的旋转开关造型。选择长方体顶部一个面进行【倒角】，如图 7-123 所示。倒角参数设置与效果如图 7-124 所示，然后如图 7-125 所示执行一次【挤出】命令。

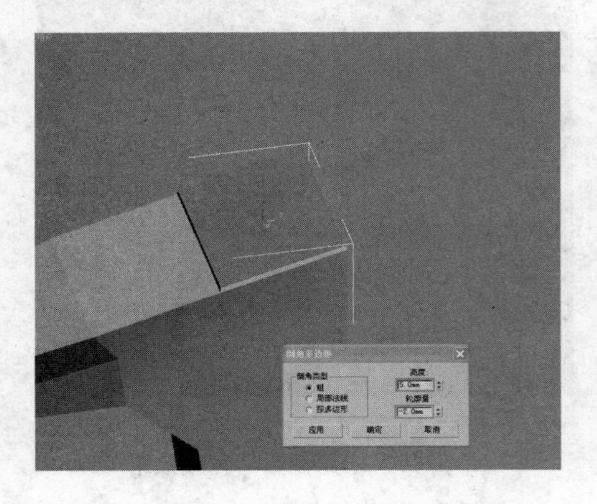

图 7-124　倒角参数与完成效果

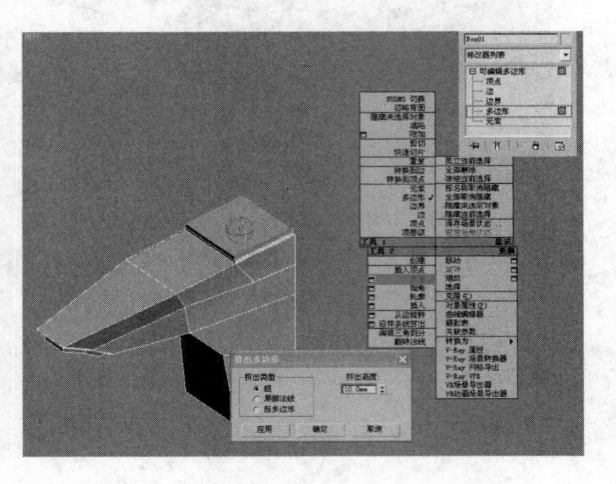

图 7-125　挤出参数与完成效果

10 选择挤出得到的多边形面，为其添加快捷菜单中的【轮廓】命令，如图 7-126 所示。继续通过【挤出】与【倒角】命令，结合旋转工具，制作出如图 7-127 所示的旋转开关造型。

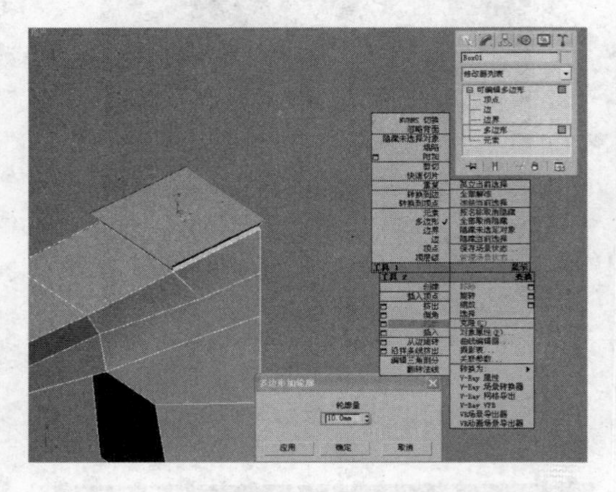

图 7-126　轮廓参数与完成效果

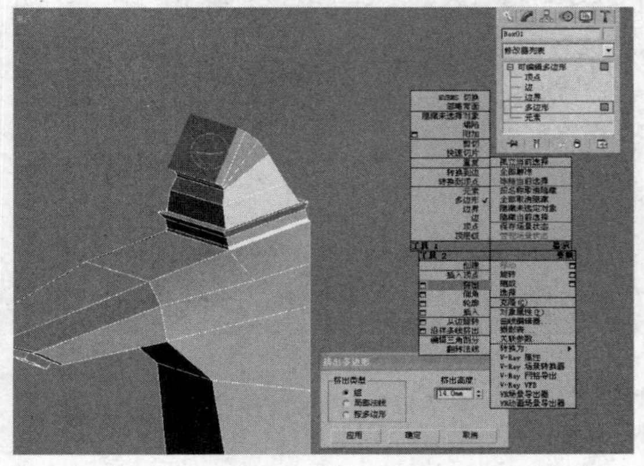

图 7-127　继续挤出和倒角

11 在制作旋转开关弯曲效果时，可以如图 7-127 所示挤出一段后，再进入左视图，如图 7-128 所示旋转较小的弧度，然后如图 7-129 所示进行挤出并再次进行旋转，逐步完成整体弯曲弧度的制作。

12 进行【挤出】，完成旋转开关最末端较长一段的直线造型，如图 7-130 所示。按 1 键进入【顶点】层级，如图 7-131 所示选择顶点进行缩放调整。

13 在左视图中选择顶点，进行弯曲度的调整，如图 7-132 所示。通过缩放工具使整体侧面造型达到较好的弧线后，再进入透视图进行弧度的细微调整，如图 7-133 所示。

14　采用类似的方法，对水龙头整体造型进行【顶点】级别的调整，在调整的过程中，注意切换视图与缩放工具，得到如图 7-134 所示水龙头轮廓造型。

15 为其添加【涡轮平滑】修改命令，得到如图 7-135 所示光滑的流线水龙头造型。

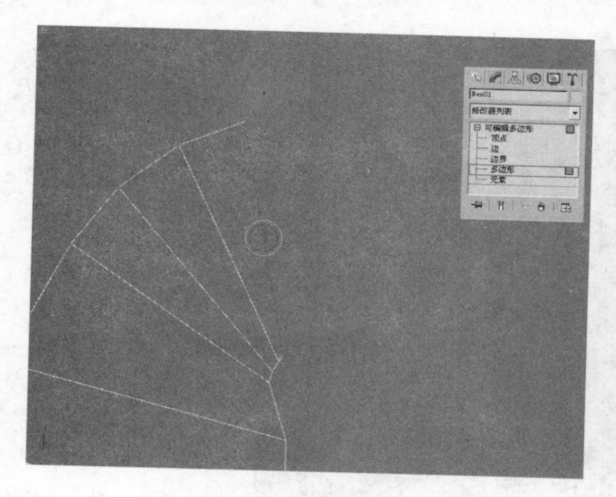

图 7-128　旋转面

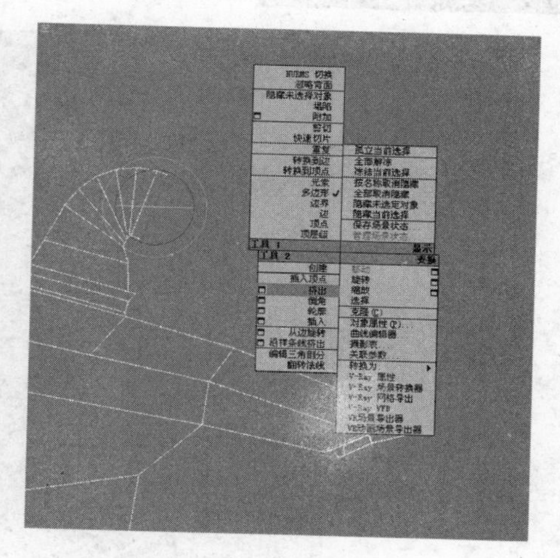

图 7-129　再次挤出并旋转

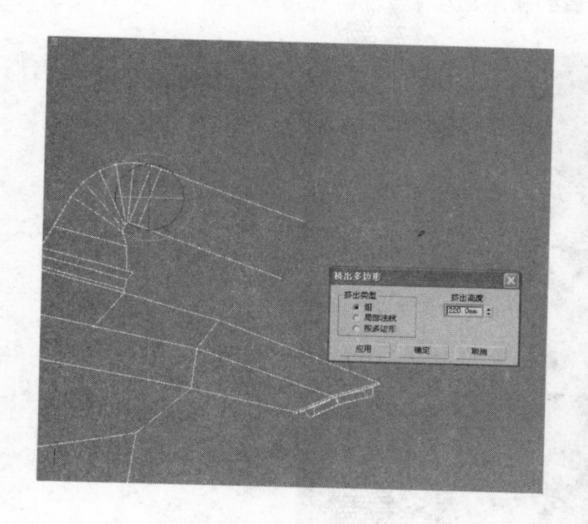

图 7-130　挤出参数与完成效果

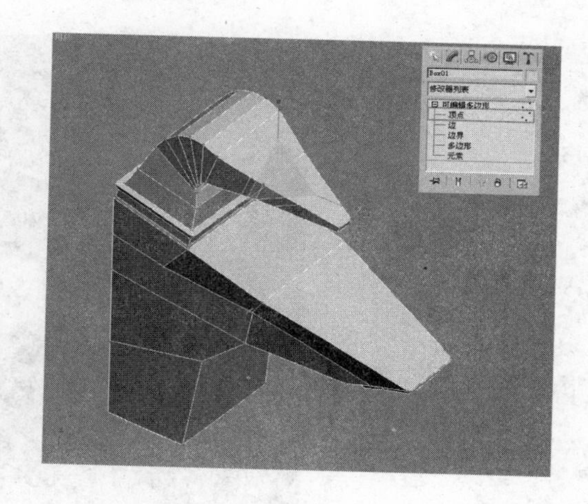

图 7-131　调整顶点

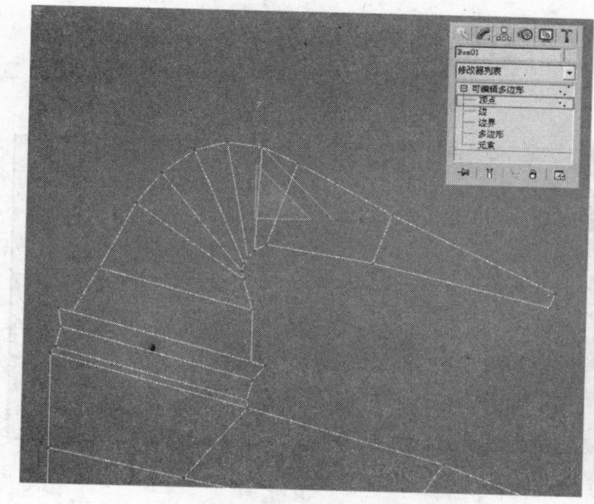

图 7-132　在左视图进行侧面造型调整

图 7-133　在透视图中调弧度

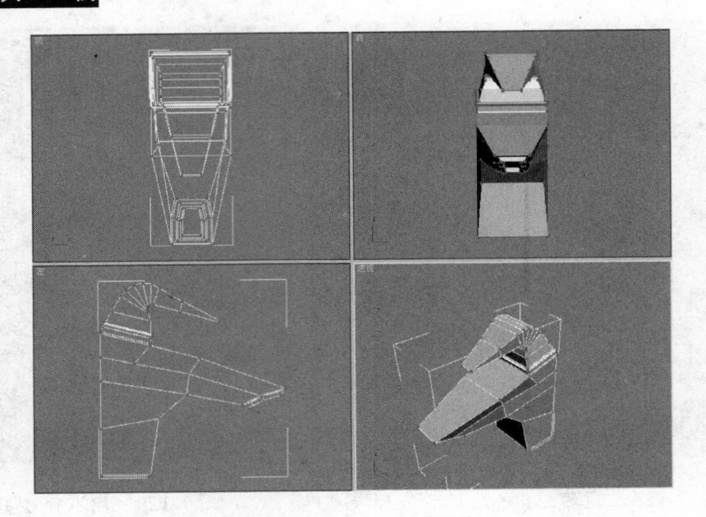

图 7-134　水龙头最终轮廓造型

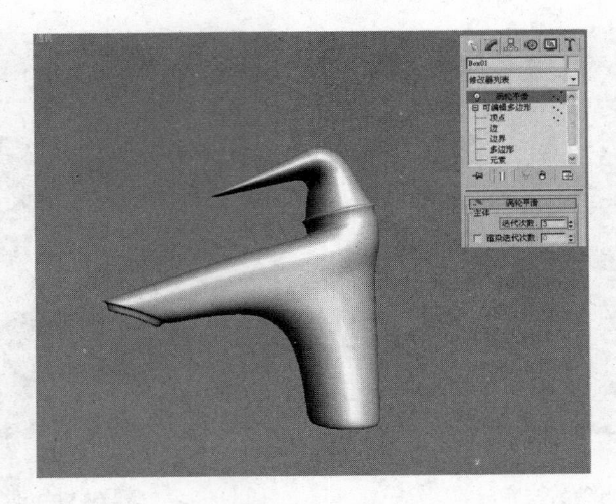

图 7-135　水龙头最终造型

例062　微波炉

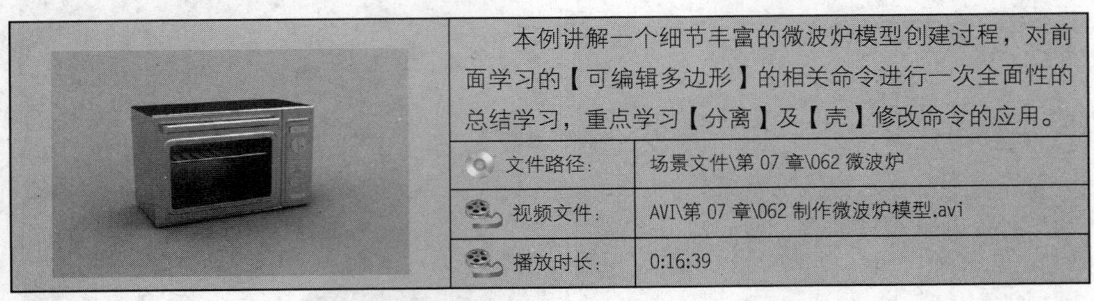

本例讲解一个细节丰富的微波炉模型创建过程，对前面学习的【可编辑多边形】的相关命令进行一次全面性的总结学习，重点学习【分离】及【壳】修改命令的应用。

文件路径:	场景文件\第 07 章\062 微波炉
视频文件:	AVI\第 07 章\062 制作微波炉模型.avi
播放时长:	0:16:39

01 启动中文版 3ds max 9，设置单位为毫米。

02 参考现实中微波炉的尺寸，在前视图中创建一个【长方体】，如图 7-136 所示，然后将其转换为

【可编辑多边形】，如图 7-137 所示，以进行细节的创建。

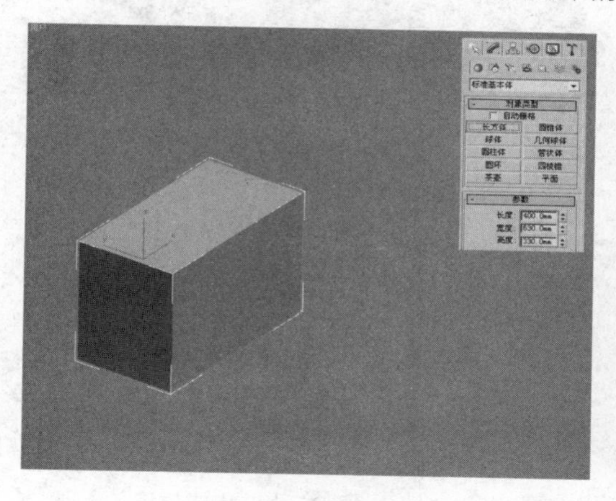

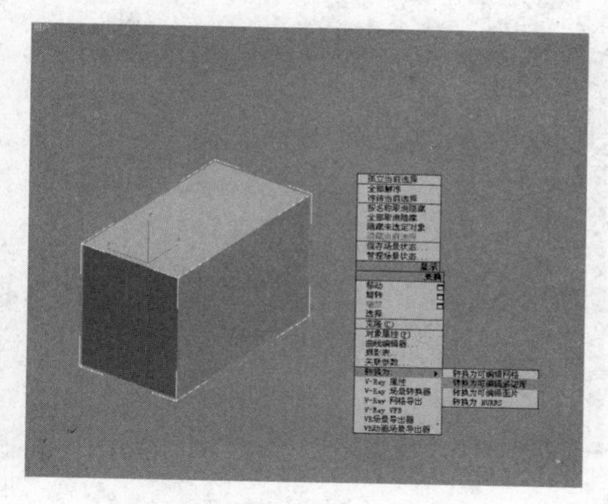

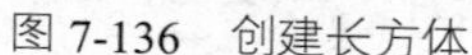

图 7-136　创建长方体

图 7-137　转换为可编辑多边形

03 按 2 键切入【边】层级，按 Ctrl+A 组合键全选所有边线，添加【切角】命令制作微波炉边缘的细节，如图 7-138 所示。

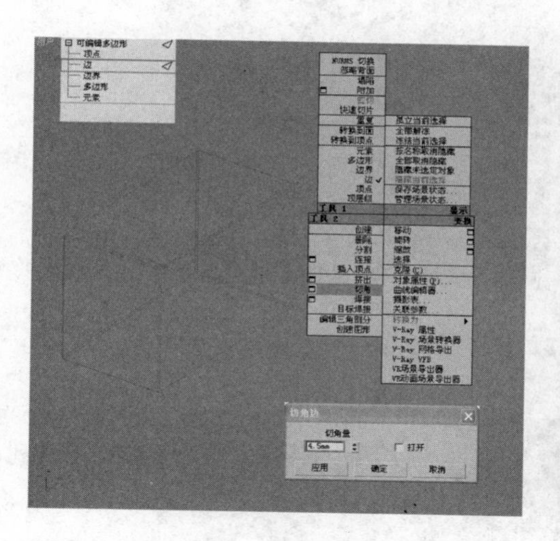

图 7-138　添加切角命令

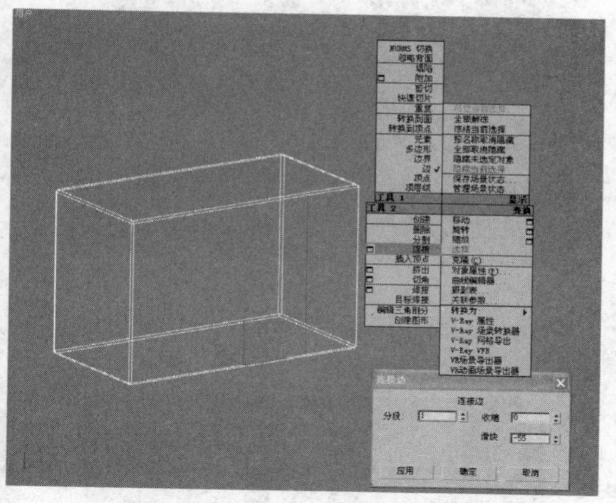

图 7-139　添加连接命令

04 制作微波炉玻璃门造型。按 2 键进入【边】层级，选择上、下两条横向边线，添加【连接】命令，将其切割成两个部分，如图 7-139 所示。按 4 键进入【多边形】层级，选择如图 7-140 所示多边形，在右键快捷菜单选择【插入】命令。

05 设置插入参数如图 7-141 所示。下面制作圆角效果，按 1 键进入【顶点】层级，如图 7-142 所示，选择四周的顶点，为其添加【切角】命令。

06 第一次【切角】参数设置如图 7-143 所示，可以看到并没产生圆角效果。继续进行一次【切角】，首先按住 Alt 键减选当前选择的最外侧的四个【顶点】，然后如图 7-144 所示执行【切角】命令，可以看到此时产生了较明显的圆角效果。

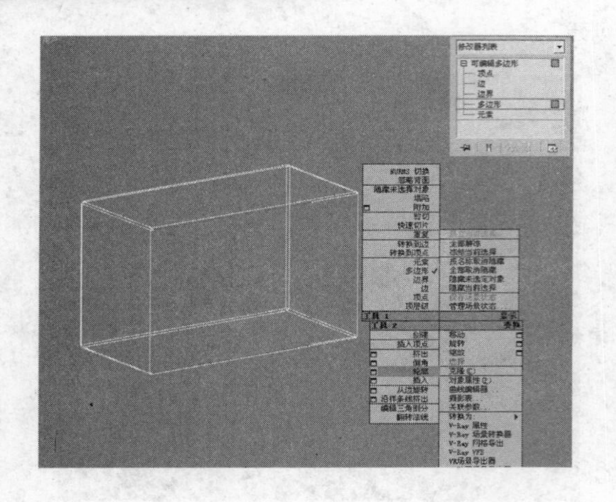

图 7-140　添加【插入】命令

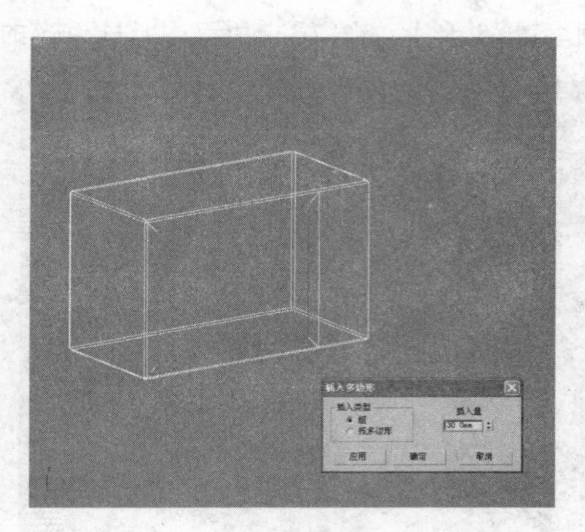

图 7-141　插入参数与完成效果

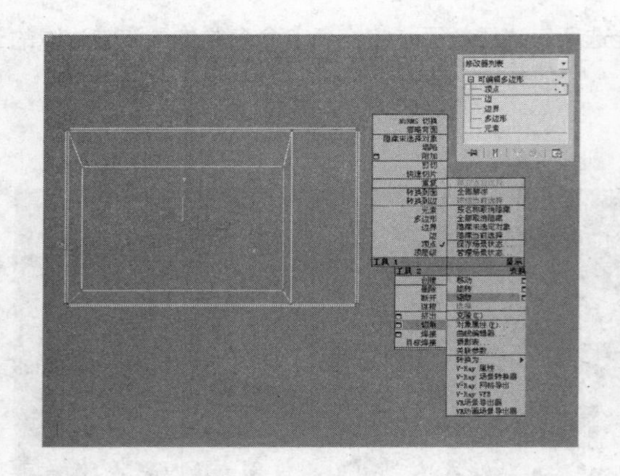

图 7-142　选择四周顶点

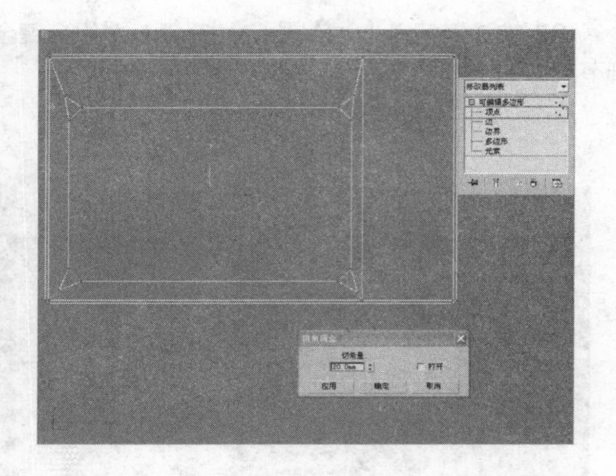

图 7-143　切角参数与完成效果

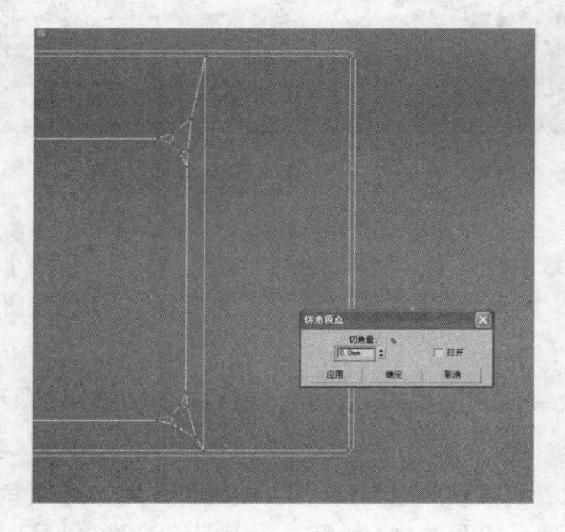

图 7-144　二次切角参数与完成效果

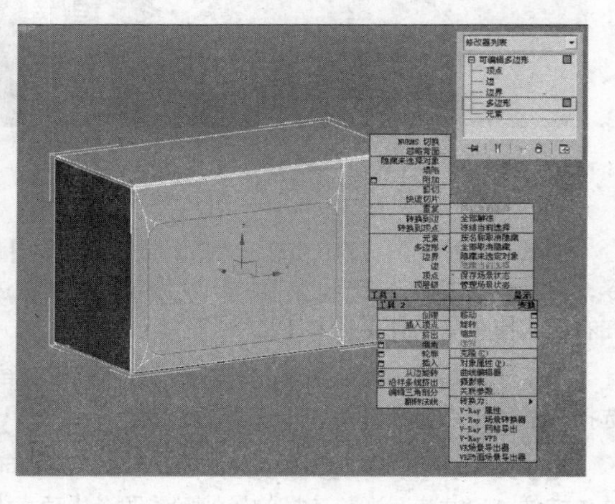

图 7-145　添加倒角命令

07 按 4 键进入【多边形】层级，选择如图 7-145 所示多边形，为其添加【倒角】命令，设置倒角参数如图 7-146 所示，制作玻璃门的细节。

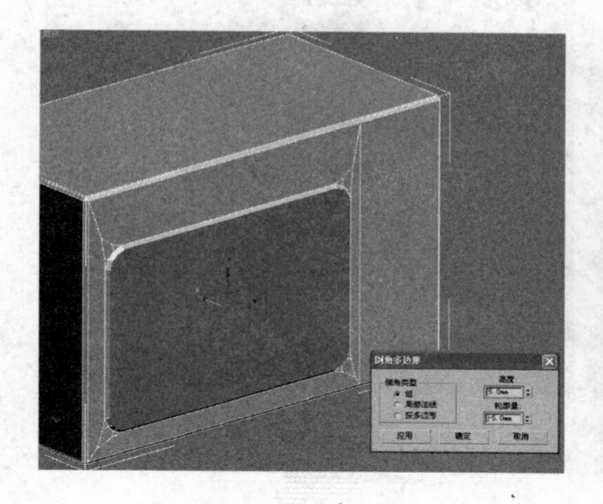

图 7-146　倒角参数与完成效果

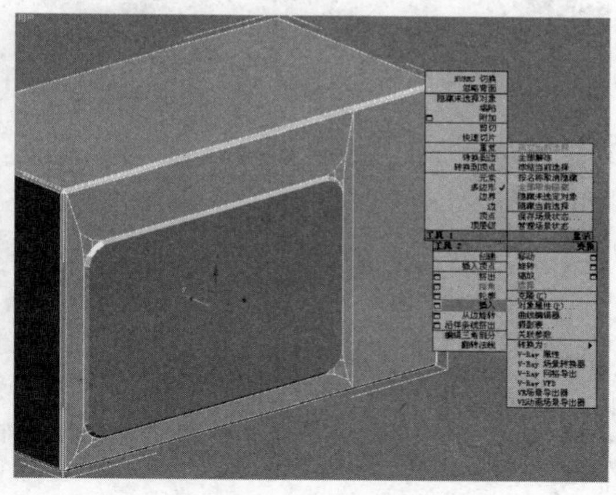

图 7-147　添加【插入】命令

08 为当前所选择的多边形添加【插入】命令，如图 7-147 所示，设置参数如图 7-148 所示，然后添加【倒角】如图 7-149 所示。

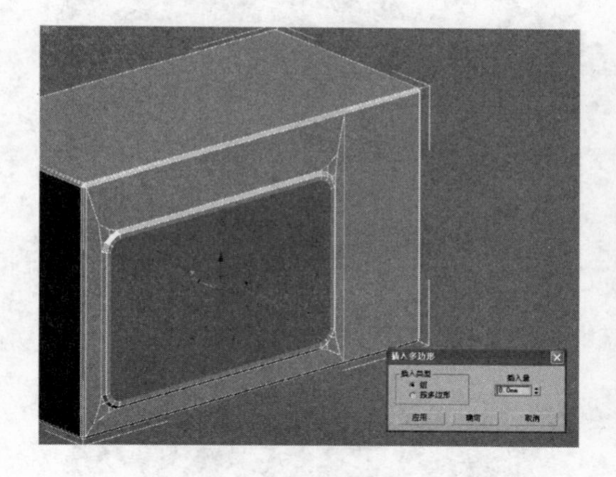

图 7-148　插入参数与完成效果

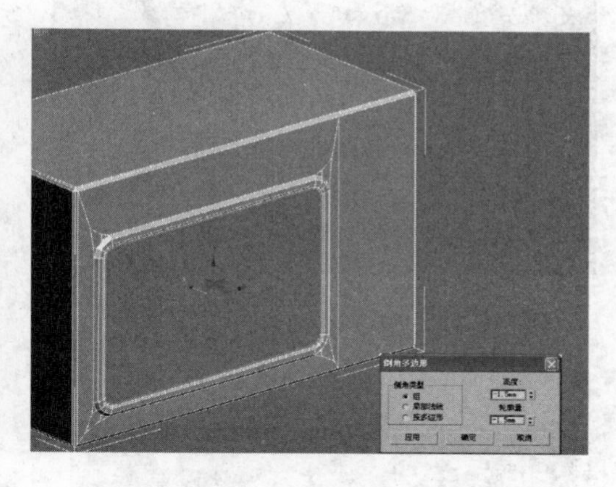

图 7-149　倒角参数与完成效果

09 对当前所选择的多边形执行【插入】命令，以细化出玻璃的造型，具体参数设置与完成效果如图 7-150 所示，然后向内挤出玻璃造型，如图 7-151 所示。

10 为了方便指定材质，选择最内部的多边形如图 7-152 所示，单击【编辑几何体】卷展栏中的【分离】按钮，分离玻璃模型。隐藏分离的玻璃模型，可以看到微波炉内部没有面，如图 7-153 所示。按 4 键进入【多边形】层级，选择其侧面、背面以及底部的所有多边形面。

11 为选择的多边形面添加【壳】修改命令，如图 7-154 所示，制作出微波炉厚度。

12 制作微波炉内部的网架模型。按 T 键切入至顶视图，参考微波炉内腔大小，创建一个【平面】物体，如图 7-155 所示。为平面物体添加【晶格】修改命令，得到网架的模型效果，如图 7-156 所示。

13 制作微波炉底部的支撑脚造型。选择如图 7-157 所示底面多边形，为其添加【插入】命令，制作出底部支撑脚的平面造型如图 7-158 所示，然后添加【倒角】命令，挤出支撑脚造型如图 7-159 所示。

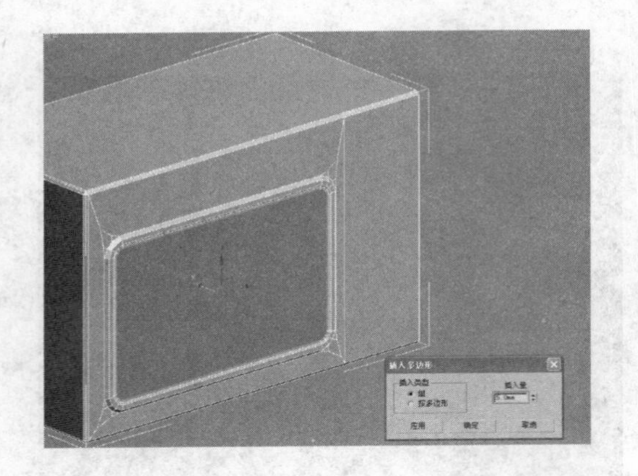

图 7-150　插入参数与完成效果

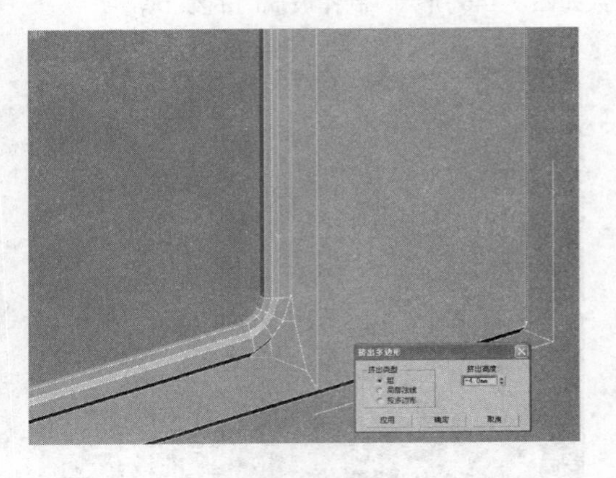

图 7-151　挤出参数与完成效果

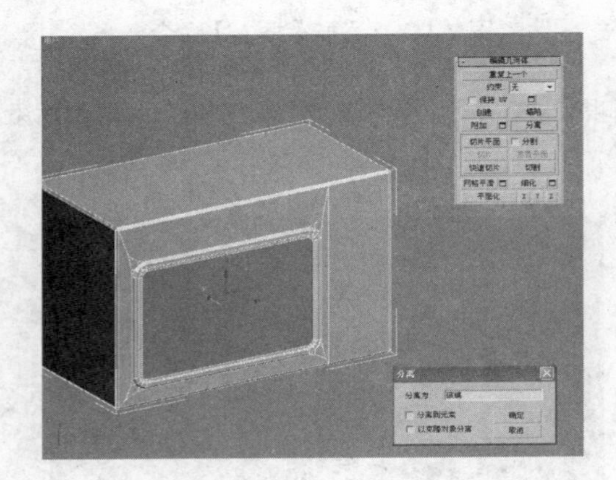

图 7-152　分离玻璃模型

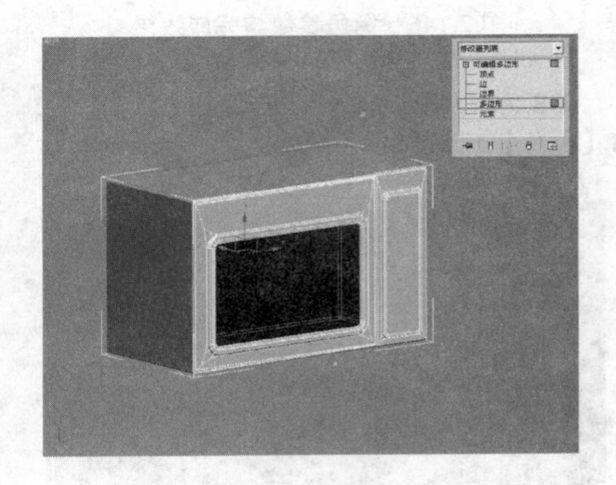

图 7-153　选择三面多边形

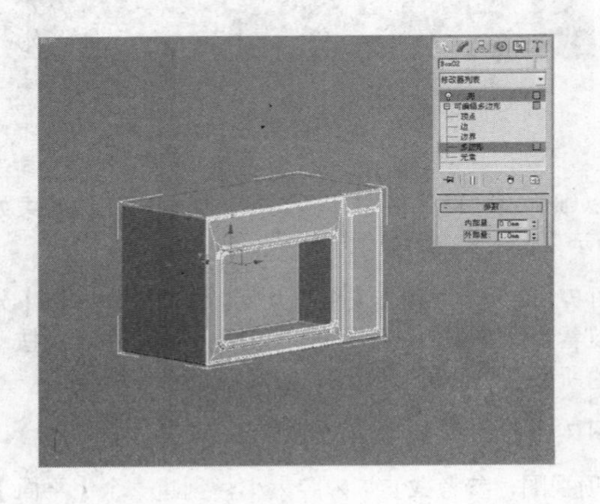

图 7-154　添加壳修改命令

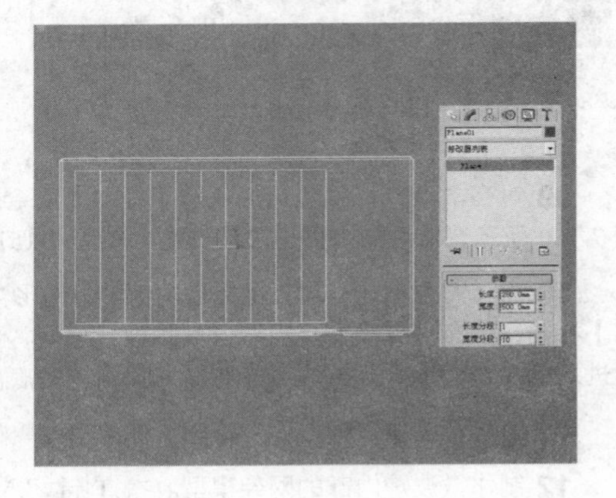

图 7-155　创建平面物体

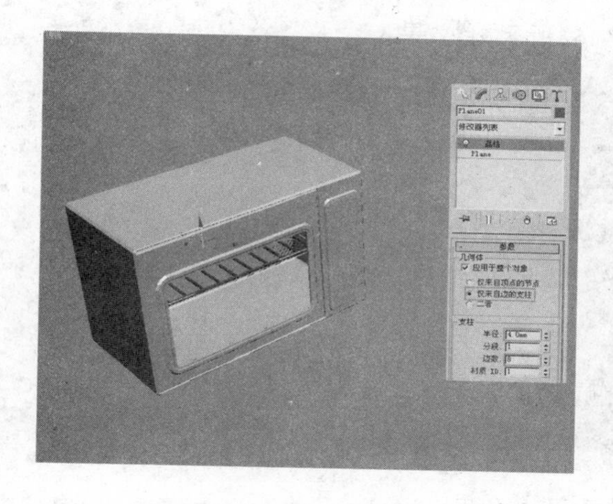

图 7-156　添加【晶格】修改

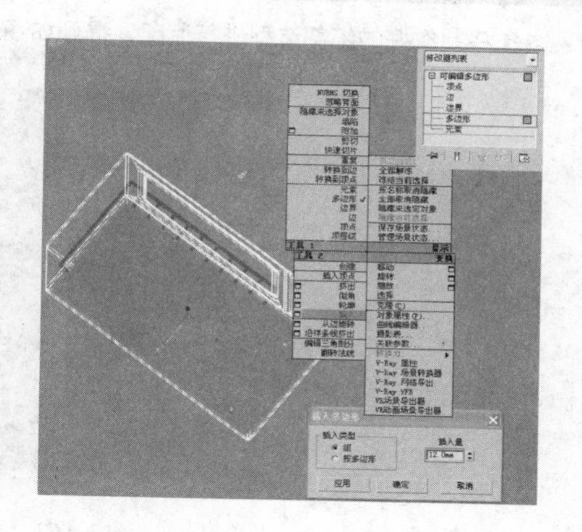

图 7-157　添加【插入】命令

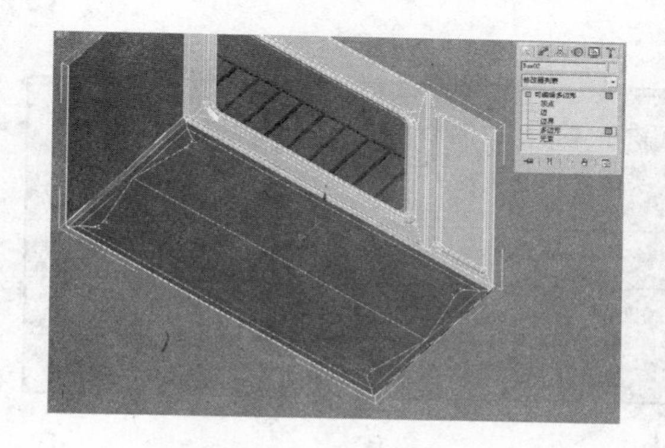

图 7-158　创建支撑脚平面

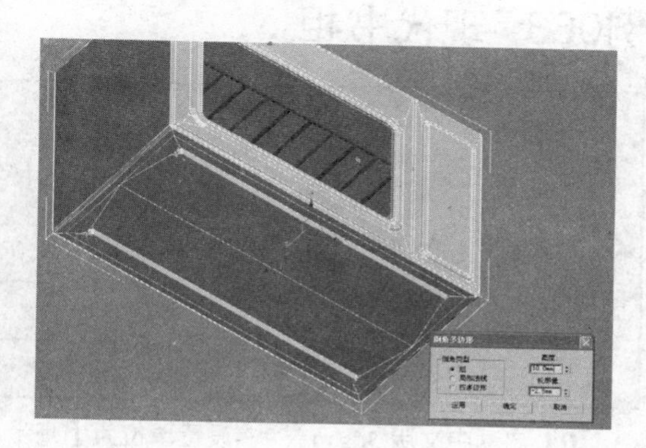

图 7-159　倒角参数与完成效果

14 使用同样的方法，制作出微波炉右侧的控制面板，如图 7-160 所示。然后利用【长方形】、【圆】以及【文字】等二维创建工具，结合【倒角】、【挤出】等常用修改命令，制作出如图 7-161 所示的微波炉细部配件造型。

图 7-160　细化造型

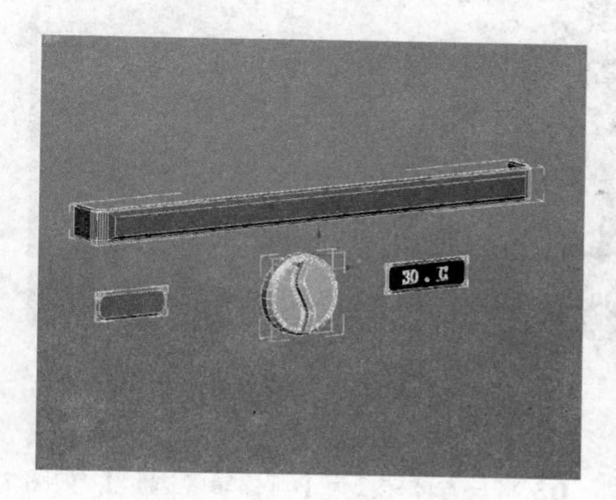

图 7-161　微波炉细部配件造型

15 将制作好的细部造型进行装配，得到如图 7-162 所示最终效果。

图 7-162　微波炉最终效果

例063　现代书柜

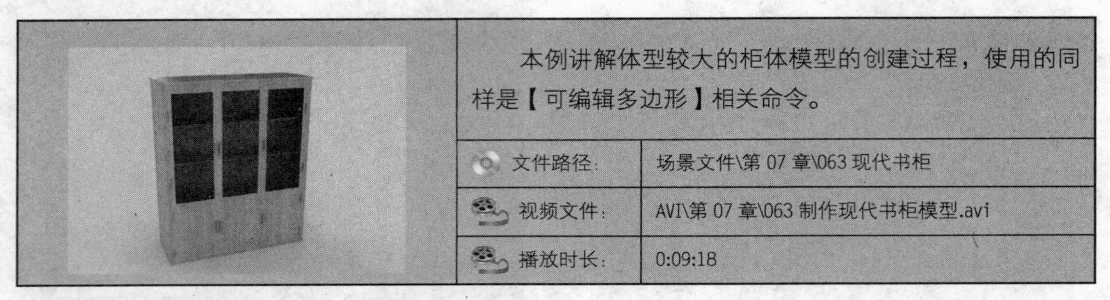

本例讲解体型较大的柜体模型的创建过程，使用的同样是【可编辑多边形】相关命令。

文件路径:	场景文件\第 07 章\063 现代书柜
视频文件:	AVI\第 07 章\063 制作现代书柜模型.avi
播放时长:	0:09:18

01 启动中文版 3ds max 9，设置单位为【毫米】。

02 参考现实生活中书柜的长、宽、高，在前视图中创建一个如图 7-163 所示大小的【长方体】。

图 7-163　创建长方体

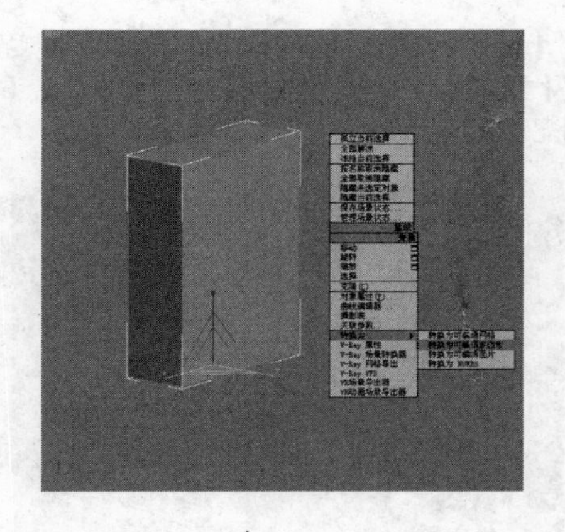

图 7-164　转换为可编辑多边形

03 将长方体转换为【可编辑多边形】，如图 7-164 所示。按 4 键进入【多边形】层级，选择顶面的多边形，令连续三次进行倒角，做出顶板细节，如图 7-165 所示。

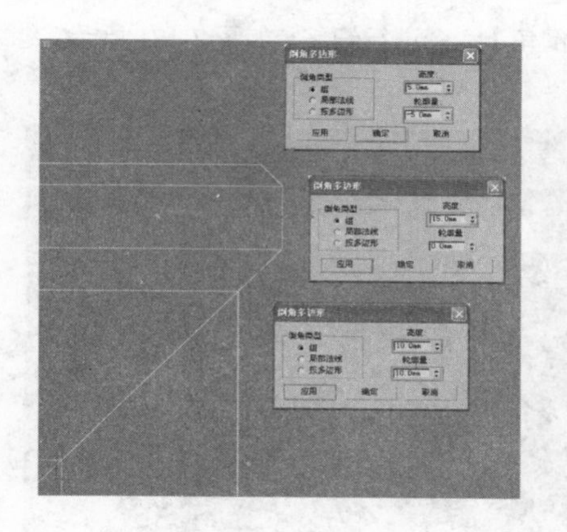

图 7-165　倒角

图 7-166　选择多边形

04 选择图 7-166 所示的侧面多边形（另一侧的多边形也同时被选取），添加【插入】命令，设置参数如图 7-167 所示，得到较小的多边形。继续添加【倒角】，制作出侧面的细节效果，如图 7-168 所示。

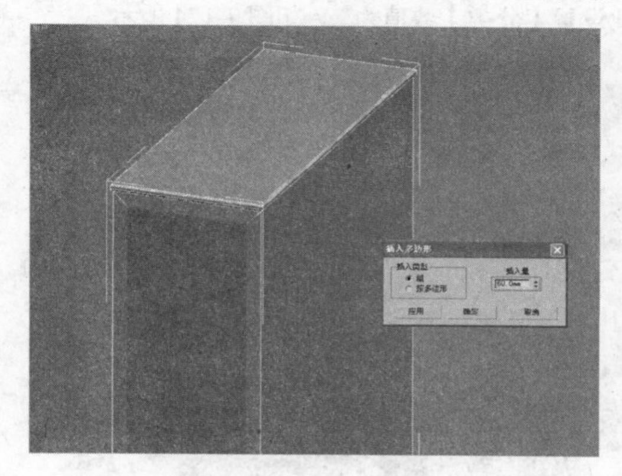

图 7-167　插入多边形

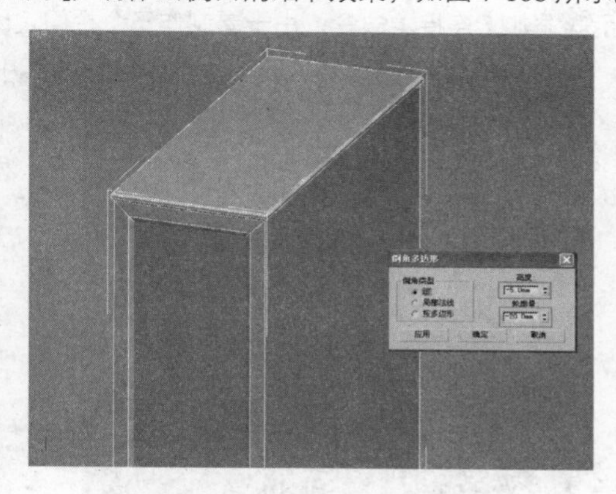

图 7-168　制作侧面倒角细节

05 制作书柜正面细节。选择正面的多边形，添加【插入】命令，得到较小的多边形，如图 7-169 所示。继续添加【倒角】命令，向内进行挤压，生成正面细节，如图 7-170 所示。

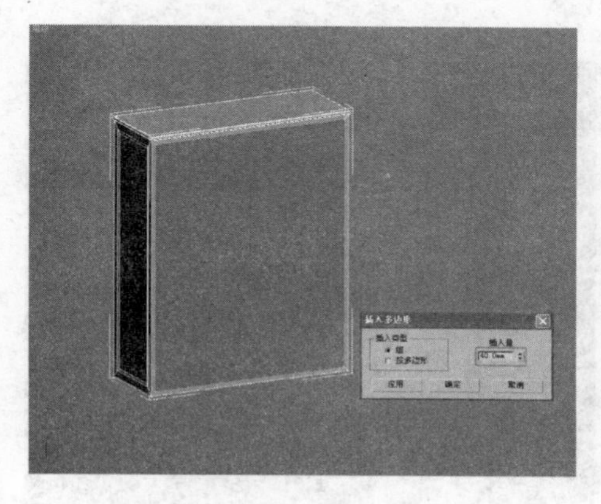

图 7-169　插入多边形

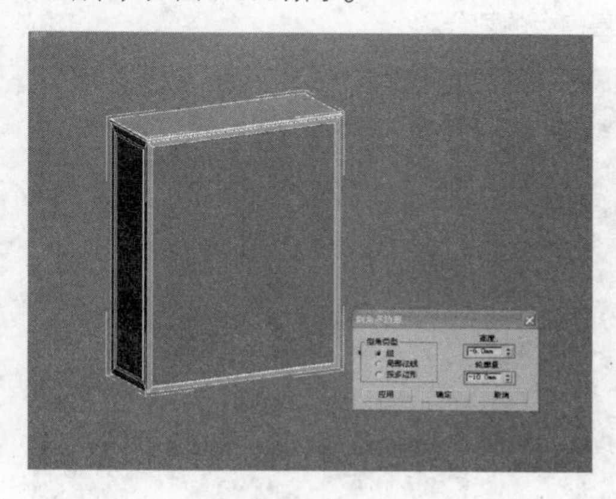

图 7-170　添加倒角

06 使用同样的方法，选择书柜底面多边形，添加【倒角】命令进行细化，如图 7-171 所示。继续进行【倒角】，制作书柜底座造型，如图 7-172 所示。

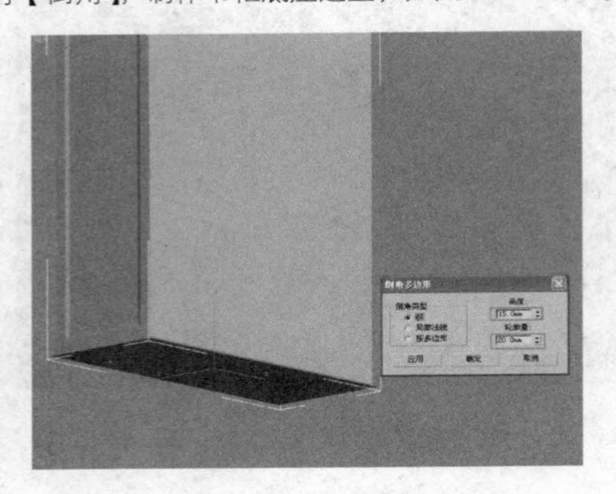

图 7-171　添加【倒角】命令

图 7-172　书柜底座造型

07 细化书柜正面的造型。按 2 键进入其【边】层级，选择正面多边形上下两条横向边线，如图 7-173 所示。添加【连接】命令，由于要制作三个柜门，因此设置【分类】数值为 2，如图 7-174 所示。

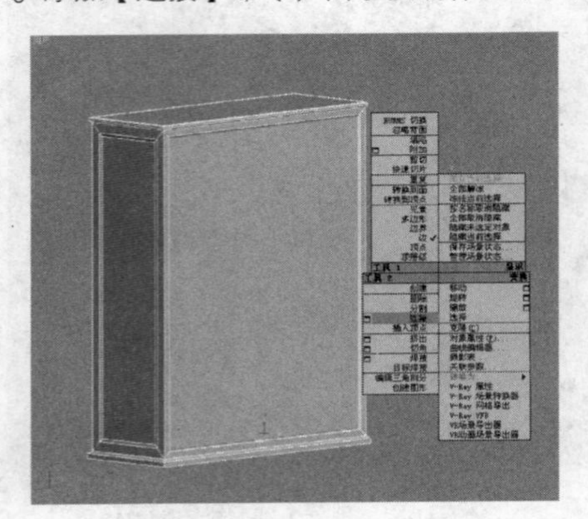

图 7-173　选择横向边线

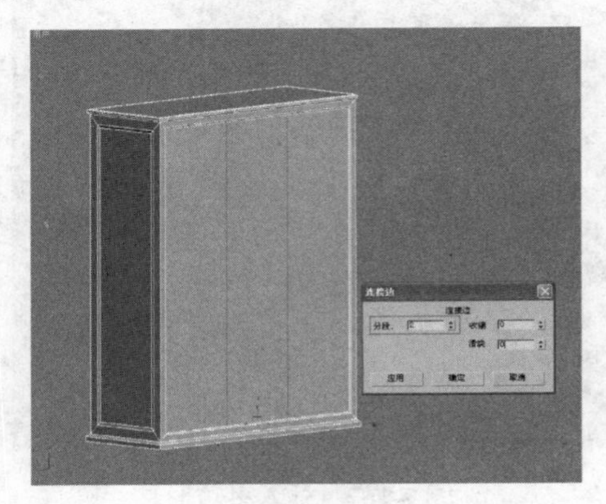

图 7-174　添加【连接】命令

08 选择正面多边形的四条竖向边，如图 7-175 所示，再次通过【连接】命令，完成书柜正面上、下二层门板的划分。

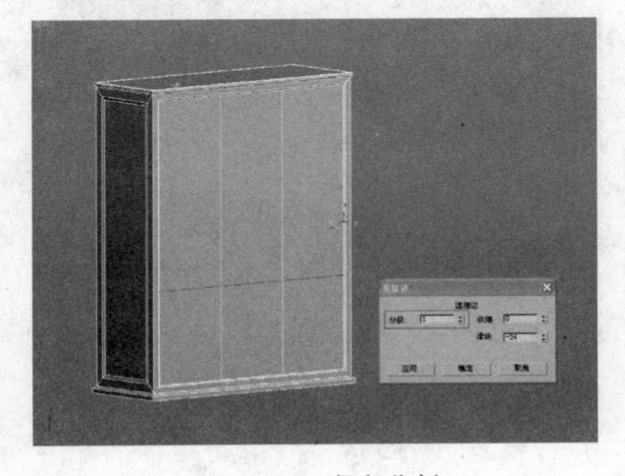

图 7-175　竖向分割

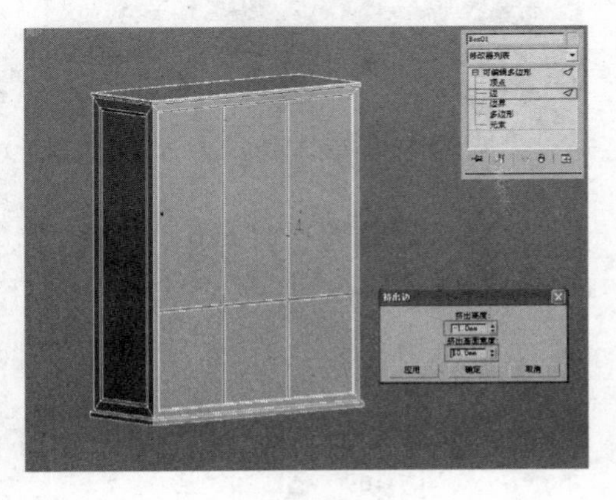

图 7-176　边挤出

09 细化书柜柜门。选择使用【连接】命令生成的三条边，添加【挤出】命令，往内挤出一些厚度，如图 7-176 所示。选择挤出边线中所有处于中间的边线，如图 7-177 所示，添加【切角】命令，完成柜门与柜板连接细节效果制作。

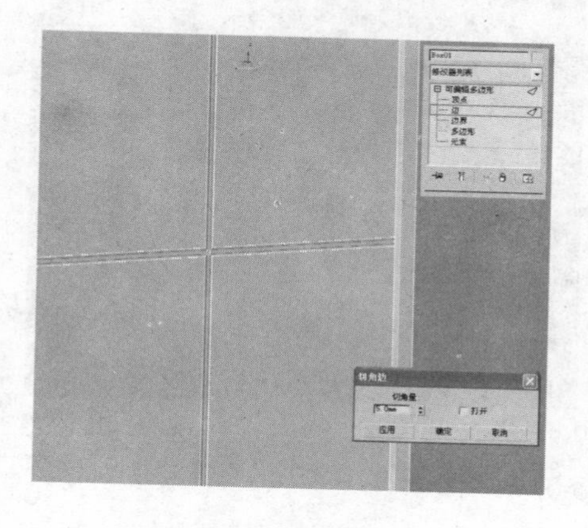

图 7-177　切角边

图 7-178　添加【插入】命令

10 制作柜门造型。按 4 键进入【多边形】层级，选择正面内部的多边形，添加【插入】命令，得到内部较小的多边形面，如图 7-178 所示。继续为其添加【倒角】命令，完成柜门的厚度的创建，如图 7-179 所示。

图 7-179　创建倒角

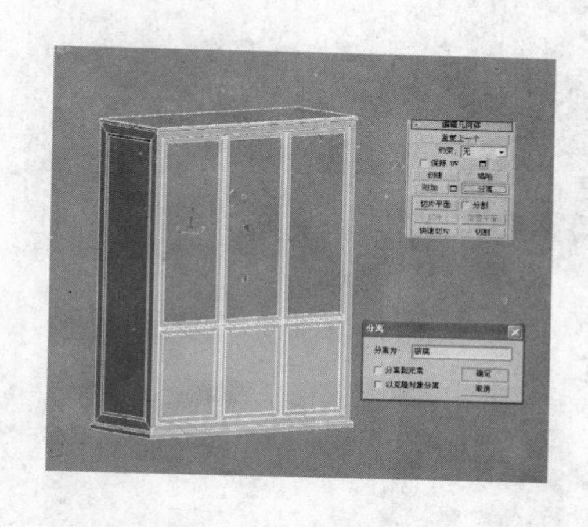

图 7-180　分离柜门玻璃

11 选择上部柜门造型中的中心多边形，进入其【编辑几何体】卷展栏，单击【分离】按钮，在弹出的对话框中将其命名为"玻璃"，分离出柜门中的玻璃模型，如图 7-180 所示。隐藏"玻璃"模型，可以发现书柜造型内部不可见，如图 7-181 所示。

12 按 4 键进入【多边形】层级，选择书柜两侧以及背面的多边形，如图 7-181 所示。然后添加【壳】修改命令，如图 7-182 所示。再将书柜整体造型转换为【可编辑多边形】。

13 制作书柜内部的搁板造型。选择书柜内部背面的多边形，单击【分离】按钮将其分离，如图 7-183 所示。然后利用【连接】与【挤出】命令完成搁板的制作。如图 7-184 所示。

14 完成的书柜整体造型如图 7-185 所示，可以看到还缺少拉手与合页连接部件。因此再利用【线】、

【圆】绘图工具以及【可编辑多边形】编辑命令，完成如图 7-186 所示的细节部件造型的制作。

图 7-181　选择多边形

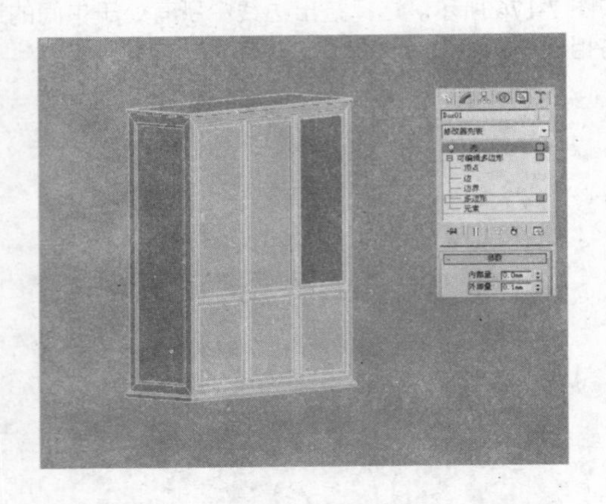

图 7-182　添加【壳】修改

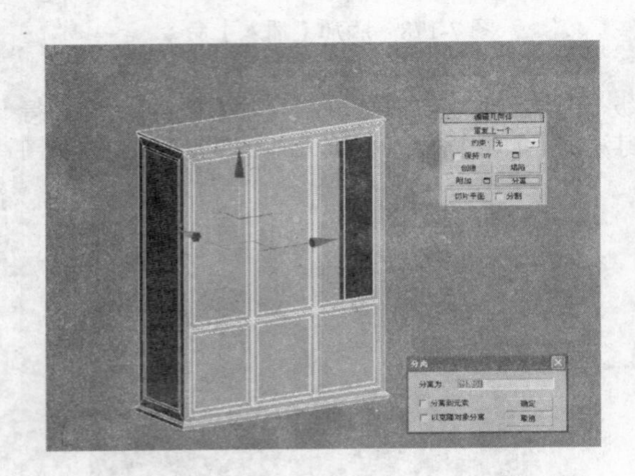

图 7-183　分离背面多边形

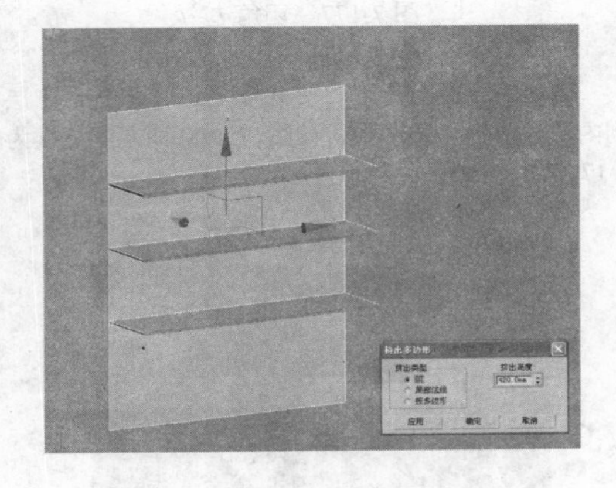

图 7-184　制作书柜搁板造型

图 7-185　当前书柜造型

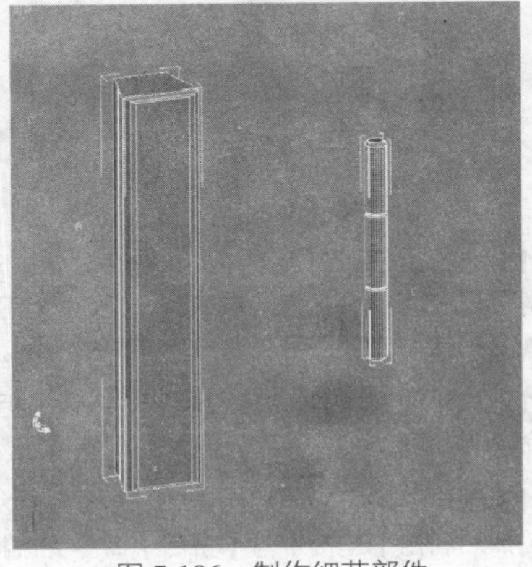

图 7-186　制作细节部件

15 完成的书柜造型如图 7-187 所示。

图 7-187　书柜最终效果

例064　客厅组合柜

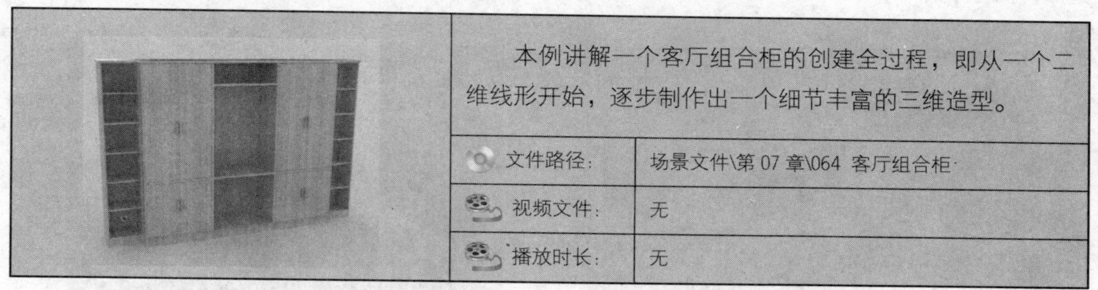

本例讲解一个客厅组合柜的创建全过程，即从一个二维线形开始，逐步制作出一个细节丰富的三维造型。

文件路径:	场景文件\第 07 章\064 客厅组合柜
视频文件:	无
播放时长:	无

01 启动中文版 3ds max 9，设置单位为【毫米】。

02 参考客厅组合柜的长与宽，在顶视图利用【矩形】工具创建一个矩形，如图 7-188 所示。

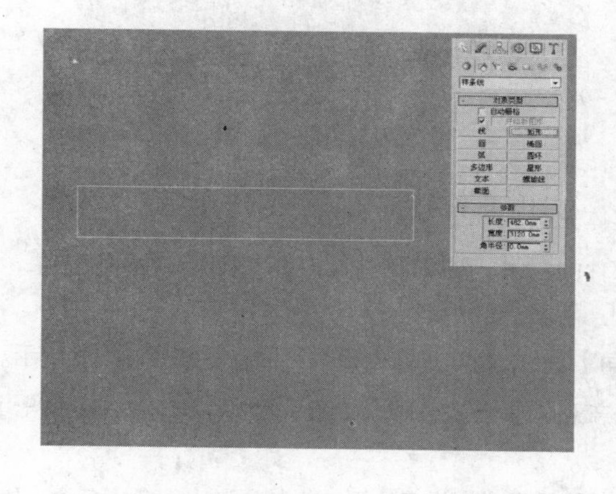

图 7-188　创建矩形

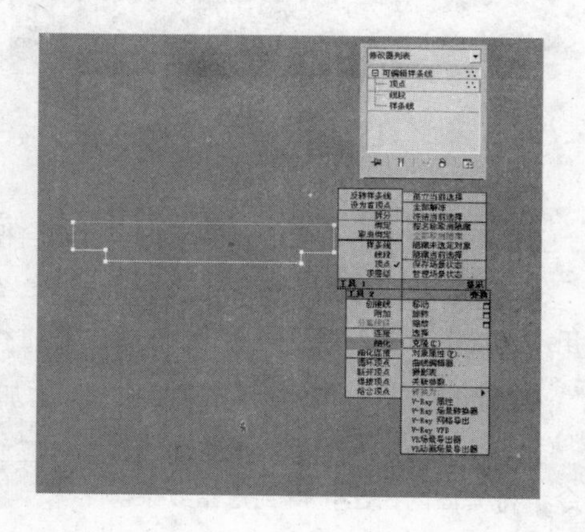

图 7-189　细化平面造型

03 将矩形转换为【可编辑样条线】，按 1 键进入其【顶点】层级，通过【细化】点的方式，调整图形形状如图 7-189 所示，然后添加【倒角】修改，完成顶板造型的制作，如图 7-190 所示。

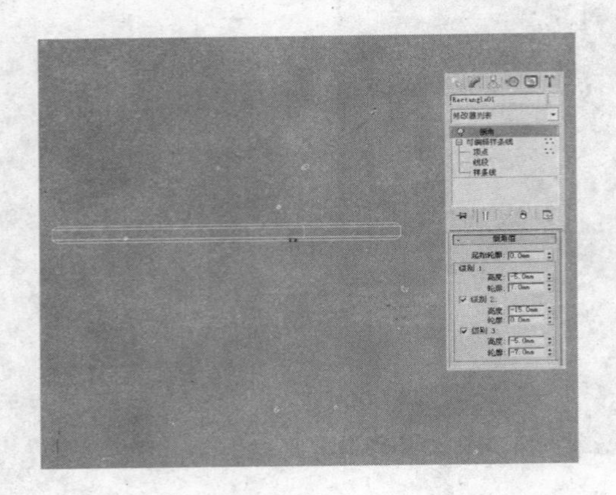

图 7-190　添加【倒角】命令

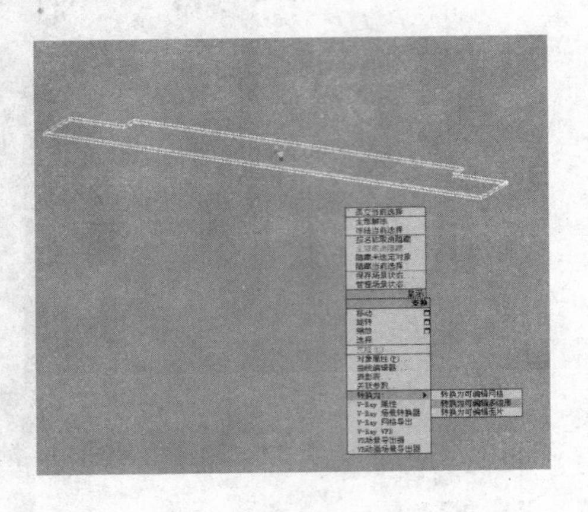

图 7-191　转换为可编辑多边形

04 将顶板造型转换为可编辑多边形，如图 7-191 所示。按 4 键进入【多边形】层级，选择底部的多边形，执行【插入】命令，得到内部较小的多边形面，如图 7-192 所示。

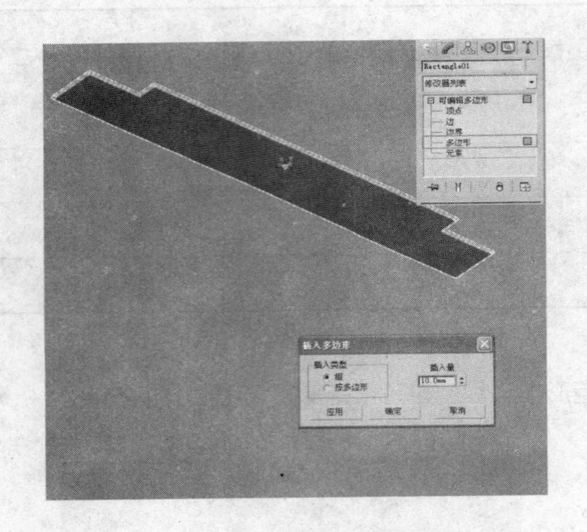

图 7-192　插入多边形

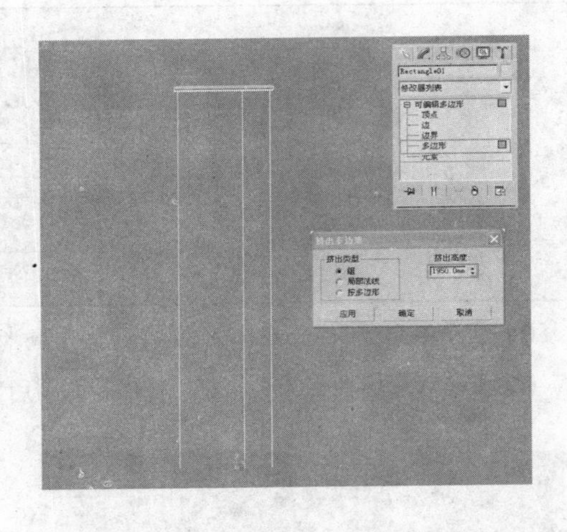

图 7-193　挤出整体轮廓

05 添加【挤出】命令，制作出客厅组合框的整体轮廓，如图 7-193 所示。

06 在其整体轮廓造型的基础上，进行各细节部件的制作。按 2 键进入【边】层级，在前视图中，使用【连接】命令，对正面最外侧的多边形进行分割，如图 7-194 所示。

07 选择如图 7-195 所示的各条边线，添加【切角】命令，制作正面柜板的平面造型如图 7-196 所示。

08 按 4 键进入【多边形】层级，选择正面中心部位的 3 个多边形，如图 7-197 所示，添加【挤出】命令，将其往内挤出，得到挖空效果。

09 制作正面柜门外侧面倒角细节。选择如图 7-198 所示的柜板多边形，为其添加【倒角】命令，如图 7-199 所示。

10 制作正面柜门的细节。选择如图 7-200 所示的正面内部多边形，添加【倒角】命令，如图 7-201 所示。

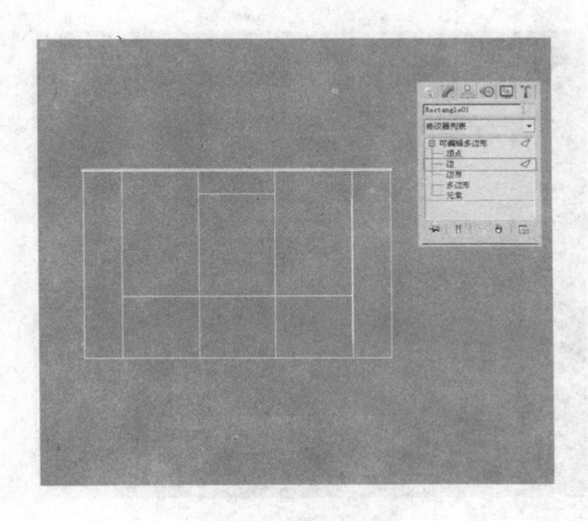

图 7-194　分割正面多边形

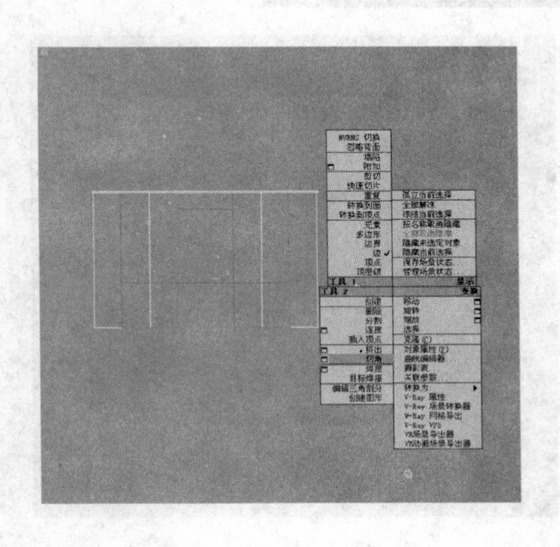

图 7-195　选择边线

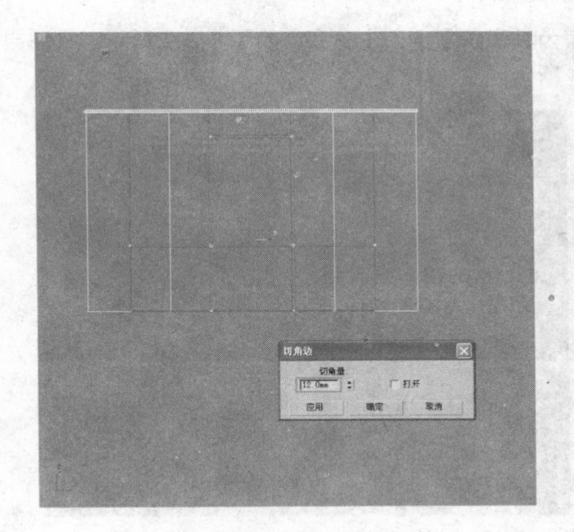

图 7-196　切角边

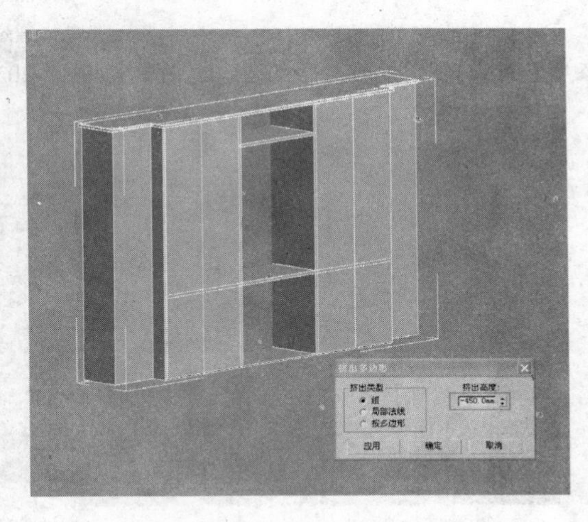

图 7-197　挤出多边形

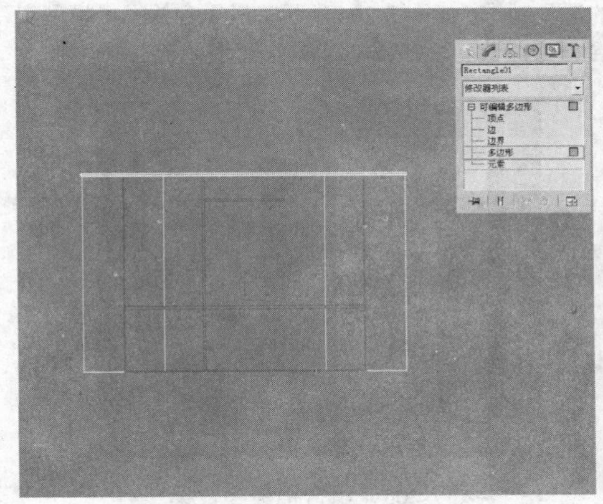

图 7-198　选择多边形

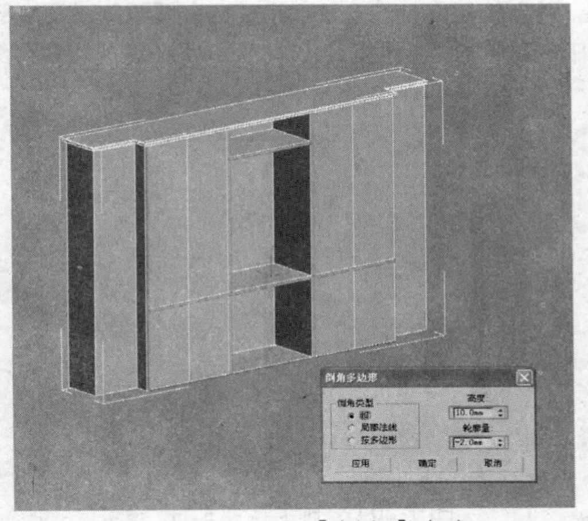

图 7-199　添加【倒角】命令

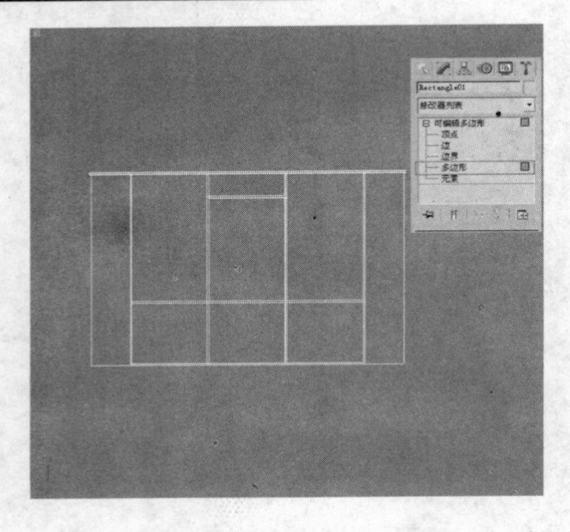

图 7-200 选择内侧多边形

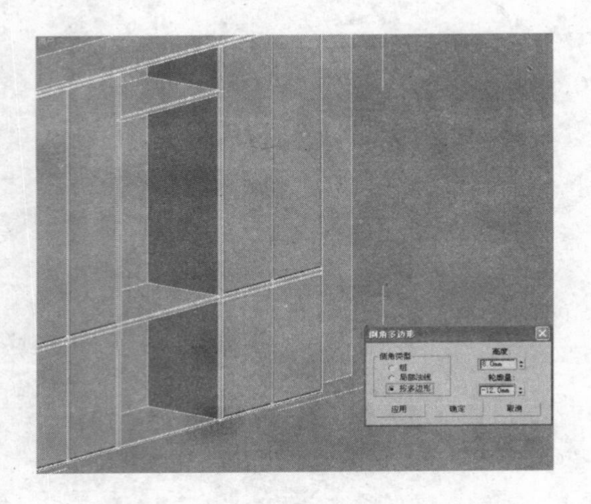

图 7-201 倒角多边形

11 制作柜门细节。保持上一步所选多边形，继续为其添加【插入】命令，如图 7-202 所示。最后再添加【倒角】命令，完成柜门造型的制作，如图 7-203 所示。

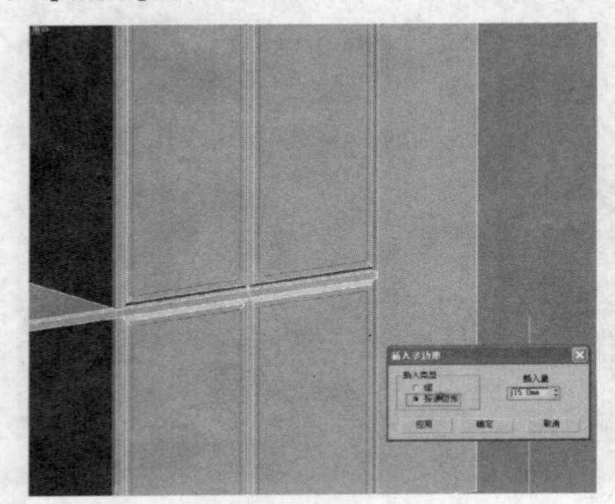

图 7-202 插入多边形

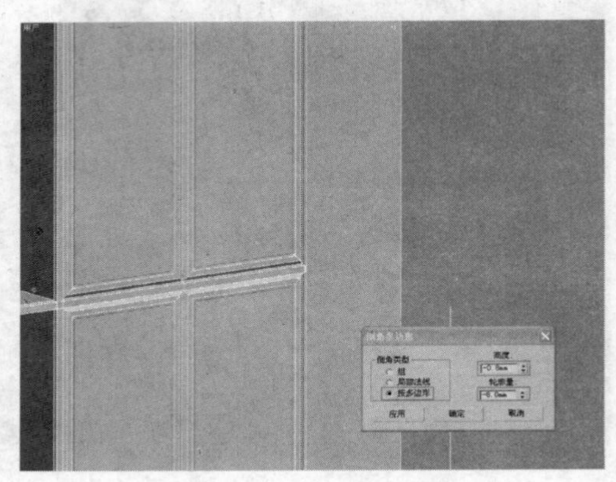

图 7-203 倒角多边形

12 使用同样的方法，完成组合框两侧以及底部的造型制作，如图 7-204 所示，最后合并书柜模型实例中创建的拉手模型，通过比例调整，完成的客厅组合柜最终造型，如图 7-205 所示。

图 7-204 制作其他部件

图 7-205 组合柜最终效果

例065　欧式单椅

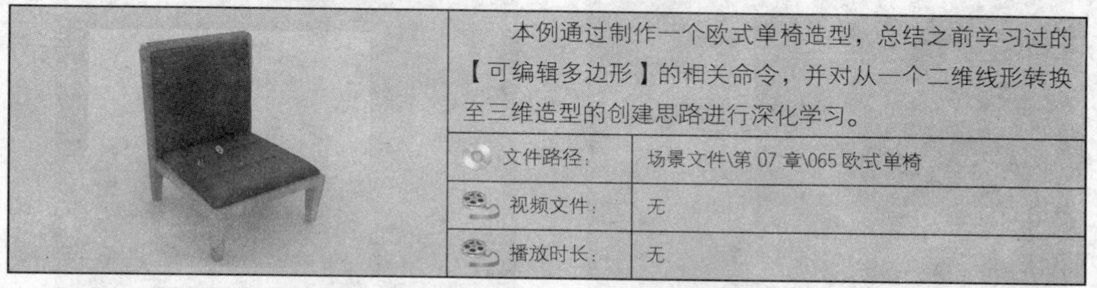

本例通过制作一个欧式单椅造型，总结之前学习过的【可编辑多边形】的相关命令，并对从一个二维线形转换至三维造型的创建思路进行深化学习。	
文件路径：	场景文件\第 07 章\065 欧式单椅
视频文件：	无
播放时长：	无

01 启动中文版 3ds max 9，设置单位为【毫米】。

02 参考现实中椅子大小，在顶视图创建一个【长方体】模型，如图 7-206 所示。为了进行后期编辑加工，将其转换为【可编辑多边形】，如图 7-207 所示。

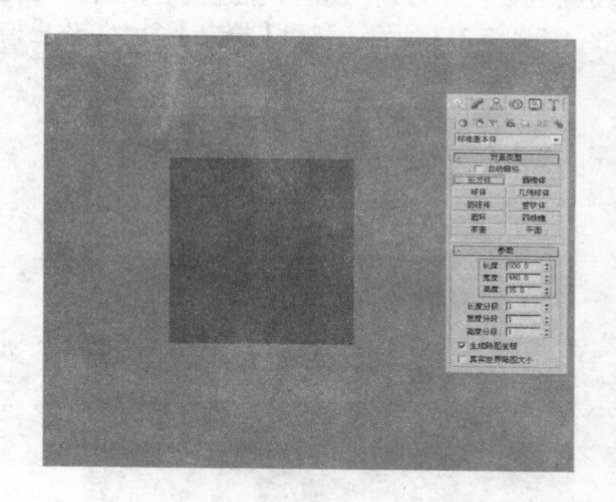

图 7-206　创建长方体

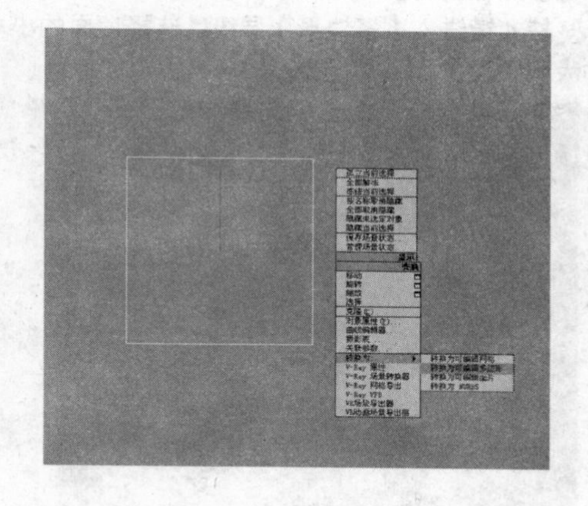

图 7-207　转换为可编辑多边形

03 制作椅腿造型。按 2 键进入【边】层级，选择底面的两条横向边，如图 7-208 所示。利用【连接】命令进行分割，再选择底面四条竖向边，利用【连接】命令完成最终分割，如图 7-209 所示。

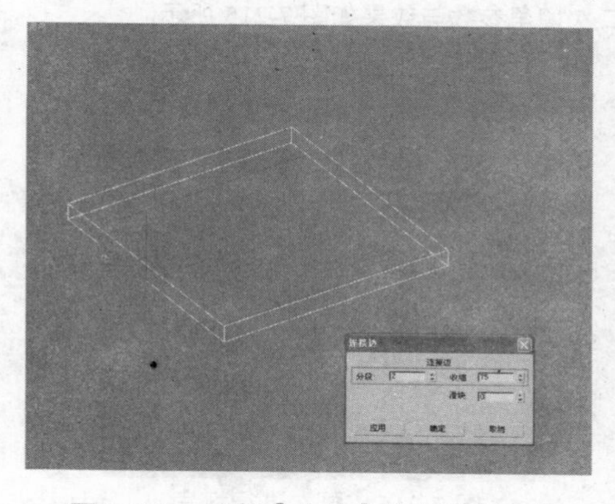

图 7-208　添加【连接】命令进行分割

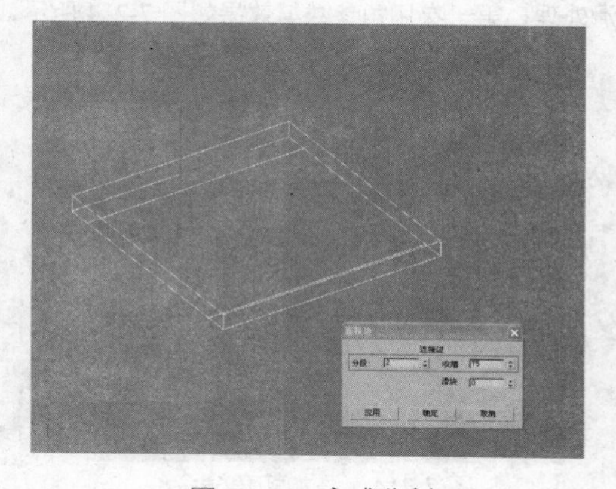

图 7-209　完成分割

04 按 4 键进入【多边形】层级，选择如图 7-210 所示四角位置的底面小多边形，添加【倒角】命令

制作出椅腿造型，如图 7-211 所示。

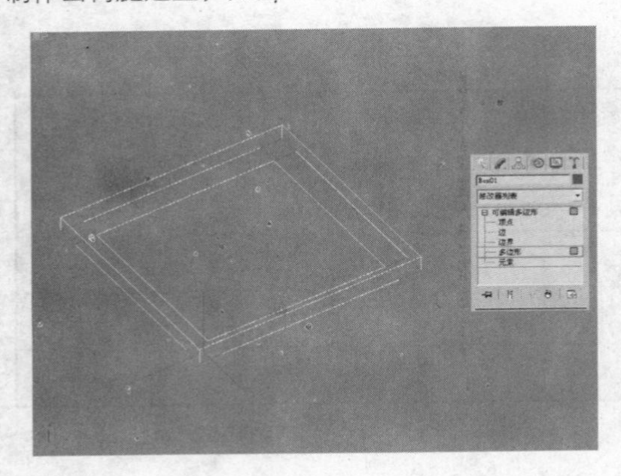

图 7-210　选择多边形

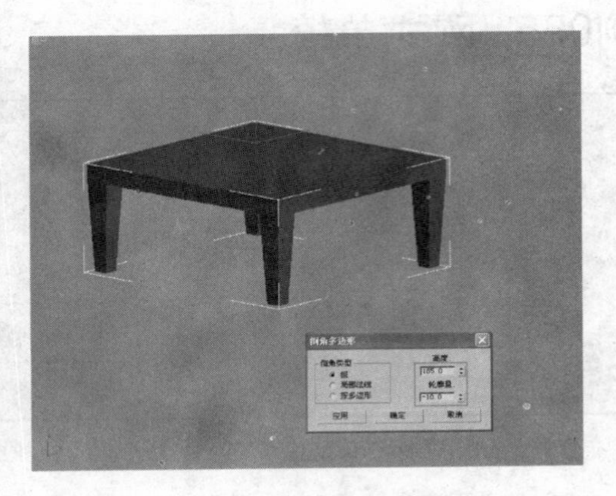

图 7-211　倒角多边形

05 制作椅背。按 2 键进入【线】层级，选择顶面多边形左右两条边线，创建 1 条连接边，如图 7-212 所示。按 4 键进入【多边形】层级，选择顶面的小多边形，如图 7-213 所示，利用【挤出】命令制作出椅背的大致造型。

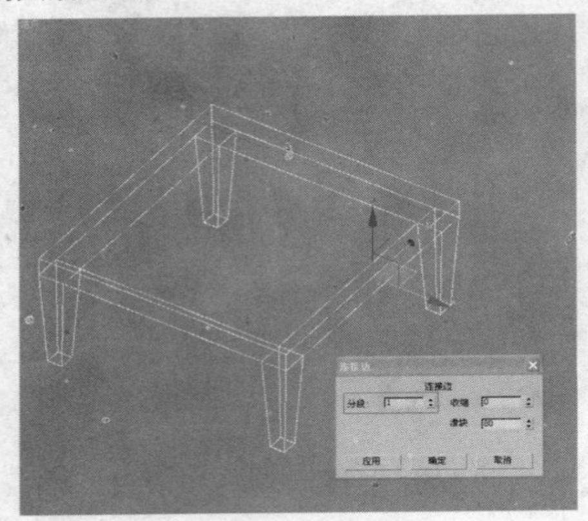

图 7-212　创建连接边

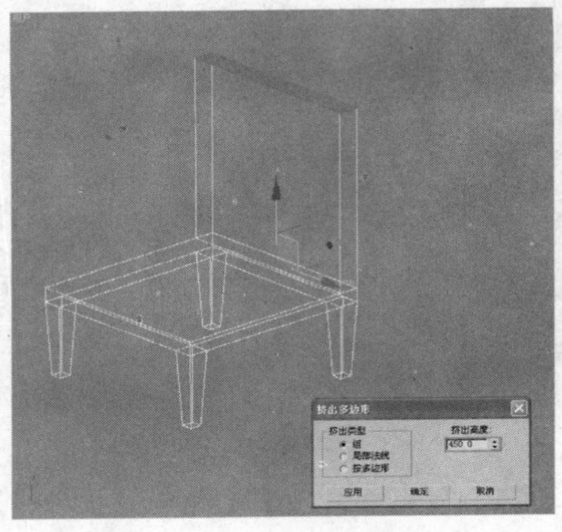

图 7-213　挤出椅背

06 按 2 键进入【边】层级，选择椅背多边形上方两侧的边线，连续两次添加【切角】修改，进行圆滑处理，第一次切角参数与效果如图 7-214 所示，第二次切角参数与效果如图 7-215 所示。

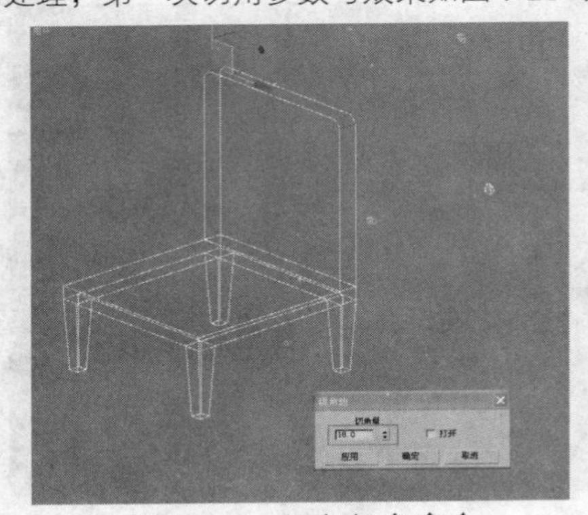

图 7-214　添加切角命令

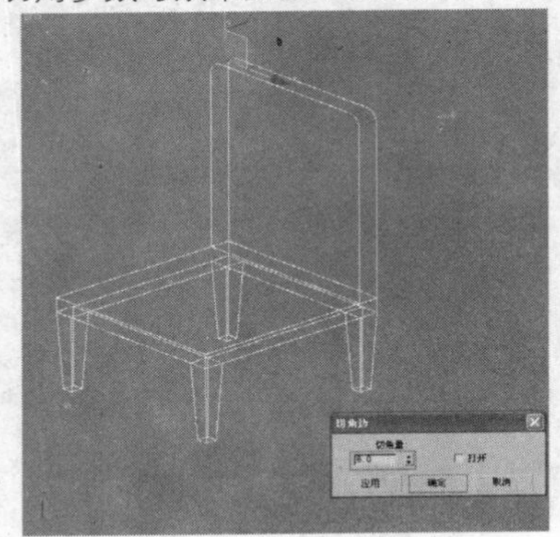

图 7-215　再次进行切角

07 椅背造型有一定的倾斜角度，因此选择其上部的顶点，利用移动工具向后略微移动，如图 7-216

所示。

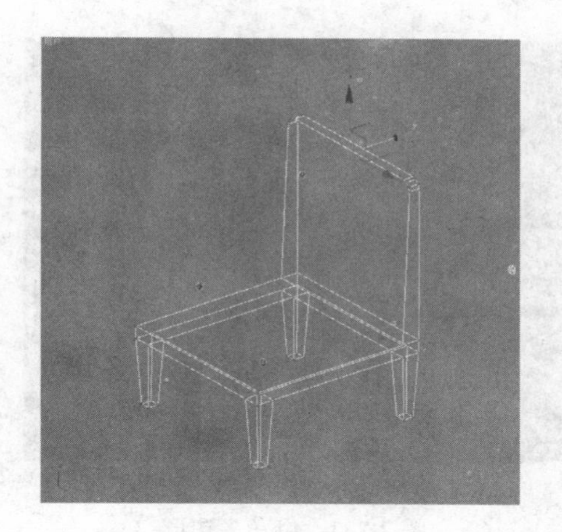

图 7-216　移动顶点

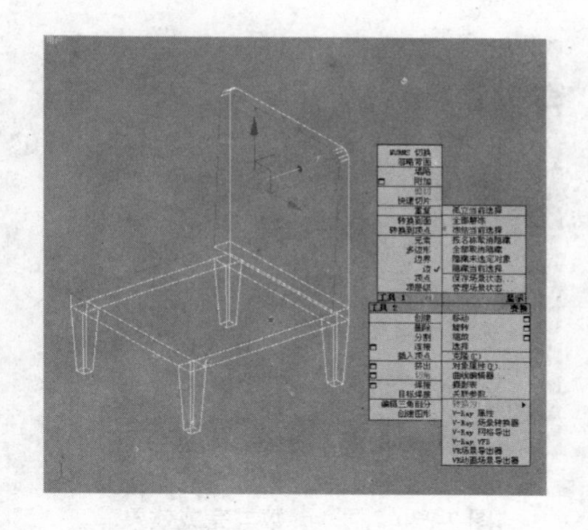

图 7-217　选择侧边添加切角

08 制作椅身细节。选择如图 7-217 所示的侧边，添加【切角】修改，切角参数和效果如图 7-218 所示，完成单椅边角细节的制作。

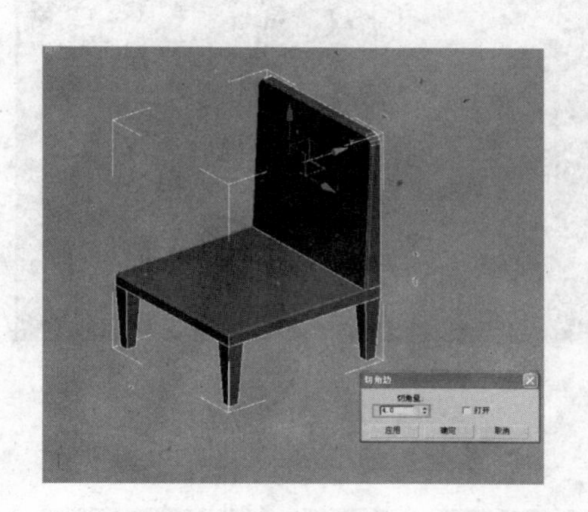

图 7-218　切角参数与完成效果

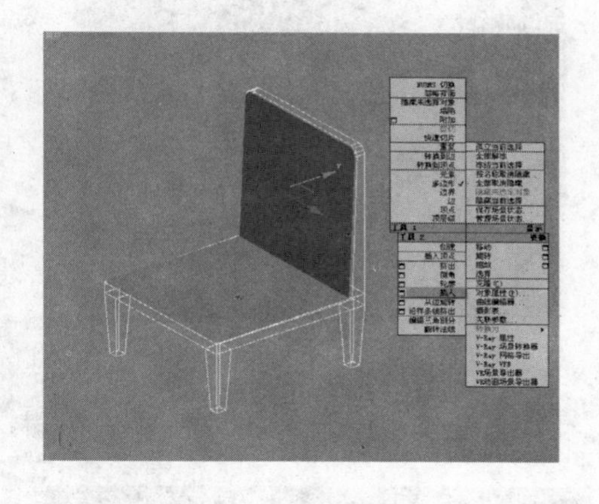

图 7-219　添加【插入】命令

09 选择椅身上的多边形面，如图 7-219 所示，为其添加【插入】命令。

10 插入参数设置与完成效果如图 7-220 所示，为插入生成的多边形添加【倒角】修改，制作椅面和椅背内凹效果，如图 7-221 所示。

11 经过以上细节处理后的椅身整体造型如图 7-222 所示。接下来进行坐垫模型的制作，选择如图 7-223 所示的多边形，将其从椅身分离，用于创建坐垫。

12【挤压】分离的多边形，如图 7-224 所示。按 2 键进入【边】层级，使用【连接】命令完成坐垫模型的分割布线，如图 7-225 所示。

13 按 L 键切换至左视图，按 1 键进入【顶点】级别，移动顶点调整坐垫的形态，如图 7-226 所示，得到如图 7-227 所示效果。

14 按 2 键切换至【边】层级，在顶视图内选择如图 7-228 的示的线段，使用【连接】命令添加连接边，如图 7-229 所示。

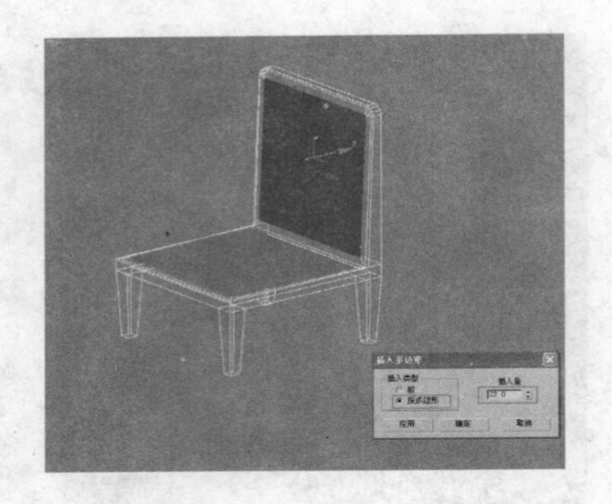

图 7-220　插入参数与完成效果

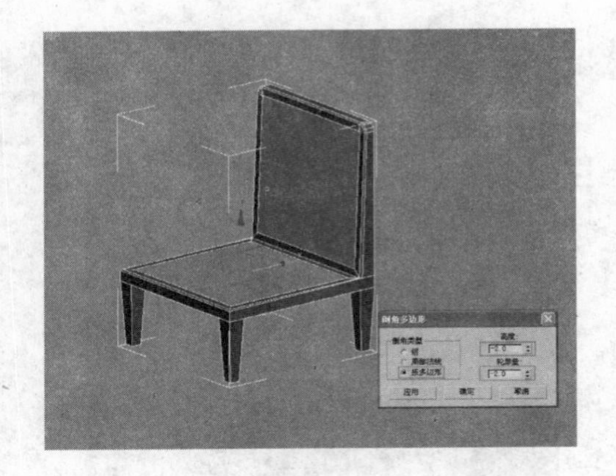

图 7-221　倒角多边形

图 7-222　当前椅身造型

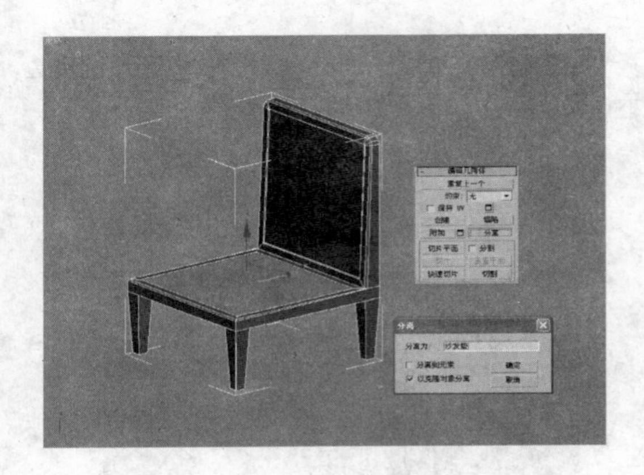

图 7-223　分离多边形

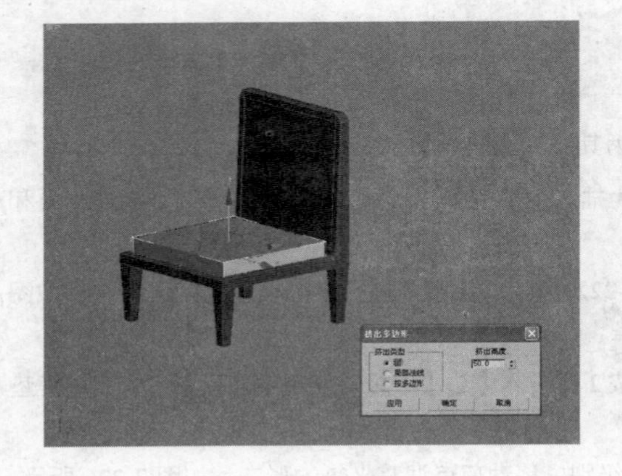

图 7-224　添加【挤出】命令

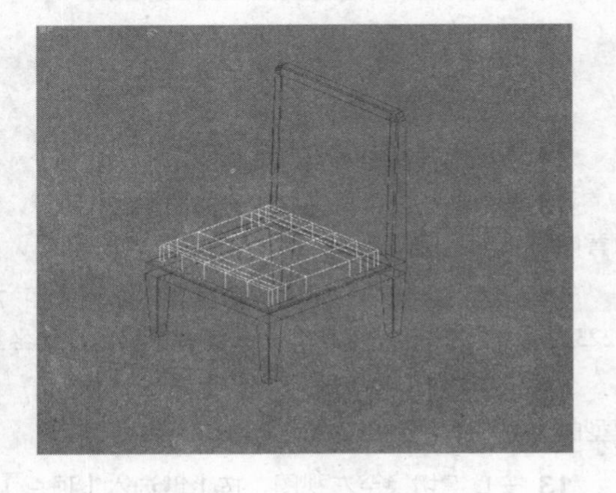

图 7-225　分割坐垫多边形

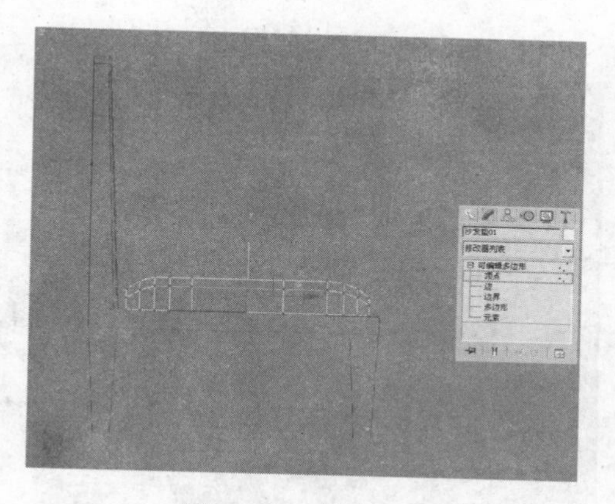

图 7-226　移动顶点

图 7-227　调整造型

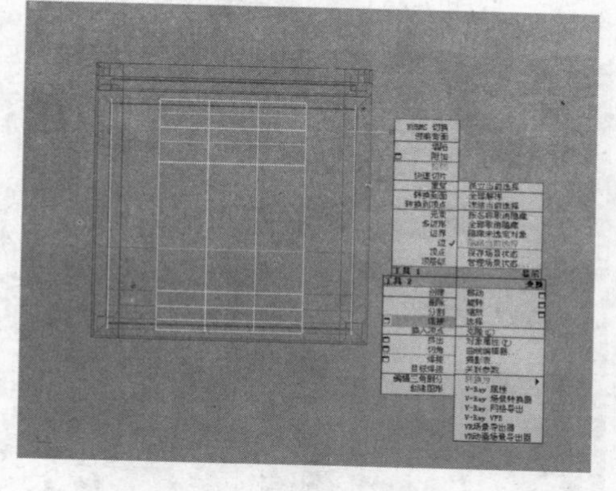

图 7-228　添加【连接】命令

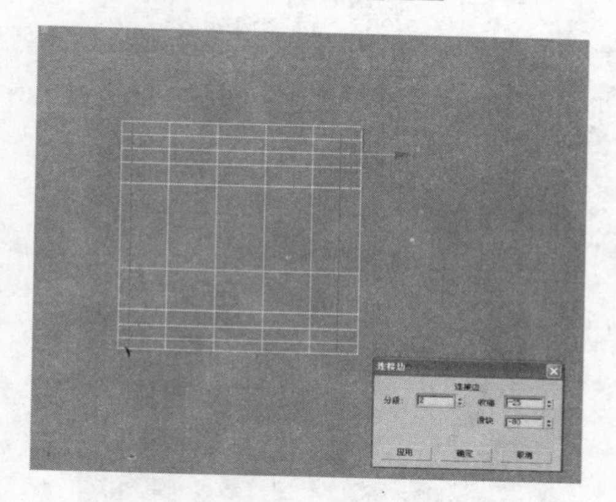

图 7-229　创建连接边

15 按 1 键返回【顶点】层级，进入前视图调整顶点的形态如图 7-230 所示，直至得到如图 7-231 所示的坐垫效果。

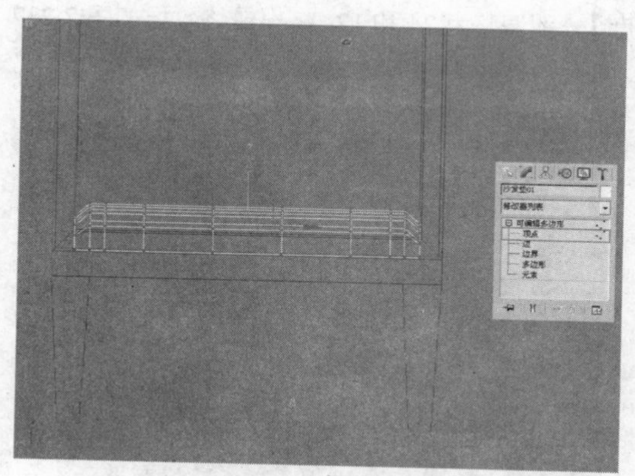

图 7-230　调整顶点形态

图 7-231　当前坐垫造型

16 按 2 键切入【边】层级，选择如图 7-232 所示的一圈边线，使用【连接】命令完成一次分割，如图 7-233 所示。

17 选择创建的连接边，在透视图中利用缩放工具将其略微向外扩张，使坐垫外形更为圆滑、饱满，如图 7-234 所示。按 1 键切入【顶点】层级，选择坐垫顶面内部的八个顶点，如图 7-235 所示，执行快捷菜单中的【挤出】命令，以制作坐垫内陷细节效果。

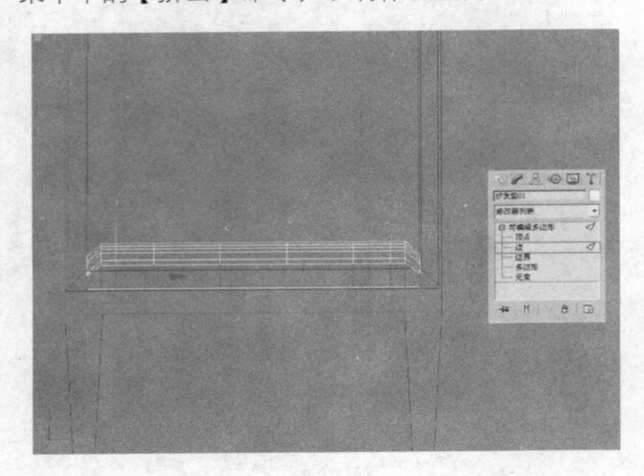

图 7-232　选择边线

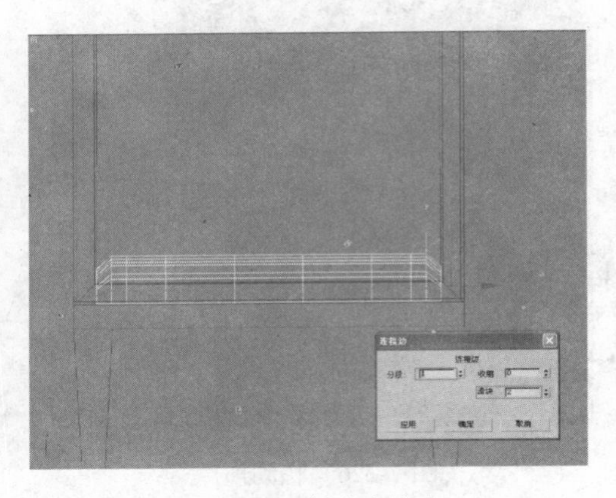

图 7-233　创建连接边

图 7-234　外扩连接边

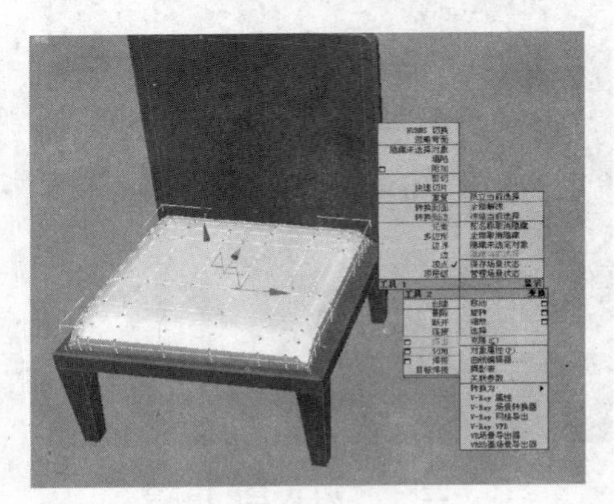

图 7-235　添加挤出命令

18 本例需要连续对选择的顶点进行 3 次【挤出】，第一次挤出参数与效果如图 7-236 所示，第二次和第三次的都不再设置【挤出高度】，仅将【挤出基面宽度】分别调整为 24 和 12，挤出最终效果如图 7-237 所示。

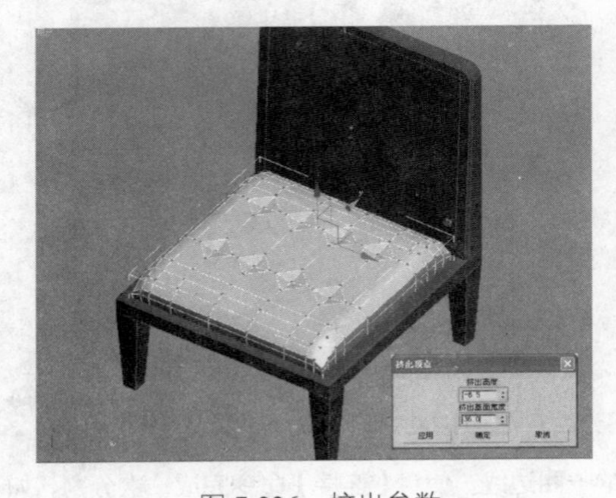

图 7-236　挤出参数

图 7-237　挤出完成效果

19 制作坐垫的线缝。按 2 键切换到【边】层级，选择如图 7-238 所示的坐垫竖向边，执行快捷菜单中的【挤出】命令，如图 7-239 所示。

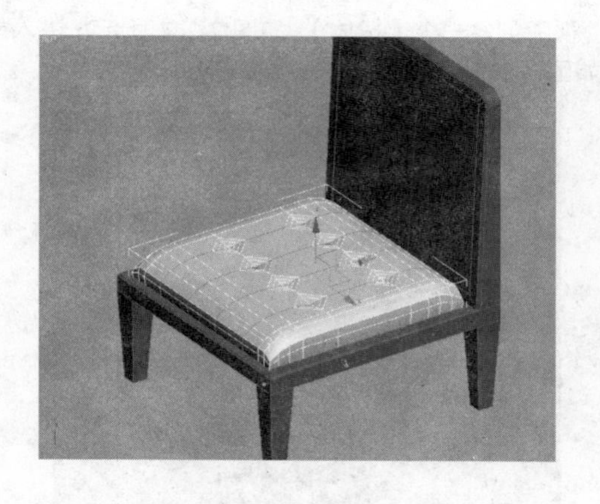

图 7-238　选择竖向边

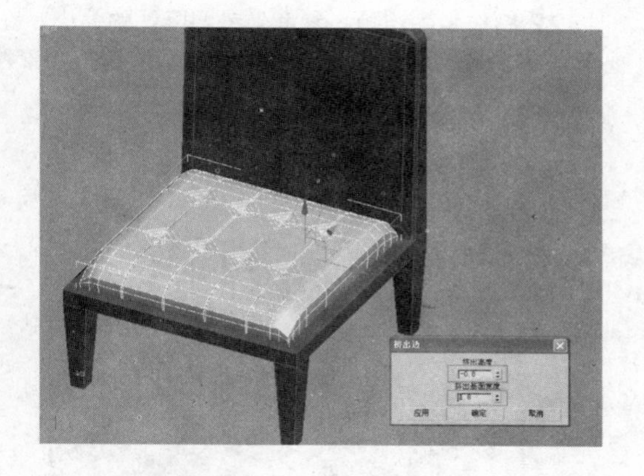

图 7-239　挤出参数与完成效果

20 选择挤出得到的两侧边线，如图 7-240 所示，如图 7-241 所示再次进行挤出，完成线缝的制作。

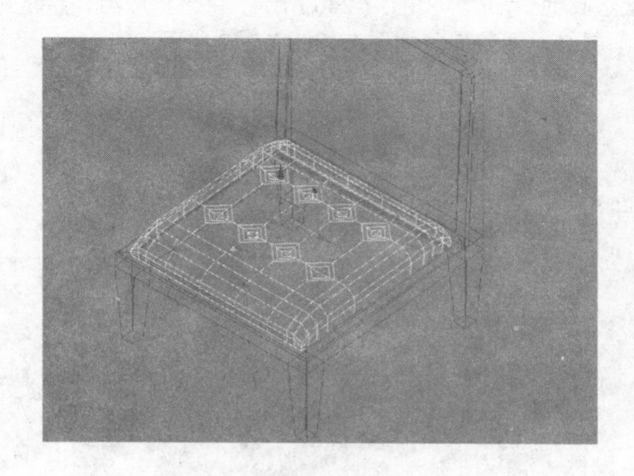

图 7-240　选择边线

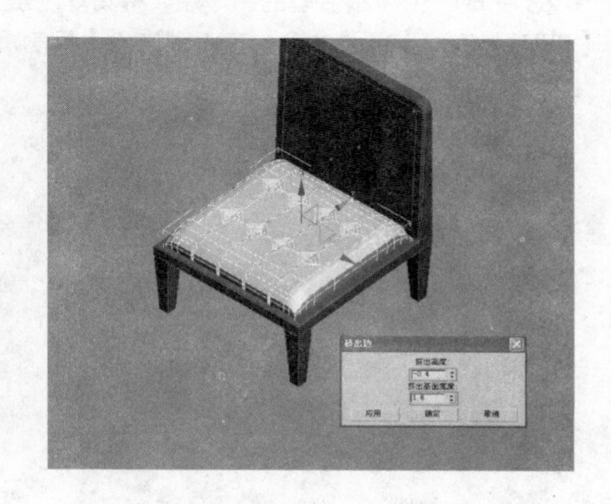

图 7-241　挤出参数与完成效果

21 经过以上操作后，坐垫造型效果如图 7-242 所示，可以发现此时整体还不够平滑。在修改面板为其添加【涡轮平滑】修改，如图 7-243 所示。

图 7-242　当前造型效果

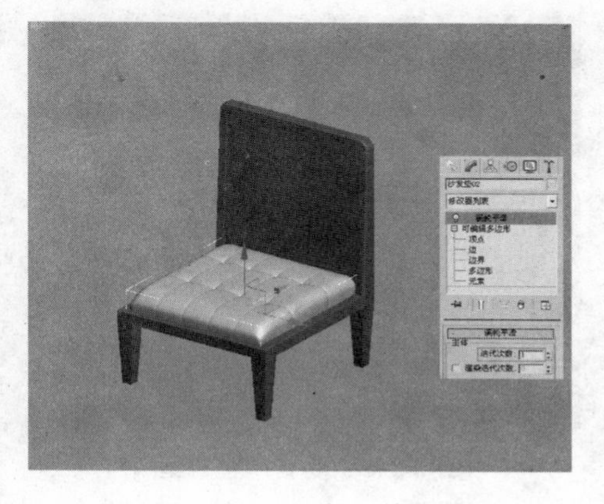

图 7-243　添加涡轮平滑

22 制作坐垫钮扣。参考坐垫凹陷处的大小，在顶视图创建一个【球体】，如图 7-244 所示，进入前视图，在 Y 轴方向进行压缩，得到扁平的钮扣效果，如图 7-245 所示。

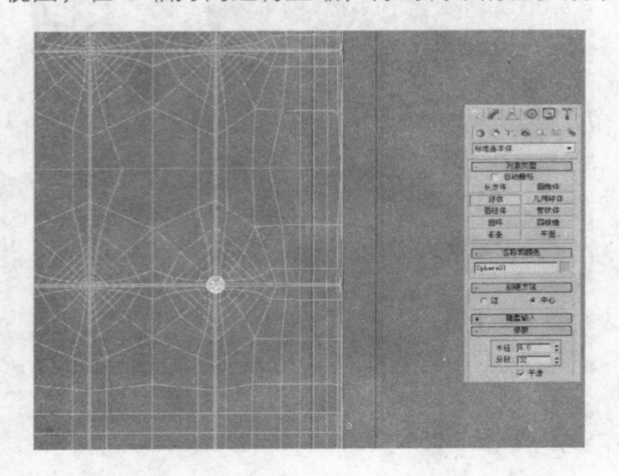

图 7-244　创建球体

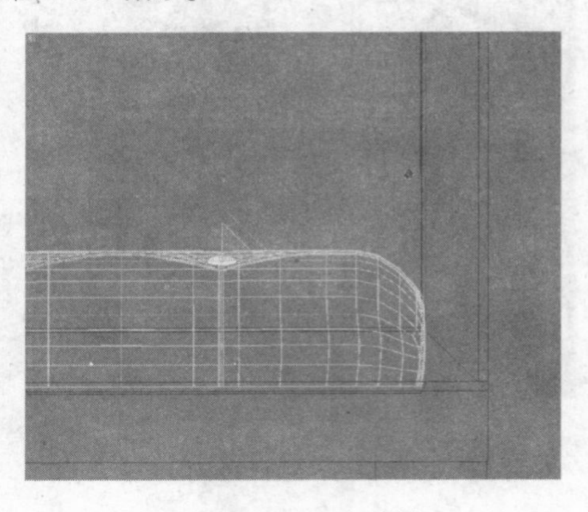

图 7-245　压扁球体

23 完成一个钮扣造型的制作后，将其复制至坐垫其他凹陷处，如图 7-246 所示。将坐垫成组，并添加【FFD2×2×2】修改命令，按 1 键进入【控制点】层级，调整其整体形态如图 7-247 所示。

图 7-246　当前坐垫造型

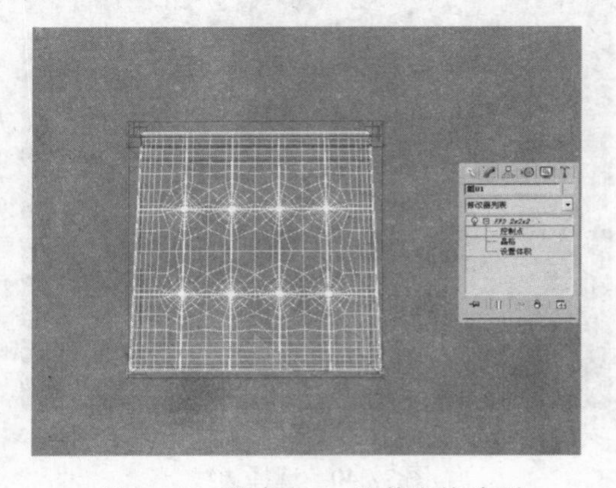

图 7-247　添加 FFD 调整坐垫造型

24 将底面坐垫复制一份，并调整其位置至靠背处，如图 7-248 所示。按 1 键进入 FFD 的【控制点】层级，调整其形态如图 7-249 所示。

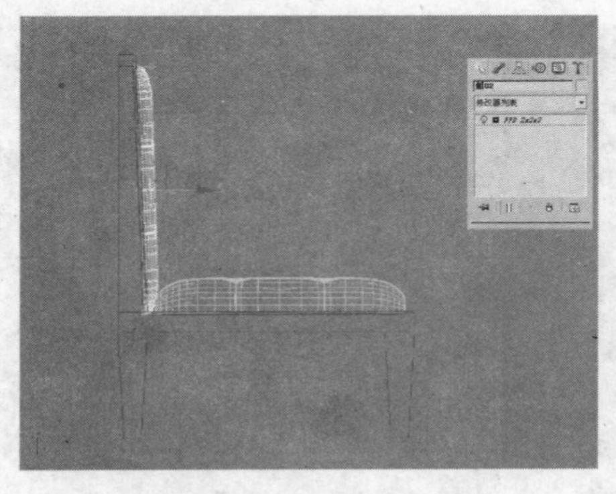

图 7-248　复制调整背垫

图 7-249　当前造型效果

25 将单椅所有模型成组，为其整体添加【FFD4×4×4】修改命令，如图 7-250 所示，分别在左视图与前视图对其整体造型进行比例精调，直至得到如图 7-251 所示最终效果。

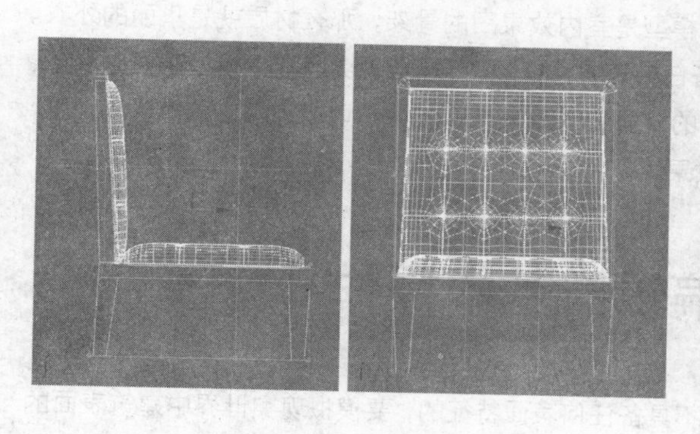

图 7-250　添加 FFD 调整比例

图 7-251　单椅最终完成效果

第 2 篇　室内材质篇

材质是表现模型真实效果的重要手段，如果说模型是室内效果图的骨架，那么材质就是华丽的外衣。在 3ds max 中，一个模型建立之后，其本身是不具备任何表面特征的，要模拟现实世界中模型表面的颜色、纹理、反光、透明度等属性，就需要使用 3ds max 的材质和贴图来实现。为模型指定相应的材质和贴图，可以让它们呈现出更加真实、生动、逼真的视觉效果。

第8章 材质编辑器基本操作

在 3ds max 中，一个模型建立之后，其本身是不具备任何表面特征的，要模拟现实世界中建筑表面的颜色、纹理、反光、透明度等属性，就需要使用 3ds max 的材质和贴图来实现。为模型指定相应的材质和贴图，可以让它们呈现出更加真实、生动、逼真的视觉效果。

“材质编辑器”是 3ds max 材质编辑的“工厂”，在具体学习各类材质表现方法之前，本章首先讲解材质编辑器的使用方法和基本操作，正所谓“磨刀不误砍柴工”。

例066　认识材质编辑器

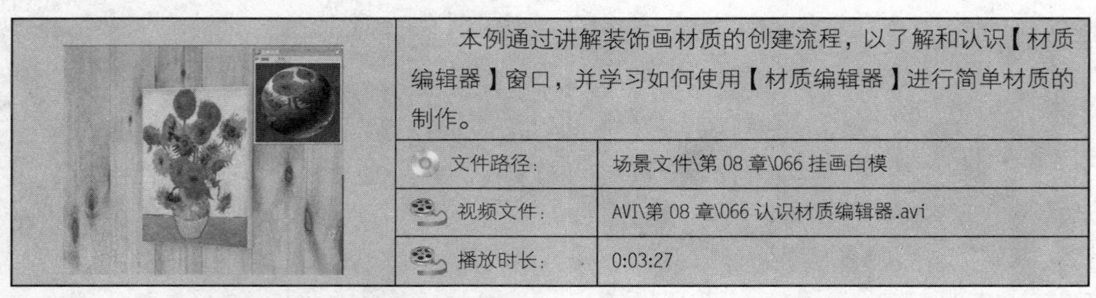

本例通过讲解装饰画材质的创建流程，以了解和认识【材质编辑器】窗口，并学习如何使用【材质编辑器】进行简单材质的制作。

文件路径:	场景文件\第 08 章\066 挂画白模
视频文件:	AVI\第 08 章\066 认识材质编辑器.avi
播放时长:	0:03:27

01 按 Ctrl+O 快捷键，打开本书配套光盘提供“场景文件”|“第 08 章”|“挂画白模.max”文件，如图 8-1 所示，该场景中有两个没有被赋予材质的画板模型，接下来为其制作相应的材质。

图 8-1　打开场景

02 单击工具栏中的【材质编辑器】按钮，或直接按键盘上的 M 键，打开如图 8-2 所示的【材质编辑器】窗口。

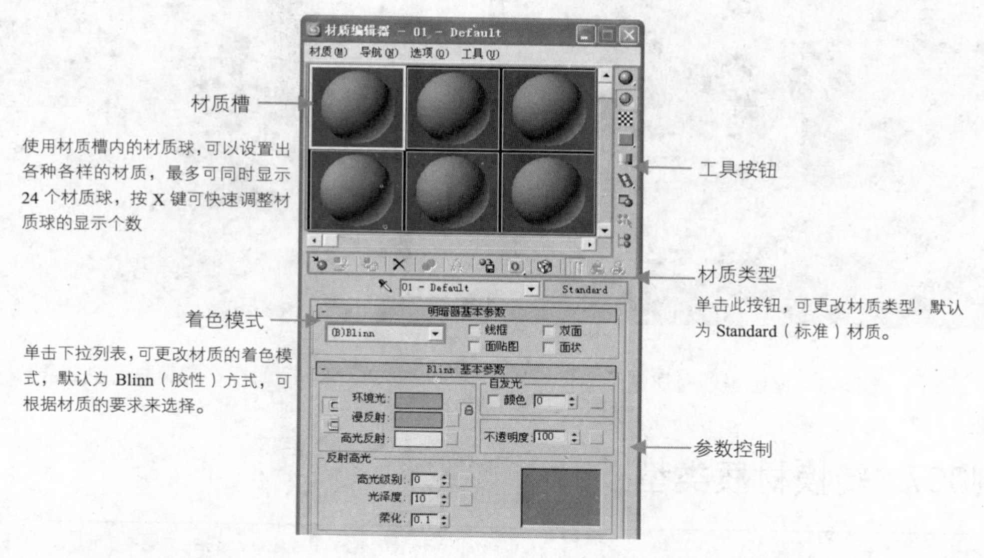

图 8-2　【材质编辑器】窗口

03 直接利用 3dsmax 自带的【标准材质】进行挂画材质的制作。单击【漫反射】右侧的小按钮，在弹出的【材质/贴图浏览器】窗口中选择【位图】选项，如图 8-3 所示，然后单击 确定 按钮。

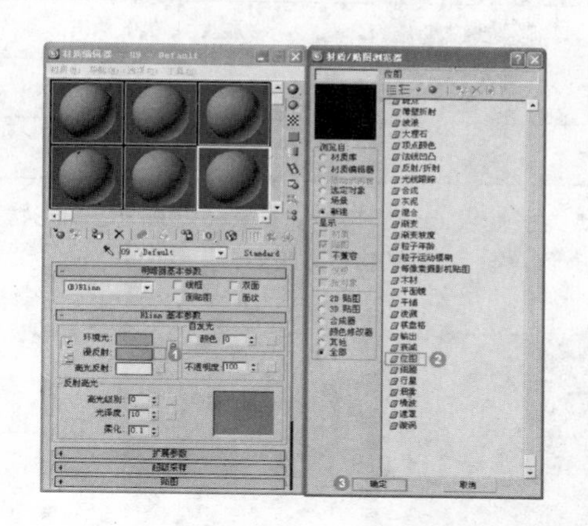

图 8-3　选择【位图】

图 8-4　选择向日葵贴图

04 在弹出的【选择位图图像文件】对话框中，选择本书配套光盘提供的名为“向日葵贴图”的位图，如图 8-4 所示，然后单击 打开(O) 按钮将位图载入。

05 单击（转到父对象）按钮，返回到材质的第一层级，选择场景中已经创建好的左侧画板模型，单击【将材质指定给选定对象】按钮，将材质赋给画板，然后再单击【在视口中显示贴图】按钮，如图 8-5 所示，使贴图在视口中显示，以便观察贴图当前的效果。

06 如图 8-6 所示为双击画板材质球弹出材质预览效果，与经过渲染得到的最终效果。

技　巧：除了使用按钮指定材质的方法外，还可以直接在材质编辑器中拖动材质到场景上的物体。

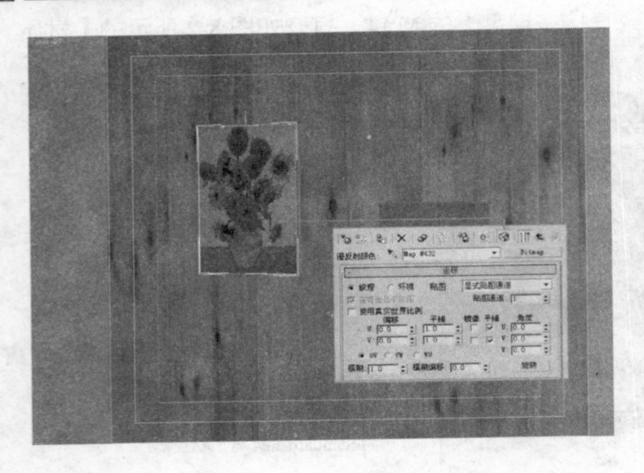

图 8-5　显示当前材质贴图

图 8-6　材质球效果与渲染效果

例067　转换材质类型

虽然 VRay 兼容 3ds max 的绝大多数材质，但在使用 VRay 渲染时，使用 VRay 自带的材质，能得到最佳的渲染速度和效果。本例通过设置另一副装饰画材质，学习材质类型转换的方法，并对贴图通道的作用进行了初步讲解。

文件路径：	场景文件\第 08 章\067 材质类型转换
视频文件：	AVI\第 08 章\067 材质类型的转换.avi
播放时长：	0:02:43

01 打开随书光盘“场景文件”|“第 08 章”|“材质类型转换.max”文件，如图 8-7 所示。可以看到该场景右侧有一块没有赋予材质的画板模型，接下来就为该画板制作 VRay 材质。

图 8-7　打开场景模型

02 在材质编辑器中选择一个未使用的材质球，单击【标准材质】按钮，在弹出的【材质/贴图浏览器】窗口中选择 VRayMtl 选项，如图 8-8 所示，单击 确定 按钮，将【标准材质】转换为 VRayMtl

材质。

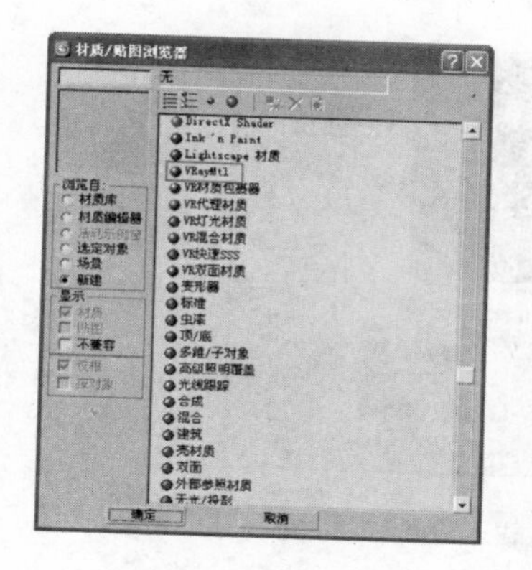

图 8-8　通过材质/贴图浏览器转换材质类型

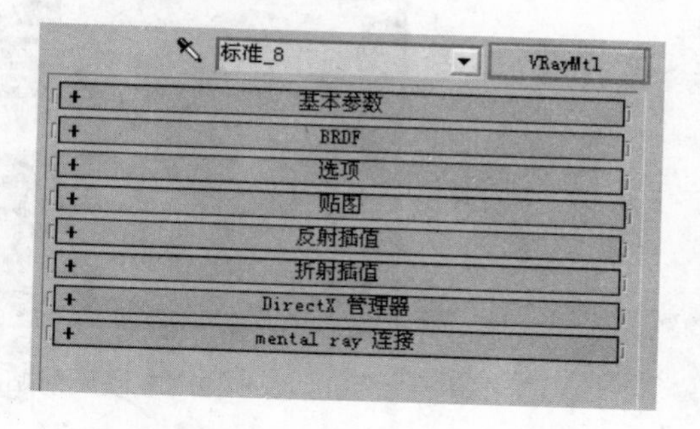

图 8-9　VRayMtl 材质卷展栏

03 转换至 VRayMtl 后，材质参数卷展栏发生了变化，如图 8-9 所示。在室内效果图制作中，使用最多的是【基本参数】与【贴图】卷展栏。单击展开【基本参数】卷展栏，如图 8-10 所示，如图 8-11 所示则为【贴图】卷展栏参数。

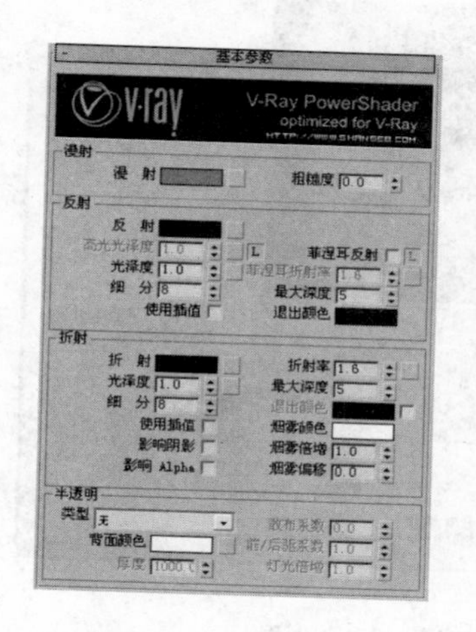

图 8-10　基本参数卷展栏

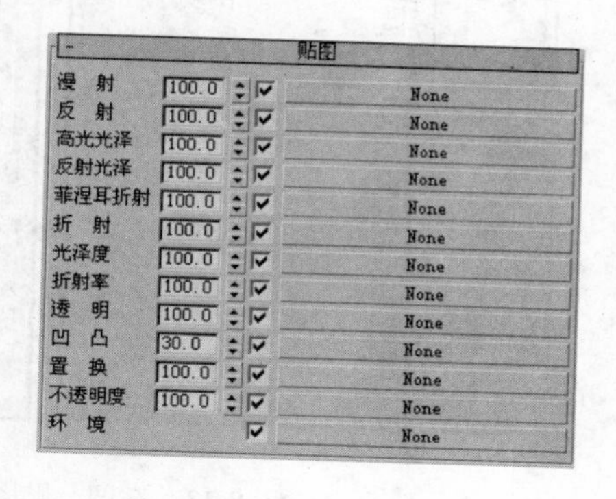

图 8-11　贴图卷展栏

04 通过这两个卷展栏，完成右侧画板材质的制作。首先调整【基本参数】内的【漫反射】参数，可以看到该参数有一个色块和一个灰色的按钮，前者习惯称之为“颜色通道”，后者习惯称之为“贴图通道”，这里由于要载入外部图像文件制作画板油画效果，因此单击“贴图通道”按钮，在弹出的【材质/贴图浏览器】中选择【位图】，选择载入本书配套光盘中名为“向日葵 2”的贴图，如图 8-12 所示。

05 油画表面由于颜料的厚度不一，会有轻微的凹凸效果，要模拟出这个效果，就需要使用材质【贴图】卷展栏内相应的【凹凸】贴图通道。展开【贴图】，单击【凹凸】通道 None 按钮，打开【材质/贴图浏览器】，再次载入“向日葵 2.jpg”贴图，如图 8-13 所示，通过【凹凸】数值，可以控制凹凸效果强弱。

技　巧：如果在贴图通道内使用相同的贴图，可以直接拖动已经添加贴图的按钮至另一个贴图按钮，在弹出的对话框中选择“实例”或“复制”选项，快速添加相同的贴图。

06 经过以上的参数调整，得到如图 8-14 所示材质球效果，该材质渲染效果如图 8-15 所示。

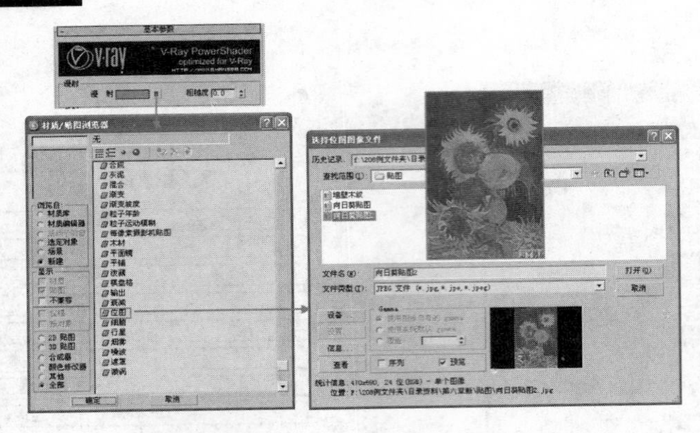

图 8-12　在漫反射贴图通道内载入外部位图

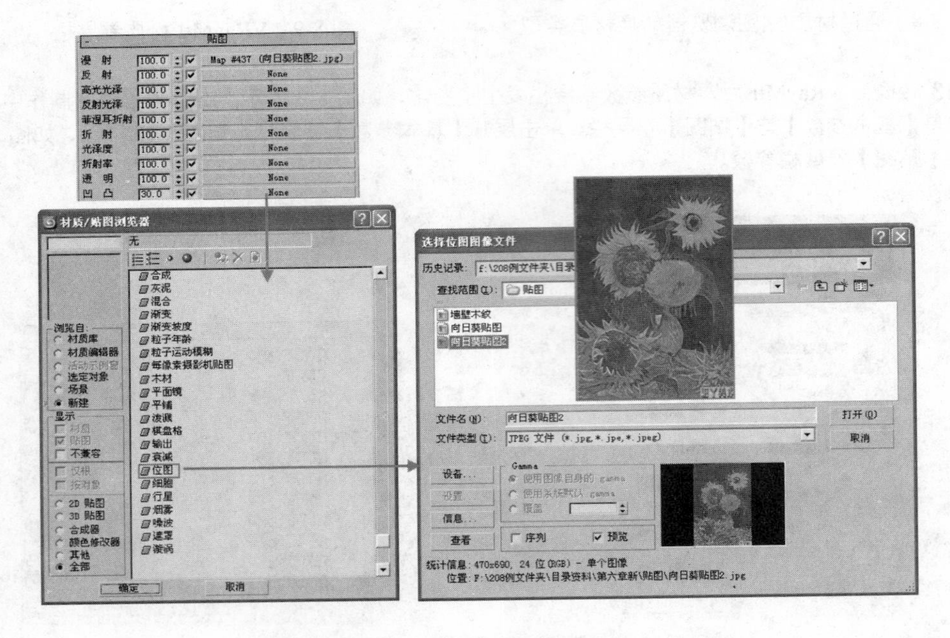

图 8-13　在凹凸贴图通道载入位图模拟凹凸效果

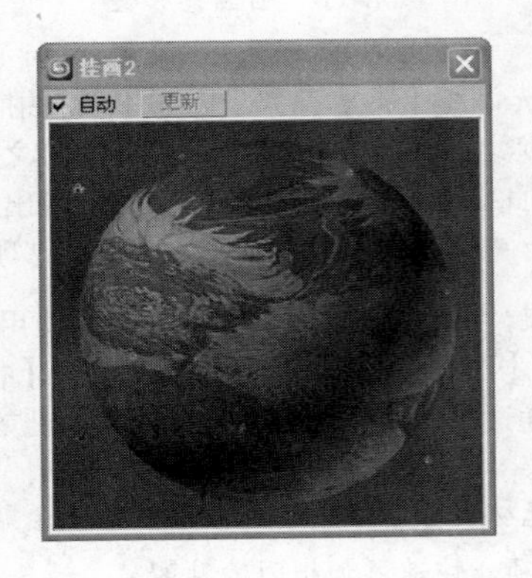

图 8-14　材质球效果

图 8-15　材质渲染效果

例068　使用贴图通道

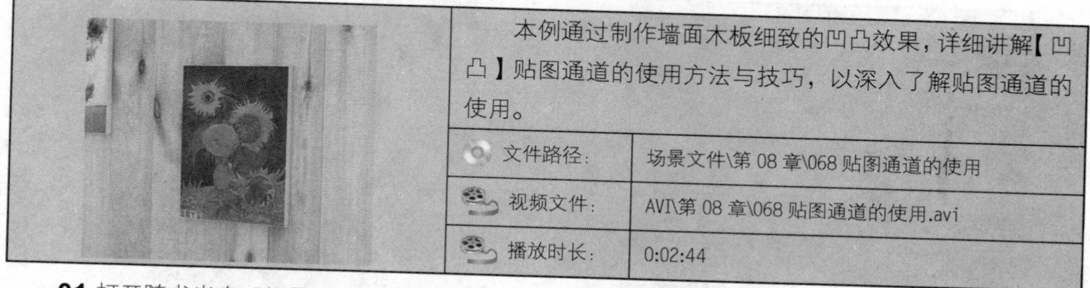

本例通过制作墙面木板细致的凹凸效果，详细讲解【凹凸】贴图通道的使用方法与技巧，以深入了解贴图通道的使用。

文件路径：	场景文件\第 08 章\068 贴图通道的使用
视频文件：	AVI\第 08 章\068 贴图通道的使用.avi
播放时长：	0:02:44

01 打开随书光盘“场景文件”|“第 08 章”|“贴图通道的使用.max”文件，如图 8-16 所示，接下来为木板墙面制作细致的木纹凹凸效果。

图 8-16　打开场景文件

02 按 M 键打开【材质编辑器】，选择一个空白材质，单击从【对象拾取材质】按钮，在鼠标变成相应的图标时，移动光标至场景中墙体模型处，单击鼠标左键将墙体模型“墙体木纹材质”拾取至材质球上，以便进行相应的编辑，如图 8-17 所示。

图 8-17　吸取场景中墙体木纹材质

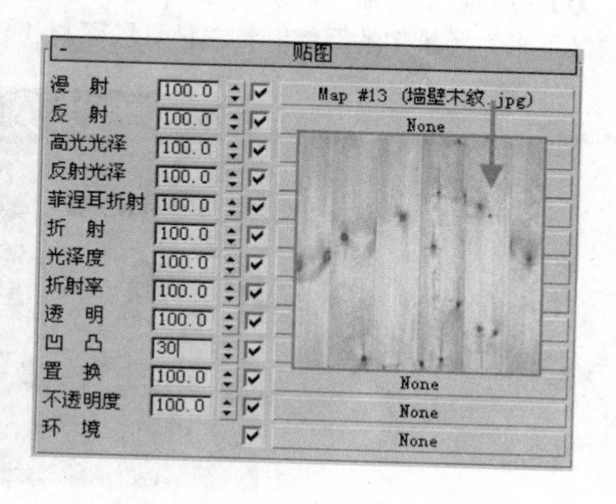

图 8-18　墙体木纹材质参数

03 这里表现的是无漆实木材质，因此当前的“墙体木纹材质”参数设置十分简单，如图 8-18 所示，只在【漫反射】贴图通道指定了一张木纹贴图，材质渲染效果如图 8-15 所示，木纹表面显得十分平坦，缺少凹凸细节效果。

04 木纹表面凹凸细节可以在【凹凸】贴图内添加【漫反射】贴图制作。将鼠标放置于【漫反射】贴图通道按钮上方，按住左键将其拖曳复制至【凹凸】贴图按钮上，如图 8-19 所示。

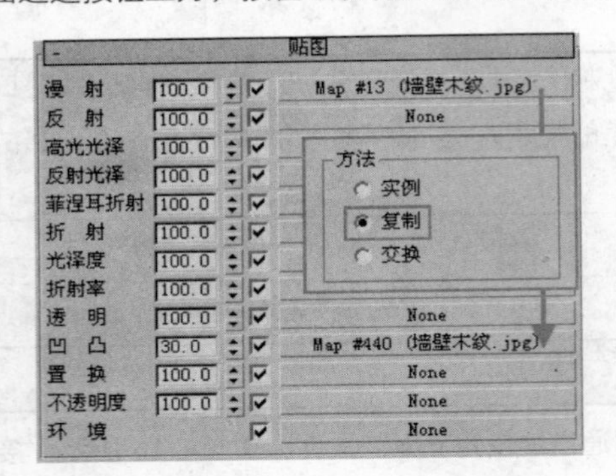

图 8-19 使用拖曳方式复制贴图

图 8-20 添加凹凸后的木纹材质效果

05【凹凸】数值控制着凹凸效果的强度，这里为了获得比较明显的凹凸效果，将数值提高至 200，其渲染效果如图 8-20 所示，可以看到木纹表面产生了十分细致逼真的凹凸效果。

例069 使用颜色通道

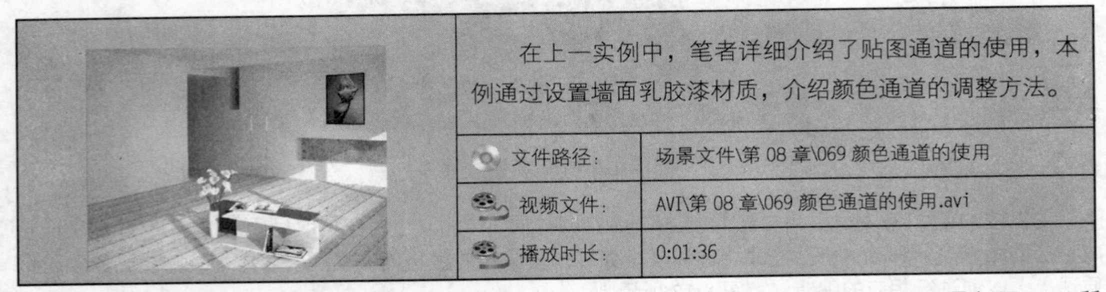

在上一实例中，笔者详细介绍了贴图通道的使用，本例通过设置墙面乳胶漆材质，介绍颜色通道的调整方法。

文件路径：	场景文件\第 08 章\069 颜色通道的使用
视频文件：	AVI\第 08 章\069 颜色通道的使用.avi
播放时长：	0:01:36

01 打开随书光盘“场景文件”|“第 08 章”|“颜色通道的使用.max”文件，打开场景如图 8-21 所示，接下来为场景中的墙体制作白色乳胶漆材质。

图 8-21 打开场景

02 选择一个空白材质球，单击【标准材质】按钮，在弹出的【材质/贴图浏览器】窗口中双击 VRayMtl 选项，将材质转换为 VRayMtl 类型，命名为“乳胶漆材质”。乳胶漆材质表面无纹理，一般只需调整其【漫反射】颜色即可，单击该颜色色块，将其 RGB 值设为 233 的灰度，如图 8-22 所示。

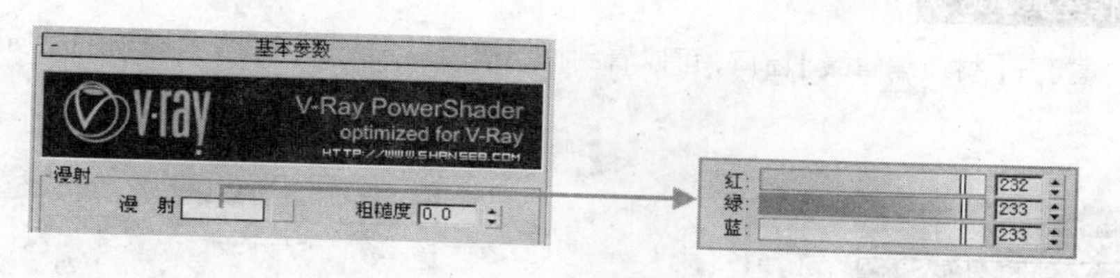

图 8-22　调整漫反射颜色

03 经过以上参数设置，此时材质球效果如图 8-23 所示，材质渲染效果如图 8-24 所示。

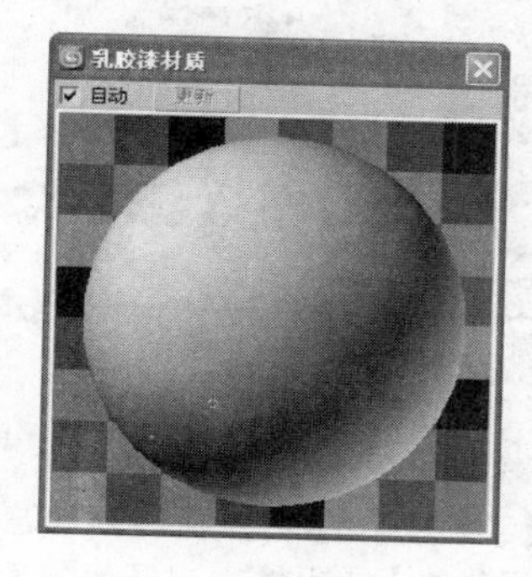

图 8-23　乳胶漆材质球效果

图 8-24　乳胶漆材质渲染效果

例070　材质球的常用操作

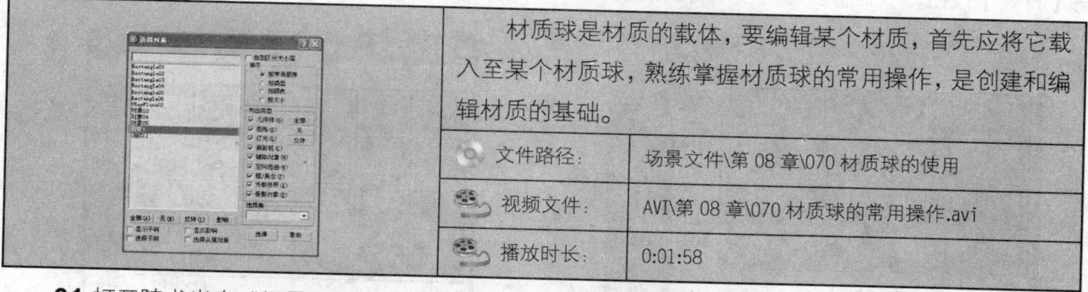

材质球是材质的载体，要编辑某个材质，首先应将它载入至某个材质球，熟练掌握材质球的常用操作，是创建和编辑材质的基础。

文件路径：	场景文件\第 08 章\070 材质球的使用
视频文件：	AVI\第 08 章\070 材质球的常用操作.avi
播放时长：	0:01:58

01 打开随书光盘“场景文件”|“第 08 章”|“材质球的使用 max”文件，如图 8-25 所示，接下来利用该场景内的材质讲解材质球的常用操作。

图 8-25　打开场景

02 按 M 键打开【材质编辑器】窗口，可以看到材质槽内有 6 个已经调整好材质的材质球，如图 8-26 所示。

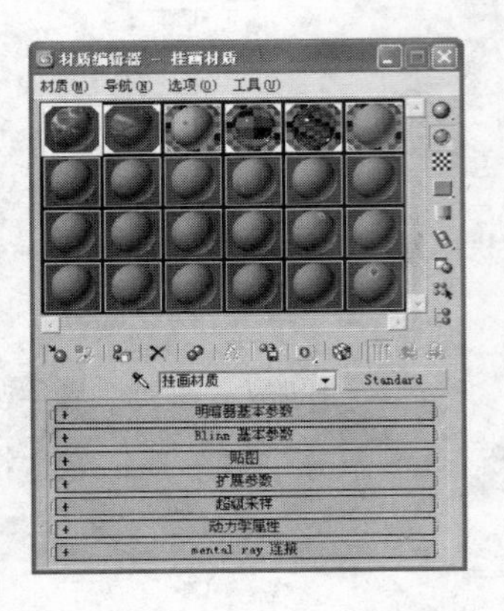

图 8-26 打开材质编辑器

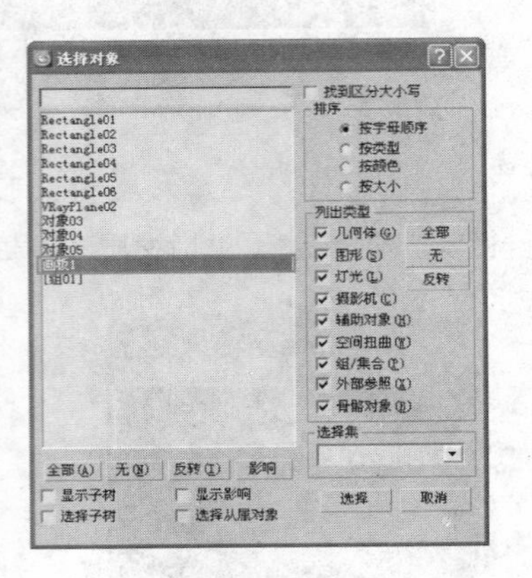

图 8-27 按材质选择物体

03 打开一个陌生场景时，如果要了解某个材质具体指定给了场景中的哪些模型，可以按下列方法进行操作。选择该材质所在材质球，单击右侧工具栏【按材质选择物体】按钮，打开如图 8-27 所示的对话框，其中呈蓝色高亮显示的物体，就是该赋予了该材质的模型。

04 调整材质球采样类型。单击工具栏【采样类型】按钮，在弹出的如图 8-28 所示的按钮组中，可以将材质采样类型更换为其他形状，而对于玻璃等透明且有反射特点的材质，可以按下右侧的【背光】与【背景】按钮，以在材质球内预览材质的透明和反射效果，如图 8-29 所示。

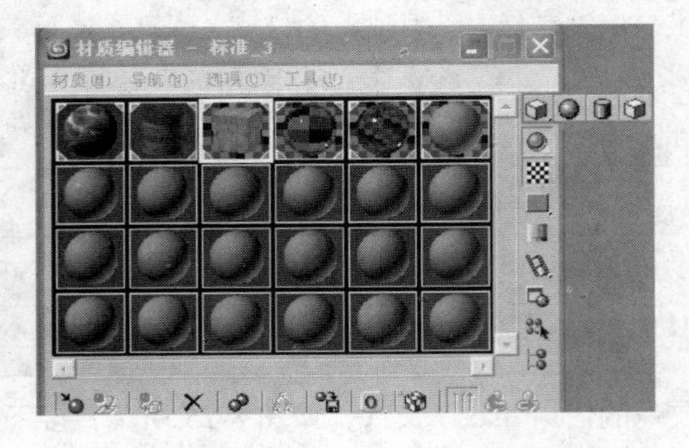

图 8-28 更改材质球采样类型

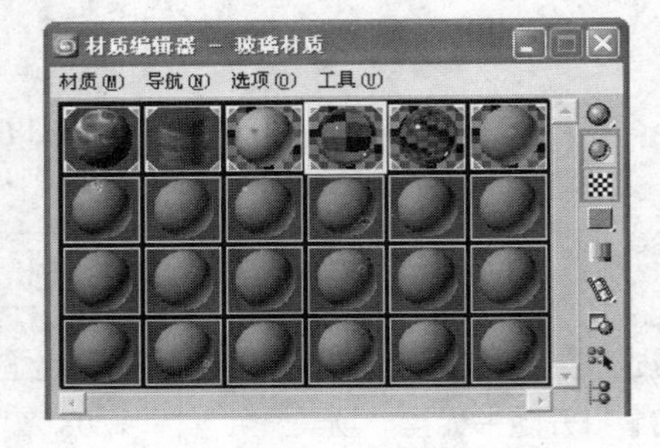

图 8-29 开启背光和背景

例071 管理材质槽

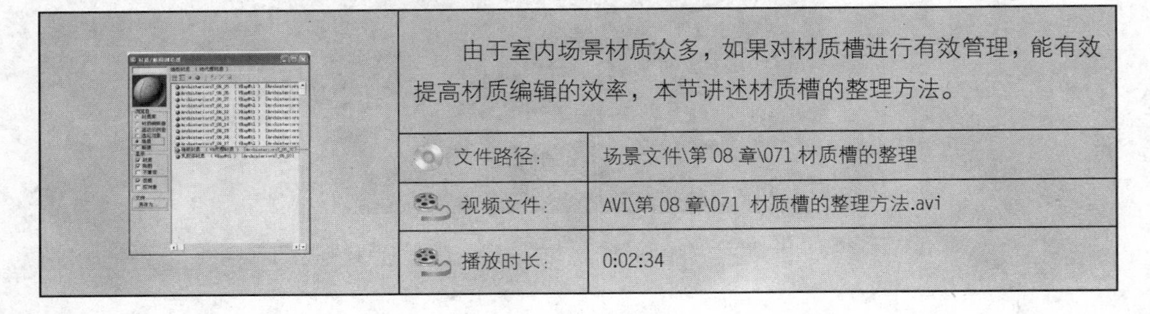

由于室内场景材质众多，如果对材质槽进行有效管理，能有效提高材质编辑的效率，本节讲述材质槽的整理方法。

文件路径:	场景文件\第 08 章\071 材质槽的整理
视频文件:	AVI\第 08 章\071 材质槽的整理方法.avi
播放时长:	0:02:34

01 打开随书光盘“场景文件”|“第 08 章”|“材质槽的整理.max”文件，打开场景如图 8-30 所示，接下来对该场景的材质槽进行整理。

图 8-30　打开场景

02 按 M 键打开【材质编辑器】窗口，可以看到有 6 个编辑好的材质随机地分布在材质槽内，如图 8-31 所示，整个材质槽显得有些凌乱。

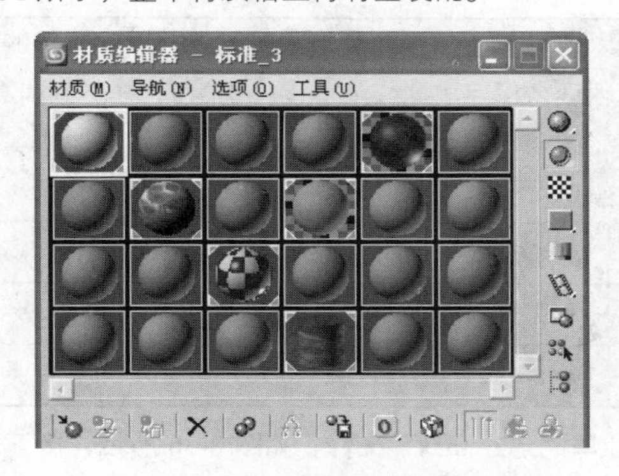

图 8-31　当前材质槽

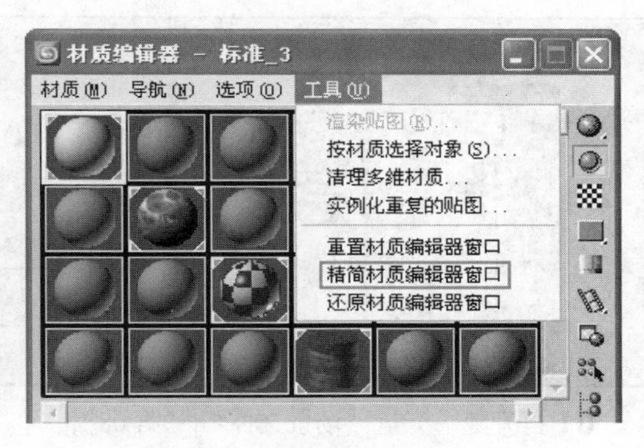

图 8-32　选择精简材质球命令

03 对材质槽进行整理，单击【工具】|【精简材质编辑器窗口】命令，如图 8-32 所示，【材质编辑器】窗口即更新如图 8-33 所示，可以发现编辑的材质已经整齐地排列到第一行，但只剩下了 5 个，这是因为系统在整理材质槽时，会自动删除未赋予任何模型的材质。

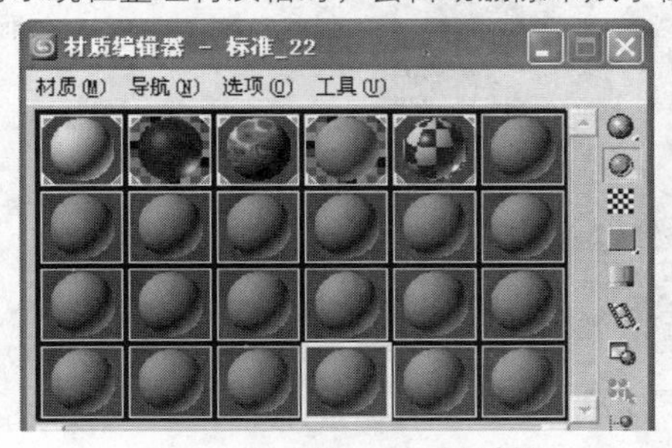

图 8-33　精简后的材质槽

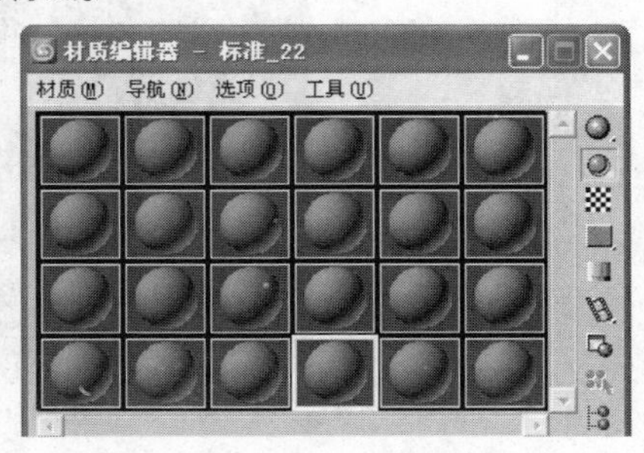

图 8-34　重置后材质槽显示

04 如果要恢复删除的材质，可以选择图 8-32 中的【还原材质编辑器窗口】命令，将材质槽状态还原至如图 8-31 所示状态。

05 若选择图 8-32 中的【重置材质编辑器窗口】命令，可以复位材质槽中所有材质，得至如图 8-34 所示的材质槽效果。

06 如果场景材质超过 24 个，材质球不够用时，选择编辑完成并已经指定给场景模型的材质槽，单击示例窗下方水平工具栏中的按钮，这时系统会弹出如图 8-35 所示的对话框。

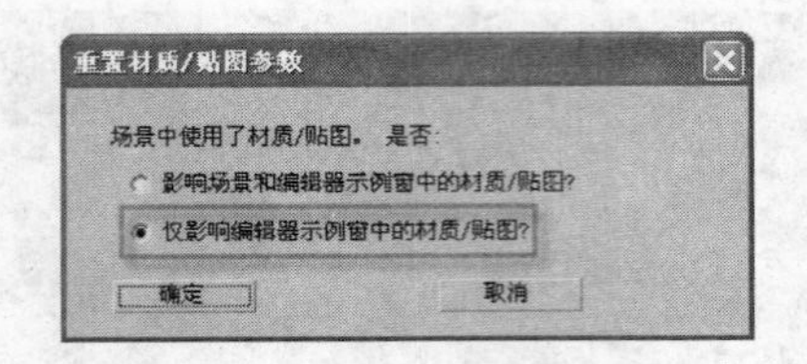

图 8-35　重置材质/贴图参数对话框

07 选择“仅影响编辑器示例窗材质/贴图”单选项，单击【确定】按钮，当前示例窗材质被复位，又可以重新编辑其他材质。场景中指定该材质的模型不受任何影响。下次需要继续编辑该材质时，使用工具从场景物体上取回至示例窗中即可。

例072　建立材质库

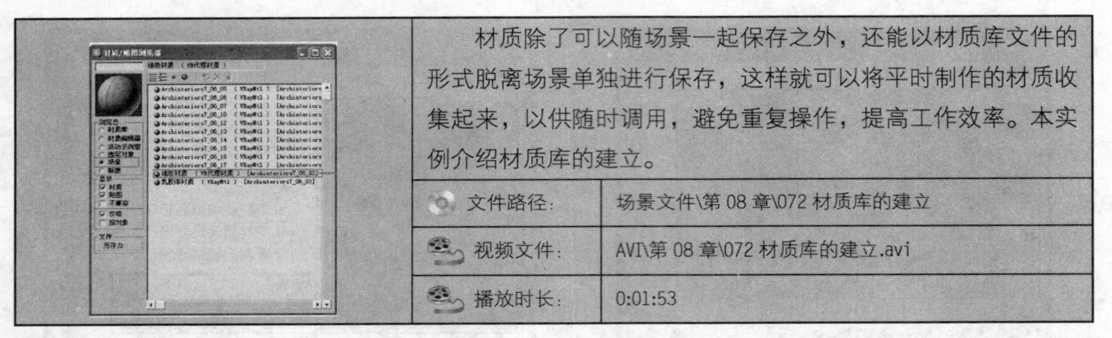

材质除了可以随场景一起保存之外，还能以材质库文件的形式脱离场景单独进行保存，这样就可以将平时制作的材质收集起来，以供随时调用，避免重复操作，提高工作效率。本实例介绍材质库的建立。

文件路径:	场景文件\第 08 章\072 材质库的建立
视频文件:	AVI\第 08 章\072 材质库的建立.avi
播放时长:	0:01:53

01 打开随书光盘“场景文件”|“第 08 章”|“材质库的建立.max”文件，如图 8-36 所示，接下来用该场景包含的材质建立材质库。

图 8-36　打开场景文件

02 按快捷键 M，打开材质编辑器，可以发现材质槽中只有一个乳胶漆材质，其余均为空白材质，如图 8-37 所示，要建立材质库，必须将场景中的材质一一拾取至材质槽中。

03 拾取场景材质的一种方法，是单击材质名称文本框前的按钮，在场景模型上方单击鼠标，快速拾取模型材质到当前材质球，吸取地板材质结果如图 8-38 所示。

04 另一种方法是单击材质工具栏左侧的【获得材质】按钮，打开【材质/贴图浏览器】窗口，在左侧列表中选择材质的来源——场景，此时右侧就会罗列出场景中当前所有的材质，如图 8-39 所示，双击其中某材质，就可以获取该材质。

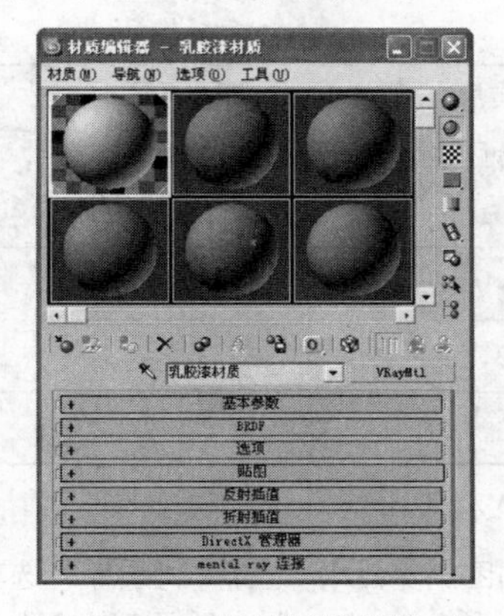

图 8-37　当前材质槽显示

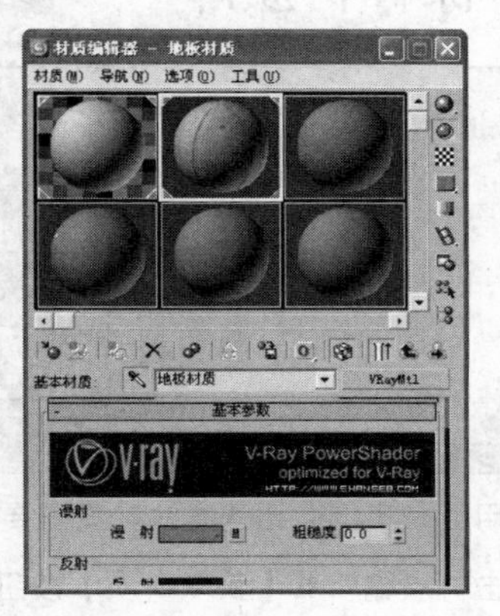

图 8-38　通过吸管工具获取材质

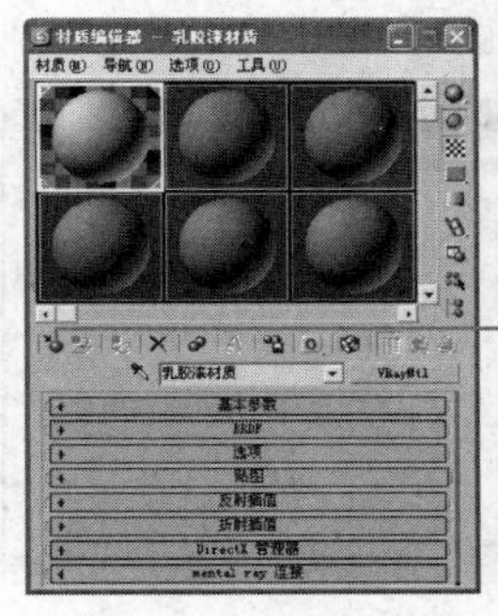
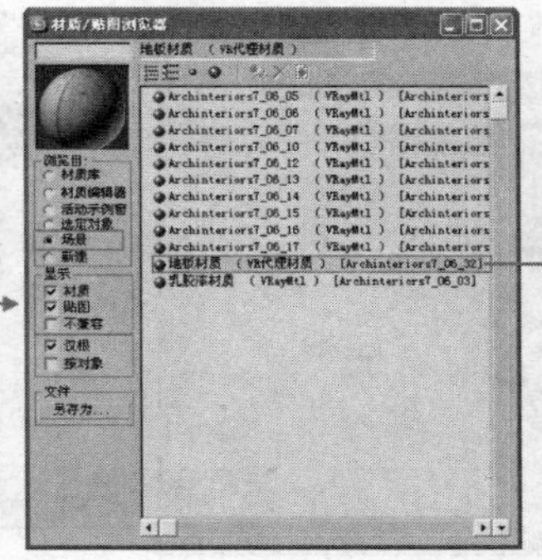

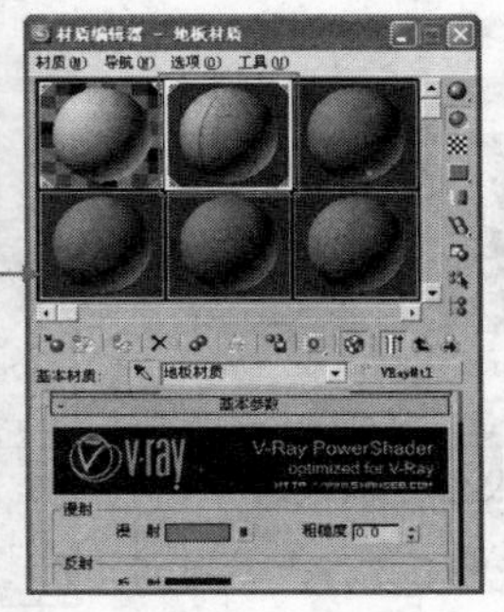

图 8-39　获取场景中的材质

05 使用上面介绍的任一种方法，将需要放入材质库的材质拾取至当前材质槽。

06 材质入库。选择“乳胶漆”材质球，在【材质编辑器】窗口中单击工具栏上的【放入库】按钮，如图 8-40 所示，在弹出的【入库】对话框命名材质，单击 确定 按钮确认，该材质即列入材质库内了。

07 所有的材质都可以通过这种方式存入材质库，如图 8-41 所示。如果要删除当前材质库内的某个材质，在材质列表中选择该材质，单击【从库中删除】按钮即可。

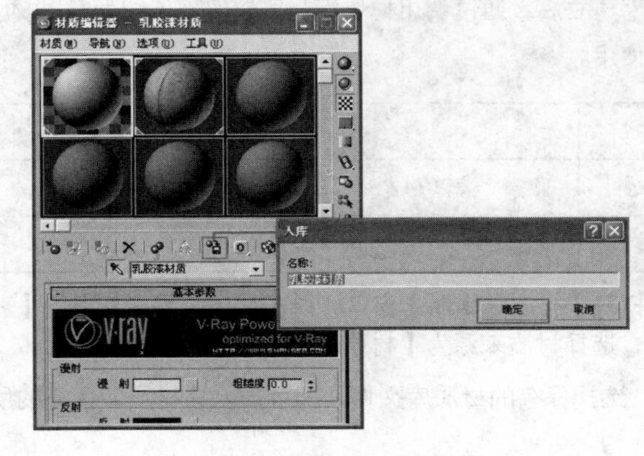

图 8-40　材质存入材质库

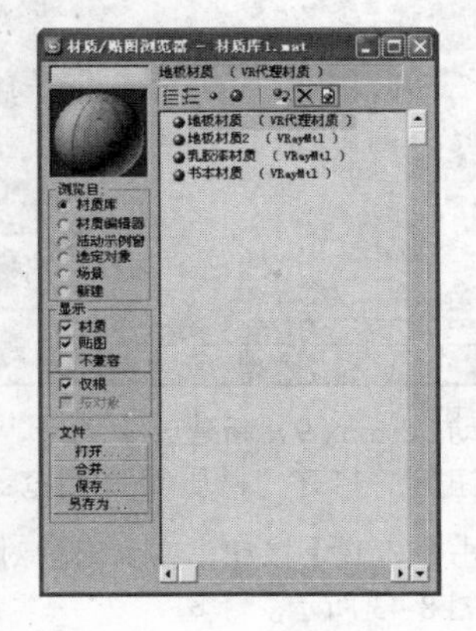

图 8-41　清除材质或材质库

例073 保存材质库

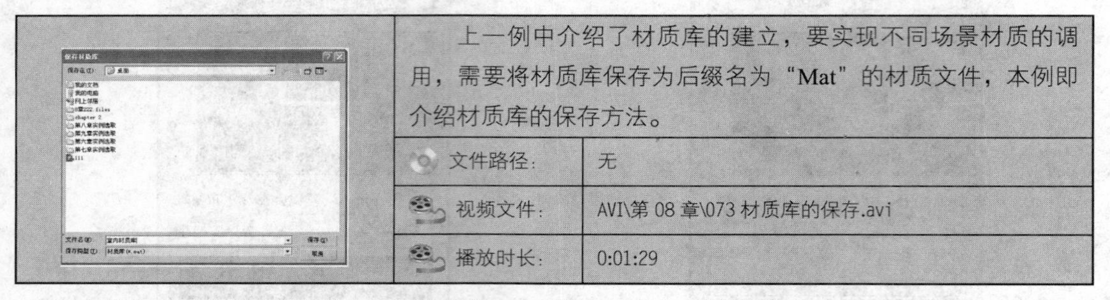

上一例中介绍了材质库的建立，要实现不同场景材质的调用，需要将材质库保存为后缀名为“Mat”的材质文件，本例即介绍材质库的保存方法。

文件路径:	无
视频文件:	AVI\第 08 章\073 材质库的保存.avi
播放时长:	0:01:29

01 使用上一实例介绍的方法，将需要保存的材质一一存入材质库。

02 单击材质编辑器【获取材质】按钮，打开【材质/贴图浏览器】，选择“材质库”选项，然后单击【保存】或【另存为】按钮，就能将当前材质库内所有的材质，以“mat”为后缀名的文件保存到指定位置，如图 8-42 所示。

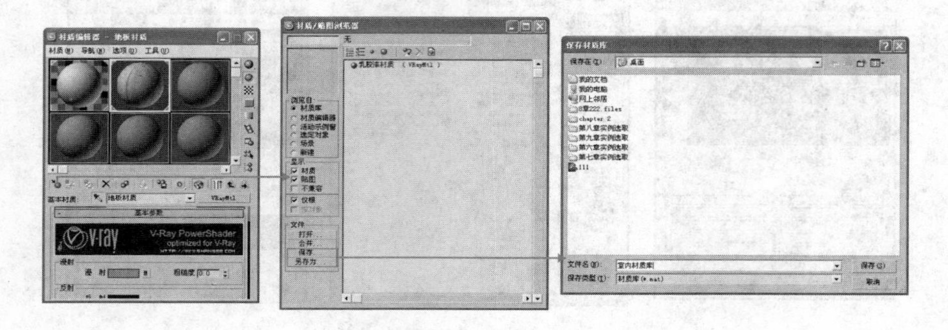

图 8-42　保存材质库

03 当材质库新添或删除了材质，可以单击【保存】按钮更新材质库。

例074 调用材质库

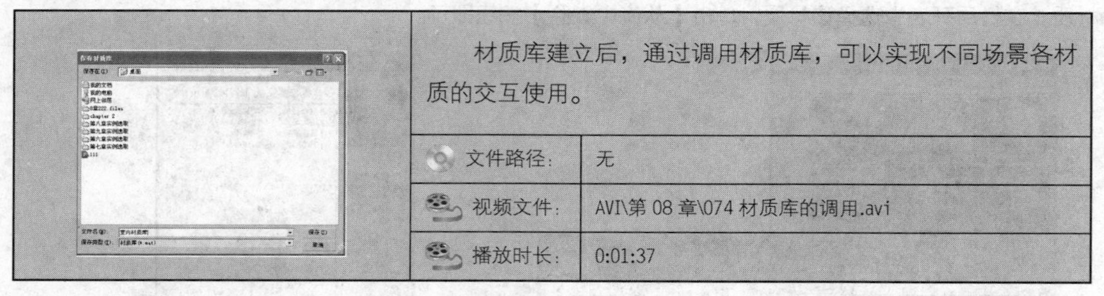

材质库建立后，通过调用材质库，可以实现不同场景各材质的交互使用。

文件路径:	无
视频文件:	AVI\第 08 章\074 材质库的调用.avi
播放时长:	0:01:37

01 启动 3dsmax 9，新建一个场景，按 M 键打开【材质编辑器】窗口，单击材质工具栏左侧的【获取材质】按钮，打开“材质/贴图浏览器”窗口，选择材质来源为【材质库】，如图 8-43 所示。

02 单击【打开】按钮，在弹出的对话框中，选择保存的材质库文件，即可调入该材质库保存的所有材质，如图 8-43 所示。

技　巧：在调用材质库材质时，有时会发现某些材库无法显示，这是因为当前渲染器与材质不匹配的缘故，此时先将当前渲染器切换为与该材质匹配的渲染器。

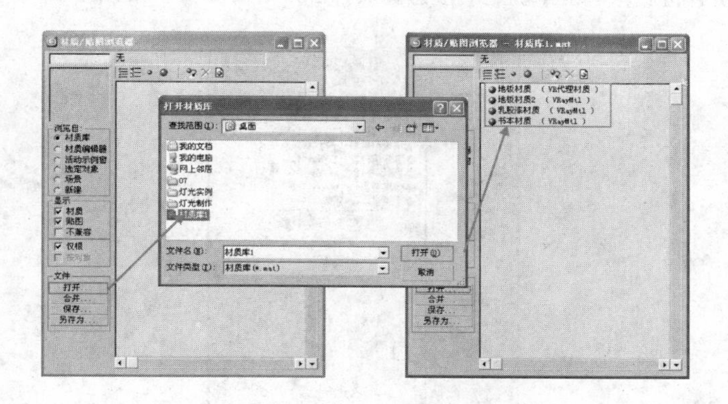

图 8-43　利用【打开】命令调用材质库

03 若单击图 8-43 中的【合并】按钮，则可以将材质库文件中的材质添加至当前材质库。

例075　合并材质库

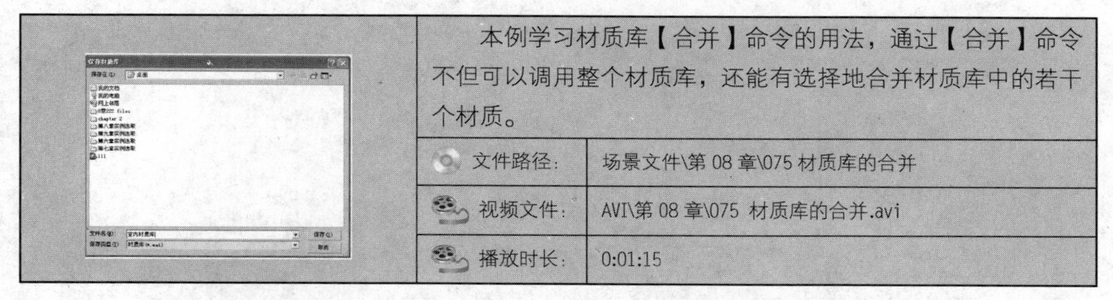

本例学习材质库【合并】命令的用法，通过【合并】命令不但可以调用整个材质库，还能有选择地合并材质库中的若干个材质。

文件路径：	场景文件\第 08 章\075 材质库的合并
视频文件：	AVI\第 08 章\075 材质库的合并.avi
播放时长：	0:01:15

01 打开随书光盘提供的“材质库的合并.max”文件，按 M 键打开【材质编辑器】窗口，单击工具栏左侧的【获取材质】按钮，选择材质来源为【材质库】，可以发现此时材质库已经有了材质，如图 8-44 所示。

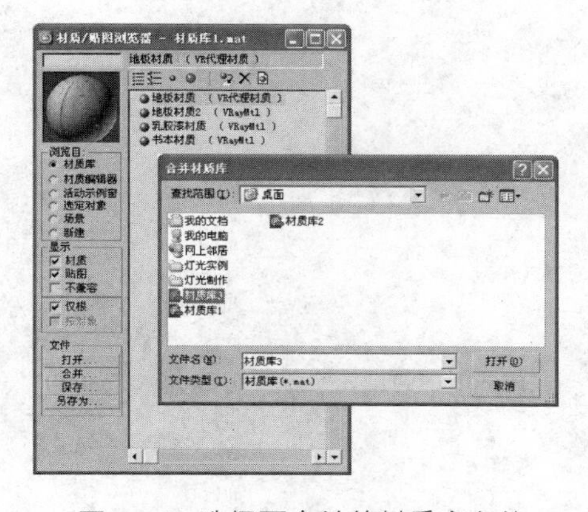

图 8-44　选择要合并的材质库文件

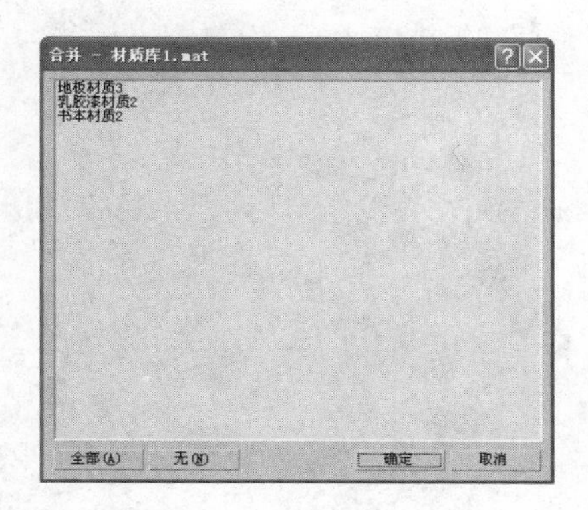

图 8-45　【合并】对话框

02 单击【合并】按钮，选择一个新的材质库文件，单击【打开】按钮，此时会弹出如图 8-45 所示的【合并】对话框，该对话框罗列了该材质库所有的材质，此时可以选择其中的若干个材质，或者单击【全部】按钮选择所有材质，单击【确定】按钮确认，合并结果如图 8-46 所示。

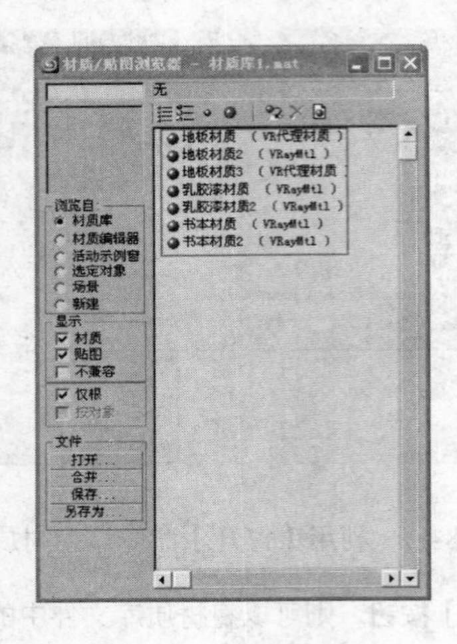

图 8-46　材质合并完成

第9章 木纹、石材及墙面装饰材质

本章讲解室内地面、墙面装饰常用的各种木纹、石材、砖墙以及墙纸材质的制作方法。此类材质在室内中的面积较大，表面有一定的纹理，部分材质还有较强的反射，在制作此类材质时，要平衡速度与质量，以取得最佳的渲染效果。

例076 光面清漆木地板材质

本例介绍光面清漆木地板材质的制作方法，光面清漆木材表面反射较为清晰，通过在贴图通道中添加木地板的纹理贴图制作逼真的地板纹理效果，在【反射】贴图通道内使用【衰减】程序贴图模拟表面光洁的木地板所产生的反射效果。

文件路径:	场景文件\第 09 章\076 光面清漆木地板
视频文件:	AVI\第 09 章\076 光面清漆木地板材质.avi
播放时长:	0:02:23

01 打开随书光盘“场景文件”|“第 09 章”|“079 木地板材质白模.max”文件，可以看到这是一个现代简约风格的客厅模型，如图 9-1 所示。

图 9-1 打开场景文件

02 按 M 键打开【材质编辑器】窗口，选择一个空的材质球，转换材质类型为 VRayMtl 材质，命名为“光面清漆木地板材质”。

03 展开【基本参数】卷展栏，单击【漫反射】贴图按钮，在弹出的【材质/贴图浏览器】中选择【位图】，选择载入本书配套光盘提供的“木地板.jpg”贴图，如图 9-2 所示。

04 为了使木地板的拼贴效果更接近真实地板，进入【坐标】参数组，将贴图的 UV 两个方向的平铺次数均增大至 3，具体参数设置如图 9-3 所示。

05 调节木地板表面的反射与高光效果。单击【反射】贴图按钮，在弹出的【材质/贴图浏览器】中选择【衰减】程序贴图，设置其参数如图 9-4 所示。

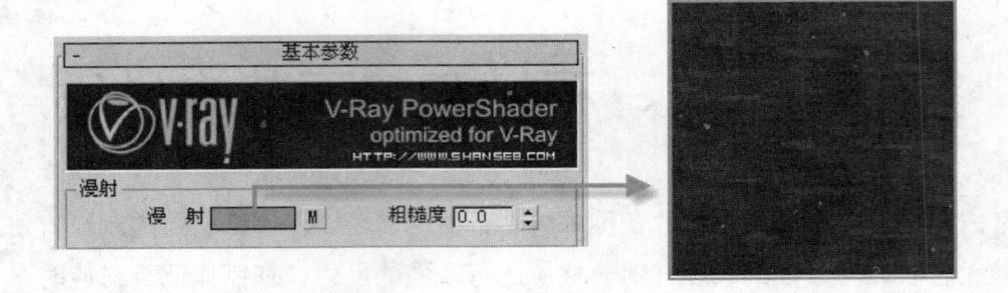

图 9-2　在漫反射贴图中载入木地板贴图

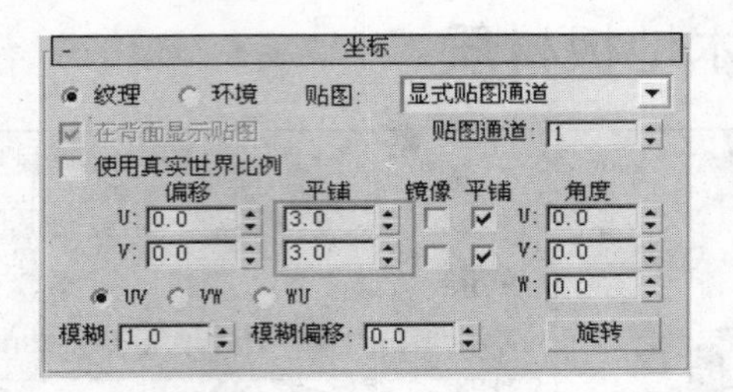

图 9-3　增大贴图 UV 方向平铺次数

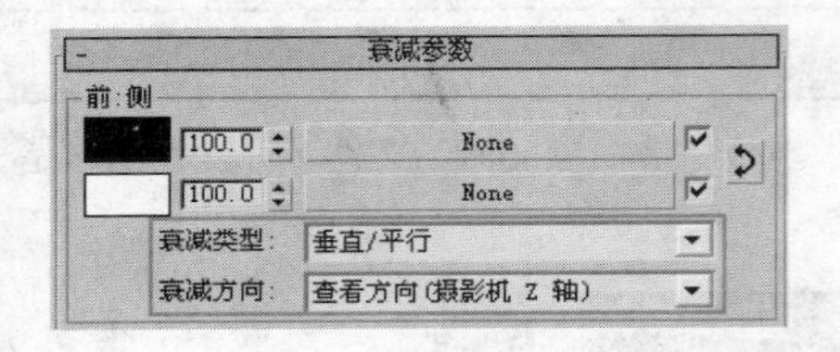

图 9-4　设置反射贴图衰减参数

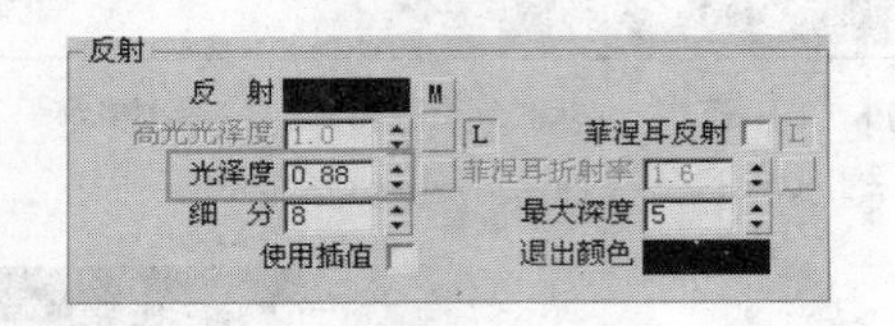

图 9-5　设置反射参数

06 将【光泽度】参数值设为如图 9-5 所示的 0.88，由于这里制作的是光滑的木地板材质，材质表面不具有凹凸效果，因此就不需要调整材质的【凹凸】参数，此时木地板材质球效果如图 9-6 所示，其渲染效果如图 9-7 所示。

提　示：由于清漆本身没有颜色，透明性好，刷清漆还可以保留木材本身原有的颜色和花纹，使装饰风格自然、纯朴，效果也不错，因而家装中大量使用。

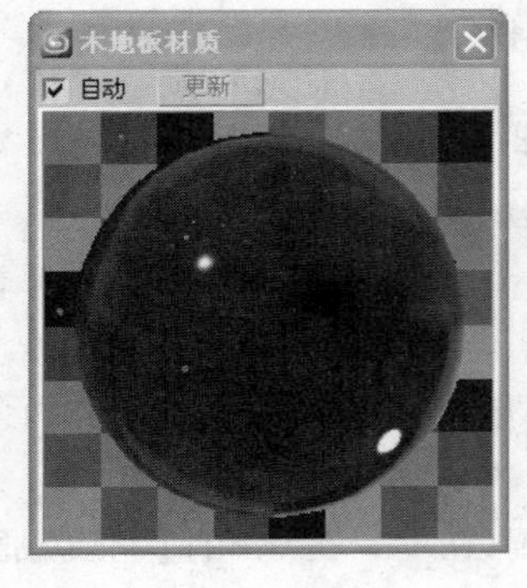

图 9-6　材质球效果

图 9-7　渲染效果

例077　亚光清漆木地板材质

亚光清漆木地板材质制作方法与光面清漆木地板类似，区别在于光面清漆地板产生的是清晰反射，而亚光清漆地板仅能产生十分模糊的反射，因此反射参数组内的【光泽度】参数设置就成了关键。	
文件路径：	场景文件\第 09 章\077 亚光清漆木地板
视频文件：	AVI\第 09 章\077 亚光清漆木地板材质.avi
播放时长：	0:02:30

01 打开随书光盘“场景文件”|“第 09 章”|“077 亚光清漆木地板材质白模.max”文件，如图 9-8 所示。

图 9-8　打开场景文件

02 按 M 键打开【材质编辑器】窗口，选择一个空的材质球，转换材质类型为 VRayMtl，命名为“亚光清漆木地板材质”。

03 展开【基本参数】卷展栏，单击【漫反射】贴图按钮，在弹出的【材质/贴图浏览器】中选择【位图】，选择载入配套光盘提供“亚光清漆木地板.jpg”文件，如图 9-9 所示。

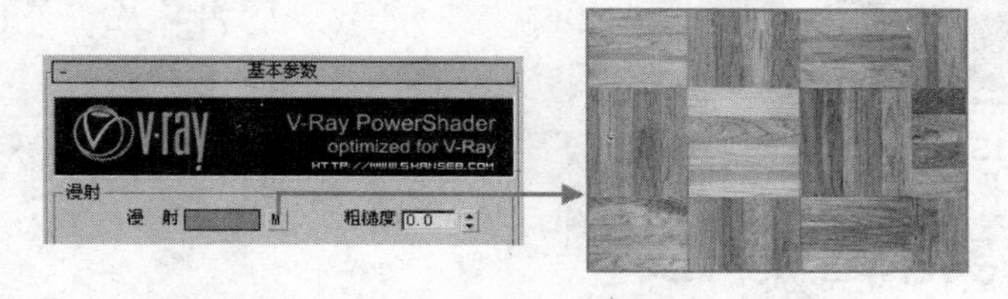

图 9-9　在漫反射贴图通道中载入木地板贴图

04 调节反射与高光。单击【反射】贴图按钮，在弹出的【材质/贴图浏览器】中选择【衰减】程序贴图，设置参数如图 9-10 所示。

05 由于亚光漆面的高光比较散淡，因此设置【光泽度】参数为 0.77，如图 9-10 所示。

提　示:【光泽度】参数控制模糊反射的强度，是亚光材质表现的关键。该参数可在 0~1 之间调节，默认值 1 表示没有模糊效果，数值越小，模糊反射的效果越强烈。该参数不宜设置过小，一般控制在 0.8 左右即可得到较理想的亚光效果。

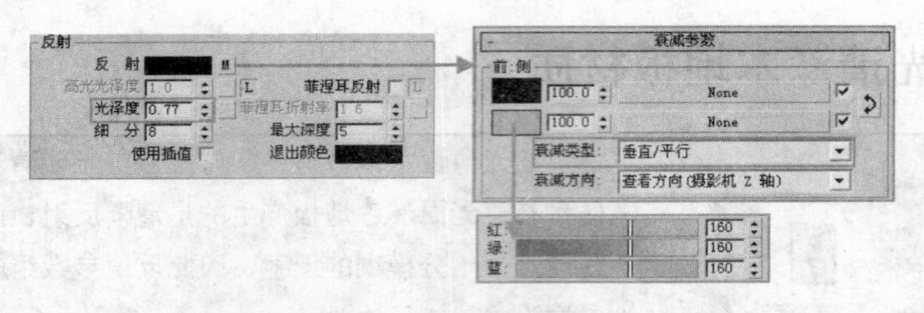

图 9-10　调整材质反射参数

06 亚光漆面木地板材质具有轻微的凹凸效果，因此需要将【漫反射】贴图通道内的位图通过拖曳，复制至【凹凸】贴图通道内，并将其强度值提高至 40，如图 9-11 所示。

贴图			
漫 射	100.0	☑	Map #62 (亚光清漆木地板.jpg)
反 射	100.0	☑	Map #63 (Falloff)
高光光泽	100.0	☑	None
反射光泽	100.0	☑	None
菲涅耳折射	100.0	☑	None
折 射	100.0	☑	None
光泽度	100.0	☑	None
折射率	100.0	☑	None
透 明	100.0	☑	None
凹 凸	40.0	☑	Map #71 (亚光清漆木地板.jpg)
置 换	100.0	☑	None
不透明度	100.0	☑	None

图 9-11　调整凹凸通道参数

07 经过以上参数的调整，亚光清漆木地板材质球效果如图 9-12 所示，其渲染效果如图 9-13 所示。

图 9-12　材质球效果

图 9-13　渲染效果

例078　无漆实木地板材质

本例介绍无漆实木地板材质制作，无漆实木地板由于没有漆面，表面就完全没有了反射及光泽，但同时表面凹凸效果更为明显，木质纹理也更为突出。

文件路径:	场景文件\第 09 章\078 无漆实木地板
视频文件:	AVI\第 09 章\078 无漆实木地板材质.avi
播放时长:	0:01:46

01 打开随书光盘“无漆实木地板材质白模.max”文件，如图 9-14 所示。

图 9-14　打开场景文件

02 按 M 键打开【材质编辑器】对话框，选择一个空的材质球，设置材质类型为 VRayMtl，命名为“无漆实木地板材质”。

03 单击【漫反射】贴图按钮，在弹出的【材质/贴图浏览器】中选择【位图】，载入本书配套光盘文件名为“实木地板”的贴图，制作出实木地板的纹理效果，然后进入【贴图】卷展栏，将【漫反射】内的贴图通过拖曳复制至【凹凸】贴图通道，为了突出实木地板的凹凸效果，将凹凸强度增大到 100，如图 9-15 所示。

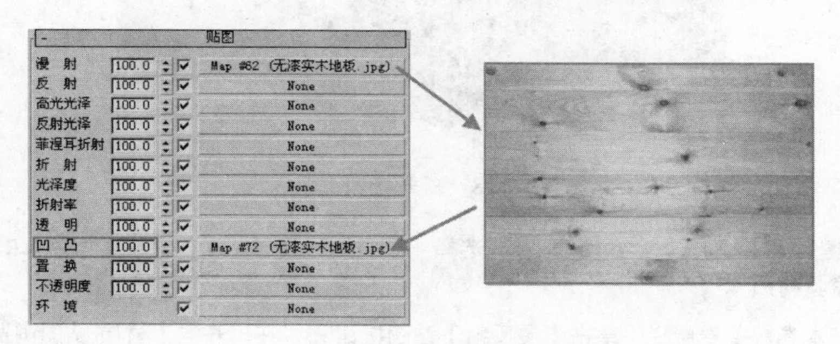

图 9-15　设置贴图

04 无漆实木地板材质球效果如图 9-16 所示，渲染效果如图 9-17 所示。

图 9-16　材质球效果

图 9-17　材质渲染效果

例079 木制家具材质

<table>
<tr><td rowspan="4"></td><td colspan="2">本例将介绍木制家具材质的制作方法，其中涉及的主要知识点有，给【漫反射】通道添加贴图来表现材质的木质纹理，设置材质的【反射光泽度】来产生模糊反射，体现木纹材质细腻柔润的效果。</td></tr>
<tr><td>文件路径:</td><td>场景文件\第 09 章\079 木制家具材质</td></tr>
<tr><td>视频文件:</td><td>AVI\第 09 章\079 家具木纹.avi</td></tr>
<tr><td>播放时长:</td><td>0:02:18</td></tr>
</table>

01 打开随书光盘“木制家具材质白模.max”文件，如图 9-18 所示。

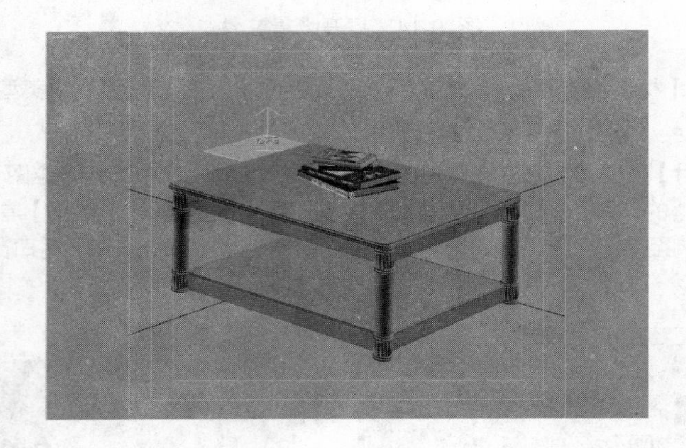

图 9-18　打开场景文件

02 按 M 键打开【材质编辑器】对话框，选择一个空的材质球，设置材质类型为 VRayMtl 材质，并命名为“木制家具材质”。

03 在【基本参数】卷展栏中单击【漫反射】贴图按钮，在打开的【材质/贴图浏览器】中选择贴图类型为【位图】，加载本书配套光盘中名为“桌面木纹”的贴图，如图 9-19 所示。

图 9-19　在漫反射贴图通道中加载木纹贴图

04 家具木纹表面一般都刷有清漆，因此具有一定的反射效果。单击【反射】颜色色块，调整其 RGB 值均为 49，然后调整【高光光泽度】与【光泽度】参数，模拟木纹表面轻微的反射光泽与模糊反射效果，具体参数设置如图 9-20 所示。

提　示:【反射】颜色的亮度或灰度决定了材质反射的强度。亮度值越大，反射效果越强。【反射】颜色为黑色时没有反射，灰色中度反射，白色时完全镜面反射。

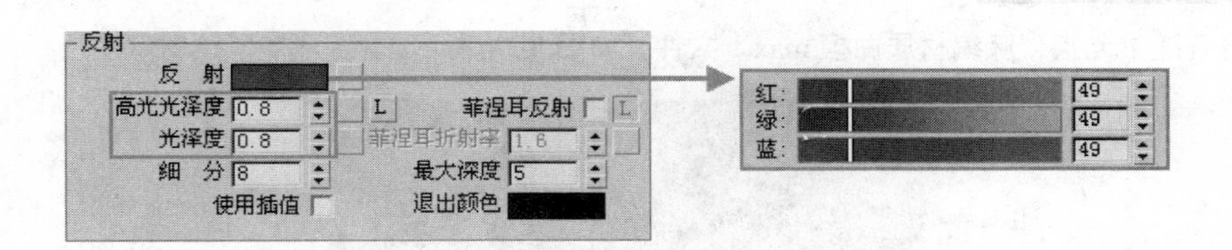

图 9-20　调整反射参数

05 木纹表面一般都具有一定的凹凸效果，本例表现的是清漆木纹材质，凹凸感较弱，因此打开【贴图】卷展栏，在其【凹凸】贴图通道内加载本书配套光盘中名为“桌面木纹凹凸”的贴图，并修改其凹凸强度为 10，具体参数设置如图 9-21 所示。

贴图			
漫 射	100.0	☑	Map #12 (桌面木纹.JPG)
反 射	100.0	☑	None
高光光泽	100.0	☑	None
反射光泽	100.0	☑	None
菲涅耳折射	100.0	☑	None
折 射	100.0	☑	None
光泽度	100.0	☑	None
折射率	100.0	☑	None
透 明	100.0	☑	None
凹 凸	10.0	☑	Map #13 (桌面木纹凹凸.jpg)
置 换	100.0	☑	None

图 9-21　调整凹凸通道参数

06 经过以上参数设置，木纹材质球效果如图 9-22 所示，渲染得到的最终效果如图 9-23 所示。

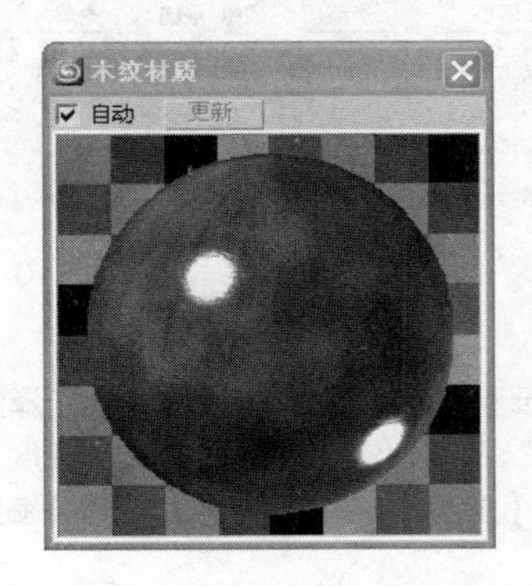

图 9-22　材质球效果

图 9-23　材质渲染效果

例080　藤编材质

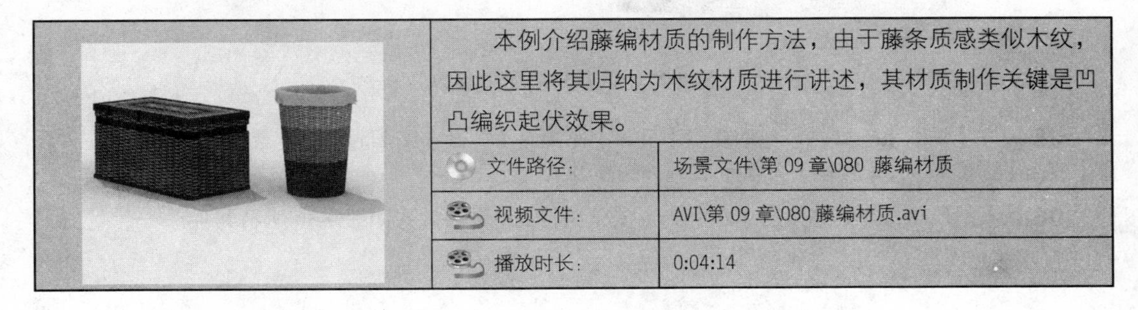

本例介绍藤编材质的制作方法，由于藤条质感类似木纹，因此这里将其归纳为木纹材质进行讲述，其材质制作关键是凹凸编织起伏效果。

文件路径:	场景文件\第 09 章\080 藤编材质
视频文件:	AVI\第 09 章\080 藤编材质.avi
播放时长:	0:04:14

01 打开随书光盘“藤编材质白模.max”文件，如图 9-24 所示。

图 9-24　打开场景文件

02 场景中共有三种不同颜色的藤条材质，这里选择其中的一种材质进行讲解。按 M 键打开【材质编辑器】对话框，选择一个空的材质球，设置材质类型为 VRayMtl，命名为“藤编材质”。

03 设置材质的漫反射颜色。在 VRayMtl 的【基本参数】卷展栏中单击【漫反射】贴图按钮，在打开的【材质/贴图浏览器】中选择【位图】贴图，载入本书配套光盘中如图 9-25 所示的“藤条材质.jpg”，进入坐标参数组内，调节其【平铺】与【模糊】参数值如图 9-26 所示。

图 9-25　选择位图贴图

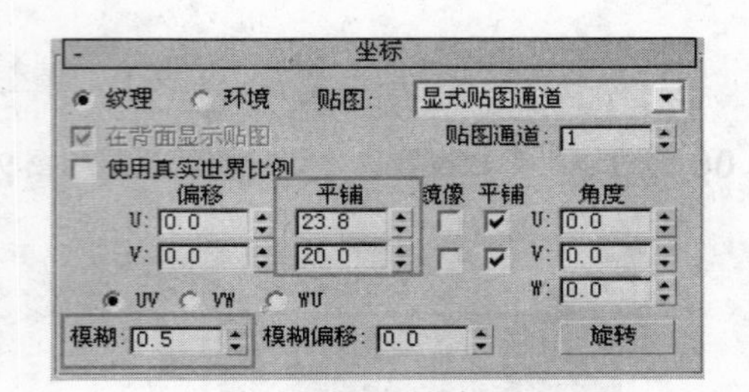

图 9-26　指定贴图坐标

04 设定好藤条的【漫反射】拼贴效果后，接下来设置【反射】参数，完成藤条表面光泽的细节模拟，首先在【反射】和【光泽度】贴图通道内加载“藤条 2.jpg”贴图，然后调整【高光光泽度】参数值为 0.65，具体参数设置如图 9-27 所示，最后再利用【凹凸】与【置换】贴图通道来完成藤条编织凹凸效果的制作。

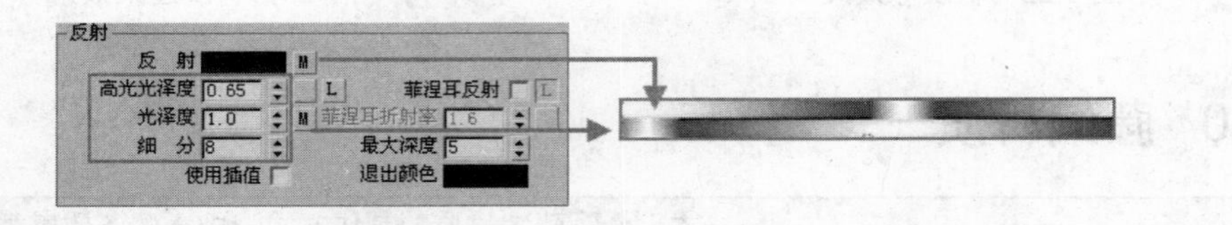

图 9-27　调整材质反射参数

05 展开【贴图】卷展栏，拖动复制【反射】贴图至【凹凸】贴图通道与【置换】贴图通道，并设置【凹凸】强度为 30，【置换】强度为 12，如图 9-28 所示。

06 藤条材质球最终效果如图 9-29 所示，其渲染得到的最终效果如图 9-30 所示。

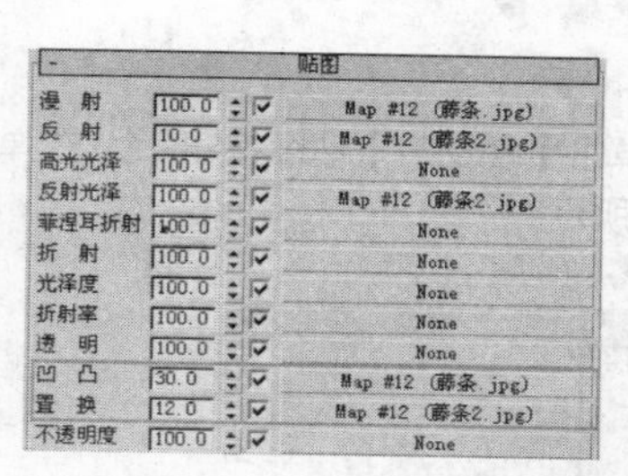

图 9-28　设置凹凸与置换参数

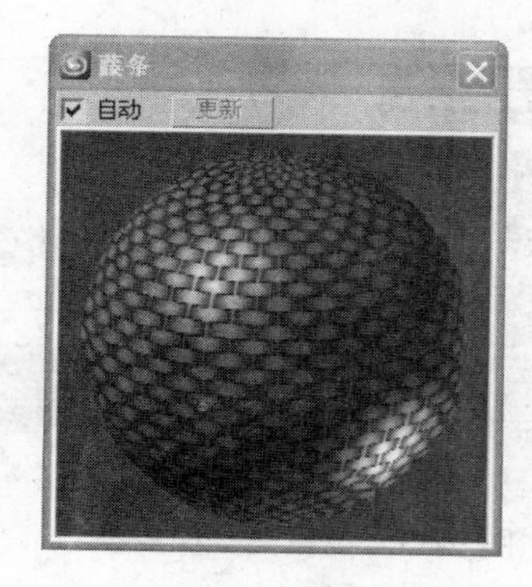

图 9-29　藤条材质球效果

图 9-30　藤编材质渲染效果

例081　玻化砖材质

本例将介绍玻化砖材质的制作方法，通过在【漫反射】贴图通道添加【平铺】程序贴图，表现砖块的拼贴效果，并通过在【反射】贴图通道添加【衰减】程序贴图，表现玻化砖表面光滑的逼真效果。

文件路径:	场景文件\第 09 章\081 玻化砖材质
视频文件:	AVI\第 09 章\081 玻化砖材质的制作.avi
播放时长:	0:04:03

01 打开随书光盘“玻化砖材质白模.max”文件，如图 9-31 所示。

图 9-31　打开场景文件

02 按 M 键打开【材质编辑器】对话框，选择一个空的材质球，设置材质类型为 VRayMtl 材质，并命名为“玻化砖材质”。

03 在【基本参数】卷展栏中单击【漫反射】贴图按钮，在弹出的【材质/贴图浏览器】对话框中选择【平铺】程序贴图，如图 9-32 所示。

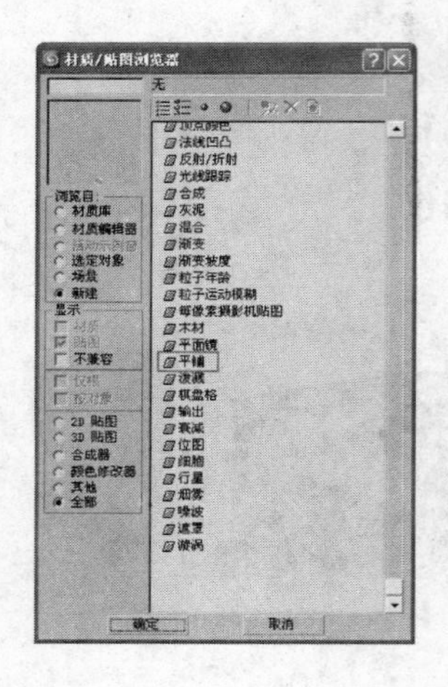

图 9-32 选择平铺程序贴图

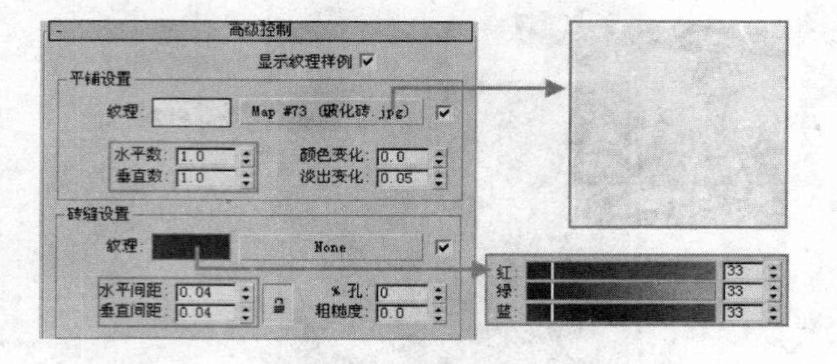

图 9-33 设置高级控制参数

04 进入【平铺】程序贴图，打开【高级控制】卷展栏，单击【纹理】贴图按钮，载入“玻化砖.jpg”贴图，并调整其水平数与垂直数均为 1，调整砖缝颜色 RGB 值为 39，根据实际情况调整砖缝的水平与垂直间距，具体参数设置如图 9-33 所示。

05 制作玻化砖的反射效果。光滑的玻化砖表面有比较明显的“菲涅尔反射”现象，因此单击【反射】贴图按钮，加载【衰减】程序贴图，调整前、侧两个色块颜色，选择 Fresnel 衰减类型，返回反射参数组，调整其【光泽度】参数值为 0.93，具体参数设置如图 9-34 所示。

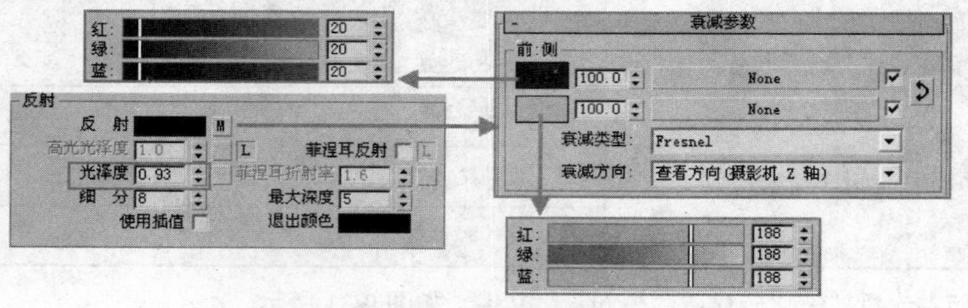

图 9-34 调整材质反射参数

06 制作玻化砖凹凸效果。进入【贴图】卷展栏，将【漫射】通道内的贴图拖曳复制到【凹凸】贴图通道内，调整【凹凸】强度值为 15，参数设置如图 9-35 所示。

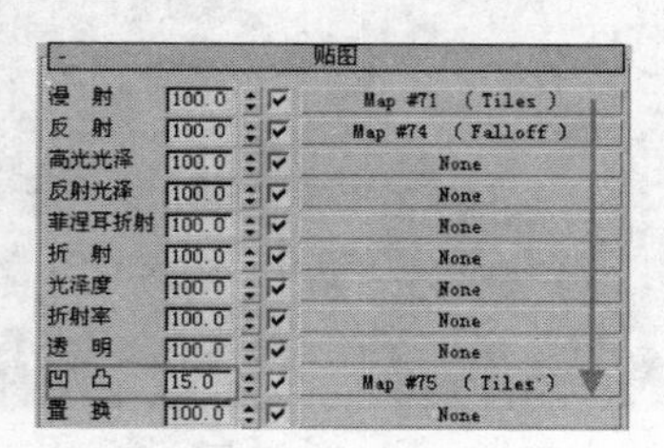

图 9-35 设置凹凸贴图

07 经过以上调整，玻化砖材质球效果如图 9-36 所示，其渲染得到的最终效果如图 9-37 所示。

图 9-36　材质球的效果

图 9-37　玻化砖渲染效果

例082　大理石材质

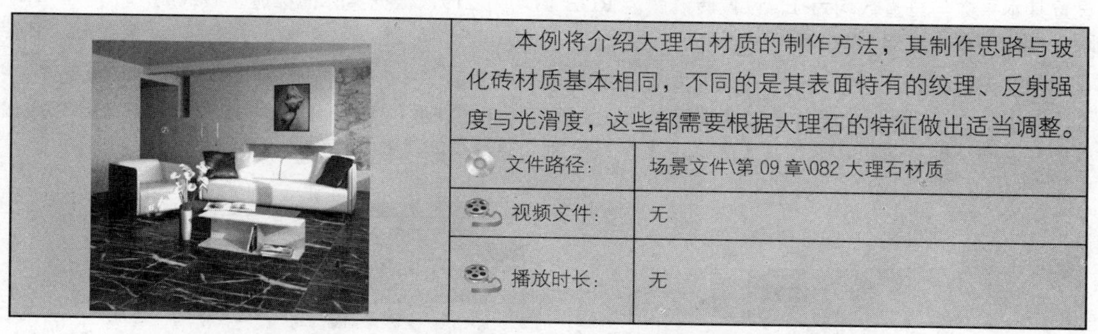

本例将介绍大理石材质的制作方法，其制作思路与玻化砖材质基本相同，不同的是其表面特有的纹理、反射强度与光滑度，这些都需要根据大理石的特征做出适当调整。

文件路径：	场景文件\第 09 章\082 大理石材质
视频文件：	无
播放时长：	无

01 打开随书光盘“场景文件”|“第 09 章”|“082 大理石材质白模.max”文件，如图 9-38 所示。

图 9-38　打开场景文件

02 按 M 键打开【材质编辑器】对话框，选择一个空的材质球，设置材质类型为 VRayMtl，命名为“大理石材质”。

03 在【基本参数】卷展栏中单击【漫反射】贴图按钮 ，在弹出的【材质/贴图浏览器】对话框中选择【平铺】程序贴图，如图 9-39 所示。

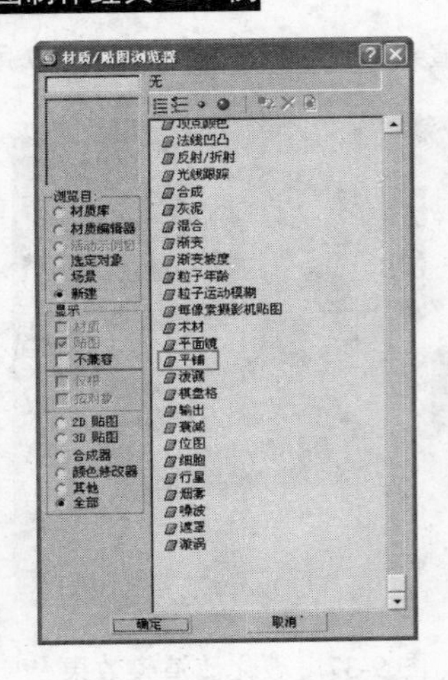

图 9-39　选择平铺程序贴图

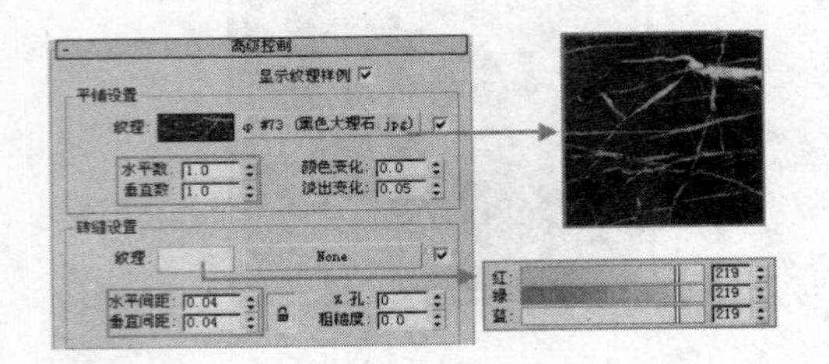

图 9-40　设置高级控制参数

04 进入【平铺】程序贴图层级，打开【高级控制】卷展栏，载入“大理石.jpg”贴图作为平铺纹理，设置其水平数与垂直数均为 1，设置砖缝颜色 RGB 值均为 219，根据实际情况调整砖缝的水平与垂直间距，具体参数设置如图 9-40 所示。

05 大理石表面比较光滑，但其反射能力却比玻化砖要弱一些，并存在“菲涅尔反射”现象。单击【反射】贴图按钮，加载【衰减】程序贴图，调整其侧向色块颜色 RGB 值均为 125，选择 Fresnel 衰减类型，返回反射参数组，调整其【光泽度】参数值为 0.88，具体参数设置如图 9-41 所示。

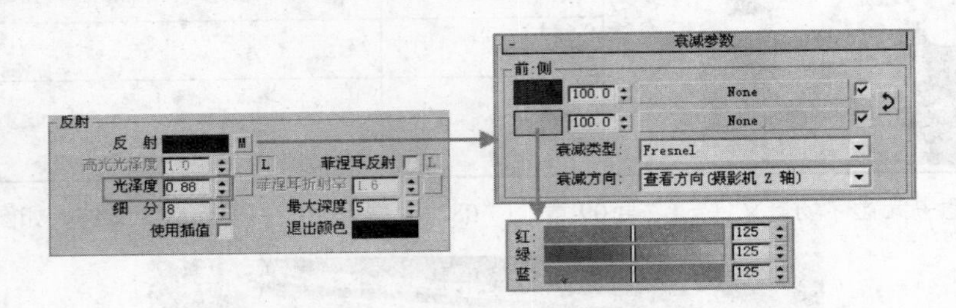

图 9-41　调整材质反射参数组

06 制作大理石表面的凹凸效果，进入【贴图】卷展栏，将【漫反射】通道内的贴图拖曳复制到【凹凸】贴图通道内，然后再调整凹凸参数值为 18，参数设置如图 9-42 所示。

贴图			
漫　射	100.0	☑	Map #71 (Tiles)
反　射	100.0	☑	Map #74 (Falloff)
高光光泽	100.0	☑	None
反射光泽	100.0	☑	None
菲涅耳折射	100.0	☑	None
折　射	100.0	☑	None
光泽度	100.0	☑	None
折射率	100.0	☑	None
透　明	100.0	☑	None
凹　凸	18.0	☑	Map #76 (Tiles)
置　换	100.0	☑	None
不透明度	100.0	☑	None
环　境		☑	None

图 9-42　设置凹凸通道参数

07 经过以上调整，大理石材质球效果如图 9-43 所示，其渲染得到的最终效果如图 9-44 所示。

图 9-43　大理石材质球效果

图 9-44　大理石渲染效果

例083　仿古砖材质

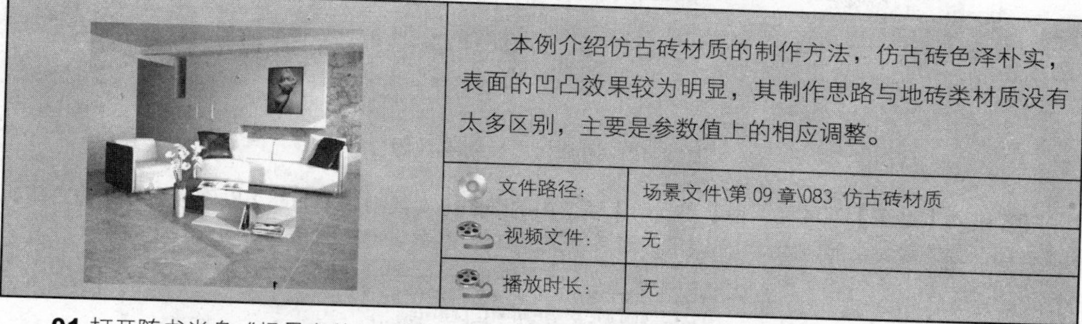

本例介绍仿古砖材质的制作方法，仿古砖色泽朴实，表面的凹凸效果较为明显，其制作思路与地砖类材质没有太多区别，主要是参数值上的相应调整。

文件路径:	场景文件\第 09 章\083 仿古砖材质
视频文件:	无
播放时长:	无

01 打开随书光盘“场景文件”|“第 09 章”|“083 仿古砖材质白模.max”文件，如图 9-45 所示。

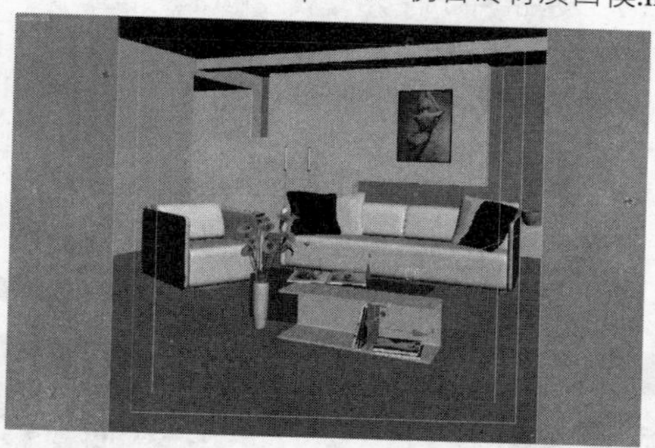

图 9-45　打开场景文件

02 按 M 键打开【材质编辑器】对话框，选择一个空的材质球，设置材质类型为 VRayMtl，命名为“玻化砖材质”。

03 在【基本参数】卷展栏中单击【漫反射】贴图按钮，在弹出的【材质/贴图浏览器】对话框中选择【平铺】程序贴图，在其【纹理】贴图通道载入“仿古砖材质.jpg”贴图，设置砖缝颜色为白色，具体参数设置如图 9-46 所示。

04 单击【反射】贴图按钮，加载【衰减】程序贴图，由于仿古砖材质反射效果并不明显，因此调整其第二个颜色为较低的灰度值 125，选择 Fresnel 衰减类型，返回反射参数组，调整【光泽度】参数值为 0.82，具体参数设置如图 9-47 所示。

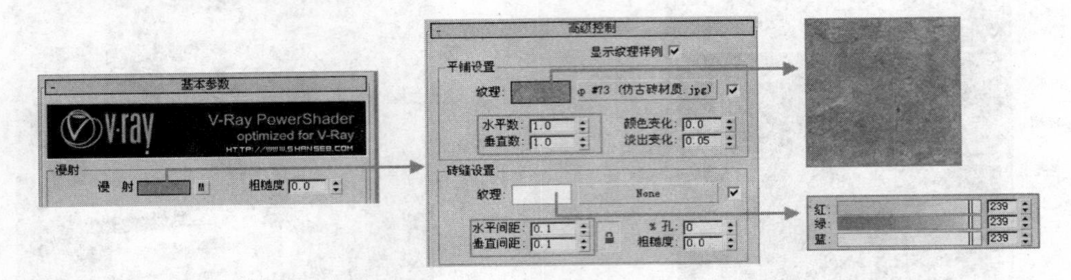

图 9-46 漫反射贴图通道参数

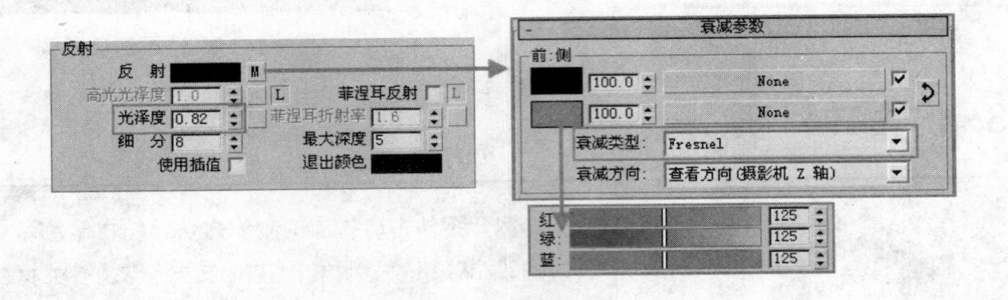

图 9-47 调整材质反射参数组

05 进入【贴图】卷展栏，将【漫反射】通道内的贴图拖曳复制到【凹凸】贴图通道内，仿古砖材质表面凹凸效果较为明显，因此调整【凹凸】参数值为 15，参数设置如图 9-48 所示。

贴图			
漫 射	100.0	☑	Map #71 (Tiles)
反 射	100.0	☑	Map #74 (Falloff)
高光光泽	100.0	☑	None
反射光泽	100.0	☑	None
菲涅耳折射	100.0	☑	None
折 射	100.0	☑	None
光泽度	100.0	☑	None
折射率	100.0	☑	None
透 明	100.0	☑	None
凹 凸	40.0	☑	Map #76 (Tiles)
置 换	100.0	☑	None

图 9-48 设置凹凸通道参数

06 经过以上调整，玻化砖材质球效果如图 9-49 所示，其渲染得到的最终效果如图 9-50 所示。

图 9-49 玻化砖材质球效果

图 9-50 玻化砖渲染效果

例084　马赛克材质

本例介绍马赛克材质的制作方法，通过【漫反射】贴图通道加载马赛克纹理贴图制作真实的马赛克效果，利用【裁剪】工具进行纹理贴图的修剪，利用【凹凸】通道进行瓷片接缝凹凸效果的模拟。	
文件路径：	场景文件\第 09 章\084　马赛克材质
视频文件：	无
播放时长：	无

01 打开随书光盘“场景文件”|“第 09 章”|“084　马赛克材质.max”文件，如图 9-51 所示。

图 9-51　打开场景文件

02 按 M 键打开【材质编辑器】对话框，选择一个空的材质球，设置材质类型为 VRayMtl 材质，命名为“马赛克材质”。

03 在 VRayMtl 材质层级，单击【漫射】贴图按钮，在弹出的【材质/贴图浏览器】对话框中选择【位图】，载入配套光盘中名为“马赛克.jpg”贴图，具体参数设置如图 9-52 所示。

图 9-52　加载马赛克纹理贴图

04 在加载贴图时可以发现，马赛克纹理贴图四周有多余的白边，这种现象在实际工作中经常会遇到，此时单击【裁剪/放置】参数组 查看图像 按钮，打开如图 9-53 所示的图片浏览器，通过调整其四周的虚线框对位图进行剪切，剪切完毕后勾选【应用】复选框即可，如图 9-53 所示。

05 制作马赛克表面反射效果。单击【反射】颜色色块，调整其 RGB 值均为 25，调整【光泽度】参数值为 0.85，具体参数设置如图 9-54 所示。

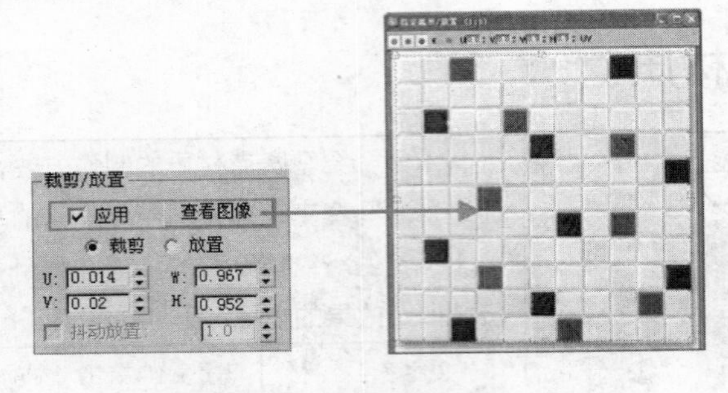

图 9-53　裁剪图片多余白边

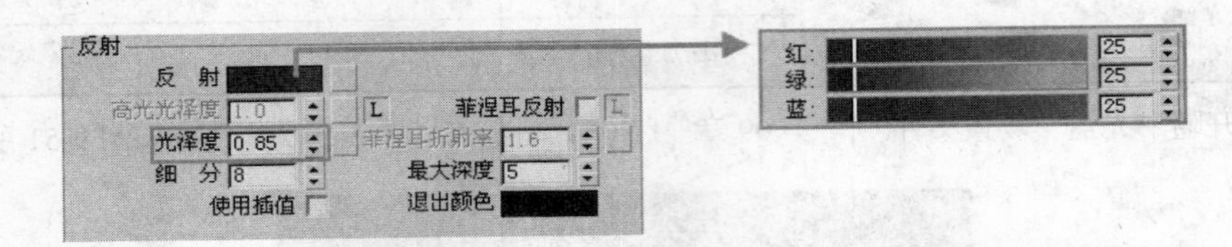

图 9-54　调整反射参数组

06 由于马赛克是由一片片的小瓷砖组合而成，其接缝比较明显，因此进入【贴图】卷展栏，将【漫反射】贴图通道内的马赛克贴图拖曳复制到【凹凸】贴图通道，并将凹凸强度增大至 40，具体参数设置如图 9-55 所示。

贴图			
漫　射	100.0	✓	Map #13（马赛克材质.jpg）
反　射	100.0	✓	None
高光光泽	100.0	✓	None
反射光泽	100.0	✓	None
菲涅耳折射	100.0	✓	None
折　射	100.0	✓	None
光泽度	100.0	✓	None
折射率	100.0	✓	None
透　明	100.0	✓	None
凹　凸	40.0	✓	Map #14（马赛克材质.jpg）

图 9-55　制作接缝凹凸效果

07 经过以上参数调整，马赛克材质球效果如图 9-56 所示，材质渲染最终效果如图 9-57 所示。

图 9-56　材质球效果

图 9-57　马赛克渲染效果

例085　石膏材质

本例介绍石膏材质的制作方法，通过在【漫反射】贴图通道加载具有磨旧效果的石膏纹理贴图，快速制作去石膏像风化的效果，并通过【凹凸】贴图通道制作出石膏像表面的粗糙凹凸效果。

文件路径：	场景文件\第 09 章\085 石膏材质
视频文件：	无
播放时长：	无

01 打开随书光盘“场景文件”|“第 09 章”|“085 石膏材质白模.max”文件，如图 9-58 所示。

图 9-58　打开场景文件

02 按 M 键打开【材质编辑器】对话框，选择一个空的材质球，设置材质类型为 VRayMtl 材质，命名为“石膏材质”。

03 在【基本参数】卷展栏中单击【漫反射】贴图按钮，在打开的【材质/贴图浏览器】中选择【位图】，载入本书配套光盘中名为“旧石膏.jpg”的贴图，如图 9-59 所示。

图 9-59　指定漫反射贴图

04 进入【贴图】卷展栏，将【漫反射】贴图通道内的位图拖曳复制至【凹凸】贴图通道，设置【凹凸】强度为 36，模拟由于风化造成破损的石膏表面凹凸不平的效果，具体参数设置如图 9-60 所示。

05 经过以上参数的调整，此时的石膏材质球效果如图 9-61 所示，渲染最终效果如图 9-62 所示。

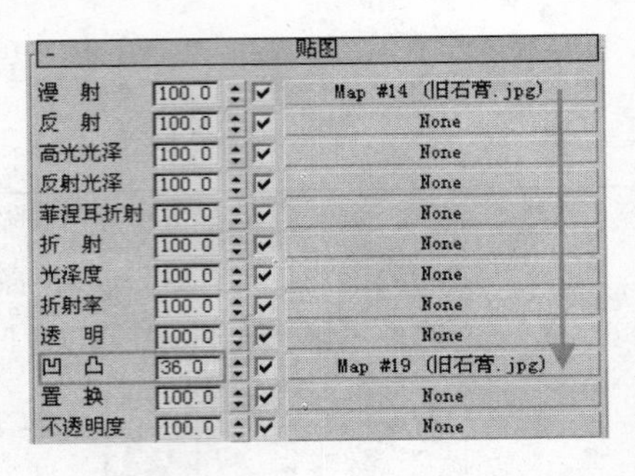

图 9-60　设置凹凸贴图通道参数

图 9-61　石膏材质球效果

图 9-62　石膏材质渲染效果

例086　砖墙材质

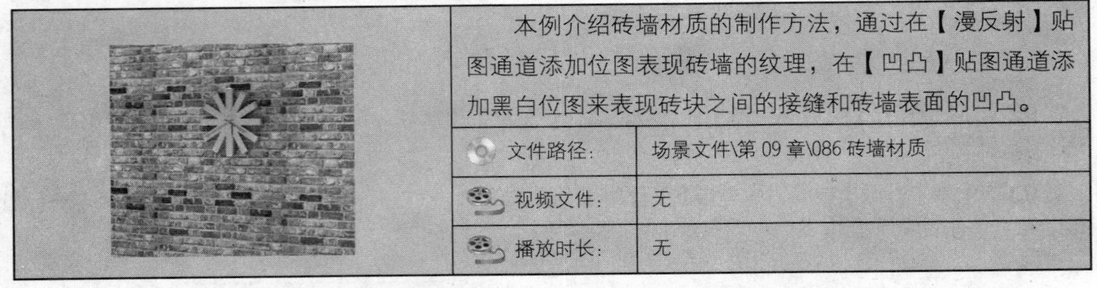

本例介绍砖墙材质的制作方法，通过在【漫反射】贴图通道添加位图表现砖墙的纹理，在【凹凸】贴图通道添加黑白位图来表现砖块之间的接缝和砖墙表面的凹凸。

文件路径:	场景文件\第 09 章\086 砖墙材质
视频文件:	无
播放时长:	无

01 打开随书光盘“场景文件”|“第 09 章”|“086 砖墙材质白模.max”文件，如图 9-63 所示。

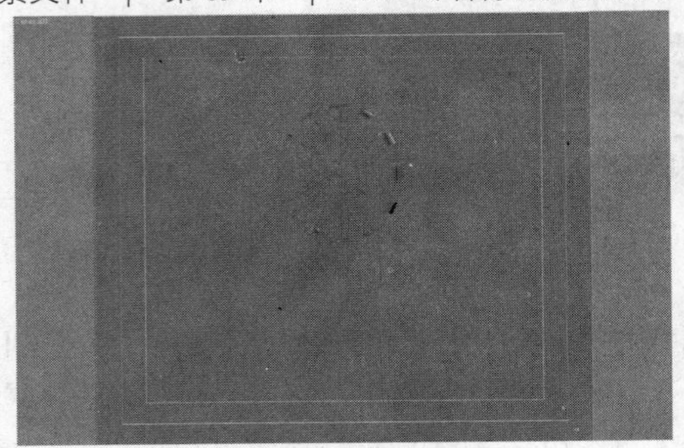

图 9-63　打开场景文件

02 按 M 键打开【材质编辑器】对话框，选择一个空的材质球，设置材质类型为 VRayMtl，并将材质命名为“砖墙材质”。

03 在【基本参数】卷展栏中单击【漫反射】贴图按钮，在打开的【材质/贴图浏览器】中选择贴图的类型为【位图】，载入本书配套光盘中名为“砖墙.jpg”的贴图，如图 9-64 所示。

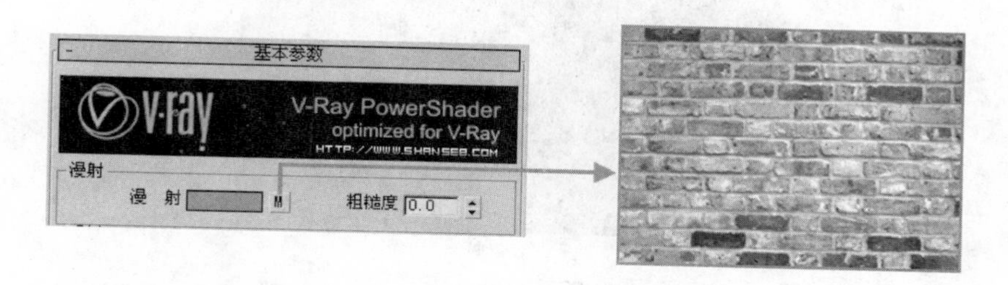

图 9-64　加载砖墙贴图

04 完成以上参数设置，得到砖墙材质球效果如图 9-65 所示，将该材质指定给场景中的墙体对象，渲染效果如图 9-66 所示。

图 9-65　材质球效果

图 9-66　砖墙材质渲染效果

例087　墙纸材质

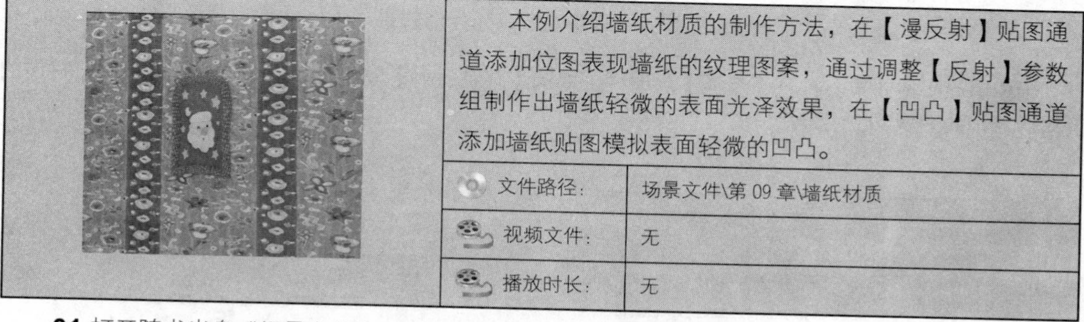

本例介绍墙纸材质的制作方法，在【漫反射】贴图通道添加位图表现墙纸的纹理图案，通过调整【反射】参数组制作出墙纸轻微的表面光泽效果，在【凹凸】贴图通道添加墙纸贴图模拟表面轻微的凹凸。

文件路径：	场景文件\第 09 章\墙纸材质
视频文件：	无
播放时长：	无

01 打开随书光盘“场景文件”|“第 09 章”|“087 墙纸材质白模.max”文件，如图 9-67 所示。

02 按 M 键打开【材质编辑器】对话框，选择一个空的材质球，设置材质类型为 VRayMtl，命名为

“墙纸材质”。

图 9-67　打开场景文件

03 在【基本参数】卷展栏中单击【漫反射】贴图按钮，在弹出的【材质贴图浏览器中】单击选择【位图】，载入本书配套光盘中名为“墙纸.jpg”的贴图，如图 9-68 所示。

图 9-68　载入墙纸贴图

04 制作墙纸材质表面的高光效果。这里需要注意的是，墙纸表面虽然因光滑而产生一定的光泽效果，但是不会产生任何反射。将【反射】颜色调整为 RGB 值均为 28 的灰度，调整其【高光光泽度】参数为 0.35，完成墙纸表面光泽的模拟，参数设置如图 9-69 所示。

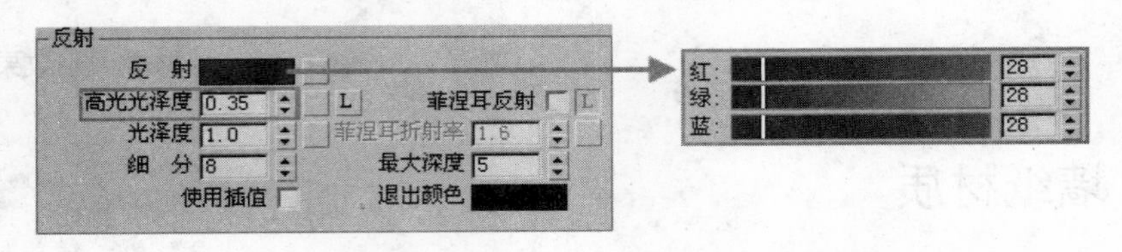

图 9-69　调整墙纸高光光泽效果

05 消除反射效果。打开【选项】卷展栏，取消【跟踪反射】复选框的勾选，这样就消除了材质的反射计算，如图 9-70 所示。

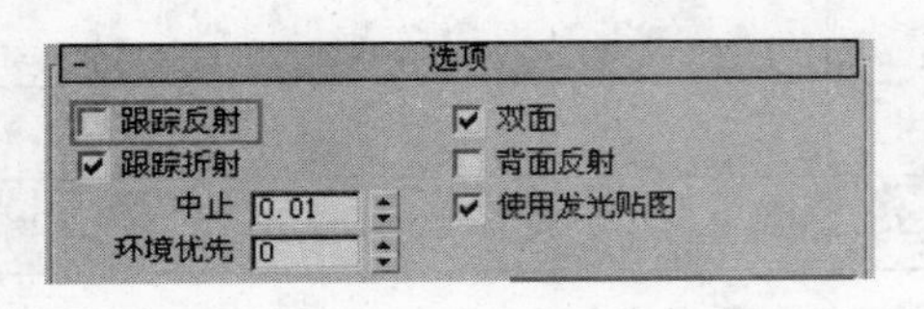

图 9-70　取消跟踪反射

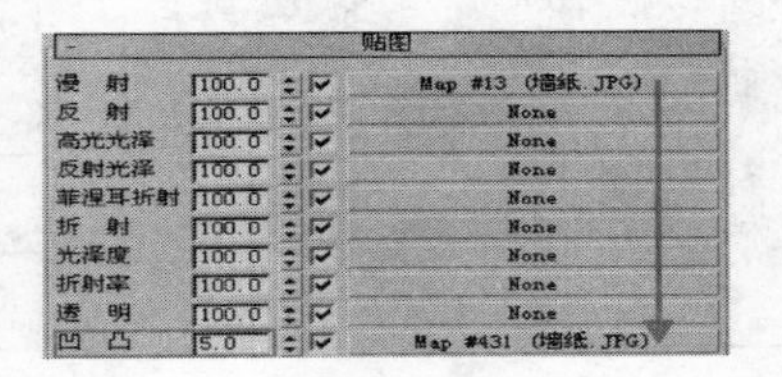

图 9-71　调整凹凸贴图参数

06 进入材质的【贴图】卷展栏，将【漫反射】贴图通道的位图复制到【凹凸】通道，并设置【凹凸】参数值为 5，完成墙纸轻微凹凸效果的模拟，具体参数设置如图 9-71 所示。

07 完成以上参数设置后，墙纸材质球效果如图 9-72 所示，其最终渲染效果如图 9-73 所示。

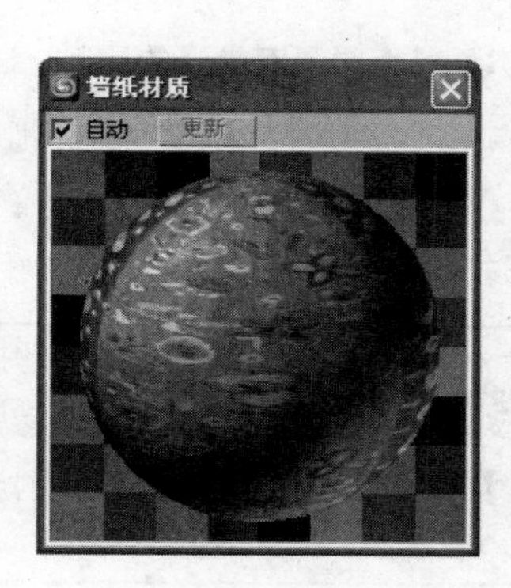

图 9-72　墙纸材质球效果

图 9-73　墙纸材质渲染效果

第10章 金属、陶瓷及玻璃材质

本章介绍金属、陶瓷以及玻璃材质的制作。这三类材质的共同特点是具有较强的反射，通过本章的学习，读者可以加深反射及反射模糊效果的理解，并掌握抛光、磨砂、拉丝等材质的特性及调制方法。

例088 抛光不锈钢金属材质

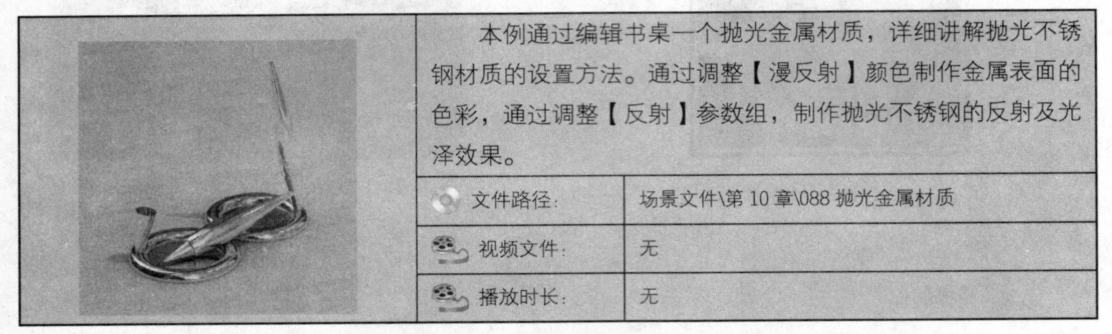

本例通过编辑书桌一个抛光金属材质，详细讲解抛光不锈钢材质的设置方法。通过调整【漫反射】颜色制作金属表面的色彩，通过调整【反射】参数组，制作抛光不锈钢的反射及光泽效果。

文件路径：	场景文件\第 10 章\088 抛光金属材质
视频文件：	无
播放时长：	无

01 打开随书光盘“抛光不锈钢材质.max”文件，如图 10-1 所示。

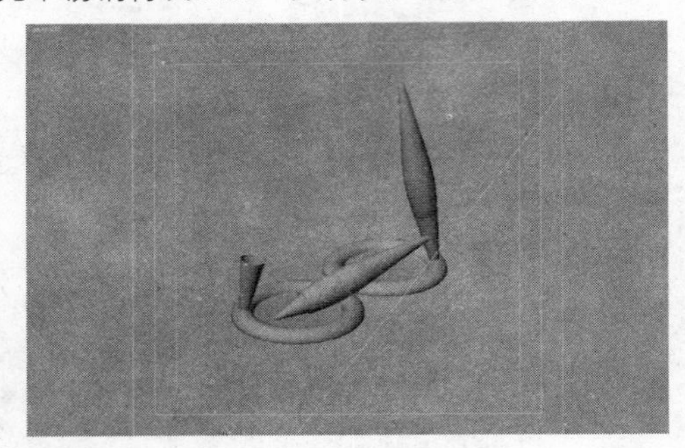

图 10-1 打开场景文件

02 按 M 键打开【材质编辑器】对话框，选择一个空白材质球，将材质设置为 VRayMtl 材质，命名为“抛光不锈钢材质”。

03 设置抛光不锈钢材质的表面颜色。单击【漫反射】色块，在打开的【颜色选择器】中，调整其颜色的 RGB 值为 218、219、220，如图 10-2 所示。

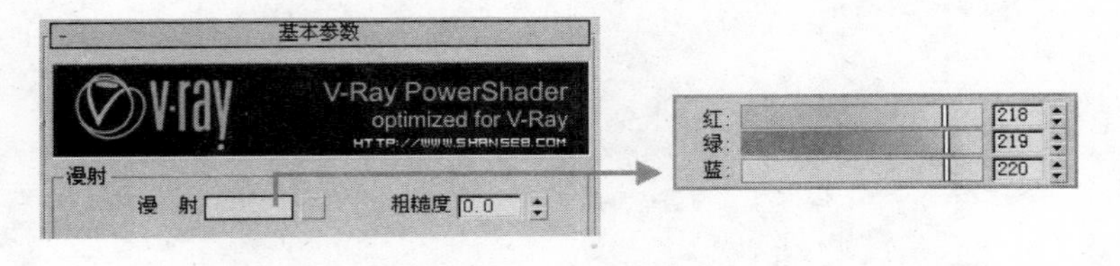

图 10-2 调整不锈钢表面色彩

04 抛光不锈钢材质表面十分光滑，因此其反射能力比较强，接下来通过调整反射参数组，模拟出这个特点。单击【反射】色块，调整其颜色 RGB 值均为 210，以获得较强的反射能力，降低【光泽度】

参数值至 0.9，具体参数设置如图 10-3 所示。

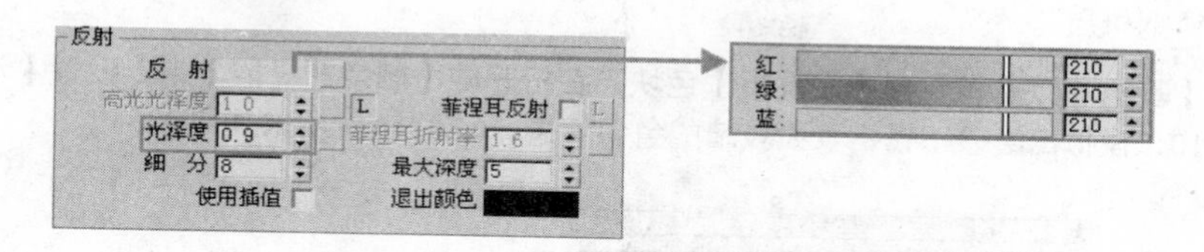

图 10-3　制作抛光不锈钢表面反射与光泽

05 经过以上参数调整，抛光不锈钢材质球效果如图 10-4 所示，渲染效果如图 10-5 所示。

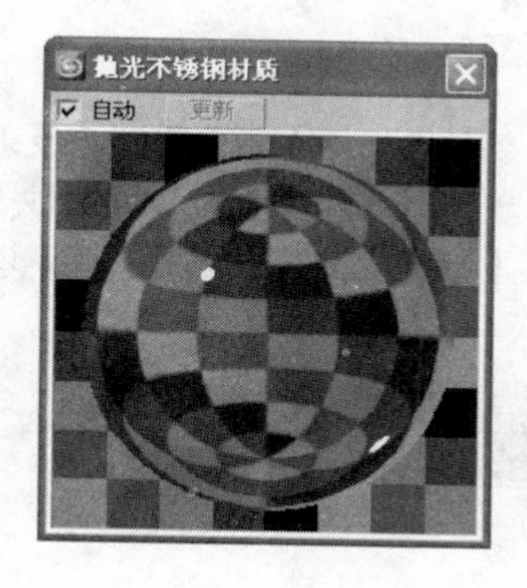

图 10-4　材质球效果

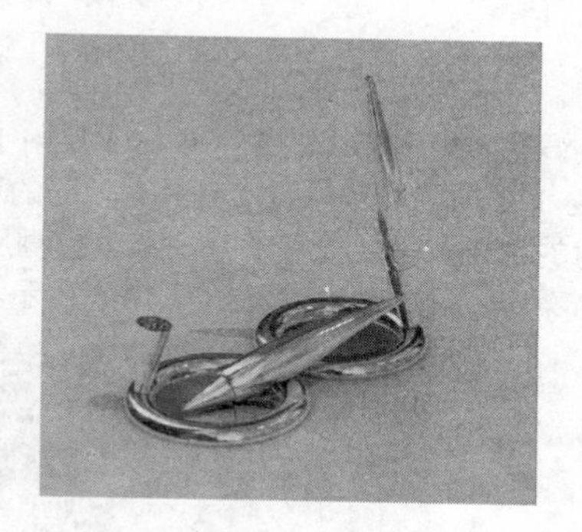

图 10-5　材质渲染效果

例089　磨砂不锈钢材质

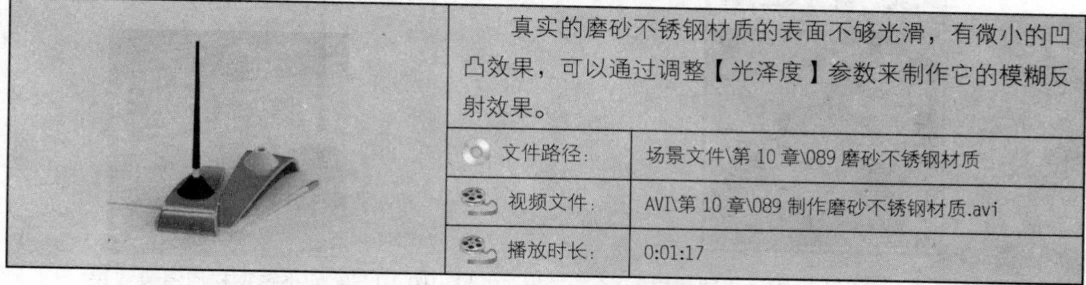

真实的磨砂不锈钢材质的表面不够光滑，有微小的凹凸效果，可以通过调整【光泽度】参数来制作它的模糊反射效果。

文件路径:	场景文件\第 10 章\089 磨砂不锈钢材质
视频文件:	AVI\第 10 章\089 制作磨砂不锈钢材质.avi
播放时长:	0:01:17

01 打开随书光盘“磨砂不锈钢材质.max”文件，如图 10-6 所示。

图 10-6　打开场景文件

02 按 M 键打开【材质编辑器】对话框，选择一个空白材质球，转换材质类型为 VRayMtl 材质，命名为“磨砂不锈钢材质”。

03 单击【基本参数】卷展栏【漫反射】色块，在打开的【颜色选择器】中，设置【漫反射】颜色 RGB 值均为 110，模拟出磨砂不锈钢表面较暗的色调效果，如图 10-7 所示。

图 10-7　调整磨砂不锈钢表面颜色

04 调整反射与光泽效果。单击【反射】色块，在打开的【颜色选择器】中，设置【反射】颜色为 RGB 均为 137 的灰度颜色，使其具有较弱的反射能力，调整其【光泽度】为 0.85，表现磨砂不锈钢表面模糊反射的效果。需要注意的是，具有模糊反射效果的材质，其【细分】参数应适当提高，以减少渲染时产生的噪点，具体参数设置如图 10-8 所示。

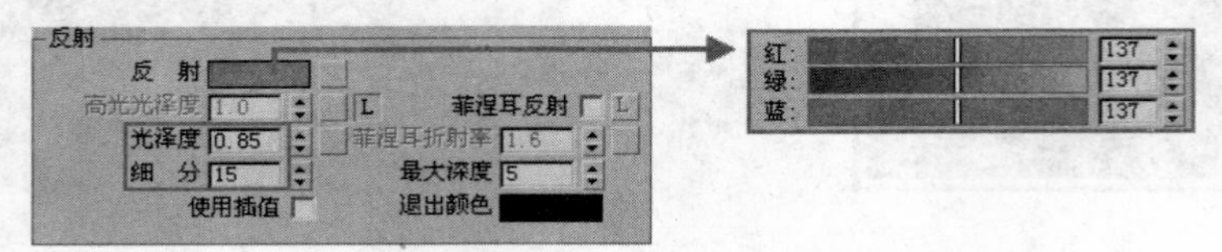

图 10-8　设置反射参数

05 经过以上参数的调整，磨砂不锈钢材质球效果如图 10-9 所示，渲染最终效果如图 10-10 所示。

图 10-9　磨砂不锈钢材质球效果

图 10-10　磨砂不锈钢材质渲染效果

例090　拉丝不锈钢材质

本例介绍拉丝不锈钢材质的制作方法，拉丝不锈钢表面的亮度介于抛光不锈钢与磨砂不锈钢之间，其表面的丝状凹凸效果降低了其反射能力，同时需要在【反射】通道添加特定的贴图，表现出金属表面的拉丝效果。

文件路径：	场景文件\第 10 章\090 拉丝金属材质
视频文件：	AVI\第 10 章\090 制作拉丝金属材质.avi
播放时长：	0:02:33

01 打开随书光盘“拉丝不锈钢白模.max”文件，如图 10-11 所示。

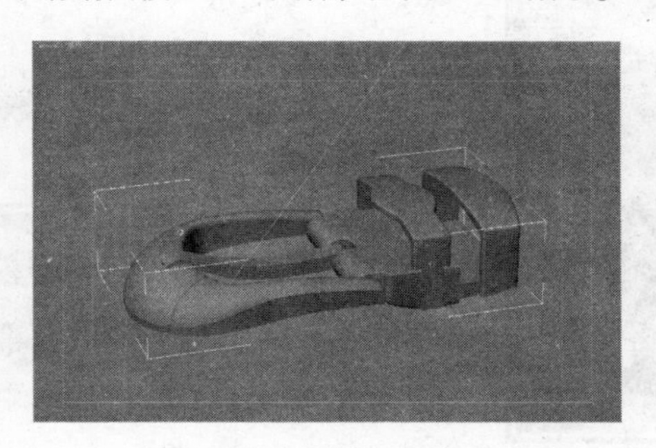

图 10-11　打开场景模型

02 按 M 键打开【材质编辑器】对话框，选择一个新的材质球，转换材质类型为 VRayMtl，命名为“拉丝不锈钢”材质。

03 在【基本参数】卷展栏单击【漫反射】颜色色块，在打开的【颜色选择器】中将【漫反射】颜色设置 RGB 均为 128 的灰度颜色，如图 10-12 所示。

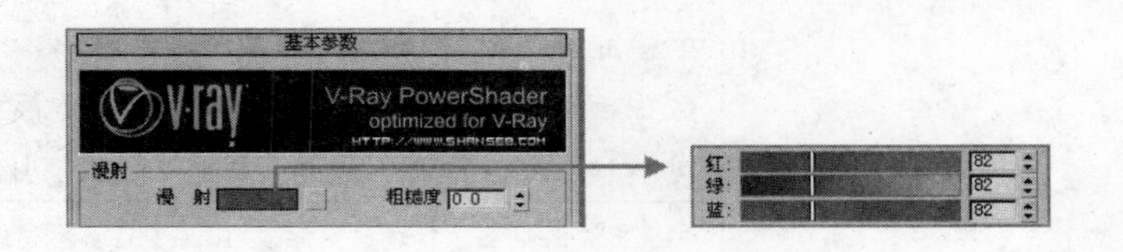

图 10-12　调整拉丝不锈钢漫反射颜色

04 制作不锈钢表面的拉丝及光泽效果。单击【反射】贴图按钮，在弹出的【材质/贴图浏览器】中选择【衰减】程序贴图，在其第一个贴图通道内载入本书配套光盘“金属拉丝.jpg”贴图，调整衰减方式为“朝向/背离”，这样就制作出了金属表面的拉丝效果，具体的参数设置如图 10-13 所示。

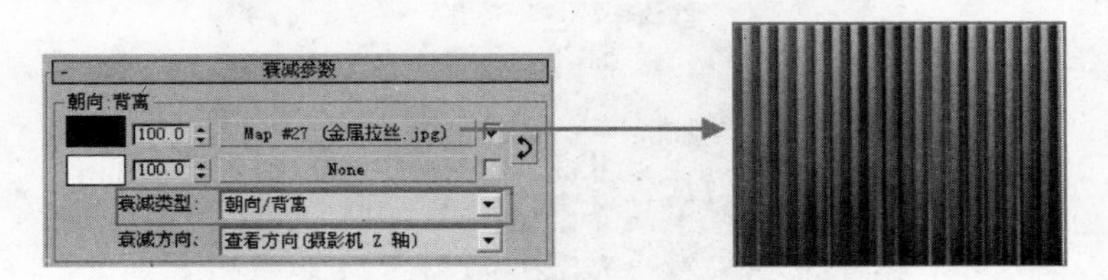

图 10-13　制作拉丝效果

05 调整金属表面的光泽。返回至反射参数组，由于拉丝不锈钢表面的亮度降低，首先将【高光光泽度】参数降低至 0.92，而【光泽度】参数则降低至 0.9，将【细分】参数值提高至 16，具体参数设置如图 10-14 所示。

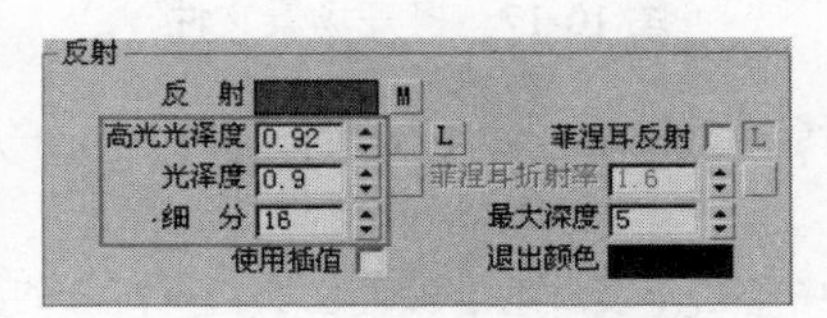

图 10-14　制作高光光泽

06 经过以上参数设置后，拉丝不锈钢材质球效果如图 10-15 所示，最终效果如图 10-16 所示。

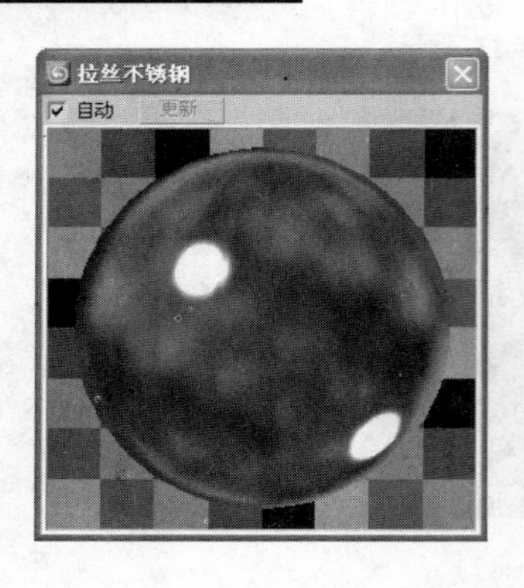

图 10-15　拉丝不锈钢材质球效果

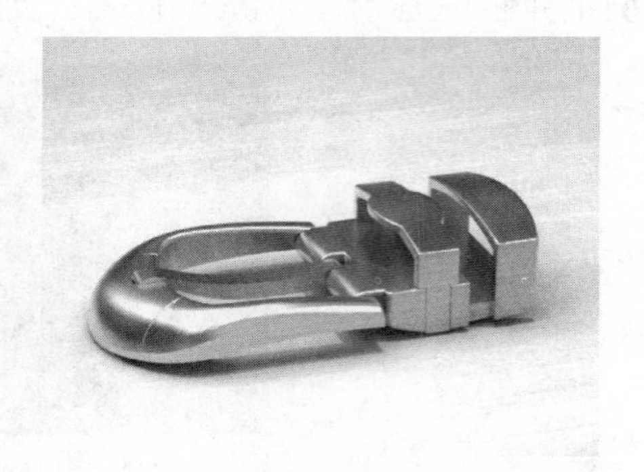

图 10-16　拉丝不锈钢渲染效果

例091　黄金材质

本例介绍黄金材质的制作方法，通过调整【漫反射】颜色制作黄金材质表面独具的华贵色彩，通过调整反射参数组，模拟黄金材质表面模糊反射和金属光泽效果。读者可举一反三，掌握其他有色金属材质的制作方法。

文件路径：	场景文件\第 10 章\091 黄金材质
视频文件：	AVI\第 10 章\091 制作黄金材质.avi
播放时长：	0:02:07

01 打开随书光盘“黄金材质.max”文件，如图 10-17 所示。

图 10-17　打开场景文件

02 按 M 键打开【材质编辑器】对话框，选择一个新的材质球，将材质类型设置为 VRayMtl 材质，并将材质命名为“黄金材质”。

03 在【基本参数】卷展栏中单击【漫反射】颜色色块，在打开的【颜色选择器】中将【漫反射】颜色 RGB 值设为 180、128、61，如图 10-18 所示。如果需要制作其他有色金属，可设置为其他颜色。

04 调整黄金材质表面的反射及光泽效果。在【反射】参数组中单击【反射】色块，在打开的【颜色选择器】中将【漫反射】颜色 RGB 值设为 238、225、82，设置【光泽度】参数值为 0.85，并提高其【细

分】参数值为 0.85，具体参数设置如图 10-19 所示。

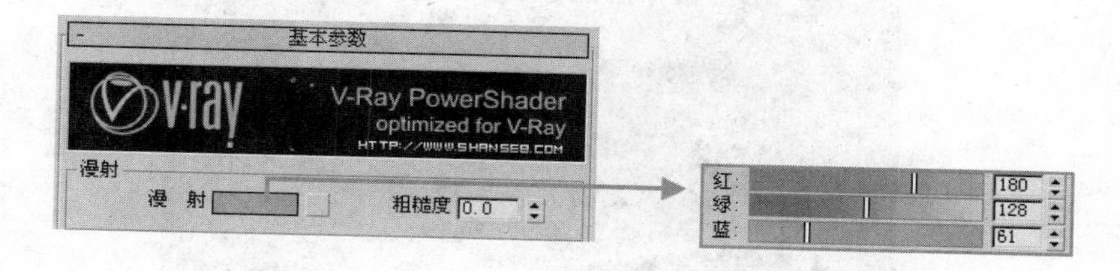

图 10-18　设置金属表面颜色

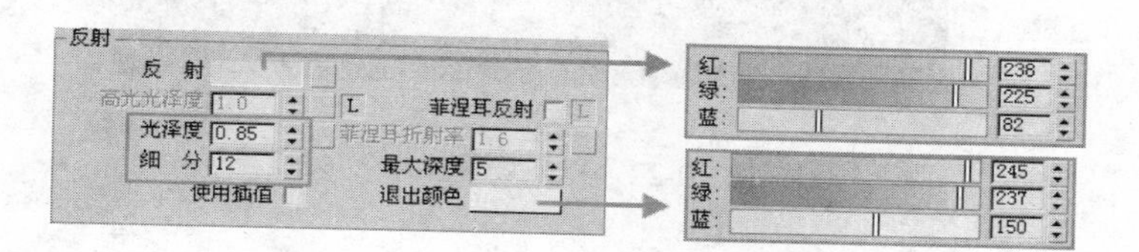

图 10-19　调整反射参数组

05 经过以上参数调整，黄金材质球效果如图 10-20 所示，渲染效果如图 10-21 示。

图 10-20　黄金材质球效果

图 10-21　黄金材质渲染效果

例092　卫浴陶瓷材质

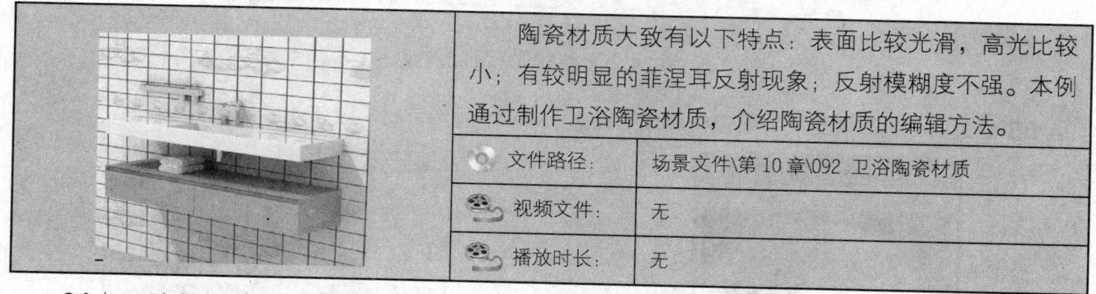

陶瓷材质大致有以下特点：表面比较光滑，高光比较小；有较明显的菲涅耳反射现象；反射模糊度不强。本例通过制作卫浴陶瓷材质，介绍陶瓷材质的编辑方法。

文件路径：	场景文件\第 10 章\092 卫浴陶瓷材质
视频文件：	无
播放时长：	无

01 打开随书光盘“陶瓷材质白模.max”文件，如图 10-22 所示。

02 按 M 键打开【材质编辑器】对话框，选择一个新的材质球，设置材质类型为 VRayMtl 材质，并将材质命名为“陶瓷材质”。

03 在【基本参数】卷展栏中单击【漫反射】色块，在打开的【颜色选择器】中设置漫反射颜色为白色，如图 10-23 所示。

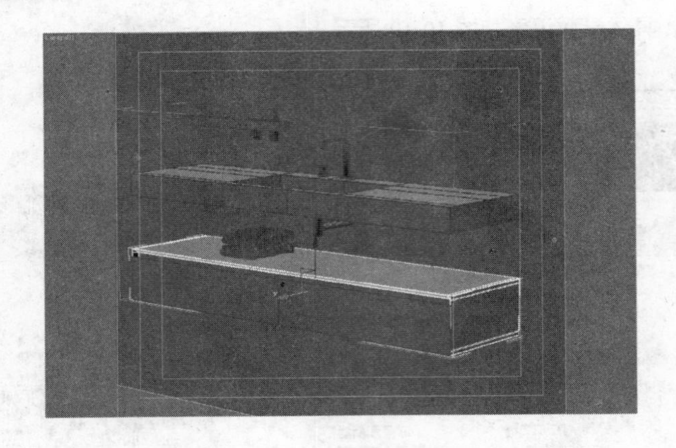

图 10-22　打开场景文件

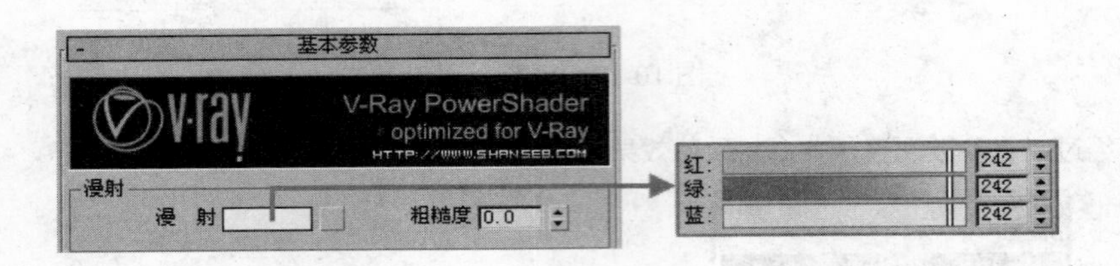

图 10-23　设置陶瓷漫反射颜色

04 设置陶瓷表面的反射及光泽效果。单击【反射】贴图按钮，进入贴图通道，选择【衰减】程序贴图，调整衰减方式为 Fresnel，在【反射】参数组中设置【光泽度】为 0.99，具体参数设置如图 10-24 所示。

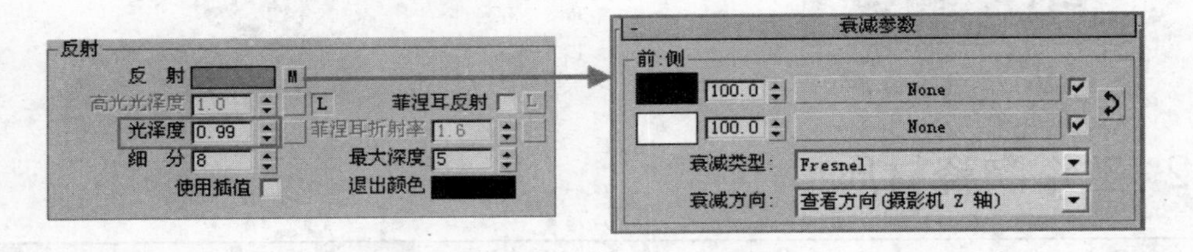

图 10-24　调整材质反射组参数

05 经过以上参数调整后，陶瓷材质球效果如图 10-25 所示，材质渲染效果如图 10-26 所示。

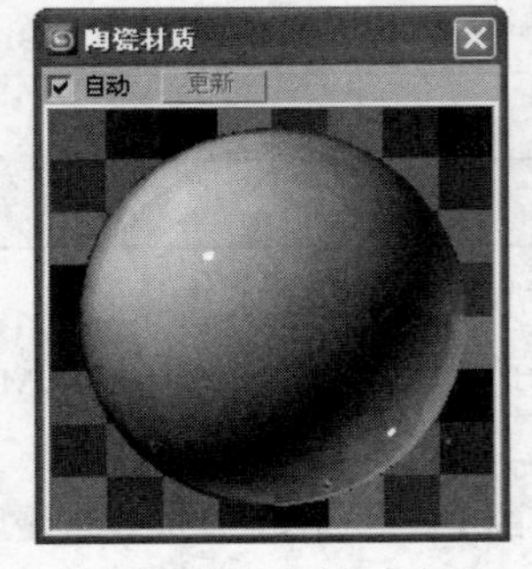

图 10-25　陶瓷材质球效果

图 10-26　陶瓷材质渲染效果

例093　印花瓷器材质

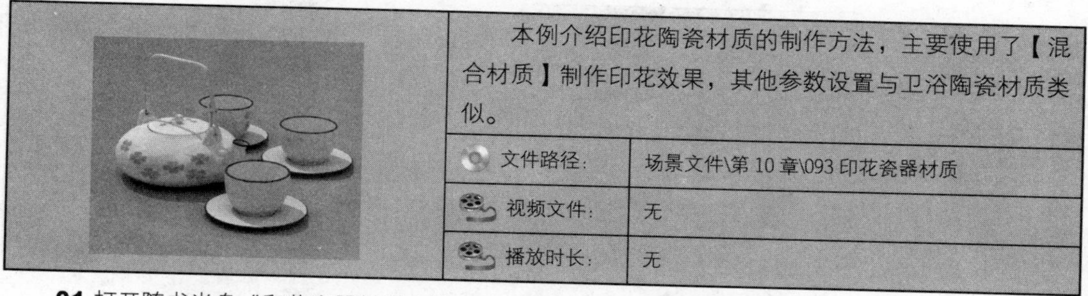

本例介绍印花陶瓷材质的制作方法，主要使用了【混合材质】制作印花效果，其他参数设置与卫浴陶瓷材质类似。

文件路径：	场景文件\第 10 章\093 印花瓷器材质
视频文件：	无
播放时长：	无

01 打开随书光盘“印花瓷器材质白模.max”文件，打开界面如图 10-27 所示。

图 10-27　打开场景文件

02 印花瓷器材质由两种颜色瓷器材质构成，分别是瓷器主体的白瓷材质与花纹的蓝瓷材质，接下来使用【VR 混合材质】对这两种材质的分布进行控制。按 M 键打开【材质编辑器】对话框，选择一个新的材质球，单击【标准材质】按钮，在弹出的【材质/贴图浏览器】中更换材质类型为【VR 混合材质】，并将材质命名为“印花瓷器材质”。

03 展开【VR 混合材质】的【基本参数】卷展栏，单击【基本材质】按钮，在弹出的【材质/贴图浏览器】中选择 VRayMtl，其材质参数类似于卫浴陶瓷材质，【漫反射】与【反射】参数如图 10-28 所示。

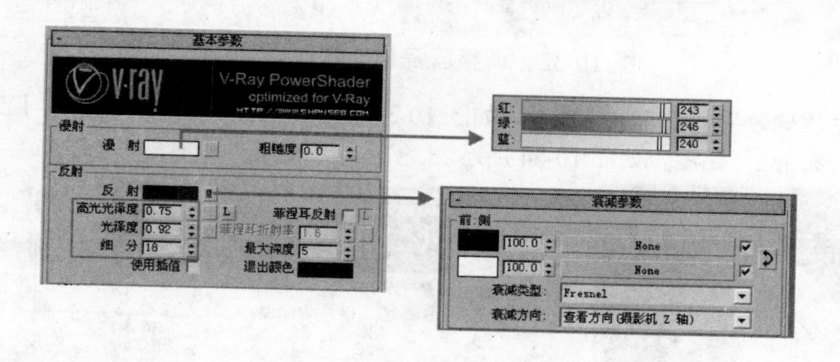

图 10-28　白瓷材质漫反射与反射参数组

04 设置陶瓷表面印花处的凹凸效果。进入【贴图】卷展栏，单击【凹凸】贴图通道，为其载入本书配套光盘中名为“瓷器印花分布.jpg”的贴图，如图 10-29 所示。

05 经过以上调整得到的瓷器材质球效果如图 10-30 所示，可以看到此时的材质球上只有单色的瓷器材质，接下来就调整印花部位的蓝瓷材质，首先返回【VR 混合材质】，将调整好的白瓷材质通过拖曳的方式复制至【镀膜材质】内，如图 10-31 所示。

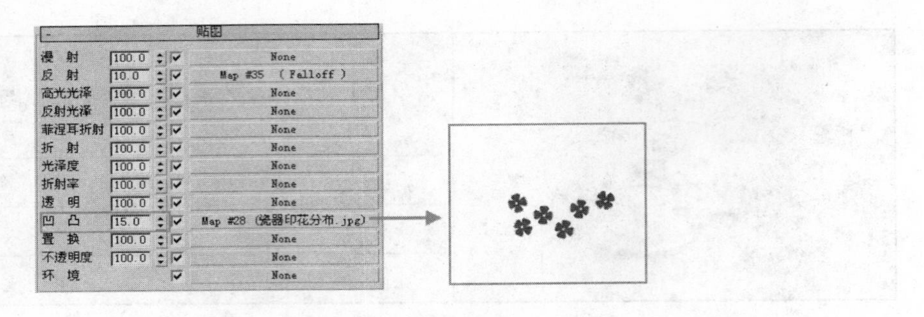

图 10-29　调整凹凸贴图通道

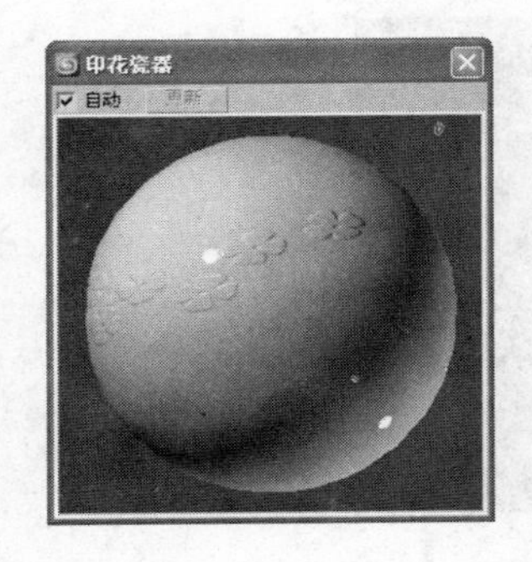

图 10-30　印花瓷器材质球效果

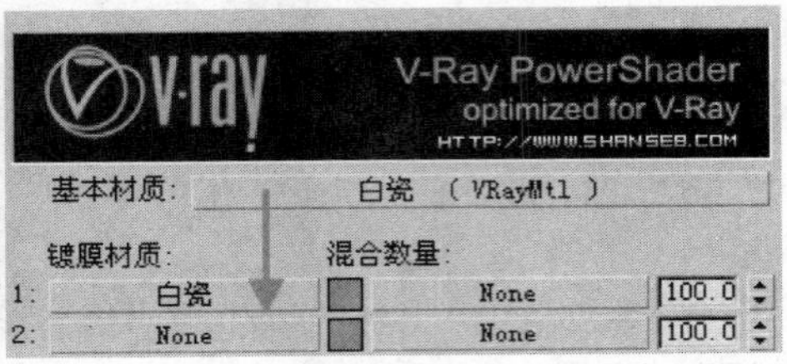

图 10-31　复制子材质

06 单击进入镀膜子材质，将子材质名称更改“蓝瓷”，将【漫反射】颜色 RGB 值修改为 163、157、250 的蓝色，如图 10-32 所示。

图 10-32　调整蓝瓷材质漫反射颜色

07 此时的材质球效果并没有产生变化，如图 10-33 所示，还需要在【镀膜材质】混合数量贴图通道加载“瓷器印花分布.jpg”贴图，如图 10-34 所示。

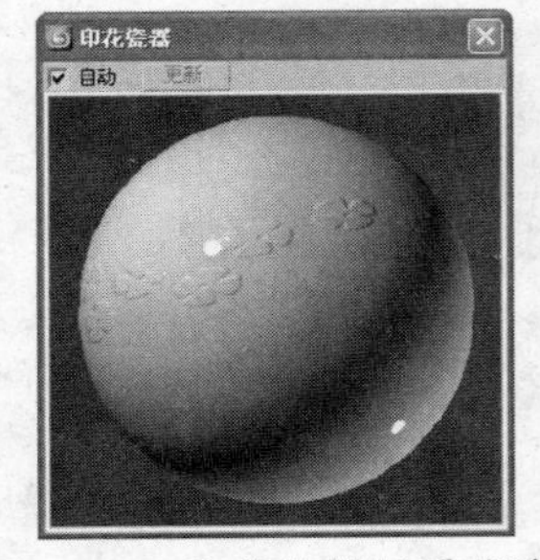

图 10-33　印花瓷器材质球效果

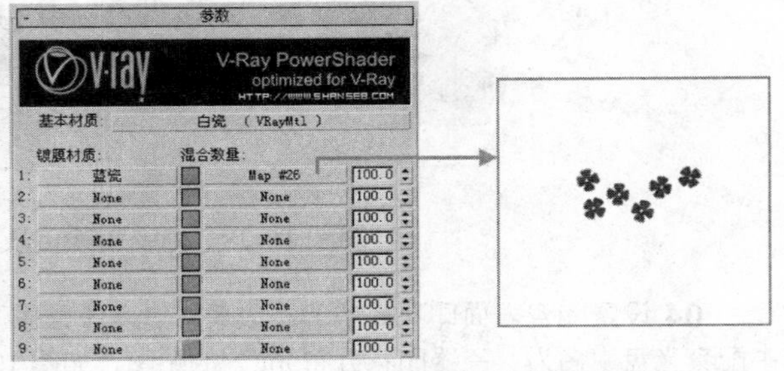

图 10-34　载入瓷器印花分布贴图

08 经过以上参数调整后，此时的印花瓷器材质球效果如图 10-35 所示，渲染效果如图 10-36 所示。

图 10-35　印花瓷器材质球效果

图 10-36　印花瓷器渲染效果

例094　普通玻璃材质

玻璃是室内装饰最为常用的材质之一，其种类繁多，如清玻、磨沙玻璃、腐蚀玻璃、压花玻璃、冰裂玻璃等。在效果表现中，由于玻璃材质种类不同，其表现方法自然也存在较大的差异，本例介绍常用的普通玻璃——清玻材质的制作方法。清玻材质的特点是高透明、无纹理，常用于窗户玻璃、玻璃器皿等。

文件路径:	场景文件\第 10 章\094 普通玻璃材质
视频文件:	无
播放时长:	无

01 打开随书光盘“普通玻璃材质白模.max”文件，如图 10-37 所示。

图 10-37　打开场景文件

02 按 M 键打开【材质编辑器】对话框，选择一个新的材质球，设置材质类型为 VRayMtl 材质，并将材质命名为“普通玻璃材质”。

03 由于普通玻璃材质的透明度十分好，因此设置其【漫反射】颜色为纯黑色，便于通过烟雾参数控制玻璃色彩，具体参数设置如图 10-38 所示。

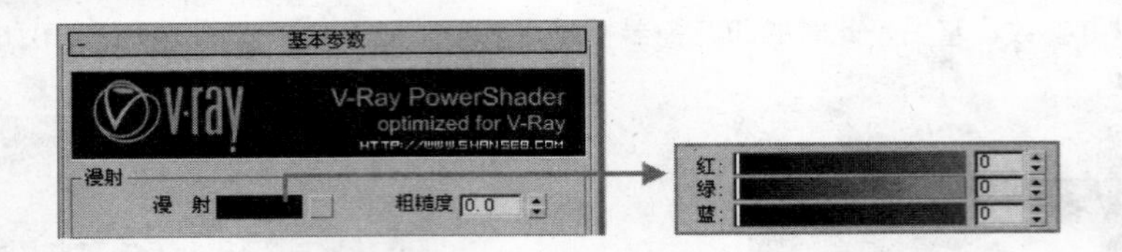

图 10-38　设置漫反射颜色

04 通透的玻璃仍具有反射现象与光泽效果，因此单击【反射】贴图按钮，在弹出的【材质/贴图浏览器】中选择贴图类型为【衰减】程序贴图，调整衰减方式为 Fresnel，设置第一个颜色 RGB 值均为 45，使玻璃具有一定反射能力，如图 10-39 所示。

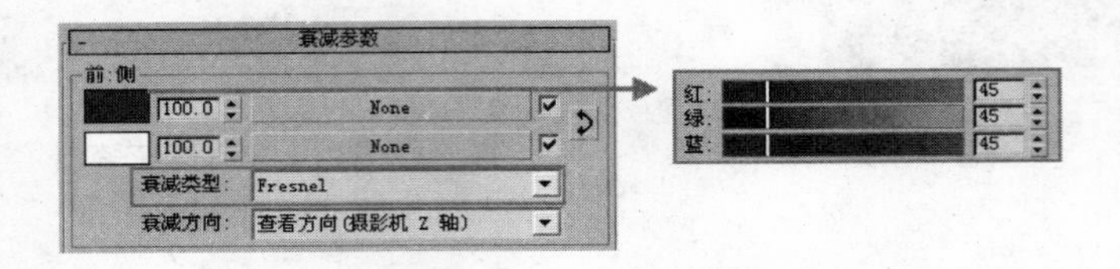

图 10-39　设置反射参数

05 制作玻璃透明效果。这也是玻璃材质制作与表现的重点，单击【折射】色块，在打开的【颜色选择器】中，将折射颜色设置为 RGB 值均为 248，获得近似完全透明的效果。返回【基本参数】卷展栏，将【折射率】修改为玻璃折射率的 1.52。

06 现实中的玻璃通常带有一点点绿色，接下来通过调整烟雾颜色进行表现，将其颜色 RGB 值设置为 244、255、250，【烟雾倍增】设置为 0.3，最后再勾选【影响阴影】参数，使光线能正确地透过玻璃并形成正确的投影效果，具体参数设置如图 10-40 所示。

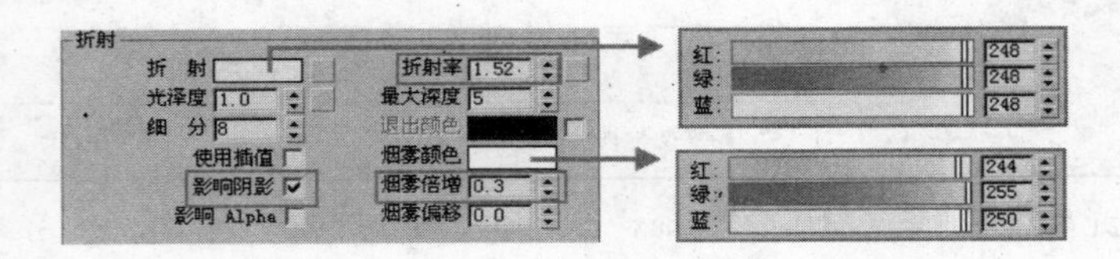

图 10-40　调整玻璃材质折射参数

07 经过以上参数设置，普通玻璃材质球效果如图 10-41 所示，渲染最终效果如图 10-42 所示。

图 10-41　普通玻璃材质球效果

图 10-42　普通玻璃材质渲染效果

例095　有色玻璃材质

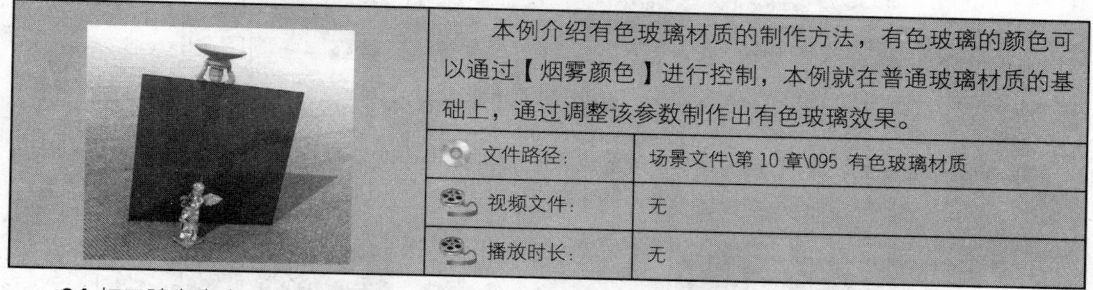

本例介绍有色玻璃材质的制作方法，有色玻璃的颜色可以通过【烟雾颜色】进行控制，本例就在普通玻璃材质的基础上，通过调整该参数制作出有色玻璃效果。

文件路径：	场景文件\第 10 章\095 有色玻璃材质
视频文件：	无
播放时长：	无

01 打开随书光盘"有色玻璃材质白模.max"文件，打开界面如图 10-43 所示。

图 10-43　打开场景文件

02 按 M 键打开【材质编辑器】对话框，选择一个新的材质球，设置材质类型为【VRayMtl】材质，并将材质命名为"有色玻璃材质"。

03 有色玻璃【漫反射】参数可以沿用普通玻璃的参数，如图 10-44 所示。

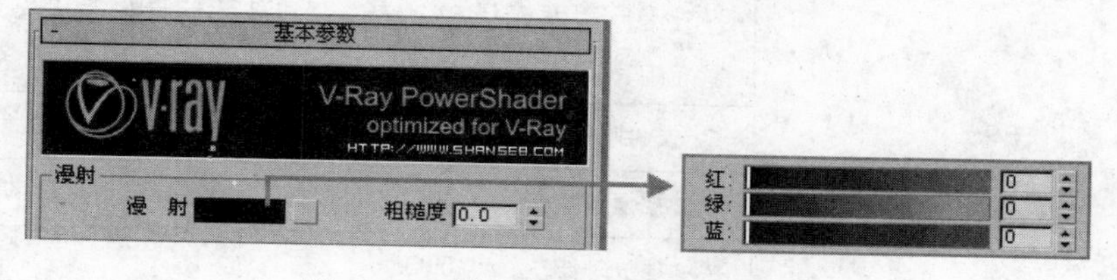

图 10-44　设置漫反射颜色为纯黑色

04 由于颜色的关系，有色玻璃的通透感不如普通玻璃，同时反射会有所增强，因此单击【反射】贴图按钮，在弹出的【材质/贴图浏览器】中选择【衰减】程序贴图，然后调整衰减方式为 Fresnel，设置第一个色块的颜色 RGB 值均为 55，使玻璃反射能力略有增强，如图 10-45 所示

05 设置有色玻璃折射组参数。调整【烟雾颜色】RGB 值为 239、14、255，为了突出颜色效果，将【烟雾倍增】值保持为默认数值 1，同样也需要勾选【影响阴影】参数，具体参数设置如图 10-46 所示。

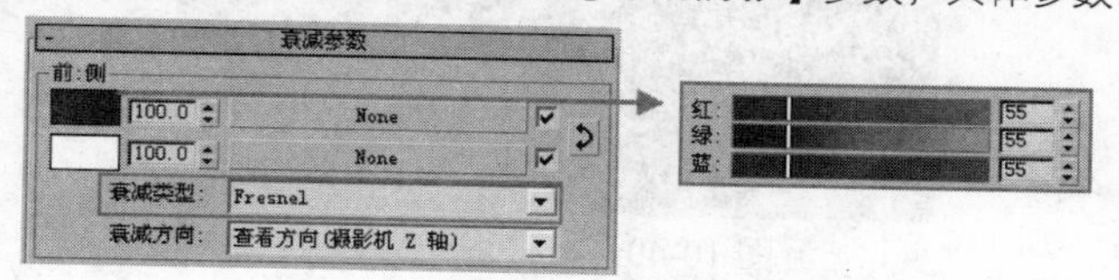

图 10-45　设置反射通道参数

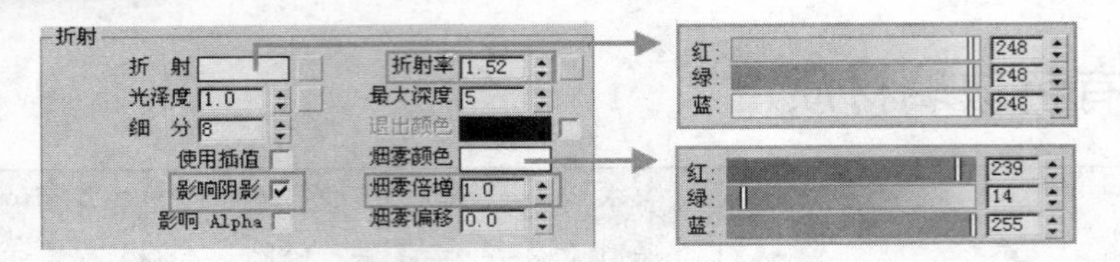

图 10-46　调整玻璃材质折射参数组

06 经过以上参数设置，有色玻璃材质球效果如图 10-47 所示，渲染得到的最终效果如图 10-48 所示。

图 10-47　有色玻璃材质球效果

图 10-48　有色玻璃材质渲染效果

例096　磨砂玻璃材质

磨砂玻璃（又称毛玻璃）是一种单面漫反射物体。它的一面经过打磨，该面常称为背面，未打磨的一面称为正面。因磨砂玻璃的背面经过打磨，形成细小的晶状体，所以在光的照射下成漫反射发光状态，透过磨沙玻璃的景物模糊不清，在室内装饰中常用于隔断、门、卫生间窗等场合。

文件路径:	场景文件\第 10 章\096 磨砂玻璃材质
视频文件:	AVI\第 10 章\096 制作磨砂玻璃材质.avi
播放时长:	0:03:46

01 打开随书光盘“磨砂玻璃材质.max”文件，如图 10-49 所示。

图 10-49　打开场景文件

02 按 M 键打开【材质编辑器】对话框，选择一个新的材质球，设置材质类型为 VRayMtl 材质，命名为“磨砂玻璃材质”。

03 磨砂玻璃【漫反射】与【反射】可以沿用普通玻璃的参数，不同的是【折射】参数组【光泽度】参数，该参数保持默认值 1 时，材质透明通透，要表现出磨砂效果，通常设置该参数在 0.84~0.92 区间，此外为了抑制磨砂效果在渲染时产生的噪点，一般会将其下的【细分】参数值增大，本例磨砂玻璃材质具体参数如图 10-50 所示。

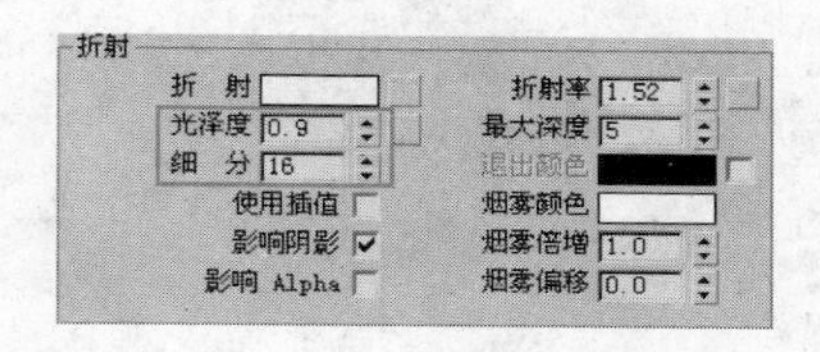

图 10-50　磨砂玻璃折射参数设置

04 经过以上参数设置，磨砂玻璃材质球效果如图 10-51 所示，其渲染得到的最终效果如图 10-52 所示。

图 10-51　磨砂玻璃材质球效果

图 10-52　磨砂玻璃材质渲染效果

例097　花纹玻璃材质

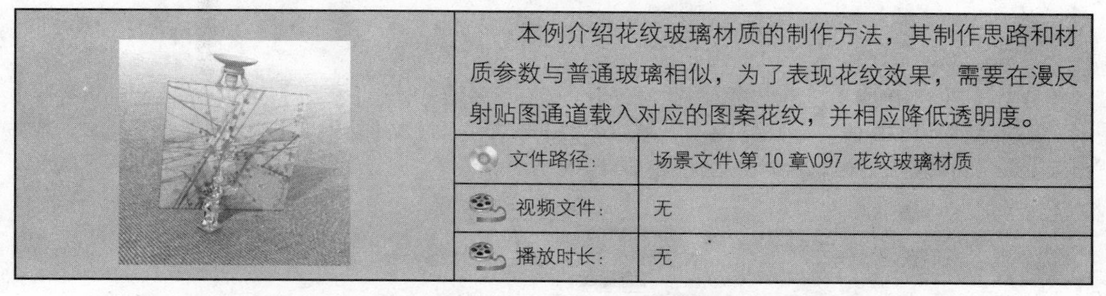

本例介绍花纹玻璃材质的制作方法，其制作思路和材质参数与普通玻璃相似，为了表现花纹效果，需要在漫反射贴图通道载入对应的图案花纹，并相应降低透明度。

文件路径:	场景文件\第 10 章\097 花纹玻璃材质
视频文件:	无
播放时长:	无

01 打开随书光盘“花纹玻璃材质白模.max”文件，打开界面如图 10-53 所示。

02 按 M 键打开【材质编辑器】对话框，选择一个新的材质球，设置材质类型为 VRayMtl 材质，命名为“图案玻璃材质”。

03 首先利用【漫射】贴图表现玻璃花纹图案。单击漫射贴图按钮▒，在弹出的【材质/贴图浏览器】

中选择【位图】，载入“图案玻璃.jpg”贴图，并将【模糊】参数值调整至 0.01，以使图案渲染清晰，具体参数设置如图 10-54 所示。

图 10-53　打开场景文件

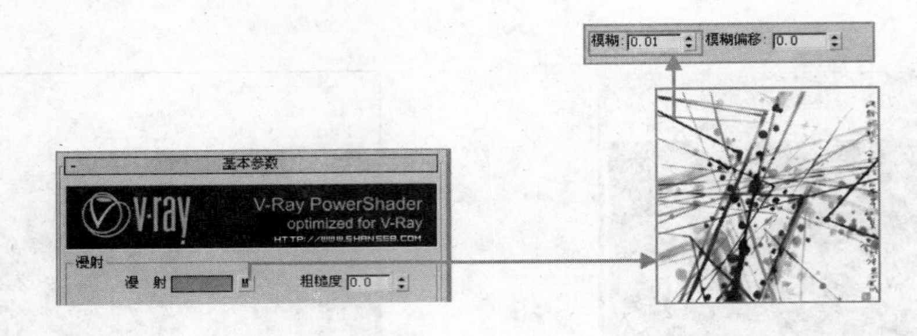

图 10-54　设置漫射贴图

04 图案玻璃的【反射】使用衰减程序贴图，参数设置如图 10-55 所示。

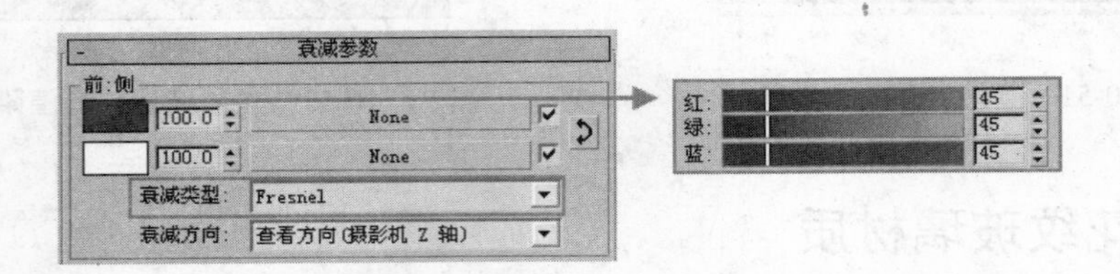

图 10-55　衰减贴图参数设置

05 由于图案的缘故，花纹玻璃材质的透明度会有所降低，单击【折射】色块，在【颜色选择器】中设置折射颜色 RGB 值均为 160。返回【基本参数】卷展栏，设置【折射率】为玻璃折射率 1.52，最后勾选【影响阴影】复选框，具体参数设置如图 10-56 所示。

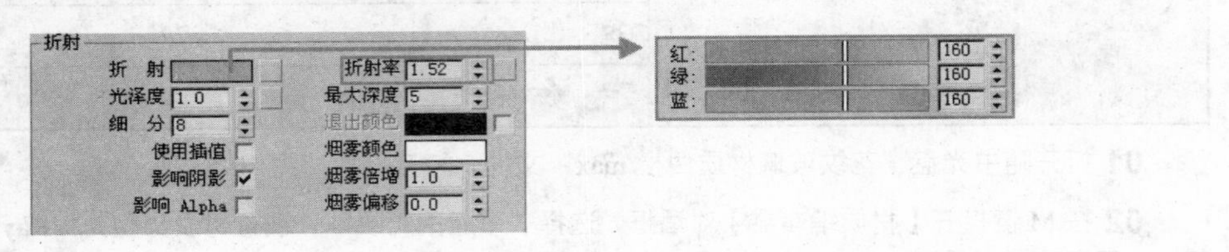

图 10-56　调整玻璃材质折射参数组

06 经过以上参数设置，花纹玻璃材质球效果如图 10-57 所示，其渲染效果如图 10-58 所示。

图 10-57　花纹玻璃材质球效果

图 10-58　花纹玻璃材质渲染效果

例098　龟纹玻璃材质

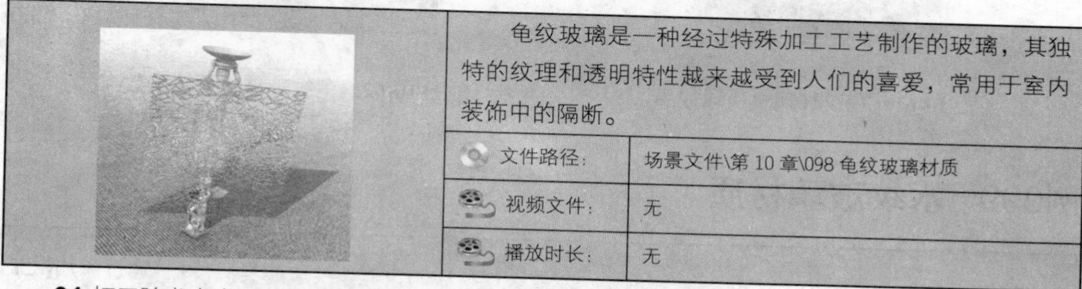

龟纹玻璃是一种经过特殊加工工艺制作的玻璃，其独特的纹理和透明特性越来越受到人们的喜爱，常用于室内装饰中的隔断。

文件路径：	场景文件\第 10 章\098 龟纹玻璃材质
视频文件：	无
播放时长：	无

01 打开随书光盘“龟纹玻璃材质白模.max”文件，如图 10-59 所示。

图 10-59　打开场景文件

02 按 M 键打开【材质编辑器】对话框，选择一个新的材质球，设置材质类型为 VRayMtl 材质，命名为“冰裂玻璃材质”。

03 参考普通玻璃材质参数，调整龟纹玻璃材质基本参数，龟纹效果通过【凹凸】贴图制作。展开【贴图】卷展栏，单击【凹凸】贴图按钮，载入“裂纹玻璃.jpg”贴图，具体参数设置如图 10-60 所示。

04 经过以上参数设置，龟纹玻璃材质球效果如图 10-61 所示，渲染效果如图 10-62 所示。

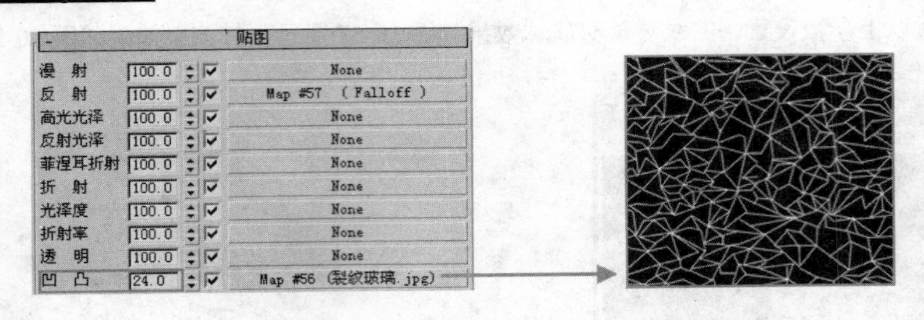

图 10-60 制作裂纹效果

图 10-61 龟纹玻璃材质球效果

图 10-62 龟纹玻璃材质渲染效果

例099 水纹玻璃材质

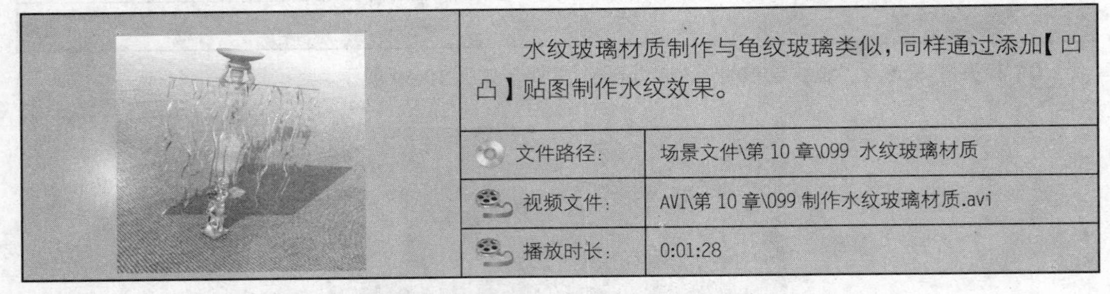

水纹玻璃材质制作与龟纹玻璃类似，同样通过添加【凹凸】贴图制作水纹效果。

文件路径:	场景文件\第 10 章\099 水纹玻璃材质
视频文件:	AVI\第 10 章\099 制作水纹玻璃材质.avi
播放时长:	0:01:28

01 打开随书光盘“水纹玻璃材质白模.max”文件，如图 10-63 所示。

图 10-63 打开场景文件

02 按 M 键打开【材质编辑器】对话框，选择一个新的材质球，设置材质类型为 VRayMtl 材质，命名为“水纹玻璃材质”。

03 参考普通玻璃，调整水纹玻璃材质基本参数，下面使用【大理石】程序贴图制作玻璃表面水纹效果。单击【凹凸】贴图按钮，选择【大理石】程序贴图，调整参数如图 10-64 所示，然后返回【贴图】卷展栏，设置凹凸强度为 22。

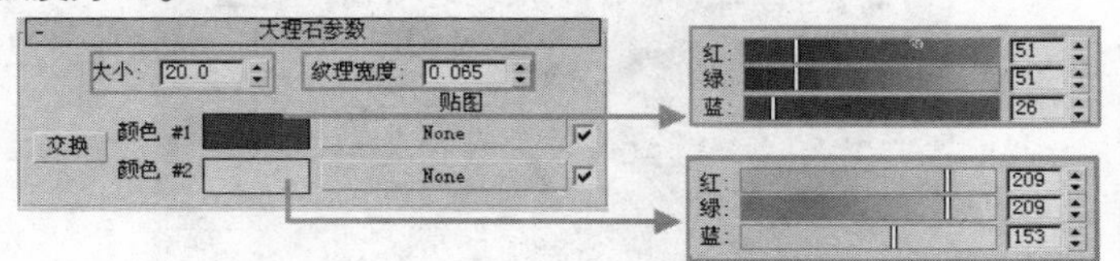

图 10-64　大理石贴图参数设置

04 经过以上参数设置，水纹玻璃材质球效果如图 10-65 所示，渲染最终效果如图 10-66 所示。

图 10-65　水纹玻璃材质球效果

图 10-66　水纹玻璃材质渲染效果

例 100 冰纹玻璃材质

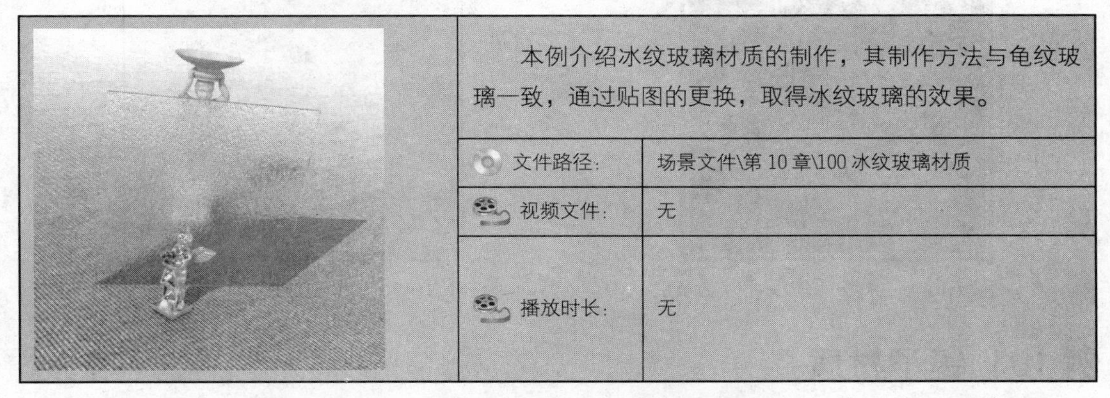

本例介绍冰纹玻璃材质的制作，其制作方法与龟纹玻璃一致，通过贴图的更换，取得冰纹玻璃的效果。

文件路径:	场景文件\第 10 章\100 冰纹玻璃材质
视频文件:	无
播放时长:	无

打开随书光盘“冰纹玻璃材质.max”文件，如图 10-67 所示。按 M 键打开【材质编辑器】对话框，选择一个新的材质球，并设置材质类型为 VRayMtl，命名为“冰纹玻璃材质”。

参考普通玻璃，调整冰纹玻璃材质基本参数，冰纹效果同样通过【凹凸】贴图通道制作。进入【贴图】卷展栏，单击【凹凸】贴图按钮，载入“冰纹玻璃.jpg”贴图，设置凹凸强度为 24，具体参数设置如图 10-68 所示。

经过以上参数设置，冰纹玻璃材质球效果如图 10-69 所示，渲染效果如图 10-70 所示。

图 10-67　打开场景文件

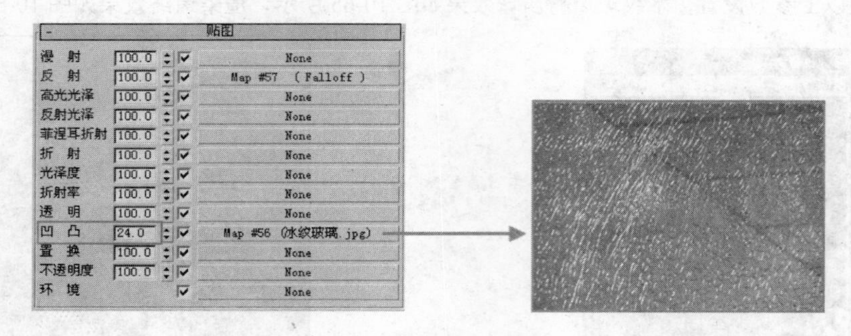

图 10-68　制作冰纹效果

图 10-69　冰纹玻璃材质球效果

图 10-70　冰纹玻璃材质渲染效果

例 101　镜子材质

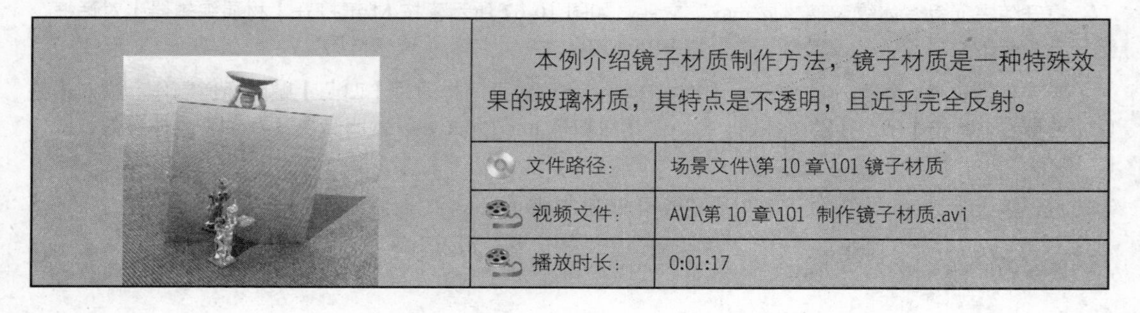

本例介绍镜子材质制作方法，镜子材质是一种特殊效果的玻璃材质，其特点是不透明，且近乎完全反射。

文件路径:	场景文件\第 10 章\101 镜子材质
视频文件:	AVI\第 10 章\101 制作镜子材质.avi
播放时长:	0:01:17

打开随书光盘“镜子材质白模.max”文件，打开界面如图 10-71 所示。

图 10-71　打开场景文件

按 M 键打开【材质编辑器】对话框，选择一个新的材质球，并设置材质类型为 VRayMtl 材质，命名“镜子材质”。

首先将材质的【漫射】颜色设置为纯黑色，以产生最佳的反射效果，具体参数设置如图 10-72 所示。

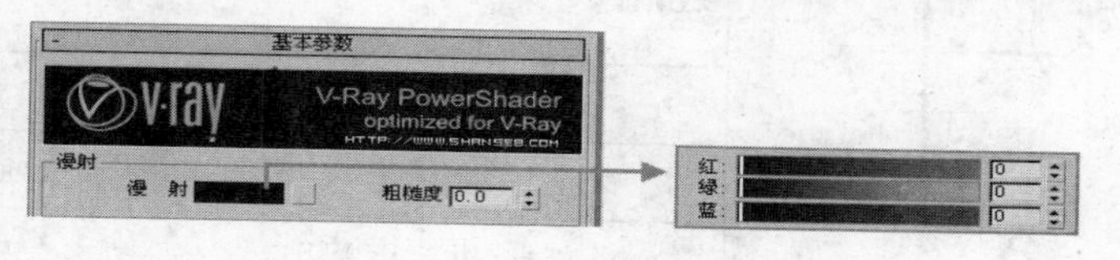

图 10-72　设置漫射颜色

镜子材质最大的特点就是其表面的全反射效果，因此单击【反射】色块，设置颜色 RGB 值为 255，产生全反射的效果，如图 10-73 所示

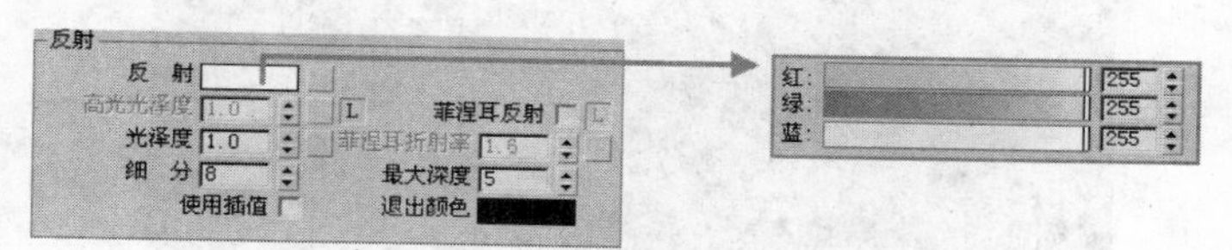

图 10-73　设置反射颜色

经过以上参数设置，镜子材质球效果如图 10-74 所示，其渲染得到的最终效果如图 10-75 所示。

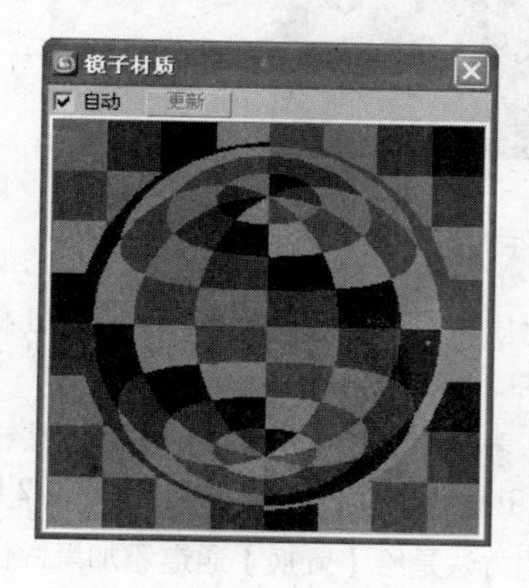

图 10-74　镜子材质球效果

图 10-75　镜子材质渲染效果

第11章 布纹、皮纹等材质表现

布料、皮类材质的制作难点在于材质表面质感的表现。本章选取了毛巾、毛毯、丝绸、枕套、窗帘等十几种常用的布料和皮纹材质制作实例，详细讲解材质的【漫射】贴图通道和【置换】贴图通道设置，从创建出不同类型的布料和皮纹类材质效果。

例102 毛巾材质

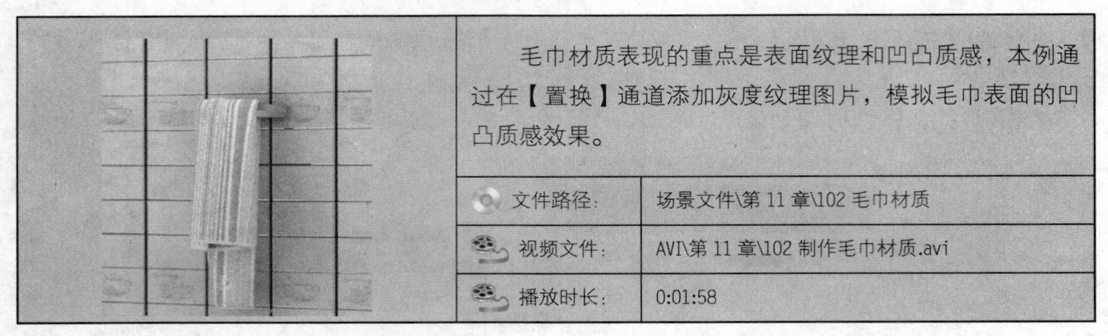

毛巾材质表现的重点是表面纹理和凹凸质感，本例通过在【置换】通道添加灰度纹理图片，模拟毛巾表面的凹凸质感效果。

文件路径：	场景文件\第 11 章\102 毛巾材质
视频文件：	AVI\第 11 章\102 制作毛巾材质.avi
播放时长：	0:01:58

01 打开随书光盘“毛巾材质白模.max”文件，如图 11-1 所示。

图 11-1　打开场景文件

02 按 M 键打开【材质编辑器】对话框，选择一个新的材质球，设置材质类型为 VRayMtl 材质，命名为“毛巾材质”。

03 表现毛巾表面纹理效果。在 VRayMtl 的【基本参数】卷展栏中，单击【漫射】贴图按钮▒，在打开的【材质/贴图浏览器】中选择【位图】，载入光盘中“毛巾表面纹理.jpg”贴图，如图 11-2 所示。

04 由于毛巾表面的凹凸效果比较强烈，所以这里选用的方法是给【置换】通道添加黑白位图。单击【置换】贴图按钮，选择【位图】贴图类型，选择如图 11-3 所示的黑白图片作为置换贴图，然后返回【贴图】卷展栏，设置【置换】强度为 10。

05 经过以上参数设置后，毛巾材质球效果如图 11-4 所示，最终渲染效果如图 11-5 所示。

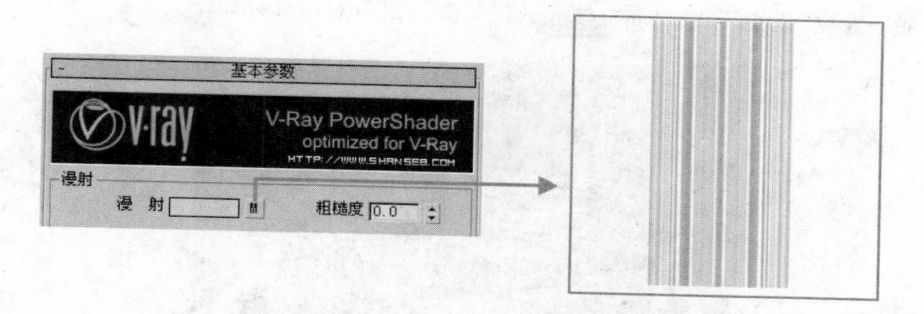

图 11-2　添加漫射贴图

贴图			
漫 射	100.0	✓	Map #12 (毛巾表面纹理.jpg)
反 射	100.0	✓	None
高光光泽	100.0	✓	None
反射光泽	100.0	✓	None
菲涅耳折射	100.0	✓	None
折 射	100.0	✓	None
光泽度	100.0	✓	None
折射率	100.0	✓	None
透 明	100.0	✓	None
凹 凸	30.0	✓	None
置 换	10.0	✓	Map #16 (毛巾凹凸.jpg)

图 11-3　添加置换贴图

图 11-4　毛巾材质球效果

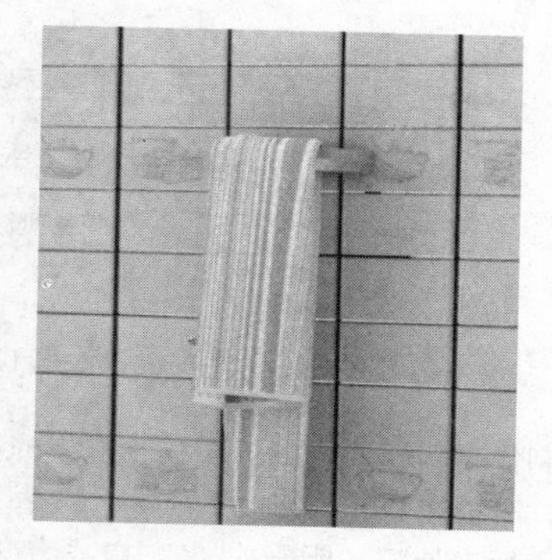

图 11-5　毛巾材质渲染效果

例103　沙发布纹材质

本例介绍沙发布纹的制作方法，利用 3ds max 自带标准材质制作逼真布纹效果，在【自发光】贴图通道添加【遮罩】贴图进行布纹质感的模拟，通过【凹凸】贴图通道制作布纹的褶皱效果。

文件路径:	场景文件\第 11 章\103 沙发布纹材质
视频文件:	AVI\第 11 章\103 制作沙发布纹材质.avi
播放时长:	0:03:39

01 打开随书光盘“沙发布纹材质白模.max”文件，如图 11-6 所示。

图 11-6　打开场景文件

02 按 M 键打开【材质编辑器】对话框，选择一个新的材质球，设置明暗器为 Oren-Nayar-Blinn 类型，该明暗器类型十分适合布料材质的表现，命名为“沙发布纹材质”。

03 首先设置沙发布纹材质的纹理效果。在标准材质的【Oren-Nayar-Blinn 基本参数】卷展栏中，单击【漫反射】贴图按钮，在打开的【材质/贴图浏览器】中选择【位图】，载入本书配套光盘中名为“沙发布纹.jpg”的贴图，如图 11-7 所示。

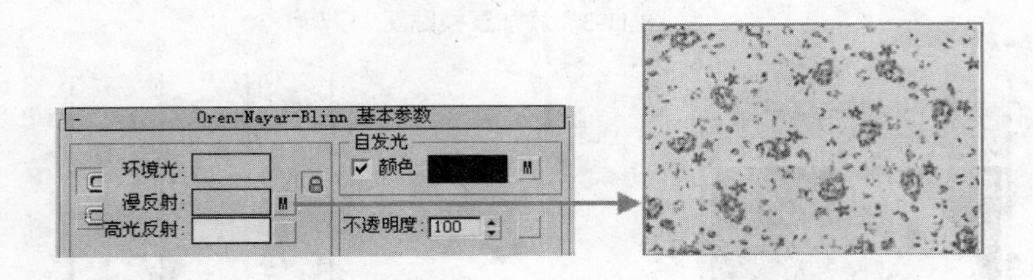

图 11-7　添加漫反射贴图

04 制作布料材质质感。单击【自发光】贴图按钮，在打开的【材质/贴图浏览器】中选择【遮罩】程序贴图，然后在【遮罩参数】卷展栏的贴图与遮罩两个通道中载入【衰减】贴图，其中前者使用 Fresnel 衰减类型，后者使用“阴影/灯光”衰减类型，具体的参数设置如图 11-8 所示。

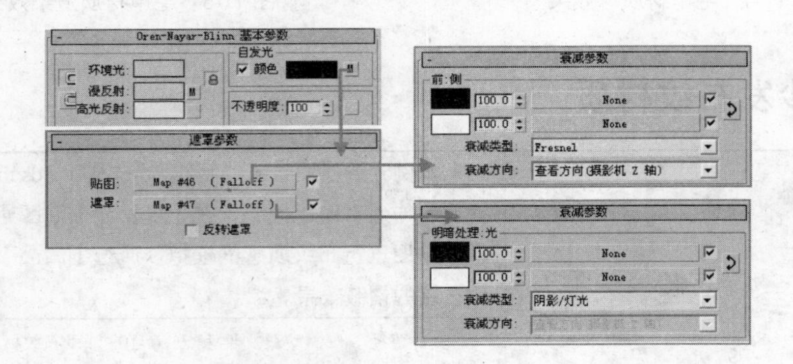

图 11-8　调整自发光参数模拟布料质感

05 进入材质【贴图】卷展栏，制作布料材质的褶皱效果，单击进入【凹凸】贴图通道，为其载入本书配套光盘中的“布料凹凸”贴图，并设置【凹凸】强度为 40，具体参数设置如图 11-9 所示。

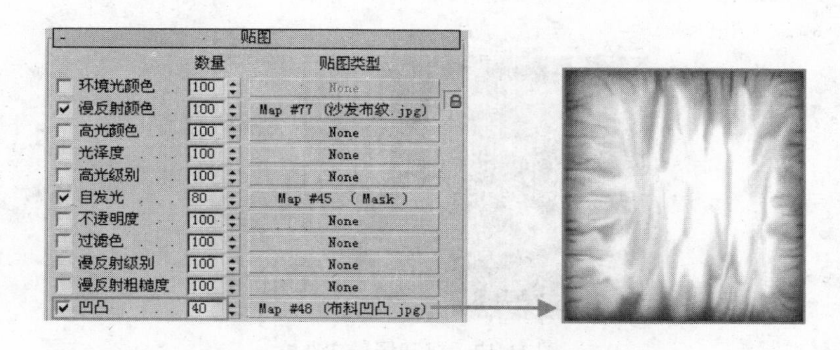

图 11-9　利用凹凸通道制作布料褶皱效果

06 经过以上参数设置后，沙发布料材质球效果如图 11-10 所示，渲染效果如图 11-11 所示。

图 11-10　沙发布料材质球效果

图 11-11　沙发布纹材质渲染效果

例104　抱枕布纹材质

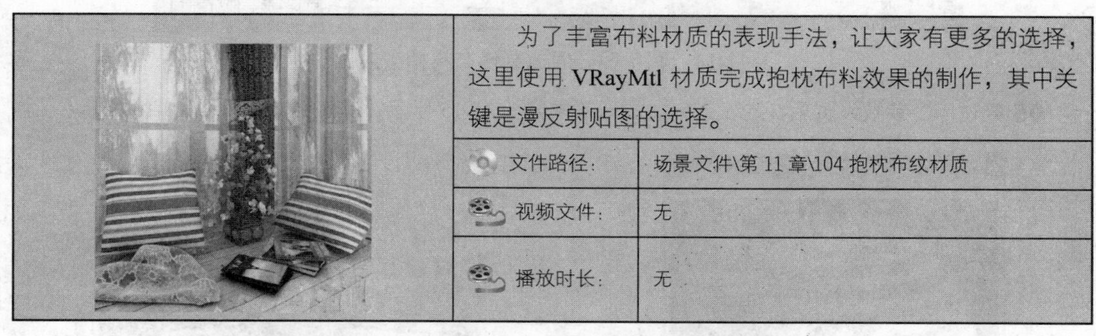

为了丰富布料材质的表现手法，让大家有更多的选择，这里使用 VRayMtl 材质完成抱枕布料效果的制作，其中关键是漫反射贴图的选择。

文件路径:	场景文件\第 11 章\104 抱枕布纹材质
视频文件:	无
播放时长:	无

01 打开随书光盘“抱枕布纹材质白模.max”文件，如图 11-12 所示。

02 按 M 键打开【材质编辑器】对话框，选择一个新的材质球，设置材质类型为【VRayMtl】材质，并将材质命名为“抱枕布纹材质”。

03 单击【基本参数】卷展栏【漫反射】贴图按钮，在弹出的【材质/贴图浏览器中】选择【衰减】程序贴图，选择“朝向/背离”的衰减方式，并在其后的贴图通道内载入“抱枕布纹.jpg”贴图，为了体现色彩的细微变化，将第二个贴图通道内布纹的【输出量】提高至 1.3，加强色彩的表现力，具体参数设置如图 11-13 所示。

图 11-12　打开场景文件

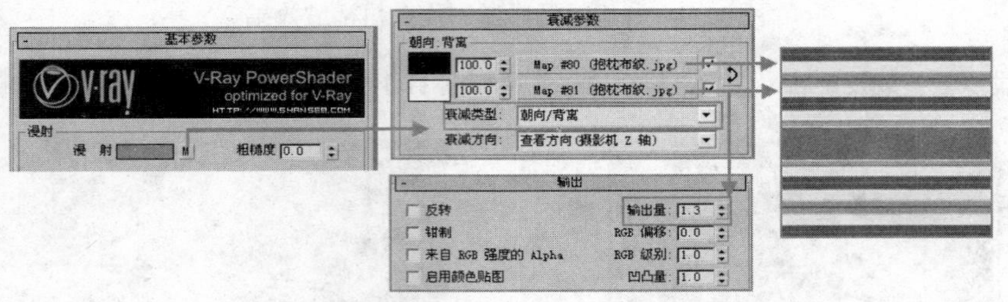

图 11-13　添加漫射贴图

04 进入材质的【贴图】卷展栏，制作布料材质的褶皱效果。单击【凹凸】贴图按钮，在弹出的【材质/贴图浏览器中】单击选择【遮罩】程序贴图，然后在贴图与遮罩两个贴图通道内分别载入“布料凹凸.jpg”与“编织凹凸.jpg”两张贴图，模拟出抱枕布料表面的褶皱，具体参数设置如图 11-14 所示。

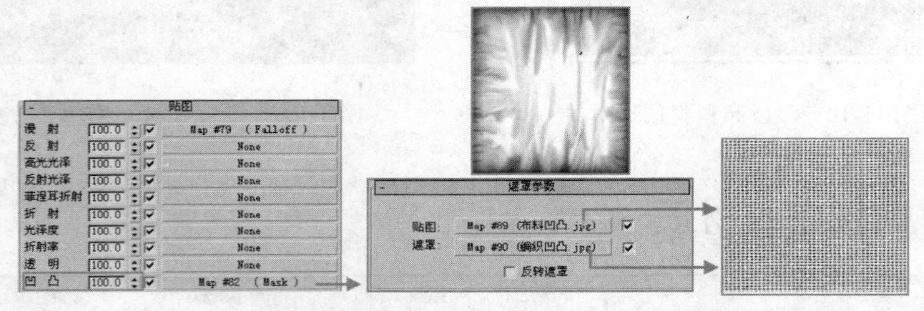

图 11-14　利用凹凸通道制作布料褶皱效果

05 经过以上参数设置后，沙发布料材质球效果如图 11-15 所示，其渲染效果如图 11-16 所示。

图 11-15　抱枕布纹材质球效果

图 11-16　抱枕布纹材质渲染效果

例105　丝绸材质

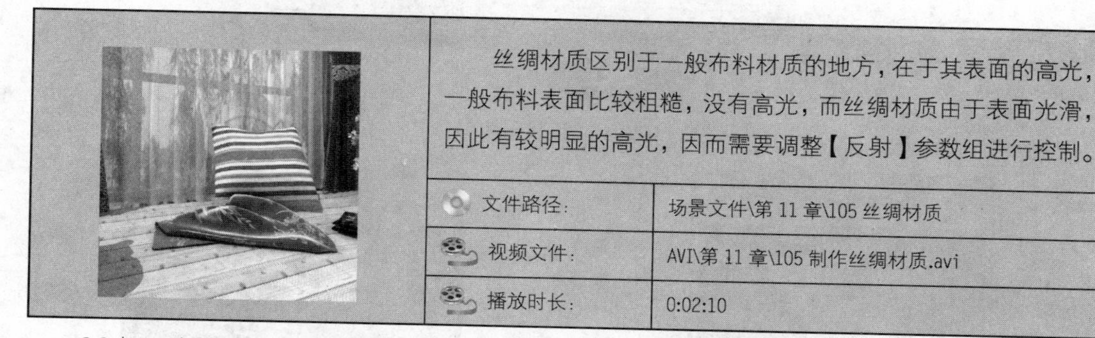

丝绸材质区别于一般布料材质的地方，在于其表面的高光，一般布料表面比较粗糙，没有高光，而丝绸材质由于表面光滑，因此有较明显的高光，因而需要调整【反射】参数组进行控制。

文件路径：	场景文件\第 11 章\105 丝绸材质
视频文件：	AVI\第 11 章\105 制作丝绸材质.avi
播放时长：	0:02:10

01 打开随书光盘“丝绸材质白模.max”文件，如图 11-17 所示。

图 11-17　打开场景文件

02 按 M 键打开【材质编辑器】对话框，选择一个新的材质球，设置材质类型为【VRayMtl】材质，并将材质命名为“丝绸材质”。

03 单击【漫反射】贴图按钮，在弹出的【材质/贴图浏览器中】单击选择【衰减】程序贴图，选择 Fresnel 衰减方式，在第一个贴图通道内载入“丝绸贴图.jpg”位图，如图 11-18 所示。

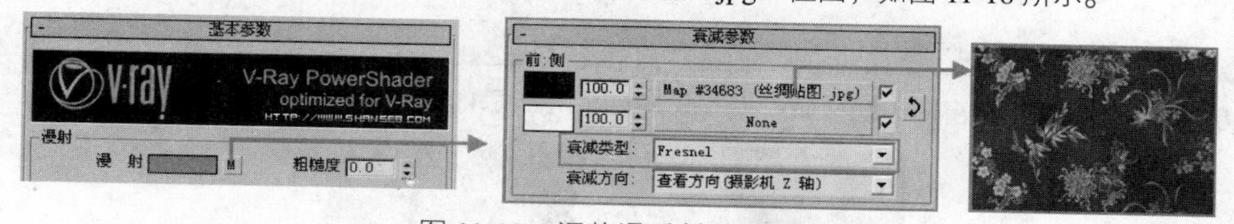

图 11-18　调整漫反射贴图通道

04 为了表现丝绸高光聚集于模型凸起处的特点，需要对其混合曲线进行调整，将第二个控制点转换成“Bezier-角点”后，调整曲线状态如图 11-19 所示。

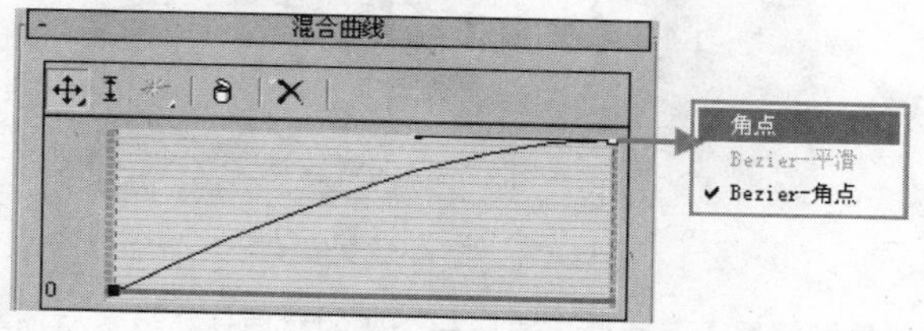

图 11-19　调整混合曲线

05 制作丝绸材质高光效果。单击【反射】色块，调整其 RGB 值均为 20，得到一点反射效果，然后调整【高光光泽度】参数值为 0.77，【光泽度】为 0.85，具体参数设置如图 11-20 所示。

06 经过以上参数设置后，丝绸材质球效果如图 11-21 所示，渲染最终效果如图 11-22 所示。

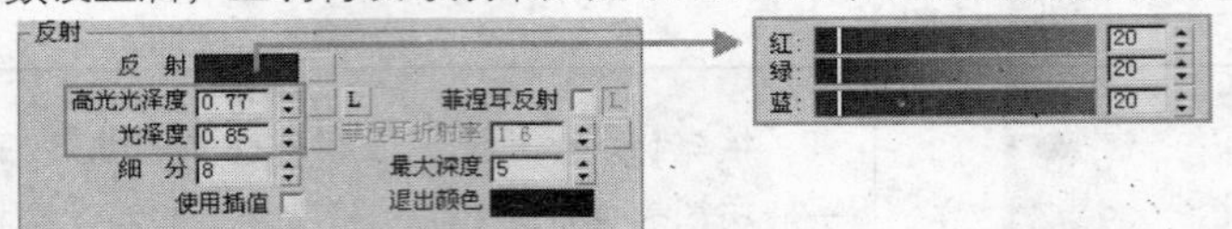

图 11-20　调整反射组参数

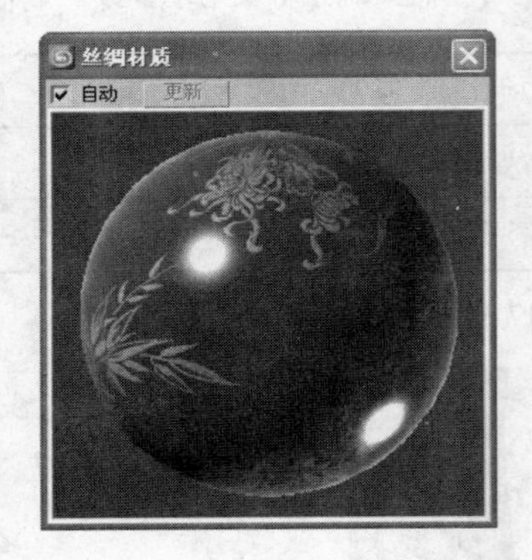

图 11-21　丝绸材质球效果

图 11-22　丝绸材质渲染效果

例106　布纹窗帘材质

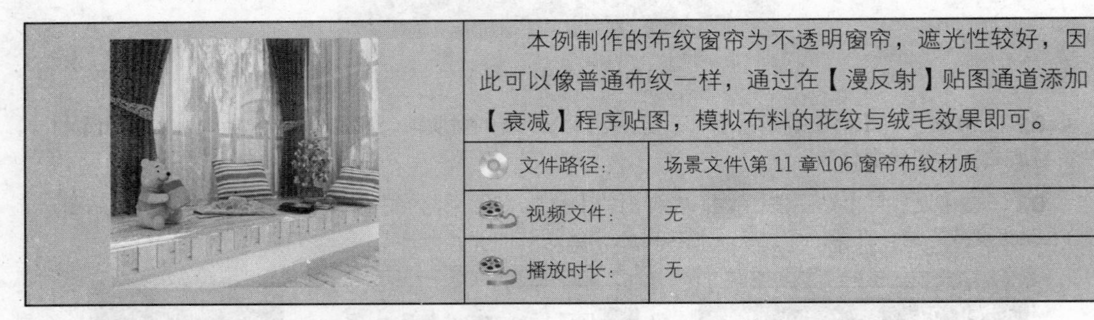

本例制作的布纹窗帘为不透明窗帘，遮光性较好，因此可以像普通布纹一样，通过在【漫反射】贴图通道添加【衰减】程序贴图，模拟布料的花纹与绒毛效果即可。

文件路径：	场景文件\第 11 章\106 窗帘布纹材质
视频文件：	无
播放时长：	无

01 打开随书光盘“窗帘布纹材质白模.max”文件，如图 11-23 所示。

图 11-23　打开场景文件

02 按 M 键打开【材质编辑器】对话框，选择一个新的材质球，设置材质类型为 VRayMtl 材质，命名为“窗帘布纹材质”。

03 展开【基本参数】卷展栏，单击【漫反射】贴图按钮▢，在弹出的【材质/贴图浏览器中】选择

【衰减】程序贴图，选择“垂直/平行”衰减方式，在贴图通道内载入“抱枕布纹.jpg”贴图，为了体现色彩的细微变化，将第二个贴图通道内的布纹【输出量】提高至 1.2，加强色彩的表现力，具体参数设置如图 11-24 所示。

04 经过以上参数设置后，窗帘布料材质球效果如图 11-25 所示，渲染最终效果如图 11-26 所示。

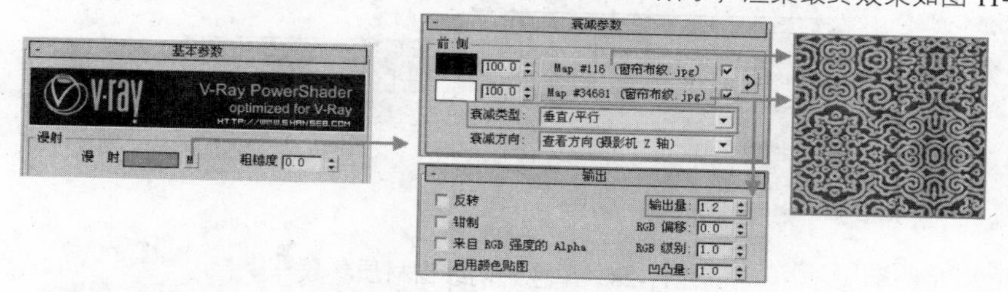

图 11-24　窗帘布纹材质参数

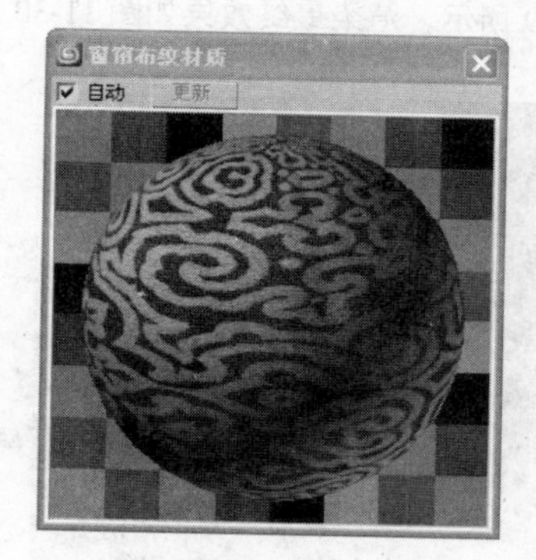

图 11-25　窗帘布纹材质球效果

图 11-26　窗帘布纹材质渲染效果

例107　单色纱窗材质

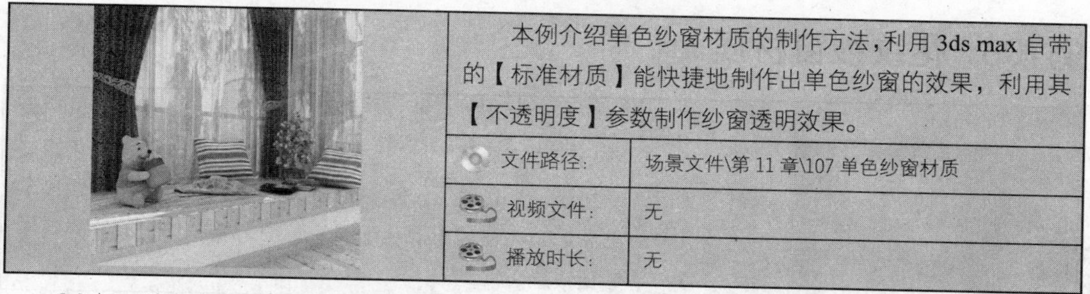

本例介绍单色纱窗材质的制作方法，利用 3ds max 自带的【标准材质】能快捷地制作出单色纱窗的效果，利用其【不透明度】参数制作纱窗透明效果。

文件路径:	场景文件\第 11 章\107 单色纱窗材质
视频文件:	无
播放时长:	无

01 打开随书光盘“单色纱窗材质白模.max”文件，如图 11-27 所示。

图 11-27　打开场景文件

02 按 M 键打开【材质编辑器】对话框，选择一个新的材质球，命名为“沙发布纹材质”。

03 单击【漫反射】色块，将其颜色调整成 RGB 值均为 255 的纯白色，降低【不透明度】参数值为 70，使得材质变得透明，具体参数设置如图 11-28 所示。

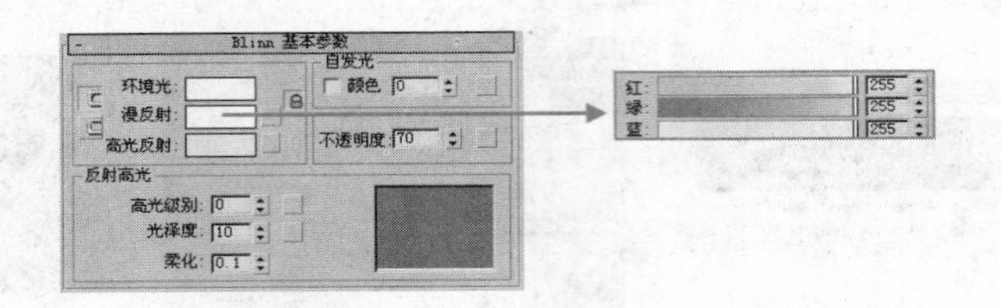

图 11-28　单色透明纱窗材质参数

04 经过以上参数设置后，单色纱窗材质球效果如图 11-29 所示，渲染最终效果如图 11-30 所示。

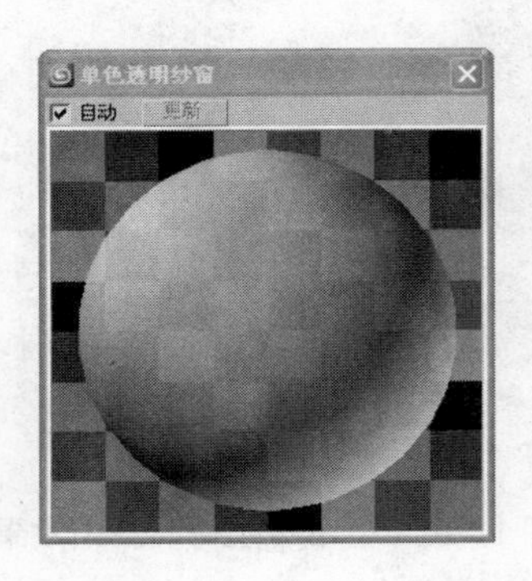

图 11-29　单色纱窗材质球效果

图 11-30　单色纱窗材质渲染效果

例108　花纹纱窗材质

上例使用【标准材质】的【不透明度】参数，迅速制作出了单色透明的纱窗材质，但如果要制作逼真的花纹纱窗材质，还是使用 VRayMtl 材质较好，在其【不透明度】贴图通道内使用【混合】程序贴图，能制作出逼真的花纹纱窗效果。

文件路径:	场景文件\第 11 章\108 花纹纱窗材质
视频文件:	AVI\第 11 章\108 制作花纹纱窗材质.avi
播放时长:	0:02:11

01 打开随书光盘“花纹纱帘材质白模.max”文件，如图 11-31 所示。

02 按 M 键打开【材质编辑器】对话框，选择一个新的材质球，设置材质类型为 VRayMtl 材质，命名为“花纹纱窗材质”。

03 设置花纹纱窗的颜色。单击【漫射】色块，调整 RGB 值为 239、231、249 的浅蓝色，具体参数设置如图 11-32 所示。

图 11-31　打开场景文件

图 11-32　调整花纹纱窗漫反射颜色

04 制作纱窗的花纹效果。进入【贴图】卷展栏，单击【不透明】贴图按钮，为其载入【混合】程序贴图，在【混合量】贴图通道载入“花纹纱窗.jpg”贴图，模拟点缀的实体花纹效果，然后通过两个颜色通道对其透明度进行控制，具体参数设置如图 11-33 所示。

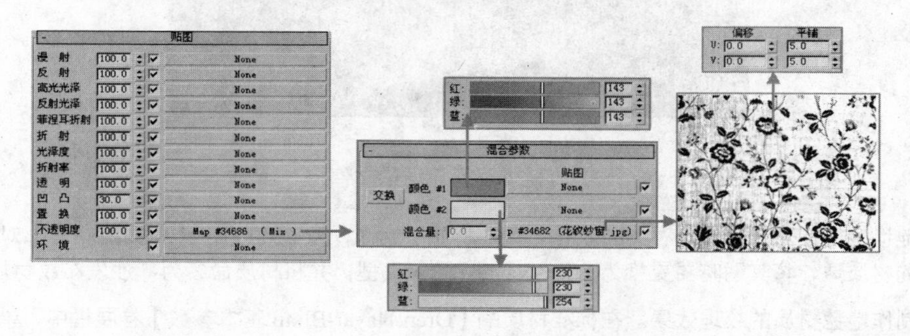

图 11-33　不透明度贴图通道贴图设置

05 经过以上设置后，花纹纱窗材质球效果如图 11-34 所示，渲染得到的最终效果如图 11-35 所示。

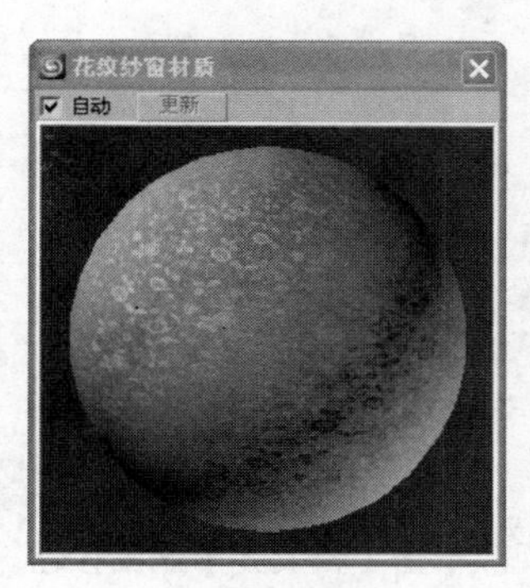

图 11-34　花纹纱窗材质球效果

图 11-35　花纹纱窗材质渲染效果

例109　VRay 置换制作地毯

本例介绍地毯材质的制作方法，与一般布料材质相比，地毯材质的纹理与凹凸感更为强烈，本例将通过 VRay 渲染器的【VRay 置换模式】修改命令，制作出较为写实的凹凸纹理效果。

文件路径:	场景文件\第 11 章\109 真实地毯材质置换
视频文件:	AVI\第 11 章\109 VRay 置换模式制作地毯.avi
播放时长:	0:03:29

01 打开随书光盘“地毯材质置换白模.max”文件，如图 11-36 所示。

图 11-36　打开场景文件

02 地毯材质使用 3ds max 的 Standard（标准材质）制作，按 M 键打开【材质编辑器】对话框，选择一个新的材质球，将其明暗器更换为 Oren-Nayar-Blinn 类型，并将材质命名为“沙发布纹材质”。

03 制作地毯材质的纹理效果。在标准材质的【Oren-Nayar-Blinn 基本参数】卷展栏中，单击【漫反射】贴图按钮，在打开的【材质/贴图浏览器】中选择【位图】，载入“地毯布料.jpg”贴图，如图 11-37 所示。

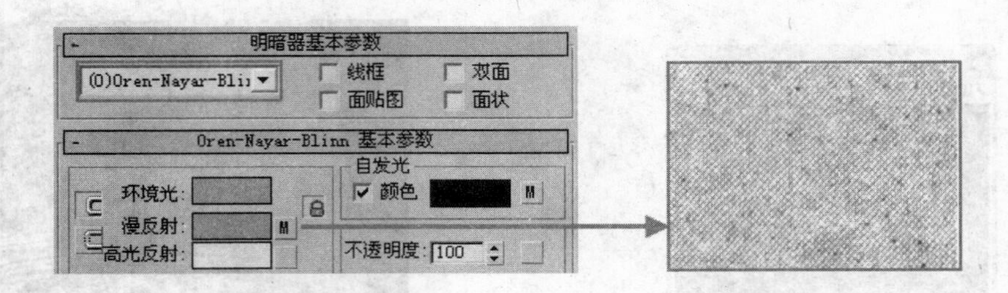

图 11-37　基本参数设置

04 地毯材质表面的毛绒质感通过【自发光】贴图进行表现。单击【自发光】贴图按钮，在打开的【材质/贴图浏览器】中选择【遮罩】程序贴图，在【遮罩参数】的贴图与遮罩两个通道中载入【衰减】

贴图，其中前者使用 Fresnel 衰减类型，后者使用“阴影/灯光”衰减类型，具体参数设置如图 11-38 所示。

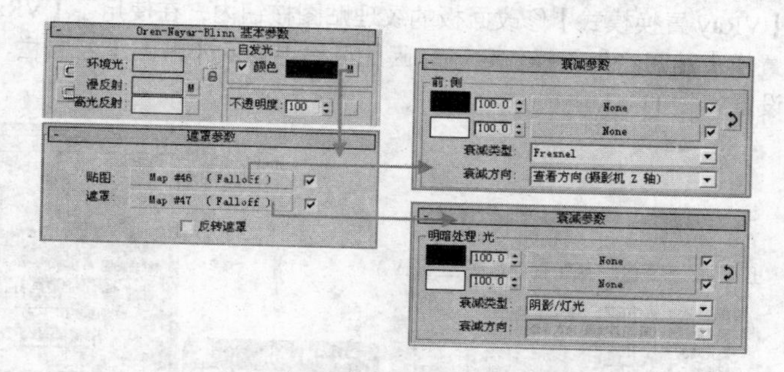

图 11-38　调整自发光参数模拟布料质感

05 制作地毯材质褶皱与凹凸质感，这里结合使用【凹凸】贴图通道与 VRay 渲染器提供的【VRay 置换模式】修改器进行表现。进入材质的【贴图】卷展栏，在其【凹凸】贴图通道内载入“地毯置换.jpg”贴图，进行凹凸效果初步模拟，然后将其复制至【置换】贴图通道，如图 11-39 所示。

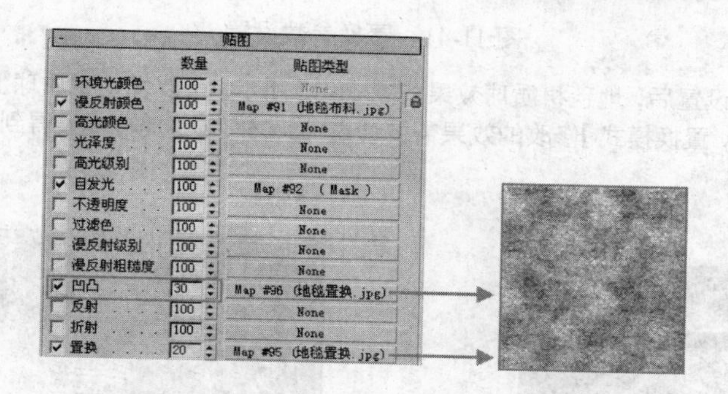

图 11-39　使用凹凸通道进行凹凸质感初步模拟

06 利用【VRay 置换模式】进行凹凸效果的深化表现。选择场景中的地毯模型，在修改面板修改器列表中选择添加【VRay 置换模式】命令，如图 11-40 所示。

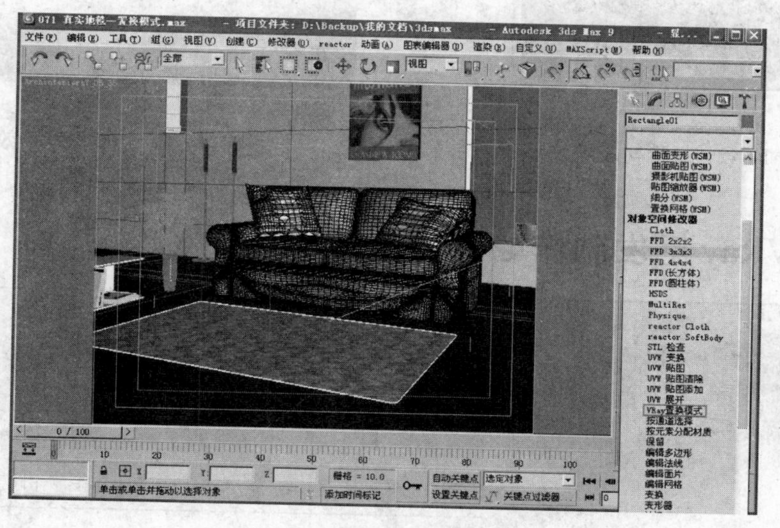

图 11-40　添加 VRay 置换模式修改

07 调整【VRay 置换模式】修改器参数。首先将材质【置换】贴图通道内的贴图通过拖曳复制的方式【实例复制】到【VRay 置换模式】修改面板的纹理贴图按钮内，在使用了【VRay 置换模式】修改后，就不需要材质的【置换】贴图产生置换作用了，因此最后再返回【贴图】卷展栏，取消【置换】复选框的勾选，具体参数设置如图 11-41 所示。

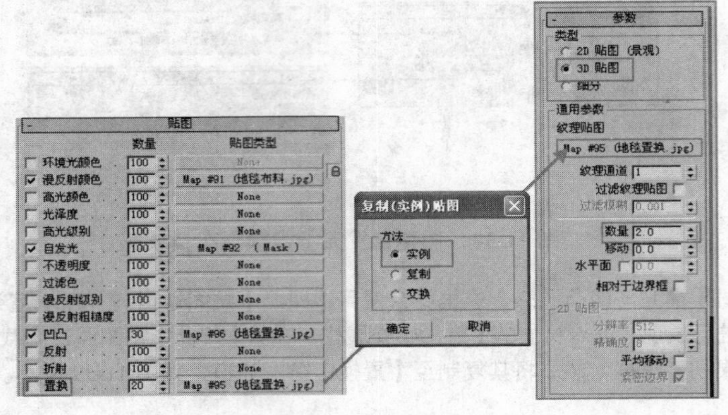

图 11-41　置换参数设置

08 经过以上参数设置后，地毯材质球效果如图 11-42 所示，可以发现材质球上并没有明显凹凸效果的表现，这是因为【VRay 置换模式】修改的效果需要通过渲染才能体现，其渲染得到的最终效果如图 11-43 所示。

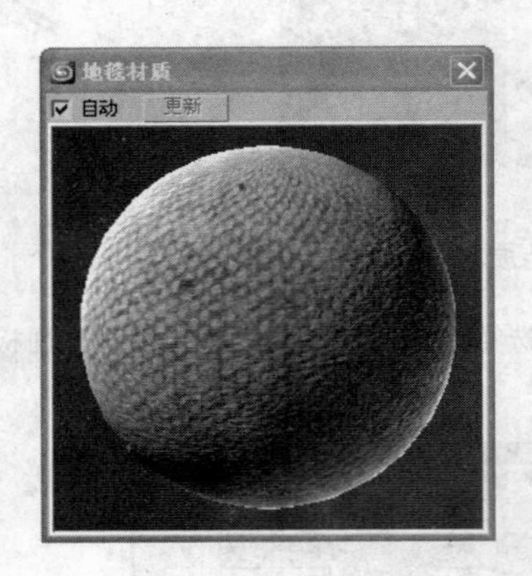

图 11-42　地毯材质球效果

图 11-43　地毯材质渲染效果

例110　VRay 毛发制作地毯

使用材质无法表现出真实的地毯绒毛效果，本例介绍利用【VRay 毛发】物体制作细节更为逼真的地毯的方法，在真实感增强的同时，渲染速度也会大大减缓。

文件路径：	场景文件\第 11 章\110 VRay 毛发制作地毯
视频文件：	AVI\第 11 章\110 VRay 毛发制作地毯效果.avi
播放时长：	0:02:39

01 打开随书光盘“毛发材质白模.max”文件，如图 11-44 所示。

图 11-44　打开场景文件

02 选择地毯模型，单击中的按钮，进入几何体创建面板，选择 VRay 物体类型，单击【VR 毛发】创建按钮，为地毯模型添加毛发，如图 11-45 所示。

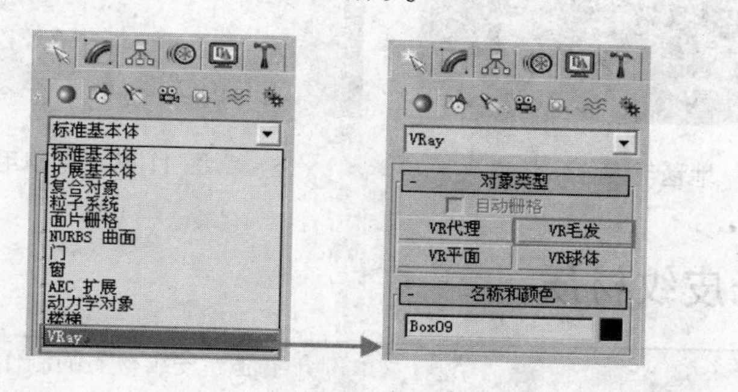

图 11-45　为地毯模型添加 VR 毛发

注　意:【VR 毛发】对象不能单独使用，它必须依附于场景中的某一个对象，且只有在渲染时才能查看毛发效果。

03 设置毛发参数。一般只需要调整其长度、重力与分配方式参数即可，其中长度参数控制毛发的长度，重力参数则控制毛发生长的方向，而分配参数控制的是毛发的数量，本例地毯创建的【VR 毛发】具体参数如图 11-46 所示。

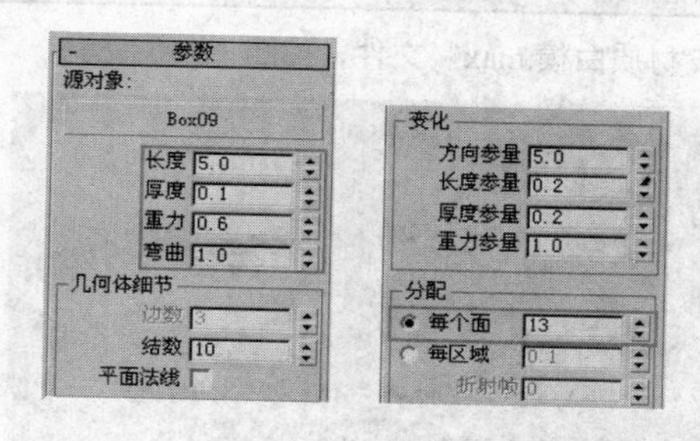

图 11-46　本例效果使用的 VRay 毛发参数

04 创建 VR 毛发模型后，还需要为其制作一个材质，控制毛发的颜色，这里使用 VRayMtl 材质制作，调整相应的【漫射】颜色即可，如图 11-47 所示。

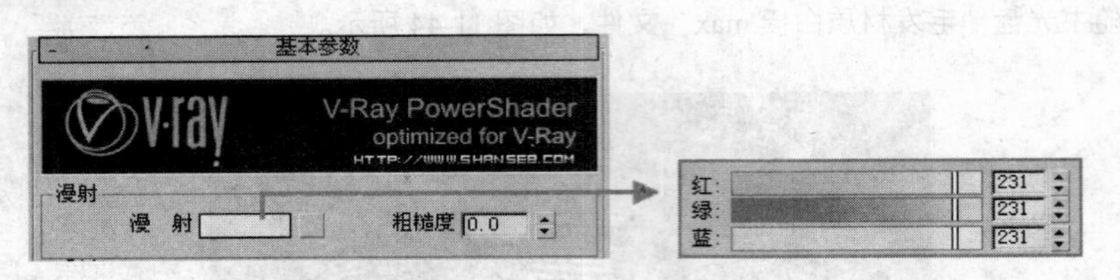

图 11-47 利用材质调整毛发颜色

05 经过以上参数设置后，VR 毛发在 3ds max 中的实时显示效果如图 11-48 所示，地毯模型渲染及其细节放大效果如图 11-49 所示。

图 11-48 地毯毛发显示效果

图 11-49 地毯毛发渲染效果

例111 亚光皮纹材质

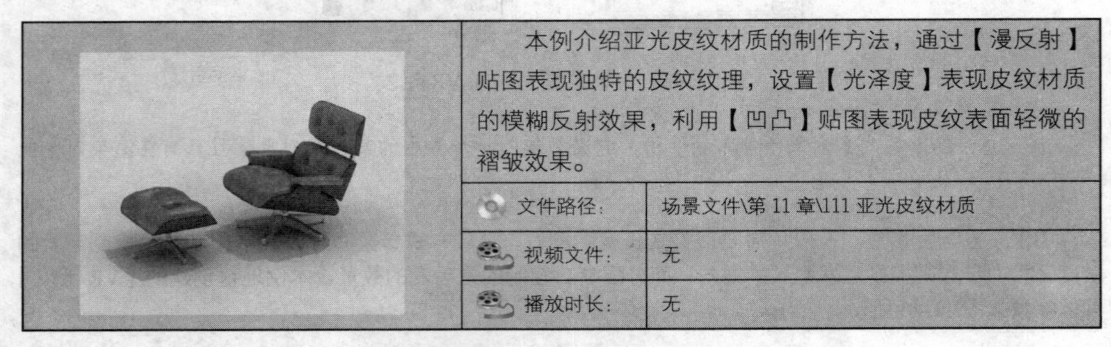

本例介绍亚光皮纹材质的制作方法，通过【漫反射】贴图表现独特的皮纹纹理，设置【光泽度】表现皮纹材质的模糊反射效果，利用【凹凸】贴图表现皮纹表面轻微的褶皱效果。

文件路径:	场景文件\第 11 章\111 亚光皮纹材质
视频文件:	无
播放时长:	无

01 打开随书光盘“亚光皮材质白模.max”文件，如图 11-50 所示。

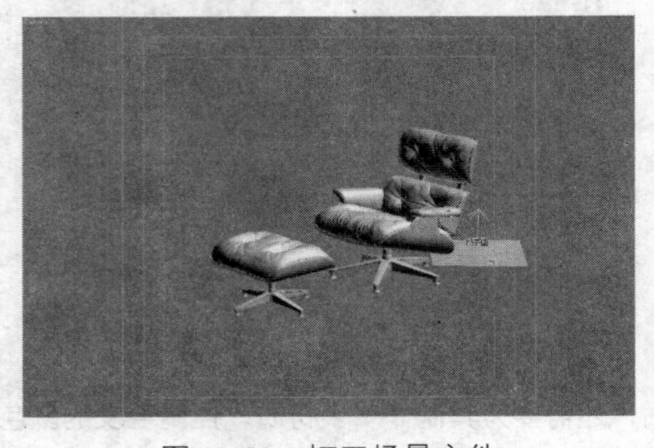

图 11-50 打开场景文件

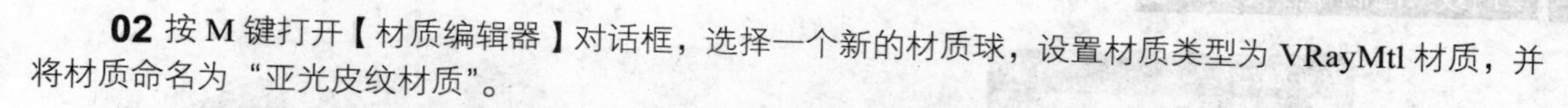

02 按 M 键打开【材质编辑器】对话框，选择一个新的材质球，设置材质类型为 VRayMtl 材质，并将材质命名为“亚光皮纹材质”。

03 在 VRayMtl 的【基本参数】卷展栏中，单击【漫反射】贴图按钮，在打开【材质/贴图浏览器】中选择【位图】，载入“皮纹.jpg”贴图，为了使皮纹纹理渲染清晰，将其【模糊】参数值设为 0.01，具体参数设置如图 11-51 所示。

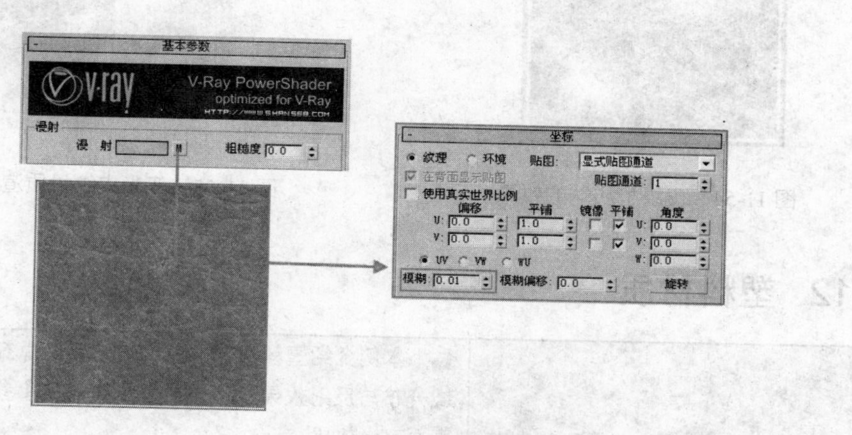

图 11-51　设置漫反射参数

04 皮纹表面虽然有轻微褶皱效果，但整体十分光滑，有一定的模糊反射效果。将【反射】颜色调整为 RGB 值均为 45 的灰度，设置【高光光泽度】参数值为 0.65，【光泽度】参数值为 0.6，为了渲染效果的细腻逼真，增大【细分】值至 18，具体参数设置如图 11-52 所示。

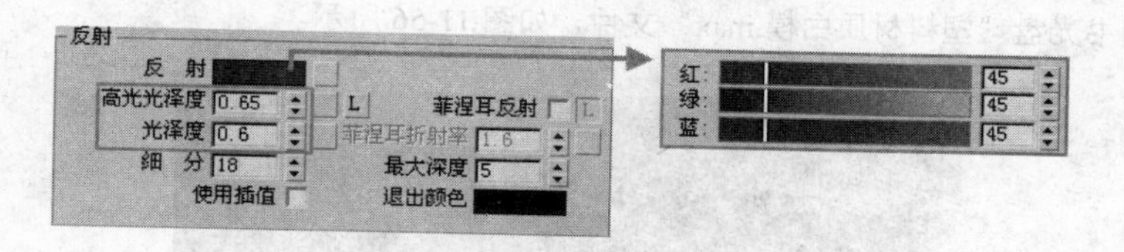

图 11-52　调整反射参数组

05 在【贴图】卷展栏中，将【漫射】皮纹贴图复制到【凹凸】通道中，并设置【凹凸】参数为 50，完成皮纹表面轻微褶皱效果的制作，具体参数设置图 11-53 所示。

贴图			
漫　射	100.0	✓	Map #13 (皮纹.jpg)
反　射	100.0	✓	None
高光光泽	100.0	✓	None
反射光泽	100.0	✓	None
菲涅耳折射	100.0	✓	None
折　射	100.0	✓	None
光泽度	100.0	✓	None
折射率	100.0	✓	None
透　明	100.0	✓	None
凹　凸	50.0	✓	Map #15 (皮纹.jpg)
置　换	100.0	✓	None

图 11-53　制作褶皱效果

06 经过以上参数设置，皮纹材质球效果如图 11-54 所示，其渲染得到的最终效果如图 11-55 所示。

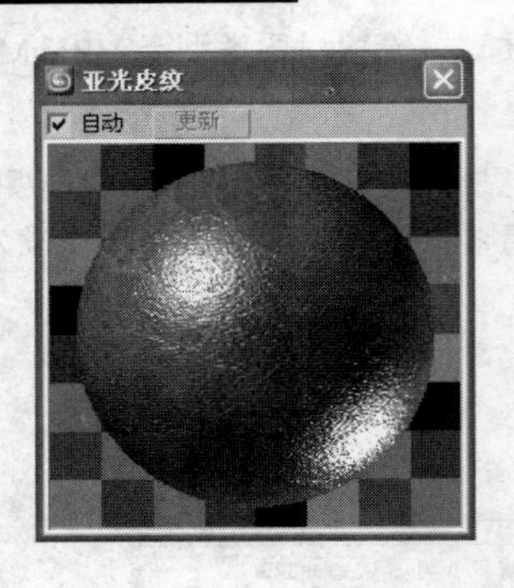

图 11-54　皮纹材质球的效果

图 11-55　亚光皮纹材质渲染效果

例112　塑料材质

<table>
<tr><td rowspan="4"></td><td colspan="2">本例介绍塑料材质的制作方法，特点在于表面高光区域分布与反射效果，这里通过【光泽度】参数值控制塑料表面高光效果。</td></tr>
<tr><td>文件路径：</td><td>场景文件\第 11 章\112 塑料材质</td></tr>
<tr><td>视频文件：</td><td>无</td></tr>
<tr><td>播放时长：</td><td>无</td></tr>
</table>

01 打开随书光盘“塑料材质白模.max”文件，如图 11-56 所示。

图 11-56　打开场景文件

02 按 M 键打开【材质编辑器】对话框，选择一个新的材质球，将材质类型设置为【VRayMtl】材质，并将材质命名为“塑料材质”。

03 在【基本参数】卷展栏单击【漫反射】颜色色块，在打开的【颜色选择器】中将【漫反射】颜色 RGB 值设为 72、122、250 的蓝色，如图 11-57 所示，本场景中有多种颜色的塑料，这里以场景中蓝色塑料材质为例讲解。要表现不同颜色的塑料，只需设置相应的【漫反射】颜色即可。

04 调整塑料材质表面的反射及光泽效果。在【反射】参数组中单击【反射】颜色色块，在打开的【颜色选择器】中将反射颜色设为 32 的灰度，修改【光泽度】参数为 0.7，如图 11-58 所示。

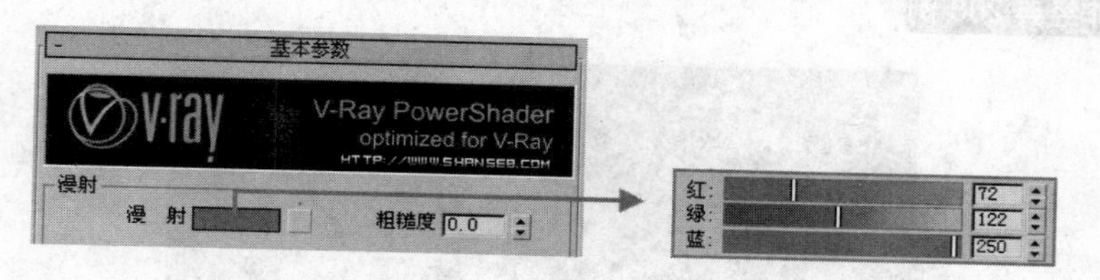

图 11-57　设置塑料表面颜色

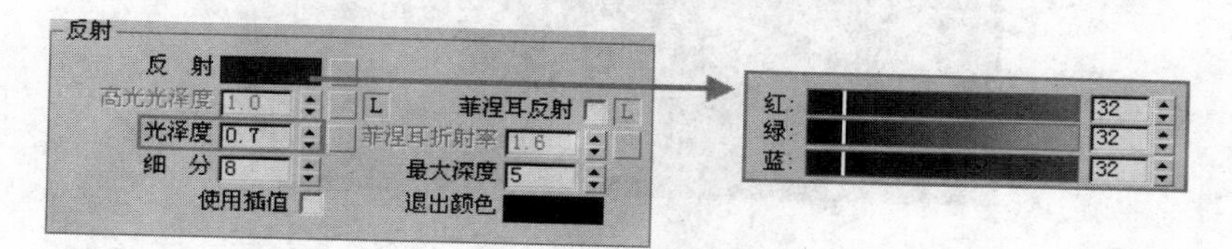

图 11-58　调整反射参数组

05 经过以上参数调整，塑料材质球效果如图 11-59 所示，其渲染得到的最终效果如图 11-60 所示。

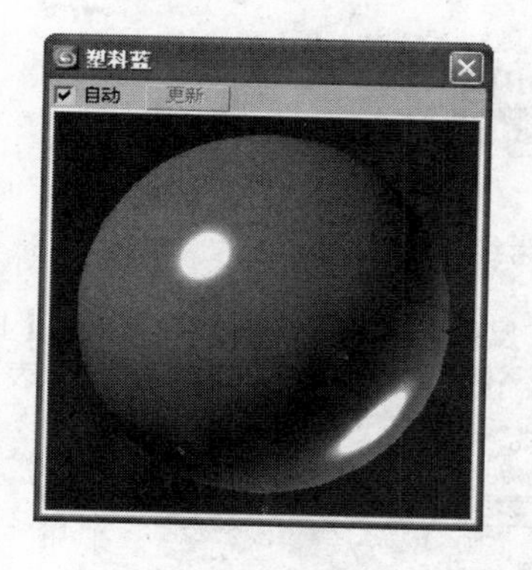

图 11-59　塑料材质球效果

图 11-60　塑料材质渲染效果

例113　清水材质

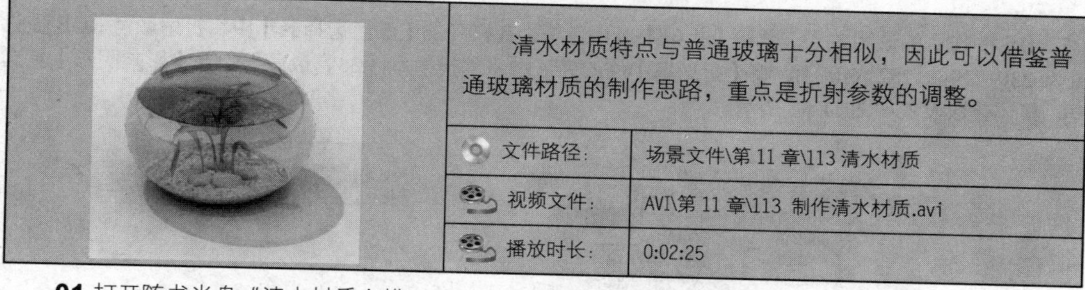

清水材质特点与普通玻璃十分相似，因此可以借鉴普通玻璃材质的制作思路，重点是折射参数的调整。

文件路径：	场景文件\第 11 章\113 清水材质
视频文件：	AVI\第 11 章\113 制作清水材质.avi
播放时长：	0:02:25

01 打开随书光盘“清水材质白模.max”文件，如图 11-61 所示。

02 按 M 键打开【材质编辑器】对话框，选择一个新的材质球，设置材质类型为 VRayMtl 材质，并将材质命名为“清水材质”。

03 由于清水材质的透明度十分好，因此设置【漫反射】颜色为黑色，以便于通过【烟雾】参数进行玻璃色彩的控制，具体参数设置如图 11-62 所示。

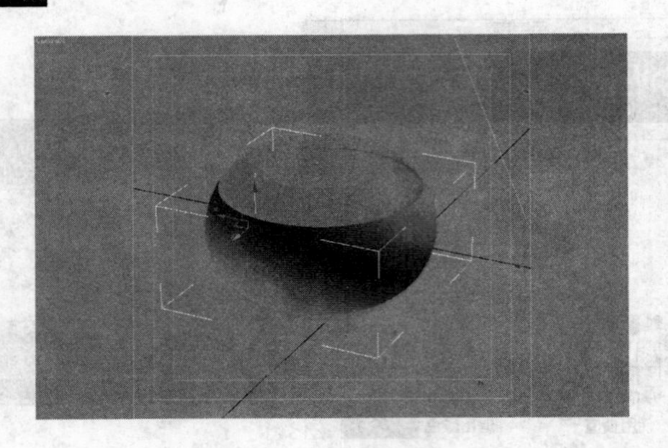

图 11-61 打开场景文件

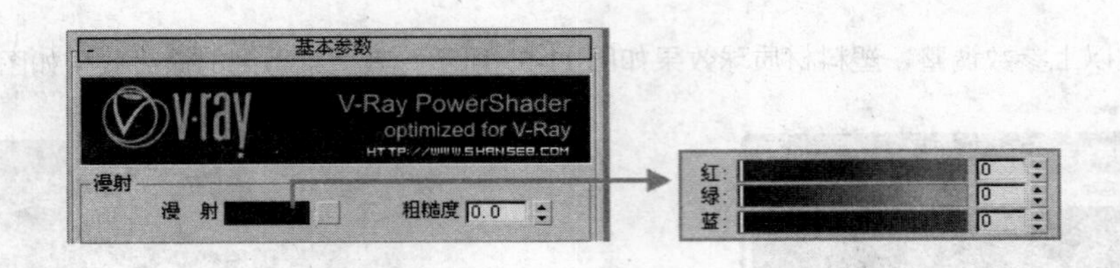

图 11-62 设置漫反射颜色为纯黑色

04 通透的清水材质仍具有反射现象与光泽效果，单击【反射】贴图按钮，在弹出的【材质/贴图浏览器】中选择【衰减】程序贴图，调整衰减方式为 Fresnel，设置【光泽度】为 0.98，使水表面在光线的照射产生一点点泛光的效果，具体参数设置如图 11-63 所示。

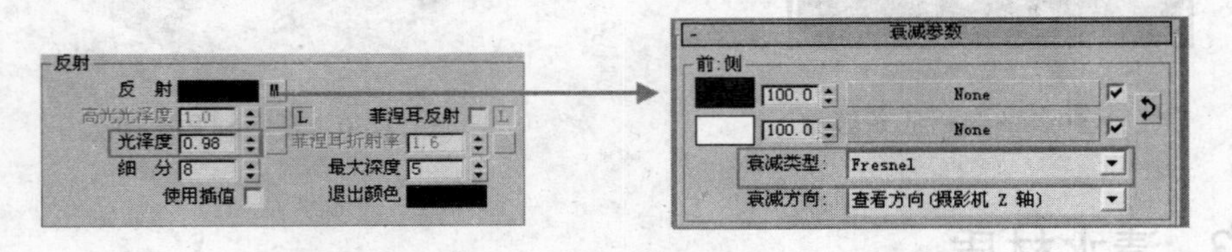

图 11-63 设置反射参数

05 制作水的透明效果。单击【折射】颜色色块，在打开的【颜色选择器】中将折射颜色 RGB 值设置为 230、246、252 的灰度，将【折射率】修改为液态水的折射率 1.33，最后再勾选【影响阴影】复选框，具体参数设置如图 11-64 所示。

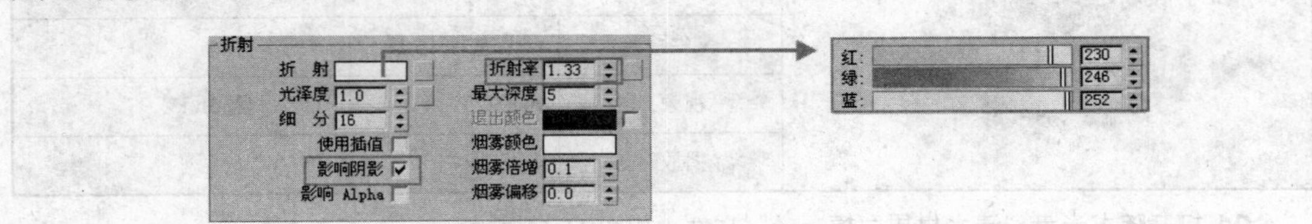

图 11-64 调整水材质折射参数组

06 经过以上参数设置，水材质球效果如图 11-65 所示，其渲染得到的最终效果如图 11-66 所示。

图 11-65　水材质球的效果

图 11-66　水材质渲染效果

例114　酒水材质

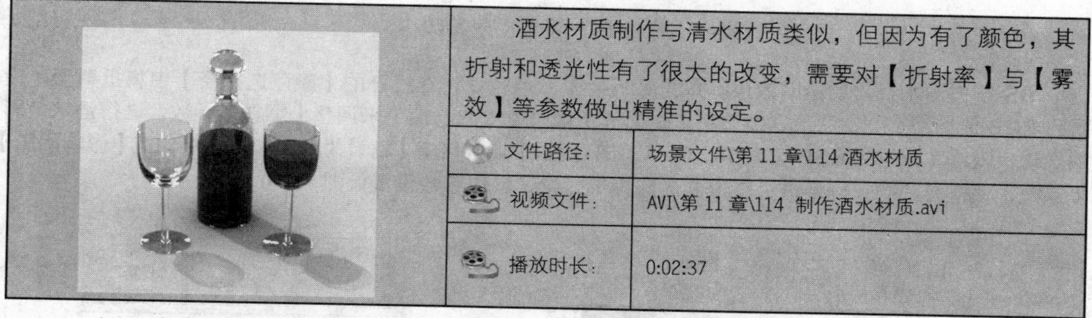

酒水材质制作与清水材质类似，但因为有了颜色，其折射和透光性有了很大的改变，需要对【折射率】与【雾效】等参数做出精准的设定。

文件路径：	场景文件\第 11 章\114 酒水材质
视频文件：	AVI\第 11 章\114 制作酒水材质.avi
播放时长：	0:02:37

01 打开随书光盘“酒水材质白模.max”文件，如图 11-67 所示。

图 11-67　打开场景文件

02 按 M 键打开【材质编辑器】对话框，选择一个新的材质球，设置材质类型为 VRayMtl 材质，并将材质命名为“酒水材质”。

03 展开【基本参数】卷展栏，设置【漫反射】颜色为纯黑色，便于通过【烟雾】参数进行酒水材质色彩的控制，具体参数设置如图 11-68 所示。

04 酒水材质表面具有比较明亮的光泽，而且略带红色，单击【反射】颜色色块，设置其颜色的 RGB 值为 36、2、2 的酒红色，然后将【光泽度】参数值设置为 0.95，使得材质的反射也透出酒水特有的红色光泽，具体参数如图 11-69 所示。

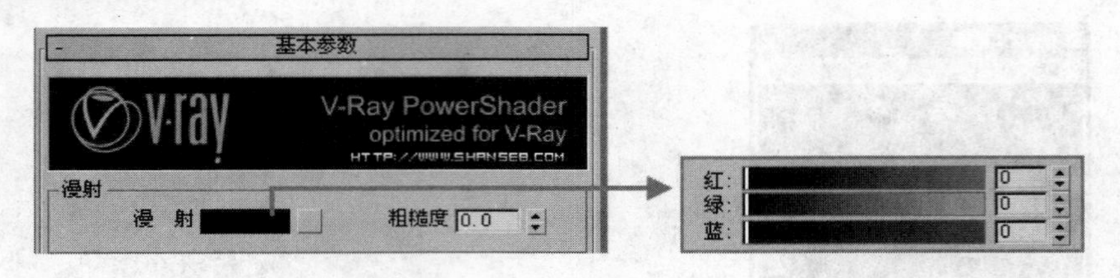

图 11-68 设置漫反射颜色为纯黑色

图 11-69 设置反射参数

05 制作酒水材质的透明效果。单击【折射】颜色色块，在打开的【颜色选择器】中将折射颜色设置为 RGB 值均为 230 的灰度，然后将【折射率】修改为 1.33。接下来调整【烟雾】参数，进行酒水色彩的表现，调整其颜色的 RGB 值为 78、0、0 的暗红色，【烟雾倍增】值设为 0.66，最后再勾选【影响阴影】复选框，使得光线能正确地透过玻璃并形成投影效果，具体参数设置如图 11-70 所示。

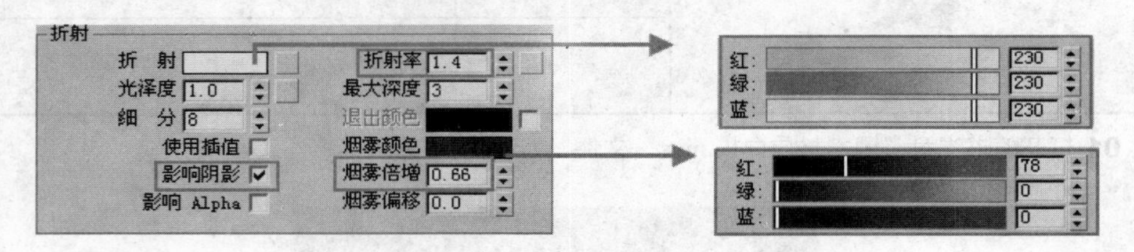

图 11-70 调整酒水材质折射参数

06 经过以上参数设置，酒水材质球效果如图 11-71 所示，渲染得到的最终效果如图 11-72 所示。

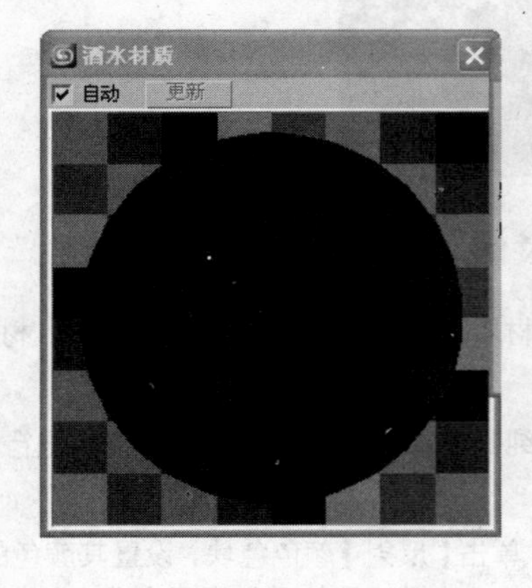

图 11-71 酒水材质球效果

图 11-72 酒水材质渲染效果

例115　标准书籍材质

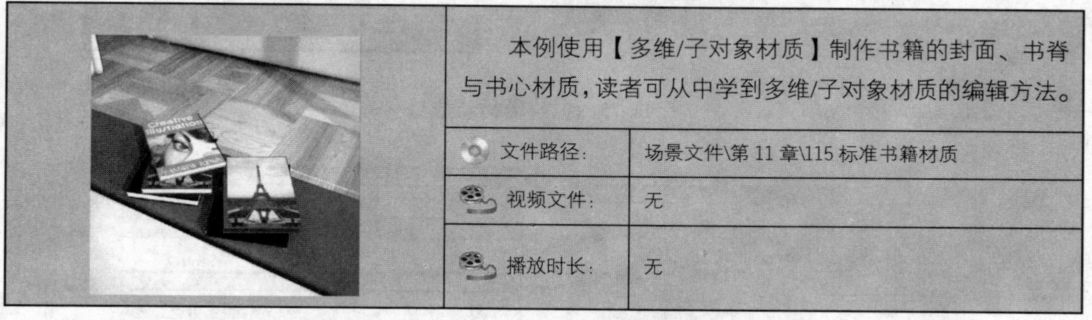

本例使用【多维/子对象材质】制作书籍的封面、书脊与书心材质，读者可从中学到多维/子对象材质的编辑方法。

文件路径：	场景文件\第 11 章\115 标准书籍材质
视频文件：	无
播放时长：	无

01 打开随书光盘“标准书籍材质白模.max”文件，如图 11-73 所示。

图 11-73　打开场景文件

02 按 M 键打开【材质编辑器】对话框，选择一个新的材质球，单击【标准材质】按钮，在弹出的【材质/贴图浏览器】内选择【多维/子对象材质】，将材质命名为“标准书籍材质”。

03 在调整【多维/子对象材质】的各项参数前，首先观察书籍材质的分布，如图 11-74 所示。

书封面

书脊

书心

图 11-74　书籍材质分布

04 根据书籍材质的分布，设置【多维/子对象材质】的子材质数量为 3，如图 11-75 所示。

05 分别单击对应 ID 号子材质按钮，编辑相应的子材质球，如图 11-76 所示。

06 经过以上调整得到的书籍材质球效果如图 11-77 所示，渲染得到的最终效果如图 11-78 所示。

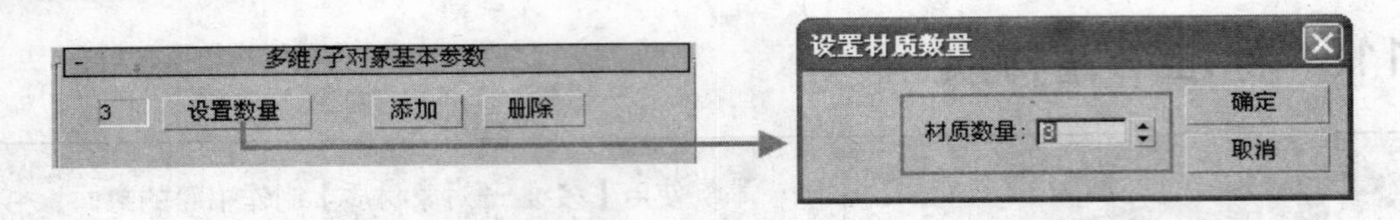

图 11-75　调整子材质数量

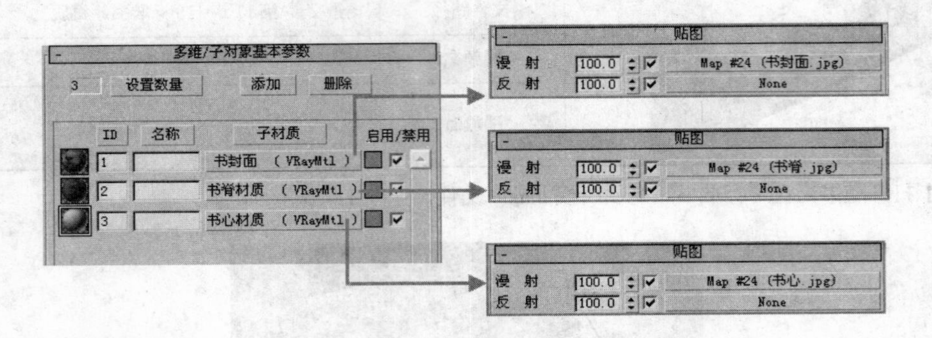

图 11-76　制作子材质

图 11-77　标准书籍材质球效果

图 11-78　标准书籍材质渲染效果

例116　蜡烛材质

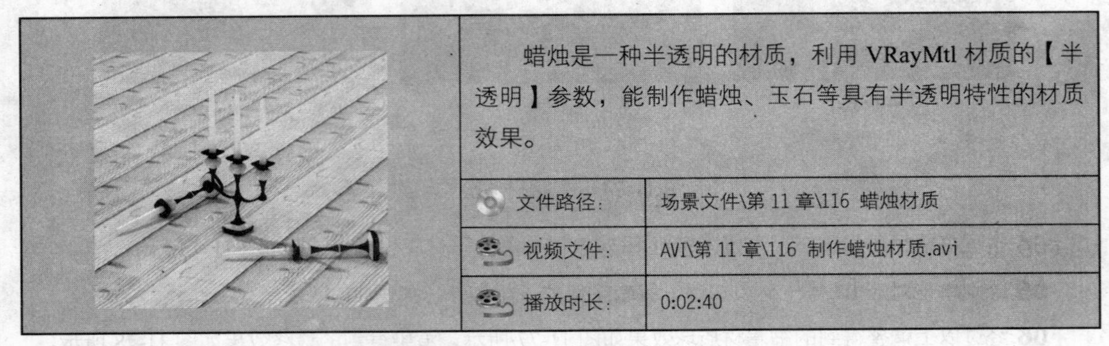

蜡烛是一种半透明的材质，利用 VRayMtl 材质的【半透明】参数，能制作蜡烛、玉石等具有半透明特性的材质效果。

文件路径：	场景文件\第 11 章\116　蜡烛材质
视频文件：	AVI\第 11 章\116　制作蜡烛材质.avi
播放时长：	0:02:40

01 打开随书光盘“蜡烛材质白模.max”文件，如图 11-79 所示。

图 11-79　打开场景文件

02 按 M 键打开【材质编辑器】对话框，选择一个新的材质球，设置材质类型为 VRayMtl 材质，并将材质命名为“蜡烛材质”。

03 在 VRayMtl 的【基本参数】卷展栏中，单击【漫反射】颜色色块，将其颜色的 RGB 值调整为 223、218、213，制作出蜡烛材质表面颜色，具体参数设置如图 11-80 所示。

图 11-80　设置漫反射参数

04 蜡烛主体由油脂制成，表面有些许油亮的光泽，将【反射】颜色调整为 RGB 值均为 10 的灰度，将【高光光泽度】参数设为 0.6，【光泽度】参数设为 0.8，【细分】参数增大至 10，具体参数设置如图 11-81 所示。

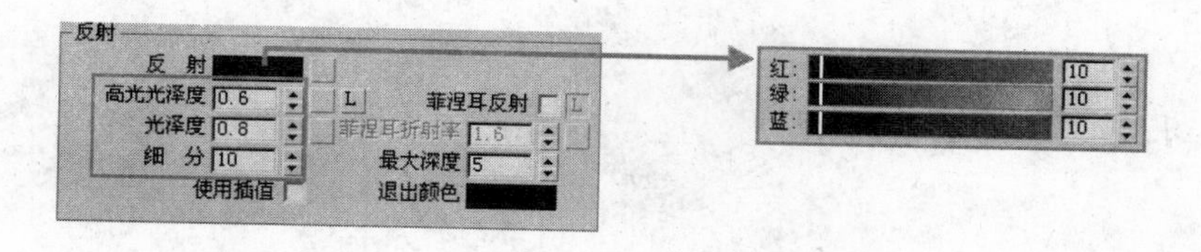

图 11-81　调整反射参数组

05 透明效果与半透明效果都有赖于折射参数的调整，将【反射】色块颜色调整为 50 的灰度，使蜡烛材质具有轻微的半透明效果，由于蜡烛的半透明是比较模糊的，因此将【光泽度】调整为 0.7。为了使蜡烛的半透明部位与不透明部位产生色彩的变化，将【烟雾颜色】的 RGB 值调整为 79、54、25，【烟雾倍增】调整为 0.15，将【细分】参数值增大至 25，最后再勾选【影响阴影】复选框，具体参数设置如图 11-82 所示。

06 通过【半透明】卷展栏，对材质的半透明效果进行细化。因为蜡烛是硬质半透明材质，首先选择【半透明类型】为预设的“硬(蜡)模型”类别，然后将【背面颜色】调整为纯白色，对于其他参数的调整，可以需要根据渲染效果进行调整，具体参数设置如图 11-83 所示。

07 经过以上参数设置，蜡烛材质球效果如图 11-84 所示，其渲染得到的最终效果如图 11-85 所示。

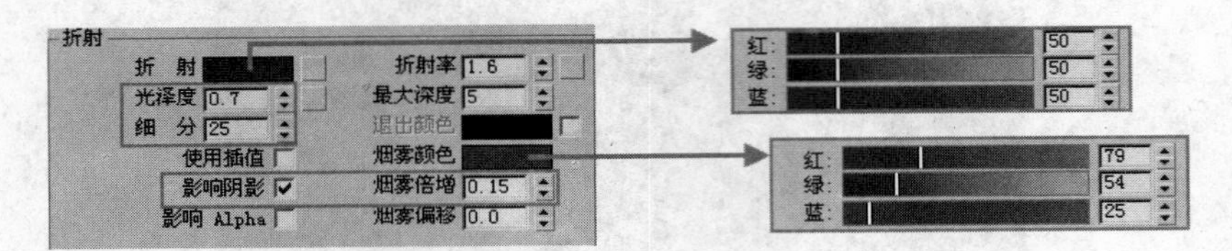

图 11-82　调整折射参数

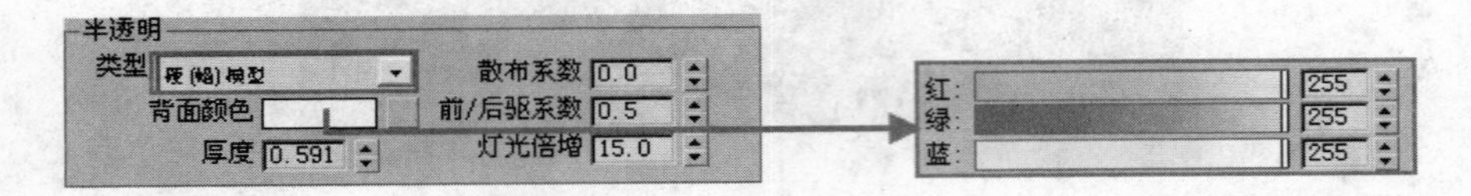

图 11-83　调整半透明参数

图 11-84　蜡烛材质球效果

图 11-85　蜡烛材质的渲染效果

第12章 食物材质表现

本章介绍苹果、香蕉、鸡蛋等食物材质制作方法，这些物体常用于家居效果图烘托场景氛围，增加强画面的生活气息和真实性。由于这些材质的特点各不相同，所以每一种实物的制作思路和方法都不尽相同，读者需要仔细体会和领悟不同材质特点，以及相应的制作技巧。

例117 香蕉材质

本例介绍香蕉材质的制作方法，在【漫反射】通道载入香蕉图片，表现材质表面的纹理和色泽，在【凹凸】通道添加【烟雾】程序贴图，模拟表面凹凸效果。

文件路径:	场景文件\第 12 章\117 香蕉材质
视频文件:	AVI\第 12 章\117 制作香蕉材质.avi
播放时长:	0:01:45

01 打开随书光盘“香蕉材质白模.max”文件，如图 12-1 所示。

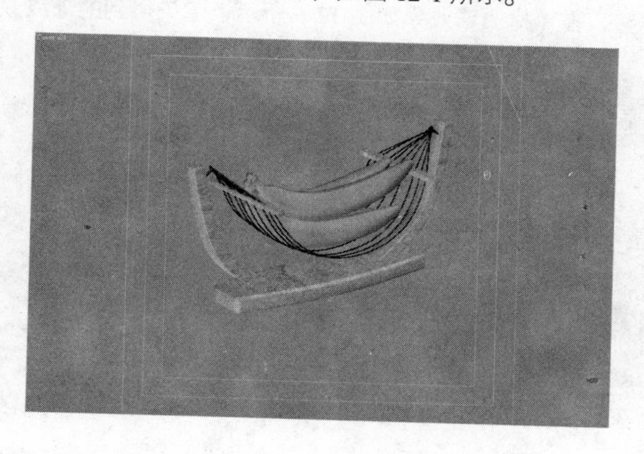

图 12-1 打开场景文件

02 按 M 键打开【材质编辑器】对话框，选择一个新的材质球，设置材质类型为 VRayMtl 材质，并将材质命名为“香蕉材质”。

03 表现香蕉材质表面的纹理效果。展开 VRayMtl 的【基本参数】卷展栏，单击【漫反射】贴图按钮，在打开的【材质/贴图浏览器】中选择【位图】，载入“香蕉皮.jpg”贴图，如图 12-2 所示。

04 制作香蕉表面光泽效果。单击【反射】贴图按钮，在打开的【材质/贴图浏览器】中选择【衰减】贴图，调整衰减参数如图 12-3 所示。

05 调整【反射】参数组的【光泽度】参数值为 0.62，完成香蕉表面反射光泽效果的模拟，具体参数设置如图 12-4 所示。

06 在【凹凸】贴图通道内指定【烟雾】贴图，进行香蕉表面凹凸质感的模拟，具体参数如图 12-5

所示。

图 12-2　指定漫反射贴图

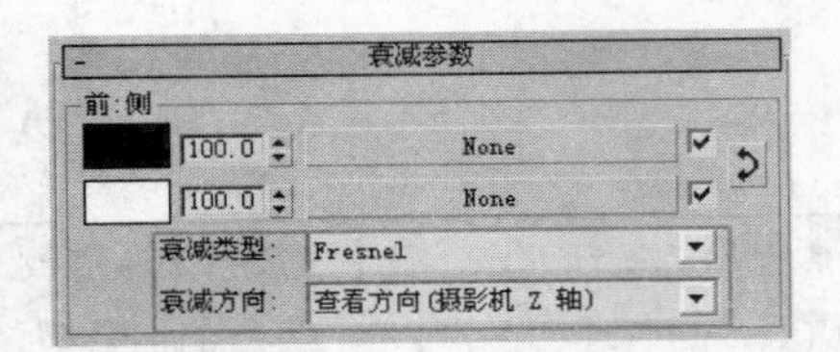

图 12-3　设置衰减参数

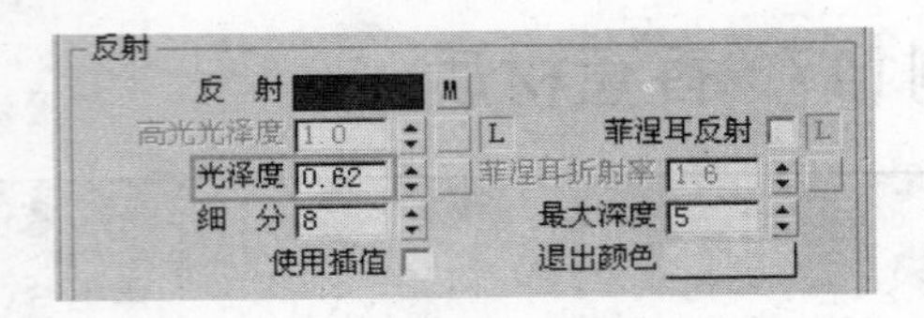

图 12-4　调整光泽度参数

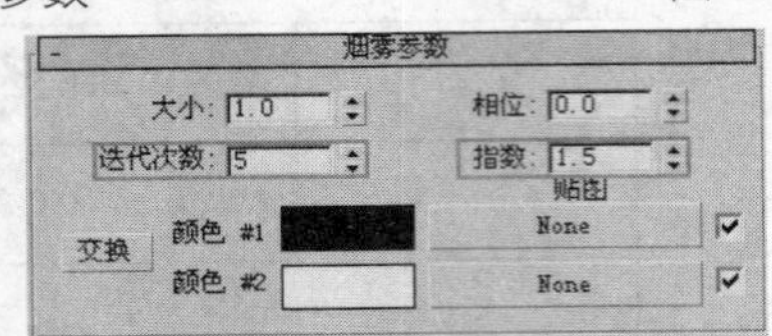

图 12-5　设置烟雾参数

07 经过以上参数调整，香蕉材质球效果如图 12-6 所示，渲染得到的最终效果如图 12-7 所示。

图 12-6　香蕉材质球效果

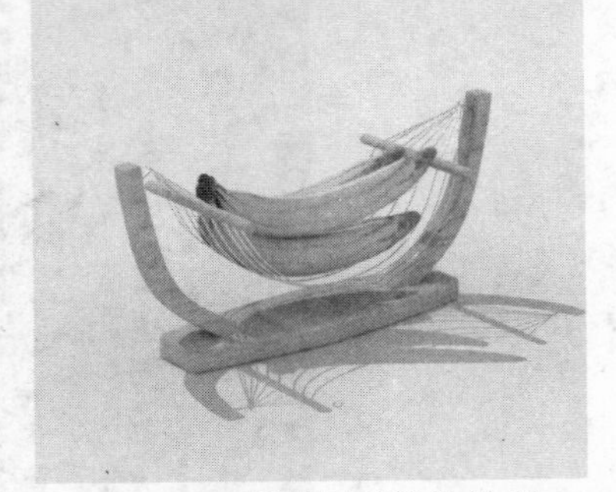

图 12-7　香蕉材质渲染效果

例118　苹果材质

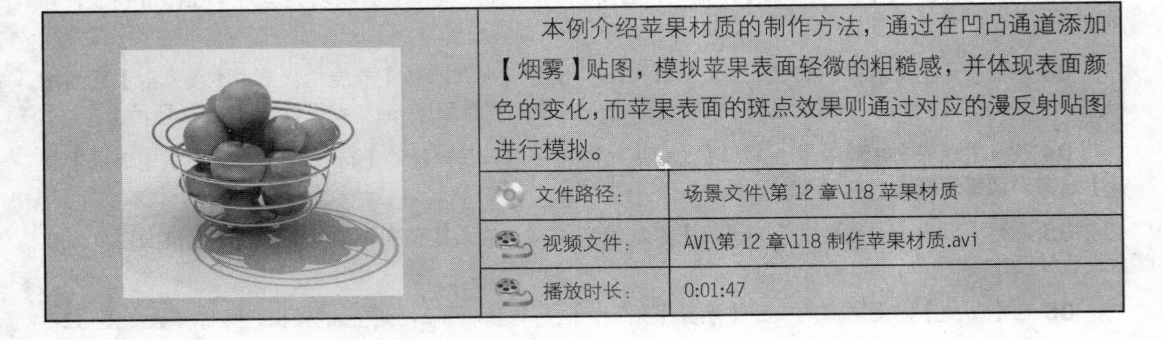

	本例介绍苹果材质的制作方法，通过在凹凸通道添加【烟雾】贴图，模拟苹果表面轻微的粗糙感，并体现表面颜色的变化，而苹果表面的斑点效果则通过对应的漫反射贴图进行模拟。	
	文件路径:	场景文件\第 12 章\118 苹果材质
	视频文件:	AVI\第 12 章\118 制作苹果材质.avi
	播放时长:	0:01:47

01 打开随书光盘“苹果材质白模.max”文件，如图 12-8 所示。

图 12-8　打开场景文件

02 按 M 键打开【材质编辑器】对话框，选择一个新的材质球，设置材质类型为 VRayMtl 材质，并将材质命名为“苹果材质”。

03 表现苹果材质表面纹理效果。在 VRayMtl 的【基本参数】卷展栏中单击【漫反射】贴图按钮，在打开的【材质/贴图浏览器】中选择【位图】，载入“苹果皮.jpg”贴图，如图 12-9 所示。

图 12-9　指定漫反射贴图

04 表现苹果表面的光泽与反射。单击【反射】贴图按钮，在打开的【材质/贴图浏览器】中选择【衰减】，具体参数如图 12-10 所示。

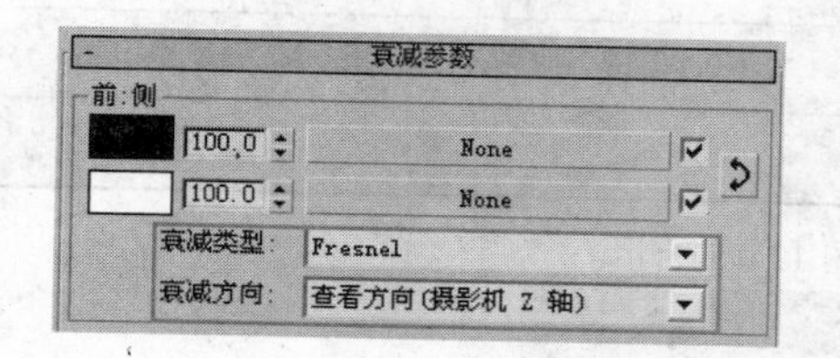

图 12-10　设置衰减参数

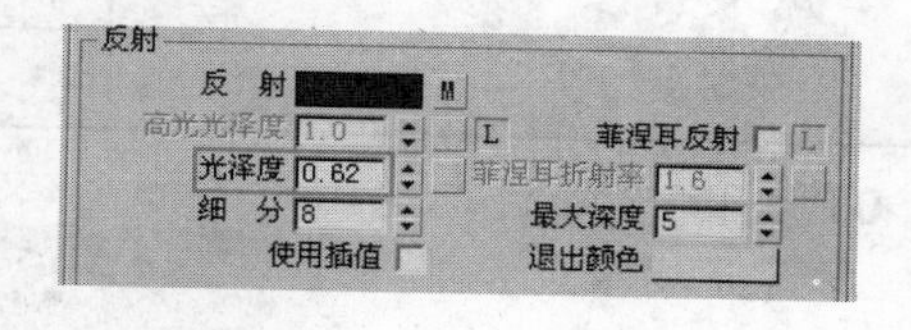

图 12-11　调整光泽度参数

05 调整【反射】参数组内的【光泽度】参数值为 0.62，完成苹果表面反射光泽效果的模拟，如图 12-11 所示。

06 在【凹凸】贴图通道内如指定【烟雾】贴图，模拟苹果表面轻微粗糙感，并使其表面纹理色彩产生一定的明暗变化，具体参数如图 12-12 所示。

07 经过以上参数调整，苹果材质球效果如图 12-13 所示，渲染得到的效果如图 12-14 所示。

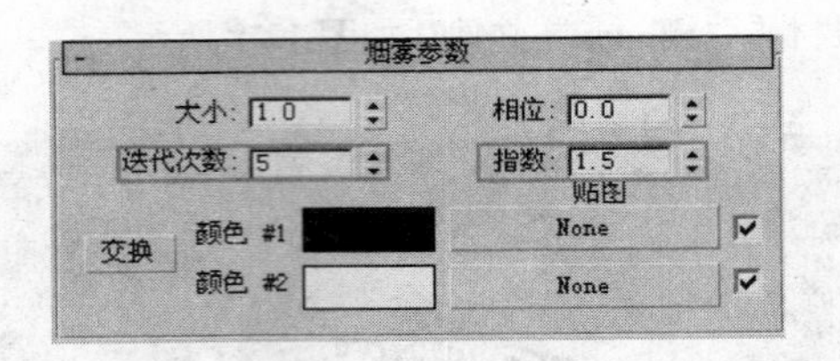

图 12-12　设置烟雾参数

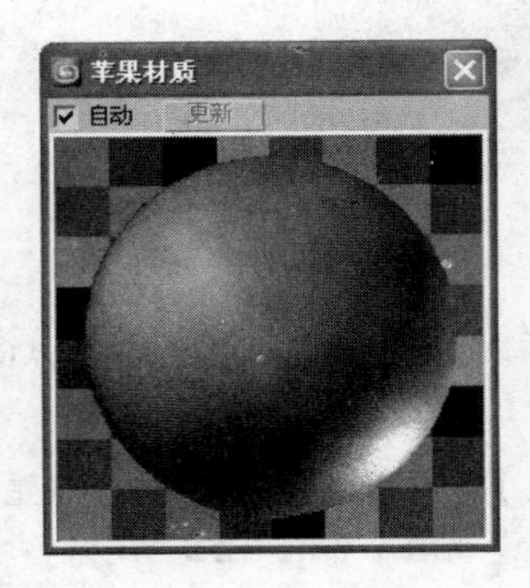

图 12-13　苹果材质球效果

图 12-14　苹果渲染效果

例119　柠檬材质

本例将介绍柠檬材质的制作方法，区别于前面两种水果表面纹理利用对应的材质贴图表现的方法，柠檬材质将使用【衰减】程序贴图进行表面纹理的表现，。

文件路径:	场景文件\第 12 章\119 柠檬材质
视频文件:	AVI\第 12 章\119 制作柠檬材质.avi
播放时长:	0:02:41

01 打开随书光盘“柠檬材质白模.max”文件，如图 12-15 所示。

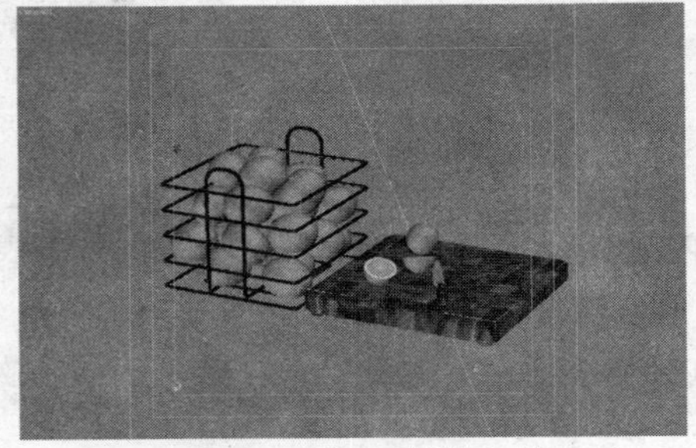

图 12-15　打开场景文件

02 按 M 键打开【材质编辑器】对话框，选择一个新的材质球，设置材质类型为 VRayMtl，并将材质命名为“柠檬材质”。

03 在 VRayMtl 的【基本参数】卷展栏中单击【漫反射】贴图按钮，在打开的【材质/贴图浏览器】中选择【衰减】程序贴图，使柠檬表面颜色产生一定的变化，具体参数设置如图 12-16 所示。

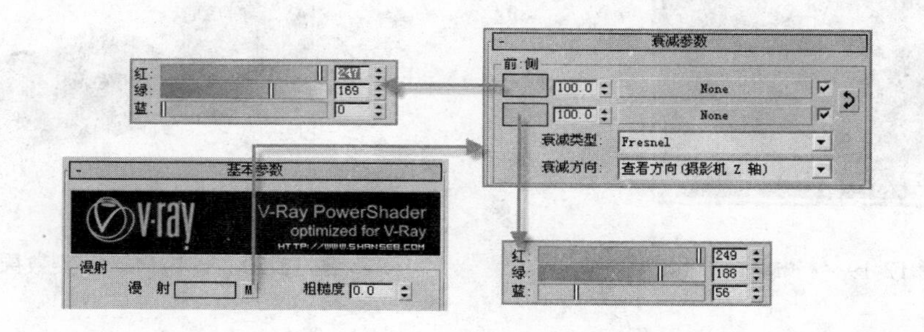

图 12-16　在漫反射贴图通道添加衰减贴图

04 柠檬表皮有一定的光泽与反射效果，单击【反射】贴图按钮，在打开的【材质/贴图浏览器】中选择【衰减】程序贴图，调整其具体参数如图 12-10 所示。调整【反射】参数组内的【光泽度】参数值为 0.62，将【退出颜色】的 RGB 值调整为 201、211、174，模拟柠檬表面反射光泽效果，具体参数设置如图 12-17 所示。

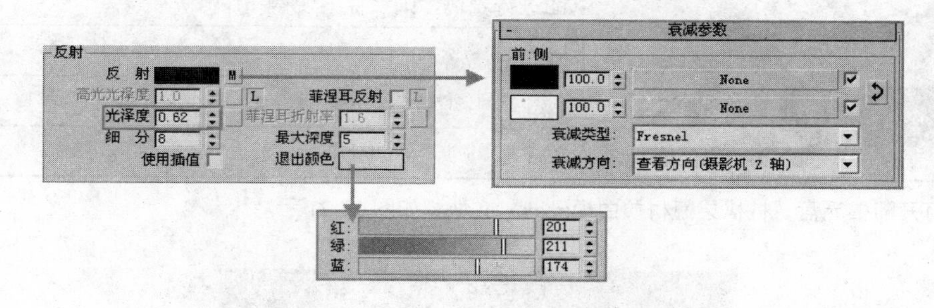

图 12-17　调整反射参数

05 制作柠檬表皮轻微的褶皱效果。进入【贴图】卷展栏，单击【凹凸】贴图按钮，为其选择【烟雾】程序贴图，调整参数如图 12-18 所示。

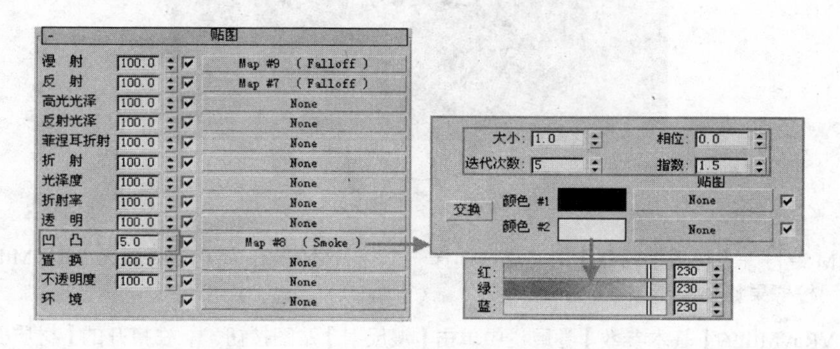

图 12-18　设置凹凸贴图

06 经过以上参数调整，得到柠檬材质球效果如图 12-19 所示，柠檬的整体渲染效果如图 12-20 所示。

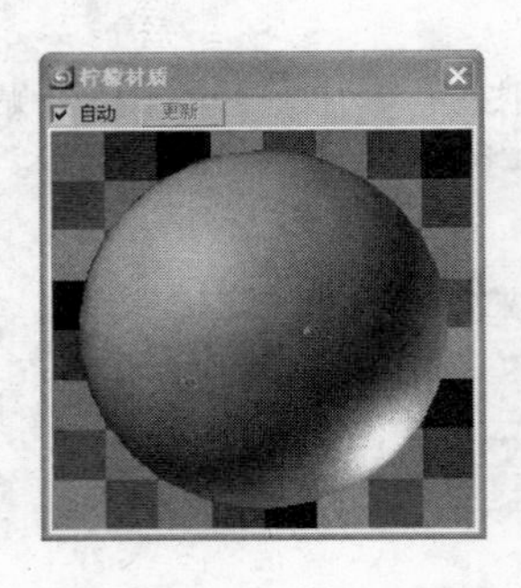

图 12-19　柠檬材质球效果

图 12-20　柠檬材质渲染效果

例120　柠檬果瓤材质

本例介绍柠檬果瓤材质的制作方法，要制作出逼真细致的柠檬果瓤材质，通过建模的方法是十分耗费精力的，而在【漫反射】、【反射】以及【凹凸】贴图通道内使用位图进行表现，则快捷方便得多。

文件路径：	场景文件\第 12 章\120 柠檬果瓤材质
视频文件：	AVI\第 12 章\120 制作柠檬果瓤材质.avi
播放时长：	0:01:58

01 打开随书光盘“柠檬果瓤材质白模.max”文件，如图 12-21 示。

图 12-21　打开场景文件

02 按 M 键打开【材质编辑器】对话框，选择一个空白材质球，将材质设置为 VRayMtl 材质，并将材质命名为“柠檬果瓤材质”。

03 在 VRayMtl 的【基本参数】卷展栏中单击【漫反射】贴图按钮，在打开的【材质/贴图浏览器】中选择【位图】，载入本书配套光盘中“柠檬果瓤贴图.jpg”，如图 12-22 所示。

04 制作柠檬果瓤表面的反射效果。在【反射】贴图通道内指定“柠檬果瓤.jpg”反射贴图，将其【光泽度】与【细分】参数值分别调整为 0.89 与 20，具体参数设置如图 12-23 所示。

图 12-22　在漫反射通道内指定柠檬果瓤贴图

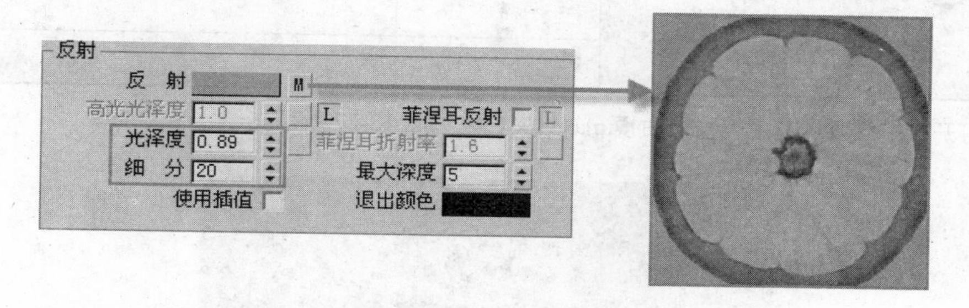

图 12-23　调整材质反射参数

05 在【贴图】卷展栏中单击【凹凸】贴图按钮，在打开的【材质/贴图浏览器】中指定“柠檬果瓤.jpg”凹凸贴图，将【凹凸】强度调整为 60，制作果瓤的凹凸效果，具体参数设置如图 12-24 所示。

贴图		
漫　射	100.0	Map #2 (柠檬果瓤.jpg)
反　射	100.0	Map #5 (柠檬果瓤反射.jpg)
高光光泽	100.0	None
反射光泽	100.0	None
菲涅耳折射	100.0	None
折　射	100.0	None
光泽度	100.0	None
折射率	100.0	None
透　明	100.0	None
凹　凸	60.0	Map #4 (柠檬果瓤凹凸.jpg)
置　换	100.0	None
不透明度	100.0	None

图 12-24　调整材质凹凸参数

06 经过以上参数调整，得到柠檬果瓤材质球效果如图 12-25 所示，柠檬的整体渲染效果如图 12-26 所示。

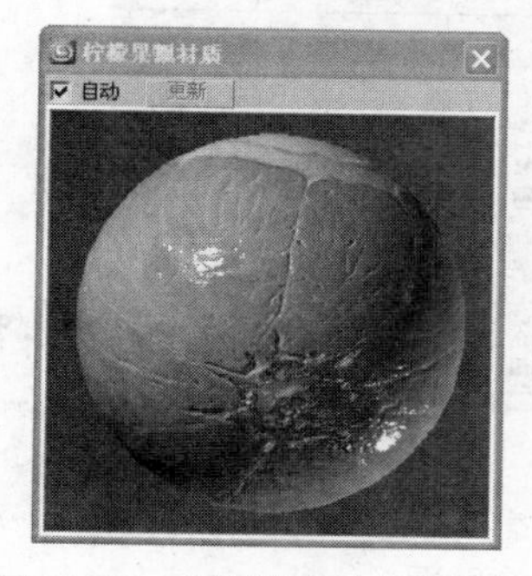

图 12-25　柠檬果瓤材质球效果

图 12-26　柠檬果瓤的渲染效果

例121　花生壳材质

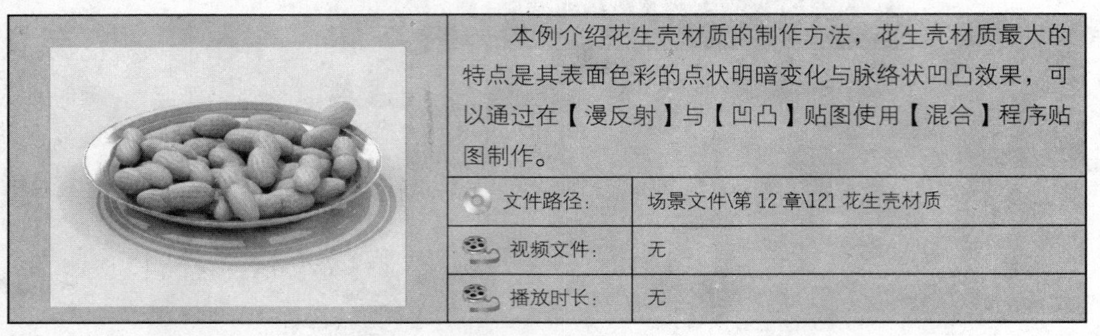

本例介绍花生壳材质的制作方法，花生壳材质最大的特点是其表面色彩的点状明暗变化与脉络状凹凸效果，可以通过在【漫反射】与【凹凸】贴图使用【混合】程序贴图制作。

文件路径：	场景文件\第 12 章\121 花生壳材质
视频文件：	无
播放时长：	无

01 打开随书光盘“花生壳材质白模.max”文件，如图 12-27 所示。

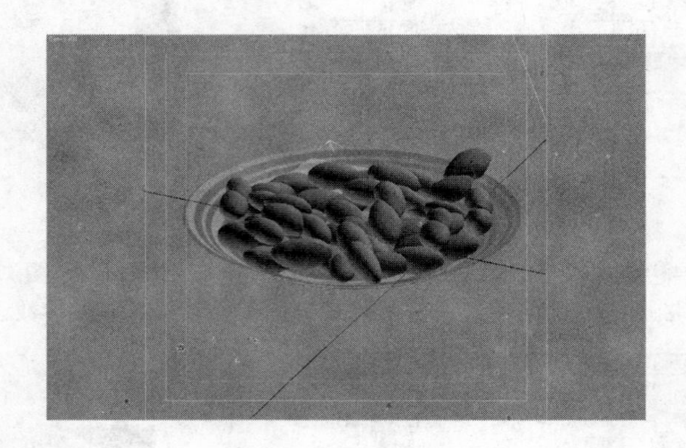

图 12-27　打开场景文件

02 按 M 键打开【材质编辑器】对话框，选择一个新的材质球，设置材质类型为 VRayMtl 材质，并将材质命名为“花生壳材质”。

03 制作花生壳表面的网状颜色。单击【漫反射】贴图按钮，在打开的【材质/贴图浏览器】中选择【混合】程序贴图，然后在其颜色#1 的贴图通道内载入【平铺】程序贴图并调整相关参数，获得网状颜色变化的效果，其具体参数如图 12-28 所示。

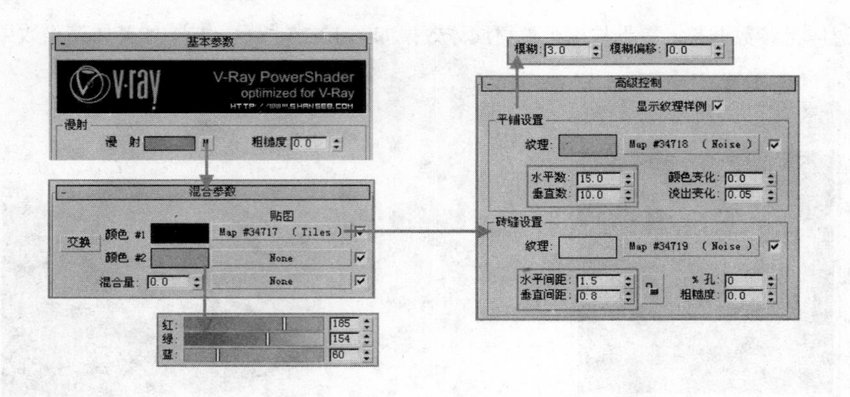

图 12-28　在漫反射通道添加混合贴图

04 为了细致刻画出网状颜色变化，在【平铺】程序贴图的【纹理】通道添加【噪波】程序贴图，调整参数如图 12-29 所示。

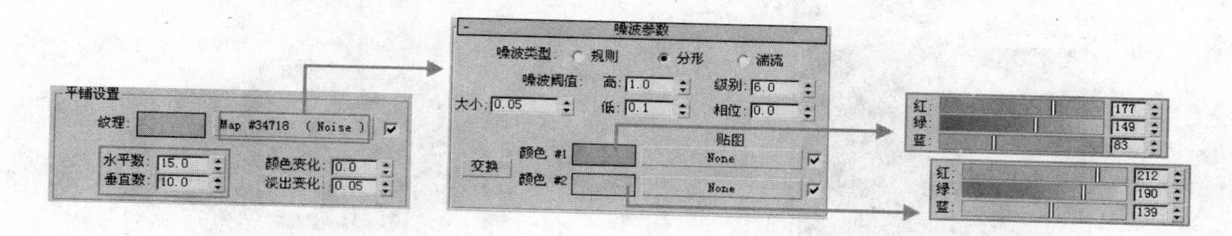

图 12-29　纹理通道噪波贴图参数设置

05 在【砖缝】贴图通道添加【噪波】程序贴图，调整参数如图 12-30 所示。

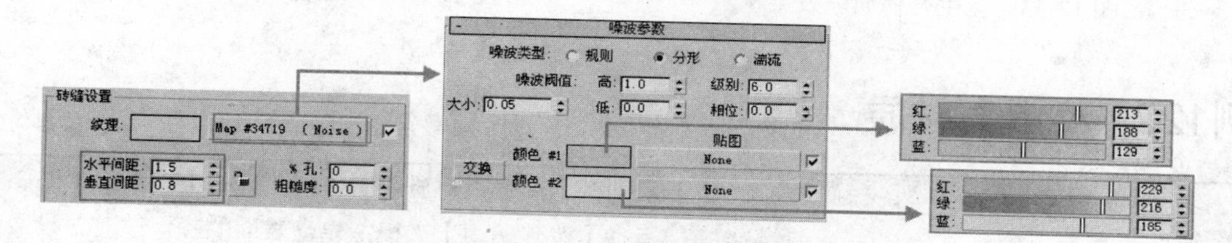

图 12-30　砖缝通道噪波贴图参数设置

06 制作材质表面的光泽效果，设置反射参数如图 12-31 所示。

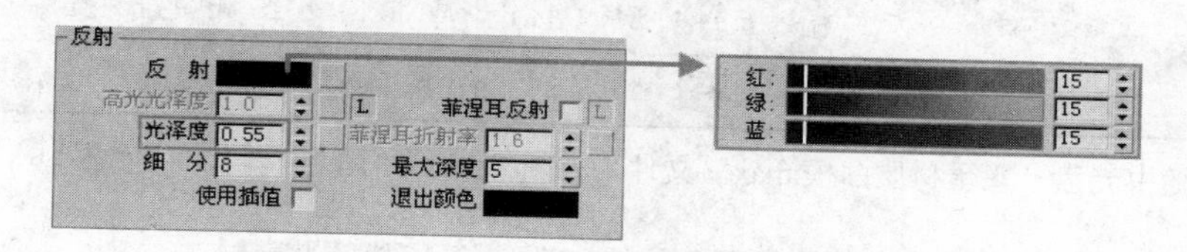

图 12-31　调整反射组参数

07 制作花生壳表面网状的褶皱效果。与在【漫反射】贴图通道结合使用【混合】与【平铺】贴图类似，进入【贴图】卷展栏，单击【凹凸】贴图按钮，添加【混合】贴图，调整混和贴图参数如图 12-32 所示。

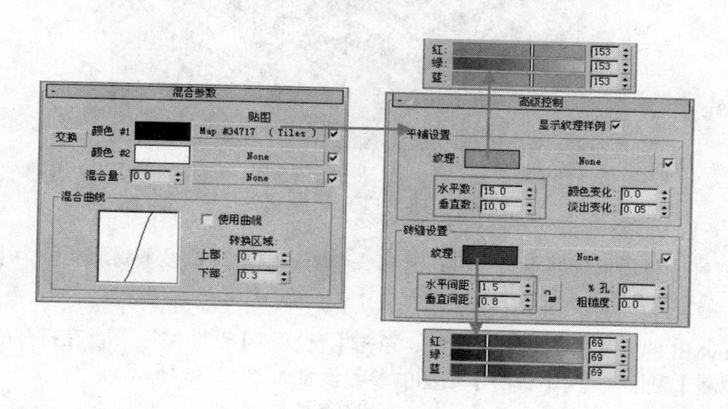

图 12-32　调整凹凸贴图通道制作网状褶皱效果

08 经过以上参数调整，得到花生壳材质球效果如图 12-33 所示，最终渲染效果如图 12-34 所示。

图 12-33　花生壳材质球效果

图 12-34　花生壳材质渲染效果

例122　鸡蛋壳材质

本例介绍鸡蛋壳材质的制作方法，在【漫反射】贴图通道添加【泼溅贴图】来模拟鸡蛋表面的颜色过渡，设置【光泽度】参数使材质表面产生模糊反射高光效果。

文件路径:	场景文件\第 12 章\122 鸡蛋材质
视频文件:	AVI\第 12 章\122 制作鸡蛋材质.avi
播放时长:	0:02:28

01 打开随书光盘“鸡蛋材质白模.max”文件，如图 12-35 所示。

图 12-35　打开场景文件

02 按 M 键打开【材质编辑器】对话框，选择一个新的材质球，设置材质类型为【VRayMtl】材质，并将材质命名为“鸡蛋材质”。

03 展开 VRayMtl 的【基本参数】卷展栏，单击【漫反射】贴图按钮，在打开的【材质/贴图浏览器】中，选择【泼溅】贴图类型，【泼溅】贴图的参数设置如图 12-36 所示。

04 单击【颜色#1】色块，在打开的【颜色选择器】中设置颜色 1 为如图 12-37 所示的颜色。将【颜色#2】设置为咖啡色，并在【泼溅参数】贴图的参数卷展栏中进行如图 12-38 所示的参数设置。

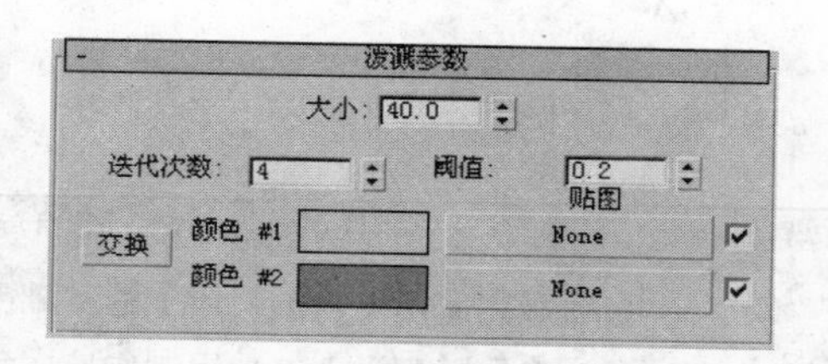

图 12-36　泼溅贴图参数设置

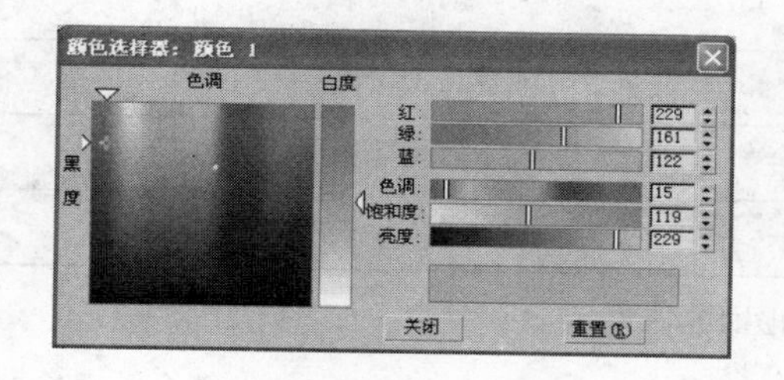

图 12-37　设置颜色 1

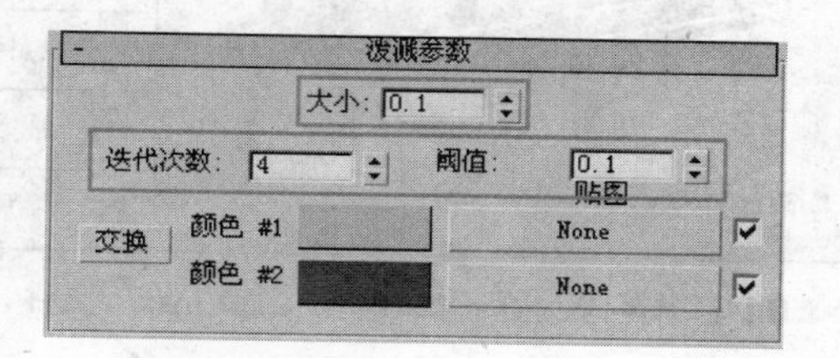

图 12-38　设置泼溅贴图参数

05 在【反射】选项组中单击【反射】颜色色块，在打开的【颜色选择器】中设置【反射】颜色如图 12-39 所示。返回【基本参数】卷展栏，在【反射】选项组中，设置【光泽度】参数为 0.7，【细分】参数为 25，如图 12-40 所示。

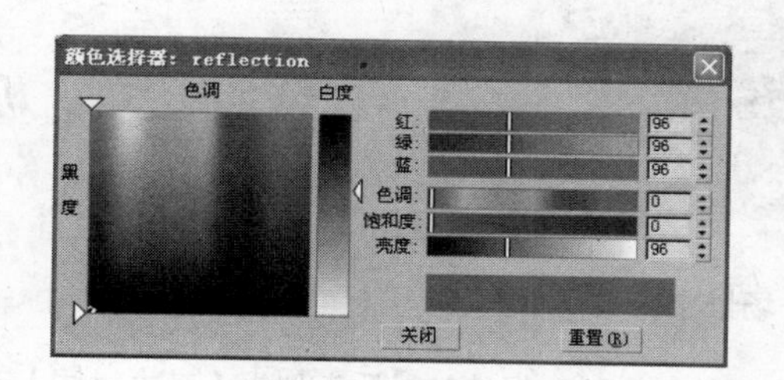

图 12-39　设置反射颜色

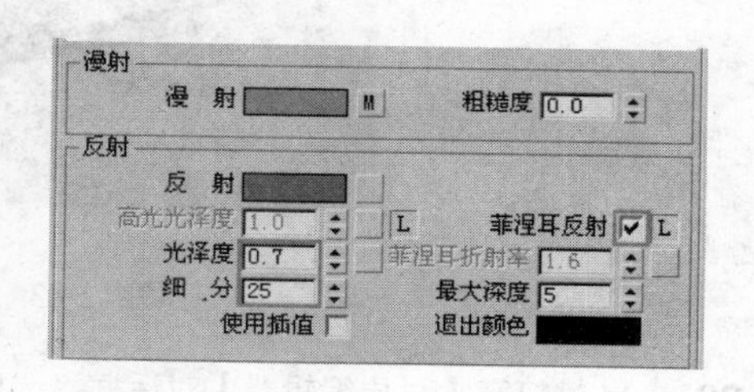

图 12-40　设置反射参数

06 完成以上参数设置后，鸡蛋材质球效果如图 12-41 示，最终渲染效果如图 12-42 所示。

图 12-41　鸡蛋材质球效果

图 12-42　鸡蛋材质的渲染效果

例123 面包材质

本例介绍面包材质的制作方法，其中涉及的主要知识点在使用【基本材质】的基础上，利用【漫反射】参数与【反射高光】参数组制作出面色表面的色泽与光泽，并利用【凹凸】通道添加【烟雾】程序贴图来制作面包表面的粗糙质感。

文件路径：	场景文件\第 12 章\123 面包材质
视频文件：	AVI\第 12 章\123 制作面包材质.avi
播放时长：	0:02:54

01 打开随书光盘“面包材质白模.max”文件，如图 12-43 所示。

图 12-43　打开场景文件

02 按 M 键打开【材质编辑器】对话框，选择一个新的材质球，保持其材质类型为【基本材质】不变，并将材质命名为“面包材质”。

03 展开【Blinn 基本参数】卷展栏，单击【漫反射】贴图按钮，在弹出的【材质贴图浏览器】中选择【烟雾】程序贴图，具体参数设置如图 12-44 所示。

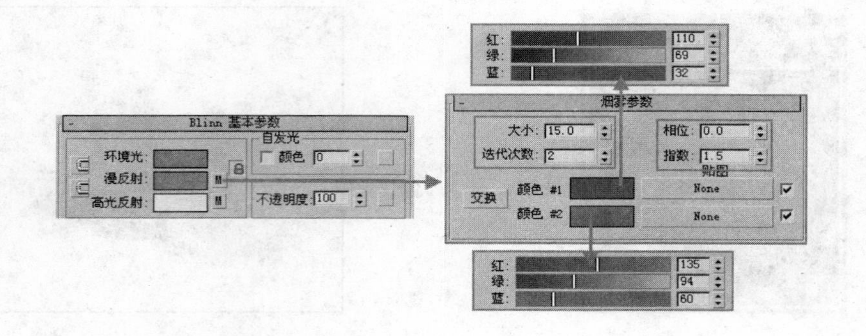

图 12-44　添加漫反射贴图

04 单击【高光反射】贴图按钮，在弹出的【材质/贴图浏览器】中选择【衰减】程序贴图，设置衰减类型为 Fresnel，如图 12-45 所示。返回【Blinn 基本参数】卷展栏，调整【高光级别】为 32，再将【高光反射】贴图通道内的【衰减】程序贴图拖曳复制至【光泽度】贴图通道内。

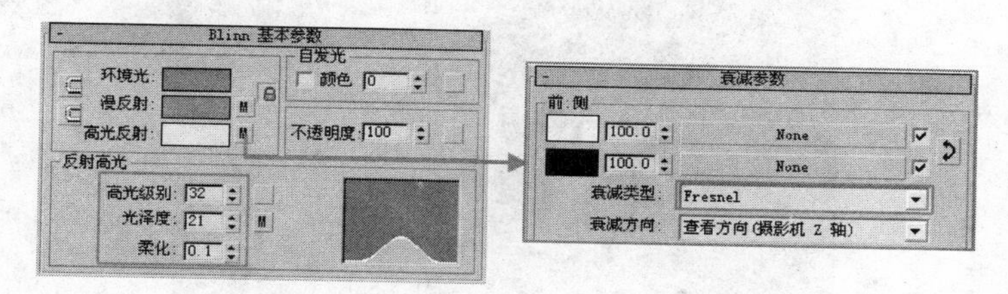

图 12-45　调整高光反射与反射高光参数组

05 制作面包表面的凹凸效果。进入【贴图】卷展栏，在【凹凸】贴图通道加载【烟雾】程序贴图，调整其参数如图 12-46 所示。

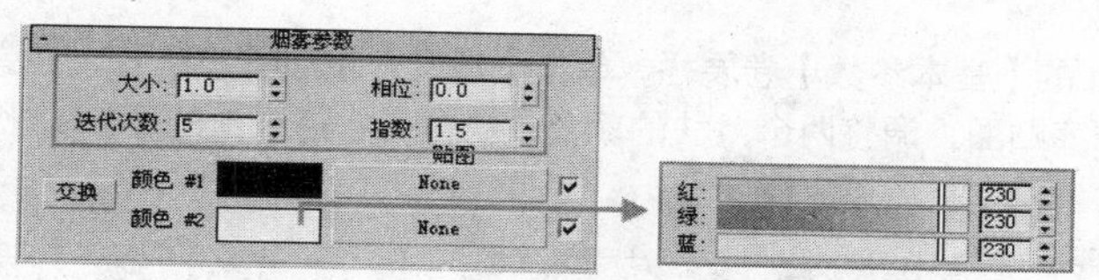

图 12-46　烟雾贴图参数

06 设置完毕后，面包材质球效果如图 12-47 所示，渲染效果如图 12-48 所示。

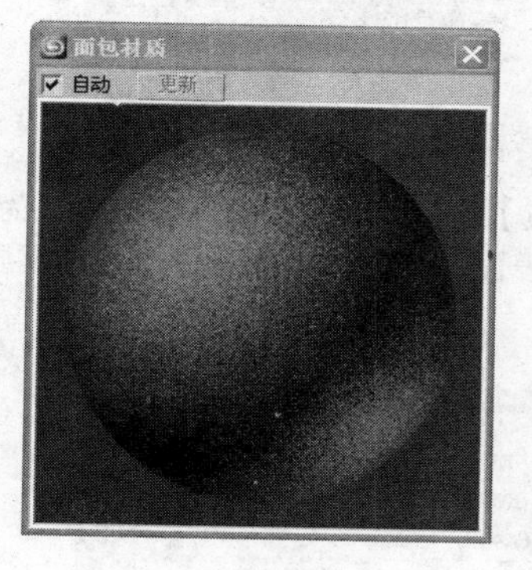

图 12-47　材质球效果

图 12-48　面包材质渲染效果

例124　奶酪材质

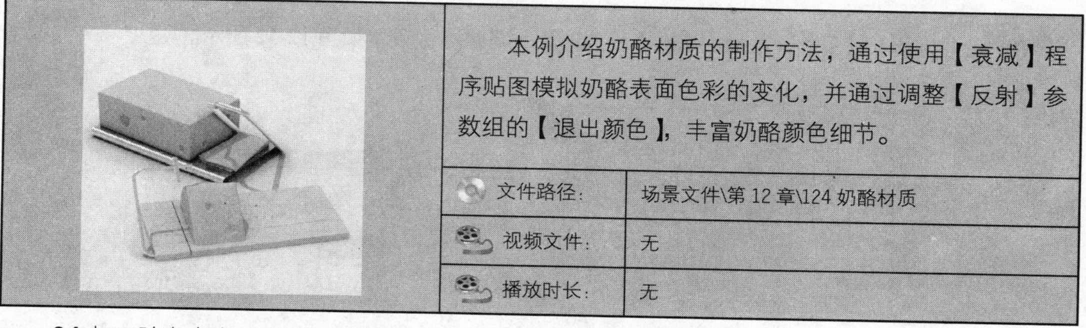

本例介绍奶酪材质的制作方法，通过使用【衰减】程序贴图模拟奶酪表面色彩的变化，并通过调整【反射】参数组的【退出颜色】，丰富奶酪颜色细节。

文件路径:	场景文件\第 12 章\124 奶酪材质
视频文件:	无
播放时长:	无

01 打开随书光盘“奶酪材质白模.max”文件，如图 12-49 所示。

图 12-49　打开场景文件

02 按 M 键打开【材质编辑器】对话框，选择一个新的材质球，设置材质类型为 VRayMtl 材质，并将材质命名为“奶酪材质”。

03 展开 VRayMtl 的【基本参数】卷展栏，单击【漫反射】贴图按钮，在弹出的【材质/贴图浏览器】中选择【衰减】程序贴图，调整两个色块的颜色，模拟出奶酪表面的色彩变化，参数设置如图 12-50 所示。

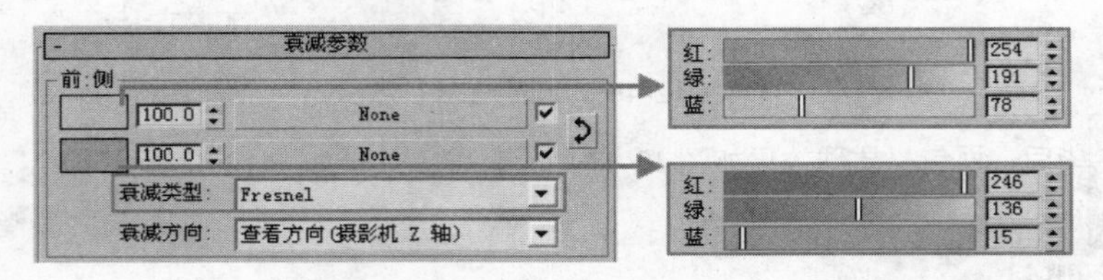

图 12-50　设置奶酪材质漫反射颜色

04 设置反射参数组。在【反射】贴图通道指定【衰减】程序贴图，调整其衰减方式为 Fresnel，设置【光泽度】参数为 0.62，并调整好退出颜色，使得奶酪表面的光泽产生色彩过渡，更具质感，具体参数设置如图 12-51 所示。

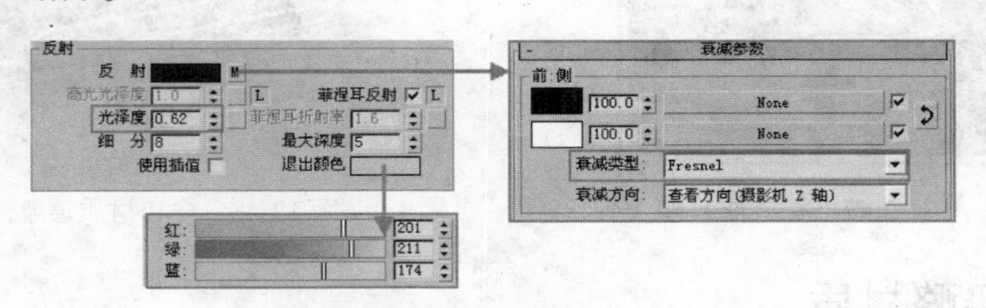

图 12-51　调整反射参数

05 在【凹凸】贴图通道添加【烟雾】程序贴图，具体参数设置如图 12-52 所示。

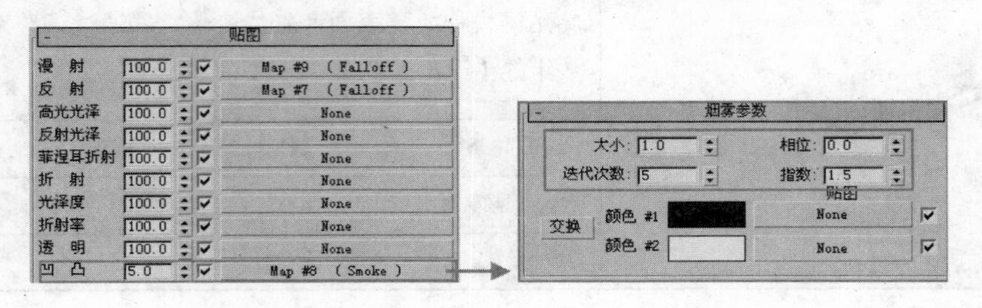

图 12-52　凹凸贴图设置

06 调整好以上参数后，奶酪材质球效果如图 12-53 所示，最终渲染效果如图 12-54 所示。

图 12-53　奶酪材质球效果

图 12-54　奶酪材质渲染效果

例125　饼干材质

<table>
<tr><td rowspan="4"></td><td colspan="2">本例介绍饼干材质的制作方法，在材质的参数调整上并没有什么特别的地方，但为了分别表现出饼干正面、侧面与底面三种不同位置的细节，这里使用【多维/子对象材质】进行划分。</td></tr>
<tr><td>文件路径：</td><td>场景文件\第 12 章\125 饼干材质</td></tr>
<tr><td>视频文件：</td><td>无</td></tr>
<tr><td>播放时长：</td><td>无</td></tr>
</table>

01 打开随书光盘“饼干材质白模.max”文件，如图 12-55 所示。

图 12-55　打开场景文件

02 选择饼干模型进入修改面板，分别选择不同位置的多边形面，指定相应的材质 ID 号，如图 12-56 所示，这里将材质分为背面、侧面与正面三部分。

03 按 M 键打开【材质编辑器】对话框，选择一个新的材质球，设置材质类型为【多维/子对象材质】，单击“设置数量”按钮，设置材质数量为 3，将材质命名为“饼干材质”，如图 12-57 所示。

04 根据材质 ID 的划分，选择对应 ID 号的子材质球，进行参数的调整即可，饼干材质的效果都由对应的贴图来完成，其中背面材质的参数如图 12-58 所示，其它两个面的材质也没有太大区别，这里就不详细列出了。

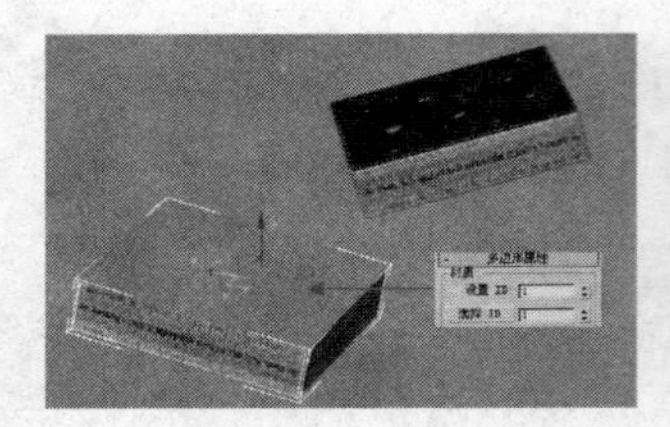

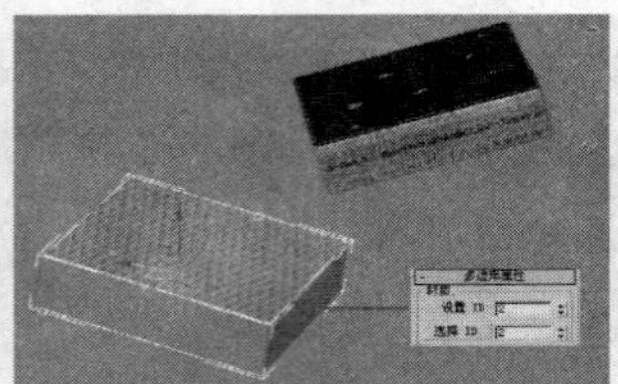

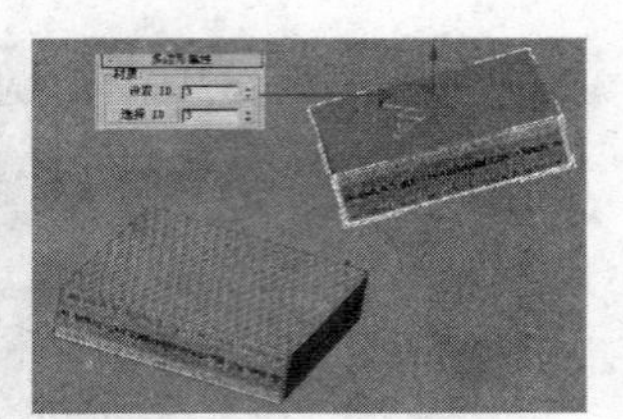

图 12-56　划分材质 ID 号

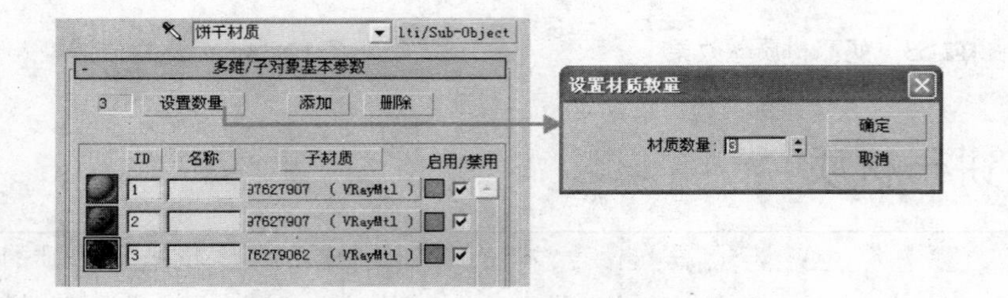

图 12-57　设置子材质数量

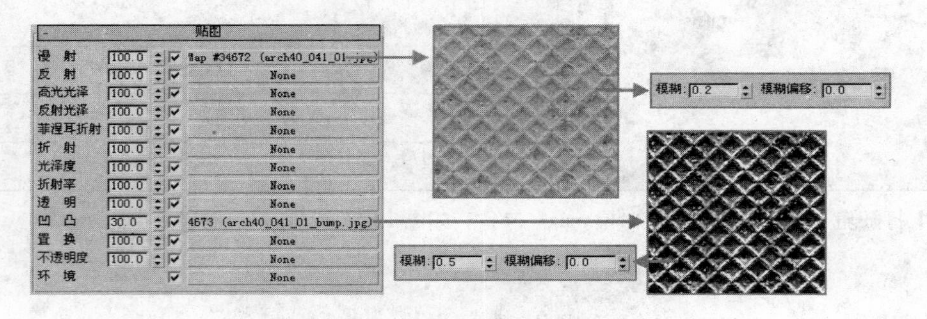

图 12-58　饼干背面材质参数

05 设置好所有参数后，饼干材质球效果如图 12-59 示，最终渲染效果如图 12-60 所示。

图 12-59　饼干材质球效果

图 12-60　饼干材质渲染效果

例126　巧克力材质

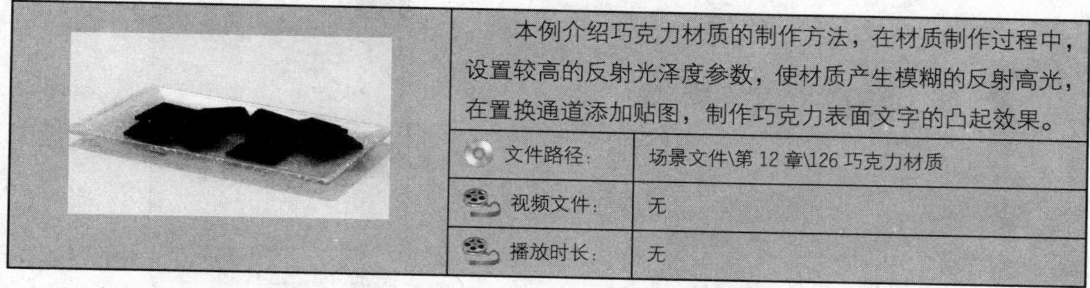

本例介绍巧克力材质的制作方法，在材质制作过程中，设置较高的反射光泽度参数，使材质产生模糊的反射高光，在置换通道添加贴图，制作巧克力表面文字的凸起效果。

文件路径：	场景文件\第 12 章\126 巧克力材质
视频文件：	无
播放时长：	无

01 打开随书光盘“巧克力材质白模.max”文件，如图 12-61 所示。

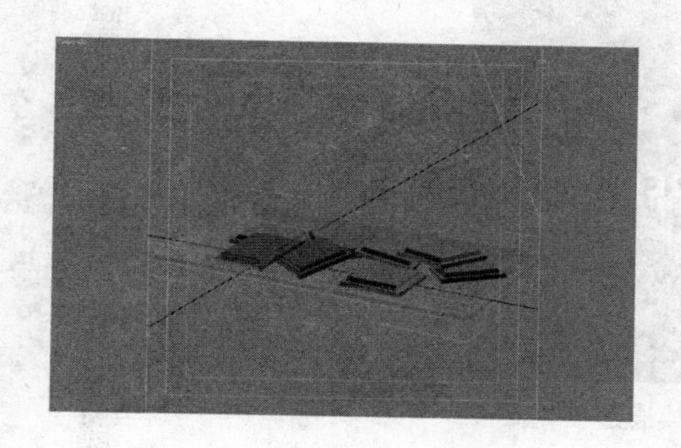

图 12-61　打开场景文件

02 按 M 键打开【材质编辑器】对话框，选择一个新的材质球，设置材质类型为 VRayMtl 材质，并将材质命名为“巧克力材质”。

03 设置巧克力材质的【漫反射】颜色，在 VRayMtl 的【基本参数】卷展栏中单击【漫反射】色块，在打开的【颜色选择器】中设置漫反射颜色为如图 12-62 所示的褐色。按照相同的方法，设置【反射】颜色为如图 12-63 所示的灰色。

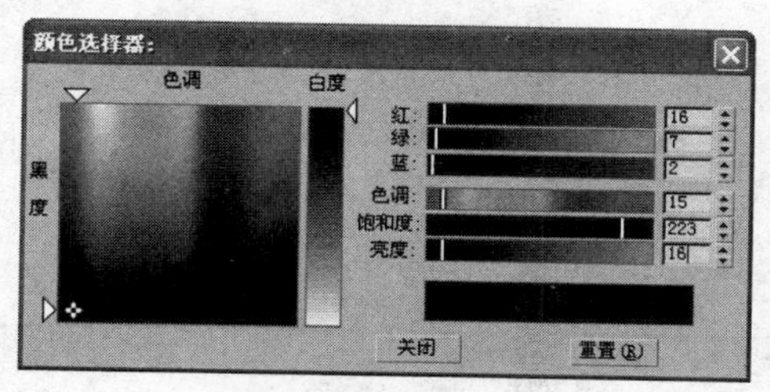

图 12-62　设置漫反射颜色

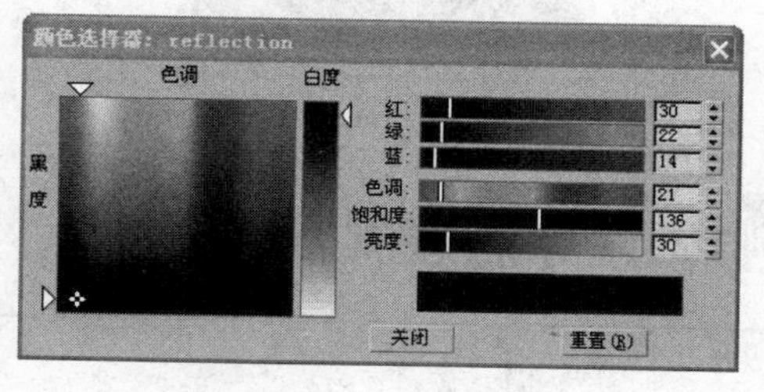

图 12-63　设置反射颜色

04 在【反射】选项组中设置【光泽度】参数为 0.9，【细分】参数为 25，勾选【菲涅耳反射】复选框，如图 12-64 所示。

05 给材质设置【置换】贴图，制作出巧克力表面的文字效果，使材质看起来更有质感。进入【贴图】卷展栏，在【置换】通道添加一个【位图】贴图，如图 12-65 所示。

06 选择本书配套光盘中提供的如图 12-66 所示的图片，作为【置换】通道的贴图，并在【贴图】卷展栏中设置【置换】强度为 10，如图 12-67 所示，制作出巧克力材质表面的文字凹陷效果。

07 完成以上参数设置后，巧克力材质球效果如图 12-68 所示，渲染最终效果如图 12-69 示。

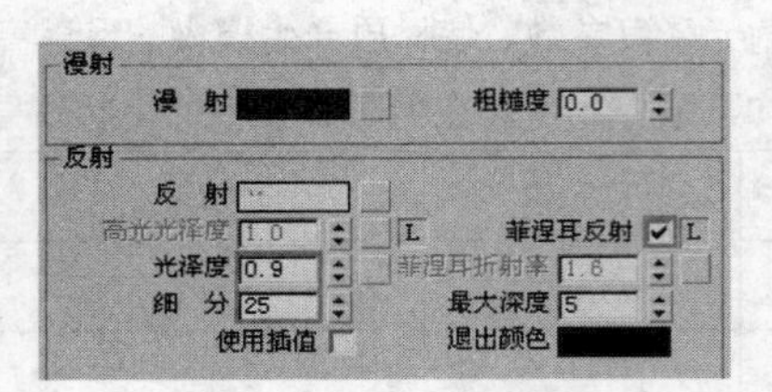

图 12-64 设置反射参数

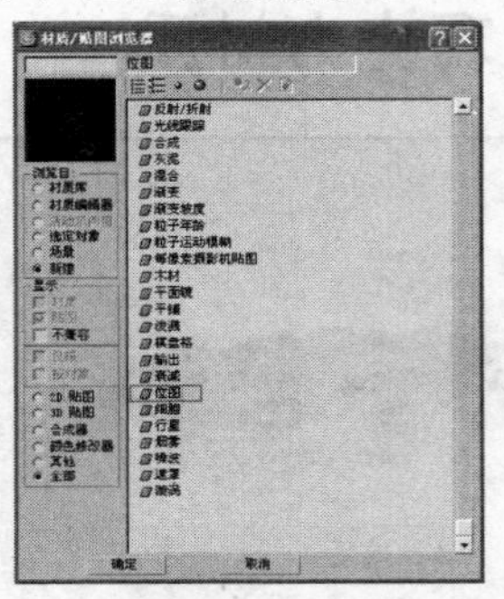

图 12-65 选择贴图类型

图 12-66 置换通道使用贴图

贴图			
漫 射	100.0	✔	None
反 射	100.0	✔	None
高光光泽	100.0	✔	None
反射光泽	100.0	✔	None
菲涅耳折射	100.0	✔	None
折 射	100.0	✔	None
光泽度	100.0	✔	None
折射率	100.0	✔	None
透 明	100.0	✔	None
凹 凸	60.0	✔	None
置 换	10.0	✔	Map #34671 (arch40_040_01.jpg)
不透明度	100.0	✔	None
环 境		✔	None

图 12-67 设置置换参数

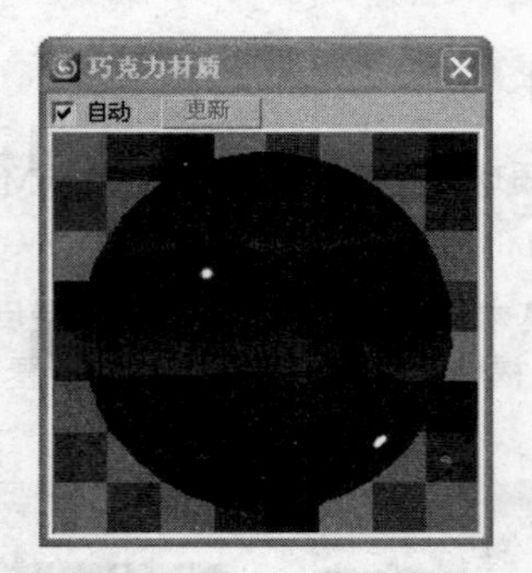

图 12-68 材质球效果

图 12-69 巧克力材质渲染效果

例127 冰激凌材质

本例介绍冰激凌材质的制作方法，通过在漫反射通道添加【渐变坡度】贴图，制作冰激凌表面的颜色渐变效果，通过在【置换】贴图通道综合使用【遮罩】、【漩涡】、【木材】三个程序贴图来表现冰激凌表面的凹凸效果。

文件路径:	场景文件\第 12 章\127 冰激凌材质
视频文件:	AVI\第 12 章\127 制作冰激凌材质.avi
播放时长:	0:05:53

01 打开随书光盘“冰激凌材质白模.max”文件，如图 12-70 所示，可以看到场景中共有三支冰激凌模型，这里仅讲解其中一种冰激凌材质的制作，另外两种材质的参数，读者可参考配套光盘中的源文件。

02 按 M 键打开【材质编辑器】对话框，选择一个新的材质球，设置材质类型为 VRayMtl 材质，并将材质命名为“冰激凌材质”。

03 展开 VRayMtl 的【基本参数】卷展栏，单击【漫反射】贴图按钮▇，在打开的【材质/贴图浏览器】对话框中，选择【渐变坡度】程序贴图，如图 12-71 所示为【渐变坡度】贴图的参数。

图 12-70　打开场景模型

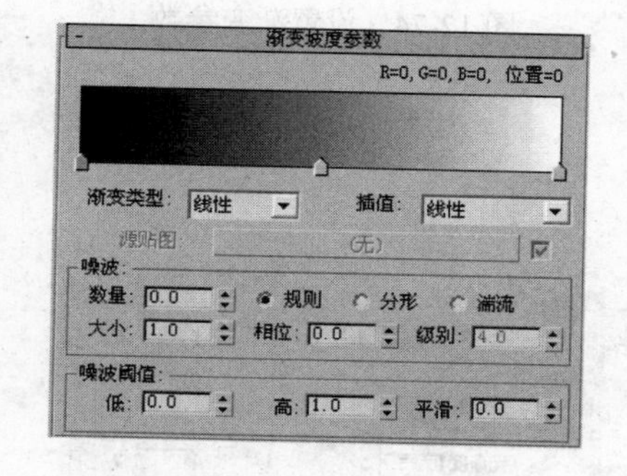

图 12-71　渐变坡度贴图参数

04 在【渐变坡度】参数卷展栏中，双击颜色条最左端的绿色箭头，打开如图 12-72 所示的【颜色选择器】，设置颜色为如图 12-72 的纯白色。返回【渐变坡度】参数卷展栏，双击选择颜色条中间的箭头，将此处的颜色设置为如图 12-73 所示的黄色。这里的颜色可以自由进行设定，渐变越多，最终冰激凌材质所呈现的颜色种类也越多。

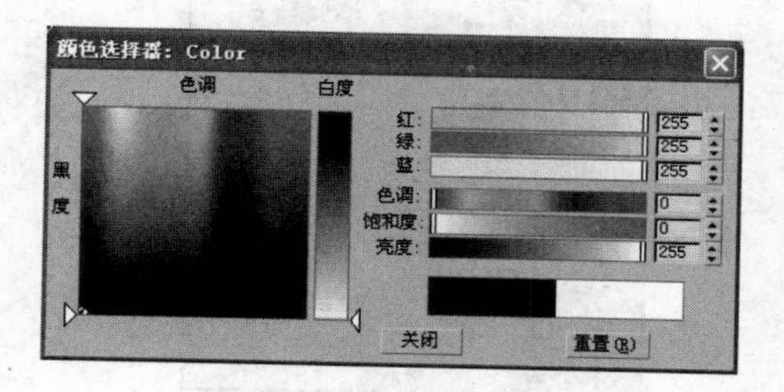

图 12-72　设置颜色 1

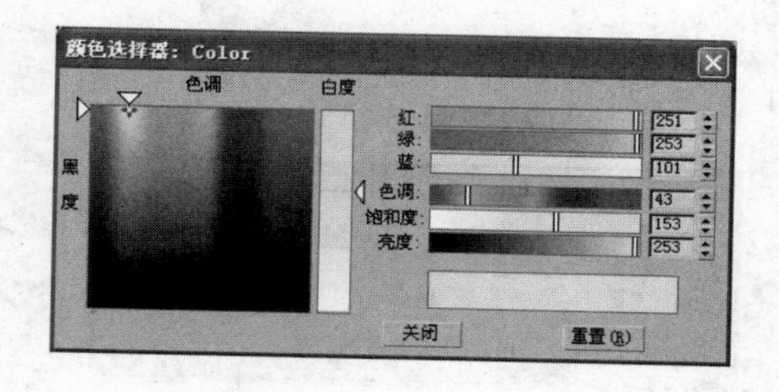

图 12-73　设置颜色 2

05 完成渐变颜色设置后，在【渐变坡度】贴图的相关参数组中进行如图 12-74 所示的参数设置，调整冰激凌材质表面色彩的变化，然后返回 VRayMtl 的【基本参数】卷展栏，在【反射】选项组中单击【反射】色块，在打开的【颜色选择器】中设置【反射】颜色 RGB 值均为 180，具体参数设置如图 12-75 所示的。

06 制作冰激凌材质表面的光泽效果。设置【高光光泽度】参数为 0.63，【光泽度】参数为 0.75，勾选【菲涅耳反射】复选框，具体参数设置如图 12-76 所示。

07 通过设置【置换】贴图，制作冰激凌表面的螺旋效果。展开材质的【贴图】卷展栏，单击【置换】贴图按钮▇，在弹出的【材质/贴图浏览器】中选择【遮罩】程序贴图，如图 12-77 所示。该程序贴图的参数如图 12-78 所示，首先单击【贴图】按钮，为其加载如图 12-79 所示【旋涡】程序贴图。

08 设置【旋涡】程序贴图参数如图 12-80 所示，设置完成后返回【遮罩参数】卷展栏，单击【遮罩】按钮，为其载入如图 12-81 所示的【木材】程序贴图。

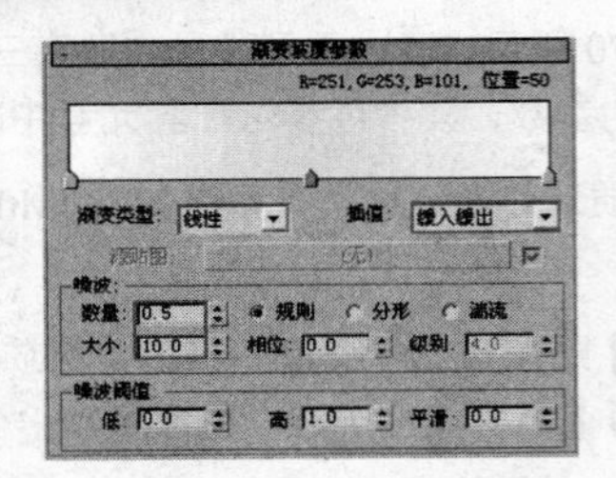

图 12-74　设置渐变参数

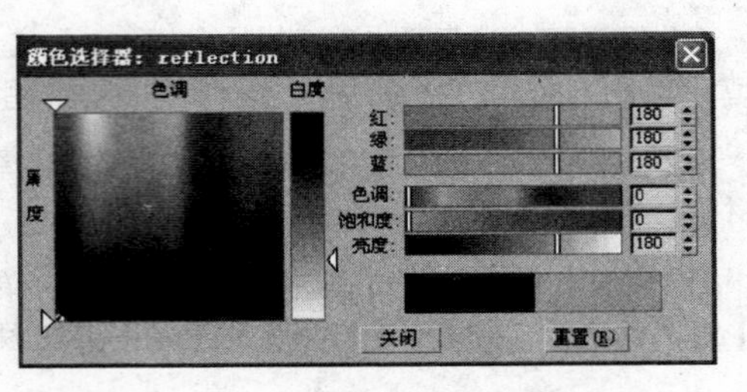

图 12-75　设置反射颜色

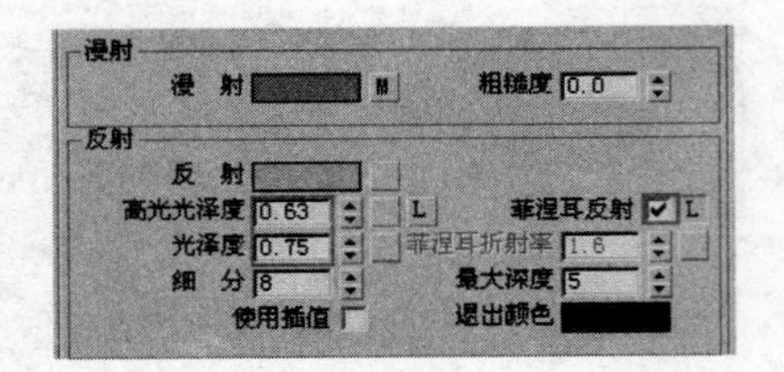

图 12-76　设置反射组参数

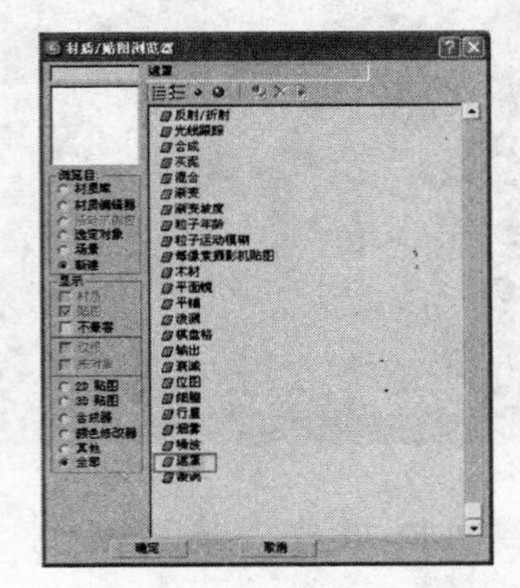

图 12-77　选择遮罩贴图

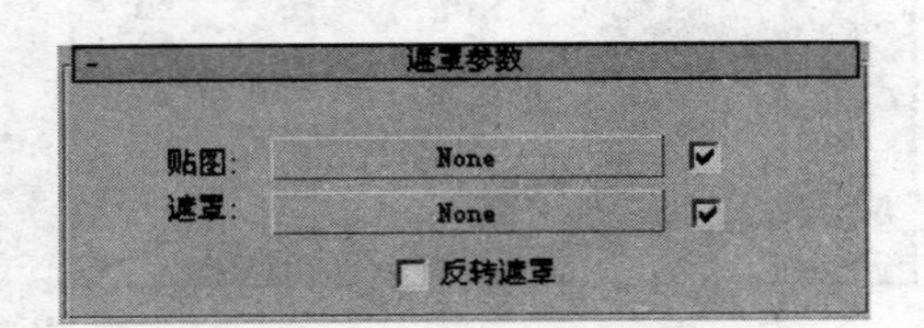

图 12-78　遮罩贴图的参数卷展栏

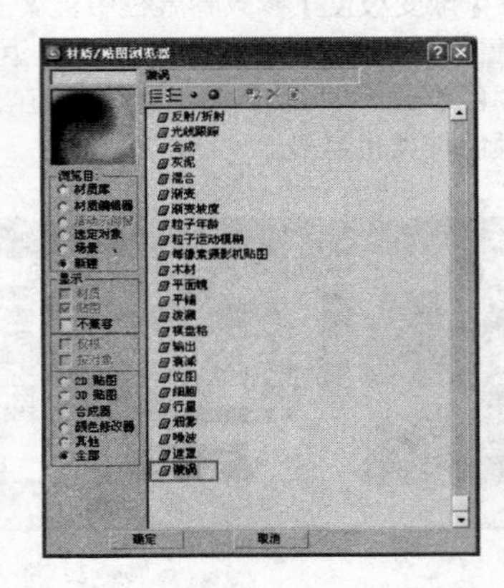

图 12-79　选择添加漩涡程序贴图

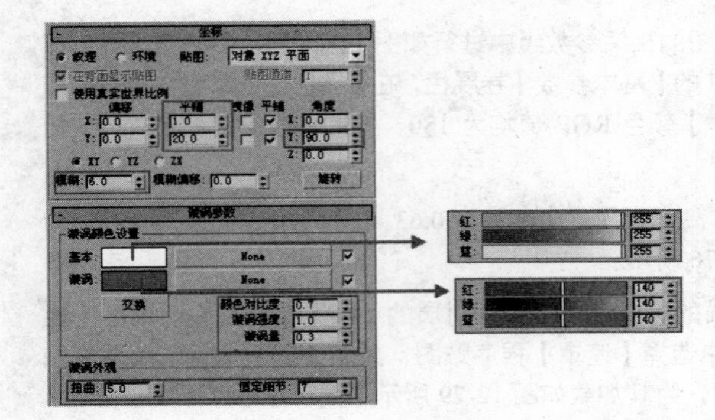

图 12-80　设置漩涡参数

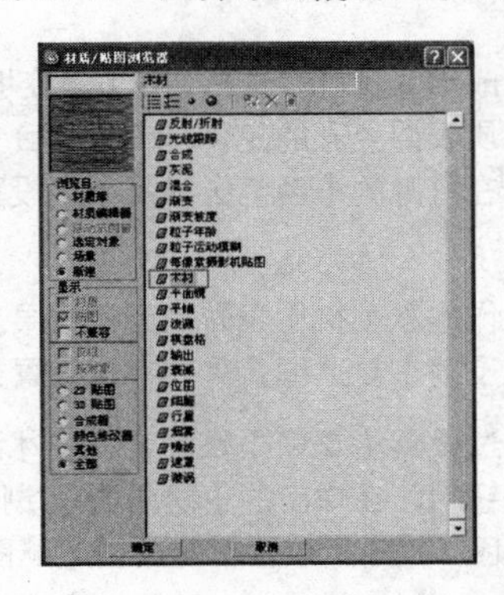

图 12-81　选择添加木材程序贴图

09 在【木材参数】卷展栏中进行如图 12-82 所示的设置，最后返回到材质的【贴图】卷展栏，设置【置换】强度为 10，如图 12-83 所示。

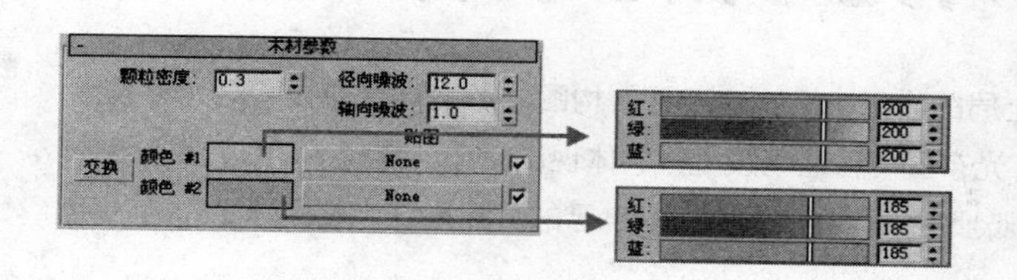

图 12-82　设置木材参数

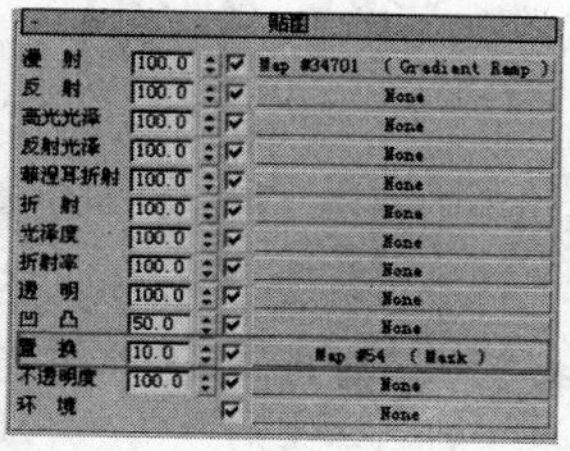

图 12-83　设置置换参数

10 完成以上参数设置后，冰激凌材质球效果如图 12-84 所示，最终渲染效果如图 12-85 所示。

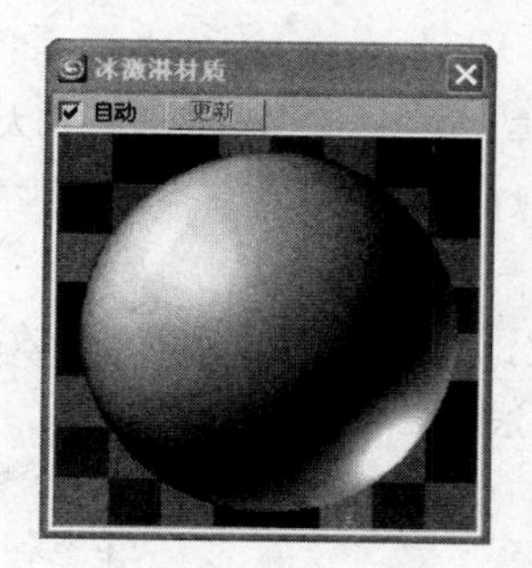

图 12-84　冰激凌材质球效果

图 12-85　冰激凌材质渲染效果

第 3 篇　灯光与摄影机篇

摄影机在效果图制作过程中，有统筹全局的作用，它决定着画面构图、影响场景建模和灯光设置。灯光是效果图制作中重要的一环，真实的灯光布置能营造场景气氛，体现出材质的质感。VRay 渲染器能够兼容 3ds max 的标准灯光和光度学灯光，除此之外，VRay 也拥有自己的灯光系统，在实际工作时，用户可以灵活使用各种灯光类型。

第13章　3ds max 及 VRay 灯光

3ds max 灯光是模拟现实世界真实光源的对象，如家用或办公室、舞台使用的灯光设备和太阳光本身。3ds max 提供了两套不同的照明系统，一套是模拟照明系统的标准灯光，一套是基于物理特性的光度学灯光，两套灯光系统各有其优点和缺点，分别应用于不同的场合。

如果是使用 VRay 渲染器，还可以使用 VRay 的各种灯光类型，以创建更为真实的照明效果。本章详细讲解了室内效果图制作中，3ds max 和 VRay 各种灯光的使用方法及应用技巧。

13.1 3ds max 灯光类型

例128　目标聚光灯

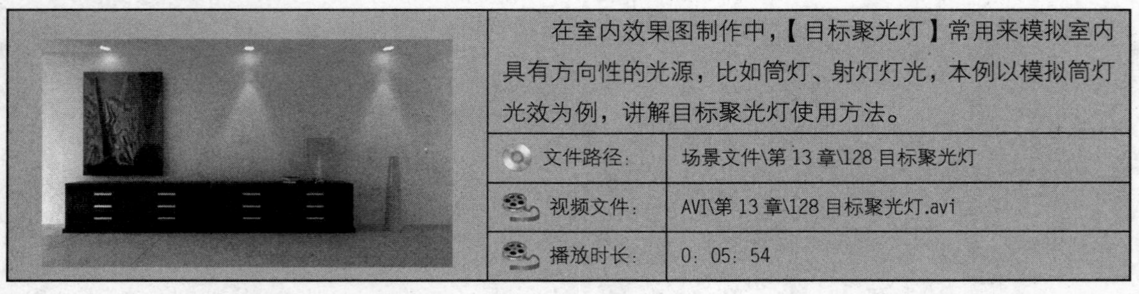

在室内效果图制作中，【目标聚光灯】常用来模拟室内具有方向性的光源，比如筒灯、射灯灯光，本例以模拟筒灯光效为例，讲解目标聚光灯使用方法。

文件路径：	场景文件\第 13 章\128 目标聚光灯
视频文件：	AVI\第 13 章\128 目标聚光灯.avi
播放时长：	0：05：54

01 打开“目标聚光灯原始场景.max”文件，打开界面如图 13-1 所示，下面使用目标聚光灯在墙壁上方创建三盏筒灯。

02 按 L 键将视图切入至左视图，观察好筒灯创建的位置，单击按钮，在 标准 灯光类型面板中单击 目标聚光灯 按钮，在视图中按住鼠标左键，由上至下拖曳，创建出一盏目标聚光灯，如图 13-2 所示。

03 调整灯光的参数。首先调整的是灯光的强度、颜色与衰减效果，选择灯光进入修改面板，展开 强度/颜色/衰减 卷展栏，修改灯光参数如图 13-3 所示。

04 展开 聚光灯参数 卷展栏，参考灯光在视图中的变化调整其参数至如图 13-4 所示，使灯光获得一个较理想的聚光与衰减区域。

图 13-1 打开场景文件

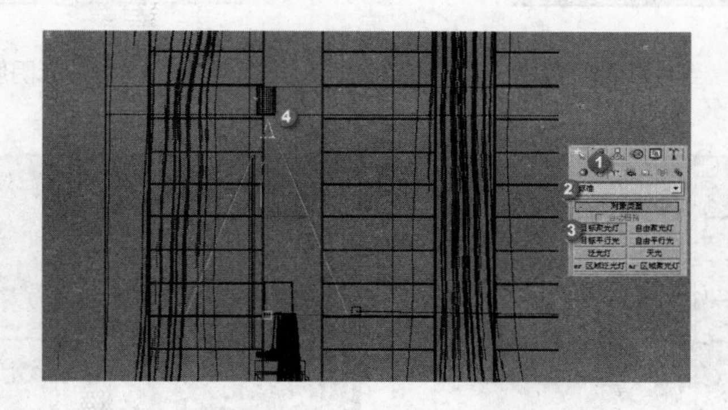

图 13-2 创建目标聚光灯

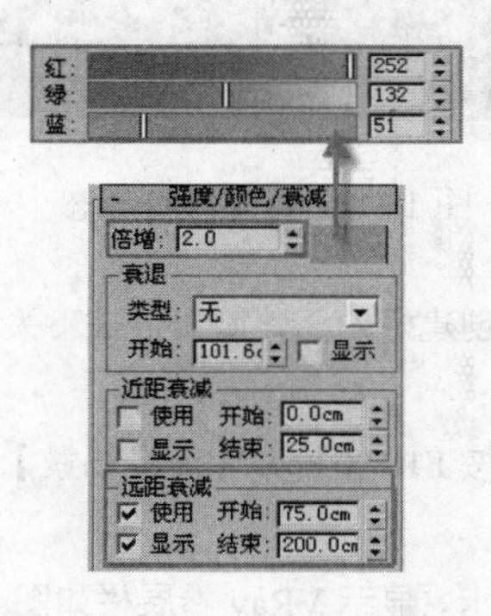

图 13-3 修改灯光参数

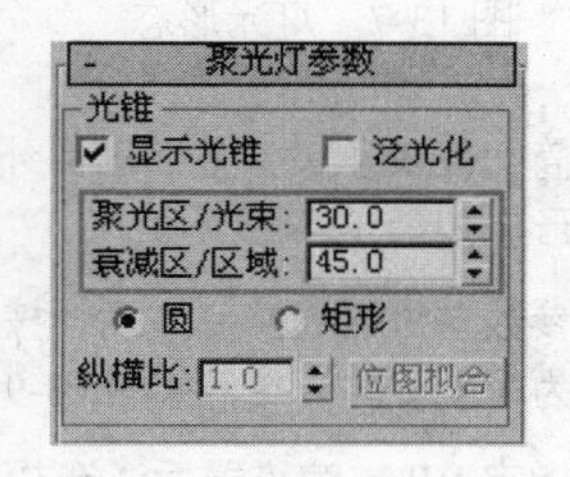

图 13-4 调整聚光灯参数

技 巧：按下 Shift+$快捷键，切换视图为灯光视图，按下视图导航区◎按钮并在视图中拖动，可以快速调整聚光灯衰减区大小，单击◎按钮并拖动可以快速调整聚光区大小。

05 此时灯光在视图中的形态如图 13-5 所示，真实的灯光效果离不开真实的阴影效果，展开【常规参数】卷展栏，调整灯光阴影类型为【VRay 阴影】，展开【VRay 阴影参数】卷展栏，调整阴影参数如图 13-6 所示。

06 灯光阴影参数调整完成后，然后调整灯光的位置与目标点位置，以在墙上获得理想的灯光效果，本例灯光与目标点在左视图内位置如图 13-7 所示。

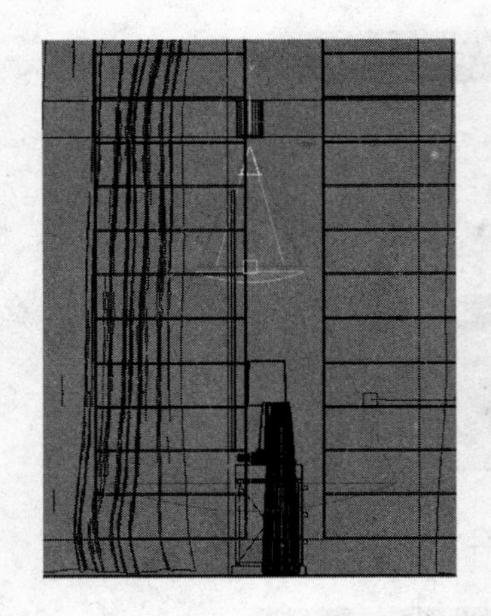

图 13-5　当前灯光形态

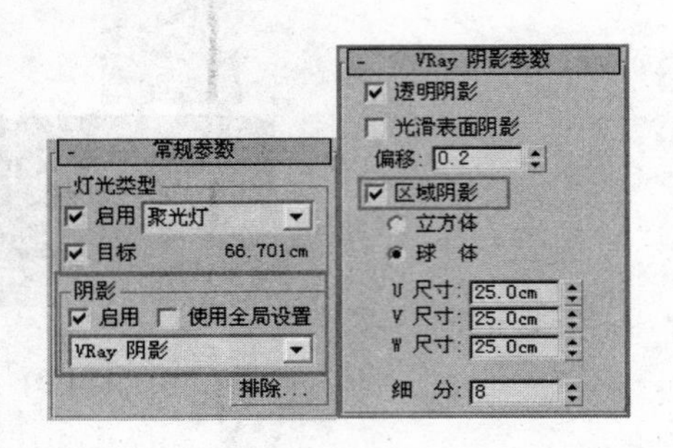

图 13-6　灯光阴影参数

图 13-7　灯光形态

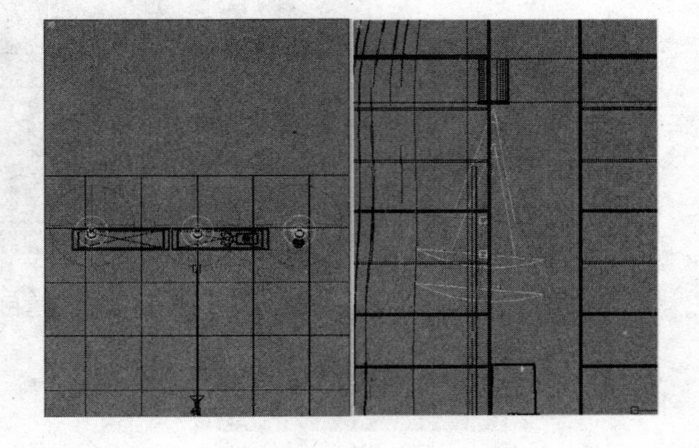

图 13-8　灯光最终形态

07 根据筒灯位置，实例复制出另外两盏筒灯。接着选择这创建好的三盏筒灯，往下关联复制出一组，灯光最终形态如图 13-8 所示。

08 灯光参数与位置调整完成后，按 C 键返回摄像机视图。按 F10 键打开【渲染场景】窗口，指定当前的渲染器为 VRay 渲染器，如图 13-9 所示。

09 成功指定 VRay 渲染器后，单击渲染窗口【渲染器】选项卡，显示 VRay 卷展栏如图 13-10 所示。

10 打开【全局开关】卷展栏，设置参数如图 13-11 所示。

11 展开【图像采样（反锯齿）】卷展栏，选择合适的图像采样器与抗锯齿过滤器，如图 13-12 所示。

12 展开【间接照明】卷展栏，并对其选择的【发光贴图】与【灯光缓冲】引擎参数做出细致的调整，具体参数如图 13-13 所示。

13 设置【rQMC 采样器】与【颜色映射】卷展栏参数，对图像的采样的精细度与亮度与色彩进行调整，其具体参数如图 13-14 所示。

14 经过以上参数的调整，按 Shift+Q 组合键对摄影机视图进行渲染，最终效果如图 13-15 所示。

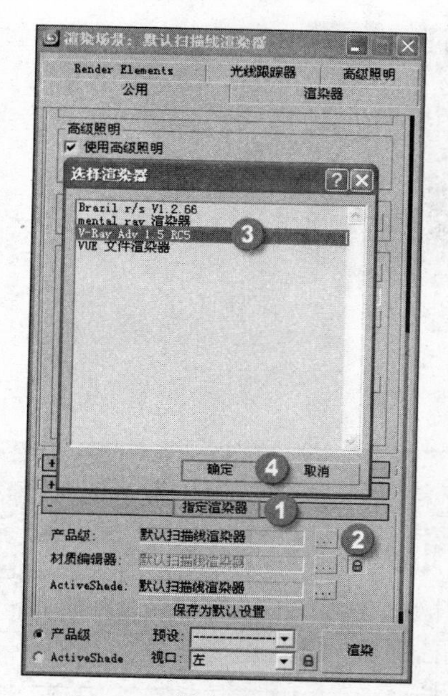

图 13-9　指定 VRay 渲染器

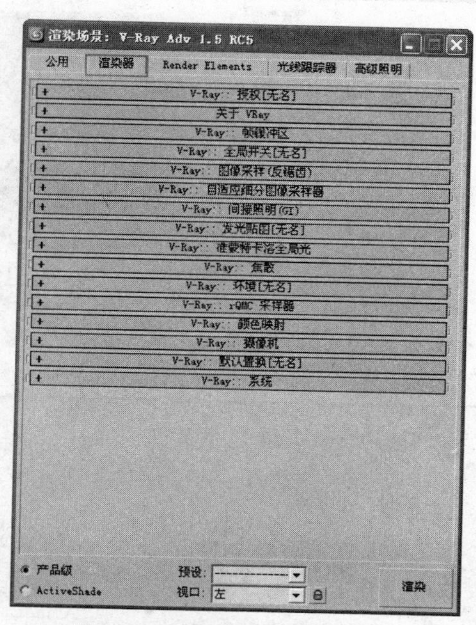

图 13-10　VRay 渲染器卷展栏

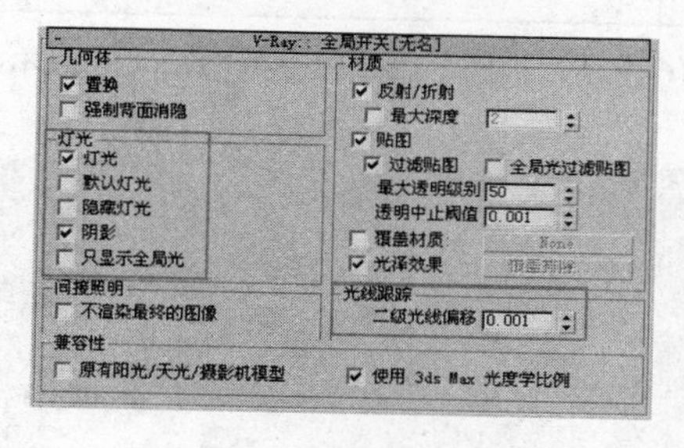

图 13-11　设置全局开关参数

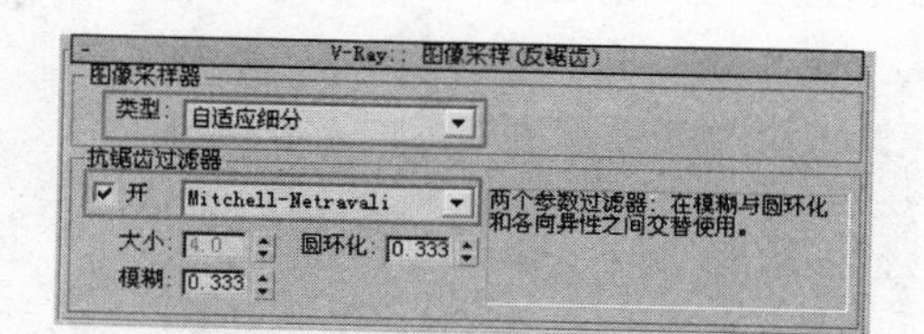

图 13-12　设置图像采样参数

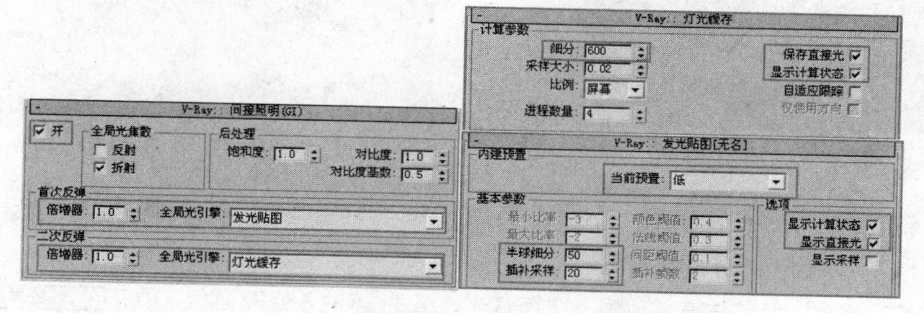

图 13-13　间接照明参数设置

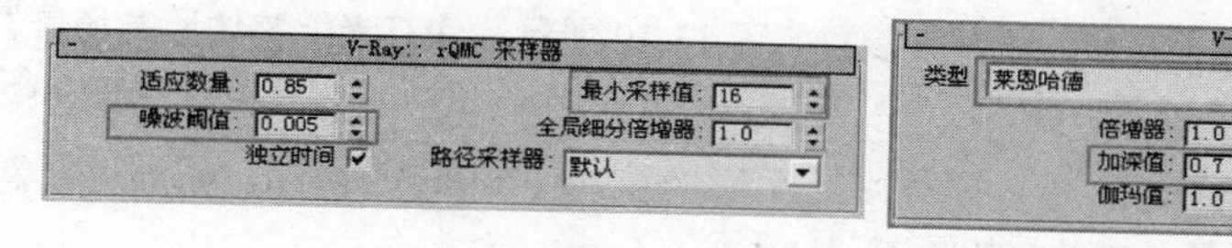

图 13-14　调整 rQMC 采样器与颜色映射参数

图 13-15　目标聚光灯渲染效果

例129　目标平行光

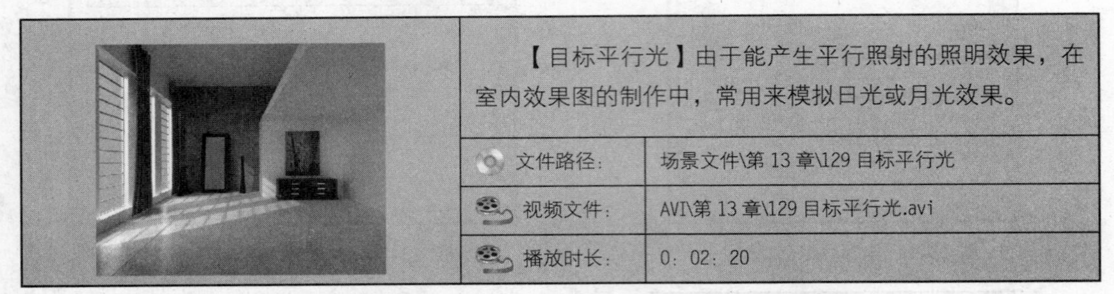

【目标平行光】由于能产生平行照射的照明效果，在室内效果图的制作中，常用来模拟日光或月光效果。

文件路径：	场景文件\第 13 章\129 目标平行光
视频文件：	AVI\第 13 章\129 目标平行光.avi
播放时长：	0：02：20

01 打开“目标平行光原始场景.max”文件，如图 13-16 所示，本例利用目标平行光创建太阳光，制作日光投射入室内的效果。

图 13-16　打开场景文件

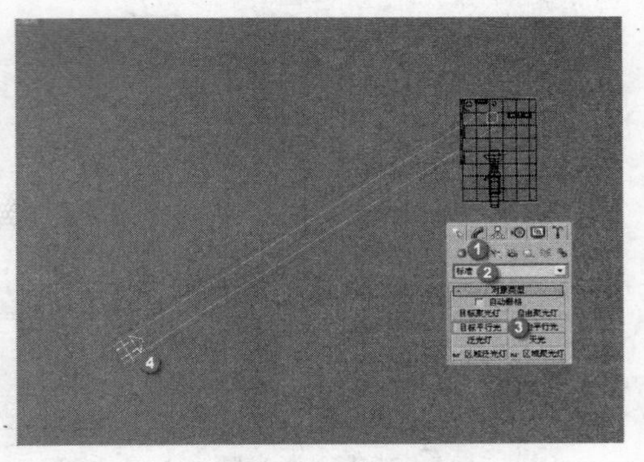

图 13-17　创建目标平行光

02 按 T 键将视图切入到顶视图，单击 按钮进入灯光创建面板，单击 目标平行光 按钮，按住鼠标左键由左至右拖曳，创建出一盏目标平行光，如图 13-17 所示。

03 调整灯光强度、颜色与衰减效果。选择灯光，单击 进入修改面板，展开 - 强度/颜色/衰减 卷展栏，设置灯光参数如图 13-18 所示。

04 展开 - 平行光参数 卷展栏，调整其参数如图 13-19 所示，使灯光能整体照亮场景，模拟阳光对场景照明的效果，如图 13-20 所示。

05 展开 - 常规参数 卷展栏，修改灯光阴影类型为【VRay 阴影】，然后展开对应的 - VRay 阴影参数 卷展栏，调整具体参数如图 13-21 所示。

06 按 F 键进入前视图，调整灯光的高度如图 13-22 所示，渲染参数可以参考前一实例进行设置，渲染效果如图 13-23 所示。

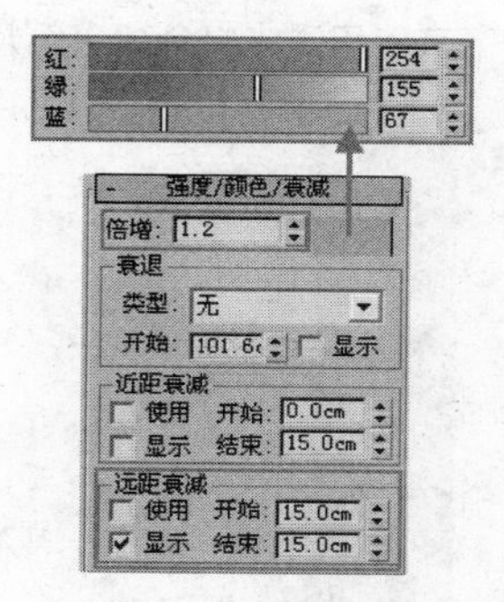

图 13-18　修改灯光参数

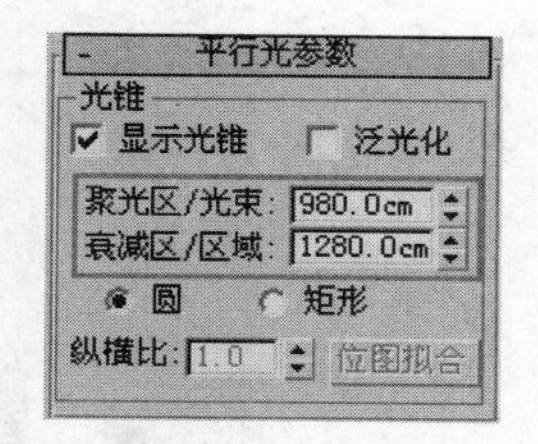

图 13-19　调整聚光区与衰减区

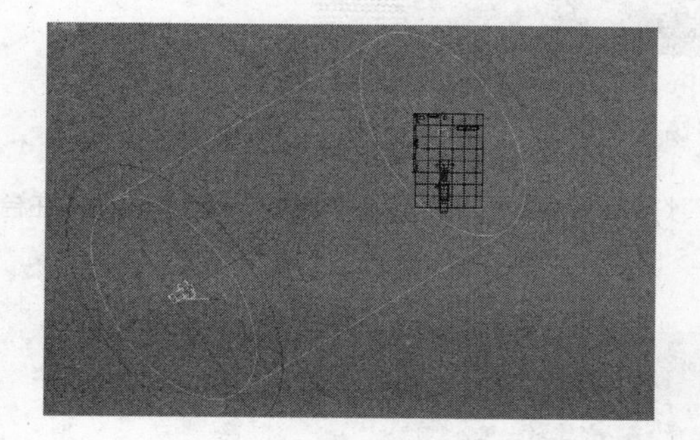

图 13-20　当前灯光形态

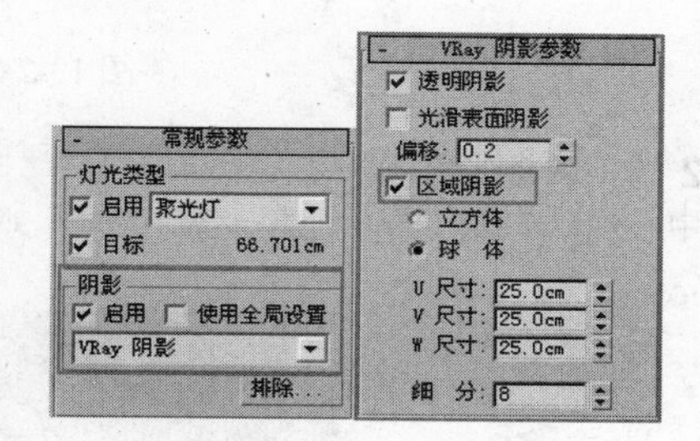

图 13-21　灯光阴影参数

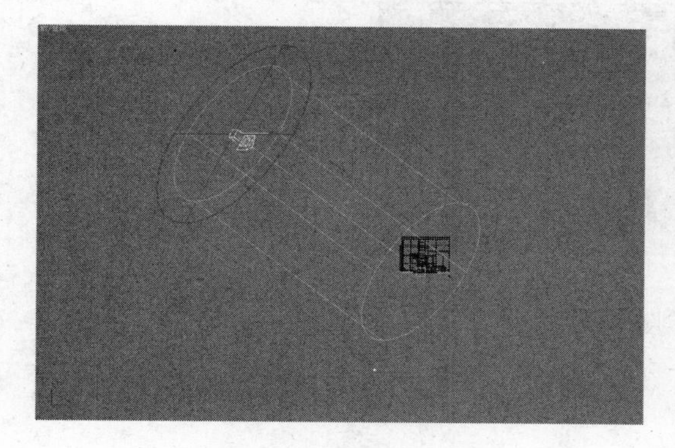

图 13-22　调整灯光高度

图 13-23　目标平行光渲染结果

例130　泛光灯

【泛光灯】向各个方向发射光线，类似于家中的白炽灯。泛光灯的特点是易于建立和调节，能够均匀地照射场景，在室内效果图中常用于模拟灯泡效果，本实例利用泛光灯制作台灯灯光效果。

文件路径：	场景文件\第 13 章\130 泛光灯
视频文件：	AVI\第 13 章\130 泛光灯.avi
播放时长：	0：01：51

01 打开“泛光灯原始场景.max”文件，如图 13-24 所示，接下来使用泛光灯创建台灯灯光。

图 13-24　打开场景文件

02 按 T 键将视图切入到顶视图，单击 按钮进入灯光创建面板，单击 泛光灯 创建按钮，在台灯模型中心位置单击鼠标，创建一盏泛光灯，如图 13-25 所示。

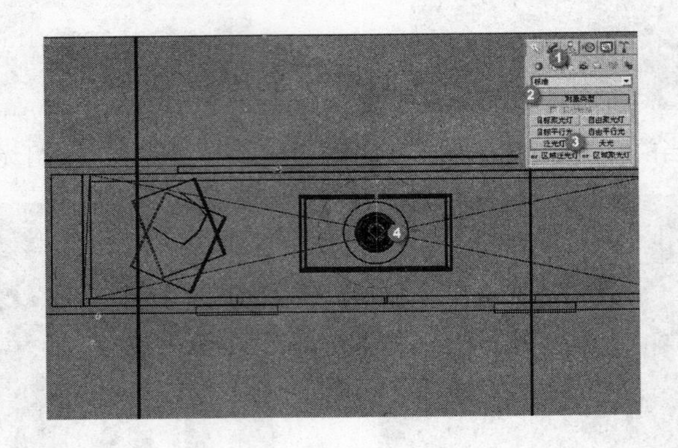

图 13-25　创建泛光灯

03 调整强度、颜色与衰减。选择灯光单击 进入修改面板，展开 强度/颜色/衰减 卷展栏，修改灯光参数如图 13-26 所示。

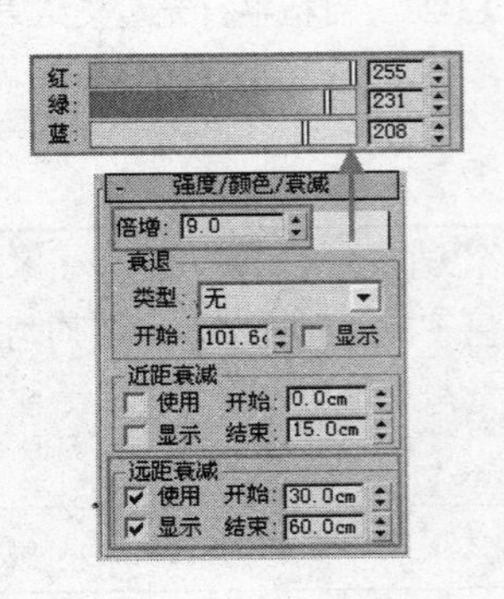

图 13-26　修改灯光参数

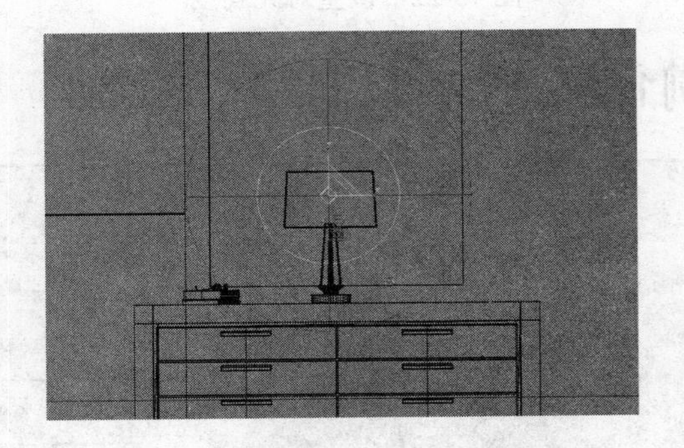

图 13-27　利用缩放工具进行灯光衰减调整

04 按 F 键进入前视图，调整灯光至灯罩中心位置，如图 13-27 所示，按 R 键启用缩放工具，对其灯光衰减范围进行调整，如图 13-28 所示。

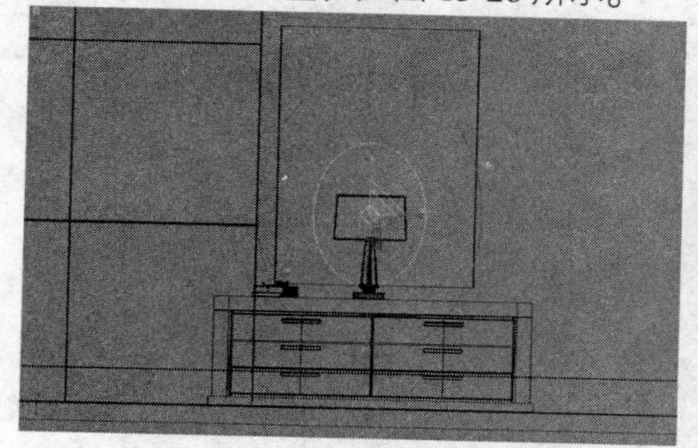

图 13-28　灯光衰减最终形态

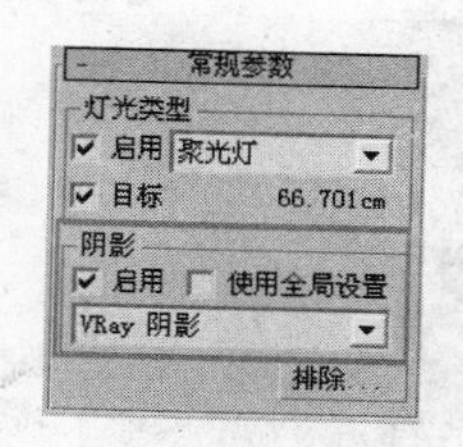

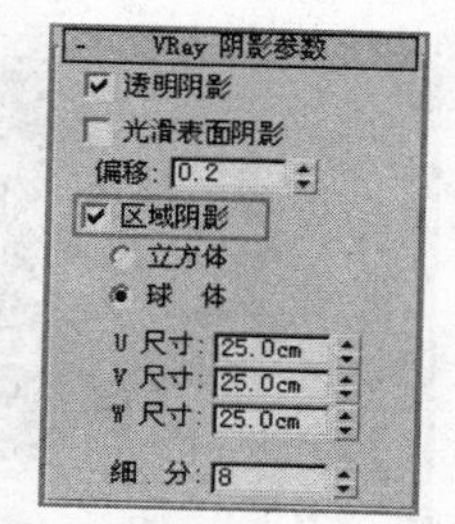

图 13-29　灯光阴影参数

05 展开 常规参数 卷展栏，将灯光阴影类型修改为【VRay 阴影】，展开 VRay 阴影参数 卷展栏，调整参数如图 13-29 所示。

06 台灯灯光渲染效果图 13-30 所示。

图 13-30　台灯灯光渲染效果

例131　天光

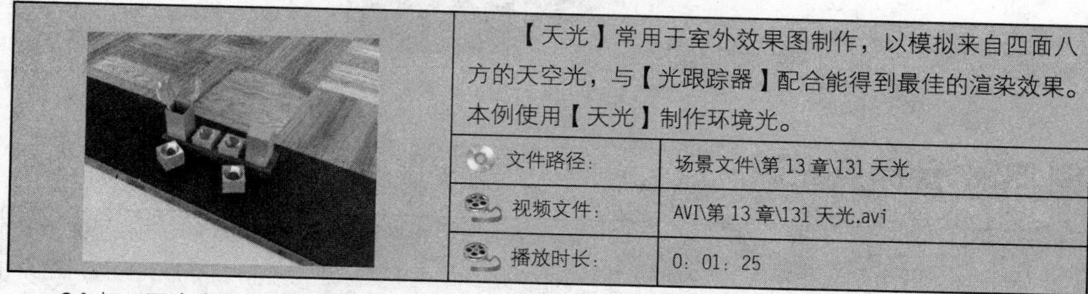

【天光】常用于室外效果图制作，以模拟来自四面八方的天空光，与【光跟踪器】配合能得到最佳的渲染效果。本例使用【天光】制作环境光。

文件路径:	场景文件\第 13 章\131 天光
视频文件:	AVI\第 13 章\131 天光.avi
播放时长:	0：01：25

01 打开配套光盘“天光原始场景.max”文件，如图 13-31 所示。

02 按 T 键将视图切入到顶视图，由于模拟的是室外环境光，创建位置可以随意选择，单击 按钮进入灯光创建面板，单击 天光 按钮，创建一盏天光，如图 13-32 所示。

03 天光的参数十分简单，只需要调整其灯光颜色与强度即可，这里设置参数如图 13-33 所示。

04 调整渲染参数。按 F10 键打开渲染面板，保持默认的渲染器，单击【高级照明】选项卡，修改场景渲染方式为【光跟踪器】，修改其【光线/采样数】参数值为 600，如图 13-34 所示。

05 按 C 键返回摄像机视图，渲染得到的最终效果图 13-35 所示。

图 13-31　打开场景文件

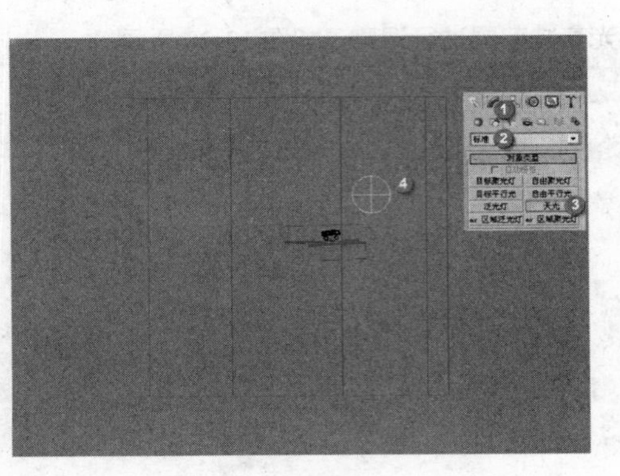

图 13-32　创建天光

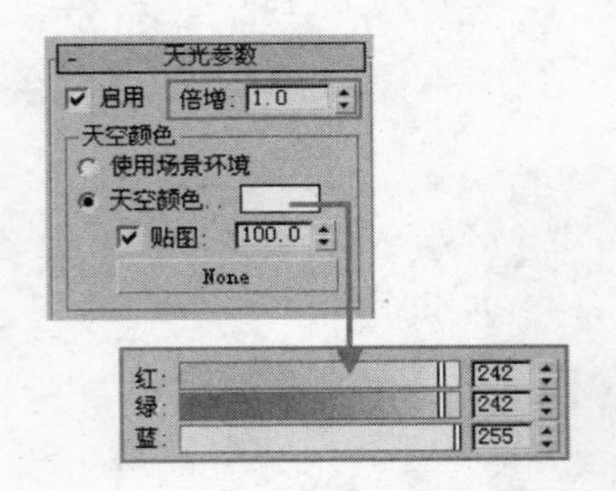

图 13-33　修改天光参数

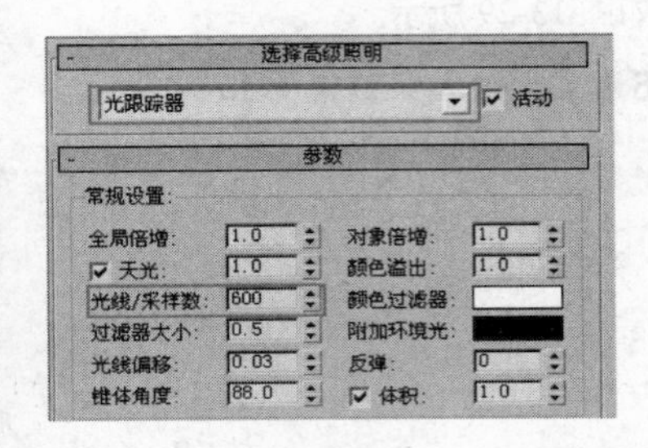

图 13-34　利用缩放工具进行灯光衰减调整

图 13-35　天光渲染效果

例132　目标点光源

从本例开始，将介绍【光度学】灯光中的目标光源的使用，首先介绍的是【目标点光源】，目标点光源能产生方向性极佳的灯光效果，在室内效果图中常用于模拟筒灯与射灯的效果。

文件路径:	场景文件\第 13 章\132 目标点光源
视频文件:	AVI\第 13 章\132 目标点光源.avi
播放时长:	0: 02: 28

01 打开本书配套光盘“目标点光源原始场景.max”文件，如图 13-36 所示，接下来使用目标点光源

创建筒灯效果。

图 13-36　打开场景文件

02 按 L 键切入到顶视图，单击［灯光］进入灯光创建面板，在灯光类型列表中选择［光度学］灯光，单击［目标点光源］按钮，按住鼠标左键由上至下拖曳创建出一盏目标点光源，如图 13-37 所示。

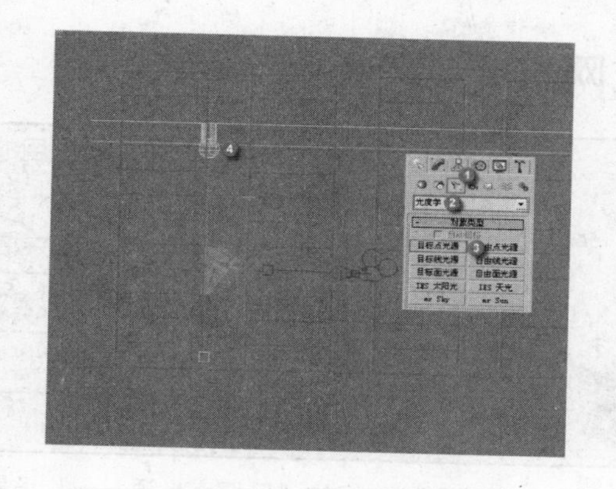

图 13-37　创建目标点光源

03 调整灯光的强度、颜色与分布效果。选择灯光，单击［修改］进入修改面板，展开［强度/颜色/分布］卷展栏，修改灯光的具体参数如图 13-38 所示。

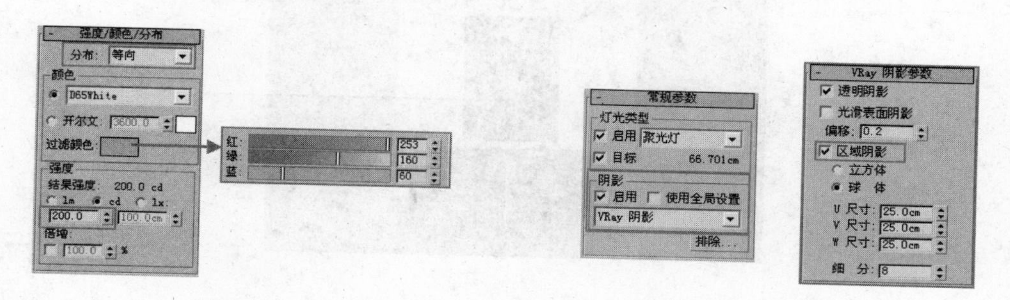

图 13-38　灯光强度/颜色/分布参数设置

图 13-39　灯光阴影参数

04 展开［常规参数］卷展栏，修改灯光阴影类型为【VRay 阴影】，然后打开对应的［VRay 阴影参数］卷展栏，调整其具体参数如图 13-39 所示。

05 按 T 键进入前视图，调整灯光位置至筒灯灯孔处，按 C 键返回摄像机视图，渲染获得的效果如图 13-40 所示。

图 13-40　目标点光源渲染效果

例133　使用光域网

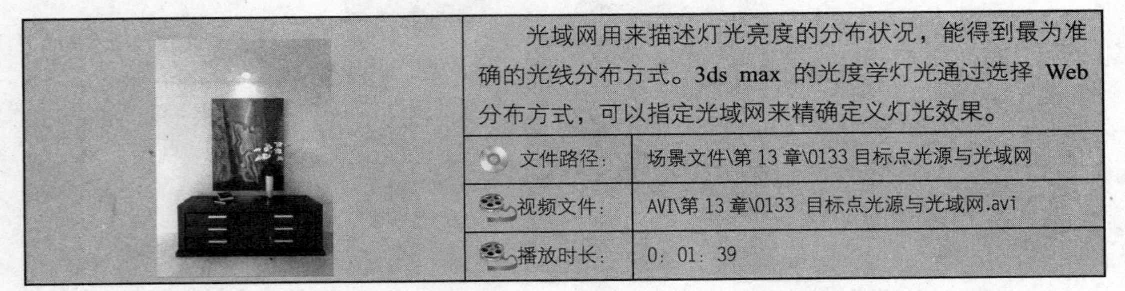

光域网用来描述灯光亮度的分布状况，能得到最为准确的光线分布方式。3ds max 的光度学灯光通过选择 Web 分布方式，可以指定光域网来精确定义灯光效果。

文件路径：	场景文件\第 13 章\0133 目标点光源与光域网
视频文件：	AVI\第 13 章\0133 目标点光源与光域网.avi
播放时长：	0：01：39

01 按 Ctrl+O 快捷键，打开上一实例制作好的“目标点光源.max”场景，如图 13-41 所示。

图 13-41　打开场景文件

02 选择灯光，进入修改面板，展开 - 强度/颜色/分布 卷展栏，选择 Web 分布方式，如图 13-42 所示，此时参数卷展栏中出现了如图 13-43 所示的 - Web 参数 卷展栏。

03 单击 - Web 参数 卷展栏【Web 文件】按钮，选择配套光盘提供的 19 号光域网文件，如图 13-44 所示。

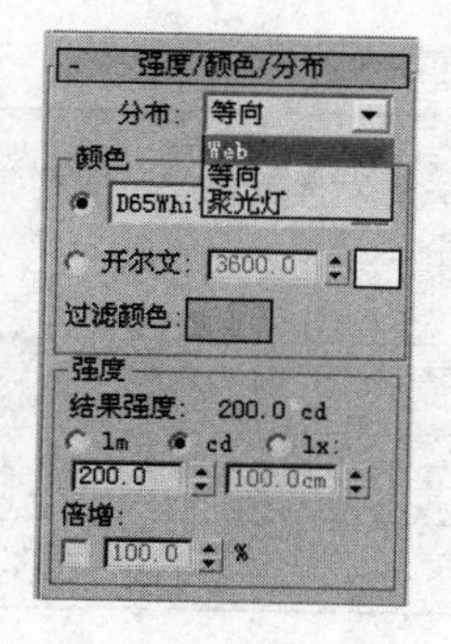

图 13-42　修改灯光分布方式

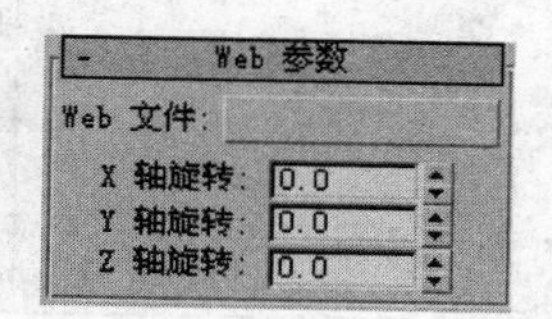

图 13-43　Web 参数设置

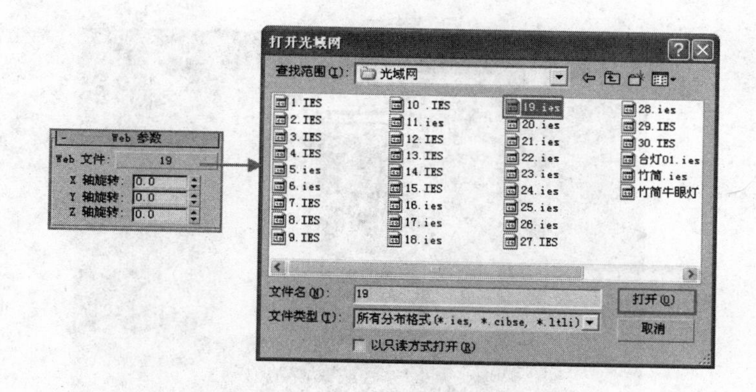

图 13-44　添加光域网文件

提　示：为了方便大家快速查找所需的光域网，配套光盘提供一张所有光域网灯光预览图，如图 13-45 所示。

04 在添加了 19 号光域网文件后，将灯光强度修改至 70000，再次对场景进行渲染，渲染效果如图 13-46 所示。

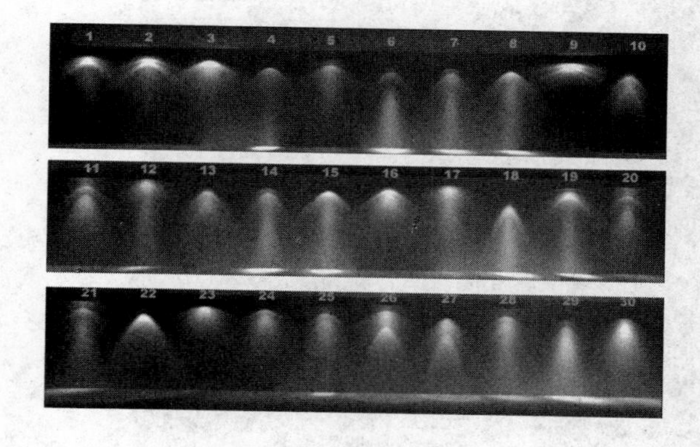

图 13-45　光域网效果参考图

图 13-46　添加光域网文件渲染效果

例134　目标线光源

线光源从一条线段向四周发散光能，可以模拟日光灯管、光带等带状灯光的发光效果。	
文件路径：	场景文件\第 13 章\134 目标线光源
视频文件：	AVI\第 13 章\0134 目标线光源.avi
播放时长：	0：01：39

01 打开本书配套光盘中的“目标线光源原始场景.max”文件，如图 13-47 所示，接下来使用【目标线光源】制作光槽发光效果。

图 13-47　打开场景文件

02 按 F 键切入到前视图，单击 按钮进入灯光创建面板，选择 光度学 灯光类型，单击 目标线光源 创建按钮，按住鼠标左键由左至右拖曳，创建出一盏目标线光源，如图 13-48 所示。

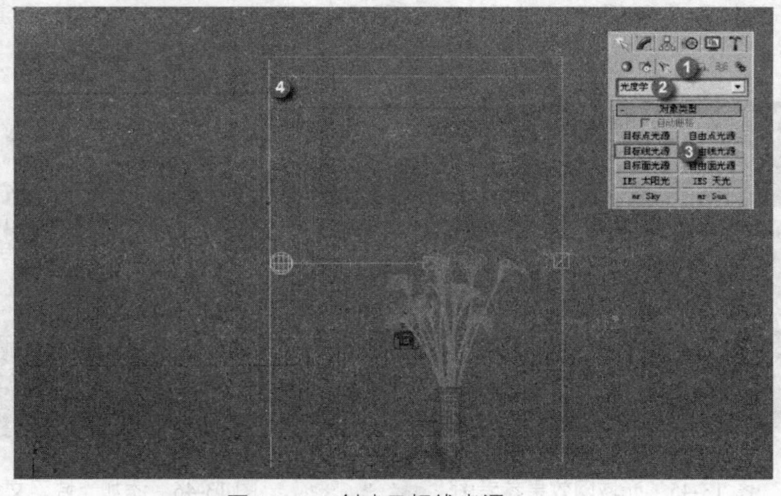

图 13-48　创建目标线光源

03 调整灯光的参数。首先要调整的是灯光的强度、颜色与分布效果，选择灯光，单击进入修改面板，展开[- 强度/颜色/分布]卷展栏，修改灯光参数如图 13-49 所示。

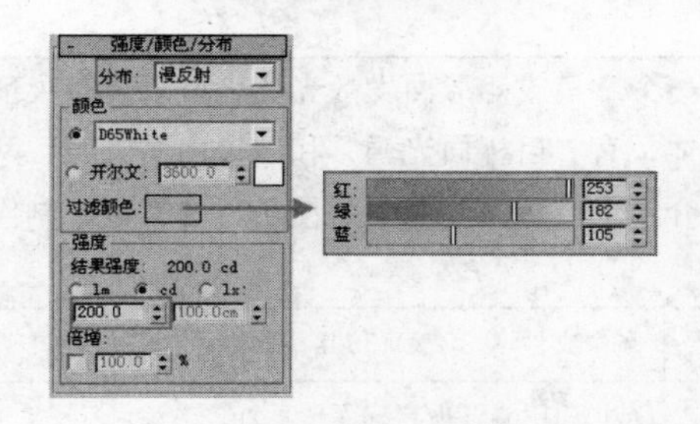

图 13-49　灯光强度/颜色/分布参数设置

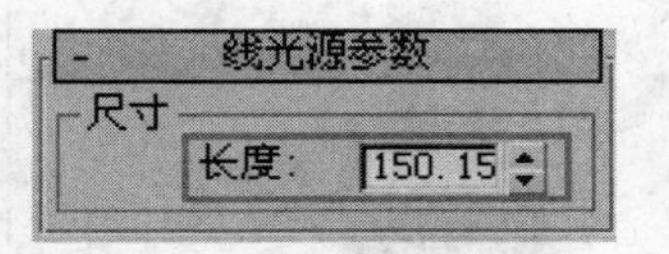

图 13-50　调整线光源长度

04 展开[- 线光源参数]卷展栏，参考模型中光槽的长度，设置【目标线光源】的长度如图 13-50 所示。

05 展开[- 常规参数]卷展栏，修改灯光阴影类型为【VRay 阴影】，打开对应的[- VRay 阴影参数]卷展栏，调整参数如图 13-51 所示。

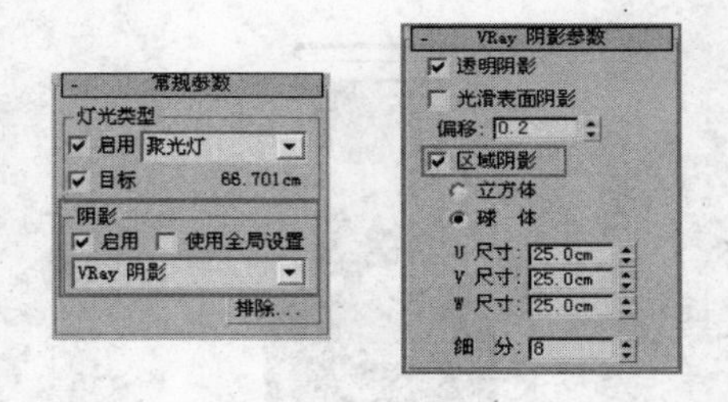

图 13-51　灯光阴影参数

06 灯光的参数调整完成后，按 F 键切入顶视图，将线光源放置至光槽中心位置处，再在前视图通过复制与旋转，制作出另外两条线光源，对线光源的长度进行调整，如图 13-52 所示。

07 按 C 键返回摄像机视图，渲染场景效果如图 13-53 所示。

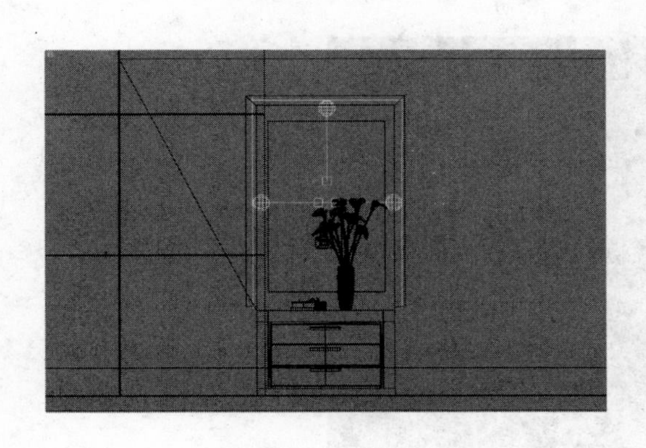

图 13-52　复制线光源

图 13-53　目标线光源渲染效果

例135 目标面光源

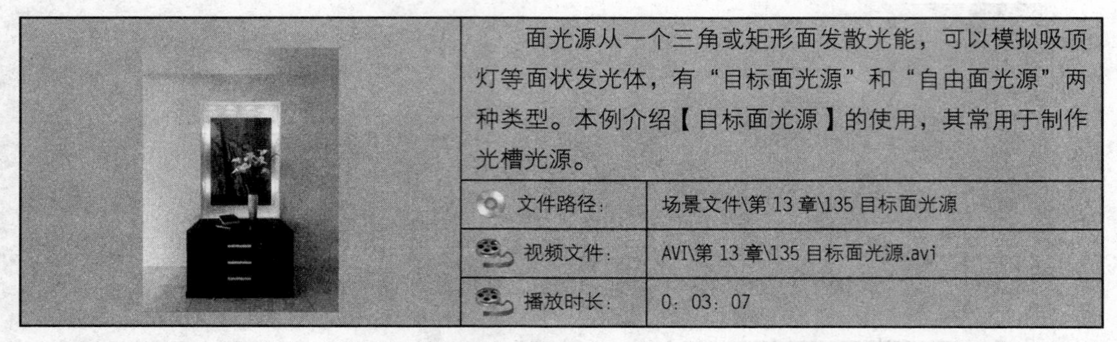

面光源从一个三角或矩形面发散光能，可以模拟吸顶灯等面状发光体，有“目标面光源”和“自由面光源”两种类型。本例介绍【目标面光源】的使用，其常用于制作光槽光源。

文件路径：	场景文件\第 13 章\135 目标面光源
视频文件：	AVI\第 13 章\135 目标面光源.avi
播放时长：	0：03：07

01 打开本书配套光盘“目标面光源原始场景.max”文件，如图 13-54 所示，接下来使用【目标面光源】制作模型中的光槽发光效果。

图 13-54 打开场景文件

02 按 F 键切入到前视图，单击 按钮进入灯光创建面板，选择 光度学 灯光类型，单击 目标面光源 创建按钮，按住鼠标左键由左至右拖曳，创建出一盏目标面光源，如图 13-55 所示。

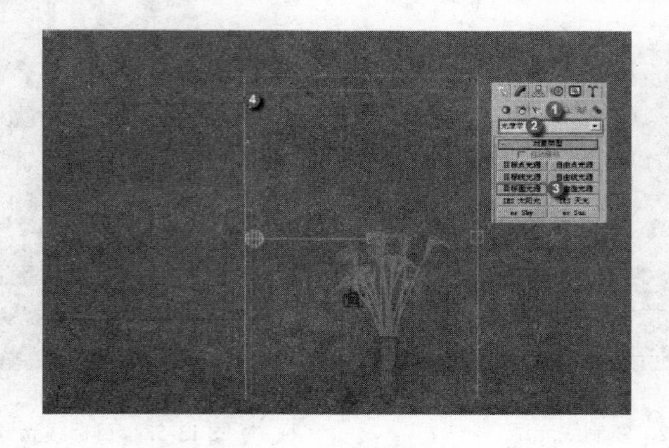

图 13-55 创建目标面光源

03 选择灯光，单击进入修改面板，展开 - 强度/颜色/分布 卷展栏，修改灯光的具体参数如图 13-56 所示。

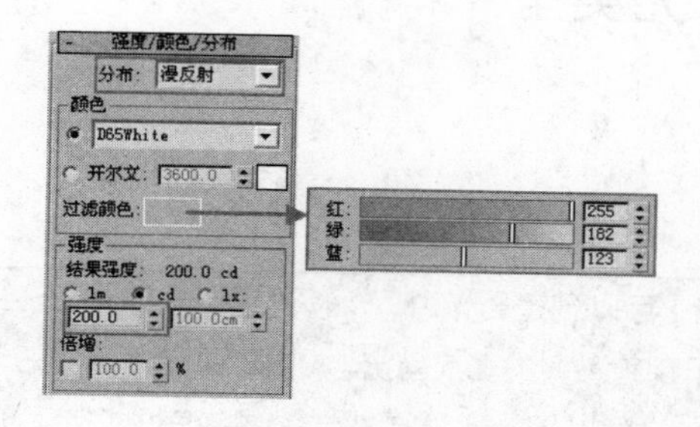

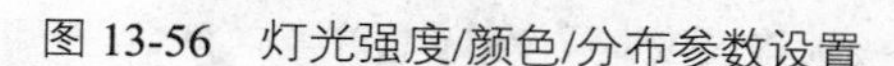
图 13-56　灯光强度/颜色/分布参数设置

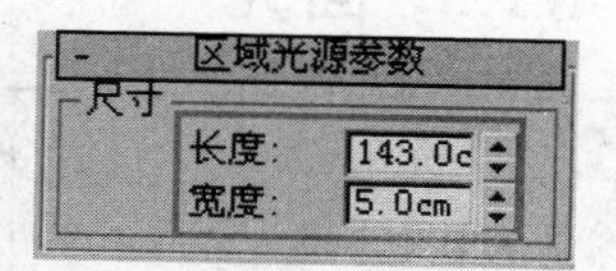

图 13-57　调整线光源长度

04 展开 - 区域光源参数 卷展栏，参考模型中光槽的长度，设置面光源尺寸如图 13-57 所示。

05 展开 - 常规参数 卷展栏，修改灯光阴影类型为【VRay 阴影】，以获得最佳的阴影效果，然后展开对应的 - VRay 阴影参数 卷展栏，调整阴影参数如图 13-58 所示。

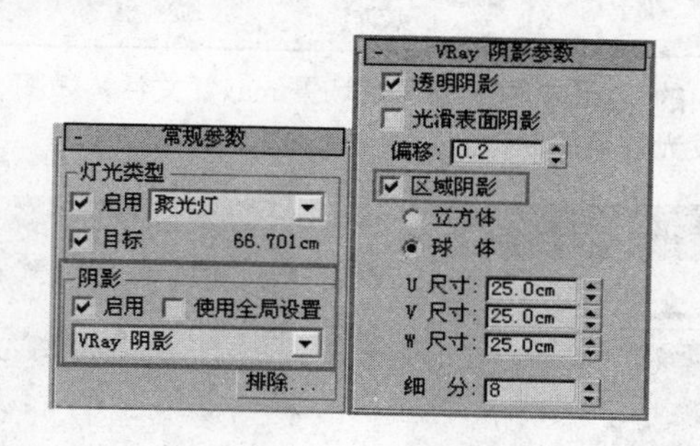

图 13-58　灯光阴影参数

06 灯光参数调整完成后，复制得到另外两条目标面光源，并调整好位置，如图 13-59 所示。

07 按 C 键返回摄像机视图，渲染场景效果如图 13-60 所示。

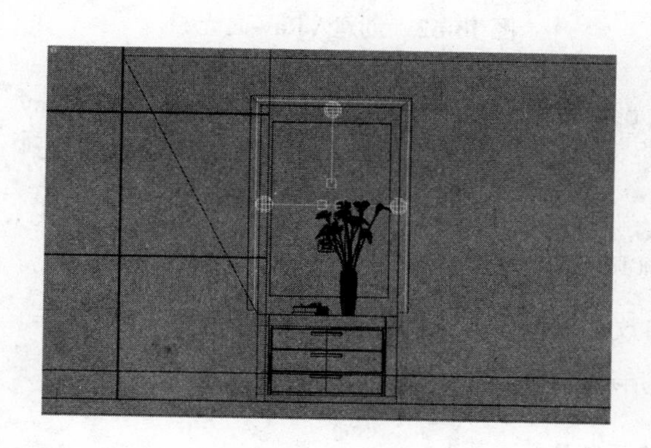

图 13-59　灯光位置

图 13-60　目标面光源渲染效果

13.2 VRay 灯光类型

例136 VRay 面光

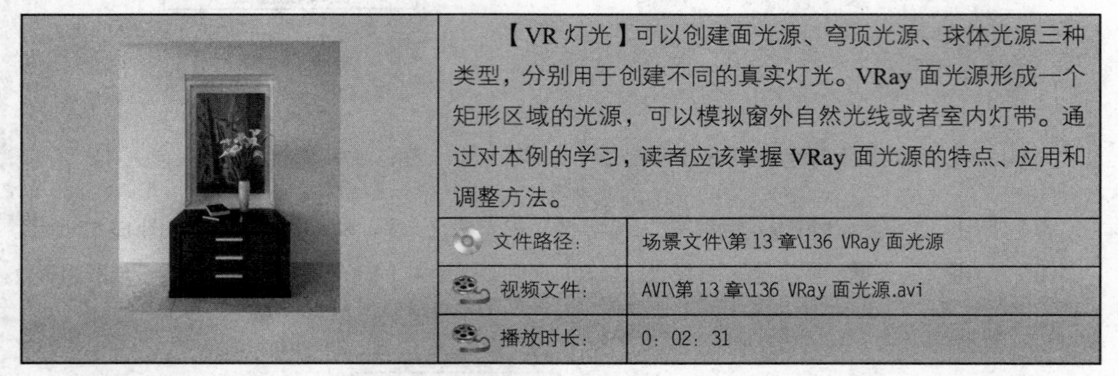

【VR 灯光】可以创建面光源、穹顶光源、球体光源三种类型，分别用于创建不同的真实灯光。VRay 面光源形成一个矩形区域的光源，可以模拟窗外自然光线或者室内灯带。通过对本例的学习，读者应该掌握 VRay 面光源的特点、应用和调整方法。

文件路径:	场景文件\第 13 章\136 VRay 面光源
视频文件:	AVI\第 13 章\136 VRay 面光源.avi
播放时长:	0: 02: 31

01 打开本书配套光盘中的“VRay 面光源原始场景.max”文件，如图 13-61 所示，接下来利用【目标线光源】完成模型中光槽发光效果的制作。

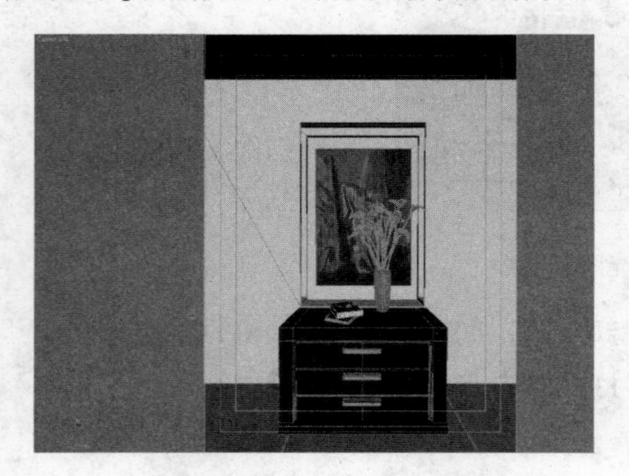

图 13-61 打开场景文件

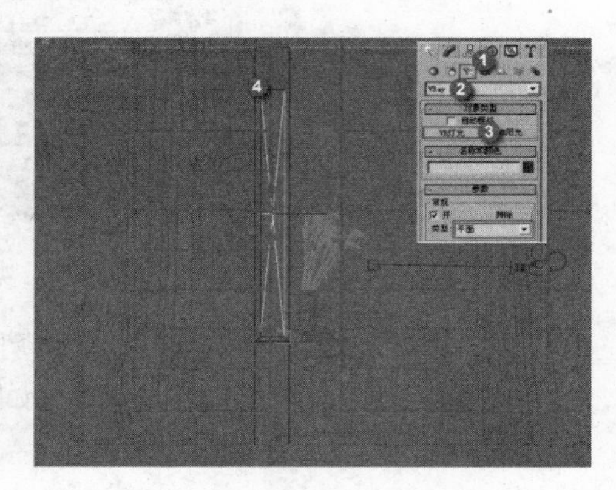

图 13-62 创建 VRay 面光源

02 按 L 键切入到左视图，单击按钮，在灯光类型列表中选择 VRay ，进入 VRay 灯光创建面板，单击 VR灯光 按钮，开启 2.5 维捕捉，从光槽的左上至右下拖曳，创建出一盏与光槽面等大的灯光，如图 13-62 所示。

提 示：如图 13-62 所示，VRay 有 VR 灯光和 VR 阳光两种灯光类型，

03 选择灯光，单击进入修改面板，展开【参数】卷展栏，调整灯光颜色和强度如图 13-63 所示。

04 在【选项】选项组中，设置参数如图 13-64 所示。

提 示：勾选【不可见】选项，光源在渲染时将不可见，

05 复制得到另外两盏灯光，调整其位置如图 13-65 所示。

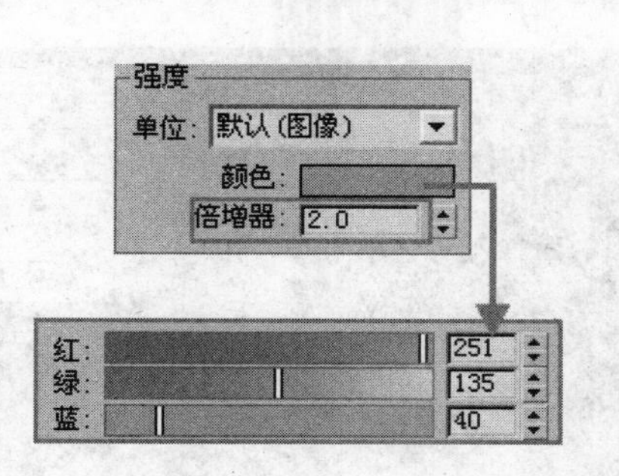

图 13-63　调整 VRay 灯光颜色与强度

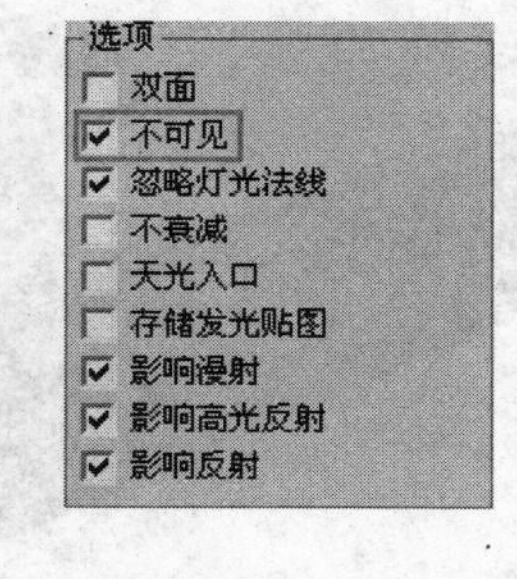

图 13-64　调整灯光选项参数

图 13-65　灯光最终位置

图 13-66　VRay 面光源渲染效果

06【VRay 面光源】渲染效果如图 13-66 所示。

提　示：对比之前【目标线光源】与【目标面光源】的渲染效果，可以明显发现，使用【VRay 面光源】创建灯槽灯光，灯光的衰减与颜色的渐变都显得更为自然，此外，光槽模型细节表现得也更为清晰。

例137　VRay 穹顶光

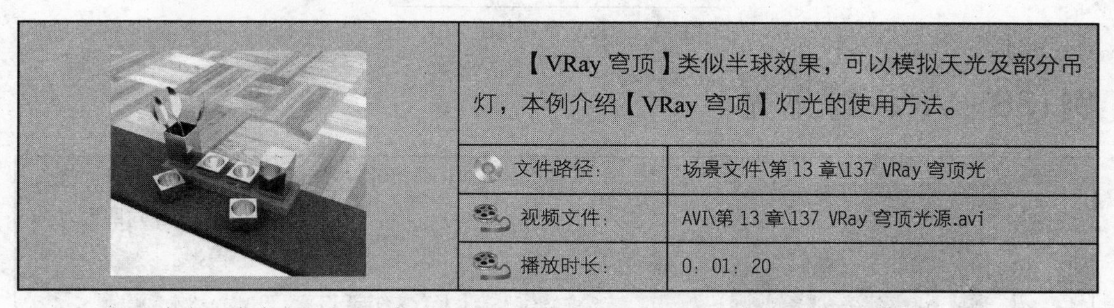

【VRay 穹顶】类似半球效果，可以模拟天光及部分吊灯，本例介绍【VRay 穹顶】灯光的使用方法。

文件路径：	场景文件\第 13 章\137 VRay 穹顶光
视频文件：	AVI\第 13 章\137 VRay 穹顶光源.avi
播放时长：	0：01：20

01 打开本书配套光盘“VRay 穹顶灯光原始场景.max”文件，如图 13-67 所示。

02 按 T 键切入到顶视图，由于【VRay 穹顶】灯光模拟的是室外环境光，其创建位置可以随意选择。单击按钮进入灯光创建面板，在灯光类型列表中选择 VRay 类型，单击 VR灯光 创建按钮，在【参数】卷展栏内选择“穹顶光”，在场景中单击鼠标左键创建一盏灯光，如图 13-68 所示。

图 13-67　打开场景文件

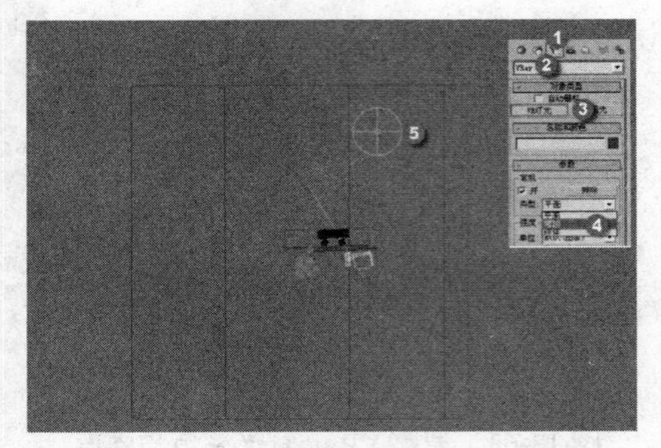

图 13-68　创建【VRay 穹顶】灯光

03【VRay 穹顶】灯光参数比较简单，首先调整其灯光颜色与倍增，如图 13-69 所示，然后将其选项参数调整至如图 13-70 所示。

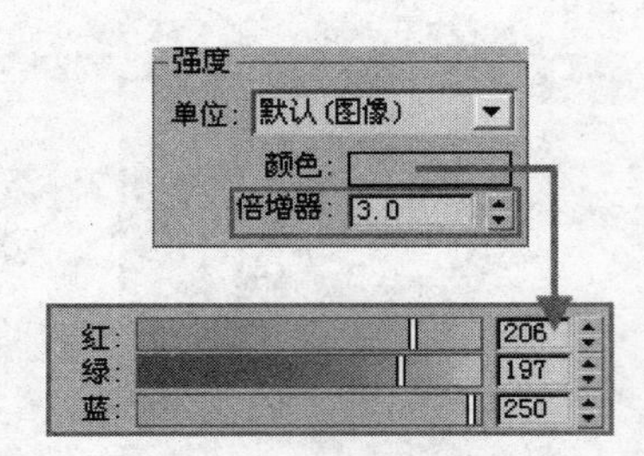

图 13-69　修改 VRay 穹顶灯光参数

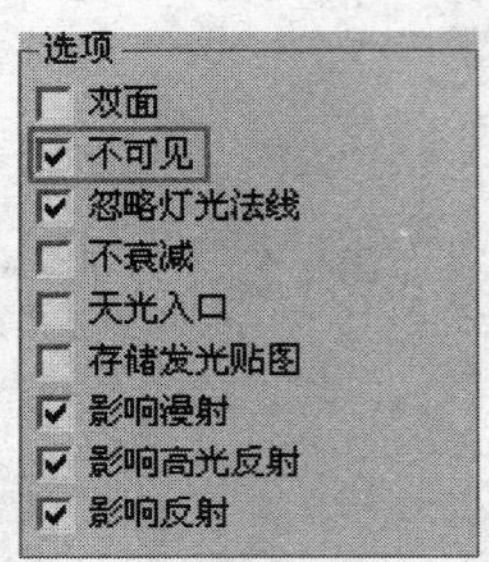

图 13-70　调整灯光选项参数

04 灯光参数调整完成后，按 C 键返回摄像机视图进行渲染，渲染得到的最终效果如图 13-71 所示。

图 13-71　VRay 穹顶灯光渲染结果

例138　VRay 球体光

本例介绍【VR 灯光】中的 VRay 球体光源，球体光源类似于 3ds max 标准灯光类型中的泛光灯，可以向四面八方发射光线，十分适合日光与月光效果的模拟。

文件路径：	场景文件\第 13 章\138 VRay 球体光源
视频文件：	AVI\第 13 章\138 VRay 球体光源.avi
播放时长：	0：01：51

01 打开本书配套光盘“VRay 球体光源原始场景.max”文件，如图 13-72 所示，接下来利用【VRay 球体】灯光完成黄昏日光效果的制作。

图 13-72　打开场景文件

02 按 T 键切入到顶视图，单击 VRay 灯光创建面板中的 VR灯光 按钮，在【参数】卷展栏内选择“球体”，在场景左上方位置单击鼠标左键，创建一盏球光，如图 13-73 所示。

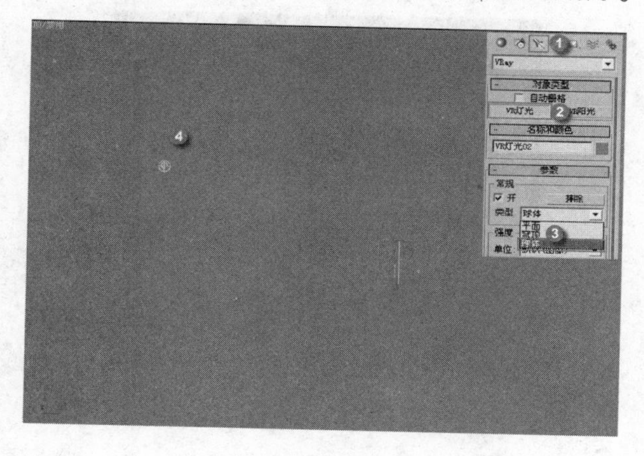

图 13-73　创建 VRay 球体光源

03 选择灯光，单击进入修改面板，展开【参数】卷展栏，根据黄昏日光光线的颜色与强度，修改灯光的参数如图 13-74 所示。

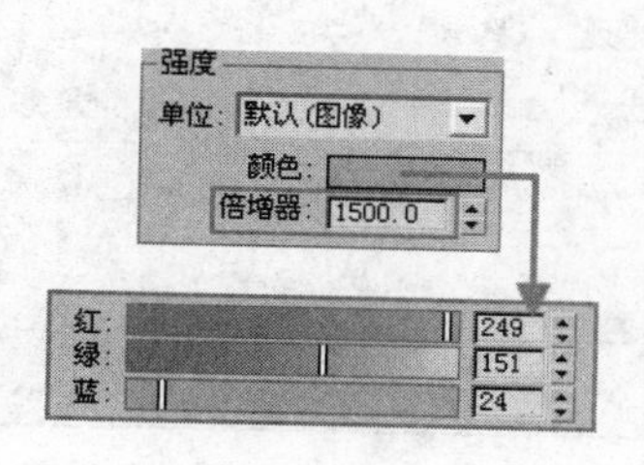

图 13-74　调整 VRay 灯光颜色与强度

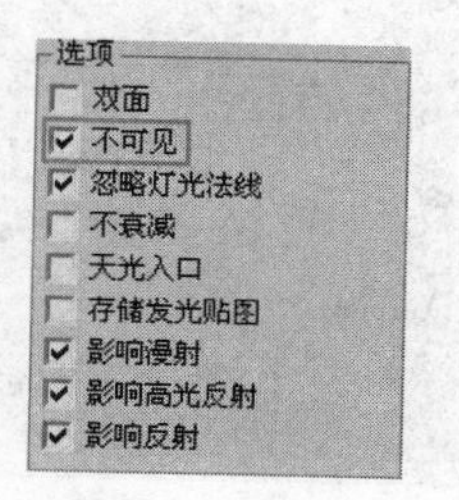

图 13-75　调整灯光选项参数

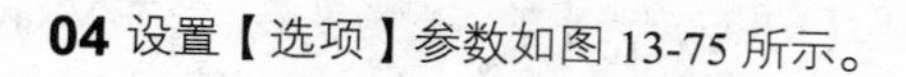

04 设置【选项】参数如图 13-75 所示。

05 调整【VRay 球体】灯光的半径，其半径的大小直接影响其最终发光能力，单击设置其半径大小如图 13-76 所示。

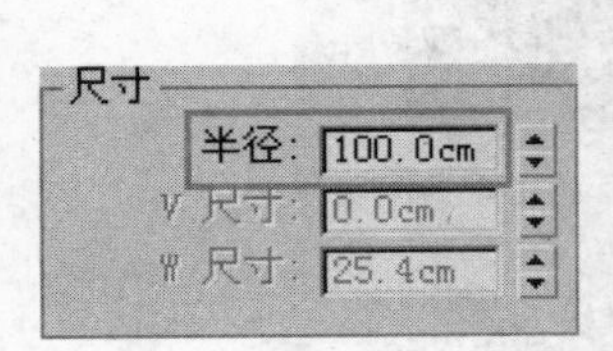

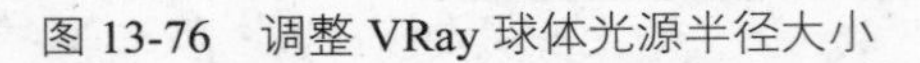
图 13-76　调整 VRay 球体光源半径大小

图 13-77　调节灯光高度

06 按 F 键返回前视图，调整灯光的高度如图 13-77 所示。

07 按 C 键返回摄像机视图，渲染场景效果如图 13-78 所示。

图 13-78　黄昏阳光渲染效果

例139　VR 阳光之晨光

<table>
<tr><td rowspan="4"></td><td colspan="2">上一实例使用【VRay 球光】制作出了黄昏日光效果，但在日光效果的表现上，【VRay 阳光】的表现力更胜一筹，控制参数也更为强大，本例首先利用其制作晨光效果。</td></tr>
<tr><td>文件路径:</td><td>场景文件\第 13 章\139 VRay 阳光晨光</td></tr>
<tr><td>视频文件:</td><td>AVI\第 13 章\139 VRay 阳光清晨.avi</td></tr>
<tr><td>播放时长:</td><td>0: 02: 20</td></tr>
</table>

01 打开本书配套光盘“VRay 日光原始场景.max”文件，如图 13-79 所示，接下来利用【VRay 阳光】完成清晨日光效果的制作。

02 按 T 键切入到顶视图，由于要表现晨光效果，因此【VRay 阳光】的入射角度要小。在 VRay 灯光创建面板中单击 VR阳光 按钮，在场景中单击鼠标左键，从左下至右上方向拖曳，创建出一盏太阳光，如图 13-80 所示。

图 13-79　打开场景文件

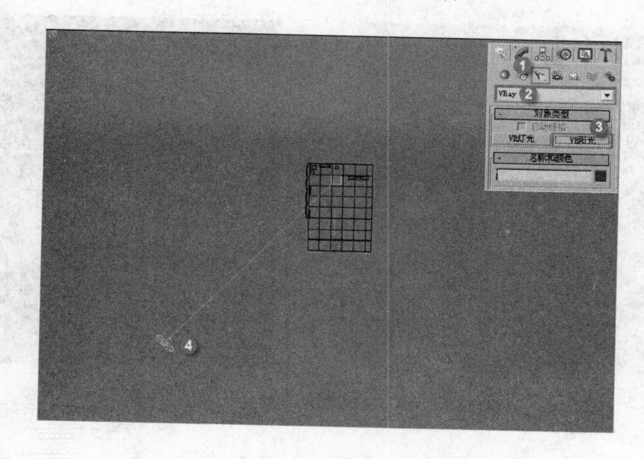

图 13-80　创建 VRay 阳光

03 在创建【VRay 阳光】后，系统会自动弹出如图 13-81 所示的对话框，这里直接单击【是】即可。

图 13-81　提示对话框

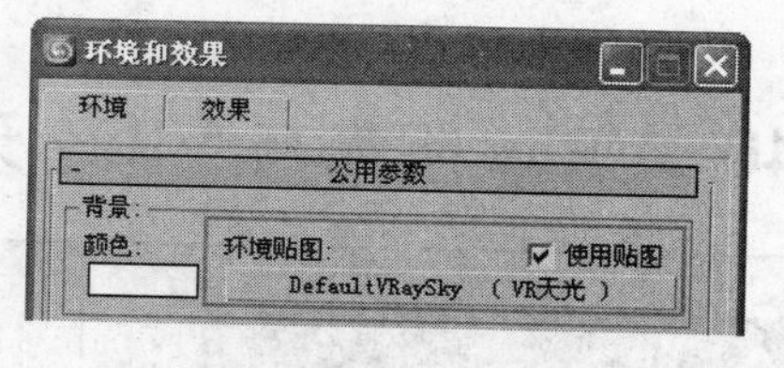

图 13-82　自动添加【VRay 天光】贴图

04 按 8 键可以发现，在【环境和效果】对话框中，系统自动添加了【VRay 天光】贴图作为环境贴图，如图 13-82 所示。

05 调整灯光参数。选择创建的【VRay 阳光】，单击进入修改面板，进入 VR阳光参数 卷展栏，如图 13-83 所示，这里暂且只将其【强度倍增器】参数修改如图 13-84 所示。

注　意:【VRay 阳光】没有可直接控制灯光颜色的色块，其颜色受灯光的照射角度、臭氧、浊度等参数共同作用。

06 按 F 键进入前视图，调整灯光的高度如图 13-85 所示，再返回摄像机视图，设置好渲染参数对其进行灯光效果渲染，渲染结果如图 13-86 所示。

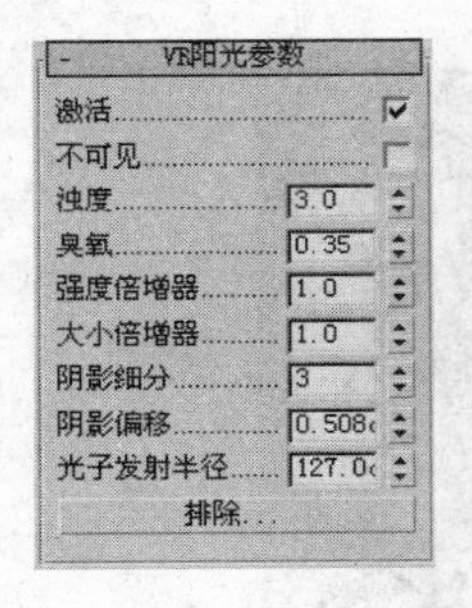

图 13-83 【VRay 阳光】参数

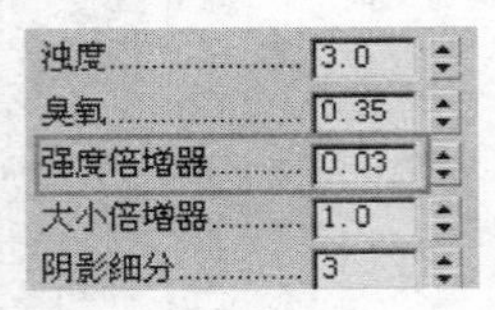

图 13-84 【VRay 阳光】参数设置

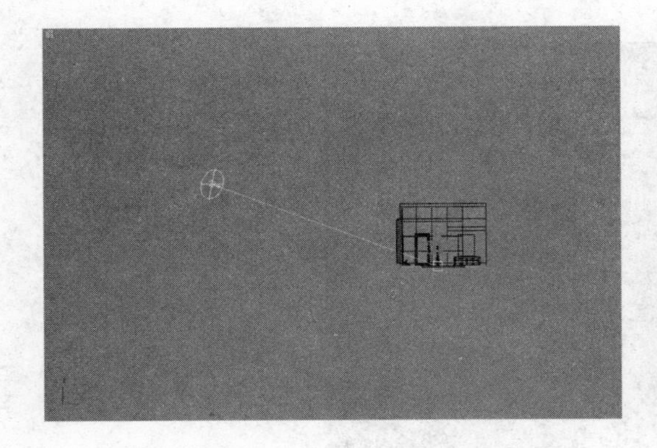

图 13-85 调整灯光高度

图 13-86 渲染结果

技 巧：观察如图 13-86 所示的渲染结果，可以发现清晨阳光的照射角度与颜色都是比较合理的，调整不同的入射角和阳光位置，可以得到一天不同时段的阳光效果。

例140 VRay 阳光与 VRay 天光

上一实例使用【VRay 阳光】制作了晨光效果，接下来笔者将介绍其如何与【VRay 天光】贴图联动使用，不但制作出十分丰富的各种时段的阳光效果，而且还十分切合的表现出对应的天空光效果及背景颜色，使得整个日光氛围浑然一体。

文件路径：	场景文件\第 13 章\140 VRay 阳光晨光与天空光
视频文件：	AVI\第 13 章\140 VRay 阳光与 VRay 天光结合.avi
播放时长：	0：02：04

01 打开本书配套光盘“VRay 阳光之晨光 max”文件，如图 13-87 所示，接下来利用【VRay 阳光】与【VRay 天光】进行联动设置。

图 13-87　打开场景文件

02 按 8 键打开【环境和效果】对话框，再按 M 键打开材质面板，鼠标左键按住【VRay 天光】按钮，将其实例复制至一个空白材质球内，如图 13-88 所示。

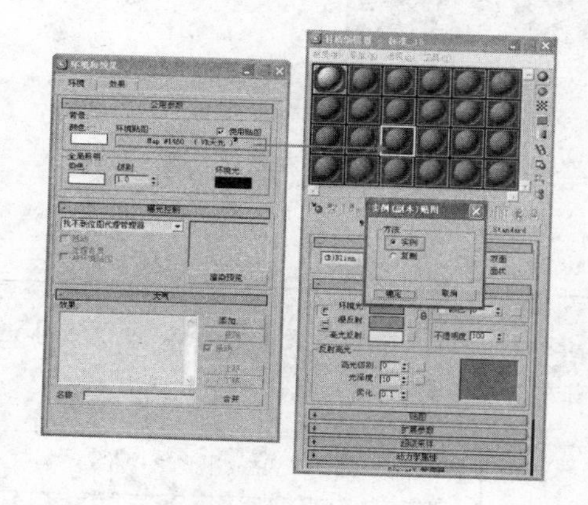

图 13-88　实例复制【VRay 天光】至材质球

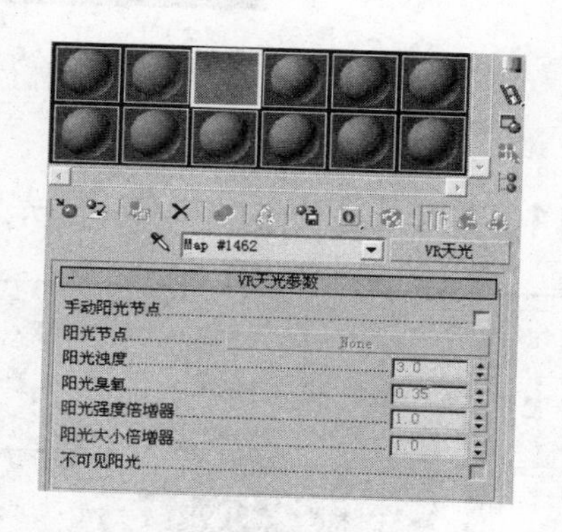

图 13-89　【VRay 阳光】参数设置

03 将【VRay 天光】贴图关联复制至空白材质球后，其参数设置与当前效果如图 13-89 所示，勾选其参数中的【手动阳光节点】复选框，然后单击激活【阳光节点】空白按钮，选择场景中创建好的【VRay 阳光】，这样两者即进行了绑定，如图 13-90 所示。

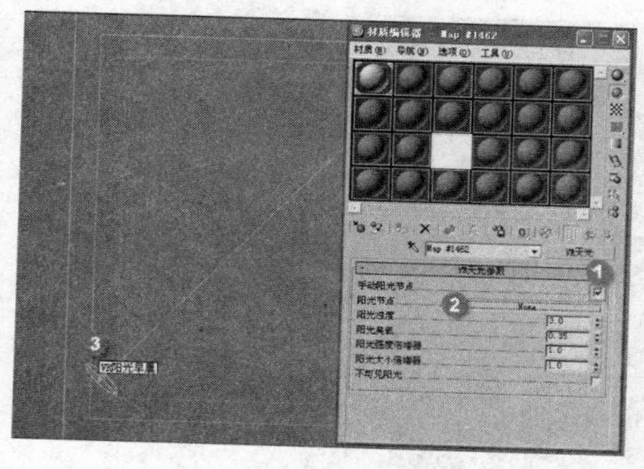

图 13-90　拾取场景中的 VRay 天光进行绑定

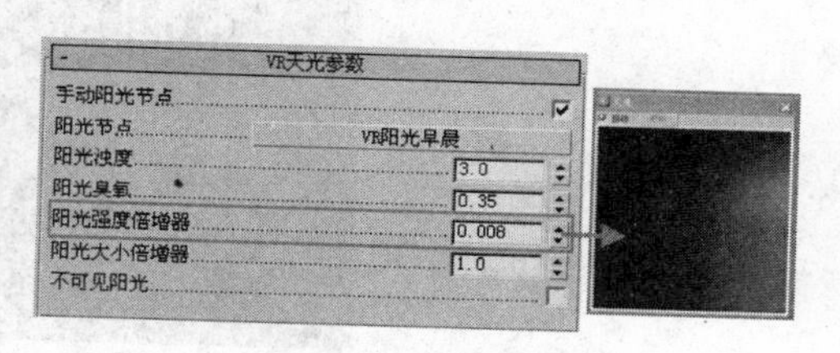

图 13-91 本例【VRay 天光】贴图参数设置

04 观察材质球内贴图色彩与亮度的变化，参考现实中清晨天空的效果，修改【阳光强度倍增器】参数如图 13-91 所示。

05 返回摄像机视图，再次进行灯光效果渲染，结果如图 13-92 所示。

图 13-92　渲染效果

例141　VR 阳光之中午阳光

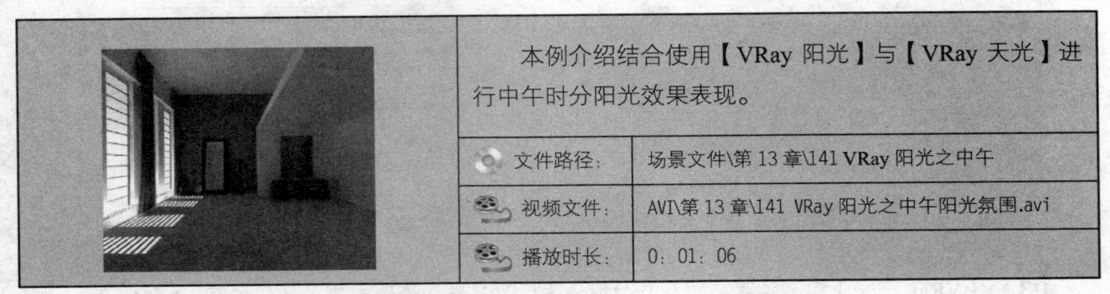

本例介绍结合使用【VRay 阳光】与【VRay 天光】进行中午时分阳光效果表现。

文件路径：	场景文件\第 13 章\141 VRay 阳光之中午
视频文件：	AVI\第 13 章\141 VRay 阳光之中午阳光氛围.avi
播放时长：	0：01：06

01 打开本书配套光盘“VRay 阳光之中午阳光.max”文件，如图 13-93 所示，该场景即上例晨光效果的完成文件，利用其进行中午阳光氛围的制作。

图 13-93　打开场景文件

02 调整【VRay 阳光】的位置与角度，其在顶视图与前视图内的位置如图 13-94 所示。

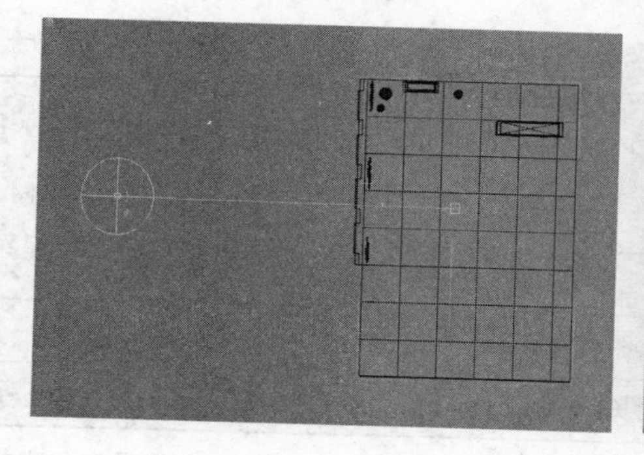
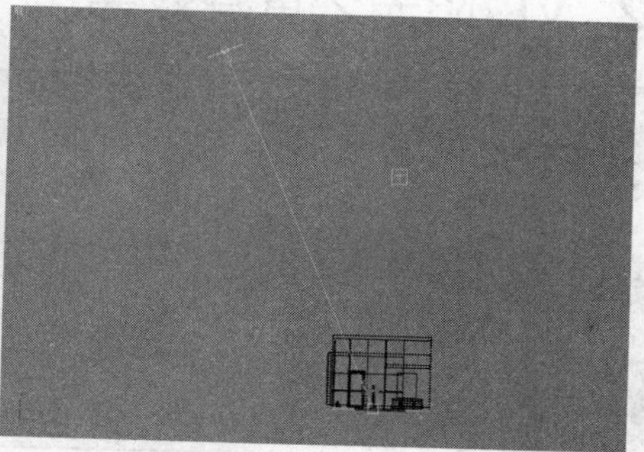

图 13-94　调整 VRay 阳光高度与位置

03 根据中午时分阳光的强烈效果，适当增大【VRay 阳光】与【VRay 天光】的强度，其参数修改分别如图 13-95 与图 13-96 所示。

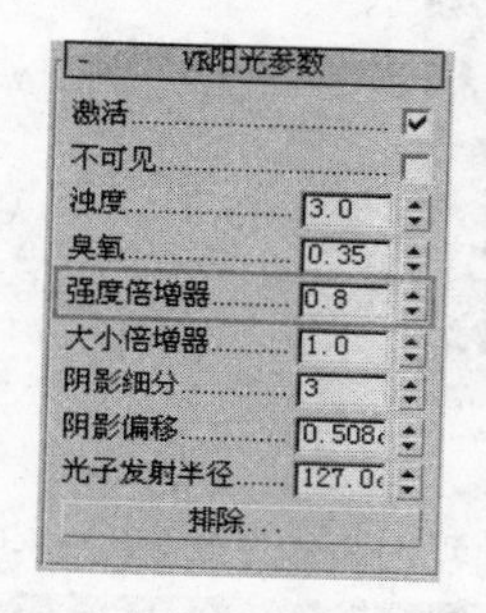

图 13-95　调整 VRay 阳光强度

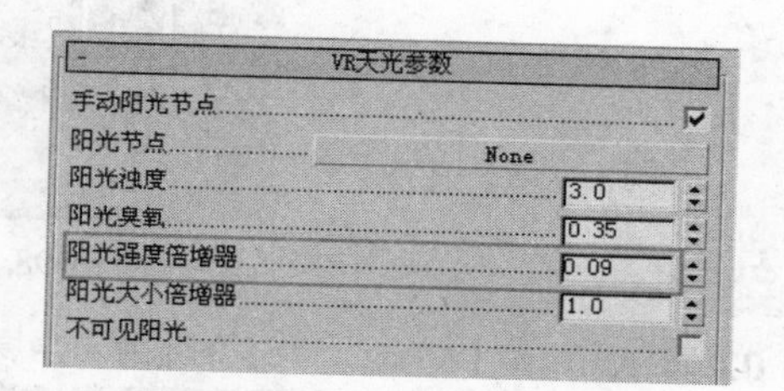

图 13-96　调整 VRay 天光强度

04 对场景进行灯光效果测试渲染，结果如图 13-97 所示。

图 13-97　中午阳光渲染效果

例142　VR 阳光之黄昏效果

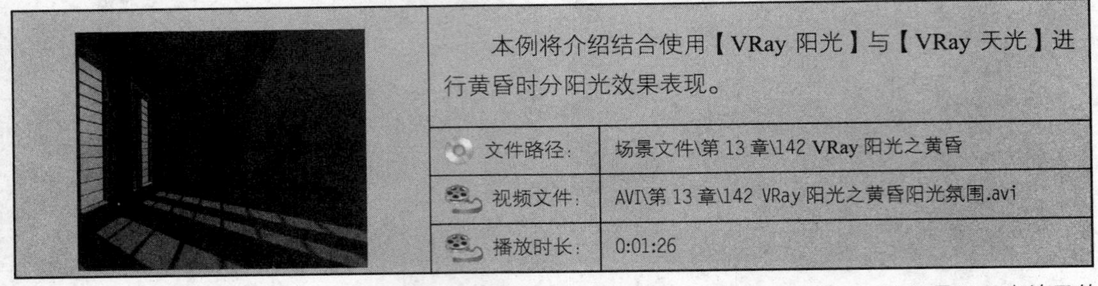

本例将介绍结合使用【VRay 阳光】与【VRay 天光】进行黄昏时分阳光效果表现。

文件路径:	场景文件\第 13 章\142 VRay 阳光之黄昏
视频文件:	AVI\第 13 章\142 VRay 阳光之黄昏阳光氛围.avi
播放时长:	0:01:26

01 打开本书配套光盘“VRay 阳光之黄昏模型.max”文件，如图 13-98 所示，该场景即晨光效果的完成文件，接下来就利用其进行黄昏阳光氛围的制作。

图 13-98　打开场景文件

02 同样先调整【VRay 阳光】的位置与角度，其在顶视图与前视图内的位置如图 13-99 所示。

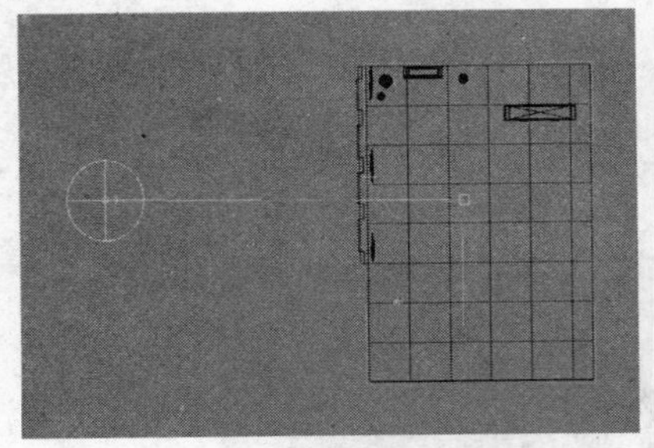

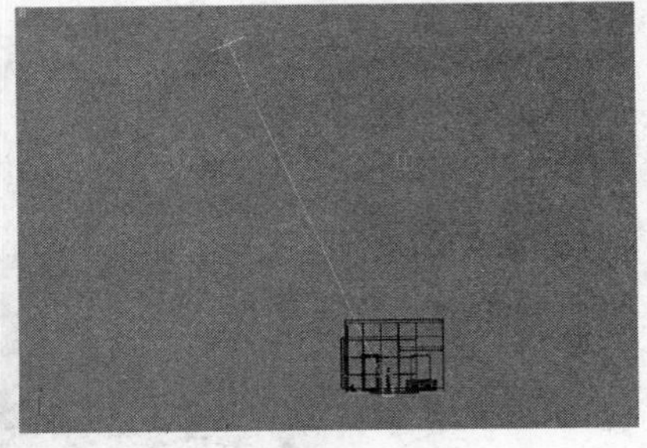

图 13-99　调整 VRay 阳光位置与角度

03 根据黄昏时分阳光的效果，适当降低【VRay 阳光】与【VRay 天光】的强度，修改参数分别如图 13-100 与图 13-101 所示。

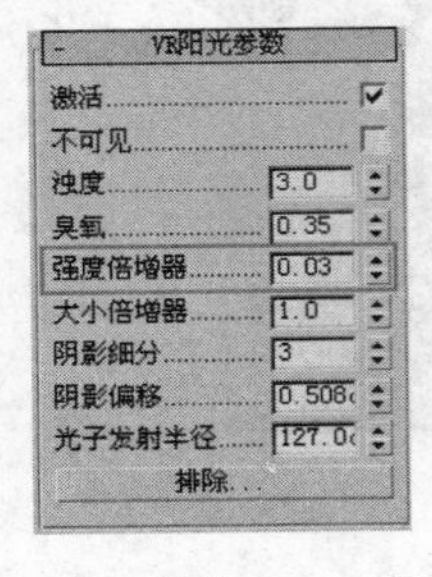

图 13-100　调整 VRay 阳光强度

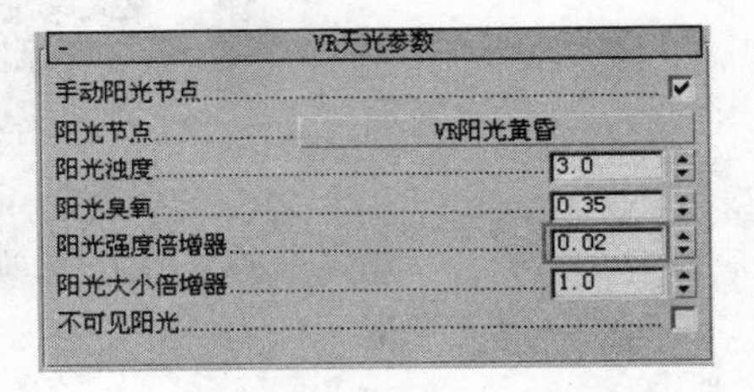

图 13-101　调整 VRay 天光强度

04 对场景进行灯光效果测试渲染了，其渲染结果如图 13-102 所示。

图 13-102　渲染效果

第14章 VRay 摄影机

VRay 渲染器有自己的专用摄影机，即 VR 物理摄影机，它的创建方法与 3ds max 摄影机创建方法基本相同，但由于该摄影机是基于物理原理，有光圈、快门和感光度等参数，因而功能强大，可以轻易通过光圈、快门等参数调整场景曝光，控制图像的白平衡。

本章介绍 VRay 的两个特色功能：景深和运动模糊特效，VRay 摄影机在室内效果图制作中的具体应用方法，将在第 15 章和第 16 章中详细讲解。

例143 景深特效

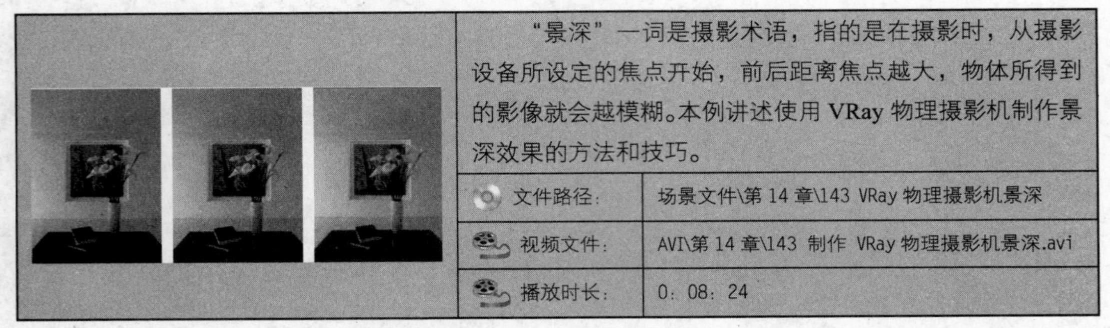

“景深”一词是摄影术语，指的是在摄影时，从摄影设备所设定的焦点开始，前后距离焦点越大，物体所得到的影像就会越模糊。本例讲述使用 VRay 物理摄影机制作景深效果的方法和技巧。

文件路径：	场景文件\第 14 章\143 VRay 物理摄影机景深
视频文件：	AVI\第 14 章\143 制作 VRay 物理摄影机景深.avi
播放时长：	0：08：24

01 打开本书配套光盘“VRay 物理摄影机景深原始场景.max”文件，如图 14-1 所示，该场景中前后分别有两个距离较远的对象，这也是制作景深效果的必要条件。

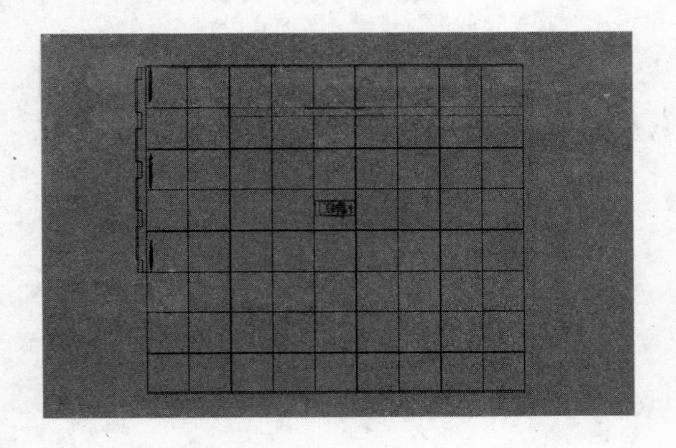

图 14-1 打开场景文件

02 单击 进入摄影机创建面板，在摄影机类型列表中选择 VRay 类型，进入 VRay 摄影机创建面板，单击 VR物理摄影机 按钮，在场景中单击鼠标左键从下至上拖曳，创建一架【VRay 物理摄影机】，如图 14-2 所示。

03 创建好【VRay 物理摄影机】后，按 C 键返回摄影机视图，按 Shift + F 组合键打开渲染安全框，此时 VRay 物理摄影机视图内容如图 14-3 所示。此时由于 VRay 物理摄影机近端没有贴近花瓶，这样对景深的表现不利，因此需要调整 VRay 物理摄影机视图，以得到如图 14-4 所示的视图效果。

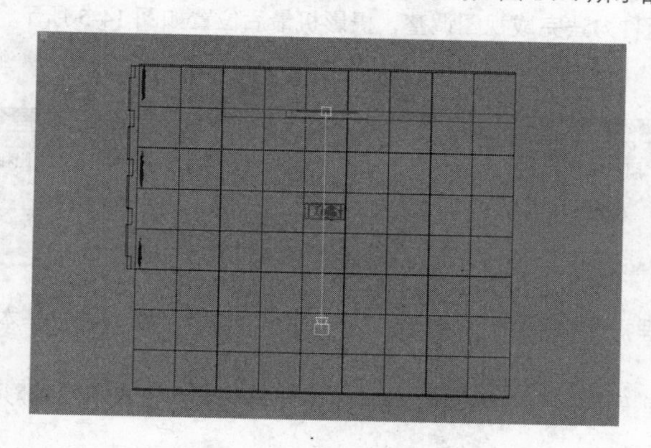

图 14-2　创建 VRay 物理摄影机

图 14-3　当前 VRay 物理摄影机视图

图 14-4　调整摄影机视图结果

04 推近摄影机至场景的花瓶前端，单击界面右下角的按钮进行推近，这种推近会移动摄影机的位置，如图 14-5 所示，会影响到与景深效果密切相关的【焦点】位置，因此不能单纯使用这个方法调整 VRay 物理摄影机视图。

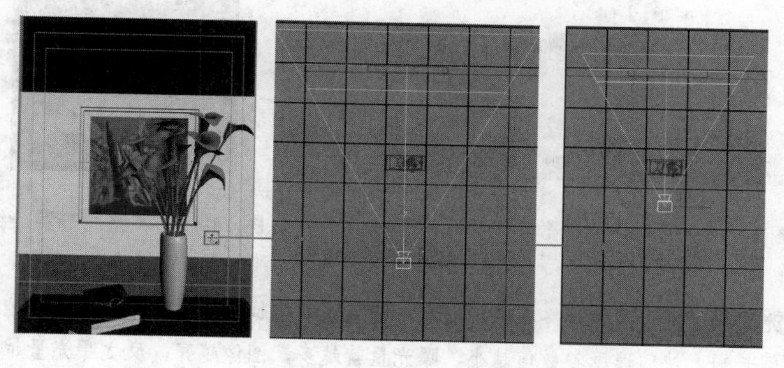

图 14-5　通过推拉按钮移动摄影机位置

05 调整 VRay 物理摄影机如图 14-6 所示的相关参数，可以在不移动摄影机位置的前提下，获得推近视图，本例综合利用两种方法完成视图调整，摄影机最后位置如图 14-5 所示，摄影机的相关参数设置如图 14-7 所示。

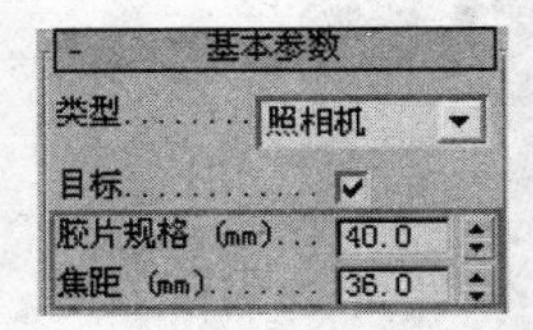

图 14-6　VRay 物理摄影机视图相关参数

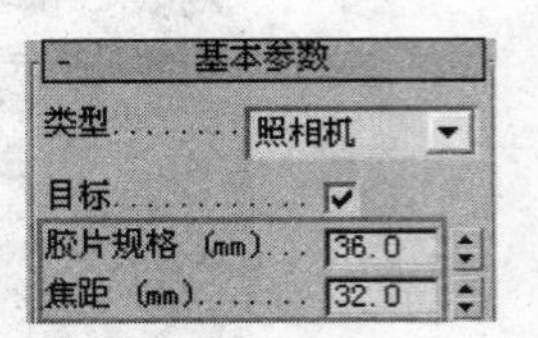

图 14-7　基本参数设置

06 确定 VRay 物理摄影机视图内容后，接下来使用当前参数设置下的摄影机进行效果渲染，渲染结果如图 14-8 所示。

图 14-8　渲染结果

图 14-9　调整图像亮度的相关参数

07 可以看到当前参数下，场景中一团漆黑，场景光照明显不够，此时可以提高场景灯光亮度，以获得基本照明，这里通过调整 VRay 摄影机参数的方法，改变场景曝光不足。如图 14-9 所示是【VRay 物理摄影机】调节场景曝光的 3 个参数，这里设置 3 项参数如图 14-10 所示。

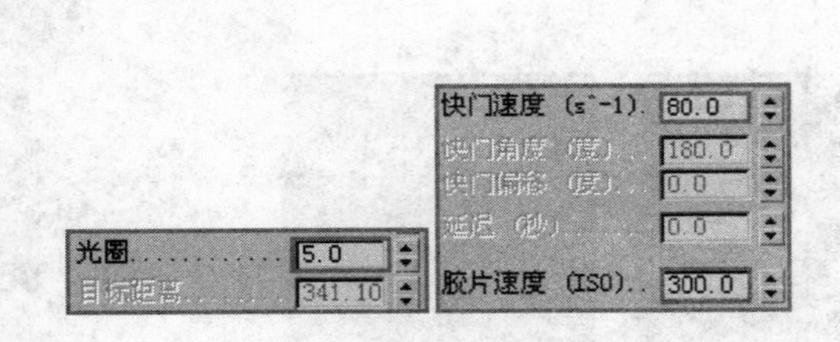

图 14-10　调整相关参数

图 14-11　调整后的渲染结果

提　示：光圈控制渲染图的最终亮度，值越小图越亮，值越大图越暗；快门速度控制快门开启的时间长短，快门速度参数值越小，曝光量就越多，图像越亮，反之曝光量越少，图像越暗；胶片速度（ISO）控制图的亮暗，值越大，表示感光能力越强，图越亮。

08 进行渲染，得到如图 14-11 所示效果。从渲染结果可以发现，图像四周亮度低于中心亮度，产生了渐晕的效果，这里并不需要这种效果，因此取消【渐晕】复选框勾选，如图 14-12 所示。

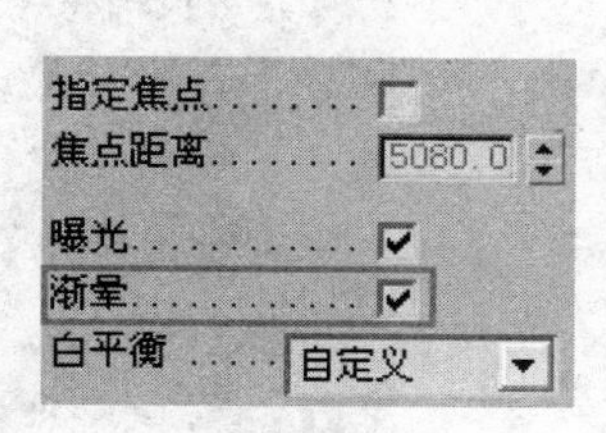

图 14-12　取消渐晕效果

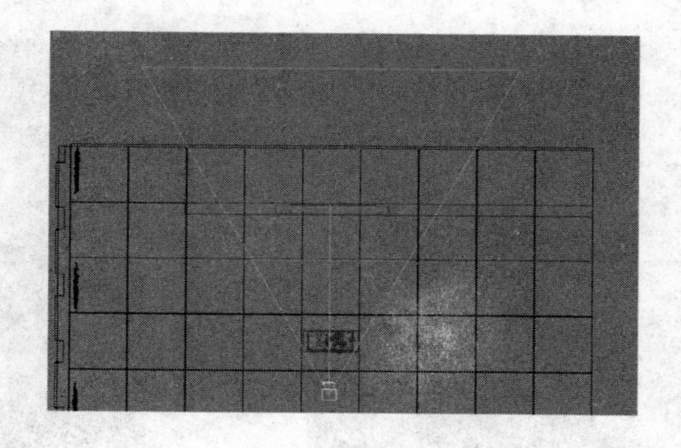

图 14-13　产生景深区域

09 进行景深效果的调整。使用【VRay 物理摄影机】制作景深效果时，景深范围将由如图 14-13 所示两块片门控制，处于两个片门之间的物体清晰，片门外的物体模糊，并且距离越远模糊度越高。VRay 摄影机的【焦点】参数决定了这两块片门的位置，因此制作景深效果的第一步就是调整【焦点】位置。这里勾选如图 14-12 中的【指定焦点】复选框，然后通过其下的【焦点距离】参数控制焦点位置，本例参数设置如图 14-14 所示，使景深处于花瓶位置。

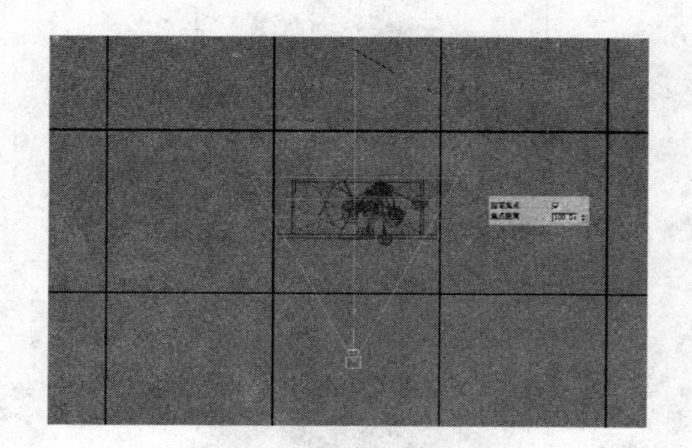

图 14-14　调整景深至花瓶处

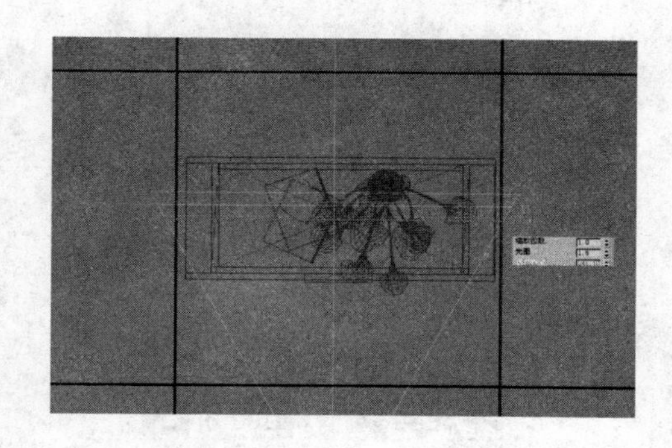

图 14-15　通过光圈调整景深强度

10 通过【光圈】数值可以控制景深效果的强度，降低光圈数值如图 14-15 所示，使两个片门间的距离缩小，从而使景深效果加剧。

提　示：根据模糊对象距离摄影设备的远近，景深分为“远景深”与“近景深”，如图 14–16 所示是无景深效果，如图 14–17 所示是近景深效果，注意其远处画框产生的模糊效果，如图 14–18 所示是远景深效果，注意其近处花瓶产生的模糊效果。

11 勾选【采样】参数栏【景深】复选框，如图 14-19 所示。按 C 键返回 VRay 物理摄影机视图，渲染图像如图 14-20 所示。

12 观察如图 14-20 所示渲染图像，可以发现图像虽然产生了景深效果，但由于【光圈】参数过大，使得图像有曝光过度的现象，此时可以降低【快门速度】与【胶片速度】这两个不影响景深效果的参数，来降低渲染图像的最终亮度，经过反复测试，设定参数如图 14-21 所示，再次渲染后效果如图 14-22 所示。

技　巧：如果想增加景深渲染效果的细腻度，可以尝试提高图 14-19 内的【细分】参数值，但这会增加渲染的时间。

图 14-16　无景深效果

图 14-17　近景深效果

图 14-18　远景深效果

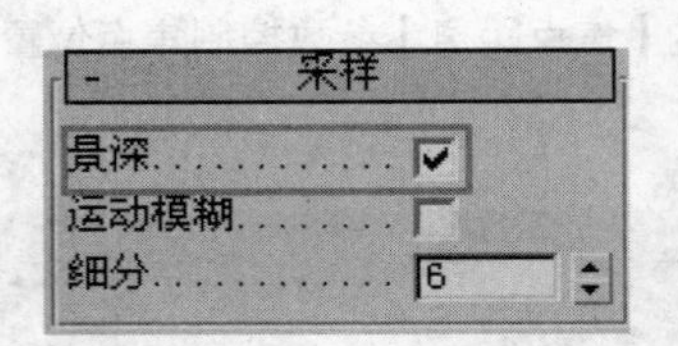

图 14-19　开启景深

图 14-20　渲染结果

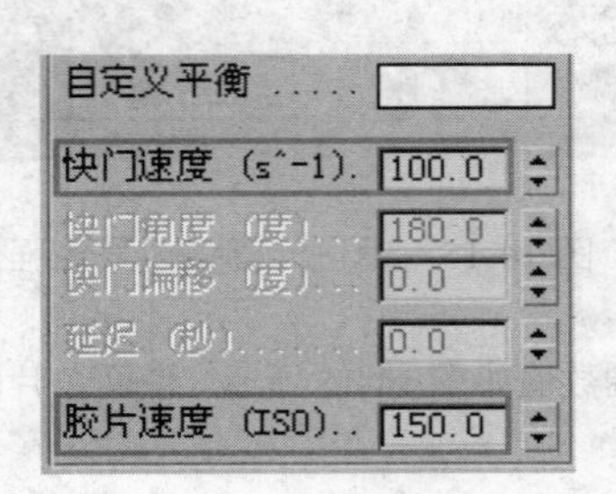

图 14-21　调整亮度相关参数

图 14-22　最终效果

例144　运动模糊特效

本例讲解 VRay 物理摄影机【运动模糊】特效的制作方法。【运动模糊】特效能为场景添加动感，可以在某些特殊情况下使用。

文件路径：	场景文件\第 14 章\144 制作 VRay 运动模糊
视频文件：	AVI\第 14 章\144 制作 VRay 物理摄影机运动模糊.avi
播放时长：	0：01：54

01 打开本书光盘“VRay 物理摄影机之运动模糊原始场景.max”文件，如图 14-23 所示。

02 按下 3ds max 窗口下方的【自动关键帧】按钮，使系统能自动记录动画设置，如图 14-24 所示。

图 14-23　打开场景文件

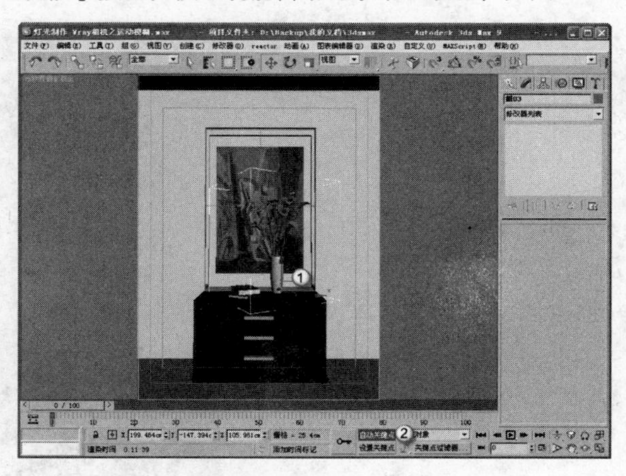

图 14-24　开启自动关键帧

03 按 T 键切换至顶视图，将【时间滑块】移动至第 20 帧，按 W 键启用移动工具，将花瓶拖曳一段较长的距离，此时系统就自动记录这一运动的关键帧，如图 14-25 所示。

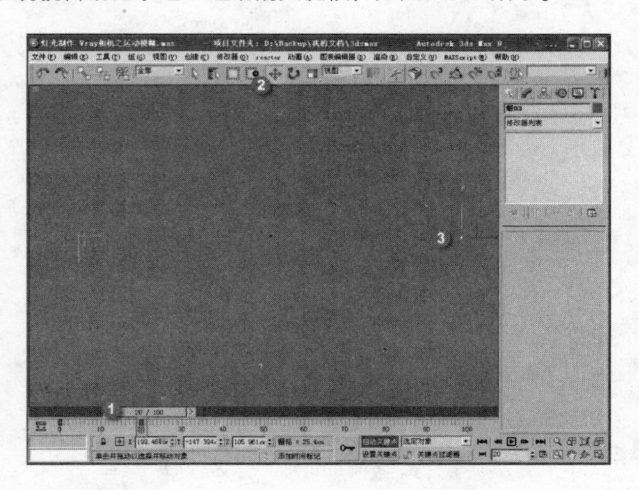

图 14-25　创建花瓶运动关键帧

04 按 C 键返回 VRay 物理摄影机视图，将【时间滑块】调回 0 帧处，如图 14-26 所示，再选择【VRay 物理摄影机】，勾选其【采样】参数内的【运动模糊】复选框，如图 14-27 所示。

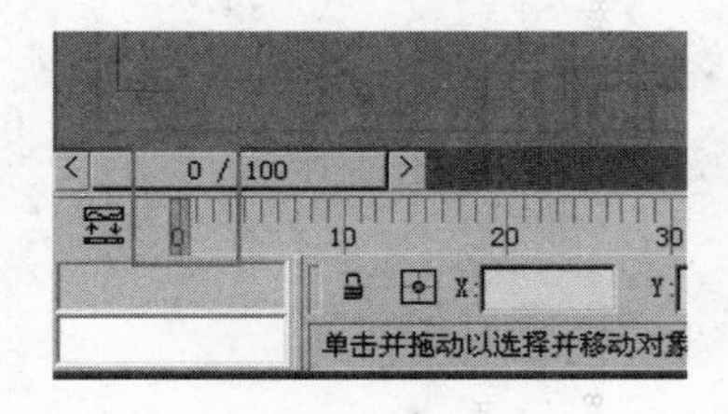

图 14-26　将时间滑块归零

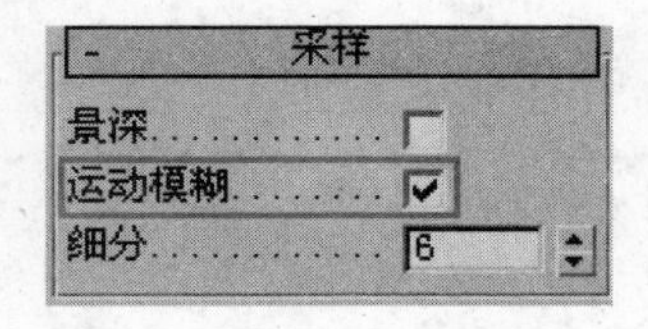

图 14-27　开启运动模糊渲染特效

05 对摄影机视图进行渲染，结果如图 14-28 所示，同样也可以通过提高图 14-27 中的【细分】参数值，加强运动模糊渲染的细节。

图 14-28　运动模糊渲染特效

第 4 篇　综合案例篇

本书前面几篇分别从建模、材质、灯光、摄影机等几个方面，介绍了室内效果图制作的基本知识和技法，本篇将通过客厅、书房、厨房、卧室、卫生间、办公室、会议室等多个家装、公装大型综合实例，全面剖析日景、夜景等不同视角、不同风格、不同类型的室内效果图的表现流程和技术。

第15章 家装效果图表现

近年来，随着中国经济的迅速发展和生活水平的提高，人们对家庭装修和室内装饰有了更高的要求，彰显个性、简洁大方、节能环保的装修日益受到人们的推崇。

本章将综合运用前面所学的建模、材质、灯光和渲染方面的知识，讲解客厅、书店、厨房、卧室和卫生间等家装效果图的表现方法和相关技巧。

15.1 现代简约客厅

本节讲述一个现代简约风格客厅效果图的制作过程，最终渲染效果如图 15-1 所示。本客厅场景在设计风格上十分简约，空间整体以黑白两色为主调。场景灯光以室内人工光为主，强调冷暖对比，体现出了时尚简约的设计风格与温馨舒适的家居氛围。

图 15-1　客厅最终渲染效果

例145　制作客厅框架模型

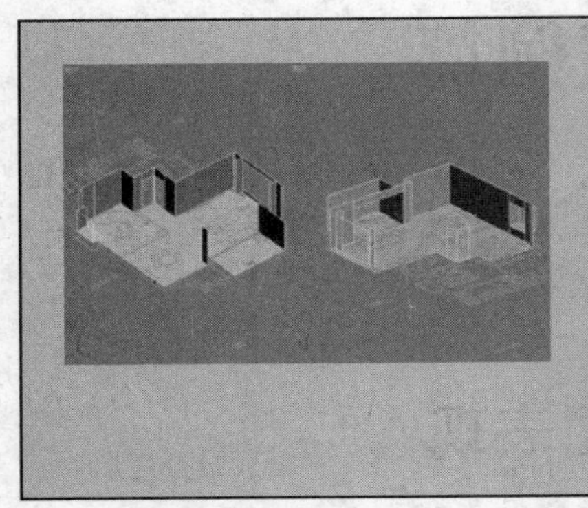

一个完整的室内空间由室内框架和家具组成。在制作室内效果图时，一般先对整体框架进行建模，然后再对室内的家具等陈设物进行建模。为了使模型最简化，本例使用多边形建模的方法进行客厅框架模型的制作，包括天花板、地面、墙体和窗户。

文件路径：	场景文件\第 15 章\现代客厅\0145 客厅框架
视频文件：	AVI\第 15 章\145 制作简约客厅框架模型.avi
播放时长：	0：10：09

01 使用 AutoCAD 施工图辅助建模，可以高效、准确地创建出框架模型。在将施工图导入 3ds max 之前，最好在 CAD 软件中将图样进行一些简单的处理，删除一些与建模无关的内容，然后将本空间的墙体置于一个单独的图层内，如图 15-2 所示。

02 启动 3ds max9，将【显示单位】与【系统单位】均设置为“毫米”，执行【文件】|【导入】命令，将处理好的 CAD 文件导入 3dmax 中，在导入的过程中注意选择以【层】的方式导入 CAD 图元，并注意其【几何体选项】参数的设置，如图 15-3 所示。

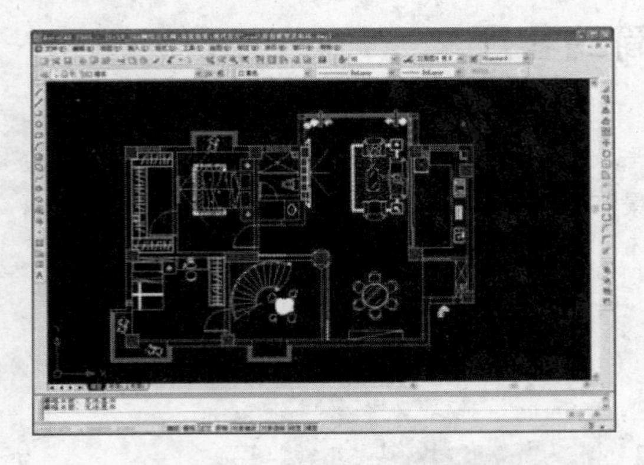

图 15-2　优化 CAD 施工图

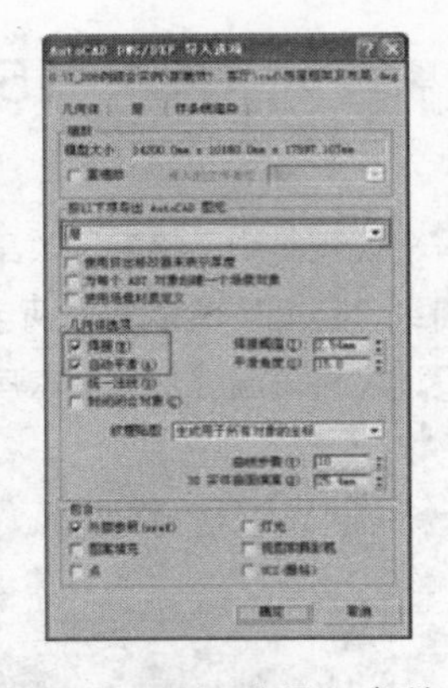

图 15-3　调整导入参数

03 CAD 图样导入 3ds max 后的效果如图 15-4 所示，可以看到 CAD 图样并非在同一个平面上，比较凌乱，这是由于该图样在 CAD 软件中绘制时所产生的问题，但由于前面已经将墙体图形放在同一个图层，如果出现问题处理起来就会容易一些，本例仍然可以直接利用其进行框架模型的创建。

04 在本书前面的建模实例中，曾经介绍直接利用 CAD 图形添加【挤出】命令制作墙体，但此时由于图样绘制方面的原因，只能利用其进行位置参考定位，配合【捕捉】工具使用【线】进行绘制，因此首先将系统的【捕捉】方式调整为 2.5 维捕捉，设置具体捕捉方式如图 15-5 所示。

05 为了确保参考图形位置不变，按 Ctrl + A 组合键全选当前线形，然后单击鼠标右键，选择快捷菜单中的【冻结当前选择】命令，将图形冻结，如图 15-6 所示。

06 3ds max 默认不能捕捉冻结对象，因此需要调整捕捉设置【选项】参数，勾选【捕捉到冻结对象】复选框，如图 15-7 所示。

07 单击图形创建面板中的【线】按钮，参考 CAD 图样中墙体线形，创建新的墙体线形如图 15-8 所示，门洞及窗洞位置都要绘制对应的点，以方便后面门洞与窗洞的创建。

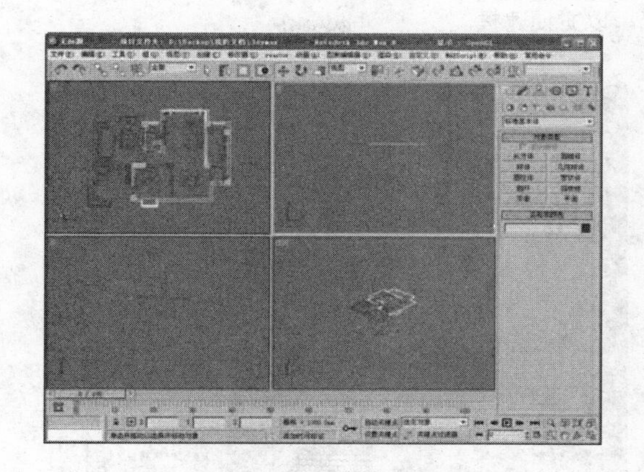

图 15-4　Cad 图样导入后效果

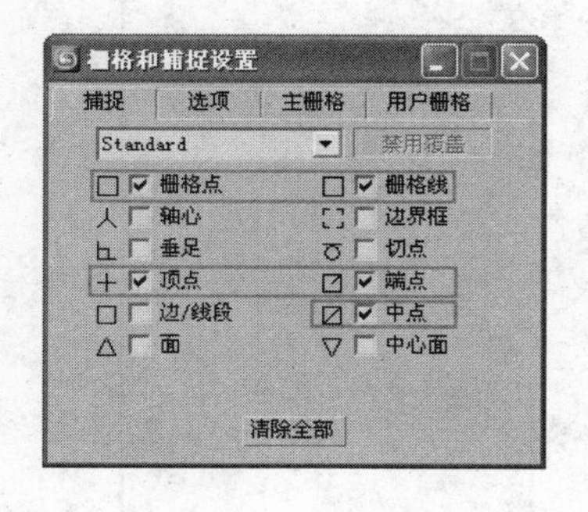

图 15-5　设置捕捉参数

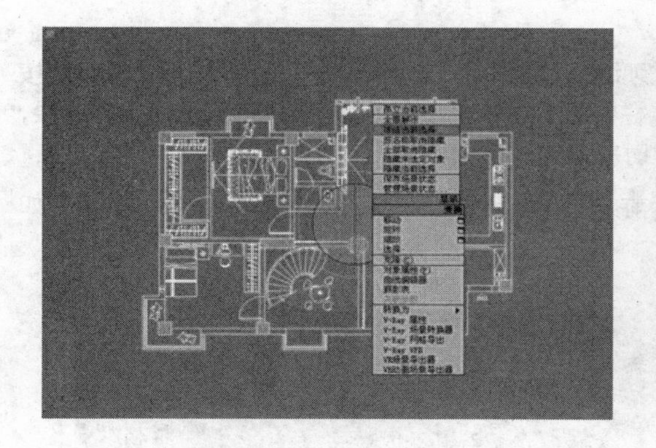

图 15-6　冻结当前所有线形

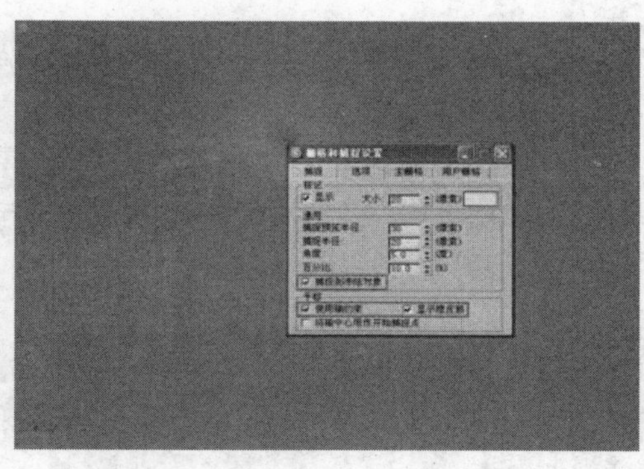

图 15-7　设置选项参数

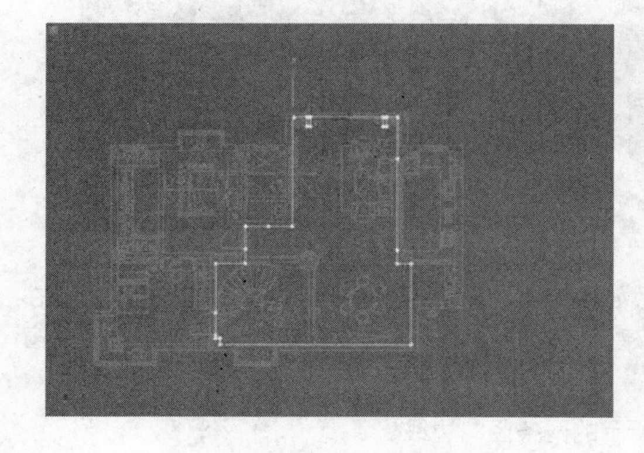

图 15-8　创建墙体线形

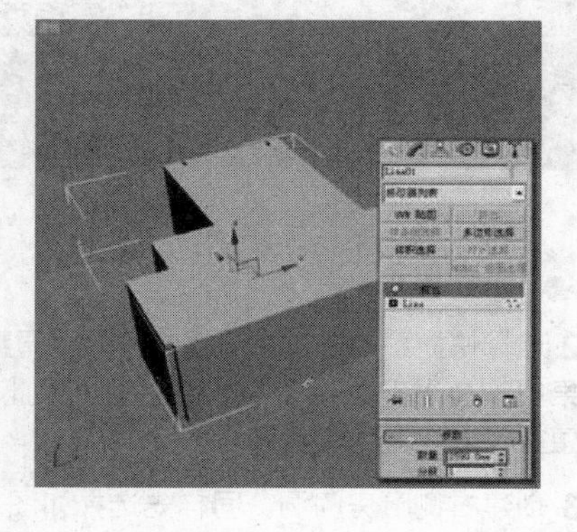

图 15-9　挤出效果

08 绘制好墙体形线后，为其添加【挤出】修改命令，根据客厅一级吊顶的高度，将其挤出 2590mm，

完成效果如图 15-9 所示。

09 选择墙体模型，单击鼠标右键，在弹出的快捷菜单中选择【对象属性】命令，在“对象属性”对话框中勾选【背面消隐】复选框，如图 15-10 所示，以方便建模。

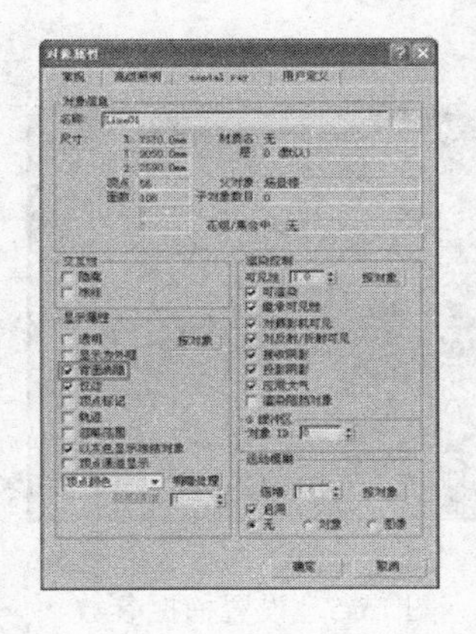

图 15-10　勾选【背面消隐】复选框

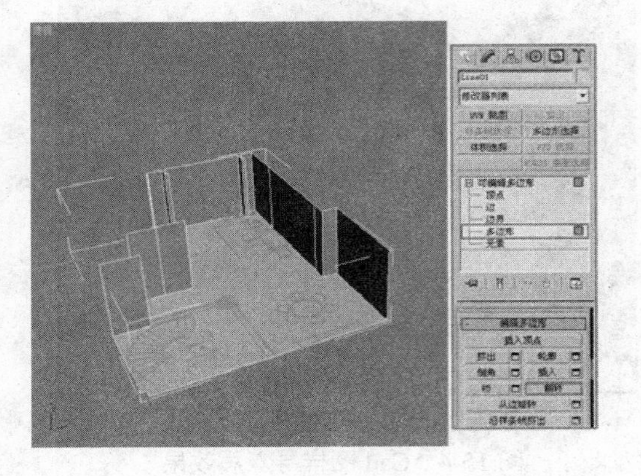

图 15-11　翻转方向

10 使用前面实例介绍的方法，将墙体【转化为可编辑多边形】，按 4 键进入其【多边形】层级，按 Ctrl+A 快捷键全选所有面，单击【编辑多边形】卷展栏中的【翻转】按钮，得到如图 15-11 所示的效果，这时就可以透视观察到模型内部面，在内部细节创建时就方便直观了。

11 创建门洞与窗洞等结构细节。首先创建客厅前方的落地窗洞，按 2 键进入【边】层级，选择如图 15-12 所示的两条竖向边线。

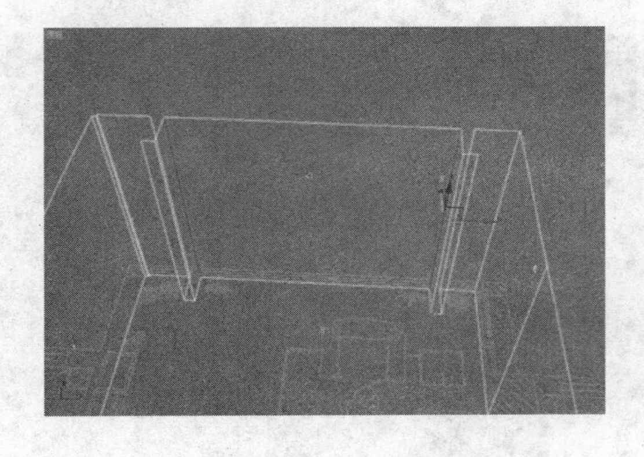

图 15-12　选择边

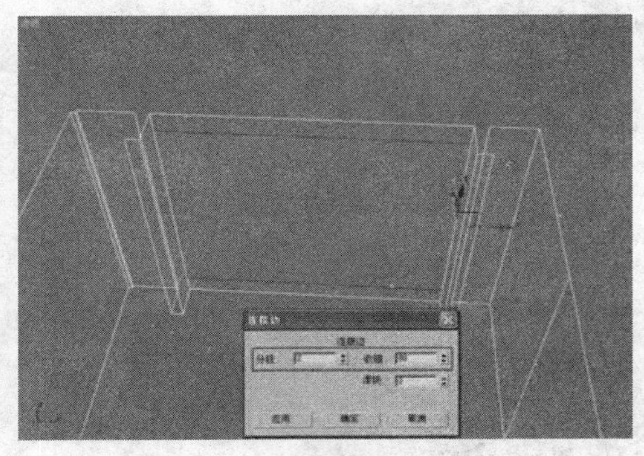

图 15-13　创建连接边

12 选择快捷菜单中的【连接】命令，调整其参数如图 15-13 所示，创建出两条横向连接边，由于在渲染结果中不会出现落地窗的具体造型，因此无需创建落地窗的细节，只需要调整出一个大小合理的窗洞，以便室外光线进入室内即可。

13 创建右侧厨房门洞，同样先选择如图 15-14 所示的两条竖向边线。

14 使用【连接】命令，设置参数如图 15-15 所示，创建一条横连接边，按 F 键切入至前视图，按 1 键进入【点】层级，选择如图 15-16 所示的顶点。

15 为了准确创建出门洞的高度，先将其捕捉移动至最低地平处，然后在主工具栏上的移动按钮上右击，在弹出的精确变换对话框中调整其参数如图 15-17 所示，完成门洞高度的调整。

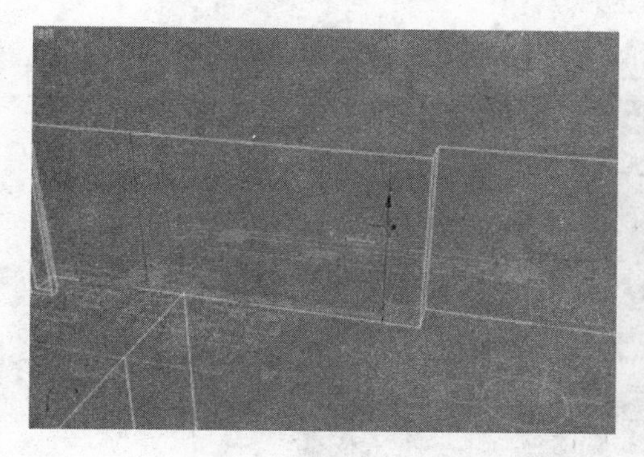

图 15-14　选择边线进行厨房门洞的创建

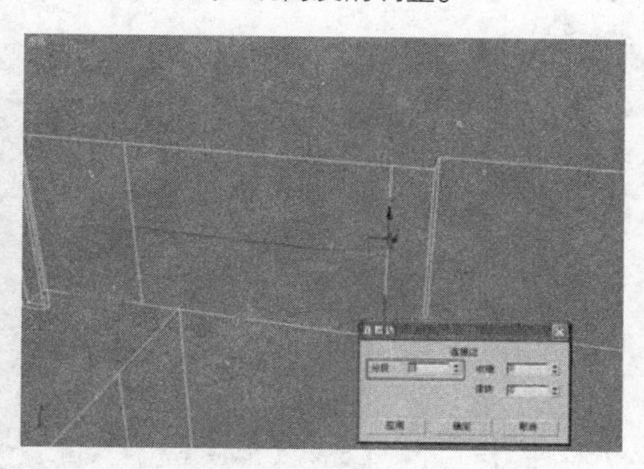

图 15-15　创建横向连接边

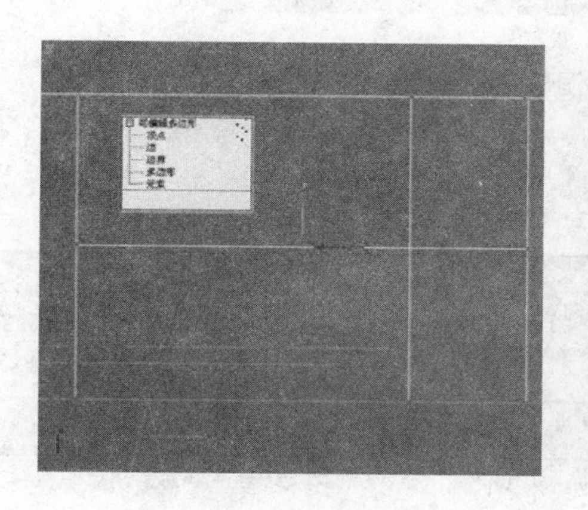

图 15-16　选择点

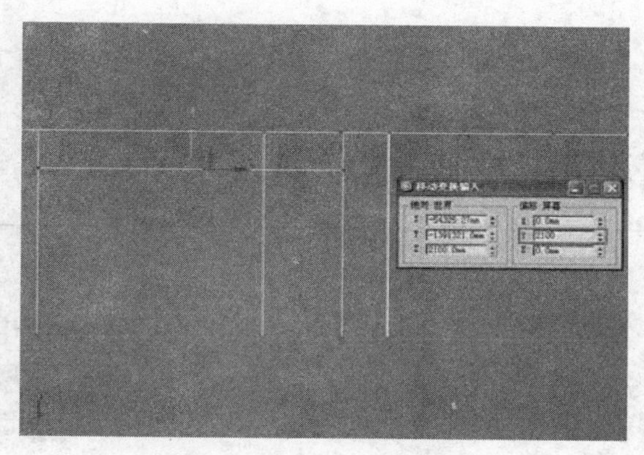

图 15-17　精确设置门洞高度

16 按 4 键切回【多边形】层级，选择如图 15-18 所示的门洞面片，再在顶视图中，选择鼠标右键菜单中的【挤出】命令，将其挤出-2250mm，完成厨房空间的创建，如图 15-19 所示。

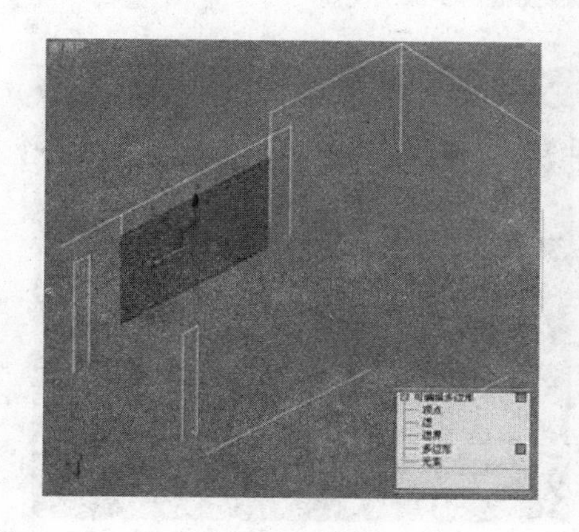

图 15-18　选择面

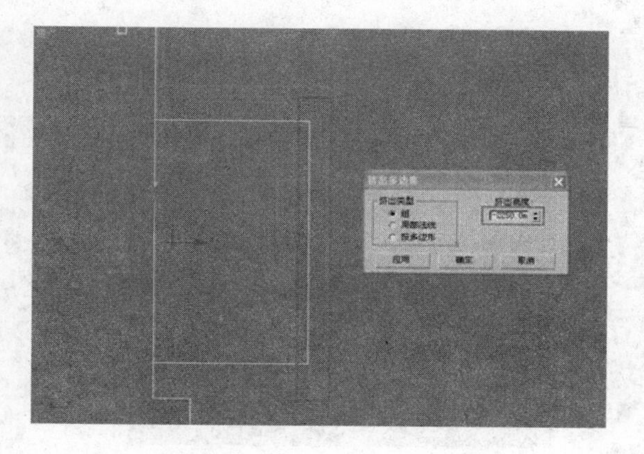

图 15-19　挤出厨房空间

17 利用类似的方式，制作客厅框架的其他门洞与窗洞，并对其进行删除挖空，完成效果如图 15-20 所示。

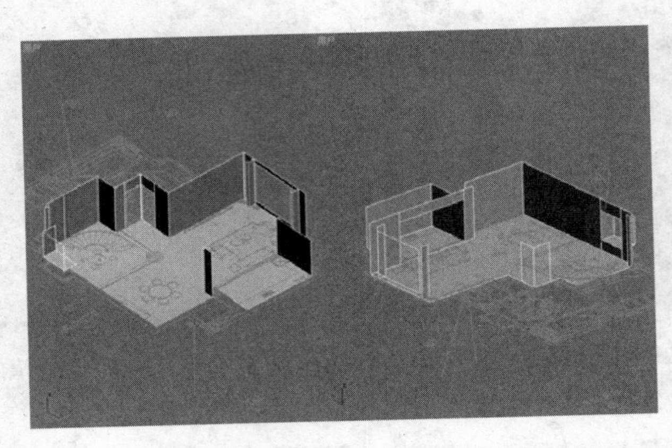

图 15-20　完成模型门洞与窗洞的制作

例146　制作电视背景墙

<table>
<tr><td rowspan="4"></td><td colspan="2">本例使用多边形建模方法，创建现代简约客厅电视背景墙模型。</td></tr>
<tr><td>文件路径:</td><td>场景文件\第 15 章\现代客厅\146 电视背景墙</td></tr>
<tr><td>视频文件:</td><td>AVI\第 15 章\146 制作简约客厅电视背景墙壁.avi</td></tr>
<tr><td>播放时长:</td><td>0: 11: 15</td></tr>
</table>

01 为了方便模型创建，这里先将模型和图样旋转 90，使电视背景墙位于上方。首先解冻所有物体，如图 15-21 所示，按 Ctrl + A 快捷键选择场景中所有物体，整体沿 Z 轴旋转 90 度。然后再选择墙体模型，按 Ctrl + I 快捷键反选 CAD 图样，将其再次冻结，完成效果如图 15-22 所示。

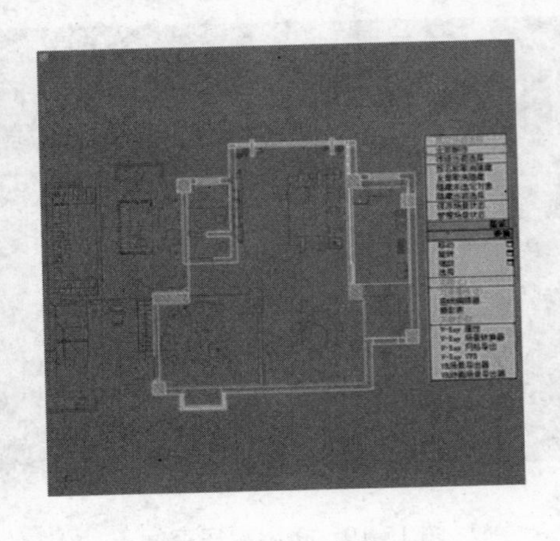

图 15-21　全部解冻

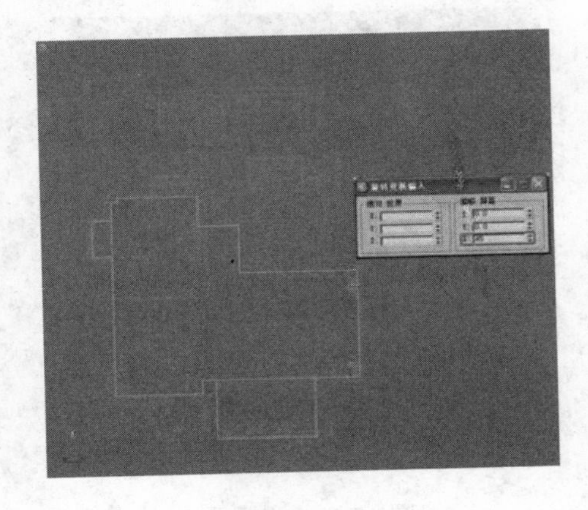

图 15-22　完成旋转

02 切换至顶视图，参考 CAD 图样电视背景墙造型，创建一段如图 15-23 所示的线形。

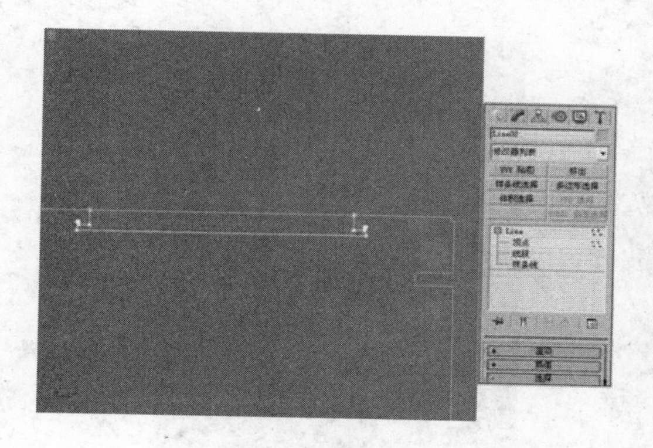

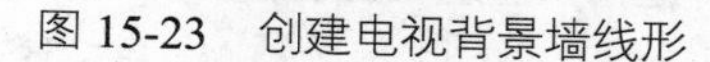
图 15-23　创建电视背景墙线形

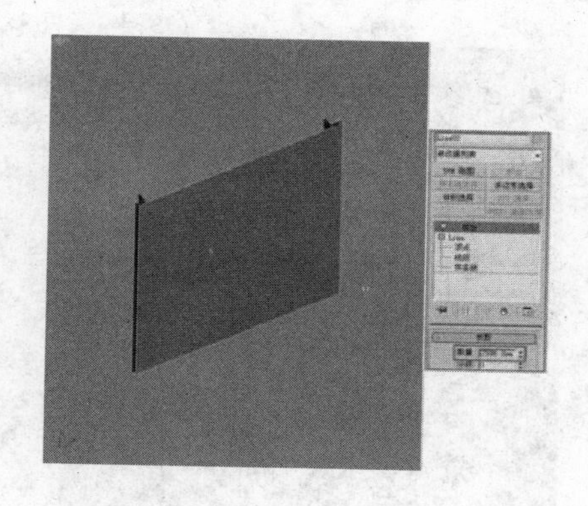

图 15-24　挤出造型

03 将绘制的线形【挤出】2600mm，得到如图 15-24 所示的造型，将其转换成【可编辑多边形】。

04 通过【连接】与【挤出】命令，对其进行细节刻画。首先选择背景墙造型前面上下两条横向边，使用【连接】命令创建如图 15-25 所示的两条竖向边。

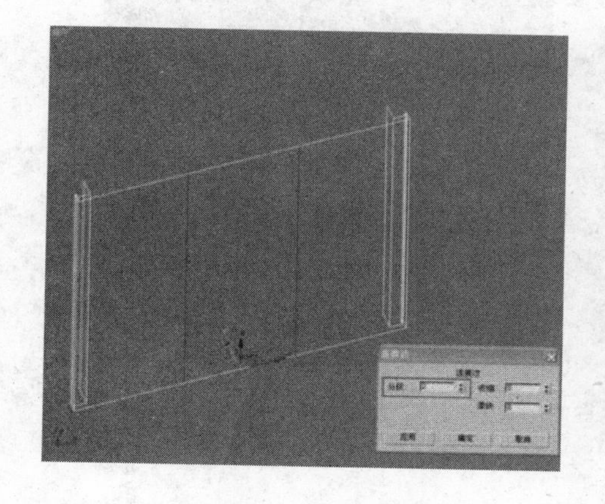

图 15-25　创建连接边

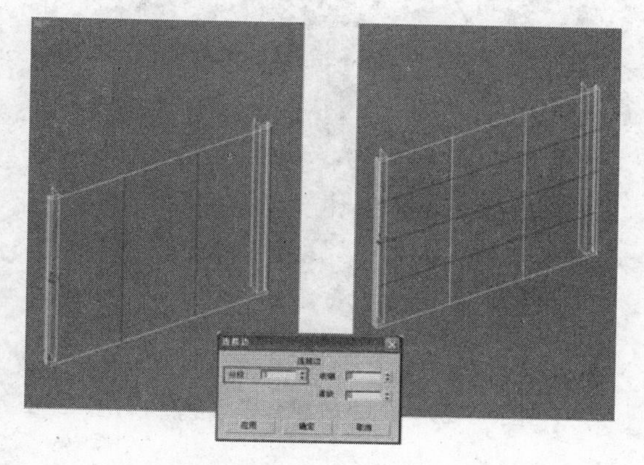

图 15-26　再次创建连接线

05 选择如图 15-26 所示的四条竖向边线，再次使用【连接】命令，完成电视背景墙的整体分割效果。

06 分割创建完成后，接着便通过捕捉与移动工具进行切割线的位置调整，具体的尺寸划分如图 15-27 所示，具体操作过程这里就不详细讲解了。

07 按 4 键进入多边形层级，选择如图 15-28 所示的面，首先按 T 键切换至顶视图，以便参考挤压的深度。

08 参考 CAD 图中线形的位置，选择【挤出】命令，调整其参数为-80mm，完成电视机摆放格的制作，如图 15-29 所示，接下来进行电视背景墙抽缝的制作。首先按 2 键进入【边】层级，选择如图 15-30 所示的边。

09 同样可以切换到顶视图，以便参考抽缝的深度，选择右键快捷菜单中的【挤出】命令，制作抽缝效果，具体参数设置如图 15-31 所示。

10 当前电视背景墙效果如图 15-32 所示，重复类似的操作，最终效果如图 15-33 所示，在这个过程中注意使用【移除】命令将造型多余的【边】进行移除，如图 15-34 所示。

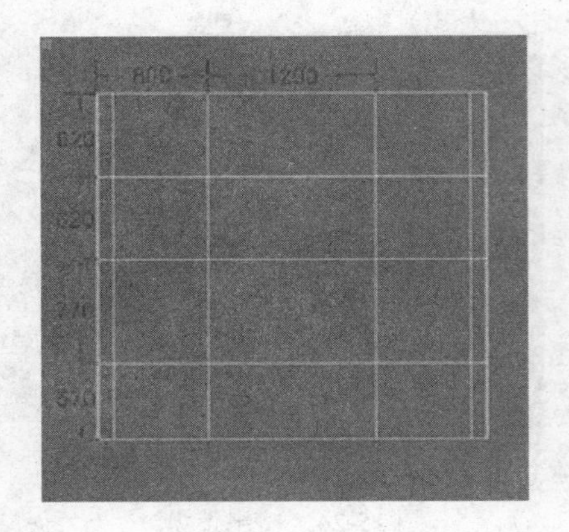

图 15-27　背景墙切割尺寸

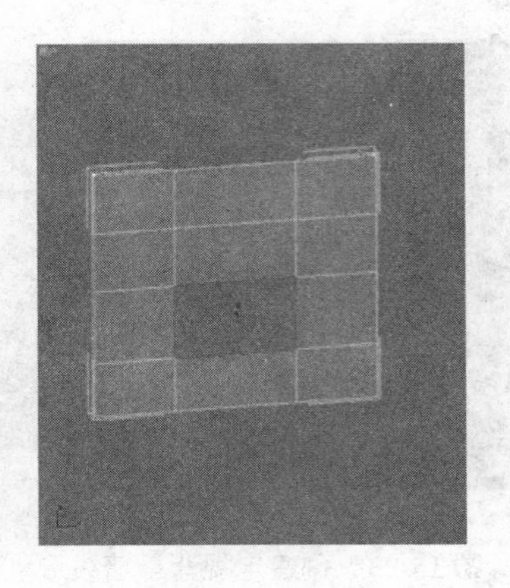

图 15-28　选择面

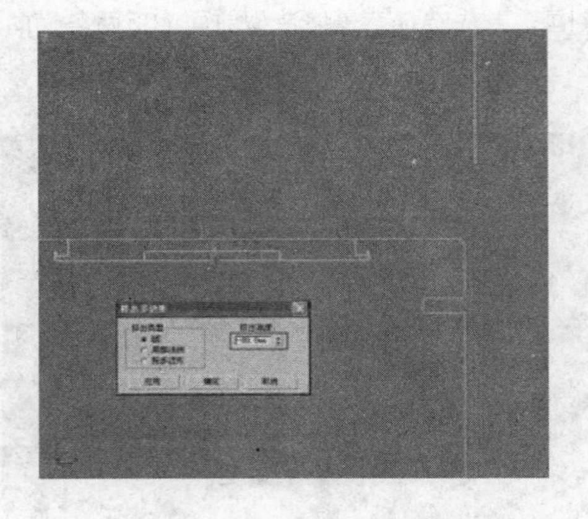

图 15-29　创建电视背景墙线形

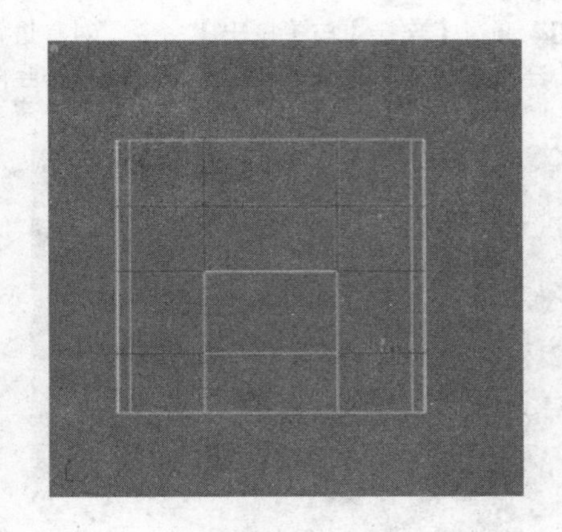

图 15-30　选择面

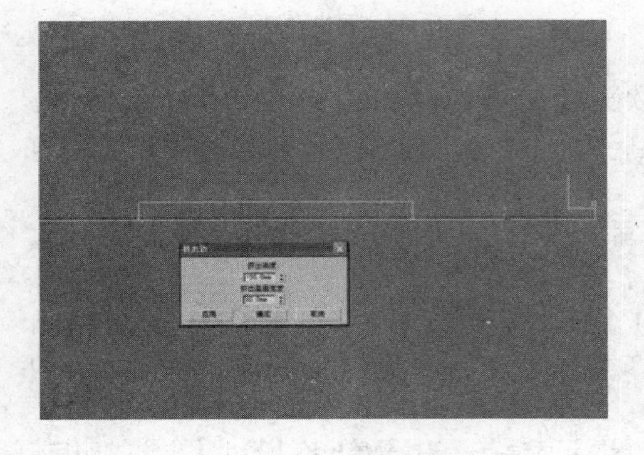

图 15-31　制作抽缝

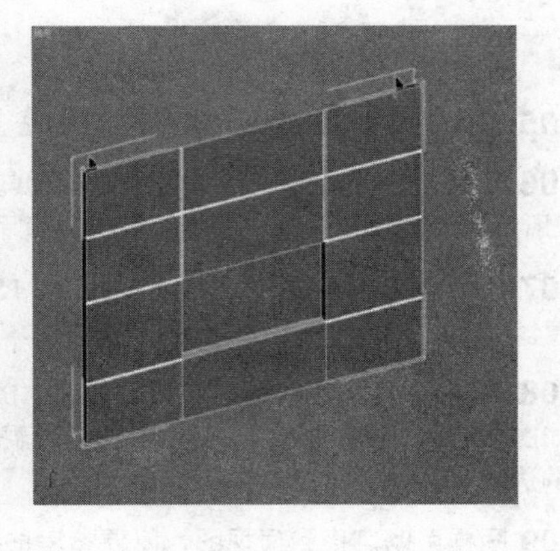

图 15-32　电视背景墙初步效果

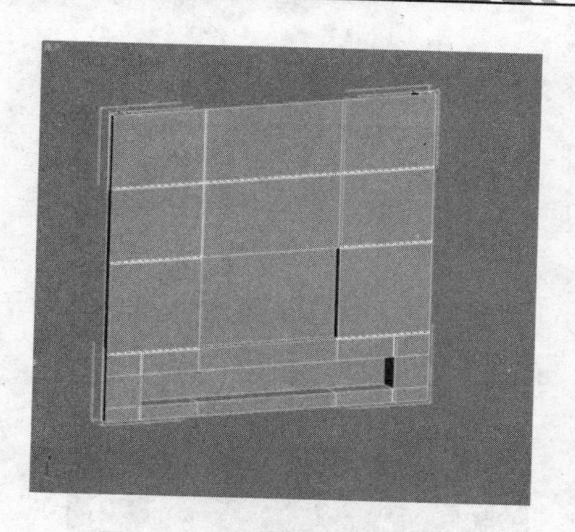

图 15-33　电视背景墙整体造型

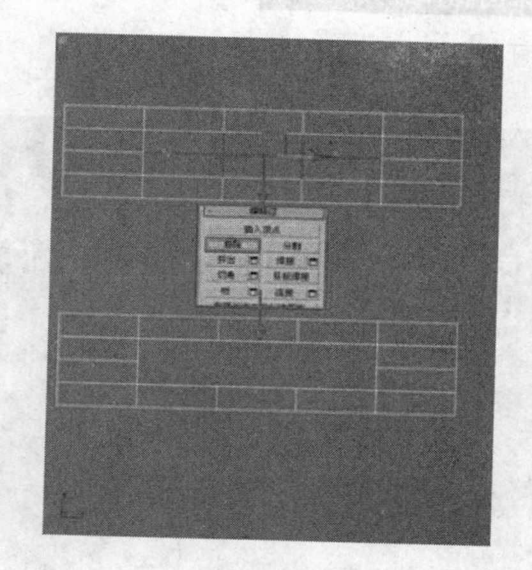

图 15-34　移除多余边

11 电视背景墙整体造型制作完成后，最后再用线制作抽缝间的镶丝效果，首先使用【线】创建工具配合捕捉工具创建如图 15-35 所示的线条。

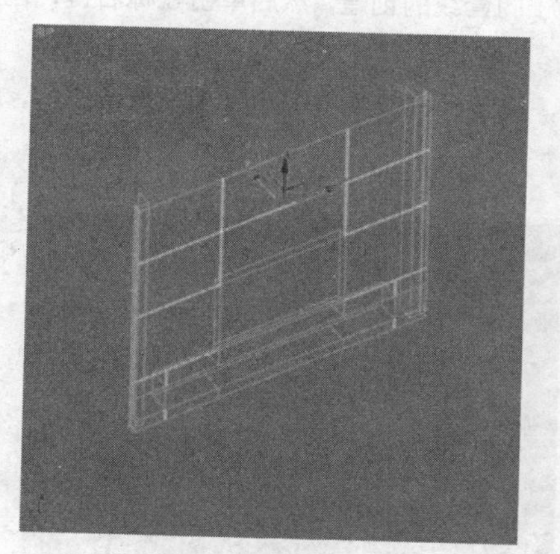

图 15-35　创建线条

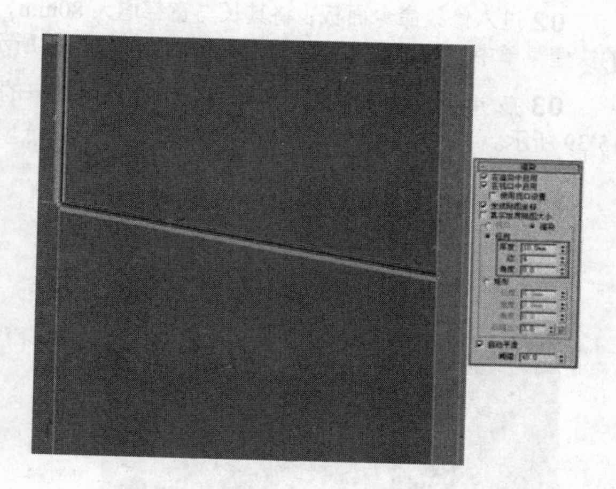

图 15-36　制作厚度与边数

12 进入【线】的修改面板，调整其【渲染】参数如图 15-36 所示，使线条产生厚度并呈现 4 边形的效果，电视背景墙制作完成。

例147　制作客厅厨房门

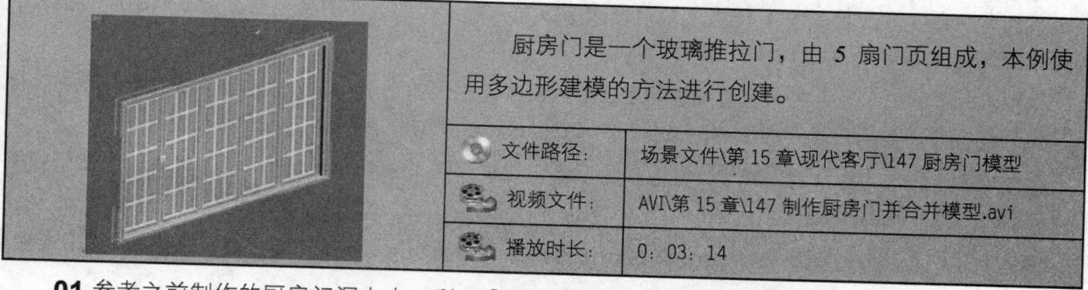

厨房门是一个玻璃推拉门，由 5 扇门页组成，本例使用多边形建模的方法进行创建。

文件路径：	场景文件\第 15 章\现代客厅\147 厨房门模型
视频文件：	AVI\第 15 章\147 制作厨房门并合并模型.avi
播放时长：	0：03：14

01 参考之前制作的厨房门洞大小，利用【矩形】工具与捕捉工具创建一个与门洞大小一致的长方

形，如图 15-37 所示。

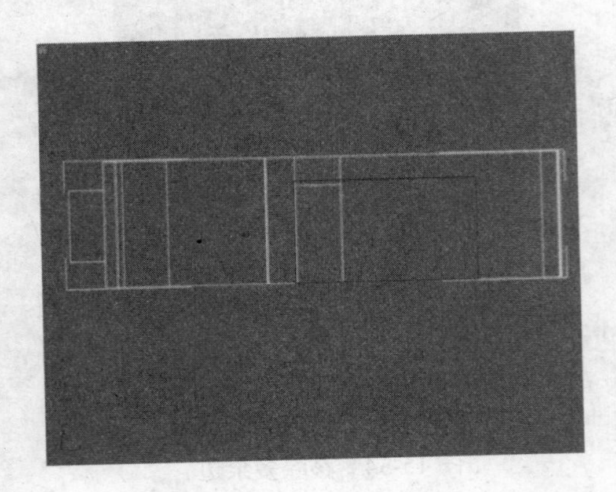

图 15-37　创建长方形

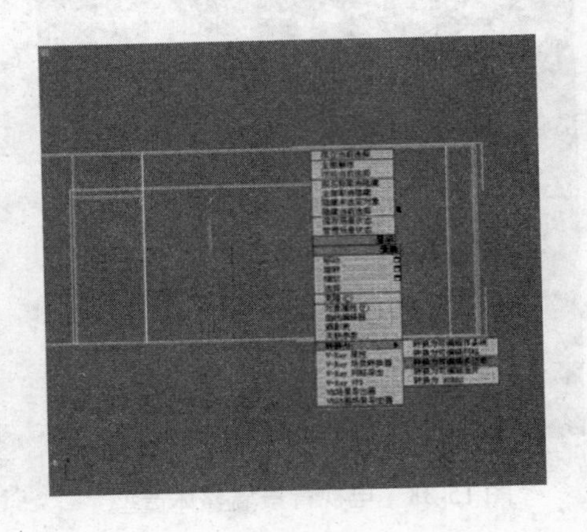

图 15-38　转换为多边形

02 进入修改命令面板，将其长与宽都增大 80mm，用于门套线的创建，然后单击鼠标右键，在弹出的快捷菜单中将其转换成可编辑多边形，如图 15-38 所示。

03 按 4 键进入【多边形】层级，选择当前唯一的面，在鼠标右键菜单中选择【插入】命令，如图 15-39 所示。

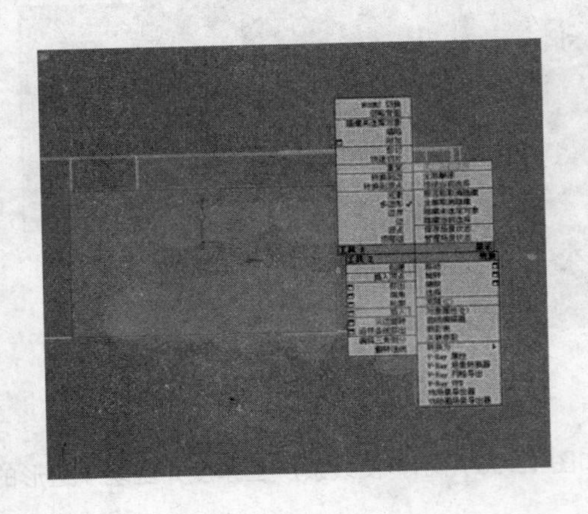

图 15-39　选择面进行插入

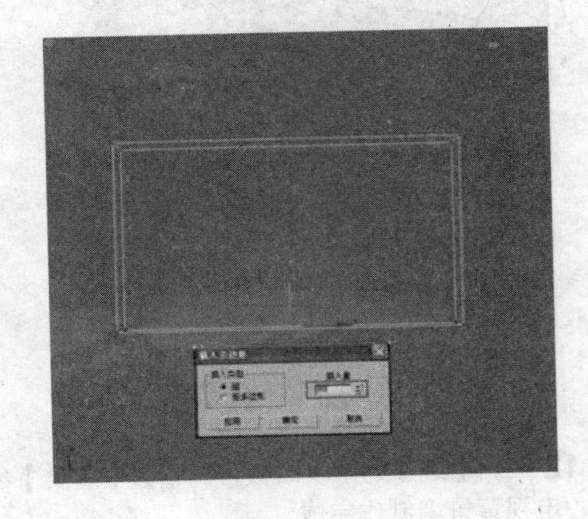

图 15-40　插入面并称动点

04 在弹出的【插入多边形】对话框中输入 80，制作出门套线的宽度，如图 15-40 所示。由于门框下方不会有门套线，因此在按 1 键进入顶点修改层级后，将多边形下侧的点下移。接下来制作门套线的厚度，首先选择如图 15-41 所示的外侧多边形。

05 添加【挤出】命令制作门套线的厚度，参数设置与效果如图 15-42 所示，门套线制作完成后，接下来便制作门套，首先选择如图 15-43 所示的多边形。

06 添加【挤出】命令制作厚度，具体参数设置与效果如图 15-44 所示，厨房门的整体轮廓造型如图 15-45 所示，接下来进行细化。

07 制作门页。选择如图 15-46 所示内侧多边形的上下两条横向边线，添加右键快捷菜单中的【连接】命令。

08 根据要创建的门页数量，设置连接边数量为 4，完成效果如图 15-47 所示。

图 15-41　选择外侧多边形

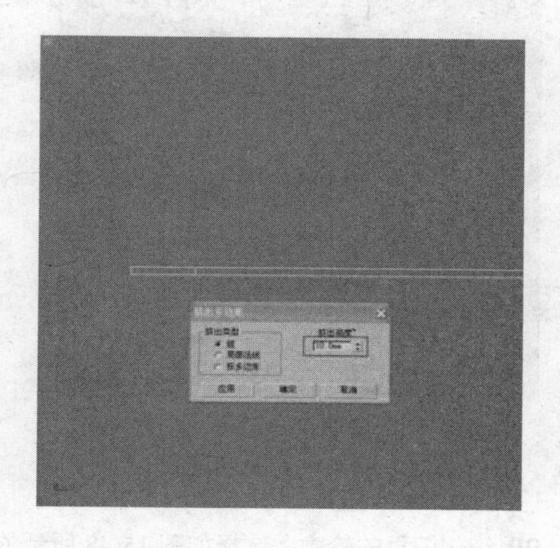

图 15-42　制作厚度与边数

图 15-43　选择多边形

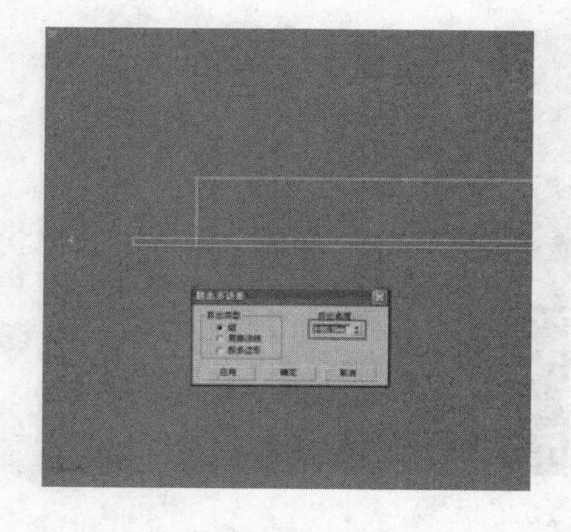

图 15-44　制作厚度与边数

图 15-45　厨房门整体轮廓

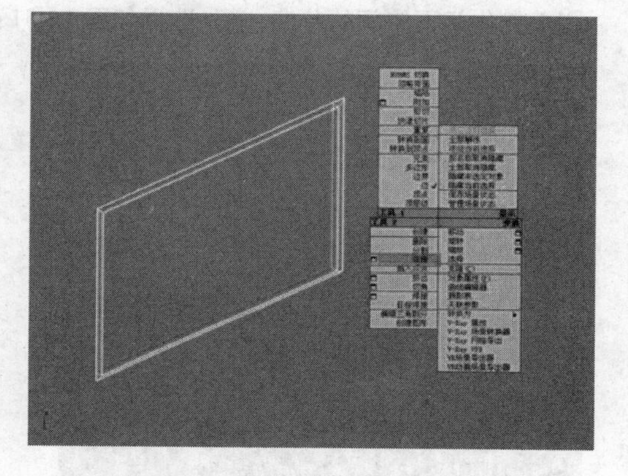

图 15-46　选择横边并进行连接

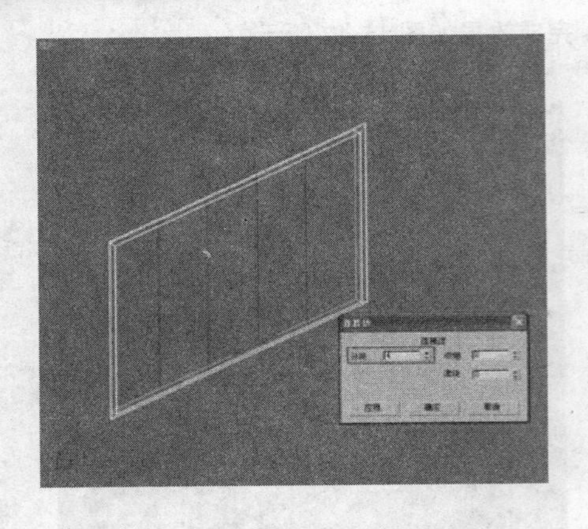

图 15-47 创建竖向连接边

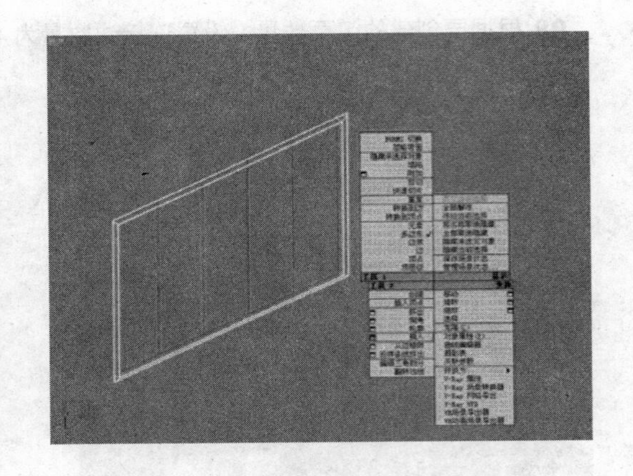

图 15-48 选择插入命令

09 细化门页的轮廓。选择如图 15-48 所示的面，为其添加鼠标右键快捷菜单中的【插入】命令。

10 通过插入制作门框造型，具体的参数设置如图 15-49 所示，得到的门页线型效果如图 15-50 所示。

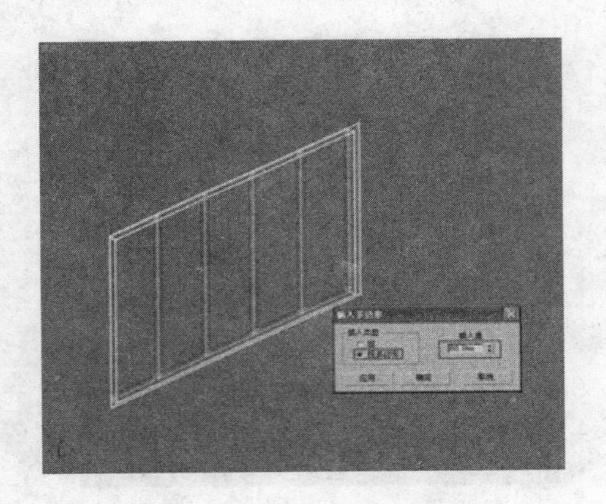

图 15-49 设置插入参数

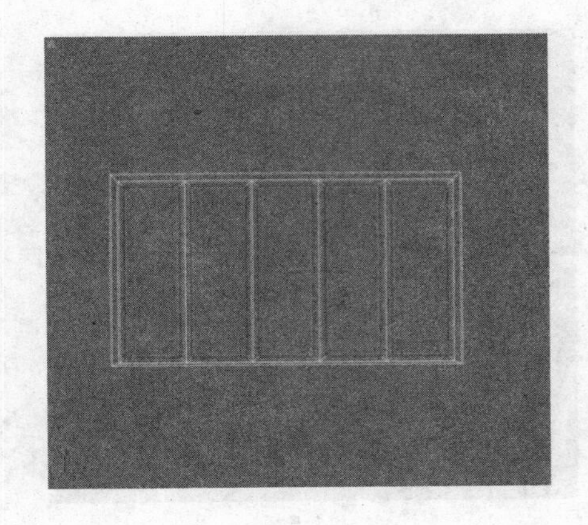

图 15-50 门框造型

11 制作门页中间的分格，首先选择如图 15-51 所示的多边形，利用【挤压】命令将其向内挤压 10mm。

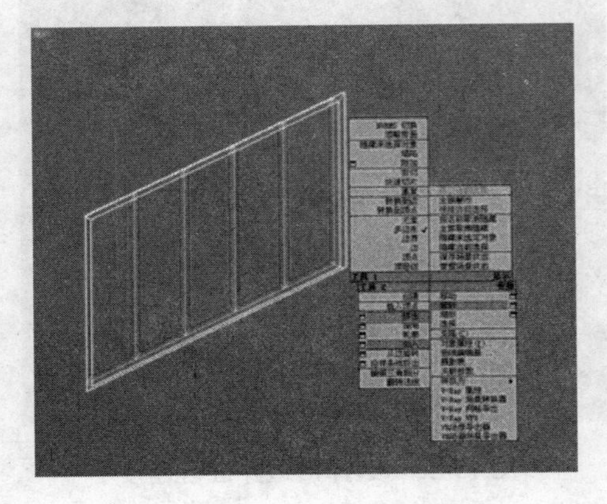

图 15-51 创建长方形

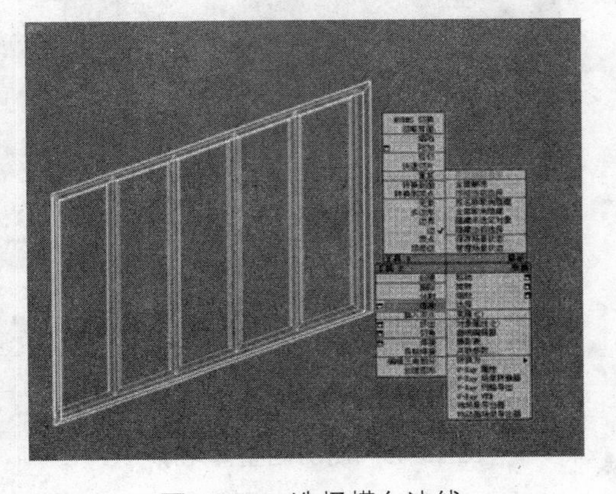

图 15-52 选择横向边线

12 选择向内挤入的每个多边形的上下两条横向边线，为其添加【连接】命令，以细化每个门页的横向格数，如图 15-52 所示。

13 调整连接参数为 2，将每个门页细化出 3 个横格，具体参数与效果如图 15-53 所示，然后再选择每个门页多边形的竖向边线，再次运用鼠标右键快捷菜单中的【连接】命令，细化竖向分格数，如图 15-54 所示。

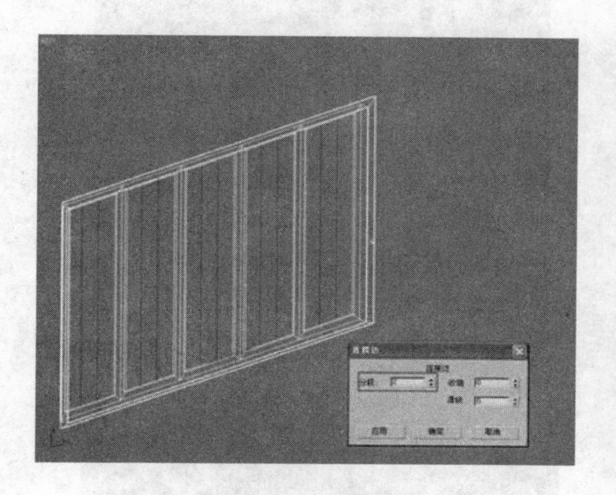

图 15-53　细化门页横向格数

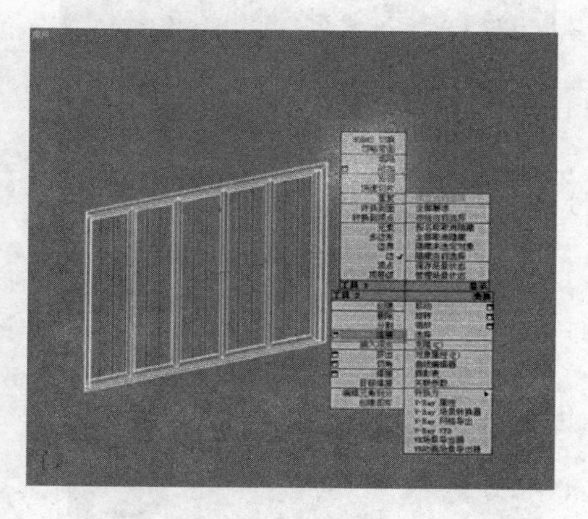

图 15-54　制作竖向分格

14 调整连接参数为 4，制作出 5 个横格，具体参数与效果如图 15-55 所示。

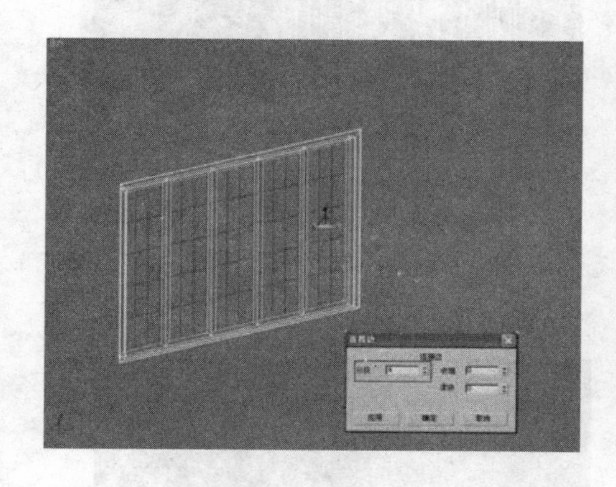

图 15-55　细化门页竖向格数

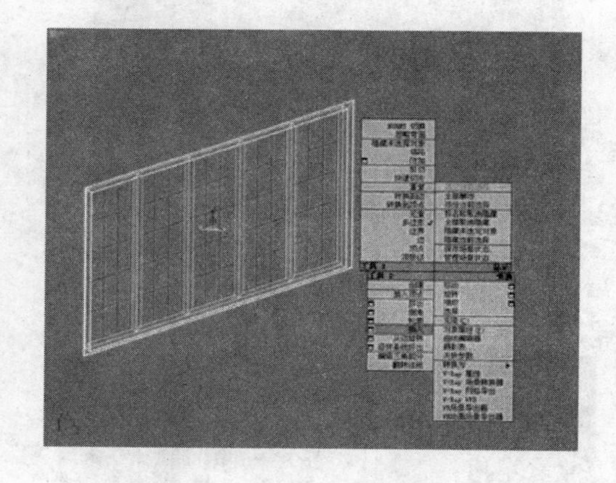

图 15-56　选择多边形执行插入

15 完成门页分格制作后，接下来添加【插入】命令，完成门页内部分格宽度的制作。首先选择创建好的门页分格的多边形，然后执行【插入】命令，如图 15-56 所示。

16 每个分格的宽度为 20mm，因此插入数值为 10mm，具体的参数设置如图 15-57 所示，插入完成的效果如图 15-58 所示。

17 完成了分格的宽度的制作后，保持当前选择的多边形，执行【倒角】命令，以完成其厚度与具体造型的制作，如图 15-59 所示。

18 具体倒角参数设置如图 15-60 所示，完成的细部效果如图 15-61 所示，最后为了材质赋予的方便，

选择最内部的多边形进入修改命令面板，执行【编辑几何体】卷展栏中的【分离】命令，将其分离出来，如图 15-62 所示。

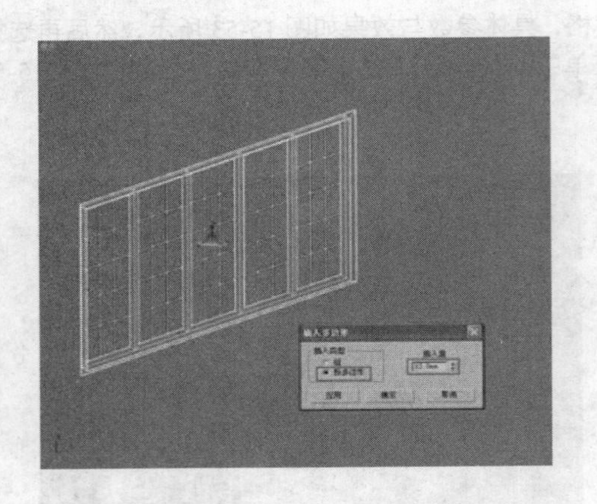

图 15-57　调整插入参数

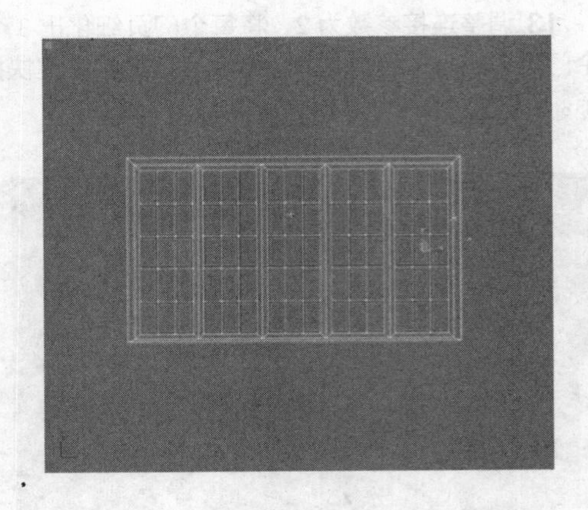

图 15-58　制作厚度与边数

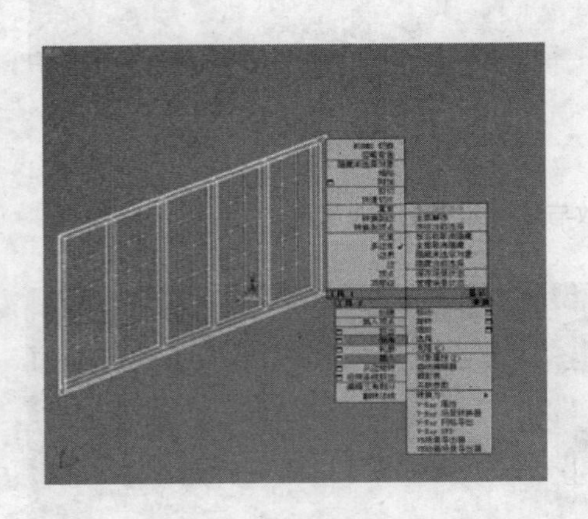

图 15-59　选择多边形执行倒角

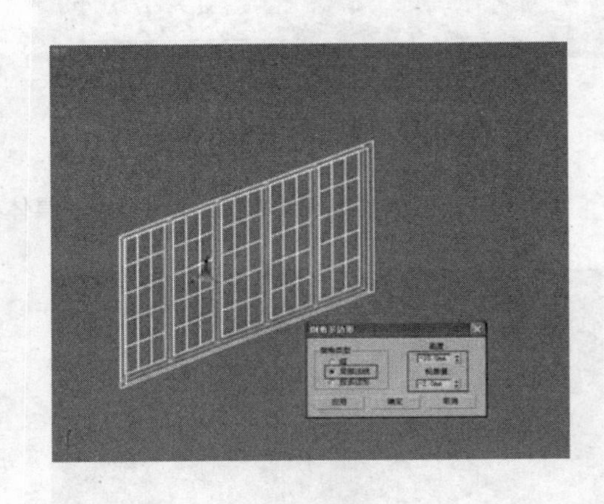

图 15-60　设置倒角参数

图 15-61　创建长方形

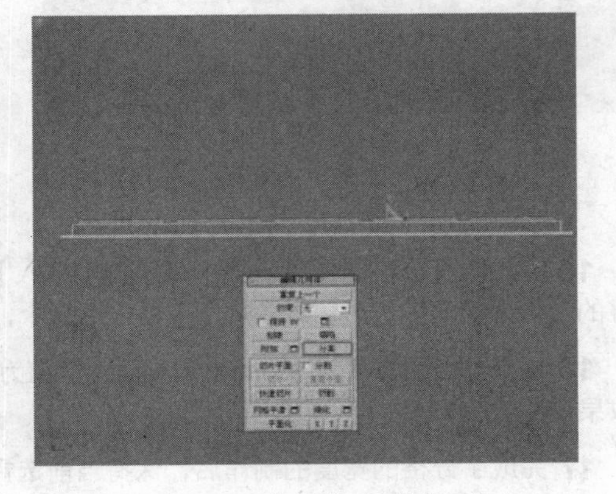

图 15-62　选择多边形进行分离

19 将分离的出的多边形命名为玻璃，如图 15-63 所示，至此厨房门的造型制作完成，整体造型效果如图 15-64 所示。

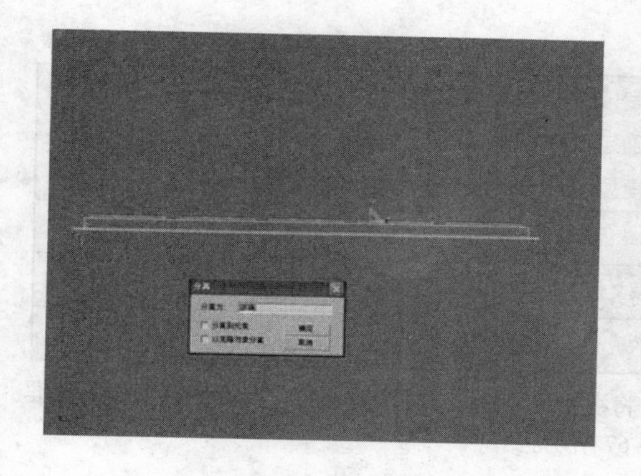

图 15-63　命名分离的多边形为玻璃

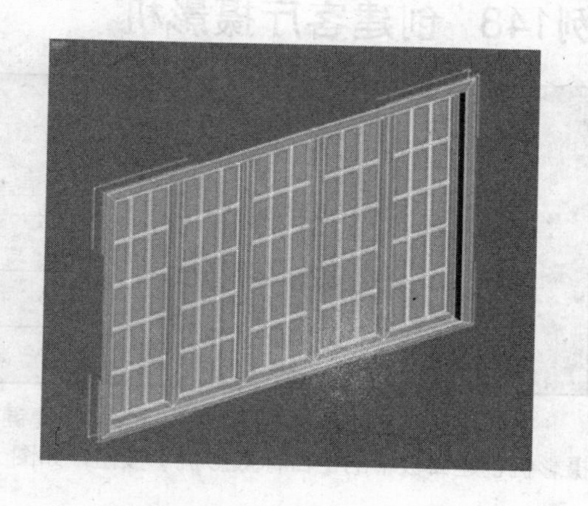

图 15-64　厨房门整体造型

20 在完成了电视背景墙与厨房门造型的制作后，当前模型空间的整体效果如图 15-65 所示。

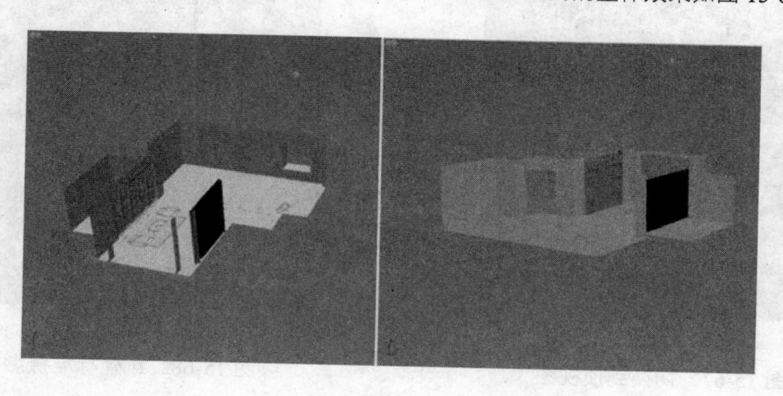

图 15-65　当前模型空间整体效果

21 逐步完成其他门窗的制作，然后再进行天花，地台、酒柜、楼梯以及踢脚线等结构造型的制作，完成模型整体效果如图 15-66 所示。

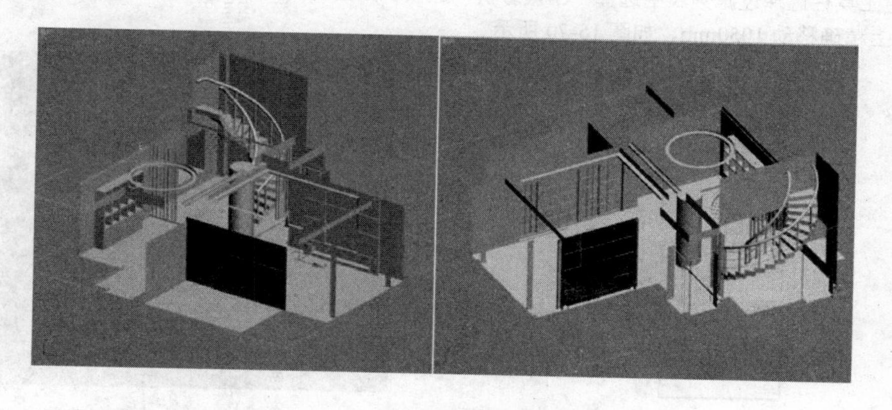

图 15-66　完整房屋框架结构造型

例148　创建客厅摄影机

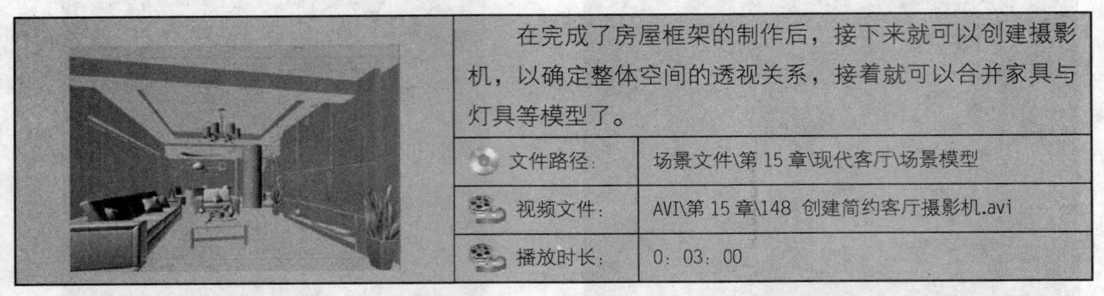

在完成了房屋框架的制作后，接下来就可以创建摄影机，以确定整体空间的透视关系，接着就可以合并家具与灯具等模型了。

文件路径:	场景文件\第 15 章\现代客厅\场景模型
视频文件:	AVI\第 15 章\148　创建简约客厅摄影机.avi
播放时长:	0：03：00

01 按 F 键切入至顶视图，按 Alt+W 快捷键，将视图最大化，以便观察模型空间布局，再单击标准摄影机创建面板中的【目标摄影机】按钮，如图 15-67 所示。

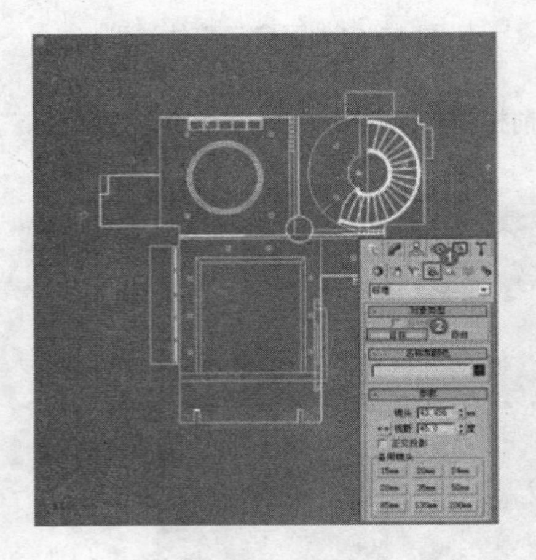

图 15-67　切换到顶视图

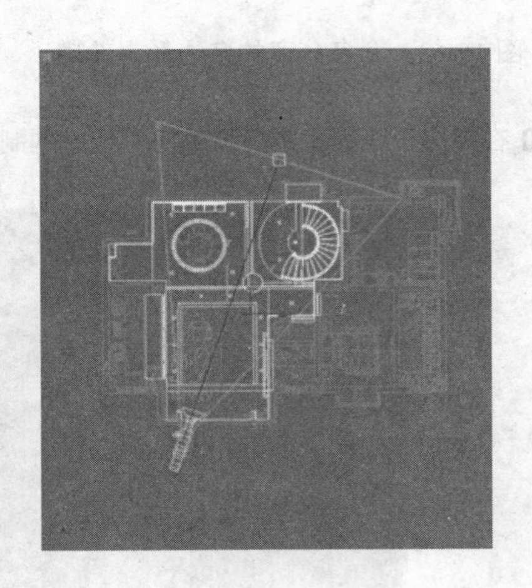

图 15-68　创建标准摄影机

02 在视图中从左下角往右上角方向拖曳，创建一架目标摄影机，如图 15-68 所示。

03 按 L 键切入左视图，下面对摄影机的高度进行调整。为了精确选择到场景中的摄影机，可以在 3ds max 主工具栏选择过滤列表中选择“C-摄影机”选项，如图 15-69 所示，框选摄影机及其目标点，将其在 Y 轴上精确移动 1050mm，如图 15-70 所示

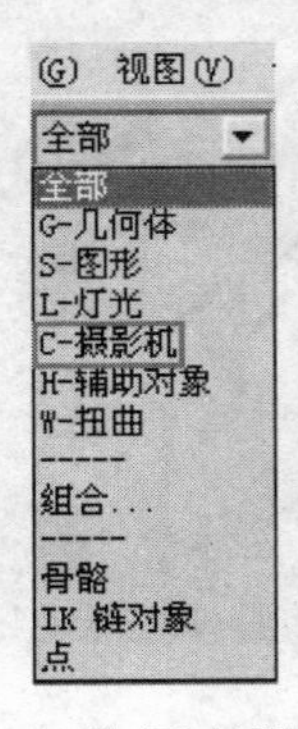

图 15-69　选择过滤至摄影机

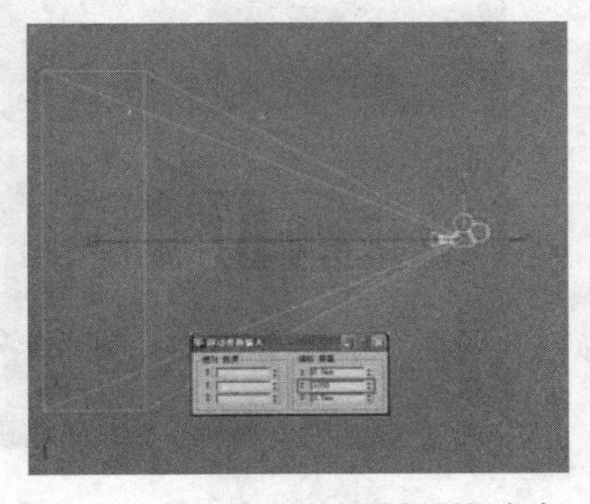

图 15-70　沿 Y 轴提升摄影机高度

04 调整【目标摄影机】高度后，按 C 键进入摄影机视图，再按 Shift+F 快捷键打开渲染安全框，摄影机视图当前显示如图 15-71 所示。

05 很显然当前的摄影机视野过窄，选择【目标摄影机】进入修改面板，将其【镜头】值调整至 20，如图 15-72 所示，可以看到此时的视野已经变得开阔起来，然后再利用视图控制区的摄影机工具进行视图远近的推拉，并按住鼠标滚轮进行视图的平移调整，调整摄影机视图效果如图 15-73 所示。

图 15-71　当前摄影机视图

图 15-72　调整镜头值

06 在调整的过程中，如果遇到如图 15-74 所示的透视失真情况，可以选择摄影机并单击鼠标右键，为其添加如图 15-74 中所示的【应用摄影机校正修改器】命令，纠正透视关系。

图 15-73　摄影机视图

图 15-74　添加校正透视修改器

07 在获得较满意的摄影机视图后，按 T 键切换至顶视图，根据 CAD 图样中家具布局，执行如图 15-75 所示的【文件】|【合并】命令，导入风格与造型都比较合适的家具、灯具等模型，完成整体空间模型的制作，在导入后，注意结合 CAD 图样和透视关系对合并模型进行比例和方向上的调整。

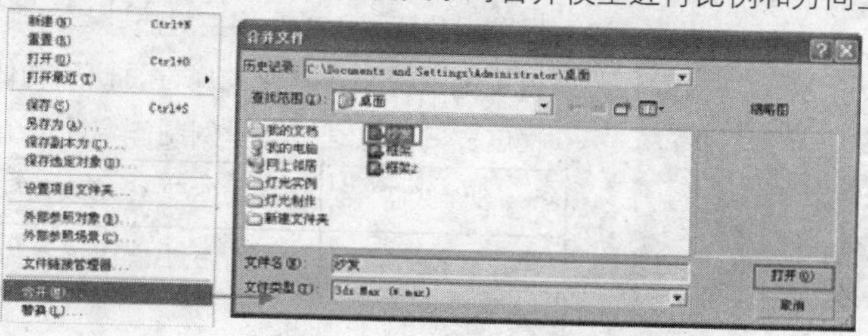

图 15-75　合并家具

08 模型合并完成后，如图 15-76 所示通过用户视图可以观察整体模型的全貌，判断是否要进行比例上的调整。

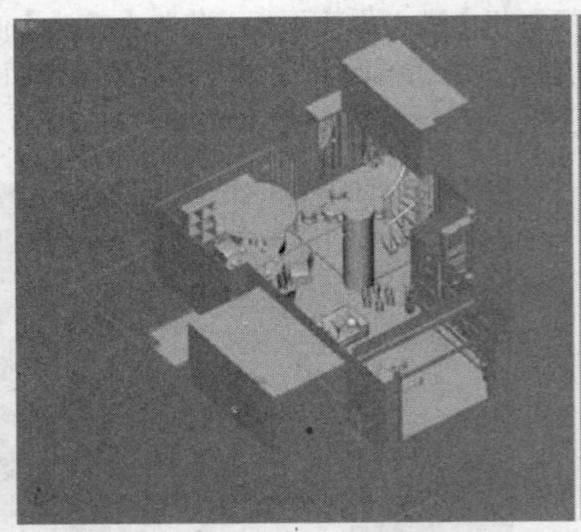
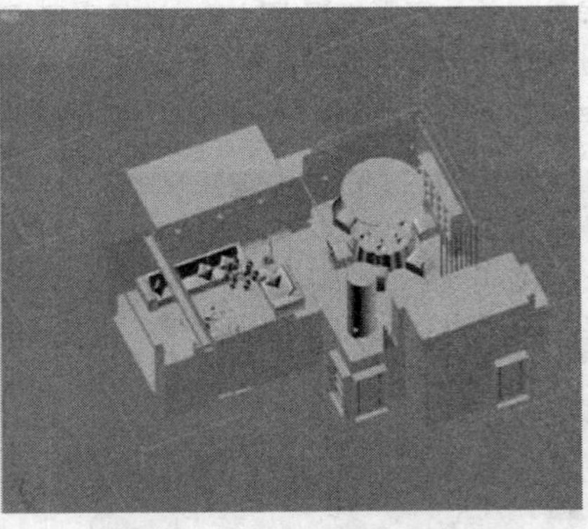

图 15-76　导入家具以及灯具等模型

09 按 C 键切入摄影机视图，按 Shift+F 打开【渲染安全框】，摄影机视图显示如图 15-77 所示，此时画面宽度比例过大，客厅显得比较低矮，因此还需要调整渲染长宽比，确定最终的构图。

图 15-77　摄影机视图

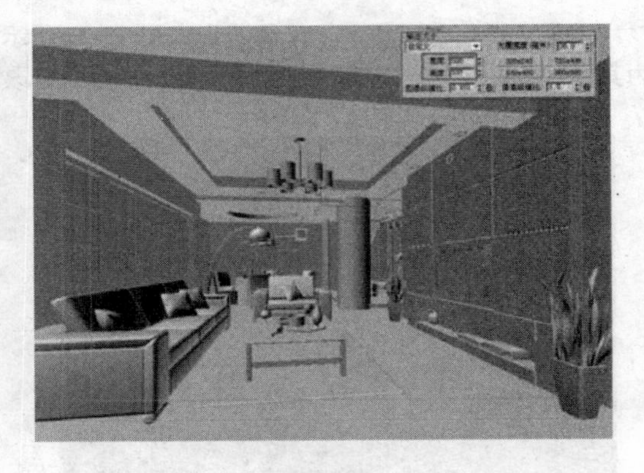

图 15-78　调整渲染长宽比

10 按 F10 打开渲染面板，调整【输出大小】参数组，具体参数设置与最终的视图如图 15-78 所示。

例149　编辑客厅材质

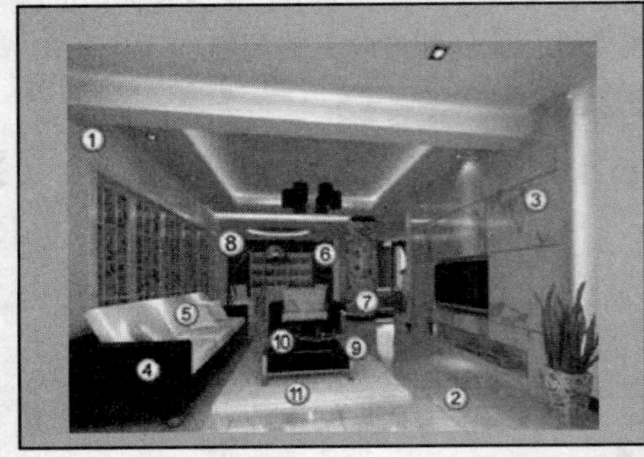

材质是物体材料真实属性的反映。无论是使用 3ds max 标准材质还是 VRay 相关材质，都必须以物理世界为依据，真实地表现物体材质的属性，比如物体表面的颜色、光滑程度、凹凸纹理等。本例制作客厅各个模型的材质。

文件路径：	场景文件\第 15 章\现代客厅\场景模型
视频文件：	AVI\第 15 章\149 制作简约客厅材质.avi
播放时长：	0：24：22

01 为了便于读者查阅材质的相关参数，这里将本例场景材质编号如图 15-79 所示，下面按照图中编

号分别编辑相应的材质。

图 15-79　场景材质编号

02 因为本例是使用 VRay 渲染器进行渲染，所以在编辑材质前，应当安装并将指定 VRay 渲染器，否则无法使用 VRay 材质。指定当前渲染器为 VRay 渲染器的步骤如图 15-80 所示。

03 制作的是墙面与天花板使用的白色乳胶漆材质，其具体参数如图 15-81 所示，调整【漫反射】颜色即可。

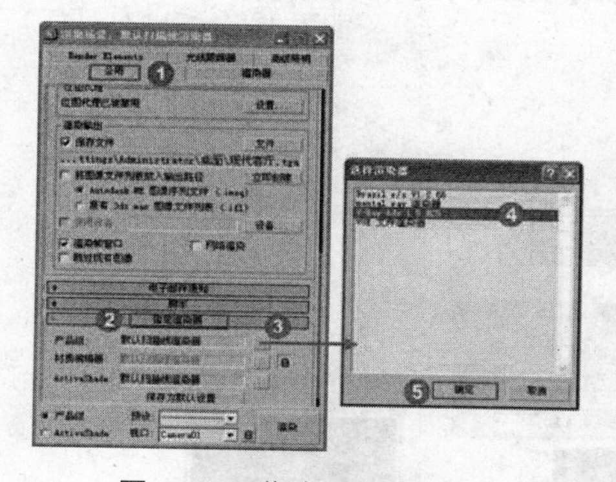

图 15-80　指定 VRay 渲染器

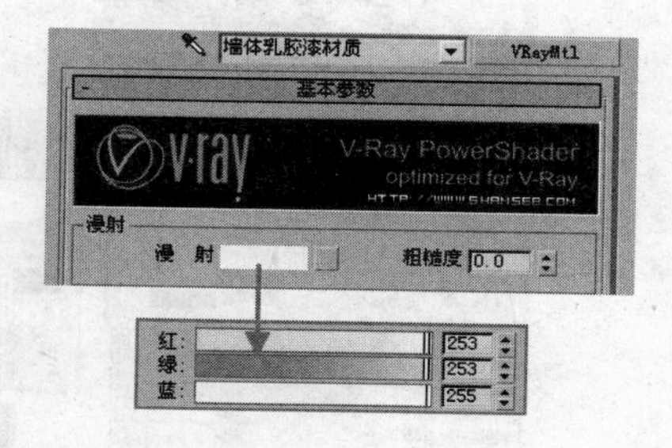

图 15-81　乳胶漆材质

04 客厅地板的玻化砖材质，其材质参数与材质球效果如图 15-82 所示，在【漫反射】贴图通道使用【平铺】贴图进行砖纹与砖缝的制作，并在【反射】贴图通使用【衰减】程序贴图进行【菲涅尔】反射效果的制作，将材质赋予地板模型后，为其添加【UVW】贴图，在【贴图】选项组下选择【长方体】贴图方式，长与宽数值设置为 800，高设置为 1 即可。

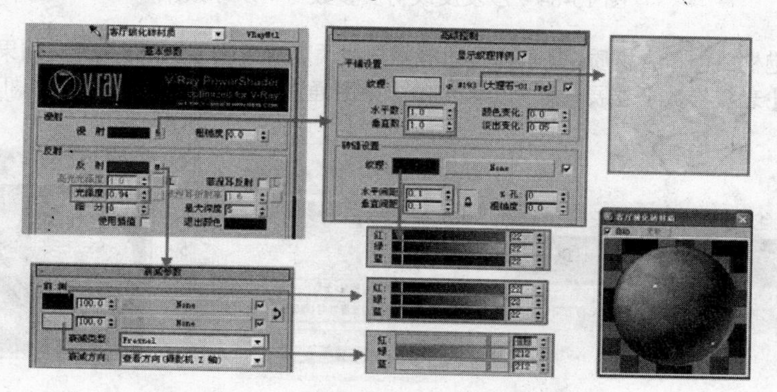

图 15-82　玻化砖材质参数与材质球效果

05 在材质编辑器选择一个空白材质球，编辑电视背景墙白色大理石材质参数与材质球效果如图 15-83 所示。

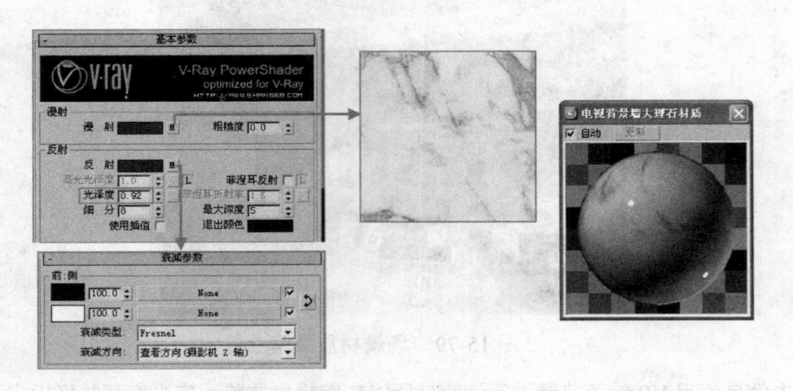

图 15-83　背景墙大理石材质参数与材质球效果

06 设置沙发黑色皮纹材质，其具体材质参数与材质球效果如图 15-84 所示，将其赋予沙发相关的模型后，为其添加【UVW】贴图，在【贴图】选项组下选择【长方体】贴图方式，长、宽、高数值均设为 1200。

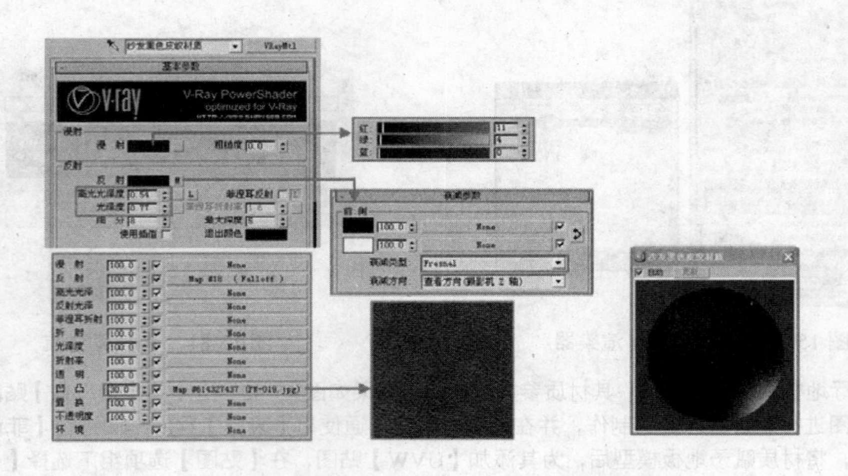

图 15-84　沙发皮纹材质参数与材质球效果

07 沙发与抱枕白色布纹材质，其具体材质参数与材质球效果如图 15-85 所示，如果要添加布料花纹效果，只需在其【衰减参数】卷展栏第一个颜色的【贴图通道】指定对应的花纹贴图即可。

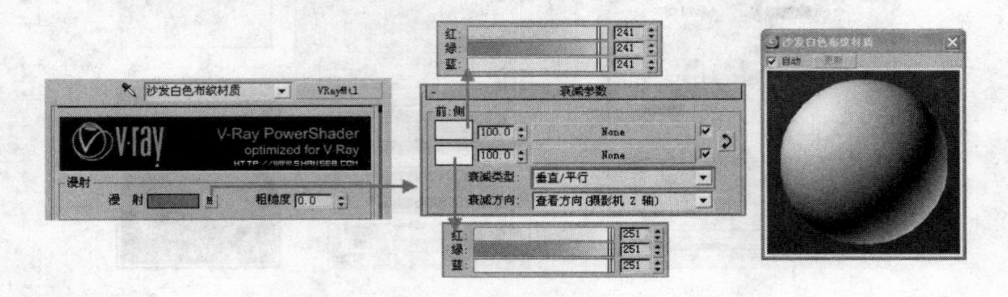

图 15-85　沙发白色布纹材质参数与材质球效果

08 设置酒柜背景墙木纹材质，其具体材质参数与材质球效果如图 15-86 所示，将材质赋予背景墙模型后，为其添加【UVW】贴图，在【贴图】选项组下选择【长方体】贴图方式，长、宽、高数值分别设为 2600、600、1。

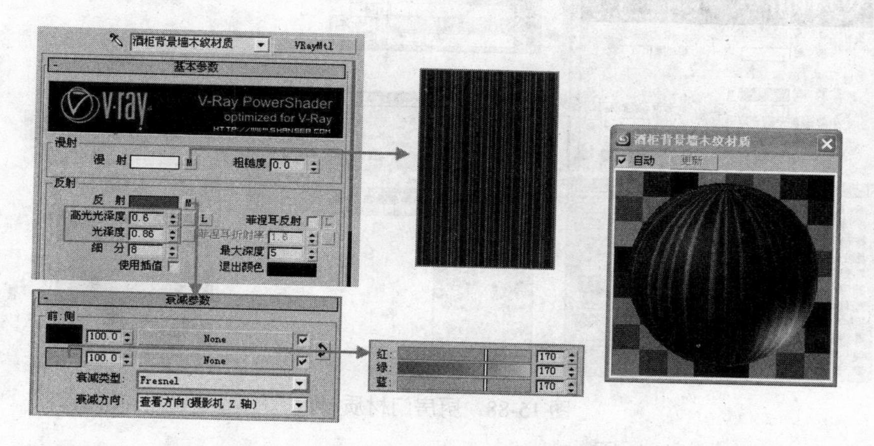

图 15-86　酒柜背景墙木纹材质参数与材质球效果

09 设置廊柱艺术玻璃材质，其具体材质参数与材质球效果如图 15-87 所示，利用【VR 混合材质】表现黑色花纹与白色底纹效果，赋予廊柱材质后为其添加【UVW】贴图，在【贴图】选项组下选择【圆柱体】贴图方式，长、宽、高数值分别设为 400、300、1734。

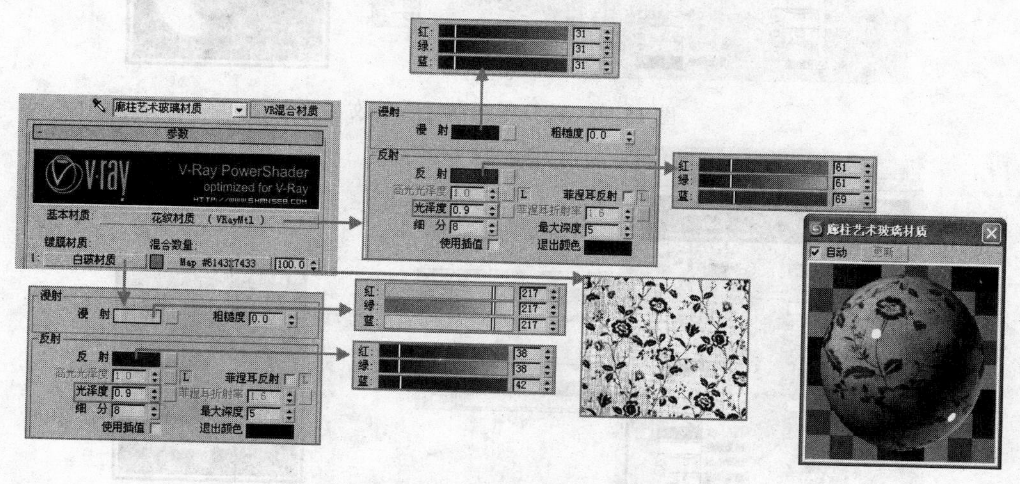

图 15-87　廊柱艺术玻璃材质参数

10 选择一个空白材质球设置厨房门材质，其具体材质参数与材质球效果如图 15-88 所示，该材质同时也是酒柜的材质，在视图中显示贴图效果，然后利用【UVW】修改器进行贴图大小的调整。

11 设置茶几材质，首先设置茶几支架的不锈钢材质，其具体材质参数与材质球效果如图 15-89 所示。

12 设置茶几玻璃材质，其具体材质参数与材质球效果如图 15-90 所示。

13 用【VRay 毛发】物体制作地毯的绒毛效果，具体参数设置如图 15-91 所示，为地毯制作绒毛效果后不要忘记为其指定一个材质控制毛发的颜色，本例指定的是一个【漫反射】为白色的 VRayMtl 材质。

14 本例场景空间主体材质便制作完成，未介绍参数的材质大家可以参考配套光盘提供的场景文件，接下来布置场景灯光。

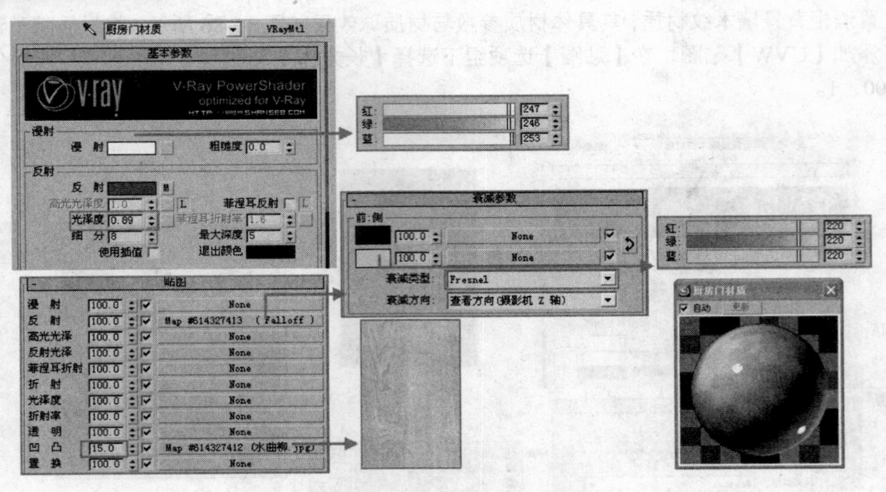

图 15-88　厨房门材质参数

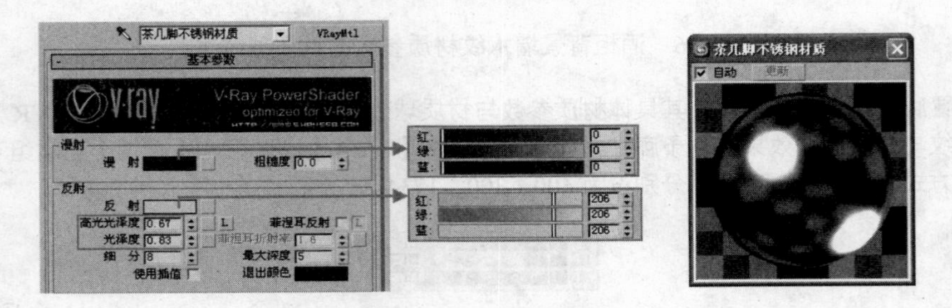

图 15-89　茶几不锈钢材质参数

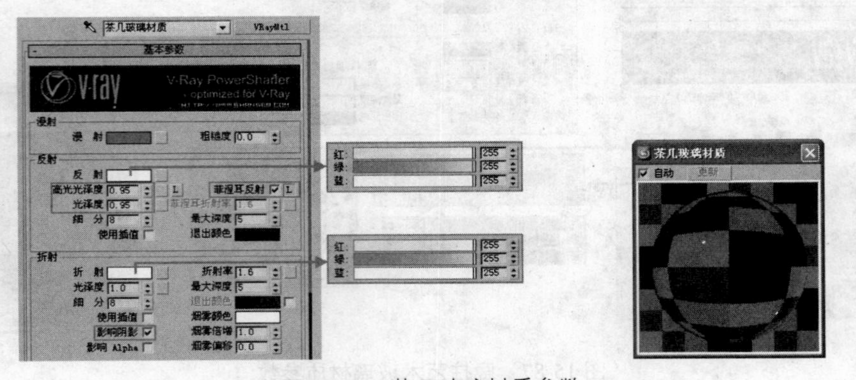

图 15-90　茶几玻璃材质参数

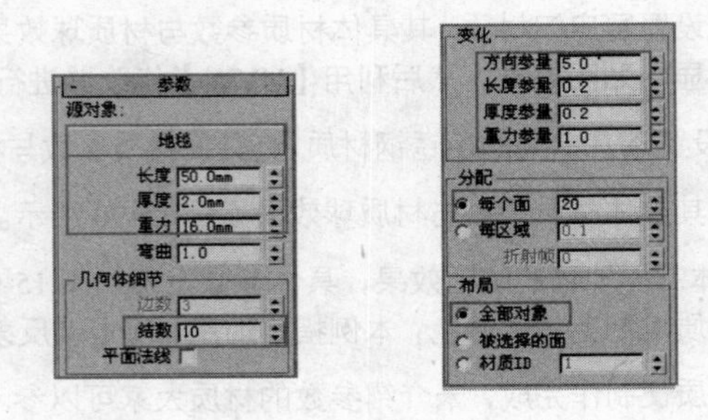

图 15-91　VRay 毛发设置参数

例150　布置客厅灯光

本例表现的是客厅日景效果，场景光源由室外日光与室内人工光源组成，形成光影丰富、冷暖对比强烈的效果。读者可从中学习到天空光、灯带、筒灯、射灯等各类不同类型灯光的制作方法。

文件路径：	场景文件\第 15 章\现代客厅\场景模型
视频文件：	AVI\第 15 章\150 制作简约客厅灯光.avi
播放时长：	0：20：19

01 为了在布置灯光的过程中能够快速预览灯光效果，需要设置一个较低的测试渲染参数。按 F10 键打开渲染对话框，再选择其中的【渲染器】选项卡，设置灯光测试渲染参数如图 15-92 所示，未标明的参数保持默认即可。

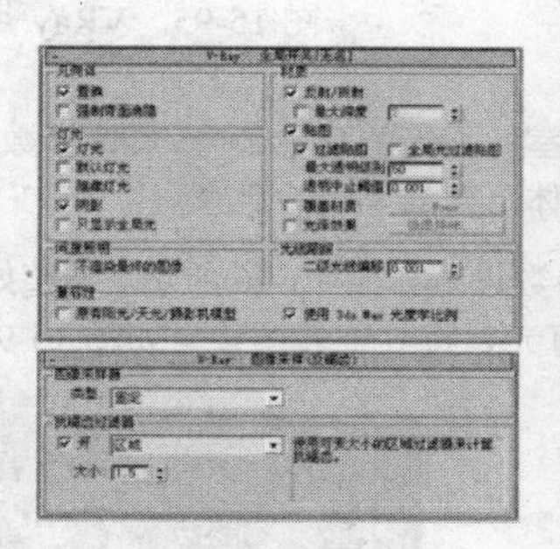

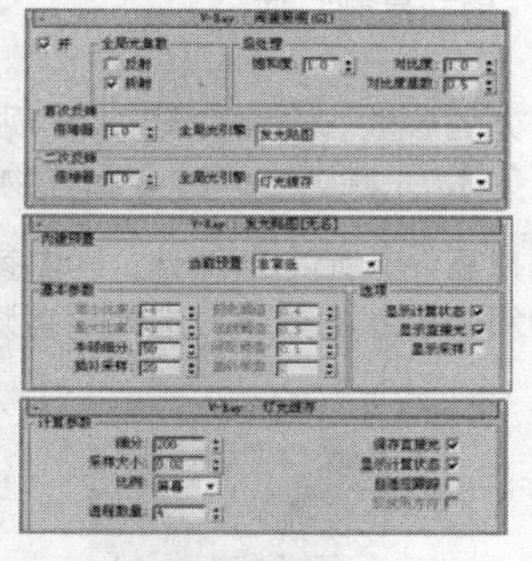

图 15-92　设置灯光测试渲染参数

技　巧：商业室内效果图渲染中，常选用 Irradiance map 与 Light cache 组合，以获得渲染速度与质量的最佳平衡。

02 创建室外天空光。单击【VR 灯光】创建按钮，在前视图中根据落地窗大小创建一盏片光，然后在左视图中调整其与窗口的位置，灯光的具体位置如图 15-93 所示。

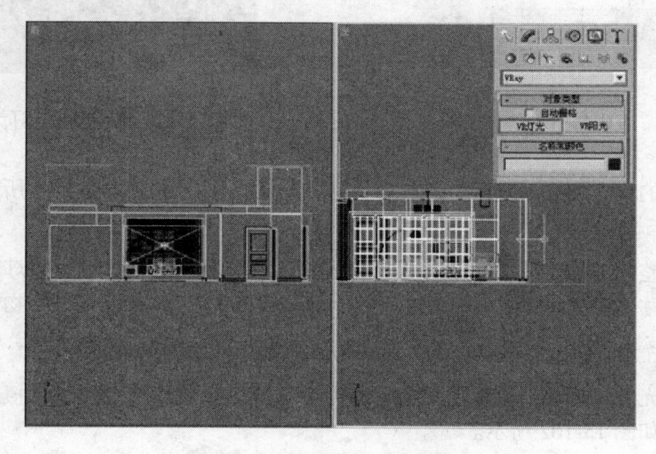

图 15-93　创建 VRay 片光制作室外天空光

03 选择创建好的灯光，按住 Shift 键将其往向移动复制一盏，如图 15-94 所示，制作出叠光效果。

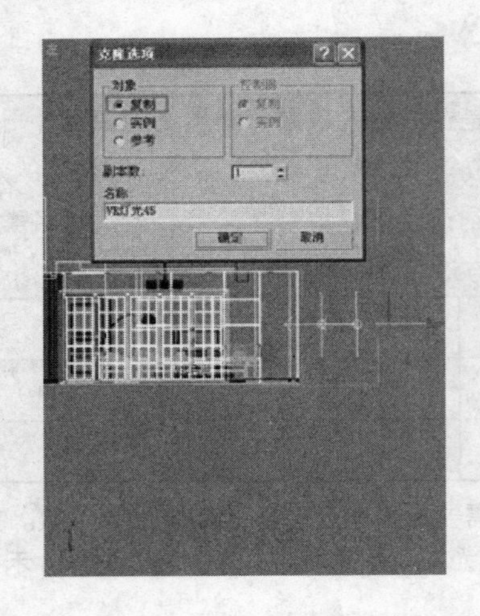

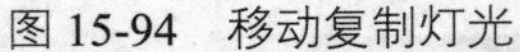
图 15-94　移动复制灯光

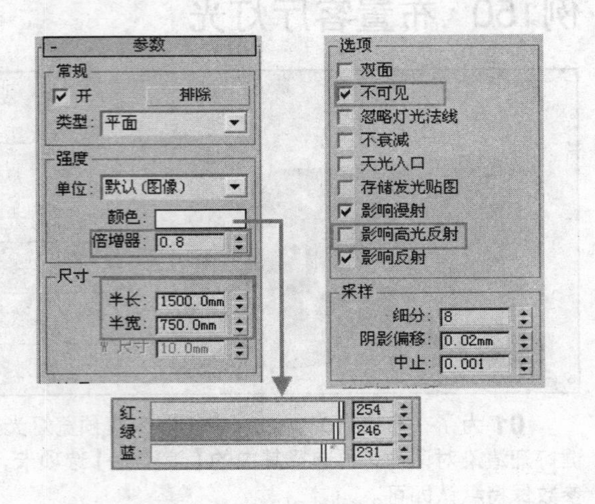

图 15-95　VRay 片光参数

04 设置第一盏灯光的参数。该盏灯光用来表现室外阳光的暖色部分，具体参数设置如图 15-95 所示，关闭了其【影响高光反射】，是想让室内的金属等物体反射面呈现冷色调。

05 第二盏灯光模拟室外天光冷色部分，具体参数设置如图 15-96 所示。调整好灯光参数后，为了模拟户外天空光从天空中斜向射入的效果，选择两盏灯光，将其旋转调整至如图 15-97 所示位置。

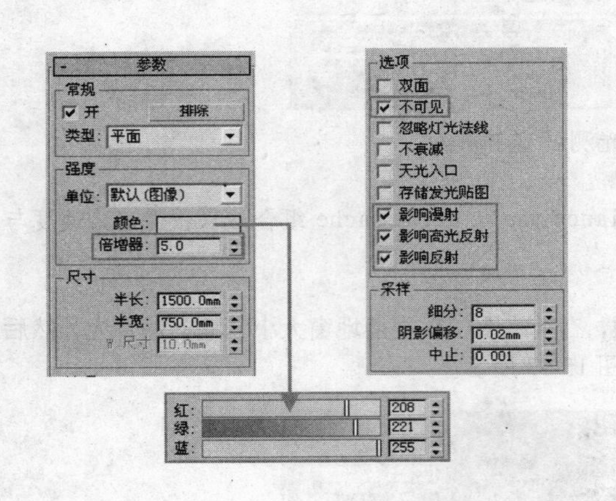

图 15-96　VRay 片光参数

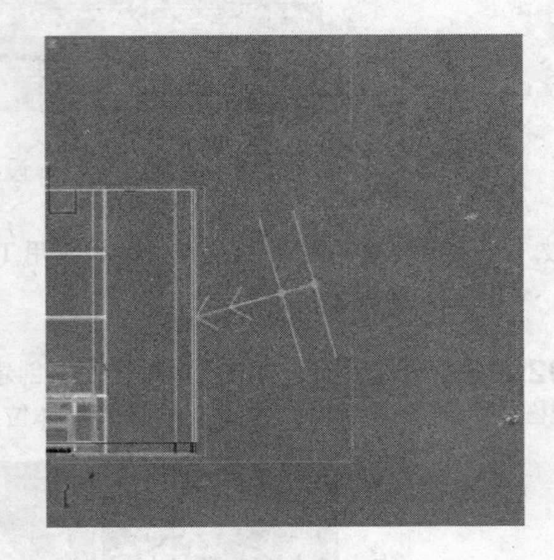

图 15-97　旋转调整灯光入射角度

06 在模型后方的窗户位置，使用同样方法创建一盏 VRay 片光，如图 15-98 所示，其灯光倍增设置为 3，其他参数设置与图 15-96 一致。

07 灯光创建调整完成后，按 C 键返回摄影机视图，按 Shift + Q 快捷键进行灯光测试渲染，渲染效果如图 15-99 所示，为了加快测试渲染的速度，可以隐藏场景中的【VRay 毛发】物体。

08 利用 VRay 片光制作客厅吊顶中的光带，灯光位置如图 15-100 所示。

09 客厅吊顶灯光的具体参数设置如图 15-101 所示，设置完成后按 C 键进入摄影机视图，再次进行灯光测试渲染，结果如图 15-102 所示。

10 用类似的方式创建出客厅背景墙后的暗藏灯光，其灯光具体位置如图 15-103 所示，灯带要进行一定角度的旋转，灯光强度与颜色设置以及测试渲染结果如图 15-104 所示。

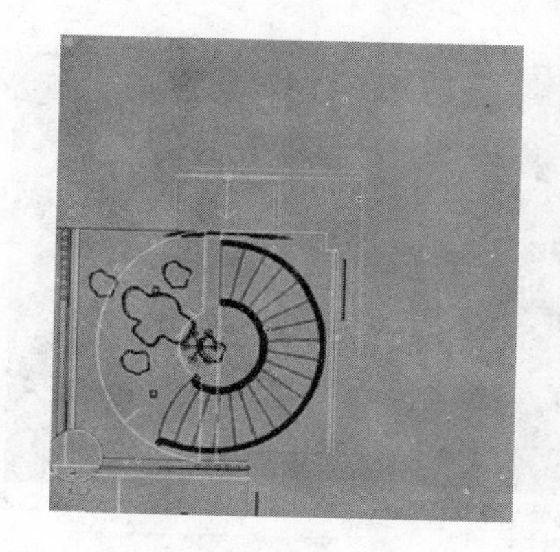

图 15-98　创建灯光

图 15-99　测试渲染结果

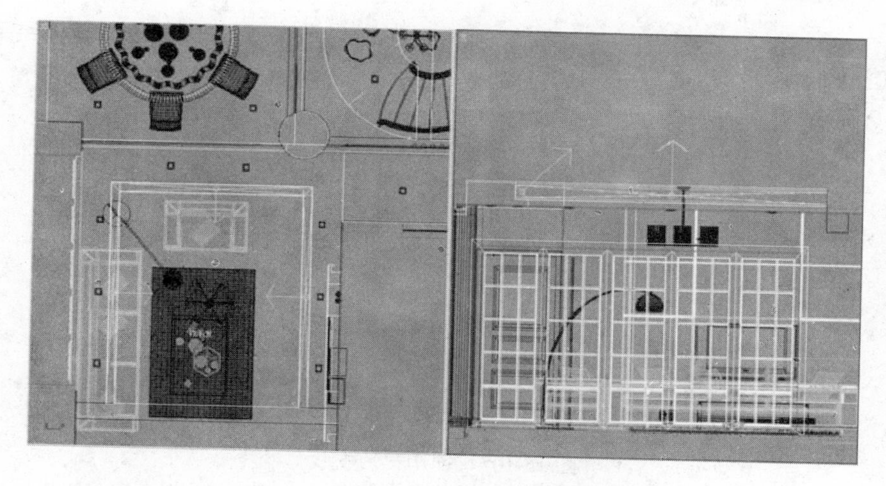

图 15-100　创建客厅吊顶灯光

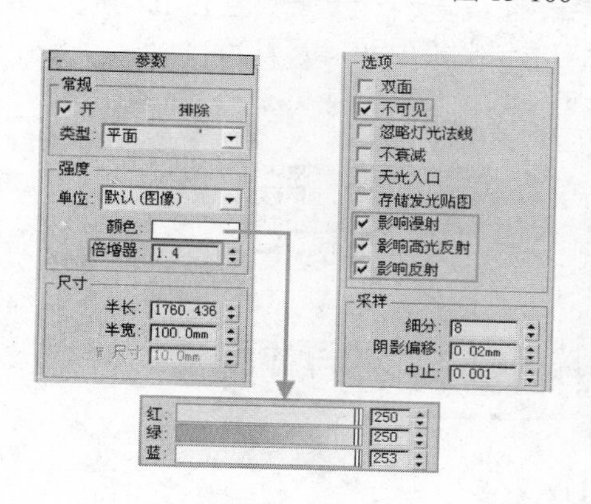

图 15-101　客厅灯带参数

图 15-102　测试渲染结果

11 制作餐厅圆形吊顶、地台以及过道上的灯光，为了使读者能够学习到更多的灯光创建手法，这里使用【VRay 灯光材质】制作圆形灯带效果，首先参考过道、地台以及餐厅圆形吊顶的形状与位置，创建出如图 15-105 所示用于发光的几何形状。

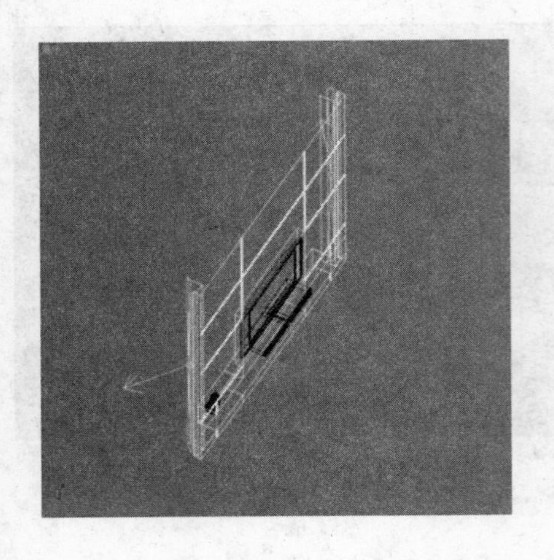

图 15-103　电视背景墙灯光位置

图 15-104　灯光参数及测试渲染结果

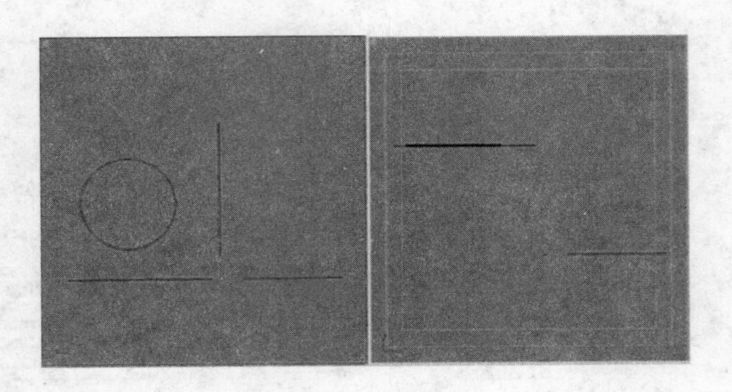

图 15-105　创建发光线形

12 按 M 键打开【材质编辑器】，选择两个空白材质球，编辑发光材质参数如图 15-106 所示，其中圆形灯带颜色为暖色，其他灯带为冷色。利用类似的方法可以创建出酒柜的暗藏灯光。

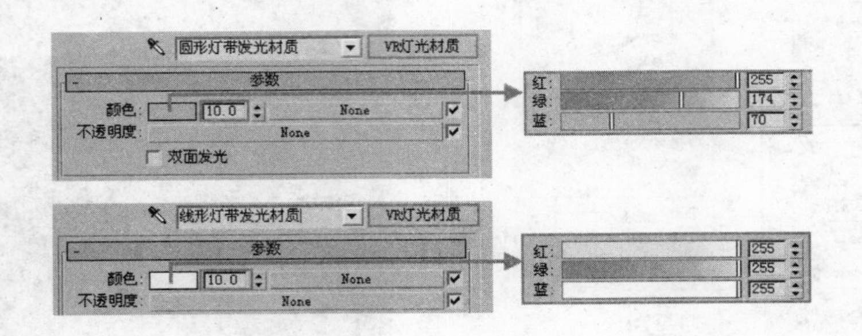

图 15-106　发光材质参数

13 灯光制作完成后，测试渲染结果如图 15-107 所示。

14 灯带制作完成后，接下来创建作为点缀的筒灯灯光，筒灯效果由【目标点光源】模拟，灯光的具体分布如图 15-108 所示。

图 15-107　测试渲染结果

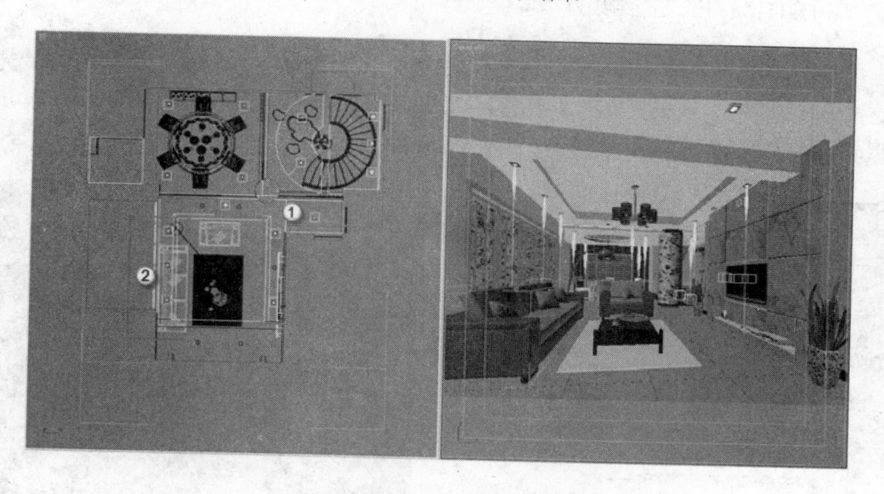

图 15-108　筒灯灯光分布

15 筒灯灯光根据灯光强度及颜色的区别，可以分为如图 15-108 所示的两组，所有筒灯使用的均是【VRay 阴影类型】，且都调用本书配套光盘中名为 19 号的光域网文件，两组灯光的倍增参数如图 15-109 所示，【VRay 阴影类型】参数设置如图 15-110 所示。

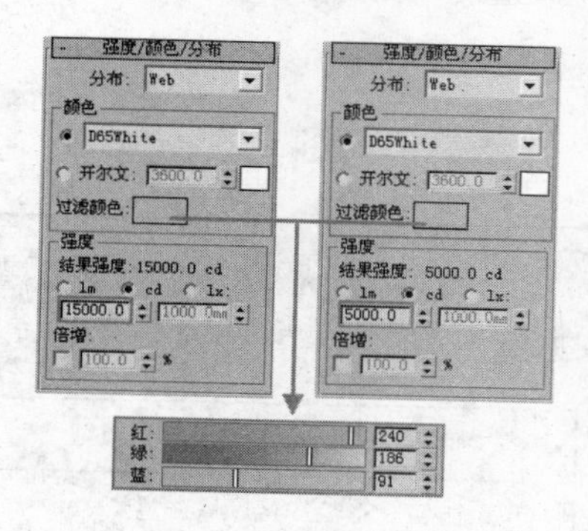

图 15-109　灯光参数

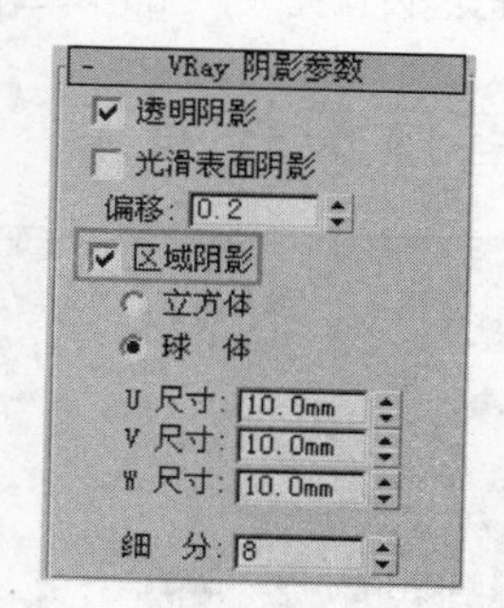

图 15-110　VRay 阴影参数

16 创建完筒灯灯光后，再在摄影机视图中对灯光进行测试渲染，渲染结果如图 15-111 所示。

图 15-111 测试渲染结果

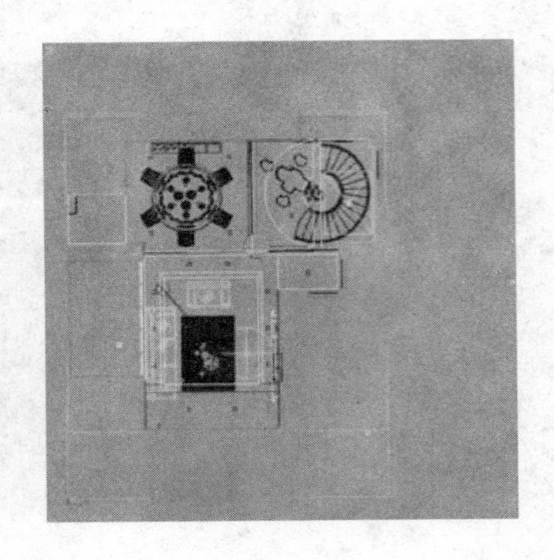

图 15-112 补光分布

17 为场景添加两处补光，补光的分布如图 15-112 所示，其中位于楼梯上方的 VRay 片光灯光参数可以参照之前设置的户外蓝色天光进行设置，强度略微降低至 4，位于客厅处的 VRay 穹顶光用于场景亮度整体的提高，其具体参数设置如图 15-113 所示。

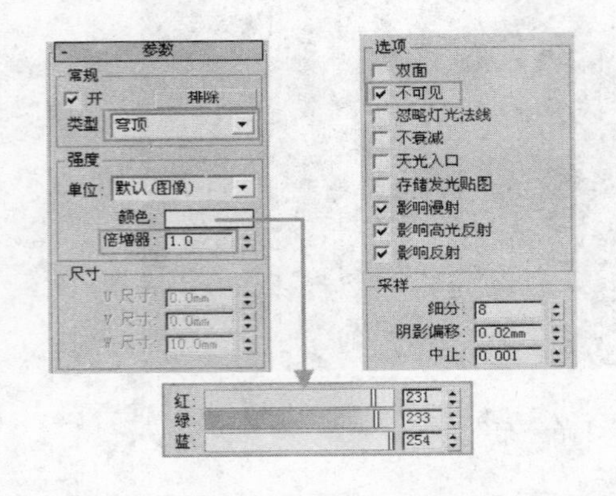

图 15-113 VRay 穹顶灯光参数

图 15-114 测试渲染结果

18 补光设置完成后，再在摄影机视图进行灯光测试渲染，渲染结果如图 15-114 所示，至此现代简约客厅的灯光已经设置完成，接下来进行最终渲染。

例151 客厅最终渲染

灯光测试完毕后，需要把灯光和渲染的参数值提高来完成最后的渲染工作。

文件路径：	场景文件\第 15 章\现代客厅\场景模型
视频文件：	AVI\第 15 章\151 简约客厅最终渲染.avi
播放时长：	0：06：19

01 在进行最终渲染前，应根据测试渲染效果，对材质以及灯光做出微调。按 M 键打开材质编辑器，选择客厅玻化砖材质，将材质类型转化为【VRay 代理材质】，然后在其【全局光材质】内调整一个【漫反射】颜色为浅黄色的 VRaymtl，以控制其色溢的强度，具体参数调整如图 15-115 所示。

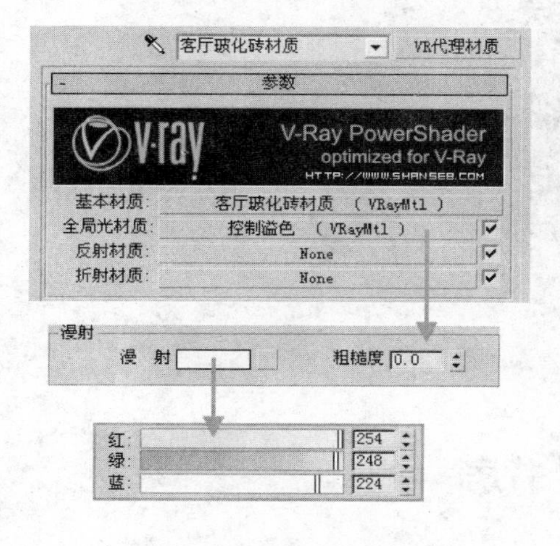

图 15-115　调整材质控制溢色

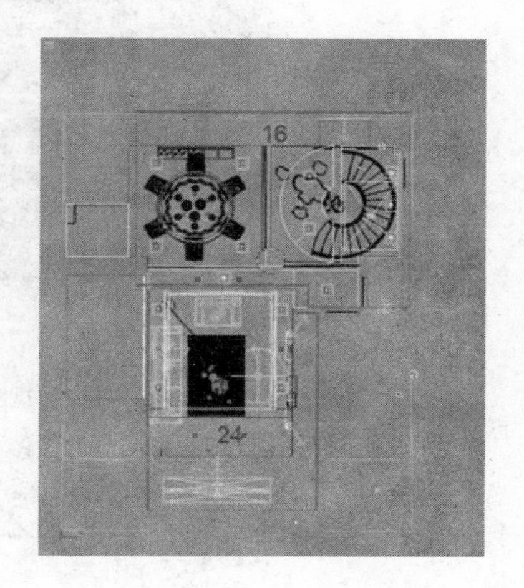

图 15-116　调整灯光细分值

02 增大材质细分值，以提高最终渲染的品质，这里将讲解过的材质【细分】参数值调整至 16~24 之间即可，细分值大小设置的原则是：越靠近场景摄影机的模型，其材质细分设置相对高一点，此外诸如墙体、地板等形体较大的模型的材质细分数值，也相对可以高一些。

03 材质细分调整完成后，最后再根据图 15-116 所示，调整好各组灯光的细分参数值。

04 设置最终渲染参数，调整【输出大小】以及【渲染器】选项卡内各卷展栏参数如图 15-117 所示。

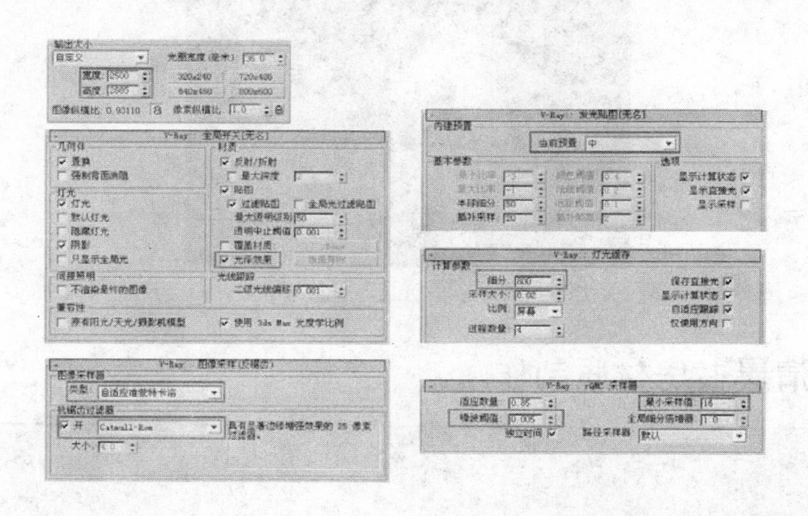

图 15-117　最终渲染参数设置

05 设置好最终渲染参数后，按 C 键返回摄影机视图，取消 VRay 毛发物体的隐藏，再进行最终渲染，最终渲染结果如图 15-118 所示。

图 15-118　最终渲染结果

15.2 清晨书房

本例讲述一个欧式书房日景效果的制作，场景最终渲染效果如图 15-119 所示，可以看到本例场景属于简欧设计，为了体现书房空间相对私密的特点，选择了比较稳重的暗色调，暗色木纹的墙壁与深蓝色的布纹窗帘给人庄重而大气的感觉。

图 15-119　书房渲染效果

例152　清晨书房材质制作

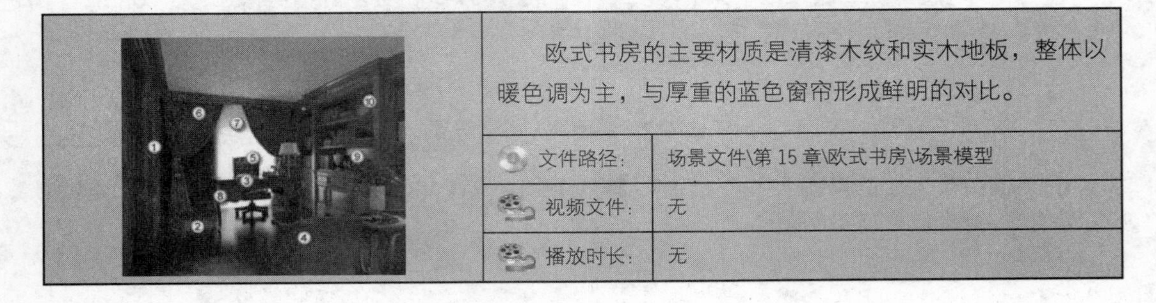

欧式书房的主要材质是清漆木纹和实木地板，整体以暖色调为主，与厚重的蓝色窗帘形成鲜明的对比。

文件路径：	场景文件\第 15 章\欧式书房\场景模型
视频文件：	无
播放时长：	无

01 打开本书配套光盘中的“清晨书房白模.max”文件，场景白模打开效果如图 15-120 所示。

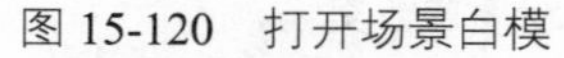

图 15-120　打开场景白模

图 15-121　场景材质编号

02 可以看到这是一个已经创建了摄影机、确定了渲染构图的书房场景，接下来可以直接进行场景材质的编辑，材质编号如图 15-121 所示。

03 制作书房墙壁以及书柜所使用的光面清漆木纹材质，其具体材质参数与材质球效果如图 15-122 所示。

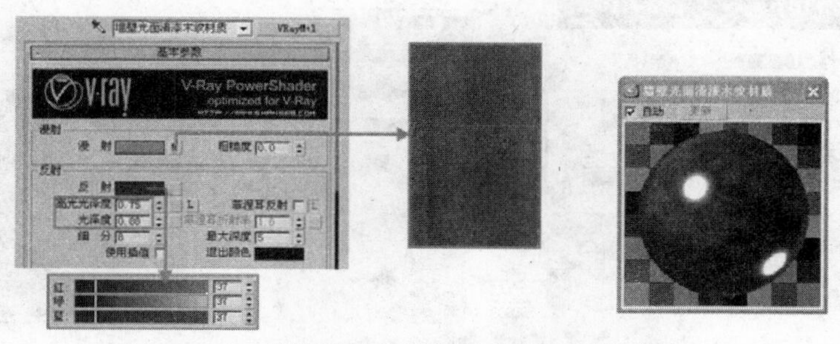

图 15-122　光面清漆木纹材质参数与材质球效果

04 制作地板的光面清漆木纹材质，其具体材质参数与材质球效果如图 15-123 所示，该材质在参数的设置上与墙壁光面清漆木纹材质不同的是，地板清漆木纹在【反射】贴图通道设置了【菲涅尔】衰减，以制作更逼真的地板反射效果。

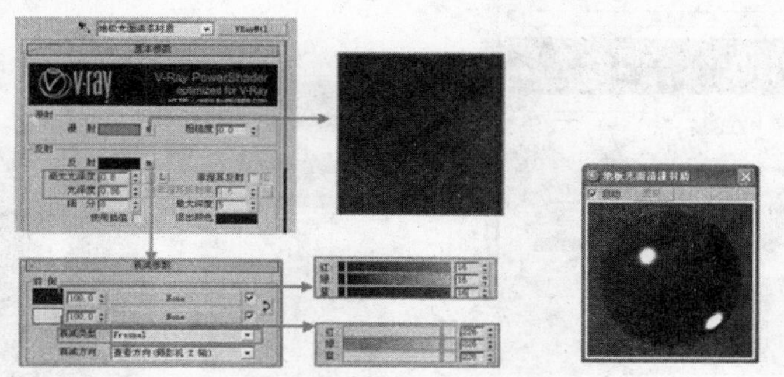

图 15-123　地板清漆木纹材质参数与材质球效果

05 制作场景中的家具清漆木纹材质，具体材质参数与材质球效果如图 15-124 所示，【凹凸】贴图通道使用了木纹贴图，以表现材质的凹凸细节。

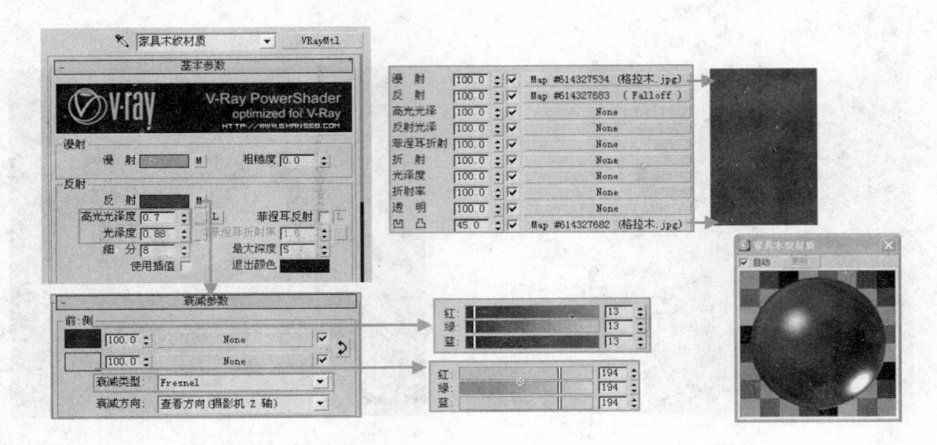

图 15-124　家具清漆木纹材质参数与材质球效果

06 制作场景皮纹材质，首先制作靠近摄影机位置的椅子红色亚光皮纹材质，皮纹的颜色通过【漫反射】颜色调整，具体材质参数与材质球效果如图 15-125 所示。

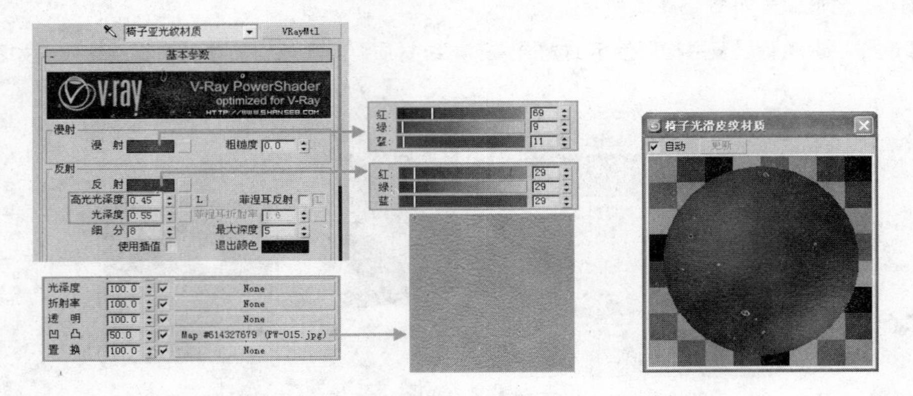

图 15-125　亚光皮纹材质参数与材质球效果

07 制作场景中光滑的黑色皮纹材质，具体材质参数与材质球效果如图 15-126 所示。

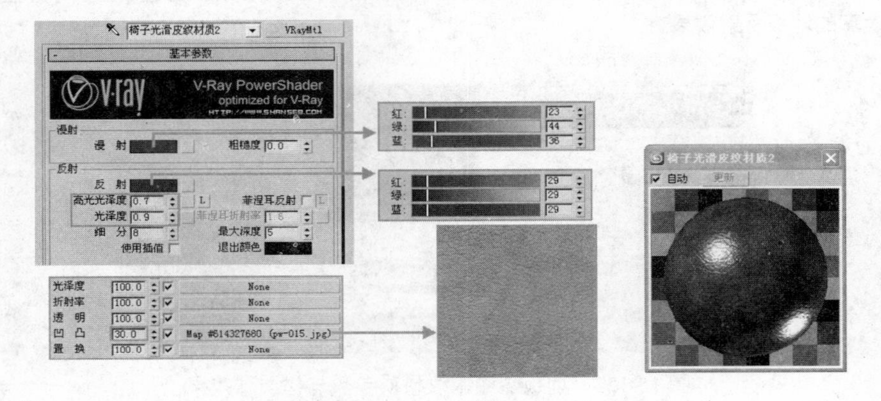

图 15-126　光滑皮纹材质参数与材质球效果

08 制作场景中的窗帘材质，首先制作单色布纹窗帘材质，具体材质参数与材质球效果如图 15-127 所示，在制作布纹时可以为其添加一点点反射以增加高光效果，但需要关闭其【跟踪反射】，因为纯色布纹是不会有反射能力的。

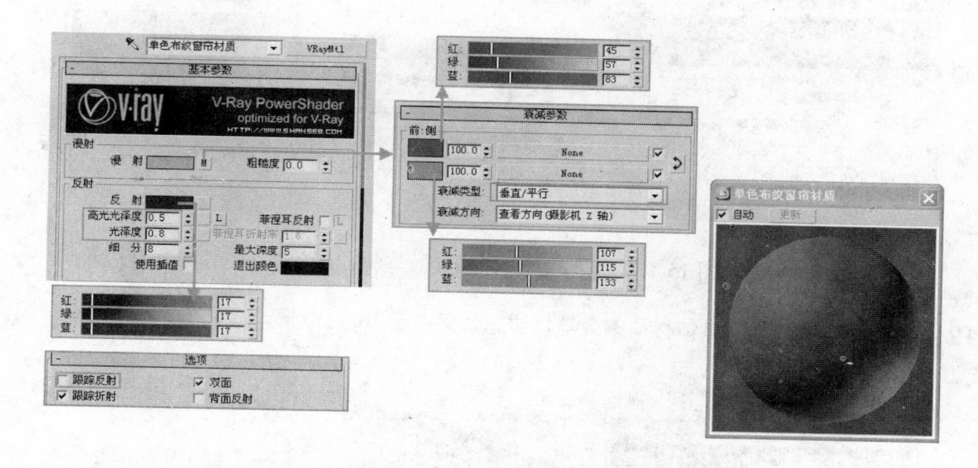

图 15-127　单色布纹窗帘材质参数与材质球效果

09 制作单色透明单色纱窗材质，具体材质参数与材质球效果如图 15-128 所示，注意勾选【影响阴影】复选框，以便光线穿透纱窗得到的正确的投影效果。

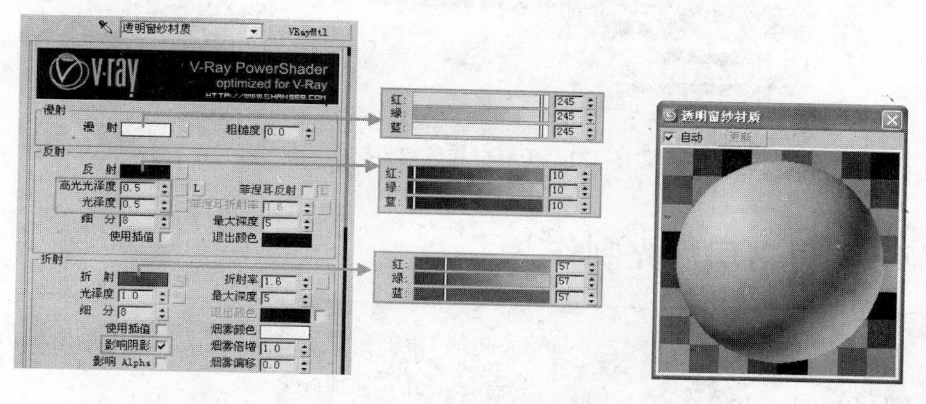

图 15-128　单色透明纱窗材质参数与材质球效果

10 制作场景金属类材质，首先制作办公桌的磨砂金属材质，具体材质参数与材质球效果如图 15-129 所示，通过【反射】颜色控制金属颜色，而【光泽度】则决定了金属表面光滑度。

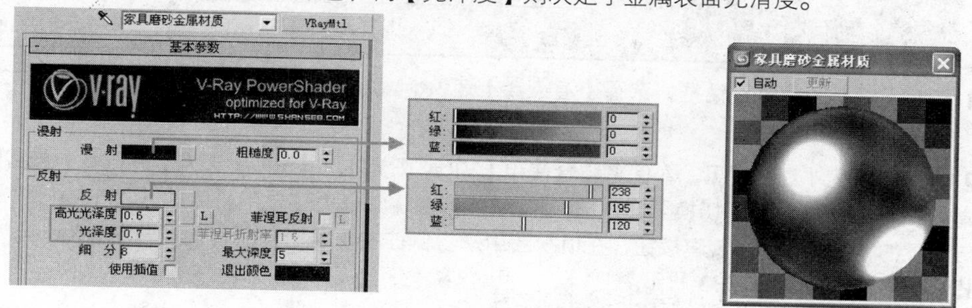

图 15-129　磨砂金属材质参数与材质球效果

11 制作场景中马车模型的亮光金属材质，具体材质参数与材质球效果如图 15-130 所示。

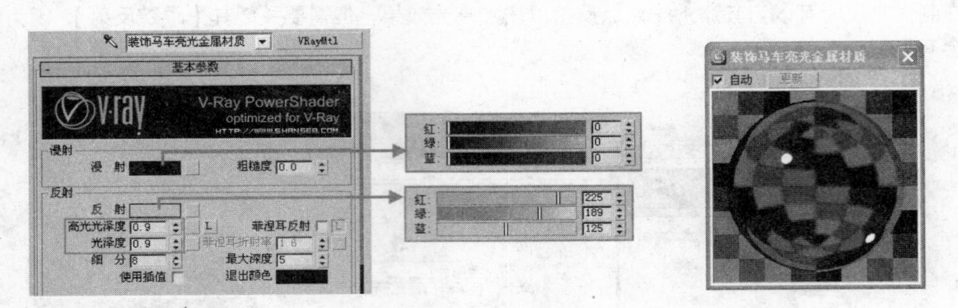

图 15-130　亮光金属材质参数与材质球效果

12 场景中的瓷器材质，具体材质参数与材质球效果如图 15-131 所示。

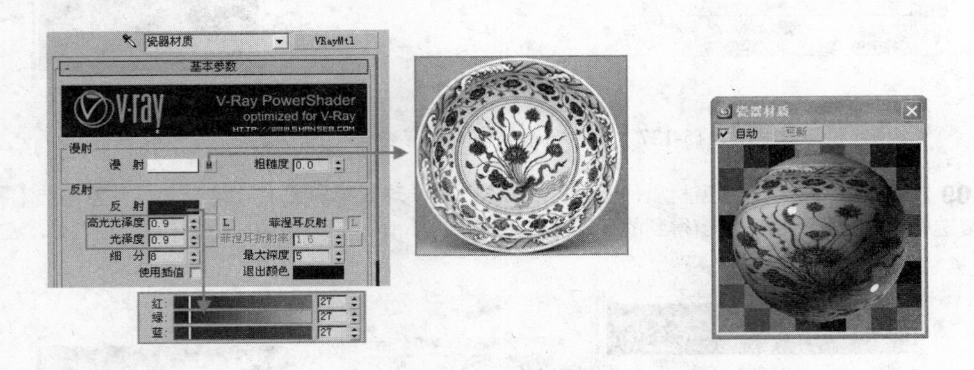

图 15-131　瓷器材质参数与材质球效果

例153　清晨书房灯光制作

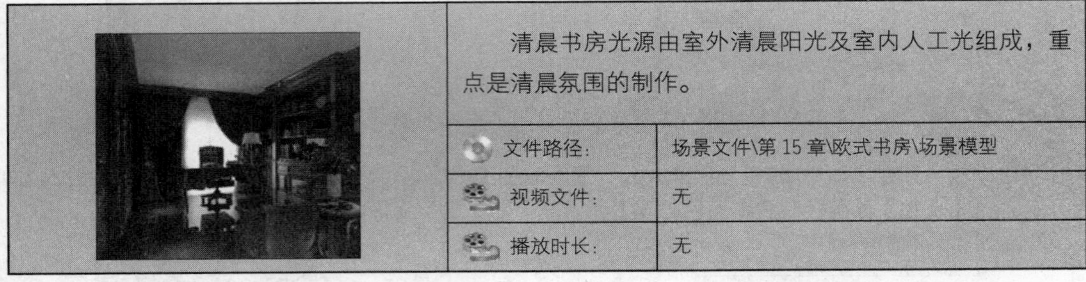

清晨书房光源由室外清晨阳光及室内人工光组成，重点是清晨氛围的制作。

文件路径:	场景文件\第 15 章\欧式书房\场景模型
视频文件:	无
播放时长:	无

01 按 F10 键打开渲染对话框，选择【渲染器】选项卡，设置灯光测试渲染参数如图 15-132 所示，未标明的参数保持默认即可。

02 首先制作室外灯光效果，本例将结合使用【VRay 阳光】与【VRay 天光】进行室外光线的制作。首先创建 VRay 阳光，按 T 键切换至顶视图，按 Alt+W 键将其最大化显示，然后进入 VRay 灯光创建面板，单击其下的 VR阳光 创建按钮，在顶视图中从右侧往左侧斜向拖曳，创建一盏 VRay 阳光，在左视图中将灯光拉高，如图 15-133 所示。

03 在创建 VRay 阳光时，系统会自动添加【VRay 天光】，但当前暂时保持默认参数，调整【VRay

阳光】参数如图 15-134 所示，按 C 键进入摄影机视图，进行灯光测试渲染，渲染效果如图 15-135 所示。

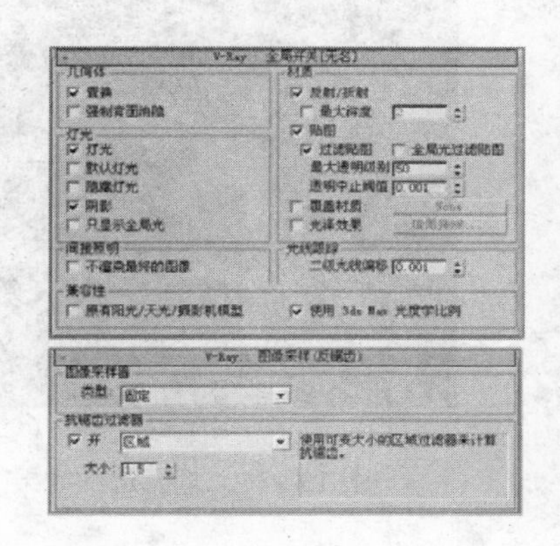

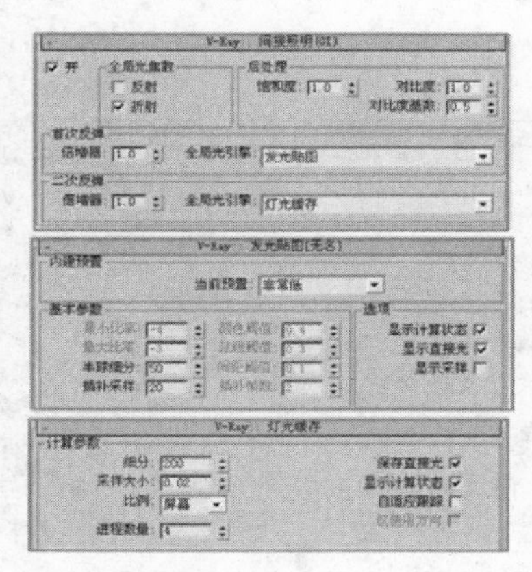

图 15-132　设置灯光测试渲染参数

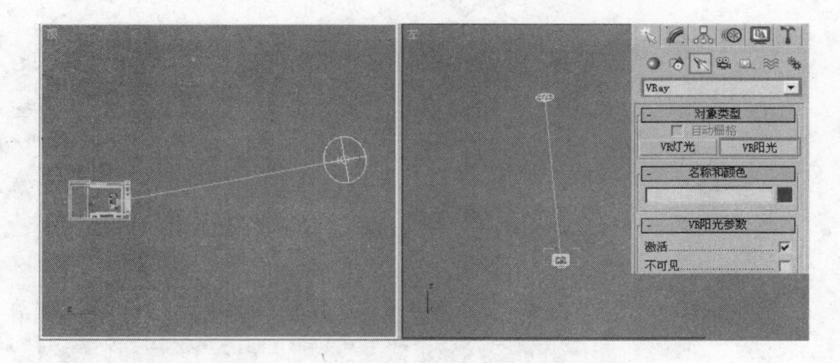

图 15-133　创建并调整 VRay 阳光

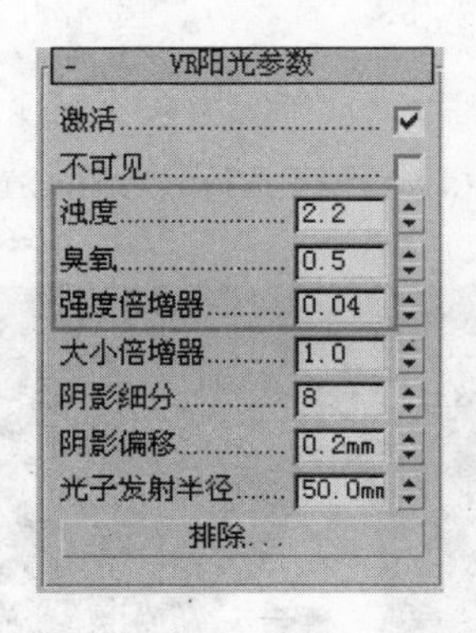

图 15-134　VRay 阳光参数

图 15-135　渲染测试效果

04 从渲染结果可以明显看出，阳光穿过窗帘进入了室内，在地板上留下了明亮的光斑，但由于书房环境相对封闭，室内光线明显不足，接下来调整【VRay 天光】贴图加大环境光的强度，按 8 键打开【环境和效果】对话框，将【VRay 天光】贴图拖曳关联复制至一个空白材质球上，然后勾选【手动调节阳光节点】，选择关联场景中创建的 VRay 阳光，具体参数设置如图 15-136 所示，灯光测试渲染效果如图 15-137 所示。

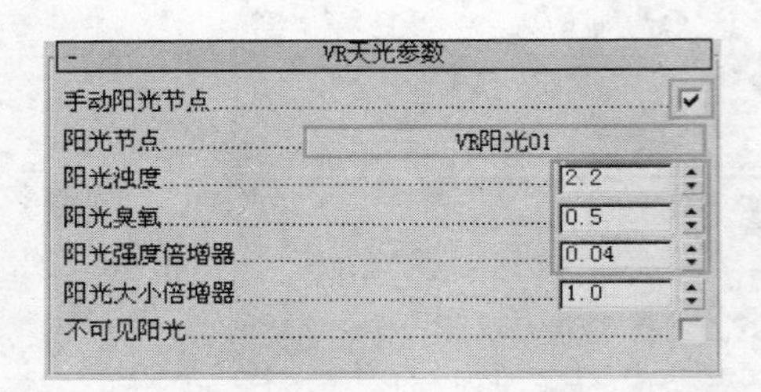

图 15-136　VRay 天光参数

图 15-137　灯光测试效果

05 从渲染结果可以发现，即使有了天光的加入，书房内部光线仍然明显不足，这时候考虑添加室外补光，在场景中的窗户位置创建一盏 VRay 片光进行室外补光，灯光的具体位置如图 15-138 所示。

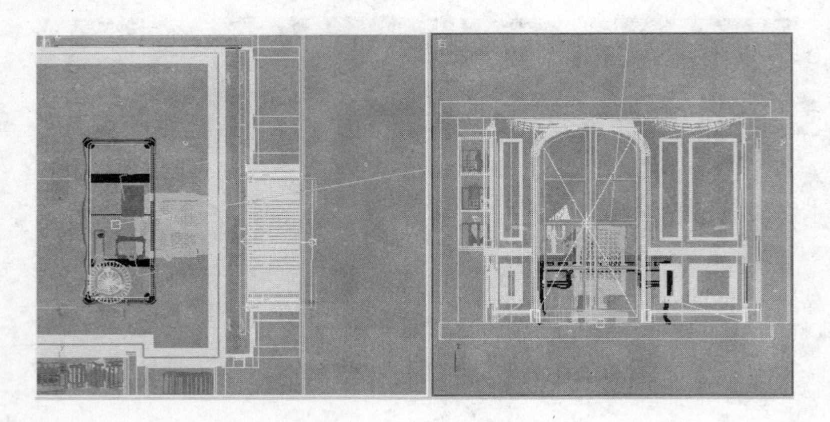

图 15-138　VRay 片光具体位置

06 调整 VRay 片光的具体参数如图 15-139 所示，再次进入摄影机视图进行灯光测试渲染，渲染效果如图 15-140 所示。

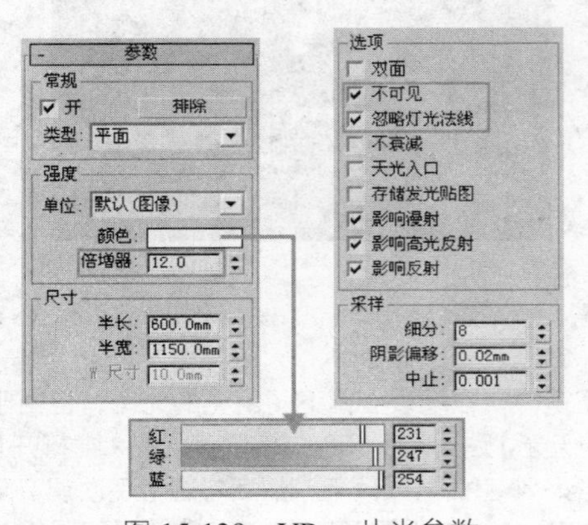

图 15-139　VRay 片光参数

图 15-140　渲染测试效果

07 从渲染结果中可以发现，室外补光的加入，虽然使得场景结构关系变得明朗，但同时也造成了窗口处的曝光过度，此时可以选择调整【颜色映射】参数进行解决，在【渲染器】选项卡中打开【颜色映射】卷展栏，调整具体参数如图 15-141 所示，然后再次进行灯光测试渲染，渲染结果如图 15-142 所示。

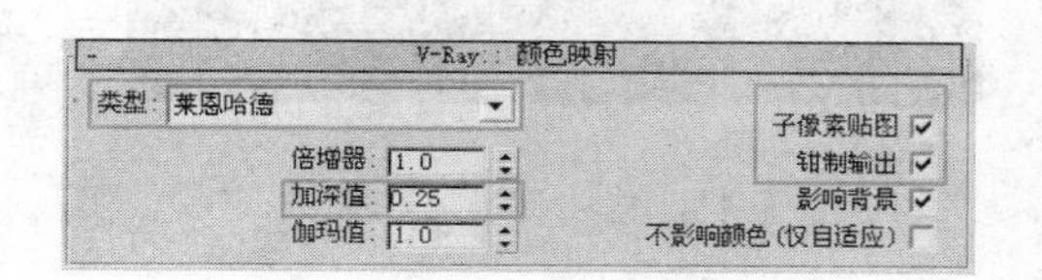

图 15-141　颜色映射参数

图 15-142　测试渲染效果

08 从新的渲染结果可以看到，窗口处的曝光现象已经趋向正常，而室内空间的也得到了较合适的亮度，接下来进行室内灯光的制作。

09 书房室内灯光的布置十分简单，只有 4 个筒灯模型需要制作相应的【目标点光源】，但为了适当地表现出室内的氛围，这里在靠近摄影机的沙发上方也添加了两盏灯光，以增加这个区域的亮度，突出其效果，灯光的具体布置如图 15-143 所示。

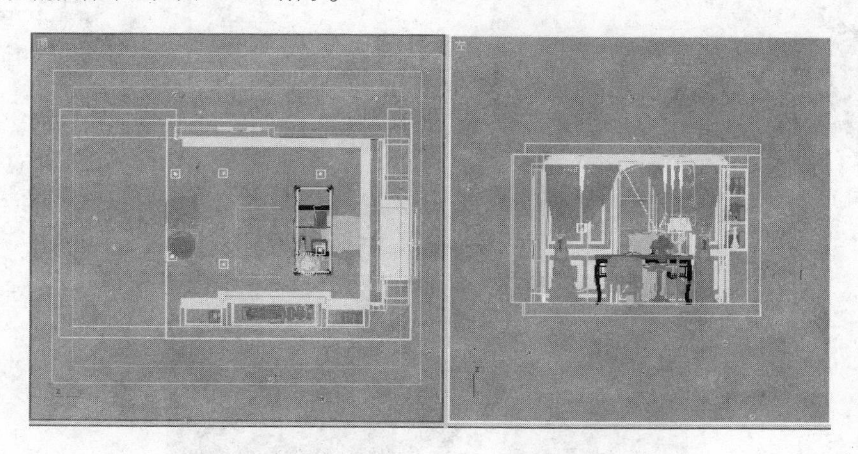

图 15-143　目标点光源分布

10 设置目标点光源具体参数如图 15-144 所示，参数调整完成后，按 C 键进入摄影机视图，进行灯光测试渲染，渲染结果如图 15-145 所示。

11 观察渲染结果可以发现，场景内所有灯光布置完成后，书房内部的亮度还是有所欠缺，接下来在场景中创建一盏 VRay 穹顶天光进行室内补光，灯光的具体位置如图 15-146 所示。

12 调整 VRay 穹顶光的参数如图 15-147 所示，再返回摄影机视图进行灯光测试渲染，渲染效果如图 15-148 所示。

13 书房场景灯光创建完成，接下来进行图像最终渲染相关设置，渲染最终图像。

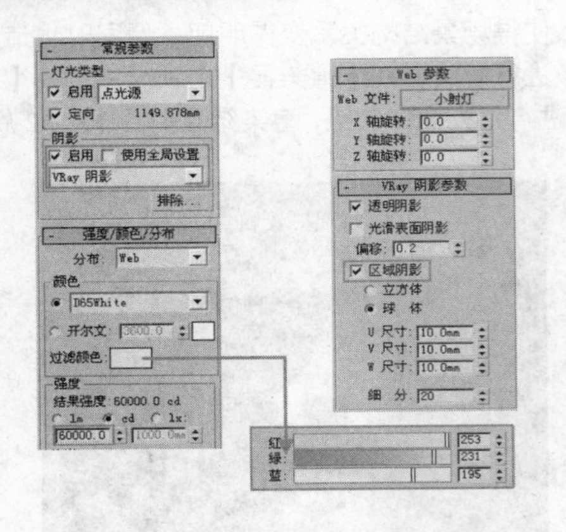

图 15-144　目标点光源参数

图 15-145　测试渲染效果

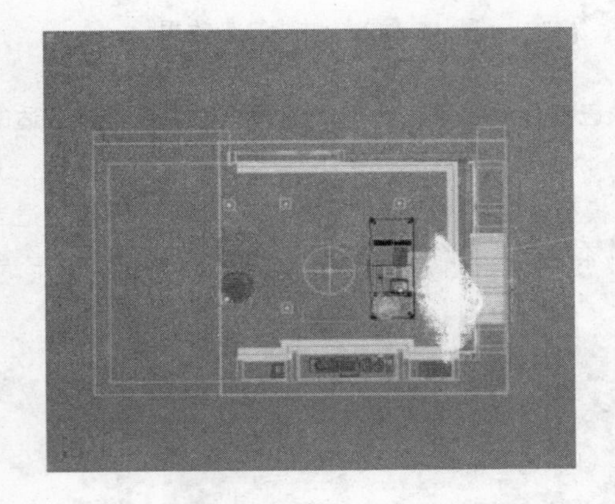

图 15-146　创建 VRay 穹顶灯光

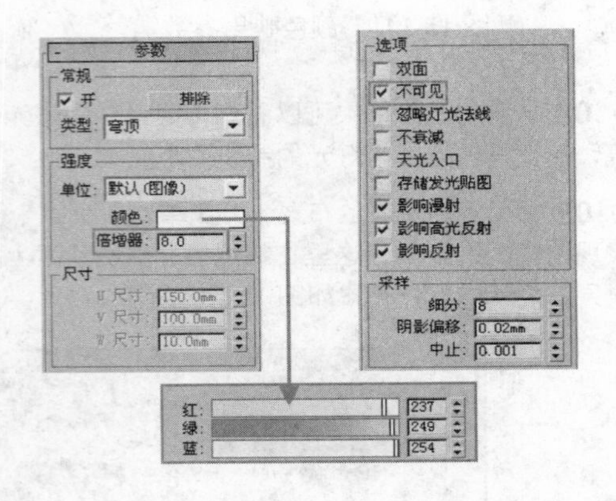

图 15-147　VRay 穹顶天光参数

图 15-148　测试渲染效果

例154　清晨书房最终渲染

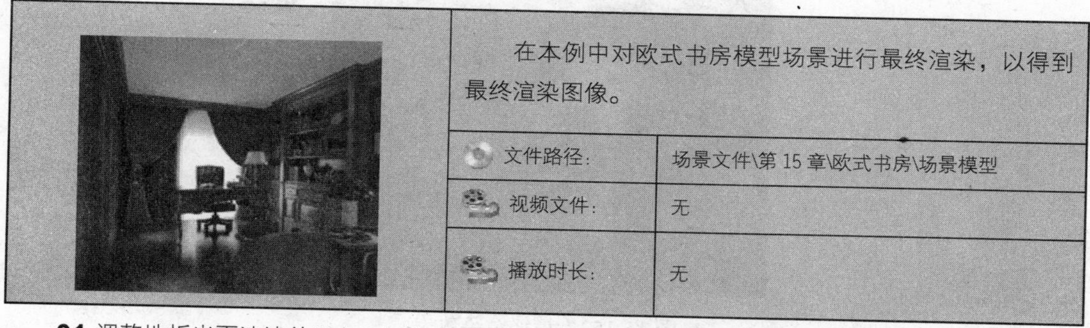

在本例中对欧式书房模型场景进行最终渲染，以得到最终渲染图像。	
文件路径：	场景文件\第 15 章\欧式书房\场景模型
视频文件：	无
播放时长：	无

01 调整地板光面清漆的溢色，在材质编辑器中选择地板光面清漆材质球，将材质类型转换至【VRay代理材质】，再为其设置一个淡色的【全局光材质】，具体参数设置如图 15-149 所示。

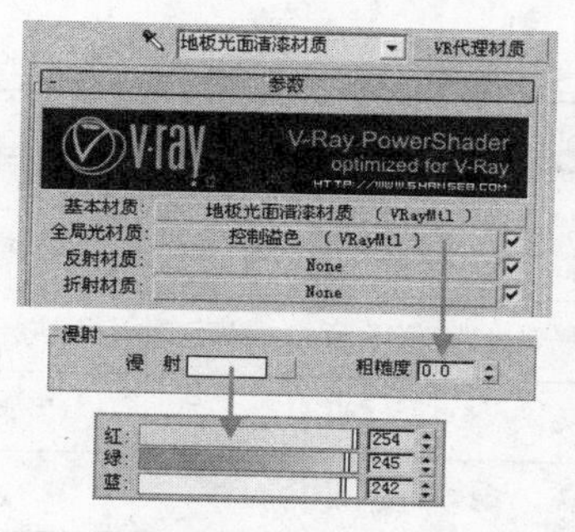

图 15-149　使用代理材质控制溢色

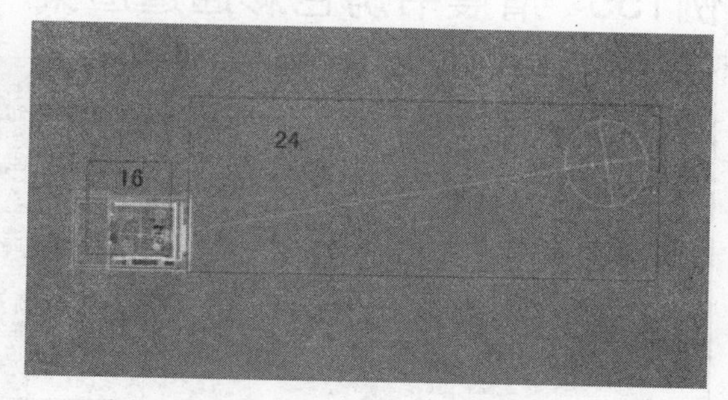

图 15-150　调整灯光细分

02 将场景各主要材质的细分增大至 16~24 之间，然后按如图 15-150 所示调整好灯光的细分值。

03 调整最终渲染参数，具体的参数设置如图 15-151 所示。

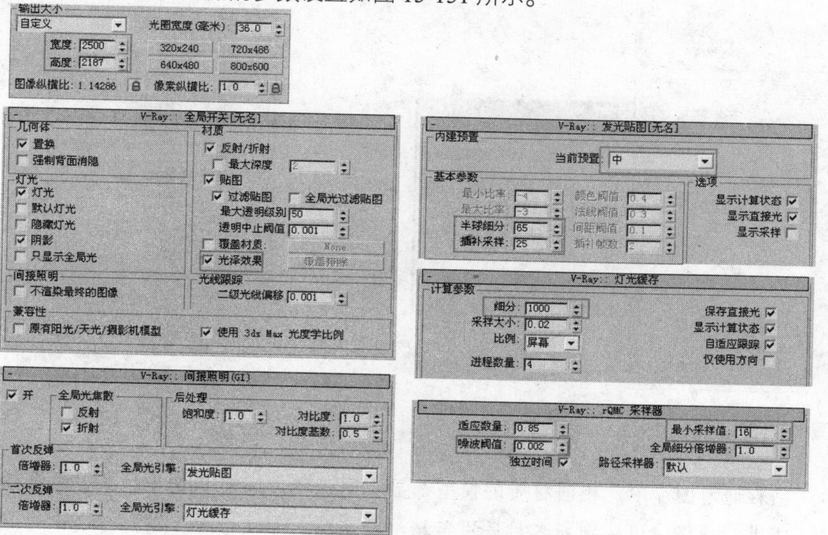

图 15-151　最终渲染参数

04 按 C 键返回摄影机视图，对场景进行最终渲染，最终渲染结果如图 15-152 所示。

图 15-152　最终渲染效果

例155　清晨书房色彩通道渲染

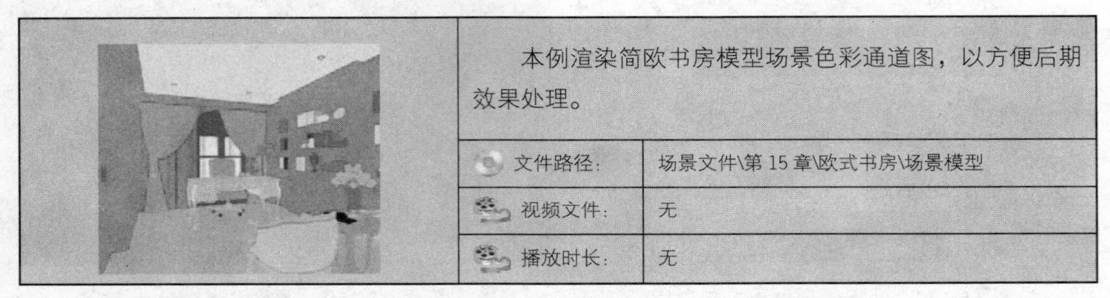

本例渲染简欧书房模型场景色彩通道图，以方便后期效果处理。

文件路径:	场景文件\第 15 章\欧式书房\场景模型
视频文件:	无
播放时长:	无

01 打开配套光盘“清晨书房完成副本.max”文件，按下 F10 键打开渲染对话框，将当前渲染器更换为【默认扫描线渲染器】，如图 15-153 所示。然后在 3ds max 主工具栏中将选择过滤切换到【灯光】，按 Ctrl+A 组合键全选场景中所有的灯光，按 Delete 键进行删除，从加快渲染速度。

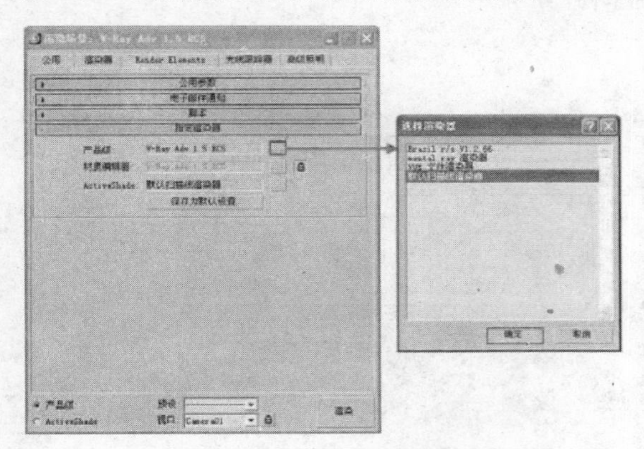

图 15-153　指定扫描线渲染器

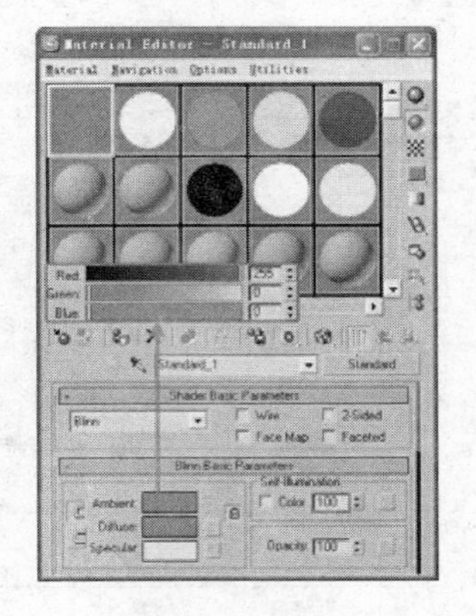

图 15-154　制作通道渲染材质

提　示：色彩通道图片中，相同材质的模型都显示同一颜色，在 Photoshop 中利用魔棒工具可以快速进行选择，以分别对各材质进行精细的调整。

02 制作色彩通道渲染材质。按下快捷键 M 打开材质编辑器，选择任一个标准材质球，调整其【漫反射】颜色的 RGB 为 255、0、0 的纯红色，并将【自发光】强度设为 100，具体材质参数设置如图 15-154

所示。

03 采用相同的方法，创建其他常用来渲染色彩通道的七种自发光颜色材质，其 RGB 值如图 15-155 所示，所有材质的自发光强度均需设为 100。

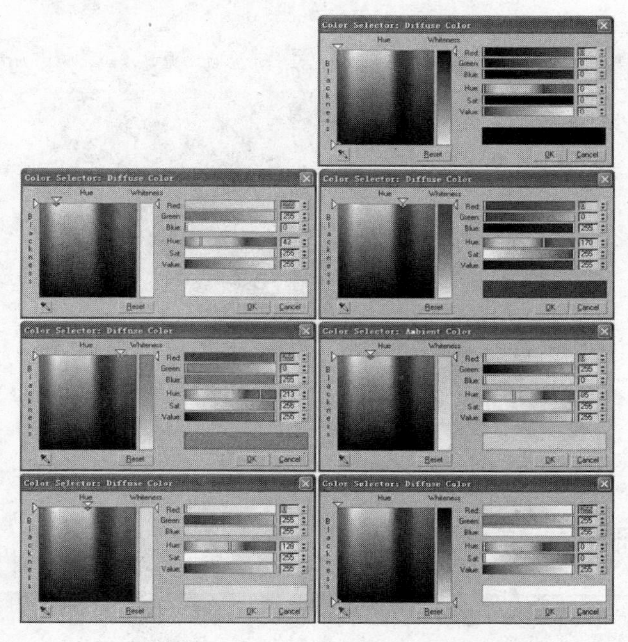

图 15-155　常用的色彩通道材质颜色值

04 逐个吸取场景中的材质，单击【材质编辑器】右侧的【按材质选择】按钮，从中选择出对应的模型，再将将所创建的自发光材质赋予给场景中的模型物体，通道渲染材质赋予的唯一原则就是相邻的材质不能指定同一种颜色，材质赋予完成后场景如图 15-156 所示。

图 15-156　完成通道材质的赋予

图 15-157　通道渲染图片

05 如上的所有步骤完成后，返回摄影机视图对场景进行渲染，由于使用的是【默认扫描线渲染器】，色彩通道图像渲染会非常快，得到的色彩通道图如图 15-157 所示。

注　意：在编辑材质和设置渲染参数时，应确保摄影机位置不发生变化，渲染尺寸也与原图像保持一致，否则材质通道图会与最终渲染图无法对齐。

15.3 阳光厨房

本例讲解一个集厨房与餐厅功能于一体的厨房空间表现，场景最终渲染效果如图 15-158 所示。

图 15-158　阳光厨房

例156　阳光厨房摄影机布置

本厨房空间面积较大，因此采用一点透视横向构图，将厨房和餐厅家具全部纳入摄影机视野，以充分表现厨房的家具布局和设计效果。

文件路径：	场景文件\第 15 章\阳光厨房
视频文件：	无
播放时长：	无

01 打开本书配套光盘中的“厨房白模.max”文件，如图 15-159 所示，可以看到场景主要家具均集中在右侧，因此摄影机可以选择从左至右布置，表现出模型空间整体设计效果，首先如图 15-160 所示在顶视图中创建一架摄影机。

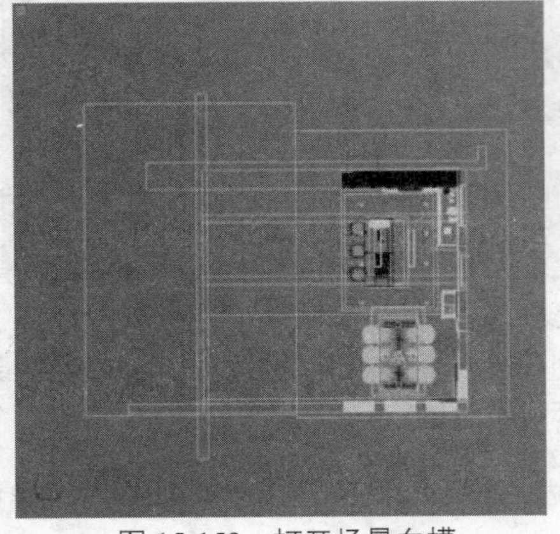

图 15-159　打开场景白模

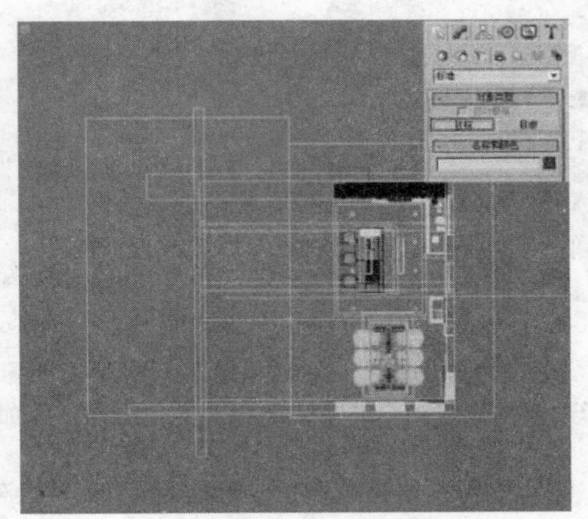

图 15-160　创建摄影机

02 按 F 键进入前视图，调整摄影机整体高度至合适位置，如图 15-161 所示，然后再如图 15-162 所示调整摄影机的相关参数，确定最终视图效果。

图 15-161　调整摄影机位置

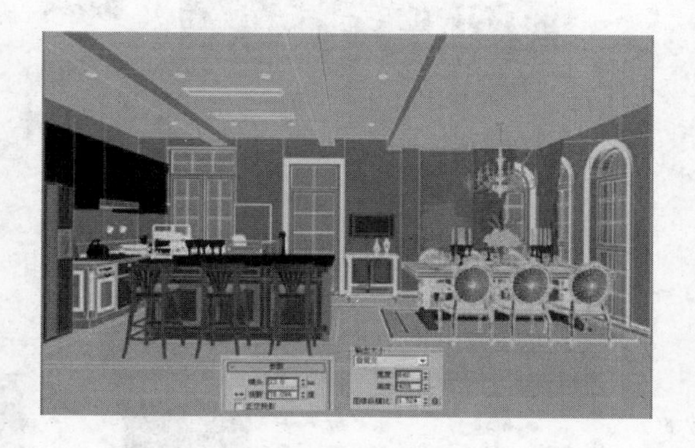
图 15-162　确定最终摄影机视图

例157　阳光厨房材质的制作

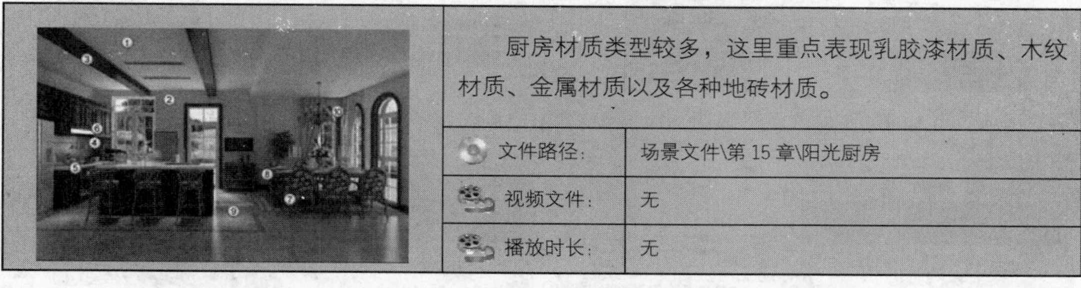

厨房材质类型较多，这里重点表现乳胶漆材质、木纹材质、金属材质以及各种地砖材质。

文件路径:	场景文件\第 15 章\阳光厨房
视频文件:	无
播放时长:	无

01 厨房材质具体编号如图 15-163 所示，主要有乳胶漆材质、木纹材质、金属材质以及各种地砖材质等。

图 15-163　场景材质编号

02 由于这些材质的特点及制作方法在本书前面章节中都有过详细的介绍，因此这里仅罗列这些材质参数，不再进行一一讲解了，各材质的参数设置如图 15-164～图 15-173 所示。

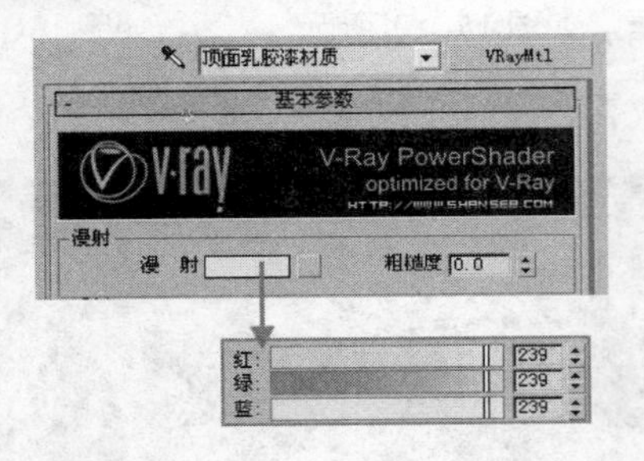

图 15-164　顶面白色乳胶漆材质

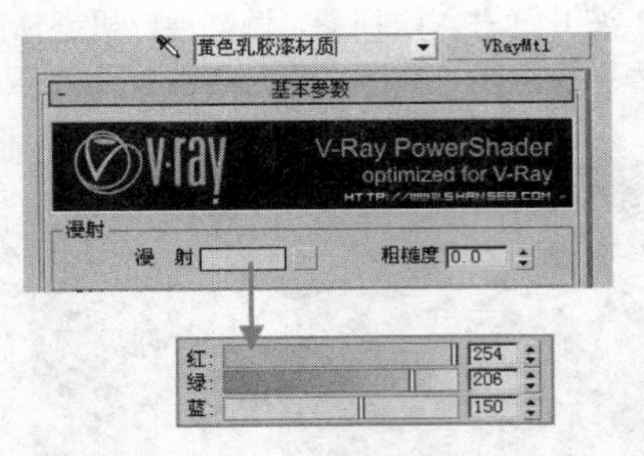

图 15-165　墙面黄色乳胶漆材质

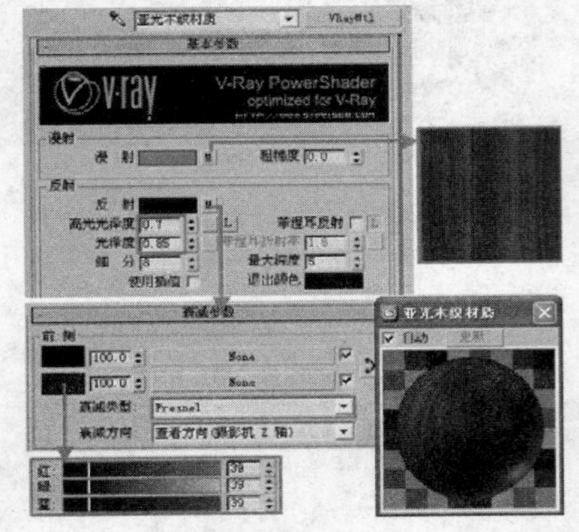

图 15-166　亚光木纹材质

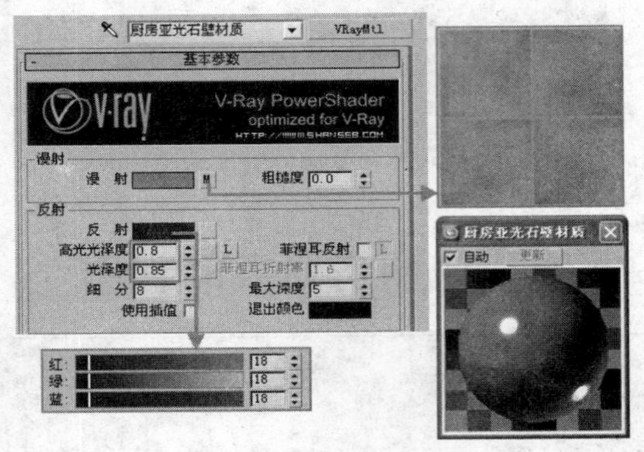

图 15-167　亚光石材质

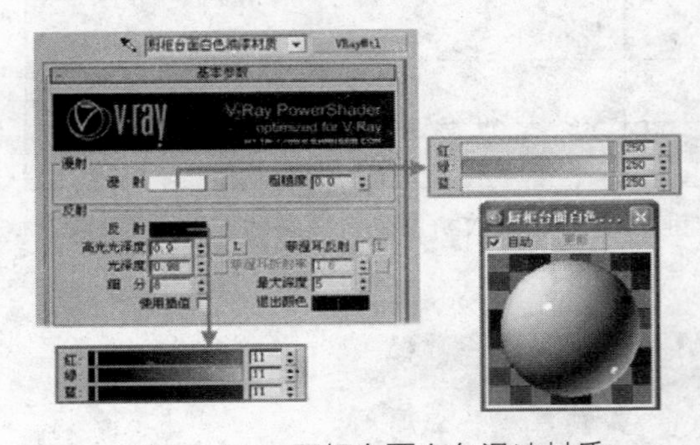

图 15-168　厨柜台面白色混油材质

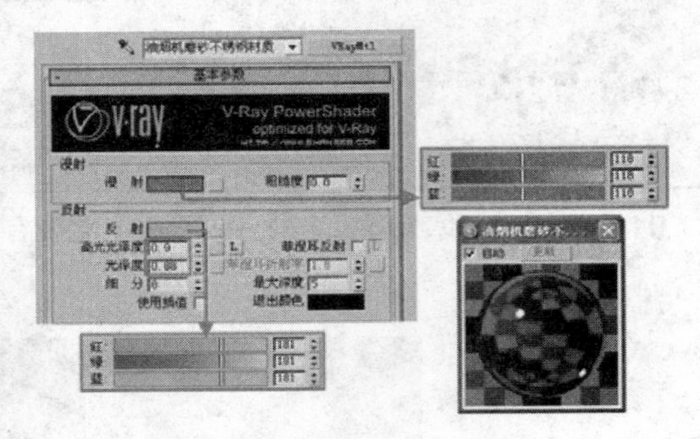

图 15-169　磨砂不锈钢材质

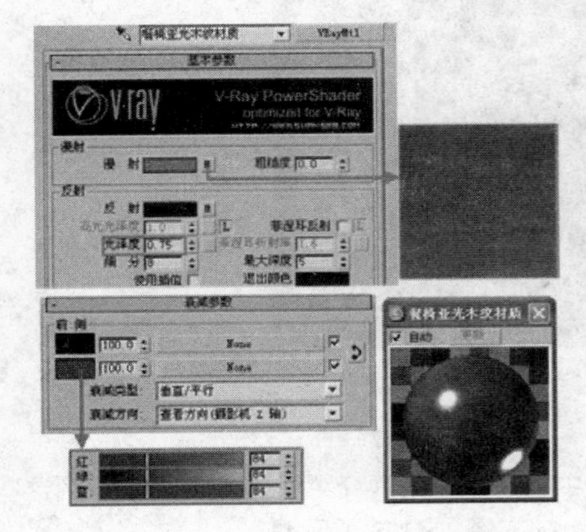

图 15-170　餐椅亚光木纹材质

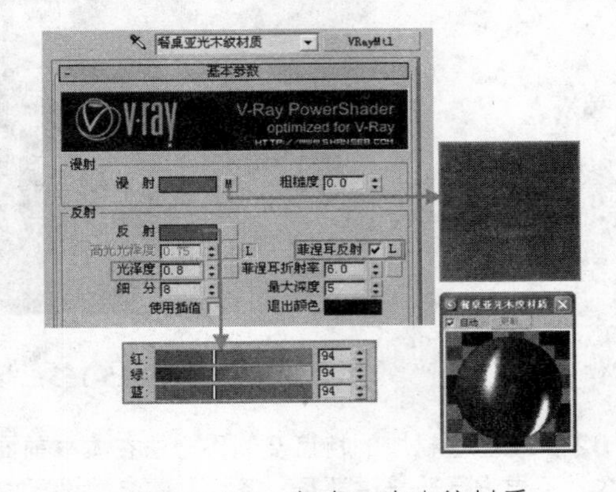

图 15-171　餐桌亚光木纹材质

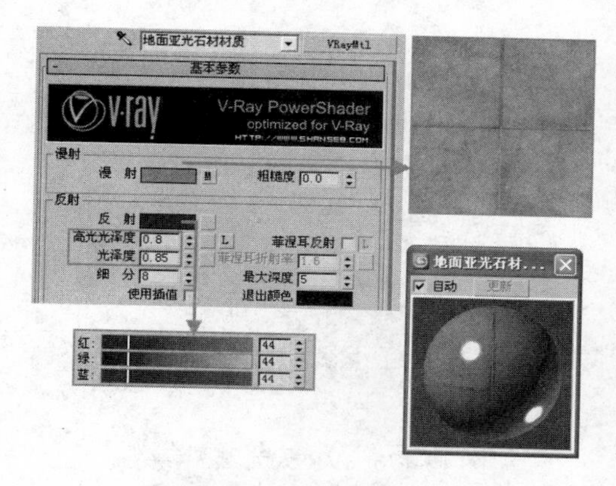

图 15-172　地面亚光石材材质

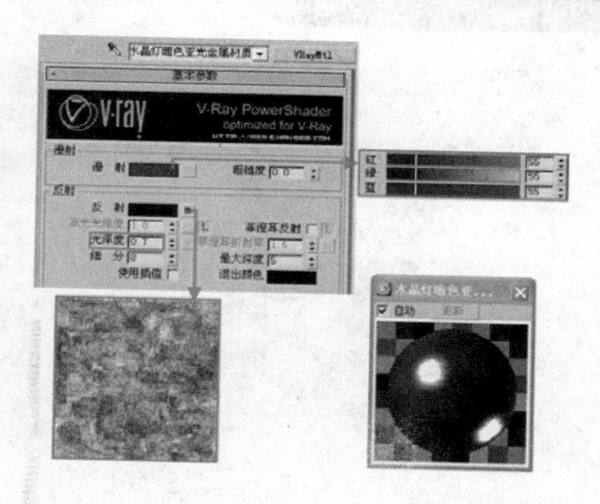

图 15-173　水晶灯亚光金属材质

例158　阳光厨房灯光布置

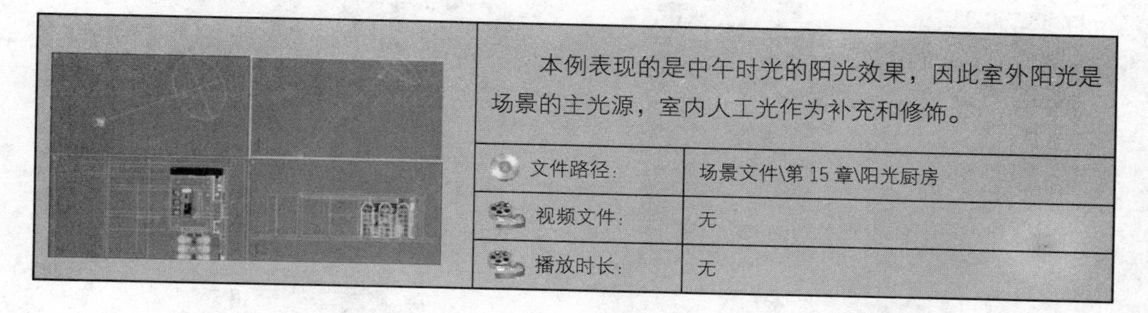

本例表现的是中午时光的阳光效果，因此室外阳光是场景的主光源，室内人工光作为补充和修饰。

文件路径:	场景文件\第 15 章\阳光厨房
视频文件:	无
播放时长:	无

01 本例灯光具体布置如图 15-174 所示，可以看到在室外使用了 VR 阳光进行室外阳光的模拟，并在窗户处利用 VRay 片光进行了室外补光，而在室内则只布置了几盏【目标点光源】进行点缀，并使用了一盏面积较大的 VRay 片光进行室内补光。

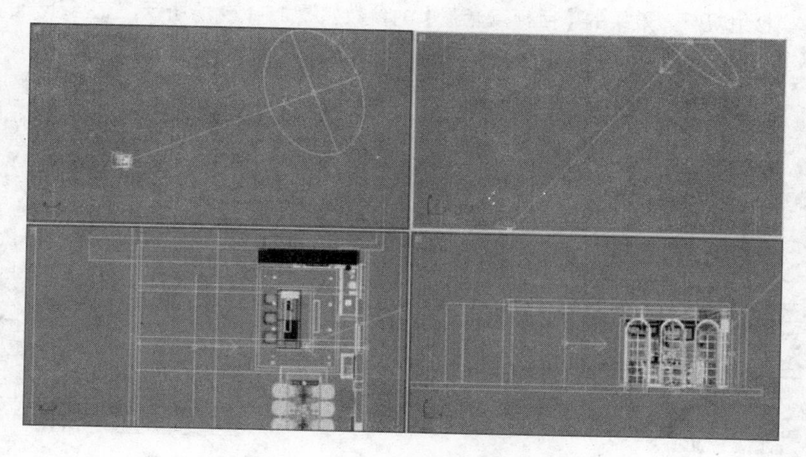

图 15-174　本例场景灯光设置

02 灯光的具体布置方法这里不再多述，室外【VR 阳光】与【VRay 天光】贴图的具体参数设置分别如图 15-175 与图 15-176 所示。

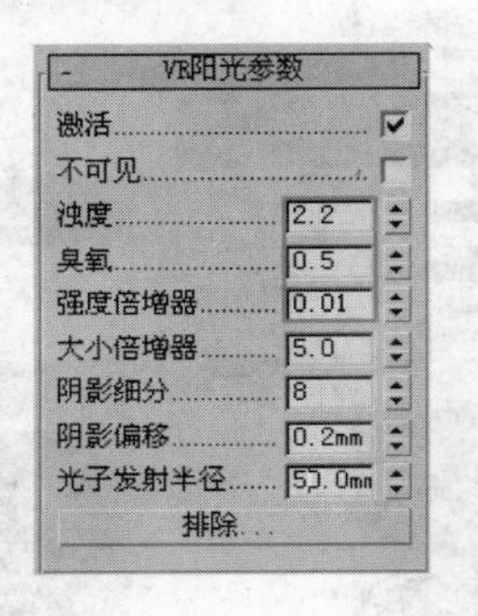

图 15-175　VRay 阳光参数

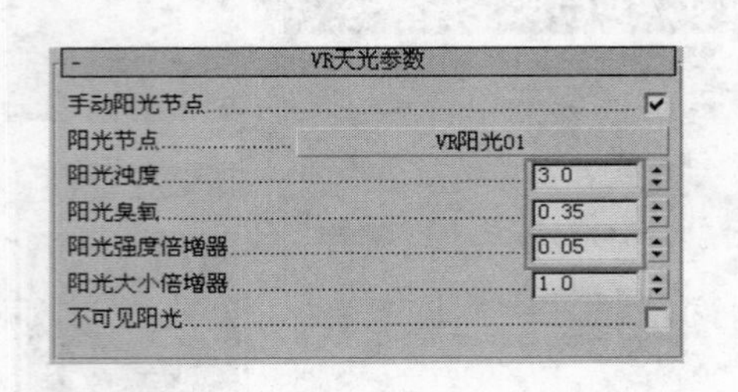

图 15-176　VR 天光贴图参数

03 位于厨房窗口、充当室外补光的 VRay 片光的具体参数设置如图 15-177 所示，位于侧面窗口充当室外补光的 VRay 片光的具体参数设置如图 15-178 所示。

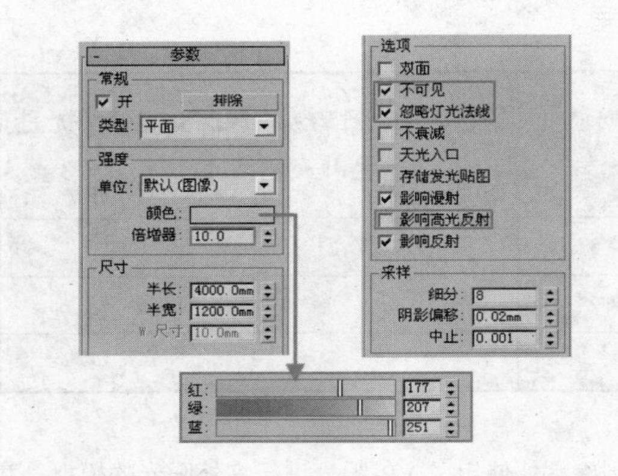

图 15-177　正面 VRay 片光参数

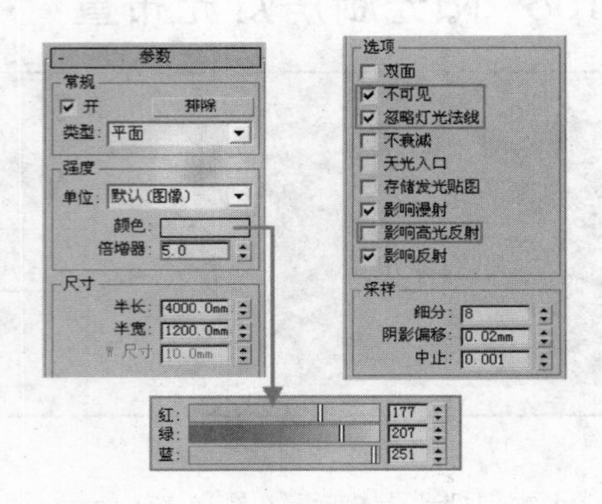

图 15-178　侧面 VRay 片光参数

04 室内模拟射灯灯光效果的【目标点光源】的参数如图 15-179 所所示，充当补光的 VRay 片光的灯光参数如图 15-180 示。

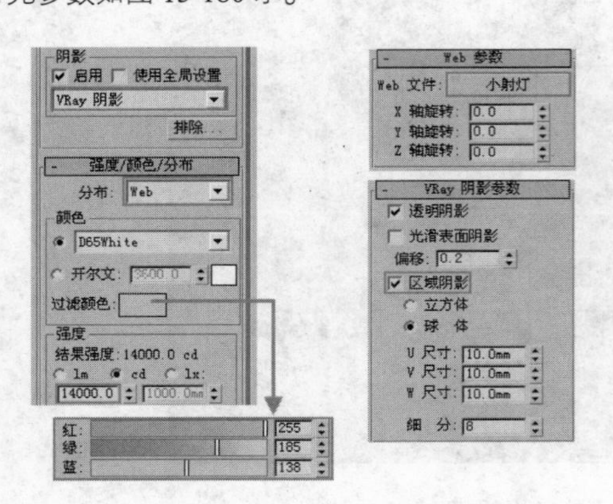

图 15-179　目标点光源参数

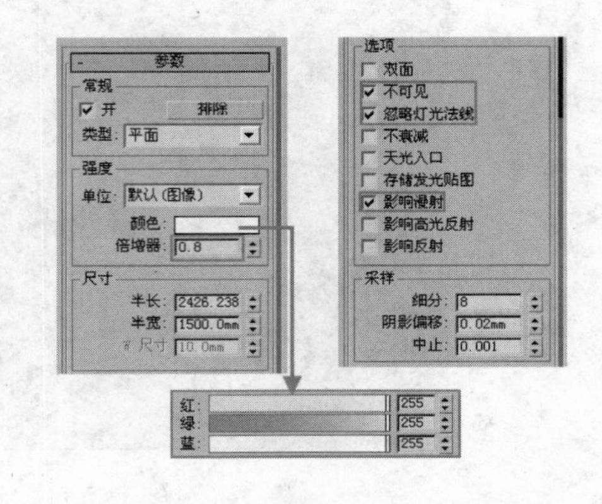

图 15-180　VRay 片光补光参数

05 经过以上灯光设置后，参照前面章节设定的测试渲染参数，设对当前场景进行测试渲染，渲染效果如图 15-181 所示，可以看到窗口外部环境效果并不理想，要设置窗外环境，一种方法是通过 Photoshop

后期进行处理，这里使用 3ds max 建模的方法制作，同样能得到如图 15-182 所示的外部环境效果，接下来就来学习这种方法。

图 15-181　当前测试渲染效果

图 15-182　添加室外环境

例159　制作场景外部环境效果

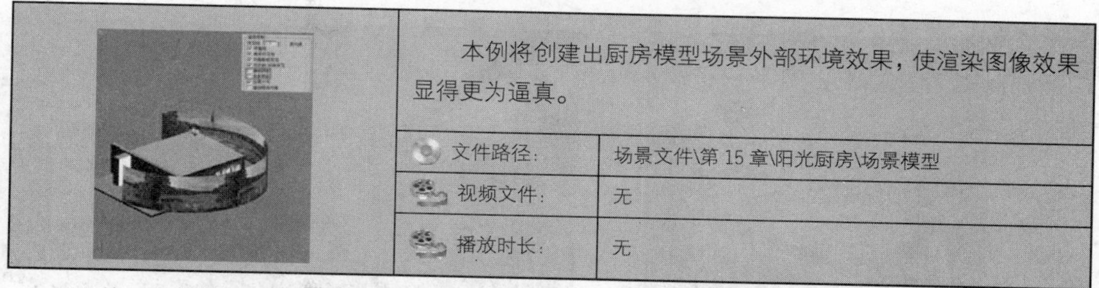

本例将创建出厨房模型场景外部环境效果，使渲染图像效果显得更为逼真。

文件路径：	场景文件\第 15 章\阳光厨房\场景模型
视频文件：	无
播放时长：	无

01 按 L 键切换至左视图，如图 15-183 所示创建一个【平面】物体，由于需要对其进行弯曲，所以宽度分段可以设置得较高些，然后再按 M 键打开【材质编辑器】，制作如图 15-184 中所示的材质，然后将制作好的材质赋予模型并单击【在视口中显示贴图】按钮。

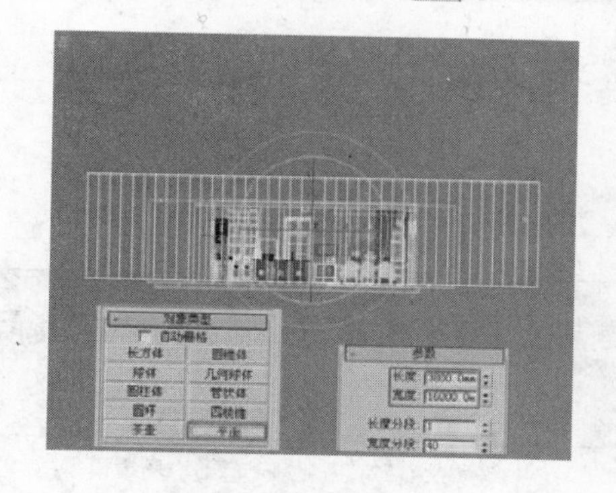

图 15-183　创建平面

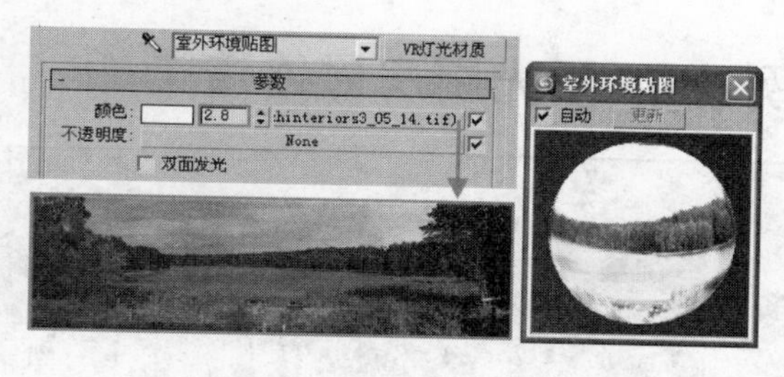

图 15-184　制作室外环境材质

02 为了让添加室外环境贴图产生较理想的透视效果，首先如图 15-185 所示为其添加【UVW 贴图】修改命令，然后如图 15-186 所示为其添加【弯曲】修改命令，使其产生一定的弧度效果。

03 选择【平面】物体单击鼠标右键，在弹出的快捷菜单中选择【对象属性】命令，调整其【渲染控制】参数如图 15-187 所示，以防止平面物体对室外阳光的阻挡，以及对环境光进行多次的重复反弹，然后再关联复制一个【平面】物体，模拟另一侧的室外环境，最后按 C 键进入摄影机视图，根据视图中显示的效果，如图 15-188 所示调整贴图的 UV 位置进行最终的调整。

图 15-185　添加 UVW 贴图修改

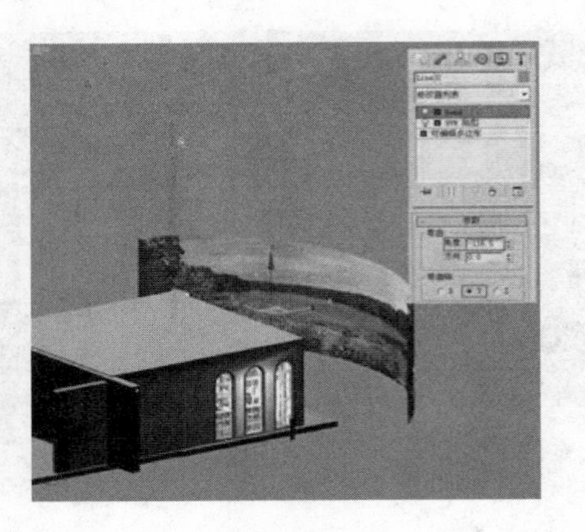

图 15-186　添加弯曲修改

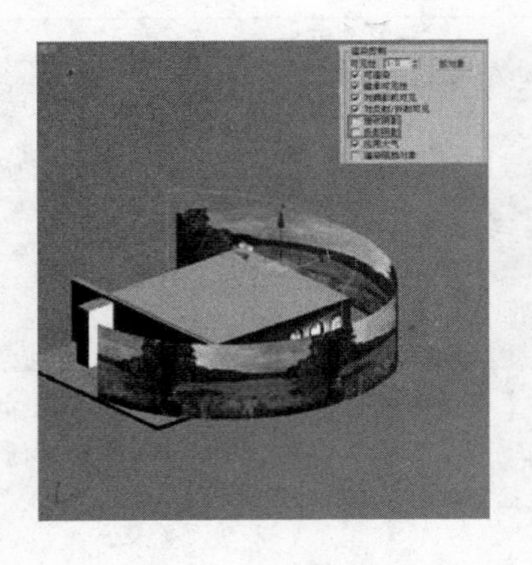

图 15-187　复制出另一侧室外环境

图 15-188　进入摄影机视图进行调整

例160　阳光厨房最终渲染

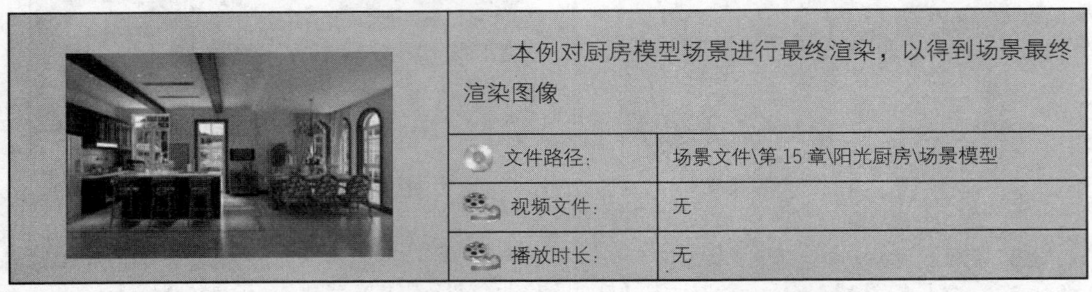

本例对厨房模型场景进行最终渲染，以得到场景最终渲染图像

文件路径:	场景文件\第 15 章\阳光厨房\场景模型
视频文件:	无
播放时长:	无

01 调整材质的细分值，同样可以根据材质离摄影机的远近，以及其在模型空间内面积大小，控制大小在 16~24 之间。

02 调整灯光的细分值，将场景中所有 VRay 灯光的细分统一增大至 24,【目标点光源】的细分增大至 18，最后再调整最终渲染参数设置如图 15-189 所示。

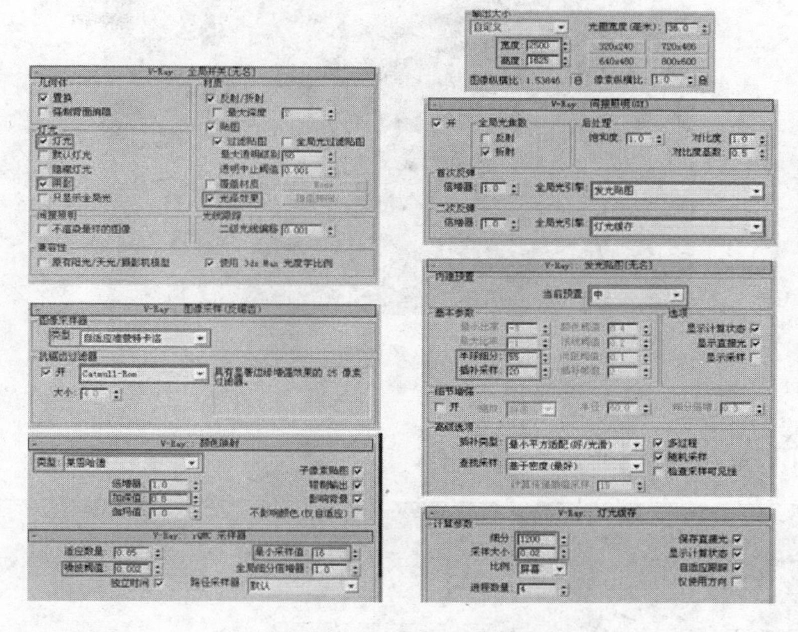

图 15-189　最终渲染参数

03 调整好最终渲染参数后，按 C 键返回回摄影机视图，进行最终渲染如图 15-190 所示。

图 15-190　最终渲染结果

图 15-191　色彩通道渲染结果

04 利用前面实例讲解的色彩通道图像制作方法，渲染如图 15-191 所示的色彩通道图，以备后期处理之需。

15.4　奢华卧室

本例讲述一个奢华风格的卧室夜景制作，场景最终渲染效果如图 15-192 所示。

图 15-192　最终渲染效果

例161　创建 VRay 物理摄影机

本例为卧室场景创建 VRay 物理摄影机，以得到更为真实的夜间氛围效果，VRay 物理摄影机与 3ds max 标准摄影机创建方法基本相同。

文件路径：	场景文件\第 15 章\奢华卧室\场景模型
视频文件：	无
播放时长：	无

01 打开本书配套光盘“奢华卧室白模.max”文件，如图 15-193 所示。

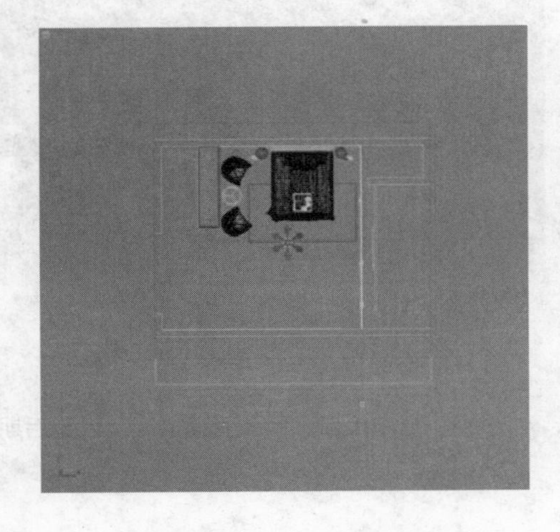

图 15-193　打开场景白模

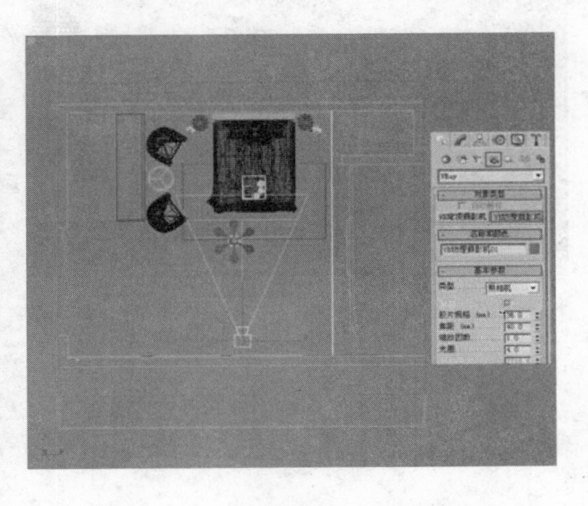

图 15-194　创建 VRay 物理摄影机

02 单击 VR物理摄影机 按钮，如图 15-194 所示从场景下方至上方拖曳，创建出一架【VRay 物理摄影机】，将场景中的床体造型置于图像中心位置。

03 按 L 键切换至左视图，通过【精确变换输入】对话框将【VRay 物理摄影机】与其目标点沿 Y 轴向上移动 1070mm，调整其高度如图 15-195 所示。

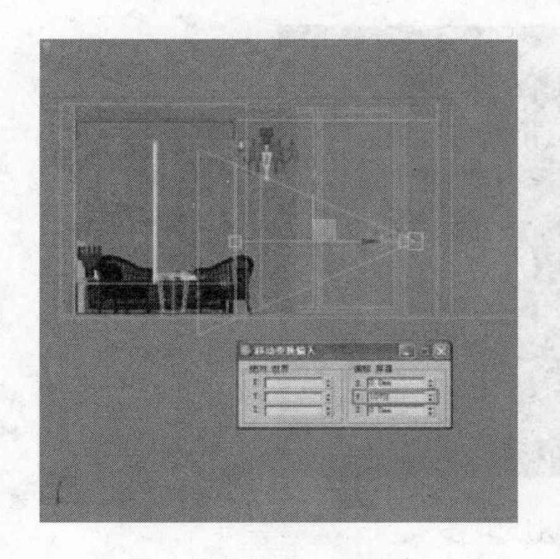

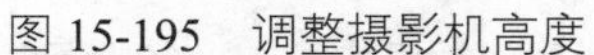

图 15-195　调整摄影机高度　　　图 15-196　当前摄影机视图

04 调整【VRay 物理摄影机】高度后，按 C 键切入【VRay 物理摄影机】视图，按 Shift + F 快捷键，打开默认参数下的安全框，视图当前显示效果如图 15-196 所示。

05 很明显当前的摄影机视野太窄，选择【VRay 物理摄影机】进入修改面板，调整参数改善视图效果，经过反复调试后，确定最终参数如图 15-197 所示。

图 15-197　最终摄影机视图与参数

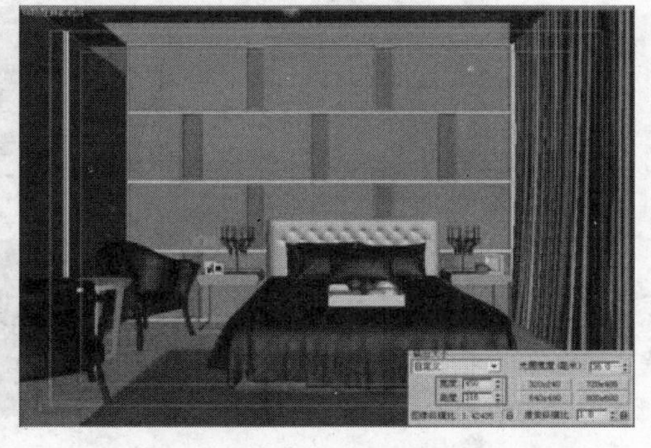

图 15-198　调整渲染参数

06 确定好摄影机参数后。接下来调整渲染长宽比，按 F10 键打开渲染对话框，调整其中的【输出大小】参数值，具体参数设置与效果如图 15-198 所示，接下来进行奢华卧室材质的制作。

例162　奢华卧室材质制作

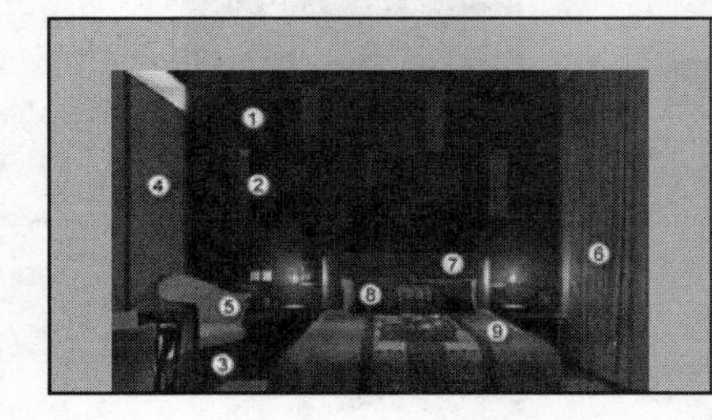

为了表现出卧室的温馨和舒适气氛，场景材质木纹、布纹、地毯等材质为主，玻璃、不锈钢等材质作为局部点缀。

文件路径：	场景文件\第 15 章\奢华卧室
视频文件：	无
播放时长：	无

01 本例场景材质编号如图 15-199 所示，其中有多种布料材质，这也是本场景设计的特色，大家从中可以学习到各种布纹材质的编辑方法。

图 15-199　场景材质编号

02 调整的是床头背景墙深色布纹材质，具体参数设置与材质球效果如图 15-200 所示。床头背景墙处于渲染图像中心位置，且面积较大，因而是体现图像材质质感真实与否的重点。这里使用【标准材质】制作，并调整至 Oren-Nayar-Blinn 明暗器类型，然后在【自发光】贴图通道使用【遮罩】程序贴图制作细节充分的布料材质。

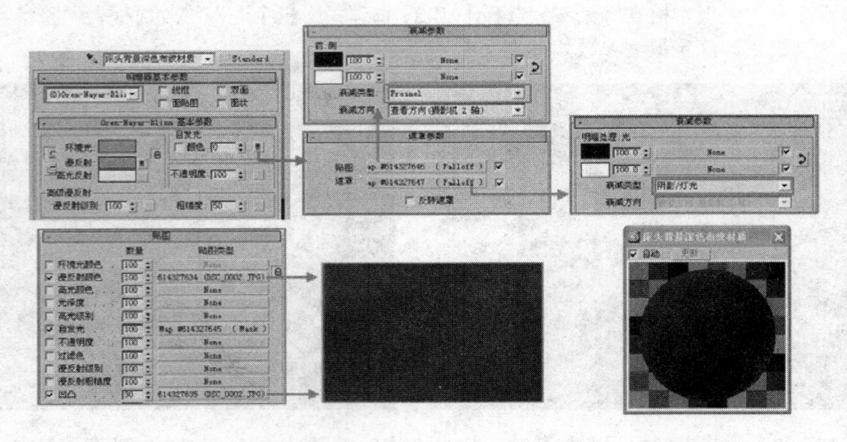

图 15-200　深色布纹材质参数与材质球效果

03 制作床头背景墙上镶嵌的茶镜材质，其具体材质参数与材质球效果如图 15-201 所示，在调整的过程中注意使用【反射】颜色控制金属的颜色与反射强度。

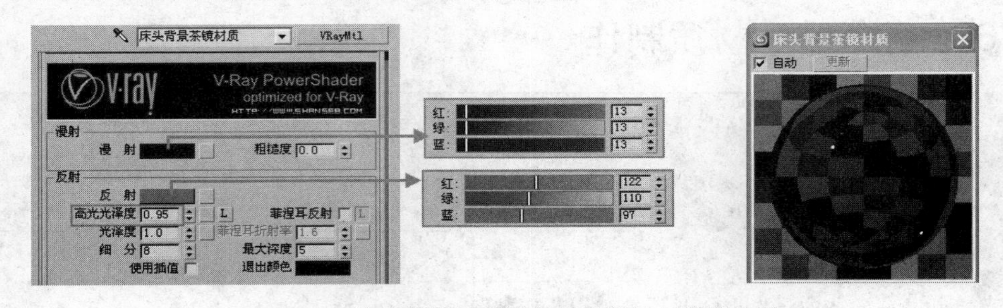

图 15-201　墙头背景墙茶镜材质参数与材质球效果

04 制作木纹材质。首先制作地板亚光木纹材质，材质参数与材质球效果如图 15-202 所示，在【漫反射】与【凹凸】贴图通道使用了两张完全不同的贴图。在实际的工作中，如果找到了效果理想的木纹贴图，但纹理上没有实木地板拼贴缝隙，就可以使用这种结合的方法制作木地板材质。

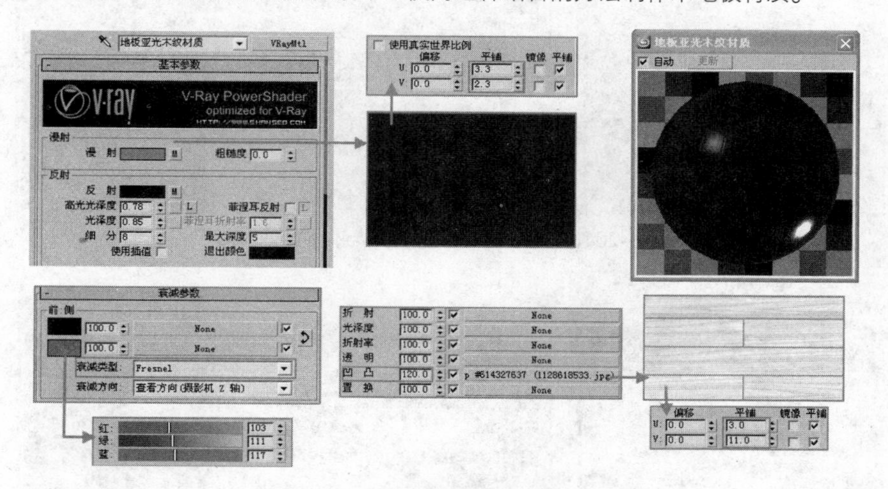

图 15-202　地板材质参数与材质球效果

05 制作场景左侧衣柜的木纹材质，具体参数与材质球效果如图 15-203 所示。

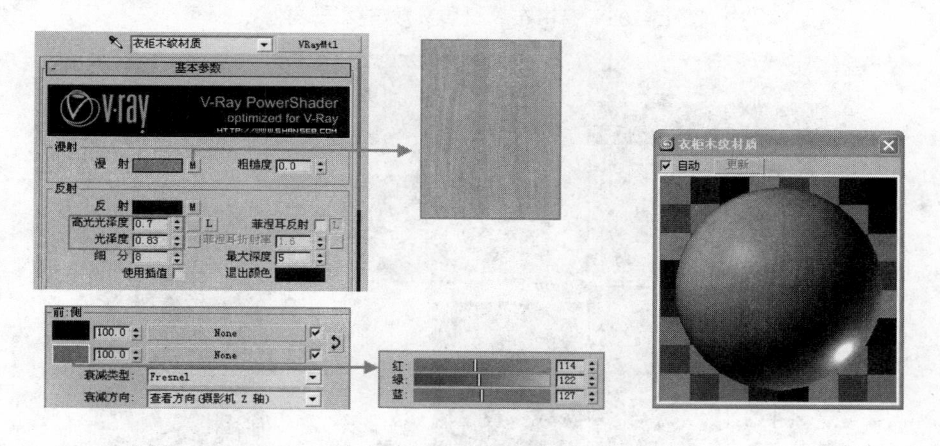

图 15-203　衣柜木纹材质参数与材质球效果

06 制作场景左侧靠椅布纹材质，材质参数与材质球效果如图 15-204 所示，由于模型处于视图边角位置，可以对其材质参数进行了一定简化，但其布纹特有的绒毛效果还是要有所体现。

07 制作场景右侧的窗帘单色布纹材质，材质参数与材质球效果如图 15-205 所示，可以看到在【反射】贴图通道使用了【衰减】程序贴图，这是因为这里的窗帘是像丝绸一样带有高光质感的华丽布纹，由于【光泽度】参数设置比较低，在布纹表面不会出现反射效果。

08 制作床头造型布纹材质，具体材质参数与材质球效果如图 15-206 所示，与之前的布纹设置不同的是，这里使用了【沃德】BDRF 参数，使得材质表面的高光效果变得更为散淡，此外注意控制【贴图】强度，调配【颜色贴图】与【贴图通道】产生效果的比例。

09 制作抱枕布纹材质，具体材质参数与材质球效果如图 15-207 所示，可以发现材质设置得相当简单，只在【漫反射】与【凹凸】贴图通道内使用了一个抱枕布纹的贴图，这是由于抱枕的纹理效果较明显，而其自身又远离摄影机并且体积相对较小，可以突出表现布纹纹理效果，而弱化其他细节。

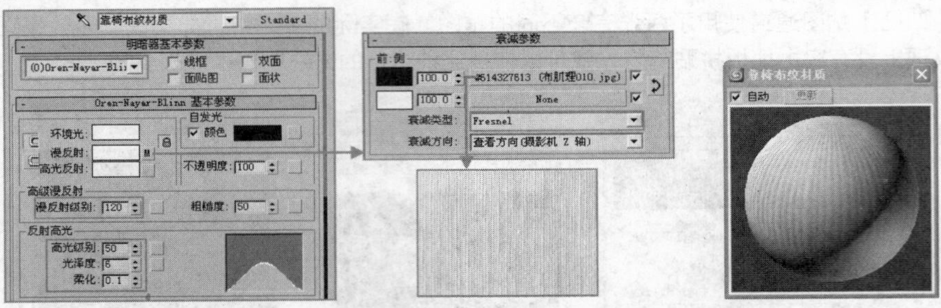

图 15-204　靠椅布纹材质参数与材质球效果

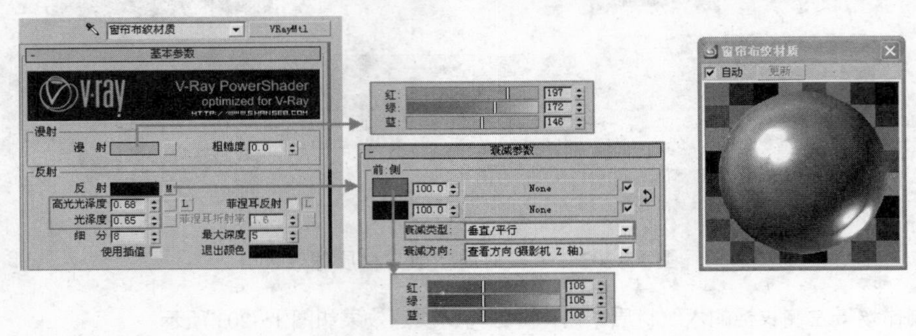

图 15-205　窗帘布纹材质参数与材质球效果

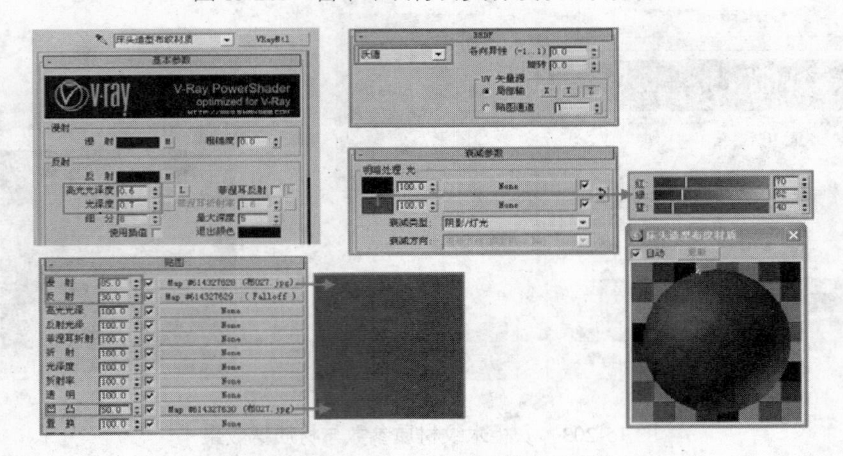

图 15-206　床头布纹材质参数与材质球效果

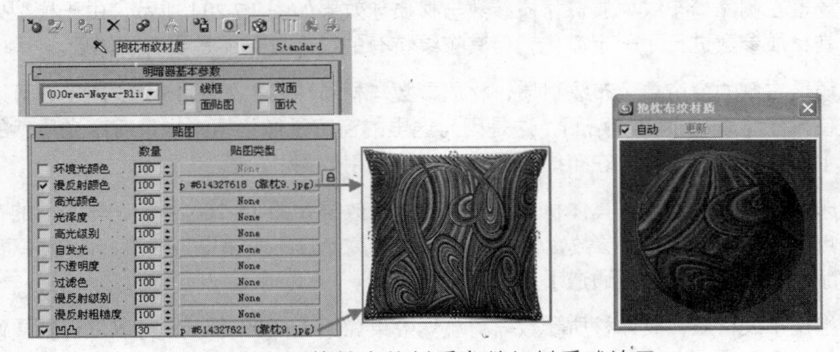

图 15-207　抱枕布纹材质参数与材质球效果

10 制作床罩布纹材质，具体材质参数与材质球效果如图 15-208 所示，在材质的【反射】贴图通道内加载了一张与【漫反射】贴图通道一样的布纹，以添加高光反射效果，通过勾选【菲涅尔反射】、【折射率】以及设置较低的【光泽度】参数，在得到布纹高光效果的同时削减反射现象。

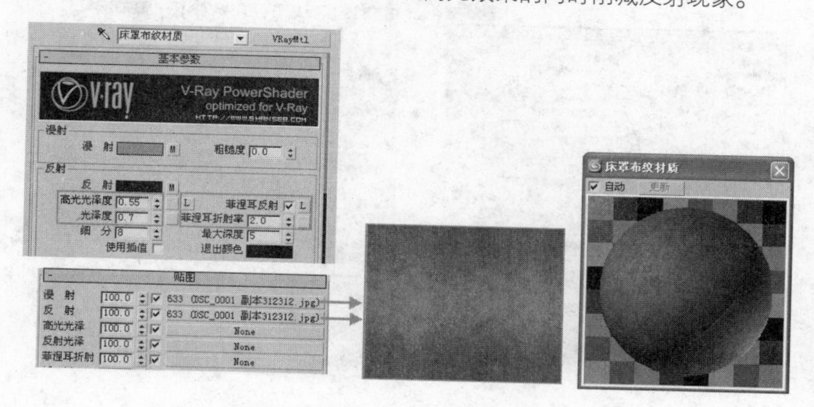

图 15-208　抱枕布纹材质参数与材质球效果

11 制作地毯布纹材质，材质参数与材质球效果如图 15-209 所示，夜景光线较暗，材质不必制作过于复杂，这里仅在【漫反射】与【凹凸】贴图通道载入了对应的贴图，进行表面纹理效果制作与凹凸效果的模拟。

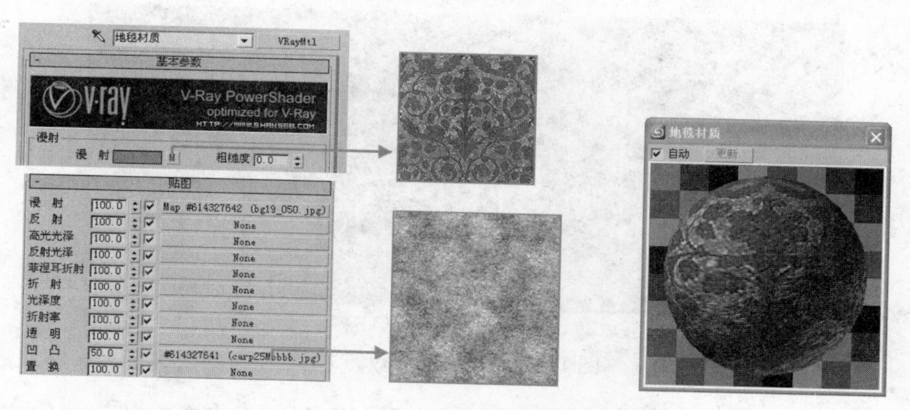

图 15-209　地毯布纹材质参数与材质球效果

12 本场景主要材质制作完成，接下来进行场景灯光的制作。

例163　奢华卧室灯光制作

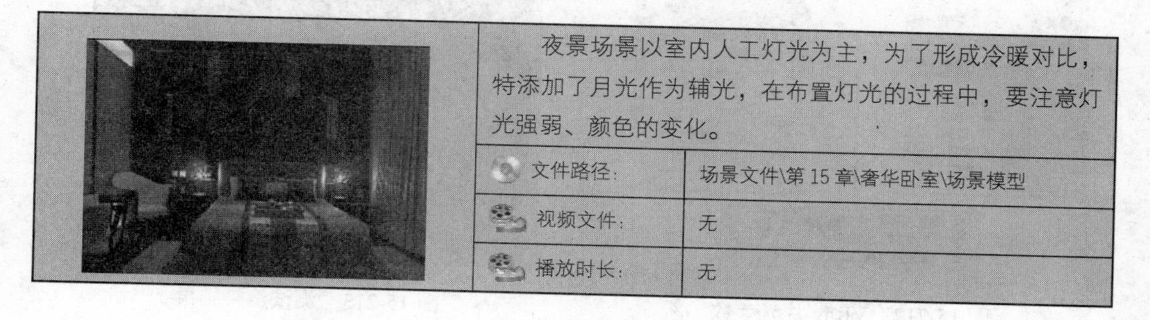

夜景场景以室内人工灯光为主，为了形成冷暖对比，特添加了月光作为辅光，在布置灯光的过程中，要注意灯光强弱、颜色的变化。

文件路径:	场景文件\第 15 章\奢华卧室\场景模型
视频文件:	无
播放时长:	无

01 设置灯光测试渲染参数。按 F10 键打开渲染对话框，选择【渲染器】选项卡，设置灯光测试渲染参数如图 15-210 所示，未标明的参数保持默认即可。

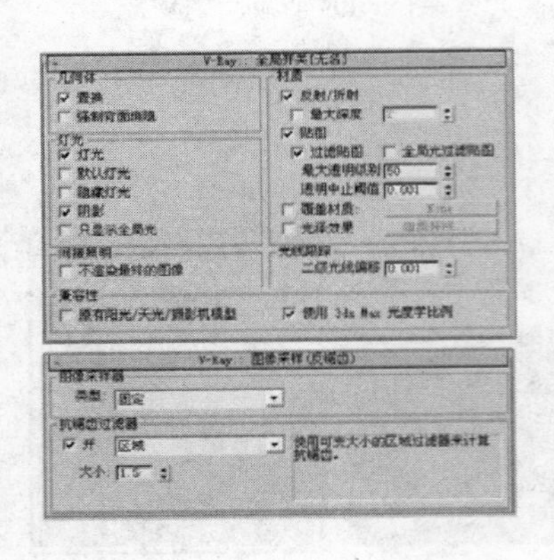

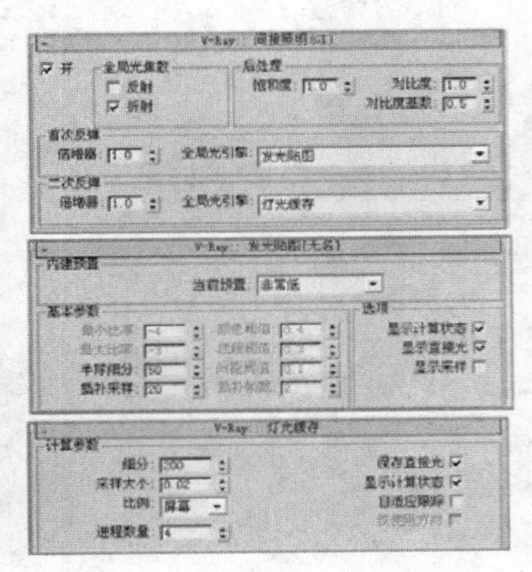

图 15-210　设置灯光测试渲染参数

02 进行场景灯光的具体布置，首先制作室外月光，夜晚的月光柔和平静，这里选用 VRay 片光进行模拟，单击 VR灯光 按钮，在场景中创建如图 15-211 所示的一盏灯光，

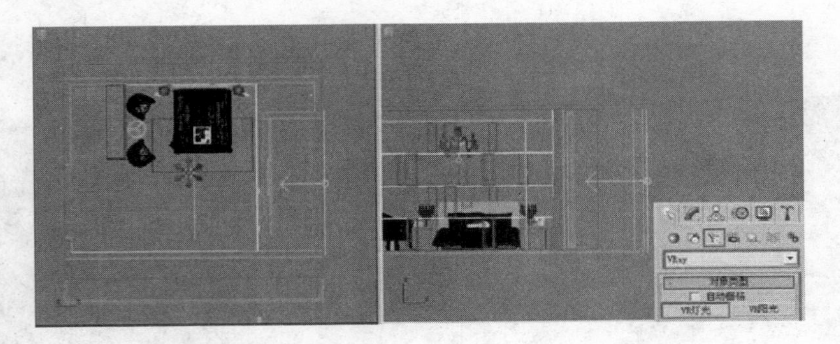

图 15-211　创建 VRay 片光

03 该盏片光主要用于模拟室外的月光，参数设置如图 15-212 所示，调整完成后，按 C 键进入摄影机视图，进行测试渲染，渲染结果如图 15-213 所示。

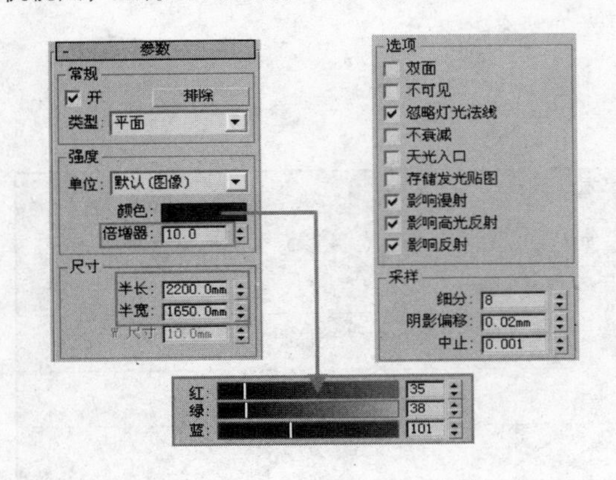

图 15-212　VRay 片光参数

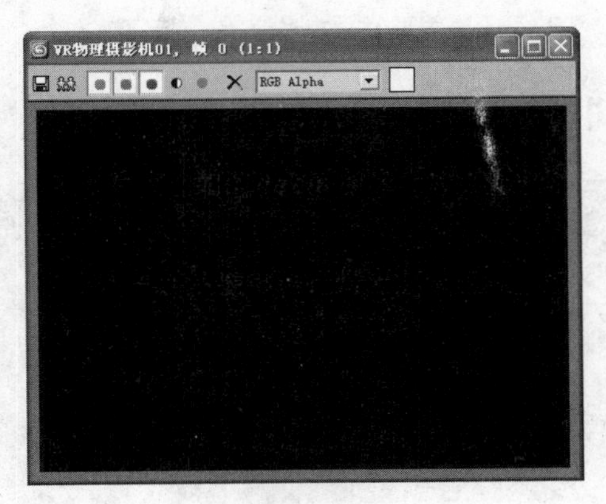

图 15-213　测试渲染结果

04 可以看到场景内一片漆黑，这是使用【VRay 物理摄影机】时常遇到的情况，此时可以适当调整VRay 物理摄影机有关曝光参数，具体参数调整值与渲染结果如图 15-214 所示。

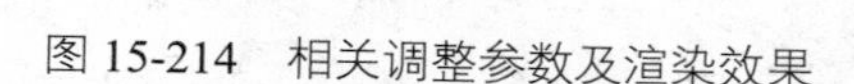

图 15-214　相关调整参数及渲染效果

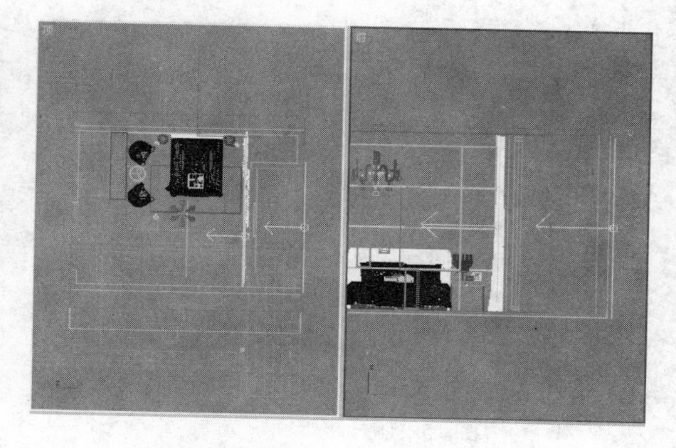

图 15-215　再次创建 VRay 片光

05 从新的渲染结果中可以发现，图像内场景空间已经有微亮的效果，由于场景中的窗帘挡住了室外光线的进入，这里先保持当前的【VRay 物理摄影机】参数，再在紧挨窗帘的室内位置创建一盏 VRay 片光，灯光具体位置如图 15-215 所示。

06 该盏灯光具体参数如图 15-216 所示，调整完成后再次测试渲染，渲染结果如图 15-217 所示。

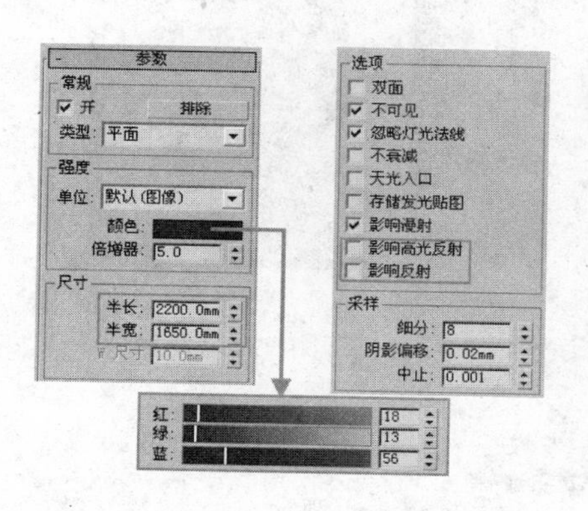

图 15-216　VRay 灯光参数

图 15-217　测试渲染结果

07 此时可以发现场景物体大致轮廓略有显现，接下来设置室内灯光加强亮度，首先利用【目标点光源】布置如图 15-218 所示的筒灯光源，对床头及靠椅进行亮化照明。

08 目标点光源参数设置如图 15-219 所示，设置完成后，按 C 键进入摄影机视图进行测试渲染，渲染结果如图 15-220 所示。

09 此时场景亮度再次提升，接下来对床头处的两盏台灯以及天花板上的吊顶进行灯光布置，这里使用球体类型的 VRay 灯光进行模拟，其中两盏台灯灯光的分布是一样的，右侧台灯灯光具体分布如图 15-221 所示，吊灯灯光分布如图 15-222 所示。此外，为了加强吊灯灯光的照明作用，在其中心布置了一盏【泛光灯】。

10 用于模拟台灯与吊灯灯光的 VRay 球光参数从左至右依次如图 15-223 所示，其中左侧为台灯灯

光参数。吊灯下的【泛光灯】参数设置如图 15-224 所示，灯光参数设置完成后，再次进入摄影机视图进行灯光测试渲染，渲染结果如图 15-225 所示。

图 15-218　布置筒灯光源

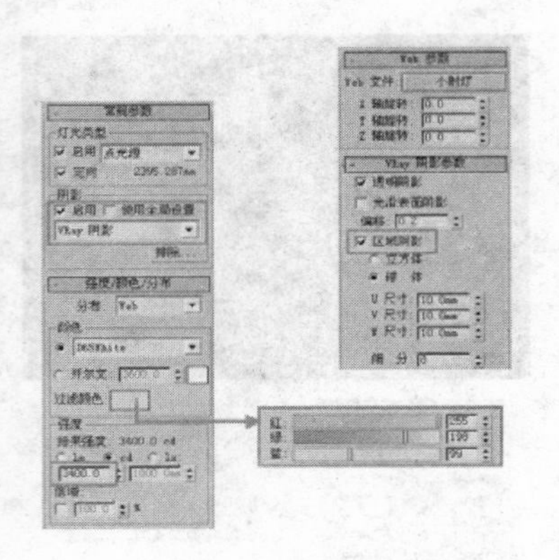

图 15-219　目标点光源参数

图 15-220　测试渲染结果

图 15-221　右侧台灯灯光分布

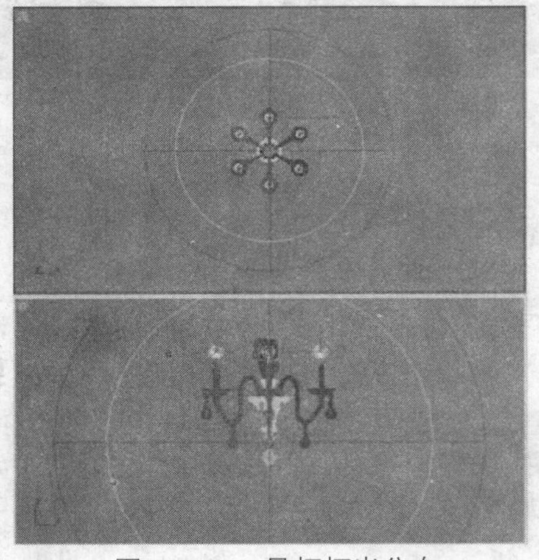

图 15-222　吊灯灯光分布

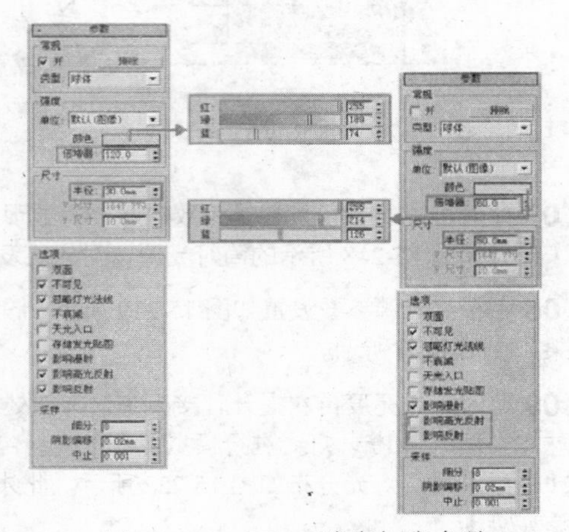

图 15-223　VRay 球光灯光参数

11 从渲染结果可以看到，加入了台灯光源与吊灯光源后，场景温馨的氛围有所体现，但图像的亮度集中在下方，整体的明暗过渡并不自然，接下来进行左侧衣柜的灯光以及空间右侧及上方的补光的创建，这 4 盏灯光均由 VRay 片光模拟，灯光的具体分布如图 15-226 所示，

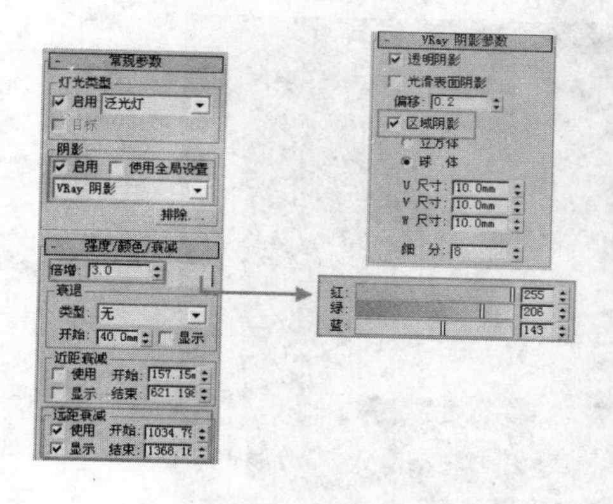

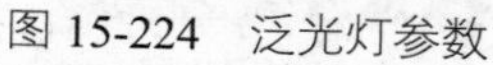

图 15-224　泛光灯参数

图 15-225　测试渲染效果

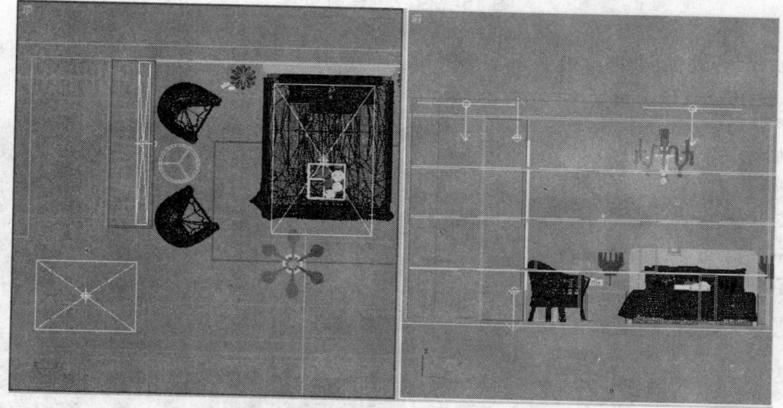

图 15-226　VRay 片光分布

12 这 4 盏灯光中衣柜处的两盏灯光参数完全一致，另外两盏灯光的参数除了尺寸外也完全一致，其具体的灯光参数如图 15-227 所示（左侧为衣柜灯光参数），完成灯光参数调整后，进入摄影机视图进行灯光测试渲染，渲染结果如图 15-228 所示

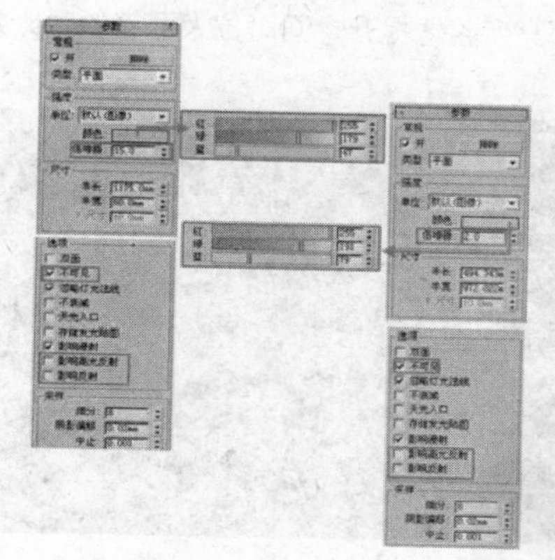

图 15-227　VRay 片光参数

图 15-228　测试渲染结果

13 观察新渲染图像可以发现，此时场景的明暗对比及场景的亮度已经比较合理，接下来在床铺上的茶具上再布置一盏【目标点光源】对其进行重点亮化，灯光的具体位置如图 15-229 所示。

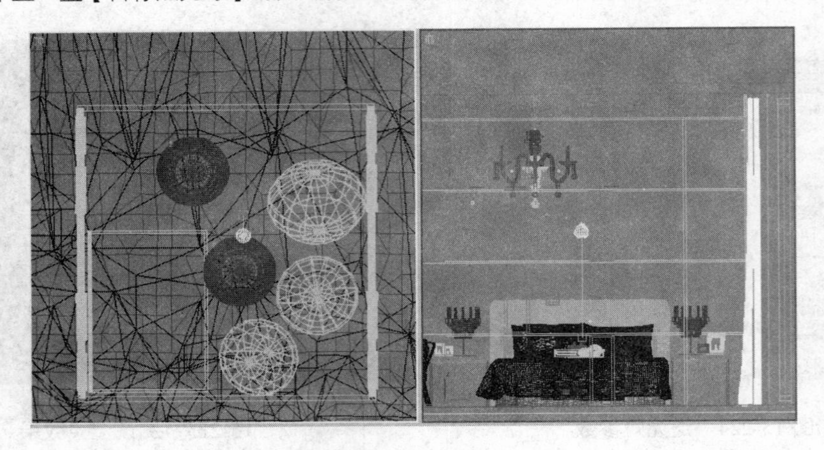

图 15-229　创建补光

14 灯光的参数设置如图 15-230 所示，设置完成后返回【VRay 物理摄影机】视图，进行灯光测试渲染，渲染结果如图 15-231 所示。

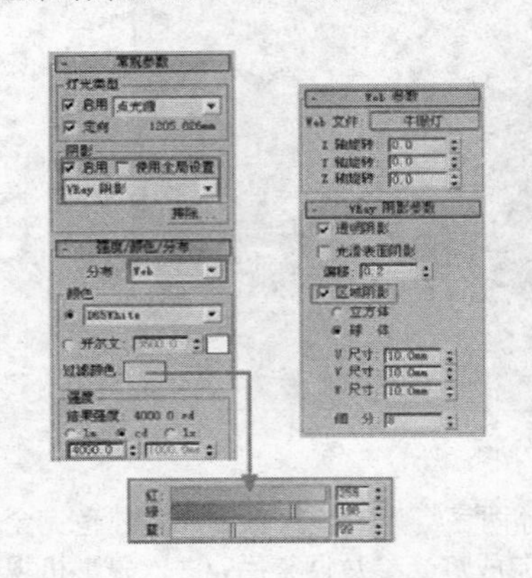

图 15-230　目标点光源参数

图 15-231　测试渲染结果

15 修改颜色映射类型为【指数】，将图像的亮部与暗部亮度整体提升，同时拉大两者的对比效果，如图 15-232 所示，此时渲染效果如图 15-233 所示。

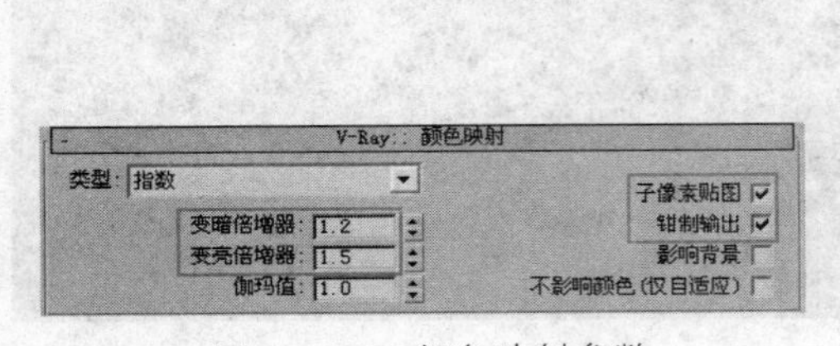

图 15-232　颜色映射参数

图 15-233　测试渲染结果

16 至此，本例场景灯光布置完成，接下来进行最终渲染参数设置。

例164　奢华卧室最终渲染

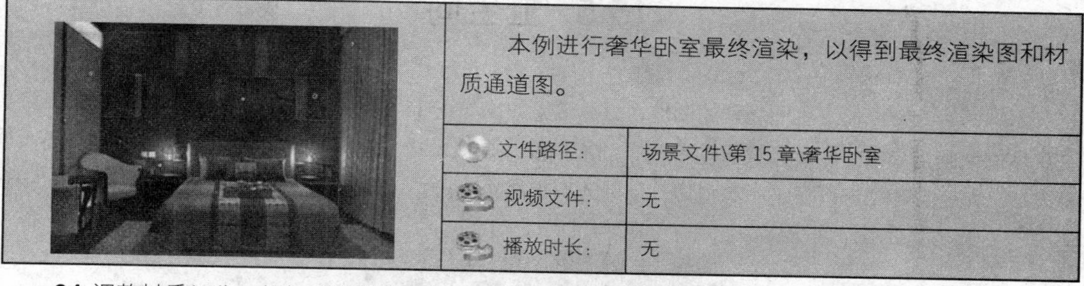

本例进行奢华卧室最终渲染，以得到最终渲染图和材质通道图。

文件路径：	场景文件\第 15 章\奢华卧室
视频文件：	无
播放时长：	无

01 调整材质细分，根据距离摄影机的远近及其面积大小，调整细分值在 16~24 之间。

02 调整灯光细分。将场景中 VRay 片光细分增大至 24，目标点光源细分增大至 18，其他灯光的细分统一调整至 12 即可，接下来调整最终渲染参数如图 15-234 所示。

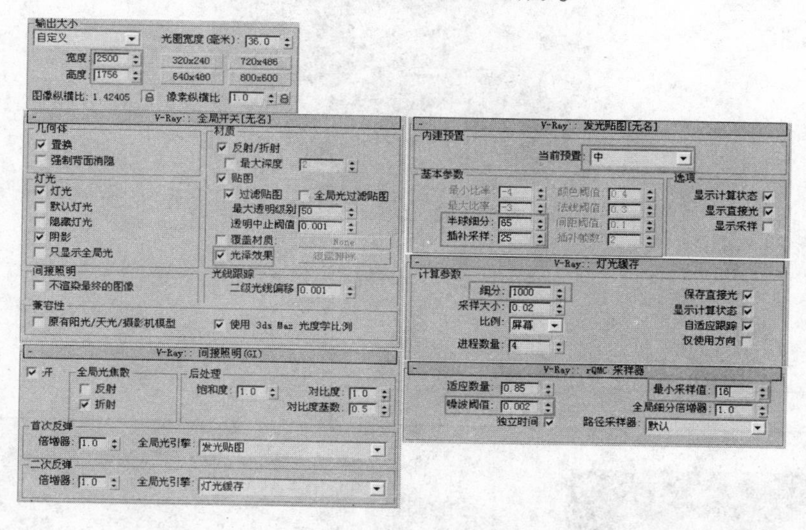

图 15-234　最终渲染参数

03 调整好最终渲染参数后，返回【VRay 物理摄影机】视图进行最终渲染，渲染结果如图 15-235 所示。

图 15-235　最终渲染结果

图 15-236　色彩通道渲染结果

04 用前面介绍的方法，渲染材质通道图如图 15-236 所示，以供图像后期处理之需。

15.5 卫生间

本例讲解一个现代卫生间场景的制作，最终渲染效果如图 15-237 所示。卫生间通常面积较小，如果在狭小的空间内寻找一个能全面表现空间布局的角度，是摄影机创建成败的关键。卫生间场景材质主要是玻璃、陶瓷、不锈钢以及镜子等材质，反射效果都比较突出，读者应掌握其制作方法和技巧。

图 15-237　最终渲染效果

例165　卫生间摄影机布置

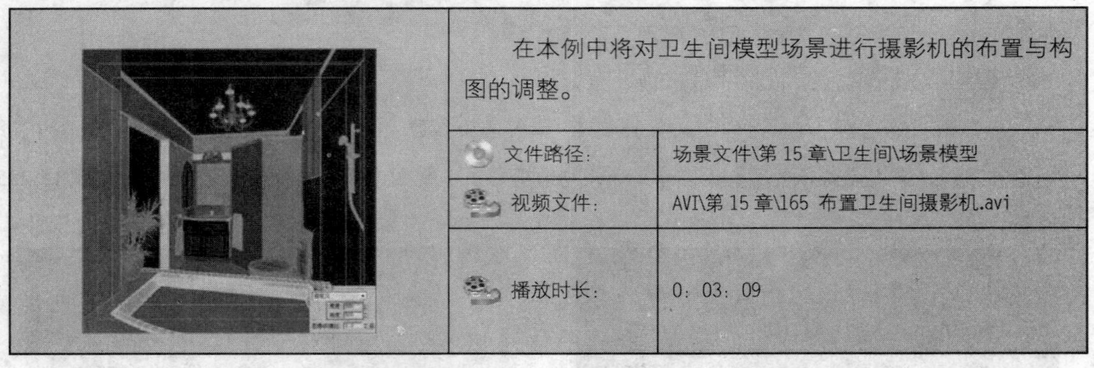

在本例中将对卫生间模型场景进行摄影机的布置与构图的调整。

文件路径:	场景文件\第 15 章\卫生间\场景模型
视频文件:	AVI\第 15 章\165 布置卫生间摄影机.avi
播放时长:	0：03：09

01 按 Ctrl+O 快捷键，打开本书配套光盘中的“卫生间白模.max”文件，如图 15-238 所示。在顶视图中由下至上拖曳鼠标，创建出一架摄影机，如图 15-239 所示。

02 为了能全面表现卫生间的布局，因此先在顶视图中调整摄影机【镜头】值，以获得较大的视野，如图 15-240 所示，然后按 L 键进入左视图，如图 15-241 所示调整摄影机的高度。

03 从图 15-241 可以发现，摄影机当前还处于场景空间外，此时按 C 键获得的摄影机视图如图 15-242 所示，视线被墙壁所阻挡，为了解决这个问题首先按 T 键进入顶视图，然后勾选【手动剪切】复选框，参考视图中的红色平面调整其数值，如图 15-243 所示。

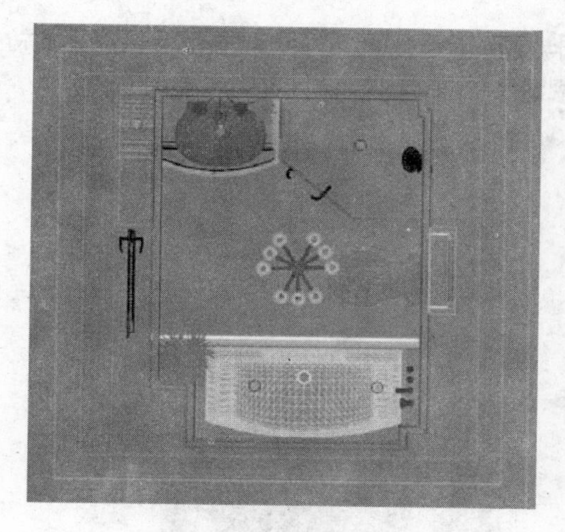

图 15-238　打开场景白模

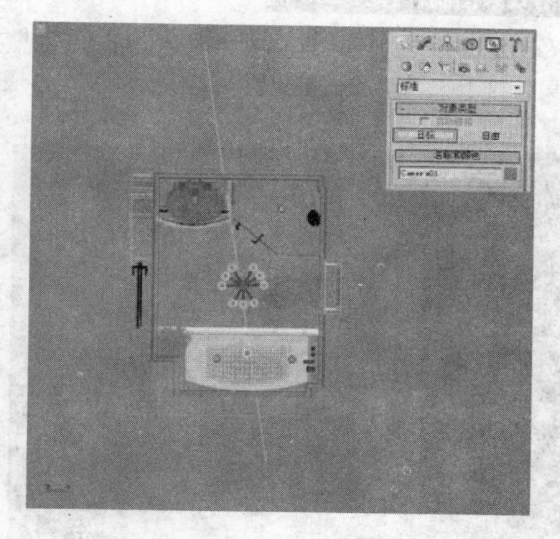

图 15-239　创建摄影机

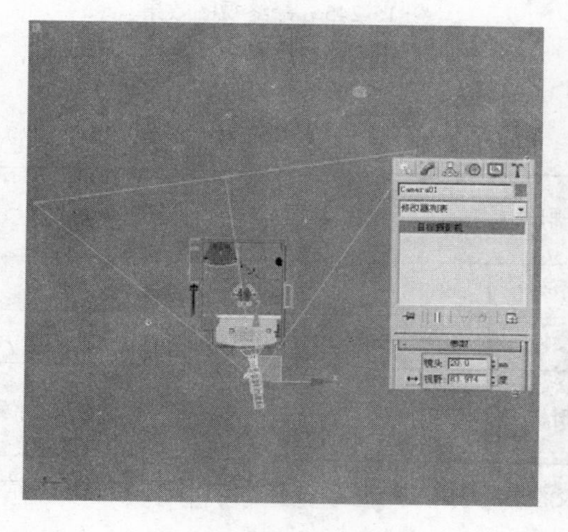

图 15-240　调整【镜头】参数

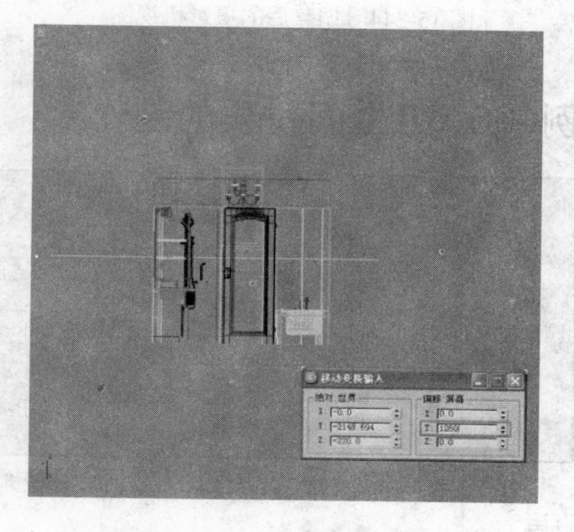

图 15-241　调整摄影机高度

图 15-242　当前摄影机视图

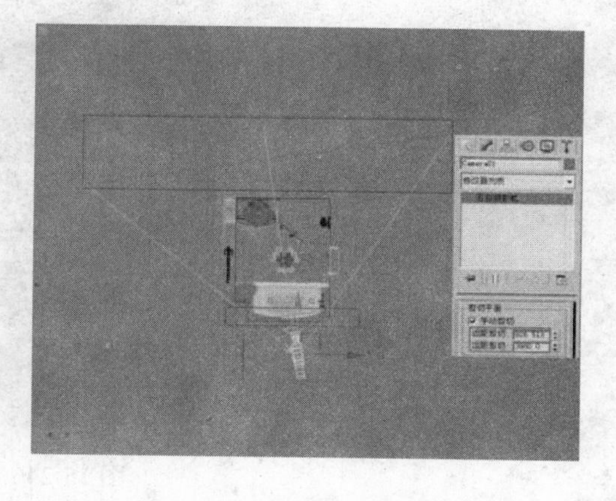

图 15-243　调整手动剪切

04 调整完成后，再次按 C 键返回摄影机视图，按 Shift+F 键显示安全框，得到如图 15-244 所示的效果，接下来调整其长宽比值，具体数值设定与最终视图效果如图 15-245 所示。

图 15-244　调整后的摄影机视图

图 15-245　最终视图效果

例166　卫生间材质的制作

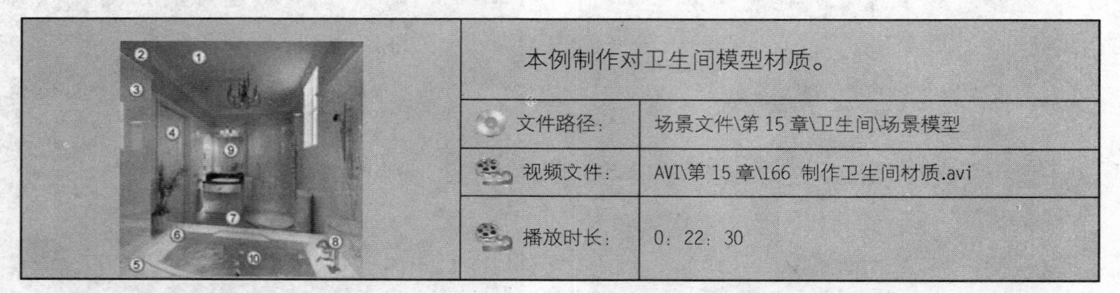

	本例制作对卫生间模型材质。	
	文件路径：	场景文件\第 15 章\卫生间\场景模型
	视频文件：	AVI\第 15 章\166 制作卫生间材质.avi
	播放时长：	0：22：30

01 本例材质编号如图 15-246 所示，主要有乳胶漆材质、木纹材质、金属材质以及地砖材质等常用材质。

图 15-246　场景材质编辑

02 场景中各材质的参数设置如图 15-247 至图 15-256 所示。

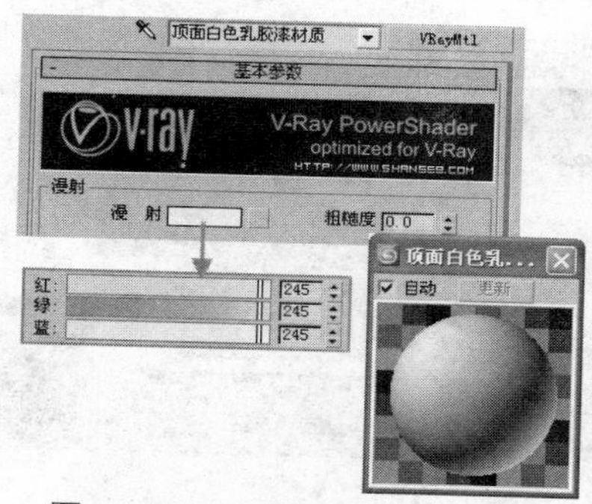

图 15-247　顶面白色乳胶漆材质

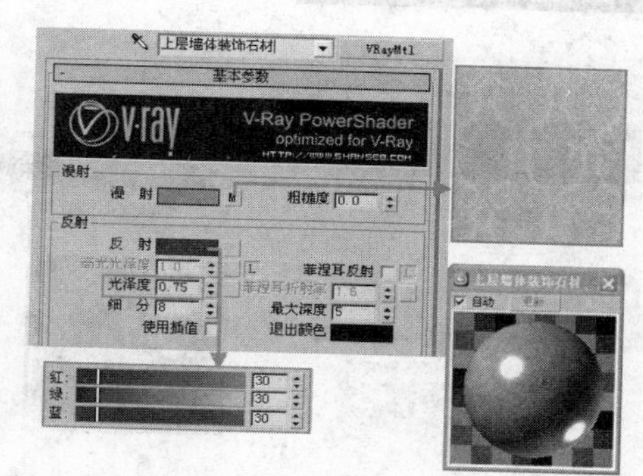

图 15-248　上层墙体装饰石材

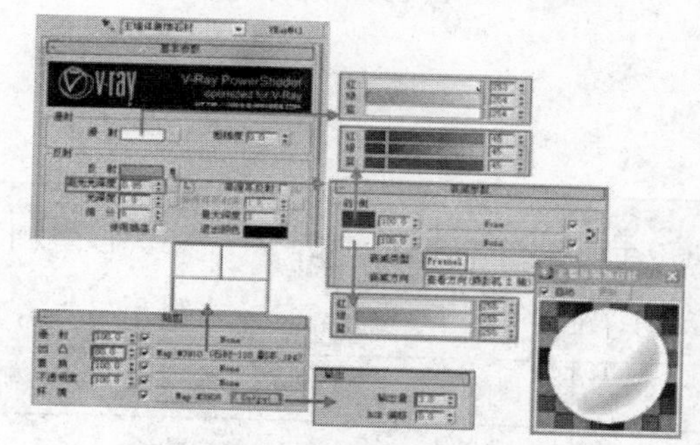

图 15-249　主墙体装饰石材

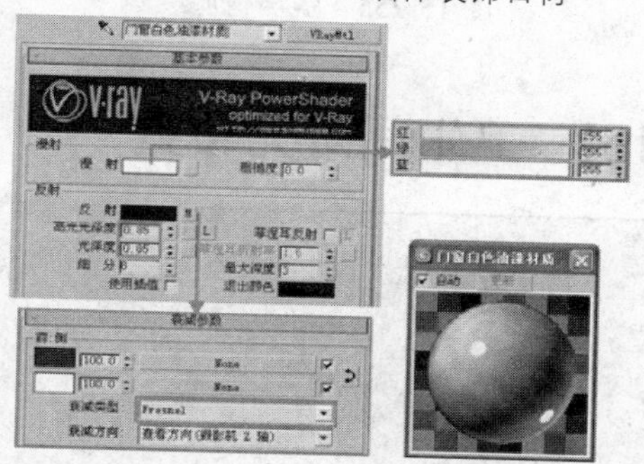

图 15-250　门窗白色混油材质

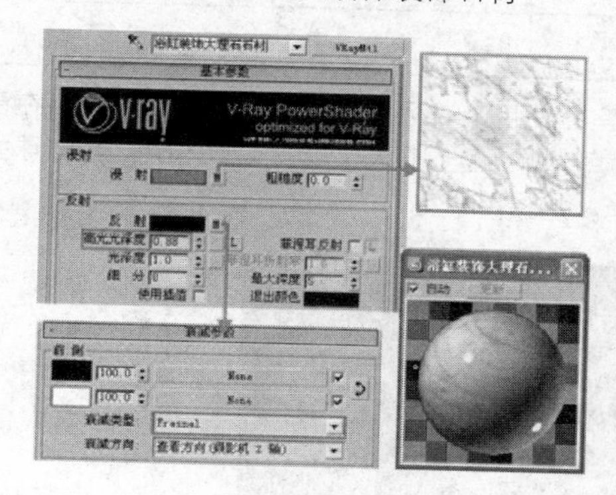

图 15-251　浴缸装饰大理石材质

图 15-252　浴缸陶瓷材质

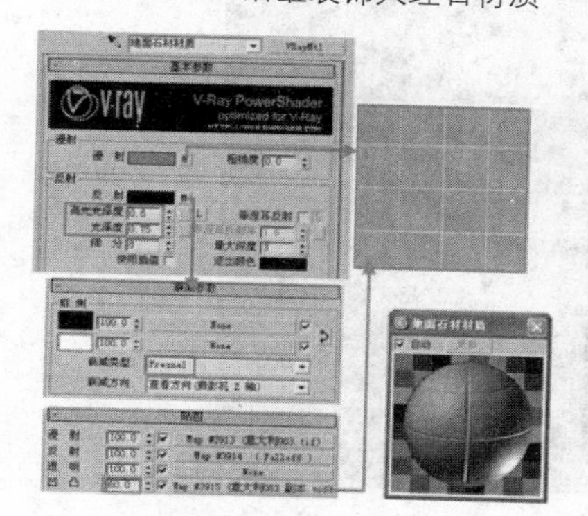

图 15-253　地面石材材质

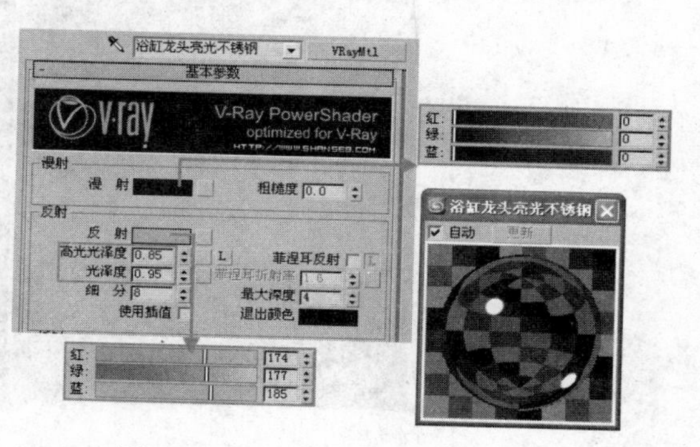

图 15-254　浴缸龙头亮光不锈钢材质

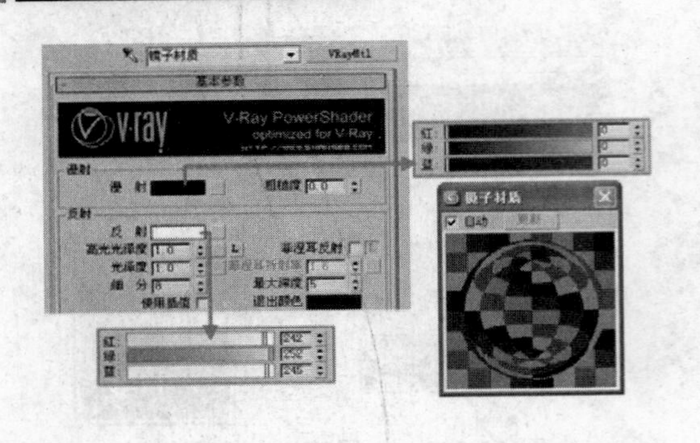

图 15-255　镜子材质

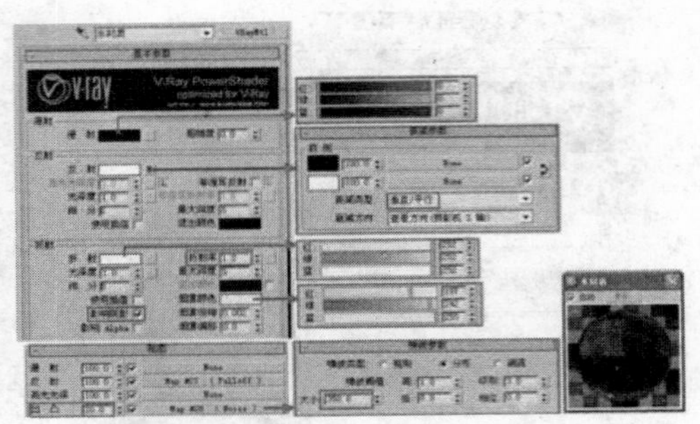

图 15-256　水材质

例167　卫生间灯光布置

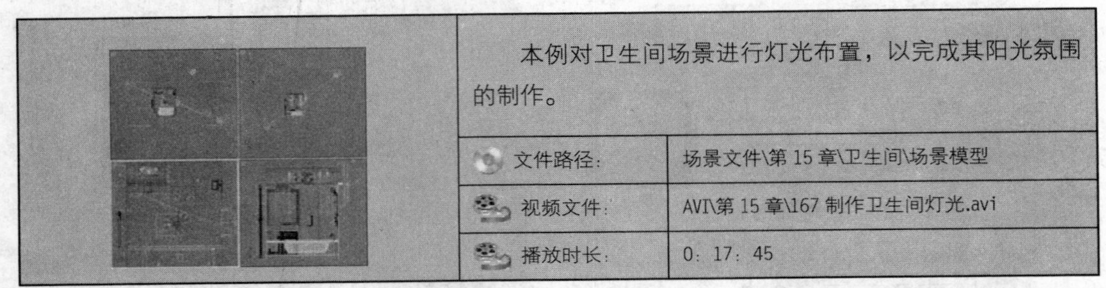

本例对卫生间场景进行灯光布置，以完成其阳光氛围的制作。

文件路径：	场景文件\第 15 章\卫生间\场景模型
视频文件：	AVI\第 15 章\167 制作卫生间灯光.avi
播放时长：	0：17：45

01 卫生间场景灯光最终布置如图 15-257 所示，在室外使用【目标平行光】模拟室外阳光，在窗户处利用 VRay 片光创建天空光，而在室内除了布置【目标点光源】模拟筒灯灯光外，还利用 VRay 球型灯光制作镜前灯灯光，最后在吊灯处创建了一盏 VRay 片光，加强整个室内的亮度。

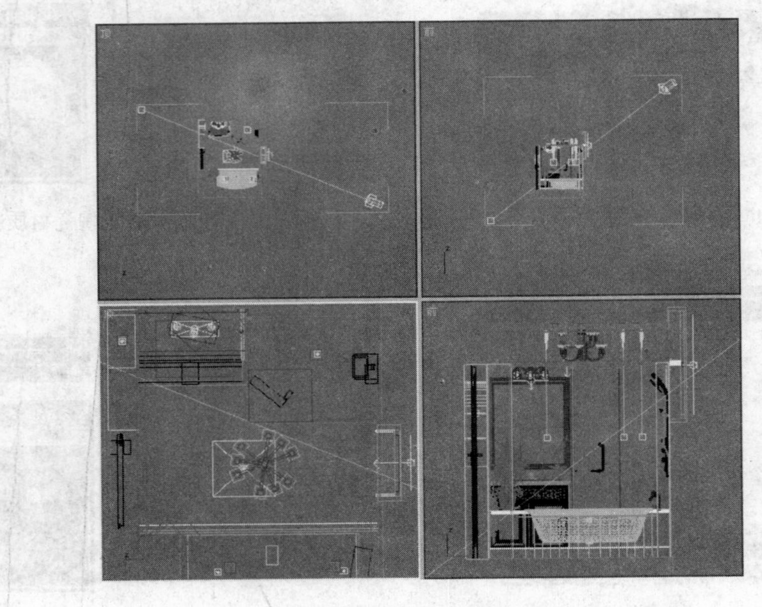

图 15-257　卫生间场景灯光设置

02 模拟室外阳光效果的【目标平行光】灯光参数设置如图 15-258 所示，位于窗口处用于模拟室外环境光的 VRay 片光参数设置如图 15-259 所示。

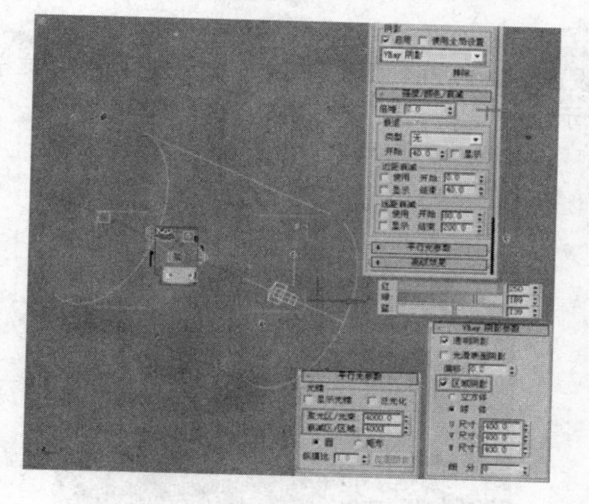

图 15-258　目标平行光参数

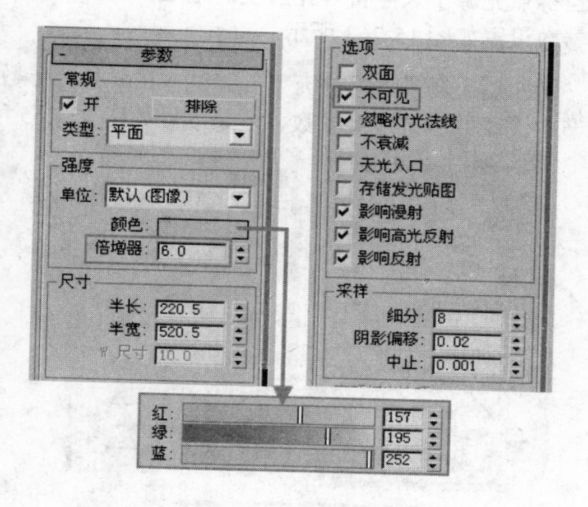

图 15-259　VRay 片光参数

03 位于镜前灯处的 VRay 片光参数如图 15-260 所示，位于其下方模拟灯泡发光的 VRay 球光的具体参数设置如图 15-261 所示。

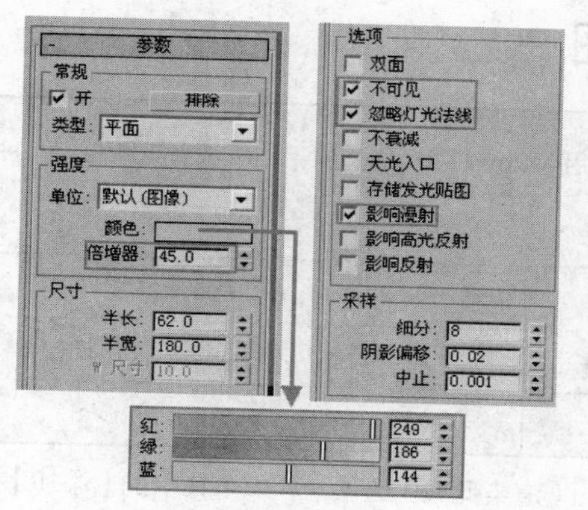

图 15-260　镜前灯 VRay 片光参数

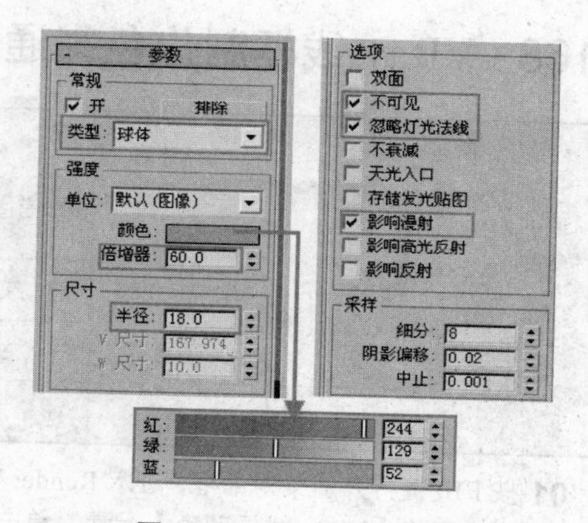

图 15-261　VRay 球光参数

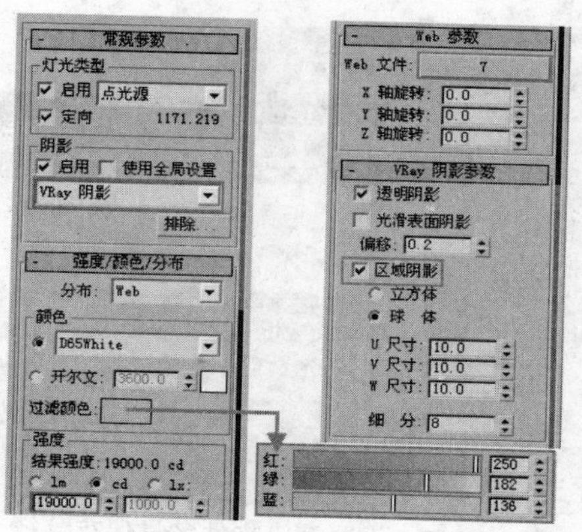

图 15-262　目标点光源参数

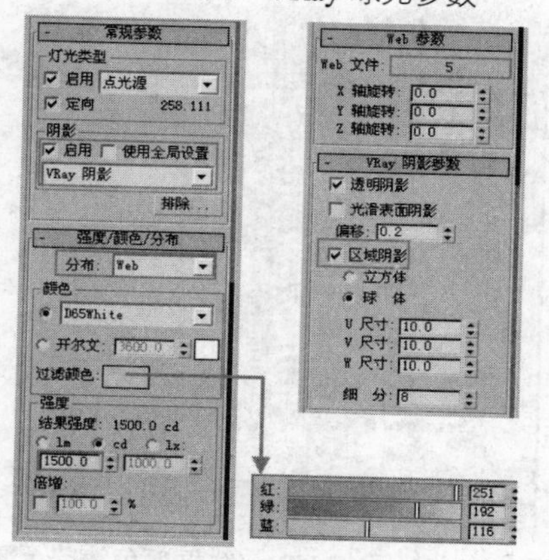

图 15-263　目标点光源参数二

04 位于淋浴房上方的【目标点光源】的具体灯光参数设置如图 15-262 所示，位于浴缸上方的两盏【目标点光源】只需将灯光强度调整至 12000 即可，位于场景左侧搁物架上方的【目标点光源】灯光具体参数设置如图 15-263 所示。

05 位于场景吊灯处充当补光的 VRay 片光参数设置如图 15-264 所示，灯光设置完成后，参考之前章节中设置的测试渲染参数，渲染场景如图 15-265 所示。

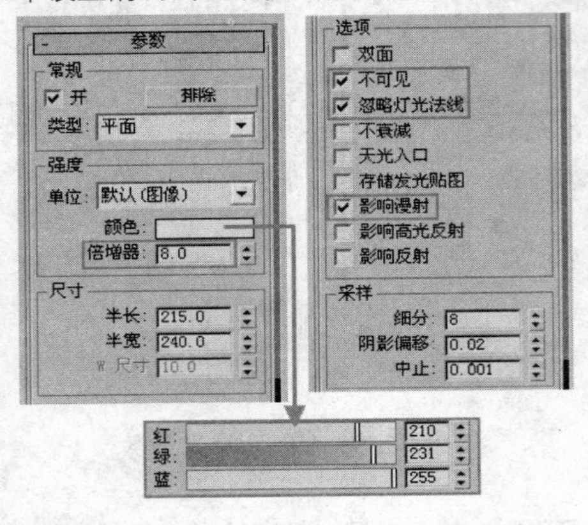

图 15-264　VRay 片光参数

图 15-265　测试渲染结果

例168　VRay 线框制作色彩通道图

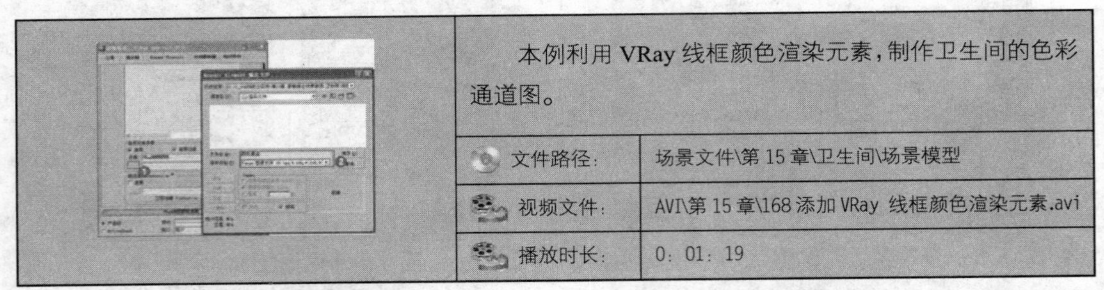

本例利用 VRay 线框颜色渲染元素，制作卫生间的色彩通道图。

文件路径:	场景文件\第 15 章\卫生间\场景模型
视频文件:	AVI\第 15 章\168 添加 VRay 线框颜色渲染元素.avi
播放时长:	0: 01: 19

01 按 F10 键打开渲染对话框，进入 Render Element（渲染元素）选项卡，单击其中的【添加】按钮，在元素列表中查找【VRay 线框颜色】元素，单击【确定】按钮添加，如图 15-266 所示。

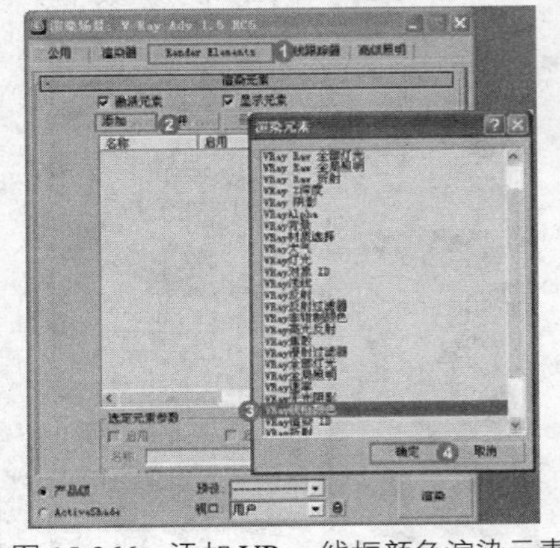

图 15-266　添加 VRay 线框颜色渲染元素

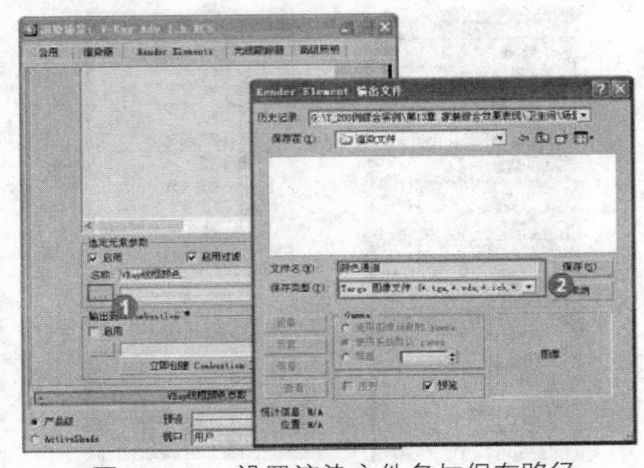

图 15-267　设置渲染文件名与保存路径

02 设置渲染图像文件名与保存路径，如图 15-267 所示，单击【保存】按钮确认。在场景最终渲染

的同时，会得到材质通道图。

注 意：利用【VRay 线框颜色】渲染元素制作色彩通道图的方法，优点是操作简单，但也有一定的局限性，一是它必须和最终渲染图同时渲染，二是场景模型线框颜色必须不同，否则会出现不同材质同一颜色的情况。

例169 卫生间最终渲染

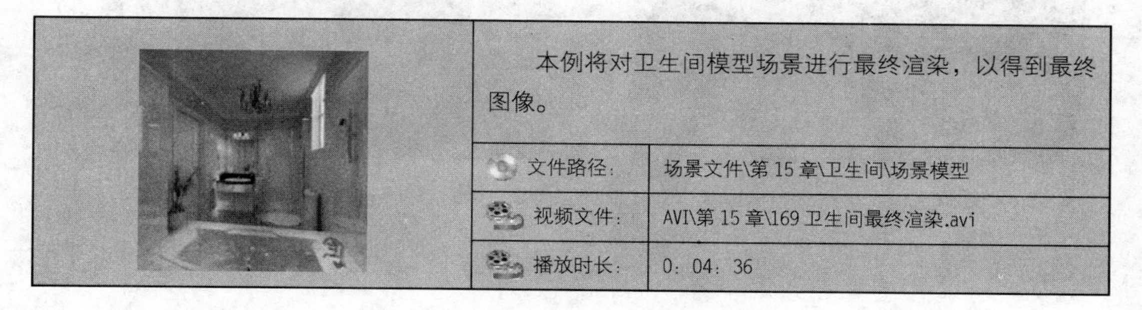

本例将对卫生间模型场景进行最终渲染，以得到最终图像。

文件路径：	场景文件\第 15 章\卫生间\场景模型
视频文件：	AVI\第 15 章\169 卫生间最终渲染.avi
播放时长：	0：04：36

01 调整材质的细分值，同样可以根据材质离摄影机的远近，以及在模型空间内的面积，控制参数值在 16~24 之间即可。

02 调整灯光的细分值，将场景中模拟室外日光的【目标点光源】与模拟室外环境光的 VRay 片光细分增大至 24，其余灯光的细分值统一调整至 20 即可，最后再调整最终渲染参数如图 15-268 所示。

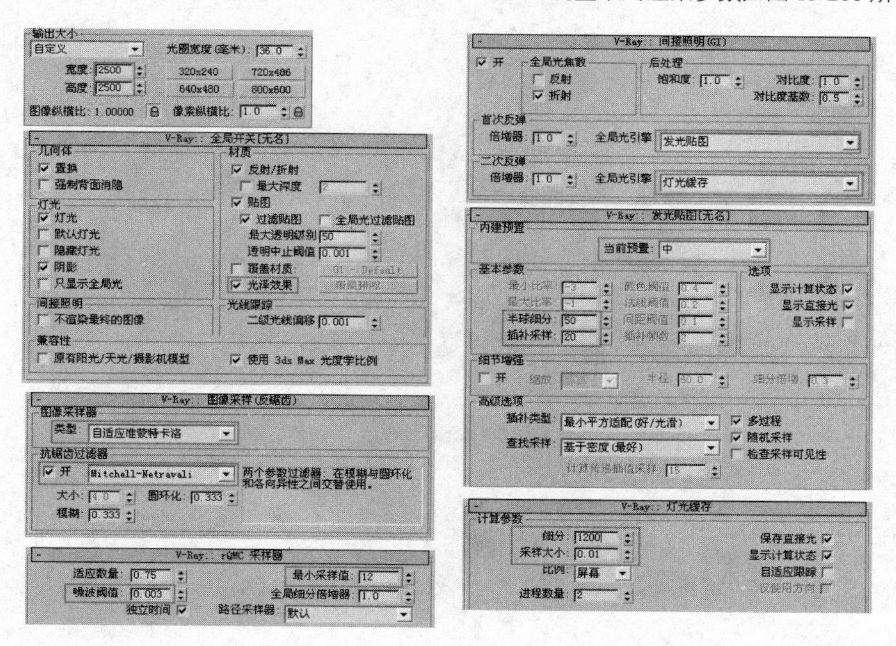

图 15-268 最终渲染参数

03 按 C 键返回摄影机视图进行最终渲染，最终渲染效果如图 15-269 所示，【VRay 线框颜色】元素渲染效果如图 15-270 所示。

图 15-269　最终渲染结果

图 15-270　色彩通道渲染结果

第16章 公装效果图表现

具有公共性质和社会性质的建筑称之为公共建筑，其室内空间为公共建筑空间。公共建筑空间室内设计是为了给人们提供进行各种社会活动所需要的、理想的活动空间，如娱乐、办公、购物、观赏、旅游、餐饮等室内活动空间。

公装效果图表现应根据公共空间的性质和用途确定表现思路和氛围，本章选取经理办公室、会议室、公共卫生间和游泳馆 4 个公装空间，讲解公装效果图的表现方法和技巧。

16.1 经理办公室

本例讲述一个风格现代、空间大气的经理办公室场景的材质制作、灯光布置与最终渲染过程，最终渲染效果如图 16-1 所示。

图 16-1 办公室渲染效果

例170 经理办公室材质的制作

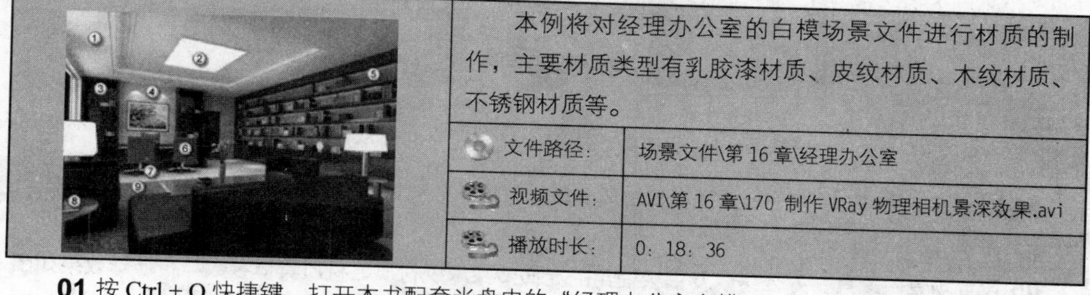

本例将对经理办公室的白模场景文件进行材质的制作，主要材质类型有乳胶漆材质、皮纹材质、木纹材质、不锈钢材质等。

文件路径:	场景文件\第 16 章\经理办公室
视频文件:	AVI\第 16 章\170 制作 VRay 物理相机景深效果.avi
播放时长:	0: 18: 36

01 按 Ctrl + O 快捷键，打开本书配套光盘中的“经理办公室白模.max”文件，如图 16-2 所示。

图 16-2　打开场景白模

02 从图 16-2 可以看出，场景已经布置了摄影机并设置了渲染长宽比，接下来可以直接进行材质的制作，本例场景材质编号如图 16-3 所示。

图 16-3　场景材质编号

03 首先制作场景天花板吊顶和部分墙体的白色乳胶漆材质，其材质具体参数与材质球效果如图 16-4 所示。

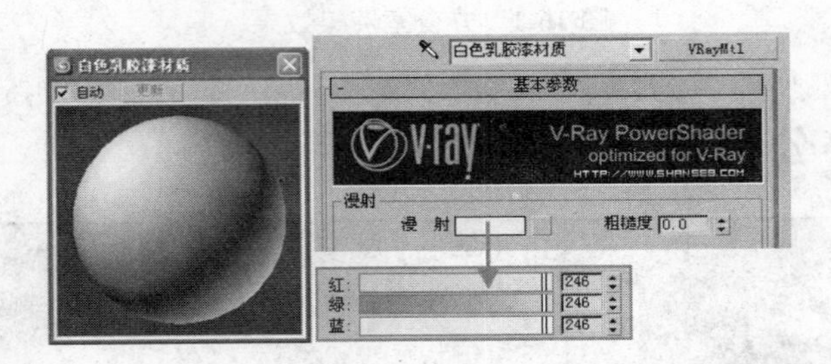

图 16-4　白色乳胶漆材质参数与材质球效果

04 设置天花吊顶上的发光材质，具体材质参数与材质球效果如图 16-5 所示，发光效果由【VR 灯光材质】模拟。

05 设置场景中家具、办公桌以及书架使用的光面清漆木纹材质，材质具体参数与材质球效果如图 16-6 所示。

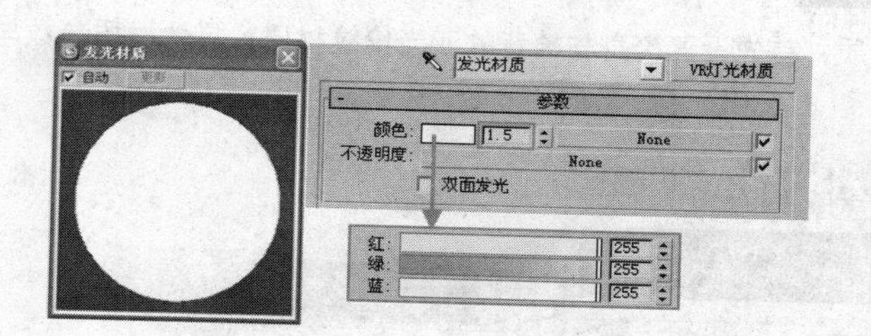

图 16-5　发光材质参数与材质球效果

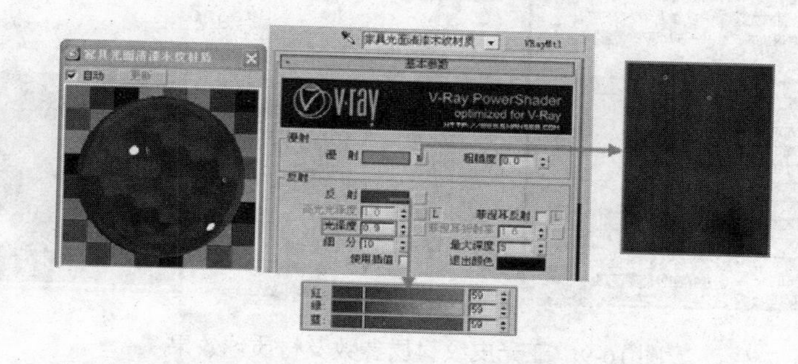

图 16-6　家具光面清漆木纹材质参数与材质球效果

06 设置办公桌后背景墙装饰石材材质，具体材质参数与材质球效果如图 16-7 所示。

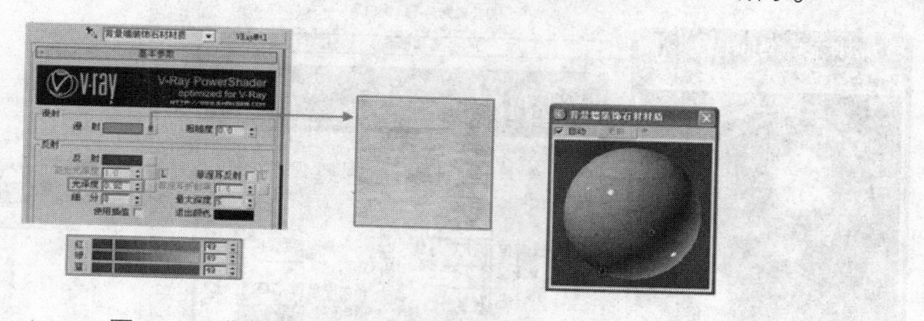

图 16-7　背景墙石材材质参数与材质球效果

07 制作场景右侧书架后的布纹装饰材质，具体材质参数与材质球效果如图 16-8 所示，在公共装饰中使用的布纹一般是具有防火能力的硬质布纹，布纹凹凸较强。

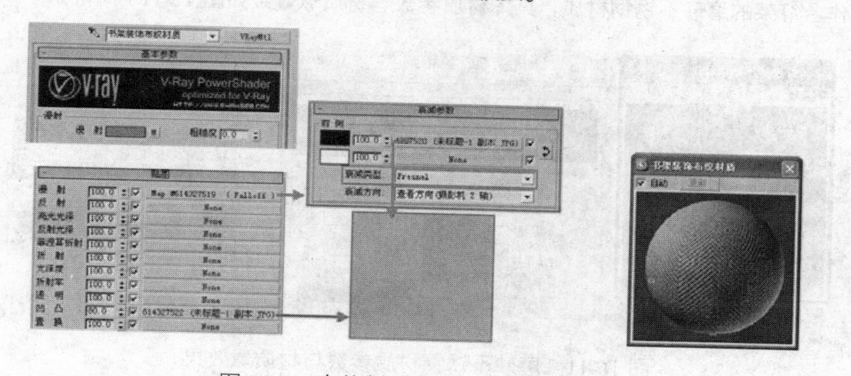

图 16-8　布纹材质参数及材质球效果

08 设置办公椅材质，首先设置椅身与椅背的亚光皮纹材质，具体材质参数与材质球效果如图 16-9 所示。

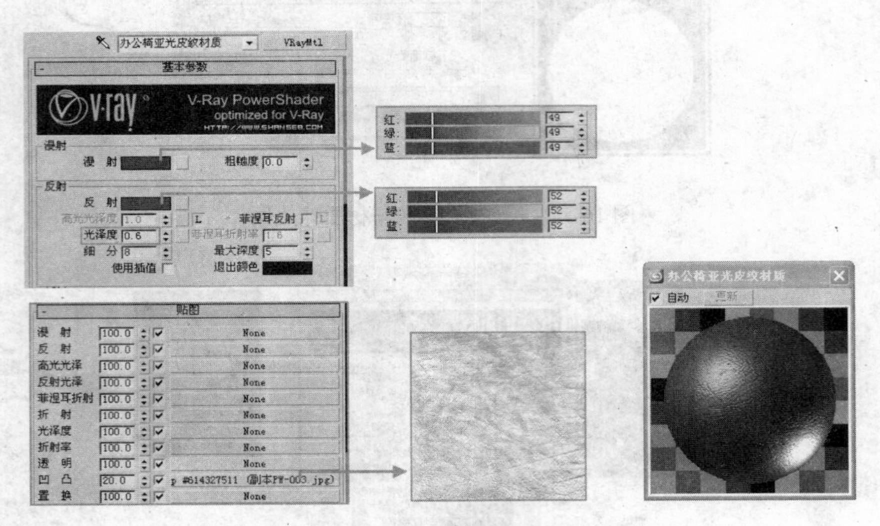

图 16-9　亚光皮纹材质参数及材质球效果

09 设置办公椅支架的亮光不锈钢材质，其具体材质参数与材质球效果如图 16-10 所示。

图 16-10　办公椅亮光不锈钢材质参数及材质球效果

10 制作台灯架的磨砂不锈钢材质，具体材质参数与材质球效果如图 16-11 所示。

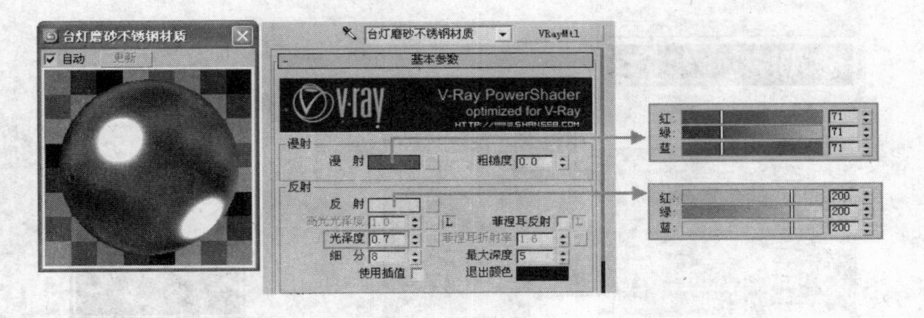

图 16-11　磨砂不锈钢材质参数与材质球效果

11 设置摄影机近端的地毯布纹材质，具体材质参数与材质球效果如图 16-12 所示。

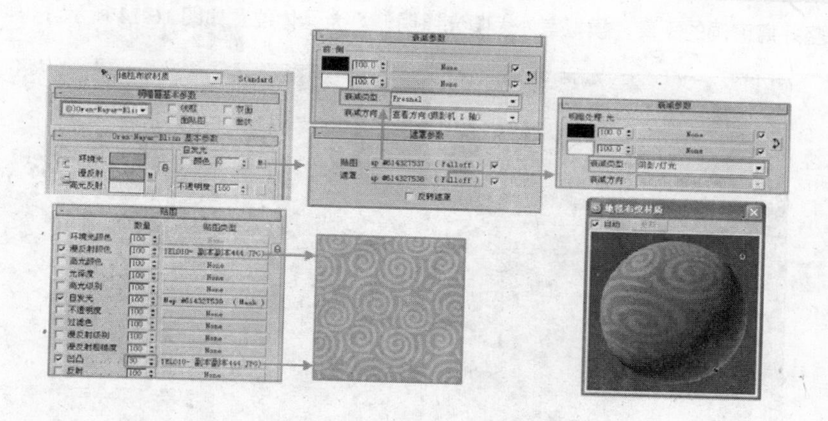

图 16-12　地毯布纹材质参数与材质球效果

例171　经理办公室灯光的制作

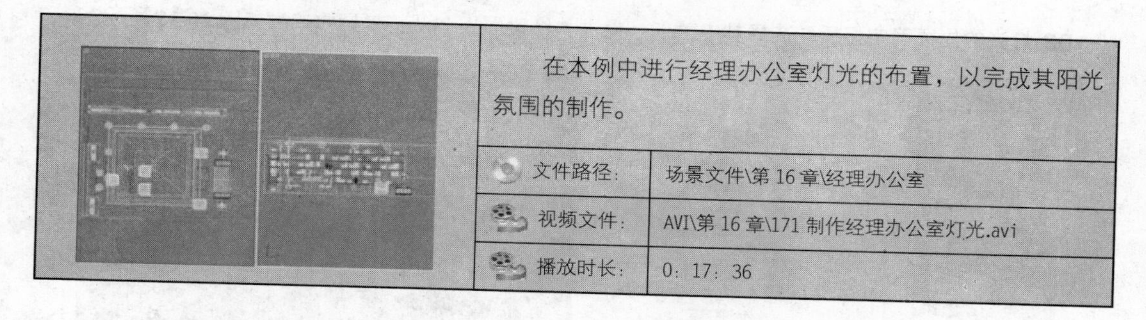

在本例中进行经理办公室灯光的布置，以完成其阳光氛围的制作。

文件路径：	场景文件\第 16 章\经理办公室
视频文件：	AVI\第 16 章\171 制作经理办公室灯光.avi
播放时长：	0：17：36

01 按 F10 键打开渲染对话框，选择其中的【渲染器】选项卡，设置灯光测试渲染参数如图 16-13 所示，未标明的参数保持默认即可。

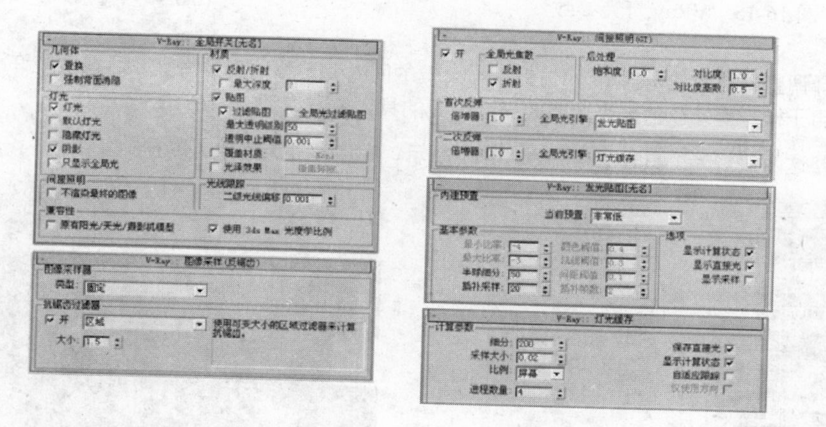

图 16-13　设置灯光测试渲染参数

02 制作场景空间的室外灯光，本例使用了片面类型的 VRay 灯光进行室外光线模拟。单击【VRay 灯光】创建按钮，在前视图中根据窗洞的大小创建一盏 VRay 片光，然后将其关联复制一盏至另一侧的窗洞位置，并调整好离窗洞的距离，模拟室外太阳光照明，灯光具体位置如图 16-14 所示。

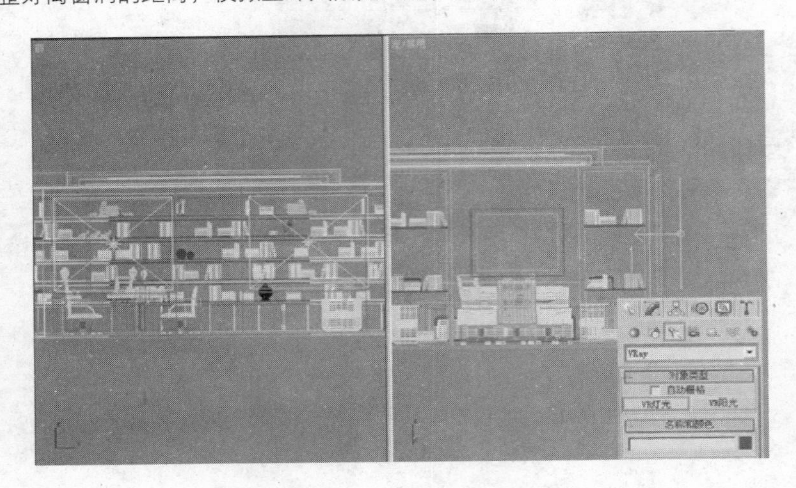

图 16-14　创建 VRay 片光制作户外灯光

03 灯光的位置确定好后，选择其中的任一盏进入修改面板，调整其具体参数如图 16-15 所示。

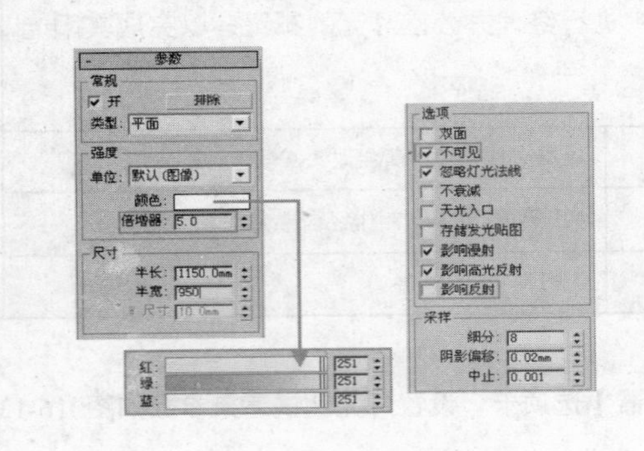

图 16-15　VRay 灯光参数

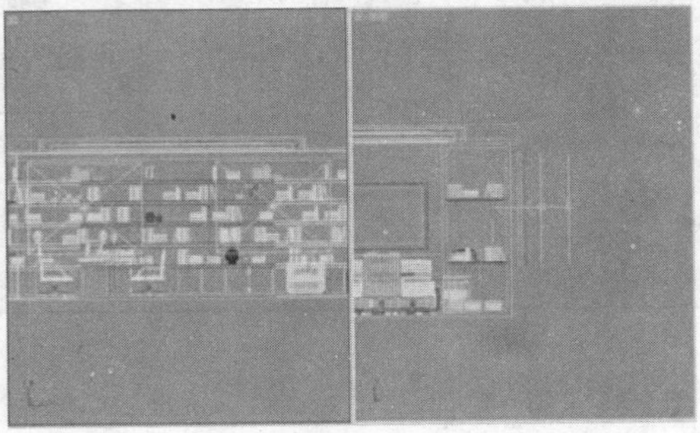

图 16-16　复制灯光

04 选择调整好参数的两盏灯光，按住 Shift 键的同时使用移动工具将其往后拖曳些许距离，复制出两盏灯光，用于模拟室外蓝色天光照明效果，灯光的具体位置如图 16-16 所示。

05 调整这两盏灯光的具体参数如图 16-17 所示，完成室外天光效果的模拟。

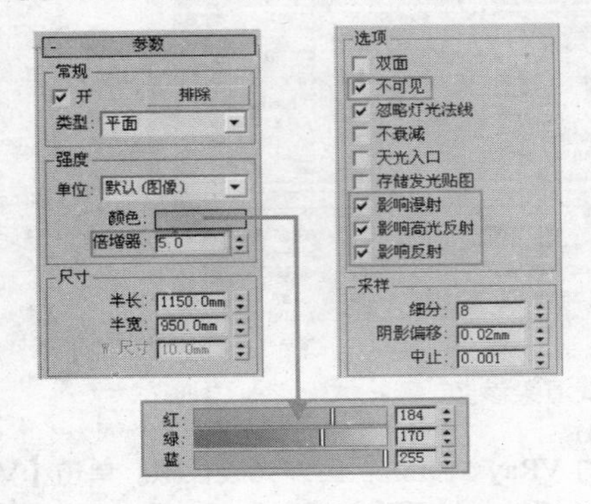

图 16-17　VRay 灯光参数

图 16-18　测试渲染结果

06 灯光参数调整完成后，按 C 键返回摄影机视图，灯光测试渲染结果如图 16-18 所示。可以看到窗口处出现了曝光过度，考虑到当前使用的是【线性曝光】的【颜色映射】模式，容易产生曝光过度的现象，因此进入该卷展栏，将其参数调整至如图 16-19 所示，然后再次进行灯光测试渲染，渲染结果如图 16-20 所示。

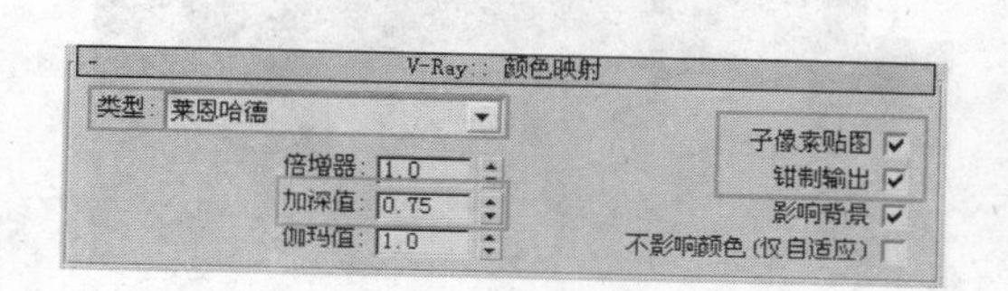

图 16-19　调整颜色映射参数

图 16-20　测试渲染结果

07 从新的渲染结果可以发现，室外灯光的布置使室内空间整体获得了适当的亮度，同时也解决了曝光过度的问题，场景空间轮廓有所体现，接下来进行室内吊顶灯带的布置，灯带灯光由 VRay 片光模拟，参考灯槽大小与走势布置如图 16-21 所示的 VRay 灯光。

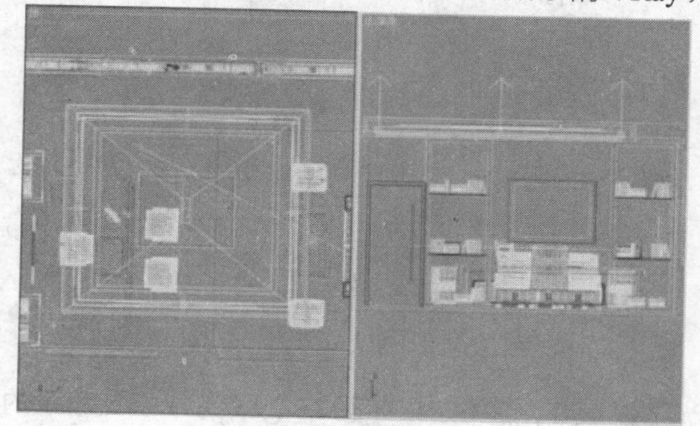

图 16-21　布置吊顶灯带

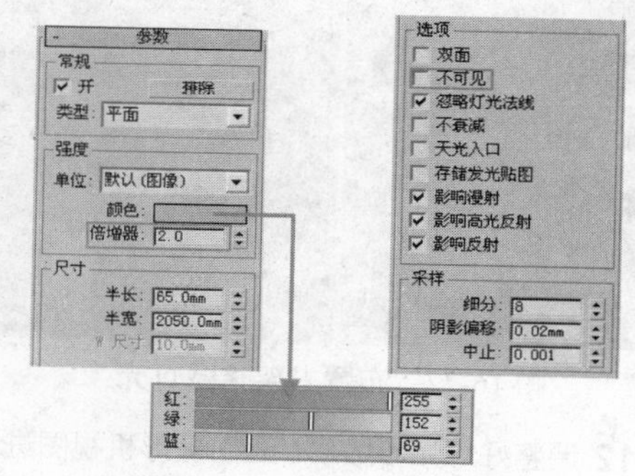

图 16-22　VRay 灯光参数

08 灯带灯光的具体参数设置如图 16-22 所示，参数调整完成后，按 C 键返回摄影机视图，进行灯光测试渲染，渲染结果如图 16-23 所示。

图 16-23　测试渲染结果

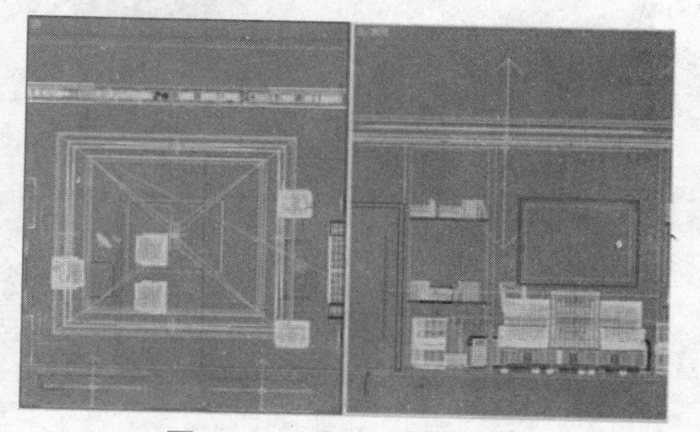

图 16-24　布置 VRay 片光

09 观察新的渲染图像可以发现，室内暖色的灯光与室外冷色灯光形成了对比效果，但现实中吊顶灯带会对其正下方的区域产生照明作用，此时的渲染图像中并没有体现，接下来就在吊顶中心布置一盏与整体吊顶造型面积相当的 VRay 片光，灯光的具体位置如图 16-24 所示。

10 灯光的具体参数设置如图 16-25 所示，调整参数完成后返回摄影机视图进行灯光测试渲染，渲染结果如图 16-26 所示。

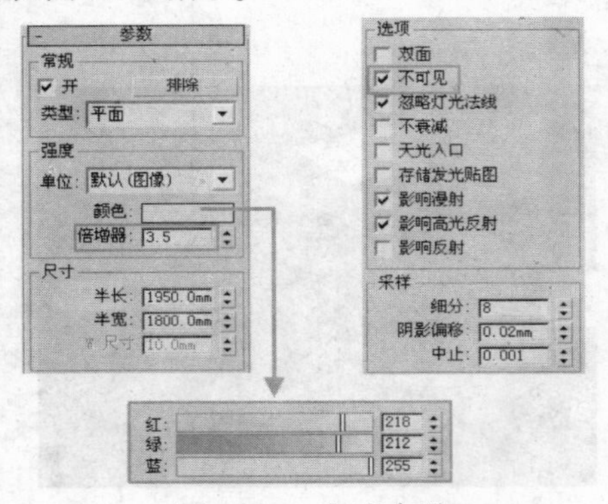

图 16-25　灯光参数

图 16-26　测试渲染结果

11 制作场景右侧书架内的暗藏灯光，同样使用 VRay 片光模拟，在书架模型处布置灯光如图 16-27 所示，灯光参数设置如图 16-28 所示。

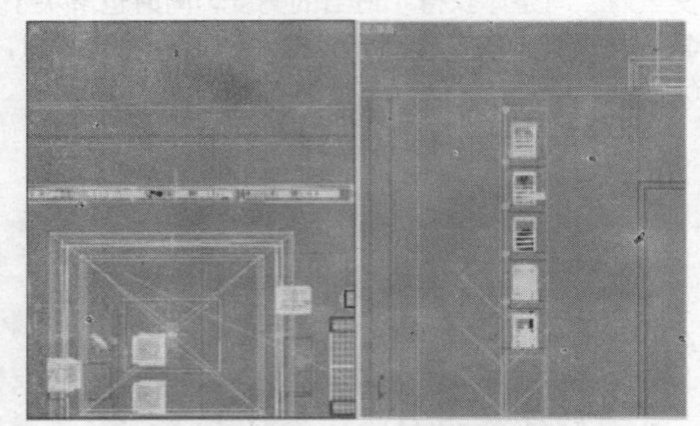

图 16-27　布置书架暗藏灯光

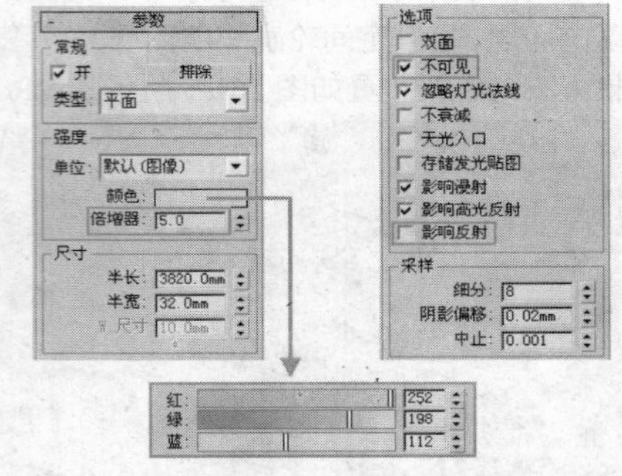

图 16-28　VRay 灯光参数

12 调整好灯光参数后，返回摄影机视图进行灯光测试渲染，渲染结果如图 16-29 所示，至此场景的主体灯光已经布置完成，从当前的渲染结果可以看出，场景从窗户至书架处分为了 3 个不同的层次，图像的整体亮度也恰当，接下来利用【目标点光源】布置场景内的筒灯，以与台灯进行氛围的点缀。

图 16-29　测试渲染结果

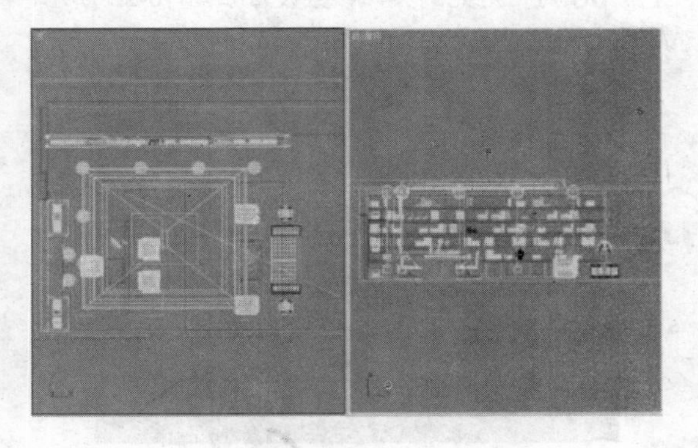

图 16-30　VRay 灯光参数

13 空间内的筒灯不必完全按照筒灯灯孔位置分布进行，如图 16-30 中所示适当布置一些即可，主要用于突出亮化场景中的一些设计元素，这里为了突出背景墙的挂画与石材背景，也在上面布置两盏【目标点光源】，筒灯灯光与台灯灯光的具体分布如图 16-30 所示。

14 筒灯灯光参数如图 16-31 中所示，背景墙处添加的灯光只需要将灯光颜色修改为 RGB 值均为 245 的白色即可。最后在长椅两侧布置台灯灯光，具体参数设置如图 16-32 所示。

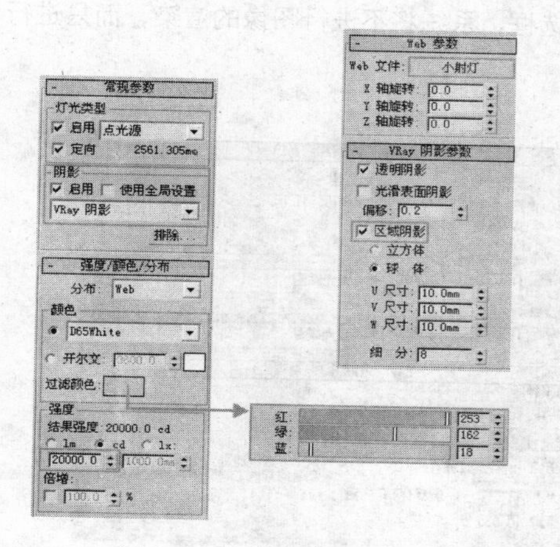

图 16-31　筒灯灯光参数

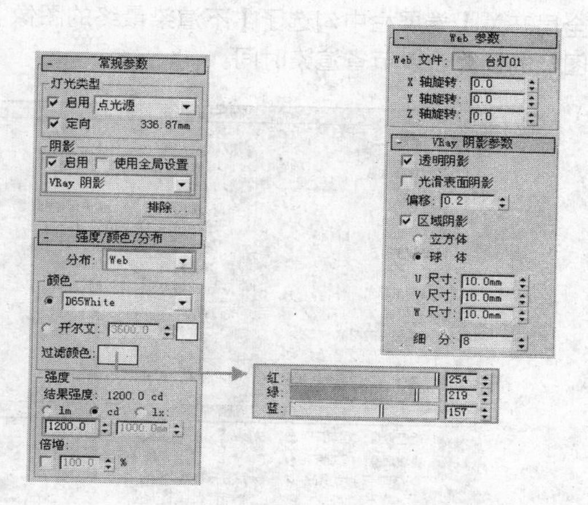

图 16-32　台灯灯光参数

15 灯光参数调整完成后，按 C 键返回摄影机视图，灯光测试渲染效果如图 16-33 所示。

图 16-33　测试渲染结果

16 本例场景的灯光完全布置完成，接下来进行场景光子图渲染。

例172　经理办公室光子图渲染

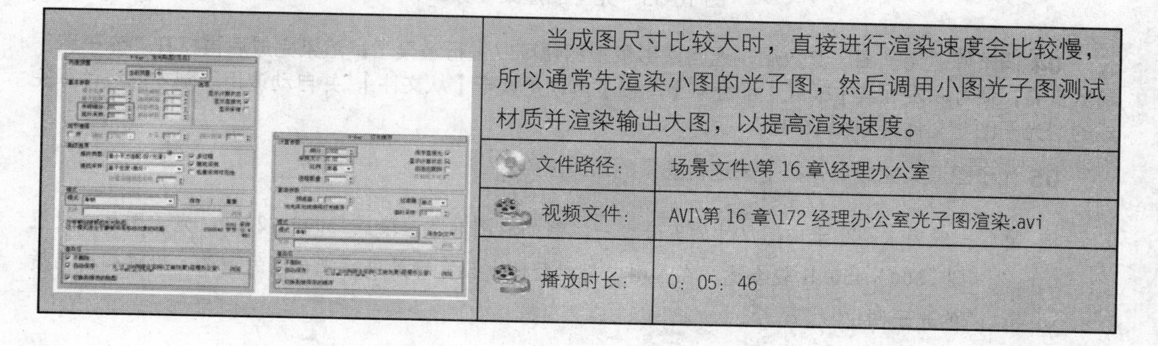

当成图尺寸比较大时，直接进行渲染速度会比较慢，所以通常先渲染小图的光子图，然后调用小图光子图测试材质并渲染输出大图，以提高渲染速度。

文件路径：	场景文件\第 16 章\经理办公室
视频文件：	AVI\第 16 章\172 经理办公室光子图渲染.avi
播放时长：	0：05：46

01 调整材质与灯光的细分值。材质的细分可根据其与摄影机的远近关系，及自身面积调整至 16~24 之间，灯光细分则将场景中模拟室外光线的 VRay 片光细分调整至 24，其他 VRay 片光的细分调整至 18。

02 按 F10 键打开渲染对话框，在【渲染器】选项卡内首先调整相关参数如图 16-34 所示，这里在【全局开关】卷展栏中勾选了【不渲染最终的图像】复选框，系统将不进行图像的渲染，而只进行“光子图”的计算，以节省渲染时间。

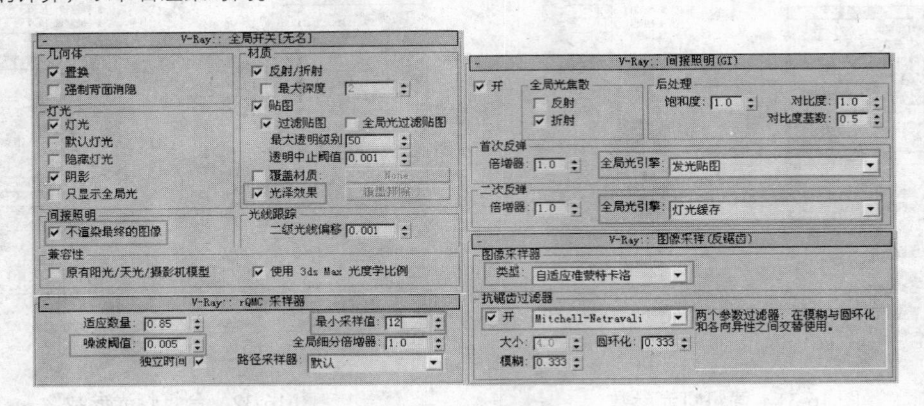

图 16-34　光子图渲染参数一

03 逐一调整【发光贴图】与【灯光缓存】卷展栏参数如图 16-35 所示，这里要注意其【模式】与【渲染后】参数栏的调整，单击【浏览】按钮为将保存的光子图预先设置好保存路径与文件名。

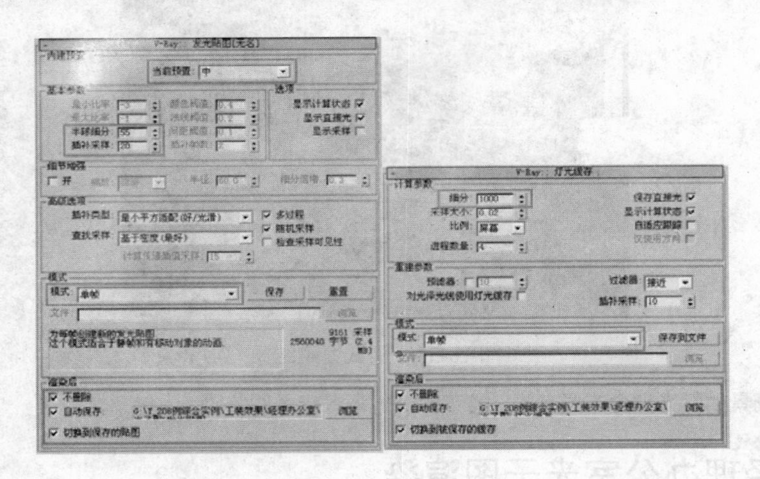

图 16-35　光子图渲染参数二

04 调整好“光子图”参数后，返回摄影机视图便可以进行渲染了，渲染完成后再打开“光子图”参数查看，便可以发现其【模式】已经从【单帧】自动更换至【从文件】，并自动调用了刚才已经计算完成的“光子图”文件，如图 16-36 所示。

05 光子图渲染完成后，接下来进行场景的最终渲染。

注 意：一般要求不小于成图尺寸的五分之一，例如成图准备渲染成 3000×2250，光子图尺寸设置为 600×450 比较合适。在本例中将对经理办公室场景进行光子图的渲染，以得到高品质的光子图。

图 16-36　光子图参数

例173　经理办公室最终渲染

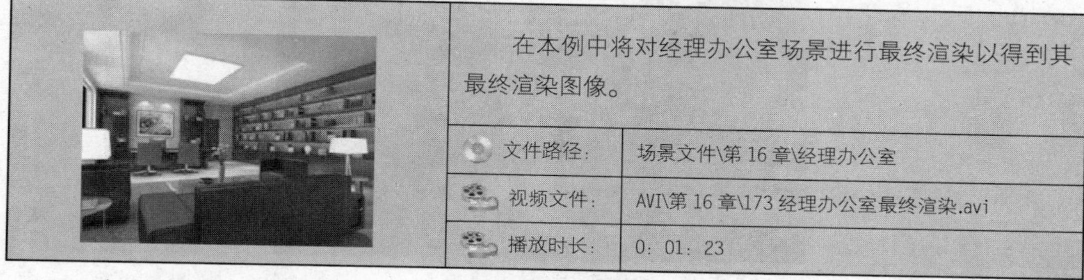

在本例中将对经理办公室场景进行最终渲染以得到其最终渲染图像。

文件路径:	场景文件\第 16 章\经理办公室
视频文件:	AVI\第 16 章\173 经理办公室最终渲染.avi
播放时长:	0：01：23

01 光子图渲染完成后，最终渲染参数的调整就十分简单了，只需要将最终图像的渲染尺寸调大即可，如图 16-37 所示，如果在光子图渲染时勾选了【不渲染最终的图像】复选框，此时还需取消其勾选，如图 16-38 所示。

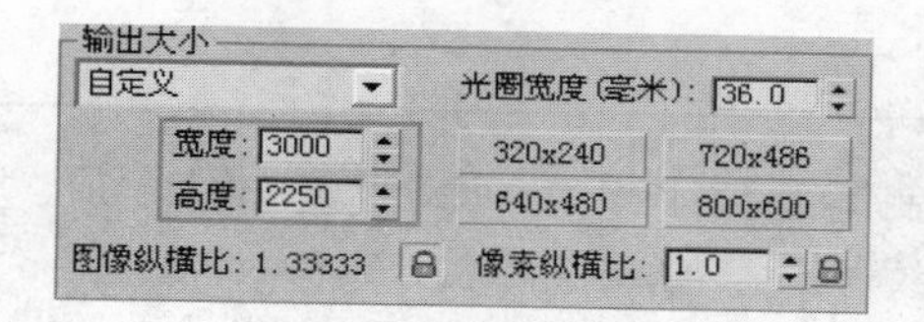

图 16-37　设置最终渲染尺寸

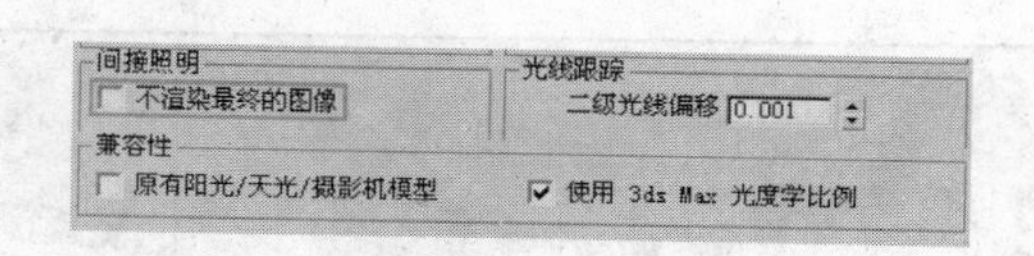

图 16-38　取消【不渲染最终图像】勾选

02 设置好最终渲染参数后，按 C 键返回摄影机视图进行最终渲染，最终渲染结果如图 16-39 所示。

图 16-39　最终渲染结果

图 16-40　色彩通道渲染结果

03 使用前面实例介绍的方法，渲染出如图 16-40 所示的色彩通道图。

16.2 会议室

本例讲述一个多功能会议室场景材质制作、灯光布置以及最终渲染的过程，场景最终渲染效果如图 16-41 所示。

图 16-41　会议室渲染效果

例174　会议室材质的制作

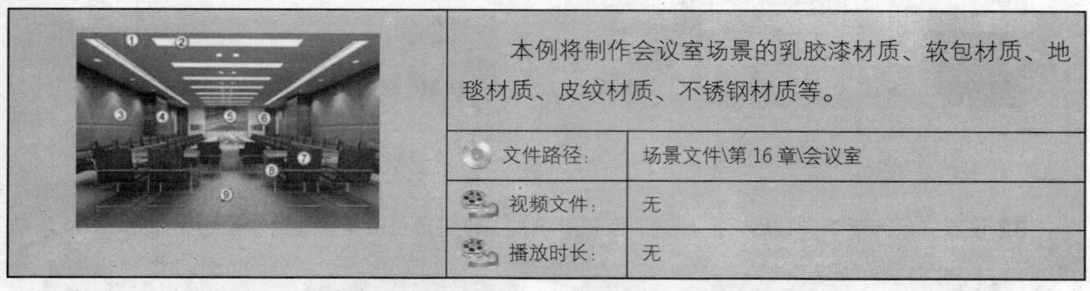

本例将制作会议室场景的乳胶漆材质、软包材质、地毯材质、皮纹材质、不锈钢材质等。

文件路径:	场景文件\第 16 章\会议室
视频文件:	无
播放时长:	无

01 按 Ctrl+O 快捷键，打开本书配套光盘中的“会议室白模.max”文件，如图 16-42 所示。

图 16-42　打开场景模型

02 场景摄影机与渲染长宽比例均已确定，为一点透视构图，接下来进行场景材质的设置，场景中材质编号如图 16-43 所示。

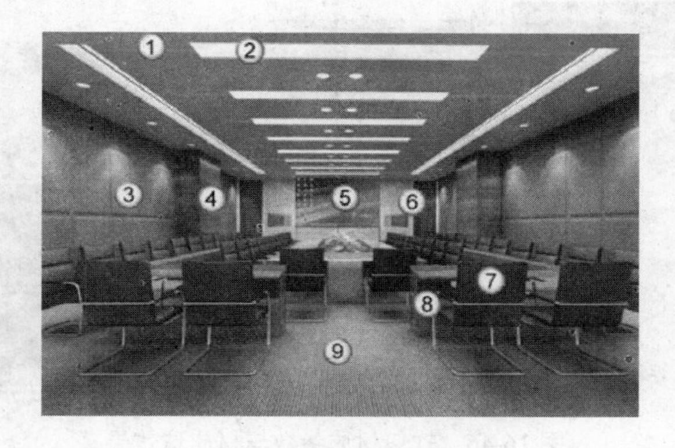

图 16-43 场景材质编号

03 天花板及吊顶使用的是白色乳胶漆材质，具体材质参数与材质球效果如图 16-44 所示。

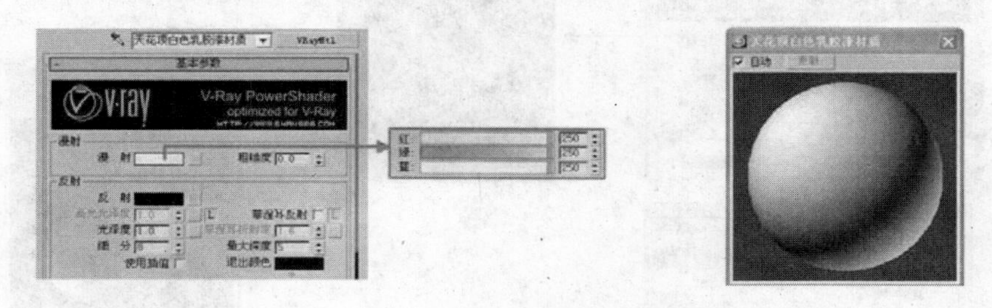

图 16-44 白色乳胶漆材质参数与材质球效果

04 制作天花板上发光灯片的材质，具体材质参数与材质球效果如图 16-45 所示。

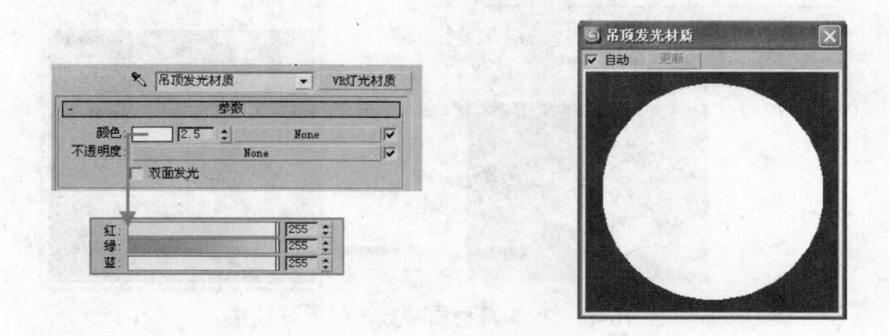

图 16-45 地面清漆木纹材质参数与材质球效果

05 制作墙体使用的软包材质，具体材质参数与材质球效果如图 16-46 所示，软包材质一般由布纹或皮纹材质构成，本例使用凹凸纹理的皮纹材质。

06 场景中的部分墙体与柱体使用清漆木纹材质进行包裹装饰，该材质参数设置与材质球效果如图 16-47 所示。

07 场景投影幕布材质参数与材质球效果如图 16-48 所示，这里保持其发光倍增值为默认，没有增大材质的发光强度，在灯光测试的过程中再根据图像亮度适当调整其发光强度。

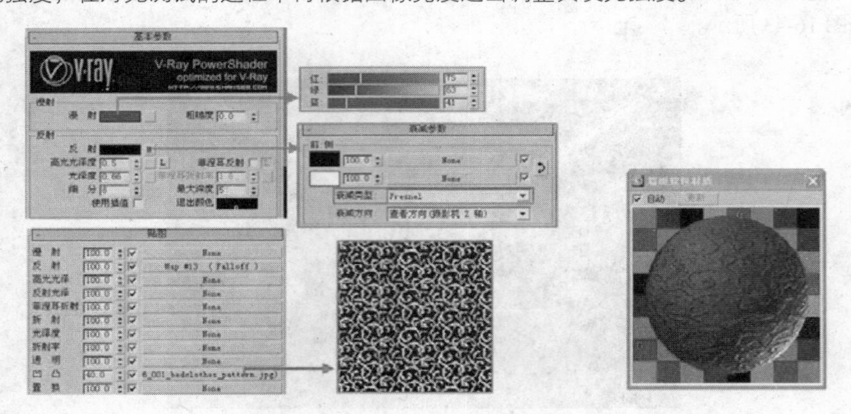

图 16-46　软包材质参数与材质球效果

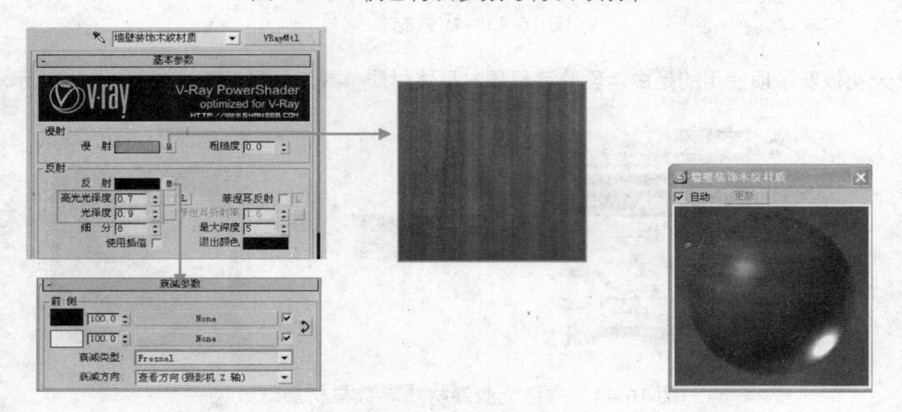

图 16-47　装饰木纹材质参数与材质球效果

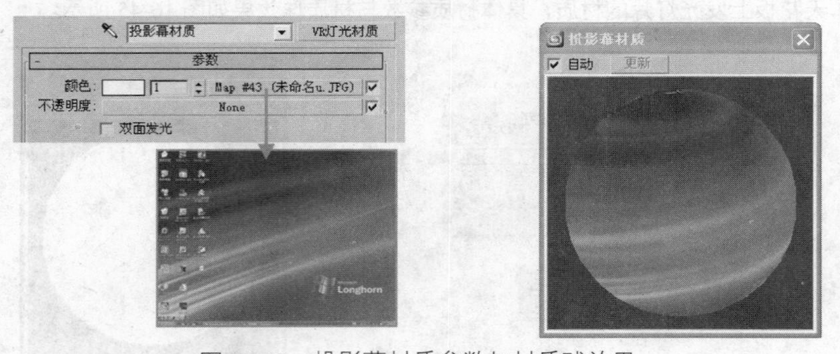

图 16-48　投影幕材质参数与材质球效果

08 制作场景投影幕两侧的穿孔吸音板材质，具体材质参数与材质球效果如图 16-49 所示，混油材质都有比较光滑的表面，同时也会掩盖材质本身的色彩与纹理。

09 场景中的会议桌使用的是光面清漆木纹材质，材质具体参数与材质球效果如图 16-50 所示。

10 制作场景中办公椅材质，首先制作其亚光皮纹材质，具体参数设置与材质球效果如图 16-51 所示，皮纹材质通常通过【漫反射】颜色通道控制皮纹颜色，而通过【凹凸】通道制作皮纹特有的表面凹凸感。

11 制作椅子支架材质，由磨砂金属材质和黑色塑料材质组成，这里使用【多维/子对象材质】，具体材质参数与材质球效果如所图 16-52 所示。

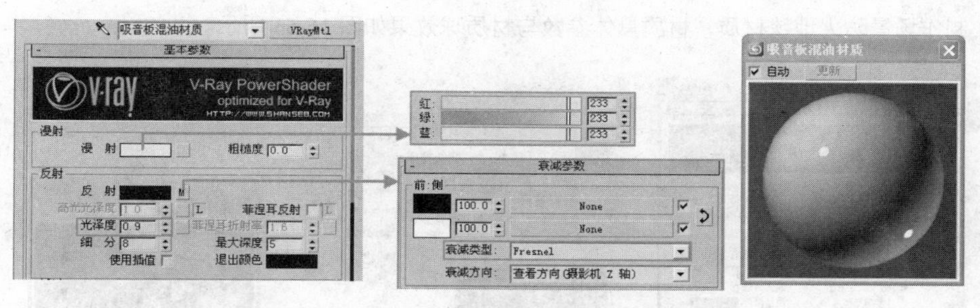

图 16-49　吸音板材质参数与材质球效果

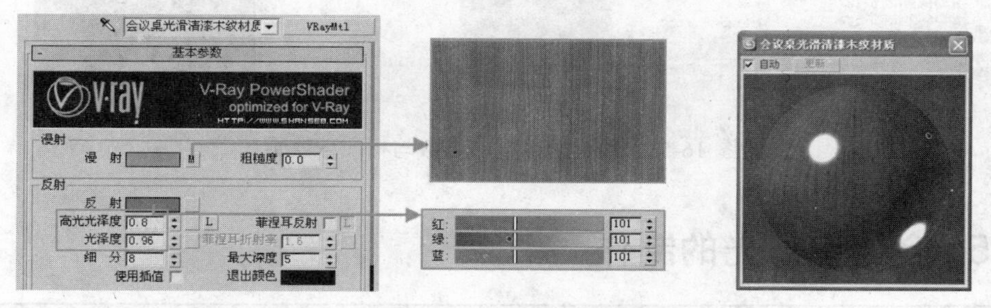

图 16-50　光面清漆木纹材质参数与材质球效果

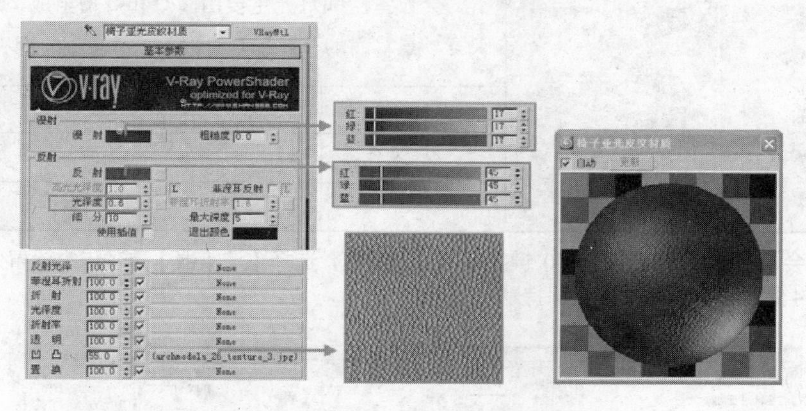

图 16-51　亚光皮纹材质参数与材质球效果

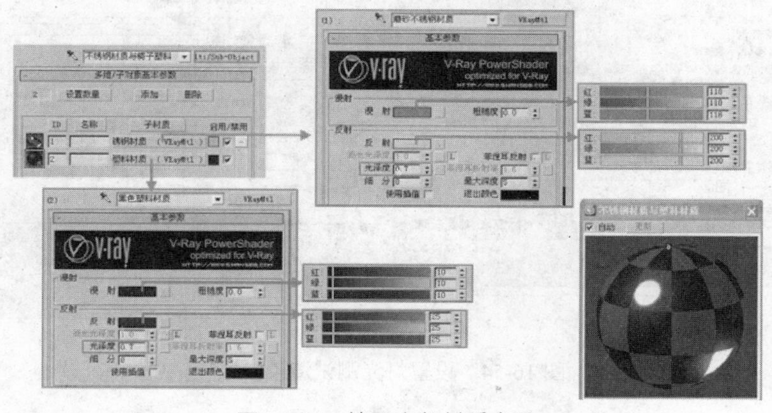

图 16-52　椅子支架材质参数

12 制作场景防火地毯材质，材质具体参数与材质球效果如图 16-53 所示。

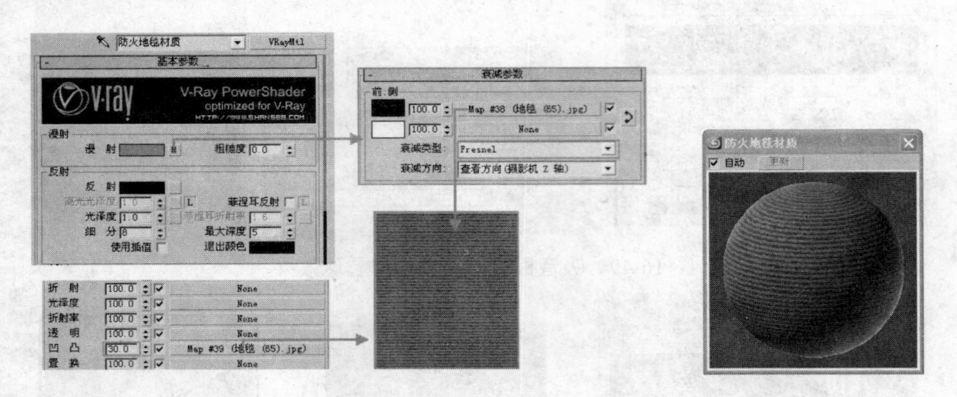

图 16-53　防火地毯材质参数与材质球效果

例175　会议室灯光的制作

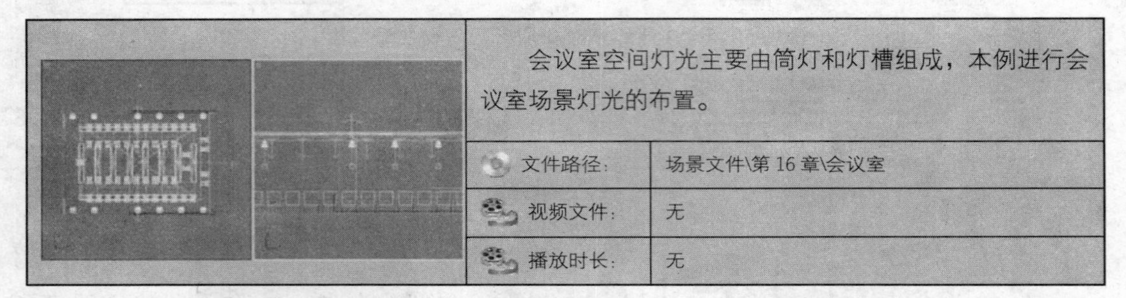

会议室空间灯光主要由筒灯和灯槽组成，本例进行会议室场景灯光的布置。

文件路径：	场景文件\第 16 章\会议室
视频文件：	无
播放时长：	无

01 布置会议室场景灯光，按 F10 键打开渲染对话框，选择【渲染器】选项卡，设置灯光测试渲染参数如图 16-54 所示，未标明的参数保持默认即可。

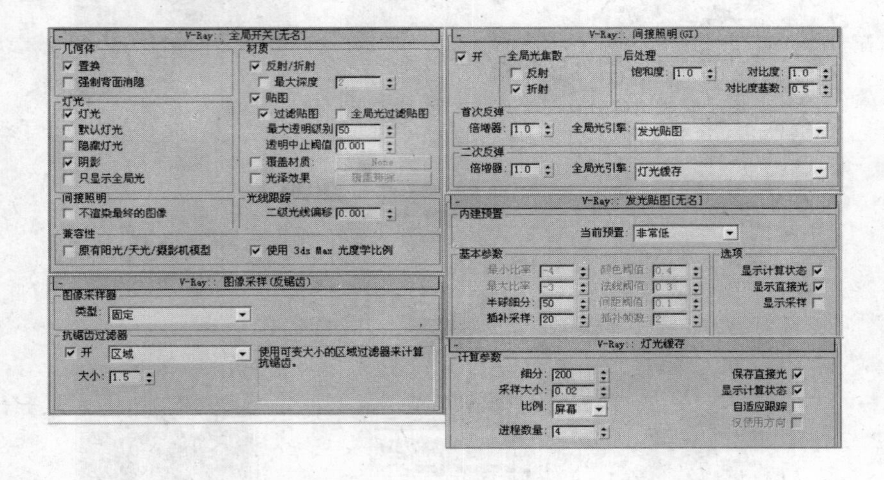

图 16-54　设置灯光测试渲染参数

02 会议室空间四周封闭，属于典型的纯室内灯光照明场景，首先布置室内的主光源，即天花板上的灯片与两条灯槽灯带，这些灯光均可以使用片面类型的 VRay 灯光模拟，参考各灯片与光槽的位置与自身面积大小，创建如图 16-55 中所示各处灯光。

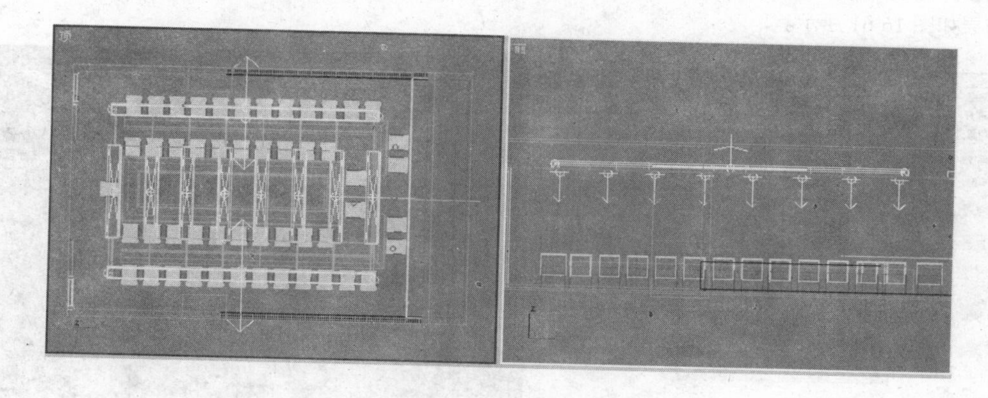

图 16-55　利用 VRay 片光布置天花板灯光

03 其中模拟灯片的 VRay 片光参数设置如图 16-56 所示，灯槽内模拟灯带的 VRay 片光具体参数设置如图 16-57 所示。

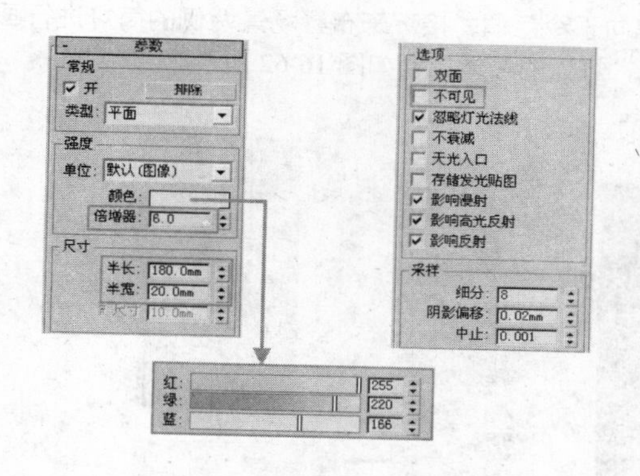

图 16-56　吊顶片光源参数

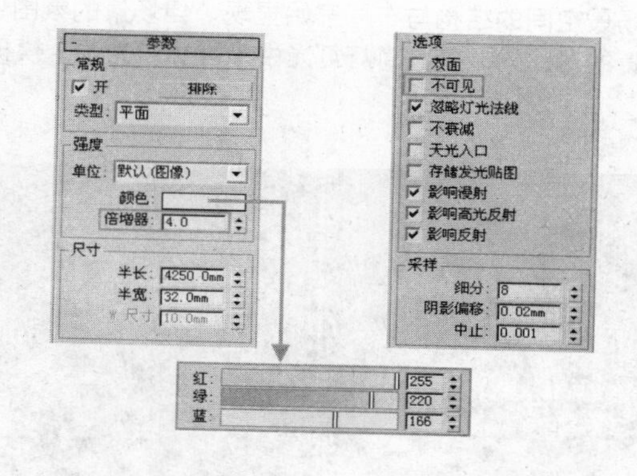

图 16-57　灯槽光带参数

04 调整好灯光的参数后，按 C 键返回摄影机视图，灯光测试渲染结果如图 16-58 所示。。

图 16-58　测试渲染结果

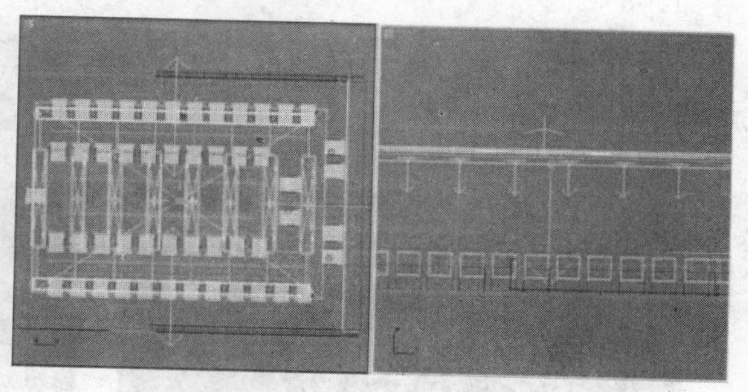

图 16-59　创建 VRay 片光

05 从渲染结果可以发现，各处灯光光源的发光效果有所体现，但其对场景空间整体照明效果却不理想，接下来参考天花板大小创建一盏 VRay 片光进行空间整体照明，灯光的具体位置如图 16-59 所示。

06 灯光创建完成后，调整其具体参数如图 16-60 所示，然后再次进入摄影机视图进行灯光测试渲染，渲染结果如图 16-61 所示。

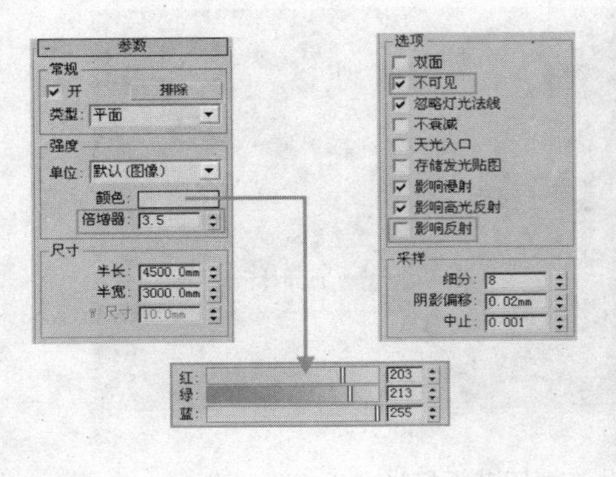

图 16-60　VRay 片光参数

图 16-61　测试渲染结果

07 观察新的渲染结果可以发现，加入了天花板上方的 VRay 片光后，空间整体的照明效果改善了许多，场景空间的结构与布局开始显现，但场景的氛围偏向于冷色调，接下来布置场景两侧的筒灯进行画面冷暖的对比的调整，筒灯灯光由【目标点光源】模拟，灯光的具体位置如图 16-62 所示。

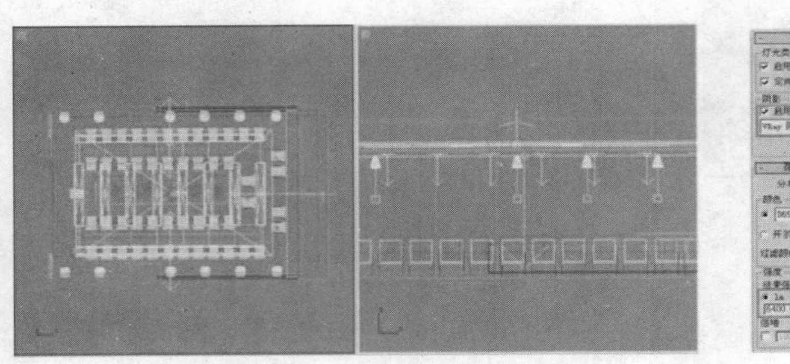

图 16-62　筒灯分布

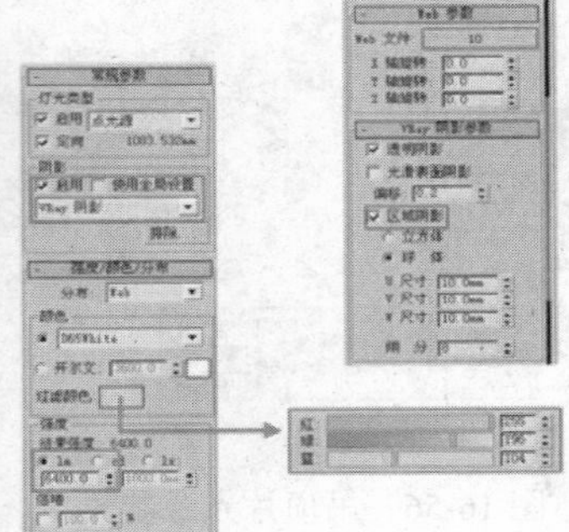

图 16-63　目标点光源参数

08 创建好筒灯好，调整其具体参数如图 16-63 所示，调整完成后返回摄影机视图进行灯光测试渲染，渲染结果如所图 16-64 示。

图 16-64　测试渲染结果

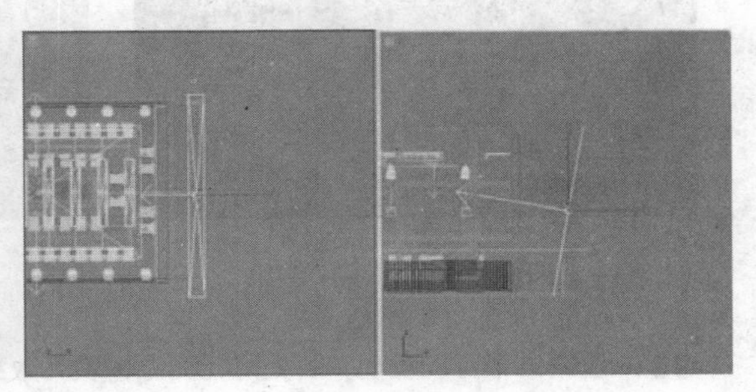

图 16-65　创建 VRay 补光

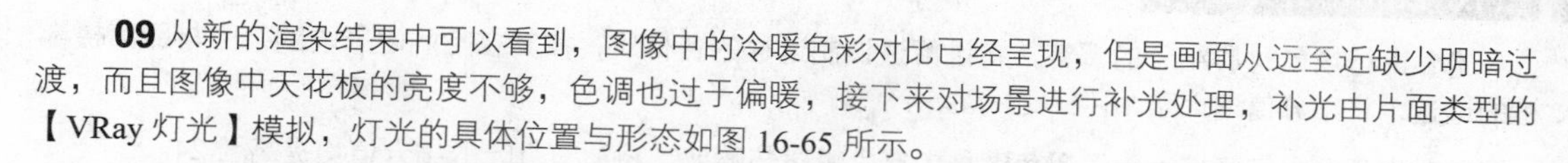

09 从新的渲染结果中可以看到，图像中的冷暖色彩对比已经呈现，但是画面从远至近缺少明暗过渡，而且图像中天花板的亮度不够，色调也过于偏暖，接下来对场景进行补光处理，补光由片面类型的【VRay 灯光】模拟，灯光的具体位置与形态如图 16-65 所示。

10 补光具体参数设置如图 16-66 所示，调整完成后按 C 键返回摄影机视图，进行灯光测试渲染，渲染结果如图 16-67 所示。

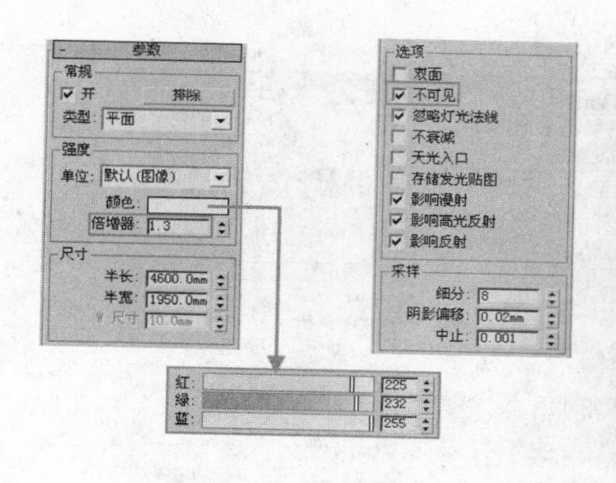

图 16-66　目标点光源参数

图 16-67　测试渲染结果

11 观察渲染结果可以发现，图像的亮度由远至近的明暗过渡变得自然，天花板的亮度与色调比较理想，最后再根据当前图像的整体亮度对投影幕材质进行调整，如图 16-68 所示增大其发光倍增值至 3。

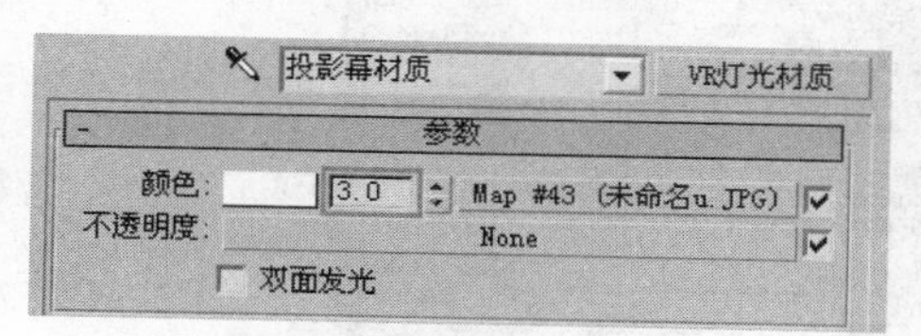

图 16-68　增大材质发光倍增值

图 16-69　测试渲染结果

12 调整好投影幕材质参数后，再次对场景进行灯光测试渲染，渲染结果如图 16-69 所示，接下来进行图像光子图的渲染。

例176　会议室光子图渲染

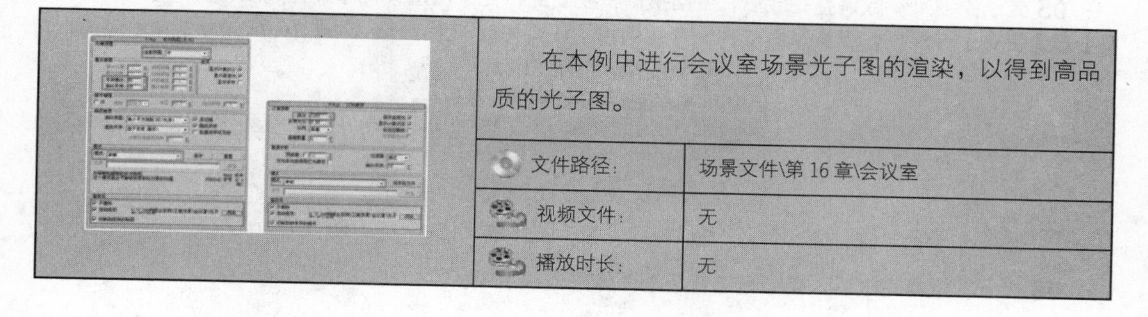

在本例中进行会议室场景光子图的渲染，以得到高品质的光子图。

文件路径:	场景文件\第 16 章\会议室
视频文件:	无
播放时长:	无

01 进行场景材质细分的调整，将讲解过调制过程的各材质，按其在空间内影响的范围与距离摄影机的远近，将细分值增大至 16~24 之间。

02 由于是封闭环境，为了避免图像中产生黑斑与噪波，将所有灯光的细分值均提高至 24。

03 调整光子图渲染参数，按 F10 键打开渲染对话框，然后单击相关选项卡，调整部分参数如图 16-70 所示。

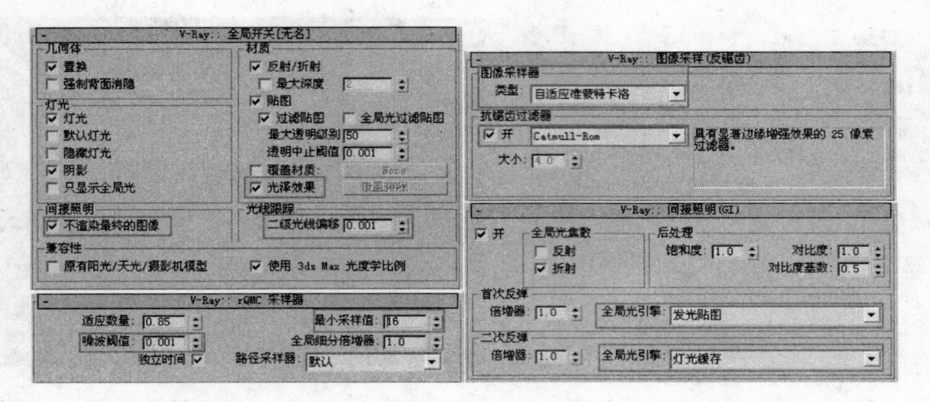

图 16-70 光子图渲染参数一

04 调整【发光贴图】与【灯光缓存】卷展栏参数如图 16-71 所示。

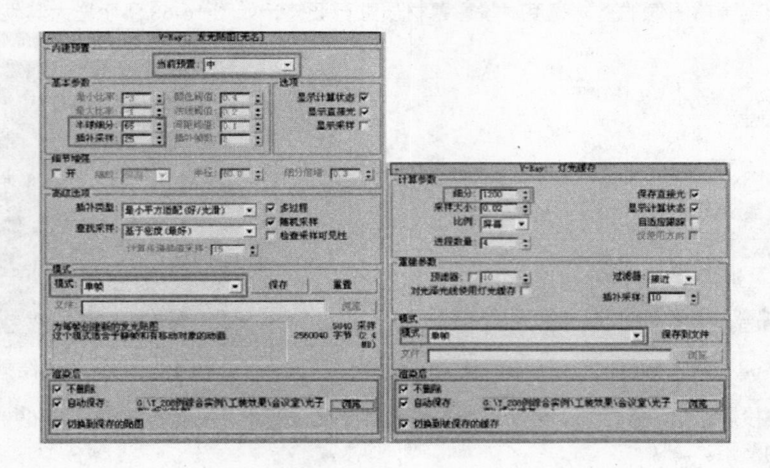

图 16-71 光子图渲染参数二

05 光子图渲染参数调整完成后，返回摄影机视图进行光子图渲染，渲染完成后，打开【发光贴图】与【灯光缓存】卷展栏，查看是否成功保存并调用了计算完成的光子图，如图 16-72 所示。

图 16-72 光子图参数变化

06 光子图渲染完成后，接下来进行场景图像的最终渲染。

例177　会议室最终渲染

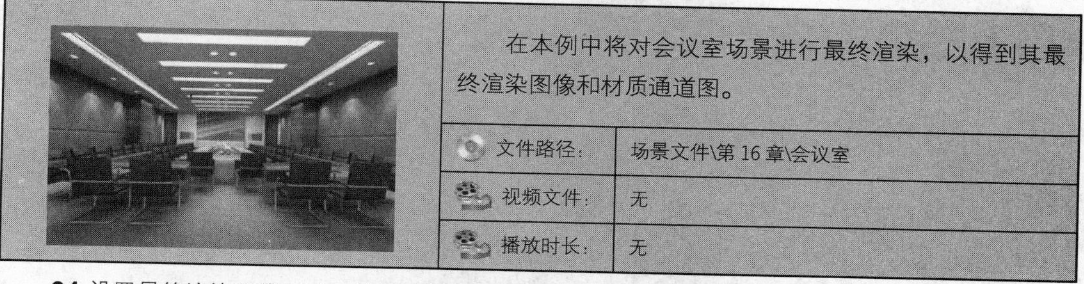

01 设置最终渲染图像尺寸，按 F10 键打开渲染对话框，设置【输出大小】参数如图 16-73 所示。

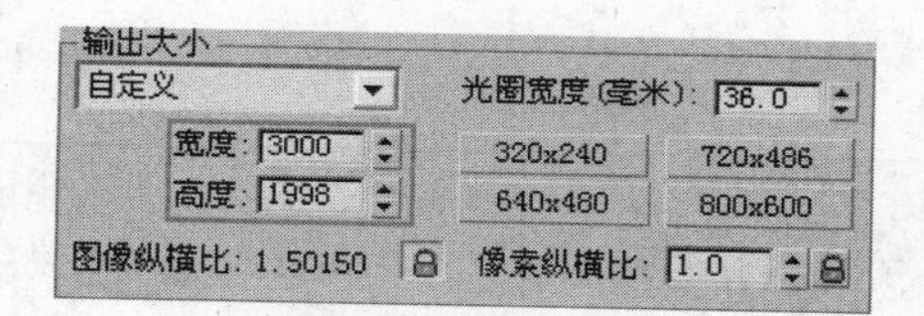

图 16-73　设置最终渲染图像大小

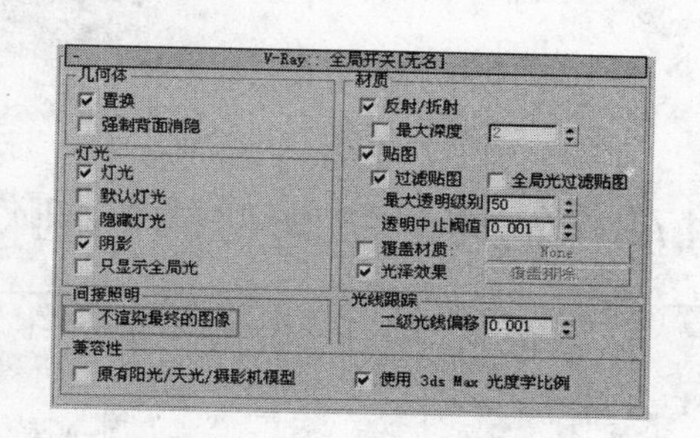

图 16-74　取消不渲染最终图像参数勾选

02 取消如图 16-74 所示【全局开关】卷展栏【不渲染最终图像】复选框勾选，返回摄影机视图进行最终渲染，. 渲染结果如图 16-75 所示。

图 16-75　最终渲染结果

图 16-76　色彩通道渲染结果

03 渲染材质通道图如图 16-76 所示。

16.3 公共卫生间

本例讲述公共卫生间场景模型的材质编辑、灯光布置以及最终渲染的过程，场景最终渲染效果如图 16-77 所示。

图 16-77　公共卫生间渲染效果

例178　公共卫生间材质的制作

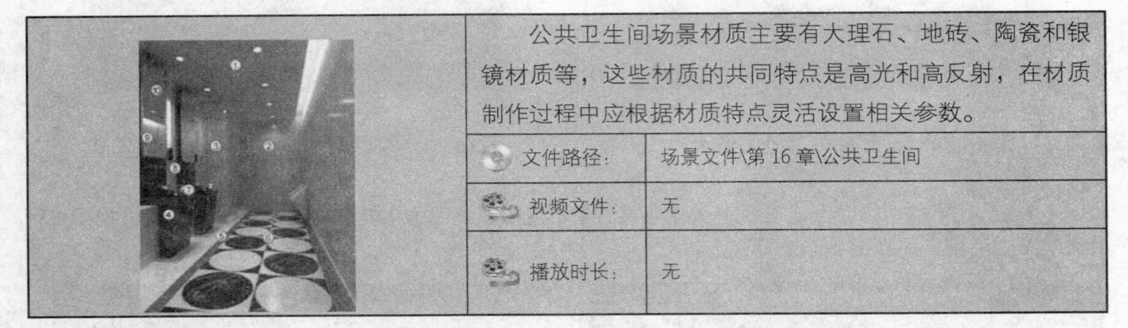

公共卫生间场景材质主要有大理石、地砖、陶瓷和银镜材质等，这些材质的共同特点是高光和高反射，在材质制作过程中应根据材质特点灵活设置相关参数。	
文件路径：	场景文件\第 16 章\公共卫生间
视频文件：	无
播放时长：	无

01 打开本书配套光盘中的“公共卫生间白模.max”场景文件，如图 16-78 所示，可以看到场景已经布置好摄影机，并调整好了渲染长宽比例。

图 16-78　打开场景文件

图 16-79　场景材质编号

02 进行场景材质的制作，场景材质编号如图 16-79 所示。

03 调整天花板所使用的白色乳胶漆材质，材质参数与材质球效果如图 16-80 所示。

图 16-80　白色乳胶漆材质参数与材质球效果

04 布置正对摄影机远端墙面的马赛克材质，具体材质参数与材质球效果如图 16-81 所示，在材质的调整过程中要注意其【凹凸】效果，本例马赛克纹理接缝是白色，因此将凹凸强度值调整为负值，这样才能形成正确的凹凸效果。

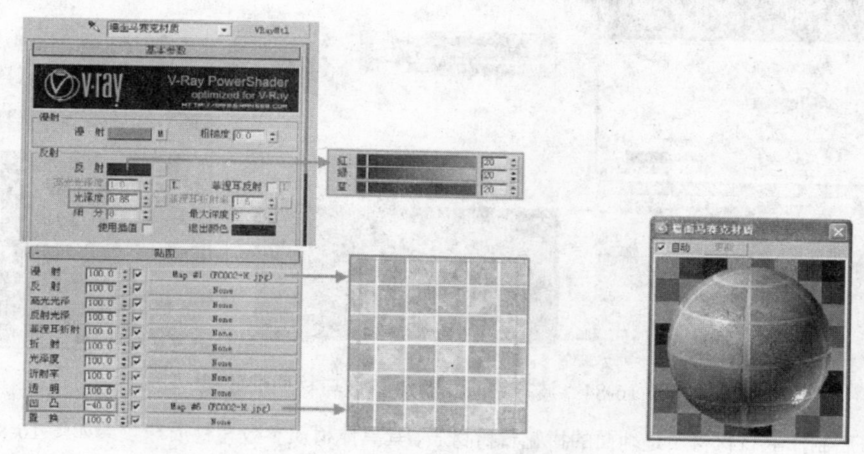

图 16-81　马赛克材质参数与材质球效果

05 制作墙面抛光石材材质，具体材质参数与材质球效果如图 16-82 所示，卫生间墙面装饰切忌花哨，墙面采用纹理质朴的石材能增加空间的整洁感，此外该石材也应用部分地面。

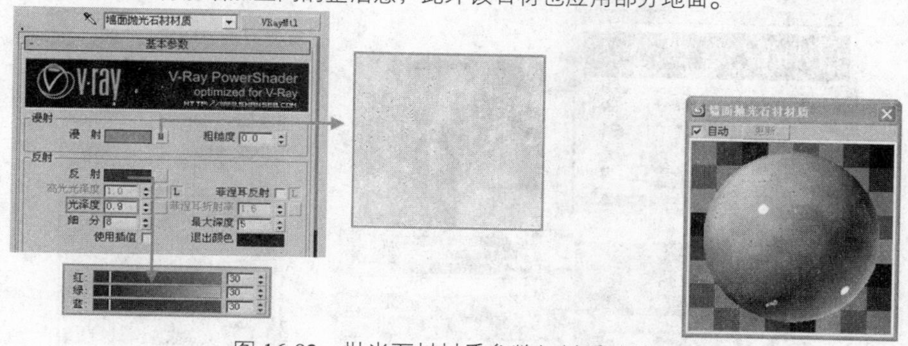

图 16-82　抛光石材材质参数与材质球效果

06 制作洗手台的黑色啡网纹大理石材质，材质参数与材质球效果如图 16-83 所示，啡网纹石材纹理独特、极具韵味，本例中用于点缀设计简练的洗手台。

07 制作地面波打线石材材质，具体材质参数与材质球效果如图 16-84 所示，波打线常用于切割空间地面，因此常采用与整体空间色彩有着强烈对比效果的颜色突出切割效果。

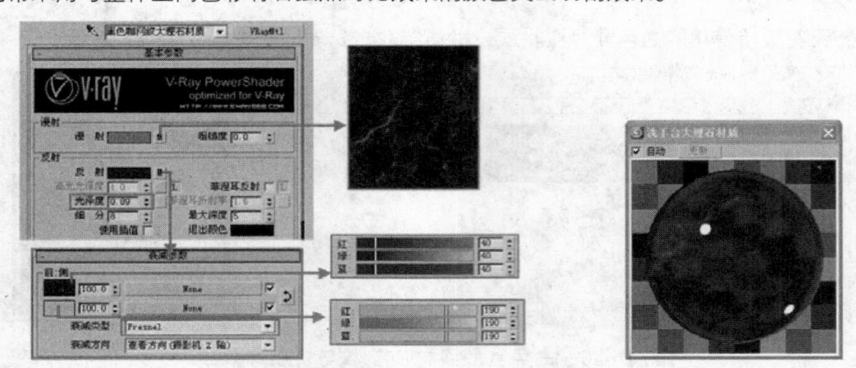

图 16-83　黑色啡网纹大理石材材质参数

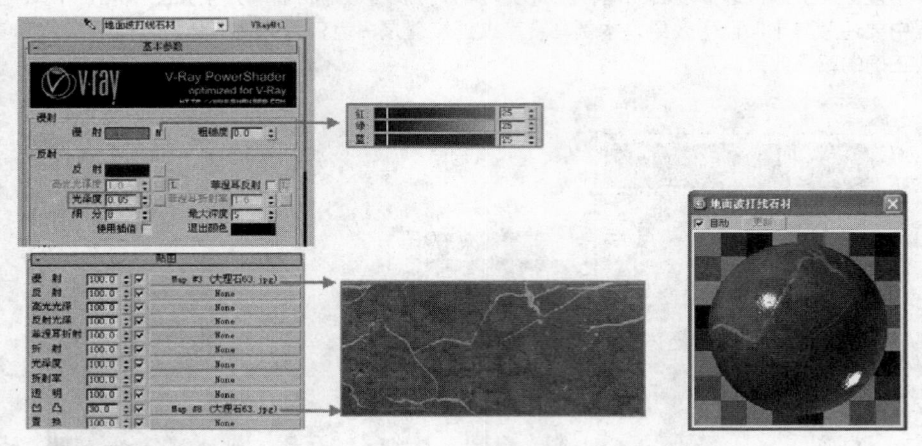

图 16-84　波打线石材材质参数与材质球效果

08 最后制作的石材材质是地面的拼花石材材质，其具体材质参数与材质球效果如图 16-85 所示，拼花效果可以通过对已经做好造型效果的模型赋予不同石材进行表现，也可以利用完成了拼贴效果的整张纹理进行表现。

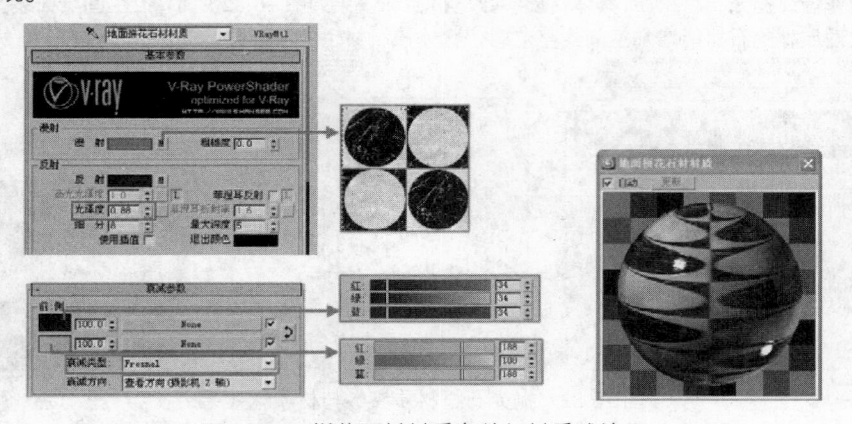

图 16-85　拼花石材材质参数与材质球效果

09 设置场景中其他类型的材质，首先设置洗手盆的玻璃材质，其具体材质参数与材质球效果如图 16-86 所示。

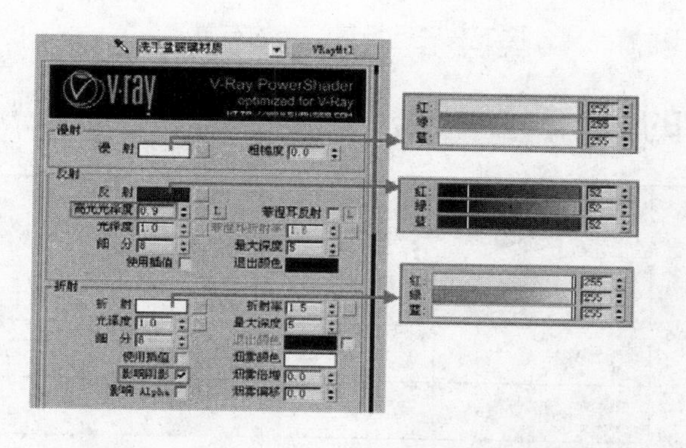

图 16-86　玻璃材质参数与材质球效果

10 设置水龙头等浴具模型的亮光不锈钢材质，其材质参数与材质球效果如图 16-87 所示。

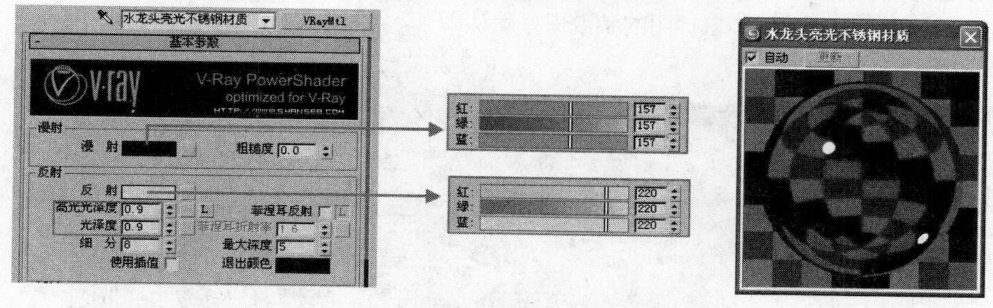

图 16-87　亮光不锈钢材质参数与材质球效果

11 设置镜框与镜子材质，镜框磨砂不锈钢材质的具体材质参数与材质球效果如图 16-88 所示。

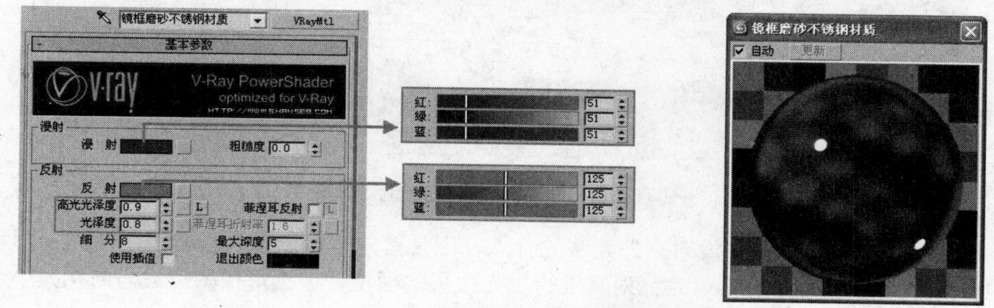

图 16-88　镜框磨砂不锈钢材质参数与材质球效果

12 镜子材质的具体材质参数与材质球效果如图 16-89 所示。

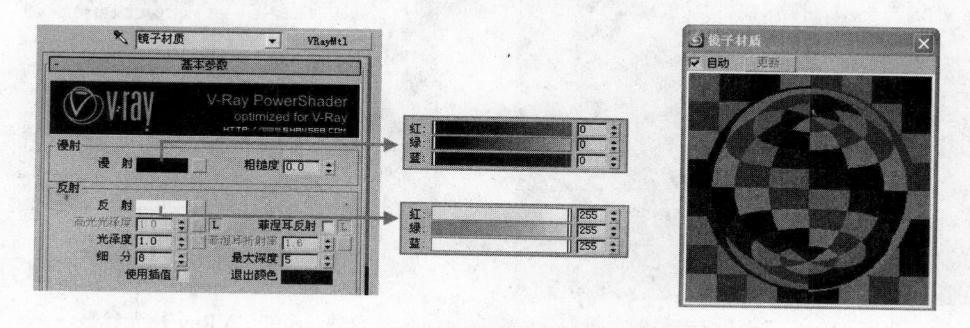

图 16-89　镜子材质参数与材质球效果

13 至此，场景主要材质的制作均已讲解完成，接下来进行场景灯光的布置。

例179　公共卫生间灯光的制作

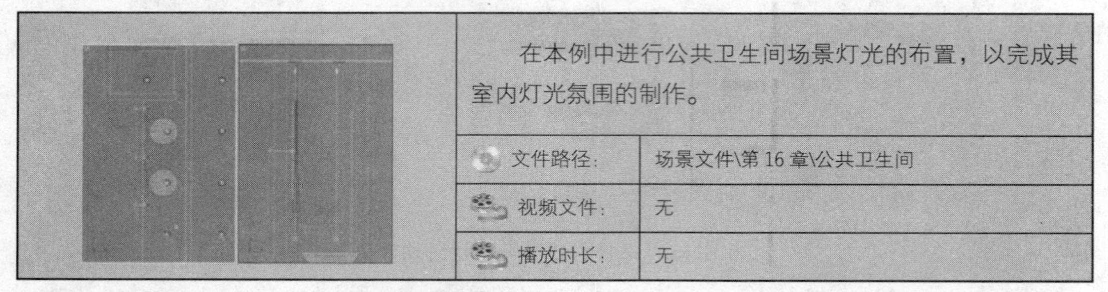

在本例中进行公共卫生间场景灯光的布置，以完成其室内灯光氛围的制作。

文件路径:	场景文件\第 16 章\公共卫生间
视频文件:	无
播放时长:	无

01 设置灯光测试渲染参数，按 F10 键打开渲染对话框，选择其中的【渲染器】选项卡，设置灯光测试渲染参数如图 16-90 所示，未标明的参数保持默认即可。

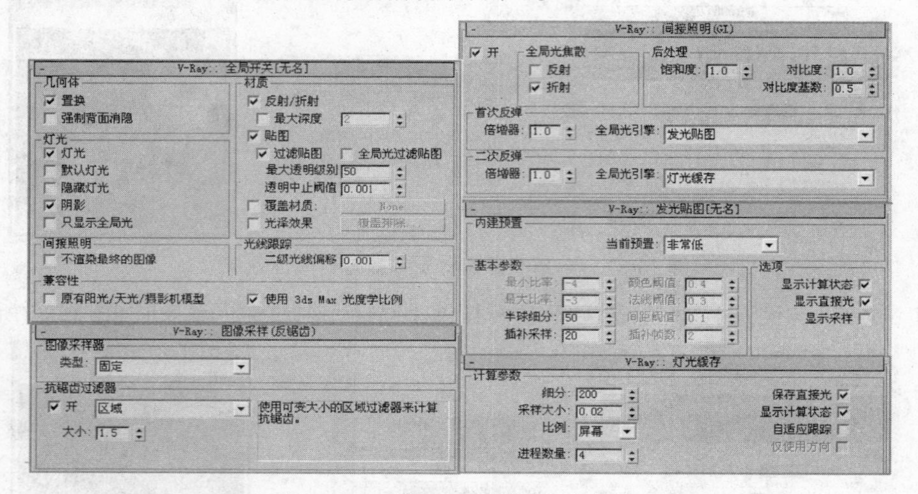

图 16-90　设置灯光测试渲染参数

02 本例卫生间场景照明中没有室外光线的介入，因为首先布置场景内主要照明灯光，即场景天花板右侧的长方形光槽，选用 VRay 片光对其进行发光效果的模拟，根据灯槽的位置与面积大小创建如图 16-91 所示的灯光。

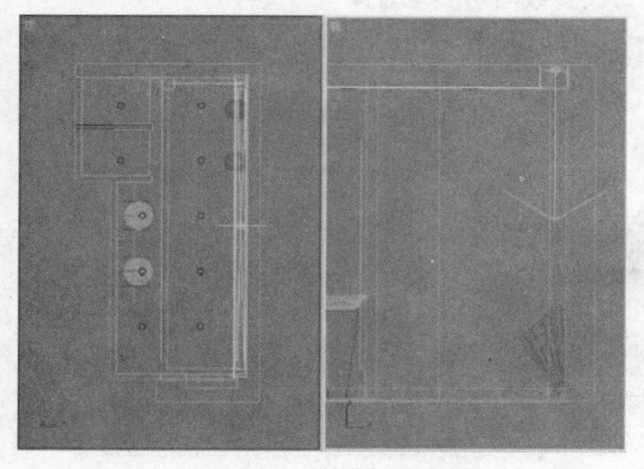

图 16-91　光槽灯带位置

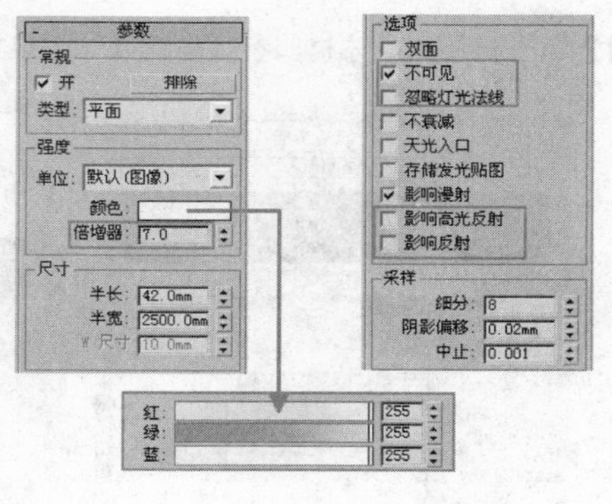

图 16-92　VRay 片光参数

03 VRay 灯光的具体参数设置如图 16-92 所示，卫生间常用淡黄色或是纯白色灯光体现空间整洁的特性，调整完灯光参数后，进入摄影机视图进行灯光测试渲染，渲染结果如图 16-93 所示。

图 16-93　测试渲染结果

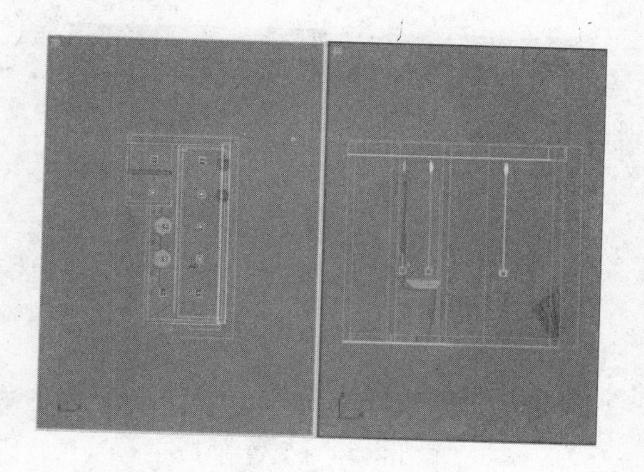

图 16-94　筒灯光源分布

04 观察渲染结果可以发现，灯槽灯光取得了较好的照明效果，场景空间内各功能区域的布局层次有所体现，接下来布置场景中的筒灯灯光照亮整个卫生空间，筒灯采用【目标点光源】进行模拟，灯光的具体分布如图 16-94 所示。

05 筒灯灯光的具体参数如图 16-95 所示，灯光参数调整完成后进入摄影机视图进行灯光测试渲染，渲染结果如图 16-96 所示。

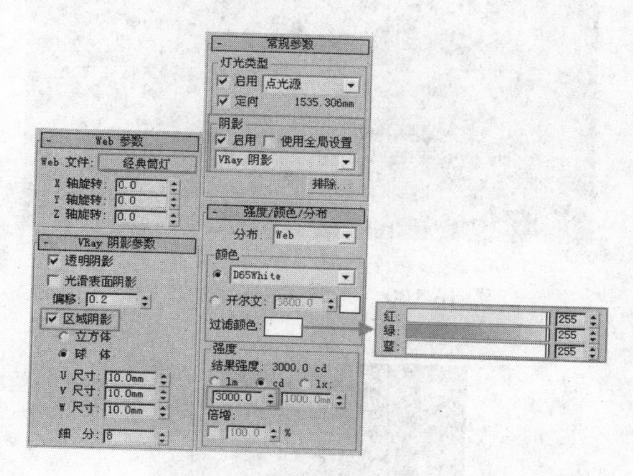

图 16-95　调整参数及渲染效果

图 16-96　测试渲染效果

06 观察新的渲染图像可以发现，增加了筒灯的照明后，场景的空间关系以及材质的特点表现都比较理想，接下来进行场景中镜前灯灯光的布置，该处灯光由 VRay 片光模拟，灯光的具体位置如图 16-97 所示。

07 镜前灯灯光具体参数设置如图 16-98 所示，灯光参数设置完成后，进入摄影机视图进行测试渲染，渲染结果如图 16-99 所示。

08 设置一盏 VRay 穹顶光对场景整体进行亮度的提升，调整灯光为淡蓝色适度缓和空间整体的暖色调氛围，灯光位置如图 16-100 所示。

09 VRay 穹顶灯光的参数设置如图 16-101 所示，设置完成后进入摄影机视图进行灯光测试渲染，渲染结果如图 16-102 所示。

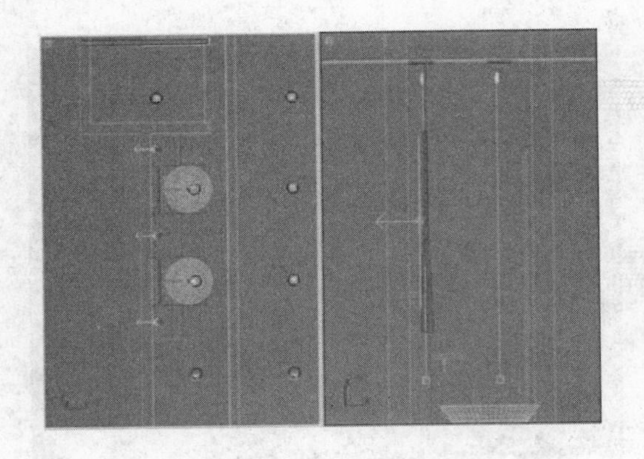

图 16-97　布置镜前灯

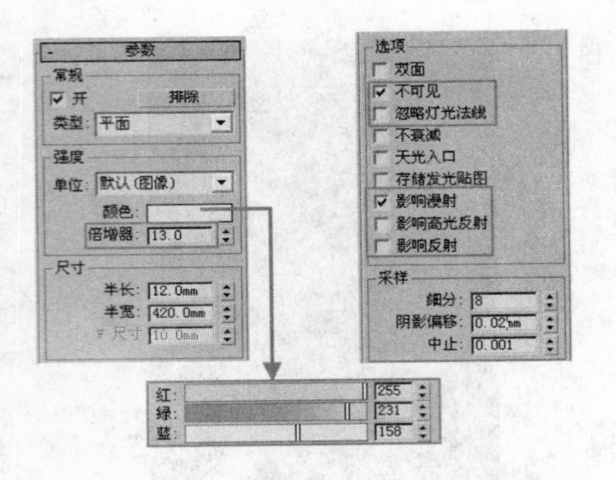

图 16-98　VRay 片光参数

图 16-99　测试渲染结果

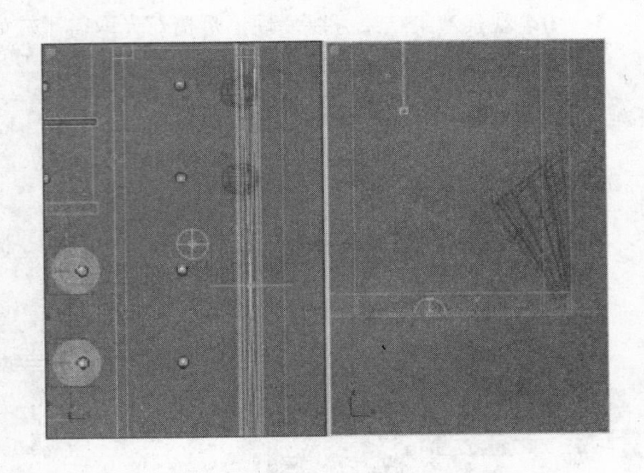

图 16-100　布置 VRay 穹顶灯光

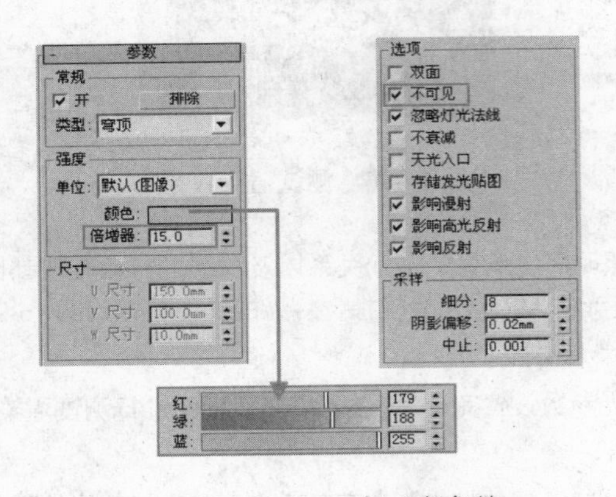

图 16-101　VRay 穹顶光参数

图 16-102　测试渲染结果

10 至此本例场景的灯光布置完成，接下来进行场景光子图的渲染。

例180　公共卫生间光子图渲染

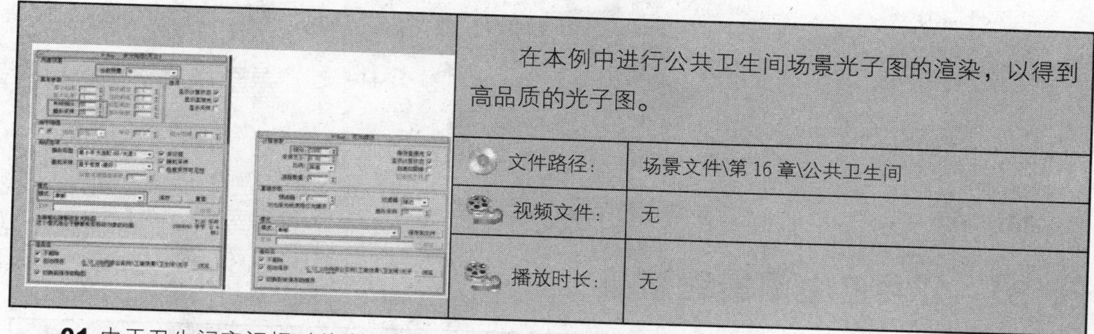

在本例中进行公共卫生间场景光子图的渲染，以得到高品质的光子图。

文件路径:	场景文件\第 16 章\公共卫生间
视频文件:	无
播放时长:	无

01 由于卫生间空间相对狭小，每种材质所影响的面积都比较大，因此这里将场景主要材质的细分值均增大至 24。

02 将场景中 VRay 灯光的细分值均增大至 24，目标点光源的细分增大至 20。

03 进行光子图渲染参数的调整，按 F10 键打开渲染对话框，再单击相关选项卡，调整光子图渲染参数至如图 16-103 所示，

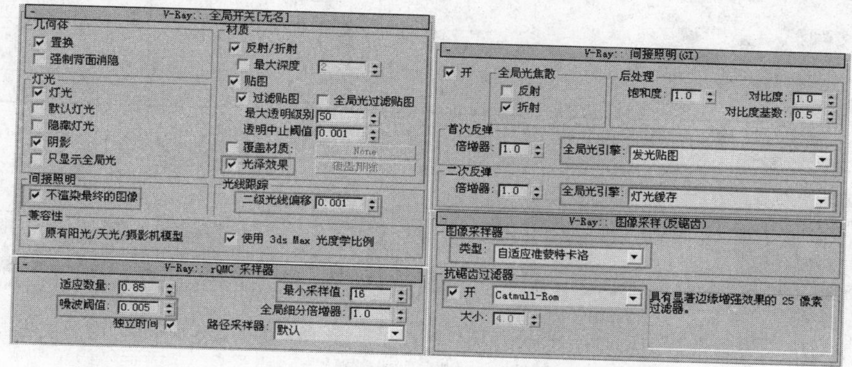

图 16-103　光子图渲染参数一

04 进入【发光贴图】与【灯光缓存】卷展栏，调整参数如图 16-104 所示。

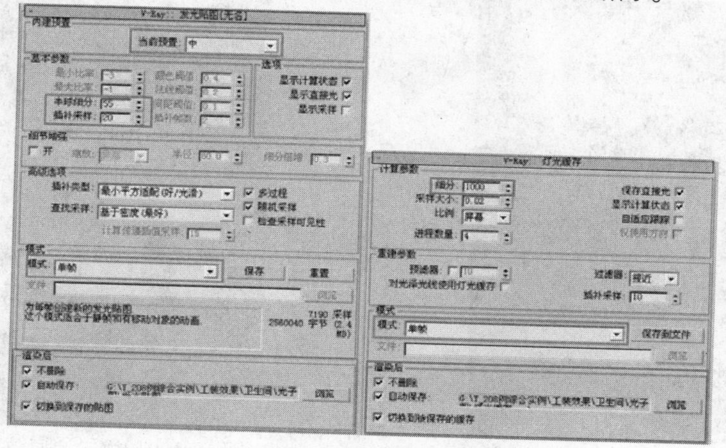

图 16-104　光子图渲染参数二

05 光子图渲染完成后，打开【发光贴图】与【灯光缓存】卷展栏，察看相关参数是否变化，确保光子图已经成功保存并调用，如图 16-105 所示。

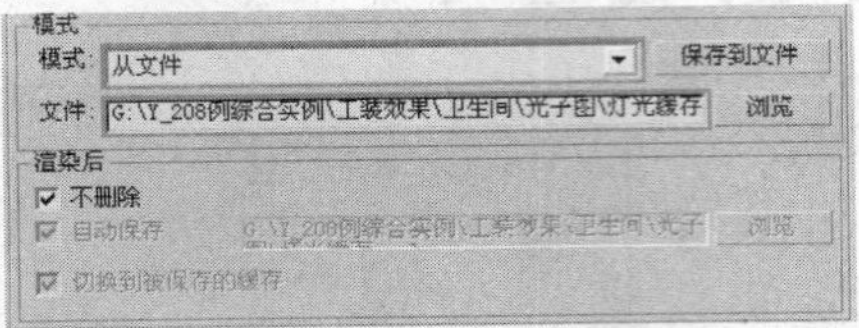

图 16-105　光子图渲染参数三

06 光子图渲染完成后，接下来进行场景图像的最终渲染。

例181　公共卫生间最终渲染

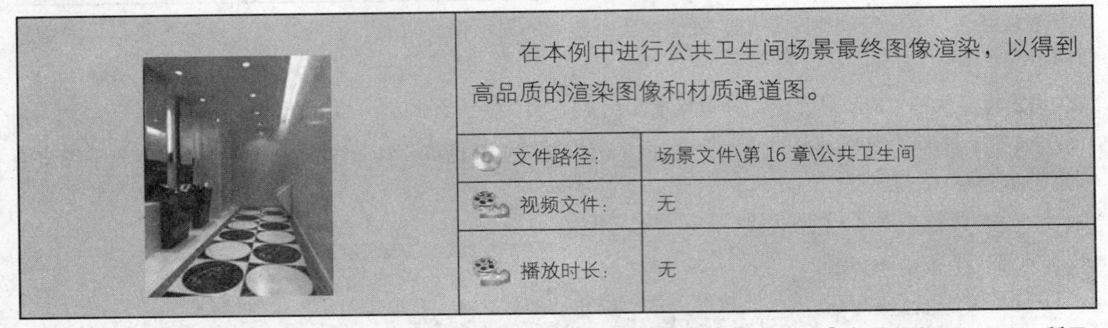

在本例中进行公共卫生间场景最终图像渲染，以得到高品质的渲染图像和材质通道图。

文件路径:	场景文件\第 16 章\公共卫生间
视频文件:	无
播放时长:	无

01 设定最终渲染图像尺寸，按 F10 键打开渲染对话框，调整【输出大小】参数值如图 16-106 所示。

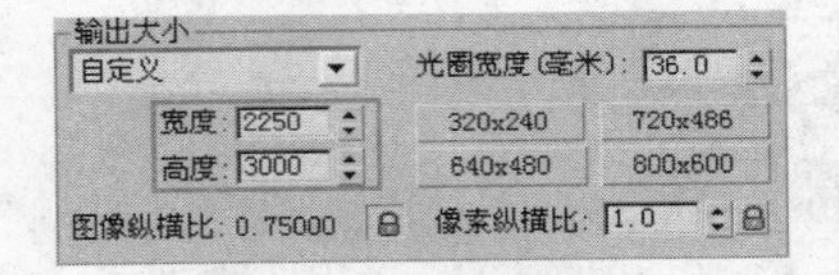

图 16-106　设置最终渲染图像大小

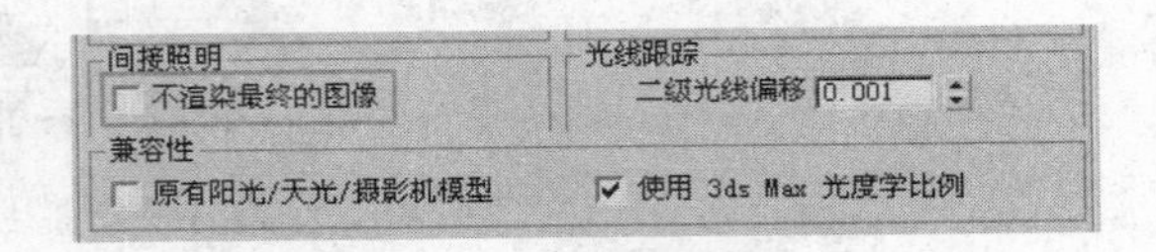

图 16-107　取消不渲染最终图像参数

02 进入【全局开关】卷展栏参数，如图 16-107 所示取消【不渲染最终图像】复选框的勾选，调整完成后，按 C 键返回摄影机视图进行最终渲染，渲染结果如图 16-108 所示。

图 16-108　最终渲染图像

图 16-109　色彩通道渲染图像

03 渲染材质通道图如图 16-109 所示。

16.4 游泳馆

本节制作一个材质类型多样、灯光层次丰富的游泳馆场景，讲解 VRay 物理摄影机创建、材质制作、灯光设置以及最终渲染的全过程，场景最终渲染效果如图 16-110 所示。

图 16-110　游泳馆最终渲染

例182　创建 VRay 物理摄影机

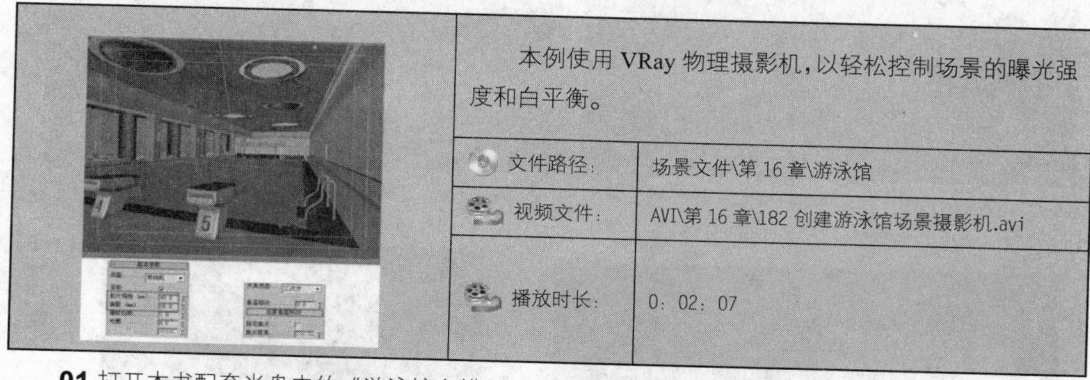

本例使用 VRay 物理摄影机，以轻松控制场景的曝光强度和白平衡。

文件路径：	场景文件\第 16 章\游泳馆
视频文件：	AVI\第 16 章\182 创建游泳馆场景摄影机.avi
播放时长：	0：02：07

01 打开本书配套光盘中的“游泳馆白模.max”文件，如图 16-111 所示。

02 按 T 键激活顶视图，按 Alt + W 键将其最大化显示，以便更细致地观察场景模型，单击【VRay 物理摄影机】创建按钮，在场景中拖曳创建出一架【VRay 物理摄影机】，如图 16-112 所示。

03 按 L 键切换至左视图，通过【精确变换输入】对话框，将【VRay 物理摄影机】与其目标点沿 Y 轴移动 1330mm，调整位置如图 16-113 所示。

04 完成【VRay 物理摄影机】高度的调整后，按 C 键切入摄影机视图，并按 Shift+Q 快捷键显示安全框，视图显示效果如图 16-114 所示。

05 当前 VRay 物理相机的视野范围较窄，无法体现空间的纵深感，选择【VRay 物理摄影机】进入修改面板进行调整，最终相关参数设置与得到的视图效果如图 16-115 所示。在调整的过程中如果视图内物体的透视关系出现了偏差，可以单击如图 16-115 所示的【估算垂直移动】按钮进行校正。

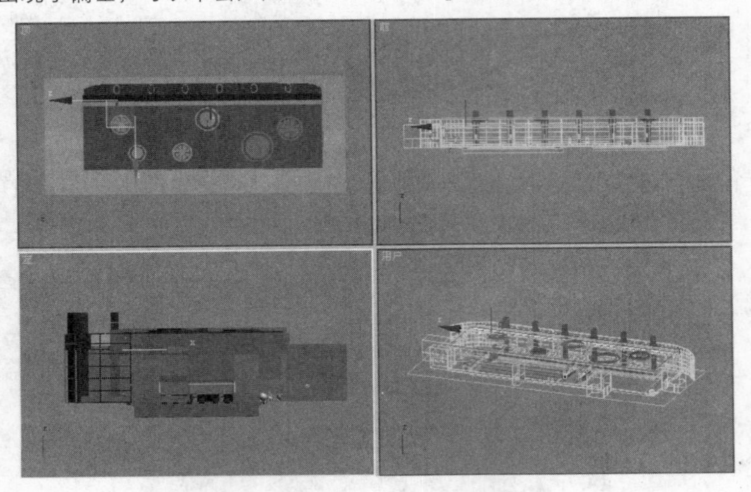

图 16-111　打开场景白模

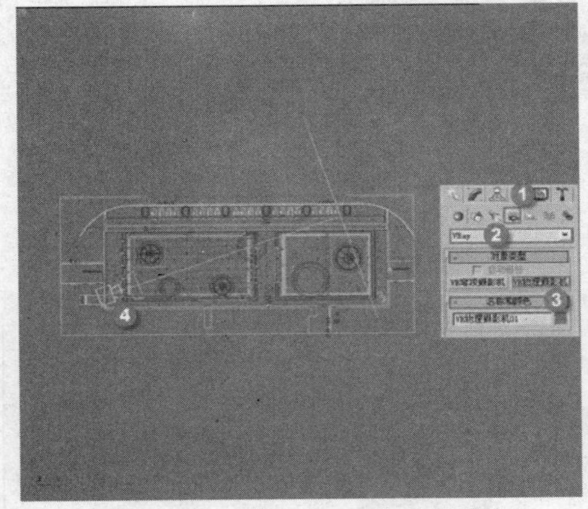

图 16-112　创建 VRay 物理摄影机

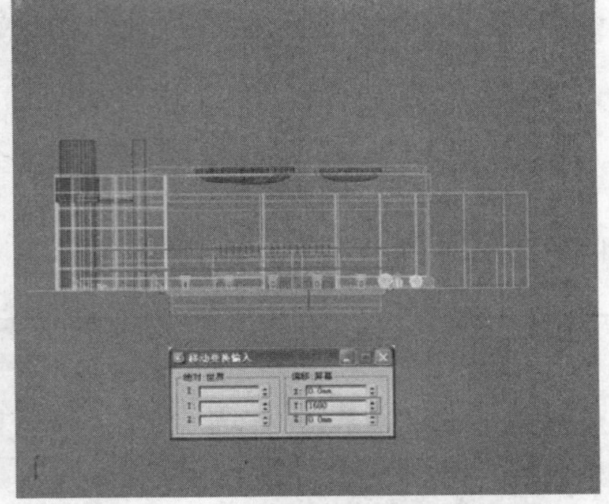

图 16-113　调整 VRay 物理摄影机高度

图 16-114　显示安全框

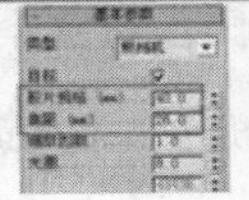

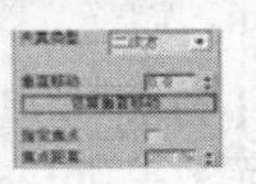

图 16-115　调整焦距值

06 调整渲染长宽比，按 F10 键打开渲染对话框，调整其中的【输出大小】参数值如图 16-116 所示，以取得如图 16-117 所示的视图效果。

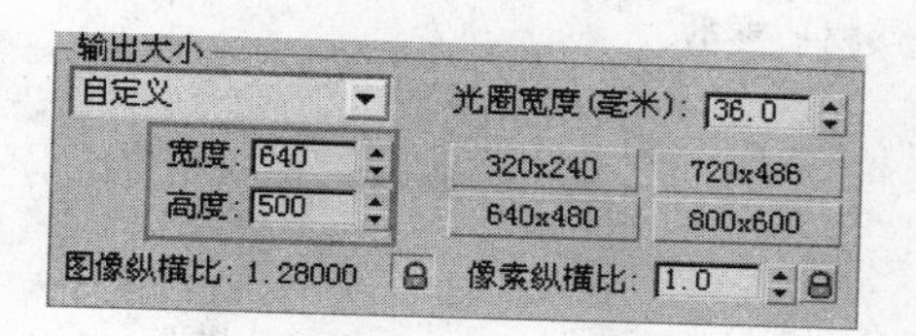

图 16-116　调整渲染长宽比例

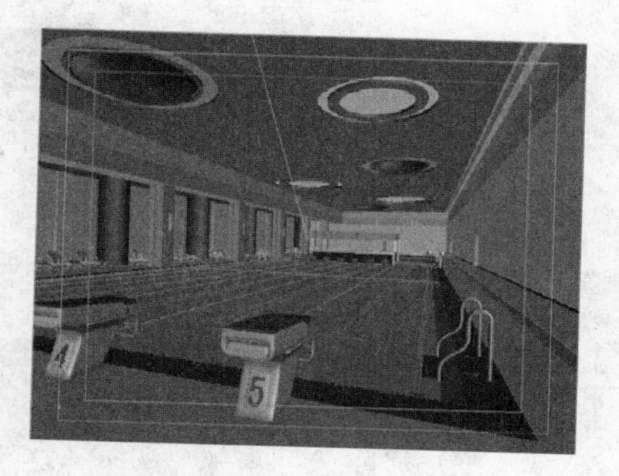

图 16-117　最终 VRay 物理摄影机视图

07 确定了场景的摄影机视图以及渲染长宽比例后，接下来制作游泳馆场景的的材质。

例183　制作游泳馆材质

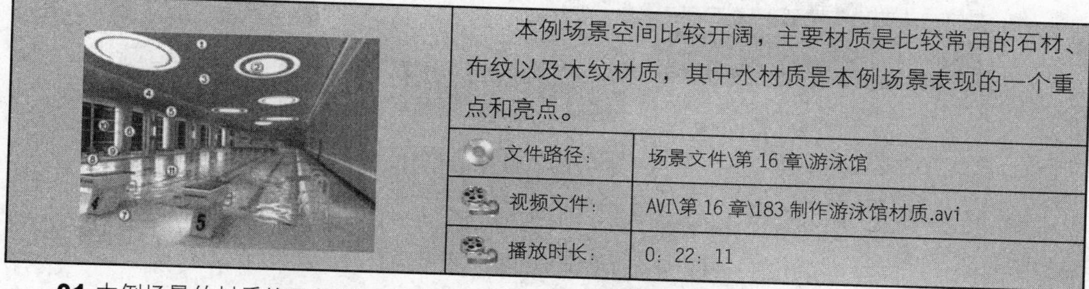

本例场景空间比较开阔，主要材质是比较常用的石材、布纹以及木纹材质，其中水材质是本例场景表现的一个重点和亮点。

文件路径：	场景文件\第 16 章\游泳馆
视频文件：	AVI\第 16 章\183 制作游泳馆材质.avi
播放时长：	0：22：11

01 本例场景的材质编号如图 16-118 所示，接下来就按照此材质编号一一进行材质的制作。

图 16-118　场景材质编号

02 编辑的是天花顶白色乳胶漆材质，具体材质参数与材质球效果如图 16-119 所示。

03 制作吊顶环形灯槽造型的发光材质，具体材质参数与材质球效果如图 16-120 所示。

04 制作天花顶上筒灯边框的亮光金属材质，具体材质参数与材质球效果如图 16-121 所示。

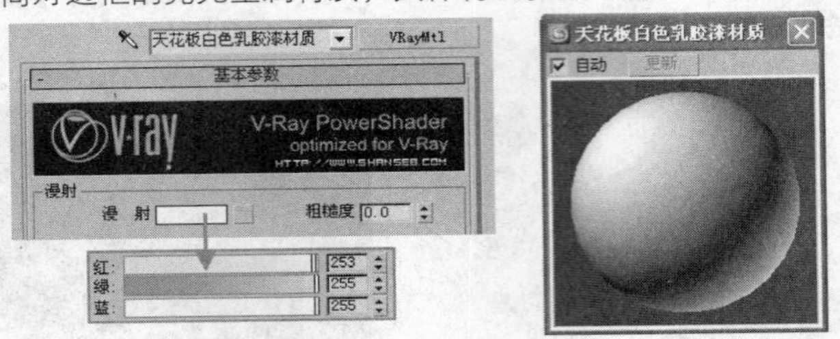

图 16-119　白色乳胶漆材质参数

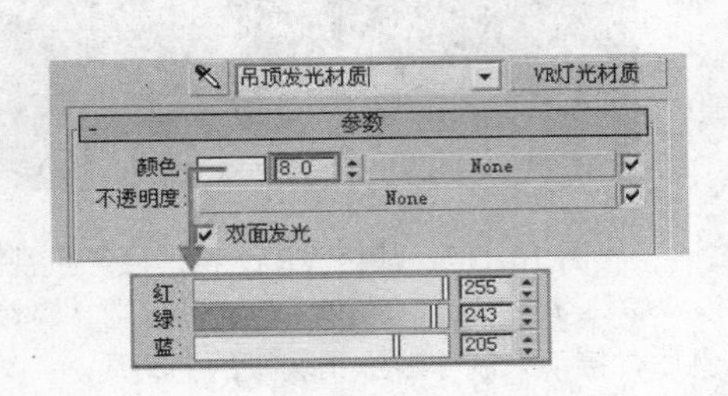

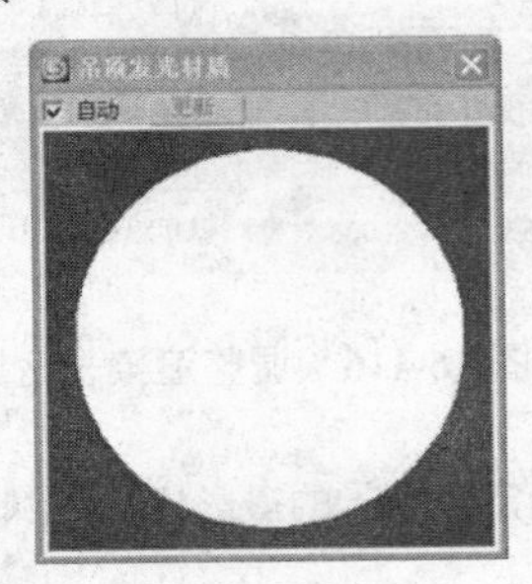

图 16-120　吊顶发光材质参数与材质球效果

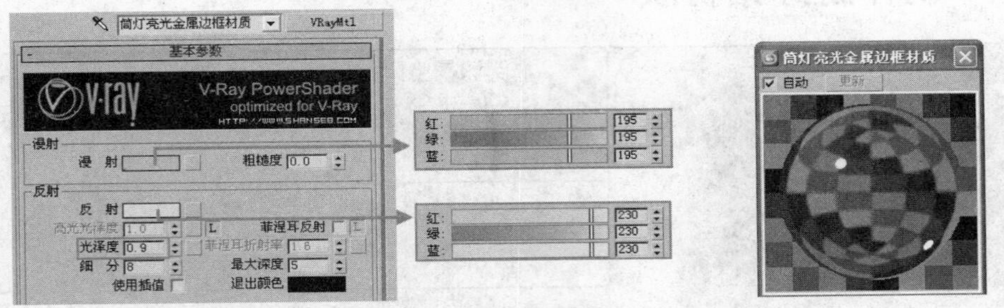

图 16-121　筒灯高光金属边框材质参数与材质球效果

05 制作墙体材质，首先制作的是上端墙体的亚光花纹石材材质，具体材质参数与材质球效果如图 16-122 所示，其凹凸强度设置到了 500。

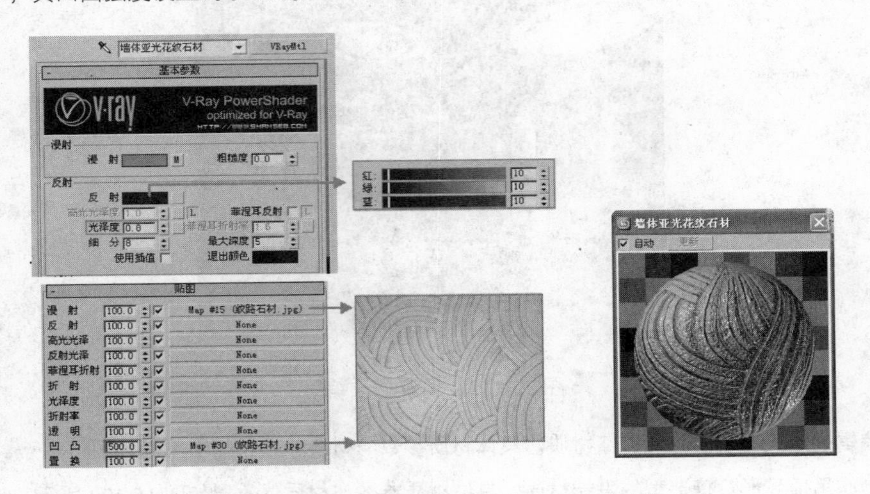

图 16-122　亚光花纹石材材质参数与材质球效果

06 制作下端墙体的亚光石材材质，具体材质参数与材质球效果如图 16-123 所示，亚光大理石材质由于表面纹理与质感独特，在公装中应用得十分广泛，本例场景中除了墙体部分运用该材质外，与其相连的方形柱使用的也是该材质。

07 制作场景外侧的圆形柱装饰用的铝板材质，具体材质参数与材质球效果如图 16-124 所示，为了表现更为真实的材质细节，这里使用了【平铺】程序贴图模拟出黑色缝隙效果，由于圆柱模型距离摄影机较远，对缝隙间的凹凸细节就可以忽略了。

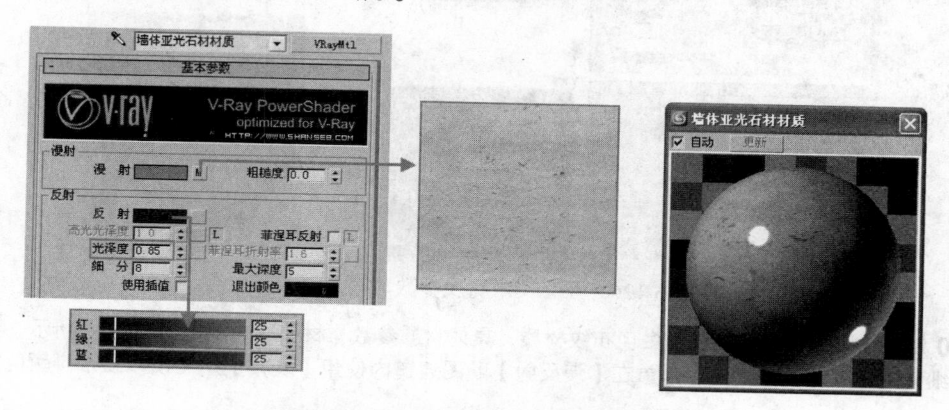

图 16-123　亚光石材材质参数与材质球效果

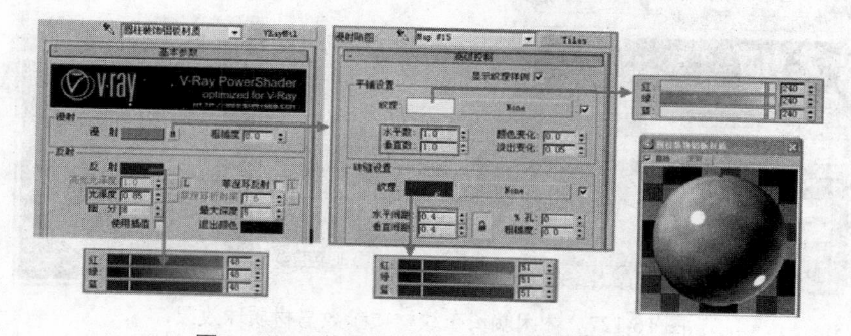

图 16-124　装饰铝板材质参数与材质球效果

08 制作地面使用的亚光石材材质，具体材质参数与材质球效果如图 16-125 所示。

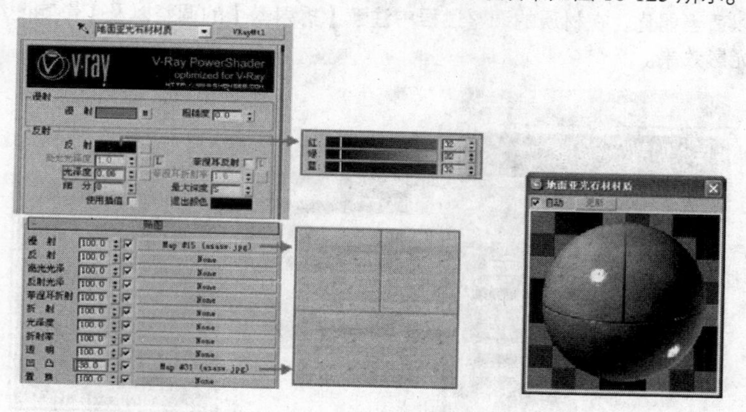

图 16-125　地材亚光石材材质参数与材质球效果

09 制作休闲躺椅的的实木结构材质，具体材质参数与材质球效果如图 16-126 所示，由于躺椅模型自身大小与其距离摄影机较远的原因，材质的设置可以适当精简。

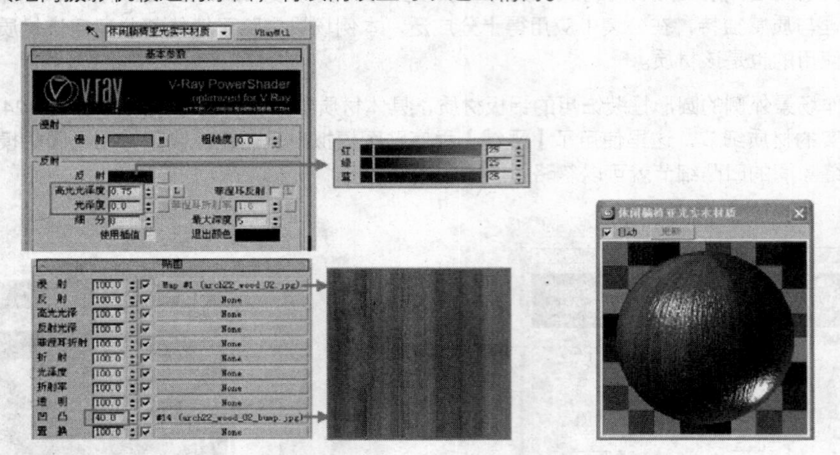

图 16-126　亚光实木材质参数与材质球效果

10 制作休闲躺椅所使用的纯白色布纹材质，具体材质参数与材质球效果如图 16-127 所示，当不需要充分细节的布纹材质时，可以简单在【漫反射】贴图通道内使用【衰减】贴图模拟出布料颜色与质感即可。

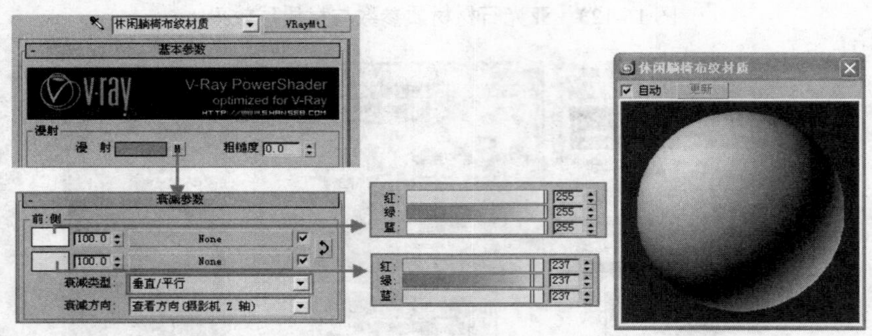

图 16-127　休闲躺椅布纹材质参数与材质球效果

11 制作场景中的玻璃材质与池水材质，首先制作窗户玻璃材质，具体材质参数与材质球效果如图 16-128 所示，同样由于玻璃窗与摄影机距离的原因，可以更多的注重表达玻璃的透明效果，而对于其反射效果的表现可以适当弱化，在材质的调整过程中注意【折射率】的调整以及【影响阴影】参数的勾选，以形成较真实的光影效果。

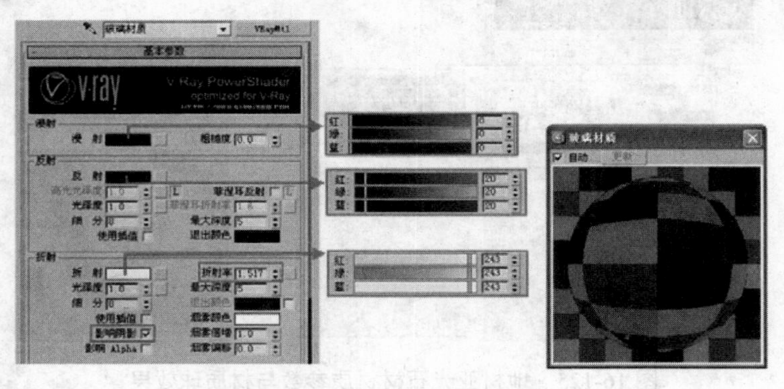

图 16-128　玻璃材质参数与材质球效果

12 制作池水材质，其具体材质参数与材质球效果如图 16-129 所示，由于池水材质是本场景空间表现的一个亮点，因此对其材质细节的制作比较充分，首先是通过【反射】贴图通道内的【衰减】程序贴图模拟水面表面的【菲涅尔】反射效果，然后为了表现出水波荡漾的感觉，在其【凹凸】贴图通道使用了【噪波】程序贴图。

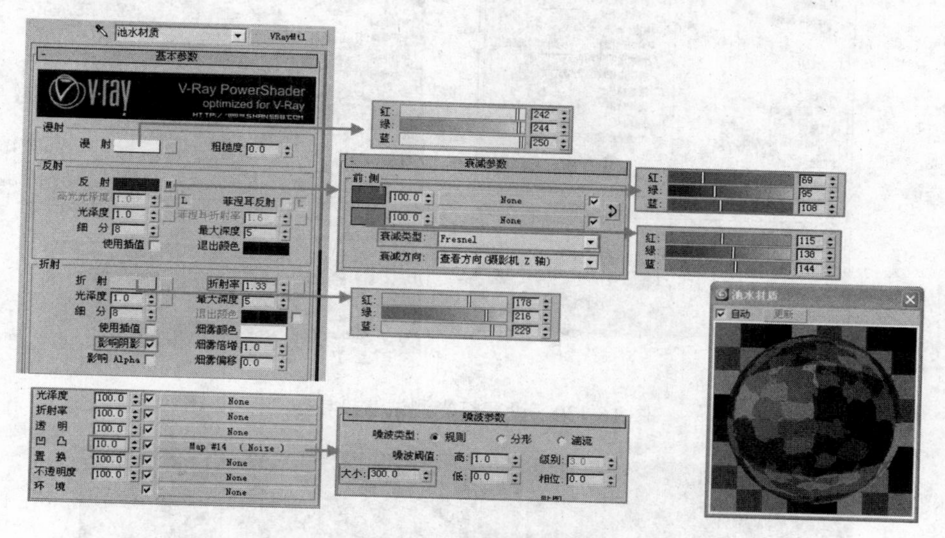

图 16-129　池水材质参数与材质球效果

13 至此，本例场景材质制作完成，接下来进行场景灯光的布置。

例184　布置游泳馆灯光

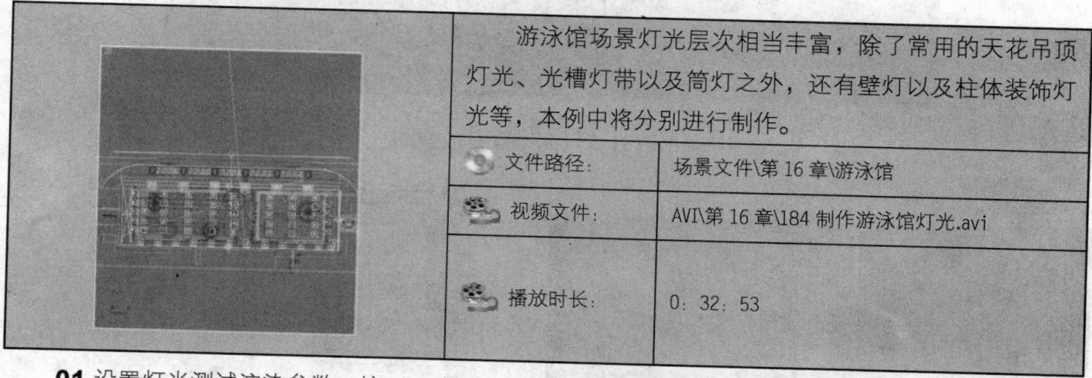

游泳馆场景灯光层次相当丰富，除了常用的天花吊顶灯光、光槽灯带以及筒灯之外，还有壁灯以及柱体装饰灯光等，本例中将分别进行制作。

文件路径：	场景文件\第 16 章\游泳馆
视频文件：	AVI\第 16 章\184 制作游泳馆灯光.avi
播放时长：	0：32：53

01 设置灯光测试渲染参数。按 F10 键打开渲染对话框，选择其中的相关选项卡，设置灯光测试参数如图 16-130 所示，未标明的参数保持默认即可。

02 为了能有序地布置完本例场景层次丰富的灯光，首先需要对场景的空间布局进行观察，以了解灯光的具体层次，首先预览一下场景灯光布置完成后的效果，如图 16-131 所示。室外使用了【目标平行光】模拟太阳光效果，在窗口附近使用了 VRay 片光进行环境光的模拟，室内灯光主要分为顶层的光槽灯带，往下则是由【目标点光源】模拟的筒灯效果以及利用【目标聚光灯】模拟的壁灯效果，此外还有一些装饰性的灯光和空间补光。

03 为了避免误操作，先在主工具栏将选择模式过滤至 L-灯光 ，然后按 T 键进入顶视图，按 Alt + W 键将视图最大化，以方便灯光位置的观察，单击灯光创建面板按钮，单击【标准灯光】下的 目标平行光 创建按钮，在顶视图中通过拖曳创建一盏【目标平行光】，然后进入左视图调整灯光角度，灯光的具体位置如图 16-132 所示。

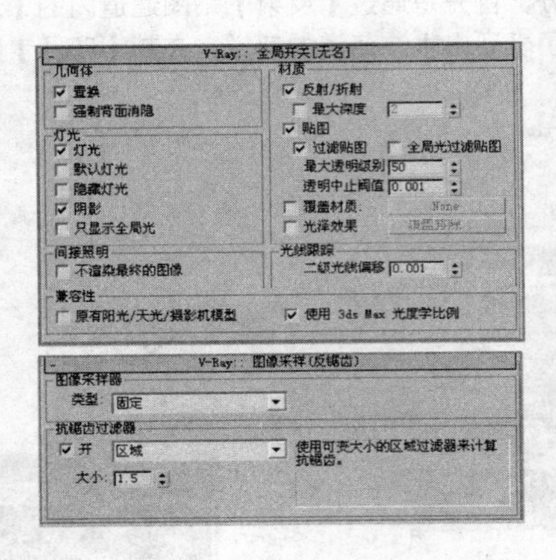

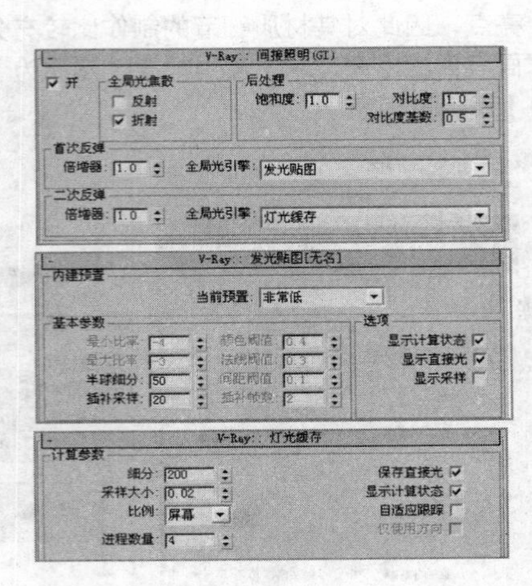

图 16-130　设置灯光测试渲染参数

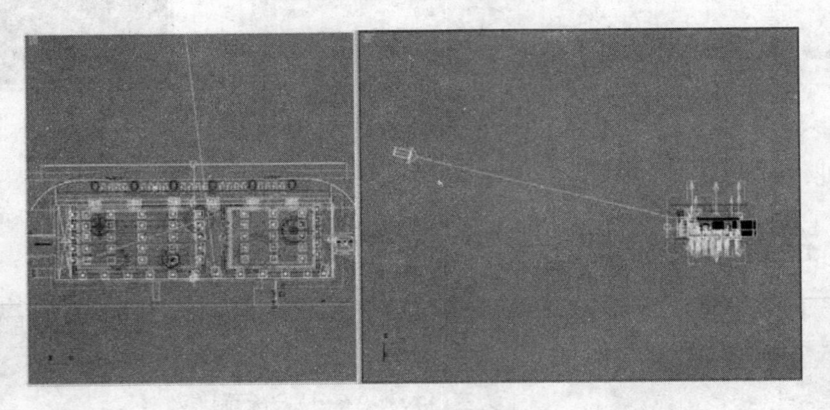

图 16-131　灯光布置完成截图

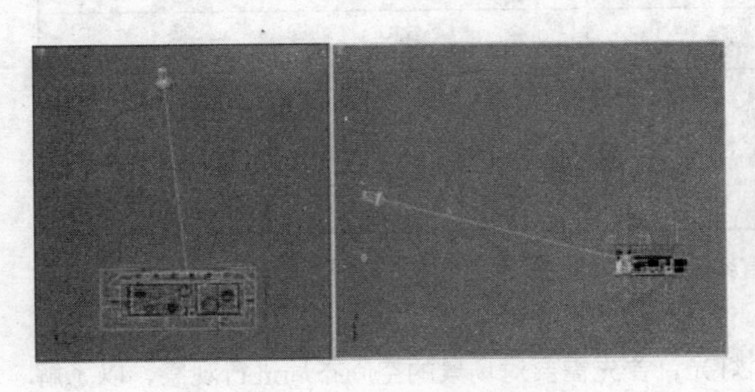

图 16-132　创建目标平行光

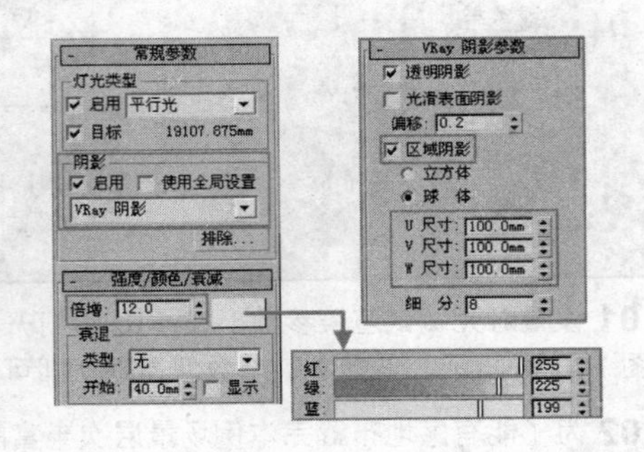

图 16-133　目标平行光参数

04 选择【目标平行光】进入修改面板，调整其灯光颜色、强度以及阴影效果等参数如图 16-133 所示，由于要模拟出阳光射入游泳馆室内的效果，接下来对其衰减以及聚光区等参数进行细致调整。

05 选择顶视图，按 Alt + W 键将其最大化显示，可以看到此时【目标平行光】还只有单一的光束，打开【平行光参数】卷展栏，通过鼠标调整【聚光区/光束】与【衰减区/区域】数值，同时观察视图中其聚光区与衰减区示意圈的大小，使得阳光能整体照射至场景，如图 16-134 所示。

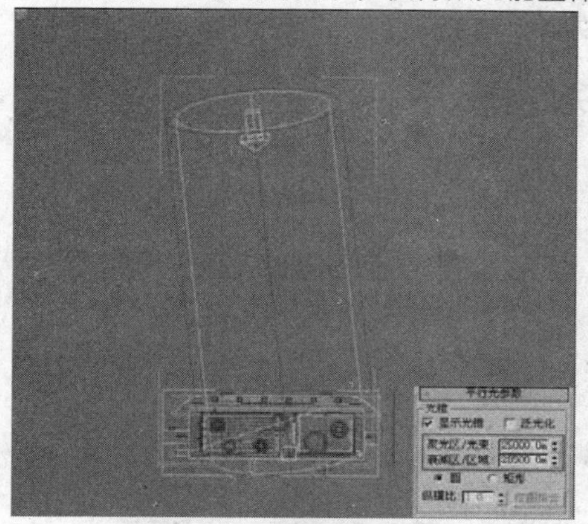

图 16-134　调整聚光区与衰减区

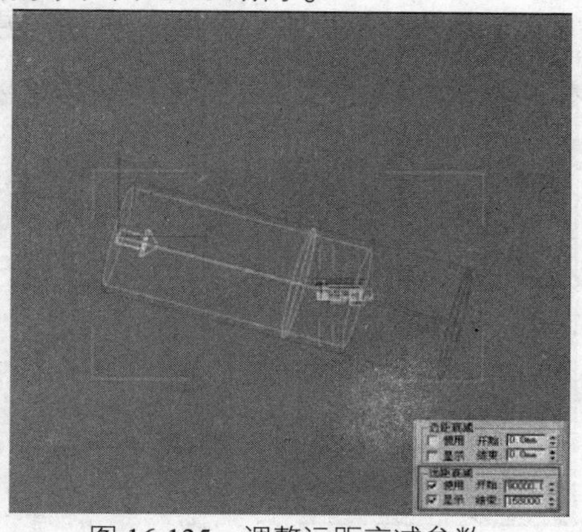

图 16-135　调整远距衰减参数

06 真实的阳光效果会随着距离的远近产生灯光强度的变化，即产生衰减效果，因此首先勾选其 强度/颜色/衰减 卷展栏内的【远距离衰减】，然后按 L 键切入左视图，通过鼠标调整【开始】与【结束】数值，同时观察视图中示意圈的远近，如图 16-135 所示。

07 调整【目标平行光】参数后，按 C 键进入【VRay 物理摄影机视图】进行测试渲染，渲染结果如图 16-136 所示。

图 16-136　测试渲染结果

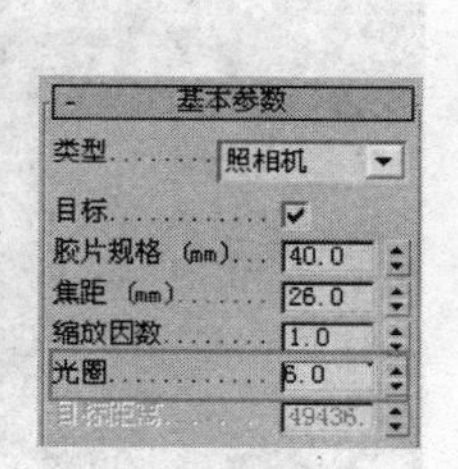

图 16-137　调整 VRay 物理相机参数

08 很明显当前场景灯光亮度过低，调整【VRay 物理摄影机】相关参数如图 16-137 所示，然后再次对场景进行灯光测试渲染，渲染结果如图 16-138 所示。

图 16-138　测试渲染结果

09 调整摄影机参数后，游泳馆空间层次已经基本展现，下面制作室外天空效果。按 8 键打开【环境与效果】对话框，为其加载【VRay 天光】程序贴图，如图 16-139 所示。

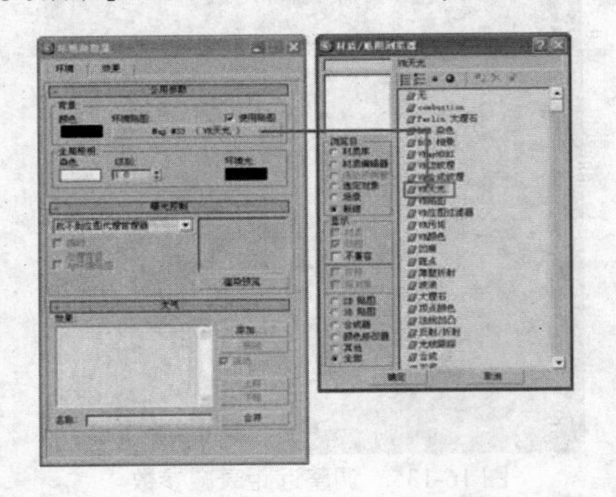

图 16-139　添加 VRay 天光贴图

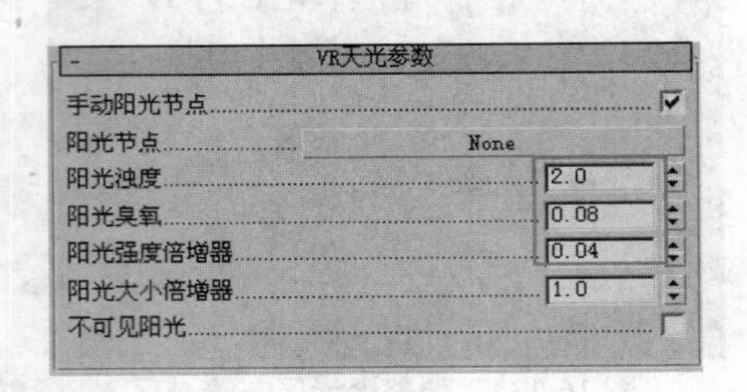

图 16-140　设置 VRay 天光参数

10 将【VRay 天光】贴图通过拖曳的方式，关联复制至一个空白材质球上，并调整其参数至如图 16-140 所示，按 C 键进入【VRay 物理摄影机】视图，进行灯光测试渲染，渲染结果如图 16-141 所示。

图 16-141　测试渲染结果

11 完成室外阳光与室外天空效果的模拟后，接下来制作室外环境光，以完成室外灯光的制作。根据玻璃窗面积大小，利用 VRay 片光创建一盏灯光，灯光的具体形态与位置如图 16-142 所示。

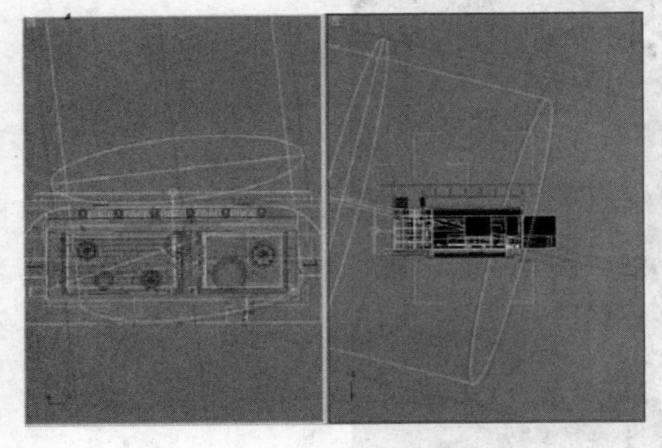

图 16-142　布置室外环境光

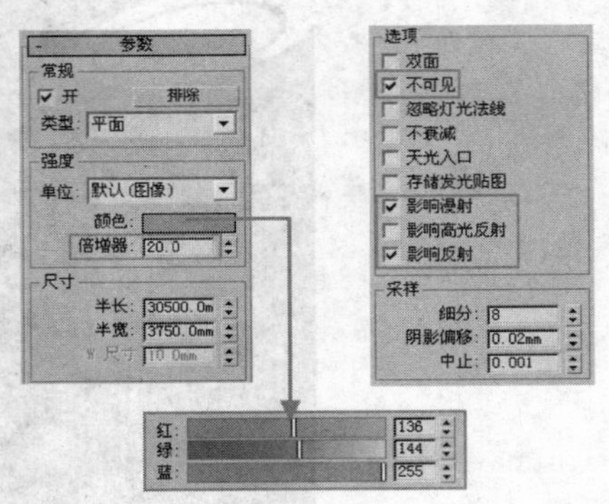

图 16-143　VRay 片光参数

12 模拟室外环境光的 VRay 片光参数如图 16-143 所示，调整完成后按 C 键再次进入【VRay 物理摄影机】视图，进行灯光测试渲染，渲染结果如图 16-144 所示。室外环境光的加入，使得图像内空间整体的光感色调更真实，此外水面外侧的反射光影效果也更为丰富，接下来进行室内灯光的制作。

图 16-144　测试渲染结果

13 首先布置天花顶上的灯槽光带与暗藏灯带。灯带灯光全部由 VRay 片光进行模拟，布置灯光时可以根据光槽的走向进行创建，VRay 物理摄影机正上方的灯带可以先不布置，因此布置好的灯带整体呈 U 形，灯光的具体位置如图 16-145 所示。

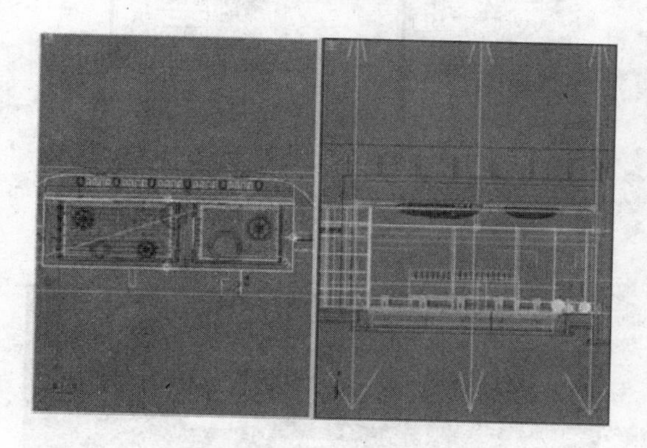

图 16-145　VRay 片光参数

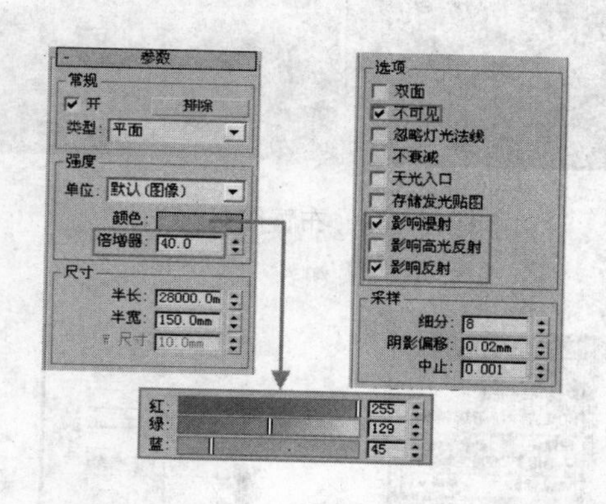

图 16-146　VRay 灯光参数

14 创建好的 VRay 灯光由于所处位置的不同其尺寸大小会有所区别，其他灯光参数完全一致，具体的参数设置如图 16-146 所示。

15 按 C 键进入【VRay 物理摄影机】视图进行灯光测试渲染，渲染结果如图 16-147 所示。

16 制作筒灯灯光。筒灯灯光由【目标点光源】灯光模拟，在大的空间中，筒灯的灯光布置并不需要根据实际的筒灯灯孔进行布置，本例场景筒灯的布置如图 16-148 所示。

17 本场景筒灯灯光共分为两组，一组是沿着空间右侧墙体布置，另一组则用于照亮整个泳池，该组灯光的密度可以适当增加。其中靠近空间右侧墙体筒灯灯光的具体参数如图 16-149 所示。

18 照亮泳池的筒灯灯光具体的参数设置如图 16-150 所示，参数设置完成后按 C 键返回【VRay 物理摄影机】视图，进行灯光测试渲染，渲染结果如图 16-151 所示

图 16-147　测试渲染结果

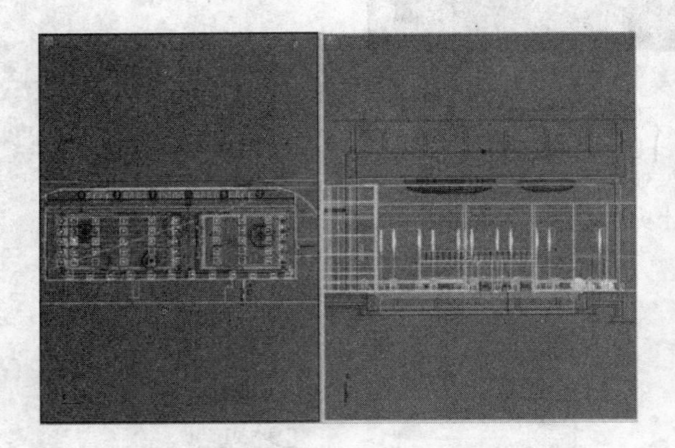

图 16-148　布置筒灯灯光

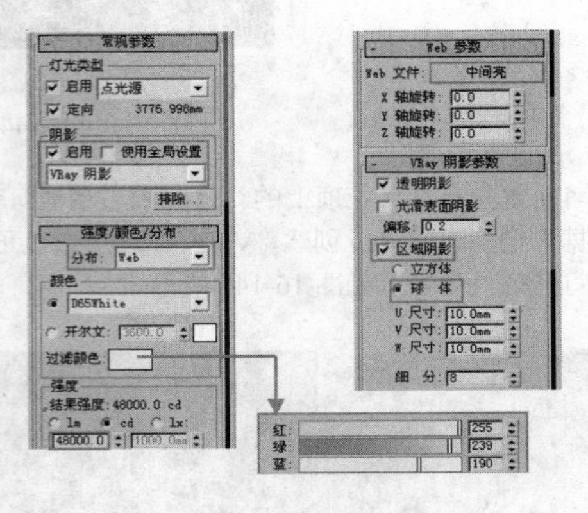

图 16-149　目标点灯光参数一

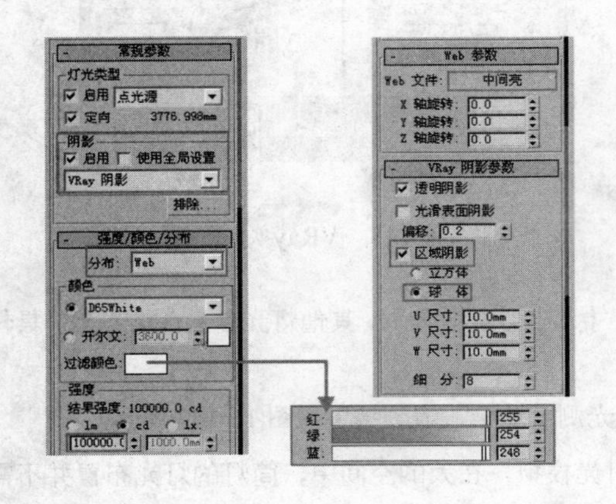

图 16-150　目标点灯光参数二

图 16-151　测试渲染结果

19 从渲染图像可以看出，筒灯灯光的加入使得室内空间有了明暗的光影变化，接下来布置场景中石柱上壁灯的灯光效果，灯光由【目标聚光灯】模拟，向上与向下的灯光各一组，灯光的具体布置如图 16-152 所示。

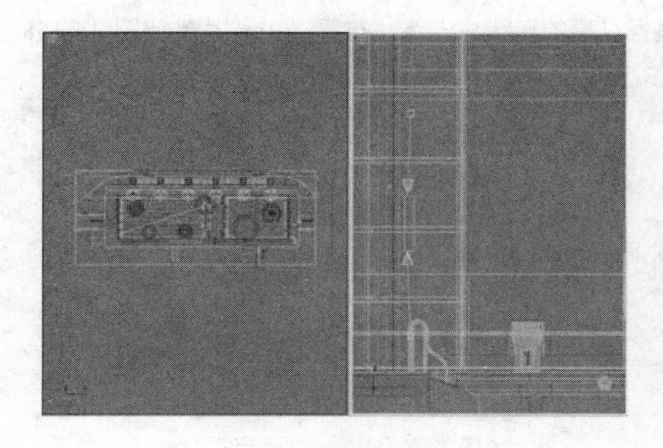

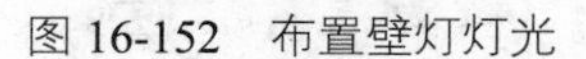

图 16-152　布置壁灯灯光

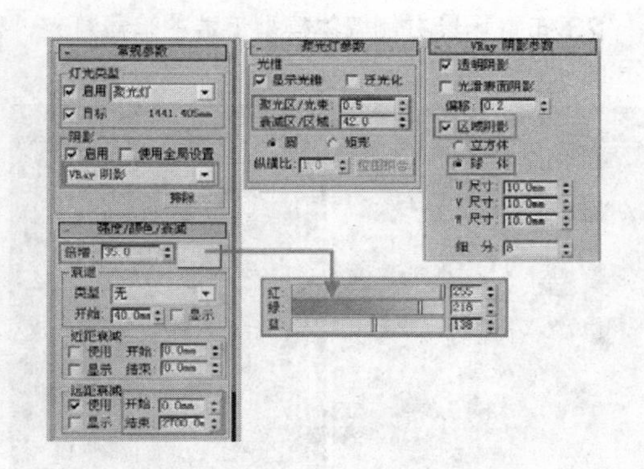

图 16-153　壁灯灯光参数

20 壁灯灯光的具体参数如图 16-153 所示，按 C 键返回【VRay 物理摄影机】视图，进行灯光测试渲染，渲染结果如图 16-154 所示。

图 16-154　测试渲染结果

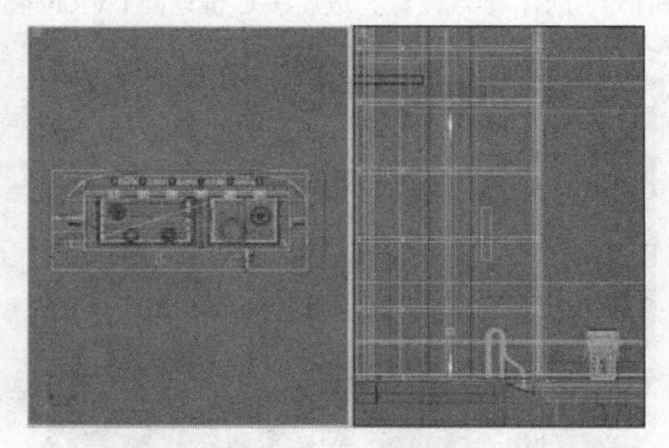

图 16-155　布置石柱装饰灯光

21 布置场景中方形石柱凹槽造型内装饰灯光，灯光效果由【目标点光源】模拟，灯光的具体分布如图 16-155 所示。

22 装饰灯光的具体参数如图 16-156 所示，调整完成后按 C 键返回【VRay 物理摄影机】视图进行灯光测试渲染，渲染结果如图 16-157 所示。

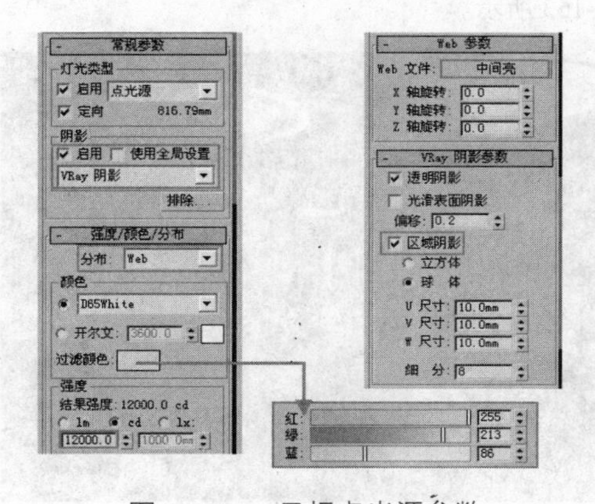

图 16-156　目标点光源参数

图 16-157　测试渲染结果

23 布置场景右侧墙体模型下端的暗藏灯光，根据灯槽的形状与走势，布置 VRay 片光如图 16-158 所示。

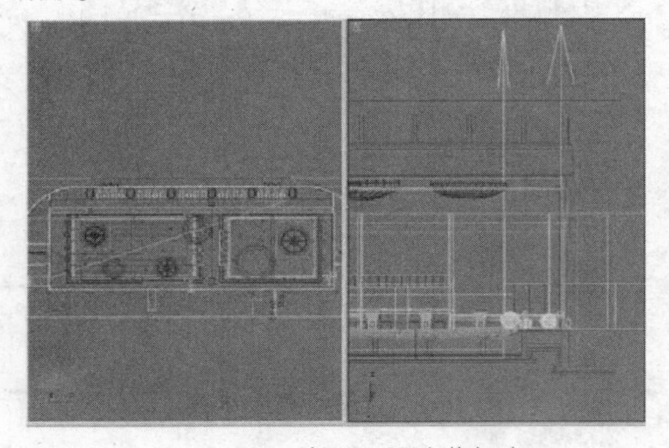
图 16-158　布置下层暗藏灯光

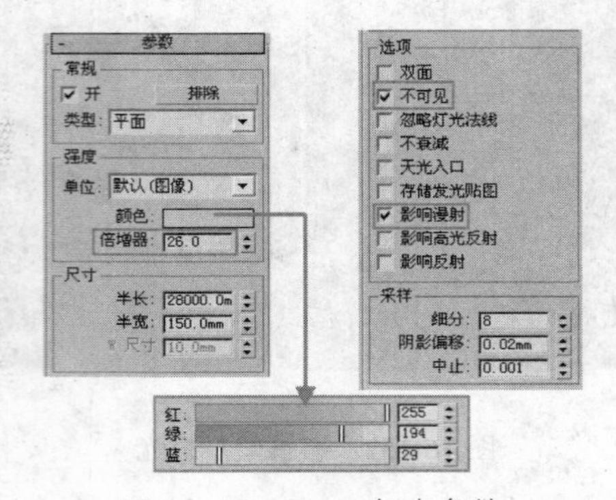

图 16-159　VRay 灯光参数

24 此处的暗藏灯光同样由于其所处位置不同会有尺寸大小的区别，其他设置一致的参数如图 16-159 所示，参数设置完成后按 C 键返回【VRay 物理摄影机】视图，进行灯光测试渲染，渲染结果如图 16-160 所示。

图 16-160　测试渲染结果

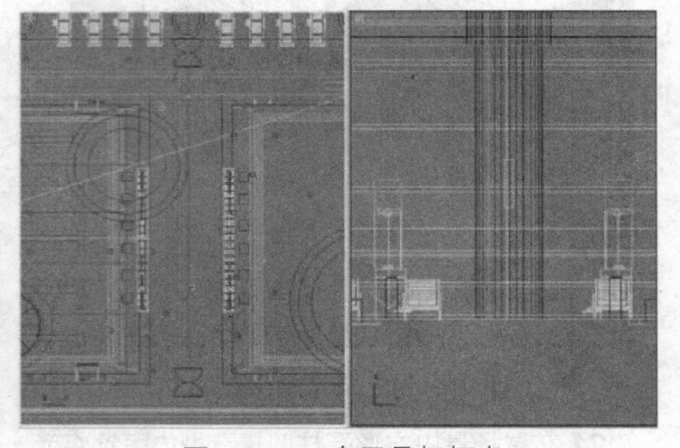
图 16-161　布置吊灯灯光

25 布置空间中部长形吊灯的灯光，该处灯光由 VRay 片光模拟，灯光的具体位置如图 16-161 所示。

26 灯光布置完成后，调整其具体灯光参数如图 16-162 所示，参数设置完成后，按 C 键返回【VRay 物理摄影机】视图进行灯光测试渲染，渲染结果如图 16-163 所示。

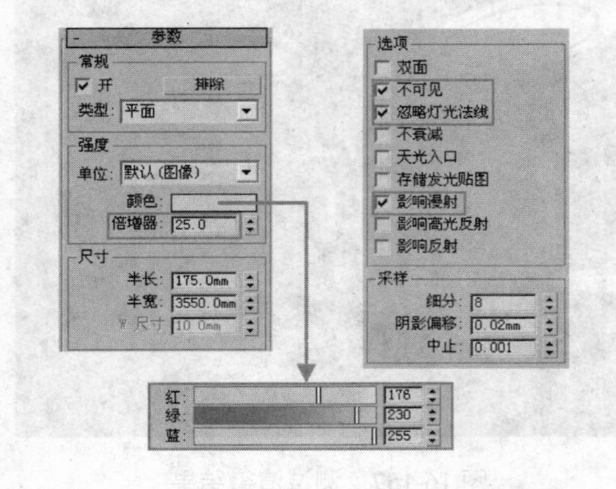

图 16-162　VRay 灯光参数

图 16-163　测试渲染结果

27 观察最新的渲染图像，可以发现场景最远端的小空间内没有任何灯光效果，因此在该空间内布置一盏 VRay 片光进行照明模拟，灯光的具体位置如图 16-164 所示。

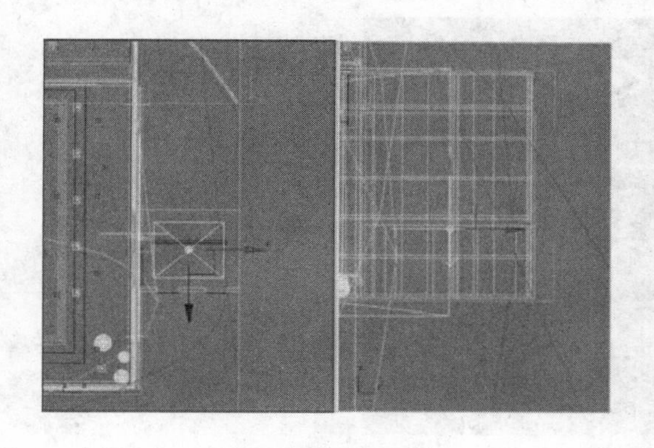

图 16-164　布置小空间补光

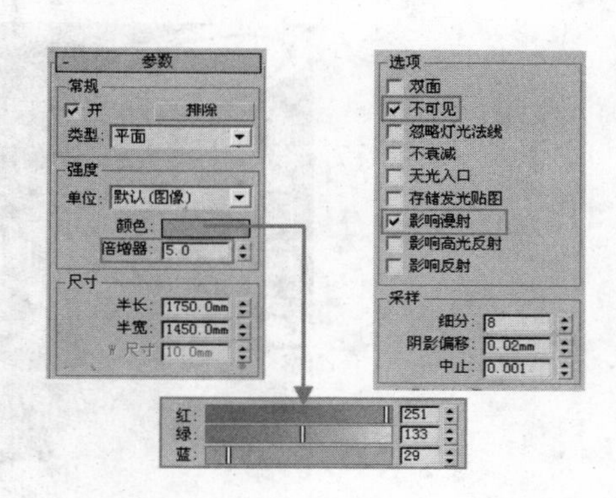

图 16-165　VRay 片光参数

28 灯光的参数设置如图 16-165 所示，设置完成后按 C 键返回【VRay 物理摄影机】，进行灯光测试渲染，渲染结果如图 16-166 所示。

图 16-166　测试渲染结果

29 观察最新的渲染图像，可以发现小空间内有了灯光效果，但靠近摄影机近端的区域亮度有所欠缺，最后再在该处的正上方布置一盏 VRay 片光进行补光，灯光的具体位置如图 16-167 所示。

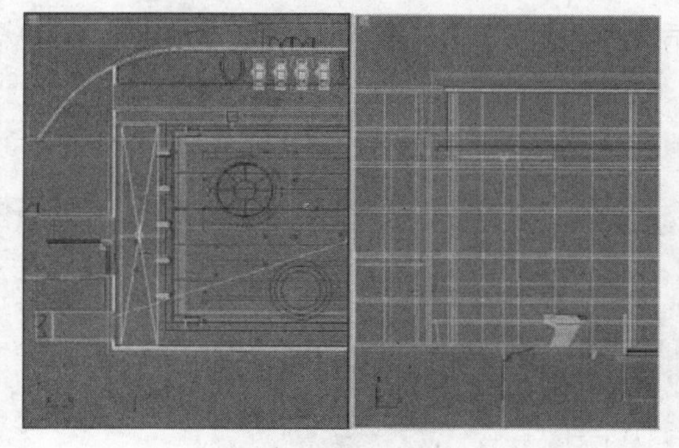

图 16-167　布置 VRay 物理摄影机补光

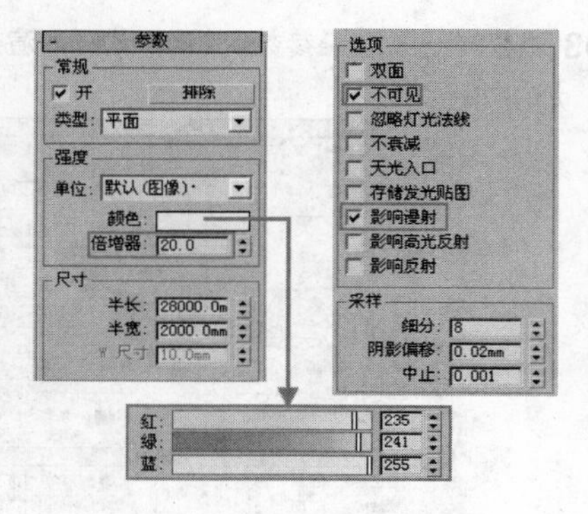

图 16-168　VRay 灯光参数

30 VRay 片光的具体参数如图 16-168 所示，参数调整完成后按 C 键返回摄影机视图，进行灯光测试渲染，渲染结果如图 16-169 所示。

图 16-169　测试渲染结果

31 至此，本例场景的灯光全部布置完成，接下来进行场景光子图的渲染。

例185　渲染游泳馆光子图

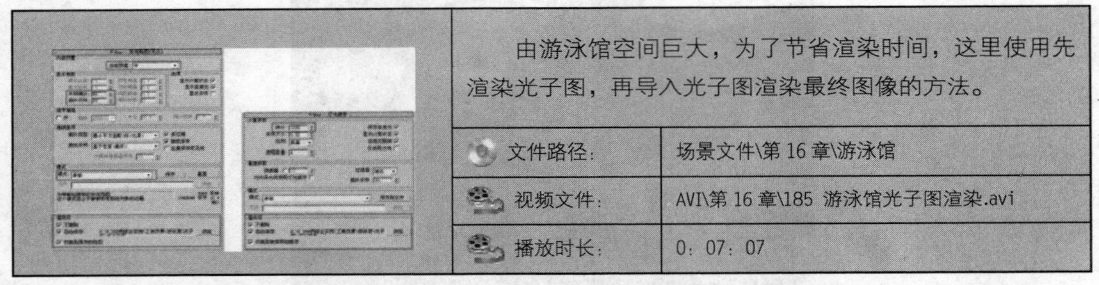

由游泳馆空间巨大，为了节省渲染时间，这里使用先渲染光子图，再导入光子图渲染最终图像的方法。

文件路径：	场景文件\第 16 章\游泳馆
视频文件：	AVI\第 16 章\185 游泳馆光子图渲染.avi
播放时长：	0：07：07

01 调整材质细分，将场景中几个主要材质细分值增大至 16~24，然后将摄影机近端跳水台的相关材质细分增大至 20。

02 由于场景的亮度比较明亮，场景内灯光的细分可以相对低一些，首先将模拟阳光效果的【目标平行光】与模拟室外环境光的 VRay 片光的细分增大至 24，然后将模拟光带与暗藏灯光的 VRay 片光细分增大至 20，其他灯光的细分一致增大至 16。

03 调整光子图渲染参数。按 F10 键打开渲染对话框，单击相关选项卡，首先调整部分参数如图 16-170 所示。

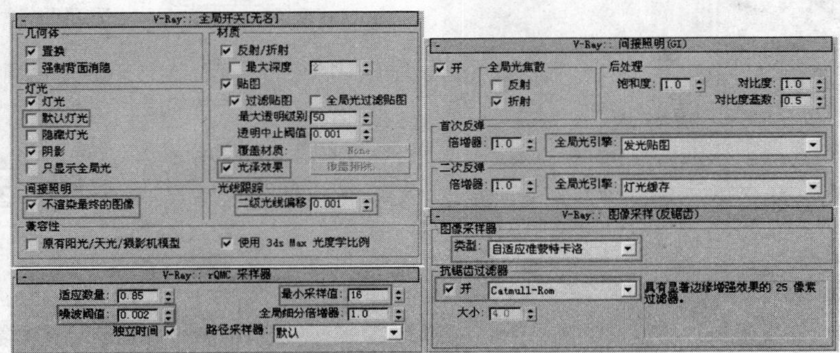

图 16-170　光子图渲染参数一

04 调整【发光贴图】与【灯光缓存】卷展栏参数如图 16-171 所示。

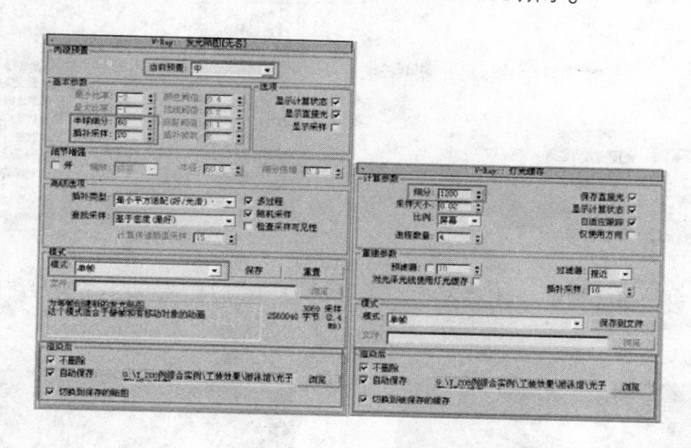

图 16-171　光子图渲染参数二

05 光子图渲染参数调整完成后，返回摄影机视图进行光子图渲染，渲染完成后，打开【发光贴图】与【灯光缓存】卷展栏参数，查看是否成功保存并已经调用了计算完成的光子图，如图 16-172 所示。

图 16-172　光子图参数变化

06 光子图渲染完成后，接下来进行场景图像的最终渲染。

例186　游泳馆最终渲染

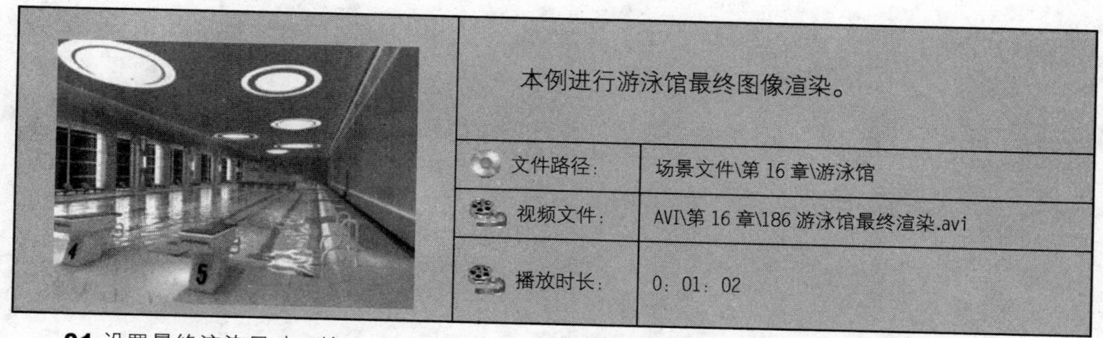

本例进行游泳馆最终图像渲染。	
文件路径：	场景文件\第 16 章\游泳馆
视频文件：	AVI\第 16 章\186 游泳馆最终渲染.avi
播放时长：	0：01：02

01 设置最终渲染尺寸，按 F10 键打开渲染对话框，设置【输出大小】参数如图 16-173 所示。

02 取消如图 16-174 所示【全局开关】卷展栏【不渲染最终图像】复选框的勾选，返回【VRay 物理摄影机】进行最终渲染，渲染结果如图 16-175 所示。

03 使用前面实例介绍的方法，渲染如图 16-176 所示材质通道图。

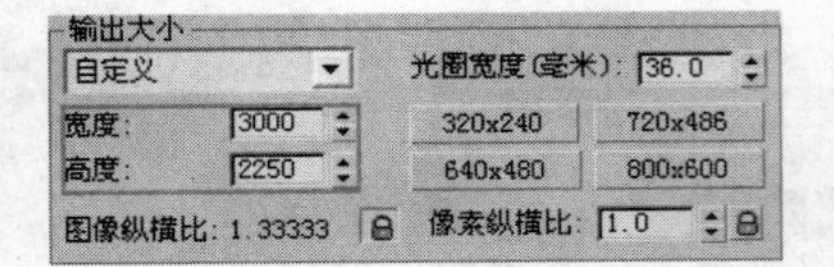

图 16-173　设置最终渲染图像大小

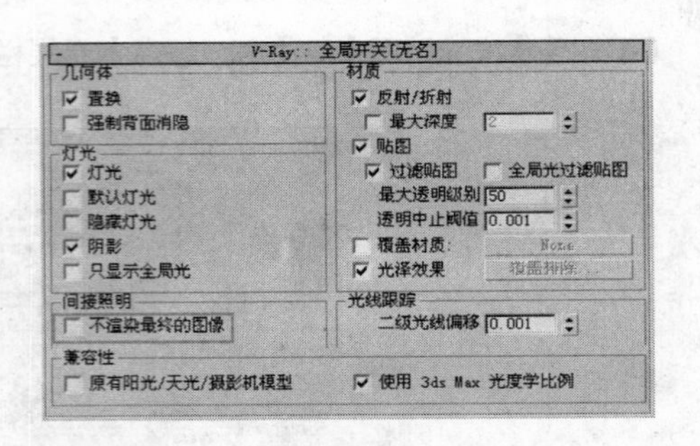

图 16-174　取消不渲染最终图像参数勾选

图 16-175　最终渲染结果

图 16-176　材质通道图渲染结果

第17章 室内效果图后期处理

使用 VRay 渲染器渲染得到的效果图，尽管材质、灯光已经非常逼真，但还是会存在这样或那样的不足，这时就需要 Photoshop 对其进行后期修缮了。本章首先通过实例介绍室内效果图后期处理的基本技法，如图像层次、色彩的调整方法，配景的添加和特效制作等，然后通过综合案例进行实战演练，以达到学以致用的目的。

17.1 调整图像层次感

渲染图像层次感缺失一般是由于场景灯光过暗或过亮造成的，观察这些图像的直方图，会发现层次缺失的图像其像素会集中于色阶中的某个区域，从而使图像缺乏亮部或暗部，明暗对比、通透感不强，如图 17-1 所示。而通过对其色阶的调整，使图像像素分布于 0~255 各个色阶，可以得到如图 17-2 所示对比强度、细节丰富的图像。

图 17-1　缺乏层次的图像

图 17-2　调整后的图像

例187　曲线法

	【曲线】是 Photoshop 一个功能强大的色阶、色调调整工具，在本例中，将使用曲线调整命令进行图像层次感的调整。	
	文件路径：	场景文件\第 17 章\0187-0190 调整图像层次
	视频文件：	无
	播放时长：	无

01 启动 Photoshop，选择【文件】|【打开】命令，打开本书配套光盘“调整图像层次原始文件.jpg”，如图 17-3 所示。

图 17-3　打开原始图像文件

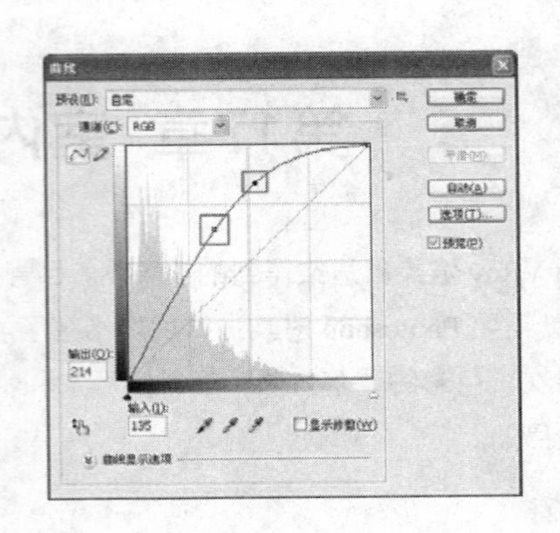

图 17-4　曲线参数

02 选择【图层】|【新建】|【通过拷贝的图层】命令，或按 Ctrl+J 组合键复制背景图层，以避免破坏原图像。

03 按 Ctrl+M 组合键打开【曲线】对话框，因为图像过暗而缺乏亮部，因此调整曲线形态如图 17-4 所示，图像效果改善至如图 17-5 所示。

图 17-5　调整后的图像

提　示：颜色过亮的图像由于色调过亮，导致图像细节丢失。这时可将曲线稍稍下调，在将高亮区减少的同时，中间色调区和阴影区曲线也会微微下调，这样各色调区域会按一定比例变暗，比起直接整体变暗来说更显层次感，

例188　色阶法

<table>
<tr><td rowspan="4">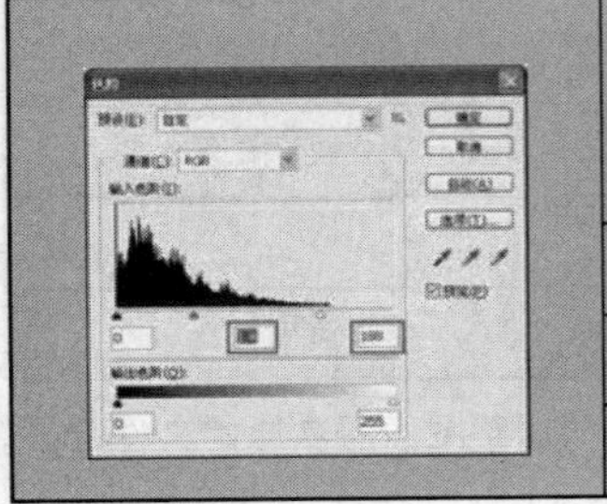</td><td colspan="2">【色阶】命令通过调整图像的阴影、中间色调和高光的强度级别，来校正图像的色调范围和色彩平衡。常用于修正曝光不足或过度的图像。本例将使用【色阶】命令进行图像层次感的调整。</td></tr>
<tr><td>文件路径：</td><td>场景文件\第 17 章\ 0187-0190 调整图像层次</td></tr>
<tr><td>视频文件：</td><td>无</td></tr>
<tr><td>播放时长：</td><td>无</td></tr>
</table>

01 启动 Photoshop，按 Ctrl+O 快捷键，打开本书配套光盘“调整图像层次原始文件.jpg”文件。

02 按 Ctrl + L 组合键打开【色阶】对话框，将亮光滑块向左拖动，扩展图像的色调范围，如图 17-6 所示，使图像像素分布于 0~255 各个色阶位置。

03 图像调整效果如图 17-7 所示。

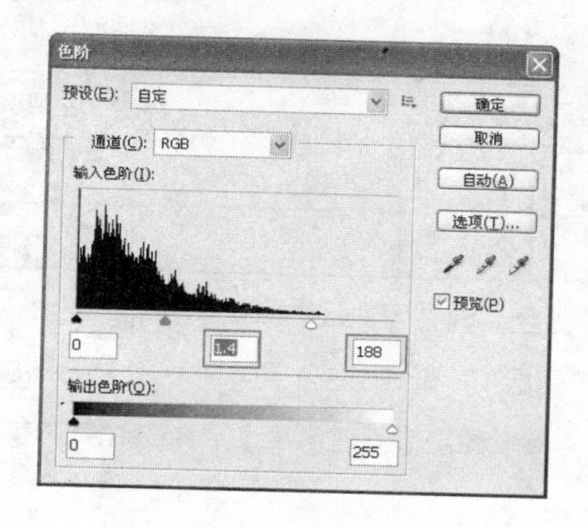

图 17-6　色阶调整

图 17-7　调整后的效果

例189　亮度/对比度法

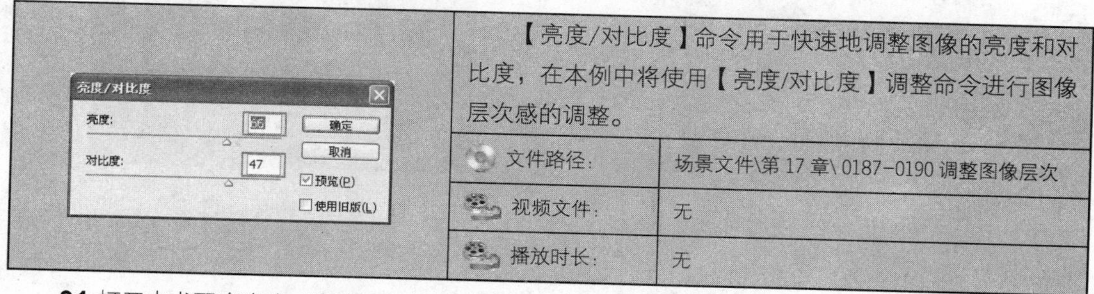

【亮度/对比度】命令用于快速地调整图像的亮度和对比度，在本例中将使用【亮度/对比度】调整命令进行图像层次感的调整。

文件路径:	场景文件\第 17 章\ 0187−0190 调整图像层次
视频文件:	无
播放时长:	无

01 打开本书配套光盘“调整图像层次原始文件.jpg”文件，按 Ctrl + J 组合键复制背景图层。

02 执行【图像】|【调整】|【亮度/对比度】命令，打开【亮度/对比度】对话框，调整其参数如图 17-8 所示。

03 图像调整效果如图 17-9 所示。

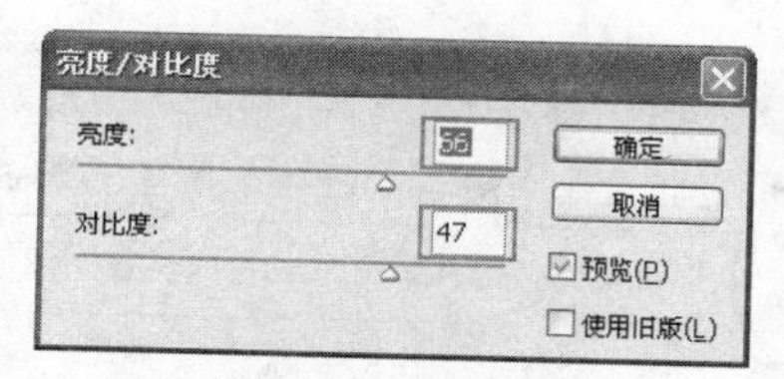

图 17-8　亮度/对比度调整

图 17-9　调整后的效果

例190 滤色图层叠加模式法

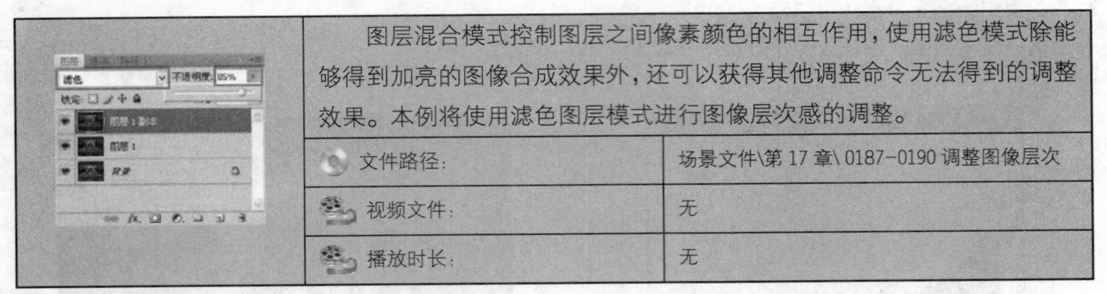

图层混合模式控制图层之间像素颜色的相互作用，使用滤色模式除能够得到加亮的图像合成效果外，还可以获得其他调整命令无法得到的调整效果。本例将使用滤色图层模式进行图像层次感的调整。

文件路径：	场景文件\第 17 章\ 0187–0190 调整图像层次
视频文件：	无
播放时长：	无

01 启动 Photoshop，按 Ctrl+O 快捷键，打开本书配套光盘“调整图像层次原始文件.jpg”。

02 连续两次按 Ctrl+J 组合键，复制背景图层，得到“图层 1”和“图层 1 副本”两个复制图层。

03 选择最上方的图层，调整其图层模式为【滤色】，并降低图层【不透明度】至 85%，具体参数设置如图 17-10 所示。

04 图像调整效果如图 17-11 所示。

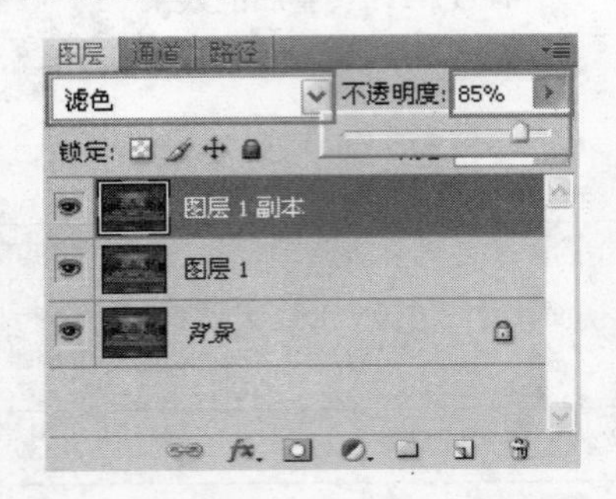

图 17-10　设置图层属性

图 17-11　调整后的效果

17.2 调整图像色彩和清晰度

色彩是事物给人的第一感觉，充满美感、表现自然的色彩是室内效果图成败的关键，但三维软件渲染图像的色彩受材质、灯光等多种因素影响，要对色彩进行精准校正是十分耗时和困难的，通过 Photoshop 中的【色相/饱和度】、【色彩平衡】与【可选颜色】等调整命令，能快速地进行图像色彩效果的改善。

例191 色相/饱和度法

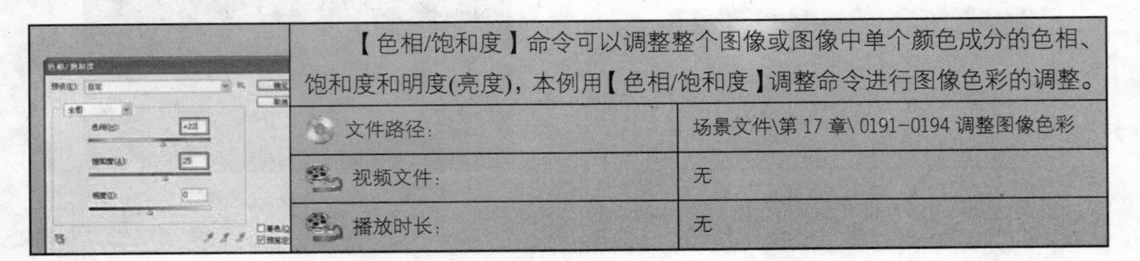

【色相/饱和度】命令可以调整整个图像或图像中单个颜色成分的色相、饱和度和明度(亮度)，本例用【色相/饱和度】调整命令进行图像色彩的调整。

文件路径：	场景文件\第 17 章\ 0191–0194 调整图像色彩
视频文件：	无
播放时长：	无

01 打开本书配套光盘“调整图像色彩原始文件.jpg”文件，如图 17-12 所示，这张渲染图片在亮度与层次感上都比较理想，但考虑餐厅的温馨氛围，需要将图像中的暖色突出一点。

图 17-12　打开原始图像文件

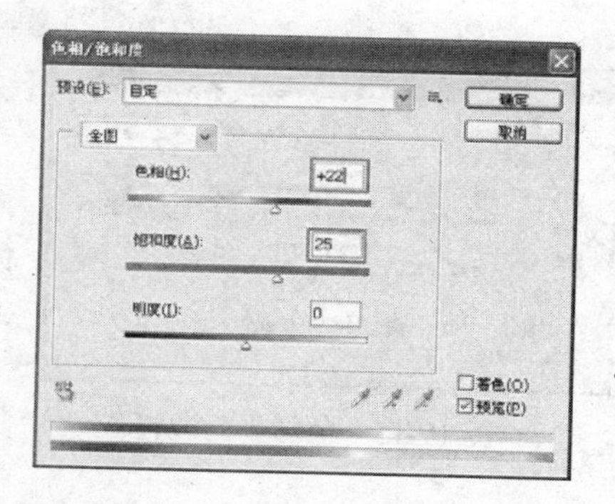

图 17-13　色相/饱和度调整

02 按 Ctrl+J 组合键复制背景图层，下面在复制图层上进行调整。

03 按 Ctrl+U 组合键打开【色相/饱和度】对话框，调整参数如图 17-13 所示。

04 图像调整效果如图 17-14 所示。

图 17-14　调整后的图像效果

例192　色彩平衡法

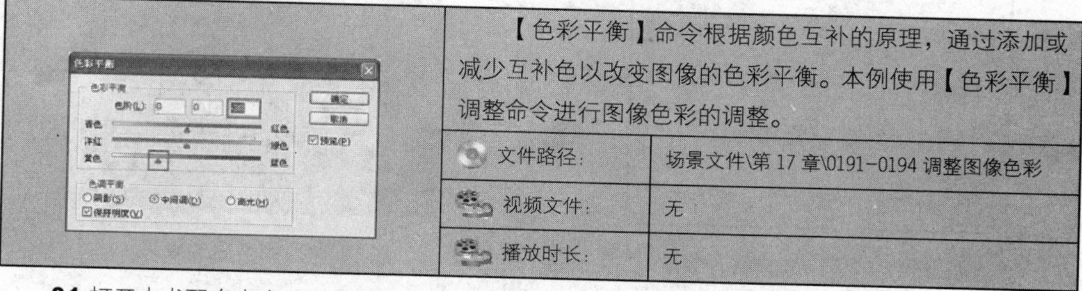

【色彩平衡】命令根据颜色互补的原理，通过添加或减少互补色以改变图像的色彩平衡。本例使用【色彩平衡】调整命令进行图像色彩的调整。

文件路径：	场景文件\第 17 章\0191-0194 调整图像色彩
视频文件：	无
播放时长：	无

01 打开本书配套光盘“调整图像色彩原始文件.jpg”，按 Ctrl+J 组合键复制背景图层。

02 按 Ctrl + B 快捷键，打开【色彩平衡】对话框，调整其参数如图 17-15 所示，为图像增加黄色调。

03 图像调整效果如图 17-16 所示。

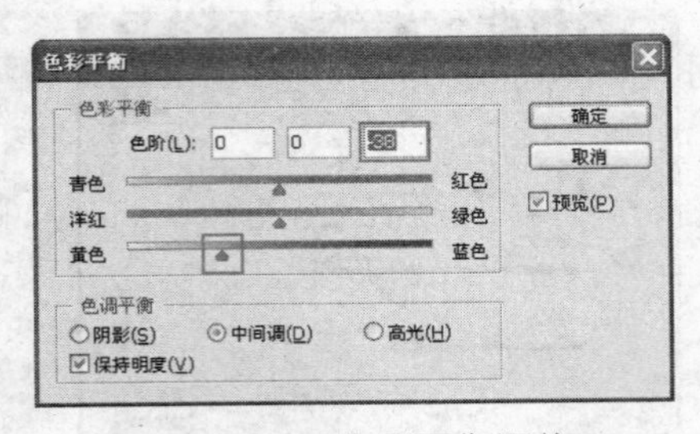

图 17-15　色彩平衡调整

图 17-16　调整后的效果

提　示：通过为图像增加红色或黄色使图像偏暖，通过为图像增加蓝色或青色使图像偏冷。

例193　可选颜色法

【可选颜色】调整命令可以校正颜色的平衡，主要针对 RGB、CMYK 和黑、白、灰等主要颜色的组成进行调节。本例使用【可选颜色】调整命令进行图像色彩的调整。

文件路径:	场景文件\第 17 章\0191-0194 调整图像色彩
视频文件:	无
播放时长:	无

01 打开本书配套光盘“调整图像色彩原始文件.jpg”，按 Ctrl+J 组合键复制一份。

02 执行【图像】|【调整】|【可选颜色】命令，打开【可选颜色】对话框，调整其参数如图 17-17 所示，加大图像中黄色的比重。

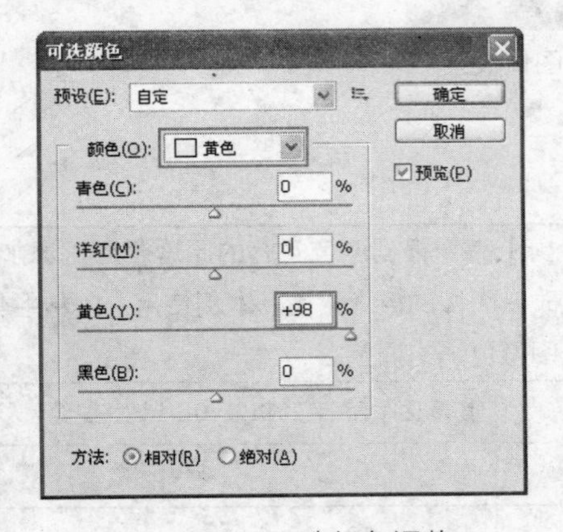

图 17-17　可选颜色调整

图 17-18　调整后的效果

03 图像调整效果如图 17-18 所示。

提　示：【可选颜色】调整命令可以选择性地在图像某一主色调成分中增加或减少印刷颜色含量，而不影响该印刷色在其他主色调中的表现，从而对图像的颜色进行校正。例如，可以使用可选颜色命令显著减少或增加黄色中的青色成份，同时保留其他颜色的青色成份不变。

例194　照片滤镜法

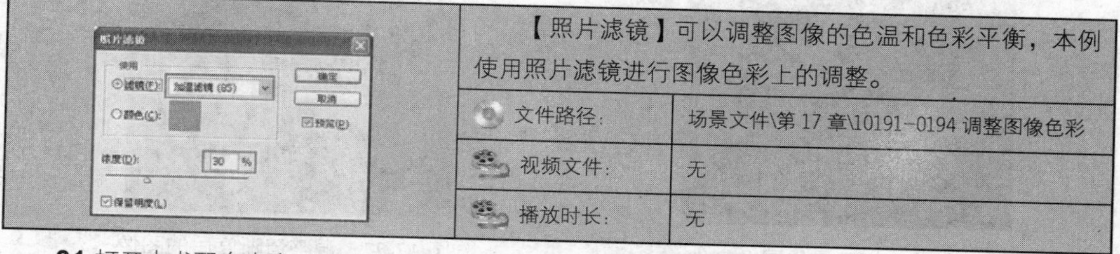

【照片滤镜】可以调整图像的色温和色彩平衡，本例使用照片滤镜进行图像色彩上的调整。

文件路径:	场景文件\第 17 章\10191-0194 调整图像色彩
视频文件:	无
播放时长:	无

01 打开本书配套光盘“调整图像色彩原始文件.jpg”，按 Ctrl+J 组合键将其复制一份。

02 执行【图像】|【调整】|【照片滤镜】命令，打开【照片滤镜】对话框，调整参数如图 17-19 所示，通过使用加温滤镜，增加图像的暖色调。

03 为图像增加暖色效果如图 17-20 所示。

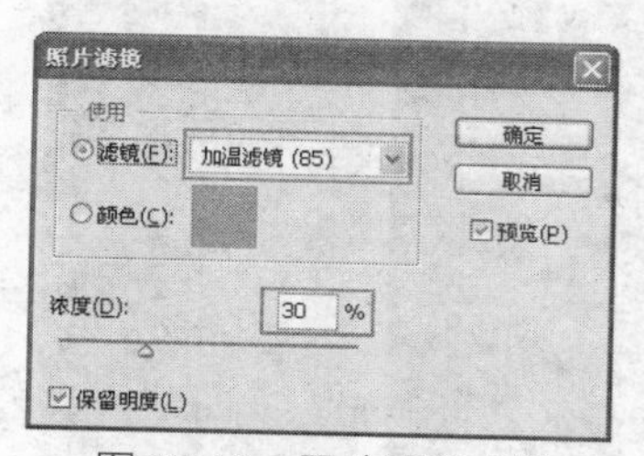

图 17-19　照片滤镜参数

图 17-20　调整后的效果

提　示:“照片滤镜”的功能相当于传统摄影中滤光镜的功能，即模拟在相机镜头前加上彩色滤光镜，以便调整到达镜头光线的色温与色彩的平衡，从而使胶片产生特定的曝光效果，在“照片滤镜”对话框中可以选择系统预设的一些标准滤光镜，也可以自己设定滤光镜的颜色。

例195　USM 锐化法

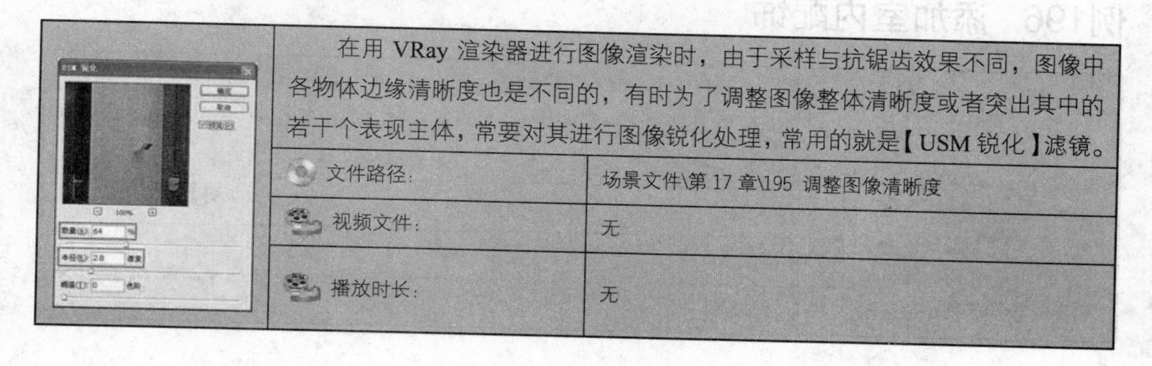

在用 VRay 渲染器进行图像渲染时，由于采样与抗锯齿效果不同，图像中各物体边缘清晰度也是不同的，有时为了调整图像整体清晰度或者突出其中的若干个表现主体，常要对其进行图像锐化处理，常用的就是【USM 锐化】滤镜。

文件路径:	场景文件\第 17 章\195 调整图像清晰度
视频文件:	无
播放时长:	无

01 打开本书配套光盘“调整图像清晰度原始文件.jpg”，如图 17-21 所示，可以看到图像内各对象的边缘比较模糊，接下来就通过【USM 锐化】滤镜，获得如图 17-22 所示的锐化效果。

图 17-21　打开原始图像文件

图 17-22　调整清晰度后的图像

02 按 Ctrl+J 组合键复制背景图层。

03 执行【滤镜】|【锐化】|【USM 锐化】命令，打开【USM 锐化】对话框，调整参数如图 17-23 所示。

04 USM 锐化前后效果对比图 17-24 所示。

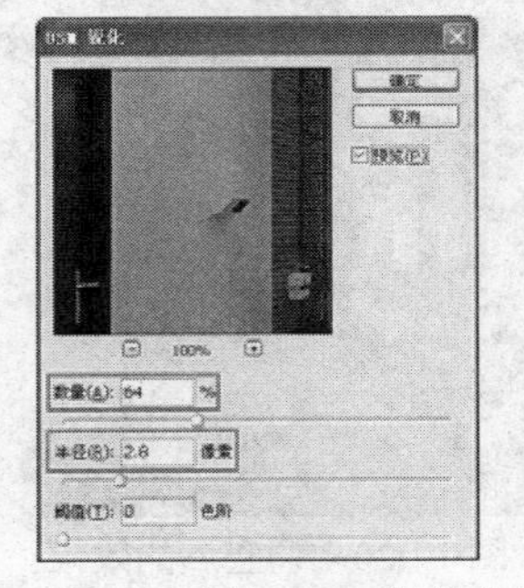

图 17-23　调整 USM 锐化参数

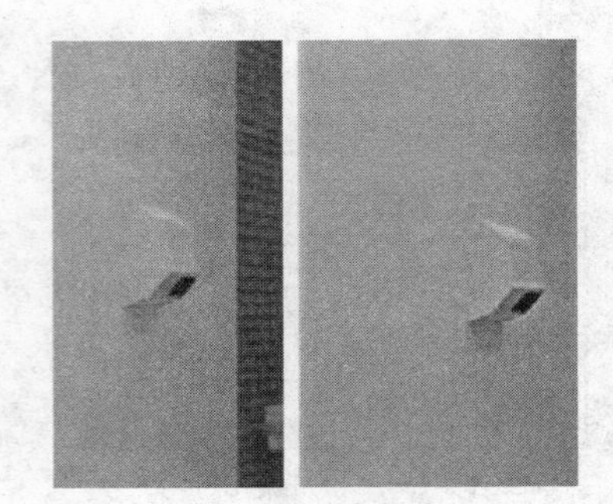

图 17-24　调整前后效果对比

17.3 配景添加及特效制作

例196　添加室内配饰

为了减少 3ds max 建模和渲染的工作量，提高工作效率，很多室内效果图的配景都需要在 Photoshop 后期处理时添加，如植物、生活用品和装饰品等。本例介绍后期添加配饰的方法和相关技巧。

文件路径:	场景文件\第 17 章\196 添加室内配饰
视频文件:	AVI\第 17 章\196 室内配饰的添加.avi
播放时长:	0：02：51

01 按 Ctrl + O 快捷键，打开本书配套光盘“添加室内配饰原始文件.jpg”，如图 17-25 所示。

图 17-25　原始图像

图 17-26　打开配景素材

02 打开“室内配饰_花瓶.jpg”图片文件，如图 17-26 所示，使用魔术橡皮擦工具清除纯色背景。

03 按 V 键选用移动工具，通过拖曳的方式，将其复制至当前图像处理文档，如图 17-27 所示。

图 17-27　添加花瓶配景

图 17-28　调整花瓶图片大小

04 按 Ctrl+T 快捷键开启自由变换，调整花瓶的大小和位置如图 17-28 所示，使花瓶大小与场景比例协调一致。

05 花瓶的大小与位置调整好后，其自身颜色与整体环境不谐调，因此为其添加【色彩平衡】调整图层，具体参数设置与调整效果图 17-29 所示。选择颜色调整图层为当前图层，执行【图层】|【创建剪贴蒙版】命令，创建图层剪贴蒙版，使【色彩平衡】调整图层只作用于花瓶图像所在的图层。

提　示：调整图层用于调整图像颜色和色调，且不破坏原图像。创建调整图层时，其参数设置存储在图层中，并作用于调板下方的所有图层。用户可随时根据需要修改调整参数，而无须担心原图像被破坏。

06 制作花瓶倒影效果。选择花瓶所在图层，按 Ctrl+J 组合键将其复制一份。

07 按 Ctrl+T 快捷键，将花瓶旋转 180 度或垂直翻转，如图 17-30 所示。

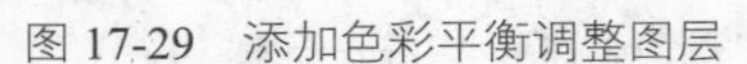

图 17-29　添加色彩平衡调整图层　　　　图 17-30　复制并旋转花瓶图像

08 如图 17-31 所示调整图层的【不透明度】为 36%，并略微旋转一些角度。

09 按 E 键启用橡皮擦工具，擦除多余部分，最终效果如图 17-32 所示。

图 17-31　调整不透明度并旋转

图 17-32　擦除多余图像

例197　添加室外环境

有玻璃窗户的室内效果图，通常需要添加室外环境，以加强氛围、突出气氛。本例介绍后期添加室外环境的方法和相关技巧。

文件路径：	场景文件\第 17 章\197 添加室外环境
视频文件：	AVI\第 15 章\197 添加室外背景.avi
播放时长：	0：01：27

01 打开本书配套光盘“添加室外环境原始文件.tga”文件，如图 17-33 所示，可以看到图像中窗外白色背景与室内夜景氛围格格不入，接下来通过添加夜景环境，得到如图 17-34 所示的效果。

02 进入渲染图像【通道】调板，按住 Ctrl 键单击【Alpha 通道】，载入如图 17-35 所示的选区。返回【图层】调板，按 Ctrl+Shift+I 键反选当前选区，得到窗户玻璃选区，按 Delete 键删除，如图 17-36 所示。

图 17-33　原始图像

图 17-34　添加夜景环境效果

图 17-35　载入 Alpha 通道选区

图 17-36　删除窗口白色区域

03 打开本书配套光盘“室外环境图片.jpg”文件，按 V 键启用移动工具，通过拖曳的方式将其复制至当前图像窗口，如图 17-37 所示。

图 17-37　添加室外环境图片

图 17-38　调整透视关系

04 按 Ctrl+[组合键，调整图层叠放次序，将环境图像移动至【图层 1】下方，如图 17-38 所示。按 Ctrl+T 快捷键，开启自由变换，变换环境图像调整出合适的透视感，最终完成效果如图 17-34 所示。

例198 制作灯具发光效果

	本例介绍在室内效果图后期处理过程中制作灯具发光效果的方法，在 3ds max 中制作灯具发光的光芒效果是很困难的。
文件路径：	场景文件\第 17 章\0198 制作灯具发光效果
视频文件：	AVI\第 17 章\198 制作灯具发光效果.avi
播放时长：	0：02：15

01 启动 Photoshop CS4，按 Ctrl+O 快捷键，打开本书配套光盘“制作灯光发光效果原始文件.jpg”，如图 17-39 所示。

图 17-39　原始图像

图 17-40　选择吊灯区域

02 按 L 键选择套索工具，选择如图 17-40 所示的吊灯区域，按 Shift+F6 组合键，打开【羽化选区】对话框，将选区进行羽化，参数如图 17-41 所示。

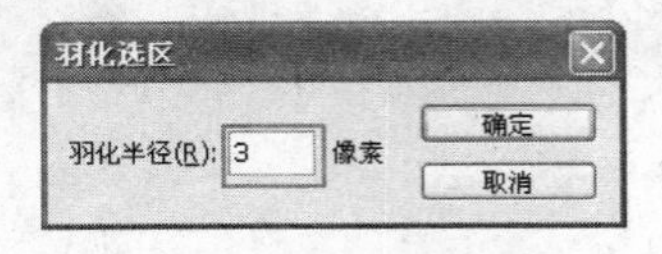

图 17-41　羽化选择区域

03 按 Ctrl+M 组合键，打开【曲线】参数调板，调整参数如图 17-42 所示，将控制曲线向上弯曲，提高灯具的亮度，制作出发光效果。

04 如图 17-43 中是其细节变化的特写。

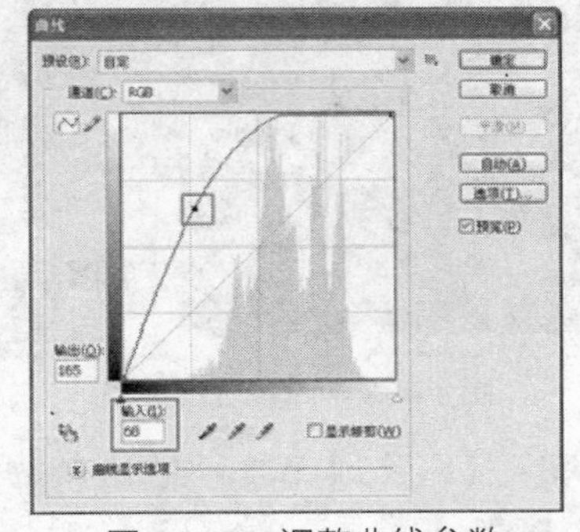

图 17-42　调整曲线参数

图 17-43　变化特写

例199　制作高光区柔光效果

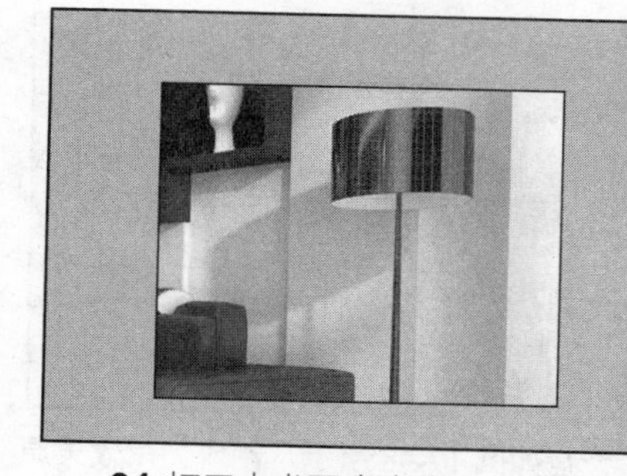

在制作日光氛围的室内效果图时，为了柔化阳光以及灯光的高光效果，使画面产生柔美的感觉，会将图像的高光区域进行一定的处理，使图像变得更具有艺术美感。本例介绍在后期调整过程中制作高光区柔光效果的方法。

文件路径：	场景文件\第 17 章\0199 制作高光区柔光效果
视频文件：	AVI\第 17 章\199 制作高光区柔光效果.avi
播放时长：	0：01：35

01 打开本书配套光盘“制作高光区柔光原始文件.jpg”文件，如图 17-44 所示。

图 17-44　原始图像

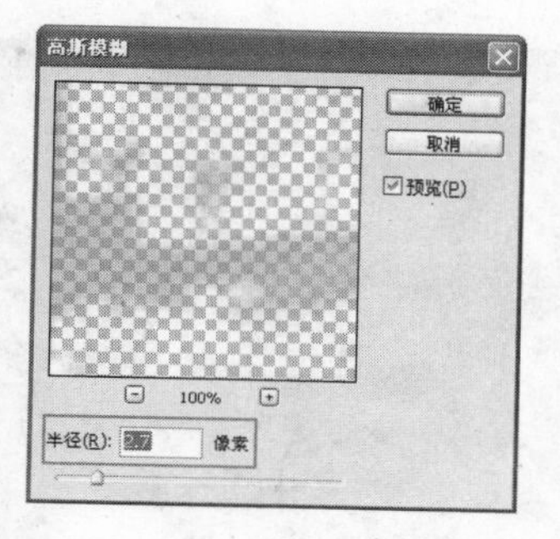

图 17-45　高斯模糊参数

02 按 Alt+Ctrl+Shift+2 组合键，选择图像中的高光区域，按 Ctrl+J 组合键，将高光区域复制到新建图层。

03 执行【滤镜】|【模糊】|【高斯模糊】命令，打开【高斯模糊】对话框，设置参数如图 17-45 所示。

04 将图层模式修改为【叠加】，得到图 17-46 所示效果，如图 17-47 所示为其细节变化特写。

图 17-46　处理后图像

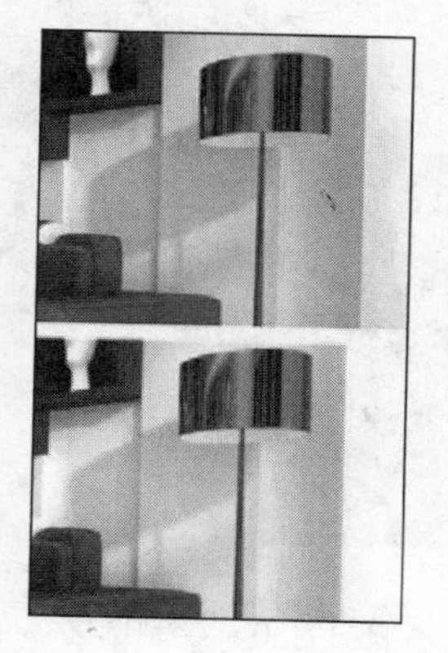

图 17-47　前后效果对比

例200　制作阳光光束效果

<table>
<tr><td rowspan="4">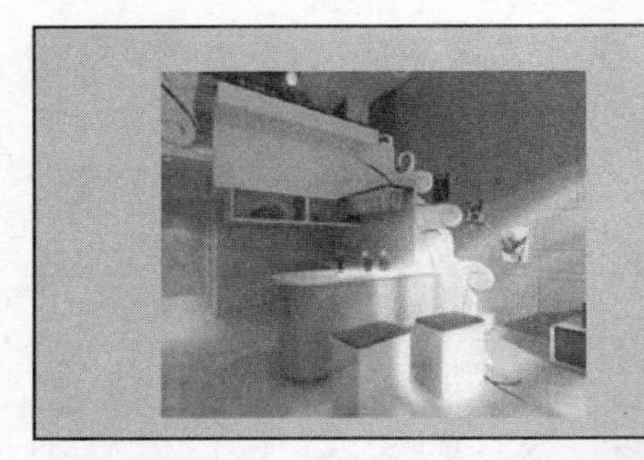</td><td colspan="2">为投射到室内的光线制作光束效果，是烘托日光氛围的常用手法，本例介绍在后期调整中制作阳光光束效果的方法和相关技巧。</td></tr>
<tr><td>文件路径：</td><td>场景文件\第 17 章\200 制作阳光光束效果</td></tr>
<tr><td>视频文件：</td><td>AVI\第 17 章\200 制作阳光光束效果.avi</td></tr>
<tr><td>播放时长：</td><td>0：01：44</td></tr>
</table>

01 启动 Photoshop CS4，按 Ctrl + O 快捷键，打开本书配套光盘如图 17-48 所示“制作光束效果原始文件.jpg”，添加光束的最终效果如图 17-49 所示，其画面更具表现力。

图 17-48　原始图像

图 17-49　添加光束后效果

02 按 L 键启用套索工具，绘制如图 17-50 所示选区。

图 17-50　绘制选区

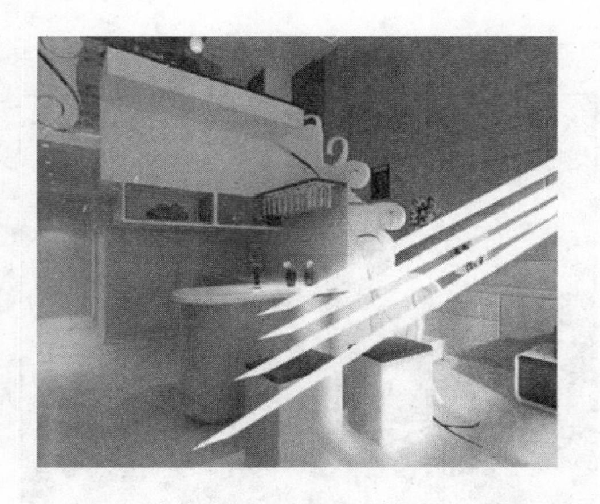

图 17-51　复制白色区域

03 按 Ctrl+Shift+N 组合键，新建一个空白图层。按 D 键，恢复前/背景色为默认的黑/白颜色，按

Ctrl + Delete 组合键填充白色，按 Alt 键拖动复制出几份，调整位置如图 17-51 所示。

04 执行【滤镜】|【模糊】|【动感模糊】命令，设置模糊参数如图 17-52 所示，得到如图 17-53 所示的模糊效果。

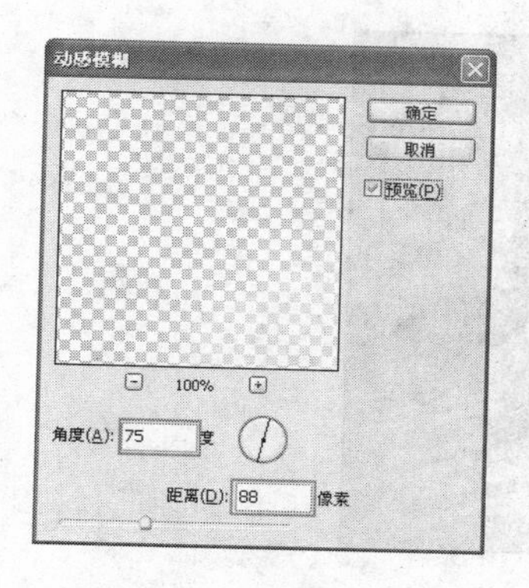

图 17-52　动感模糊参数

图 17-53　模糊效果

05 对光束位置进行一些调整，并降低该图层【不透明度】为 70%左右，完成如图 17-49 所示最终效果的制作。

例201　制作镜头光晕特效

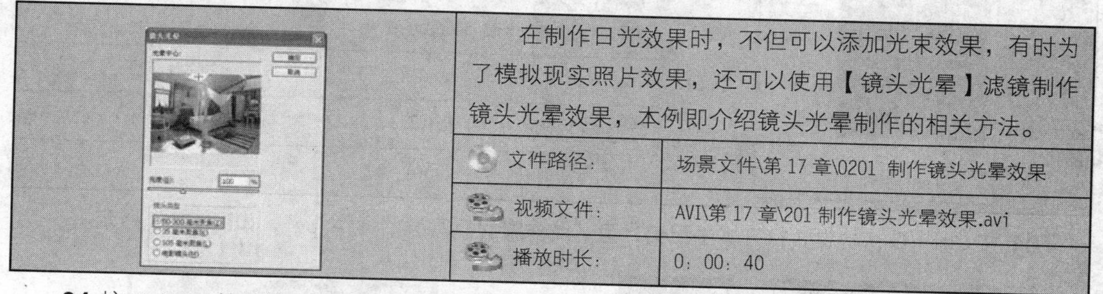

在制作日光效果时，不但可以添加光束效果，有时为了模拟现实照片效果，还可以使用【镜头光晕】滤镜制作镜头光晕效果，本例即介绍镜头光晕制作的相关方法。

文件路径：	场景文件\第 17 章\0201 制作镜头光晕效果
视频文件：	AVI\第 17 章\201 制作镜头光晕效果.avi
播放时长：	0：00：40

01 按 Ctrl + O 快捷键，打开本书配套光盘如图 17-54 所示"制作镜头光晕原始文件.jpg"文件。

图 17-54　打开原始图像

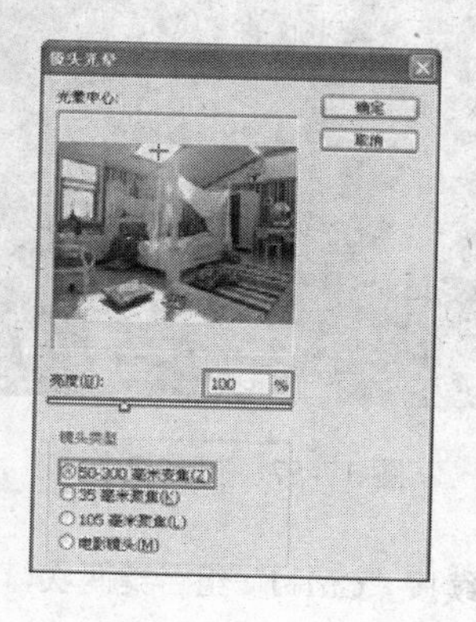

图 17-55　镜头光晕参数

02 执行【滤镜】|【渲染】|【镜头光晕】命令，调整参数如图 17-55 所示，在预览框中单击鼠标，可以调整光晕产生的位置。

03 单击【确定】按钮关闭【镜头光晕】对话框，得到如图 17-56 所示的效果。

图 17-56　处理后图像

例202　制作朦胧氛围特效

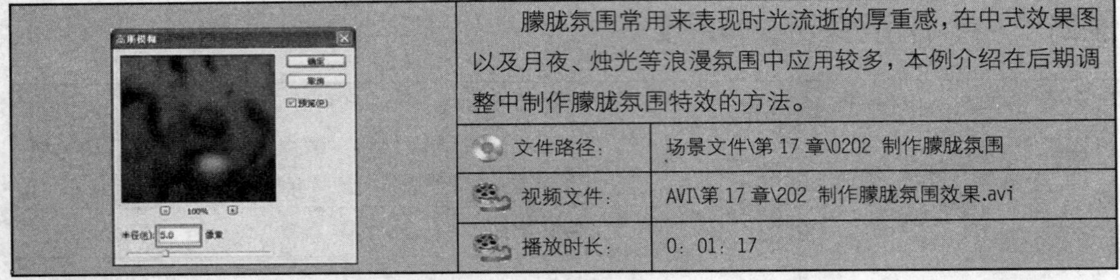

朦胧氛围常用来表现时光流逝的厚重感，在中式效果图以及月夜、烛光等浪漫氛围中应用较多，本例介绍在后期调整中制作朦胧氛围特效的方法。

文件路径：	场景文件\第 17 章\0202 制作朦胧氛围
视频文件：	AVI\第 17 章\202 制作朦胧氛围效果.avi
播放时长：	0：01：17

01 按 Ctrl + O 快捷键，打开本书配套光盘“制作朦胧氛围原始文件.jpg”，如图 17-57 所示。

图 17-57　打开图像

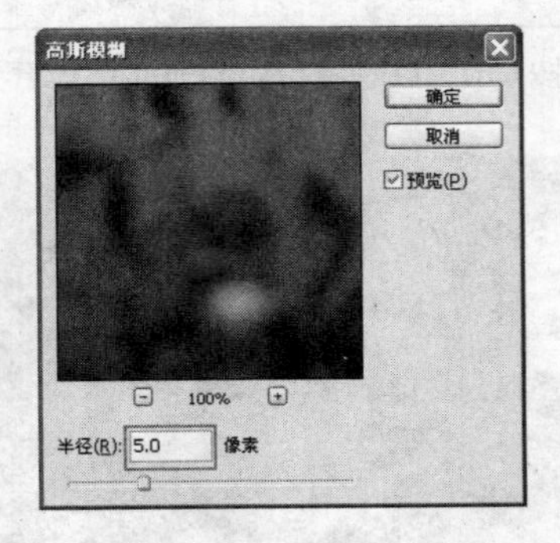

图 17-58　设置高斯模糊参数

02 连续按“Ctrl+J”组合键两次，复制出两个副本图层。

03 选择图层调板最上方图层为当前图层，执行【滤镜】|【模糊】|【高斯模糊】命令，设置参数如图 17-58 所示，【半径】参数值越大，图像的模糊效果越强。

04 降低该图层【不透明度】参数值为 60%，并单击其下的创建蒙版按钮，添加一个图层蒙版，如图 17-59 所示。

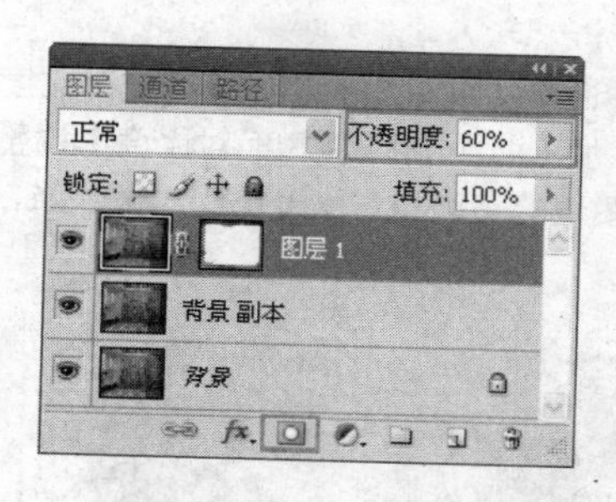

图 17-59　修改图层不透明度并添加蒙版

图 17-60　处理后图像

05 选择【画笔】工具，设置前景色为黑色，涂抹图像的边缘与吊顶进光口处，使得整个图像有朦胧的过渡，最终得到如图 17-60 所示的效果。

17.4 后期处理综合实例

为了使读者掌握常见室内效果图的后期处理方法，本节综合运用前面所学知识进行效果图后期处理实战，以达到学以致用的目的。

例203　清晨欧式书房后期处理

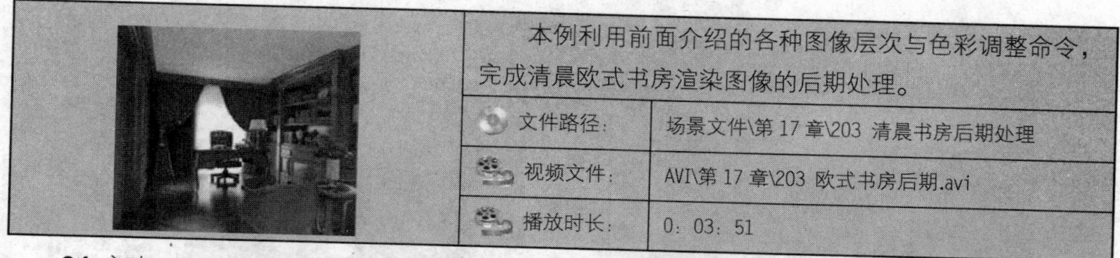

本例利用前面介绍的各种图像层次与色彩调整命令，完成清晨欧式书房渲染图像的后期处理。

文件路径:	场景文件\第 17 章\203 清晨书房后期处理
视频文件:	AVI\第 17 章\203 欧式书房后期.avi
播放时长:	0：03：51

01 启动 Photoshop CS4 软件，分别打开清晨书房最终渲染图与色彩通道图，如图 17-61 所示。

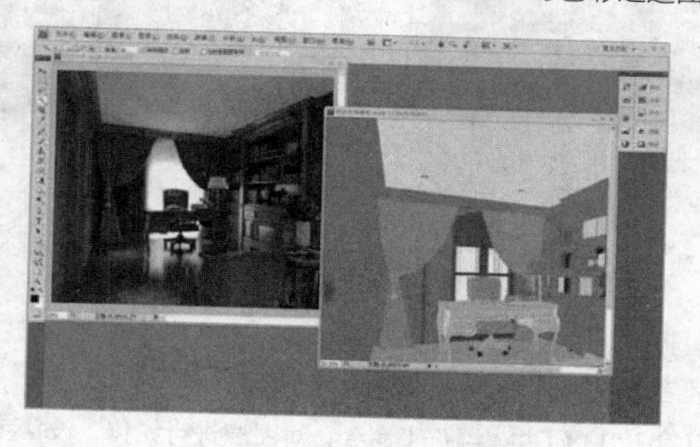

图 17-61　分别打开最终渲染图与色彩通道图

02 按 V 键选择移动工具，按 Shift 键拖曳色彩通道图至最终渲染图，两图像会自动对齐，然后将该文件以 psd 格式进行保存。

03 单击色彩通道图层前的图标，暂时隐藏该图层。

04 室内效果图后期处理遵循从整体到局部的原则，首先调整的是图像的整体亮度与对比度。单击图层调板按钮，选择【曲线】与【亮度/对比度】命令，添加【曲线】和【亮度/对比度】调整图层，参数设置如图 17-62 所示，处理得到的效果如图 17-63 所示，图像的亮度和对比度得到大大加强，图像显得更为通透。

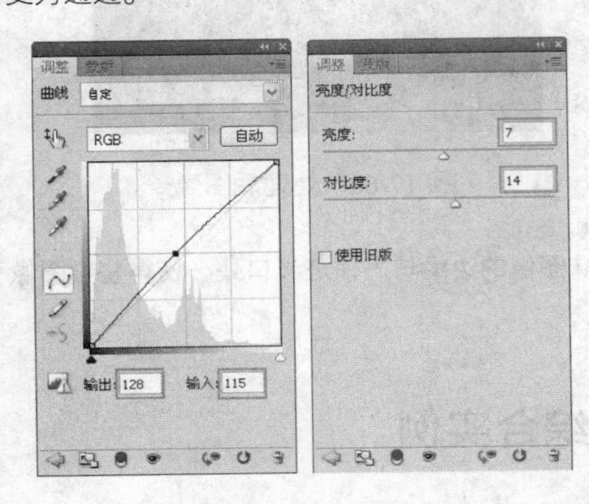

图 17-62　添加调整图层

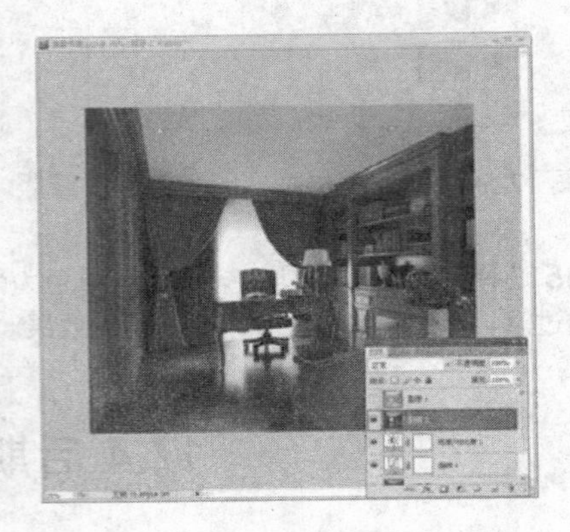

图 17-63　整体调整效果

05 按 Alt+Ctrl+Shift+E 组合键，盖印当前可见图层，得到如图 17-63 所示的“图层 2”合并图层。

06 调整好图像的亮度与对比度后，接下来调整图像的色彩。重新显示色彩通道图层，按 W 键选择魔棒工具，选择窗帘色块，然后关闭色彩通道图层，得到如图 17-64 所示的选区。

图 17-64　建立窗帘选区

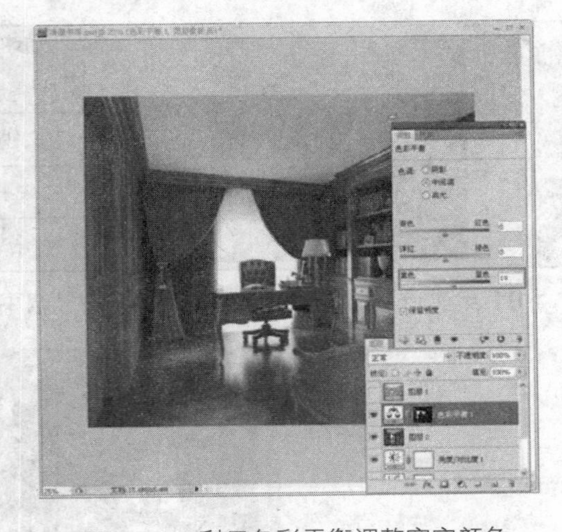

图 17-65　利用色彩平衡调整窗帘颜色

07 为选择的窗帘添加色彩平衡调整图层，具体参数设置与产生的效果如图 17-65 所示，对于图像中其它区域的色彩调整，读者可以根据自己的感觉采用类似的方法继续进行调整，这里就不再详细讲解了。

08 执行【滤镜】|【锐化】|【USM 锐化】命令，对图像进行锐化，设置参数如图 17-66 所示，调整完成的书房效果如图 17-67 所示。

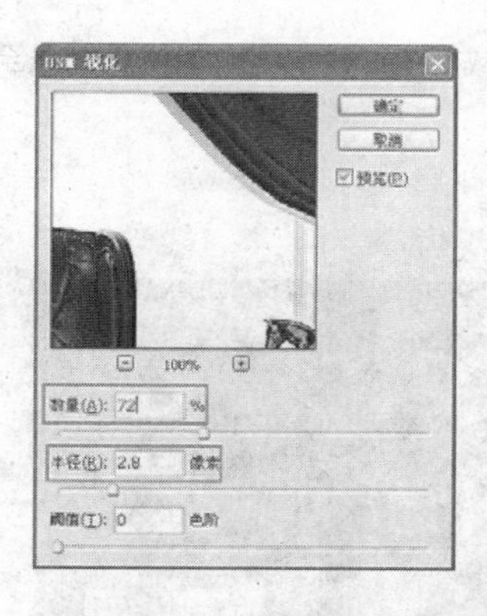

图 17-66　USM 锐化参数

图 17-67　书房调整效果

例204　奢华卧室后期处理

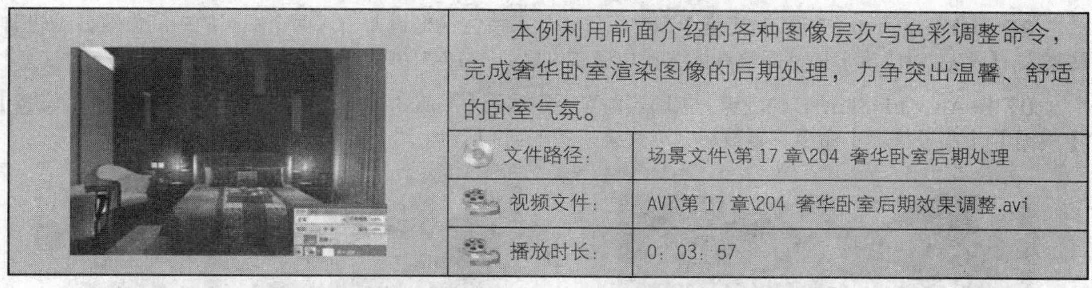

本例利用前面介绍的各种图像层次与色彩调整命令，完成奢华卧室渲染图像的后期处理，力争突出温馨、舒适的卧室气氛。

文件路径：	场景文件\第 17 章\204 奢华卧室后期处理
视频文件：	AVI\第 17 章\204 奢华卧室后期效果调整.avi
播放时长：	0：03：57

01 启动 Photoshop CS4，分别打开奢华卧室最终渲染图与色彩通道图。

02 按 V 键启用移动工具，按 Shift 键将色彩通道图拖曳复制至最终渲染图，并暂时关闭色彩通道图。

03 选择最终渲染图层，按 Ctrl+J 快捷键将其复制一份，如图 17-68 所示。

图 17-68　复制图层

图 17-69　使用色阶调整图层

04 由于在渲染时过于注重明暗对比，造成图像暗部细节缺失，添加【色阶】调整图层进行调整，具体参数与产生效果如图 17-69 所示。

05 按 Alt+Ctrl+Shift+2 组合键，选择场景中所有的高光区域，按 Ctrl+J 组合键将其拷贝至【图层 2】新建图层，如图 17-70 所示。

图 17-70　选择高光区并复制至新图层

图 17-71　使用亮度/对比度调整图层

06 为该图层添加【亮底/对比度】调整图层，然后按住 Alt 键单击这两个图层的中间位置，创建剪贴蒙版，【亮底/对比度】调整图层具体参数与调整效果如图 17-71 所示。

07 按 Alt+Ctrl+Shift+E 快捷键，盖印当前可见图层至【图层 3】，如图 17-72 所示，然后执行【滤镜】|【模糊】|【高斯模糊】命令，参数与完成效果如图 17-73 所示。

图 17-72　盖印可见图层

图 17-73　高斯模糊

08 将该图层的【不透明度】调整至 69%，再单击图层调板下方的按钮，为其添加蒙版，按 B 键启用【画笔】工具，将各物体边缘抹成黑色，以取消模糊效果的叠加，完成图像效果如图 17-74 所示。

图 17-74　调整模糊效果

图 17-75　添加加温滤镜

09 为图像添加【照片滤镜】，选用【加温滤镜】将整体氛围处理得偏暖一些，参数设置与完成效果如图 17-75 所示。

例205　经理办公室后期处理

<table>
<tr><td rowspan="4"></td><td colspan="2">经理办公室后期处理应体现其宽敞、明亮和豪华的特点，以及办公空间应有的共同特点。</td></tr>
<tr><td>文件路径：</td><td>场景文件\第 17 章\205 经理办公室后期处理</td></tr>
<tr><td>视频文件：</td><td>AVI\第 17 章\205 经理办公室后期调整.avi</td></tr>
<tr><td>播放时长：</td><td>0：05：18</td></tr>
</table>

01 启动 Photoshop CS4 软件，分别打开经理办公室最终渲染图与色彩通道图，按 V 键启用移动工具，按 Shift 键将色彩通道图拖曳复制至最终渲染图，并暂时将其关闭显示。

02 选择背景图层为当前图层，按 Ctrl+J 快捷键将其复制一份，如图 17-76 所示，然后保存图像为 PSD 格式。

图 17-76　复制图层并保存文件

图 17-77　使用色阶调整图层

03 书架与窗口位置亮度明显不够，因此添加【色阶】调整图层进行效果改善，具体参数与产生效果如图 17-77 所示。

04 加大各材质面色彩的对比效果，添加【亮度/对比度】调整图层，然后按 Alt+Ctrl+Shift+E 快捷键，盖印所有可见图层至【图层 2】新建图层，如图 17-78 所示。经过调整后，书架的木纹、皮椅纹理色彩都给人以更厚实稳重的感觉。

05 制作图像窗外背景效果，首先通过色彩通道以及 Alpha 通道选择如图 17-79 所示的窗口区域，然后在选择【图层 2】按 Delete 键，删除选区图像。

06 打开本书配套光盘天空贴图，通过拖曳复制至当前图像，如图 17-80 所示，然后将其置于【图层 2】下方，并降低不透明度至 50%，以方便调整背景图像位置，最终背景效果调整如图 17-81 所示。

07 调整室内材质的细节效果，本例主要调整皮纹材质的高光效果。按 O 键启用减淡工具，调整笔刷大小如图 17-82 所示，如图 17-83 所示调整其【曝光度】数值为 19%，在沙发模型的边角以及向光面进行涂抹，制作较明显的高光效果，强化皮纹的细节质感。

图 17-78　使用亮度/对比度调整图层

图 17-79　选择窗口区域

图 17-80　添加背景图片

图 17-81　添加窗口背景

图 17-82　启用减淡工具

图 17-83　使用减淡工具制作高光效果

08 执行【滤镜】|【锐化】|【USM 锐化】命令，设置参数如图 17-84 所示，得到最终效果如图 17-85 所示。

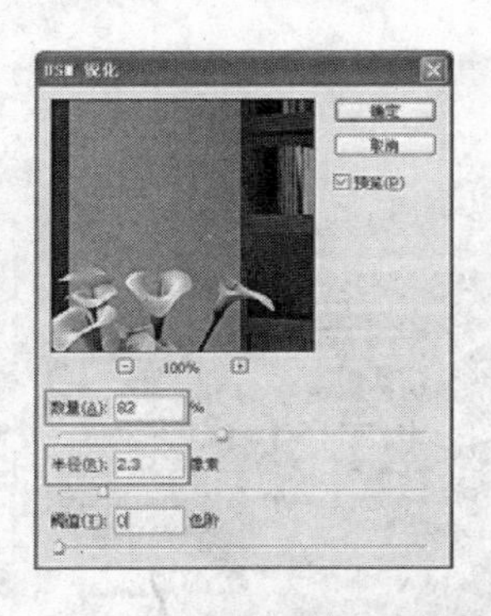

图 17-84　USM 锐化参数设置

图 17-85　最终处理效果

例206　会议室后期处理

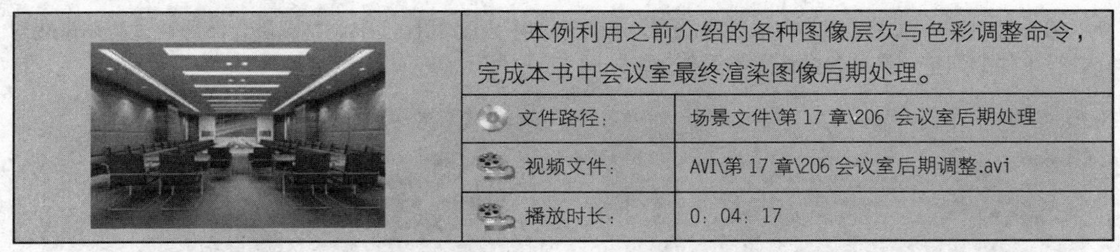

本例利用之前介绍的各种图像层次与色彩调整命令，完成本书中会议室最终渲染图像后期处理。

文件路径：	场景文件\第 17 章\206 会议室后期处理
视频文件：	AVI\第 17 章\206 会议室后期调整.avi
播放时长：	0：04：17

01 启动 Photoshop CS4 软件，分别打开会议室最终渲染图与色彩通道图。

02 按 V 键启用移动工具，按 Shift 键将色彩通道图拖曳复制至最终渲染图，并将其显示暂时关闭。

03 选择最终渲染图层，按 Ctrl+J 键将其复制一份，如图 17-86 所示。

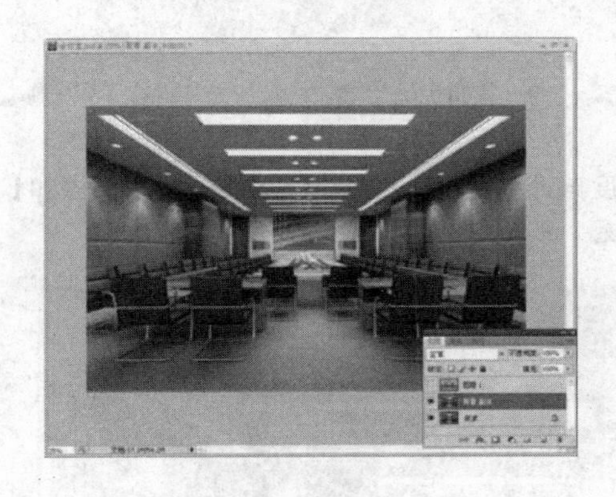

图 17-86　复制图层

图 17-87　亮度\对比度调整

04 渲染图像明显偏灰，选择添加【亮度/对比度】调整图层，具体的参数设置与完成效果如图 17-87 所示。

05 会议室是一个封闭空间，图像层次的体现更多依靠各个材质面的颜色对比，首先利用色彩通道图选择如图 17-88 所示墙壁软包材质面，按 Ctrl+J 组合键将其复制至新建“图层 2”。

06 选择添加【色彩平衡】调整图层，并创建剪贴蒙版，强化、突出软包材质面的黄色，具体参数设置与调整效果如图 17-89 所示。

图 17-88　选择并复制软包材质面

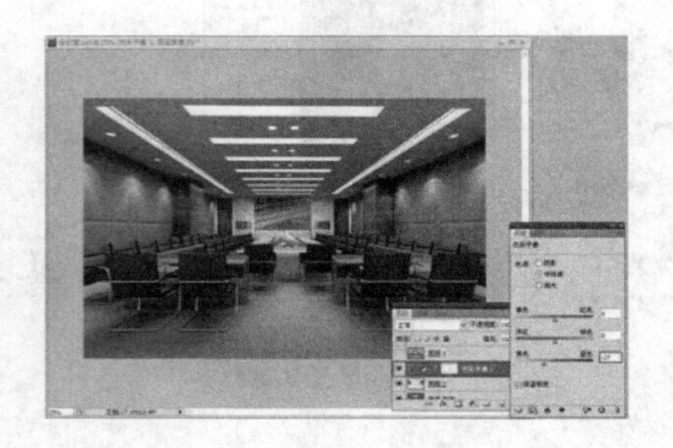

图 17-89　使用色彩平衡调整软包颜色

07 以同样的方式选择装饰木纹材质面，为其添加【亮度\对比度】调整图层，然后通过剪贴蒙版对其进行单独的调整，具体参数设置与调整效果如图 17-90 所示。

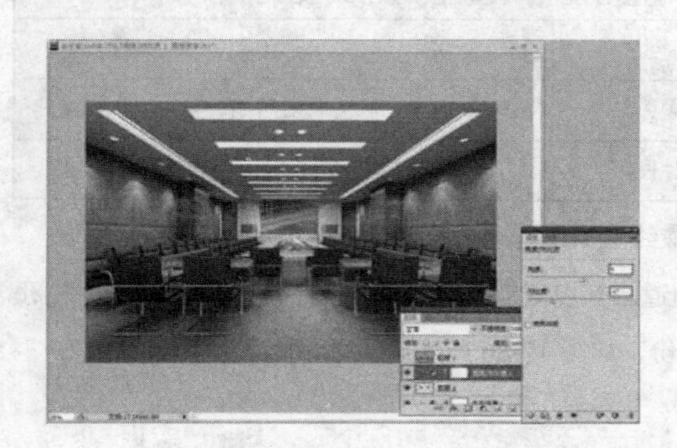

图 17-90　调整木纹装饰面效果

图 17-91　亮度\对比度调整

08 对地毯材质面进行类似的调整，首先调整其亮度与对比度效果，如图 17-91 所示，然后添加【色彩平衡】调整图层，为其增添一些蓝色效果以增强层次感，如图 17-92 所示。

图 17-92　色彩平衡调整

图 17-93　添加 USM 锐化滤镜

09 按 Alt+Ctrl+Shift+E 快捷键，盖印当前可见图层至【图层 5】新建图层，最后执行【滤镜】|【锐化】|【USM 锐化】命令，具体参数设置如图 17-93 所示，最终处理完成效果如图 17-94 所示。

图 17-94 最终处理效果

例207 卫生间后期处理

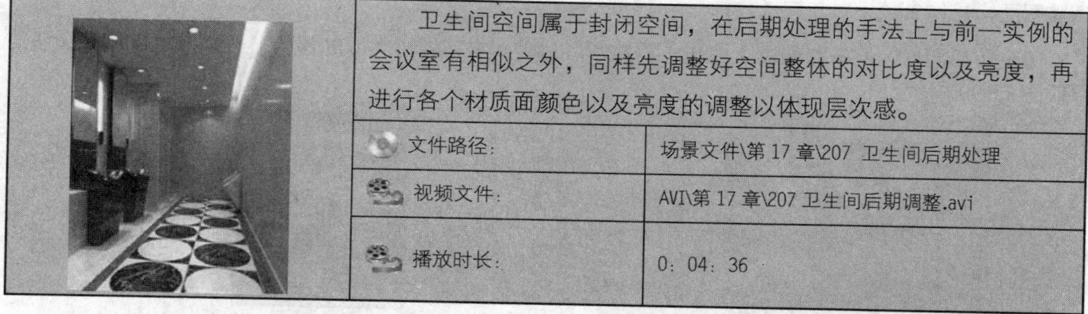

	卫生间空间属于封闭空间，在后期处理的手法上与前一实例的会议室有相似之外，同样先调整好空间整体的对比度以及亮度，再进行各个材质面颜色以及亮度的调整以体现层次感。	
	文件路径：	场景文件\第 17 章\207 卫生间后期处理
	视频文件：	AVI\第 17 章\207 卫生间后期调整.avi
	播放时长：	0：04：36

01 打开 Photoshop CS4 软件，分别打开卫生间最终渲染图与色彩通道图，按 V 键启用移动工具，将色彩通道图拖曳复制至最终渲染图，并暂时关闭显示，然后选择最终渲染图层，按 Ctrl+J 快捷键将其复制一份，如图 17-95 所示。

图 17-95 复制图层

图 17-96 添加色阶调整图层

02 卫生间由于空间相对狭小，如果灯光效果较暗的话更容易产生闭塞的感觉，适当增强整体空间的亮度能使整体空间显得开阔些。为其添加【色阶】调整图层，具体的参数设置与完成效果如图 17-96 所示。

03 进行各材质面的单独调整，首先调整天花板材质，利用色彩通道图选择天花板区域，然后按 Ctrl+J 组合键将其复制至新的【图层 2】，为其添加【亮度\对比度】调整图层，具体的参数设置与完成效果如图

17-97 所示。

图 17-97　添加亮度\对比度调整图层

图 17-98　选择并调整侧体石材区域

04 通过同样的方法选择四侧石材墙体区域，按 Ctrl+J 组合键复制至新的图层，为其添加【色阶】调整图层，具体参数设置与完成效果如图 17-98 所示。

05 使用同样的方法，通过【曲线】调整图层对地面拼花做出类似的调整，具体参数设置和调整效果如图 17-99 所示。

图 17-99　选择并调整地面有石材区域

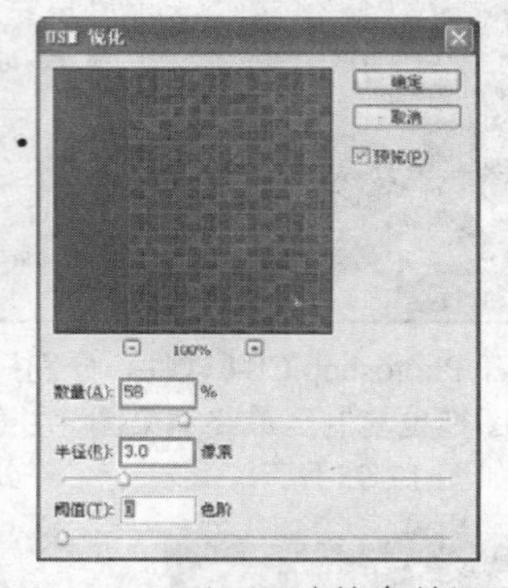

图 17-100　USM 滤镜参数设置

06 按 Alt+Ctrl+Shift+E 组合键，盖印当前所有可见图层，执行【滤镜】|【锐化】|【USM 锐化】命令，具体参数设置如图 17-100 所示，将图像进行锐化处理，最终效果如图 17-101 所示。

图 17-101　最终处理效果

例208　游泳馆后期处理

<table>
<tr><td rowspan="4"></td><td colspan="2">在本例中，将讲述利用之前介绍的各种图像层次与色彩调整命令完成本书中游泳馆最终渲染图像后期调节的过程。</td></tr>
<tr><td>文件路径：</td><td>场景文件\第 17 章\208 游泳馆后期处理</td></tr>
<tr><td>视频文件：</td><td>AVI\第 17 章\208 游泳馆后期处理.avi</td></tr>
<tr><td>播放时长：</td><td>0：09：36</td></tr>
</table>

01 启动 Photoshop CS4，分别打开游泳馆最终渲染图与色彩通道图，按 V 键启用移动工具，将色彩通道图拖曳复制至最终渲染图，暂时关闭其显示，选择最终渲染图层，按 Ctrl+J 快捷键将其复制一份，如图 17-102 所示。

图 17-102　复制图层

图 17-103　添加曲线调整图层

02 渲染图像偏暗、偏灰，对阳光氛围表现缺乏力度，首先为其添加【曲线】调整图层，将控制曲线向上弯曲，提高图像亮度，具体参数与完成效果如图 17-103 所示，然后添加【亮度\对比度】调整图层，增强图像亮度和对比度，具体参数与完成效果如图 17-104 所示。

图 17-104　添加亮度\对比度调整图层

图 17-105　盖印可见图层

03 调整好图像整体亮度之后，按 Alt+Ctrl+Shift+E 组合键，盖印当前所有可见图层至【图层 2】，如图 17-105 所示，接下来单独调整各材质区域，以体现场景空间的层次感。

04 首先利用色彩通道图选择筒灯区域，按 Ctrl+J 组合键将筒灯区域复制至【图层 3】，如图 17-106 所示。然后添加【曲线】调整图层，具体参数设置与调整效果如图 17-107 所示。

图 17-106　选择筒灯区域

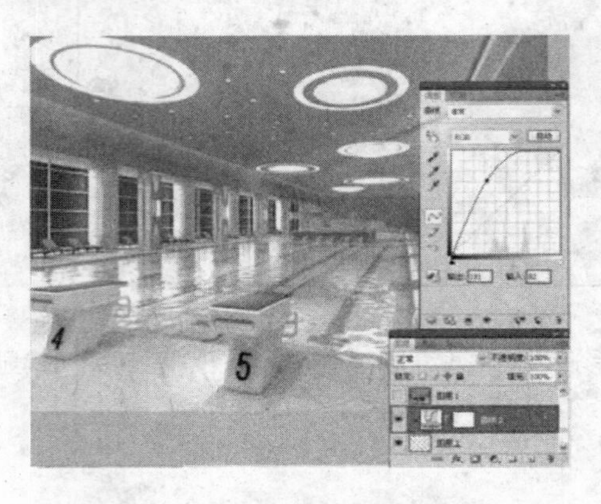

图 17-107　添加曲线调整图层

05 从上至下调整各墙体材质效果。首先选择上层墙体区域，并将其复制至新建【图层 4】，为其添加【亮度\对比度】调整图层，具体参数设置与调整效果如图 17-108 所示。

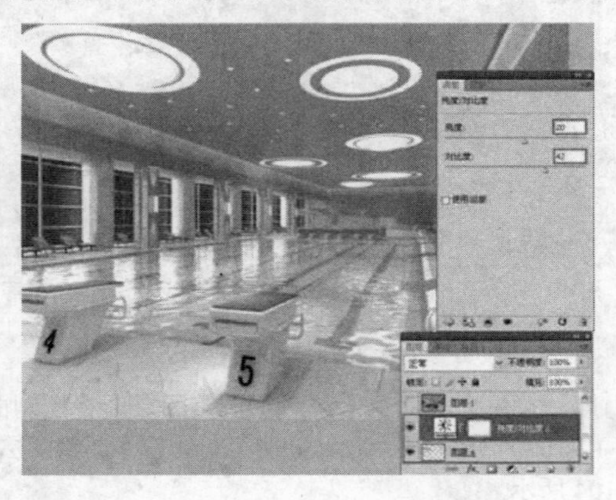

图 17-108　调整上层墙体

图 17-109　调整亚光石材墙体

06 调整亚光石材墙面，将该区域材质复制至新建【图层 5】，添加【亮度\对比度】调整图层，具体参数设置与调整效果如图 17-109 所示。

07 选择右侧墙体，利用【亮度\对比度】进行类似调整，具体参数设置与调整效果如图 17-110 所示。

08 调整水面效果，同样先利用色彩通道选择水面区域，然后添加【色彩平衡】调整图层，为水面添加蓝色调，具体参数设置与调整效果如图 17-111 所示。

09 添加【通道混和器】调整图层，选择【红】输出通道，设置参数如图 17-112 所示。

10 选择【蓝】输出通道，设置参数如图 17-113 所示，水面变成了泳池应有的蓝色。

11 使用前面介绍的方法，为游泳馆添加窗外背景，如图 17-114 所示。

12 选择图层调板最上方图层为当前图层，添加【色阶】调整图层，设置参数如图 17-115 所示，调整图像整体的色阶，游泳馆后期制作完成。

图 17-110　调整右侧墙体

图 17-111　调整水面效果

图 17-112　调整红输出通道

图 17-113　调整蓝输出通道

图 17-114　添加窗外背景

图 17-115　整体亮度/对比度调整